U0926811

▲2004年1月20日下午，中共中央总书记胡锦涛在市迎宾馆迎宾厅接见张家口市的全国劳动模范。图为胡锦涛总书记与张家口运输集团有限公司汽车修理公司李向前同志亲切握手的情景

▲2004年7月29日，中共中央政治局常委、国务院总理温家宝，由原交通部长张春贤陪同在八达岭高速公路百葛服务区亲切接见全国交通系统劳动模范、原张家口运输集团有限公司董事长李善同志

▲全国人大常委会副委员长王光英在原市委书记杨德庆等市领导陪同下，参加张同公路剪彩仪式

▲原交通部长黄镇东（右四）在原省交通厅长么金铎及市领导陪同下视察110国道冀蒙界尚义段公路建设

▼ 原省委书记白克明（中）在张家口市委书记宋太平、市长郑雪碧陪同下视察我市公路建设

▲原省长季允石(左二)在原市委书记刘永瑞(左一)、原市长高金浩(右二)陪同下视察张石高速公路一期工程

▼省长郭庚茂在张家口市八角台远眺张家口公路建设

▲原副省长何少存（右二）、原省交通厅厅长路富裕（右一）在市交通局局长张富强的陪同下视察张家口公路建设

▼省政府顾问郭世昌、副省长付双建在市委常委、常务副市长徐受棠的陪同下视察张家口公路建设

▲省交通厅厅长焦彦龙（中）在市交通局局长张富强陪同下视察张石高速公路建设

▼市委书记宋太平（中）、市长郑雪碧（前右一）、市委常委、副市长李建举（后右一）与市交通局领导一起在城市快速路施工一线现场办公

▲原市长张宝义（前右二）、原副市长侯志诚（左三）在市交通局党政主要领导陪同下在宣大高速调研

▼副市长唐树森（中）向市交通局党委书记贾丞訾（左一）了解城市快速路施工进度

凝聚实干、勇于创新的张家口市交通局领导班子

宣大高速公路车流如织，一派盛世交通的繁荣景象

丹拉高速公路冀蒙界段

张石高速公路一期宣化段

在建的京化高速公路一期工程黑山口大桥

▲张承高速公路张家口至崇礼段工程开工奠基仪式

▼沸腾的城市快速路工地

快速路东环线施工现场

夕照张宣大道

▲国道207线犹如一条彩带直通广袤的草原，成为坝上一道靓丽的风景

国道112线赤城段蜿蜒曲折，似一条玉带缠绕在崇山峻岭之间

2002年省道张沽线张北十一号梁至沽源平定堡镇80公里三级公路改建工程，创下了全省公路建设史上当年开工当年竣工通车的新记录，成为全省公路建设中的亮点

省道东商线张北段

快速发展的农村公路

▲站务管理

▲东洋河收费站夕照

▼▲
◀ 建一条道路，造一片风景，展一脉文化

人与人共生共荣、融洽相处的交通

▲丰富多彩的职工体育活动

▼2002年9月，市交通局职工王德惠（前一）代表中国参加第十二届亚洲老将田径锦标赛获男子半程马拉松赛第5名

张家口

交通十年跨越

Zhangjiakou

Jiaotong Shinian Kuayue

张家口市交通局　编

人民交通出版社
China Communications Press

内 容 提 要

张家口市是京西北一个重要城市，是沟通中原与北疆、连接中西部资源产区与东部经济带的重要节点。历史上的张家口，曾经是著名的“张库大道”的起点和重要陆路商埠。近年来，该市抓住国家加大基础设施建设投入的机遇，加快推进以公路基础设施建设为重点的交通事业，实现了具有历史意义和突破意义的跨越式发展。

本书重点记述了1996年以来的十余年间，张家口交通事业继往开来，开拓创新，不断发展壮大、超越自我、实现跨越的历史进程。所述内容既有对事件本身和发展过程的叙述，也有经验总结和理性思考。全书结构编排严谨，思路清晰；内容丰富全面，图文并茂；视角新颖独特，行文张弛有度。本书不仅具有较强的历史文献价值，而且具有一定的实践指导意义，适合交通史志研究者、爱好者和各相关兄弟单位参考借鉴。

图书在版编目(CIP)数据

张家口交通十年跨越/张家口市交通局编．—北京：人民交通出版社，2008.2

ISBN 978-7-114-06959-8

Ⅰ．张… Ⅱ．张… Ⅲ．交通运输经济—概况—张家口市—1996～2007 Ⅳ．F512.722.3

中国版本图书馆CIP数据核字(2008)第004845号

书　　名：张家口交通十年跨越
著 作 者：张家口市交通局
责任编辑：刘永芬
出版发行：人民交通出版社
地　　址：(100011)北京市朝阳区安定门外外馆斜街3号
网　　址：http://www.ccpress.com.cn
销售电话：(010)85285838，85285995
总 经 销：北京中交盛世书刊有限公司
印　　刷：中青印刷厂
开　　本：880×1230　1/16
印　　张：35
字　　数：1100千
插　　页：8
版　　次：2008年2月　第1版
印　　次：2008年2月　第1次印刷
书　　号：ISBN 978-7-114-06959-8
定　　价：120.00元
(如有印刷、装订质量问题，由本社负责调换)

《张家口交通十年跨越》
编纂委员会

《张家口交通十年跨越》
编写组

组　　长：宗振华

副 组 长：袁文升　申　钧　穆聚民

编写组成员：靳永高　张明海　王德惠　袁富明
田　洲　李建龙　栗占刚　冯铁夫
詹申红　周　华

图 片 统 筹：胡喜魁

参 编 人 员：

陈越川　唐效刚　赵志娜　毛云峰　曹　凯
李少章　刘建玲　王　丰　曲玉斌　田泽孝
赵红茹　袁敏霞　孙文俊　吉喜功　杨　勇
王洪兵　董　皓　王会峰　王银玺　刘爱国
闵　友　郝秀瑛　刘兵强　高占虎　杨国威
张凯亮　张直明　董书军　李永发　王素云
张桂英　张　熙　田利彬　曹　伟　闫晓英
胡海燕　王建莉　王国芳　刘树民　房　楠
邱志超　邢海军　吴学勤　袁培新　张　建
李　江　刘晓静　田　春　白志龙　张延明
胡相国　王惠利　孟海波　刘　燕　张利峰
温树雨　任　军　田志太　李海霞　闫凤卿
高海雄　闫越飞　刘　昆　闫义军　陈钫云
郑海娟　杨金萍　常建春　邹永兵　闫桂军
贾比亚　刘海峰　王富兵　于秀霞　田建国
周文光　李金良　张　清　陈旭钧　师　略

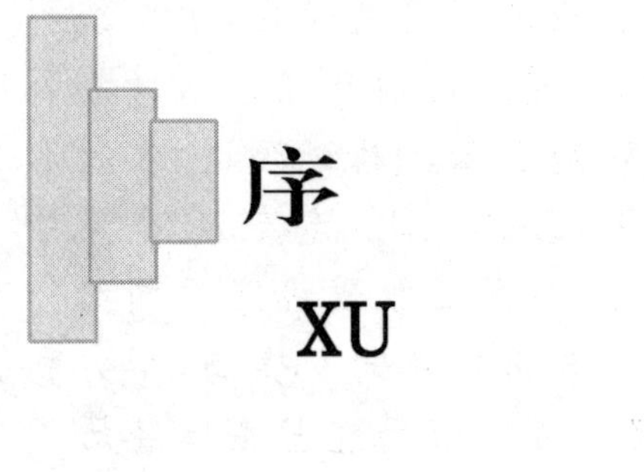

序

XU

张垣大地、物华天宝、人杰地灵。早在清代中后期，张家口就是“商旅归往、百货灌输”的陆路商埠，成为对俄蒙贸易要道和物资集散地，素有“皮都”之称。20世纪初，张家口通往库伦（乌兰巴托）的贸易运输路线，东连北京，北连边城恰克图，成为内地与边疆的重要商品运销渠道之一，史称“张库大道”，这也是我国最早的近代公路之一。特殊的区位，决定了张家口历代为兵家必争之地和交通战略要地。1995年5月，国务院正式批准张家口为对外开放城市，张家口的交通事业也迎来了大发展、大跨越的春天，交通行业已经日益发展成为我市最具活力、最具影响、最充满希望的亮点行业之一。

十年交通发展史，正是张家口跨越发展的历史缩影。十年来，全市交通系统广大干部职工牢固树立“发展是硬道理”的思想，把“干事、创业、为民”作为自觉追求，以改革创新的精神，探索出了一系列加快发展的有效举措，解决了一个又一个发展中的困难，取得了来之不易的成绩。1996～2007年的十余年间，我们坚定不移地坚持科学发展观，落实“抢抓机遇、加快发展、突出重点、确保一般”的建设方针，抓住国家加大基础设施建设投入的契机，实现了公路建设的长足发展，交通对国民经济的“瓶颈”制约得到了基本缓解，人民对于“人便于行、货畅其流”的需要基本得到了满足。这一时期也成为我市交通建设完成投资最多、发展速度最快、结构变化最明显的时期。高速公路从无到有。从第一条高速公路——宣大高速公路2000年建成通车到高速公路通车总里程跃居全省第一，仅仅用了不到4年的时间。到2007年底，全市高速公路通车总里程达到478公里，位居全省11个设区市第一位，并居全国地级市前列。高速公路在前期工作、管理理念、管理机制、工作模式和运作程序等方面，积累了许多具有创新性的成熟经验，走出了一条自做业主建设高速公路的成功之路。一般干线公路建设发展迅速。经过十年的发展，新改建干线公路2 000余公里，全市所有县（区）全部通达二级以上高等级公路，“四横三纵一线”的干线公路网初步建成，市境内初步形成“2小时公路圈”。农村公路日新月异。全市已基本实现了乡乡通油路和村村通公路，行政村通油（水泥）路率达到了70%。农村公路建设的强力推进，把农业和农村经济结构调整的路修到了家门口，把推进农村城镇化进程的路通到了家门口，真正成为一项惠民工程。公路养护稳步推进。日常养护和管理坚持“以人为本，以车为本”理念，深化养护机制改革、加大路政执政力度，实施了安全保障工程，组织了文明样板路创建，营造了“畅、洁、绿、美、安”的公路运输大环境，公路的整体服务水平明显提高。

十年间，我们在加快交通基础设施建设的同时，狠抓运输市场的培育和发展。通过整顿整合、优化重组、调整兼并等措施，改变了单纯数量的扩张和粗放式发展模式，由传统封闭式的独家经营，发展为“统一、开放、竞争、有序”的运输市场。道路运输管理也从计划调控逐步发展到“宏观调控、市场引导、行业监管、优化服务”的轨道上来。高速客运、农村客运快速发展，形成了以市区、县城为中心，辐射京、津、晋、蒙、冀、辽、鲁、川，连接19个大中城市、覆盖各县区城乡、干支线相连、长短途结合的省际、市际、县际三级班线客运网络体系。出租汽车行业经过不断的整顿、规范，实现了车辆档次和文明服务的双提高，运力和市场需求趋于平衡，市场步入稳定、有序、规范、健康发展之路。货运市场经营主体经历了由国营企业为主导向经营主体多元化的巨变。围绕市场需求，大吨位、多轴化、集装箱等特种运输快速发展，集货源组织、仓储理货、交易配载、信息服务等货运服务业迅速兴起。亨运物流中心的成功运营，开创了张家口发展现代物流的新天地。机动车维修、检测、救援、驾驶员培训市场，按照“多家办，一家管”的模式，上规模、上档次，呈现出品牌化、网络化、专业化的发展态势，使运输市场体系完备、功能齐全、运行良好。水运及水上交通安全管理从无到有、并逐步走向规范化，促进了水上旅游业的蓬勃发展。

十年间，交通规费征管工作逐步完善和规范。“费改税”的提出，客观上给规费征收造成了很大的困难和影响，但是我们坚持依法征费、依法管理，在优化征费环境上下工夫，靠广大征费人员的奉献，做到了应收尽收。各项交通规费实现了稳定增长，为交通事业的跨越式发展提供了有力的资金支持。以运政、路政和规费征稽为主的交通执法主体，从根本上改变了过去以收代管、以罚代管的管理方式，变管理为服务，狠抓队伍建设，规范执法行为，提升执法水平，努力做到严格执法、公正执法、文明执法，为交通事业的全面协调和可持续发展创造了良好的环境。

十年磨砺，十年求索。十年的跨越，得益于市委、市政府的正确领导和省交通厅的关心支持；得益于社会各界各部门对交通部门的理解、关注和厚爱；得益于我们交通系统广大干部职工“敢于争先、吃苦耐劳、甘于奉献、自强不息”精神的发扬光大。十年来，交通局党政班子牢固地树立科学发展观，紧紧抓住加快交通基础建设这个中心不放松，始终把加快建设、加快发展作为交通工作的指导思想和工作落脚点，始终站在全市经济发展和全市人民生活需求的大局去研究和思考交通工作，当好“先行官”，是我们发展交通事业的根本动力所在；始终把抓项目、抓工程作为重点工作来抓，抢抓机遇，提前储备，精心谋划，认真落实，形成“建成运营一批、开工在建一批、储备待建一批”的后浪推前浪的良性发展，是交通事业实现可持续发展的基本路径；全系统干部职工团结一致的思想作风、热情饱满的精神状态、奋发有为的良好风气，各级班子的凝聚实干和强大的战斗力，是交通事业持续发展的思想组织保证；始终抓住廉政建设这根弦不放松，实现“工程优质、干部廉洁”目标，成为交通事业长盛不衰的重要前提；立足发展、立足长远，狠抓机制创新和制度创新，是我们事业不断发展的重要措施。

编志修史，意在记述历史，以史为鉴，关注现实，指引未来。是为序。

张家口市交通局局长

2007.12

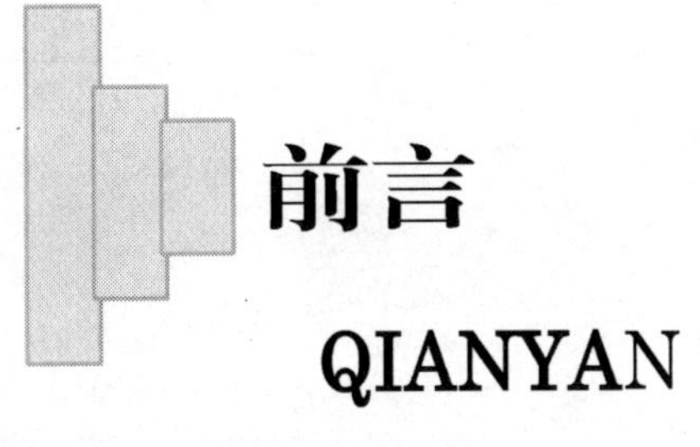

前言

QIANYAN

十年，在历史的长河中是短短的一瞬，但对于张家口交通人来说，却是那样的真切实在。1996～2007年的十余年间，人们见证了张家口交通事业十年跨越的辉煌，也更加深刻地体会到交通人的朴实、执著、无私和坚韧。特别是对那些默默无闻奋战在交通事业各条战线、各个领域的同志们，这十年又是他们生命中最宝贵、最难忘、最值得珍藏的一段岁月。在这十年辉煌的背后，有人们在改革和发展中思想观念碰撞的火花、有裹步不前和化茧成蝶的阵痛、有踏实而不张扬的品性、更有敢于争先的精神和干事成事的欣慰。回顾十年，不仅仅是总结历史、品味成就，更多的是从中找到可以支撑交通事业持续发展的思路、方法和精神动力，激励交通人负重奋进，戮力前行，励精图治，有所作为，把全市交通事业推向新的更大的跨越。

本书采用"志"的体例，力求通过重大事件的客观记述，具体事项的纵向变化对比，本着"去粗取精、去伪存真"的原则，从宏观提炼和微观描述的有机结合中，准确客观地揭示出十年跨越的本质和精华，体现出创新性和可读性。书中篇章的排列和组合，是在借鉴同行业史志经验的基础上，经过编辑们悉心琢磨和精心编排确定的。篇、章、节之间基本遵循了先总后分的编排顺序，既考虑了事件本末，又兼顾了时间先后。全书共分为五篇，分别为综合篇、局属企事业单位篇、县(区)交通局篇、运输企业篇和附录部分。在同一篇中，各章节之间为并列关系；同样，同一章中，各节之间也为并列关系。因此，篇和章的编排没有采用大流水编序，而是独立以节组章，以章成篇，其中各单位的隶属关系和各项工作涵盖的内容脉络清晰，一目了然。

在编写过程中，按照局《十年跨越》编委会确定的大纲，由各单位各部门组织人员单独编写，之后《十年跨越》编辑组又多次修改，不断提炼，力求把十年交通跨越发展客观、准确、真实地反映出来。由于时间紧迫和要编写的内容甚多，尽管所有编写人员做出了很大努力，但限于水平和能力，遗漏谬误之处肯定不少，恳请业内同行和社会各界人士批评指正。

编　者

2007.12

目录
MULU

第二篇　局直单位

第三篇　县(区)交通局

第四篇　运输企业、行业协会

附　　录

张家口交通十年 跨越综述

ZHANGJIAKOU JIAOTONG SHINIAN KUAYUE ZONGSHU

十年艰辛，十年奋进；十年磨砺，十年求索。1996～2006年的十年间，张家口市交通局在市委、市政府的正确领导和省交通厅关心支持下，历尽艰难曲折，从历史欠账多、整体实力弱的“窘迫光景”，跃步走上了速度加快、质量提升、结构优化的“康庄大道”，并以雄厚的整体实力、广阔的发展前景成为全市经济社会快速发展的重要“助推器”，交通行业已经成为张家口市最具活力、最具影响、最充满希望的亮点行业之一。交通事业十年来发展、壮大、繁荣的光辉历程也正是张家口市风雨同舟、大胆改革、跨越发展的最好见证。

一

张家口地处京、冀、晋、蒙交界处，总面积3.7万平方公里，总人口450万，全市辖13县、4区、3个管理区，是京西北第一个较大城市，也是沟通中原与北疆、连接中西部资源产区与东部经济带的重要纽带。张家口地势西北高、东南低，阴山山脉横贯中部，将全市划分为坝上坝下两个自然地理区域。

张家口具有悠久的历史和光荣的革命传统，历为边防军事重镇和北方各民族杂居之地。东方人类从这里走来——早在200万年前，古人类在我市阳原县泥河湾盆地起源、繁衍；中华文明从这里走来——5000年前，炎、黄、蚩尤“三祖”在涿鹿合符釜山定都立业，实现了中华民族的大统一、大融合，开创了中华文明史；明末清初，张家口发展为著名的陆路商埠；1945年，解放后的张家口是解放区最大的城市并成为晋察冀解放区的首府和军事、政治、经济、文化中心，被誉为“东方模范城”和“第二延安”。

张家口区位优势独特。东临首都北京（相距仅198公里），西连“煤都”大同，南接华北腹地，面向沿海，北靠内蒙古草原，是东出西联的重要纽带和“桥头堡”，是京、晋、冀、蒙周边地区有依托性的物流圈和北方现代物流业供应链中重要的节点。

二

交通的兴衰成败决定着张家口的兴衰成败。

历史上的张家口市曾经是中俄“茶叶之道”的起点和全国著名的皮毛集散中心，素有“皮都”之称。20世纪初，张家口通往库伦（乌兰巴托）的贸易运输路线，东连北京，北连边城恰克图，成为内地与边疆的重要商品运销渠道之一，史称“张库大道”，这也是我国最早的近代公路之一。皮毛、茶叶、绸缎等大量商品经“张库大道”进入蒙、俄及东欧市场，蒙、俄的木材、畜产品和其他商品也借张库大道进入中国内地市场。张家口因此而成为“商旅归往、百货灌输”的陆路商埠，成为对俄、蒙贸易的要道和物资集散地。张家口特殊的“商埠”地位，从客观上催生了中国人自行设计建造的第一条铁路——京张铁路的诞生。

伴随着铁路的建设，一批近代产业在张家口相继出现。张家口先后开办了张家口至库伦的电话、汽车运输线，创办了全国第一家民营汽车运输企业（大成张库汽车公司），具有近代资本主义工业性质的采矿业、发电业等在张家口的发展方兴未艾。随着铁路向内蒙腹地及蒙古和前苏联地区的延伸和拓展，张家口商埠中心的地位逐渐弱化了。

建国后，经过几代交通人艰苦卓绝的不懈努力，张家口的交通事业取得了长足的发展。但由于长期以来驻军和备战的需要，张家口的交通发展与省内其他地区相比，差距巨大，积累下沉重的历史欠账，公路等级低，通车里程少，通达深度和服务水平严重滞后。到 1995 年底，张家口的公路通车里程仅为 5 208公里，二级以上高等级公路仅有 360 公里，多项主要指标在全省均处于末位。1995 年 5 月 9 日，经国务院批准，张家口市正式对外开放，从此掀开了张家口交通发展的新篇章。

实践证明，张家口的重新崛起，因素很多，但交通基础设施建设，特别是高速公路的建设和发展则是一个重要的因素。宣大、京张高速公路的全线通车，打开了我市全面开放的大门，从根本上改变了张家口的开放条件，使昔日的边防重地、塞外山城，正在成为开放的前沿、北京的近邻。随着丹拉高速公路张家口段和张石高速公路一期的竣工通车和张石高速二期、张承高速、京化高速等项目的相继开工建设，将有五条高速公路在张家口交汇，张家口因此而成为北京西北地区重要的交通枢纽。有了这样的基础，张家口将迅速承担起连接京津、沟通晋蒙、支持沿海、开发内陆的不可替代的重任，并重新树立起“陆路商埠”的地位；同时充分发挥与北京的地缘、人缘和业缘优势，加快与北京在规划、市场、资源、产业等全方面的对接，积极融入“大北京”经济圈。

三

张家口市是经济欠发达地区，主要经济指标在河北省均处于落后位次，但交通发展的各项指标却成为全市少有的亮点之一。公路通车总里程、高速公路通车总里程、在建高速公路总里程等多项指标均居全省之首，张家口交通人创造了令世人瞩目的奇迹。

“九五”以来，国家进一步加大对交通基础设施建设的投入力度，张家口的交通事业迎来了大发展的春天。十年间，张家口市交通局牢固树立科学发展观，坚持“抢抓机遇，加快发展，突出重点，确保一般”的建设方针，抓住国家加大基础设施建设投入的契机，实现了公路建设的长足发展，交通对国民经济的“瓶颈”制约得到基本缓解，人民对于“人便于行，货畅其流”的需求基本得到满足。这一时期也成为我市交通建设完成投资最多、发展速度最快、结构变化最明显的时期，实现了“三个突破”和“三个飞跃”。

1.“三个突破”

一是全市公路总里程突破 2 万公里，达到 2.14 万公里以上（含村道 8 500 多公里），由“九五”时期的全省第六跃居全省第一。二级以上公路占公路总里程由不足 5%发展到 13%。

二是全市公路建设累计完成投资突破 300 亿元，进入发展速度最快、结构变化最明显的时期。1996 年全市完成公路建设投资 2.1 亿元，2007 年全市公路建设完成投资 67 亿元，是 10 年前的 32 倍，是 1991～1995 年五年总投资的 11 倍！

三是公路发展的总体水平实现突破。公路建设“十五”计划提前三年基本完成，为我市公路建设的超前发展奠定了坚实基础；连续两年被评为全省唯一的“公路建设模范市”，标志着公路建设技术能力的成熟和管理水平的提高；近年来开工建设的所有公路工程项目，质量全部达到优良，在全省各地市中连续多年名列前茅。张家口已经由公路建设小市发展成为公路建设大市，并正在以矫健的步伐向公路建设强市迈进！

2.“三个飞跃”

一是高速公路建设全面提速，通车总里程跃居全省第一。十年前，张家口没有 1 米高速公路，在全省居于末位。2000 年底，宣大高速公路竣工通车，结束了张家口不通高速公路的历史。继宣大、京张高速通车后，自做业主建设的丹拉、张石高速公路相继竣工通车，至2007年底我市高速公路通车里程达到478公里，位居全省11个市的第一位，并进入全国地级市前列。高速公路的大发展，使张家口承东启西的区位优势进一步凸显。由此，我市既可以借助京津冀经济圈的资金、技术、人才优势，又可借助晋蒙地区丰富的资源优势，从而实现借势造势，拓展空间，加快发展。

二是干线公路建设发展迅猛，“四横三纵一线”的干线公路网初步建成。10年前，张家口仅有二级以上油路360公里。到2007年底，张家口二级以上油路的里程已经跃升至2 000公里，增加了5倍！十年间，国道110线、109线、112线、207线和省道张沽线、张化线、张尚线、张同线、宝平线等相继完成了新改建，有的重点线路已经完成了两次新改建，全市所有国省干线公路全部实现“黑色化”，所有县区全部通达二级以上高等级公路，市境内建成了“2小时公路圈”。一般干线公路的发展促进了路边经济带的形成和发展，不仅带动了沿线农民脱贫致富，而且成为地方财政收入的重要渠道之一。

三是地方道路建设日新月异，农村交通条件显著改善。10年前，张家口通油路的乡镇仅为37%，通油路的村更是凤毛麟角。直至1998年，万全县才成为全市第一个实现乡乡通油路的县。到2007年，张家口已经实现了乡乡通油路和村村通公路，实现通油路的行政村也上升到70%。10年来，累计建设通乡、通村油路近1万公里，特别是从2004年开始，我市重点实施了以“村村通”工程为重点的农村公路建设，实现了农村公路建设的重大进展。几年内，全市共建设通村油(水泥)路、砂石路8 600多公里，新增通油路的行政村1 793个。农村公路的长足发展，把农民增收的路铺到了家门口，把农业和农村经济结构调整的路修到了家门口，把推进农村城镇化进程的路通到了家门口，为农村经济发展和农民脱贫致富提供了坚实基础。

除此之外，我们在交通主要工作职能方面，还实现了三个具有历史意义的重大进展。

一是交通发展战略和规划编制实现了重大进展。全行业更加注重交通发展战略性、前瞻性、全局性问题的研究，制定了《张家口市高速公路中长期建设规划》、《张家口市农村公路建设规划》、《张家口市“东出西联”路网建设规划》、《张家口市干线公路网发展规划》、《张家口市汽车客货运站场建设规划》等一系列建设发展规划，为全市的交通发展绘制了科学的蓝图。

二是运输发展实现了重大进展。以建立统一、开放、竞争、有序的道路运输市场体系为目标，逐步向规模化、集约化方向发展，不仅提高了综合运输能力，适应了我市经济跨越式发展的需要，而且满足了人民生产、生活水平不断增长的需要。班线运输发展迅猛，高速客运、旅游客运方兴未艾；全市乡镇通班车率达100%，行政村通班车率达96%；出租车市场秩序发生了实质性转变，服务水平显著提高；物流中心竣工并实现运营，成为我市第一家也是河北省交通系统业务量最大、功能最完备的真正意义上的物流企业，呈现出强大的发展后劲；长途客运服务质量有了质的突破，塑造了“心心服务”的服务品牌，树立了全心全意为旅客服务的全新的服务理念，拉客、欺客、卖客、乱涨价行为以及脏、乱、差的局面有了根本改变。

三是交通规费征收实现了重大进展。实行“一个确保、两个到位、三个加强”的征费管理目标责任制，充分调动地方积极性，打破了规费征收多年徘徊的局面，实现了规费连年增收。10年来，全市养路费征收额增长了近一倍，共计征收公路养路费270 170.4万元，其中汽车养路费252 253.9万元，小拖、摩托车养路费17 913.5万元；10年间，全市省管道路通行费征收额增长了2.5倍，共计征收11.57亿元，历年超额完成年度指标计划。交通规费征收政策的长期、稳定、健康、规范执行，为公路建设积累了大量资金。

四

任何工作要想赢得主动、有所作为，都必须着眼全局、放眼未来，都必须思考探索，辩证地处理各种矛盾与关系。10年来交通事业的大发展，也得益于抓住事物的主要矛盾，正确地处理了各种关系。

1. 站在全市经济发展的大局，正确处理“局部与全局”、“建设与资金”、“公路建设与地方经济”的关系

张家口是经济欠发达地区，尽快改变交通基础设施建设的落后局面，为全市经济社会发展提供坚实有力的交通支撑是一项十分紧迫地、带有全局性的战略任务。10年来，我们始终将其作为我们谋划各项工作的出发点和着眼点。为全面加快我市的公路建设步伐，我们克服了自身资金紧张、欠账多等种种不利条件，千方百计争取项目，竭尽全力加大投资，为全市公路建设的大发展抢得了先机，赢得了主动。在公路建设上，始终能够做到未雨绸缪，在建设新项目的同时，抓紧做好明年和后年的项目前期工作。经过多年的不懈努力，已经形成了高速公路、国省干线公路“建成运营一批、正在建设一批、作前期工作一批、储备待上一批”的阶梯状、后浪推前浪的项目建设机制，确保了我市公路建设在一定时期内不断档、不停步，并逐年提高和发展。

我市经济基础薄弱，同时又面临国家政策的改革和调整，公路建设筹资任务繁重。面对这一情况，我们不等不靠，切实转变思想，更新观念，变一家办交通为社会办交通，变依靠上级投资为多种形式投资，变单纯公益型交通为公益效益型交通。在工程建设中，我们坚持因地制宜，因路制宜，在满足功能，确保质量的前提下，最大限度地优化设计、优化施工、强化管理，使有限的资金得到了合理充分的利用。多元化的筹资模式和科学的资金使用政策，为全市公路建设的大发展注入了“源头活水”。

10年来，我们坚持“三个代表”重要思想和科学发展观，始终把地方经济发展和广大人民群众对公路的需求作为我们的出发点和落脚点。在设计和施工中，我们都要做细致的论证和广泛的征询，尽量做到在充分满足公路功能的基础上，最大限度地提高社会效益。在施工中，为了方便群众出行，每修建一条路，我们都要首先修好便道，工程进行到哪里，便道就修到哪里。在谋划和实施公路工程建设的过程中，凡是经过县城和重要城镇的路段，我们都将公路建设与城市规划紧密结合起来，充分考虑城镇的产业布局和发展空间，按照“城市化过往公路”标准进行设计和施工。这些举措的实施，虽然增加了投资，但却得到了广大群众的广泛赞誉和理解，营造了良好的公路建设环境。

2. 站在以人为本和全心全意为群众谋利益的高度，正确处理“5个月和15个月”、“一条路和一辈子”、“速度与质量”的关系

公路建设直接面向社会服务，是公共产品。在公路建设中，我们尽可能地从群众的实际出发，尽可能的为群众谋利益。张家口气候条件恶劣，每年只有5个月左右的时间适合施工。也就是说，如果工程在5个月内完不了工，工期就会占用两年，社会车辆就要绕行15个月，百姓也要晚15个月才能受益。基于这一考虑，我们在全市国省干线公路新改建工程中，全部实行当年开工建设，当年主线通车运营，创造了“两年的工程一年完”的施工纪录。在公路建设中，交通部门还响亮地提出要正确处理好“一条路与一辈子的关系”——不能因为修一条路，而留下一辈子的遗憾，让老百姓戳咱一辈子的脊梁骨。

质量是公路建设的关键。10年来，我们在狠抓公路建设进度的同时，牢固树立质量首位意识，始终将确保工程质量作为工程建设的重中之重。我们明确提出，对所有的公路工程建设项目，“只要优良、不要合格”。在抓工程建设质量时，我们特别强调要正确处理好四个关系：在质量与速度发生矛盾时，宁缓速度保质量；在质量与投资发生矛盾时，宁多投资保质量；在质量与设计发生矛盾时，宁变设计保质量；在质量与形象发生矛盾时，宁变形象保质量。通过狠抓质量责任制的落实和一系列质量管理措施的实施，实现了速度、质量与效益的多赢。近年来我市建设的所有公路工程建设项目，质量全部达到优良。

3. 站在加强执政能力建设的高度，正确处理公路建设与廉政建设的关系

公路建设投资数额巨大，10年来，我市公路建设总投资达到了300亿元。面对如此庞大的公路建设投资，如何在确保工程优质的同时实现干部廉洁，是摆在我们面前一项重要而紧迫的任务。对此，我们始终保持着清醒的头脑，始终站在“廉政建设事关交通兴衰成败”的战略高度，把廉政建设放在同公路建设、行业管理和交通行政执法同等重要的地位来抓，并在实践中不断探索具有张家口交通特色的行之有效的廉政建设工作方法，为达到在抓交通发展的同时切实保护好干部，真正实现“工程质优、干部清廉”的目标，进行着不懈的努力。

10年来，我们坚持了“全面抓预防、重点抓工程”的工作思路，在工程建设问题的预防上，把重点放在高速公路建设上，在高速公路建设上，又把重点放在招投标上。各单位在预防机制上，不断创新、不断深化。张石高速公路在无标底合成标的基础上，创造性地实行了“开标即定标”（一翻牌两瞪眼）和抽签定标段的招标方式，实现了业主在招投标中的零权力。京化高速公路在此基础上，首次采用了勘察和设计分开招投标的方式并实行了计量支付，使勘察设计阶段的招投标程序更加细化和规范。全市交通系统的所有工程项目、物资采购，无论数量金额大小，全部实行了招投标制，并全部实行了委托代理招标，纪检、检察人员对所有招投标进行全程跟踪，并实行了备案监督、暗访、专项检查等多种形式的监督。深入推行阳光工程，加强审计监督，全面推行重点工程派驻纪检监察人员制度，为工程建设的顺利进行提供强有力的保障。经过这些机制的创新，张家口的公路建设市场更加公开、公正和透明，真正成为了“阳光工程”。

4.站在推进张家口公路建设跨越式发展的高度，正确处理好“快”和“实”的关系

张家口公路建设起点低、基础差、任务重，如果不能抓住有利的时机，全力推进公路建设的跨越式发展，就将在新一轮的发展中继续处于劣势。为此，交通部门始终将“以快补晚、扎实推进”作为公路建设的一条主线，并在工作中正确处理了“快”和“实”的关系。

没有扎实细致的前期工作，项目实施就是无源之水、无本之木。近年来，交通部门稳步实施了公路建设前期工作的“提速”战略，实现了公路建设的超常规发展。在国家实施宏观调控政策措施的情况下，全系统认真学习、深刻领会中央精神，准确判断形势，以积极的、有作为的态度开展工作，把宏观调控变为加快发展的机遇，使谋划的几条高速公路项目均取得了可喜的进展。比如，在张石高速公路一期工程的前期工作中，参与项目实施的同志克服时间紧、任务重、难度大、人手少的实际困难，打破常规、主动出击、负重加压、知难而进，实现了项目实施的大跨越。由“河北省20年交通建设规划”挤进了“河北省2003～2007年高速公路建设计划”，又从2007年的计划项目提前到2004年开工建设，比原规划提前了15年。“快”还充分体现在公路建设的速度上。2007年，市交通局承担的城市快速路工程，确定为“当年规划、当年设计、当年施工、当年通车”。工程时间之紧，拆迁任务之重，动土方量之大都是我市工程建设史上从未遇到过的。面对如此艰巨而又繁重的建设任务，面对这几乎无法破解的难题，如果不去真抓、不去实干是不可能完成的。在具体工作中，我们充分发挥人的潜能，发挥人这个生产力中最活跃的因素，硬是把看似不可能的事情奇迹般地变为现实。在一般干线公路建设方面，也充分体现了高效率和快节奏。凡是二级公路建设项目，省交通厅都是计划两年工期。为了多上项目、快上项目，同时也是为了最大限度地减少公路施工期间给沿线人民群众带来的不便和对运输的影响，交通部门针对张家口施工期短的特殊气候特点，做到了“两年的工程一年完”和“一年的工程提前完”。10年来，为确保项目早日竣工通车，工程管理和建设部门密切配合，顽强拼搏，克服征迁难度大、有效施工时间短等一系列不利因素，认真采取一系列有效措施，高标准、高质量地实现了所有新改建工程的提前完工，为进一步完善我市的干线公路网布局、提高公路通达深度和服务水平做出了突出贡献。

求真务实是抓好公路建设的一大法宝。无论是抓项目谋划，还是抓工程施工，都需要扑下身子，真抓实干。只有一个问题一个问题地去解决，一项工作一项工作地去推进，才能求得实效，取得成果。“实”首先体现在管理上。无论是高速公路、一般干线公路，还是地方道路，交通部门全部按照规定，强化并严格了各项管理程序，进一步规范了招投标行为。对开工建设的所有新改建工程和大中修工程，全部按照规程进行了招投标。在施工中，坚持将质量放在首位。在健全“政府监督、社会监理、企业自检”三级质量保证体系的基础上，严格工程质量全面检查、专项检查、重点部位检查和原材料抽查，认真按国家质量标准和有关程序组织施工，使在建的公路建设项目全部达到质量要求。近年来，我市建设的所有干线公路，工程质量全部达到优良标准。在确保工程优质的同时，交通部门始终把确保干部廉洁作为工作的着力点，构建了具有张家口交通特色的廉政建设十项机制，从源头上预防和遏制了腐败问题的发生。扎实的工作作风，是各项工作得以顺利推进的有效保障。在公路建设过程中，作风“实”也是重要的一个方面。2004年以后，由于国家土地政策的调整，高速公路征迁工作难度进一步加大，对施工进度造成一定影响。在这种情况下，各高速公路管理处和沿线县区负责拆迁的同志不等不靠，不推不拖，在全面掌握底数和政策的基础上，做了大量耐心细致的工作，有力地推动了张石、张承、京化高速征迁工作的顺利开展，确保了项目建设的顺利推进。市委、市政府主要领导也多次亲临施工现场，亲自解决征迁中的问题，确保了征迁问题的圆满解决。“实”还体现在配合上。一方面是内部各部门的配合“实”。在公路建设工作中，交通系统内部各部门之间都有一种对工程质量和进度的高度责任心和紧迫感，各单位之间、各环节和工序之间，都能够从全局出发，密切协作，互相支持。另一方面是各相关单位的配合“实”。比如在城市快速路和张宣大道改造的前期工作中，桥东、桥西、高新、万全等县区和发改、国土、环保、供电、通信等市直有关部门，站在促进张家口跨越式发展的高度，对项目实施提供了全力配合和支持。市领导多次实地视察工程进展、听取工作汇报，并积极协调各方面关系，为推动项目早日上马，营造了全市一盘棋，上下一股绳，凝聚合力办大事的良好氛围。所有这些都为项目的顺利推进提供了强大动力。

五

改革和创新是一个行业的灵魂，是一个行业生存和发展的动力之源。张家口交通事业快速发展的实践证明：交通的大发展离不开改革和创新，改革和创新促进了交通的大发展；正是因为有了改革和创新的不断推进，实践才有了不断的新创造，交通事业才不断取得新的进步。

张家口交通大发展的十年，也正是改革和创新全面推进的十年。

改革和创新促进了交通各项事业的快速发展和全面进步。

改革和创新是张家口交通发展的历史选择和现实要求。

在公路建设领域通过推进一系列改革和创新，使全系统焕发了勃勃生机，带来了思想观念和工作方式的深刻变化。

——由一家办交通到全社会办交通。经过长期的探索和实践，交通建设由部门行为和行业行为逐步向社会行为和政府行为转变。交通发展的视野进一步扩大，交通发展的空间进一步拓展，交通发展的效率进一步提高。我们不再是关起门来盲目搞建设，而是充分依靠政府、依托社会来发展交通。不仅交通自身得到了快速发展，而且创造了交通发展的良好社会环境，使“要想富、先修路；要开放、先开路”的观念深入人心。自 2004 年开始实施的“村村通工程”，形成了以交通部门为领导的，以县乡为建设主体的，全社会共同建设农村公路的建设体制。它带来的不仅是农村交通条件的改善，而且推动了农村思想观念和生产方式的变革，促进了干群关系改善和社会和谐。

——自做业主建设高速公路和县级公路二级路。2002 年，丹拉高速公路半坡街至冀蒙界段开始启动，掀开了我市自做业主建设高速公路的历史新篇章。对于整体发展水平滞后，建设经验不足，资本金欠缺的张家口交通来讲，这不仅仅是一次自我超越，更是一次获得重生的涅槃。在修建丹拉高速公路的过程中，我们克服了种种困难，经受住了重重考验，最终获得了成功。丹拉高速公路的建设，不仅为自做业主建设高速公路积累了宝贵经验，而且锻炼和成长了一大批管理者和工程技术骨干，为张石、张承、京化等高速公路的建设提供了有益的借鉴。与此同时，我们在 2006 年，自做业主成功的建成了两条县道二级路（洋新线、白郭线），也为我市同类型公路建设开了先河，成为张家口公路建设史上具有里程碑意义的事件。这些都是解放思想，大胆改革创新结出的丰硕果实。

——抓住一切机遇，能快则快，实现公路建设超常规发展。针对张家口的实际，我们大胆创新，提出了“效率交通”的理念。高速公路从全省倒数第一到正数第一，用了不到 5 年；“十五”干线公路建设计划，提前三年完成，等于 5 年完成了两个五年计划的任务；从 1998 年万全率先实现乡乡通油路，到 2005 年全部实现乡乡通油路，仅用了不到 7 年。大创新催生了高速度，高速度换来了大发展。

用市场经济的办法来谋求交通发展是交通事业改革和创新的另一个重要方面。通过积极引入市场机制，为交通的可持续发展注入了不竭动力。

——从市场经济出发，积极推进事业单位的企业化改革。为提升事业单位的发展活力，我们对部分事业单位中实行了模拟企业机制的“自主经营、自负盈亏、自我约束、自我发展”的企业化管理。这种改

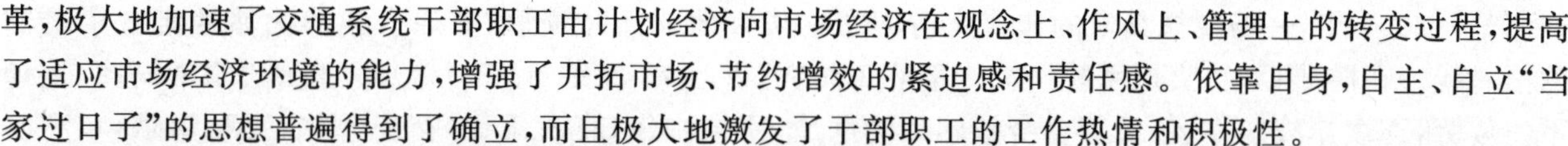

革，极大地加速了交通系统干部职工由计划经济向市场经济在观念上、作风上、管理上的转变过程，提高了适应市场经济环境的能力，增强了开拓市场、节约增效的紧迫感和责任感。依靠自身，自主、自立“当家过日子”的思想普遍得到了确立，而且极大地激发了干部职工的工作热情和积极性。

——股份制企业兴起并得到快速、健康发展，为交通事业的发展积累了丰富的市场经验，显示了极强的生命力。近年来，各事业单位相继组建了股份制公司，同时新组建成立了一批适应市场和交通发展需要的新公司。这些公司发展快、运行好、效益高，已经成为交通发展的一支十分重要的力量。为今后的事业单位企业化改革积累了经验，指明了方向，已经成为交通事业长期可持续发展的有利保证和“创新试验田”。

——积极推进收入分配制度改革，调动全员积极性。10 年来，相继推行了绩效工资制、经费提成制、承包工资制、产量含量加效益含量工资制、节约提成、包干经费等分配形式。在保证增加积累和扩大再生产的前提下，依据岗位风险、责任大小、技术含量等因素来确定分配系数的比例，使收入分配真正体现出干多干少、干好干坏的差别，也体现出知识、技术和创新的价值。

同时，我们还积极推进经费制度改革、福利机制改革、筹融资体制改革、国有运输企业改革等多项改革和创新，使交通工作全盘皆活、左右逢源。

改革和创新推动了交通事业的大发展，全系统生机勃勃、斗志昂扬，一派兴旺景象。

1. 固定资产快速增长

10 年间，施工机械和检测设备由十几台(套)发展到 1 909 台(套)，资产总值由 1.12 亿元发展到 3.65亿元；土地和房屋建筑物由 3 800 万元增长到 2.45 亿元。公路建设单位产值由 1996 年的 6 646 万元增长到 2006 年的 9.48 亿元，实现了由量到质的飞跃。

2. 职工收入明显提高

10 年间，职工收入迈了三大步。1996～1998 年，我局机关事业单位职工执行国家统一政策，实行档案工资制，基本延续了计划经济时代的分配模式，职工年平均收入刚刚突破 10 000 元；1998～2000 年，职工收入增加到 18 000 元左右；2001～2007 年，随着事业单位企业化管理机制的不断成熟和分配机制不断改革，职工年收入已达到 30 000 元以上。

3. 就业岗位不断增加

自 1996 年以来，交通局在原有 10 个下属单位的基础上，新增加单位 22 个，提供了大量的就业岗位。近年来，交通系统内部职工子女大中专以上应届毕业生全部得到了相应的安置，极大地解决了职工的后顾之忧。此外，我们还面向社会招工 800 多人，安置复转军人 330 人，为全市的经济发展和社会稳定做出了积极贡献。

4. 机构和人员快速增长

10 年间，我市交通各项事业快速发展，人员和机构相应增加。目前，局直属事业单位由 1996 年的 10 个发展到 32 个，在职职工人数也由 1 033 人发展到 2 195 人。在交通事业大发展的同时，一大批政治素质好、业务素质强、群众威信高的干部得到了培养和锻炼，200 余名干部得到了提拔使用，已经成为交通事业不断发展的宝贵财富。机构和干部的增加，为交通的跨越式发展奠定了良好的组织保证，提供了坚强的人力资源保障。

六

沧海横流，方显出英雄本色。

10 年来，张家口的交通发展经受住了重重考验，培养和锻炼了一支特别能吃苦、特别能奉献、特别能战斗、特别能攻坚的坚强队伍。面对困难，面对挑战，我们没有回避、没有退缩，而是选择了迎难而上、选择了毅然前行，我们在风浪和荆棘中走出了一条充满希望的光明之路。

——2003年，一场突如其来的非典疫情席卷中华大地。面对疫情，交通人毅然决然地走上了防非的第一线。在防非期间，交通系统广大干部职工站在“讲政治”和践行“三个代表”重要思想的高度，发扬不怕疲劳，连续作战的作风，冒着自身被感染的危险，团结协作，忘我工作，奋勇争先，无私奉献，顺利实现了疫情阻断、交通不断、客流不断、货流不断的“一断三不断”目标，充分体现了交通队伍特别能战斗、特别能吃苦、特别能忍耐的优良作风，塑造了交通系统的良好形象。据统计，全市交通系统牵头或参与的防非公路检查站共有102个，共抽调职工700多人，累计检查车辆112万辆次，检查旅客135万余人次。全市交通部门在投入大量人力、物力防治“非典”的同时，还直接投入720万元资金用于“非典”的防治。

——2004年，按照市委、市政府关于加快推进“增绿添彩”工程建设的战略决策和部署，我局全面完成了5 892亩荒山的绿化任务。期间，共出动人工5万多人次，栽植19个品种的树木40多万株，并实现当年成活率90%以上。同时铺设各类管线5万多米，架设高位储水箱20个，修建道路16.1公里，建设各类景点及健身点20处。局党委召开动员会后，各单位认真部署、积极谋划、全员参与、扎实推进，仅用了短短55天的时间，就完成了从挖坑、换土到修路、种植的全部任务，充分体现了交通队伍的突击力和战斗力。

——2007年，我们承担的城市快速路工程，确定为“当年规划、当年设计、当年施工、当年通车”，30多公里动用的土石方量相当于70公里高速公路动用量。面对繁重的工程建设任务，我们充分发挥人的潜能，硬是把看似不可能的事情奇迹般地变为现实。城市快速路的施工者们以“敢教日月换新天”的精神，加班加点，夙兴夜寐，创造了全省乃至全国工程建设史上的奇迹。

事实充分说明，不管多么艰巨的任务、多么繁重的工程，只要认认真真去抓、实实在在去干，就能有所作为，化解难题；只要直面困难和挑战，敢为人先，负重加压，就能实现自我超越。

七

和谐交通就是公平共享、法治有序、便捷高效、安全可靠、环境友善的交通，就是交通系统员工之间、交通系统员工与社会成员之间、交通子系统与社会大系统之间、交通与自然之间和睦相处、协调相生的良性互动状态。

10年间，张家口市交通局坚持把实现交通的安全、便捷、舒适、环保与公平，作为发展交通的人本价值取向，积极推进和谐交通建设，交通行业呈现出人际关系融洽、充满创造活力、与自然环境协调发展的和谐局面。

构建和谐交通，实现张家口交通的全面、协调和可持续发展，从全局、战略的高度，我们重点把握了“八大重点”。

1. 保持稳定是构建和谐交通的基本前提

稳定是最大的政治，安全、稳定、市场有序是和谐交通的基本特征。建设和谐交通的过程，就是一个不断协调各方利益、整合交通资源、调处社会矛盾、维护社会稳定的过程。保持交通稳定的核心在于坚持以人为本，其本质要求是理解人、尊重人、关心人，做到以人为主体，以人为前提，以人为动力，以人为目的，注重社会公平。因此，我们在运输市场管理、基础设施建设、企事业单位的改革改制等工作中，都始终把保持稳定放在首位。完善维护稳定的保障机制，畅通社情民意的反映渠道，健全纠纷调处机制、突发事件应急机制。扎实开展新形势下的群众工作，完善统一领导、部门协调、统筹兼顾、标本兼治、各负其责、齐抓共管的信访工作格局，进一步拓宽为群众提供表达自己利益诉求的渠道，引导各方利益群体以理性、合法的形式表达利益要求。进一步改进处理人民内部矛盾的方式方法，减少系统内不安定因素，最大限度地把各种矛盾纠纷解决在基层、解决在内部、解决在萌芽状态。正确反映和兼顾不同群体利益，使交通系统员工的聪明才智得到充分发挥，使广大群众，特别是出行的旅客、从事交通运输和建设的群体的正当权益和合理需求得到满足，使全体人民各尽所能、各得其所而又和谐相处。

2. 深化改革是构建和谐交通的内在动力

改革是加快发展的重要动力源，坚持改革创新，以改革促发展，是科学发展观的基本要求。10年间，我市交通发展面临诸多矛盾和问题，需要我们以改革创新的精神和勇气去应对，以体制改革、机制创新和制度完善来解决发展中存在的各种问题。在改革中，我们充分调动一切积极因素，尊重广大干部职工的首创精神，鼓励和支持一切对国家和人民有益的创新活动，使一切有利于社会进步的创造愿望得到尊重，创造活动得到支持，创造能力得到发挥，创造成果得到肯定。10年来，我们积极推进改革的过程，就是凝聚人心、群策群力、开拓奋进的过程，就是构建和谐交通的过程，就是交通发展持续获得强大动力源泉的过程。近几年来，为加快张家口交通发展，我们以科学发展观为指导，先后进行了交通建设管理体制、投融资体制、养护管理体制、道路运输场站管理体制改革等一系列改革，使交通各项工作呈现出齐头并进、协调发展的良好局面。

3. 加强质量监督是构建和谐交通的永恒主题

建设高质量工程就是科学的发展，延长工程的使用寿命就是最好的节约，建设低劣工程就是最大的浪费，出现豆腐渣工程就是对人民的严重犯罪。交通作为向社会提供公共产品和公共服务的部门，我们始终以对国家、对人民、对历史负责的精神，高度重视交通建设的内在质量，严肃整顿和规范建设市场，加强对建设从业单位的管理，促使其依据合同和国家强制标准规范对自己承担的业务负质量责任，建优质工程，建精品工程。一是强化设计深度。对设计进行多方案比选，提升设计质量。二是加强施工管理。加强对施工单位的技术能力水平、工程监理和施工工艺的管理，将质量管理的各项要求落实到每个细节，抓住关键环节，严格和规范监督检查程序。三是落实工程质量终身负责制。对工程质量出现问题的，坚决依纪依法追究相关责任人的行政和法律责任。四是强化质量监管。进一步完善“企业自检、社会监理、业主监察、政府监督”的质量控制体系，对质量管理不严、管理水平低下的单位加大明察暗访力度，提高抽查、巡查频率和深度，认真地接受社会监督。五是加大奖惩力度。严格落实交通建设质量保证金、业绩信誉和“黑名单”档案制度，对违规施工企业和玩忽职守人员坚决清理出张家口交通建设市场；同时，对管理水平高、进度快、质量好的单位列入“红名单”，大力进行推介和保护。

4. 加强行政管理是构建和谐交通的重要依托

在加快交通建设的同时，我们认真加强交通行业管理，不断提高交通管理水平，提高管理效能，最大限度地发挥建成项目的经济和社会效益，减少社会资源的浪费。管理是最大的效益。在交通规划、设计、施工、养护、运营、路政、收费、“窗口”服务等各个管理环节，我们牢固树立交通“为民、便民、富民、安民”的思想，认真贯彻以人为本的管理理念，强调人本需求，体现人文关怀，维护好人民群众的根本利益，不断提高交通行业公共服务水平，把侧重于考虑交通基础设施的功能性和管理的方便性，转到更多考虑社会公众、管理服务对象的实际需求上来。加强交通信息服务、交通标志标牌等配套设施建设，坚持建养管并举，统筹交通建设、养护和管理协调发展。加强公路养护，改善路容路貌，规范交通执法行为，加强交通市场监管，不断提升交通公共服务品质，努力为人民群众提供安全、舒畅、满意的交通服务。

5. 化解矛盾是构建和谐交通的有效途径

和谐交通不是没有矛盾的交通，而是具有有效化解矛盾机制的交通。在现阶段，我们认真处理并协调好了三大矛盾，努力实现了三个方面的和谐。一是处理协调好交通与大自然之间的矛盾。坚持“交通建设与生态环保并举”，统筹人与自然协调发展。遵循“最大限度地保护、最小限度地破坏和最大限度地恢复”的建设理念，丰富和延伸交通设施的文化和社会功能，体现交通设施与风土人情、地域文化的充分融合。一方面，我们在交通建设的前期工作中，注重节约土地、少占耕地、合理选线、优化设计；另一方面，在交通建设的实施中强化环保监控工作，落实环境保护的法规和措施，避免人为造成的资源浪费和环境破坏，以最少的环境和资源代价搞好交通建设，达到路、景、物交织和谐。二是处理和协调好系统内部人与人之间的矛盾。加强教育引导、注重沟通配合，形成相互尊重、相互关心、相互协调、相互促进的融洽和谐的人际环境，实现各尽所能、人尽其才，团结奋进，争创一流的和谐氛围，努力形成众人划桨开大船的巨大合力，最大限度地激发人的想像力和创造力，为各项工作提供强大的动力和支持。三是处理协调好人民群众与交通管理部门的矛盾。坚持行政为民、创建为民的要求，坚持以人为本，不断创新管理机制，健全各项规章，落实便民承诺，推行政务公开，严格依法行政，提高队伍素质，延伸服务内涵，提升服务功能，优化服务环境，不断提高服务水平和服务质量。

6. 强化安全是构建和谐交通的必要条件

一是把保护人民的生命财产安全放在交通工作的首要位置。加强安全管理，强化全员安全意识，强化安全教育、安全防范措施和安全责任追究，落实安全生产责任制，严格执行安全管理制度，完善重大事故应急处理预案，提高交通安全控制能力。突出抓好道路运输安全和交通工程建设安全工作，做一个负责任的行业。二是认真抓好“消除隐患、关爱生命”为主题的公路“安保工程”。逐步加大对安全保障设施的投入，通过积极与相关职能部门协调配合，认真排查安全隐患，整治道路事故多发地段和病危桥梁，减少道路交通事故发生率，打造平安公路，为群众安全出行提供保障。三是坚持不懈地治理超限超载运输。按照“巩固成果、力度不减、突出重点、有效推进”的工作思路，综合运用经济、法律、行政手段，坚持路面治理与源头治理相结合、规范执法与文明服务相结合、治超与保畅相结合、处罚力度与社会可承受的程度相结合，建立治超长效机制，规范运输经营行为，努力减少因超限超载运输引发的安全事故。

7. 带好队伍是构建和谐交通的坚实基础

在市场经济环境下，现实的分配关系、利益格局发生了显著变化，以致少数人重金钱而轻事业，重实惠而淡理想，重享乐而无进取，导致理想情操的弱化，道德水准的下降和人的价值的失落。还有一些同志由于综合素质不高，以致执法水平和服务意识不强，工作效率不高。在管理、服务和执法过程中，还有不少急需解决的问题和亟待加强的薄弱环节，群众和社会各界对我们还有不少意见。因此，我们必须坚持不懈地加强和改进党的建设、行业文明创建、不断提高干部员工的道德水准、思想政治水平和文化业务素质，努力建设一支行政为民、执法严明、服务规范、甘于奉献的交通干部职工队伍。

8. 抓好廉政建设是构建和谐交通的组织保证

由于交通基础设施建设处于改革开放和经济建设前沿，具有投资大、建设周期长、参建单位多，质量要求高，建设主体多元，人、财、物高度集中，备受社会各界关注，同时也处于执纪执法部门的聚光灯下，由此内部监督制约机制就显得尤为重要。在工作中，我们坚持加快发展和廉政建设两手抓，使“干部队伍廉洁”成为工程建设和执法管理的基本要素，使交通工程真正成为德政工程、民心工程、廉政阳光工程。我们进一步坚持了“标本兼治、综合治理、惩防并举、注重预防”的方针，健全了一系列与社会主义市场经济体制相适应的教育、制度、监督体系。立足于教育，着眼于防范，关口前移，筑牢思想道德防线，增强拒腐防变能力。用发展的思路构建惩治和预防腐败体系，加强廉政保障工程建设。系统总结阳光操作、科学管理、制度创新、严格监管项目的廉政工作经验，健全廉政保障综合体系，把党风廉政建设和反腐败工作逐步纳入经常化、规范化、制度化的轨道，运用到交通工作的各个环节，提高干部员工的廉洁自律意识和水平，树立交通行业新形象。

八

十年发展，艰辛曲折。

我们回眸张家口十年交通发展史，不仅仅是在回顾历史，更重要的是从历史的思考和总结中找到我们发展和前进的动力，是从对十年发展的审视和梳理中找到我们坚持和奋斗的源泉。

（一）十年经验

十年的交通发展，形成了我们一系列发展交通事业的经验和做法，至少有以下八个方面的经验值得我们总结和发扬。

1. “人心齐、泰山移”，我们全系统干部职工团结一致的思想作风、热情饱满的精神状态、奋发有为的良好风气，各级班子的凝聚实干和锐意进取是交通事业发展的力量源泉和思想组织保证

团结是干事、干成事的基础。交通的大发展，从根本上来讲，靠得就是团结。十年来交通发展历史证明，我们交通系统的各级班子是团结有力，上下左右之间是和谐友好的；我们的职工队伍是守纪律、能战斗，不怕困难，经得起考验的；我们的精神状态是饱满的、行业作风是良好的。全系统各个事业单位、企业单位以及局机关各个科室、各项工作，都能够紧紧围绕交通发展这个中心，团结奋进，开拓创新，使交通事业进入了健康、协调、快速发展的良性轨道。

2. 坚定地树立交通为经济发展服务、为人民服务的理念，一切从张家口经济发展的实际需要出发，从人民群众最关注、最迫切需要的实际出发，真正当好"先行官"，是我们交通事业发展的根本动力和保证

张家口市是经济欠发达地区，交通发展对于张家口市的经济发展和人民生活水平的提高具有至关重要的作用。为此，我们始终能够站在全市经济发展和全市人民生活需求的大局去研究和思考交通工作，从不计较交通部门自身的得失，从不计算小集团的狭隘账。这正是我们多年来锲而不舍发展交通事业的根本动力之所在。

3. 坚持科学发展观，抢抓机遇，提前储备，精心谋划，认真落实，是我们交通事业不断发展的基本经验

坚持科学发展观就是从张家口经济发展的实际出发，从张家口公路路网的实际出发，从张家口的车货流向出发，从长远发展的趋势出发，正确预判形势，正确运用政策，不失时机地谋划和抢抓工程项目。正因为如此，无论是高速公路还是干线公路，我们始终保持有当年竣工的项目，有当年在建的项目，有当年启动的项目，有储备待建的项目，还有规划中的项目，使我们的公路建设项目长期处于后浪推前浪的良性发展状态。也正因为我们的精心谋划和认真落实，才使得丹拉高速公路由河北省规划中的一级公路升级为高速公路；又从"十一五"规划中挤进了"十五"计划并且建成通车。才使得张石高速公路由"河北省 20 年交通建设规划"挤进了"河北省 2003～2007 年高速公路建设计划"，又从 2007 年计划项目提前到 2004 年开工建设，比原规划提前了 15 年。才使得根本没有规划的张承高速公路、京化高速公路顺利立项和启动。才使得我们的干线公路、地方公路快速发展。

4. 从实际出发，自做业主建设高速公路是我们高速公路得以快速发展的重要经验

丹拉高速公路是我们自做业主建设的第一条高速公路，没有成熟的经验可鉴。但是我们从张家口市本身的现实需要，从 110 国道车流发展的趋势，从当时省厅项目决策政策的实际出发，选择了自做业主。实践证明，这是一条黄金路。从通车至今，平均每天收费额都在百万元上下，从而奠定了我们自我发展、壮大的基础。张石高速、张承高速在谋划时同样面临着挑战。但是，我们绝不是盲目地决策。首先是张家口需要这两条高速；其次是这两条高速全线通车之后，都将是国家高速网络中重要的高速干线通道；更重要的是我们不做业主，就不可能有这个项目。正因为如此，自做业主才能使我们的高速公路通车里程成了全省第一，才使我们有了竣工在建和正在启动的四条高速公路。

5. 发挥交通部门的行业主导作用，动员全社会的力量共同办交通，是地方道路得以快速发展的基本经验

地方道路的建设原本是地方政府的职责，这是《公路法》确定的。但是，由于方方面面的原因，长期以来地方道路一直得不到重视，更谈不上发展。上级对地方道路的扶贫资金杯水车薪，很难有快速发展。"九五"初期，通油路的乡镇仅仅 30%左右，更不用谈行政村的油路建设了。我们从抓万全第一个"乡乡通油路县"的典型开始，逐步调动和提高各县对建设地方道路的认识和积极性，采取"你积极我支持"、"你投入多我支持大"、"动员社会集资、捐资"、"上边压、下边促、中间钓"、"你出工出钱，我出技术出设备"等一系列政策和措施，逐步形成了全社会关注和支持公路建设，特别是建设地方道路的局面，形成了各县区你追我赶不甘示弱的局面。后来发展到"村村通"工程中上级补一点、政府出一点、社会捐一点、农民"一事一议"集一点、相关单位帮一点、强化管理省一点、市场运作筹一点的农民自己修、自己监理、自己管理的成功经验和做法。应该说，没有社会各方面的努力和支持，就没有地方道路的发展，而各级交通部门的行业主导和推动作用，又使地方道路得以快速发展。

6. 抓法制建设、严格依法行政，既是我们稽征、运管、行风建设取得显著成绩的根本保证，也是公路建设优质高效的重要前提

我们始终把贯彻执行各项与交通工作有关的法律法规和规章融入决策和推进交通执法各项工作的全过程，初步形成了依法治交的良好局面。一是深入开展法制学习和宣传，不断提高全局干部职工的法制观念。以开展“四五”普法活动为契机，在全局大张旗鼓地开展了法制宣传教育活动，营造了浓厚的学法用法氛围。二是严格用法律法规规范交通工作。不仅要求交通行政执法工作做到依法开展，同时要求整个交通工作也必须依法依规进行，做到不违规、不越权、不失职。还要求公路建设中依法履行建设程序，依法实施建设管理。三是规范交通行政执法行为。重点抓了四个方面：一抓提高执法队伍素质，全面开展了多种形式的资格性岗位培训和适应性岗位培训。二抓责任落实，严格落实行政执法责任制，建立健全了行政执法工作责任机制、运行机制、制约机制和奖惩机制。三抓制度建设，在对原有制度进行修订完善的基础上，先后制定了《交通行政执法人员上路稽查“八不准、三注意”》等规范并重点强化了《依法行政实施纲要》的贯彻落实。四抓监督，按照“两错”责任追究的规定，对错案和执法过错责任人真追实纠。四是结合《行政许可法》的贯彻落实，积极推进行政权力公开透明运行。按照市政府的部署，我局执法部门的12项行政许可事项全部进入行政审批中心，实现了与省、市审批项目的衔接。正是我们坚持了依法行政，才克服了执法过程中的随意性，才杜绝了执法过程中的违法违纪行为，才逐步提高了执法水平，得到了社会的认可，才使我们的征费额大幅度提高，才使我们在行风评议中取得好成绩。

7. 事业单位引入企业机制，实行企业化管理已经成为交通部门自身发展的重要途径

企业机制包括择优劣汰的用人机制，按劳分配的分配机制，依托市场自我发展、自负盈亏的运营机制以及按政绩聘任干部的干部使用机制等。我们在企业化管理的单位以及其他各事业单位，不同程度地引入并实行了企业机制，调动了干部职工的积极性，逐步把事业单位推向了市场。与此同时，我们还兴办了一批真正实行现代企业制度的公司。这些措施的实施，不但使我们的事业迅速的发展，更重要的是我们职工的观念有了根本性的转变。可以肯定地说，没有企业机制的引入，就没有一批“一级资质”、“甲级资质”的取得；就没有事业单位固定资产的迅速扩大和生产能力的迅速提高，更没有职工收入的逐年上升！就近几年组建的真正实行现代企业制度的公司来讲，无论是路缘公司、路通收费公司还是监理公司，都表现出了极强的活力和发展潜力，并且在实践中证明了公司制发展的优越性。包括各事业单位内部组建的公司，运行良好，效益可嘉。我们交通事业之所以能够快速发展，我们各个单位之所以生存的有滋有味，重要因素之一就是因为我们这种企业化和企业机制的引入，真正调动了广大干部职工的积极性和创造性，就是因为相当一部分的单位能够实现自负盈亏、自我发展。

8. 紧紧抓住廉政建设、预防职务犯罪这根弦不放松，是保证交通事业长盛不衰的重要措施

如何在实现张家口交通跨越式发展的同时，有效遏制和防范职务犯罪的发生，真正实现“工程优质、干部廉洁”的目标，始终是我们在廉政建设方面着力研究和解决的一个重大问题。近年来，我们结合交通系统实际，在教育、制度、管理和各项机制上积极改革实践，大胆探索创新，初步构建了具有张家口交通特色的廉政建设工作新格局。特别是通过几年的实践，我们逐步形成了廉政建设的十条保证体系，即：(1)廉政责任制机制；(2)教育预防机制；(3)与纪检、检察部门联合预防职务犯罪的机制；(4)职工和工会的民主参与和监督机制；(5)重点工程项目派驻纪检监督的机制；(6)财务决算和审计机制；(7)业主零权力的招投标机制；(8)阳光执法、阳光审批和阳光进行工程管理的机制；(9)严格的责任追究和查处机制；(10)规范的纪律约束机制。这些行之有效的经验和做法，要在我们今后的工作中继续推行。

(二)五大理念、五大关系

在坚持好以上八条经验的同时，我们在交通工作中还牢固树立了“五大理念”，处理好了“五大关系”。这也是我们交通发展值得汲取的宝贵精神营养。

1. 坚持全局观念，处理好加快交通发展与服务地方发展的关系

这是交通发展的真谛之所在。因为发展交通是为推动地方经济社会发展服务的。地方发展从量的积累到质的飞跃，需要突破交通“瓶颈”。“瓶颈”，便是地方发展对交通发展的催导，突破交通瓶颈，要求交通基础超前铺垫。从这个意义上讲，交通超前发展，是地方发展突破交通“瓶颈”的条件。交通只有站在地方发展全局的高度思考自身的发展，推进自身的发展，才能清除瓶颈，适应地方发展的要求，为地方发展提供优质服务。如果交通没有自身超前式发展，就势必遭遇瓶颈制约，那么地方的跨越式发展便无从谈起。因此，交通行业必须坚持全局观念，经常分析地方发展的趋势，把握自身发展可能造成瓶颈的症结，不断实现交通发展的思想创新，从而推动交通体制、科技、规划、设施建设和运输经营诸方面的创新。这样，张家口交通就能在为地方发展提供优质高效服务中获得自身发展的不竭源泉和动力。

2. 坚持瞻前顾后，处理好中长规划与立足当前的关系

处理好中长规划与立足当前交通协调发展的要求。张家口交通系统的协调发展，必须从综合运输发展观来思考。中长规划要结合市情，立足长远，扩展覆盖面，注意交通资源优势的发挥。因为地域面积广，资源分布不平衡。因此，在客货运输需求居高的同时，大量资源也需要长距离运输。这就要求在交通中长期规划决策时，充分发挥现有路网优势，坚持高速公路、干线公路和地方道路齐头并进的发展方针。这样，在规划中才能体现出交通配置的最优化。当前和今后一段时期，要从建设"东出西联"重要交通枢纽的角度，重新审视和完善交通发展的各项规划，尽快构建张家口公路交通新格局。张家口具有承东启西的重要区位优势，理应成为"东出西联"的重要交通枢纽。这既是加快交通发展的难得契机，也是我们肩负的艰巨使命。因此，我市的交通发展规划必须从建设"东出西联"重要交通枢纽的角度，重新审视和完善。在制定规划时，要努力强化"三种意识"，实现"三个衔接"。"三种意识"：一是战略意识，自觉把张家口交通发展纳入京津冀发展战略和建设沿海强省的大局中定位，以宽广视野和胸怀谋划发展；二是开拓意识，充分发挥自身优势，用足用活上级政策，创造性地开展工作，走出具有张家口特色的交通发展道路；三是赶超意识，突破传统发展思维定式，高起点站位，高标准要求，快字当头，以好保快，赶上全省发展步伐。"三个衔接"：一是市境内各县区的衔接，形成快速便利的联系通道；二是我市与周边省市的衔接，不仅要考虑与保定、承德和北京、内蒙、山西的衔接，也要考虑与其他重要出海通道的衔接，形成"东出西联"的大通道；三是公路发展与铁路等运输方式的有机衔接，尽快融入沿海地区的综合运输体系。当前，我市的经济发展正处于重要的上升期和战略机遇期，交通建设不仅要适应我市跨越式发展的需要，更要抓住建设沿海强省和实施"东出西联"战略的难得契机，率先实现跨越式发展。我们要立足于建设"东出西联"重要交通枢纽，尽快构建张家口公路交通新格局。今后我们将继续加快高速公路的建设步伐，增强骨架干线的通达能力，形成"三横三纵五线"的高速公路网，进一步提升国省干线的公路等级，大力推动地方道路的发展，扶持贫困地区公路建设。要通过几年的建设和发展，实现"毗邻省及地级市以高速公路连接，县县通高速、高速公路通车里程突破 1 000 公里；国省干线达到二级公路以上标准；实现县道油面化、乡道等级化、村村通油路"的阶段性目标，进一步加强与沿海港口和外省市经济中心城市的联系，提升我市在区域经济发展格局中的整体竞争力。

3. 坚持以人为本，处理好加快基础设施建设与环境保护、人才战略的关系

这是交通可持续发展的关键。以人为本的交通发展观，是将安全基础设施作为交通最主要的质量标准，交通能耗、土地占用、安全可靠性、环境污染是评价交通可持续发展的主要指标。而实施"人才兴交"战略，则是交通可持续发展的根本。因此，发展交通要坚持以人为本，把加快基础设施建设与实施环境保护基本国策和人才兴交战略有机地结合起来。在规划、设计、施工、运管的全过程，充分发挥专业技术人才的作用，认真实行民主决策、科学决策，保证最佳的运输水平和环保的运输方式，实现全市交通基础设施建设与交通运输可持续发展。

4. 坚持打造诚信交通，处理好加快交通发展与提高服务水平的关系

这是交通全面发展的体现。交通属于窗口行业。精神文明建设，关系着交通行业服务质量的优劣和服务水平的高低，不仅直接反映交通行业的形象，而且对社会造成很大的影响。因此，打造诚信交通，在加快交通发展的同时，大力提高交通服务水平意义重大。为此，要把精神文明建设放在交通发展更加突出的位置。要采取多种形式，强化管理，加强思想作风建设和业务素质建设，造就一支政治坚定、业务精通、作风优良的交通干部职工队伍。要坚持诚实守信的道德理念，弘扬全心全意为人民服务的宗旨，广泛深入地开展交通优质服务，扎实推进社会服务承诺制，为群众诚心诚意办实事，竭尽全力解难事，坚持不懈做好事，努力打造诚信交通良好的社会品牌形象。

5. 坚持统筹兼顾，处理好交通改革、发展与稳定的关系

这是交通和谐发展的要领。交通发展是系统工程。只有统筹兼顾，把改革的力度、发展的速度以及社会能够承受的程度有机地结合起来，才能保证发展能够持续、快速、健康地进行。因此，要按照客观规律和科学态度办事。在推进交通改革和发展的过程中，要充分地、前瞻性地考虑各方面的利益关系。善于用创新的思维、改革的方法，去解决交通发展中的问题，处理好局部利益与整体利益、眼前利益与长远利益的关系。注重协调交通与经济社会发展之间、城市与农村之间、运输方式之间、交通与自然之间的和谐发展。要树立正确的政绩观，使交通发展从单纯追求量的增长转变为质的提高，力求以建设成本的最小化而带来群众所得实惠的最大化，从而促进经济、社会和人的全面发展。决不能搞盲目攀比、急功近利、脱离实际的高指标，决不能搞劳民伤财的“形象工程”，使交通发展的每一项工作都经得起时间的检验、历史的检验和群众的检验。

九

十年，在历史长河中倏忽而逝。但“张家口交通十年”早已不再是个简单的时间概念。她带给我们的思考将长期引领我们前进，她馈赠给我们的财富将穿越时空，愈久弥新。

十年跨越是一首史诗，它记载着交通人坚韧不拔，奋进图强的不屈精神；十年跨越是一座丰碑，它铭刻着交通人敢于争先，开拓进取的坚定信念；十年跨越是一盏明灯，它闪耀着交通人科学决策，崇尚创新的理性之光；十年跨越是一曲凯歌，它奏响了张垣大地迈向繁荣，通向进步的最强音……

十年不是终结，我们的路才刚刚开始。

第一篇　综合

第一章 公路建设

第一节 高速公路

1932年，当德国建成波恩—科隆的世界上第一条高速公路时，时称察哈尔省的张家口正在日寇亡国灭种的威胁下坚持着救亡图存的努力。

半个多世纪后的1988年，当上海—嘉定的中国第一条高速公路建成通车时，作为军事重镇和京畿门户的张家口仍然在金戈铁马的阴霾中静默地蛰伏。

1991年，当京津塘高速公路建成通车，河北省有了第一条6.8公里的高速公路时，由于特定历史原因被排除在开放地区之外的张家口只能无奈地隔着层层山峦幻想着外面世界的种种精彩。

机遇似乎从来没有垂青过这片贫瘠的土地。直到20世纪行将结束之时，代表着现代运输业演进最新成果的高速公路仍然未能延伸到这座封闭的塞外山城。在全河北省所有地级市中，张家口因为没有一公里高速公路而不得不屈居末席。

不在落后中跨越，就在落后中湮灭。自尊而自信的张家口交通人戮力同心、直面困难，以倒转乾坤的魄力和励精图治的实干，在短短十年间完成了历史性的跨越。截至2007年底，全市已经建成通车的高速公路项目有宣大、京张、丹拉和张石一期、二期平原段五条，高速公路通车里程达到478公里，位居全省各地市之首。正在建设和列入建设计划的高速公路项目有京化、张承、张石三期和张涿等多条。忆往昔，步履维艰；弹指间，换了新天。当这个曾经以贫困落后出名的地区以全新的面貌再次闯入人们视野的时候，优越的道路交通环境成为她足以傲视同侪的第一面孔。

十年之间，高速公路通车里程从最后一名跃升为全省第一。张家口交通人以如此富于戏剧性的转变，淋漓尽致地展示了自己运筹帷幄的睿智和纵横驰骋的大气

张家口的高速公路建设发端于1996年。为了缓解晋煤外运的交通压力，构建连接东北、华北和西部地区的运输通道，在河北省委、省政府的关怀下，河北省交通厅作为项目业主，启动了宣(化)大(同)高速公路建设工作，并被列入国家“九五”重点公路建设项目。从1997年5月开工到2000年12月26日全线通车，全长127公里的宣大高速公路在数十支筑路大军的协同努力下，历时四载，胜利竣工。

在20世纪即将逝去的最后一刻，张家口境内终于有了第一条高速公路。

这个浑身上下裹挟着经济繁荣和现代文明气息的新生事物刚一出现，就以自己傲人的身姿和凌厉的风格打破了张垣大地上盘踞多年的沉闷和闭塞。它在交通人思想层面激发的震荡远比其在推动经济发展和社会进步方面的意义更加深远。然而，不能以业主的身份全面参与项目的建设管理，亲身见证这一开创历史的重要历程，却成为张家口交通人久久不能释怀的遗憾。正是从这一刻起，张家口交通人开始酝酿属于自己的高速公路建设的宏大蓝图，并立志为之殚精竭虑、日夜兼程。

就在宣大高速公路开工建设的次年，另一条对张家口的开放和发展有着非凡意义的高速公路——

京张高速公路——被列入国家重点建设项目。这一次，凭借创新的项目组织和融资管理方式，由张家口市交通局筹资设立的张家口市公路开发有限公司同中国华能集团公司、河北省高速公路开发有限公司和河北省建设投资公司一起，共同出资组建了河北华能京张高速公路有限责任公司作为京张高速公路项目业主。张家口交通人得以第一次以股东的身份参与高速公路项目的建设和管理。从1998年11月8日～2002年11月18日，全长79公里的京张高速公路顺利完成两期工程建设任务，提前实现全线竣工通车，成为联结西北各省和京津地区的主要动脉。

在京张高速公路项目上小试牛刀积累起来的眼界和自信，极大地鼓舞了不甘落后的张家口交通人。渴望以快补晚、迎头赶上的热烈憧憬和急切追求使他们迅速萌生了自做业主建设高速公路的大胆设想。

2001年，在市交通局领导的直接关注和亲自部署下，经过精心谋划和周密准备的丹拉国道主干线宣化至老爷庙段高速公路项目被列入河北省"十五"公路建设计划。经省委、省政府和省交通厅批准，张家口交通局作为项目业主全面担负起工程前期筹备、中期建设和后期管理的一系列任务。

历史终于在这一刻抛出了久违的橄榄枝。张家口交通人第一次以主角的身份站在高速公路建设管理的舞台上，开始跃马扬鞭，融入全国千帆竞发的高速公路建设热潮。

2002年10月，承载着张家口交通人拳拳盛意和殷殷重托的丹拉高速公路正式动工兴建。来自全市交通系统的一大批技术骨干和管理精英汇聚一堂，开启了张家口人自主建设高速公路的圆梦之旅。"创业艰难百战多"。在战胜了突如其来的"非典"疫情，破解了工程建设管理方面的一系列崭新课题后，2005年10月全长99.4公里的丹拉高速公路宣化至老爷庙段如期实现竣工通车。

作为张家口高速公路建设史上的"第一路"，丹拉高速责无旁贷地担当起了拓路者和奠基人的历史角色。以她为平台，张家口高速公路建设在短期内成功地积累了一整套管理办法，形成了一系列运行机制，培养了一大批骨干人才，成为支撑张家口高速公路建设事业长足发展的汩汩源泉。

一心要奋起直追的张家口交通人没有沉醉于首战告捷的喜悦，就在丹拉高速项目启动建设的同时，一个更加宏大的构想开始在他们的思绪中奔涌激荡。

2003年初，为了进一步加快张家口市融入"京津冀"和"晋冀蒙"经济圈步伐，推动全市经济社会各项事业更好更快发展，张家口市交通局提出上马张(家口)石(家庄)高速公路的构想，并组织专门的运作班子开展项目前期的筹备工作。备尝风餐露宿的艰辛曲折，历经寒暑轮回的往来奔波，全长255公里，预计总投资90亿元，北接内蒙、南达省会、纵贯张垣、气势如虹的张石高速项目获得了上级部门首肯，一期工程于2004年8月获准建设。这是张家口交通人自做业主建设的规模最大的一条高速公路，无论投资额度还是建设里程都使全市高速公路发展跃升到一个新的水准。

怎样驾驭如此宏大的建设项目，对张家口交通人无疑又是一次严峻的考验。狭路相逢需要的不只是勇气，战胜对手更多依靠的是务实与智慧。凭借严谨的作风和出色的管理，全长90.2公里的张石高速一期工程于2006年12月10日顺利建成，在全省同期开工建设的所有高速公路项目中第一个实现竣工通车。张家口交通人再次以无可辩驳的事实证明，他们不仅是敏锐的机遇把握者、务实的信念实践者，更是卓越的组织管理者。

沿着过去十年的发展脉络进行梳理，张家口交通人推进高速公路建设跨越式发展的思路清晰可见，那就是始终坚持适度超前的发展节奏和"竣工运营一批、开工建设一批、谋划运作一批、规划储备一批"的可持续发展理念，使全市高速公路建设事业在经济社会整体持续快速发展的宏大背景下不断推陈出新、跨越发展。

十年求索的漫漫征程，褪去了稚嫩的迷惑与浮躁，积淀下成熟的睿智与坚毅。畅想着"十一五"的发展远景，张家口交通人的思路更加清晰，眼界更加开阔，观念更加解放，工作更加务实。

就在张石高速公路一期工程宣布竣工通车的当天，作为河北省2006年度唯一当年立项、当年开工的高速公路项目，京化高速同时举行了开工奠基仪式。这个半路杀出的"程咬金"，在事先没有列入河北省高速公路网规划的情况下，依托张家口交通人卓越的眼光和独到的视角，借助京西北运输通道急需改造的难得历史机遇，成功地入围2006年全省高速公路建设计划，开创了张家口乃至河北省高速公路立项史上的先例。

然而仅仅几个月后，不断出奇制胜、杰作迭出的张家口交通人就创造出了更加炫目的记录。全长26.47公里，包括东环线、西环线和张石高速公路张家口连接线工程在内的张家口城市快速路于2007年4月动工建设，并设定了“当年规划、当年设计、当年施工、当年通车”的超常目标。这条穿行在山川沟壑间的城市快速路虽然只有二十几公里，动用的土方量却高达1 148万方，工程之浩大，相当于正常情况下70多公里高速公路的规模。承担着工程建设管理重任的张家口交通人，以移山倒海、一往无前的气概，向这一空前的记录发起冲击，并锻造出了“奋发有为、真抓实干；团结协作、战胜困难；科学施工、创造奇迹”的城市快速路精神，成为凝聚全市人民意志、推动张家口经济社会发展、实现更大跨越的新坐标。

与此同时，另一条对于张家口发挥“东出西联”桥头堡作用、加速融入环京津经济圈有着关键作用的高速公路——张承高速公路也在一波三折、柳暗花明之后迎来了属于自己的春天。这个从2004年3月就开始孕育的婴儿，直到三年之后才正式取得“准生证”。由于正值《国务院关于投资体制改革的决定》出台之际，这个生不逢时的项目在政策上遭遇了新旧过渡与调整改革的壁垒，从起步之初就注定了艰辛多舛的命运。然而，正是在这个项目上，张家口交通人负重奋进的勇气和百折不回的韧性得到了尤为充分的展示。在一次次直面失望后重新鼓起希望；于一番番无功而返后始终渴求成功，憨实而质朴的张家口交通人在与时间和困难的角力中笑到了最后。2007年4月26日，全长164公里的张承高速公路举行隆重的开工奠基仪式，成为张家口十年来建设的第七条高速公路。

人们不禁要问，一个经济实力和发展水平都居于全省后列的地区，何以能够在交通基础设施建设方面独树一帜？透过眼前绚烂的花环和荣誉，触摸过往岁月中沉积的斑驳足迹，张家口交通人推进跨越式发展的执著和坚毅，让人心悦诚服、感慨丛生。

——发展理念的跨越。对于经济欠发达地区有没有发展最先进基础设施的现实可能性，最初张家口交通人是存有疑问的。环视周边地区日新月异的发展气象，反观自身四平八稳的沉闷局面，交通局领导班子经过深思熟虑，发出了振聋发聩的声音：“条件滞后，观念不能落后；进程艰难，思想不能畏难；经济不行，交通可以先行。只要我们自身想干事、能谋事，落后地区同样可以快人一步、先人一招、有所作为。”正是靠着这样的理想情怀和坚定信念，张家口交通人以宽广的视野和雄浑的气魄，按照“竣工一批，建设一批、运作一批、储备一批”高速公路建设思路，计划再用5～10年时间，使我市高速公路总里程达到1 000公里，比2007年翻一番。

——发展模式的跨越。作为一个经济欠发达地区，干事创业面临的首要难题就是资金。争取上级投资固然是一条捷径，但在项目和资金都十分有限，各地竞相出击、僧多粥少的局面下，竞争力先天不足的贫困地区无疑会处在下风。要想后来居上，获得超常规发展，就必须摆脱单纯依靠上级投资的局面，趟出一条自做业主建设高速公路的新路子来。敏锐把握了这一发展方向的张家口交通人积极借助有利的政策机遇，开始大刀阔斧地跃进。他们广泛动员、广开思路，广结善缘、广辟财路，一面通过向上要政策，解决好项目资本金问题；一面通过向外谋对策，放手与金融机构合作，自主筹集建设资金上百亿，有效地破解了资金瓶颈难题，为全市高速公路建设提供了源源不竭的发展动力。

——发展步伐的跨越。从2002年第一次自做业主建设高速公路以来，张家口在短短5年内已经上马了五条高速公路。对于这样令人赞叹的发展速度，张家口交通人有着自己的独特理解：作为全省的落后地区，张家口不能以常规的速度发展自己，否则会面临被边缘化的危险。只有三步并作两步，以快补晚，才有可能追上自己的竞争对手。秉持这样的信念，只争朝夕的张家口交通人在项目运作和工程建设中呕心沥血、全力以赴，一刻不敢放松，一丝不敢懈怠，也因此谱就了一曲又一曲华彩迭出的乐章。丹拉高速在遭遇“非典”的特殊背景下如期实现竣工通车。张石高速从原规划2010年以后的项目挤进了全省2003～2007年建设计划；从原计划2007年开工提前到2004年建设；从原计划46公里的建设规模扩大到90公里；在河北省同期项目中第一批获得国家发改委确认；在第一批被确认的项目中第一个实现开工建设;在同期开工项目中第一个实现竣工通车。京化高速在未能列入全省高速公路网规划的情况下,历史性地实现了当年立项、当年开工。为了使地方经济建设和社会发展能够早日受益,全市高速公路项目的建设工期普遍缩短半年至一年,城市快速路更是将正常情况下至少需要三年的工期缩短到一年完成。

这一个个极富冲击力和震撼性的事实明白无误地告诉我们,历经十年的艰苦砥砺,“跨越”早已成为一种基因,永远熔铸在张家口交通人的血脉中,历久而弥劲。

围绕建设高速公路,张家口交通人凭借后来居上的激越梦想和自我变更的超凡勇气,在制度和管理创新方面取得了一系列重要的突破

越是以挑剔的眼光来全方位审视张家口的高速公路建设,越是会被其中不断闪现的亮点所打动。在张家口交通人的悉心抚育下,高速公路建设早已突破了简单的工程范畴,成为一处集管理创新和制度创新于一身,既充分活跃又高度和谐的试验地和演兵场。

高速公路建设规模恢弘、投资巨大,招投标工作一直是备受社会关注的焦点。如何最大限度地实现公开、公正、公平,为高速公路建设的持续健康发展提供可靠的制度保障,始终是张家口交通人积极思考和着力突破的靶点之一。在上级有关部门的指导和支持下,张家口交通人以无私无畏的勇气,义无反顾地走在了制度探索和模式变革的前沿,积极而又稳妥地推行了一系列改革。一是全面实施委托代理,让自己说了不算。他们明确提出“业主零权力”的口号,对项目设计、施工、监理、咨询、工程材料、设备采购等事务,一律委托具有相应资质的中介公司代理招标,从而彻底排除了行政权力的干扰,为所有竞标主体提供了平等参与的平台;二是全面推行信息公开,让过程公之于众。从发布招标公告、标段划分一直到开标、评标的整个过程,及时在“河北省招投标信息网”等指定媒体进行全面、及时的发布,从根本上解决了困扰投标企业的信息不对称问题;三是全程实施联合监督,让暗箱无所遁形。主动邀请纪委、检察院、公证处、新闻媒体和上级招投标主管部门全程参与项目的招投标工作,实施全方位的过程监督和程序把关,业主主动实行回避,最大限度地消除了暗箱操作的可能,进一步提升了招投标结果的社会认同度;四是全力推行随机抽取标段和无标底招标办法,让围标、串标不再可能。通过实行随机抽取标段,同时在平均报价的基础上设置随机系数,增加标段和标底的双重不确定性,使围标的可能降至最低;五是全面改革评标办法,让评审更加公正。取消了商务评审中的专家评分环节,完全剔除了评标过程中的人为操作因素,使结果具有更强的公信力。自 2002 年自做业主建设高速公路以来,张家口先后完成合同总价近 200 亿元的施工、监理招标,却没有因此引发一起投诉业主事件。在河北省交通厅和发改委招投标管理中心专家的眼里,张家口在招投标方面真正实现了“一翻牌、两瞪眼”的理想效果,创造了多个“第一”,为全省高速公路招投标制度的改革和完善提供了有益的启发和借鉴。

良好社会反响激发的自信使张家口交通人的胸襟更加坦荡、气度更加开阔、步伐更加坚定。以招投标机制的改革为契机,张家口交通人在权力公开化、程序透明化、运行规范化的轨道上执著追求、一路前行,以自己的真诚和务实赢得了广泛的尊重和赞誉。2005 年,根据河北省交通厅的统一部署,张家口所有在建高速公路项目全部推行了“十公开”,即建设计划、项目审查管理、招标投标、征地拆迁、施工管理、设计变更、质量监督、资金使用、竣工验收和建设市场管理的公开,使整个高速公路建设管理的全过程更加彻底和更为开放地坦陈在公众面前,成为权力运行的“玻璃屋”和“无菌室”。

开放的理念、坦诚的姿态、务实的举措为张家口的高速公路建设赢取了来自社会方方面面的积极回应和热切关注。在各级政府、有关部门和沿线群众的协力助推下,一向以难度著称的工程征迁工作由于补偿公平、操作公正、过程公开而成为凝聚人心、汇聚人力、实现人和的顺畅渠道和难得平台。十年来,张家口从未因工程征迁受阻而影响工程建设大局。许多前来张家口视察和观摩的领导与同行都对张家口宽松的施工环境表示出由衷的赞叹。张家口交通人以自己深入的民本理念和高度的政治敏感使服务经济建设和助力和谐社会的目标得到了有效统一与完整融合。

日新月异今胜昔,天翻地覆慨而慷。回望十年来的波澜壮阔,回味十年间的峥嵘坎坷,张家口交通人背负崇高的历史使命,孜孜前行、不负重托,以一双手、一腔血,换来张垣大地条条通途、满目春光。

雄关漫道真如铁,而今迈步从头越。面对千载难逢的盛世机遇,心牵万千父老的福祉寄托,豪情满怀的张家口交通人唯有栉风沐雨、胼手胝足,继续自己没有止境的追求、没有终点的事业。

一、宣大高速公路

宣大高速公路东起我市宣化县小慢岭,与京张高速公路相接,西至我市阳原县北梁与京大高速相连,路线全长127.023公里,是张家口市境内建设的第一条高速公路,同时也是河北省第一条山区重载高速公路。

宣大高速公路是我市和西北内陆省份通往首都北京及东部各省市的重要运输大动脉。原有的宣大公路是20世纪70年代修建的三级油路,20多年来,由于超期使用,交通流量成倍增长且重载车辆多,经常造成堵塞和事故频发,严重制约着我市煤炭资源开发和晋煤东运及西部省区的经济发展,修建宣大高速公路迫在眉睫。

1995年5月张家口市正式对外开放。改革开放的形势需要大发展、快发展,交通基础设施的发展更需要先行一步,在这种情况下,张家口市委、市政府抢抓机遇,把修建宣大高速公路当作我市开放后的第一件大事,紧紧抓在手上,通过积极努力,终于将宣大高速公路列为河北省1996年开工修建的六条高速公路之一。

宣大高速公路前期筹划、建设和相关工作由市交通局组织人员和技术力量进行,作为张家口市修建的第一条高速公路,张家口交通人面对线路长、投资大、没有建设高速公路的经验等诸多困难,不向困难低头,勇于解放思想,创新管理,为工程的早日开工建设做出了重要贡献。1998年4月,河北省交通厅将宣大高速公路管理权收回,宣大高速公路正式纳入省高速公路管理局管理。

宣大高速公路于1997年5月正式开工建设,为双向四车道、全封闭、全立交高速公路。其中平原微丘区路基宽26米,设计时速100公里/小时,山岭重丘区路基宽24.5米,设计时速80公里/小时。全线设特大桥3座,大中桥69座,小桥涵484座,互通立交6处。2000年12月26日,宣大高速公路全线建成通车,工程总投资38.6亿元。

宣大高速公路,最高海拔1250多米,落差400余米,地形变化大,地质条件复杂。针对工程建设过程中的特点和难点,工程管理部门大量使用新技术、新工艺、新材料,成功修建了全省高速公路第一座预应力混凝土桁架组合拱架——海儿洼大桥和河北省第一座不等跨、变截面连续刚构大桥——党家沟大桥。

宣大高速公路的建成通车,不仅实现了张家口市高速公路零的突破,开创了张家口市高速公路建设的先河,而且为张家口市高速公路的建设和发展,拓展了思路,总结了经验,具有重要的带动示范作用和创新意义。从此,张家口市公路建设事业进入一个新的发展时期。

二、京张高速公路

京张公路是国家重点主干线,是西北各省区同京、津及沿海港口和内地各省、市经济交往的咽喉要道,也是晋煤外运的主要通道之一。京张公路对我市经济文化发展尤为重要,由于车流量的逐年增多,京张公路堵车现象日趋严重,不堪重负。特别是随着北京一八达岭高速公路的开通,宣大高速公路的开工建设,使得京张路段成为交通"瓶颈"。尽快修建京张高速公路已迫在眉捷。

市委、市政府十分重视京张高速公路的修建,时任张家口市委书记的冯文海在1996年11月19日召开的京张高速公路专题办公会上强调:要想富民强县兴市奔小康,要想步入河北省经济发展的快车道,要想改变贫穷落后面貌,上台阶建强市,必须搞好公路交通基础设施建设,特别是交通主干线,尤其是京张高速公路,这是交通基础的基础,关键的关键。他还提出了四点要求:一要统一认识,形成共识,明确目标。修建京张高速公路是市委、市政府的死命令,是全市人民的迫切要求,是张家口市的致富路、形象路、翻身路,更是我市经济和社会发展的生命路,此路开通,我市不开自放。市交通局要将其作为本单位的头等大事,抓紧抓好,全力以赴,把这条路挤进国家计划之内。二要日夜奋战,精心准备,完善程序。要把前期准备工作做细、做扎实，补充进入国家交通部、国家计委的立项。三要领导挂帅，调兵遣将，跑部进省。四要严格组织，协调各方，确保成功。市委、市政府要亲自抓这项工作，并成立京张高速公路建设指挥部。各相关部门要全力以赴，真抓实干，密切配合，推动项目早日开工建设。

在市委、市政府的亲自领导和关怀下，经过各方的积极努力，得到了国家有关部委和省及有关部门的大力支持，京张高速公路项目迅速得到落实。1998 年 7 月 31 日，中国华能集团公司、河北省公路开发有限公司、张家口市公路开发公司在秦皇岛签署了河北华能京张高速公路有限公司章程，共同投资建设京张高速公路。1998 年 8 月，京张高速公路被国务院列为当年加快建设的新开工项目。同年 9 月 25 日，召开京张高速公路建设领导小组会议，决定京张高速公路一、二期工程均按四车道设计建设，工程总投资 30 亿元，该项目在 10 月份开工建设。

京张高速公路西起宣化小慢岭，分别与京张一级路及宣大高速公路相连，东至冀京界与北京八达岭高速公路衔接，路线全长 79.189 公里，双向四车道，全封闭，全立交。设计时速平原微丘区 120 公里/小时，山岭重丘区 80 公里/小时。为适应重载交通的需要，上下行车道分别采用不同的路面结构层厚度。整个工程分两期建设：一期工程宣化至土木段全长 51 公里，于 1998 年 11 月 8 日正式开工建设，2001 年 6 月 28 日竣工通车；二期工程土木至冀京界，全长 28.189 公里，其中跨越官厅水库特大桥一座，于 2000 年 9 月 8 日正式开工建设，2002 年 11 月 28 日竣工通车。京张高速公路是河北省山区高速公路建设标准最高、施工难度最大、地形结构最复杂、相对工期最短的项目之一。全部工程被河北省公路工程质量监督站质量鉴定和交工验收委员会评为优质工程。

京张高速公路是张家口境内的第二条高速公路，它的建成，大大缩短了北京与张家口的运行时间，汽车行使由过去的 4 个多小时缩短为 2 个小时。为完善张家口的区域路网，促进经济和社会发展，为改善投资环境及旅游开发，扩大对外交流，沟通西北与京津及沿海地区的物资文化交流发挥了重要作用。

三、丹拉高速

丹拉高速宣化至老爷庙（冀蒙界）公路工程项目，东起张家口市宣化小慢岭与京张高速相接，途经我市宣化区、宣化县、桥西区、高新区、万全县、怀安县、尚义县三区四县，西至冀蒙界内蒙古老爷庙，主线全长 99.4 公里。它是继我市境内京张高速、宣大高速之后，由张家口市第一次自做业主修建的第三条高速公路。该项目是交通部规划的“五纵七横”国道主干线、河北“十五”公路建设规划的重要路段，是京津地区及东部沿海地区与西北部经济区联系的重要运输通道和西北地区的重要出海通道。丹拉高速宣化至老爷庙（冀蒙界）分为两段：宣化小慢岭至下八里段新（改）建工程全长 10.848 公里，2004 年 7 月 22 日通车；下八里至老爷庙（冀蒙界）新（改）建工程，全长 88.938 公里，2005 年 10 月 7 日通车。丹拉高速宣化至老爷庙（冀蒙界）全线采用双向 4 车道高速公路标准建设，路面宽度 28 米，沥青混凝土路面，全封闭，全立交，设计时速 100 公里/小时，共建大桥 1 317 米/6 座，中桥 769 米/55 座，互通立交桥 4 座，设主线收费 1 处，匝道收费站 5 处，服务区 2 处，停车区 1 处。该项目工程的资金，由交通部和河北省以及当地政府投入的资本金和国内商业银行贷款构成，概算投资 21.7 亿元人民币。对于该工程建设项目，省、市领导十分重视，市政府成立专门机构协调公路建设工作，并多次亲临施工第一线现场办公，协调沿线有关土地、交通、交警等部门，为工程建设创造了良好的施工环境。各施工单位克服工期短、任务大、质量要求高和原材料涨价的重重困难，按期保质保量完成了任务。

四、张石高速

张石高速公路张家口段北至冀蒙交界，南至蔚县和保定涞源县交界，途经张北、万全、高新区、宣化县、阳原县、蔚县 6 个县区，全长 255 公里，预计总投资 90 亿元，计划工期为 7～8 年，分三期建设完成。

一期工程张北至旧罗家洼段，全长 90.219 公里，概算总投资 28.358 亿元，2006 年 12 月 10 日通车；

二期工程化稍营至保定界段，全长 76.9 公里，概算总投资 41.476 亿元，2008 年底建成通车。

一、二期均为双向 4 车道，全封闭、全立交。

五、张承高速

张承高速公路是河北省高速公路网布局“五纵、六横、七条线”中高速公路建设项目的重点工程。主要控制点在张家口市、崇礼县、沽源县、丰宁县、承德市，全长369.103公里，其中张家口市是164.5公里。

张承高速一期工程张家口至崇礼段，起点位于太师湾村东，丹拉高速公路张东互通东南约3公里处，新建枢纽互通与丹拉高速连接，终点崇礼县城北，路线全长62.078公里。该路段采用双向四车道建设标准，设计速度80公里/小时。2007年4月26日，张家口至崇礼段开工奠基，项目概算总投资37.7亿元，预计2009年建成通车。

张承高速公路的建设对于改善河北省及张家口市路网结构，发挥“东出西联”的桥头堡作用，加速张家口融入环京津经济圈，带动沿线经济实现跨越式发展具有十分重要的意义。

六、京化高速

京化高速公路是北京至张家口间又一条高速新通道，与京张、张石、宣大高速公路以及多条国省干线相连接，共同构成连接京津、沟通晋蒙的一条快速、高效的重要经济干线，也是2008年北京奥运的必然选择。

京化高速公路起点位于怀来县北辛堡村京冀界，终点宣化胶泥湾与张石高速公路连接，全长94.255公里；一期工程京冀界至土木段21.653公里，双向4车道，概算投资14.503 8亿元；一期工程2006年12月10日开工建设，计划2008年北京奥运会开幕前通车。二期工程土木—洋河南段及支线洋河南—胶泥湾段72.602公里，双向6车道，投资估算约为40.702 6亿元，计划2010年底竣工通车。

京化高速公路是全省2006年度唯一当年立项、当年开工的高速公路项目。

七、城市快速路

城市快速路是市委、市政府确定的2007年城市建设重点工程。这是市交通局第一次承担城市道路的建设任务。

城市快速路全线分为东环线、西环线、张石高速公路张家口连接线和北环线。目前除北环线完成预可行性研究专家评审工作外，其他三条线路(全长26.58公里)已全面开工建设。

城市快速路路线长34.19公里，预算投资16亿元，工程设计标准为半封闭全立交城市快速路，设计速度为60公里/小时。

城市快速路是张家口城市道路建设史上“路线最长、规模最大、投资最多、规格最高，对经济社会影响最大”的重点工程、民心工程。市委、市政府对工程提出了“当年规划、当年设计、当年施工、当年通车”的要求。面对如此艰巨的任务，按照市委书记宋太平提出“奋发有为、真抓实干；团结奋进、战胜困难；科学施工、创造奇迹”的指示精神，交通人迎难而上，勇挑重担，以超强的毅力和奉献精神，实现着张家口市人民的梦想和愿望。

八、高速公路建设方兴未艾、前景广阔

在建设好以上高速公路的基础上，张家口还有一批加紧进行前期并积极谋划开工的项目，全市高速公路建设发展呈现出方兴未艾、前景广阔的喜人局面。

1. 张石高速公路三期工程项目

2007年9月10日，张石高速公路三号地(冀蒙界)至张北段，获国家发改委批复正式立项(发改交运[2007]2270号)。该工程起自冀蒙交界三号地村西一公里处，沿国道207线由北向南布设，途经九连城、察北管理区、郝家营、蔡家庄，终于一期工程起点，全长约57公里。全线采用双向四车道高速公路标准建设，设计时速100公里/小时，估算投资17亿元，计划于2010年前建成通车。张石高速公路三期工程的实施，将在完善我省高速公路网络，构筑冀蒙两省区间又一条便捷的高速公路通道，加强两省区经

济社会联系，改善区域交通条件，促进沿线地区资源开发和经济社会协调发展等方面有着重要作用。

2. 京化高速公路二期工程项目

本项目位于河北省北部张家口市中南部，途经张家口市怀来县、涿鹿县、下花园区、宣化县一区三县。项目起点位于土木镇西，顺接京化高速公路一期工程京冀界至土木段终点土木枢纽互通，途经太平堡、大黄庄、隆伏寺、响水铺、沙圪塄、北辛庄、甘庄子、沙地房，在西甘庄和塔儿村之间与张石高速公路一期工程连接。路线全长约72.602公里，估算投资40.7亿元，其中起点至洋河南段采用双向六车道高速公路标准建设，设计时速100公里/小时。计划于2008年底开工建设，2010年建成通车。京化高速公路二期项目的实施，既是推进河北省"建设沿海经济社会发展强省"战略，打造张家口市"东出西联"桥头堡，拉动地区经济增长的需要，也是缓解京张公路通道运输压力，便捷晋煤东运，带动内蒙及西部省区经济发展的需要。

3. 张承高速公路二期工程项目简介

张承高速公路是河北省"五纵、六横、七条线"高速公路网布局规划的组成部分，在河北省高速公路网中有着重要的作用。2005年1月27日省长办公会将张承高速公路补充列入《河北省2003年至2007年高速公路建设计划》；并确立为河北省"6＋1"高速公路建设项目，路线方案于2006年4月17日被省政府批复。

张承公路二期工程崇礼至沽源（张承界）段起自崇礼县城北侧，与张家口至崇礼段顺接，沿清水河东岸向北经白旗、南山窑、狮子沟，翻越十一号梁，向东北经老虎沟、西坝、东辛营，在五甲地水库上游通过，向东北经黑土洼、后滩，跨葫芦河、平定堡河，在小南营和义合成之间跨宝平线，路线向东在长梁以北4公里处通过，在小二号村北进入承德境内，与承德境内规划路线连接，张家口境内路线全长约101.7公里，估算投资38.286亿元。

张承高速公路张家口至承德界路线方案已经省政府一次批准，将分期实施，计划在2008年初启动，力争在2008年内完成项目前期工作，在2009年初实现张承二期工程的开工建设，2011年竣工通车。

4. 张（家口）涿（州）高速公路项目简介

张（家口）涿（州）高速公路，起于张家口市涿鹿县城北，与（北）京化（稍营）、京张高速公路连接，向南沿北京界西侧选择有利地形布线，途经张家口的涿鹿与保定的涞水、涿州，在涿州市区南与张石高速廊涿支线相接，路线全长152公里，估算总投资约89.377亿元。其中，张家口境内段75.1公里，估算投资约41.995亿元。

规划建设张涿高速公路，能够使西北内陆及张家口地区去往华北、天津沿海方向的车辆彻底避开北京的交通管制，运营里程又不过长增加，将形成一条西北内陆及张家口地区通往华北、天津沿海的便捷通道，不但能够有效缓解京张通道的交通压力，而且也能改善西北及张家口地区进京的交通条件。

5. 鄂尔多斯至秦皇岛煤炭出海通道张家口段高速公路

该项目起自尚义县哈拉沟冀蒙界，与内蒙古规划的兴托煤炭运输公路相接，终于沽源县西辛营，与规划的张承高速公路连接，穿越尚义、张北、沽源三县，途中与规划建设的桑张铁路、张石高速公路三期工程和张化高速公路相交，全长155.566公里，计划投资53.48亿元，采用双向四车道高速公路标准建设，设计时速100公里/小时。目前正在申报立项。计划于2009年开工建设，2011年建成通车。

第二节　国省干线公路

和谐交通是建设与管理的协调、建设与运输的协调、不同运输方式的协调、公路路网中不同等级公路的协调的共同架构，和谐交通、和谐路网是经济社会可持续发展、和谐发展的重要基础与前提，随着经济发展步伐的加快，加强国省干线公路建设，毋庸置疑是构建"和谐交通"的精髓，更是每一位心系张垣发展大局的交通人内心深埋的一份责任。

10年间，国省干线公路建设实现了快速发展。

1996～2006 年，对于承担全市国省干线公路新改建重任的交通人来讲，是不平凡的 10 年，是难忘的 10 年。在任务重、人员少的情况下，交通人以“创建优良工程，服务奉献社会，构建和谐交通”为主题，漂亮地打胜了一次又一次的攻坚战。

10 年来，市局通过积极争取和不懈努力，先后对 4 条国道、14 条省道进行了新改建，共完成国省干线公路新改建工程 50 多项，完成工程建设总投资 48.297 亿元(图 1-1-1)，通车总里程达 1 441.788 公里(图 1-1-2)(不含支线)，其中，一级路 28.67 公里、二级路 923.298 公里、三级路 489.82 公里，所完成的工程建设项目全部达到优良标准，全市干线公路建设呈现出发展速度快、通车里程长、建设质量高的喜人局面，其中，赤城、张北、沽源、蔚县等全市半数以上县域实现了干线公路通车里程突破百公里。

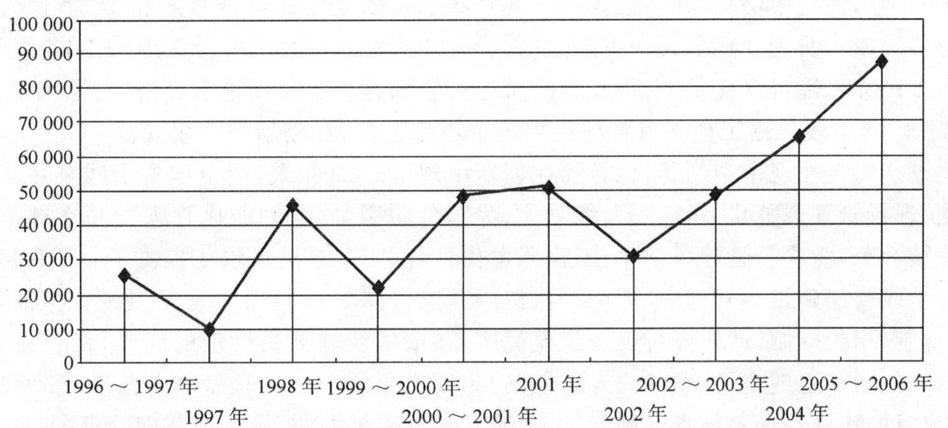

图 1-1-1 张家口市 1996～2006 年国省干线公路新改建工程完成投资示意图(单位:万元)

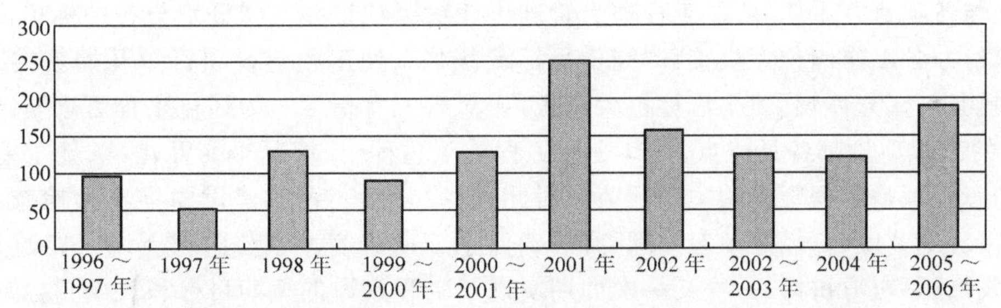

图 1-1-2 张家口市 1996～2006 年国省干线公路发展对比图(单位:公里)

——10 年间，交通人曾用 2 年时间完成了 5 年的干线公路建设任务；

——10 年间，高质量完成了 50 多项干线公路建设项目；

——10 年间，1 000 多公里国省干线得到新改建；

——10 年间，全市告别了国省干线砂石路面的历史；

——10 年间，全市所有县区全部通达二级以上高等级公路；

——10 年间，全市“四横三纵一线”干线公路网主骨架业已形成，张家口境内初步建成“2 小时公路圈”；

——10 年间，交通人用跨越的速度，实现着干线公路通车里程跨越的愿望、诠释着“张家口发展有交通人一份”的深沉责任。

10 年来特别是近几年来，交通建设事业走在了全市各项事业发展的前列，可谓实现了“率先跨越”，所取得的成绩以及成绩中所蕴含的成功做法也得到了各界的一致认可。“跨越的成果源于跨越的实践，跨越的实践离不开跨越的基础和前提，而包括国省干线公路建设在内的交通建设既是跨越的实践，同时也是跨越的重要基础和前提”。这对于交通事业来讲，无疑提出了“率先跨越”的要求，而已经习惯了站在时代前沿、意识前沿运筹事业发展的交通人不但有这样的意识，并且善于将理念转化为科学实践。10 年来，市交通局超前谋划、抢抓机遇、快速运作，无数次地到交通部和省交通厅汇报、请示、说明情况，积极争取国省干线新改建项目。因为心系张家口发展大局，因为拥有建设张家口、发展张家口的满腔真诚与热情，交通人与部厅领导和相关部门、与市委、市政府主要领导拧成了一股绳、共同谋划项目、共同争取项目，形成了一股势不可挡的冲力，给了交通人前进的动力、勇气和信心。省道宝（昌）平（山）线冀蒙界至赤城段二级公路改建工程，经交通人的不懈努力，2004 年批准立项，2005 年下半年列为河北省公路建设计划，挤上了全省“十五”计划的末班车。该工程全长 113.87 公里，预算总投资为 6.15 亿元，是张家口市乃至全省一般干线公路建设史上规模最大、投资最多、建设速度最快的一条省级公路。随着公路建设的发展，张家口封闭、落后、保守的状况将成为历史，人们的思想解放，观念的更新，步伐的加快将会更加有力地推动我市改革开放和经济建设的发展。2000 年前京张、宣大高速和 109、110 国道的建成通车让人为之一振，据有关经济专家论证，这 4 条路投入运营后，到 2015 年，每年通过它可多运煤炭 3 000～4 000万吨，使我市增加 50 多亿元的工业产值，20 多亿元的运输收入和 10 多亿元的财政收入，同时每年可节约成本费用 8 亿多元。正是共同的真心与诚心，一次又一次地印证了各级领导者的决策是站在全市人民和百姓群众立场上，领导者的所思所想都是为了发展地方经济，为了人民的幸福生活。

10 年间，国省干线公路工程项目管理在规范中不断创新、在创新中持续规范。

交通建设既需要在规范中创新，也需要在创新中规范。10 年来，全市国省干线项目建设，突出项目管理制度化、现场管理规范化、责任到人细分化、奖惩分明激励化的“四化管理”，并在规范中不断创新、在创新中持续规范，为项目管理科学化、工程质量优良化、工程进度最快化提供了有力保障。

在国省干线公路建设与管理中，市局严格按照国家公路工程管理的法规、条例，积极贯彻执行项目报建制、审批制、招投标制，严格履行工程建设程序，在依法实施项目管理的同时，逐步完善内部各项基础管理制度。先后建立健全了“项目法人责任制”、“国省干线公路工程管理办法”、“工程项目财务管理办法”、“各项目办年度目标考核责任制”、“工程质量考核奖惩办法”等多项基础管理制度，有力地促进了各项工作开展；大力推行全员风险抵押承包责任制，每年初，市局与项目法人签订“年度项目管理责任书”，项目法人与各项目办主任签订“工程项目管理责任状”，项目办主任分别与各中标单位签订“工程承包合同”、与项目办各工作岗位人员签订“岗位目标责任状”，使工程建设项目一开始就纳入了规范管理和目标考核的轨道，充分体现了“千斤重担大家挑，人人肩上有指标”，为强化工程管理奠定了坚实基础。10 年来，每年的工程项目都各具特点，尤其是在工程施工过程中，情况千变万化，条件千差万别。因此，抓好工程的动态管理是工程管理的关键环节。对此，干线公路工程在建设中推出勤检查、勤调度、勤评比“三勤”举措，从细节做起，抓好动态管理，有效确保了工期进度。参与国省干线公路建设的所有管理者、建设者自我加压，奋勇拼搏，一次又一次如期实现了工程建设的短期目标和长期目标。

国省干线公路在路网体系中发挥着不可替代的重要作用，其意义不仅仅在于道路建设本身，还蕴涵于公路建设管理中的思路、理念、技术、工艺，体现着一个区域的能力与实力。为了实现条条公路创建优良工程的目标，10 年来，全市在干线公路建设中始终将质量管理作为中心环节紧抓不放，坚持管、控、监、保的“四字方针”，力求工程质量年年都有新突破。

——抓质量不忘预防在先。把工程质量管理的重点，优先放在施工单位，优先放在施工人员的思想上，优先放在预防上。选择施工队伍、选择用料、使用机械设备和检测仪器各个环节，决不让一个“隐患”过关；每年在开工前，各项目办都对工程管理人员、施工人员和监理人员进行工程技术交底和质量意识再教育，使所有参建人员始终牢牢绷紧工程质量这根弦；各项目工程开工后，在每一道工程工序进行前，先分析找出容易出问题的环节，制订出《工程质量保证措施和实施方案》后再施工，有效地做到了预防在先。

——抓质量不断改进施工工艺。10 年来，全市在国省干线各项工程建设中，自我加压，以提高设计、施工质量和管理水平为目的，不断加大科技投入，开展了广泛的科学研究，及时引进先进技术、设备材料及施工工艺，收到了良好效果，新技术、新工艺、新材料在公路工程中的推广应用，体现出了提高效率、增强质量、节省资金的科技创新的巨大优势和特点。1999 年，109 国道尢家园至祁家皂段涿鹿青杨树和马圈中桥，是最令人瞩目和最让公路建设者引以自豪的两座箱形拱桥，无论外形设计还是内在科技含量，堪称河北第一座；2001 年，省道下广线蔚县涧楞大桥通过改进墩柱、下系梁和盖梁施工工艺，竣工后的大检查，合格率为 100%，优良率为 99%，质量评为全省第一。

——抓质量严格四级质检。强化和提高项目办作为业主的质量意识，搞好施工单位的自检；充分发挥监理工程师驻地办和驻标监理人员在质量控制中的决定性作用；高度重视政府监督的权威性。严格的“四级质检”制度使工程质量稳中求进，如今，严把工程质量关已成为每位公路建设者的自觉行动。

——360°的质量保证体系确保了把高质量的干线公路交给全市人民。

“没有的路有啦！”

“原有的砂石路变宽了，变成柏油路啦！”

“不足一两公里的隧道取代了过去十几公里的盘山路，里程缩短了，效率提高了，百姓出行方便了！”

“干线公路的延伸，让远在‘天涯’的人似乎近在咫尺！”

“干线公路快马加鞭的建设，让我们致富‘有道’啦！”

百姓为全市干线公路日新月异的变化而兴奋欢呼，为全市经济因此正在发生的巨变以及未来将要发生的翻天覆地的变化而自信、自豪。这是交通人所期盼的、希冀的、追求的，这是交通人心之所系、情之所牵、利之所谋。“选择了远方就选择了日夜兼程”，10年来，交通人带着张垣人民实现经济腾飞的美好夙愿，捧着“当好经济发展先行官、发展和谐交通”的信心与责任，携着“敢教日月换新天”的毅力与气魄，行走在抢抓机遇争取干线公路项目、精益求精建好干线公路、全力以赴管好干线公路的征程中，在奋进的道路上没有松懈过一分一秒，没有停歇过一时一刻。10年来，50多项国省干线公路工程的立项、建设、通车，凝结了决策者的开阔眼界和过人智慧，熔铸了参建单位和广大建设者的辛勤汗水和满腔赤诚，也饱含了公路沿线人民群众的满心欢喜和无限企盼。50多项国省干线公路工程的立项、建设、通车，为全市改革开放和经济建设提供了更加坚强有力的基础保障，为张家口市更好地依托区位、交通、资源、产业等诸多优势，加快经济发展步伐开辟了更为广阔的天地。

第三节 地方道路(农村公路)

农村公路包括县道、乡道和村道，是公路网的重要组成部分，它起着连接高速公路、干线公路与乡镇、村庄及旅游点的作用，是直接服务于广大农民和农村经济的基础性设施，也是沟通农村人流、物流、信息流的重要载体。因此，交通部部长李盛霖在2007年全国农村公路工作电视电话会议上强调指出：“农村公路连接的范围广，服务的人口多，对整个国民经济和社会发展具有重要作用；农村公路是直接服务农业生产和农村商品流通的重要基础设施，对建设社会主义新农村具有直接的促进作用；农村公路是直接服务农民群众安全便捷出行的最重要的交通方式，在一些地方甚至是唯一的方式，是交通部门服务人民群众最直接的体现。”

张家口市是一个农业大市，农村人口占全市总人口的70%，13个县中有10个为国家级贫困县，经济相对落后。而制约经济发展的一个重要因素就是农村公路发展滞后。经济要发展，交通需先行。多年来，市委、市政府和市交通局审时度势，以造福广大民众为己任，将农村公路建设与全市开展的“文明生态村建设”、“千村经济振兴”活动和扶贫开发紧密结合起来，并放在同高速公路和国省干线公路建设同等重要的位置来抓，科学谋划，合理规划，强化组织，狠抓管理，使全市农村公路发生了日新月异的变化。特别是1996年至2006年的这10年，是张家口市农村公路建设史上发展最快、最好的10年，也是全市农村公路工作创造辉煌的10年。

十年风雨兼程，十载春华秋实。10年间，全市广大农村公路建设管理者在市委、市政府、省交通厅和市交通局的正确领导下，在各县区政府和有关部门的大力支持和配合下，同心同德，众志成城，开拓创新，攻坚克难，积极投身于富民强市的伟大实践，走过了非凡历程，取得了巨大成就，积累了宝贵经验。

一、农村公路建设10年成就

10年来，张家口农村公路建设得到长足发展，取得了令人瞩目的成绩。1996年前，全市仅有农村公路3 706公里，部分乡村仅靠几条羊肠小道与外界联系，道路崎岖难行，农民群众出门办事十分不便。

到 2006 年底，全市农村公路总里程突破了 17 199 公里(图 1-1-3)，位居全省第二。其中县道 29 条 1 847 公里，乡道 306 条 6 781 公里，村道 2 213 条 8 571 公里，分别是 1996 年的 6.2 倍、4.2 倍和 5 倍。10 年修建公路 13 493 公里，是建国以来至 1996 年 48 年间建设总里程的近 4 倍；公路网密度为 0.465 公里/平方公里，是 1997 年的 3.3 倍，全市路网中有 80%以上是农村公路；一举实现了 100%县县通油路、100%乡乡通油路、100%具备通车条件的行政村通公路和 66%行政村通油(水泥)路的四大突破；万全县在全市率先实现了 100%行政村通油(水泥)路的建设目标；全市公路等级不断提高，列养公路好路率达 60.35%，路产路权得到了进一步维护，为方便农民安全出行，发展农村经济，加快农民致富步伐提供了强有力的交通支撑。如今，柏油路修到了村头，公交车开到了家门口。想去县城，最远的一个小时就能到，想到市区，不超过两小时路程。路通了，最高兴的当然是农民群众，农村的糯玉米、小米、杏扁、核桃、野菜等土特产品源源不断地走出大山，运往全国各地，远销海内外。菜农、果农数着大把的钞票，乐得合不拢嘴。便捷的农村交通网络，有效地促进了全市农村经济的跨越式发展。

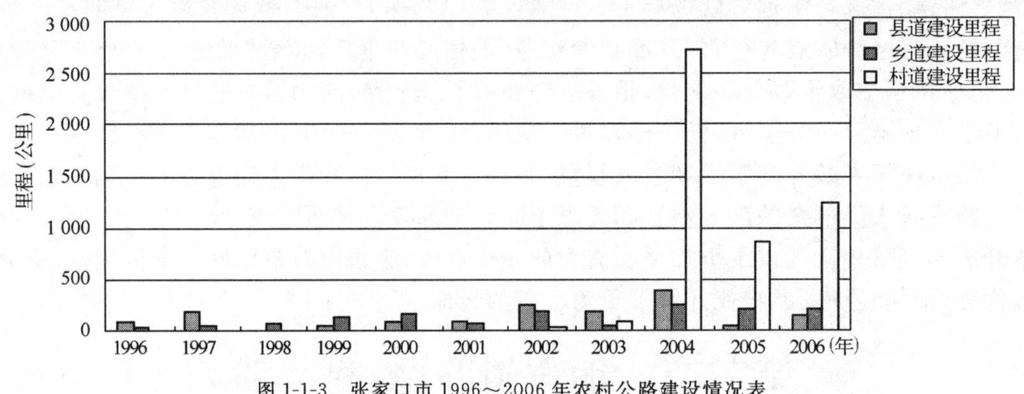

图 1-1-3 张家口市 1996～2006 年农村公路建设情况表

1. 县乡公路建设发生了质的飞跃

县乡公路是农村公路的主框架，是沟通各县区和各乡镇的主要通道，也是农民群众实现脱贫致富梦想的重要途径。1996 年以前，张家口市县乡公路覆盖面小、技术等级低、通行能力差，严重阻碍了农村经济发展的进程。要想富，先修路。1996 年以来，市交通局高度重视县乡公路的建设和发展，从规划设计、工程勘察、征地拆迁、招标投标、资金筹集、工程实施、质量控制、进度管理到竣工验收，环环相扣，严格把关，打造了一大批优质县乡公路。10 年来，全市先后修建了县道白郭线、白白线、涿黑线、三馒线、孟涞线、永芦线、后洗线、白四线、九邓线、康白线、小云线、大朝线、宇一线、毫沽线、牧闪线、洋新线和乡道套东线、东马线、上大线、土黄线、夏小线、左怀线等百余项工程建设项目，使全市县乡公路的发展实现了翻天覆地的变化。在 1996 年全市县乡公路里程仅有 1 903 公里、其中县道 299 公里、乡道 1 604 公里、且大部分为四级砂石路或等外路的情况下，到 2006 年底，全市县乡公路总里程已达 8 628 公里，是 1996 年的 5 倍，实现了县县通油路和乡乡通油路的建设目标(图 1-1-4)。

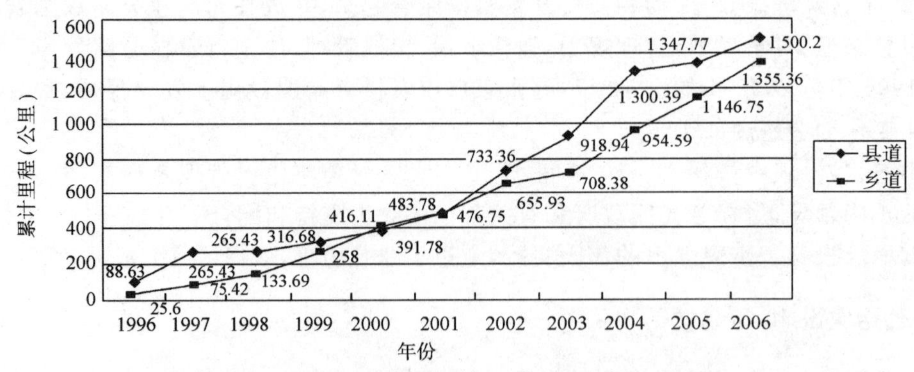

图 1-1-4 张家口市 1996～2006 年县乡公路建设里程曲线图

县乡公路技术标准和等级有了进一步提高。县道由原来的三级沥青碎石路面，提升到现在的二级或三级沥青混凝土及水泥混凝土路面，乡道也由原来的四级和等外路升级到现在的三级沥青混凝土及水泥混凝土路面。特别是 2006 年 10 月份，总投资 5.39 亿元、建设总里程 141.332 公里的县道白郭线和洋新线二级公路新改建工程收费建设项目，不但实现当年开工当年竣工通车，而且公路等级达到了高等级公路的标准，标志着全市县级公路建设水平达到了一个新的高度。10 年来，县乡改造项目各年投资变化如图 1-1-5 所示。

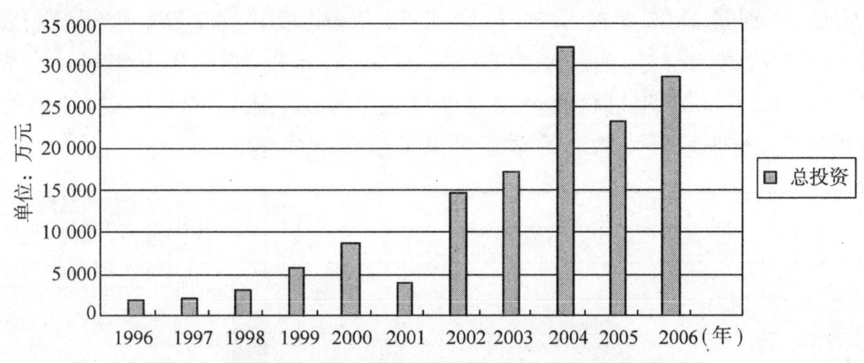

图 1-1-5 县乡改造项目 1996～2006 年各年投资变化图

建设离不开资金。在县乡公路建设过程中，全市各级交通部门采取“上级补一点、地方财政配一点、受益单位帮一点、一事一议集一点、动员社会捐一点、群众义务投劳省一点”的“六个一点”办法，多方筹资，为工程建设提供了资金保障。为保证资金的规范运作，各有关单位均建立完善了资金管理制度，除了实行专户储存外，还建立了一整套比较严密的资金拨付制度，把项目计划和工程实际进度及质量管理作为资金拨付的依据。运用审计手段对农村公路的专项资金的使用情况进行督查，保证了建设资金的专款专用和合理使用。10 年来，全市积极争取中央国债补助资金 15 139 万元，地方国债补助资金 11 760 万元，车购税 9 368 万元，省补资金45 875.1 万元，地方自筹(包括群众捐资)58 099 万元，累计完成工程总投资 14 0241.1 万元。各项投资构成如图 1-1-6 所示。

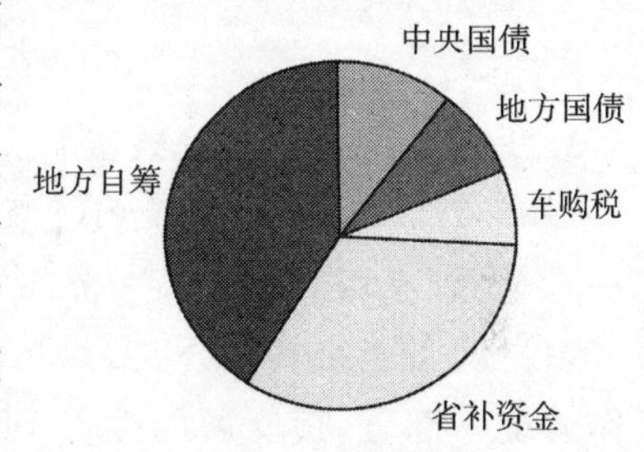

图 1-1-6 各项投资构成图

质量是工程建设的生命。全市各级交通部门狠抓工程质量管理，建立完善了“政府监督、部门指导、社会监督、专业监理、企业自检”的五级质量保证体系；形成了以行业、政府、农民、技术员共同监督、监理的质量保证体制；积极推行工程质量责任卡制度，加强了对农村公路工程质量的监控；严把质量监督关、施工单位准入关、材料进场关、质量责任追究关、技术指导关、工程验收关这“六关”，保证了工程建设质量。各项目工程合格率均达到了 100%，优良品率 90%以上。

2. 村村通公路建设实现了飞速发展

张家口市地处河北省西北部，属山岭重丘区，辖 4 区、13 县、2 个管理区、219 个乡(镇)、4 238 个行政村。全市经济发展总体水平较低，其中有 10 个县为国家级贫困县，605 个村为省级贫困村。1996 年以前，市里对村道建设的投资力度很小，多数村道是 20 世纪 60、70 年代修建的砂石路和自然路。到 1996 年，全市仅有村道 1 803 公里，其中油(水泥)路 576 公里，砂石路 1 227 公里，有 680 个行政村通油(水泥)路，行政村通油路率仅为 16%。

近几年，特别是 2002 年以来，“公路通、百业兴”、“要想富、先修路”已成为农村广大群众的共识，乡村道路建设作为“扶贫工程、小康工程、鱼水工程”摆上各级政府的议事日程，极大地促进了乡村油(水泥)路建设的持续、快速发展。2003 年，省交通厅下达了全面建设村村通工程的目标任务后，张家口市成立了由主管副市长任组长的农村公路建设领导小组，具体领导全市农村公路建设工作。随后，市交通局成立了农村公路领导小组办公室，安排专人负责实施村村通公路工程建设工作，全市上下迅速掀起了村村通工程建设高潮。仅2004年一年就新建村道2 886.1公里，是1996年前的1.6倍，其中通油（水泥）路2 732.6公里，是1996年前的4.7倍；砂石路153.5公里，是1996年前的12.5%；全市新增754个行政村通油（水泥）路，是1996年前的1.1倍；行政村通油路率为52%。特别是近几年，全市以每年新增1 000多公里的速度建设村村通工程，通油（水泥）路的行政村也以每年递增10个百分点的速度迅速增加。2006年，伴随着全面建设社会主义新农村的兴起，张家口市更加大规模地展开村村通工程建设工作。截至2006年底，全市共有村道8 571公里，是1996年的5倍，其中通油（水泥）路5 671公里，砂石路1 864.9公里，分别是1996年的9.85倍和1.52倍；全市共有2 771个行政村新增通油（水泥）路，是1996年前的4.1倍；行政村通油路率为66%。从2002年到2006年五年累计完成投资215 924.8万元，详见张家口市2002～2006年村村通公路建设情况示意图（图1-1-7）。乡村油路的修通，加快了全市农村经济发展的进程，给千家万户的农民群众带来了更多的实惠。

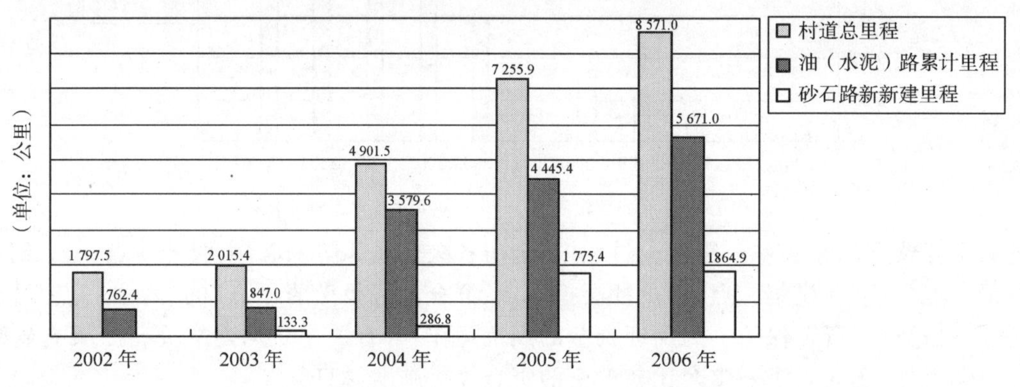

图1-1-7　张家口市2002～2006年村村通公路建设情况示意图

3. 扶贫公路架起农民致富桥

1999年，市交通局积极响应市政府扶贫济困的号召，争取省补资金942万元，修建了尚义县郭磊庄—万全界、赤城县南山夭—赤城、张北县张北—三号3条三级扶贫公路和东房—黄石崖、涿鹿县赵家蓬—东灵两条四级扶贫公路，共5项工程199公里。2005年5月，根据市委、市政府对“千村经济振兴”工作的统一部署，市交通局投资140多万元为省级贫困村——尚义县套里庄乡缸房厂村修建了一条长13公里宽6米的砂石路和一座大桥，彻底解决了该村的行路难问题。这些扶贫公路的建成通车，极大地方便了当地农民出行，切实成为老少边穷山区农民摆脱贫困的致富路。

4. 旅游公路成为沿线经济增长极

张家口旅游资源丰富，然而通往旅游景点的道路却不尽如人意，道路等级低、安全通行能力差，与旅游业快速发展的要求不相适应。为改变这种状况，张家口市从2002年开始，对全市12个县区的旅游公路进行了集中开发，先后修建旅游公路49条737.92公里，公路等级均为三、四级，总投资达26 189.1万元。旅游专线的建成通车，极大地方便了游客，有力地促进了全市旅游业的快速发展。仅2002年一年，就接待海内外游客30万人次，实现旅游收入近1 300万美元。同时，还拉动了沿线优质特色农副产品、畜禽养殖业等特色产业的蓬勃发展，成为名副其实的沿线经济增长极。

二、农村公路养护及路政管理工作稳步发展

1. 做好农村公路养护工作，创造畅洁绿美环境

俗话说“三分建、七分养”，只建不养，公路的使用寿命将缩短一半以上，从而造成投资的巨大浪费。话虽如此，但在1996年以前，由于政策的缺失和人们在认识上的偏颇，农村公路养护基本上是空白。1997年以来，各级政府和交通部门逐渐认识到了养护工作的重要性，认真贯彻“建养并重”的工作方针，牢固树立“建设是发展、管理养护也是发展”的指导思想，积极采取有效措施，加强农村公路养护管理工作，保证了农村公路的完好畅通，提高了路网整体水平。

(1)建立机构,强化组织领导。2005年,全市涉及农村公路管理养护工作的205个乡(镇)政府分别成立了“地方道路管理所”,明确一名主管副乡(镇)长任所长,负责本区域的乡村公路养护工作。到2006年底,“地方道路管理所”增加到215个,占乡(镇)总数的98.2%,有养护管理人员3 559名。

(2)建章立制,规范养护工作行为。本着县道县养、乡道乡养、村道村养的原则,张家口市结合实际出台了《关于乡村公路养护管理工作的意见》,明确了责任主体,确立了乡村公路养护管理体制和运行机制;各县(区)、乡(镇)政府也相继出台了《农村公路养护管理办法》,并付诸实施。2006年11月,根据国务院办公厅《农村公路管理养护体制改革方案》(国办发[2005]49号)和省政府办公厅《关于贯彻国务院办公厅农村公路管理养护体制改革方案的意见》(冀政办[2006]16号)文件精神,张家口市政府办公室印发了《关于切实做好农村公路管理养护体制改革工作的意见》(张政办[2006]68号),同时拟定了《张家口市农村公路管理养护办法》(张交地字[2006]282号),由市交通局印发给各县(区)交通局执行。这些文件的制定和实施,为全市农村公路管理养护工作再上新台阶提供了有力的政策保障。

(3)积极推行养护体制改革。为确保养护质量,张家口市着力建立责任以县级政府为主体,资金以公共财政为主体,养护以乡村队伍为主体,监管以公路交通部门为主体的农村公路管养新体制。同时,打破以往大锅饭的工作模式,以计量支付和承包养护为手段,对列养农村公路层层承包并签订合同,形成合同管理,并在列养路段设立养护承包责任标示牌。养护管理体制的改革,增强了养护职工的责任感,使养护职工的上路率、劳动生产率明显提高,基本实现了目标管理。

(4)努力探索乡村公路养护管理模式。随着乡村公路的快速发展,经济和社会效益的不断显现,当地农民主动爱路、护路的意识得到了不断提高。他们根据自己的实际情况,探索出“专业养护、协会管养、群管群养、社会帮扶养护、以树养路”等多种乡村公路养护管理模式,有效地解决了“重建轻养、只建不养”的弊端,提高了乡村公路的使用寿命。

(5)落实资金,确保养护。为解决农村公路养护管理资金困难的情况,各级交通部门积极主动地争取地方政府在养护资金方面的最大支持,按照“县乡自筹、省市补助”的原则,建立由财政投入、养路费和其他资金多渠道共同组成的农村公路养护与管理资金筹措机制。并积极协调落实县、乡政府制定具体筹措资金的办法,建立起长效的资金保障机制,保证农村公路的正常养护。同时明确了养路费补助资金全部用于乡道、村道养护工程(大修、中修和小修工程),乡道、村道日常养护资金和养护人员工资由当地政府负责。此外,市交通局还做了硬性规定,要求各县(区)将日常养护资金及时足额的打入交通主管部门设立的养护资金专用账户。对日常养护资金不到位的县(区),不予安排所有乡村公路大中修工程项目。对于资金的落实情况,根据各县(区)汇报情况派专人进行检查核实。通过这些行之有效的措施,各县(区)结合地方经济财政状况,陆续出台了政府财政对农村公路养护工作的补贴政策,每年从财政预算中列支不少于50万元专项资金用于农村公路养护,由县(区)交通局按照本地农村公路发展规划和农村公路养护管理办法的规定,并结合实际管养情况具体安排养护资金的使用。到2006年底,全市各县(区)共筹措养护资金600多万元,基本能够满足当前需要。

2. 强化农村公路路政管理,维护路产路权

过去,张家口农村公路路政管理是一个薄弱环节,特别是乡村公路的路政管理长期处于空白状态。而加强农村公路的路政管理,不仅是巩固建设成果的客观要求,而且是保证城乡居民出行条件的有效手段,更关系到全面建设社会主义新农村和小康社会的大局。为此,市交通局对这项工作给予了高度重视,下大力气狠抓全市农村公路路政管理工作。一是每年初都要对全市农村公路路政执法人员进行地方道路路政执法培训。二是为了适应管理的需要,2006年初,投资40多万元为各县(区)地方道路管理站统一配备了微机、照相机、打印机及农村公路路政管理软件,在全省农村公路路政管理方面率先实行了网络数字化、电子化管理。通过推行电子化管理,进一步强化了全市农村公路路政管理工作。三是投资15.325万元为全市94名路政执法人员配备了全套执法服装。四是加大实施行政许可的监督检查力度。五是进一步加强对挖掘占用公路用地、在公路上增设平交道口的审批管理工作,严格规范审批制度。六是严格控制县级公路两侧设置违章建筑,有计划地安排街道化治理,逐步解决过村路段脏、乱、差的问题。七是加大路政巡查力度，严格限制超限超载运输车辆。八是在乡村广泛宣传农村公路路政管理及超限超载治理的相关法规，增强了沿线老百姓的法制观念和养路护路意识。通过科学管理，使农村公路路政案件查办率达到95%以上，路产路权得到了有效维护。

三、10年农村公路工作积累了宝贵经验

10年来，市交通局领导站在贯彻落实邓小平理论和“三个代表”重要思想的高度，以科学发展观统领全市农村公路工作全局，由部门行为逐步变为政府行为和社会行为，使得全市农村公路建设取得了巨大成就，也积累了宝贵经验。

1.要加快农村交通发展，就必须制定科学的发展规划和目标

制定科学、合理的发展规划，是确保农村公路事业持续、快速、协调、有序发展的重要保障。在制定农村公路发展规划的前期，市交通局组织了一批高素质的领导干部、专家和管理技术人员，依据国家经济政策，围绕全省交通基础设施建设的总体目标，对全市目前的总体情况进行了全面分析研究。根据全市交通基础设施建设的实际情况，开阔思路，打破因循守旧的思想，大胆设想，科学论证。在编制过程中，本着“突出重点，分步实施，整体推进，以发展为主体”的思路，围绕“大力发展高速公路、提高干线公路等级；加快农村公路建设；强化公路运输基础设施建设；提高营运客车品位，改善服务质量，加强行业管理；实施交通行业同步发展的战略”等等，实事求是地编制了《张家口市1996～1999年农村公路发展规划》、《张家口市2000～2020年农村公路发展规划》、《张家口市2004～2007年农村公路发展规划》和《张家口市2006～2010年农村公路发展规划》，并根据阶段性需要进行调整。这些规划的制定和调整，使全市农村公路运输网布局更趋合理，结构更趋完善，目标更加明确。对促进全市农村交通建设快速、健康发展起到了重要的指导作用。实践证明，把农村交通发展的长远规划和阶段性目标结合起来，扎扎实实做好现阶段的每一项工作，就能使农村交通发展的蓝图逐步变成现实。

2.要加快农村交通发展，就必须抢抓机遇，乘势而上

10年来，面对农村交通发展任务重、困难多的实际，市县两级交通部门抢抓国家加大农村公路基础设施建设投资力度的历史机遇，跑部进省争资金，千方百计上项目，先后累计争取到上级资金近20亿元，极大地推动了全市农村公路的健康快速发展。实践证明，机遇稍纵即逝，机遇只给有准备的人，只要我们抓住了机遇，就抓住了加快发展的牛鼻子，就一定会在新一轮的发展中赢得主动、获得先行。

3.要加快农村交通发展，就必须创新思路，开拓进取

在农村公路建设中，各县(区)在实践中大胆创新，创造性地开展工作，积极探索加快发展的新思路。有的县(区)狠抓公路养管不放松，将路段养护责任落实到人。有的县(区)将扶贫、以工代赈等各项资金捆绑用于公路建设，大力发展村级油路。有的县(区)动员全县机关干部职工踊跃捐款、群众义务投劳，对农村公路进行抢修，确保了公路畅通。结合村容村貌整治，全面加强了村级道路整修，调动群众投资投劳，为建设社会主义新农村提供保障。有的县(区)在通达工程建设中，积极推行机械化施工，有力提升了通达工程建设质量。实践告诉我们，创新是永恒的主题，是加快发展的动力和源泉，只有解放思想，不断创新，才能充分释放加快交通发展的一切活力和潜力，深入推进各项工作的新跨越。

4.要加快农村交通发展，就必须团结实干，转变作风

过去的10年里，全市各级交通地方道路管理部门通过开展“三个代表”重要思想学习教育活动、保持共产党员先进性教育活动“转变工作作风、狠抓工作落实”以及“行风效能建设”等一系列活动，牢固树立了执政为民的人本意识。各级领导干部从自身做起，身先士卒，走出机关，深入农村公路建设管理一线，集中精力谋大事，众志成城抓落实，在攻坚克难中增进了团结，在合作共事中加深了友谊，团结实干成为全市地方道路系统自上而下的风尚。实践证明，团结出凝聚力，团结出战斗力，团结是搞好工作的基础，只要上下齐心协力，团结实干，就没有完不成的任务，就没有干不成的事业。

10年来，张家口市依托农村公路建设，生态旅游资源得到深度开发利用，各种旅游品牌迅速打造成熟，旅游经济得到了空前的发展。每年旅游业收入高达近亿元，并拉动了公路沿线具有地方特色的家庭

旅游业、餐饮业的兴起。以“村村通”为主体的农村公路的兴建，极大地推动了县区公路沿线蔬菜种植业、畜牧业、生态旅游业的发展壮大，农民群众增收致富的渠道进一步拓宽，农村外卖难、出行难等一系列困扰农村发展的关键性问题得到有效解决。目前，大型无公害蔬菜生产基地从无到有，发展到近千家；招商引资环境进一步优化，对外开放水平提高，矿产、风能等资源得到合理开发利用，县区财政收入大幅度增加；沿线农民群众农业种植结构得到调整，各类错季蔬菜种植面积不断扩大，全市约 200 万农民群众直接受益。道路修好了，物流畅通了，农民的致富路也拓宽了，农民百姓再也不会因为鲜奶无人购买、蔬菜瓜果运不出去而发愁。据不完全统计，近两年全市农民人均饲养牲畜存栏数增加 0.15 头，蔬菜种植基地增加 0.16 亩，蔬菜瓜果收购价格平均每公斤增长了两毛钱，2005 年全市农民人均年收入较 2002 年增长了近 700 元。

随着农村公路建设的加快，农村客运也得到了蓬勃发展，这些客运线路将高速公路和国省干线公路连成了一个紧密相关的交通运输体系，有效地推进了城市、农村之间的交流和互动。交通便利了，农民手中有钱了，生活面貌发生了前所未有的变化，出外打工的人减少了，在家经营自己产业的人增多了。现在，全市 70％的农民百姓建起了砖瓦房，20％的家庭安装了电话，60％的家庭购买了摩托车，另有 30％的家庭新购置了农用三、四轮车及其他交通用车。农民富裕了，致富的信心更足了。公路的建设、物流的畅通把农村经济带入了良性发展的快车道。

第二章 公路养护

随着我市逐年对国省干线公路的新改建，国省干线公路的里程和等级在逐年提高，国省干线公路总里程由1996年的1 881公里，增加到2006年的2 079公里，特别是公路等级有了突飞猛进地提高，实现了从1996年度高等级公路占总里程的21%到2007年为72%的跨越式发展，也实现了由养护砂石路向养护沥青路面的转变。

图1-2-1为1996～2006年被国省干线养护总里程、总面积、高等级公路所占比例情况统计。

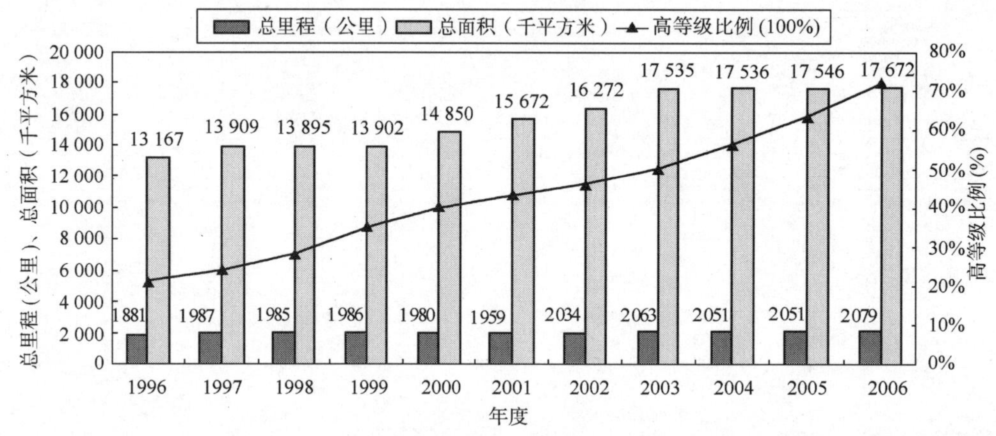

图1-2-1 1996～2006年度国省干线养护总里程、总面积、高等级公路所占比例情况统计

随着干线公路结构发生的巨大变化，公路管养理念也发生了根本转变，对公路养护管理工作提出了更高的要求。一是树立了既要建好公路，更要养好管好公路的工作思路；二是公路管养要以服务社会为根本宗旨，将公路养护管理有机融入服务人民之中；三是要将干线公路养护管理成一条条形象路、精品路、文明样板路；四是在省厅提倡畅洁绿美的基础上，我市又创造性地提出了“安”的要求，即对公路附属设施提出了更高的要求，使服务意识进一步人性化。这一提法受到省厅的肯定和好评，并被在全省推广学习。

一、以落实责任为重点，不断深化改革养护机制

随着干线公路结构的根本变化和养护职工的增加，责任不明确、吃大锅饭等一系列矛盾日益突出，为了有效调动全系统干部职工的积极性和创造性，全市结合干线公路养护管理的工作实际和队伍现状，不断对养护管理机制进行改革。从1998年实行了计量支付管理模式，一直沿用至今；2003年又进一步提出“以养护为中心”、“养护承包”和“责任路段”管理思路；为了将日常养护等各项工作落实到位，还提出了“勤检查、勤通报、重奖罚”的管理手段。这些改革举措，打破了铁饭碗和平均分配体制，提高了职工完成任务的自觉性，促进了公路养护管理各项任务的完成，干线公路好路率逐年提高，好路率从1996年的72%达到2006年的78%，好路率每上升一个百分点，都标志着全市国省干线公路的养护机制改革取得了明显成效。

二、合理安排大中修工程，积极参与新改建工程

全市根据国省干线新改建计划、路况实际和使用周期，科学合理地安排公路大修、中修和桥梁加固工程，在大中修工程管理过程中，引入较为规范的招投标机制，实行合同管理，建立健全监理、监督程序，规范施工技术管理，加强工程质量管理，通过大中修工程的实施，使国省干线始终保持良好的运行状态，达到了消灭差等路和改善路网结构的目标。从 1997 年开始，全市各级养护管理部门还积极参与干线公路新改建，1997～2003 年，市养护管理处作为业主单位，共对 124.254 公里 207 国道进行了新改建，完成投资 46 528 万元。

图 1-2-2 为 1996～2006 年度国省干线养护计划投入资金变化情况统计。

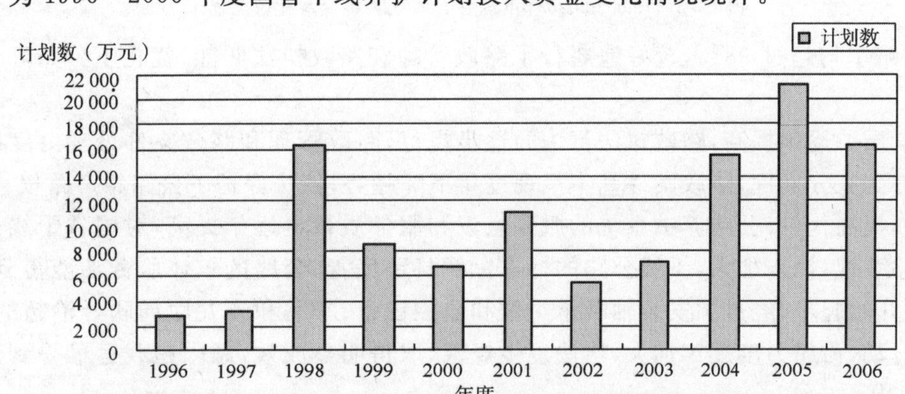

图 1-2-2 1996～2006 年度国省干线养护计划投入资金变化情况统计

三、加强公路日常养护，全面实施保畅工程

公路养护，保畅为先。市交通局紧紧抓住容易影响和造成交通不畅的坑槽挖补、翻浆处理、桥涵养护、水毁修复、清理积雪等重点环节开展保畅工作。加大油路挖补力度，及时对影响行车安全的路面病害进行处理，确保干线公路常年无坑槽。加强了对现有桥涵构造物的检查和养护，对被评定的危桥，采取临时加固、设立限载限速标志、限制大型车辆通行、提前向驾乘人员发出预告、建立危桥档案、派专人严看死守做好检测记录等一系列保障措施。做好汛期保畅，发生山体滑坡、泥石流、落石塌方、桥涵及公路设施损坏等水毁灾害以后，不等不靠，本着先抢通、后恢复的原则，积极开展抗洪抢险和水毁抢修，尽可能将损失和影响降低到最低程度。加强公路日常保洁工作，提高路工上路率和路面清扫频率，改进养护作业方式，实行机械清扫与人工清扫相结合，使国省干线公路常年保持干净、整洁。做好冬季公路清雪防滑工作，遇到降雪天气，及时在山区急弯陡坡路段清雪并撒布防滑料、融雪剂，保证了雪天的公路畅通。公路绿化力度的不断加大，全市国省干线公路易林路段基本实现了公路绿化，新改建路段基本能在工程通车的第二个年度完成绿化任务，按照外乔、内灌、下花草的立体思路，部分路线达到了绿色通道要求。全市公路养护系统基础设施建设投入加大，公路养护管理系统办公设施得到改善，市养护处、公路站、路政大队、养护中心、治超检测站、道班等基本达到花园式标准，全系统干部职工的工作、生活环境得到有效改善。

图 1-2-3 为 1996～2006 年度国省干线公路 10 年绿化情况统计。

四、规范路政执法，加强路政管理，优化公路环境

路政管理实现了从创建到逐步完善和壮大的过程，张家口市坚持管养并重原则，组织教育培训，提高队伍素质；加强综合治理，净化公路环境；规范执法行为，杜绝公路“三乱”；坚持依法行政，维护路产路权；实施阳光审批，规范路政许可。认真履行路政执法和管理职能，重点对散装货物运输、公路用地范围内违章建筑、乱堆物料、乱倒垃圾、公路集市贸易等进行了治理，10 年来共处理路政案件 15 347 起，路政

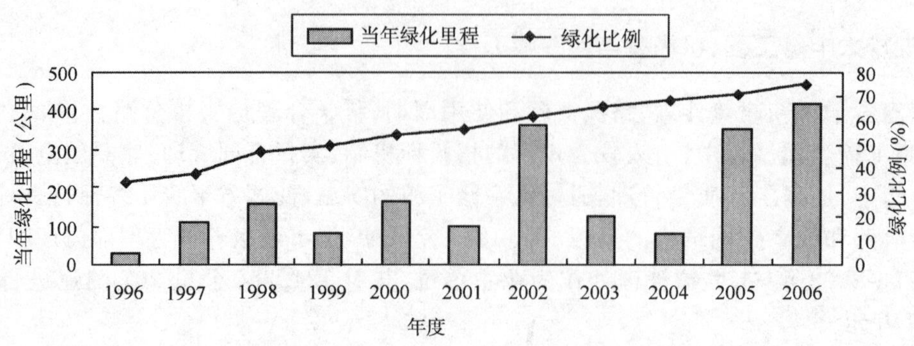

图 1-2-3　1996～2006 年度国省干线公路 10 年绿化情况统计

案件结案率、索赔率均超过 98%,较好地履行了路政管理和路政执法职能,优化了公路环境,保护了路产路权。

随着队伍素质的逐年提高,路政执法行为的逐步规范,路政管理和路政案件处理力度的不断加大,路政管理职能得到充分发挥,路政案件基本呈现逐年下降趋势,依法保护了公路路产路权。随着社会对公路需求的不断提高,全市公路养护系统的服务意识和服务质量也逐年提高,对国省干线公路的标志、标线设置的日益重视,投入加大,干线公路的标志标线日臻完善,公路的整体服务功能得到提高。超限治理从 1996 年开始起步,经过了安装轴载承重仪和监控设备、华北和省九厅局联合治超的零点行动和全省治超铁铲行动,治超力度逐年加大,执法逐步规范,取得明显成效,超限超载运输得到遏制,双超车辆控制在 6%以内。

五、国省干线公路日常养护管理的科技含量和养护机械化程度逐年提高

主要表现在:开发了路面、桥梁两个管理系统并应用于指导和计划生产;应用了乳化沥青稀浆封层技术,实用于预防性养护,降低了养护成本,延长了公路使用寿命;推广了冬季低温混合料养护技术,确保了冬季公路常年基本无坑槽;利用了油包、推移路段铣刨技术,既节约了资金,又平整了路面;研制了简易公路清扫车,提高了保洁频率;设计规划了公路信息化管理模式,为社会提供及时的公路服务和出行信息等。

干线公路日常养护的机械化程度逐年提高,1996 年全市养护机械还不足 100 台(套),到 2006 年已达 224 台(套),各县区均配备了大量实用型的清扫、挖补和清障等养护机械,养护机械的配备无论数量、质量和机械功能都有了大幅度提高。特别是 2003 年以后,全市在重点路段还配备了扫地王、铲雪车、破冰机、装载机等大型养护机械。这些养护机械的配备,提高了工作效率、工作质量和养护生产的机械化程度,提高了应对公路水毁等突发事件的能力,有效地减轻了养路工的劳动强度。

六、坚持"以人为本",彰显人性化服务,狠抓安全保障和文明样板路工程

以解决群众关注的热点难点问题为着力点,全面实施安全保障工程。张家口市按照"安全、环保、经济、实用"的原则,以"消除隐患,珍视生命"为主题,对公路的急弯、陡坡、视距不良和事故多发路段,开展了综合治理,维护了人民生命和财产安全。在交通事故频发、群众反映强烈的路段修建紧急避险车道 4 个,修建过街天桥 2 座,同时还设置了太阳能黄闪灯、大型警示标志、标线减速带、减速道钉等安全警示设施。

按照《文明样板路建设标准》,张家口市高标准完成了 109 线文明样板路建设,使 109 国道达到了路面整洁、路基稳定、绿化平台线条分明、桥涵构造物完好、排水设施齐全、标志标线清晰醒目、使用性能良好,沿线标语粉刷统一,养护中心管理规范、制度完善的效果。工程实施以后,109 线的通行能力、路况质量和整体形象发生了明显改观,该工程在 2005 年顺利通过交通部组织的验收,并在 2005 年的迎国检过程中,受到检查组的一致好评,在国检中取得第三名的好成绩,为全省争了光添了彩。

随着我市逐年对国省干线公路的新改建,国省干线公路的里程和等级在逐年提高,国省干线公路总

里程由1996年的1 881公里，增加到2006年的2 079公里，特别是公路等级有了突飞猛进的提高，实现了从1996年度高等级公路占总里程的21%到2007年为72%的跨越式发展，也实现了由养护砂石路向养护沥青路面的转变。

随着干线公路结构发生的巨大变化，公路管养理念也发生了根本转变，对公路养护管理工作提出了更高的要求。一是树立了既要建好公路，更要养好管好公路的工作思路；二是公路管养要以服务社会为根本宗旨，将公路养护管理有机融入服务人民之中；三是要将干线公路养护管理成一条条形象路、精品路、文明样板路；四是在省厅提倡畅洁绿美的基础上，我市又创造性地提出了“安”的要求，即对公路附属设施提出了更高的要求，使服务意识进一步人性化。

第三章 交通规费征收与管理

公路养路费、路(桥)通行费和车辆购置附加费(税)是国家交通规费的重要组成部分,也是公路建设、养护最基本、最可靠的资金保证,体现着“取之于车,用之于路,发展交通,奉献社会”的和谐理念。1996~2006年,随着改革开放的不断深入,国民经济的快速发展,车辆保有量随之不断增长,成为养路费征收工作难得的最佳发展时期。但同时,在这期间由于交通事业发展形势的变化以及人们对于“费改税”认识上的误区,也给公路养路费的征收带来许多新的问题、新的困难。在这种情况下,交通征稽部门认真落实科学发展观,不断探索和改进交通规费征管的方式和手段,落实相关举措,深化费收改革,积极推动交通规费征收额持续稳步增长。

第一节　养路费征收与管理

随着社会主义市场经济的快速发展和社会车辆的日益增多,交通规费缴费主体逐渐趋于多元化。一是个体和私营车辆占据缴费主体,国有和集体车辆退居其次;二是大吨位车辆、特种车辆增幅加快,车辆流动性更强;三是由于“费改税”舆论引导上反反复复,使部分车主缴费意识日渐淡薄,一些车主从等待、观望逐步发展到“偷、逃、漏”费,甚至出现抗费现象,管理难度不断加大。

为了适应全新形势下的交通规费征收工作的新变化,10年来,征稽部门大胆改革,勇于创新,多措并举,力促征稽工作的整体推进。一是累计投入资金250余万元,为全市征稽机构配备了征费微机及配套设备,并全面更新了微机征费软件,逐步将以往简单粗放、手工操作为主的养路费征管手段调整为合理、细化、全部微机作业的较为先进的征管模式,真正做到了所有缴费车辆情况明、底数清;二是制定目标责任制,将目标任务层层分解,同时建立健全奖惩激励机制,实行绩效挂钩,努力克服“费改税”的不利影响,充分调动全市征稽系统工作积极性;三是注重征稽队伍建设,强化征稽人员教育培训,于2004年2~3月组织全市635名征稽人员进行了大规模的行政执法岗位培训,通过培训活动使全市征稽人员普遍增强了文明意识,提高了专业素质和管理水平,同时有力规范了交通征稽执法行为;四是全市征稽系统协调联动,加大养路费稽查力度,从2004年起每年组织全市征稽人员开展治理整顿养路费征收市场秩序,优化征费环境专项行动,有针对性地重点打击“偷、逃、漏”养路费行为,从而促使有车单位及个人主动缴费,推动了养路费征收额的大幅提升;五是从源头入手大力开展宣传活动,通过发放宣传材料、利用报纸和电视等媒体播发公益广告、深入有车单位及车主家中开展入户宣传等方式,向社会各界广泛宣传养路费征收法规、政策,使之家喻户晓,深入人心。通过一系列行之有效措施的实施,有力地促进了养路费稽查、内业征收等相关具体工作的长足发展,营造了良好的养路费征收环境。在此基础上,全市养路费征收额稳步提升,初步实现了跨越式发展,为构筑我市公路网络筹集了大量的资金。10年来,全市养路费征收额增长了近一倍,共计征收公路养路费236 490.4万元(图1-3-1),其中汽车养路费219 693.9万元,小拖、摩托车养路费16 796.5万元。

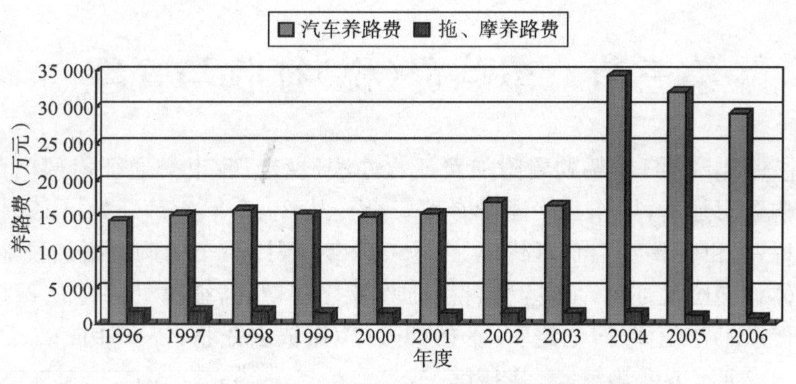

图 1-3-1 1996～2006 年全市征稽系统养路费征收情况

第二节 通行费征收与管理

全市国省干线收费公路分为政府还贷收费公路和经营性收费公路两类。其中政府还贷公路收费站有：110 国道下八里、110 国道东洋河（2005 年 9 月 7 日并入丹拉高速公路）、109 国道阳原、207 国道张北收费站和西合营、省道下广线涿鹿、省道宝平线大海陀和小厂、张尚线海流图、白郭线洗马林及洋新线乔家房共 10 个收费站；经营性公路收费站有：110 国道沙城、省道张同线怀安和洋河桥、207 国道李家沟隧道共 4 个收费站。全市国省干线公路收费站共有执收人员 706 人。

1996 年以来，我市通行费征管部门按照省、市年度交通规费工作的具体安排和部署，围绕"强素质、抓管理、增效益"的总体工作思路，把"建一流站区、带一流队伍、创一流业绩、树一流形象"作为收费站"形象工程建设"的奋斗目标，严格执行"统收统支，收支两条线"的原则，从宏观上不断加强通行费征管，推动全市普通公路通行费收费站的建设和费收管理工作顺利进行。

一是每年年初专门制定《通行费工作计划》及《通行费稽查计划工作安排》，要求各收费站在春节前后收费淡季，认真组织开展军事化训练活动，努力提升执收人员遵章守纪、文明服务和爱岗敬业意识。二是把精神文明建设与完成经济指标放在同等重要位置来抓，同部署、同检查、同落实、同考核。针对窗口行业的特点，提倡文明服务，微笑服务，委屈服务。三是不断加大对收费站的检查与稽查力度，对票款解缴、举止仪表、文明服务和收费站的站容站貌、形象建设等进行定期或不定期的明察暗访，发现问题及时纠正或通报、处罚，决不姑息迁就。

随着相关举措的落实，10 年间，全市省管道路通行费征收额增长了 2.3 倍，共计征收 10.81 亿元（图 1-3-2），历年超额完成年度指标计划；全市经营性收费站共计征收道路通行费 6.6 亿元。通行费征收额的稳步增长确保了国家"贷款修路、收费还贷"政策得以长期、稳定、健康、规范地执行，为公路建设积累了大量资金。

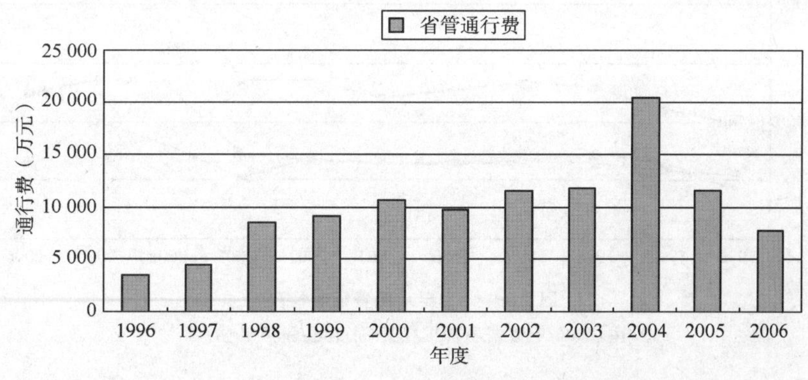

图 1-3-2 1996～2006 年全市省管理行费征收情况

第三节 车购费（税）征收与管理

根据国务院发［1985］50号《车辆购置附加费征收办法》规定，我市交通征稽部门负责对全市有车单位和个人征收车辆购置附加费，用作公路建设专项资金。从2001年1月开始，国家将车辆购置附加费改为车辆购置附加税，仍由征稽部门负责代征。从2005年1月起，车辆购置附加税业务、工作人员及相关办公设施正式整体移交国税部门。车购费（税）征收及代征期间，征稽处一是从保持队伍思想稳定入手，完善管理制度，严肃工作纪律，定岗定责，责任到人，确保依法征收，依率计征；二是坚持文明服务，要求工作人员做到语言文明、态度热情、着装挂牌上岗，同时简化办事程序，减少流转环节，缩短办件时间，努力做到一窗受理，全程办结；三是一如既往地加大经费投入，共投入20多万元更新了征费设备，使车购费（税）征收工作逐步迈入了科学化、正规化、规范化的管理轨道。车购税正式移交国税部门之前的2004年，我市车购办共征收车辆购置附加税2.26亿元，较1996年增长了6.1倍（图1-3-3）。

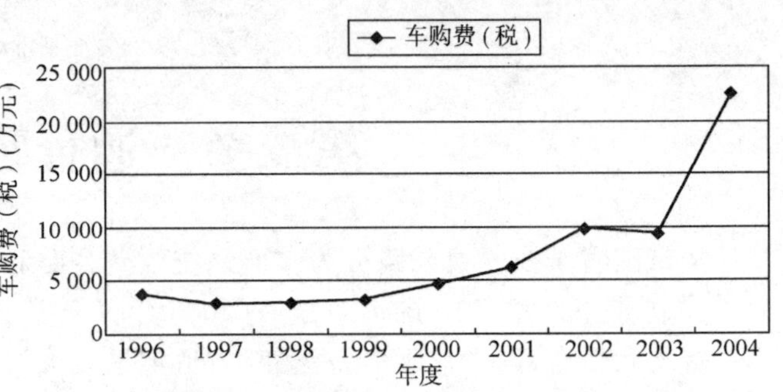

图1-3-3 车辆购置附加费（税）征收情况

第四节 运输管理费、货运附加费、客票附加费征收与管理

10年来，全市运管系统紧紧围绕建立“统一开放、竞争有序”道路运输市场体系这一目标，完善管理机制，强化管理手段，投资上百万元在全市实现了微机征费管理，不仅提高了工作效率，而且也减少了人情收费，杜绝了征费环节的漏洞。同时，主动转变工作方式，增强服务意识，根据不同季节和区域，深入源头加大宣传和征费力度，不仅防止了三费的流失，也方便了广大车主和用户。另外，全市各级运管部门把日常市场监管和集中整顿治理运输市场秩序相结合，查处逃漏规费的车辆和行为，努力营造规范有序健康运输市场秩序，促进了全市运输管理费、货运附加费、客票附加费的稳步增长（图1-3-4）。运输管理费征收从1996年的1 000万元增长到1 800万元，增长了180%；货运附加费从1996年405万元增长到1 227万元，增长了303%；客票附加费从1996年550万元增长到679万元，增长了123%。

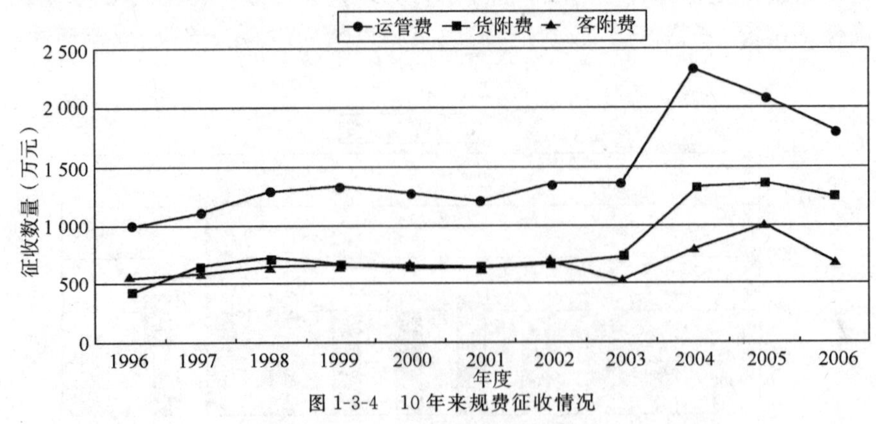

图1-3-4 10年来规费征收情况

注：2006年数据不含扩权县（张北县和怀来县）。

第四章 道路运输管理

第一节 基本情况

10 年来，道路运输管理工作以建立统一、开放、竞争、有序的道路运输市场体系为目标，以确保运输市场协调、健康发展为目的，运用法律的、行政的、经济的手段通过整顿整合、优化重组、兼并等措施，改变了单纯数量的扩张和粗放式发展模式，打破了封闭式的独家经营模式，逐步向规模化、集约化经营方式发展，不仅提高了综合运输能力，适应了市场经济发展的需求，而且也满足了人民生产、生活水平的不断增长的需要，适应了我市公路建设大发展，快发展的需求，为我市的经济建设做出了贡献。至 2006 年

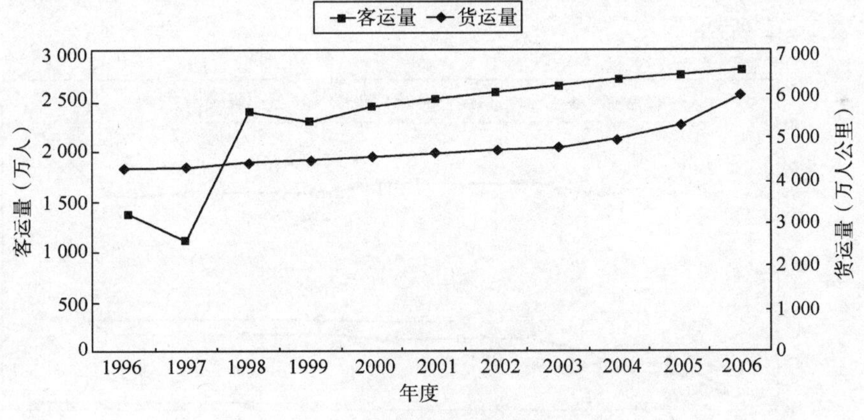

图 1-4-1　10 年来道路运输运量变化

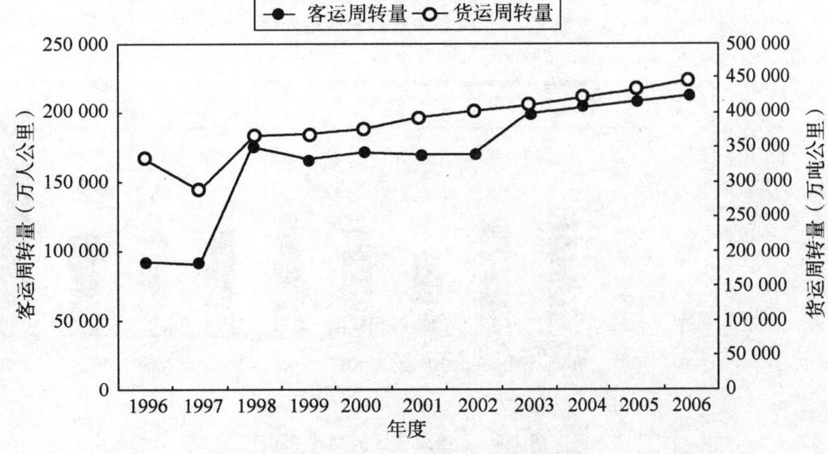

图 1-4-2　10 年来道路运输周转量情况

底，全市民用汽车达到120 957辆，其中营业性货车达到了28 019辆，占保有量的23.1%，客车5 982辆，约占社会保有量的4.95%。货运量、货运周转量从1996年的4 288万吨、331 299万吨公里增长到2006年的5 390万吨、444 414万吨公里，客运量、客运周转量也从1996年的1 393万人、92 571万人公里，增长到2006年的2 818万人、211 665万人公里。全市道路运输从业人员从1996年的49 628人增长到53 516人，增长107.8%。

10年来道路运输运量变化和道路运输周转量情况如图1-4-1、图1-4-2所示。

第二节　道路旅客运输管理

一、班线客运网络发展迅速

班线客运网络、农村客运快速发展，极大程度满足了人民群众出行的需要，客运网络化建设得到有效加强，跨省班线、跨县班线发展迅速。从1996年到2006年客运班线由337条，增加到801条，在投放的客运车辆总数变化不大的情况下，客座位从7 171增加到27 449个客座位，跨省班线数量、投放车次，日发班次逐年增长，1996年跨省班线只有36条，到1997年猛增至94条，到2006年已达到197条，日发班次由95个也增加到近300个。市内班线、县内班线近年来得到大力发展，相继开通了张—万—孔及张宣循环线，有效地缓解了市内交通，促进了城乡之间物资、文化、生活的交流。到2006年我市已形成了以市区、县城为中心，辐射京、津、晋、蒙、冀、辽、鲁、川，连接19个大中城市，覆盖各县区城乡，干支线相连、长短途结合的省际、市际、县际三级班线旅客运输网络体系。

图1-4-3、图1-4-4为1996～2006年客运班线站变化情况和运行客运线路班次情况，2000～2006年客运班线变化如表1-4-1所示。

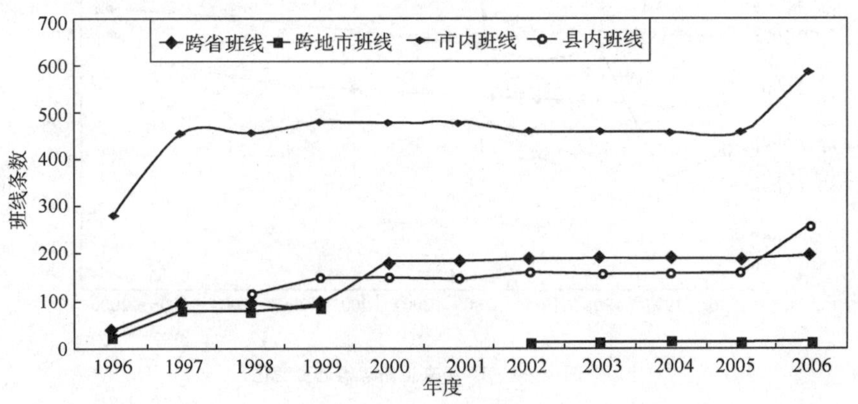

图1-4-3　10年来客运班线的变化

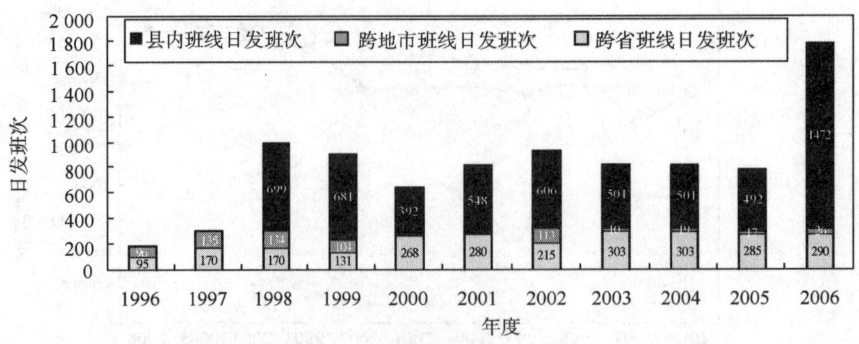

图1-4-4　道路客运线路班次

2000～2006 年客运班线的变化 表 1-4-1

年度	车辆数（辆）	客位数（客位）	班线（条）				日发班次（班次）				完成客运量（万人）	完成客运周转量（万人公里）
			合计	跨省班线	跨地市班	市内班线	跨省班线	跨地市班线	市内班线	合计		
2000	6	110	2	1		1	1		9	10	0.5	202.3
2001	5	116	2	1		1	1		12	13	3.8	1199.2
2002	9	232	5	4		1	7		10	17	8	1373
2003	27	604	5	4		1	19		12	31	20	3579
2004	28	634	5	4		1	20		12	32	23	3645
2005	34	770	5	4		1	34		12	46	30	5526
2006	40	924	11	7	3	1	29	6	7	42	60	11000
合计	149	3390	35	25	3	7	111	6	74	191	145.3	26524.5

二、农村客运发展迅速

村村通公路为农村客运的发展铺平了道路，自 2004 年，随着我市“村村通”工程的启动，在“路通车通”政策的引导下，运输管理部门为服务农民，方便农民出行，对农村客运班线实行了随到随批的政策，使农村客运事业得到快速发展，从 2004 年到 2006 年 3 年间，县乡班线从 155 条增加到 323 条，村村通班线增加到 278 条。1996 年行政村通车率为 90%，到 2006 年，全市 209 个乡镇，4 204 个行政村中，乡镇通班车率始终保持在 100%，行政村通车率达到 96.21%，极大地方便了农民出行，为农民走出贫困村，踏上致富路奠定了基础，创造了条件。同时，从便民、利民、为民出发，几年来，先后投资上百万元建设 7 个简易客运站，15 个候车厅，63 处乘降招呼牌。

三、高速客运加快发展，为市场注入了新的活力

1999 年首次开通了市县之间直达快客，实现了一站到底的目标，缩短了城乡之间的距离，受到了乘客的赞誉。七年时间，相继开通了 11 条班线，投放 40 辆客车，924 个客座位（表 1-4-1），日发班达 46 个，平均实载率达到 62.4%。高速客运的发展有效地带动了客运车辆的快速更新，从 1996 年到 2006 年营业性客车及座位数分别增长了 3.0%、441.0%。1996 年全市班线客车没有一部高级车，到 2000 年发展为 3 辆，到 2006 年高级车发展为 95 辆，中级车发展为 517 辆，高中级客车所占比例从 1996 年的 0.2%提高到 44.8%。截至目前，有大型高二（尼奥普兰）4 部，大型高一（尼奥普兰、金龙、现代）31 部，中型高一（金龙、中通、宇通）42 部，共计 77 部车投放市场。10 年来全市班线客车结构变化如图 1-4-5、图 1-4-6 所示。

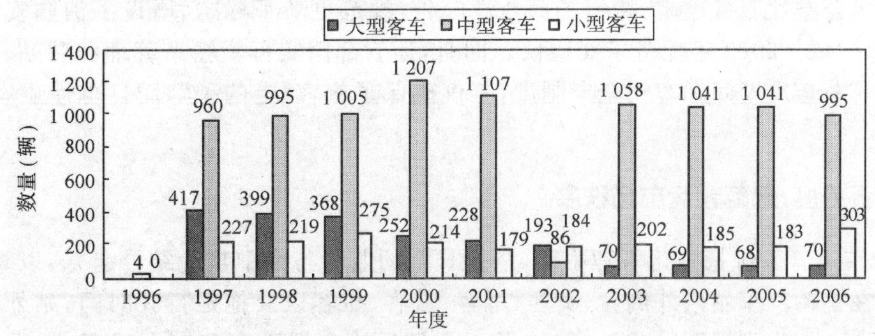

图 1-4-5 10 年来全市班线客车结构变化图（按车型分）

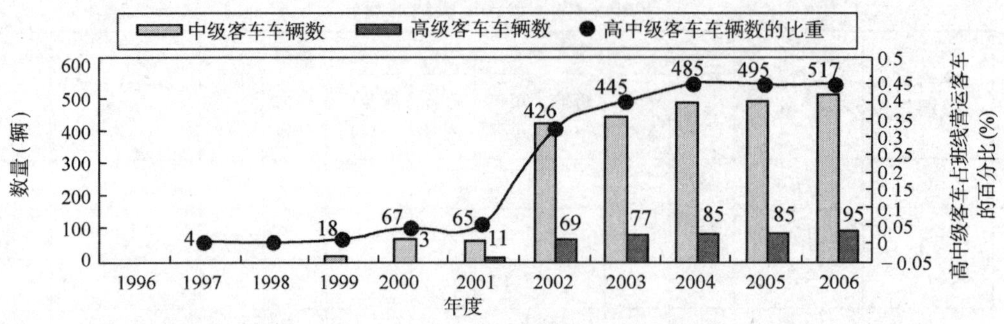

图 1-4-6　10 年内全市班线客车车辆结构变化（按档次分）

四、大力发展旅游客运

近年来，随着我市旅游事业的迅速发展，旅游客运应运而生，从 1999 年起到 2006 年相继成立了 4 家旅游客运公司，旅游客车发展到 34 辆，743 个客座位，旅游班线遍布全市各旅游景点，同时延伸到全省主要旅游景点，旅游客运的发展促进了旅游业的大发展、快发展。旅游客运的发展变化如图 1-4-7 所示。

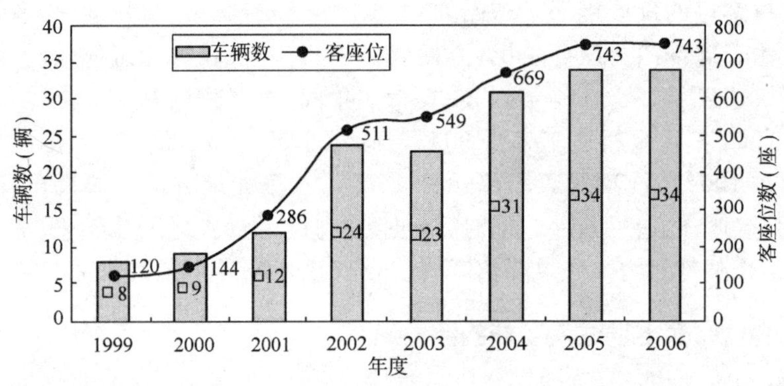

图 1-4-7　旅游客运的发展变化

五、完善站场设施，规范站场秩序

10 年来，全市运管系统和运输企业主动转变工作理念，坚持以人为本，强化服务意识，从完善汽车站基础设施入手，努力提高服务功能，营造良好的乘车、候车秩序，不仅塑造了城市文明窗口的良好形象，也打造了企业名牌。从 1997 年开始实施了对市中心客运站和各县（区）汽车站的改造工作，调整了服务格局，增加了公益性服务设施，撤销了商业性广告，规范更新了标志，增设了消防安全设备，重新调整了停、发、下车区域。2003 年配备了安检仪。同时，运管部门实行了驻站管理和驻站日记制度以及春运及“五一、十一”黄金周期间客车安全卡制度，不仅确保了旅客“走的了”，而且也使旅客“走的舒心、安全、放心”。

六、强化稽查力度，规范客运市场秩序

10 年来，全市运管系统把强化管理手段，坚持日常的监管与集中整治结合起来，以查处非法营运的“黑车”为重点，在整治汽车站内外倒客、卖客、甩客、喊客、拉客以及拖延行驶时间，站外发车、乱涨票价等违法行为上下大力，收到了明显成效，保护了正常的运输市场秩序和广大经营者、乘客的正当权益。同时，还在全市开展了文明班线，文明客车、文明驾乘人员，文明站务员以及星级汽车站创建活动。到 2006 年全市共有三星级汽车站 1 个、二星级汽车站 11 个。

第三节 道路货物运输管理

10年来，张家口市道路货物运输业得到了较快发展，取得了长足的进步，适应了全市经济日益大发展的需要。一是打破了传统的独家经营货物运输的格局，呈现了国有、集体、个体一起上，有路大家行车的货运发展的大好局面，形成了优胜劣汰的运输机制，彻底解决了车找货，货找车的问题，到2006年，全市从事道路货物运输业的经营业户和从业人员95%已实现了个体或联户经营，为货畅其流奠定了基础。二是打破了传统的运输方式，车辆结构更趋于合理化。10年来，普通货物运输虽然仍是我市道路货物运输业的主要运输方式，但已占主导地位的个体或联户货运经营者主动调整运输车辆结构（图1-4-8），车辆技术性能逐步提高并向优化方向发展，车辆结构比例呈大型和小型车多，中型车逐步减少

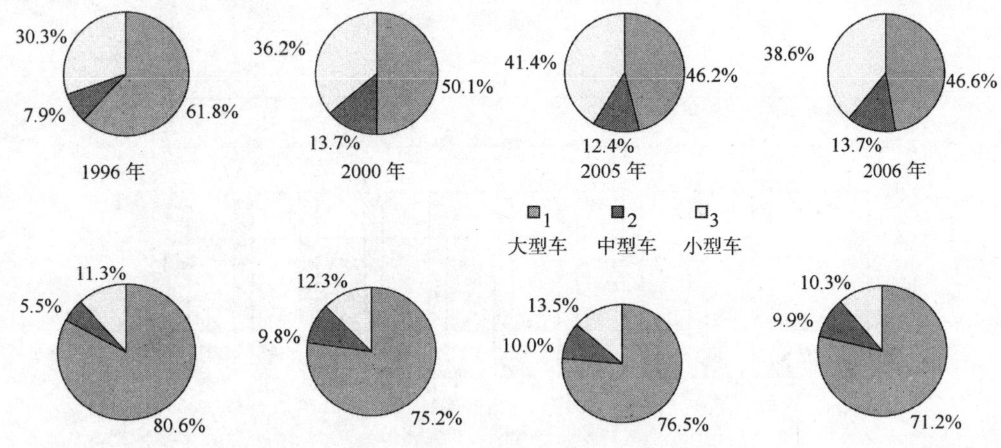

图1-4-8 10年来道路货物运输车辆结构变化

的趋势。特别是由于我市所处的地理位置以及燃料、原材料、建筑材料产业的迅速发展，有效地促进了货物运输业的发展，大吨位、多轴化、集装箱化、柴油车大批量地走上道路货物运输发展的快车道。目前，我市已形成以灵活快捷，散装、固体原材料为主整车运输及多轴化、大吨位、集装箱、特种车为辅的运输新格局。自1996年以来，道路营运载货汽车车辆数和吨位数逐年增长（图1-4-9），但是增长速度较慢，车辆总数基本保持稳定。三是随着市场经济的发展，集货源组织，仓储理货、交易配载、信息服务等与货运相关的货运服务业迅速兴起，为车货双方搭起了实现低成本、高效率、快速或直达运输平台。到2006年全市拥有货运服务组织260余家，拥有从业人员800余人，年实现货物运输交易量达85.8万吨。尤其是进入21世纪，随着物流业的兴起，根据省交通厅"十五"规划建设项目，从我市作为京、津及晋、冀、蒙交通枢纽的区域位置和经济发展长远利益出发，通过专家、学者论证、考察、市场调研，经过精心研究，并在学习和引进了其他省、市物流建设和管理先进技术和管理模式的基础上，利用两年时间，在2001年建立了我省首家物流中心——亨运物流中心，拥有从业人员232人，年换算货物吞吐量达75万吨。四是危险货物运输规范有序地发展。10年来，运管部门认真落实国家及交通部有关危货运输的法律法规，严把市场准入关，从企业的经营资质、车辆技术性能，安全状况到从业人员资格培训，实行严格审核，认真把关。同时，根据交通部《全国道路危险货物运输专项整治实施方案》和《道路危险货物运输管理规定》坚持每年在全市范围内组织开展以加强剧毒、放射性及易燃易爆化学品运输和仓储安全为重点的道路危险货物运输专项整治，通过整治，到2006年全市从事危险货物运输业户从2000年34户整合为16户、车辆为344辆、车吨位从2000年的2 073吨位整合为1 934个吨位，使危险货物运输管理工作逐步走向规模化、集约化，车辆技术性能达标、从业人员素质合格、操作规范、制度健全、措施到位，确保了道路危险货物运输安全稳定。10年来，未发生一起责任事故。从2005年对危险货物运输车辆强制承办了承运人责任险，并全部安装了GPS全球定位系统，为掌控危险货物运输的全过程奠定了基础。

道路危险货物运输情况如图 1-4-10 所示。

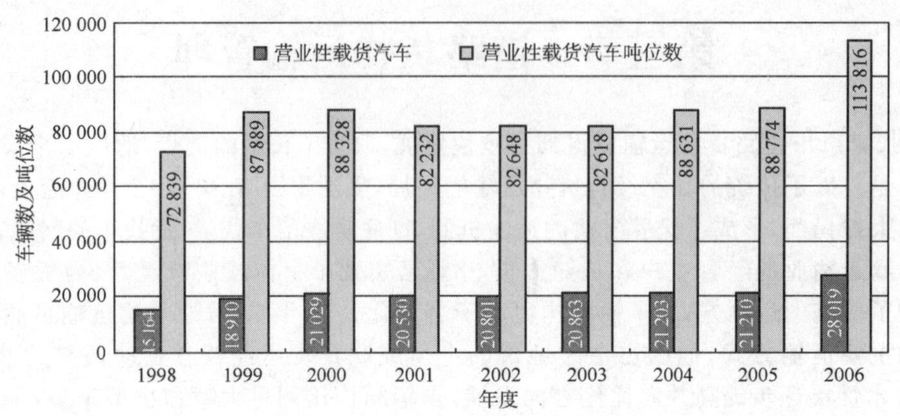

图 1-4-9　10 年来道路货物运输发展情况

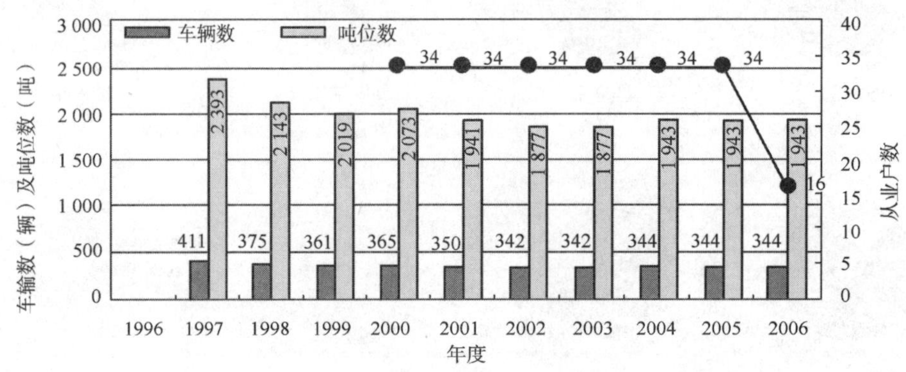

图 1-4-10　道路危险货物运输情况

第四节　车辆维护修理和车辆技术检测管理

1996 年以来机动车维修企业逐步从传统的“以车为本”的生产型企业向现代的“以人为本”的服务型企业转变，维护和专项修理呈现快速增长态势，品牌经营、连锁经营、专业维修、网络服务、全天候维修等服务“专业化和网络化”已初步形成，从业人员也逐步从人员密集型向技术密集型转变。到 2006 年底，全市共有汽车、摩托车维修业户 34.9 万多户，其中一类企业 8 户，二类企业 102 户，三类企业 724 户，摩托车维修企业 311 户，汽车综合性能检测站 9 个，从业人员 5 574 人，完成维修量 285 399 辆次，完成检测量 59 409 辆次。

快修、连锁服务等维修经营新形式发展迅猛，特别是汽车工业的集约化发展加快了机动车维修的专业化进程，事故车修理、品牌经营以及汽车免拆清洗、美容等专一车型、专一维修项目和服务内容的专业维修发展迅速。到 2006 年底全市已有 4S 店 10 家，专业化二级维护作业站 22 个，A 级汽车综合性能检测站 6 个，B 级汽车综合性能检测站 3 个。

机动车维修市场主体多元化、经营多样化、维修专业化日趋明显。大型一类企业、二类企业从 1997 年的 22 家、194 家，到 2006 年底被整合、淘汰为 8 家、102 家（图 1-4-11）。建立了机动车维修救援服务网络。从 2000 年开始，着手在我市组建汽车救援网络，截至 2006 年底市形成 16 个网点，已有 15 584 辆车入网，设立了全市统一呼救电话：8071995，实施救援 1 975 次，逐步形成机动车维修既有“综合医院”，又有“专科医院”；既有流动“医疗队”，又有固定“诊所”的功能齐全、布局合理的服务体系、以满足不同“病号”的不同需求。

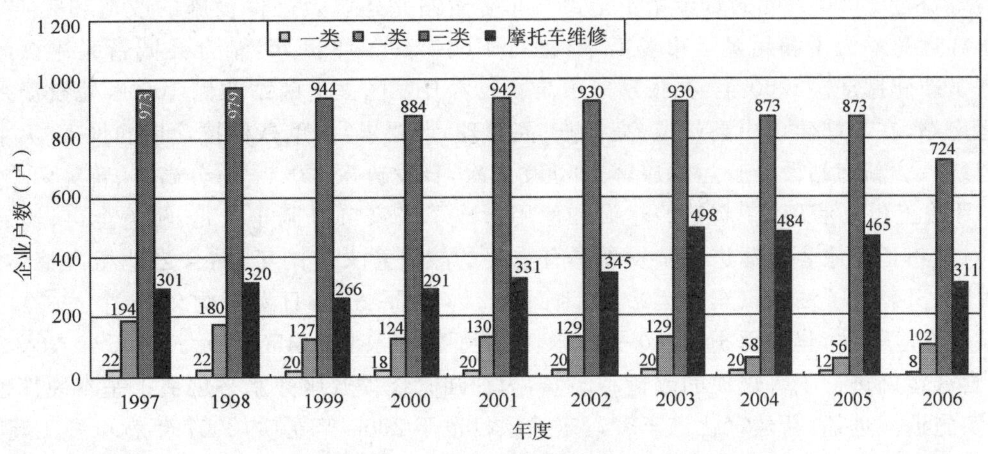

图 1-4-11 道路运输维修企业的变化

第五节 驾驶员培训管理

机动车驾驶员培训市场是道路运输大市场的重要组成部分，提高驾驶员培训质量，确保驾驶员队伍素质是保障道路运输安全的根本所在。目前，我市共有驾校 24 所，其中：二类驾校 22 所，三类驾校 2 所；理论、驾驶操作教员 293 人；拥有各类教练车辆 311 辆；教学与驾驶训练场地面积 44.6 万平方米；年培训能力达到 15 348 人。这些驾校遍布我市城乡各地，多种经济成分并存，公平竞争，共同发展，基本形成了一个种类齐全，多种经济成分并存，供需基本平衡、设施较为完善、功能齐全、训练场地、教学人员条件较前日趋完善，极大地满足和方便了广大人民群众学习汽车驾驶技术的愿望，能够满足不同层次和不同车型培训需求的驾驶员培训市场。

第六节 汽车站基础设施建设与站务管理和服务

10 年来，张家口交通事业飞速发展，极大地促进了道路客运服务能力的提升。随着城市经济不断发展和人民群众日益增长的出行需求，市交通局对客运站的任务目标进一步明确，加大了站级改造的投资力度，规范了站务管理的规章制度，树立了站务服务的品牌意识，建立了企业文化的基本架构，使全市汽车客运站的整体形象、社会地位和企业效益都有了明显的提高，基本上保证了旅客“走得了”、“走得好”。

一、站情概况

张家口市现拥有各级汽车客运站 23 个，其中一级客运站 1 个，为张家口汽车客运总站；二级客运站 11 个，分别为宣化站、沙城站、康保站、赤城站、张北站、蔚县站、阳原站、崇礼站、沽源站、尚义站和涿鹿站；三级以下客运站 11 个，包括下花园站、怀安站和万全站等等。

10 年来，一、二级客运站站场面积由 62 164 平方米扩大到 77 541 平方米，增加了 24.7%；日发客运量由 5 000 人次增加到 19 327 人次，增加了近三倍；日发客运周转量由 425 000 人公里增加到 1 973 729 人公里，提高了 364%；客运站站场设施和等级结构进一步完善，站容站貌有了很大改观，服务设施进一步完善，旅客出行日益便捷、舒适。

二、站场建设

由于建站年代较久、设施老化、环境较差，很难满足旅客出行“走得好、走得满意”，直接影响到客运服务质量和城市文明窗口形象。10 年来，市交通局通过争取省厅投资、银行贷款、企业自筹及招商入股等方式先后筹资近5 000万元的资金用于全市汽车客运站兴建以及硬件设施的改造和完善。1997年，张家口汽车客运总站为了满足客运市场需求，进行了改扩建。1998年，结合县城新区建设，阳原、蔚县汽车站进行了新建搬迁。2000年，在张家口市高新技术开发区火车南站北侧100米处投资兴建了张家口汽车客运南站，在南站建设中高站位、高标准、高管理、严要求，注重高科技含量的投入，力求人文与环保的和谐与统一。新南站设计日运输旅客10 000人次，日发班次2 000个，分高客、普客两个候车厅，在2001年10月竣工投入使用，新南站的建设和使用形成了张家口市扼守南北、覆盖全市、辐射乡村的客运新格局，对全市道路旅客运输进一步发展具有重要的战略意义。同年，结合当地城市整体建设规划，通过土地置换，又新建了沽源汽车客运站，占地面积22 400平方米，日发班次90余个。2003年，在原址新建了赤城汽车客运站，建筑面积5 100平方米，实现了年客票收入450万元。2006年投入200多万元对张北、蔚县客运站进行了大规模的改造和装修，为加强管理提升服务水平创造了基本硬件条件。结合城市规划，实施退城进郊，新建宣化汽车客运东站项目也于2006年立项，2007年就可开工建设，设计规模为一级汽车客运站。同时，加大对现有客运站的改造力度，先后改造和美化了各个站的站前广场、候车大厅、站内场院，设置了总服务台、场内护栏、检票台标牌和发车终点牌，增设了自动广播和便民服务措施，分设了旅客进出站口，重新划置了上客区、下客区和发车区，规范了停车区，建成了无障碍通道，科学规划调度室、驾乘人员休息室，重新设计和装修进站大门，利用场院墙壁进行站务服务标语宣传，展现出站场的品牌文化。为方便旅客购票，投资改造了现代化信息和智能化站务服务网络系统，在市区内实现南北两站联网售票、资源共享。站场设施的改造，有效缓解了旅客运输日益增长的需求，也为完善服务功能，改善窗口形象奠定了物质基础。先后在客运站安装了客运班次信息电子显示系统、售检票信息电子显示系统、班次信息触摸查询系统、班次信息电话自动查询系统、班次信息双语自动广播系统、网上客运班次查询系统、局域网监控系统、行包安全检测系统等；在候车室设置了总服务台为乘客排忧解难，在报纸、电视、互联网等各种新闻媒体发布班次及时播报信息，开通了团体电话订票、市内免费送票上门、班车预约接站等系列人性化服务，以方便广大旅客购票、乘车。2006年，投入300多万元实施了“全市汽车客运站上档升级工程”，以赤城汽车站为试点和标杆，以点带面、全面推开，先后对各站职能科室重新设置，每个岗位进行定员定编，对部分职工进行提前离岗，全面推广“心心服务”品牌，结合自身实际，又推出了“奉献一份真情、服务××(如：赤城)人民”特色内容，深入推行星级服务分配机制和管理方式，继续对各站进行硬件设施改造和完善，极大地提升了站场服务功能，有力地提高了各个客运站的社会形象。

三、管理和服务

1. 用真情治理顽症

20世纪90年代末，由于转轨变型，市场全面开放，不同产权性质、不同经营性质、不同经营形式的客运车辆迅速发展起来，汽车客运站成了叫卖场，候车室成了百货店，车辆经营者抢点占线、争抢旅客、打架斗殴、欺行霸市、刁难站务人员，严重损害了旅客利益，破坏了城市形象，扰乱了客运市场，一度成为难以根治的客运顽症，企业效益下滑，人民群众的意见越来越大，交通形象受损。为解决此类问题，经过周密的安排部署，2004年3月29日，以张家口汽车客运总站为试点，打响了治理客运顽症的“3.29”战役。实行了售票“阳光化”、购票“自由化”、财务“高效化”、为人“大度化”、服务“人性化”等一系列措施，对所有进站车辆一视同仁，无论是国有、个体、承包还是外地进站车辆，“来者都是客，客人无亲疏”，制定了统一的规章制度，采用了阳光式售票操作；在发车区设置了驾乘人员休息娱乐室，配备了电视、VCD等休闲娱乐设施；公开承诺“不压票款、不拖票款、不欠票款，按国家规定的站级标准收取站务费，决不乱收费”；以宽宏大量的气度去理解、关心驾乘人员，把从严管理建立在真情实感上，“规情同治”；为乘客提供服务的同时也为驾乘人员提供了充满人文关怀的“人性化”服务。经过换位思考、沟通心灵，以情感人、以正赢人，历经一个月，汽车客运总站“取缔喊客、拉客、根除‘客运顽症’”的战役终于取得了胜利，受到了广大经营者、旅客、驾乘人员、社会各界的高度评价和认可，并稳步地叫响了总站“心心服务”品牌。

随后，全市各个汽车客运站也先后推出各类根治客运“顽症”、维护乘客利益的专项治理活动，运政、公安联合执法，企业、政府协同作战，经过长期努力，目前，各站已基本消除了喊客、拉客等危害乘客合法权益行为，真正成为了旅客放心、满意的平安客运站。

2. 用品牌服务赢得市场

为了进一步提升总站的服务水平，在全市汽车客运站推出了品牌经营战略。2004 年客运总站就在国家商标总局成功注册了“心心服务”品牌。为了精心塑造服务品牌，让“服务”的新理念牢牢扎根于广大职工的思想上，客运站用真心“张开双臂、运送真情”，以真诚为广大乘客服务，达到心与心的贴近、心与心的交融、心与心的感受、心与心的相通。通过一系列的管理措施和服务方法，让所有进站人都感受到他们的“用心、真心、贴心和热心”，诠释出了品牌服务与经济效益、企业发展与利益相关者的辩证关系。

服务品牌随着管理的规范而深化，随着服务的提升而发展，全市各客运站开展了一张笑脸相迎，一句亲切问候，一把椅子相让，一杯热水相敬、一片热心相待的“五个一”活动；实行了全员“微笑”服务管理，对待车主不是“管理”，而是“引导”，使我们的员工真正知道旅客需要什么服务，怎样去为旅客服务；提出了“车票是请柬、旅客是贵宾”的全新服务理念，即变“等”的模式为“送”的模式，变“居高临下”式的“指挥型”服务为“迎亲接客”式的“真情型”服务，从旅客进站到出站全过程，提供全方位、多元化、人性化的用心服务；专门制定了全程服务标准、文明用语、应急预案和服务要求，健全了服务设施，设立了中心服务台，总站和蔚县客运站还安装了自动监控系统。2004 年 11 月又推行了《星级服务制实施方案》，成立了民主评议小组，将员工的工作质量、工作业绩、文化业务水平进行每月一次严格的内部量化考核评定，三项指标分数乘以相应钱数构成职工工资进行发放。星级服务制的实施彻底打破了以前“大锅饭”的分配制度，真正实现了“各尽所能、按劳分配”的市场经济分配原则。“星级服务制”一经推出，立即赢得了客运站干部职工的积极响应，形成了人人争星级、个个学知识、视旅客为上帝的良好服务氛围，激发了全员的危机感和使命感，使优胜劣汰、择优上岗竞争机制更加完善。同时，在其他二级客运站中也深入推广“心心服务”品牌，统一操作、统一标准、统一质量，力争打造出区域性统一服务品牌。经过规范服务—承诺服务—星级服务—用心服务这一品牌服务的进化与演变，通过塑造品牌和配套活动的开展，品牌的形象、美誉度和认知度也逐渐深入人心。

3. 用班组文化夯实管理基础

2006 年，在各汽车站服务和管理上推行了班组建设。根据业务特点，界定了班组的工作职责，各班组根据各自的服务与工作特点，自命班组名称、自提班组精神，全市汽车客运站先后推出了 50 多个班组，其中客运总站就有 16 个，每个班组都有明确的班组品牌、品牌内涵、服务承诺、服务口号、工作目标等，名称与工作范围相关，既新颖又实际。同时，各班组还建起了各自学习专栏或学习室，设立了学习园地、知识天地、班组文化简介、服务赛场、服务常识等具有本班组特色的文化建设内容。每个班组都将班组品牌理念、规章制度、岗位职责、考核办法、培训计划等上墙展示，并对职工每月完成的工作目标、业务知识进行考核，并进行公开公示，接受职工监督，例如当您走进客运总站广场时，身披绶带的服务人员会主动上前微笑着为您提拿行李、扶老携幼、照顾残疾，会让您感到亲人般的温暖；进入候车室时迎门服务员一个甜美的微笑和一句“您好、欢迎光临”让您备感温馨，一个大方、标准的手势会让您感到原本强制性的进站安检变得和谐与自然；在大厅中央的服务台，服务人员会耐心细致、不厌其烦地用标准的汉、英、哑文明服务用语回答您提出的任何问题，这便是总站“新星服务班组”为您提供的优质服务。当您乘坐班车即将离开总站时，在悠扬的音乐声中，十名着装整齐的站务员会用标准的军礼为您送行，祝您一路顺风，这是“发车礼仪班组”在为您服务。让旅客切切实实感受到站务服务的亲和力，从而也优化了职工队伍，增强了客运站干部职工的凝聚力，提高了客运站整体的向心力。

四、职工队伍

站务人员是客运站的“生产”人员，既是企业文化的缔造者，又是企业文化的执行者，同时也是企业发展的基本力量,他们自身素质的高低,直接关系着企业的形象与效益。提高站务人员的整体素质,使其更好地服务于旅客,是客运站行业自身建设的需要。为此,每个站都建立自己的培训计划和培训制度,每季度进行考核,每月设有固定的学习日,开展争做学习型职工活动,许多站还购买了《把信送给加西亚》、《没有任何借口》、《尽职尽责》、《谁动了我的奶酪》等书籍供员工阅读,并在全行业掀起"学习罗文精神,争做罗文式员工"的热潮,客运总站、康保、怀来、蔚县等客运站的会议室里都悬挂着一份份心得笔记,体现着职工责任、敬业、服从的新时代精神。有两位北京旅客在总站文化娱乐室由衷地感慨:客运站变成文化站了。同时,对职工就 ISO9001 质量管理、现代办公、信息网络进行专业培训,员工们在集体学习和面对面交流中寻找着差距、提高自我。

为培养员工的业务能力、团队意识和政治素质,以客运总站为试点,就站务的基础知识、业务内容、熟练技巧进行集中竞赛和展示,先后举行了"文明用语和双语服务竞赛"、"岗位练兵业务知识竞赛"、"模范共产党员先进性演讲比赛"、"荣辱观教育演讲比赛"。此外,还在部分客运站每年召开一次"迎国庆"职工运动会,大小项目 10 多个,培育了员工团结、拼搏、争先的竞争精神和合作意识。每年度对职工进行一次军训,培养吃苦耐劳的作风和团队合作精神。这些活动的开展,既丰富了职工文化生活,又提高了职工的团队意识,同时,作为一种企业文化,受到职工的欢迎。

五、安全生产

10 年来,始终坚持"安全第一、预防为主"的管理方针,在各个汽车客运站实行"一把手"负责制和"一票"否决制,由站长对全站安全管理工作负总责,成立了由各站站长任委员会主任的安全生产管理委员会,明确了"确保全年无重大安全责任事故"的安全管理奋斗目标,层层签订安全生产管理责任状,与各项工作同部署、同考核、同奖惩。2006 年,张家口市汽车客运总站作为交通部汽车客运站安全质量管理标准工作参与编写和试点单位,制定了包括 5 个章节、118 个小节的安全管理制度汇编,详细地规定了行车安全、消防安全、资金安全、用电安全、计算机网络安全等 5 个方面的考核、检查、监督、例会、培训、统计、报告、责任追究等各项管理规章制度。各站在日常管理中,严把车辆准入关,认真做好车辆安全日检工作,严格落实一车一检制度;严把旅客进站关,安检仪与候车厅大门同时开启,所有进站旅客携带的行包一律经过安检,坚决杜绝"三品"进站上车;严把车辆出站关,在出站大门,安保员对所有出站车辆逐车查验,坚决杜绝超员班车、驾乘人员酒后和精神不饱满驾驶的班车出站上路;严把消防安全关,严格检查车辆消防器材,定期邀请消防队教官对重点消防部位职工和驾乘人员进行消防器材使用和普及消防知识的培训,制定了《消防安全预案》、《紧急疏散预案》、《客流高峰应急预案》,以备火灾等突发事件紧急启动,确保旅客人身和财产安全。

公路客运站是道路旅客运输的基础设施,是旅客集散的结点,是客运管理的源头,是城市文明的窗口。到 2006 年,全市 1 个一级站和 11 个二级站成为全市星级客运站和文明单位。

第七节　现代物流业的发展

一、高瞻远瞩,抢抓机遇,积极切入现代物流产业

张家口处于晋冀蒙和京津冀"两大经济圈"的交汇区域和中心城市,成为京津地区通往西北各省区及晋煤外运的一条重要通道。早在清朝时期,张家口地区就诞生了著名的蒙汉贸易商道"张库(库仑:今蒙古人民共和国首都乌兰巴托)大道",开辟了张库间的贸易运输。但由于政治和历史原因,这条商道后来被迫中断。随着改革开放的深入发展,尤其是 20 世纪 90 年代以来,中俄贸易日渐繁荣,我市辐射华北、连接西北、沟通东北、服务全国的商贸流通中心地位日益凸显,人流、物流、信息流畅通,区位优势和运输枢纽作用十分优越。同时,随着交通基础设施日臻完善,物流业在全国内日渐兴起。现代物流通常被认为是由运输、存储、包装、流通加工、配送和信息等诸环节构成的全过程服务。而物流中心则是集仓

储、装卸、加工、包装、配送、信息管理为一体的基础设施。从国外的发展经验来看，物流中心基本上是在综合运输体系十分发达，社会工业化水平发展到一定程度的情况下，在货运站、配载中心、配送中心、仓储中心基础上发展起来的。

近年来，张家口公路建设飞速发展，路网体系日趋完善，运输市场全面放开，社会车辆迅速发展，但公路运输站场体系还没有形成，现有仓储设施和货运站大部分始建于20世纪70年代，规模小、功能单一，运输组织化程度低，组织管理手段落后，信息化水平差，缺乏大型集疏中转所需的仓储设施、设备；虽有一些从事铁路集疏运的仓储设施，但由于均为自用型，且仓储能力差，功能不全，辐射范围小，根本无法保证两种运输方式的紧密衔接。

为了实现传统货物运输向现代综合运输的快速转型，真正实现“货畅其流”，充分发挥连接京津冀、晋冀蒙两大经济圈的区位优势和两条国内、国际大通道交汇点的交通优势，建立区域性商贸物流中心，推动全市经济跨越发展，市交通局审时度势，抢抓机遇，科学调研，反复论证，2001年正式提出建设张家口市物流中心，并由张家口运输集团有限公司承办。在市委、市政府的正确领导和省交通厅的大力支持下，2002年7月8日物流中心正式开工建设。

张家口市物流中心位于张家口市规划的高新区仓储区内，位于张宣公路东侧，距市中心8公里，距京张、宣大和丹拉高速公路分别为5公里和25公里，通过张宣公路与之相接，并连接109、207、110国道，形成东连北京和天津港口，进而连接东北，西连山西，北接内蒙，南通省会石家庄的四通八达的交通网络，是一个理想的物流基地。项目由台湾新系统物流股份有限公司专家做营运顾问，对物流营运方向及目标、战略规划、硬软件系统建设等方面进行专业规划，设计方案能够适应当前市场经济需要，起点高，有前瞻性。经河北省交通厅推荐，张家口市已列入国家第二批交通枢纽建设项目。一期工程投资4 800多万元，经营场地120 000平方米，拥有现代化立体库房2座，普通库房4座，总仓储面积达20 000平方米，露天堆场面积达45 000平方米，整个库区、库内及周边区域可实现24小时监控，在库内还设有自动报警喷淋消防系统，并设有专人进行监控和操作，各项消防措施一应俱全，全部按照国家标准配备，全方位保证了库区内货物的安全。对于在途货物公司配备有先进的GPS全球定位系统，实时跟踪货物情况，保证了货物、人员的安全。

随着业务不断扩展，客户日益增多，现有物流中心的仓储面积已不能满足客户的需要，为此，2006年张家口运输集团有限公司投资605万元，兴建物流中心二期工程，工程占地12 000平方米，配有完善的库区道路、通信、网络、消防等基础设施。2007年2月9日，物流中心二期工程顺利竣工，这为进一步加强基础设施建设，打造出张家口市现代化一流的大型物流园区，办好物流产业，服务于我市工业立市的总体战略目标向前迈出了一大步。

二、内引外联，规范运营，成为全市物流产业领军人

张家口市物流中心（亨运物流）建设之初，就邀请台湾专家对职工进行营销策划、客户拜访、设备使用、信息系统运行等专业化培训。随着工程建设的进行，按照物流运营的要求建立了相应的物流运营机制，2002年12月成立了亨运物流有限公司，公司制定出以我市的高速公路为依托，以车辆为载体，以场站为网络，坚持建设与运营同步实施的方针，在搞好市场调研基础上找准物流市场切入点——家电仓储配送，确立了具体服务功能，设立了市场部、营销部、仓储部、配送部、信息部等企业发展机构，利用改造的旧仓库先期开展了物流的运输、仓储、装卸、配送等业务；同时实施人才培训，培养和造就出一批了解物流专业知识的人才骨干，从而形成一定的市场占有率。

张家口市物流中心成立6年以来，一直秉承“与时俱进、追求卓越、开拓创新、需求至上”的服务宗旨，依托张家口的区位优势，开展第三方物流业务。以家用电器、机电、医药产品、日用商品为客户目标，力争办成国内主要家电厂家在晋、冀、蒙交界一带的仓储配送基地，以及张家口市各区、县大型商业流通企业的储备调动中心。

目前张家口已与30余家企业建立了战略合作伙伴关系，其中既有外资企业如上海佳通轮胎（新加

坡)、斯必克冷却技术(美国)等国际大型公司,又有TCL王牌、创维、海信、康佳、厦华等国内知名企业,更为张家口市各大电器商城、超市及市内、外中小型企业提供了专业的第三方物流服务。公司主要经营的项目包括:储存、保管、装卸、分拣、包装、加工、运输、配送、信息服务、物流方案策划及与其相关联的增值服务。2006年仓储量达562 600万台(件),价值19 600万元;日均出入库量达到4 800多台(件);其中,家电的平均出入库量达1 200多台;轮胎的出入库量达2 000多条,其他货物产1 600台(件),日均货物配送价值达260万元左右。配送网络已覆盖张家口市7区13县,并向晋、冀、蒙及京津等地辐射。并与北京德利得物流有限公司、首发物流枢纽有限公司、华正运输集团、内蒙古安快物流发展有限公司等多家公司建设了战略联盟,实现了资源共享、网络互补、共赢发展目标,扩大了与外省市的配送网络辐射能力。现已发展成为我国主要家电、轮胎厂家及其他商家在以张家口为中心涵盖晋、冀、蒙的仓储配送基地,也是东北、华北连接西北地区的重要枢纽。

三、把握优势,壮大实力,力争建成现代化物流产业集团

目前,张家口市已被省政府确定为五大物流枢纽城市之一,将成为连接三北、面向蒙古、俄罗斯市场的重要物流节点和全国二级、三级物流节点城市。同时,张家口市物流中心也被确定为"十一五"期间全省现代物流业重点建设项目和十大现代物流示范项目之一,被列入市"十一五"发展规划,并获得"AA级物流企业"称号,成为我市拥有最高相关资质级别的物流企业,为物流中心今后发展带来了前所未有的机遇和挑战。

当前,我们正在谋划依托张家口蔬菜、农副产品生产、流通的优势,以物流中心为核心,以多元产权联合为纽带,在全市范围内完善农副产品的物流配送、仓储加工网络;借助国有企业改制的良好时机,积极开展针对我市烟厂、制药厂、洗涤剂厂、大型超市等生产销售企业的物流宣传、物流方案策划活动,实现在当地企业中发展物流业务的突破,加大运输、配送的业务量,增加包装加工、网上交易、电子商业等增值业务内容;以物流中心的品牌和服务为依托,通过接受或租赁客户企业仓储设施,利用信息网络和物流现代理念进行管理的方式,尽快将张家口物流中心做大做强,做成在地区和行业内有较大影响力的现代化物流产业集团,为促进全市物流经济繁荣发展发挥领头羊的作用。

第五章

出租车管理

第一节　出租车的兴起与现状

张家口市出租汽车行业起步于20世纪90年代初期，当时只有十几辆中巴车在我市充当出租汽车的角色。随着我市经济社会的发展，人民生活水平的提高，社会交往领域的扩大，到1996年，市区出租汽车已经发展到几百辆，微型面包车（俗称黄面的）取代了中巴出租车，成为市场上出租车的主打车型。

截至2006年底，全市营运出租汽车已发展到4 669辆（图1-5-1），拥有从业人员8 000余人，其中市区拥有营运出租汽车2 713辆（图1-5-2），从业人员5 000余人；全市有出租汽车服务公司16家，出租汽车客运有限公司1家，企业在岗人员324人，其中市区拥有出租汽车服务公司8家，企业职工152人。

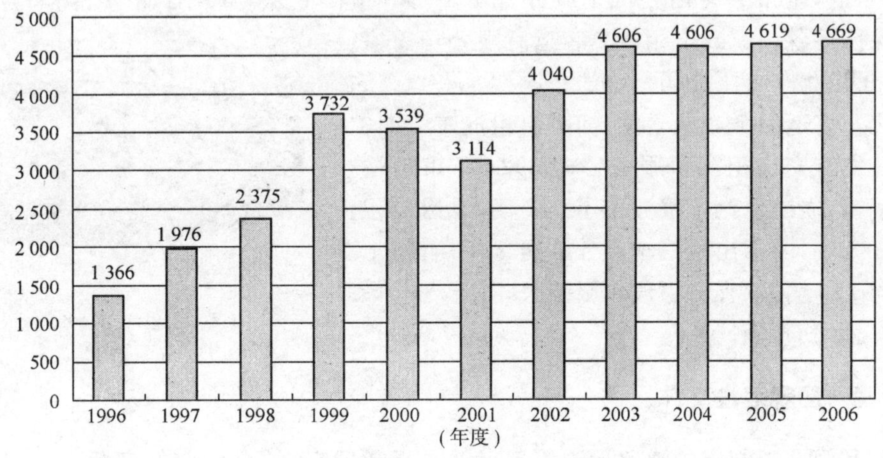

图1-5-1　10年来全市出租汽车数量变化图

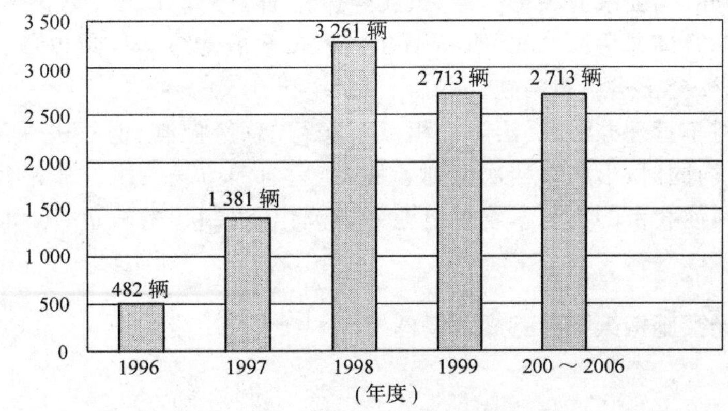

图1-5-2　10年来市区出租汽车数量变化图

据统计，市区出租汽车年运送乘客已达700万余人次，年平均收入从1996年3 795万元增长到2006年7 590万元；纯利润由1996年1 500余万元增长到2006年4 500余万元，翻了两倍，累计为地方上缴税费1 200余万元。

第二节　出租车的发展与管理

市交通局作为全市出租汽车行业主管部门，在市政府的领导下，在出租汽车管理各职能部门的支持和配合下，对出租汽车市场进行了持续不间断的规范管理。在出租车数量快速增长的同时，使出租车行业逐步走上规范化道路，经营者素质和诚信经营意识明显增强，市场经营秩序更加规范有序，文明服务程度明显提高，城市窗口形象得到进一步展示，人民群众出行更加安全便捷舒心。

一、出租汽车经营向集约化、规模化方向发展

在张家口市出租汽车行业发展初期，出租汽车全部为单车营运。1996年以来，交通局支持和协调运输企业及有关单位成立出租车服务公司。同时，引导经营者自愿选择并加入到服务公司，在车辆产权和经营权不变的情况下，使过去单车经营、各自为阵逐步发展到集中统一规范管理，公司成了出租车司机的“娘家”，同时公司为他们提供了全方位的服务，大大方便了出租车经营者，使他们摆脱了过去独自办理各项业务的烦恼，能够集中精力搞经营，同时也有利于出租车市场规范有序的发展。

从1996年市区成立第一家张家口市运输服务公司开始到2001年，市区出租汽车服务公司发展到13家，2002年根据市政府颁布的《张家口市客运出租汽车管理办法》，对市区出租汽车服务公司存在的只收费不管理、只收费不服务的行为集中进行了整顿，通过整顿取缔出租汽车服务公司1家，整合4家。

截至2006年底，全市共有出租汽车服务公司16家（市区8家、宣化区3家、怀来县、万全县、宣化县、涿鹿县、下花园区各一家），出租汽车客运有限公司1家（阳原县昊通客运出租车有限公司）。

市区出租汽车客运服务企业8家，拥有出租汽车2 713辆（图1-5-3），其中吉安出租汽车服务公司892辆，市运输服务公司631辆，广立出租汽车服务公司372辆，凤凰出租汽车服务公司243辆，明泰出租汽车服务公司224辆，第十八运输服务公司133辆，双喜出租汽车服务公司152辆，华庆出租汽车服务公司66辆。

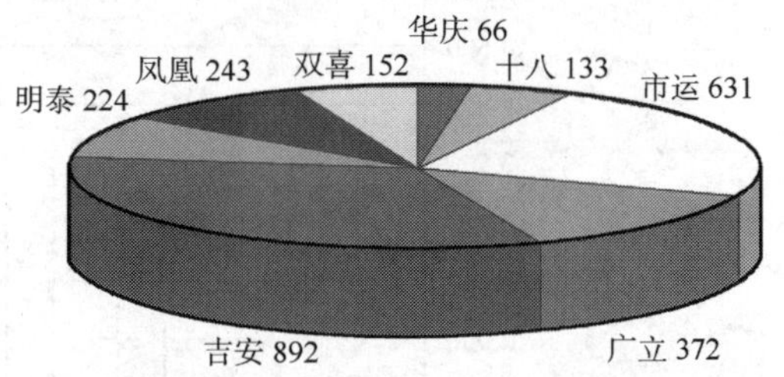

图1-5-3　市区各出租汽车服务公司出租车数量分布图

二、颁布了第一部规范性文件

根据交通部和河北省制定的道路运输管理有关法规和规定，结合我市的实际，在市场调研、学习借鉴外地市出租汽车管理办法、征求有关部门意见、几经讨论研究的基础上，交通局向政府法制部门提交了《张家口市客运出租车管理办法》。2000年8月12日，市政府常务会议审议通过了《张家口市客运出租汽车管理办法》，并向社会正式颁布实施。

《张家口市客运出租车管理办法》提出了出租汽车实行“总量控制、退一进一”的原则。到2006年，在出租车总量保持不变的同时，出租车档次得到了提高，运力和市场需求趋于平衡。《张家口客运出租车管理办法》的颁布实施使我市的出租车管理走上了规范化、法制化的轨道，出租车市场呈现出稳定健康有序发展的局面。

三、对出租汽车市场实施持续不断的规范管理

1. 统一出租车标志

2002年，市政府带领有关部门工作人员到外省市考察学习，为统一和规范出租车标志做了准备。

2002年5月27日，交通、公安、工商、税务、物价、质量技术监督六部门联合下发了《关于制定2002年市区客运出租汽车行业年度审验办法的通知》，由政府协调有关部门补贴资金，统一为出租车安装固定式顶灯，换发出租车专用车牌照，喷涂车身标志，喷涂公司名称，张贴租价牌和监督电话，市区出租车首次实现了"六统一"。交通等六部门集中时间并抽调专人深入各出租汽车服务公司逐车进行现场审验，逐车安装和检查各种标志，使市区出租汽车在规范化管理上实现了大跨越。统一和规范出租车标志，不仅为广大市民出行选择安全、便捷、放心的出租车提供了条件，同时也为查处非法营运出租车奠定了坚实的基础。

2. 严厉查处非法营运行为

非法营运的"黑车"不仅干扰正常的市场营运秩序，损害了经营者和广大乘客的正当利益，而且也给乘客的安全带来了隐患。《张家口市客运出租汽车管理办法》颁布实施以后，依据有关规定，交通局等六部门相互配合，采取集中治理、昼夜巡查和行管部门日常监管的方式，使运输市场始终保持查处非法营运的高压态势。

2001年下半年，开展了四次大规模集中整顿和规范出租汽车市场秩序的执法行动，先后共查处了200多辆从事非法营运的出租车辆，并按照《张家口市客运出租车管理办法》的规定，对每部车的车主处以5 000元至10 000元的罚款，有力地震慑了非法营运行为。2002～2006年市区共查处非法营运的"黑车"725辆。

在查处非法营运的"黑车"和查处不规范经营行为的过程中未发生任何行政错案、行政诉讼和行政复议案件。

3. 规范出租汽车报废更新程序

根据国家五部委及环保总局颁布的《国家汽车报废标准》，为强化和规范出租汽车报废程序，防止报废车回流社会，给广大市民出行造成危害，在市政府统一领导下，交通局行管部门不仅制订了规范报废出租车有关规定和现场报废出租车工作程序，还启动了八部门工作人员现场监督报废解体工作机制，并邀请新闻媒体现场监督，在报纸上进行公开报道。2002～2006年市区出租汽车报废并实施更新2 476部(图1-5-4)，占市区客运出租汽车总数的92%。

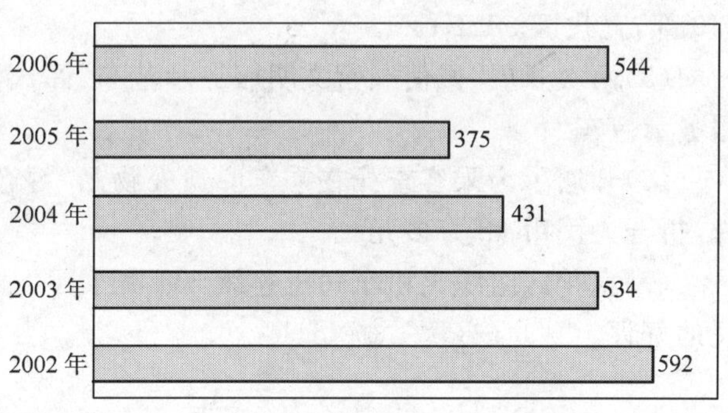

图1-5-4 2002～2006年报废更新出租车数量情况图

强制和规范更新报废出租汽车，使出租汽车新车系数大大提高，车辆结构发生了根本变化。微型面包车已全部淘汰出市场。经济、环保型的新款夏利车成为市区出租车的主要车型。市区2 713辆出租汽车中，夏利车为2 210辆，占总数81.5%，"吉利"279辆，占总数10.3%"羚羊"86辆，占总数3.2%，其余数量较少的车型有"奥拓"、"悦达"、"奇瑞QQ"等车型，约占总数的5%。

与此同时，针对出租汽车行业敏感性强的特点，交通局牵头与相关部门组成了出租车行政审批委员会，还聘请有关单位和社会各界有关人士组成听证委员会，就出租车更新工作实行集中审批、集体研究并现场接受监督指导，不仅杜绝了权力审批、人情审批，还有效地防止了腐败行为的滋生，打造了交通局阳光行政审批的名牌。

四、结合实际，合理调整市区出租车营运价格

10年来，张家口市出租车从起步到2006年，出租车运价历经了四个阶段。

第一阶段：20世纪90年代初，在中巴车充当出租车角色的时期，运价为市场调节，经营者与乘客进行议价。

第二阶段(1998年以前)：出租汽车呈现出快速发展的态势，且多数是微型面包车，市交通局、物价

局根据市场营运情况和广大市民的承受能力制订了出租车营运价格，市区5公里以内10元。

第三阶段(1998～2006年5月)，随着出租汽车数量的增加和车型的发展变化以及对出租车的规范管理，乘坐出租车成为广大市民的选择，参照其他城市出租车的运价水平，考虑到我市经济发展的具体情况，市交通局、物价局在征求社会各界意见的基础上，将市区出租汽车运价调整为3公里5元，超出3公里每增加1公里加收1.2元，"面的"加收1元。

第四阶段(2006年6月1日以后)：随着国际原油价格的不断上涨，我国燃油价格也多次上调，作为出租车这个特殊的群体营运效益明显下降，成本增加。为维护市场的稳定，减轻经营者的负担，交通局行管部门协同物价部门经过对市场运营情况进行认真调查和测算，并在征求经营者、有关部门意见后，向市政府提出了调整我市出租汽车营运价格的意见，并获得同意。市区出租车市场营运基价里程由3公里5元，调整为2公里5元。2006年6月1日调价后，出租汽车的营运收入呈稳定增长趋势。

第三节　出租车行业精神文明建设

10年来，交通局把行业精神文明建设作为行管工作的一项重要工作始终抓住不放，收到了较好的效果，出租车行业这个城市窗口愈擦愈亮。

据统计，10年间，各出租车管理部门和出租汽车服务公司收到各种表扬信5 000余封，锦旗653面，出租汽车司机扶助困难群众1 325人，向社会献爱心135次。主要开展了以下活动：

(1)在全市出租汽车行业统一了文明服务用语，乘客上车说："你好，请问到哪里？"；乘客付费说："谢谢"；乘客下车时说："请走好"，"请拿好你随身携带的物品"；

(2)在市区出租汽车行业选树了"共产党员示范车30部"，并举行了启动仪式，向共产党员示范车获得者制作了标识牌，赠发了党章；

(3)在张运旅游出租总公司组建了巾帼文明出租车车队，队员120名，先后两次到张家口市福利院看望孤儿，队员们向孩子们捐赠了衣物和学习用品以及各类食品，收到良好的社会效果；

(4)先后四次开展了"优质服务号"竞赛和评比活动，评选"优质服务号"出租车300部，其中市区250部，宣化区50部；

(5)两次开展"诚信经营文明服务示范车"评比活动，有160部(次)出租汽车被评为"诚信经营文明服务示范车"；

(6)开通了为乘客查找在乘车时遗失物品"绿色通道"，至今，共为乘客找回各类遗失物品8 400多件，折合人民币28万多元；

(7)宣化区组织出租车司机连续5年开展了"建军节军人免费乘车"活动，受到驻宣解放军和广大市民的好评。

第六章 领导班子建设

10年来，张家口市交通局党政班子牢固树立和落实科学发展观，紧紧抓住加快交通基础设施建设这个中心不放松，始终把加快发展作为交通工作的指导思想和工作落脚点，着力解决交通改革、发展中的一些重大问题，以新思路、新理念、新举措全面推进各项工作，谋求交通事业又好又快跨越式发展，全市交通系统呈现出团结凝聚、和谐融洽、人心思进、共谋发展的喜人局面。

一、重视学习　顺应改革

1996年以来，市交通局领导班子坚持把思想政治建设放在首位，用科学的理论武装头脑、指导实践。思想上、政治上更加成熟和坚定，执政能力和领导水平明显增强，科学和民主决策能力进一步提高。按照建设学习型机关的要求，党委中心组始终把加强理论学习放在各项工作的首位。每年年初，党委都要制订全年学习规划，班子成员制定个人自学计划，分专题系统地安排学习内容。在学习方法上，采取集中学习和分散自学相结合，通过一线调查和专题研究，互相交流心得体会，逐步建立了比较完善的学习制度。在学习内容上大体分为三个方面：一是学习党的基本理论。深入学习和贯彻党的十五大、十六大精神，深入开展了"三讲"和保持共产党员先进性教育活动，认真学习贯彻"三个代表"重要思想、《江泽民文选》和科学发展观的理论，通过开展构建社会主义和谐社会和社会主义荣辱观教育，组织开展了以践行"八个方面良好风气"为主要内容的领导班子"作风建设年"、"树、讲、求"等领导干部作风整顿建设主题教育活动，增强了党政领导班子成员贯彻执行党的路线、方针、政策的自觉性。二是学习市场经济理论和现代科学知识，学习法律、法规、条例，努力增强用法律法规研究和把握市场经济的客观规律，提高科学决策能力、统筹协调能力和开拓创新能力。三是注重总结改革和发展实践中创造的好经验，丰富知识，增长才干，提高班子的领导艺术。在学风上坚持理论联系实际，运用科学理论指导工作实践，达到了学与用、知与行、说与做的统一，防止和克服"空头学习，脱离实际"的倾向。通过学习，使班子成员做到了信念坚定、观念更新、思路开阔、方法灵活，形成了领导干部良好的学习风气。

二、民主决策　团结凝聚

一是建立并完善了党的集体领导制度。凡涉及方针政策性、全局性的问题；重要岗位的推荐，干部的任免和奖惩等重大问题，必须经党委会集体研究决定。局主要领导遇事征求班子成员看法，虚心听取大家的意见，集中集体智慧，深入调查研究，善于换位思考，充分发挥了班子成员的积极性和主动性，实现了决策的民主化。无论是在重大决策上，还是在解决班子矛盾、处理重大事件上，班子成员都能相互沟通、互通情报、互相监督、互相支持，领导班子形成了一个同舟共济，民主风气浓厚，团结协调有力的领导集体。

二是充分发挥副职的职能作用。一把手大胆放权，不搞大权独揽，敢于承担责任，不揽功推过，敢对班子成员负责，善于发现和表扬班子成员的长处，指出和纠正其不足，主动培养班子成员的上进心，进取心，并提供多方面锻炼的机会，加快其成长步伐。工作方式上推行“一对一”的工作方法，抓住副职，督促落实，让副职放手工作，不越级指挥，同时给副职合理授权。根据副职分管的工作授之相应权力，使副职有权处理职责范围内的问题，认真履行自己的职责，努力营造团结、民主、和谐的工作氛围，达到人人心情舒畅，事事畅所欲言。

三是坚持民主生活会制度。局领导班子成员坚持过双重组织生活，以普通党员身份参加组织生活，虚心听取党员干部的意见。领导班子坚持召开民主生活会，沟通思想，交流意见，增进团结。每一次会前都要广泛征求群众意见，针对提出的问题，对照检查工作中的不足和存在的问题，提出整改措施。在民主生活会上，认真地开展批评与自我批评，畅所欲言，从而加强了班子的团结，调动了班子成员的积极性，提高了班子成员的工作水平和领导水平，也赢得了群众的信赖。把民主集中制建设作为对党组织的重要考核内容，公之于众，同时通过民主测评，对领导班子成员定期考评，虚心听取群众意见，自觉接受交通系统干部职工的监督，纠正工作中的不足。实行“政务公开”，制作了公开栏、公示板、监督台、“局长信箱”等，把职工群众关心的热点问题向群众公开，自觉接受群众的监督，增强了工作的透明度。

三、务实创新　敢为人先

一是高站位，树立大局意识。从张家口经济发展和人民生活实际需要出发，确定发展思路。张家口市是经济欠发达地区，交通发展对于全市的经济发展和人民生活水平的提高具有至关重要的作用。为此，交通局领导始终坚持站在全市经济发展和人民生活需求的大局研究和思考交通工作。这是发展交通事业的根本动力之所在。到 2006 年底，全市高速公路通车里程达到 396 公里，继续保持全省第一，并进入全国地级市先进行列。它标志着张家口市已成为全省乃至全国高速公路建设的大市，标志着交通局自做业主建设高速公路已经由初步的成功逐步走向成熟。

二是坚持科学发展观，突出抓项目，重点抓工程，精心谋划，认真运作。纵观交通局近 10 年来的基本经验，张家口交通系统之所以能够发展。一个最重要的前提就是有项目，有工程。上级和社会对交通局最肯定的是这一点，交通的形象和声誉体现在这一点，大批干部的提拔得益于这一点，职工各方面待遇和福利的提高也基于这一点。正因为如此，交通局始终把抓项目、抓工程作为重点工作来抓，把谋划、储备项目作为重点任务来抓。无论是高速公路还是干线公路，市交通局始终保持有当年竣工的项目，有当年在建的项目，有当年启动的项目，有储备待建的项目，还有规划中的项目，使全局的公路建设项目长期处于后浪推前浪的良性发展状态。

四、谋事干事一有所作为

党的十六大以来，全市交通系统建立健全领导干部作风建设的领导机制和工作机制，以加强领导干部作风建设的实际成效推进交通工作，营造“团结、干事、创业、为民”的浓厚氛围，切实树立执政为民、服务经济的思想意识，大力开展“爱我交通、我为交通做贡献”、创建“学习型、进取型机关”等主题实践活动，培养与时俱进、开拓创新、求真务实、真抓实干、廉洁高效的工作作风，始终保持了积极的、有作为的精神状态，在全系统进一步形成奋发争先、团结友爱、和谐发展的新局面，让交通系统成为人民群众满意的行业。广大干部职工把“干成事”作为自觉追求，以改革创新的精神，探索出了一系列加快发展的有效途径，解决了一个又一个发展中的困难，取得了来之不易的成绩。进一步牢固树立全面落实科学发展观，努力提高市场经济条件下发展交通的能力，创新发展理念，增强发展能力。继续以有所作为的精神状态和求真务实的工作作风，高速度、高质量地加快了交通基础设施建设，推进了统一、开放、竞争、有序的交通市场体系的建立。进一步加强了行业文明和队伍建设，深化体制改革和机制创新，全面提高了交通经济的运行质量和效益，为促进张家口经济跨越式发展做出了新的贡献。领导班子成员见表 1-6-1 和表 1-6-2；张家口市交通局事业单位处级领导成员名单见表 1-6-3。

张家口市交通局党委成员名单 表 1-6-1

时间	姓名	职务	出生年月	文化程度	备注
1996.01～1998.04	岳亮	党委书记	1941.01	大专	
	袁建宏	党委副书记	1939.03	大专	1996.11 离职
	庞宗印	党委副书记	1946.11	大学	
	张富强	党委副书记	1951.08	研究生	1996.11 任职
	赵葆杰	党委委员	1939.12	大学	1996.11 离职
	张宏才	党委委员 纪委书记	1941.04	中专	
1998.04～2002.04	李小英	党委书记	1945.04	大学	
	张富强	党委副书记	1951.08	研究生	
	庞宗印	党委副书记	1946.11	大学	
	马艾业	党委委员 纪委书记	1951.11	大学	
	王保国	党委委员	1952.01	大学	1998.10 任职 2001.05 免职
2002.04～2007.12	贾丞眷	党委书记	1953.08	大学	
	张富强	党委副书记	1951.08	研究生	
	马艾业	党委副书记	1951.11	大学	2004.05 任职
	于海	党委副书记	1960.08	大学	2004.12 任职
	秦德文	党委副书记	1959.04	大学	2006.12 任职
	闫力芟	党委委员	1952.10	大学	
	李建志	党委委员	1947.11	中专	2003.09 离职
	李义	党委委员	1953.11	大学	
	乔卫国	党委委员	1958.11	大学	2005.12 免职
	黄莺	党委委员 纪委书记	1963.12	大学	2004.05 任职
	王高勇	党委委员	1959.10	大学	2004.06 任职
	梁志林	党委委员	1965.10	大学	2004.08 任职
	潘晓春	党委委员	1961.04	大学	2007.04 任职

张家口市交通局行政领导成员名单 表 1-6-2

时间	姓名	职务	出生年月	文化程度	备注
1996.01～1996.11	袁建宏	局长	1939.03	大专	
	赵葆杰	副局长	1939.12	大学	
	李生桢	副局长	1941.12	大学	
	赵文彦	副局长	1946.03	大学	
	闫力芟	副局长	1952.10	大学	
	李建志	副局长	1947.11	中专	
	张福	副局长	1945.01	中专	
	陈忠实	总工程师	1939.11	大专	
1996.11～2007.12	张富强	局长	1951.08	研究生	
	李生桢	副局长	1941.12	大学	1998.04 离职
	赵文彦	副局长	1946.03	大学	2002.03 离职
	闫力芟	副局长	1952.10	大学	
	李建志	副局长	1947.11	中专	2003.09 离职
	张福	副局长	1945.01	中专	2001.01 离职
	李义	副局长	1953.11	大学	1997.07 任职

续上表

时　　间	姓　名	职　务	出生年月	文化程度	备　注
1996.11～2007.12	乔卫国	副局长	1958.11	大学	1998.04 任职 2005.12 免职
	王高勇	副局长	1959.10	大学	2004.06 任职
	潘小春	副局长	1961.04	大学	2007.05 任职
	梁志林	总工程师	1965.10	大学	1999.05 任职 2004.06 免职
	邓健	副调研员	1952.02	大专	1999.05 任职 2007.05 免职
	曹海	总会计师	1957.06	研究生	2004.06 任职

张家口市交通局事业单位处级领导成员名单　　表 1-6-3

单　　位	姓　名	职　务	出生年月	文化程度	任现职时间
丹拉理管处	乔卫国	处长	1958.11	大学	2003.11～2005.12
	梁志林		1965.10	大学	2007.04～至今
	李义	书记	1953.11	大学	2004.08～至今
	杨丙龙	副处长	1962.10	大学	2004.06～2007.04
	高玉敏		1957.05	大学	2003.10～2007.04
	赵晓东	总工	1967.11	大学	2004.06～至今
	申桂元	纪检专员	1953.12	大学	2005.08～至今
	孙健男	副书记	1960.12	大学	2007.04～至今
张石管理处	张富强	处长	1951.8	研究生	2003.12～2004.6
	梁志林		1965.10	大学	2004.06～2007.04
	闫力芰		1952.10	大学	2007.04～至今
	马艾业	书记	1951.11	大学	2004.05～至今
	孙强	副处长	1968.12	研究生	2004.06～2006.10
	高玉敏		1957.05	大学	2007.04～至今
	赵树庆	总工	1959.10	大学	2004.06～至今
	宋志刚	纪检专员	1963.03	大学	2005.08～至今
京承管理处	闫力芰	处长	1952.10	大学	2005.07～2007.04
	杨丙龙		1962.10	大学	2007.04～至今
	邓健	书记	1952.02	大专	2007.04～至今
	胡存亮	副处长	1962.03	大学	2005.07～2007.04
	胡东		1962.07	大学	2007.04～至今
	杨宽	总工	1964.02	大专	2005.07～至今
	李占明	纪检专员	1964.11	大学	2005.08～至今
张化管理处	孙强	处长兼书记	1968.12	研究生	2006.10～至今
	武永平	副处长	1968.09	大学	2006.10～至今
	胡存亮		1962.03	大学	2007.04～至今
	姚建强	总工	1957.01	大专	2007.04～至今
	孙健男	副书记	1960.12	大学	2006.10～2007.04
快速路管理处	王富永	处长	1972.04	研究生	2007.04～至今
	赵青	总工兼书记	1965.10	研究生	2007.04～至今
通泰高速集团公司	张富强	董事长	1951.8	研究生	2007.04～至今
	梁志林	副董事长兼总经理	1965.10	大学	2007.04～至今
	闫力芰	董事兼副总经理	1952.10	大学	2007.04～至今
	孙强	董事副总经理	1968.12	研究生	2007.04～至今
	杨丙龙	董事副总经理	1962.10	大学	2007.04～至今
	王富永	董事副总经理	1972.04	研究生	2007.04～至今
	曹海	监事会主席	1957.06	研究生	2007.04～至今

党组织及党员队伍建设

10年来，交通局党委认真贯彻落实邓小平理论和“三个代表”重要思想，以科学发展观为统领，紧紧围绕做大、做强、做优交通事业这一中心目标，坚持以提高党员素质、增强党组织战斗力为目的，不断完善党建制度和工作机制，不断改进党建工作方法，不断探索党员教育管理的新途径，主动地卓有成效地开展党建工作，不仅使党组织得到了加强，党员队伍得到了壮大，而且也使广大党员为交通事业跨越式发展做出了贡献。

一、党的组织得到了加强

加强党的基层组织建设是党建工作的基础。随着交通事业的不断发展和改革的深入，为适应变化的新形势、新任务，以党建促经济发展，促各项工作全面开放和提高。10年来，局党委适时对局属单位及新组建的企事业单位调整、充实、组建党的基层组织，从1996年局属直企事业单位11个党总支、党支部发展到2006年底的31个。其中总支9个、支部22个，配备专兼职总支、支部书记31人。

二、党员队伍得到了壮大

10年来，市交通局加大交通基础设施建设的同时，努力为职工群众营造积极向上、拼搏进取、奉献社会的政治氛围。按照“坚持标准、保证质量、改善结构、慎重发展”的方针，积极做好对入党积极分子的培养、教育工作，定期对入党积极分子进行党的知识、党性、理想、信念、宗旨等教育，组织他们参加党的一些组织活动，参观爱国主义教育基地，以增强党性和宗旨意识，坚定党的理想信念，在坚持标准、保证质量的基础上及时把一些优秀分子吸收到党内来，10年来，共发展新党员359名。全局党员总数从1996年的428名发展到2006年的854名，增长了199.5%。

三、党的制度建设得到了完善

为全面贯彻党要管党，从严治党的要求，局党委着力在完善和健全党建制度上下功夫，形成了用制度规范党建各项工作，用制度规范约束党员的行为。几年来，根据形势的发展和工作要求，对原形成的党建管理制度进行了修订和完善，由过去的12项完善到21项制度。诸如党政联席会议制度，党员领导干部廉洁自律承诺制度，党员定期培训考核制度等；同时，各基层党组织不仅贯彻落实党建各项制度，而且还采取多种形式将有关制度公之于众，接受群众监督，使各项制度真正落到了实处。

四、党员素质得到了提高

随着改革开放的不断深入，党员的思想观念、价值取向工作态度、利益要求等方面呈现多样化、复杂化的趋势，在交通事业大发展、快发展时期加强党员的教育管理，提高党员的素质，是党组织一项重要工作，且显得尤为重要。市局党委努力做到：

1. 抓理论教育，用科学理论武装人

坚持把政治理论学习作为党建工作的头等大事抓紧、抓好，做到学习有时间、内容有安排、考核有标准。局党政领导班子坚持每周五中心组学习制度，重点学习马列主义、毛泽东思想、邓小平理论、“三个代表”重要思想和党的政策、路线、方针，以科学发展观统领交通事业的发展，提高科学决策能力。并坚持每年两次深入基层，检查党组织工作落实情况。各基层党组织根据党委要求，结合自身实际制订相应的学习制度。同时，还不断地创新学习方法，充实学习形式。一是利用现代教育手段，加强对党员的集中学习教育，提高学习的知识性和趣味性；二是结合工作实际，邀请党校教授到单位进行授课，提高了学习的针对性；三是不定期组织理论学习专题讨论，知识测验和学习竞赛活动，提高学习的自觉性。通过对广大党员政治理论的学习教育，提高了党员的党性修养，增强党员队伍素质，同时也为建设一支适应交通事业大发展、快发展、素质高、责任心强、能担当重任、经得起风浪考验的党员干部队伍奠定了基础。

2. 抓为民服务教育，牢固树立服务人民的理念

作为交通部门，无论是公路建设、公路养护、行政管理、行业管理及和公路建设、养护相关联的企事业单位，直接面对人民群众，面对经营者，服务全社会，“能不能服务好、怎样服务好”显得尤为重要，更能体现对外形象，反映交通整体素质。交通局把对党员的为民服务教育放在首要位置，坚持常抓不懈。局领导站在全市乃至全省经济发展全局的高度谋划公路建设发展，1996～2006 年 10 年间，筹措公路建设资金一百多亿元用于公路建设事业，使全市高速公路、国省干线、县乡公路发生了翻天覆地的变化。

3. 抓法律法规的教育，坚持在宪法和法律的范围内活动

交通局具有法律授予和政府赋予的运政、稽征、路政和手中掌握着公路建设、养护巨额资金的单位，教育党员树立法律至上的观念，带头学法、懂法、用法，坚持依法行政，做遵守法律的公民是局党委始终坚持对党员干部实施教育的一项基本内容。不断在全体党员中开展加强法律法规、党规党纪宣传教育。同时，还结合工作特点在执法部门开展了立党为公、执法为民的教育，在公路建设部门开展了为民执政，廉洁自律的教育。在此基础上，还制订并完善了依法治交、依法治运等有关方面的工作程序、工作环节、工作过程监督制约工作机制和规章制度，做到了依章办事，为全面推进交通跨越式发展创造了良好的法治环境。

五、全面开展创建活动

按照“发挥先锋作用，服务交通建设”工作理念，局党委在基层各单位开展了以“班子建设好、党员形象好、作用发挥好、制度落实好、群众反映好”为内容的五个好创建活动。各单位还结合行业和部门特点，不断丰富活动内容，扩展活动范围，在行政执法部门开展了“服务人民、奉献社会”活动，在施工单位普遍开展了“一个党员一面旗”活动，同时，还不断地深入挖掘和树立本单位的典型，适时开展了“党员示范岗、党员服务岗、青年文明岗、巾帼文明服务岗”活动，还在社会服务窗口实施党员亮牌上岗制度。这些活动的开展，不仅激发了党员的进取意识，还带动了全体党员和干部职工群众立足岗位、奉献交通的热情，助推了交通事业健康的发展。10 年来，全局已有 50％以上的党组织实现了“五个好”的目标。同时，涌现出不少优秀党员、优秀党务工作者和先进典型人物，受到了市、省、部的表彰。

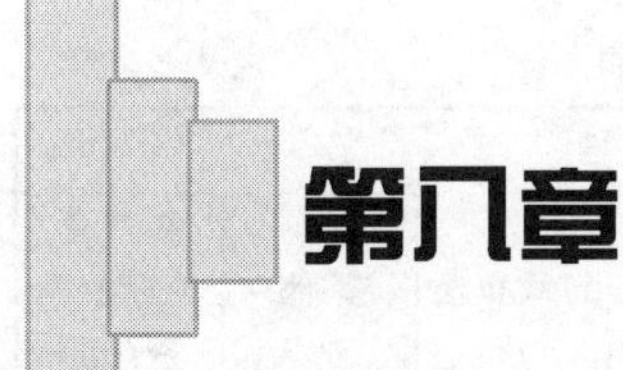

第八章 干部队伍建设

随着张家口市交通事业特别是基础设施建设的快速发展，急需大量专业技术人才，我们坚持培养和引进并举，采取“内招外引”等方式，在专业知识结构方面以交通道路桥梁专业为主，在文化学历方面重点招聘全日制大专以上毕业生。紧密围绕重大工程项目开展人才培养和引进工作，努力优化人才结构，提高人才素质，营造“尊重知识，尊重人才”的良好氛围。

10年来，全局通过公开招聘、走出去招聘、委托培训等方法，先后从本地和天津、北京、石家庄等地人才市场招录以道桥专业为主的各类大学毕业生360多人，充实了干部队伍和基层单位施工一线专业技术力量，为交通事业的快速发展打下了坚实的人才基础。截至2006年底，全局共有各类专业技术人才388人，是1996年的1.8倍，其中正高级职称1人、副高级36人、中级139人、初级212人，1996年全局35岁以下干部142名，占36%；36～45岁干部93名，占23%；46岁以上干部163名，占41%。而到2006年，全局共有干部640名，其中35岁以下295名，占46%；36～45岁干部182名，占28%；46岁以上干部163名，占26%。全局干部中具有大专以上文化程度的已占总数的77%，比1996年提高了个27百分点。1996年党员干部149名，占37%；到2006年党员干部发展为368名，占58%，提高了19个百分点。同时，非党干部的绝对数量也在逐年增加，由1996年的249名增长到2006年的272名。

交通局结合工作实际，积极抓好在职职工的培训工作。广泛开展了大规模教育培训，加快了培养造就中高级专业技术人才的步伐。1996～2006年，全局通过走出去、办培训班、请老师授课等形式培训各类干部、职工8 899人次，有力地提高了干部职工队伍素质。加大培训投入，在资金十分紧张的情况下，每年安排专项经费作为职工培训费用，10年共投入457.7万元。一支朝气蓬勃、奋发有为的中青年干部队伍成为干部的主体。

张家口市交通局1996～2006年干部队伍变化情况见表1-8-1。

张家口市交通局1996～2006年干部队伍变化情况（单位：人）　　表1-8-1

年度	干部数	年龄结构				学历结构					党员数
		35岁以下	36～45岁	46～54岁	55岁以上	研究生	大学	大专	中专	高中以下	
1996	398	142	93	128	35		49	156	156	53	149
1997	430	164	106	131	29		60	176	153	41	171
1998	451	171	113	131	36		68	181	159	43	197
1999	473	183	122	136	35		74	189	162	48	216
2000	498	186	136	140	36		82	204	172	40	245
2001	491	183	140	132	36		83	197	176	35	269
2002	488	191	139	132	26	3	76	214	167	28	252
2003	520	214	146	130	30	3	93	237	158	29	282
2004	580	247	180	121	32	8	129	285	141	17	305
2005	618	279	176	120	43	10	156	306	123	23	315
2006	640	295	182	129	34	10	188	293	130	19	368

张家口市交通局1996～2006年专业技术人才及教育培训统计情况见表1-8-2。

张家口市交通局1996～2006年专业技术人才及教育培训统计表 表1-8-2

年度	专业技术人数					教育培训人数						
	小计	正高级	副高级	中级	初级	年培训小计（人次）	工程技术	专业技术	技术工人	行政执法	其他	年教育培训及投资（元）
1996	214		4	48	162	466	65	93	78	221	9	77 778
1997	230		9	56	165	460	97	97	36	216	14	84 265
1998	245		9	68	168	539	132	128	41	228	10	116 432
1999	266		10	87	169	539	105	121	78	225	10	184 057
2000	277		11	95	171	570	159	126	31	237	17	304 563
2001	285		12	98	175	607	125	145	65	244	28	562 410
2002	300		19	103	178	662	107	146	58	333	18	276 421
2003	319		25	114	180	792	137	151	99	377	28	937 839
2004	333		30	118	185	961	168	179	124	475	15	476 510
2005	353		34	128	191	1 385	208	190	143	451	393	813 913
2006	388	1	36	139	212	1 918	243	200	189	489	797	743 612

张家口市交通局在职职工人数10年变化情况见表1-8-3，张家口市交通局直属单位10年变化情况见表1-8-4。

张家口市交通局在职职工人数10年变化情况 表1-8-3

年　份	全部职工人数					
	小计	研究生	本科	专科	中专	高中以下
1996	1 033		43	134	176	680
1997	1 070		52	146	197	675
1998	1 088		61	177	221	629
1999	1 116		70	205	229	612
2000	1 155		81	230	224	620
2001	1 180		90	269	224	597
2002	1 232	3	98	301	232	598
2003	1 266	4	109	309	224	620
2004	1 344	6	140	362	222	614
2005	1 746	11	202	503	388	642
2006	2 195	11	280	727	533	644

张家口市交通局直属单位10年变化情况 表1-8-4

1996年	1997年	1998年	1999年	2000年	2001年	2002年	2003年	2004年	2005年	2006年
张家口市第一公路工程公司	张家口市第一公路工程公司	张家口市第一公路工程公司	张家口市第一公路工程公司	张家口市第一公路工程公司	张家口市第一公路工程公司	张家口市第一公路工程公司	张家口市第一公路工程公司	张家口市第一公路工程公司	张家口市第一公路工程公司	张家口市第一公路工程公司
张家口市第二公路工程公司	张家口市第二公路工程公司	张家口市第二公路工程公司	张家口市第二公路工程公司	张家口市第二公路工程公司	张家口市第二公路工程公司	张家口市第二公路工程公司	张家口市第二公路工程公司	张家口市第二公路工程公司	张家口市第二公路工程公司	张家口市第二公路工程公司

续上表

1996年	1997年	1998年	1999年	2000年	2001年	2002年	2003年	2004年	2005年	2006年
张家口市运输管理处	张家口市运输管理处	张家口市运输管理处	张家口市运输管理处	张家口市运输管理处	张家口市运输管理处	张家口市运输管理处	张家口市运输管理处	张家口市运输管理处	张家口市运输管理处	张家口市运输管理处
张家口市养路费征稽处	张家口市养路费征稽处	张家口市养路费征稽处	张家口市养路费征稽处	张家口市养路费征稽处	张家口市养路费征稽处	张家口市养路费征稽处	张家口市养路费征稽处	张家口市养路费征稽处	张家口市养路费征稽处	张家口市养路费征稽处
张家口市公路工程质量监理站	张家口市公路工程质量监理站	张家口市公路工程质量监理站	张家口市公路工程质量监理站	张家口市公路工程质量监理站	张家口市公路工程质量监理站	张家口市公路工程质量监理站	张家口市公路工程质量监理站	张家口市公路工程质量监理站	张家口市公路工程质量监理站	张家口市公路工程质量监理站
张家口市物资供应处	张家口市物资供应处	张家口市物资供应处	张家口市物资供应处	张家口市物资供应处	张家口市物资供应处	张家口市物资供应处	张家口市物资供应处	张家口市物资供应处	张家口市物资供应处	张家口市物资供应处
张家口市公路勘测设计所	张家口市公路勘测设计所	张家口市公路勘测设计所	张家口市公路勘测设计所	张家口市公路勘测设计所	张家口市公路勘测设计所	张家口市公路勘测设计所	张家口市公路勘测设计所	张家口市公路勘测设计所	张家口市公路勘测设计所	张家口市公路勘测设计所
张家口市公路开发中心	张家口市公路开发中心	张家口市公路开发中心	张家口市公路开发中心	张家口市公路开发中心	张家口市公路开发中心	张家口市公路开发中心	张家口市公路开发中心	张家口市公路开发中心	张家口市公路开发中心	张家口市公路开发中心
张家口市交通局交通后勤服务中心	张家口市交通局交通后勤服务中心	张家口市交通局交通后勤服务中心	张家口市交通局交通后勤服务中心	张家口市交通局交通后勤服务中心	张家口市交通局交通后勤服务中心	张家口市交通局交通后勤服务中心	张家口市交通局交通后勤服务中心	张家口市交通局交通后勤服务中心	张家口市交通局交通后勤服务中心	张家口市交通局交通后勤服务中心
张家口市下八里收费站	张家口市下八里收费站	张家口市下八里收费站	张家口市下八里收费站	张家口市下八里收费站	张家口市下八里收费站	张家口市下八里收费站	张家口市下八里收费站	张家口市下八里收费站	张家口市下八里收费站	张家口市下八里收费站
	张家口市高等级公路管理处	张家口市高等级公路管理处	张家口市高等级公路管理处	张家口市高等级公路管理处	张家口市高等级公路管理处	张家口市高等级公路管理处	张家口市高等级公路管理处	张家口市高等级公路管理处	张家口市高等级公路管理处	张家口市高等级公路管理处
	张家口市公路工程管理处	张家口市公路工程管理处	张家口市公路工程管理处	张家口市公路工程管理处	张家口市公路工程管理处	张家口市公路工程管理处	张家口市公路工程管理处	张家口市公路工程管理处	张家口市公路工程管理处	张家口市公路工程管理处
	张家口市公路养护管理处	张家口市公路养护管理处	张家口市公路养护管理处	张家口市公路养护管理处	张家口市公路养护管理处	张家口市公路养护管理处	张家口市公路养护管理处	张家口市公路养护管理处	张家口市公路养护管理处	张家口市公路养护管理处
	张家口市地方道路管理处	张家口市地方道路管理处	张家口市地方道路管理处	张家口市地方道路管理处	张家口市地方道路管理处	张家口市地方道路管理处	张家口市地方道路管理处	张家口市地方道路管理处	张家口市地方道路管理处	张家口市地方道路管理处
	张家口市公路工程定额站	张家口市公路工程定额站	张家口市公路工程定额站	张家口市公路工程定额站	张家口市公路工程定额站	张家口市公路工程定额站	张家口市公路工程定额站	张家口市公路工程定额站	张家口市公路工程定额站	张家口市公路工程定额站
		张家口路桥建设集团有限公司	张家口路桥建设集团有限公司	张家口路桥建设集团有限公司	张家口路桥建设集团有限公司	张家口路桥建设集团有限公司	张家口路桥建设集团有限公司	张家口路桥建设集团有限公司	张家口路桥建设集团有限公司	张家口路桥建设集团有限公司
				恒达交通房地产开发有限公司	恒达交通房地产开发有限公司	恒达交通房地产开发有限公司	恒达交通房地产开发有限公司	恒达交通房地产开发有限公司	恒达交通房地产开发有限公司	恒达交通房地产开发有限公司

续上表

1996年	1997年	1998年	1999年	2000年	2001年	2002年	2003年	2004年	2005年	2006年
					丹拉公路张家口高速公路管理处	丹拉公路张家口高速公路管理处	丹拉公路张家口高速公路管理处	丹拉公路张家口高速公路管理处	丹拉公路张家口高速公路管理处	丹拉公路张家口高速公路管理处
						张家口路缘公路工程有限公司	张家口路缘公路工程有限公司	张家口路缘公路工程有限公司	张家口路缘公路工程有限公司	张家口路缘公路工程有限公司
							张石高速公路张家口管理处	张石高速公路张家口管理处	张石高速公路张家口管理处	张石高速公路张家口管理处
								张家口市出租车管理处	张家口市出租车管理处	张家口市出租车管理处
								张家口路通收费服务有限公司	张家口路通收费服务有限公司	张家口路通收费服务有限公司
									张承高速公路张家口管理处	张承高速公路张家口管理处
									张家口市赤城大海陀收费站	张家口市赤城大海陀收费站
									张家口市张北海流图收费站	张家口市张北海流图收费站
									张家口市沽源小厂收费站	张家口市沽源小厂收费站
									张家口市万全洗马林收费站	张家口市万全洗马林收费站
									张家口市怀安乔家房收费站	张家口市怀安乔家房收费站
										京化高速公路张家口管理处
										张家口市城市快速路管理处
										张家口路发高速公路养护有限责任公司
										张家口路泉公路服务有限公司
10	15	16	16	17	18	19	20	22	28	32

第八章 保持共产党员先进性教育

根据中央关于在全党深入开展保持共产党员先进性教育活动的统一部署和省、市委的有关要求，从2005年1月起至2005年12月，在局直各单位、运输企业各级党组织和党员中，分两批深入地开展了以学习实践“三个代表”重要思想为主要内容的保持共产党员先进性教育活动。

一、第一批先进性教育活动成效显著

2005年1月31日至6月13日，局直各单位4个党总支，35个党支部，735名党员参加了第一批保持共产党员先进性教育活动。局党委于1月31日上午召开了局党政领导班子会议，对先进性教育活动进行专题研究。2月5日上午召开由市委督导组领导参加的市交通局保持共产党员先进性教育活动动员大会，对这项工作进行了全面部署。

1.学习阶段

学习阶段主要开展了“十五个一活动”：

(1)读好一本书。局党政领导班子成员及局直各单位领导班子累计集中学习达100多次。

(2)集中上好一堂党课。局班子成员和各单位主要领导分别进行了专题讲课，累计上党课40余次。聘请专家学者进行专题辅导24次。

(3)举办一次国际国内形势报告会。2月28日，邀请市委党校教授就国际国内形势作了专题报告。

(4)集中观看一场革命影片。3月2日，组织700余名党员集中观看了大型革命历史故事片《张思德》。

(5)进行一次参观学习考察活动。组织开展了形式多样的参观考察活动。

(6)深入联系点进行一次工作调研。局领导班子成员全部深入各自联系点进行了工作调研。

(7)写好每一篇读书笔记和心得体会。全局党员累计撰写读书笔记6 000余篇，心得体会800余篇，局党委贾书记还对全局110多名副科级以上党员领导干部的心得体会文章进行了阅评，并筛选出6篇好文章在局互联网先进性教育活动专栏发表。

(8)举行一次理论知识考试。3月10日，交通局组织党员70余人进行了一次先进性教育理论知识闭卷考试。3月14日至17日，组织全局558名党员对市委先进性教育办公室下发的《张家口市保持党员先进性教育学习测试题》进行了认真作答。3月29日至31日，参加了省委宣传部、省社科联、河北日报社联合组织的在《河北日报》上刊登的“保持共产党员先进性教育”知识竞赛试题答卷活动。

(9)进行一次送学上门活动。对于因身体或其他原因，不能参加集体学习的离退休和提前离岗党员进行补课，使学习培训的覆盖面达到了100%。

(10)在局互联网和各单位明显位置开辟保持共产党员先进性教育活动专栏。对活动的要求和开展情况进行充分展示。

(11)召开一次学习经验交流暨座谈讨论会。3月15日召开了学习经验交流暨座谈讨论会；3月17日，组织全体党员收看了张家口电视台现场直播的《河北省优秀共产党员先进事迹报告会》。

(12)进行一次督导检查。局督导组成员对分管单位进行了认真细致的督导检查,累计召开座谈会40次,走访党员群众162人,提出建议48条。

(13)开展一次下基层、进社区、扶贫济困送温暖活动。先后组织了450多名党员干部,分别和尚义县套里庄乡缸房村等11个贫困村、2个贫困社区、129个贫困户、400多名贫困学生结成帮扶对子,并制定了修路、架桥、打井、发展副业、捐资助学等帮贫扶困计划,共散发农业政策和村村通工程建设宣传资料10 000多份,捐献农业科技书籍和相关法律书籍2 000余册,为群众办实事106件,帮助落实致富项目12个,投入扶贫资金达63.06万元。

(14)选树一批先进典型。

(15)进行一次"回头看"。

2. 评议阶段

评议阶段主要开展了以下活动:

(1)开门征求意见。通过召开座谈会、发放征求意见表、设置意见箱、电子邮箱、开通热线电话、传真等形式在交通系统内部和社会有关部门之间广泛征求了意见和建议。全局累计召开座谈会95次,走访党员群众879人,发放征求意见表1 459份,设置意见箱35个、电子邮箱12个。共征求到意见和建议418条,其中,对局党委的意见和建议236条,对局领导干部的意见和建议72条,对局机关的意见和建议48条。局党委针对征求到的意见和建议,认真进行了梳理和归纳并召开专题会议进行了集中研讨,针对存在的问题制定了整改措施。

(2)广泛开展谈心活动。交通局各级领导班子成员之间、党员领导干部与分管部门负责人之间、党员与党员之间、党员与群众之间,以坦诚相见的方式,开展了广泛深入的谈心活动,累计谈心1 500人次,解决各类矛盾和问题60多个。

(3)认真撰写党性材料。全局党员认真对照《党章》和新时期共产党员先进性的具体标准,对自己的实际工作及思想动态进行了深刻反思,分别撰写了党性分析材料。共撰写党性分析材料683篇,完成率为93%,修改526篇,修改率为77%。

(4)召开专题生活会。交通局领导班子、局直各单位领导班子分别召开了各自的专题民主生活会。

(5)实事求是对党员进行评价。根据党员个人讲评、党员互评、群众参评的情况以及征求到的群众意见和党员的一贯表现,实事求是对每个党员进行了评议。

通过评议,最终的评议结果是:全局15%的党员为优秀党员,83%的党员为合格党员,2%的党员为基本合格党员。

3. 整改阶段

整改阶段主要开展了如下工作:

(1)认真制定整改方案。根据行业特点,交通局制定了操作性较强的整改方案。方案体现了"五个结合"。一是与加强党组织建设相结合;二是与加强对党员的教育监督相结合;三是与行风建设相结合;四是与党风廉政建设相结合;五是与解决交通工作中的热点和难点问题相结合。

(2)确保收到实效。重点从四个方面的问题进行整改,一是党员和党组织自身存在的问题;二是群众反映强烈的局风、政风、行风方面的问题;三是涉及群众切身利益的突出问题;四是影响本部门本单位改革发展稳定的问题。

(3)建立健全长效机制。为进一步巩固和深化教育活动成果。一是建立健全党员学习方面的制度;二是建立健全党的基层组织方面的制度;三是建立健全党员日常管理方面的制度。使党员形象有新面貌、党群关系有新改善、基层党组织建设有新加强,交通建设工作有新进展。

4. 学习效果

先进性教育活动收到良好效果,主要有以下几个方面:

(1)党员素质明显提高。党员通过先进性教育,思想、作风有了明显好转,执政意识、大局意识、服务意识进一步提高,为群众办实事办好事的多了,在推动全市交通改革发展方面的模范带头作用进一步凸显。

(2)组织建设明显加强。组织体系更加健全,能够认真贯彻民主集中制原则。能够自觉学习、贯彻落实科学发展观,基层组织的凝聚力、战斗力、创造力明显增强,战斗堡垒作用发挥更加充分。

(3)服务群众水平明显提升。广大党员特别是党员领导干部能够经常深入群众、深入基层,认真倾听群众的意见和呼声,了解群众疾苦。能够倾心为群众办实事、办好事。

(4)各项工作取得明显成效。先进性教育活动的开展,进一步坚定了全系统广大干部职工加快交通跨越式发展的信心和决心,为交通各项工作的开展提供了强大的精神动力和智力支持。全市交通工作继续保持持续快速健康发展的良好势头。一是公路建设和项目运行继续保持了较快速度。二是公路运输发展稳定,客货运量及周转量继续保持增长势头。三是规费征收形势喜人,养路费征收同比增长了39.3%。四是行风建设取得新进展。研究制订了"服务经济、便民为民26件实事"、"便民为民18项措施"、《张家口市交通执法人员二十不准》。五是党风廉政建设稳步推进。制订印发了《关于加强廉政建设、预防腐败行为的有关规定》和《领导干部廉洁从政二十个不准》;与市纪委、市检察院联合出台了《关于预防职务犯罪、执法监察实施方案》。六是增绿添彩工程进展顺利。

二、第二批先进性教育活动稳中求进

第二批保持共产党员先进性教育活动于2005年7月开始至12月结束,张家口运输集团有限公司、张家口市运输总公司和张家口市公路运输公司三个运输企业,共计56个基层党组织,1 714名党员参加了第二批先进性教育活动,其中在职党员有721人,离退休人员中的党员有511人,其他党员有482人。

1. 认真做好前期准备工作

为开展好第二批先进性教育活动交通局党委高度重视,集中时间作了大量的前期准备工作。

(1)举办基层党组织书记培训班。6月28日至29日,局党委举办了第二批先进性教育活动基层党组织书记培训班。各党(总)支部书记共49人参加了培训。

(2)建立领导干部联系点制度。交通局建立了领导干部联系点制度,局党委书记贾丞訔同志的联系点是市运输总公司,局长张富强同志的联系点是运输集团有限公司,局党委副书记于海同志的联系点是市公路运输公司。

(3)建立督察制度。交通局成立了以局党委副书记于海同志为组长的先进性教育活动督导组,对各企业党组织教育活动开展情况进行督促检查。

2. 第一阶段主要工作

(1)成立机构,制订方案。7月8日,局党委召开第二批先讲性教育活动筹备会议,对教育活动进行专题研究和部署,研究制定了第二批保持共产党员先进性教育活动实施方案。

(2)层层动员,宣传发动。7月13日上午,交通局召开了第二批先进性教育活动动员会,明确提出了开展保持共产党员先进性教育活动的重大意义、指导思想、基本原则、目标要求、总体安排和方法步骤。并要做好"五个结合",即:把先进性教育活动与研究解决影响企业改革、发展、稳定的深层次矛盾和不适应、不符合的重点问题结合起来,与强化管理结合起来,与破解困难企业扭亏难题结合起来,与切实解决群众关心的热点难点问题结合起来,与促进生产经营、实现年度奋斗目标结合起来,做到边学边改,边整边改,用企业发展的成果检验先进性教育的成效。局动员会之后,各企业认真贯彻落实动员会精神,认真组织、周密部署,及时成立了先进性教育活动领导小组,结合企业实际制订了具体的实施方案,并召开会议,由党组织主要负责人亲自动员。

(3)创新形式,强化学习。第一阶段主要开展了"十项活动"。一是集中学习指定的资料,认真写学习笔记和心得体会。学习教育覆盖面达到了93%。二是对部分党员进行党史知识和专业技能培训,累计共举办了9期培训班,培训党员726名。三是主要党员领导干部带头学习和查摆问题期间,党组织主要领导为党员上党课11次,举办了38场形势报告会。四是建立了每周信息汇报制度,设立了保先教育学习园地,编印了简报,悬挂了标语,对先进性教育活动进行了广泛深入的宣传。五是选树先进典型,层层组织开展演讲活动。9月29日,市交通系统举办了"立足岗位,发挥先锋模范作用"主题演讲会,以身边人和身边事为党员们上了一堂生动的党课。六是开展知识竞赛活动,7月底,各单位分别组织党员进行先进性教育知识测验,合格率达100%;8月上旬,又组织920名党员参加了市委先教办组织的先进性教育知识竞赛活动。七是在全体党员中广泛开展了"学习先进,激励自己"活动,组织全体党员观看了先进事迹报告会、警示录像、音像资料片等各类正反面典型教育37场(次)。

运输集团有限公司还在全体党员中组织开展了"我是党员,向我看齐"活动。一是每位党员要向群众做出"我是党员,向我看齐"的承诺,争做行业标兵;二是通过设立党员示范岗、征求意见箱、召开群众座谈会、佩戴"一个党员一面旗"监督卡等形式接受群众监督;三是设置党务公开栏,并在醒目位置悬挂了"开展共产党员先进性教育,构建和谐企业"标语。四是积极开展捐资助教和献爱心活动,共捐资1.6万多元。

3. 第二阶段主要工作

(1)发扬民主,广泛征求意见。各单位采取发放征求意见表、召开座谈会、设置意见箱、个别访谈等多种形式,广泛征求各方面的意见和建议,充分体现了范围"广"、内容"实"、方式"多"、态度"诚"的特点。期间,累计发放《征求意见表》500余份,收回480多份,回收率为96%;共收到意见建议1 357条。在此基础上,各运输企业领导班子成员本着"面对面零距离接触、心贴心真感情交流"的原则,开展了广泛深入的谈心活动。期间,累计谈心1 700多人次,发现各类问题60多个,并一一得到解决。与此同时,各运输企业组织党员认真对照《党章》和新时期共产党员先进性的具体标准撰写了党性分析材料。共撰写党性分析材料667篇,完成率为93%,修改542篇,修改率为81%。

(2)召开民主生活会。各运输企业分别以支部为单位,于9月25日至30日召开了有入党积极分子、群众代表、下岗职工党员代表、服务对象代表参加的专题组织生活会。运输集团有限公司、市运总公司和公路运输公司领导班子也分别召开了有交通局督导组同志参加的专题民主生活会。

10月下旬,各企业支部和公司领导班子按照局党委要求,将民主生活会的基本情况、领导班子存在的突出问题和整改措施、以书面形式向本单位(部门)党员和群众进行了通报,并印发了1 500多份群众满意度测评表,通过测评,群众的满意度为100%。

4. 第三阶段主要工作

(1)联系实际,搞好整改。各运输企业坚持从企业实际出发,从解决企业改革发展稳定和强化管理存在的突出问题入手,把群众意见最大、最不满意、最希望办而且当前能够办好的事情作为整改工作重点。认真研究整改方案和具体措施。针对广大职工关心的改制问题,运输集团有限公司改制初步方案已经市国资委和其他相关部门的论证,并进一步补充和完善现逐步展开。市运总公司改制工作已开始摸底调查,准备实施。公路运输公司改制工作已基本结束。

(2)巩固成果,健全机制。为进一步巩固和深化教育活动成果。运输集团有限公司根据运输企业的性质和基层党建的任务,编写了18项内容的《党建工作管理制度汇编》;市运输总公司按照先进性教育提出的新要求,结合本单位保持共产党员先进性的具体要求,新建、完善和修订了基层党支部12项工作制度;市公路运输公司结合本单位实际,研究制订了12项基层党建工作规章制度,使党员教育管理、基层组织建设、服务社会、服务群众等方面的工作机制进一步健全。

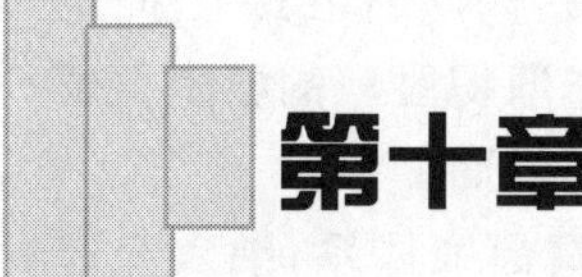

第十章

党风廉政建设

10年来，全市交通系统党风廉政建设工作紧紧围绕交通发展要务，服务经济改革大局，深入贯彻落实《建立健全教育、制度、监督并重的惩治和预防腐败体系实施纲要》，坚持用发展的思路和改革的办法解决党风廉政建设方面存在的问题，以务实进取的作风，夯实基础，创新机制，不断拓展源头治理的领域和空间，全面推进了党风廉政各项工作，开创了全市交通系统党风廉政建设和反腐败工作新局面。

一、领导重视，健全组织，落实责任，齐抓共管

1. 局党委的高度重视是党风廉政建设的政治保障

10年来，是交通建设大干快上、抢抓机遇，迈出历史性跨越的重要阶段，交通建设快速发展的同时也对交通行业党风廉政建设提出了巨大的挑战。局党委深刻认识到交通行业存在的巨大风险，认识到党风廉政建设的极端重要性和紧迫性，始终站在"廉政建设事关交通兴衰成败"的战略高度，把廉政建设放在同公路建设、行业管理和交通行政执法同等重要的地位，始终坚持"两手抓、两手都要硬"的工作方针，并在实践中不断探索具有我局特色的行之有效的廉政建设工作方法，为达到在抓交通发展的同时切实保护好干部，真正实现"工程质优、干部清廉"的目标，进行着不懈的努力。

2. 健全的组织体系，强有力的领导管理机制，是做好反腐倡廉工作的组织保证

(1)始终坚持局党委统一领导，党政齐抓共管，局纪委组织协调，班子成员分工负责，部门各负其责，依靠群众支持参与的领导体制和工作机制，使党风廉政建设工作全面落实，不留死角。

(2)建立健全了自上而下的党风廉政建设组织体系，市局设立纪检、监察专门机构(表1-10-1)、下属单位明确主抓廉政工作的领导和工作人员。2005年丹拉、张石、承张高速公路管理处配备了专职纪检员，形成了横向边、纵向底的党风廉政建设组织体系，做到事事有着落，件件有回音，狠抓落实不放松。

1996～2006年张家口市交通局纪检委、监察室领导成员一览表 表1-10-1

年　度	纪检委书记	纪检委副书记	年　度	纪检委书记	纪检委副书记
1996	张宏才	胡瑞元	2002	马艾业	杨林
1997	张宏才	胡瑞元	2003	马艾业	杨林
1998	马艾业	胡瑞元	2004	马艾业、黄莺	杨林
1999	马艾业	胡瑞元	2005	黄莺	韩凤英
2000	马艾业	胡瑞元	2006	黄莺	韩凤英
2001	马艾业	胡瑞元			

3. 自上而下层层抓落实，是做好党风廉政建设的有效措施

局所属各单位深入执行局《党风廉政建设责任制》，建立了具有交通特色的党风廉政建设责任制体系，把党风廉政建设纳入各级领导班子、领导干部目标管理，与经济建设、精神文明建设和其他业务工作紧密结合，同部署，同落实，同检查，同考核。并坚持集体领导与个人分工负责的原则，谁主管，谁负责，一级抓一级，层层抓落实。交通局每年与各单位一把手签订党风廉政建设责任书，各单位一把手与班子

成员签订责任书。由于工程建设和执法任务繁重，资金数额巨大，权力相对集中，局党委要求，各项目负责人、监理、监督负责人、独立行使权力的责任人，都要签订党风廉政建设责任书，以此约束其工作行为。

4. 各级班子和广大职工共同努力，开创齐抓共管良好局面，是反腐倡廉工作取得胜利的根本保证

全市交通系统在局党委的正确领导下，齐抓共管，开创了反腐倡廉工作的新局面。

(1)局党委把廉政建设作为一项系统工程，把建立健全具有交通特色的反腐倡廉体系，纳入交通发展的总体规划，每年廉政工作会议与交通工作会议同时召开，并纳入重要工作日程作为首要任务抓实、抓好。

(2)廉政建设实行一把手工程。各级领导班子一把手是党风廉政建设的第一责任人，对廉政建设与业务工作负有同等重要的责任，切实担负起做好工作、管住班子、带好队伍的责任。

(3)局纪委书记、纪检专员、分管廉政建设的主要负责人，按照分工，抓好职责范围内党风廉政建设各项任务的落实，切实担负起廉政建设的组织、协调、监督、查处责任。

(4)各级党组织、纪律检查部门、行风管理部门、工会切实负起责任，履行好各自职责，共同努力，共同参与，齐心协力抓好党风廉政建设各项工作。

二、廉政建设目标责任、工作方案

1. 目标责任

10 年来，注重抓好教育、制度、监督并重的惩治和预防腐败体系建设，逐步探索和总结形成了具有交通局特色的廉政建设十大机制，基本建立了具有交通特色的思想道德教育的长效机制、反腐倡廉的制度体系、权力运行的监控机制，不断加大预防腐败的力度，使广大党员干部廉洁从政意识明显增强，人民群众对交通行业反腐倡廉工作满意度不断提高。

2. 工作方案

(1)廉政建设与行风建设、法制建设相互结合、相互促进。10 年来，交通系统狠抓法制建设，依法行政的能力和水平不断提高，依法行政的良好局面已初步形成。同时，行风建设也取得显著成绩。廉政建设与行风建设、法制建设，相互促进，相互补充，共同创造出公路建设公平、正义的良好发展环境。只有坚持依法行政、廉洁从政，纠正行业不正之风，才能杜绝行政管理、行政执法过程中的违法行为的发生，保证交通事业健康顺利发展。

(2)抓制度、抓预防，促进廉政工作全面开展。①廉政建设以制度的完善和落实为工作重点。只有从全方位、多角度、多层次上抓制度的建设，才能做到有制度可依，以制度约束行为。同时还要加大制度的宣传、落实力度，加强广大党员干部学习、运用制度的能力，提高其识别可否、善恶的能力，通过自审自省、群众监督，达到反腐倡廉的目的，使党员干部不犯错误或少犯错误，直至没有机会犯错误。②廉政建设以预防职务犯罪为工作重点。交通行业掌握权、钱的党员干部很多，交通基础设施建设资金数额巨大，权力集中；交通行政执法点多面广，不利于监督，极易诱发职务犯罪。因此，预防职务犯罪又以预防公路建设、行政执法中的职务犯罪和以预防领导干部的职务犯罪为重点。只有不断加强廉政配套制度的建立和落实，积极构筑预防职务犯罪体系，加大预防职务犯罪的力度，规范各级党组织行政议事规则和工作规程，深化民主集中制，细化运行规则，才能制约领导干部决策的自主性、随意性，才能对职务犯罪起到真预防的作用，减少和杜绝职务犯罪的发生，促进公路建设、行政执法工作健康发展，从而带动交通工作实现全面跨越。

(3)提高教育在廉政建设中的比重，切实起到预防的作用。加大党风廉政宣教的工作力度，形成多元化的教育格局，提高教育在廉政建设中的比重，全面提高广大党员干部思想政治水平和反腐倡廉意识，杜绝违法违纪问题的发生，并注重实际，突出效果，把宣教工作贯穿于党风廉政建设工作的始终。重点做好廉政警示教育，使广大干部职工始终做到警钟长鸣。

(4)重点加强交通基础设施建设领域的廉政监督工作。交通基础设施建设是交通工作的重中之重，反腐败的任务尤其艰巨。始终加大对交通建设项目的监督力度。把监督和制约渗透到工程建设的全过程，特别是对建设项目的招投标、计量支付、大宗物资采购等环节，严格审查和审批制度，坚持层层把关。深入推行阳光工程，加强审计监督，全面推行重点工程派驻纪检监察人员制度，为工程建设的顺利进行提供强有力的保障。

(5)创新工作，强化权力运行过程的监督制约。对重点岗位和环节，通过科学配置权力，健全监督程序，完善监督措施，逐步建立健全有效的权力制约机制。落实和完善重点岗位工作人员定期交流轮岗制度；建立健全干部选拔、培养、使用、管理和监督机制。推进财务管理制度改革，加强对建设资金的监管。深化行政审批制度改革，最大限度地减少审批部门和人员的自由裁量权，提高审批工作的透明度。深化干部人事制度改革，积极推进政务公开，不断拓展政务公开的内容，进一步提高工作透明度，把政务公开作为发扬社会主义民主、增强权力透明运行、深化党风廉政建设和反腐败斗争的一项重要举措，防止不当行政和违法行政，预防以权谋私、权钱交易等腐败行为发生。

(6)切实做好群众信访举报工作，协助上级部门做好违纪案件的调查处理，严肃查办违纪案件。10年来，我局基本建立健全了一系列对违法违纪行为的惩处制度，严格按照制度规定，加大落实力度，严肃查办交通基础设施建设领域、机关和领导干部滥用权力、牟取私利以及行政执法中贪赃枉法等问题，除此之外，还积极配合上级纪检机关查处一些违纪违法问题，净化了交通环境，教育了广大干部职工。同时严肃责任追究制度，有效地遏制了违法违纪行为的发生。

(7)积极构建张家口市交通系统廉政建设十大机制。“十五”期间，紧密结合交通发展现状、发展进程和行业文化思想道德特点，在总结过去经验教训的基础上，经过不断摸索和实践，建立健全了具有交通特色的惩治和预防腐败“十大”保证机制。

三、廉政建设的10大保证机制

经过10年的探索和实践，逐步建立和形成了十种行之有效的廉政建设工作机制，共制定廉政建设制度及文件百余个，在全系统进行了认真落实和深入贯彻。

1. 自上而下的廉政建设责任制机制

首先，1999年，制定了《张家口市交通局事业单位领导班子及领导成员党风廉政建设责任制》。由于管理体制、交通形势和任务的变化，局党委于2006年初又研究修订了《张家口市交通局党风廉政建设责任制实施意见》。同时，为落实好党组成员廉政责任，适时制定年度《交通局领导班子及成员党风廉政责任目标分解》。其次，层层签订廉政建设责任书。每年年初局与各单位一把手签订党风廉政建设责任书，各单位一把手与班子成员签订责任书，一级抓一级、层层抓落实。

2. 教育预防机制

(1)加大党风廉政宣教的工作力度，重点做好廉政警示教育。为全面提高广大党员干部思想政治水平和反腐倡廉意识，深入做好廉政建设工作，杜绝违法违纪问题的发生，全局积极加强反腐倡廉的宣教工作，注重实际，突出效果，并把宣教工作贯穿于党风廉政建设工作的始终。结合当年工作实际，紧密联系形势，每年定期开展两次副科以上领导干部和局机关全体干部参加的廉政警示教育活动，邀请上级纪委、检察机关的专家学者做廉政报告；不定期开展反腐倡廉光盘、录像、电影教育；结合上级布置任务，开展权力观、政绩观等主题教育；不定期组织副科以上领导干部进行参观展览及现场教育；积极倡导廉政文化建设，采取多元化的教育形式，通过编制《廉政台历》、《警示格言》、开展廉政知识竞赛、唱响廉政正气歌以及家庭助廉等活动，弘扬廉政文化精髓，营造廉政文化氛围，使广大干部职工始终做到警钟长鸣。2006参加了全市组织的“弘扬主旋律，唱响正气歌”廉政歌曲竞赛活动，组织路通公司百人合唱队演唱了《八荣八耻，人人须知》、《四大纪律八项要求》，并喜获一等奖。

(2)局所属各单位根据不同工作性质，因时制宜，因地制宜，积极开展反腐倡廉宣教工作。每年定期开展廉政警示教育不少于4次；主要领导干部每年讲一次党课，做一次廉政形势分析报告；结合布置任务开展主题教育活动，并写体会文章，进行学习心得交流。

(3)根据具体任务有针对性开展预防教育工作。结合具体工作任务实事求是分析腐败的成因和根源;制定易于操作、行之有效的具体教育措施,落实责任人,明确目标,积极有效地开展预防工作,坚决遏制腐败思想的滋生。

(4)根据职工特点做好教育工作。客观分析职工队伍现状,根据不同职工的个性特点,不同时期,不同环境,开展深入细致的思想政治工作,采取个别警示谈话、任职诫勉谈话、出现苗头提醒谈话等多种方法,进行启发式廉政教育或开诚布公的警示教育工作。局党委在提拔干部前进行任职诫勉谈话,收到了较好的教育效果。

3. 共同预防机制

局纪委与市纪委、市检察院开展共同预防职务犯罪机制已实行多年,为反腐倡廉取得了明显的成效,发挥重要的作用。

(1)开展联合教育工作。与市纪委、市检察院共同开展党风廉政建设和反腐败斗争的宣传教育、警示教育,使全局广大党员干部及时了解当前反腐败斗争的形势和特点,能够清醒地认识到反腐败斗争的紧迫性、艰巨性、长期性,增强反腐倡廉意识,时刻做到自省、自勉、自警。

(2)开展联合预防职务犯罪工作。局纪委根据工程建设、行政执法、物资采购等工作的不同特点,与市纪委、市检察院开展联合预防工作,制订了《交通系统开展预防职务犯罪、执法监察工作的实施方案》(张交党字[2005]50 号),成立由市纪委、市人民检察院、交通局共同组成的交通预防职务犯罪、执法监察领导小组,负责对全市交通系统预防职务犯罪、执法监察工作的组织、领导,针对职务犯罪倾向,提前制订预防措施,及时、准确遏制腐败苗头。

(3)重点工程请纪检、检察部门直接参与、全程监督。对于重点工程从一开始就邀请纪检、检察机关参与进来,对工程招投标、设计变更、计量支付、物资供应、设备采购等进行全过程、无缝隙监督,确保监督细致、全面、到位,杜绝暗箱操作。

4. 民主参与监督机制

(1)工会带领职工做好民主监督和管理工作。为增强工作透明度,使各单位重要事项决策公正、科学、民主,维护职工的合法权益,我局在认真总结过去经验的基础上,出台了《张家口市交通局关于完善民主监督工作的若干规定(试行)》(张交党字[2004]27 号)。各单位均成立了工会牵头、职工代表参加的民主监督小组,各级工会组织带领职工对单位重大事项的决策过程和执行情况、财务的收支情况、干部的选拔任用、设备订购及涉及职工切身利益等事项进行监督管理,促进了行政权力的公开透明运行,对反腐倡廉工作起到了积极的作用。经过两年的贯彻落实,广大职工的民主参与意识明显增强。

(2)重大事项群众参与听证制度。我局结合交通工作实际,为提高重大决策的科学性和民主性,维护广大群众的合法权益,出台了《重大事项群众参与听证制度》(张交字[2005]71 号),对大额资金的使用、大额罚款、客运班线营运权的招投标、报废出租汽车的更新审批等影响群众利益的重大项目及群众普遍关注的重大措施等实行群众参与听证制度。该制度的落实,避免了一些暗箱操作、以权谋私行为的发生,起到了积极明显的作用,群众反映良好。

(3)扩大职工和群众的知情权,积极推行政务公开和行政权力公开透明运行。2004 年印发了《关于进一步深化和完善政务公开工作的实施方案》,并在全局进行了积极的推行。下属各单位按照文件要求,对应公开的各类事项的内容、形式、程序、结果等进行公开,对一些职工关心的重点、热点问题做到了及时公开。2006 年推行了行政权力公开透明运行工作,对全局行政职权进行了全面清理,经上级审核,最终确定为 195 项职权,88 个流程图。为全面、深入做好公开工作,于 2006 年 12 月建立了《张家口市交通局行政权力公开透明运行网》。全局各单位凡不涉及保密的职权,本着全面真实、及时便民的原则,利用外网及其他公开平台全部对外公开,广泛接受社会监督。

5. 重点工程实行派驻纪检监督员现场监督机制

2003 年印发了《张家口市交通局在交通基础设施中派驻纪检监察人员的实施办法》,并严格按照文件对重点工程实行了派驻纪检监督员机制,真正起到了预防、监督的作用,使工程建设、反腐倡廉工作取得了明显成效。

(1)各项工程明确驻地监督员。2003年起针对不同工程建设项目,每年制定具体的派驻制度,明确项目领导和驻地监督小组组长、落实驻地监督员具体名单。

(2)监督员认真履行监督职责。纪检监督员切实履行教育、管理、监督、服务、组织协调等职责,做到了坚持原则,秉公办事,对监督的情况定期报告,对关键部门、部位、人员重点加强监督。

6. 财务审计和预决算机制

10年来,围绕交通基础设施建设,制定了《现金管理制度》、《公路交通资金管理实施办法》、《财务民主监督制度》、《内部会计牵制制度》、《财务报销制度》等,并重点加强对建设资金和建设项目进行审计。做到了:

(1)未经审计不得报批竣工决算。已竣工的建设项目必须按照规定实施审计,做到了未经审计,不得付清工程尾款,不得办理竣工验收手续,不得报批竣工决算。

(2)专业机构进行审计。高速公路、新改建项目由国家审计机构或社会审计机构进行,地方道路由县级审计机关进行,养护资金由局内部审计机构进行。2006年张石、承张高速按照《河北省交通系统工程建设项目审计招标投标管理办法(试行)》年率先实行了审计单位招标,让审计部门从工程建设初期就参与进来,实行全过程跟踪审计,动态监督项目资金的管理和使用情况,及时提出财务管理方面的工作建议,推动项目财务管理水平的稳步提升,使建设资金的使用管理特别是工程款计量支付更加规范和透明。

(3)实行中间审计、终结审计和跟踪审计。审计单位对重点建设项目和国债公路建设项目实行了中间审计、跟踪审计和终结审计。以资金为主线,对工程造价进行全面审核,并跟踪项目建设全过程,并按照建设资金专款专用的原则,严肃查处挤占挪用和贪污浪费行为,促进廉政建设,努力维护好交通经济秩序。

(4)实行先预算后开支,不得超预算。建设项目不论大小,实行了预算制,按照实事求是、科学合理的原则做好预算,在整体控制预算的基础上,合理、节约地做好财务收支工作。

7. 招投标机制

10年来交通基本建设项目一直严格按照国家和交通部有关法律法规实行招投标。2006年局下发了《进一步加强交通基本建设及大宗物资采购招投标监督工作的意见》(张交字[2006]44号),对交通基本建设及大宗物资采购、设备定购招投标规模作了明确要求。实践证明,严格实行招投标制度有效防止了工程承包和物资、设备采购的随意性、不规范性,依法实施招投标有效杜绝了"关系标"、"形式标"、"人情标",堵塞了腐败漏洞,确保了建设工程的施工质量、材料和设备质量。

(1)从2005年所有工程项目均实行招投标制,同时张石、承张、京化管理处对招投标办法实施了一系列改革,收到了较好效果。①全面实行委托代理,让自己说了不算。各管理处明确提出"业主零权力"的口号,对项目设计、施工、监理、咨询、工程材料、设施设备采购等事务,一律委托具有相应资质的中介公司代理招标,从而彻底排除了行政权力的干扰,为所有竞标主体提供了平等参与的平台。②全面推行信息公开,让过程公之于众。从发布招标公告、标段划分到开标、评标结果等及时在"河北省招投标信息网"等指定媒体进行全面、及时地发布,从根本上解决了困扰投标企业的信息不对称问题。③全程实施联合监督,让暗箱无所遁形。主动邀请纪检委、检察院、公证处、新闻媒体和省交通厅、省发改委招投标管理中心全程参与项目的招投标工作,进行全方位的过程监督和程序把关,业主主动实行回避,最大限度地消除了暗箱操作的可能,进一步提升了招投标结果的社会认同度。④全力推行随机抽取标段和无标底招标办法。在购买标书前,张石高速于2003年率先实行随机抽取标段的方式,使围标、串标的可能性降至最低。同时在平均报价的基础上设置随机系数,现场抽取,增加标底的不确定性。⑤全面改革评标办法,让评审更加公正。在工程施工等招标中取消了商务评审中的专家评分环节,完全剔除了评标过程中的人为操作因素,使结果具有更强的公信力。

(2)从2006年起物资、设备采购实行招投标制和价格优选制。对各种物资采购、设备采购凡符合招标条件的全部推行招投标制。不够条件尽可能创造条件实行招投标制。充分发挥招投标制度的优势,尽可能节约成本,客观、公平、公正地选择合作单位。同时采用价格优选制,在保证质量、性能的条件基础上,选择价格最低的,更好的节约成本。

8. 阳光工程、阳光执法机制

10年来，大力推行阳光工程和阳光执法机制，实行全方位的公开公示制度。特别是2005年省厅在高速公路建设项目部署“阳光工程”实施方案以及2006年省市开展行政权力公开透明运行工作以来，我局做了精心安排和部署，深入抓好落实。

(1)政策、法规、制度公开公示。局各单位全方位推行公开工作，执法政策、投资政策、规章制度等不涉及保密性质的全部通过各种渠道进行公开，让广大人民群众对涉及切身利益的制度、规定逐渐了解和掌握，并为群众查阅提供方便。

(2)执法内容公开公示。凡能够公开的各种执法政策、执法文书、执法档案全部面向社会进行公开，对收费项目、收费标准进行公开，并为执法、服务对象和社会各界人士查阅提供方便，对提出的质疑耐心予以解答，对相关执法知识要详细提供咨询和帮助。

(3)执法过程听证制。交通行政执法遵循公平、公开、公正的原则，对复杂的、有争议的、有代表性的执法案件采取听证制度，邀请群众和当事人对执法过程参与听证，确保执法的公正、公平、合理。

(4)审批实行委员会制。每个审批项目都公开进行，对复杂的、有难度的审批项目实行专家评审制和当事人陪审制，耐心听取当事人的意见，实行少数服从多数的原则，进行合理审批。

(5)“阳光工程”。在前几年工作的基础上，2006年以开展行政权力公开透明运行工作为契机，与省厅部署的“阳光工程”建设密切结合，在全系统全力打造阳光政务，推进阳光工程。利用《张家口市交通局行政权力公开透明运行网》网络平台，设置“阳光工程”专栏，在项目审查、招投标、征地拆迁、施工管理、设计变更、资金使用、竣工验收等方面全部向社会公开，接受社会监督，收到较好效果。

9. 违法违纪行为查处机制

10年来，为规范和加大违规违纪的查处行为，先后制定下发了《交通建设工程质量、安全生产和廉政建设责任追究制度》(张交党字[2004]21号)、《张家口市通行费收费人员违规违纪处罚暂行规定》(张交字[2004]48号)、《张家口市交通局行政执法人员违反有关规定的处理意见》、《张家口市交通局机关效能责任追究办法》(张交字[2005]77号)、《张家口市交通局行政权力公开透明运行工作监督及责任追究暂行规定》(张交字[2005]45号)等文件，并严格按照文件规定，坚持有案必查、有错必究、不护短、不说情，严肃了纪律，防止和减少了违法违纪行为的发生。

10. 纪律机制

10年来，建立了一整套纪律约束机制，制定了《领导干部廉洁从政纪律二十个不准》(张交党字[2005]16号)、《公路建设参建单位和人员廉洁自律准则》、《交通行政执法行为规范》(张交办字[2004]9号)、《张家口市交通执法人员二十不准》(张交党字[2005]32号)、《交通系统六条禁令》、《交通行政执法人员上路稽查“八不准、三注意”》等廉洁从政、自律制度，对领导干部从政行为、执法人员执法行为、公路建设参建单位和人员的工作行为做了明确的规定，收到了较好的效果。

四、廉政建设工作效果

10年来，通过扎实、深入、持久地抓好党风廉政建设各项工作，使反腐倡廉工作取得了显著的成效，为交通事业健康顺利实现跨越发展做出积极贡献。

1. 廉政建设的工作机制和运行体系进一步完善

以廉政建设“十大机制”的确立和运行为标志，具有鲜明行业特色和部门特点的惩治和预防腐败体系更加完善，教育、制度、监督并重的廉政建设思路和工作格局日趋成熟。全市交通系统党风廉政建设工作的针对性和实效性进一步提高，预防和治理腐败的力度不断加大，广大党员干部廉洁从政意识明显增强，人民群众对交通行业反腐倡廉工作满意程度不断提高。

2. 部门权力规范运行的监督制约机制更加完备

市县两级交通部门认真遵照上级关于开展行政权力公开透明运行工作的部署和要求，依法、规范推进部门职权清理工作，进一步理顺和完善行政权力行使、监督的各项程序，严格对照清理确权后的职能开展工作，自觉转变行政理念，逐步做到依法行政，规范行政，高效行政，深化了源头治腐工作。

3. 职务犯罪预防工作扎实推进收效明显

根据上级指示精神和工作部署以及交通建设发展的内在要求，通过强化教育、健全制度、加强监督、加大惩处力度等手段，进一步消除了职务犯罪滋生的土壤。10年来，全市交通干部职工严格自觉遵守上级及局廉洁自律有关规定，未发生重大违法违纪问题。在2006年开展的治理商业贿赂工作中，市县两级交通部门没有发现商业贿赂问题，特别是高速公路等商业贿赂易发部位没有案件发生，整个干部队伍保持了清正廉洁的良好形象。

4. 发挥查办信访举报问题的震慑作用，使全局党员干部廉洁自律意识明显增强

拓宽投诉举报渠道，认真受理群众来信来访，指定专人进行查证，做到了事事有结果，件件有回音。10年来，对于个别党员干部违反廉洁自律规定及违纪问题进行了认真的查证，经查实的问题，根据情节给予不同的党、政纪处分或进行批评教育，对于查实的违法违纪的问题及时移送司法机关进行处理，做到了严肃处理，不留情面，坚定不移地惩治腐败。通过严肃查办有关问题，净化了交通队伍，对违法违纪行为起到了震慑作用，使全局广大干部职工廉洁自律意识明显增强。

10年来，全市交通建设任务日趋繁重，反腐倡廉任务也异常艰巨。全局广大干部职工在上级部门和局党委强有力领导下，以邓小平理论和“三个代表”重要思想为指导，全面贯彻落实科学发展观，与时俱进，开拓创新，不畏艰难，以昂扬的斗志和开拓进取的精神，努力把工作往深里做、往实里做，不断开创交通纪检工作新局面，谱写了交通纪检监察工作的新篇章，为促进全市交通事业跨越式发展提供了坚强的政治保证，为谱写张家口交通发展的宏伟蓝图做出了积极贡献。

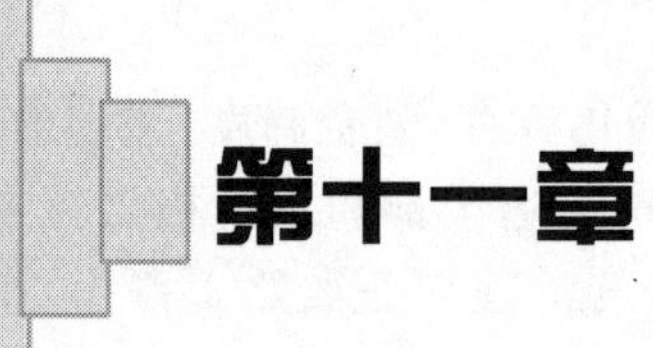

第十一章 精神文明建设

10年来，市交通局紧紧围绕经济建设中心，深入开展有交通行业特点的群众性精神文明创建活动，推动交通建设实现了跨越式发展，为创建和谐交通，构建和谐张家口做出了突出贡献。市局连续6年荣获市级文明单位，连续4年荣获省级文明单位。市局直属的33个企事业单位中，有16个荣获市级文明单位。全市交通系统17个县(区)交通局中，有9个荣获市级文明单位，有7个荣获省级文明单位。

一、完善领导责任工作机制，促进精神文明深入开展

市交通局始终把精神文明建设融入到创建文明和谐交通行业之中，并作为"一把手工程"来抓。市、县(区)交通局和下属部门三级文明创建工作网络。把创建和谐交通行业工作纳入到年度目标责任考核范围，制定了《开展创建文明和谐交通行业活动的实施意见》，做到了创建工作与业务工作同部署、同落实、同检查、同考核。在创建工作中，对做出突出成绩的部门和个人进行表彰奖励，对违反行风行纪的责任人和当事人给予严肃处理，做到赏罚分明。在行业内部，市交通局及各县(区)交通局均成立了督导组，由局领导亲自带队，采取巡回检查、明察暗访等形式进行督导检查，发现问题及时进行纠正和整改，并对检查情况在全系统进行通报。在行业外部，坚持把创建活动的知情权和监督权交给群众，主动接受社会和人民群众的监督。每年年初，市交通局将年度重要工作向社会做出公开承诺，将行政审批事项、执法程序、收费标准等群众比较关注的热点问题向社会公开。采取"走出去、请进来"等方式，聘请监督员、印发征求意见函、召开座谈会、走访服务对象等形式诚恳听取社会各界的意见和建议。健全的领导责任工作机制和完善的工作制度，为推动创建工作的深入开展提供了组织保证。

二、加强思想政治教育，强化服务意识和形象意识

加强思想政治工作，提高干部职工队伍素质，是加强交通文化建设和创建文明和谐交通行业的关键所在。10年来，一是突出抓了理想信念教育。采取上党课、聘请专家作报告、"网上大学"教育、外出参观学习和集中办班培训等形式，深入进行党的基本理论、基本路线、基本纲领和基本经验的教育，用走中国特色社会主义道路、实现中华民族的伟大复兴的理想信念凝聚人心，为创建文明和谐交通行业打牢思想基础。二是坚持法纪教育、职业作风教育和廉政教育。引导广大行政执法人员牢固树立正确的职业理想、职业道德、职业作风，自觉地遵守职业纪律，坚决杜绝工作态度冷、横、硬及以权谋私、吃、拿、卡、要、营私舞弊等行为。三是开展社会主义荣辱观教育。主要以贯彻实施《公民道德建设实施纲要》和胡锦涛总书记提出的"八荣八耻"为主要内容的社会主义荣辱观教育，引导交通广大职工树立正确的人生观、价值观、权力观和利益观，在自觉遵守基本行为准则的基础上，追求更高的思想道德标准。四是开展爱岗敬业、争先创优教育。长期坚持"我爱交通、我为交通做贡献"的正面教育，旗帜鲜明地树立在一线岗位上脚踏实地、默默奉献的先进典型，大力营造比、学、赶、帮、超的争先创优氛围，涌现出一大批爱岗敬业、勇于奉献、为交通事业又快又好发展做出突出贡献的先进典型。自1996年以来，全市交通系统有市运管处运管员刘振民等26人荣获省部级劳动模范或先进个人荣誉称

号，有蔚县交通局局长李树泉等465人荣获市厅级劳动模范或先进个人荣誉称号，张家口路通收费公司总经理靳献军2005年被张家口市委、市政府评为张家口市“十大杰出青年”。

在精神文明教育活动中，紧紧围绕交通工作大局，坚持以人为本，坚持为民宗旨，广泛开展以“创建文明交通、展示文明形象”为主体的创建活动，不断强化服务意识和形象意识，使交通职工队伍整体素质得到提高，服务人民、奉献社会、勤奋工作的意识明显增强，在向社会展示良好交通形象的同时，交通部门的社会地位也不断提升。

三、突出重点、注重实效，着力解决工作中存在的突出问题

创建文明和谐交通行业，着眼点和立足点是解决问题、改进工作和促进发展。如果重点、难点问题不解决或解决不好，创建文明和谐交通行业就不能取信于民，就不能赢得社会的认可。10年来，市交通局在创建精神文明工作中，坚持整改结合，纠建并举，来实招、动真格，从老百姓最不满意的问题抓起，什么问题突出就解决什么问题。

1. 狠抓了客运市场秩序的整顿治理

针对以往人民群众对客运、出租车营运市场的拉客、倒客、“宰”客等现象，以及“黑车”和报停车辆随意上路营运等群众反映强烈的热点、难点问题，市交通局运管部门与各县(区)交通局协同配合，出重拳，抓反弹，联手对辖区“黑车”和营运线路进行专项整顿治理。在此基础上，实行了运政人员驻客运汽车站负责制，对本辖区客运秩序进行全天候监管。为了加强对出租车市场秩序的管理，成立了以交通局为主，公安、工商、地税、物价、技术质量监督部门参加的行政审批委员会，对出租车的经营资格、车辆更新、市场准入等审批项目实行“阳光审批”，并请行风监督员听证，使行政审批体现了公正、公开、公平原则，受到了车主一致好评。为了进一步提高出租车行业的文明服务质量，近年来，在市出租车行业广泛开展了争创“优质服务号”、“共产党员号”、“十佳出租车驾驶员”等竞赛活动。此外，还开通了乘客遗失物品查找绿色通道。通过整顿治理和开展竞赛等活动，进一步提高了驾乘人员遵章守法意识和文明服务意识，为旅客出行营造了安全、快捷、舒适、文明的良好环境。

2. 狠抓了全市汽车客运站的综合治理

由于全市近年来客运市场经济形势不景气，用于站场建设资金严重不足，致使一些汽车客运站硬件设施相对滞后，加上车站管理工作跟不上，“脏、乱、差”和经营摊点挤占站场现象尤为突出，严重影响了交通形象。近年来，市交通局把对汽车客运站治理工作作为窗口形象建设的重中之重来抓，多方筹集专项资金13 029万元，对汽车站基础设施建设实施新建或改建，投资2 600万元对汽车站周边环境和秩序进行综合治理，成立了汽车客运站综合治理办公室，对汽车站周边环境和喊客、拉客现象集中进行整治。截至2006年底，所有汽车站均达到服务设施齐全规范，广场秩序良好，候车室卫生整洁，广告设置美观合理的要求，特别是张家口汽车总站的周到服务和礼仪送客，为社会展示出了良好的交通窗口形象。

3. 狠抓了行政执法队伍和通行费收费队伍建设

窗口行业工作人员的工作，与人民群众生活息息相关。如果行政执法人员和通行费收费人员的素质不高，不依法行政，不按规定程序办事，或个别执法人员存在不给好处不办事和吃、拿、卡、要等不文明行为，就会伤害人民群众的感情，给交通行业形象抹黑。为此，市交通局在下大力抓好教育的同时，着力抓了以转变工作作风和提高业务素质为重点的集中岗位培训。10年来，累计培训县(区)交通局的站、所长和业务骨干1 642人次，县(区)交通局和市局直属行政执法部门对所属人员进行了全员培训。

四、搞好结合，狠抓落实，扎实做好创建工作

1. 坚持把创建文明和谐交通行业与交通实际工作相结合

在实际工作中，始终把创建文明和谐交通行业贯穿于交通事业的各项工作之中。每年年初，市交通局在部署交通工作任务的同时，专题研究和部署年度创建文明和谐交通行业活动以及服务经济、优化发展环境和便民、为民的具体措施和所办实事，并通过新闻媒介向社会公开承诺，年中和年终同交通工作

一并检查考核。为了全方位提升交通服务水平，在交通工程建设上率先推行了道路施工期间不断交，不影响当地群众出行，不干扰当地群众生活，不损害当地群众利益；在工程建筑材料使用上实行了材料检验准入制和公开招标制；在维护农民工合法权益上实行了规范化管理和工资打卡制；对主要公路客运班线和旅游线路的客车调整变化情况实行每日发布制，通过电视传媒向公众提供出行参考。2006 年，在大力发展地方道路建设的基础上，大力发展和扶持边远农村的客运事业，凡通公路的行政村，确保必通客运班车。通过扎实有效的工作，不仅为精神文明创建工作赋予了新的内容，而且也为精神文明创建工作增添了新的活力。

2. 坚持把创建文明交通行业与树立窗口形象相结合

为了全面提高窗口单位文明服务和行政执法队伍文明执法的水平，本着"典型示范，分层推进，全员参与，争先创优"的工作思路，在全市交通系统 32 个业务大厅、16 个汽车站、17 个通行费收费站、9 个超限治理站和 2 000 余名行政执法人员中广泛开展了"文明服务示范窗口"和"文明执法示范窗口"活动。在窗口服务单位推行"一张笑脸相迎，一声文明用语相问，一件事项快捷办结，一个军礼相送"的文明服务程序和工作规范。在行政执法部门实行了交通行政审批"一站式"服务；建立了市、县(区)交通路政、运政、养路费征稽"三位一体"的联合执法机制；成立了全市交通道路执法督察指挥中心，对全市道路执法实行统一指挥、统一调度。

3. 坚持把创建文明和谐交通行业与扶贫济困、"献爱心"活动相结合

10 年来，市交通局始终把扶贫济困作为一种社会责任，积极响应上级的号召，及时组织和动员各单位开展"手牵手"、"一帮一"、"多帮一"等多种扶贫济困"献爱心"活动，与尚义、怀安等 11 个贫困村、2 个贫困社区、229 个贫困户结成帮扶对子。公路工程一公司、公路工程二公司和工程管理部门的工程项目部，他们走到哪里，就把扶贫济困工作做到哪里。10 年来，市局及市局直属部门为贫困村打井 14 眼，修整道路 142 公里，架桥 4 座，平整场地 16 000 多平方米，投入资金 900 余万元。为贫困学校捐赠电脑 46 台，捐赠教学桌椅 82 套，捐赠书籍 7 455 册，资助贫困学生 461 名。为灾区、贫困村及贫困学生捐赠物品 3 000 余件，捐款 314 余万元。据统计，全市交通系统共资助贫困学生 766 名，捐款 757 余万元，扶贫投入资金 2 294 余万元，捐物 142 000 余件。

4. 坚持把创建文明和谐交通行业与改造城市周边环境、造福山城人民相结合

2004 年，市交通局积极响应市委、市政府的号召，精心实施"为山城增绿、为党旗添彩"绿化荒山活动，仅仅用了 55 天，就高标准、高质量地完成了5 892亩荒山绿化任务。共出动人员10 734人次，挖树坑173 000多个，换土21 798 立方米，植树 19 个品种465 334株。在海拔 900 多米的荒山上，铺设引水上山管道11 214米，修建扬水泵站 4 个，30 吨储水箱 20 个。由于引水浇灌及时，保证了当年树木成活率在95%以上。为了让市民有一个良好的休闲健身环境，市交通局舍得投入，常年派人昼夜守护在责任区负责荒山管护，并投入1 000多万元修通上山水泥路 30 多公里，建造高标准景观凉亭 20 个，建造"爱心平台"一座，方便了市民上山和健身。为使景区更加美观，在山间的路旁种植了花草，养殖了珍稀禽鸟。山上的凉亭与路旁的鲜花、小草、"百花园"、"百鸟园"悠闲别致的景观深深地吸引着路人。目前，市交通局绿化的东山责任区，已经成为张家口又一道靓丽的景观。

5. 坚持把创建文明和谐交通行业与广泛开展群众性文化体育活动相结合

为大力加强交通文化建设，增强交通系统干部职工的凝聚力、向心力和战斗力，在全市交通系统广泛开展了文艺汇演、职工体育运动会、歌咏比赛、主题演讲、知识竞赛、岗位练兵等丰富多彩的竞赛活动，既丰富了交通职工的精神生活，又陶冶了干部职工的思想道德情操。在 2005 年张家口市纪念建党 85 周年文艺汇演、2006 年张家口市纪念抗日战争胜利和反法西斯战争胜利 60 周年百人大合唱及历年春节文艺晚会大型文艺演出中，均受到了市委、市政府的高度赞扬。

第十二章 行风和机关效能建设

民主评议行风工作始于2001年。7年来，市交通局始终坚持以邓小平理论和“三个代表”重要思想为指导，以科学发展观统领行风和机关效能建设，引导干部职工以开展“树正气、讲团结、求发展”为主要内容的教育，努力营造“干事、创业、为民”的浓厚氛围，使民主评议行风工作开展得有声有色。通过强化行风建设，使行业风气进一步好转，工作效率明显提高，为交通各项工作的开展提供了强大的精神动力，营造了良好的社会环境和舆论氛围。市交通局连续6年被市委、市政府、省交通厅评为民主评议行风优秀单位。其中2004年，在市直全部38个参评单位中名列第一；2005年，交通系统名列全市58个参评单位系统第一名，被全省评为“优质服务杯”第一名，在全市开展“提升服务水平，展示文明形象”百日会战活动中被市文明委命名为“优胜行业”，张家口市交通局运管处工程师刘振民被评为“全国交通行业十佳文明执法标兵”，张家口市市区运管所、张家口市运输管理处、张家口市客运北站、宣化县公路站、宣化区征稽所、下广线涿鹿收费站被省交通厅评为行风建设优秀基层单位。特别是2006年，市交通局被市委、市政府确定为民主评议免评单位，全系统17个县（区）局有8个县（区）局为免评单位，有8个县（区）局为第一名，实现了全系统民主评议行风工作的满堂红。

认真总结7年来民主评议行风工作，主要有8大特色。

一、领导重视，健全组织机构

交通系统点多、线长、面广，交通部门既是行政执法部门，又是面向群众的服务单位，行风建设的任务尤为艰巨。因此，全系统从市局到各县（区）局、所（站）各业务主管部门，都根据领导班子成员变化情况，及时调整充实、建立民主评议领导小组，把民主评议行风工作作为“一把手”工程来抓，党政统一领导，责任明确，措施量化，逐级负责，全员参与，形成了“一把手”亲自抓，其他领导分工抓，行业主管部门具体抓，一级抓一级，层层抓落实，上下联动，各司其职的工作格局，确保了政风、行风建设的持续、健康进行。

二、周密部署，建立长效机制

行风建设的长期性、艰巨性决定了行风建设必须立足长远，建立健全一套行之有效的长效机制。为此，全局上下严格执行《首问负责制度》、《一次性告知制度》、《违规离岗投诉查实待岗制度》、《限时办结制度》、《张家口市交通系统六条禁令》、《交通行政执法人员、通行费收费人员年度考核末位淘汰制度》、《交通行政执法人员上路稽查八不准、三注意》等制度。为规范政风行风建设，还制定了《张家口市交通系统政风行风建设实施细则》，并针对交通行政执法人员轻微的违规行为，完善了《交通行政执法人员违规违纪行为记分处理办法》、《通行费收费人员违规违纪行为记分处理办法》，加大了记分分值和督察力度。为加强对执法人员的监管力度，制定了《交通行政执法人员二十不准》、《交通行政执法制度》，印制了《交通行政执法令》、《上路执法时间表》，对上路执法的具体路段和时间做了严格规定。为了进一步规范执法人员的行为，编印了《治理公路三乱工作手册》，发至所有执法人员人手一册。为进一步方便群众、服务社会，制定了《无缺岗位制度》；为了改进工作作风，提高办事效率，提升文明服务水平，制定了《文明上岗工作制度》；为增强交通系统的自我约束力，提高社会公信度，制定了《社会监督制度》；为了进一步优化服务环境，方便广大群众，在全市交通系统运输管理、养路费征稽各收费业务大厅和行政审批中心实行了便民为民的《业务大厅服务制度》；为提高执法人员的整体素质，更好地服务于社会和人民，制定了《交通系统行政执法人员学习和培训制度》；为提高重大事项决策的科学性和民主性，维护广大群众的合法权益，增加工作的透明度，制定了《重大事项群众参与听证制度》；为改进工作作风，践行服务承诺，提高依法行政水平和办事效率，制定了《公开承诺责任追究制度》。同时结合机关效能建设工作，进一步完善了治理公路“三乱”案件举报制度、督办制度、通报制度。建立了社会监督、舆论监督、群众监督的全方位监督体系，逐步形成了机关效能建设暨民主评议工作的长效机制。并将这项工作同业务工作同部署、同落实、同检查、同考核。

三、深入教育，强化素质提高

全市交通系统坚持将提高职工队伍的整体素质作为根本。局党委提出“提高现有的，培养未来的，引进实用的”素质教育工作思路，各县（区）交通局、局直各单位，坚持“以人为本，教育为先”的原则，在全系统广泛开展加强世界观、权力观、荣辱观教育，广大干部职工在思想上牢固树立正确的人生观、价值观，形成了“干事、创业、为民”的工作精神；坚持送学深造、学历教育、岗位培训、网上教学等做法，加强干部职工的政治理论学习、政策法规、业务知识、现代管理知识等方面的培训，广大干部职工的思想道德素质、科学文化素质和业务素质明显得到加强提高了用科学发展观、用创新的思想和市场经济的理论、办法解决交通实际问题的能力，提高了廉洁自律、拒腐防变的能力。

四、活动经常，深化行风建设

把“树交通新风，建廉政行业”贯穿于交通建设、管理和服务的各个方面，开展了丰富多彩的活动。在全系统开展了争创“十佳窗口、百佳标兵”活动，营造了“争、学、赶、帮、超”的氛围；在执法部门开展“执法为民、文明服务”活动，实现了交通执法规范化；在窗口单位开展了“创建文明示范窗口、巾帼文明示范岗、青年文明号”活动，践诺了窗口服务标准化；在施工生产单位开展了“建人民满意工程”活动，保证了全市交通重点建设项目全部达到优良工程、效益工程、廉政工程；在其他行业开展了“服务用户、奉献社会、以人为本、以车为本、以路为本”活动，努力实现了“优美环境、优良秩序、优质服务”目标；在各级交通机关开展了“提速工作过程、提高服务质量”活动，着力解决了“办事难”、“行为不规范”、“素质不高”、“效率低下”等突出问题，率先把交通各级机关建设成为负责任的部门；在全系统开展了礼仪教育、增强礼仪意识活动，特别是张家口客运总站进一步推广普通话、英语、哑语三种语言，解答不同宾客提出的问题，他们的礼仪规范、高雅、文明、优质的服务，受到了来张家口市观光旅游、洽谈经贸合作等中外宾客称赞，展示了张家口人的文明形象。

7 年来，全系统创造出许多具有张家口特色的“张家口品牌”，如高速公路业主招投标零权力、交通行政执法部门的“三位一体”联合执法、客运市场的“心心服务”、出租车行业的失物招领“绿色通道”等，都充分体现和凝聚了张家口交通人开拓进取、与时俱进、敢为人先、求真务实的创新精神。

五、加大宣传，营造良好氛围

首先，充分利用新闻媒体，大力宣传全市交通系统行风建设情况，积极组织参加张家口市广播电台“行风热线”专题直播节目，现场解答、解决群众反映的热点难点问题。由马艾业、吉喜功、陈越川撰写的《交通系统行风建设应重在规范执法行为》被收入张家口市民主评议论文选萃一书，河北经济日报刊登了陈越川同志撰写的《创新机制，从源头治理公路"三乱"问题》的文章，市局先后在张家口日报、张家口电视台、张家口广播电台刊登和播放稿件2 000余篇；其次，在全系统市、县(区)交通局和局直各单位都开办了《行风暨机关效能建设简报》，在内部系统及时通报行风暨效能建设开展情况，并向上级有关部门和行风参评员进行反馈。市局每年都编发简报40期，局直各执法单位均不少于15期、窗口单位不少于12期、生产单位不少于10期，各县(区)局均不少于20期。三是对市、县(区)主要道路出入口、公路护坡、业务大厅、汽车客运站、通行费收费站、超限治理点、客运班车和出租车上的行风宣传标语进行更新或刷新。四是加大对治理公路"三乱"的宣传监督力度，在全市国省干线主要出入口设置举报监督牌。五是全系统从社会各界聘请行风监督员，并召开行风监督员座谈会，走访行风参评员。这个做法既征得了意见和建议，又宣传了交通，一些问题在很大程度上得到监督员和参评员的理解和支持。六是推行服务承诺，提高承诺质量。连续7年通过张家口日报向社会发布服务承诺内容，兑现承诺目标。七是开展活动，发放征求意见表(函)宣传。通过参加全省"关爱百姓、共创和谐"阳光服务活动，邮寄信函、发放征求意见表等形式，广泛宣传交通职能，解答群众提出的问题，征求社会各界意见和建议。全系统每年都发出宣传资料10万余份，广泛征求意见和建议，并针对意见和建议及时制定整改措施。通过多种形式的宣传活动，收到了良好的社会效果。

六、突出重点，解决热点问题

把抓机关效能建设、治理公路"三乱"工作作为全系统行风建设的重中之重，确立了"抓机关促行风、抓行风促执法"的工作思路。对机关各级干部明确职责范围，工作运作程序等，对各级执法部门的责任落实、责任追究都做了详细、明确的规定。加大打击非法营运"黑车"力度，对无照、无证经营的车辆，超范围经营的车辆，不按照审批路线行驶而串线经营的车辆和市区内转圈、倒客、"宰"客、甩客的车辆进行专项处理。每年都组织大规模集体整治行动，纠正违章行为，查扣非法营运"黑车"，群众反映的热点问题得到了较好解决。

七、勇于创新，拓展执法领域

2005年在全省率先推行征稽、运政、路政"三位一体"联合执法，并实行上岗"执法令"。2006年，市局为了进一步创建平等竞争的收费环境，严查规避联合执法队伍，少缴、不缴规费，将路政、运政、稽征"三位一体"的联合执法机制拓展到宣大、丹拉高速及张市境内路段，与高速路政配合，在高速公路的"治超点"同时开展规费稽查，在以上高速公路出口与高速公路交警六支队共同设立联合执法站(点)，对驶出高速公路的逃费、漏费车辆进行稽查，并在国、省干线设立的超限站进行稽查。

八、狠抓落实，提升服务水平

交通局每年都要针对特定情况，设定新目标，制定新标准，提出新举措。全系统机关以"提速、提质、为人民、促发展"为主要内容，深入开展机关效能建设。市局每年都印发机关效能建设实施方案，对机关效能建设工作进行安排部署，明确抓好行政许可事项、重点项目建设、信访事项办理、为民办实事等重点工作，将机关效能建设工作列入民主评议行风工作中，重点解决人民群众关注、基层反映强烈的"办事难"、"行为不规范"、"素质不高"、"作风不实"、"文山会海"和"迎来送往"等问题。一是推行电子政务，全系统基本实现办公无纸化，文件传阅、信息传递、请示汇报、通知发布、视频会议均在网上完成。二是认真贯彻落实《行政许可法》，按照合法与合理，效能与便民，监督与责任相统一的原则，2005年全系统12项行政许可事项进入市行政审批中心，使行政许可管理工作纳入了法制化、规范化轨道，使公民、法人和社会其他组织合法权益得到保证。办结率达到100%。三是全系统各个部门、各个环节对目标任务进行量化、细化，将工作任务分解到岗、责任到人，实现了"日常工作规范化，各项管理程序化"。四是强化重点部门、重点工程的监管，全部实行"阳光工程"，对所有项目立项、规划、建设等各环节的办理情况都进行效能跟踪，明确办理主体和办理时限，确保了各项工作顺利开展。五是在信访稳定工作中,逐渐摸索出一套变群众“上访”为领导机关“下访”的工作思路。建立了专用信访接待室、领导值班接待信访制度和“两抓一保”、“挂账督办”工作台账,切实把信访稳定工作纳入制度化、规范化轨道,使信访工作事事有落实,件件有回音。六是始终把农民工工资作为解决人民群众最关心、最直接、最现实的利益的突破口,建立和完善了农民工工资支付保障制度。并实行有效的监督检查机制,避免了拖欠农民工工资事件的发生。七是提供温馨服务。为优化服务环境,在张市境内国、省干线的26个收费站,为广大驾乘人员免费提供饮用水、修理工具,在35个业务大厅,推出了“8项便民”措施(座椅、脸盆、毛巾、开水、水杯、笔、墨水和纸张)。八是为提高全市出租车行业的服务质量,倡导出租车驾驶员“守信经营、诚信服务”,开展了“优质服务号”、“共产党员先锋号”、“巾帼文明出租车”创建活动,先后授予出租车驾驶员“优质服务号”300名,授予出租车驾驶员“共产党员先锋号”30名,授予出租车驾驶员“巾帼文明出租车”129名。

第十三章

依法治交

市交通局作为市政府主管全市交通的行政主管部门，根据《中华人民共和国公路法》、《中华人民共和国道路运输条例》、《中华人民共和国内河交通安全管理条例》、《中华人民共和国水路运输管理条例》等法律、法规授权，对全市公路路政、道路运政及水上交通履行行政执法和日常监管职能。交通行政执法分为养路费征稽、运政管理、路政管理、海事管理等四个执法类别。局机关设有法制科，负责指导全市交通系统法制建设、交通行政执法监督、行业立法的组织协调、交通系统普法、行政复议等项工作。局直有运输管理处、地方海事局、出租车管理处、地方道路管理处、养路费征稽处、通泰高速公路路政支队等6个行政执法机构。除运输管理处和地方海事局(属法律授权)以外。其他单位都以张家口市交通局的名义组织开展行政执法工作(属委托执法)。

一、普法工作深入推进

深入持久地开展普法，为推进依法行政奠定基础。通过扎实有效地开展法制宣传教育活动，广大干部职工的法律意识和法制观念得到普遍加强，执法水平明显提高，行业文明形象逐步树立。自1996年开始，市运管处获得“三五普法”、“四五普法”全省法制宣传教育先进集体，市局公路工程管理处获得“四五普法”全市法制宣传教育先进集体。10年来，市交通局领导一如既往地高度重视普法教育工作，始终坚持把普法工作纳入全局工作的重要议事日程，从建立机构、制定规划和措施到投入经费、组织实施，切实做到人、财、物三落实，为搞好普法提供了良好保障。

10年来，为保证普法规划的顺利实现，市交通局各部门密切配合，不断创新普法形式，采取以点带面、点面结合等多种自动与互动相结合的方式，努力营造大普法格局。

突出重点，提高依法行政水平。在普法过程中，结合交通工作实际，制定依法治理工作目标，以领导干部、交通执法人员学法为重点，有的放矢地抓好普法工作，提高了交通队伍法律意识，使交通队伍的法制教育从“意识型”向“素质型”转变，促进依法管理经济、管理社会事务的水平。首先，重点抓好各级领导干部带头学法工作。把各级领导干部学法纳入干部年度培训计划，并要求每周一例会集中学习《宪法》、《民法》、《行政诉讼法》、《行政复议法》、《行政处罚法》、《行政许可法》、《公路法》、《收费公路管理条例》、《河北省公路管理条例》、《公路养路费征收管理条例》、《中华人民共和国道路运输条例》、《河北省运输条例》等基本法和相关法律法规。各级领导干部带头学法用法，进一步提高了依法决策、依法行政、依法管理水平，实现了领导方式和管理方式的转变。其次，重点抓好交通执法人员的学法用法工作。结合交通行业特点，紧紧围绕公正执法、文明执法两个主题，积极开展学法、用法活动，加大对交通执法人员的法制教育力度，并在认真学习专业法的基础上，举办系统法律知识竞赛和考试，把学法用法与依法行政紧密结合起来，极大地增强了依法行政、依法办事的能力，达到了内强素质、外树形象的目的。

普法教育与提高执法队伍素质相结合。一是坚持培训与考试相结合，提高依法治交水平。市交通局每年都积极选派交通行政执法骨干人员参加省、市有关部门组织的各类法律知识培训和考试。10年来累计参加培训班20余期，共培训骨干600余人，考试合格率为100%。此外，市交通局内部每年还要举办3期集中封闭式依法治交培训班，2 200余名机关业务科室、局直各单位主要领导及交通行政执法人员接受了各项培训。经过专项系统的培训，极大地提高了交通局干部职工依法治交的水平。二是坚持考试与竞赛相结合，强化交通执法人员整体素质。10年来，共举行了5次运政、路政、征稽、海事执法知识竞赛和执法考试，参赛率和考试合格率均达到了100%。在2005年全省举行的执法知识竞赛中，交通局海事执法人员获全省团体第三名；2005年6月，又开展了一次执法队伍大练兵活动，对全市1 929名执法人员进行了执法考试，并通过严格的选拔、培训、操练，参加了省里的决赛。

走出去，请进来，大力营造浓厚的普法氛围。为发挥社会力量参与市交通局对执法人员的法制教育，确保依法治交的实施，市交通局采用"请进来，走出去"的方法，营造浓厚的普法教育氛围。一是举办专题讲座。结合交通工作实际，每年都要重点举办《行政诉讼法》、《行政复议法》、《行政许可法》、《公路法》、《合同法》、《信访条例》等法律知识专题讲座，邀请市司法局、法制局、市委党校等有关单位的同志进行辅导和讲解，10年累计组织法律专题讲座20次，收到了很好的效果。二是扩大宣传范围。一方面充分利用每年"12·4"法制宣传日的有利契机，采取送法下乡（进社区）、举办法制讲座和培训班、印发宣传资料、接待咨询、悬挂张贴标语、邀请人大、政协视察等多种形式，开展法律宣传和咨询活动。目前共计发放宣传品10万多份，接待群众咨询6 000余人次。另一方面利用市电台、电视台、报纸等媒体，对普法的意义、目标和任务以及交通行业的专业法律法规进行大力宣传，使广大人民群众也参与到交通普法教育工作当中。

通过普法教育，干部职工遵纪守法观念、权利义务观念、维护自身合法权益观念逐步树立了起来；平时学法、遇事找法、解决问题讲法、办事依法、维护自身权益靠法的风气逐步形成，能够自觉运用法律武器来维护自身的合法权益，对发生在身边的事，怎么做合法？怎么做不合法？鉴别能力增强了。这些成效的取得，进一步促进了交通生产经营活动的顺利进行，维护了社会稳定，推动了全市交通事业沿着规范化、法制化轨道健康发展。

二、切实贯彻《行政许可法》

《行政许可法》的公布与施行是加快政府职能转变、推进依法行政的根本举措和法制保障。交通部门作为政府的主要组成机构之一，负有多项行政审批职能，是贯彻实施《行政许可法》的重要主体。为此，市交通局党委一直给予高度重视，专门成立"贯彻行政许可法工作领导小组"，吸收有关承办部门为成员单位，主要领导亲自主持和督促，对相关工作进行精心部署和周密安排。

2004年以来，法制部门对照相关法律法规，对部门许可事项进行全面梳理和逐项排查，严格审查和校核了各许可事项的内容和依据，使依法应当保留且能够实际执行的项目全部进入审批大厅，实现了一个窗口集中办理。全局保留的行政许可项目31项，目前实际执行16项，其中路政管理6项，海事管理4项，运政管理6项。另有15项因故未能执行。

在实际执行的16项中，行政许可工作极端严谨且极其严肃，必须不折不扣地对照法律法规规定的程序和条件严格执行。为了确保行政许可设立的宗旨和理念，在工作实践中得到切实贯彻和执行，交通局从建立长效机制和完善制度保障入手，主动推进了行政许可的公开透明运行。一是根据市政府有关指示和要求，制定了《张家口市交通系统统一受理行政许可申请和统一送达行政许可决定制度》等7个配套制度和《委托实施行政许可制度》、《行政许可检验、检测制度》、《行政许可招标、拍卖制度》、《行政许可考试、考核制度》等4项特别制度。相关承办单位也根据各自职责分工，进一步细化出台了《路政管理许可事项初审、上报、归档制度》、《客运班线审批听证制度》等配套制度，使行政许可每一环节的工作都做到程序严密、有章可循。二是根据行政许可的工作特点和内在要求，将政务公开的理念和做法贯穿行政许可工作的全过程，从实现行政许可内容、形式、范围、程序的全面透明入手，抓住关键环节和重点部位，大力推进行政许可的公开运行。各承办单位将各自工作职能、所承办行政许可事项名称等通过政务公开栏进行公示；所有行政许可项目的实施依据、条件、标准、程序、时限和应当提交的相关材料以及所有收费项目及其依据、标准等全部在办理窗口集中上墙公布，使行政许可的各种要素和办理过程全部置于阳光之下，申请人的权益得到充分尊重和切实保护。三是进一步提速行政许可的办理进程，增进行政许可的实施效果。交通局结合行业作风和机关效能建设，制定了《首问责任制》、《一次性告知制》、《限时办结制》、《行政审批责任追究制度》、《业务大厅服务制度》、《公开承诺责任追究制度》、《社会监督制度》、《重大事项群众参与听证制度》等多项保障制度，使行政许可"高效、便捷、为民"的宗旨得到切实贯彻。

由于程序严密、操作严谨、形式规范、反响较好，交通局行政审批窗口在 2004 年、2005 年被评为成绩突出窗口和民主评议行风优秀窗口。2006 年又荣获张家口市行政服务中心"文明服务示范窗口"称号。

三、行政执法水平得到提高

交通行政执法坚持以推行行政执法责任制为重要管理手段，以文明执法、公正执法为目标，不断强化交通行政执法责任制，不断提高执法队伍素质，不断完善执法监督各项制度；不断增强执法人员执政为民的意识，树立了交通行业良好社会形象。

要依法行政，提高执法水平，就要建立权责一致、责任到岗到人执法责任机制，以增强执法机构和执法人员的责任意识。按照市政府和省厅推行行政执法责任制工作的安排，依据交通法规体系框架要求，结合交通行业管理体制特点，10 年来，市交通局认真梳理了执法依据共涉及公共法律 18 部，交通专业法律 69 部，明确了岗位职责，建立了相关配套制度 19 项，并在全系统行政执法单位先后建立健全了交通行政执法责任制。

提高依法行政水平，重在培养造就一批高素质的执法队伍。没有高素质执法队伍要实现文明执法，公正执法的目标是不可能的。为了提高执法队伍素质，市交通局通过两个环节一个活动，努力提高执法队伍整体素质。一是执法队伍的进人环节，严把入口关，在执法人员的管理上严格按照《河北省交通厅、河北省人民政府法制办关于落实行政执法责任制，加强全省交通行政执法人员资格管理的通知》依法进行管理，对新调进执法队伍的执法人员的资质、条件严格把关，严格审核。根据省厅要求，到目前为止，全局 225 名在岗在编执法人员(除年龄在 50 周岁以上外)全部达到大专文化。此外，全系统都要经常通过请进来，送出去的培训形式，每年接受专业执法知识学习 500 多人次，并制定了《学习培训制度》，加以制度化。二是执法证件管理环节，严格按照法定程序、法定条件进行管理。对所有持执法证件人员对照持证条件，按照相应规定对申领、换领、补领执法证件的人员进行初审把关，凡不符合条件的一律取消年审资格。对违反证件管理规定的执法人员实施暂扣执法证件或提请上级吊销执法证件。

加强执法监督，做到执法公正文明。一是实行"统一执法主体，执法文书，执法程度"的三统一。在全系统各行政执法单位，统一启用由省厅统一印制的专用交通行政执法文书。并要求处罚程序合法，文书制作规范，内容填写正确，适用法律法规准确。按《行政处罚法》规定，全局对处罚额度，罚款的上限、下限都制定严格报批程序。全系统没有发生一起越权行政案件。执法标准掌握的比较适度。二是建立相关的执法监督制度。根据交通行政执法责任制要求，全局先后制定了《交通行政执法责任制追究规定》、《交通行政许可过错责任追究暂行规定》、《交通行政执法监督检查规定》和《行政许可监督暂行规定》等多项制度。维护法律公正性、严肃性，树立交通行业的良好形象。三是实行长期有效社会监督。全局各执法单位统一公布了投诉举报电话，设立举报箱，聘请专职行风监督员。每年度还定时请人大代表、政协委员和管理相对人评议执法单位，形成横向到边、上下贯通的社会监督网络，以便及时发现问题，修正错误，吸取教训，提高依法行政的水平。

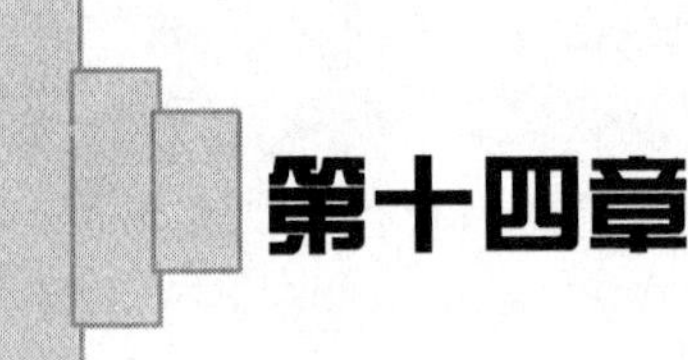

第十四章

财务审计工作

第一节 财 务 管 理

1996～2006年的10年间，随着交通事业的快速发展，交通财务工作按照“生财、聚财、理财、用财、管财”的十字方针，围绕中心、服务大局，财务管理工作取得了显著成效：每年组织全系统会计人员培训，使会计人员素质大幅度提高，会计基础工作在全市名列前茅；自1996年开始实施会计电算化推广工作以来，经历了3套会计核算软件的更新，交通系统全面实现了会计电算化；完成了新旧会计制度的转换，从1986年的“公路养护会计制度”过渡到2001年“事业单位会计制度”的转换；整合贷款结构，最大限度地节约贷款成本；合理调度资金，保证各项公路建设顺利完工；加强财务制度建设，编制了市交通局财务制度汇编。

一、加强教育培训，提高财会队伍素质

10年来，特别是近几年来，全市交通基础设施建设发展迅猛，有力地助推了全市经济和交通事业跨越式发展的步伐。交通事业之所以能够取得今天这样大好的发展局面，离不开高素质人才的强力支持，而建设一支政治强、业务精、作风硬、效率高的财会队伍，保障交通事业的经济活动正常运转就显得非常重要。为此，根据财会队伍学历水平较低，财会专业毕业生少，会计基本原理理解掌握不够牢，业务知识和技术本领不够高，新的会计制度和相关法规不熟悉，素质参差不齐，难以适应事业发展的现状，大力开展了综合素质培训教育活动。一是加强职业道德教育。通过开展查思想、找差距、求上进活动，使财会人员及时了解国家的大政方针，充分认识交通事业建设在经济社会事业发展中的重要作用，既看到取得的辉煌成绩，又感到肩上的责任重大，激发了财会人员干好本职工作的极大热情，增强了责任意识，形成了爱岗敬业、勇于奉献、争创一流的良好局面。二是加强业务知识培训。紧密结合工作实际，制定了财会人员中长期培训计划和考核办法，按照缺什么、补什么，用什么、学什么的原则，采取自学与集中培训相结合的方法，通过开展举办会计知识培训、业务交流、知识竞赛、参观学习等活动，强化业务知识学习，提高工作技能，拓宽知识结构，提升服务本领。10年来，共举办各类培训班10期，1 000人次参加培训学习，有80多人取得了助理会计师以上的专业技术职称。同时积极选派人员参加省厅组织的各类学习培训班，使全系统财会人员的业务知识水平有了明显的提高，工作质量、工作效率明显提升。三是搭建业务培训、学术交流的新平台。2005年，通过积极与市民政部门联系和争取，在省交通会计学会的具体指导下，成立了张家口市交通会计学会，开辟了会计人员学习培训的新园地，发挥了工作研究、交流沟通、创新提高的平台作用。四是扎实推广财务电算化工作。按照“河北省财务核算电算化工作管理办法”的要求，制定了《张家口市交通局电算化管理方法》和电算化操作人员岗位目标管理责任制，把推广电算化作为全面提升会计人员素质的一项重要举措。自1996年实施会计电算化推广工作以来，经过持续的培训学习，系统的掌握了相关知识和操作技能，先后达到了3套会计核算软件更新的基本要求，有140多人取得了电算化中级资格证书，到2006年底，

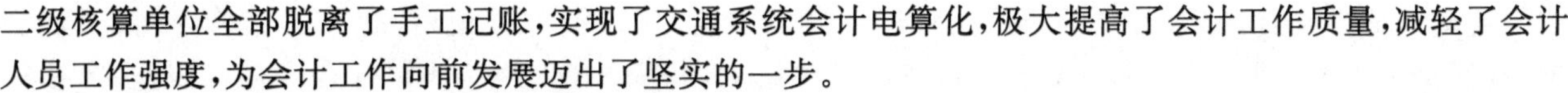

二级核算单位全部脱离了手工记账，实现了交通系统会计电算化，极大提高了会计工作质量，减轻了会计人员工作强度，为会计工作向前发展迈出了坚实的一步。

二、创新管理机制，适应交通事业发展需要

顺利完成新旧会计制度转换工作。根据省厅统一安排和部署，交通系统原执行《公路养护会计制度》的单位，从2001年1月1日起，执行新的《事业单位会计制度》并统一配备和启用新的财务核算软件。为了在短期内使全系统财务人员学好新制度，局财务部门结合全市系统财务人员的具体情况，制定了新旧会计制度转换实施方案和有效措施，采取多种形式组织财务人员学习新旧制度、把握新标准、掌握新方法、适应新要求，在较短的时间内，掌握了新旧制度衔接方法，实现了新旧会计制度的交替，完成了由1986年起公路养护会计制度到2001年事业单位会计制度的转换，逐步建立起以资金、成本（支出）管理为中心的现代财务管理新体系。

不断健全完善财务管理制度，做到有法可依，有章可循。多年来，市交通局始终按照财务管理制度化、规范化和科学化的要求，不断加强制度建设，完善内部管理，强化财务职能作用。1997年至今，先后制定和完善了《现金管理制度》、《银行存款管理制度》、《网上银行结算管理办法》、《会计电算化管理制度》、《资金拨付管理暂行办法》、《公路建设贷款管理办法》、《行政事业单位固定资产管理办法》、《国有资产管理制度》、《会计凭证传递和账务处理程序》、《内部会计牵制制度》等18项财务制度和规定，2003年编制印发《张家口交通局财务管理制度及管理办法汇编》，建立起经济活动有法可依，有章可循的管理模式，健全了内部监督机制，规范了会计行为。

努力建设节约型财务。近年来，市交通局把财务管理、建设节约型财务作为加强财会工作的重点之一，制定了相应的实施办法和措施，收到了良好的成绩，力争做到把有限的资金用在了刀刃上，用在事业发展上。一是严格控制行政性经费支出，制定了差旅费、办公用品购置费、电话费、业务接待费、会议费、车辆维修费等财务报销制度，实行分管领导审核制，主要领导一支笔审批制，杜绝了不必要的经费支出，堵塞了漏洞，降低了开支，节约了经费，使行政性经费逐年降低。二是广泛开展厉行节约活动，在全系统初步形成了节约一度电、一滴水、一滴油的良好风尚，日常费用保持在合理支出水平。三是加强建设项目的财务决算的评审工作，严格按照项目进行管理。要求公路新改建、大中修等工程按项目建账，按项目进度拨款，提高了资金使用效益。通过建设节约型财务，改变了过去交通部门花钱以万元为单位的思想观念。

三、狠抓资金管理，保证各级公路建设顺利完成

资金是保障交通事业发展的血液。进入20世纪90年代以后，公路建设跨入了快车道，尤其是高等级公路的建设和开通，给各地区带来了极大的发展机遇。10年来，张家口市交通建设事业有了长足发展，交通建设投入保持了较高的增长，一大批交通重点建设项目相继开工和顺利完工，高速公路、干线公路、地方道路（“村村通”）公路建设取得显著成果。公路建设投资也由10年前的1.02亿元，增加到47.70亿元。10年的发展，凝聚着交通系统干部职工的汗水和智慧，围绕交通建设事业的快发展、大发展，交通财务工作通过“内抓征收，外引贷款、上争补贴、下保配套”的筹资方式，有力地保障了事业建设发展所需资金。

一是积极筹措资金，保证公路建设资金到位。随着国家对基础产业的投资力度不断加大，交通基础设施建设形成了快速发展时期，就全市的公路建设而言，无论是建设规模、建设等级还是建设速度都达到了历史以来鼎盛时期。由于交通部门投资政策的改变，自筹资金的任务越来越大，资金问题成为制约张家口市公路建设的“瓶颈”，特别是高速公路、收费公路的建设，大量资金需从银行贷款解决，截至2006年底，共争取市贷省还贷款16亿元，自筹贷款6亿元。在各项资金拨付过程中，根据不同情况，合理地调度有限资金，最大限度地保证了各项工作的正常运转。

二是调整银行贷款结构，减少贷款利息支出。财务部门注意到，过去由于贷款周期短利率高，其中有一部分还上浮利率，这样在改变当前道路交通环境的同时，交通部门也背上了沉重的还本付息压力。

如何使建设成本降到最低，市交通局抓住省厅还贷的机会，实现债务重组，优化债务结构，置换不良贷款，盘活贷款资金，减少贷款利息支出。财务部门了解到，各家银行制度不同，各有优势，经与多家银行交涉，取得优惠贷款利率，并在基准利率的基础上下浮 10%，每年可节约资金成本利息支出 1 200 万元；通过调整贷款，还解决了自筹逾期贷款归还和多年形成工程欠款支付等问题，缓解了许多内部矛盾，提高了单位在社会的信用度。

四、强化资金监管，确保资金、资产安全运行

以财务检查为契机，规范各单位会计行为。近年来，各级、各部门的财务检查多，如专项资金检查、养路费收支情况、养路费超收返还资金检查、养护及大中修资金的检查、通行费收入及收费站专项资金检查等，财务部门都积极配合，并以此为契机，出台了一系列规章制度，不断加大资金监管力度，有效预防和杜绝了违纪现象的发生，使全系统的财务工作更加规范化。

认真做好清产核资工作，加强国有资产的管理。固定资产是保证各业务及其他活动的重要物质条件。为了解决存在的重钱轻物、重采购轻管理的思想，各财务机构除每年财务决算前进行日常的资产清查外，还组织全系统进行了 3 次大规模的、全面的资产清查工作。通过进行全面资产清查盘点工作，共查出需要处置的资产 5 800 万元，清理了多年的遗留问题，摸清了家底，做到心中有数，确保国有资产的安全和完整。

加强会计核算工作，坚持会计工作创新。会计核算是日常的主要会计工作。多年来，财务部门精心设计会计核算体系，全面、真实、及时地提供财务会计信息，为领导决策提供依据。全体财务人员紧紧围绕当年的工作目标，利用现代化的会计核算手段，精心组织、设计单位的会计核算体系和会计信息报告系统，及时、准确地编制各种会计决算，如事业单位财务决算、公路基建会计决算、国有交通企业财务决算。广大财务人员，坚持会计创新，克服工作中的种种压力与困难，在会计人员较少、资金量大、经济事项多的情况下，处理了大量的历史遗留问题，取得了阶段性的工作成绩，为今后财务管理工作奠定了良好的基础。

全体财务人员为交通事业的发展做了卓有成效的工作。从 1996 年开始，市交通局每年被省交通厅评为会计决算先进单位；2005 年、2006 年在全市会计基础工作展评中被市财政局连续 2 年评为第一名；2005 年、2006 年财务科被市交通局评为先进科室，科内共有 30 多人次被省、市有关单位评为先进工作者。

第二节　审 计 工 作

10 年来，交通审计工作认真贯彻落实《审计法》及相关法律法规的要求，按照《交通行业内部审计工作规定》，坚持“全面审计、突出重点、提高质量、服务大局”的原则，抓住交通发展的关键环节，结合单位、部门的实际情况，有目的、有重点、有步骤地开展审计工作，规范了财务管理，提高了管理水平，确保了国有资产的安全完整、保值增值，为交通事业的跨越式发展营造了良好的经济氛围。

一、加强领导，建立完善的组织机构

交通局党政领导十分重视交通内部审计工作。为了加强审计工作，10 年间，各直属单位和各县区交通局逐步配齐了内部审计机构，配备了专职内部审计工作人员，共配有内部审计人员 96 人，各单位主要负责人直接分管内审机构，审计部门的审计工作也直接向分管领导和主要领导双重负责。从 1993 年地市合并至 1996 年，交通审计部门和局财务合署办公，统称财审科，审计科从 1997 年独立。

二、明确责任目标，努力完成工作任务

交通内部审计的主要工作任务：根据全市交通发展规划以及省厅每年下达的审计计划，确定每年的工作任务。主要有 10 个方面的内容：完成领导干部的离任审计；进行专项资金综合治理审计；对农村公

路建设资金进行审计；养路费收支的审计；组织有关部门对重点工程进行招投标跟踪审计；组织对新改建工程项目完工的竣工决算审计；对事业单位的收支项目的调查审计；对改制单位清产核资工作督促检查；协助审计局对交通部门固定资产投资项目进行国家审计；配合局有关科室重点抓好其他项目的审计和检查。

10年来，重点抓了6个方面的工作：

全面开展了建设资金和建设项目的重点审计。对所有的已完工公路建设项目安排了审计，包括国家审计，社会审计，内部审计。完成宣大、丹拉、张石一期高速公路的项目审计，完成新改建项目竣工决算审计62项，完成公路养护工程项目审计170项，完成地方道路项目审计203项。

对已竣工的建设项目，按照交通部《关于进一步加强公路规费和公路建设资金管理的通知》、《交通建设项目审计实施办法》和《关于加强交通建设项目审计监督的通知》精神实施了全面审计。对重点建设项目，以资金为主线，对工程造价进行了全面审核，跟踪了项目建设的全过程，进行了跟踪审计。对农村公路建设资金和建设项目进行了专项审计。

加大了对经济责任审计的力度。10年来，交通内审部门不断加强和深化经济责任审计的力度，完成离任审计55个，对所属单位行政"一把手"的离任经济责任审计覆盖面达到了100%。认真落实交通部《交通企事业单位领导人员任期经济责任审计规定》，以及中央五部委经济责任审计工作联席会议办公室《关于党政领导干部任期经济责任审计若干问题的指导意见》的通知精神，通过审计正确地评价了领导人员任期的经济责任，指导了工作，改善了经营管理，保障了国有资产的保值增值，推动了交通事业的健康稳步发展。

完成了财务收支审计。完成财务收支审计230多项。完成运输管理费审计70项，客货附加费审计30项，养路费收支审计100项，车辆购置附加费30项。财务收支是交通事业发展的基础，交通内审部门按照"突出重点、解剖麻雀、跟踪检查、提高成效"的原则，按照交通部《交通行业行政事业单位定期审计规定》的要求，通过抽查、互查、专项检查等形式对各个单位的财务收支进行了审计，尤其是对养路费收支、通行费收支、运输管理费收支作为重点审计内容；对企业化管理的事业单位的资产、负债和所有者权益真实性进行了审计监督。通过审计加强了预算管理，严格了资金控制，提高了经济效益。

完成了专项资金综合治理工作。交通内审部门根据省、市专项资金综合治理办公室的要求，及时对各单位的专项资金来源及其使用进行了检查、收集、汇总、上报。审计资金达16亿元，通过审计纠正了截留、挪用现象，纠正了不符合规范的做法，使专项资金的使用与管理步入了规范化、正规化的轨道。

充分发挥内部审计的作用，积极配合和协调各级政府审计机关布置的各项审计工作。诸如政府对收费公路情况的调查，养路费收支的调查等等。

结合各单位实际，积极开展了其他审计工作。根据交通行业的工作重点，适时开展了经济效益、内控制度以及管理审计。对开支重点、投资热点、工程招投标管理、预算变更，车辆使用费、业务招待费、电话费等进行经常性的审计监督和审计调查。通过审计掌握了情况，抓住了重点，解析了原因，为领导决策、规范管理提供了许多详实的审计信息。

三、建章立制，使内部审计进入制度化

10年来，为了规范内部审计工作，提高内部工作效率，交通内审部门根据远期发展规划和本年工作目标，有重点地安排每年的审计计划，并先后制定了《张家口市交通局内部审计工作规范》、《张家口市交通局关于进一步规范和加强领导干部任期经济责任审计的意见》、《张家口市交通局关于加强专项资金综合治理工作方案》，制定了内部审计人员廉洁自律条款，使交通内部审计工作有章可循，步入程序化、制度化管理的轨道。

四、统筹谋划，做好审计调查工作

为适应交通事业的发展要求，及时、准确、全面地了解各单位管理情况，为领导决策提供有价值的第一手资料，几年来，交通内审部门做了大量的摸底调查工作。

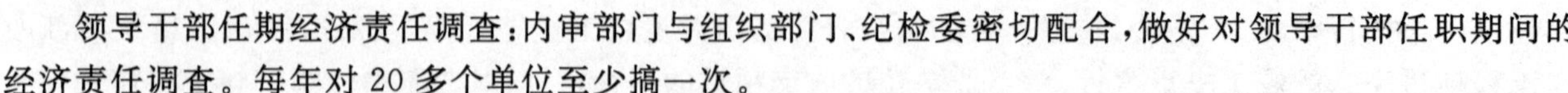

领导干部任期经济责任调查：内审部门与组织部门、纪检委密切配合，做好对领导干部任职期间的经济责任调查。每年对20多个单位至少搞一次。

财务管理调查：对每个单位财务管理人员、财务管理制度、核算办法、内部控制等内容进行实地调查。

通过调查发现，有些单位财务人员只满足于核算、报告这些工作上，预测、分析、控制等环节是薄弱环节，而财务管理重点工作恰恰应该放在预测、核算、报告、分析、控制等几个环节上。

专项资金调查：交通专项资金具有资金量大、点多、面广等特点，是近年来政府部门专项资金综合治理的重点。对专项资金进行了如下调查工作：资金流向是否合理；资金到位情况；挪用挤占情况；管理环节：招投标、合同、拨款、结算、决算；拆迁费使用情况、到位情况。备受社会关注的热点问题：诸如财务支出中，管理费支出、会议费、招待费、电话费、车辆使用费等情况，农民工工资发放情况等。

通过以上的审计调查，在了解了各单位普遍存在的问题的同时，也发现了有些单位一些好的经验、制度、办法，为今后加强管理，完善制度，为领导分析、决策提供了翔实的数据。

五、严格程序，搞好外部审计质量控制

外部审计是指政府审计和社会审计。搞好外部审计质量的控制是内部审计部门的职责之一。

为了加强交通事业的发展，促进财务审计管理，几年来，审计部门加强了外部审计质量控制工作：

实行招投标控制。对于工程项目审计，委托有资质的会计或审计律师事务所参与，进行公开招投标，履行资格审查、竞标、评标、定标等有关程序，择优录用。对三条高速公路的20多家会计律师事务所进行了筛选，通过合法程序择优选取。

利用合同制约。对选择的审计单位，通过签订合同进行制约，诸如要达到什么目的，控制点，重点要求，要达到的效果，在合同中予以明确。利用经济手段进行控制。

加强审计项目的日常检查。每半年对委托的会计律师事务所的审计报告进行分析，提出整改方案。内部审计机构经常对审计项目进行定期、不定期检查，了解情况，规范财务行为，提出纠正措施，促进财务管理。

加强沟通、协作。几年来，交通内审部门不断加强与外审单位的沟通、协作，交流审计过程，交换审计意见，使外审单位逐步加强了对局属各单位工作的了解、理解和支持。

六、规范管理、提高效益

10年来，交通内审部门共计审计资金达60多亿，审计较大的项目50多项，对查找出管理方面、财务方面等违规行为，进行综合分析，提出合理化建议500多条，多数被管理单位采用，采用后，纠正了错误做法，规范了管理，节约了资金，起到了良好的效果。

七、抓好审计人员业务培训工作，不断提高内审人员业务素质

随着张家口市交通事业的快速发展以及国家关于财务管理制度、办法、规定的不断出台和完善，审计工作也在不断地走向规范化、正规化、程序化，因此，加强内部审计人员的教育培训工作意义十分重要。为了加强这一工作，交通内审部门从工作实际出发，精心组织、合理安排、统筹考虑。积极组织各单位内审人员参加培训，努力提高全体内审人员的整体素质。10年来，内审部门与河北省交通厅审计处积极联系、协调，组织内部审计、财务人员每年进行培训，共累计培训700余人次，通过培训掌握了制度、熟悉了条款，提高了内审人员的业务水平和工作效率。

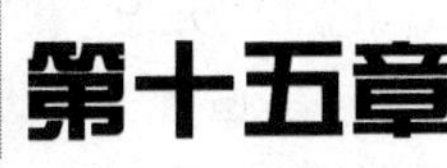

第十五章 计划统计工作

交通计划统计，是交通系统各项建设工作的先导，是交通基础设施建设、管理和决策的重要依据，是确保交通基础设施建设有序协调发展，避免盲目和重复建设的重要手段，是交通经济管理一系列实践活动(计划、统计、调控等)的中心环节。“凡事预则立，不预则废”。无论是计划经济还是市场经济，都离不开科学的规划和计划。多年来，市交通局按照国家有关部门制定的基建方针、政策和规定，结合张家口实际情况，立足未来交通发展的趋势和方向，通过充分调研和科学论证，编制了大量切合实际的年度交通发展计划、五年规划和中、长期交通发展规划。同时积极跑项目、争资金，力推项目超前实施，为全面实现张家口交通行业的快速和持续发展做出了积极贡献。

一、公路建设规划

1. 高速公路建设规划

发达的高速公路网不仅是交通现代化的主要标志，也是一个国家和地区现代化的重要标志。“九五”初期，张家口是全省仅有的不通高速公路的两个市之一。高速公路建设的滞后，严重制约了张家口经济社会发展的步伐。

随着张家口市场经济的发展和运输需求的变化，建设高速公路被历史的提上了议事日程。在市委、市政府的正确领导下，市交通局审时度势，顺应社会的呼声和时代发展的潮流，根据国家和河北省高速公路建设规划，积极谋划张家口高速公路建设项目，科学编制了“九五”和“十五”张家口高速公路发展规划，成功绘制了一张“二横、三纵、五线”的高速公路建设蓝图。

“十五”初期，全长126.5公里的宣大高速公路和全长79公里的京张高速公路相继竣工通车，使张家口市潜在的区位优势变为现实优势，大大加快了张家口市融入“环渤海经济圈”和“外长城经济圈”的进程。2005年9月7日，由张家口市交通局自做业主建设的第一条高速公路——全长99.4公里的丹拉高速公路宣化至冀蒙界段——历经近三年紧张建设，实现全线通车。至此，全市高速公路通车总里程达到308公里，占全省高速公路通车总里程的17%，位居全省11个市的第一位。“十五”期间，全市高速公路建设实现了从无到有，从有到跨越式发展的巨大跨越。“十五”期间，除了竣工通车的宣大和京张高速公路以外，新开工以及正在谋划开工和立项的高速公路达到了五条段(丹拉、张石一期、张石二期、承张和京化)。2006年，张石一期主体竣工通车，张石二期和张承、京化高速公路建设项目于2007年开工建设。这几条高速公路项目建成通车后，全市高速公路通车总里程将突破500公里，继续在全省名列前茅。

高速公路的大发展，使张家口承东启西的区位优势进一步凸显。由此，张家口市既可以借助京津冀经济圈的资金、技术、人才优势，又可借助晋蒙地区丰富的资源优势，从而实现借势造势，拓展空间，加快发展。

2. 干线公路建设规划

10年来，在认真研究张家口市公路网布局及交通量分布状况的基础上，市交通局对全市境内的国省干线公路进行了细致的调查，确定了张家口市“四横三纵一线”的公路网主骨架。在确定公路网主骨架规划中，本着“量力而行，稳健发展”的原则，结合全市公路现状和国家对公路的投资政策，编制了《张家口市“九五”干线公路建设规划》和《张家口市“十五”干线公路建设规划》，为全市“九五”和“十五”期间合理利用资金，加快干线公路建设，进一步强化路网功能起到了重要的作用。在超额完成任务的情况下，市交通局在深入细致调查研究的基础上，及时编制了张家口市干线公路建设调整计划，有力的保证了全市公路建设的可持续发展。10 年来，全市共建设国省干线公路14 441.788公里，完成投资 48.297 亿元。

3. 农村公路规划

农村公路建设是服务“三农”的实质性措施，是公路网的重要组成部分，是真正让老百姓得实惠的民心工程和德政工程，也是保障农村社会经济发展最重要的基础设施之一。为使农村公路规范发展，更好地带动农村经济的繁荣。10 年来，按照交通部和省交通厅的要求，市交通局科学谋划，合理规划，编制了《张家口市 1996～1999 年农村公路发展规划》、《张家口市 2000～2020 年农村公路发展规划》、《张家口市 2004～2007 年农村公路发展规划》和《张家口市 2006～2010 年农村公路发展规划》。并根据每年省交通厅的建设计划及时下达。使这项“为民便民工程”真正的促进了农民增收、农村经济发展，受到了全市广大农民群众的衷心拥护。并且使“修好农村路，服务城镇化”成为各级党委和政府的广泛共识，同时营造了全社会关注支持农村公路建设的良好氛围。在各级交通部门认真执行计划的前提下，截至 2006 年底，全市农村公路建设里程突破了17 199公里，公路网密度达到了0.465公里/平方公里，极大地方便了农民出行，也带动了农村经济的大发展。

4. 旅游公路规划

20 世纪 90 年代中后期，张家口市以其独特的地理条件，初步形成了以生态旅游为特色的旅游发展格局。但由于基础设施薄弱，特别是旅游公路等级低、路况差的现象普遍存在，造成了“景色虽美路难行”的局面。为了促进全市旅游事业的发展，根据市委、市政府的指示精神，市交通局在市旅游局的大力配合下，精心谋划编制完成了《张家口市“九五”期间旅游公路建设规划》和《张家口市“十五”期间旅游公路建设规划》，为全市旅游公路的健康、有序、适时修建提供了科学依据。

二、交通规费

市交通局每年根据历年来全市交通规费的征收和省交通厅的计划下达情况，认真测算、科学分析，以最科学的数字对全市的交通规费分解后，及时下达到相关单位执行，确保了交通规费的按时足额征缴。

三、站场建设

过去的 10 年，我市公路运输枢纽在省、市各级领导及有关部门的大力支持下，场站建设步伐较快。根据站场建设项目多、投资大、见效快的特点，市交通局编制了《张家口市“九五”站场建设规划》和《张家口市“十五”站场建设规划》。并与相关单位密切合作，多方争取资金，分别对沽源汽车站和赤城汽车站进行了重建；同时兴建了张家口汽车客运南站，对宣化县汽车站、康保县汽车站、怀来县汽车站等进行了改造和修缮，所有县站配备了微机售票系统，进一步改善了站务服务设施。另外，还建成了张家口物流中心。所有这些工作，不但顺应了运输市场发展的需要，提升了场站服务功能，改变了场站服务形象，而且极大地增加了企业的经济效益和社会效益。

随着农村经济的快速发展，农民出行比例的快速增长，解决农村客运服务水平不高，改善农民出行难的问题，是提高农民生活质量的必然要求，也是交通部门全面落实党的“十六大”精神和贯彻“三个代表”重要思想的重要体现。根据省交通厅运管局的在未来几年内乡镇客运站场建设的整体发展思路，以现有站场为依托，结合村村通公路的工作部署，本着“车进站、人归点”、因地制宜、适时合理、分批进行、量力而行、服务社会和充分满足农村旅客需求的原则，编制了《张家口市 2004～2010 年乡镇客运站建设规划》，并得到省交通厅批准，使这一项“为民便民工程”早日为广大农民群众提供便捷周到的候车服务。

四、公路通行费收费站

按照公路设站收费还贷的要求，市交通局抢抓机遇，经过多方努力，先后完成了省道张尚线、宝平线、县道白郭线、洋新线、康祁线收费站的各项审批工作，为及时顺利开展公路收费工作奠定了坚实基础。

五、统计工作

科学和可靠的统计数据是领导科学决策和宏观管理的重要依据。为此，市交通局依据《统计法》及有关规定，对全市交通系统统计工作进行了认真、全面的检查，对发现的问题进行了及时纠正，并对各单位的统计工作逐一进行了规范。针对系统内无证上岗现象较普遍的情况，市交通局积极与市统计局联系，举办了全市交通系统统计上岗培训，并核发了统计证。

六、公路普查

交通部和国家统计局为了摸清公路的家底，为公路事业的发展夯实基础，提供依据。2001 年开展了时隔 23 年之后的第二次全国公路普查，要求大到高速公路，小到 3.5 米宽的村道，均在普查之列。特别是经过 23 年的发展，公路路况已发生了脱胎换骨的变化。普查工作量之大、内容之多、范围之广可想而知。为将这项工作做好，市交通局专门成立了公路普查办公室。在各级领导的关怀支持下，经过全市各级公路普查机构和普查人员半年多的辛苦工作，对全市 802 条 13 994 公里公路进行了详细普查。所有普查数据经省普查办验收，均达到标准要求。张家口市也获得了“全国公路普查先进单位”和“省公路普查先进单位”的荣誉称号。

七、出版《张家口市交通图集》

在公路普查基础上，2002 年下半年，市交通局组织了技术精、业务好、懂路况、熟悉路线走向的技术骨干进行了《张家口市交通图集》所需数据资料的收集、报表的编制及底图的标绘工作，于 2003 年正式出版了《张家口市交通图集》和《张家口市交通图》系列挂图。

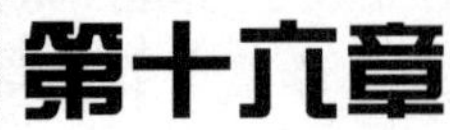

第十六章 群团工作

第一节 工会工作

1996年以来，市交通工会坚持以邓小平理论和“三个代表”重要思想为指导，牢固树立科学发展观，认真贯彻“组织起来、切实维权”的工作方针，促和谐、抓基层、办实事，遵循“提素质，促发展；抓基础，建机制；增活力，上水平”的总体工作思路，紧紧围绕交通事业的发展和工作目标，积极探索和研究新形势下工会工作的新情况、新特点，开拓创新、锐意进取，为交通事业实现跨越式发展，发挥了不可替代的保障作用。10年间，涌现出一大批先进集体和先进个人，其中获得省部级以上劳动模范人员和先进工作者如表1-16-1所示。

1996～2006年获得省级以上劳动模范一览表 表1-16-1

姓名	单位	级别	姓名	单位	级别
张富强	市交通局	省部级	徐哲文	市交通局	全国
李义	市交通局	省部级	常建平	市交通局	省部级
闫润林	市运输总公司	省部级	张霞	怀来县交通局	省部级

回顾10年的历程，其主要工作和做法是：

1. 建立健全组织机构，发挥工会职能作用

工会组织依法肩负着职工利益代表者和维护者的职责，要坚定不移地推进党的全心全意依靠工人阶级根本指导方针的贯彻落实，保护、调动和发挥广大职工的积极性、创造性，就必须加强工会组织建设。在工作和实践中，市交通工会注重把工会组织建设、工会干部培养和制度建设纳入目标管理。随着交通事业的蓬勃发展，10年间，全市交通系统新组建工会12家，新增会员2 680人，督导换届改选55家工会组织，会员入会率为100%，覆盖了整个交通行业，全面系统地完善了组织机构。通过职代会例会及“职工信息反馈表”、“民主评议意见函”等形式，为职工和领导之间架起了沟通的桥梁，增强了职工的维权意识，维护了单位的稳定。积极发挥工会维护职工权益职能，加强民主管理、民主监督工作。依照《工会法》要求和工会职责，起草并在全局下发了《民主管理、民主监督暂行条例》，各单位都成立了民主管理、民主监督领导小组，对单位的重大项目，大项开支都实施民主监督，不仅促进了各单位重大事项决策的公正、科学、民主，进一步维护了广大职工的合法权益，而且对促进交通事业的健康发展起到了积极的作用。以行业管理规范为标准，以依法行政、文明执法为重点，各单位结合工作实际系统地学习了《行政诉讼法》、《行政处罚法》、《公路法》、《中华人民共和国道路运输条例》等，做到了有法可依，有章可循。通过学习教育活动，使广大职工的整体素质、法制观念和维权意识得到了明显提高。

2. 发挥学习教育职能，提升职工综合素质

充分发挥工会组织的学习教育职能，大力实施职工素质工程建设，培育“四有”职工队伍，在提高职工整体素质上做了大量工作。一是坚持用邓小平理论和“三个代表”重要思想武装广大职工的头脑，加强职工的思想政治教育。市交通工会组织职工先后参加了“全国职工学习邓小平理论知识竞赛”、“全国职工学习党的十六大精神”系列活动；以贯彻落实《公民道德建设实施纲要》为契机，深入开展交通行业精神文明创建活动；参加上级工会举办的职业道德“双十佳”和文明班组评选活动。二是加强法制教育，组织各县(区)交通局、局直各单位职工参加了“全国职工‘四五’普法知识竞赛”活动，使职工对我国的基本法等法律知识有了进一步的了解。三是为了使职工牢固树立科学发展观，针对道德教育及人生观、价值观的讨论，组织开展了以“八荣八耻”为主要内容的政治理论学习，并在全系统举办了“荣辱观演讲赛”，使广大干部职工进一步明确了荣辱观的内涵，形成了知荣明耻、乐于奉献的良好氛围。四是积极探索提高职工队伍科学文化技术的新思路，本着以基层为主、业余为主、普及为主、小型多样为主的原则，组织广大职工开展读书学习活动和群众性学习培训活动，鼓励职工立足本职工作，自学成才。五是交通工会从抓工会干部培训教育入手，大兴学习之风，创建学习型工会组织，在提升工会干部素质上做了大量工作，举办和参加上级工会组织的工会干部培训达56期，培训工会干部866人(次)，工会干部专业素质和综合素质明显提高。

3. 创建和谐劳动关系，全力维护职工权益

工会维权主要体现在维护广大职工的劳动权益、民主权益和精神文化权益上。依法参与劳动关系协调，在协调劳动关系中实现维权，又以有效的维权促进劳动关系的健康和谐。保障职工的劳动权益，为职工创造一个安全卫生的劳动环境，是工会参与协调劳动关系、维护职工基本权益的一个重要方面。各级工会不断拓宽表达职工意愿，代表职工进行民主监督的渠道，组织起草涉及职工切身利益的规章制度和规范性文件，对涉及职工利益的重大问题进行决策前认真听取职工的意见；建立和完善党政与工会联席会议制度，研究解决涉及职工切身利益和工会工作中的重要问题；积极协助下属单位建立健全各项规章制度，切实为职工做好养老、失业、医疗、工伤、生育保险的缴纳工作；高度重视安全生产和职工劳动保护方面的群众监督、群防群治作用，支持职工开展群众性监督检查活动；依法按照《劳动法》等有关法律法规，监督企业对录用的职工及时签订劳动合同，根据国家的规定对职工的工资、福利、合同期限等内容明确双方的权利和义务，保证了职工的合法权益不受到侵害；要求各基层工会注重职工的思想文化修养，每年列出专项费用，为干部职工订阅《人民日报》、《河北日报》、《张家口日报》、《中国青年报》、《求是》、《半月谈》等10余种报纸杂志，为职工查阅资料，了解时事政治，学习掌握新知识提供便利。有的基层工会组织还建立了图书阅览室，定期组织读书活动，从各方面提高职工综合素质。

4. 开展行业劳动竞赛，搞好技术创新活动

为充分调动广大职工投身交通建设的积极性，搭建好职工发挥聪明才智的活动平台，市交通工会紧紧围绕全局中心工作，根据不同行业的特点，针对生产工作中的重点和难点，发挥优势，大力开展职业培训、岗位练兵、技术创新活动。一是在全系统开展了“创建学习型组织，争做知识型职工”的活动。京化高速公路张家口管理处办公室主任王会锋被授予“河北省职工创新能手”荣誉奖，2005年荣获河北省职工职业技能竞赛技术标兵称号(计算机操作员)；公路养护处、公路工程管理处、路通收费公司主席任卫箐、公路工程一公司副主席郭秀红分别被市总工会誉为“创建学习型组织、争做知识型职工”先进单位和个人。二是深入开展“安康杯”劳动竞赛活动。为了“全面树立以人为本思想，切实加强安全生产教育”，组织张家口市公路工程一公司和公路工程二公司每年参加河北省交通系统组织的“安康杯”劳动竞赛活动。两个公司先后被授予“河北省交通系统安康杯竞赛优胜单位”称号。三是在全系统开展了“巾帼建功”活动。张家口市交通局被命名为河北省“巾帼建功”先进单位。怀来县沙城养护中心女子大道班被命名为“河北省巾帼文明岗”，班长张霞被授予“全国巾帼建功标兵”。市公路运输管理处被命名为“巾帼特色杯”先进集体，路通收费公司东洋河收费站工会女工委被命名为全省交通系统先进女职工集体。张家口路通收费服务有限公司还开展了收费员点钞大比武等岗位练兵活动，东洋河收费站收费员高丽丽获“收费状元”称号，并被评为张家口市劳动模范。10年来，在各级工会组织下，交通系统有8 638人次的职工参加了各种形式的劳动竞赛，提合理化建议8 368条，增创经济效益6 388万元。组织职工参加

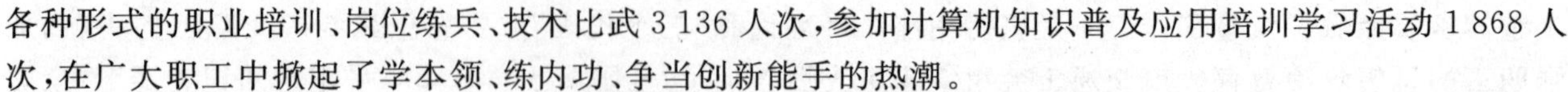

各种形式的职业培训、岗位练兵、技术比武 3 136 人次，参加计算机知识普及应用培训学习活动 1 868 人次，在广大职工中掀起了学本领、练内功、争当创新能手的热潮。

5. 组织多彩文娱活动，增强行业凝聚力量

抓紧抓好职工文体活动，用健康向上、丰富多彩的文体活动来满足广大职工的精神需求，占领职工的思想文化阵地，凝聚系统的行业力量，是交通工会工作的重头戏。在局党委的大力支持下，在各基层工会和广大职工的热情参与下，每年都利用重大节日开展多种形式的文体活动。为颂扬交通建设的可喜成就，大力构建和谐交通，每年春节都举办迎新春文艺演出。2004 年 2 月，在全省交通系统组织的“爱交通、做贡献”首届职工文艺调演中，市局选送的“集体搏击操”获得二等奖。为营造迎奥运的浓厚氛围和推进职工体育事业的快速发展，交通工会先后举办参加了上级工会开展的多项文体活动，每年组队参加省交通工会、交通体协在全省不同地市举办的象棋、乒乓球、羽毛球、桥牌、华牌和全省交通系统“迎奥运”首届职工运动会，为推动交通发展凝心聚力。

6. 以人为本构建和谐，排解职工后顾之忧

交通工会不断强化自身建设，改进工作作风，坚持“以人为本”，把职工的需求作为工作的出发点和落脚点，以爱心全力打造服务理念，用真情为职工排忧解难，使工会组织真正成为“职工之家”、“职工小家”。路通收费公司工会积极改善职工住宿娱乐条件，配备统一的被褥、床单、衣柜等生活设施，并安装了空调，24 小时供应热水洗浴。为丰富职工在站区的业余生活，积极筹备经费，为各站室购置外健身器和体育器材，并购买电视机和各种文化娱乐用品，职工真正以站为家。为了构建和谐社会，交通工会把救助困难家庭、病残职工作为一项长期的工作任务来抓，积极承担起“第一责任人”职责，及时帮助基层工会组织解决实际困难。每年都筹集送温暖基金 10 万元，对局属企业下岗职工、职工遗属进行慰问救助。交通工会还心系社会弱势群体，积极开展“送温暖、献爱心”和“博爱一日捐”社会救助活动，全系统每年为社会捐资 8 万多元，充分体现了交通人的情怀和关爱社会的责任感，受到了社会各界一致好评。

第二节　共青团工作

1996～2006 年，在团市委和局党委的正确领导下，市局团委坚持以邓小平理论和“三个代表”重要思想为指导，紧紧围绕全市交通系统中心工作，牢牢把握团员、青年成长成才的需求，坚持在继承中发展，在实践中创新，扎实推进共青团各项工作，在实现构建和谐交通的伟大征程中谱写了交通系统共青团工作的绚丽篇章。先后被评为“张家口市先进基层团组织”、“张家口市优秀基层团委”、“河北省五四红旗团委”、“张家口市优秀青年志愿者服务总队”、“张家口市优秀团委”。

一、与时俱进、锐意创新，共青团工作实现了新世纪的伟大跨越

10 年来，市交通局共青团工作呈现出朝气蓬勃的局面。从团支部建设、团员青年数量、团建工作开展、服务交通意识等一系列工作对比中看到：1996 年团员青年只有 63 人，占全局职工总数的 6%，基层团支部只有 3 个，占全局事企业单位总数的 30%，发展团员数为零。2006 年团员青年已发展到 658 人，占全局职工总数的 30%，基层团总支 3 个，团支部 15 个，占全局事企业单位总数的 52%。团建工作从要我干转变为我要干，10 年来，共吸收近 200 多名优秀大中专毕业生，充实到交通公路建设第一线，创建了大量的优质、优良工程。

二、坚持用邓小平理论和“三个代表”重要思想武装团员、青年，思想政治工作达到新水平

市局团委始终把用科学理论武装青年、教育青年放在共青团工作的首位。按照“抓深入、抓重点、抓坚持”的要求，以团干部、大中专毕业生和各施工一线青年骨干为主要对象，以团干部理论研讨班、大中专毕业生理论研究社等形式，在团员青年中全面兴起学习贯彻“三个代表”重要思想的新高潮。抓住纪念“五四”运动八十周年、建党八十周年、党的十六大等重要契机，广泛开展了“党在我心中”、“迎接十六

大永远跟党走”等各类主题教育活动，唱响爱党、爱国、爱社会主义的主旋律。通过开展反对“台独”、反对邪教等活动，增强了广大团员青年的政治敏锐性和辨别是非的能力。10年来，以仪式教育、实践教育和典型教育为载体，通过各种形式，帮助团员青年牢固树立崇高理想和永远跟党走中国特色社会主义道路的坚定信念。正是基于上述系列教育活动的生动开展，使共青团思想政治工作达到一个新的水平。

三、带领全局团员青年积极投身交通建设主战场，团组织生力军和突击队作用得以充分发挥

围绕交通改革与发展，以“岗位成才建功”为主线，深入开展青年创新创效、青工大比武和青年岗位能手竞赛活动，有效地激发了广大团员青年学技术、搞创新、掌握过硬本领的积极性。10年来，取得创新创效成果28项，创效总价值上百万元，为交通事业的发展做出了积极贡献。开展创建青年安全生产示范岗活动，为施工安全生产起到了良好的示范引导作用。围绕市局“十五”计划总目标，扎实推进“五个一”活动、QC活动和“五小”活动，培养了近百名初、中、高级青年技术能手。参与交通生态园建设，建设青年林基地3个，植树1 326株，增强了青年生态环保意识。先后组织了600名高速公路新招收费人员岗前军训，规范了行业服务标准，提高了窗口服务形象，增强了交通部门行风评议力度。特别是在抗击非典的斗争中，广大团员青年积极响应局团委“让我们手挽手筑起抗击非典的青春长城”倡议，挺身而出，投身一线，构筑起了一道坚固的抗击SARS病毒的青春长城，充分展示了当代交通青年迎难而上、团结拼搏、无私奉献、敢于胜利的精神风貌。

四、引导团员青年积极参与精神文明建设，青年职工思想道德素质日益提高

市局团委在广大青年中大力倡导“爱国守法、明礼诚信、团结友善、勤俭自强、敬业奉献”的基本道德规范，使诚信成为团员青年的行为准则和自觉行动。在团员青年中倡导好习惯、培养好习惯、推广好习惯，逐步养成健康文明的生活方式，并为此不断开辟新的道德实践场所。在进一步深化了青年志愿者、青年文明号等活动中，认真总结青年文明号创建活动的经验和做法。注意发现和培育典型，召开“青年文明号”创建工作经验交流会。对非青年文明号窗口单位，不断加大投入力度，帮助他们认真查找工作中的不足和差距，力争在创建工作中早日实现新突破。截至2006年，全局有5家单位荣获省级青年文明号，10家单位获得市级青年文明号。各级青年文明号集体以爱岗敬业、诚实守信、优质服务的良好形象赢得了社会的认可，成为全局青年展示职业文明、体现青春业绩的窗口和舞台。大力表彰第五届张家口市十大杰出青年，张家口路通收费服务有限责任公司总经理靳献军同志等青年典型，使崇尚先进、学习先进、争当先进成为团员青年踊跃追求的目标和时代风尚。全面推行青年志愿者注册制度，目前局团委已注册青年志愿者100余人。捐资助学，在全局团员青年中发出“我们的一点节省，改变他们的一生”的倡议，对社区内三名贫困家庭学生进行爱心捐助，共筹集捐款10 451元，全部用于3名受助学生的学习和生活费用。此次扶贫济困、捐资助学活动得到团市委的大力表扬。在局团委的带动下，局直公路施工单位团支部与工程施工所在地也积极开展了“手拉手”活动，帮助当地小学进行学校建设，共计捐献书籍1 300余册、桌椅230余套。

五、切实服务青年职工发展需求，青年成长成才环境进一步优化

大力实施青年职工素质拓展计划，青年职工的综合素质不断提高。深入实施青年职工新世纪读书计划，营造了青年职工读书增知的浓厚氛围。下发了《关于进一步做好推荐优秀青年人才工作的通知》，按照不同的人才需求做好储备，在各基层团组织的推荐基础上，市局团委青年人才库共储备各类青年人才98名，并实行电脑化管理，逐步实现管理工作规范化、科学化。在做好青年人才库管理的同时，积极向各级党政部门推荐优秀青年人才，定期向组织部门上报青年人才资料，为组织部门选拔、任用青年干部提供人才资源，使共青团成为培养青年人才的重要基地。目前，市局35岁以下副科级以上干部41名，占全局科级干部总数的23%。

六、立足交通，开展丰富多彩的文体活动，青年职工才艺得到充分展示

"五四"青年节之际，局团委举办"纪念'五四'运动"征文活动，各单位青年积极响应，踊跃投稿，体现了广大青年"热爱祖国、热爱家乡、热爱生活、热爱交通"的精神风貌。绿茵场上，市局团委与兄弟团委联合举行"广交杯"足球友谊赛，通过比赛，增进了友谊，增强了体质，同时也活跃了团员青年的业余文体生活。为给团员青年提供一个展示才华的舞台，岁末年初，局团委举办"新世纪、新风采——张家口市交通局青年才艺大比拼"活动，歌曲、舞蹈、曲艺等节目轮番上阵，充分展现了交通系统青年职工的艺术风尚。各项文体活动的开展，为交通事业的发展提供了强有力的文化支撑。

七、加强团组织的自身建设，凝聚力和战斗力进一步增强

坚持以党建带团建，积极争取市局党委和团市委的重视和支持，召开了全局基层党建带团建工作会议，下发了《张家口市交通局基层"党建带团建"工作规划》，如期完成规划任务。深入开展"'五四'红旗团支部"创建活动，带动了基层团建的发展。适应新形势，积极探索非公有制企业团建新路子，在市局股份制企业路桥集团公司、路通收费服务公司建立了团组织，有效扩大了团组织的覆盖面。不断加强团干部队伍建设，选拔一批优秀的团员担任团支部书记，使团干部在实践中得到成长。10 年来，全局发展团员 53 名，推荐 106 名优秀团员加入了党组织，源源不断地为党组织输送新鲜血液。建设并开通了张家口交通局共青团网站。加强各级团组织建设，团结、实干、创新的氛围日益浓厚。

第三节　妇女和计划生育工作

十年风雨，十年辉煌。巾帼不让须眉，交通战线处处有女同志的风采，交通时空，妇女撑起半边天。

张家口市交通局党委高度重视妇女工作，政治上关心，组织上健全，生活上帮助，给妇联工作创造了和谐的环境，为女同胞搭建了一个展示自我、献身交通事业的大平台。市局各级妇联组织坚持科学发展观，围绕中心，服务大局，面向基层，主动作为，为交通事业的发展做出了积极贡献。

一、提高妇女素质，加强组织建设

10 年来，市交通局把加强妇女基层组织建设作为一项长期性、基础性工作，把妇联工作摆上交通系统各级党组织重要日事议程，形成了一把手挂帅，主管领导亲自抓，上下联动，齐抓共管的工作格局，不断增强基层妇女组织的凝聚力和活力。2002 年市交通局组建了专职妇委会，根据人员的变化，不断调整计划生育协会领导和成员，为妇联开展工作提供了组织保障。2006 年市交通局下发了《关于加强和改善对新时期工会、共青团、妇联工作领导的实施意见》，下属各事业单位均成立了专职妇委会，有力地促进了新时期妇女工作的健康发展。

市交通局定期组织广大女职工学习政治理论，结合本行业实际，采取多种形式，学习、宣传马克思主义妇女观和男女平等基本国策；学习《妇女权益保障法》、新《婚姻法》、《未成年人保护法》、《人口与计划生育条例》、《2001～2010 妇女发展纲要》等法律法规，不断提高女职工政治思想素质，不断增强法律意识，为切实维护自身的合法权益奠定了基础。通过适时开展主题教育活动，牢固树立了交通女职工建设有中国特色社会主义的共同理想和正确的世界观、人生观、价值观；培育了女职工"四自"精神和崇尚科学的意识；坚定了爱岗敬业、服务群众、奉献社会、共同发展的思想，较好地发挥出投身交通改革和发展的积极性和创造性。1997 年，怀来女子大道班组织全体女职工到董存瑞故乡进行参观学习，开展了"忆英雄、比奉献、看现在、比发展"为主题的时事教育活动，使女职工受到了爱国主义教育，思想得到了升华；2003 年，丹拉高速公路管理处组织女职工到省级先进集体东洋河收费站进行参观学习，开展了"东洋河上去了，我们怎么办"大讨论，激发了女职工比学赶帮超的工作热情，女职工的精神面貌有了很大

改观。

市交通局把建学习型组织，做学习型女性，提高交通女职工业务素质，作为一项重要的工作来抓。各单位结合各自工作特点，广泛开展女职工“岗位建功、岗位成才”的业务技能竞赛和技术培训，引导女职工树立有学识才有能力、有作为才有位置的理念，启发女职工勤奋好学、刻苦钻研、练好内功、发展创新的自觉性和主动性。广大女职工积极参加党校、成人夜大、函大学习，有的还参加计算机、英语、会计、统计、法律等各类业务进修班培训，均收到了良好效果。1996年，下花园区交通局提出了“学一门新知识、掌握一门新技术、文化层次迈上一个新台阶”的口号；2000年，万全县交通局开展了“养护作业实地大比武”活动。通过岗位练兵和学习教育培训活动，进一步提高了广大女职工的理论水平和业务技能；增强了科技意识、市场意识、竞争意识，推进了“女性素质工程”的实施。到2006年底，全局有130余名女职工通过成人教育取得了大专以上学历；有140多名女职工取得了专业技术资格证书，占专业技术人员总数1/3。

二、保障妇女权益，强化服务意识

10年来，特别是近几年来，市局妇委会为保障妇女的合法权益，维权工作向多元化发展。以依法维护妇女权益为出发点，突出服务功能，加大宏观维权力度，实现妇女维权事业新发展。2004年，局妇联组织参加了市妇联开展的以“2004我们与你在一起”为主题的“三八”妇女维权周活动，组织收听收看有关专家及权威讲解法律、政策，并进行了讨论，提高了妇女的维权意识。为维护妇女的正当权益，局妇联与基层妇女干部一道，对单位职工或家属多次上门进行维权教育，化解了家庭矛盾。市交通局党委为女职工办实事、办好事，局领导经常深入基层，倾听女职工的呼声，为她们解决实际问题。妇联干部热情服务，各级妇联组织成为联系女职工的桥梁和纽带，成为女职工的“娘家”。一年一度的“三八妇女”节和“六一儿童”节是女职工及她们孩子的盛大节日，市局每年都要向女职工及独生子女发放慰问品，举办丰富多彩的活动，使她们感受到党的关怀和温暖。近几年来，市交通局多措并举解决女职工子女的就业问题，解除她们的后顾之忧。公路勘测设计所野外勘测设计工作多，所党支部想育龄妇女之所想，急育龄妇女之所急，想方设法尽量为她们调换到室内工作。

市交通局领导高度重视计划生育工作，按照中共中央国务院《人口与计划生育法》和《河北省人口与计划生育条例》，采取有效措施，依法落实计划生育有关政策，坚持每年为女职工免费体检，育龄女职工一人一卡，为育龄女职工免费发放计生用品，为女职工发放优生优育宣传手册，为女工干部统一订阅《中国人口报》等报纸杂志，对领取《独生子女父母光荣证》的人员按文件规定落实了奖励政策。为提高广大计生干部的业务素质，2005年市交通局组织了直属单位计生干部进行了计划生育知识竞赛活动，收到了很好的效果。为加强计划生育工作管理，2005年，市交通局运用计算机技术，建立了计生信息库，使计生工作逐步走上标准化、规范化、制度化。

市交通局各基层企事业单位和部门，坚持把人口与计划生育工作纳入到年度目标考核范围。从1996～2006年，每年市交通局与下属单位签订《人口与计划生育责任书》，明确计划生育的目标、任务、责任，做到把计划生育工作与业务工作同部署、同落实、同检查、同考核，确保计划生育工作措施到位、投入到位、成效到位。计划生育率每年保持100%，市交通局连年保持所在辖区计划生育工作先进单位。

三、彰显妇女个性，提升工作质量

进入21世纪以来，市局妇联组织针对妇女的个性和行业特点，鼓励她们立足本职、行业建功、岗位成才，推动交通系统文明和行风建设深入开展。

2003年，参加了省交通厅、市妇联组织的“巾帼建功”、“行业特色杯”竞赛活动，在全市交通系统开展了“巾帼交通杯”竞赛活动和“巾帼建功”明星、“巾帼文明岗”争创活动，活动形式、活动内容不断创新、活动领域不断拓展，促进妇女建功立业。

2004年，结合行业特点，积极组织开展各类宣传教育活动，丰富女职工的文化生活，促进女职工的身心健康。充分利用各种载体，举行各种类型的演讲会、座谈会、知识竞赛、文艺表演、体育比赛，陶冶女职工的情操，让她们在活动中增长见识，在运动中增强体质，展示了跨世纪女职工的风采。2005年，在市妇联组织的全市巾帼风采展示暨表彰会上，张家口市公路工程一公司代表市交通局表演了舞蹈快板《交通赞歌》，向全市人民展示了交通女职工为交通事业建功立业的风采，受到了市领导和各界妇女同胞的好评，并荣获优秀组织奖。“扶贫济困”、“捐资助学”，培养广大女职工的公德意识和社会责任感，是市局妇联组织一贯重视的一项社会工作。广大交通女职工踊跃捐款捐物，奉献一片爱心，每年捐款都在1.3万元以上。特别是2003年以来，市交通局党委选派女干部到桥西串窑街社区长期帮扶孤寡老人和贫困学生，使困难群众感受到党的温暖。宣化交通医院女职工义务承担着辖区上千名儿童的计划免疫和孕后产妇的访视工作，受到了群众的广泛赞誉。

在“巾帼建功”、“巾帼交通杯”等活动中，各单位结合各自的中心工作和任务，举办各类技能培训、技能比武、科技革新、科技建功等活动，引导和激励广大女职工爱岗敬业、锐意进取、服务人民、奉献社会。通过开展这一系列活动，不但有效地调动了交通女职工敬业爱岗、建功奉献的热情，提高了女职工文明服务、优质服务的自觉性和能力，充分发挥交通妇女在交通改革和发展中的积极作用，也有效地提示了创建单位的经济和社会效益，促进了创建单位的精神文明建设和行业风气的根本好转。

四、发挥妇女作用，携手共创未来

市交通局各级党组织十分重视发挥妇女“半边天”作用，吸纳培养积极分子加入党组织，把妇女中的优秀人才提拔到各级领导岗位，以激励广大女职工努力追求人生自我价值，树立自尊意识，增强自信精神，培养自立能力，倡导自强品质，立足本职，艰苦奋斗，勤勉敬业，锐意进取的热情。不论是在1998年张北抗震救灾的战场，还是在2003年的抗击“非典”的前沿；不论是在热火朝天的公路建设一线，还是在三尺收费柜台；广大交通女职工都在各自的岗位，做出了非凡的贡献。全系统涌现出怀来女子大道班、宣化县交通局养路费征稽所征费大厅等一大批先进集体和沙城养护中心女子大道班班长张霞、涿鹿县交通局养路费征稽所一站式办公大厅主任王大钧等一大批模范人物，以实际行动，赢得了社会的尊重。2000年3月，怀来县交通局沙城养护中心女子大道班获全国、省、市“巾帼文明示范岗”称号；2007年3月怀来县交通局沙城养护中心女子大道班张霞获2006年度“全国巾帼建功标兵”称号；2005年3月市交通局获河北省“巾帼建功先进单位”；沽源县平定堡养护中心女子道班等16个单位获张家口市“巾帼文明岗”称号；下八里收费站赵利平等22人获张家口市“巾帼建功标兵”、“巾帼建功明星”及“三八红旗手”称号。

第十七章 交通战备工作

市交通战备办公室在市国防委的正确领导下，在省交通战备办公室的具体指导下，深入贯彻落实党的“十五大、十六大”及军队新时期战略方针，以做好反“台独”军事斗争准备为主线，积极适应经济发展和军事变革的新形势，坚持平战结合，在确保全市国防交通畅通的前提下，为中央、省级领导视察张家口市和部队重大军事训练演习活动的顺利实施，提供了坚实的交通保障。近年来，在全市交通系统干部职工的共同努力下，在公路建设实现跨越式发展的同时，交通战备保障能力显著提高，圆满完成了上级交给的各项交通战备保障任务。

一、道路建设和养护力度大

全市交通系统在市委、市政府和省交通厅的正确领导下，牢固树立和落实科学发展观，紧紧抓住加快交通基础设施建设这个中心不放松，着力解决交通改革与发展中的一些重大问题，以新思路、新理念、新举措全面推进各项工作，实现了具有历史意义的跨越式展。“十五”时期公路建设计划提前三年完成，“十一五”期间继续加大对公路建设的投入。已建成通车的有宣大、京张、丹拉及张石一期高速公路，在建的有张石二期、京化、承张高速公路，全市高速公路通车里程保持全省第一，并进入全国地级市先进行列。全市初步形成了以高速公路和干线公路为主的公路交通网络。在抓好公路建设的同时，还下力抓了公路的养护工作，使主要干线公路好路率达到90%以上，公路养护上了一个新台阶。为张家口的经济发展和北京军区部队在张家口地区实施机动发挥了应有的作用。

二、交通战备工作保障有力

为北京某部队“探索—2004和猛虎—2005”重大军事活动提供了良好的交通保障。在“探索—2004”军事演习过程中，根据省交通战备办公室的安排部署，交通战备办承担了某靶场5.3公里的道路大修任务。在时间紧、任务重、要求高的情况下，发扬不怕艰苦，勇于拼搏的精神，仅用11天时间就高标准、高质量地完成了任务。在“猛虎—2005”战役演习中，全市交通专业保障队伍共出动人员300余人次，各种车辆30台次，抢修道路1.5公里，高速公路和二级路收费站开通军车专用绿色通道，并为过往部队提供了开水、车辆维修等服务，确保了部队演习的顺利实施，受到北京军区首长和参演部队的高度赞扬。2004年市交通战备办公室被省国防动员委员会评为驻军进出口道路建设先进单位。

三、基础设施建设成效明显

宣化某战备仓库已使用30多年，由于年久失修，屋顶木板腐烂且多处漏雨，墙体反潮碱化且已倾斜，严重影响库内战备物资的存放。市交通局领导得知情况后，非常重视，亲临现场了解情况，专门召开会议进行研究解决，于2004年投资96万元新建了战备仓库1 096.66平方米，改善了仓库存储和办公条件，优化了库区发展环境。为了弥补仓库建设经费不足的问题，市交通局每年拿出资金3万元用于战备钢桥的维护与保养，同时战备仓库还自筹资金加强仓库软件建设，完善有关制度，仓库的正规化建设水平得到了提高，物资始终处于良好的战备状态，省交通战备办公室副主任孙玉金在检查工作时，给予了充分的肯定。

四、保障队伍建设得到加强

为扎扎实实地做好应对突发战争的准备，交通战备办公室认真贯彻落实《国防法》、《国防交通条例》以及上级的指示精神，以《国防交通专业保障队伍管理暂行规定》为依据，坚持平时服务、急时应急、战时应战的原则，一切从实战出发，突出加强交通专业保障队伍建设，全市共组建各类交通保障队伍 34 支，配备了各级专业保障队伍领导，并按规定下达了命令，加强了对交通专业保障分队的组织领导。在抓好各县（区）保障队伍建设的同时，还重点对市属保障队伍进行了整编，由市路桥建设集团公司组建了张家口公路工程保障大队，下辖两个中队，分别由市公路工程一公司和公路工程二公司组成，入编队伍 600 人，配备各类机械 200 多台；由市运输管理处组建了张家口公路运输保障大队，下辖四个中队，装备各种运输车辆 300 台，分别由市属运输企业组成；由张家口路通收费有限公司组建了运输装卸队，入编 55 人，配备车辆 13 辆；由宣化区战备办公室组建了钢桥架设中队，编制人员 60 人，分别由宣化区交通局下属单位人员组成。交通专业分队组建后，先后制定完善了各级各类人员岗位职责和管理制度，各保障队伍结合自身实际，开展了多种形式的学习教育，进一步提高思想认识，端正态度，增强干好保障工作责任感和使命感。各专业保障队伍在抓好生产的同时，还结合工作特点开展了岗位练兵活动，不断提高人员素质和保障能力。保证遇到情况能够拉得出、用得上。

五、交通战备预案比较完善

编报了“十一五”国防公路建设规划，编制了“公路运输力量动员”、“处置恐怖性爆炸事件工作”等预案。为进一步规范交通战备工作，根据省战办的要求，建立了张家口市国防交通信息数据库，配备了笔记本电脑，录入了国防交通战备有关数据，为今后的信息查询提供了方便，同时也促进了张家口市交通战备工作长期稳步健康的发展。

第十八章

老干部工作

市交通局共有离退休干部96名，其中，离休干部38名，退休干部58名。10年来，市局党委十分重视老干部工作，认真落实“两个待遇”，按照“老有所养、老有所医、老有所学、老有所教、老有所为、老有所乐”的要求，把健全机制、管理教育、开展活动有机地结合起来，不断创新工作方法，转变工作作风，提高服务理念，使全局系统离退休老同志精神焕发，身体健康，晚年幸福，继续为交通事业的发展发挥余热，涌现出一大批老年“优秀共产党员”、“关心下一代”、“助人为乐”等先进个人，老干部工作连续多年被市委授予“先进单位”称号。

一、领导重视，保证了老干部工作的顺利开展

老干部工作不是大局，却影响大局，不是中心，却影响中心。多年来，局党委始终把老干部工作看成是社会稳定，经济发展的大事，从讲政治、顾大局的高度加强对老干部工作的领导。一是建立健全老干部工作领导机构。建立和完善老干部工作领导小组，局党委书记任领导小组组长，一名党委副书记任副组长，局机关组织、群工、老干部、财务、审计等部门的负责人为成员，确保老干部工作有人问、有人管、有人做。无论是局领导的调整，还是各科室人员变换，始终保持老干部工作的连续性。二是建立健全老干部各项工作制度。老干部工作无小事，小事连着大事，事事连着老干部的心。结合交通局离退休干部大部分年事已高、体弱多病的实际情况，先后制定了《老干部用车制度》、《医疗费报销制度》、《定期走访慰问制度》等，使老干部的日常管理工作做到了有章可循、有据可依。三是尽力改善老干部生活条件，使其切实感受到组织的关怀和温暖。近年来，交通事业的发展，经济的腾飞，为进一步做好老干部工作提供了物质上的可能。局党委在做好交通发展工作的同时，也把关心老干部的生活作为一项重要内容，从人力、物力上给予大力支持。在住房紧张的情况下，支持老干部科调整充实了老干部活动场所，建起了老干部活动中心、党支部会议室，还特意为老干部配备了2部专用车辆用于生活和各项活动，并在经费上予以保障，使老干部生活条件得到很大改善。另外，为使老干部享受交通事业发展给他们带来的快乐，老干部科每年都组织老干部深入在建的公路建设施工现场和竣工通车的新公路上进行参观，使他们切实感受到了全市交通公路建设日新月异的变化，也真正感受到了组织的温暖。

二、落实好离退休干部的“两个待遇”

每年年初，局领导在交通工作各种会议上强调，离退休干部是一个特殊群体，是社会主义革命和建设事业的功臣，要不折不扣地贯彻上级文件精神，全面落实好他们的政治、生活待遇。一是保证“两费”的落实。根据老干部离退休后“基本政治待遇不变”的政策原则，在局党委的领导和支持下，老干部工作部门结合离退休干部实际情况，突出抓了老干部的政治学习，走访慰问老干部、老干部党支部建设、老干部政治活动等工作。每年从业务经费中拿出近百万元保障离休干部的医疗费用，做到了离休干部住院费随时报销，设立专户保证及时支付。全局38名离休干部离休费和医疗费由局财务发放到指定银行直

接领取，保证了离退休干部的政治、生活待遇的落实。二是组织离退休干部政治学习。每年结合全局政治理论学习内容和任务，制定老干部理论学习计划，使老干部在政治上真正体会到组织的关心。同时，积极组织老干部各党支部书记参加市委老干部局组织的支部书记培训，进一步深化思想，并及时将上级文件和有关政策传达到每一位离退休人员。三是重大节日开展走访慰问活动。每逢“中秋节”、“重阳节”、“春节”等重要节日，局机关都要拿出一定的经费对全体离退休干部进行慰问，使离退休老同志真正体会到组织上的关怀，体会到离与不离一个样、退与不退一个样，并以此为动力，更加坚定了“以交通为荣”的自豪感和责任感。

三、充分发挥老干部的余热，为两个文明建设做贡献

在交通战线上，广大离退休老同志为了交通事业的快速发展，为了两个文明建设做出了突出贡献，以自己的实际行动践行了一个共产党员的价值，以自己的模范事迹为党旗增添光彩。

市交通局原党委书记、离休干部陈明德同志，离岗后先后担任市企业党委书记工作研究会秘书长、局老干部党支部第二支部书记等职务，多次被市委宣传部、市委老干部局、市局党委评为“先进老干部”、“优秀秘书长”、“优秀共产党员”等。陈书记离开工作岗位后，没有忘记自己肩上的责任，主动宣传党的政策和局党委的精神，带领支部一班人创办了《老干部活动信息》，10 年来共编写《老干部活动信息》80 余期，记载了交通事业的发展，歌颂了党的政策，宣传了老干部助人为乐的好人好事，受到了广大老干部的赞誉。由他编写的《感动的一生》文章，在 2005 年全国首届老年人征文大赛中荣获二等奖，并在中国文化出版社《感动人生》一书中刊载。他还结合生活实践，编写了两首《宽心谣》，其一：日出东海落西山，愁也一天喜也一天。遇事不钻牛角尖，人也舒坦心也舒坦。每月领取养老钱，多也喜欢少也喜欢。少荤多素日三餐，粗也香甜细也香甜。新旧衣服不挑拣，好也御寒赖也御寒。常与知己聊聊天，古也谈谈今也谈谈。其二：内孙外孙同样亲，儿也心欢女也心欢。全家老少互慰勉，贫也相安富也相安。早晚操劳勤锻炼，忙也乐观闲也乐观。心宽体健养天年，不是神仙胜似神仙。

开展健身活动是交通系统老干部的优良传统，他（她）们结合老干部身体状况，自发地组织起来，因地制宜，研究出一套切实可行的健身操，在广大离退休干部中进行推广，受到了大家的一致好评。组建张家口市交通局老干部门球队，近 10 年来，队员换了多茬，但组队的宗旨不变，组队的精神不变，做到了“有第一就争，见红旗就扛”，先后多次参加全市组织的门球比赛，均取得了优异成绩，既锻炼身体又增强了老干部队伍的凝聚力。

2001 年，局党委发出号召，在全市交通系统开展向原市局副局长、离休干部严春明同志学习的活动。严春明同志生活的一项重要内容就是理论学习，把学习作为一种乐趣。最为人们所敬佩的是，严春明一贯发扬我党艰苦朴素的优良作风并身体力行，他家生活并不宽裕，有子女下岗。他却先后两次向中央组织部交纳特殊党费共计2 000元，一次是 1998 年抗洪抢险，另一次是建党 80 周年之际，献上了他对党的无限忠诚。严春明离休后，仍发挥着一个老共产党员的余热，他非常关心青少年的成长，热心于社会公益事业，力所能及地为社会做贡献，曾多次到所居住的附近小学讲党的革命传统，讲我们的幸福生活来之不易。他还与革命老区河北省平山县南甸镇邢家洼小学的一名失学儿童建立起帮教关系，使这名失学儿童重返校园。10 年间，他共资助在校生 7 名，失学儿童 12 名，困难大学生 2 名，为市政府修复长城名隘——大境门，捐款 500 元，爱心捐资累计多达 4 万余元。

老干部的感人事迹说不尽，讲不完。一些从领导岗位退下来的老干部始终惦记和关心着交通事业的改革与发展，尤其是一些路桥专家和原主管公路建设的老领导，对交通公路有着深厚的感情，他们曾多次对公路建设中遇到的急、难、险等技术问题，深入施工第一线，出谋划策，献计支招，使公路建设攻克了一个个难题，他们关心交通、热爱交通、支持交通、发挥余热、老有所为、老有作为的精神深受广大年轻干部的敬佩，并影响和激励着年轻一代为交通事业的发展接好班、创大业、做贡献。

四、加强老干部部门自身建设，不断提高服务理念

老干部工作者肩负着贯彻宣传党的老干部方针、政策的重任，老干部工作者的政治、业务素质的高低。直接影响着老干部工作的服务水平。老干部工作做好了，就是为局党委、局领导办实事、办好事的具体体现。一是提升服务理念。坚持“以人为本，服务为先”的理念，把老干部工作做活、做实、做到位。原老干部科刘生福科长，视老干部如父母，做老干部工作人性化，使老干部备感亲切。他结合老干部工作实际，为提高服务水平，通过制定《老干部工作人员行为总则》和开展尊重老干部、服务老干部为主要内容的情系老干部系列活动。使老干部工作做到了工作到位、服务到位、内容丰富、有声有色。二是加强队伍建设。老干部工作是一项政策性很强的工作，要想提升服务水平、提高服务质量，就必须加强学习，熟悉掌握党的老干部政策，不断摸索老干部工作的特点、方法。在党委支持下，每年都要选派老干部科的工作人员参加市委老干部局组织的培训。坚持走出去、请进来的工作方法，学习先进，转变观念，改进方法，提升质量，使老干部工作达到了“三满意”，即群众满意、局领导满意、老干部满意。三是工作规范化。每年年初，根据局党委中心工作任务，及时制定全年老干部工作计划，明确工作目标，做到了工作内容充实，工作作风扎实，日常工作落实。对老干部工作坚持每月分析一次，每季座谈一次，半年总结一次，年终回顾一次，做到勤分析问题，勤发现问题，及时改进工作，使老干部的各项工作不断落到实处。

第二篇　局直单位

第一章

丹拉公路张家口高速公路管理处十年工作综述

丹拉公路张家口高速公路管理处是隶属于市交通局的正处级自收自支事业单位，承担丹拉国道主干线宣化至老爷庙（冀蒙界）公路的建设和管理工作。

一、工程概况

丹拉国道主干线宣化至老爷庙（冀蒙界）公路工程项目，东起张家口市宣化小慢岭与京张高速相接，西至冀蒙界老爷庙与呼集老高速公路相连，该项目是交通部规划的“五纵七横”国道主干线和河北省公路网的重要组成路段，是我省“十五”公路建设规划的项目。该路段也是京津地区及东部沿海地区与西北部经济区联系的重要运输通道和西北地区的重要出海通道。该项目的建设，对促进国家西部大开发战略的实施有着极其重要的意义，特别是对直接拉动张家口市的经济发展有着重要的现实意义。同时对带动和加快张家口市干线公路的建设以及与经济发达地区的沟通，进一步促进张家口市对外开放，改善沿线的投资环境以及旅游事业的发展，都具有重要的意义和作用。

丹拉国道主干线宣化至老爷庙（冀蒙界）公路分为两段：小慢岭至下八里段新（改）建工程，全长10.484公里（2004 年 7 月 22 日通车）；下八里至老爷庙（冀蒙界）新（改）建工程，全长 88.938 公里（2005 年 10 月 7 日通车），为四车道、全封闭、全立交高速公路，途经张家口市宣化区、宣化县、桥西区、高新区、万全县、怀安县、尚义县三区四县，八个乡镇。

该工程项目的资金，由交通部和河北省交通厅以及当地政府投入的资本金和国内商业银行贷款构成，项目概算总投资 21.7 亿元人民币。建设工期为 3 年，2002 年 10 月开工建设，2005 年 10 月建成通车。

全路段设置 6 个收费站、两个服务区、一个养护中心。

二、主要技术指标

丹拉国道主干线宣化至老爷庙（冀蒙界）公路全长 88.938 公里，其中利用旧路改建半幅共 51.1 公里。其主要技术指标如表 2-1-1 所示：

丹拉国道主干线宣化至老爷庙（冀蒙界）公路主要技术指标 表 2-1-1

指标名称	技术指标	
	平微区	山重区
路线长度（公里）	80.7	8.3
路基宽度（米）	整体式：26.0 分离式：（新建）13.0、（利用）12.0	
车行道	双向四车道	
设计行车速度（公里/小时）	100	

续上表

<table>
<tr><th colspan="2" rowspan="2">指标名称</th><th colspan="2">技术指标</th></tr>
<tr><th>平微区</th><th>山重区</th></tr>
<tr><td colspan="2">最小平曲线半径(米/处)</td><td>600/2</td><td>400/7</td></tr>
<tr><td colspan="2">最大纵坡(%)</td><td>4</td><td>4.6</td></tr>
<tr><td rowspan="2">最小竖曲线半径(米)</td><td>凸形</td><td>12 000</td><td>10 000</td></tr>
<tr><td>凹形</td><td>10 000</td><td>12 250</td></tr>
<tr><td rowspan="2">桥面净宽
(米)</td><td>整体式</td><td colspan="2">11.25</td></tr>
<tr><td>分离式</td><td colspan="2">11.5</td></tr>
<tr><td rowspan="2">桥涵设计荷载</td><td>新建</td><td colspan="2">超—20、挂—120</td></tr>
<tr><td>利用</td><td colspan="2">汽—20、挂—100</td></tr>
<tr><td colspan="2">路面类别</td><td colspan="2">沥青混凝土</td></tr>
</table>

三、建设管理机构

本项目经省委、省政府批准，由张家口市作为业主，承担丹拉国道主干线宣化至老爷庙(冀蒙界)公路工程前期筹备、建设及后期管理工作。为此，我市于2001年成立了“丹拉公路张家口高速公路管理处”。由“丹拉公路张家口高速公路管理处”负责该项目的前期筹备、建设、运营的全面管理。同时，市政府成立了“张家口高速公路指挥部”，下设“张家口高速公路指挥部办公室”，沿线涉及的各县区也相应成立了“高速公路指挥部或办公室”，负责建设中的地方协调及征迁工作。建设管理机构如图2-1-1所示。

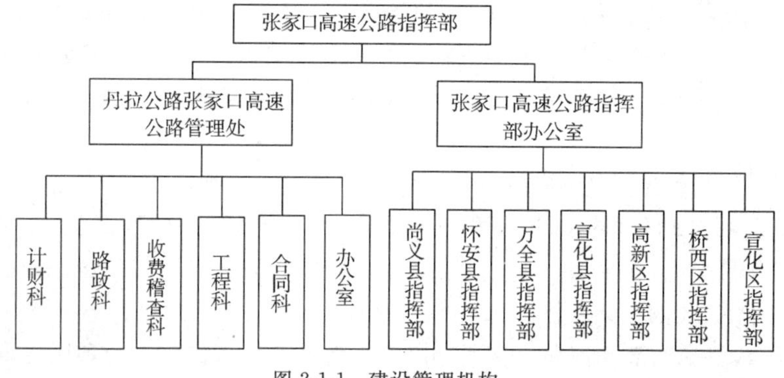

图2-1-1 建设管理机构

四、主要工程量

丹拉国道主干线宣化至老爷庙(冀蒙界)公路工程全线主要工程量：路基土石方682万立方米；大桥1 317米/6座、中桥786米/14座、小桥769米/55座、互通立交桥4座、分离立交桥6座、天桥2座、通道及小桥涵构造物311座；主线收费站1处，匝道收费站5处、服务区2处、停车区1处。

五、建设管理

丹拉国道主干线宣化至老爷庙(冀蒙界)公路工程项目，是我市第一条由自己作业主的建设项目，由具有甲级资质的河北省交通规划设计院设计。施工、监理全部采用招投标，要求投标人应具备交通部颁发的公路、桥隧工程甲级资质。工程监理中标单位为河北省交通建设监理咨询有限公司，主线施工中标单位为：张家口路桥建设集团有限公司、路桥集团第一公路工程局第一工程公司、中铁十一局集团第四工程有限公司、路桥集团第二公路工程局第六工程处、唐山公路建设总公司。房建、交通设施以及机电工程全部采用招标方式，也均按要求完成了建设任务。

对于该工程项目的建设工作，市委、市政府非常重视，多次召开协调会，解决工程建设中的问题。市领导多次亲临施工第一线现场办公，协调沿线各地土地、交通、交警等部门，为工程建设创造了良好的施工环境。

该工程项目按照河北省交通厅对初步设计的批复和施工招标要求，施工单位于2002年10月进场，但由于张家口的气候条件，施工单位的施工工作只能在2003年开春全面解冻后才正式展开。为了确保施工工作的顺利进行，管理处要求施工单位春节后提前进场，为工程建设做好全面准备工作，正当全面展开工程建设之际，突如其来的"非典"使工程建设被迫中止，"非典"疫情消退后，管理处立即组织恢复施工生产，要求各施工单位把该项目的建设工作当作一项重要的政治任务，超常规投入人力、物力，确保完成丹拉国道主干线宣化至老爷庙(冀蒙界)公路的建设任务。

由于该项目的初步设计工作是在2001年完成的，而近两年来，交通量的增加，特别是超载大吨位车辆的增加，使原道路破损相当严重，给施工工作带来许多困难，针对小慢岭至下八里段新(改)建工程和孔家庄至老爷庙段旧路利用段出现的新情况，管理处多次组织了专家论证会，进行了认真的研究和改进，及时解决了工程建设中出现的问题。为了在不断交的情况下，既保证社会车辆的安全行驶，又保证施工质量和进度，管理处和施工单位一起制定了科学、合理的施工方案，确保了工程建设的如期完成。

在建设过程中，丹拉公路张家口高速公路管理处以"高素质、严管理"创"形象好、工程优、效益佳"为总体工作目标，并同施工、监理单位形成"目标共同，风险共担、责任共尽、利益共享、精神共铸"的利益共同体，从而有效地提高了建设速度和质量。

由于工程建设时间紧、工期短、任务重，为了确保完成建设任务，各施工单位锁定工期，科学安排，倒排施工组织计划，并对该工程超常规投入。施工人员每天从早晨4点开始，一直工作到晚上11点多，真正做到人歇机不停，并形成了交叉作业、平行作业、流水作业和立体化施工，充分利用人力、物力资源，为全面完成任务奠定了坚实的基础。

为了确保质量和进度，管理处领导和项目工程师每天服务在施工第一线，及时处理工程建设中发生的问题。总监办也派出监理工程师对施工生产实行全天候服务。确保了工程建设的顺利进行。

六、严格工程进度管理，确保工程按期完成

1. 制定严格的考核办法

工程进度管理是靠推行责任目标管理来控制的。为了确保丹拉高速的进度，管理处按照工程建设的实际情况，制定了"丹拉高速工程项目责任目标管理考核办法"。根据总工期的要求，制定各标段工程总计划和年度计划。根据年度计划倒排至每个月，逐月与施工单位、监理单位签订目标责任状。根据当月完成的计划任务进行考评，根据质量和进度等评出优胜单位，并结合经济手段，将责任目标管理化。由于奖罚兑现起到了较好的激励约束作用，各个单位积极展开竞赛，科学组织人力和物力的投入，确保了各阶段目标任务的完成。

2. 积极开展劳动竞赛

为了切实保证丹拉高速各项建设工作扎实有效，2004年开春伊始，管理处就对工程计划和进度进行了积极调度，要求各施工单位按照总体施工组织计划倒排工序、切实调整施工组织计划，适时增加桥涵队伍和机械，项目工程师每天到工地进行巡视，现场解决各类问题，切实掌握工地的实际情况，并将信息及时反馈，为领导决策提供可靠的依据。

为了紧紧抓住张家口的黄金施工季节，抓住工程建设的有利时机，掀起工程建设比学争优的高潮，确保丹拉高速公路年内建设目标的实现，管理处根据施工情况，分别开展了"大干80天"、"大干100天"劳动竞赛活动。要求各单位根据总体进度计划，安排编制本标段劳动竞赛实施计划，详细制定分月工程进度计划，计划落实到各分项工程，将计划落实到每月、每旬、每日，以日保旬，以旬保月，以月保证竞赛计划的落实。同时制定具体保证措施，包括劳务及设备等资源保证措施。并制定计划实施保证措施，包括劳务及设备等资源保证措施。要求各标驻地办，在确保工程质量的前提下加强对工程进度的督导，详细了解各标段的计划安排及计划实施的可行性，对项目部计划制定提出审核意见。及时掌握施工单位

资源配置是否满足要求、工程进度是否滞后，对进度滞后的要及时提出警告及整改意见。管理处联合总监办对各标段竞赛活动进行督导考核，每旬对各标段计划执行情况进行考察，每月对工程计划完成情况进行考核。对各项目部及驻地办根据当月计划完成情况按规定进行奖励或处罚。要求各施工单位计划落实到日，并通过网络每天上报日进度。

为及时解决困扰当前施工生产中的实际问题，管理处加大了现场管理力度，成立了现场管理督查组，并要求各标段的项目工程师切实加强对施工单位和施工现场的巡查，现场解决各类问题，切实掌握工地的实际情况，详细摸清各个标段的管理情况和施工能力，发现问题及时反馈。对个别施工进度严重滞后和现有人员及设备难以满足要求的标段，管理处及时进行现场调度并调度其公司法人到工地，通报其进度及质量情况，要求其采取有效措施，增加投入，保证按管理处要求完成工程建设任务。

根据各合同段的实际情况加强宏观控制，重点工程重点突击，针对各标段的特点，对关键工序、重点项目，从设备上和队伍的选择上，要求各单位严格挑选，上最好的队伍，配最好的设备，在人、财、物、机上优先选用，满足重点工程，使工程进度始终满足整体工期的要求。

及时召开调度会议，积极协调工程建设中出现的问题。为搞好两次劳动竞赛活动，管理处两次召开中期调度会，针对当前施工生产中的问题，特别是针对个别标段投入不足的问题，对各标段项目部提出明确要求，要求施工单位按计划配备足够的人员及设备，确保各项资源满足施工要求。对进度滞后的标段，分析原因，明确要求，确保建设工作顺利进行。

要求各单位积极扩大各种材料采购源，加强原材料质量控制，在保证质量的前提下，保证各类材料的及时供应，同时认真做好计量支付工作，对计量支付的各个环节进行严格要求，确保计量支付工作按时完成，保障工程所需资金。

七、围绕重点，积极推广新技术、新工艺、新材料

由于张家口地处山区，高速公路建设中不但存在许多技术上的问题，也不同程度地存在新问题，如路面早期破坏、山区护坡绿化等，为此，根据张家口的气候特点，积极引进和推广新技术、新工艺、新材料。图 2-1-2 为丹拉高速尚义段施工爆破现场。

图 2-1-2　丹拉高速尚义段施工爆破现场

①为提高路面使用年限、避免路面早期破坏，中面层采用改性沥青；全线面层采用 GTM 旋转试验机技术进行沥青混合料的材料组成设计，并采用重吨位压实机具，以适应目前的重载交通。

②对于上路床提出了较高的要求。为提高路基强度、确保路基质量，对全线零填及挖方段原地表为土质的路段换填 80 厘米厚砂砾。对路床顶 80 厘米范围内要求用砂砾填筑。

③为防止沥青混合料摊铺离析，提高温度均匀性，强制要求上面层采用沥青混合料转运机。为提高路面平整度，增强路用性能，要求从底基层到上面层摊铺均采用非接触式平衡梁自动控制整平系统。

④桥面铺装防水混凝土中要求掺加聚丙烯网状纤维，以改善抗裂、抗渗性能。防止因此产生的桥面沥青混凝土铺装层的早期损坏。

⑤根据近年来的研究成果，高速公路沥青面层最小厚度不宜小于 18 厘米，我们根据 2004 年 4 月 21 日至 22 日全省高速公路路面技术研讨会的有关精神，管理处将沥青面层总厚度由原设计 15 厘米变更为 18 厘米，以改善其路用性能。

⑥为防止半刚性基层的开裂，造成沥青路面反射裂缝，管理处在全线强行推广不透水土工布进行覆盖养生，很好地解决了张家口地区干旱、风大，半刚性基层的养生不足造成结构层干缩开裂这个问题。

⑦严格原材料进场关。面层用粗集料小于 0.075 毫米颗粒含量要求不大于 0.8%，否则要求进行水洗。各标段均配备了水洗机。要求沥青混合料用砂采用机制砂。混合料矿粉采用碱性石料加工。

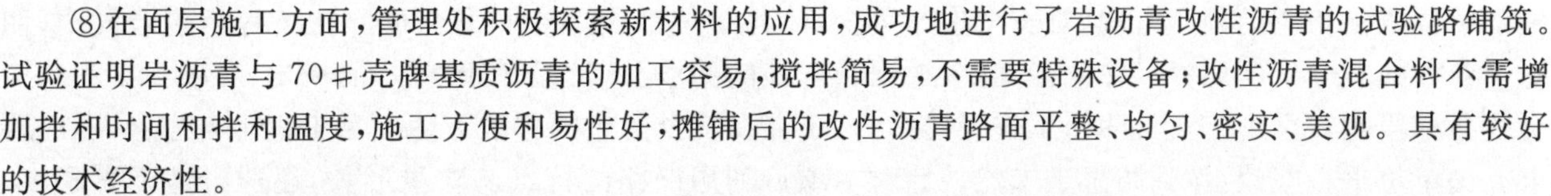

⑧在面层施工方面，管理处积极探索新材料的应用，成功地进行了岩沥青改性沥青的试验路铺筑。试验证明岩沥青与70＃壳牌基质沥青的加工容易，搅拌简易，不需要特殊设备；改性沥青混合料不需增加拌和时间和拌和温度，施工方便和易性好，摊铺后的改性沥青路面平整、均匀、密实、美观。具有较好的技术经济性。

⑨针对张家口气候特点，在认真做好中央隔离带以及公路两侧绿化工作的同时，为了搞好全段高速公路的绿化工作，根据本地区的气候特点和山区、平原段护坡绿化的实际情况，引进了客土喷播绿化新技术。为了搞好这项工作，派出工程技术人员到有成功经验的高速公路进行考察，并在全市“增绿添彩”绿化工程中进行了试验，根据实验结果，分别在山区和平原区进行了试验，目前，试验效果良好，将在全线有针对性地进行推广。

八、严格管理工作，打造精品工程

丹拉国道主干线宣化至老爷庙（冀蒙界）公路工程项目是河北省“十五”建设计划项目，管理处从筹建伊始，就严格按照基建程序和国家有关公路建设的法律、法规以及省（部）有关规定，加强了对工程项目、工程质量的管理和内部管理工作，为保证工程建设工作奠定了良好基础。图 2-1-3 为丹拉高速路政执法人员文明执法，确保道路畅通。

图 2-1-3　丹拉高速路政执法人员文明执法确保畅通

1. 严格质量管理，不断提高工程质量

(1)做好项目工程师巡检，严格控制工程质量

从工程建设伊始，按照管理处提出的“建设张家口形象工程”的总体建设目标及“工程质量总分达 90 分以上，单位工程优良品率达 100％”的总体质量目标。实行了项目工程师巡检及项目工程师备忘录制度，在施工全过程中向各个合同段派出项目工程师对施工过程进行巡检，代表管理处与承包人、驻地监理商讨处理有关工程事项，协调有关工作关系，负责合同段的工程管理和监控工作。对现场违反操作规程，已经发生或可能发生的质量缺陷，潜在的不安全隐患，以及其他违反合同行为，签发“项目工程师备忘录”。

(2)重点控制质量要点

①全线路面工程全面开工后，管理处组织项目工程师对各标段承包商及驻地办的人员、路面设备到位情况进行了全面检查，对设备及人员不满足要求的单位提出明确要求，要求资源配置不足的单位立即组织进场，为工程的顺利进行奠定了基础。

②随着工程的不断进展，针对不同时期存在的不同质量问题，分别下发了《关于构造物桥面铺装及桥面连接等施工中有关要求的通知》、《关于路面施工中有关技术要求的通知》等文件，对各个时期的工程质量作了要求，同时和总监办一起对水泥、碎石、沥青、矿粉等原材料的采购提出了要求，从源头控制原材料质量。为加强工程管理，互相沟通互相学习，项目工程师经常组织标段管理人员、施工人员及监理人员到工程质量过硬的标段观摩学习，有效地提高了工程质量和现场管理水平。

2. 搞好现场管理

丹拉国道主干线宣老段工程，是张家口市的形象工程和发展工程，不仅要保质保量全面完成建设任务，而且要在施工沿线树立良好的建设者形象，因此，工程建设开始后，管理处就加强了对施工现场的管理和考核工作，要求施工单位按照 ISO9000 标准对施工场、站、现场进行严格管理，并定期对施工现场进行检查和考核。施工单位进场后，统一为总监办、驻地办、施工单位制作了标志牌和工作服、上岗证，要求标志明显，统一着装，持证上岗。严格的现场管理，不仅为工程建设起到了烘托气氛的作用，增强了各施工单位之间的整体意识和大局意识，也树立了施工单位在沿线群众和过往行人中的良好形象。

3. 安全生产常抓不懈

管理处对安全生产、文明施工非常重视，专门成立了安全领导小组，由处主要领导担任组长，并要求施工单位成立相应的领导机构，对安全生产负全责，各单位都设了专职安全员。在工程承包合同中，明确了各方的安全生产职责。在此基础上，根据管理处的要求及《工程管理办法》的规定，各项目工程师对全线各标段的安全生产及文明施工进行巡检，对于存在安全隐患的部位下达项目工程师备忘录，及时要求有关单位进行整改，作到防患于未然。针对本项目利用旧路的特点及防汛形势，还适时地下发了《关于加强施工期间防汛工作的通知》、《关于进一步加强施工安全和交通安全的通知》等文件，并制定了管理处防洪预案，从人员、制度、措施以及物资设备上对防洪及安全生产提供了有力保障。文件下发后，管理处及时组织有关人员对全线安全生产及文明施工情况进行检查督促，对未执行管理处规定、存在安全隐患的单位提出整改要求，并督促、复查其整改情况。此外，还积极与市气象台联系，签订气象服务合同，对全线降雨量及防汛进行预警，确保人员、设备安全。到目前，全线未发生一起重大安全事故。

4. 严肃合同管理

在合同管理上，本项目所有的勘察设计合同、施工合同、监理合同以及其他的相关合同均以《合同法》为基础和依据，并根据交通部的有关规定和范本订立的。所有合同均经过公证部门的公证。在具体操作中，根据工程合同的特点以及工程本身的性质，建立了较为完善的管理机制。在计量支付的管理上，根据工程特点和项目性质，制定了完善的计量支付管理流程和管理制度。并将管理流程细化到内部流程与外部流程两个环节，使业主、监理和承包人明确了各自的权利和义务，理顺了各级单位的关系，从而确保了工程质量与工程进度；在工程变更的管理上，总结过去处理工程变更的经验教训，制定了本项目工程的变更管理制度；在索赔管理上，注重合同承诺的可行性，在处理索赔事件的过程中充分发挥监理的作用，使监理在处理索赔时拥有较大的权力。

5. 严格内部管理

在内部管理工作中，管理处本着“两手抓，两手都要硬”的原则，从严格管理和构筑“文化氛围”入手，加强对工程建设的管理，不断提高管理处职工的整体素质，促进各项工作的顺利开展，确保工程建设的质量。为此，筹建工作刚开始，就认真制定了各种制度和规范，目前，丹拉公路张家口高速公路管理处《管理规程》、《工程管理办法》已相继制定完成。《管理规程》囊括了管理处方针、目标、廉政守则、各部门及各岗位的工作职责和各项管理制度；《工程管理办法》对工程计划、进度、质量管理、奖惩、变更、工地例会制度等进行了规定，因此，从制度上对业主、总监办、驻地办、施工单位提出了更高的要求，为规范工程管理奠定了基础。

九、认真搞好 ISO9001 质量体系认证工作

管理出效率，管理出效益。为了进一步规范和加强管理，内强素质，外树形象，根据省厅有关文件要求，管理处于 2005 年初进行了 ISO9001 质量管理体系认证工作。经过近一年的认证工作，制定并完善了管理处有关规程、办法，加强了全处管理工作的标准化、流程化建设，明确了工作内容、工作程序、工作标准和工作方法，减少了重复和低效的工作层次与工作环节，提高了工作效率。2005 年 8 月发布并实施了丹拉公路张家口高速公路管理处质量体系文件，该文件包括：质量手册、程序文件、综合管理卷、路政管理卷、收费管理卷、经营管理卷、养护管理卷七部分。在文件发布后，多次组织全体职工进行了系统的学习、培训。经过一段时间的实际运行后，于 2005 年 11 月进行了第一次内审，对内审中发现的不合格项提出了整改措施，并进行了整改。在此基础上，12 月中旬进行了第二次内审，并于 2006 年 2 月通过认证。

十、顺利实现服务区经营与管理的分离

为搞好服务区的经营管理工作，管理处首次在河北省高速公路系统提出了有偿转让服务区使用权的经营办法，将张家口和怀安两个服务区 20 年的经营权，以 1 亿多元的价格成功转让给怀安县政府，由该县进行经营，管理处负责对服务区的行业管理和监督检查。成功地实现了服务区的经营与管理的分离。同时，为张家口市其他高速公路的建设筹集了建设资金。目前，服务区经营状况良好。

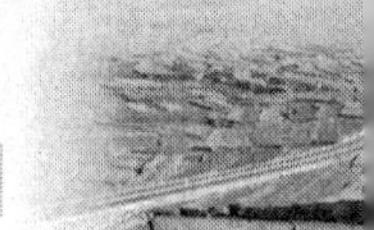

十一、精神文明建设取得明显成效

经常不断和寓教于乐的工会、共青团活动，丰富了职工的业余生活，促进了管理处精神文明建设。一年来，处党总支和处工会组织开展了“党的知识答卷”、“迎新春茶话会”、“为职工过生日”、义务植树活动和捐资助教活动。

为搞好绿化工作，管理处积极响应市委、市政府“增绿添彩”号召，并按照市局下达的绿化计划，安排专人负责此项工作，并对责任区进行了整体规划。为培养职工的绿化责任意识，发动职工，多次利用业余时间参加义务植树活动，还组织了“为美化张家口贡献力量”的活动，广大职工积极响应管理处的号召，踊跃捐款，用于绿化。目前管理处负责的绿化区，已是郁郁葱葱，吸引了许多百姓晨练，受到市领导和局领导的多次称赞。

为了搞好捐资助教活动，管理处党总支发出了“修筑致富路，资助贫困生”的倡议书，号召所有参建单位职工，在全面完成好丹拉国道主干线建设任务的同时，也要为沿线其他工作做出贡献，在当地群众中树起筑路人的良好形象。活动得到了管理处职工和沿线涉及所有施工单位职工的积极响应，大家纷纷慷慨解囊，伸出温暖之手，献出颗颗爱心。仅两天时间，就收到捐款近两万元。

从 2002 年 10 月开工以来，管理处曾多次组织捐资助教活动，两年多来，共募捐款近 3 万元，资助贫困学生 11 名，并为沿线学校赠送了价值 7 千多元的文体器材和学习用品。

十二、政治思想工作扎实有效

1. 认真抓好政治理论学习

为了抓好政治理论学习和教育工作，针对实际情况，管理处采取集中学习和分散学习相结合的方式，形成了领导干部带头学，干部职工围绕重点学，重要文件集中学的良好学习氛围。管理处要求每一个工作人员都要以工程建设为中心，结合实际，把深入学习邓小平理论、贯彻江总书记关于“三个代表”的重要思想，作为重点学习内容，特别要求大家要结合工作实际，站在“三个代表”的高度结合学习党的十六届四中、五中全会精神，学习胡锦涛总书记来张家口市视察时的讲话精神，学习中共中央关于加强党的执政能力建议的决定等，领会深刻涵义，不断提高全体职工的政治敏锐性，从而为现实工作的开展提供强有力的保障。同时，管理处还要求大家对照“三个代表”的精神，对自身进行全面剖析，从而坚定大家从政治思想和行动上同党中央保持一致的自觉性，树立正确的世界观、人生观、价值观。

2. 廉政建设工作扎实有效

丹拉国道主干线宣化至老爷庙(冀蒙界)公路工程项目，是张家口市目前投资数额最大的工程项目，也是进行廉政教育和预防职务犯罪的重要关口，为了搞好廉政建设工作和预防职务犯罪工作，保证“工程优质、干部优秀”，管理处从筹建伊始，就确定了防线前移的具体步骤，在做好日常教育工作的同时，多次组织召开了“加强党风廉政建设，预防职务犯罪会议”，并请市廉政办、检察院以及市交通局纪检委的领导同志结合近年来国内发生的重大案例和触目惊心的犯罪事实讲廉政课，使全体工作人员受到了深刻的教育。与此同时，还请市检察院派员进驻管理处，参与、监督丹拉国道主干线宣化至老爷庙(冀蒙界)公路工程项目的全过程，将反腐倡廉工作落到了实处。

在招投标过程中，邀请公证部门全过程监督；开标时，邀请纪检、监察部门出席，并邀请公证部门对开标结果予以公证。确定中标单位后，项目法人与中标人签订廉政合同，从工作过程、工作环节杜绝了违法违纪行为的发生。

十三、文化建设取得显著效果

丹拉国道主干线宣化至老爷庙(冀蒙界)公路，既是交通部“五纵七横”国道主干线的重要组成路段，也是河北省乃至张家口市的重大工程项目，以优质高效打造一条高速公路是每一个建设者的重要责任和义务，而因此打造一种“唱响建设主旋律，凝聚筑路人”的文化氛围，也是不可或缺的内容。为此，管理处充分利用宣传阵地，宣传党的政策，传播科技知识，讴歌职工队伍的新风貌、新事物，展示筑路人风采，为工程建设营造了良好的文化氛围。同时还建起办公自动化系统和内部网站，全部实现了公文流转、个人办公、行政办公、综合业务等办公自动化。开办了"新闻窗"、"管理动态"、"工作驿站"、"学习园地"、"党建园地"等栏目，经常发布管理处的最新工作动态、学习资料等内容，拓展了干部职工的办事空间，成为管理处干部职工了解社会的窗口，学习交流的园地。

为了进一步搞好宣传工作，营造积极向上的文化氛围，管理处将唱响丹拉高速第一线的《为了谁》制作成多个版本的电视片，在施工第一线和全处干部职工中播放，激励了大家的斗志，鼓舞了大家的士气，多次受到省、市领导以及交通厅领导的高度评价。

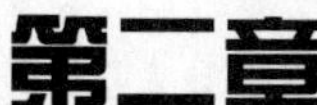

第二章 张石高速公路张家口管理处十年工作综述

一、机构概况

张石高速公路张家口管理处前身为张石高速项目筹备组。2003 年 11 月 7 日,经张家口市人民政府批准,张家口市机构编制委员会以张机编字(2003)114 号文正式确认成立管理处,是隶属于张家口市交通局的正处级自收自支事业单位,负责张石高速公路项目张家口市境内路段的前期规划、资金筹措、建设管理、路线养护、路政管理、生产经营以及债务偿还和资产管理。

管理处下设办公室、工程科、合同科、计划科、财务科、地方事务科和收费稽查科,人员编制 60 名。2003 年底,管理处有职工 23 名,2006 年底增至 59 名,其中拥有高级职称的专业技术人员 4 名,中级职称技术人员 10 名,初级职称技术人员 19 名。

管理处党总支下设机关党支部和二期指挥部党支部。2003 年底有党员 20 名,2006 年底增至 31 名。

二、项目建设

1.项目概况

张石高速公路张家口段起自沽源县蒙冀交界,终于蔚县涞源县交界(张家口、保定界),途经沽源、察北管理区、张北、万全、宣化、高新区、阳原、蔚县等 8 个区县,全长 255 公里(其中与宣大高速公路共线 31 公里),预计总投资 90 亿元,采用双向四车道高速公路标准建设,设计时速 80~100 公里/小时,计划在 2004 年至 2009 年内分三期建成。

(1)张石高速公路张北至旧罗家洼段(已建成)

张石高速公路张北至旧罗家洼段属张石高速公路张家口段一期工程。该项目起自张北县城西北赐儿山,由北向南,沿国道 207 线走向布设,途经万全县太师庄(与丹拉高速公路交叉)、高新区张家房,终于宣化县旧罗家洼,与宣大高速公路并线,全长 90.23 公里,采用双向四车道高速公路标准建设,设计时速 80 公里/小时,总投资 286 294 万元,其中资本金 10 亿元由业主自筹,其余为商业贷款。全线设张北、张家口北、张家口南、太师庄、胶泥湾、旧罗家洼等 6 处互通式立交,隧道 2 座,分离式立交 738 米/12 座,大桥 4 791.272 米/20 座,中桥 987.53 米/14 座,通道及小桥 281 座;涵洞 162 道,天桥 22 座,服务区一处,主线收费站 1 处,养护工区 3 处,管理中心 1 处。

图 2-2-1 和图 2-2-2 分别为张石高速一期工程万全段和张北段油面铺筑现场。

(2)张石高速公路化稍营至蔚县段(在建)

张石高速公路化稍营至蔚县段属张石高速公路张家口段二期工程。该项目起自阳原县化稍营镇三马坊村,与宣大高速公路相接,由北向南布设,经蔚县西合营、岔道、黑石岭,终于蔚县,涞源县交界(张家口、保定界),全长 76.929 公里,采用双向四车道高速公路标准建设,设计时速 100 公里/小时,总投资 46.5 亿元,其中,资本金 16.3 亿元由业主自筹,其余为商业贷款。全线设三马坊、北辛庄、西方城、蔚县

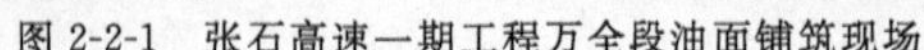
图 2-2-1　张石高速一期工程万全段油面铺筑现场

图 2-2-2　张石高速一期工程张北段油面铺筑现场

东和蔚县南互通式立交 5 处；分离式立交 6 处；特大桥 3 座，大桥 25 座，中桥 8 座，小桥 15 座，涵洞 36 道；天桥 8 处，通道 61 处；隧道 16 座。另设管理处 1 处，收费站 4 处，养护工区 2 处，服务区 2 处，隧道管理所及停车区 1 处。

2. 项目运作

张（家口）石（家庄）高速公路是我省“五纵六横七条线”路网项目，也是规划建设的西北地区南北走向的唯一一条高速公路，在全省高速公路网络中具有不可替代的作用，对于优化全省高速公路网布局、提高路网综合运输效益，促进河北腹地与内蒙古中东部地区经贸往来和经济交流，具有重要而深远的影响。尤其对有效提升张家口区位优势，促进全市投资环境改善和旅游事业发展，进一步加快张家口城市化进程和经济发展步伐，树立和巩固张家口“陆路商埠”地位具有举足轻重的意义。但是由于种种原因，在河北省高速公路建设计划中，该项目却被列在 2007 年之后建设。

2003 年初，为了进一步优化基础设施环境，推进全市交通建设的跨越式发展，加快张家口市融入“京津冀”和“晋冀蒙”经济圈步伐，进而推动全市经济和社会各项事业更好更快发展，在市委、市政府的全力支持下，市交通局果断提出上马张石高速项目的超前理念。为使项目建设提早列入全省高速公路建设计划，尽快进入实施阶段，2003 年 3 月 31 日，经河北省交通厅和张家口市人民政府批准，市交通局组建了专门的张石高速公路张家口段项目建设筹备组，马不停蹄地踏上了项目运作的艰苦征程。

面对时间异常紧迫、任务十分繁重的重重困难，以梁志林同志为组长的一行几人，自觉站在助推全市经济建设和社会发展、实现张家口交通更快更好跨越式发展的高度，凭着不达目的不罢休的韧劲、撞了南墙不回头的憨劲和掉皮掉肉不掉队的拼劲，风餐露宿、日夜兼程，锲而不舍、跑省进厅，以高度的敬业精神和强烈的进取意识打动了各级领导，使张石高速项目在短短一年之内，完成了从立项到开工的全部准备工作。

2003 年 4 月，河北省交通厅批准张家口市交通局自做业主负责张石高速公路张家口市段项目筹建工作；5 月，河北省发展和改革委员会、交通厅把张石公路张北至阳原化稍营段列入河北省 2003～2007 年高速公路建设计划，标志着张石高速公路张家口市段项目正式立项；5 月 11 日至 6 月 12 日，交通部公路第一勘察设计院受托完成项目的路线外业踏勘调查及资料收集工作；6 月至 8 月间，项目预可行性研究报告评审和路线方案论证工作先后完成。10 月 30 日，项目可行性研究报告呈报河北省发展和改革委员会审查。2004 年 2 月 27 日，河北省发展和改革委员会冀发改交通（2004）219 号文件批复同意张北至旧罗家洼段工程可行性研究报告，项目进入实施阶段。

2004 年 3 月 3 日，中交第一公路勘察设计研究院中标承担了项目的勘测设计任务。5 月 17 日，河北省发展和改革委员会以冀发改投资（2004）555 号文件批准项目初步设计。6 月 25 日，项目土建工程施工、监理招标工作在石家庄结束。黑龙江北琴海路桥工程集团有限公司、中铁十八局集团五公司、秦皇岛路桥建设开发有限公司、河南省大河筑路有限公司、吉林省交通建设集团、中铁一局集团第四工程有限公司、邯郸市光太公路工程有限公司、河北路桥集团有限公司、张家口市路桥集团工程公司等九个施工单位中标；秦皇岛保神交通建设监理有限公司、北京双环工程咨询有限责任公司、河北省公路工程技术咨询有限公司、太原市华宝通工程监理有限公司等四个监理单位中标。2004 年 8 月 5 日，张石高速项目在同期列入建设计划的全部九条高速公路中第一个顺利通过国家发改委和国土资源部的项目确认，最先具备了开工条件。经过紧张有序的前期准备，张石高速公路张北至旧罗家洼段于 2004 年 8 月 15 日正式开工建设。河北省人民政府省长季允石、副省长付双建及省直有关部门的主要领导都出席了奠基仪式。仪式上，季允石省长欣然题词——“加快高速公路建设　促进河北经济发展”，对张石高速建设寄予了厚望。

至此，张石高速艰苦地走完了历经曲折而又艰辛的项目运作之旅，成功实现了五个方面的跨越：一是从原规划 2010 年以后的项目进入了全省 2003～2007 年建设计划；二是从原计划 2007 年开工提前到 2004 年建设；三是一期工程从原计划 46 公里的建设规模扩大到 90 公里；四是从最后一个进入计划的项目成为全省第一批被国家发改委确认的项目；五是在所有第一批被确认的项目中最早一个实现了开工建设，得到了省有关领导的高度评价。

3. 建设管理

张石高速项目实施以来，针对工程地质条件差、施工难度大的突出问题，管理处明确提出要把张石高速建设成政府放心、人民满意的工程，并把“确保省优，争创国优”确定为项目的质量管理目标，牢固树立“制度无漏洞、程序无缝隙、管理无盲点”的严苛理念，从强化从业主体的管理责任入手，层层签订质量责任状，配套严格的奖惩措施，落实到岗、具体到人，明确每一工序环节的质量要点和控制措施，形成了“全方位覆盖、全过程渗透”的严密质量控制体系，并在工程沿线设立质量举报箱，定期开启，主动接受社会监督。同时，管理处牢固树立积极预防的理念，根据本项目特殊的地质、地形条件和工艺措施，精心制定了《质量管理及控制要点》、《工程建设管理办法》、《施工技术规范》等一系列技术规范和操作规程，提出前瞻性的技术预案，并针对桥涵外观、台背回填和软土地基等施工中可能出现的质量通病，采取 10 余项行之有效的技术措施，使在建工程保持了稳定的质量状况。同时，联合北京科技大学等科研院所和大专院校，对滑坡地质治理等 10 余项课题开展科研攻关，使制约工程质量的关键技术瓶颈得到顺利解决，也为确保整个项目的建设质量，提供了有力的科技支撑和根本技术保证。2005、2006 两个年度，河北省交通厅连续在张石高速公路张家口段组织召开全省在建高速公路建设管理现场会。张石高速公路现场文明施工、严格质量管理等受到与会代表一致好评。

为有效破解张家口境内高速公路建设有效期短、工期压力大的难题，确保施工生产快速推进、按期完工，管理处牢固树立科学管理观念，自觉尊重客观规律，以制定周密的施工组织计划为切入点，要求各施工单位根据承担的施工任务，明确工期、倒排工序，逐段落实、具体到日，从人员、设备到工艺、工序，进行全盘统筹和科学安排，合理调度和摆布施工生产。同时，加强现场促推，在关键工序和重点段落组织召开各类现场会 20 多次，并开展“比进度、比质量、比安全、比文明，创建优秀施工标杆”的“四比一创”和“大干一百天”劳动竞赛活动，实施典型推动，掀起生产高潮。在此基础上，管理处严格遵循市场规则和合同约定，通过实施全面的履约检查，坚决兑现合同约定的奖惩措施，严管细控、重奖重罚，最大限度地调动和发挥施工企业的主观能动性，确保既定的施工组织计划得到切实履行，使整个项目建设自始至终保持了持续快速推进的良好态势。

2006 年 12 月 10 日，张石高速公路张北至旧罗家洼段工程正式竣工通车。河北省人民政府副省长付双建、省直有关部门领导在张家口市委、市政府主要领导陪同下出席庆典仪式。

驱车在张石高速公路，穿行于野狐岭群峰环峙的山谷之间，平顺流畅的高速公路依附着身边层层叠叠的山峦，划出协调优美的曲线。扑面而来的是满眼草绿色的防眩网和防撞护栏，与周边环境浑然一体，彰显着生命的和谐；两侧峭立的护坡墙面上，一幅幅反映蒙元生产生活和军事斗争图景的雕塑跃然其上，述说着厚重的文化积蕴和历史沉淀。一路行来，让人充满对交通便捷的享受和文化冲击的赞叹。

张石高速公路投入运营后，不仅使全市高速公路通车里程突破 400 公里，继续保持在全省的领先位次，而且极大改善了坝区道路交通环境，使张北至张家口的车程由原来至少一小时缩短为不足半小时，同时也使张石和丹拉、宣大高速联结成网，进一步优化了区域交通格局，成为整个坝上乃至内蒙古中东部地区南下的快捷通道，也使张家口市原有的区位优势得以进一步巩固，呈现出显著的经济和社会效益。

4. 滚动发展

在加紧推进一期工程建设的同时，管理处继续主动出击，超前谋划，组成专门的工作班子同步运作二期和三期工程立项事宜。项目运作组的同志披星戴月、不辞劳苦，以不达目的不罢休的劲头，跑省进厅、跑部进京，全力以赴、锲而不舍，在仅仅半年多的时间内，就全部完成了工可评审、勘察设计、工程招标等一系列前期准备工作。2005 年 1 月 28 日，张石高速公路化稍营至蔚县段工程经省长办公会议纪要第 25 号文件批准立项。2 月 27 日至 28 日，河北省交通厅对项目的可行性研究报告进行了评审。5 月 24 日至 26 日，河北省发展和改革委员会委托河北省工程咨询院对项目的可行性研究报告进行了评估论证。7 月 4 日至 6 日，河北省交通厅对项目初步设计方案进行了行业评审。8 月 14 日，项目施工、监理招标工作在石家庄结束。浙江正方交通建设集团股份有限公司、中铁八局集团有限公司、江苏省交通工程有限公司、内蒙古自治区公路工程局、太原市市政工程总公司、中铁十四局集团第二工程有限公司、哈尔滨公路工程处、西安铁路工程(集团)有限责任公司、中铁十四局集团第三工程有限公司、中铁十六局集团第五工程有限公司、中铁二十局集团有限公司、中铁十六局集团第四工程有限公司、中铁十四局集团有限公司、中铁七局集团有限公司、中铁二十二局集团第四工程有限公司和中铁二十二局集团有限公司等 16 家施工单位中标；长沙华南交通工程咨询监理公司、河北路桥技术开发有限公司、张家口路桥工程监理咨询有限责任公司、秦皇岛保神交通建设监理有限公司和山西省公路工程监理技术咨询公司等 6 家监理单位中标。2005 年 9 月 7 日，张石高速二期化稍营至蔚县段工程实现提前奠基开工，走在全省同类项目的前列。截至 2006 年底，该项目累计完成投资 173 000 万元，占项目总投资的 37%。

在二期项目获得重大突破之后，张石管理处没有就此止步不前，而是继续三步并作两步走，从 2005 年 10 月下旬开始，又委托内蒙古交通设计研究院开展对张石高速三期蒙冀界至张北段工程的可行性研究，并以主动出击的姿态，积极与内蒙古交通厅进行接洽，协商确定了拟建路线的省际对接方案，河北省交通厅也正式确定将张石三期项目提前列入全省高速公路建设“十一五”规划，计划在 2007～2009 年间建设。2006 年 6 月 9 日，张石三期项目完成预可行性研究报告评审。8 月初，项目建议书获得河北省发展和改革委员会审查批准。11 月 8 日和 15 日，项目建议书分别呈报国家发改委和交通部。

三、廉政、行风和精神文明建设

张石高速公路张家口管理处组建以来，自觉以服务经济建设和社会发展为己任，深入贯彻科学发展观，积极创新机制、不断完善管理，使张石高速公路张家口段建设始终保持了全面协调、快速健康的良好发展态势。管理处先后被张家口市交通局评为先进集体、先进基层党组织、先进基层工会、行业作风和机关效能建设优胜单位。2005 年被河北省政府、张家口市政府和张家口市交通局同时评为高速公路建设先进集体。2006 年再次被河北省交通厅评为高速公路建设管理先进集体。

1. 廉政建设

在全力抓好项目建设的同时，管理处着眼于部门工作的均衡推进和健康发展，坚持“两手抓、两手硬”的方针，全面、扎实推进部门党风廉政建设，为全处各项工作的顺利开展提供了坚强的政治保证。一方面牢固树立“筑优质工程，育优秀干部”的工作理念，着眼构建坚强的思想防线，坚持经常开展政治思想学习教育活动，并积极构建职务犯罪联合预防机制，多次邀请纪检、检察机关领导开展预防职务犯罪专题讲座，组织工程管理人员到监狱开展现场警示教育，不断强化从业人员的思想防线；一方面，自觉提高权力运行的公开透明程度，在标的总额高达 70 多亿元的招投标活动中，全面推行委托代理招标，在全省首先试行无标底招标和随机抽取标段办法，并全程邀请纪检、检察机关同步监督，从根本上消除了人为操纵因素，彻底解决了围标、串标难题，实现了业主在招投标活动中的全面退出，得到了省发改委和省交通厅招投标管理机构领导的高度评价和业内一致肯定。同时，积极转变行政理念和行政方式，认真落实省厅和市局有关部署，深入推进高速公路“阳光工程”，在各施工监理驻地设立“阳光工程”公开栏，对项目前期运作、招标投标、征地拆迁、施工管理、设计变更、资金使用和竣(交)工验收等七个方面的工作，通过公开栏、部门网站等多种渠道和形式，面向社会进行了全面公开，并在施工沿线设立廉政建设、工程质量和农民工工资发放三类举报箱，广泛接受社会和人民群众监督，在社会上赢得高度评价；积极推动行政权力公开透明运行工作的开展，及时清理和编制职权目录，绘制流程图，并制作上墙，严格推行承诺服务和限时办结制度，设身处地为基层和群众服务。全处没有出现违反党风廉政建设的人和事。

2. 行风建设

张石高速公路张家口管理处，紧密结合工程建设管理实际，坚持“以行风建设为载体推动工程进展，以工程建设为依托优化行业风气”的工作思路，认真落实行风评议工作的各项制度和要求，把行风建设贯穿在公路建设管理的每个环节，取得了扎实的效果。管理处成立专门的工作领导小组，制定详细的工作方案，通过座谈征询、现场征求、网上征集等方式，面向社会广泛征求工作建议和意见，认真制定整改措施，全面落实整改责任制，瞄准建设“负责任、效率型、服务型、素质型、廉洁型、人性化”行业目标，着力解决在服务经济、完善管理、改进作风、提升效能方面存在的问题和不足，部门整体形象不断改善。

3. 精神文明建设

管理处始终把加强精神文明建设作为优化项目建设管理、提升部门工作水平的重要依托和基础。一方面通过开办周末党校、组织专题讲座、聆听法制报告、组织业务培训等途径，对干部职工进行系统的政治理论、职业道德、政策法规、服务宗旨、业务技能教育，多次组织或聘请有关专家授课开展档案管理、计量支付、桥梁施工、网上办公和项目工程师等培训班、并专门制定学习计划和有关制度，采取集中辅导、个人自学、交流体会、撰写心得等灵活多样的形式巩固和提高学习效果，使广大干部职工的宗旨观念和服务意识明显增强，业务技能和工作水平快速提升，敬业精神和奉献意识不断强化，整体素质有了很大提高。另一方面，积极调动职工的创造性和参与热情，组织开展了“七一”书法摄影展览、演讲比赛、国庆文艺汇演、冬季趣味文体比赛等多项大型文体活动，为活跃职工业余文化生活、培养职工的团结协作精神、营造健康向上的文化氛围、树立行业新风和部门形象、促进全处工作的顺利开展起到了积极的推动作用。

第三章

京化高速公路张家口管理处十年工作综述

一、前期谋划

化稍营是张家口市阳原县的小镇，因国道109线、207线以及宣大高速公路在此汇聚、蔚煤、晋煤以及辐射内蒙、甘肃、宁夏的物流源源不断东运，使化稍营这个交通枢纽小镇在张家口市交通局领导们眼里，已成为建立北京至张家口第二条货运通道的理想坐标。

张家口市已形成的路网均以首都北京为中心形成的放射式布局。这种路网格局有“近水楼台”的便利，但是也带来了过境运输的弊端。通过对全市的交通调查数据的分析研究，张家口市域内路网承担的交通流60%以上为过境交通，主要交通来源为内蒙古的呼和浩特、二连浩特、锡林浩特，以及山西大同方向。在交通构成中，自然车型比例中货车比例59%，而当量车型比例中货车占到73%。京张高速所承担的交通流量中货运车辆占83%，客运车辆占17%；所承担的交通流来源中，张家口占47%，山西大同及蔚县占25%，内蒙古28%，形成了小型货运、客运快速与特大型、大型货运慢速车辆的混合交通，使京张高速公路经常出现行车拥挤的堵车现象。

特别是进入2004年7月以来，交通堵车现象几乎天天发生。曾有13天的大堵车记录，天怒人怨、民声鼎沸。张家口至北京的行车时间由原来的平均不足2小时，延长到3～6小时，甚至常常出现十几小时进不了北京的现象。

造成京张高速公路堵车的原因是多方面的，但从根本上说，是东西部地区经济联系加强，东部地区经济发展，西部大开发加快的必然结果。堵车，不仅对张家口市的经济社会发展和开放形象造成了严重的影响，而且对西部地区的经济发展和东部沿海地区的能源供应造成了一定程度的冲击。

京张高速公路在原规划中是国家高速公路网中京藏高速公路、京新高速公路共线部分的重要路段，是联系我国西北地区与京津及东南沿海地区的主要通道，也是西北地区出海的重要通道。同时也是北京至大同过境通道的组成部分，承担晋煤外运的功能。

随着西部地区高速公路建设的快速发展，区域路网的逐步完善，特别是丹拉高速（小慢岭——冀蒙界段）、内蒙古境内段以及张石高速公路的建设，京张高速公路的通达辐射逐渐远达内蒙古、甘肃、宁夏等地区。随着我国西部大开发战略的实施以及东部沿海经济发达地区对煤炭资源需求的不断增长，需要公路承担的运输量日益提高。京张公路通道将成为晋、蒙两地煤炭资源的外运通道以及不断增长的区域交通的集散通道。根据2003年河北省OD调查和2004年10月份京张OD调查结果，2008年京张高速的日平均交通量预测为68 628辆/昼夜，到2027年交通量将达到136 730～148 300辆/昼夜。

基于京张高速公路交通量的迅速增长和客货流车辆混合行驶的交通特点，需要建设新的运输通道来缓解目前的交通状况，解决京张高速公路河北段的交通拥堵问题，保障国道主干线和西北大通道的畅通，形成与京晋冀都市圈经济发展相适应的公路网布局。在充分论证的基础上，开辟西北资源及晋煤东运新通道——京化高速公路，便提到了张家口市交通局领导们的重要议事日程上来。

京化高速公路起点位于怀来县北辛堡村北的京冀界，终点在胶泥湾，并与张石高速公路一期工程连接。项目分两期建设，一期工程京冀界至土木段 21.653 公里，概算投资 14.503 8 亿元，计划 2008 年 7 月建成；二期工程土木至洋河南段及支线洋河南至胶泥湾段 72.602 公里，投资估算约为 40.702 6 亿元，计划 2007 年底开工建设，2010 年底竣工通车。图 2-4-1 为京化高速土木段施工现场。

图 2-4-1 京化高速土木段施工现场

二、高效运作

2005 年 9 月，丹拉国道主干线宣化至冀蒙段高速公路建成通车，张石高速公路化稍营至张保界开工奠基，与此同时，市交通局抽调强将精兵，成立了京化高速公路项目筹备组。筹备组负责同志不等不靠，积极运作，合理筹划，多次奔赴省会石家庄，向省交通厅、省发改委和国土资源厅的领导和相关部门请示工作、汇报情况。他们常常是白天办事、晚上赶路，最忙的时候一个星期去了四趟石家庄。

一张《京化高速公路项目前期工作计划表》，将前期工作划分为 6 个阶段 32 项具体工作。根据领导分工和各科室职责，每项工作都明确了相关的承办人、负责人、责任人和总负责人，明确工期的具体时间和进度。

前期工作之所以能够按计划推进，主要是抓住了三个关键。一是突出了一个“前”字。本着事事超前的原则，明确各阶段的具体工作内容和步骤，步步为营，使每一步工作都做到了心中有数。二是突出了一个“快”字。无论是工可报告的评审、批复、修改，还是初步设计的评审、批复、修改等等，都是大家加班加点，夜以继日，抢时间拼出来的。三是突出了一个“准”字。仔细审核，过程把关，减少不必要的返工，确保高质量通过主管部门审批。

打破惯性思维，改变常规做法，大胆创新，是京化高速公路项目运作的又一宝贵经验。一是首创勘察和设计分开招标。从方法和制度上杜绝了目前公路行业道路的勘察和设计均由一家设计单位来承担，重设计、轻勘察的弊端。使两者能够相互监督、相互促进，避免了设计单位为了降低成本，减少勘察的数量和深度，而用设计中提高安全储备的方法来弥补，一方面导致工程造价的大幅度提高；另一方面因地质情况不详，施工中间发生大量的变更设计，影响工期和建设质量。在勘察设计的费用支付上，首次采用了计量支付的方式，此举极大地调动了勘察设计单位的积极性，缩短了勘察设计周期，提高了勘察设计的质量。这些措施在全国公路行业属首次尝试，得到了专家和领导的认可和好评。二是在全省首次引入了勘察设计监理制度。招标选择的设计监理单位，负责全路线的勘察设计监理工作，保证了勘察设计的总体连续性。通过对各个标段的全面监理，代替了公路设计中常用的双院制审查，使短期的、重点部位的、室内的审查变为全过程的、所有内容的、现场的监理。设计投资大大降低，设计质量大幅度提高。征地拆迁量相对减少，布线的环境保护效益明显。勘察设计监理工作实现了历史性的突破，得到了省厅领导的高度评价，并在全省推广。

经过筹备组的艰苦努力，京化高速公路在没有进入河北省高速公路网规划的情况下，实现了历史性的跨越。2005 年 10 月 23 日，经省政府批准正式立项，12 月 19 日纳入了河北省高速公路网，列入了《河北省2003～2007年高速公路建设计划》,并于2006年初成功地进入了河北省2006年高速公路建设计划。2006年4月29日,经市编委批准、正式成立了京化高速公路张家口管理处;10月17日省政府确定了由张家口市作为业主进行京化高速公路的建设;12月10日,京化高速公路京冀界至土木段一期工程开工,京化高速公路成为河北省2006年度唯一当年立项,当年开工的高速公路项目。

市交通局张富强局长在2006年终总结会上,对京化高速公路项目的工作给予了高度评价:"京化管理处的全体同志,体现了满腔热情、高度负责的奉献精神,树立了争分夺秒、干事成事的协调意识,弘扬了互相补位、精诚团结的团队精神,值得充分肯定!"

三、乘势而上

河北省第七次党代会,提出了建设沿海经济社会强省的宏伟目标,沿海腹地互动、东出西联,历史又一次将张家口推向了交通大发展、建设大通道的前沿。京化高速公路的建设显现出了更大的现实意义。意义之一,该段高速公路的开工建设,将在北京与张家口之间建立起另一条高速通道,尽快解决京张高速公路和110国道长期拥堵和交通"瓶颈"制约,缓解过境交通压力,保障奥运期间交通畅通。意义之二,该段高速公路的开工建设,将使京张、张石、宣大高速公路以及多条国、省干线公路连接起来,共同构成快速、便捷、高效、畅通的高速公路网络,优化了河北省和张家口市的路网结构,也成为河北省西北部地区极为重要的一条经济干线。意义之三,该段高速公路的开工建设,是实现西北各省出海大通道的畅通的客观需要,也是张家口市全面提升区位优越,优越发展环境、发展"奥运经济"的必然选择。也将进一步凸显张家口连接京津、沟通晋蒙、支持沿海、开发内陆的区位优势,加快张家口市融合"京津冀都市圈","环渤海经济圈"步伐。

安全高效落实科学发展观,和谐创新建设出海大通道。京化一期工程要求在北京奥运会(2008年8月8日)开幕前通车,有效施工期仅为13个月,较正常工期少6个月。全线21.6公里为山区路段,工程量十分巨大,是平原高速公路工程量的3倍。就桥梁而言,各类桥梁总长合计约4 141延米,占路线总长的19.3%。基于工程建设面临的严峻态势和艰巨任务。京化管理处全体员工以负重奋进的姿态,自我加压的精神,高效运作的频率,求真务实的作风,牢固树立"安全、高效、和谐、创新"建设理念,打破常规,超前谋划、超前运作。制定了切实可行的《施工形象进度计划》,以合同文件优化施工组织设计,根据工程任务总体安排,明确工期,倒排工序,逐段落实,具体到日,从人员、设备到工序衔接,进行全盘统筹和总体调度,全面提高施工组织效率。对工程进度细化到每一座桥涵构造物、每一段路基,以旬进行考核,第二旬仍然赶不上计划进度的,切割工程量。制定了工程管理办法、落实质量保障措施,细化工程管理工作,对各中标单位进行定期和不定期的合同履约检查。资金管理开通了网上银行,工程款支付坚持"数额小,频率快、可操控"原则,对标段的资金使用进行跟踪检查,确保资金安全。组织了"大干一百二十天"活动,重奖重罚,在确保质量的前提下,确保工程按计划积极推进。

到2007年8月,一期工程京冀界至土木段已累计完成投资5.301 4亿元,其中本年度累计完成3.301 4亿元,占年度省厅下达计划的110%。完成路基填方330万立方米,占总工程量的77%,完成路基挖方201万立方米,占总工程量的92%;桥涵构造物全部开工,小桥涵基础344处,墙身62个,桥梁灌注桩1 122根,承台149个,薄壁墩57个,梁板预制1 302片,约完成总工程量的70%。为2008年7月按期通车打下了坚实的基础。

第四章

张承高速公路张家口管理处十年工作综述

张承高速公路张家口管理处前身是2004年12月28日经市人民政府批准组建的张承高速公路项目筹备处，2005年5月7日张承高速公路张家口管理处正式成立。其主要职能是负责张承高速公路张家口市境内段建设项目的前期规划、建设资金筹措与债务偿还、建设管理、线路维护与路政管理、生产经营以及资产管理。经3年的不懈努力，张承高速公路一期工程——张家口至崇礼段已顺利开工建设(图2-3-1)。

图2-3-1 张承高速开工奠基仪式

一、工程项目立项

张承高速公路是河北省高速公路网布局“五纵六横七条线”中高速公路建设项目的重点工程。主要控制点为张家口市、崇礼县、沽源县、大滩、丰宁县、波罗诺、承德市，全长369.103公里，估算总投资180.511亿元。其中张家口市界164.5公里，估算投资80.449亿元。先期建设的一期工程——张家口至崇礼段，路线起点位于太师湾村东，丹拉高速公路的张东互通东南约3公里处，新建枢纽互通与丹拉高速公路连接，向北沿张家口市规划区东侧布线，经小辛庄、口里东窑村东，以特长隧道穿越大华岭，经大南沟外营、柳条沟至下新营，经上新营村北，沿山脚坡地经三间房、下榆树林、三道河、瓦窑、头道营至本项目终点崇礼县城北。路线全长62.078公里，概算总投资37.724亿元，工期预计为3年。它的建设对于改善河北省及张家口市路网结构，发挥“东出西联”的桥头堡作用，加速全市融入环京津经济圈，带动沿线特色经济发展，加速张家口经济跨越式发展具有十分重要的意义。

该工程项目2004年3月经市交通局研究决定启动，9月初完成项目预可行性研究报告，9月20日，市交通局组织有关专家进行了初审。在此期间，筹备处在对路线沿线进行航拍、成图和图上布线的基础上，就路线方案对沿线军事设施、城市规划、矿产资源压覆以及表面文物的影响，分别征求了驻军和相关单位的意见，并出具了书面文件。

2004年10月，省政府、省交通厅将张承高速公路项目确立为河北省“6＋1”高速公路建设项目之一。2005年1月27日，经省长办公会议研究决定，该项目正式列入《河北省2003～2007年高速公路建设计划》。

2005年初，筹备处编制完成了张承高速公路路线方案研究报告，并上报省交通厅，此后省交通厅又委托省交通规划设计院，对张承路线方案进行了重新优化研究。2006年1月16～18日，由省交通厅主持，邀请有关单位和专家在张家口市召开了《张承高速公路张家口至承德路线方案研究报告》专家论证会，就工程建设的必要性、功能定位、标准等出具了专家意见。在充分考虑路网布局、沿线经济拉动、建设难易程度以及蒙煤东运等综合因素的情况下，从四个比选方案(方案一：主要控制点为张家口市、崇礼县、沽源县、大滩、丰宁县、波罗诺、承德市，全长 369.103 公里；方案二：主要控制点为张家口市、崇礼县、云州、白草、邓家栅子、丰宁县、波罗诺、承德市，全长 338.415 公里；方案三：主要控制点为张家口市、崇礼县、赤城县、白草、邓家栅子、丰宁县、波罗诺、承德市，全长 359.899 公里；方案四：主要控制点为小慢岭、赵川、龙关、赤城县、白草、邓家栅子、丰宁县、黑山嘴、滦平县、东营子，全长 277.01 公里）中，选定方案一为张承高速公路的推荐方案。3 月 27 日，省交通厅组织张承高速公路专家组对路线推荐方案进行了评审；4 月 13 日，省交通厅就张承高速公路路线方案向省政府呈报请示。4 月 17 日，省政府批准路线方案。

2006 年 4 月 21 日，根据路线方案，编制完成了项目建议书，报省发改委。同期，管理处会同有关部门编制了工程用地地质灾害危险性评价、地震安全性评价、安全生产预评价、防洪影响评价、环境影响评价、水资源论证等报告，并报省国土资源厅、省水利厅、省地震安全评定委员会、省安全生产监督管理局、省环保局等行政部门得到批复。

2006 年 6 月 8 日，省交通厅综规处在张家口市召开张承高速张家口至崇礼段一期工程预可行性研究报告评审会；7 月 3 日，省交通厅审查意见完成，并报省发改委；7 月 8 日，省工程咨询院组织专家对张承高速一期工程预可进行了评审；8 月 17 日，省发改委以冀发改交通[2006]952 号文件批复同意了张承高速公路张家口至崇礼段项目建议书。至此，张承高速公路张家口市境内段以及一期工程的立项工作结束。

二、工程项目规划设计

遵照省、市领导“提速工作过程”和“超前谋划、超前安排”的工作要求，管理处对项目工程可行性研究报告编制申报和工程勘察设计工作，进行了统筹安排，交叉展开。根据项目建议书，管理处会同中交远洲交通科技有限公司，及时完成了项目工程可行性研究报告编写。2006 年 9 月 8 日和 14 日，分别邀请省交通厅综规处和省工程咨询院组织专家，对张承高速一期工程的工程预可行性研究报告进行了评审。根据专家的评审意见，又进一步对工程可行性研究报告进行了认真修改，新增了 47 公里连接线、环保、水保论证评审等内容。11 月 28 日，省发改委以冀发改交通[2006]1483 号文批复同意张承高速公路张家口至崇礼段工程可行性研究报告。同时，认真编制了《张承高速公路张家口至崇礼段路线主体工程勘察设计招标文件》和《张承高速公路张家口至崇礼段路线勘察设计阶段监理招标文件》，并于 2006 年 9 月 19 日至 20 日，在张家口市成功召开了“张承高速公路张家口至崇礼段路线主体工程勘察设计及监理开标及评审会”。来自河北、山西等省的 5 家勘察设计单位和来自浙江、甘肃等省的 4 家勘察设计监理单位，分别参与了张承高速公路张家口至崇礼段路线主体工程勘察设计及监理的投标。根据公平、公正、公开和诚实信用的原则，通过编制招标文件、发布招标公告、向投标人发售招标文件、接受投标人的投标文件、公开开标、对投标人进行资格审查、组织评标委员会评标、推荐中标候选人、确定中标人、发出中标通知书和与中标人签订合同等法定程序，在省、市有关公路工程招投标管理单位和纪检、检察部门的全程监督下，最后经专家评审委员会评审，确定河北省交通规划设计院、浙江省交通规划设计研究院，分别为该工程项目勘察设计和监理单位。

2006 年 10 月 27 日，初步设计的外业勘察工作全部完成。其中，放线 95 公里，包括推荐线 61 公里、比较线 34 公里。桥涵交叉工程勘察共完成大桥 45 座、中桥 19 座、小桥 4 座、涵洞 62 座、分离立交 5 座、通道 30 个、天桥 1 座。路基、路面、拆迁占地调查与路线同步完成。10 月 31 日，管理处组成检查组，对勘察设计单位、监理单位工作及履约情况进行了检查。11 月 30 日，张承高速公路张家口至崇礼段工程勘察设计外业验收会在张家口市召开，省交通厅和专家组听取了勘察设计单位的汇报，实地察看了有关勘察设计情况，详细审阅了外业图纸资料，进行了认真细致地讨论研究。会议认为，勘察设计采用标准符合部颁技术标准要求，初步勘测内容、精度、深度基本符合部颁勘测规范要求。同时，还对立交互通命名、分隔带采用混凝土墙式护栏、路面结构优化、面层分期实施、同一座桥的桥墩形式尽量统一、隧道内不设超高平曲线半径、大华岭隧道对 F_3 断层影响段进一步查明岩性特征等问题提出了具体意见。

2006 年 11 月 28 日，省发改委关于张承高速公路张家口至崇礼段工程可行性研究报告批复下达后，工程设计单位依据工可对主体工程路线施工方案进行了详细比选和设计。12月中旬，报省发改委和省交通厅进行审批。2007年4月9日，省发改委以冀发改投资[2007]446号文件批复同意张承高速公路张家口至崇礼段工程初步设计。2007年4月26日，张承高速公路张家口至崇礼段工程开工奠基仪式，在张家口市里东窑村隆重举行，工程项目正式进入开工建设阶段。

同期，还编制完成了土地预审批文件及相关资料，上报省、市国土部门，11月3日省国土资源厅以冀国土资函[2006]743号文件批复同意工程用地预审，为落实项目占地指标提供了依据。

三、工程项目投资

张承高速公路张家口段工程项目投资，采取业主自筹资本金和银行贷款的方式进行。根据市政府和市交通局自做业主建设张承高速公路的指示精神，管理处从筹建开始就围绕落实项目工程建设资本金筹措和贷款事宜，多次与省交通厅、各商业银行进行了积极沟通和磋商，初步出具了资本金和贷款承诺。

2005年2月21日，省交通厅以冀交函[2005]022号文正式发函，同意张家口市交通局自做张承高速公路张家口段项目业主。根据省交通厅文件精神，经市交通局和管理处的积极努力，2006年5月31日，省交通厅出具了解决项目建设资本金13.8亿元的承诺函（后改为省交通厅和张家口市政府各承担一半）。

经与张家口市建设银行、农业银行、工商银行等商业银行多次接触和洽谈，部分银行已就贷款问题签订了承诺书，为进一步落实工程建设资金做了必要的准备。

四、工程项目施工建设

2007年4月26日，张承高速公路张家口至崇礼段工程建设开工奠基仪式举行。4月22日，施工监理开标大会在张家口大酒店召开，产生了总监理1家，驻地监理6家。5月10日，张承高速公路张家口至崇礼段工程招投标大会，在石家庄河北北方大厦召开，共进行了16个标段的招投标，有15家施工单位中标，预计5月29日施工单位进场，整个工程预计3年完成。

第五章 张家口市城市快速路管理处十年工作综述

城市快速路管理处是2007年1月5日，经市机构编制委员会批准成立的，主要职责是负责城市快速路建设项目的规划设计、资金筹措、建设管理、道路养护、债务偿还等工作。内设6个科室，即：办公室、地方事务科、财务科、工程科、合同科、开发经营科。

自成立以来，全处上下团结拼搏，开拓进取，积极锻造和践行"奋发有为、真抓实干；团结协作、战胜困难；科学施工、创造奇迹"的城市快速路精神，全面推进各项工作深入开展，为完成市政府提出的"当年规划、当年设计、当年施工、当年通车"目标做出了积极贡献。

一、工程概况

建设城市快速路是市委、市政府立足于推动全市经济又好又快发展大局做出的一项重大决策，是2007年城市建设的重点工程。建设快速路有利于完善城市路网布局，缓解市区交通压力；有利于提升城市功能和形象，扩大对外开放；有利于加快浅山区开发，拓展城市空间，扩大城市容量；有利于加快整个城区开发，形成特色山城，带动区域经济、社会全面发展。

城市快速路分为东环线、西环线、张石高速公路张家口连接线和北环线。路线全长34.19公里，预算投资16亿元。目前，除北环线已经完成预可行性研究专家评审工作外，其他三条线路(全长26.47公里)已全面开工建设。图2-5-1、图2-5-2为城市快速路施工现场。

图2-5-1　城市快速路施工现场之一

图2-5-2　城市快速路施工现场之二

东环线起点位于张宣公路与纬四路交汇处，途经纬四路、经五路、王家寨，终点位于五一路。路线主要穿越新园景区、红旗大街、杨家坟、市液化气站、东山锅炉厂、水泉沟、东山砖厂、口里东窑子，经创业路，最后到达五一路，路线全长11.6公里。

西环线起点位于北永丰堡教育学院处，与省道张沽线相接，向南经小白山、北瓦盆窑、南瓦盆窑，最后到达四方台沟路，与张石高速公路张家口连接线相接，路线全长6.02公里。

张石高速公路张家口连接线起点从城市快速路西环线终点开始，经高家屯、沈家屯西、台子山北面四杰屯村北，在四杰屯村西上跨张石高速公路，向南与张石高速公路并行，下穿京包铁路，最后到达张石高速公路张家口南互通，路线全长 8.8 公里。

工程设计标准为半封闭全立交城市快速路，设计速度为 60 公里/小时。路基宽 40.5 米、路面宽 36.5 米。全线土石方量共计 1 148 万立方米。主线设大桥 7 座，中桥 7 座，通道 8 座，涵洞（小桥）32 座，天桥 5 座。

二、推进工程进展的主要做法

工程土石方量大，仅 2007 年开工建设的东环线、西环线、张石高速公路张家口连接线三条线路的土石方量就达 1 148 万立方米，地形属山岭重丘区，施工难度大，按常规需要 3 年才能完成。但市政府以推动经济快速发展为出发点，对工程建设提出了“当年规划、当年设计、当年施工、当年通车”的要求，这就意味着 3 年的任务，只要一年时间来完成。为了完成当年主线通车的目标，管理处采取了科学管理、科学施工、保质保量、快速推进的方法，确保工程顺利进展：

①倒排工期，即各项目部、施工队、作业组均以主线通车时间作为终止时间，把整个工程任务细致分解开来，落实时间、落实队伍、落实人头、落实奖惩。

②加大人员、设备投入力度。26.58 公里长的施工线上，日平均投入机械设备 1 300 余台，施工人员 4 000 余人，确保达到进度要求。

③采取 24 小时作业的方法，凡是能 24 小时作业的地方，人歇车不停，安排 3 班人员轮流作业。

④改进和创新施工工艺。由于时间紧迫，最大的质量隐患就是路基容易发生沉陷。针对部分地段地质、地形、地貌情况，通过技术分析论证，决定路基处理采取半填半挖方式施工，每挖掘 4 米，按照 4% 的坡度进行衔接；路仓填方每 30 厘米厚度反复碾压、洒水、强夯，直到压实度严格达到标准，才能进入下一道工序。

⑤严格落实五级质量保证体系，即政府监督，业主督查，专业监理，社会监督，企业自检，确保工程质量达到优良。

三、团结奋进，众志成城，在实践中锻造和践行城市快速路精神

2007 年 5 月 28 日，张家口市委书记宋太平、市长郑雪碧亲临城市快速路工程现场调度，宋太平书记提出，要大力弘扬工程建设中形成的“奋发有为，真抓实干；团结协作，战胜困难；科学施工，创造奇迹”的城市快速路精神，以此推动全市各项事业健康快速发展。

1. 凝心聚力，真抓实干，全力以赴地把市委、市政府的重大决策落到实处

市领导十分重视快速路工程建设，无论是前期准备还是建设施工，市委宋太平书记、郑雪碧市长等市领导多次组织召开专门协调会，多次亲临相关部门协调调度工作，一个环节一个环节地叮嘱安排、一项工作一项工作地研究布置、一个问题一个问题地分析解决，他们希望张家口实现新跨越的迫切心情，鼓舞了士气，振奋了人心。

2007 年春节前，刚刚接到建设任务的管理处和设计单位工作人员，冒着严寒，争分夺秒地做着野外勘查和测量工作；沿线政府和相关部门、单位纷纷把支持快速路建设列为“一把手工程”，不分休息日和节假日，只要项目需要就随时上阵，为工程一分一秒地争取时间；管理处所有工作人员全部放弃了节假日休息时间，不分昼夜地督导检查；各施工单位提出了“宁愿牺牲经济利益，也要保证工期和质量”的响亮口号；环城四周，绵延 20 多公里的工程战线上，机器轰鸣，昼夜奋战。

如果说快速路建设中体现了“奋发有为，真抓实干”的特点，是因为新一届市委、市政府领导班子“奋发有为，敢为人先”的跨越式发展理念和事必躬亲的朴实作风，感染和鼓舞了全体建设者的坚定信心；是因为各级各部门和广大建设者有着眼于张家口发展大局的“凝心聚力，真抓实干”的坚强决心。

2. 群策群力，团结协作，确保工程建设按计划顺利推进

城市快速路横跨桥东、桥西、高新区、万全县四个区县，涉及发改委、交通、建设、规划、国土资源、供

电、通信、公用事业、人防、环保、水务、林业、文物、公安、广电等多个部门，是一项复杂的系统工程。为了一分一秒地给工程争取时间，相关部门、单位不等不拖，主动列出手续清单，积极出具支持性文件，正因为有了他们“顾大局，识大体，特事特办”的支持配合，仅用了100天的时间，就严格按照国家相关规定，完成了工程预可、工可、初步设计、施工招标等前期各项准备工作，确保了工程按期开工。

沿线的桥东区、桥西区、高新区和万全县各级政府在时间紧、任务重的情况下，以大局为重，不计局部利益得失，前后仅用了100天，就完成了全线95%的土地征迁工作。特别是快速路从谋划到施工，始终得到了驻张部队的大力支持。

团结协作还体现在业主、监理、设计、施工各单位之间。项目业主严格管理，热情服务，科学组织，有序推进；监理单位在严把质量关、费用关的基础上，在新设备、新材料、新技术的应用方面出主意，想办法；各项目段严格执行业主和监理的指令，做到言出必行，令行禁止；各施工单位之间及时通气，“比、学、赶、帮”；各施工队、组，各工种、工序协作配合，忙而不乱。

团结就是力量。如果说快速路建设中体现了“团结协作，战胜困难”的特点，是因为各相关部门、单位及沿线人民群众有“顾大局、讲团结”的精神境界，有“一心一意谋发展、聚精会神搞建设”的良好氛围，有“上下一心，战胜困难”的勇气。

3. 开拓创新，科学施工，建让人民群众满意的“放心工程”

快速路建设工程时间紧，任务重，标准高。许多路段都在山腰修建，需动用的土石方量大得惊人。仅2007年开工建设的东环线、西环线、张石高速公路连接线就多达1 148万立方米，相当于整座太平山的土石方量，也相当于70多公里高速公路的动用量。

面对如此艰巨的任务，全处上下积极引导施工、监理单位把巨大的压力转化为科学合理安排、精心组织实施的动力，采取多种积极有效的措施，推进工程顺利进展。

奇迹，是相对于平凡而言的，却是靠平凡人创造的。如果说快速路建设体现了“科学施工，创造奇迹”的特点，是因为坚持了科学的办事态度和求真务实的工作方针。图2-5-3为城市快速路竣工通车。

图 2-5-3　城市快速路竣工通车

四、深化“两提一优”活动，力促党风廉政和机关效能建设取得实效

1. 加强党建工作，为快速路建设提供有力的思想保证和政治保证

为了确保圆满完成工程建设任务，党总支以加强领导班子建设和党员队伍建设为重点，充分发挥党组织的战斗堡垒作用，通过加强对党员思想教育、作风教育，扎实做好全体职工思想工作，消除职工畏难情绪，培养职工树立艰苦奋斗、敢打必胜的信心。使全体职工从思想上、行动上团结一致，都能发扬吃苦耐劳、勇于奉献的精神，确保了快速路建设顺利进展。

2. 深化“两提一优”活动，狠抓制度落实

为切实达到“提高工作效率，提升服务水平，优化发展环境”的活动效果，管理处以“两提一优”活动为统领，以行政权力公开透明运行、机关效能建设、民主评议行风、工程建设管理等四项工作为抓手，突出抓好机关规范化管理、干部教育考核机制建立、行政权力动态公开、服务效能提升、工程建设规范管理五个方面的重点工作，提倡“从小事做起转变作风，从点滴做起塑造形象”，抓基础、抓规范、抓细节，不断提升工作水平和质量。

(1)细化目标责任，加大督导力度

以“两提一优活动”的开展为契机，根据年初制定的2007年工作要点和快速路工程建设任务，结合工作实际，制定了《2007年度任务目标责任分解表》，把工作目标任务细化，把目标要求、工作时限、工作进度、责任科室、责任领导进行明确规定，加大业务工作督导力度，提升管理处工作服务质量，提高工作效率。

对工程招投标、变更管理、支付管理、计量管理依照运行程序绘制流程图，依次注明行使条件、承办岗位、办理时限、监督制约环节、相对人的权力、投诉举报途径和方式等内容，统一了工作标准，避免权力行使的随意性。

(2)建章立制，开展评议

为了使"两提一优"取得实实在在的效果，并长期坚持下去，管理处结合工作实际，认真查找效能、效率、服务质量等方面存在的问题，在原有制度的基础上，针对存在的问题，进一步健全完善了《违规离岗投诉查实待岗制度》、《一次性告知制度》、《首问责任制度》、《文明上岗制度》、《限时办结制度》、《AB岗制度》等有关制度和措施，并在工作中认真加以落实，对存在的问题坚持认真整改，整改过程中，坚持突出重点，务求实效的原则，狠抓关键环节，着力解决突出问题。同时，建立了工作管理机制、协调联动机制、绩效评估机制、投诉追究机制，做到严格按制度办事，定期检查落实，结果及时公开并备案，作为年终工作考核考评的重要依据，从根本上确保"两提一优"活动落到实处。

通过开展"两提一优"活动，管理处的整体精神面貌发生了显著的变化，工作水平、办事效率、服务质量得到了明显提高。

第六章

张家口市公路工程管理处十年工作综述

一、基本情况

公路工程管理处成立于张家口地、市交通局合并后的1996年6月，系张家口市交通局的自收自支科级事业单位，至今已走过了整整10年的战斗历程。公路工程管理处内设“一室三科”（办公室、工程预算科、合同科、财务科）。现有职工37名，其中专业技术人员11名，占全处职工总数的30%；经济管理人员7名，占全处职工总数的19%；全处在职党员24名，占全处职工总数的64.8%。其主要职责是：负责全市国省干线公路新改建工程的招（议）标；全市国省干线公路基本建设管理；公路工程企业资质审核；全市新改建公路工程设计方案、预算方案、资金管理；工程进度、工程质量及工程的交（竣）工验收。

图2-6-1为张家口市公路工程管理处办公楼外景。

图2-6-1 公路工程管理处办公楼外景

二、公路建设

1996～2006年，对于公路工程管理处来说是一段令人难忘的重要发展时期。10年来，公路工程管理处党政一班人带领全处干部职工，以邓小平理论和“三个代表”重要思想为指导，深入贯彻落实党的十六大和历年省、市交通工作会议精神，以科学发展观为统领，以“创建优良工程，服务奉献社会，构建和谐交通”为主题，通过开展项目管理竞赛、机关效能考评、“爱我交通，我为交通做贡献”及“六个一工程”等精神文明创建活动，极大地调动了全处干部职工的积极性，党风行风进一步好转，工作效率大大提高，使一个仅有30多人的小集体，创下了前人不曾有过的骄人业绩。

10年来，公路工程管理处承管的国省干线公路新改建工程共计50项，完成工程建设总投资43.644亿元，通车总里程达1 317.535公里，其中：一级路28.67公里，二级路799.044公里，三级路489.82公里，所完成的工程建设项目全部达到优良标准。从而结束了张家口市国省干线砂石路面的历史，全市所有县区全部通达二级以上高等级公路。

图2-6-2为河北省第一长隧道——怀来长安岭隧道；图2-6-3为省道张尚线二级公路张北段一景。

一条条高等级、高标准、高质量的公路在塞外大地精彩展现，“四横三纵一线”的公路网主骨架业已形成。张家口市在晋、冀、蒙三省交界地区商贸流通中心的地位日益凸显。县与县之间、城市与城市之间、张家口市与相邻省市之间往来更加便利畅通。高等级公路的快速发展，为全市的改革开放和经济建设插上了腾飞的翅膀。张家口市公路工程管理处1996～2000年完成国省干线工程汇总如表2-6-1所示。

图 2-6-2 河北省第一长隧道——怀来长安岭隧道

图 2-6-3 省道张尚线二级公路张北段一景

张家口市公路工程管理处 1996～2006 年国省干线新改建工程统计表

表 2-6-1

年份	序号	项目名称	里程(公里)				开(竣)工时间	投资方式	工程投资(万元)	备注
			一级	二级	三级	合计				
1996 年	1	省道沙三线油路沙城至存瑞乡段改建工程		6.100	5.800	11.900	1996.4.10～1996.11.10	省厅包干项目	800.79	
	2	省道赤宝线赤城独石口中桥及引道二级公路新建工程		1.112		1.112	1996.5.1～1996.10.1	省厅包干项目	150.00	其中独石口中桥 79.045 米
	3	国道 207 线张北大宏沟引道工程		1.335		1.335	1996.5.1～1996.10.1	省厅包干项目	147.00	
	4	国道 207 线万全半坝病害处治及防治工程		8.960		8.960	1996.5.13～1996.9.20	省厅包干项目	131.42	
	5	省道张沽线张家口至高家营段三级油路改建工程			9.600	9.600	1996.4～1996.10	省厅包干项目	847.77	
1996～1997 年	1	国道 109 线(一期)北京至拉萨蔚县祁家皂至阳原正合台段二级公路改建工程 国道 207 线锡林浩特-海安蔚县西合营至夏源段改建工程		41.094		41.094	1996.5.1～1997.10.30	省市合建项目	17 103.01	
	2	省道下广线涿鹿火车站至岔道段二级公路改建工程 国道 109 线(一期)北京至拉萨涿鹿罗晏沟至涿鹿尤家园段二级公路改建工程		21.191		21.191	1996.5.1～1997.10.30	省市合建项目	6 166.00	

续上表

年份	序号	项目名称	里程(公里)				开(竣)工时间	投资方式	工程投资(万元)	备注
			一级	二级	三级	合计				
1997年	1	国道110线(二期)北京至银川万全孔家庄至郭磊庄段二级公路改建工程 国道110线张家口闫家屯至旧窑子段改建工程		22.037		22.037	1997.5.1～1997.10.30	省厅补助项目	7 637.00	
	2	省道张沽线崇礼高家营至新营子段三级公路改建工程			9.600	9.600	1997.5.1～1997.10.30	省补项目	987.47	
	3	省道沙三线雕鹗至存瑞乡三级改建工程			20.060	20.060	1997.5.1～1997.10.1	省补项目	1 215.27	
	4	省道赤宝线赤城北沙沟中桥新建工程		0.0399		0.0399	1997.5.1～1997.10.1	省补项目	120.00	
1998年	1	国道110线(三期)北京至银川万全马家房至孔家庄段二级公路改建工程 国道110线(三期)北京至银川公路张家口宁远堡至闫家屯段二级公路改建工程		11.035		11.035	1998.4.28～1998.9.30	省补项目	3 818.00	
	2	省道张沽线崇礼新营子至榆树林段二级公路改建工程		15.200		15.200	1998.4～1998.10	省补项目	1 564.80	
	3	省道沙宝线赤城长安岭至大海陀段三级公路改建工程			13.000	13.000	1998.4.20～1998.8.30	省补项目	641.10	
	4	省道沙宝线怀来杏林堡至长安岭段三级公路改建工程			7.160	7.160	1998.5.1～1998.9.1	省补项目	283.46	
	5	省道沙宝线沽源小厂至平定堡段三级公路改建工程			20.000	20.000	1998.5.15～1998.9.10	省补项目	1 200.00	
	6	省道东商线尚义东壕至商都公路大青沟至五台河段三级公路改建工程			15.705	15.705	1998.4.24～1998.8.10	省补项目	639.85	
	7	省道张家口至大同公路怀安左卫洋河大桥新建工程		1.89		1.89	1998.5.1～1998.11.20	业主项目	2 376.64	

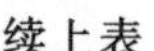

续上表

年份	序号	项目名称	里程(公里)				开(竣)工时间	投资方式	工程投资(万元)	备注
			一级	二级	三级	合计				
1998～1999年	1	国道109(二期)涿鹿尤家园至蔚县祁家皂段二级公路新建工程		42.596		42.596	1998.4.20～1999.11.20	省市合建工程	32 887.21	
1998～2000年	1	国道207线怀安城至化稍营三级公路李家沟隧道工程			2.456	2.456	1998.5.18～2000.10.19	业主项目	3 000.00	其中李家沟隧道518米
1999～2000年	1	国道109线(三期)北京界至涿鹿太平堡段三级公路改建工程			24.850	24.85	1999.9.16～2000.10.31	财政专项资金项目	4 935.00	
	2	省道张沽线榆树林至崇礼县城二级公路改建工程		16.355		16.355	1999.10～2000.10	财政专项资金项目	4 280.40	
	3	省道赤宝线赤城兴仁堡至云州段三级公路改建工程		7.604	15.300	22.904	1999.5～2000.9.30	省厅补助项目	8 158.00	
	4	国道112线赤城兴仁堡至龙门所段三级公路改建工程			25.305	25.305	1999.7～2000.10	财政专项资金项目	4 387.42	
2000年	1	省道沙三线赤城雕鹗至三岔口段三级公路改建工程			14.600	14.6	2000.5.1～2000.9.30	省补项目	764.00	
	2	省道赤宝线赤城交界至沽源野马营段三级公路改建工程			23.712	23.712	2000.5.1～2000.9.1	省补项目	1 478.00	
2000～2001年	1	省道下广线蔚县夏源至殷家庄段一二级公路新、改建工程	23.780	18.026		41.806	2000.5.1～2001.8.26	省补项目	32 347.00	
	2	宣大高速公路连接线新、改建工程		16.934	29.308	46.242	2000.5.12～2001.9.28	省补项目	13 608.00	
	3	国道109线北京至拉萨公路阳原县正合台至二马坊段二级公路新建工程		1.989		1.989	2000.5.12～2001.8.30	省补项目	640.00	

续上表

年份	序号	项目名称	里程(公里)				开(竣)工时间	投资方式	工程投资(万元)	备注
			一级	二级	三级	合计				
2001年	1	国道112线宣化至锁阳关段小慢岭至二台子段小慢岭至锁阳关段二级公路改建工程		38.096		38.096	2001.5.10～2001.9.30	省补项目	11 027.67	
	2	省道张化线张北至胡家房段二级公路改建工程		36.909		36.909	2001.5～2001.10	省补项目	8 781.00	
	3	省道张化线康保胡家房至毛不拉段三级公路改建工程			38.499	38.499	2001.5～2001.10月底	省补项目	5 551.00	
	4	省道张沽线崇礼至张北界三级公路改建工程			35.535	35.535	2001.5～2001.10月底	省补项目	4 565.00	
	5	省道赤宝线赤城云州至沽源界段三级公路改建工程			46.856	46.856	2001.5.1～2001.11.1	省补项目	7 314.00	
	6	国道112线赤城龙门所至承德界段三级公路改建工程			53.245	53.245	2001.5～2001.10月底	财政专项资金项目	13 725.00	
2002	1	省道半虎线沽源至承德界段二级公路改建工程		29.503		29.503	2002.4.25～2002.8.31	省补项目	6 966.00	
	2	省道张康线胡家房至康保段二级公路改建工程		49.500		49.500	2002.5.1～2002.9.9	省补项目	11 356.00	
	3	省道张沽线张北十一号梁至沽源平定堡段三级公路改建工程			79.232	79.232	2002.5.1～2002.9.15	省补项目	12 455.00	
2002～2003年	1	国道112线宣化至锁阳关段锁阳关隧道二级公路改建工程		5.158		5.158	2002.3.15～2003.6.30	省补项目	7 108.00	其中锁阳关隧道1.56公里
	2	国道112线宣化至赤城公路锁阳关至兴仁堡段二级公路改建工程国道112线锁阳关至兴仁堡段二级公路剪子岭隧道工程		40.143		40.143	2002.5.1～2003.12.1	省补项目	15 279.00	其中剪子岭隧道0.92公里
	3	省道张沽线崇礼二级公路朝天洼大桥及引道工程		2.500		2.500	2002.7～2003.6	省补项目	1 575.50	其中朝天洼大桥225米/1座

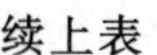

续上表

年份	序号	项目名称	里程(公里)				开(竣)工时间	投资方式	工程投资(万元)	备注
			一级	二级	三级	合计				
2003年	1	省道张尚线张北至尚义哈拉沟段二级公路改建工程		76.816		76.816	2003.5.1～2003.9.23	省市合建项目	25 065.49	
2004年	1	省道柴后线柴沟堡至后所堡段二级公路改建工程		25.313		25.313	2004.5.7～2004.10.10	省补项目	11 435.80	
	2	国道109线涿鹿太平堡至岔道段二级公路改建工程		21.9		21.900	2004.5.1～2004.10.1	省补项目	11 900.22	
	3	国道112线蔚县夏源至西合营段一二级公路新(改)建工程	4.888	1.072		5.960	2004.5～2004.10	省市合建项目	6 025.00	
	4	省道宝平线赤城至沙城段二级公路改建工程		69.000		69.000	2004.5.1～2004.10月底	省市合建项目	36 236.00	
2005～2006年	1	省道南赤线崇礼南山窑至赤城兴仁堡段二级公路改建工程		49.424		49.424	2005.11.1～2006.12.28	省补项目	24 608.92	其中野鸡山隧道1.665公里
	2	省道宝平线冀蒙界至赤城段二级公路改建工程		118.796		118.796	2005.11.1～2006.10.1	省市合建项目	61 555.29	其中椴木梁隧道1.067公里,龙门崖隧道0.980公里
	3	张石高速公路万全段连接线二级公路改建工程		1.416		1.416	2005.9.1～2006.10.1	银行贷款收费还贷	1 595.85	
合计	49		28.668	799.0439	489.823	1 317.53			436 440.35	

三、主要做法

1.在工程管理上,坚持"四化管理",力求年年上台阶

积极进取,勇于创新,坚持项目管理制度化、现场管理规范化、责任到人细分化、奖惩分明激励化的"四化管理"(制度化、规范化、细分化、激励化),不断加快公路建设步伐,努力在工程项目管理、工程建设速度、工程内外质量及行业形象上,力求年年上台阶,是工程管理处10年来,始终坚持的一个标准和追求的目标。

(1)强化依法管理,完善规章制度

10年来,工程管理处严格按照国家公路工程管理的法规、条例,积极贯彻执行报建制、审批制、招投标制,严格履行工程建设程序,在依法实施项目管理的同时,逐步完善内部各项基础管理制度。先后建立健全了"项目法人责任制"、"国省干线公路工程管理办法"、"工程项目财务管理办法"、"各项目办年度目标考核责任制"、"工程质量考核奖惩办法"、"工作人员廉政建设十不准"等83项基础性管理制度,有力地促进了各项工作的开展。1998年以来,工程管理处不断深化内部改革,大力推行全员风险抵押承包责任制。每年年初，项目法人与各项目办主任签订“工程项目管理责任状”，项目办主任分别与各中标单位签订“工程承包合同”，与项目办各工作岗位人员签订“岗位目标责任状”，使工程建设项目一开始就纳入了规范管理和目标考核的轨道，充分体现了“千斤重担大家挑，人人肩上有指标”，为强化工程管理奠定了坚实的基础，使工程管理逐步走向制度化。

(2)抽调精兵强将，推行“条、块”结合

2006年，工程管理处在继承和发扬以往好的经验和做法的基础上，推出了“项目办主任负责制”，实行“条、块”结合的项目管理新机制，即：从各科室抽调精兵强将，合理调配干部、工程技术人员、管理人员组成四个项目办，以两名副处长各主管两个项目办为“条条”管理，以项目办主任负责的工程项目为“块块”管理，这种“条、块”结合的新机制，为实施好项目管理奠定了坚实的组织基础。

这一年，省道宝平线赤沽段二级公路改建工程全长113.87公里，其建设规模居全省在建项目之首。项目办在推行“条、块”结合的基础上，为了提高效率，在项目办内部又划分了三个项目管理组(沽源段项目组、赤城段项目组、隧道项目组)。他们在内部积极推行“条”与“块”的目标管理责任制，“条”与“块”分别签订了“目标管理责任状”和“项目质量承诺书”。有效地强化了工程项目管理，促进了工程任务的完成。

(3)推出“三勤”举措，抓好动态管理

依法管理是前提，完善制度是基础。10年来，每年的工程项目都各具特点，尤其是在工程施工过程中，情况千变万化，条件千差万别。因此，抓好工程的动态管理是工程管理的关键环节。工程管理处作为项目法人单位，在动态管理中，有效推出“三勤”举措：一是勤检查。就是在公路工程的施工过程中，每天上路巡视，及时发现问题，及时解决问题，不留隐患、不留死角，不留遗憾。为了管好工程，修筑好公路，所有工程工地处长、书记每周至少巡视查访一次，项目负责人到各标段每天至少一次巡视检查，项目工程师则是全天候巡视在各合同段，指导工作查找问题，做好巡视记录。二是勤调度。就是坚持每半月召开一次质量分析会，每月召开一次工程调度会，各项目办、监理驻地办、各合同段施工单位在汇报进度、质量的同时，提出问题，现场合议，现场决策，现场解决。三是勤评比。就是在工程的关键时期或在重点的分项工程上，开展一旬一检查一评比活动。2006年宝平线、南赤线两个项目办在开展旬检查、旬评比活动中，严格按照省市“工程质量评定标准”进行打分、评比、排队，并设立了“工程质量奖”，奖优罚劣，对在质量评为第一的标段，组织全线各标段工程技术人员和管理人员到施工现场观摩学习，对差的合同标段限期整改。同时还在全线开展了以“比项目管理、比工程质量、比工期进度、比安全生产、比环境保护、比内业资料、比工程廉洁、比和谐文明，争创优良工程、争当先进单位”为主题的“八比两争”和“大干100天，拼搏创样板，攻坚大会战”施工竞赛活动，极大地调动了各施工单位的积极性，一次又一次在全线掀起了比、学、赶、超的工程项目竞赛热潮，有力地推动了工程进度。

2. 在质量管理上，坚持“四字方针”(管、控、监、保)，力求年年有突破

公路建设是一件功在当代，利在千秋的大事。为了实现工程质量年年有所新突破的目标，10年来，工程管理处注重将质量管理提到一个新的高度来认识，并作为中心环节紧抓不放。

(1)抓质量不忘预防在先

在工程质量管理中，始终把工程质量管理的重点，优先放在施工单位，优先放在施工人员的思想上，优先放在预防上。首先，在选择施工队伍上，在选择用料上，在使用机械设备和检测仪器上，绝不放过一个质量“隐患”，必须确保万无一失。其次，每年在开工前，各项目办都对工程管理人员、施工人员和监理人员进行工程技术交底和质量意识再教育，使所有参建人员始终牢牢绷紧工程质量这根弦。第三，各项目工程开工后，在每一道工程工序进行前，先分析和找出容易出问题的环节和地方，然后制定《工程质量保证措施和实施方案》，在质量管理上做到预防在先。

(2)抓质量不断改进施工工艺

为确保工程质量，工程管理处在国省干线各项工程建设中，自我加压，以提高设计、施工质量和管理水平为目的，开展了广泛的科学研究，及时引进先进技术、设备材料及施工工艺，收到了很好效果。新技术、新工艺、新材料在公路工程中推广应用,体现出了提高效率、增强质量、节省资金的科技创新的巨大优势和特点。

1999年,109国道尤家园至祁家皂段涿鹿青杨树和马圈中桥是最引人瞩目、最让公路建设者引以自豪的两座箱型拱桥,由于加大了科技含量和改进了施工工艺,无论外形设计还是内在质量,堪称河北第一座。

2001年,省道下广线蔚县涧楞大桥通过改进墩柱、下系梁和盖梁施工工艺以及竣工后的各项检查,合格率为100%,优良率为99%,质量评为全省第一。

从2002年起,公路基层、底基层全部实现了厂拌机铺。在基层和油面质量控制上有意识地制定了技术内控指标,加上采用目前较为先进的设备铺筑,为创建优良公路奠定了可靠的基础。

2004年,省道宝平线赤城至沙城段,为了进一步优化路线设计方案,浩门岭隧道的设计变更,为国家节省工程建设资金200万元。

2006年,在涵洞工程上不断采用新工艺,同样收到了很好的效果。例如,省道南赤线JC标段,进入赤城县城关地段,由于受自然条件和地理环境的影响,施工地段大部分沿河道、水渠、菜地和村庄方向延伸,作业面狭窄而又分散,大型机械不能进入,人工作业时间长,而且难度大。针对这一难点问题,为保证工程质量,缩短工期,南赤线项目办决定应用新材料"金属波纹涵管"替代桥涵施工,不仅保证了工程质量,而且还节省了资金,缩短了工期,一举三得。

(3)抓质量严格四级质检

一是强化和提高项目办作为业主的质量意识。要求各项办要始终高举质量大旗,紧紧围绕"管、控、监、保"四字方针,大力推行质量管理"六严制",以确保工程质量万无一失。

二是搞好施工单位的自检。各施工单位均成立了专门的自检机构,建立了工程质量自检、互检、交接检一整套程序和制度,层层把关,责任到人。

三是充分发挥驻地办和驻标监理人员在质量控制中的决定性作用。要求驻地办认真抓好工程质量监督,重点部位和关键段落,要旁站监理铁面无私,严格把关。

四是高度重视政府监督的权威性。不管是省质监站还是市质监站到工地检查工程质量,工程管理处都非常重视,并主动要求他们对工程的各分项、分部检查细一些,严一点,发现问题,讲明讲透,并留下宝贵的整改和补救意见。这样一来,各项目办、各驻地办及各施工单位尤其是施工人员对工程质量都有了更高的认识,严把工程质量关已成为每位公路建设者的自觉行动。

正是由于一贯坚持并严格执行"四级质检制",使工程质量稳中求进。同时,不仅使市局直属专业施工单位的一、二公司继续保持着"王牌军"的美誉,而且还锻造了一批县区局小型筑路队伍,他们的整体素质不断增强,工程管理水平与质量均向前迈了一大步,工程质量年年有新的突破。

3. 在安全管理上,坚持"四个落实"(组织、制度、人员、设备)**,力求年年无事故**

安全生产是公路建设永恒的主题。事关人民群众的生命财产安全,事关公路建设的成与败。10年来,工程管理处始终坚持"安全第一,预防为主,综合治理"的方针和群防群治制度,把公路施工安全生产放在突出的位置紧抓不放,一刻也不放松,安全警钟长鸣。每年各项目办下工地前,工程管理处均要组织工程技术人员和管理人员召开工程建设安全工作专项会议,逐级签订《安全生产责任书》。每年元旦、春节、"五一"、"十一"四大节日组织各项目办深入隧道工程、桥梁工程及路线工程关键部位进行安全专项检查。为了切实抓好安全生产,2004年,工程管理处组织编写了《张家口市国省干线公路工程施工安全技术手册》,每年工程开工后,将《施工安全技术手册》印发到各标段施工单位学习落实。在此基础上,全体参建单位层层制定了防洪救灾,防火防盗,安全施工等各类安全生产突发事件应急预案,形成了一个层层加强安全生产,人人重视安全工作的良好氛围,真正做到了"组织、制度、人员、设备"安全生产四落实,从而确保了工程的安全顺利进行。

四、班子建设

10年来,公路工程管理处调整过三届领导班子,每一届领导班子成员都坚持识大体、顾大局,为公路工程建设做出了突出贡献路(图2-6-4)。

图 2-6-4 管理处班子成员精心谋划工程管理

在日常的各项工程管理工作中，领导班子面对出现的新情况新问题，在准确地提出问题和科学地解决问题上，审时度势，快速反应，做出决策，不仅使出现的问题和矛盾能很快解决，而且在整体工作摆布上，做到了“两个文明”一齐抓，两个成果一齐要。

在落实创建文明行业的过程中，党政班子成员和决策者们能够清醒地意识到，创建之首在于育人，人是交通事业成败的关键。没有一支高素质的干部队伍，创建文明行业只能是一句空话。为此，他们在“十五”初期提出了“抓班子，带队伍，强管理，树形象，创建省、市级文明单位”的奋斗目标。在长期的实践过程中，培育并形成了“开拓进取，求实创新，凝聚实干，拼搏奉献，追求卓越”的 20 字团队精神，培养树立了一批批先进人物，为市局输送了一批批年轻优秀的工程技术干部和管理人才，有力地推动了两个文明建设健康发展。公路工程管理处多次被评为优秀党支部、先进集体和市级文明单位。

五、行风建设

10 年来，工程管理处在开展机关效能和行风建设中，始终以“三个代表”重要思想为指导，按照市委、市政府提出的建设“廉洁、勤政、务实、高效”机关的要求，以公路建设为中心，以提高执政能力为根本，以“提速、提质，为人民、促发展”为目标，在交通系统率先推出了以“二提、三效、四目标、五型机关、六不让”为主题的“二三四五六”五型机关创建活动，切实解决机关效能方面存在的问题，逐步形成了“规范、协调、廉洁、高效”的管理机制，收到了良好的效果，受到了社会各界的好评。多次收到工程周边单位和部门赠送的锦旗、镜匾，工程项目办也曾多次被评为全市交通系统行风建设“十佳窗口单位”。

六、精神文明建设

内强素质，外树形象，培养锻造“四有”职工队伍，创建省市级文明单位，这是公路工程管理处孜孜以求的目标。2001 年，公路工程管理处制定了《创建文明行业“十五”规划》，在这个《规划》中推出了“六个一精神文明创建活动”，其具体内容和奋斗目标是：培育和树立一种适合本行业特点的公路工程管理处团队精神；建设一个让上级信任、职工拥护的团结有力的领导班子；培养选树一批公认过硬的先进典型；带出一支思想进步，信念坚定；肯于吃苦，廉洁奉公；作风顽强，团结守纪；技术精湛，能打善战过硬的公路工程管理队伍；为干部、职工努力营造一个现代、优美、整洁、文明的工作环境和工地生活环境；所承管的每一条国省干线新改建公路均达到优良工程。

10 年来，经过三届领导班子和全体职工的共同努力，工程管理处两个文明建设取得了丰硕的成果：领导班子更加凝心聚力；职工群众中先进人物、典型事迹层出不穷；职工队伍团结向上素质提高；工作环境，办公条件进一步改善，工程质量稳步提高，所建工程项目全部达到优良，成为全局最具活力的单位之一。

第七章

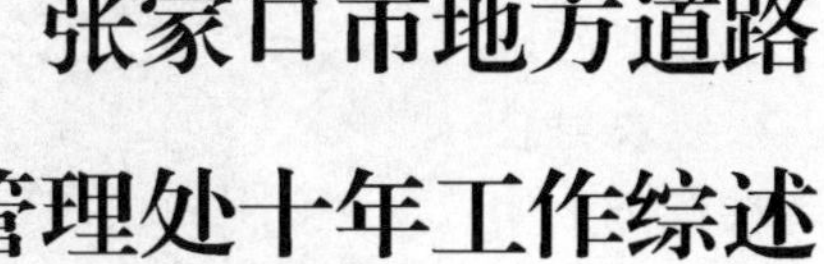

张家口市地方道路管理处十年工作综述

一、基本情况

张家口市地方道路管理处是张家口市交通局下属的科级事业单位，成立于1997年，现有职工30人。下设办公室、财务科、工程科、养护科、路政科、通村办6个科室。负责对全市农村公路建设、养护和路政管理等工作进行指导、监督和检查，推动农村公路高速优质和谐发展，为促进我市城乡一体化进程，提供可靠的交通保障。

二、主要职责

(1)组织和领导干部职工，认真宣传贯彻国家、省、市有关地方道路建设管理养护的方针、政策。

(2)负责编制地方道路建管养规划、计划，并在上级批准后负责组织实施。

(3)对新改建及大中修地方道路工程进行全过程管理，确保工程进度和工程质量。

(4)定期、不定期检查地方道路养护情况，发现问题及时补救，确保道路完好、畅通。

(5)加强路政管理，保护路产、路权及公路设施的安全。

(6)了解地方道路使用情况，做好地方道路路况登记并完善技术档案，实现微机化、现代化、科学化管理。

(7)加强地方道路建、管、养的科学研究工作，积极采用新技术、新材料、新工艺，改进机械设备，提高管养水平。

(8)加强精神文明建设，逐步改善工作环境、工作条件，保障干部、职工的安全、健康，调动职工积极向上的情绪。

(9)完成市交通局交办的其他任务。

三、公路建设发展迅速

农村公路是公路网的基础，是广大农村最主要甚至是一些地区唯一的交通基础设施，对于改善百姓生活、促进城乡物资交流，经济社会发展具有不可代替的重要作用。历年来，张家口市委、市政府和市交通局对农村公路建设都给予了高度重视，有力的支持，因而推动了我市农村公路的迅速发展。特别是1996～2006年期间，我市农村公路建设驶上了发展快车道。10年间农村公路的建设里程比10年前翻了4倍，农村公路的面貌发生了质的变化，全市路网结构得到了极大改善。

1996年以前，由于受政策、理念、资金等方面的限制，我市农村公路发展缓慢，公路建设投资少，公路覆盖面小、技术等级低、通行能力差，严重阻碍了农村经济发展的进程。1996年，我市农村公路虽然已达到3 706公里，但多数乡村道路还是20世纪六七十年代修建的砂石路和自然路；硬化路面不足乡村公路的16%，农村公路的发展迫在眉睫。

1996年以来，市交通局把落实中央关于农业、农村、农民的有关精神落实到具体行动上，站在想民、利民、为农民办实事的高度，主动超前谋划，从组织、政策、资金三个方面加大对农村公路的建设进度和力度。一是在组织上于1997年6月超前组建成立了地方道路管理处，专门负责管理全市农村公路的建设、养护和路政管理工作。二是在政策上率先提出“三个倾斜”，即项目安排上倾斜，资金投入上倾斜，技术指导上倾斜的政策，并出台了《张家口市地方道路管理办法》，使农村公路建设有了政策上的支持(图2-7-1)。三是在资金上实现了农村公路建设资金由“群众集资为主、政府补贴为辅”到“政府投入为主，社会捐资和群众一事一议为辅”的转变。

图2-7-1　快速发展的农村公路

2003年，交通部和省交通厅提出了“修好农村路，服务城镇化，让农民兄弟走上油路和水泥路”的工作目标，对投资结构进行了重大调整，进一步加大了对农村公路的投入，组织实施了旨在提高农村公路通行条件的通达工程和通畅工程。地道处按照市交通局工作部署和具体要求紧紧抓住这一难得的发展机遇，跑部进省，积极争取农村公路建设项目，争取建设资金。不断加大乡村公路建设力度，并于2004年掀起了“村村通”工程建设热潮。仅2004年一年就新建村道2 886.1公里，是1996年前的1.6倍。

10年来，市地道处先后组织修建了白郭线、洋新线、牧闪线、涿黑线、上大线、左怀线等2 500多个农村公路建设项目。到2006年底，农村公路总里程已经突破了17 199公里，是1996年的5倍，其中县道29条1 847公里，乡道306条6 781公里，村道2 213条8 571公里，分别是1996年的6.2倍、4.2倍和5倍。实现了100%县县通油路、100%乡乡通油路、100%具备通车条件的行政村通公路和66%行政村通油路的四大突破。张家口市2002～2006年行政村公路通达率如图2-7-2所示。

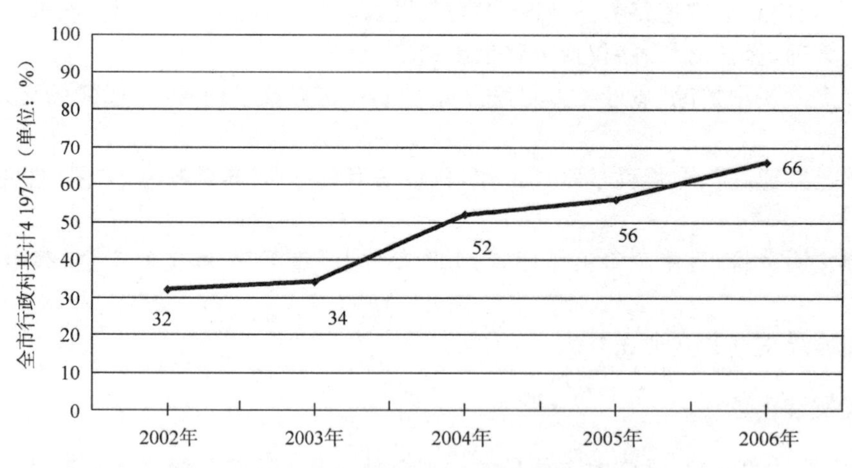

图2-7-2　张家口市2002～2006年行政村公路通达率示意图

农村交通条件的改善，让广大农民群众亲身感受到了党和政府的亲切关怀和改革开放带来的实在成果，为农村经济发展、社会进步创造了基础条件，更为加快社会主义新农村建设和构建社会主义和谐社会发挥了重要作用。

四、养护工作深入推进

10年前，我市农村公路养护管理工作(主要是县级公路养护)由市交通局公路管理处养护科负责。1998年，农村公路养护管理工作交由地道处负责。由于“重建轻养”加之养护资金短缺，县级公路得不到很好的养护，好路率很低，乡村公路几乎是零养护，失养现象严重。

随着农村公路建设的迅速发展，等级的不断提高，农村公路的养护管理工作被提上了议事日程。2001年以来，市地道处狠抓农村公路养护管理工作，坚持“建养并重”的原则，引入“建设是发展，养护管理也是发展”的新理念，不断采取有力措施，深化养护体制改革。为实现农村公路养护管理的规范化、长效化，市交通局着力建立和完善责任以县级政府为主体、资金以县乡公共财政为主体、养护以乡村自主养护为主体的农村公路养护新机制（图2-7-3），使县乡村公路养护大中修工程补贴标准基本达到县道每公里8 400元，乡道每公里3 500元，村道每公里1 000元的标准。同时协助各乡（镇）成立了地方道路管理所，由主管乡（镇）长任所长，具体负责乡村公路的管理养护工作。到2006年，全市共成立“地方道路管理所”215个，占乡（镇）总数的98.2%，有养护管理人员3 559名。通过卓有成效的工作，全市列养县乡公路年均好路率保持在60%以上，路面质量得到保证。

图2-7-3 责任到人 精心养护

五、路政管理实现电子化

加强农村公路路政管理工作，是保证农村公路设施完好、提高公路使用质量、改善行车环境的重要举措。1996年以前，我市没有专门的农村公路路政管理队伍，农村公路路产路权得不到有效维护，处于失管状态。1997年地道处成立以后，农村公路路政管理工作被纳入了工作职责，但路政执法人员素质良莠不齐，设备落后，路政案件得不到及时处理。为加大路政管理力度，维护路产路权不受侵害，地道处积极采取有效措施，自2000年以来每年都要对全市农村公路路政执法人员进行路政执法培训，提高执法人员的综合素质。并结合实际为各县（区）配备必要的执法工具，到2004年，已为全市各县（区）配备公路路政执法专用车辆1辆，大大提高了路政人员执法效率和执法效果。为了进一步提高管理水平，地道处引入了电子化管理的模式，通过推行电子化管理来进一步强化全市农村公路路政管理工作。2006年初，地道处经过积极运作，投资40多万元为各县（区）地道站统一配备了微机、照相机、打印机及路政管理软件，在全省率先实行公路路政网络数字化、电子化管理。它对于进一步提高工作效率和工作质量，节约人力物力，及时准确了解和掌握情况，促进工作的统一化、标准化、电子化、网络化、科学化管理有着积极的推动作用，标志着我市农村公路路政管理工作又迈上了一个新台阶，使我市农村公路路政电子化管理实现了零的突破。

六、班子建设不断强化

地道处成立以来，面对诸多压力和困难，历届班子励精图治，以班子建设为抓手，推动各项工作顺利开展。一是在班子中大兴学习之风，坚持把提高班子成员的理论素养摆到重要日程，有计划、有组织、有重点地学习党和国家的各项方针政策，用先进的理论武装头脑，坚持人人记笔记，写心得，常年不间断。二是坚持在班子成员中经常开展谈心活动，定期不定期召开民主生活会，适时掌握班子成员的思想脉搏，有针对性地做好思想工作。三是班子成员积极倡导并坚持民主集中制原则，坚持集体领导与个人负

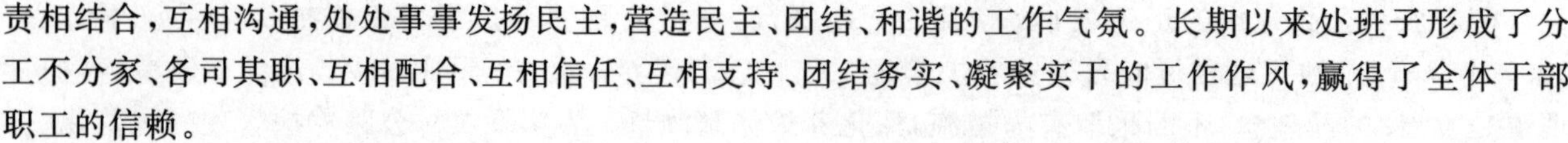

责相结合，互相沟通，处处事事发扬民主，营造民主、团结、和谐的工作气氛。长期以来处班子形成了分工不分家、各司其职、互相配合、互相信任、互相支持、团结务实、凝聚实干的工作作风，赢得了全体干部职工的信赖。

七、党建工作常抓不懈

一是及时调整充实支部班子力量，并做到职责清楚、分工明确；二是围绕中心工作开展创建"五好"党组织活动，使支部建设充满活力；三是坚持"三会一课"制度，加强对全体党员的政治思想、理想信念等教育，使党员政治坚定，思想统一；四是加强对入党积极分子教育培养，严把组织发展关，注重对第一线工程技术人员的培养和教育。目前，地道处57%的职工是党员，比1997年增长了32个百分点；五是认真开展共产党员先进性教育活动，使党员的先进性在全处各个岗位、各项工作中发挥了先锋模范作用。党建工作的开展，使地道处党组织的战斗力和凝聚力得到了不断加强，党组织的战斗堡垒作用也得到了充分显现。

八、廉政建设警钟长鸣

一是强化制度建设。每年都要对党风廉政建设规章制度进行修订和完善，并严格执行。二是对领导班子廉政建设目标责任进行分解，层层签订廉政建设责任状，认真落实廉政责任制。三是建立党员干部廉政档案，详细记录廉政行为。四是经常开展不同形式的警示教育，用正反两方面典型和教材教育干部职工遵纪守法。五是在地方道路建设领域大力开展治理商业贿赂活动，杜绝不正当竞争行为。多年来，地道处没有发生一起违法违纪事件。

九、精神文明建设和行风效能建设有声有色

一是利用政务公开栏、张贴宣传标语、组织干部职工上街宣传、外出学习等丰富多彩的形式开展精神文明建设和行风效能建设宣传教育活动，在干部职工中先后开展了"爱我交通、我为交通做贡献"、"建设学习型进取型单位"、"加强执法队伍建设，创建文明服务窗口"、"提速工作过程、提高工作质量"、"扶贫助学，奉献爱心"、"党员先进性教育"等活动，比服务、比技能、比素质、比贡献，充分调动了干部职工的积极性和主动性。二是结合工作实际大力倡导"爱岗敬业、诚实守信、办事公道、服务群众、奉献社会"的良好的职业道德风尚，使全体员工深刻认识到我的一言一行代表地方道路交通形象，我的岗位就是文明窗口，我的工作质量就是单位的工作效率。

十、行政执法行为规范

一是每年都要对全市农村公路路政执法人员进行一次业务知识培训，进一步提高执法人员的业务素质和综合技能。二是严格落实行政执法责任制，不断建立健全行政执法工作责任机制、运行机制、制约机制和奖惩机制。三是严格执行市局交通行政执法各项制度。四是不断加大监督检查和考核力度。凡上级转来、群众举报或在执法检查中发现的问题，全部认真及时地进行了调查处理。按照"两错"责任追究的规定，对错案和执法过错责任人真追实纠。五是结合《行政许可法》的贯彻落实，积极推进行政权力的公开透明运行，把知情权交给广大人民群众，使行政权力的运行工作始终置于群众的监督之下。

第八章

张家口市公路养护管理处十年工作综述

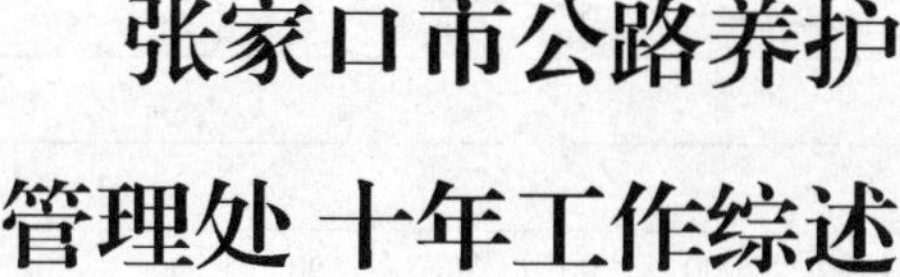

一、基本概况

张家口市交通局公路养护管理处，成立于1994年，2005年经市编委批准，正式更名为张家口市公路养护管理处，负责全市4条国道15条省道，共2 079公里国省干线公路的日常养护管理、路政管理、超限运输治理、大中修和桥梁加固工程的组织实施。该处下设办公室、养护科、工程科、路政科、治超科、财务科6个科室和一个路政执法支队，共有在职职工57人。全市设置40个养护中心，35个养护道班，共有管理人员、养路工、路政员3 210名。

由于特殊的地理位置和区位环境，张家口市干线公路普遍呈现出交通量大、重载车多、重度污染的特点，公路养护管理工作难度大、任务重，该处以为社会提供良好的干线公路交通环境为己任，不断探索养护机制改革，强化内部管理，崇尚凝聚实干，推进行风建设，全面加强了日常养护、路政管理、超限治理和大中修工程管理，经过全系统干部职工的共同努力和奋力拼搏，圆满完成了干线公路养护管理的各项任务目标，10年来，干线公路养护管理，实现了跨越式发展。

二、10年来国省干线公路养护管理发展变化情况

(1)公路等级迅猛提高。随着市交通局对国省干线公路新建改建力度的加大，国省干线公路的里程和等级也在逐年提高，公路里程从1996年的1 881公里发展到2006年的2 079公里，特别是公路等级有了突飞猛进地提高，实现了从1996年高等级公路占总里程的21%，到2006年72%的跨越式发展。

(2)养护资金投入加大。国省干线公路养护管理的投入呈逐年递增趋势，由1996年的2 854万元增加到2005年的2.1亿元，养护资金投入的加大，为全市国省干线公路养护管理事业实现跨越式发展，提供了有力的资金支撑。

(3)养护机制改革的不断深入，有效地调动了干部职工的积极性和创造性。干线公路日常养护、路政执法、超限治理、大中修工程管理的工作力度逐年加大，列养干线公路的好路率稳步提高，全市干线公路普遍达到"畅、洁、绿、美、安"的标准和要求。1996～2006年度好路率情况统计如图2-8-1所示。

(4)科学合理地安排公路大修、中修和桥梁加固工程。从1997年开始，养护处还积极参与干线公路新改建。通过大中修工程的实施，提高了国省干线公路的路况质量，使国省干线始终保持良好的运行状态。1996～2006年度完成大、中修和桥梁加固情况统计如图2-8-2～图2-8-4所示。

(5)10年来，随着公路绿化工作力度的不断加大，全市国省干线公路易林路段基本实现了公路绿化，新改建路段基本能在工程通车的第二个年度完成绿化任务，按照外乔、内灌、下花草的立体思路，部分路线达到了绿色通道要求。

(6)基础设施建设的投入加大，公路养护管理系统办公设施得到改善。市处、公路站、路政大队、养护中心、治超检测站、道班等基本达到花园式标准，干部职工的工作、生活环境得到有效改善。1996～2006年度公路站、养护中心、道班情况统计如图2-8-5所示。

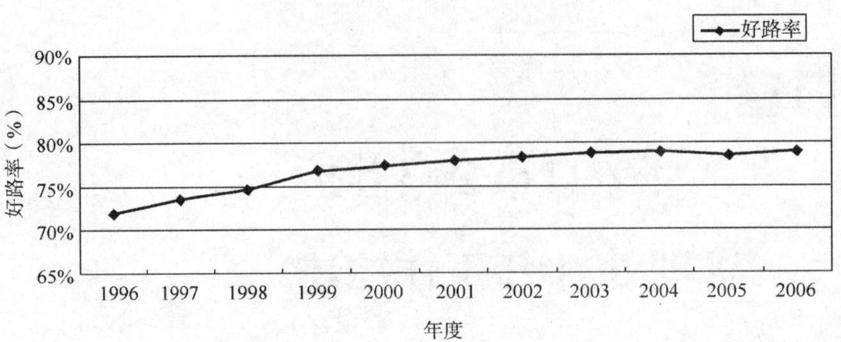

图 2-8-1 1996～2006 年度好路率情况统计

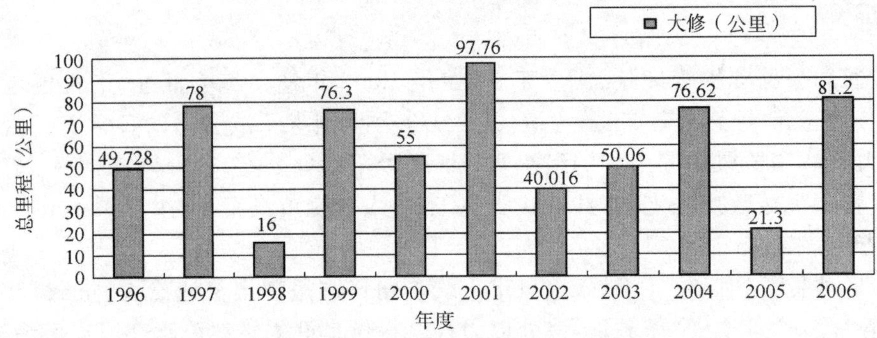

图 2-8-2 1996～2006 年度完成大修情况统计

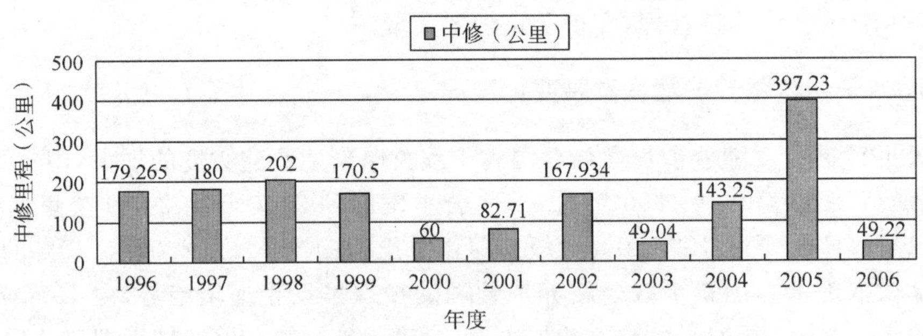

图 2-8-3 1996～2006 年度完成中修情况统计

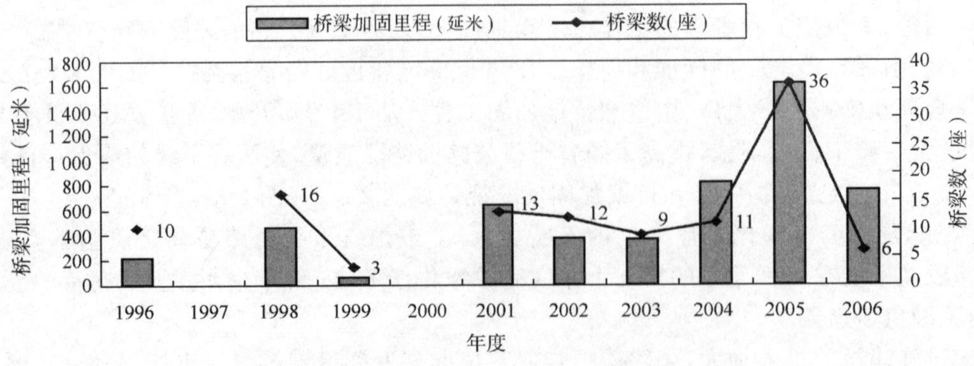

图 2-8-4 1996～2006 年度桥梁加固情况统计

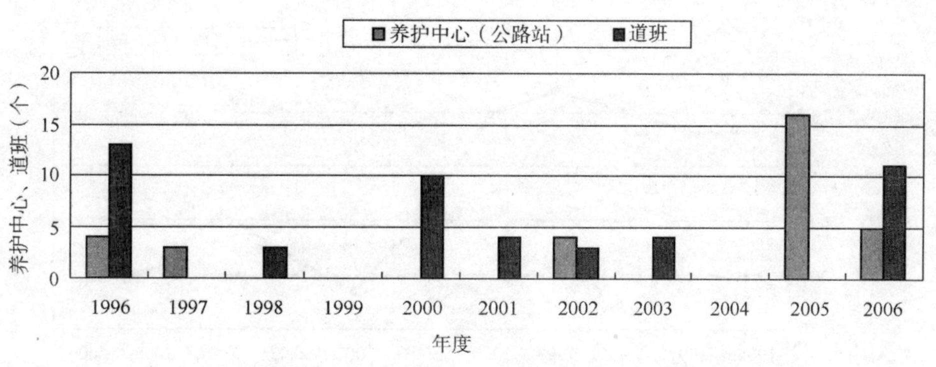

图 2-8-5　1996～2006 年度公路站、养护中心、道班情况统计

(7)干线公路日常养护的机械化程度逐年提高。各县区均配备了大量实用型的清扫、挖补和清障等养护机械,养护机械的配备无论数量、质量和机械功能都有了大幅度提高,重点路段还配备了扫地王、铲雪车、破冰机、装载机等大型养护机械,这些养护机械的配备,提高了工作效率、工作质量和养护生产的机械化程度,提高了应对公路水毁等突发事件的能力,有效地减轻了养路工的劳动强度。1996～2006 年度养护机械情况统计如图 2-8-6 所示。

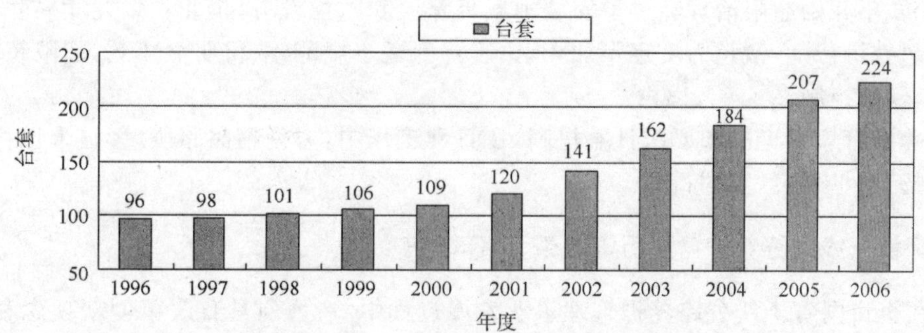

图 2-8-6　1996～2006 年度养护机械情况统计

(8)随着社会对公路通行质量要求的不断提高,养护系统的服务意识也在逐年增强。对国省干线公路的标志、标线设置日益重视,投入加大,干线公路的标志标线日臻完善,公路的整体服务功能得到提升。1996～2006 年度标线、标志牌情况统计如图 2-8-7 所示。

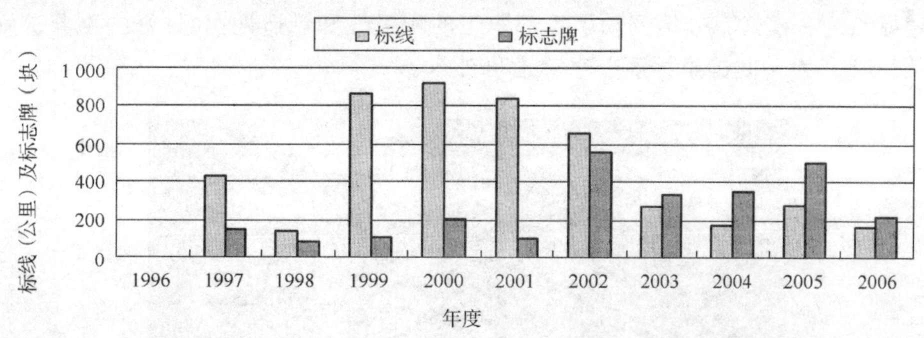

图 2-8-7　1996～2006 年度标线、标志牌情况统计

(9)路政执法力度日趋增强。路政管理工作走过了从起点到发展的变化过程,随着路政队伍的壮大和素质的不断提高,路政执法行为的逐步规范,路政管理和路政案件处理力度不断加大,路政管理职能得到了充分发挥,路政案件呈现出逐年下降和结案率逐年提高趋势,依法保护了公路路产路权。1996～2006 年度路政案件情况统计如图 2-8-8 所示。

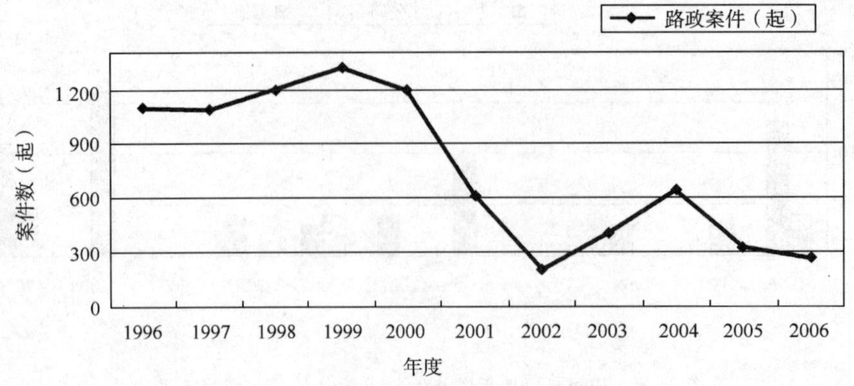

图 2-8-8　1996～2006 年度路政案件情况统计

(10)国省干线公路日常养护管理的科技含量逐年提高，主要表现在：开发了路面、桥梁两个管理系统并应用于指导和计划生产；应用了乳化沥青稀浆封层技术，实用于预防性养护，降低了养护成本，延长了公路使用寿命；推广了冬季低温混合料养护技术，确保了冬季公路常年基本无坑槽；利用了油包、推移路段铣刨技术，既节约了资金，又平整了路面；研制了简易公路清扫车，提高了保洁频率；设计规划了公路信息化管理模式，为社会提供及时的公路服务和出行信息等。

(11)从 1996 年开始超限治理经过了安装轴载承重仪和监控设备，华北和省九厅局联合治超的零点行动和全省治超铁铲行动，治超力度逐年加大，执法行为逐步规范，取得明显成效，超限超载运输得到有效遏制，双超车辆被控制在了 6%以内。

(12)公路养护管理的标准和要求日益提高，在日常工作中，力创精品路段，彰显人性化服务，干线公路基本实现了畅、洁、绿、美、安的目标。

三、10 年国省干线公路养护管理历史沿革、工作举措

10 年来，在全市国省干线公路养护管理事业发展过程中，一系列具有改革创新理念和举措，反映到养护事业中，这些新理念、新举措、新思路对全市公路养护管理事业实现跨越式发展，产生了极其深远的影响。

1. 不断探索养护机制改革，调动干部职工积极性

10 年来，养护处结合全市国省干线公路养护管理的实际，抓住养护机制改革这一关键环节，不断探索机制改革和工作创新，初步确定了计量支付、养护承包、责任路段和勤检查、勤通报、重奖罚的管理模式。经过多年实践，这一模式有效地调动了干部职工的积极性和创造性，为做好各项养护管理工作奠定了坚实基础。图 2-8-9 为 109 国道涿鹿分水岭道班外景。

图 2-8-9　109 国道涿鹿分水岭道班外景

(1)确立“以养为重”的工作思路。“以养为重”就是指公路养护管理的各项业务工作都要服从和服务于日常养护,为社会提供“畅、洁、绿、美、安”的公路交通环境。路政管理、超限治理、公路绿化、大中修工程等各项工作都要以“养好路、好养路”为中心,着力为公路养护保驾护航。

(2)实行计量支付、养护承包和责任路段管理。日常养护采取市处与各县区交通局公路站签订日常养护承包合同的形式进行。养护承包合同综合考虑各县区养护里程、技术等级、交通量、车辆结构等因素,根据计量支付原则确定日常养护经费,县区局再将日常养护工作任务以承包合同的形式分解到人,提高了养路工的责任感、自觉性和工作积极性。为确保责任路段制度的落实,在所列养的国省干线公路设置了责任路段公示牌。责任路段、责任人和养护责任等相关内容全部进行公示,随时接受上级领导和社会各界的监督。同时,为进一步明确责任,市处调整了养护作业方式,采取了以分散作业为主,分散与集中相结合的养护生产方式。各县区公路站建立健全了养护台账和路产台账,明确要求养路工对自己责任段的公路路产、桥涵状况做到心中有数。由于责任明确,养路工自觉地肩负起了养路、巡路、管路和及时发现并举报路政案件的职责。

(3)以勤检查、勤通报、严奖罚等措施促进责任路段制度的落实。为促进责任路段管理,加强了对日常养护作业的检查,实行了月检查制度,并以月检查为依据进行月通报。月通报在上报省交通厅、下发各县区交通局的同时,抄送县区政府,使县区主管交通工作的领导及时了解和掌握本县区养护工作的开展情况,从而引起县区政府对公路养护工作的重视和支持,形成了齐抓共管的工作局面。严奖罚就是在通过检查掌握责任路段、责任单位和责任人的工作情况后,对工作好的给予奖励,工作差的给予处罚,对养护工作排名滞后的县区,给予扣除经费的处罚,县区局对责任路段没有尽责的责任人给予相应处罚。通过采取这些手段,不仅建立了有效的激励机制,而且在养护资金使用上打破了平均分配,真正使工作业绩与个人收入挂钩,在全系统形成了奖勤罚懒、奖优罚劣、崇尚实干的工作氛围。

2. 加强公路日常养护,全面实施保畅工程

公路养护,保畅为先。10 年来,市处抓住容易影响和造成交通不畅的坑槽挖补、翻浆处理、桥涵养护、水毁修复、清理积雪等重点环节,在保畅方面开展了大量工作。

(1)加大了油路挖补力度。及时对影响行车安全的路面病害进行处理,确保干线公路常年无坑槽。10 年来,累计完成小修挖补面积 2 248 930 平方米。目前,我市国省干线公路的挖补已经基本实现机械化作业和规范化施工。

(2)加强了对现有桥涵构造物的检查和养护。首先,加大了对桥涵(特别是三、四类桥)的巡查和养护力度,做好桥涵构造物的经常检查、定期检查和特殊检查,发现问题及时报告,及时处理,并及时在危桥、险桥处设置明显警示标志。其次,积极采取措施,对破损桥栏杆及涵洞、防护工程进行维修。第三,及时对桥涵水道进行疏通,始终保持桥涵进、出水口畅通,防止因排水不畅给桥涵造成危害,确保了桥涵的安全运行。第四,对被评定的危桥,除及时上报省厅外,还要采取临时加固、设立限载限速标志、限制大型车辆通行、提前向驾乘人员发出预告、建立危桥档案、派专人严看死守做好检测记录等一系列保障措施。

(3)做好汛期保畅。发生山体滑坡、泥石流、落石塌方、桥涵及公路设施损坏等水毁灾害以后,不等不靠,本着先抢通、后恢复的原则,积极开展抗洪抢险和水毁抢修,尽可能将损失和影响降低到最低程度。10 年来,累计清理塌方 80.58 万立方米,修复涵洞 545 座,恢复及增设砌体 24.727 万立方米。

(4)加强公路日常保洁工作。提高路工上路率和路面清扫频率,改进养护作业方式,实行机械清扫与人工清扫相结合,使国省干线公路常年保持干净、整洁。

(5)做好冬季公路清雪防滑工作。针对我市冬季降雪多、清雪防滑任务重的实际,每年都要制定“冬季除雪保畅方案”。遇到降雪天气,及时在山区急弯陡坡路段清雪并撒布防滑料、融雪剂,保证了雪天的公路畅通。

(6)狠抓公路绿化。10 年来,全市先后完成了国道 109 线、110 线、112 线、207 线和省道张沽线、张化线、半虎线、张同线、柴后线等路线的绿化工作,新增绿化里程 563.5 公里,建成绿色通道 814 公里,干线公路整体形象得到提升。

3. 加强路政管理，优化公路环境

10年来，张家口市坚持管养并重原则，认真履行路政执法和管理职能，重点对散装货物运输、公路用地范围内违章建筑、乱堆物料、乱倒垃圾、公路集市贸易等进行了治理，优化了公路环境，保护了路产路权。

(1)组织教育培训，提高队伍素质。10年来，全市坚持教育培训工作常抓不懈，按照队伍建设的阶段性目标要求，先后组织大规模路政执法脱产岗位培训5次，参训人员1 816人次，收到了“内练素质、外树形象”的良好效果。同时，我市还在路政执法队伍开展“四项教育”和多层次的换位思考教育活动多次，路政执法人员遵章守纪、依法行政、文明服务，受到上级领导和社会各界的一致好评。

(2)加强综合治理，净化公路环境。10年来，全市在努力强化执法手段的基础上，积极争取地方各级政府和公安、法院、国土、城建、工商等有关部门的支持，进一步加大了综合治理的力度。10年间，累计拆除(制止)违章建筑2 386处23 701平方米、清理违章堆放物料7 895处50 342立方米、清理非公路标志5 735块、迁移公路集贸市场35个、完成街道化治理242.127公里，全面净化了我市的公路行车环境，提高了公路的通行能力。同时，还进一步配套和完善了公路标志标线，累计补设更新公路标志牌2 863块，施划标线3 235.162公里，全市国省干线公路的整体服务功能稳步提高。

(3)规范执法行为，杜绝公路“三乱”。10年来，全市在深入开展“四项教育”，严格落实“两制”，认真遵守“八不准、三注意”、“路政执法六条禁令”、“交通行政执法人员上路执法二十个不准”的基础上，采取各种有效措施，规范路政执法行为，严禁公路“三乱”问题的发生。要求同一组执法人员必须统一着装、持有《行政执法证》和上岗证，驾乘制式执法车辆上路；兼职人员不得擅自对路政案件进行处理；严禁以治超为由查车和以其他理由罚款收费；对大件运输车辆，按照“责令停驶—补办手续—监护通行”的原则进行管理；不得以任何理由拖延时间处理案件，严禁超越职权范围执法等等。在市交通局与各县区交通局和有关单位签订“治理公路路政‘三乱’责任状”的基础上，要求各路政大队长与中队长、路政员层层签订“路政管理责任状”，并加强监督检查，坚决杜绝公路“三乱”行为的发生。

(4)坚持依法行政，维护路产路权。张家口市严格依据《中华人民共和国公路法》、《交通行政处罚程序规定》、《河北省交通行政处理程序》、《河北省公路路产赔(补)偿标准》等法律、法规和规章、规定处理路政案件，使路产路权得到了有效维护。10年间，共处理案件15 347起，查处率和结案率常年保持在98%以上。

(5)实施阳光审批，规范路政许可。《中华人民共和国行政许可法》颁布实施和行政审批事项进入市政府行政审批中心以来，张家口市建立并完善了一系列配套制度，明确了市、县两级路政执法机构的职责，并能够严格依法审批和加强事后监管。审批项目一律经所在地路政大队审查签署意见，报市政府行政审批服务中心统一受理，转回经办部门后由两名以上同志进行现场勘查，出具书面勘查报告。而后经部门负责人—主管处长—处长或主管局长签字同意后，返回中心签章批复(不予批复的书面通知路政大队并告知理由)，坚决杜绝“两头”审批现象，确保审批过程公开透明。审批事项进入政府审批中心以来，没有收到申请人的一起投诉、举报，在承诺期间内，按时办结率达到100%。

4. 超限治理工作取得明显成效

1998年4月，张家口市正式开始对超限运输车辆进行全市性的统一治理，取得了明显成效。具体划分为三个阶段：

第一阶段(1998年4月～2000年6月)，主要是探索阶段。这一时期治理以收取补偿费为主，养护处通过与市政府纠风办联系，确定了“加强源头管理，做好出口治理”的基本原则，最后在怀来沙城、万全孔家庄、阳原王府庄和蔚县桃花设立了四个超限运输检查站。沙城站主要搞出口治理，其余三个站主要搞源头管理。两年共对50余万辆次的超限车辆进行了处理，并收取超限运输道路补偿费4 000余万元。

第二阶段(2000年7月～2003年11月)。养护处在各超限运输检查站安装了称重设备及电子监控设备，并联合市政府纠风办统一制定了赔(补)偿费收取标准，经省政府办公厅批准执行。这一阶段，共对近百万辆次的超限车辆进行了处理，并收取超限运输赔(补)偿费8 000余万元，全部用于公路及桥涵的维护，有效缓解了养护资金的不足。

第三阶段自 2003 年 12 月 1 日的华北五省市联合治超“零点行动”开始，以 2004 年 6 月 20 日在全国开展的“铁铲行动”为推动，并逐渐进入高潮。按照“卸载到位、罚款放行”的原则，有效遏制了超限运输猖獗的势头，一度使超限运输车辆濒于绝迹。但是，由于利益驱动等多方面的原因，由阳原、蔚县运往怀来县土木煤场的短途车辆又逐渐恢复治超前的状态，超限运输现象有所抬头。鉴于此，养护处立即上报市治超办，并对治超方案和站点设置进行了及时调整。调整后，我市共有治超检测站点 13 个，其中包括经省政府批准的怀来沙城等四个超限运输检查站。近两年来，全市共检测车辆 54.7 万辆次，并对 2.5 万辆次的双超车辆进行了卸载，共卸载货物 14.3 万吨，罚款 1 000 万元。经过治理，全市“双超”车辆已下降到 6%以内。

5. 优质完成大中修和桥梁加固工程

10 年来，按照省厅的计划安排，养护处共完成大修工程 641.984 公里，中修工程 1 681.149 公里，桥梁加固工程 116 座/5 319 延米。10 年间，各项工程均在保质保量的前提下如期竣工，所有的内业资料、竣工资料均按要求整理齐全，经质量监督部门和验收组评定，全部达到优良标准。

(1)做好大中修工程开工前准备工作。包括工程的招投标工作、各种原材料试验工作、机械设备准备进场工作、各项施工组成设计等。

(2)实行合同管理，引入监理、监督机制，加强工程质量管理。

(3)加强工程全过程管理，规范工程管理程序。

(4)采用新材料、新级配和新工艺，降低成本，提高质量。

(5)积极参与新改建工程建设。

养护处从 1997 年首次作为业主，牵头组织实施了 207 国道张北段 22 公里新改建工程，并开创了高等级公路当年开工当年通车的公路建设先河。随后又参与了我市 207 国道二、三期和 207 南线新改建工程的建设，多次对城市出口路张宣路进行改造。随着 2003 年 207 南线断头路工程的竣工通车，标志着从 1997 年以来，由养护处牵头组织实施的 207 线一、二、三期工程全部完成，207 线从张家口城市出口至内蒙古交界，全部成为高等级公路，总里程达 124.254 公里，完成投资 46 529 万元。

养护处参与公路工程新改建既支援了我市公路建设，又锻炼了养护队伍，还为公路养护管理事业发展积累了资金。

6. 坚持“以人为本”，彰显人性化服务，狠抓安全保障和文明样板路工程

(1)以解决群众关注的热点难点问题为着力点，全面实施安全保障工程。10 年来，我市按照“安全、环保、经济、实用”的原则，以“消除隐患，珍视生命”为主题，对公路的急弯、陡坡、视距不良和事故多发路段，开展了综合治理，维护了人民生命和财产安全。2004 年，市交通局争取资金，在交通事故频发、群众反映强烈的省道张同线马路东段、110 国道沙岭子段修建了过街天桥 2 座，设置了太阳能黄闪灯、大型警示标志、标线减速带等设施，杜绝事故再次发生。对 2003 年部级督办危险路段 207 国道万全下行段，修建了 4 条紧急避险带。这 4 个避险车道建成以后，充分发挥了降低事故频率、减少人民生命财产损失的作用。据不完全统计，从 2004 年建成以来，避免了 57 起车毁人亡事故的发生。因张石高速公路改建施工，207 国道上下坝路段改为双向行车，事故隐患增加，养护处及时增设了警告标志，设置减速道钉 36 组 138 道。2005 年，在半虎线沽源境内的两个事故频发点，施划标线减速带及“慢”字提示 600 平方米。完工后，两“黑点”没有再发生交通事故。

(2)全力以赴建设 109 国道文明样板路。2001～2005 年，省交通厅将 109 国道确定为部级文明样板路建设项目，张家口市按照《文明样板路建设标准》，高标准完成 109 线文明样板路建设任务，使 109 国道达到了路面整洁(图 2-8-10)、路基稳定、绿化平台线条分明、桥涵构造物完好、排水设施齐全、标志标线清晰醒目、使用性能良好，沿线标语粉刷统一，养护中心管理规范、制度完善的效果。

(3)对张宣公路进行综合整治。2004 年，养护处按照市委、市政府提出的“改善公路行车环境，提高城市文化品位”的要求，投资 1 100 万元，对张宣公路 7 公里路段全面了“绿化、美化、亮化”工程。完成隔离带绿化 7 公里，新植灌木 20.01 万株(丛)；安装隔离带路肩石 3.8 万块，新铺慢车道路缘石 2.2 万块;安装路灯200盏。

四、党建工作

图 2-8-10 109国道阳原段一景

养护处党支部以思想建设、组织建设、廉政建设为中心,将支部党建工作与和谐交通、廉政交通、行风建设、效能建设、行政权力公开、展示文明形象等活动有机结合,使党建工作与机关管理、业务工作紧密结合,赋予了党建工作实实在在的内容,做到了党建工作与机关业务工作互相促进,共同提高。

1. 坚持不懈地抓好职工政治思想教育

养护处党支部历来十分重视干部职工的政治理论学习和思想教育,并坚持做到了常抓不懈,持之以恒,处党支部每年都制定详细的学习计划,使学习教育活动做到有计划、有组织地开展,为增加学习活动的趣味性,使学习活动更具针对性。养护处以支部和党小组集体活动为主,并采取轮流宣讲、办专题讲座、上专题党课、交流心得体会、开展专题大讨论、组织理论考试、办学习园地等形式,对干部职工进行经常性的政治思想教育。思想教育主要内容以党的现行政策、党的基本理论、党的历史知识、党的纪律、党的宗旨等为主要内容。在学习理论知识的同时,结合单位工作特点和职工思想实际,对职工提出具体要求,要求他们不要忘记党的宗旨,不要忘记党的纪律,要勤政为民,要心系群众,要经常进行换位思考。这些教育活动对于全处职工端正工作态度,改进行业作风,提高办事效率,提升服务质量发挥了重要作用。

2. 加强组织建设,增强凝聚力

处党支部按照"班子建设好、党员形象好、作用发挥好、制度落实好、群众反映好"的"五好"要求,完善工作机制,创新工作方法,丰富活动内容,加强组织建设,调动党员干部的积极性,发挥党员队伍的凝聚力和战斗力。

支部班子,互相团结,有凝聚力,班子成员之间沟通多,班子成员站位准,岗位职责明确,遇事都能从交通事业发展的大局出发,心往一处想,对重要事务和工作的决策能够坚持集体研究,能够充分发扬民主,广泛征求和听取不同意见,坚持民主集中制。

充分发挥处工会、妇联、共青团群众组织的作用,营造团结互助,和谐融洽的人际关系环境。为了活跃职工文化生活,增进职工之间沟通与交流,处工会每年在"五一"、"十一"、春节都要开展职工联欢活动,"三八"节妇女举办联谊会,共青团在"五四"也要举行纪念活动,处健身房也是干部职工经常聚集交流的好场所,这些健康向上的文化娱乐活动的开展,起到了活跃文化,促进交流,增进友谊,维护团结的作用。

处党支部非常注重培养和发展新党员,按照"坚持标准,保证质量,改善结构,慎重发展"的方针,坚持成熟一个发展一个,严格按照组织程序发展了一批新党员,从2003年开始共计发展新党员14名,壮大了党员队伍,为支部增添了新鲜血液,较好地发挥了先锋模范作用。

3. 结合工作实际狠抓党风廉政建设

在开展理论学习的同时,侧重强化对干部职工的思想道德和组织纪律教育。从爱护干部,不出问题的角度出发,开展职业道德、优良传统、党纪党规和法律法规教育。开展经常性的警示教育,结合全国交通系统大案要案等典型案例,对一系列违法违纪案件进行剖析,警示教育做到贴近干部职工的思想和工作实际,更具有针对性,使干部职工头脑中警钟长鸣,常思贪欲之害,常怀律己之心,更加珍惜来之不易的工作岗位,来之不易的幸福生活。通过警示教育,从思想上起到警示作用,从行为上起到震慑作用。

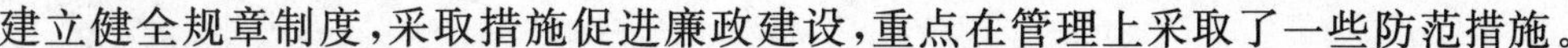

建立健全规章制度，采取措施促进廉政建设，重点在管理上采取了一些防范措施。

(1)层层签订廉政建设目标责任书。处主要领导与市局、处支部与各科科长均签订廉政建设目标责任书，责任书均包括责任内容、责任考核、责任追究，处领导与科室负责人责任书内容明确了不出现违纪金额在5 000元以上的经济案件，否则对科室负责人和直接责任人进行处罚。

(2)建立健全机关管理规章制度。2005年养护处以保先教育为契机，进一步完善了管理制度，从科室职能、岗位职责、办事程序、管理办法、行为规范和党建工作等方面均制定了明确的规章制度，基本实现了靠制度管理事务，靠制度约束和规范职工行为的目标。

(3)实行了重大决策集体研究决定制度。为增强班子决策透明度，增强决策的科学性，多方听取意见和群策群力，在重大问题决策上，采取了集体研究，职工代表大会通过，较好地防止了重大决策暗箱操作和个人说了算。

(4)股级干部任用采用了公开竞聘原则。该处为用好干部，实行了用人制度方面的改革，股级干部任用实行干部职工自愿报名、个人述职、职工、领导打分、班子研究决定的干部任用机制，用人实现了公开竞争，竞聘上岗，防止了用人上的不正之风。

(5)全面推行政务公开。按照交通局党委关于政务公开的有关规定，对职工关心的重大决策、相关政策、三费使用、职称评聘、人事任用等事项，利用处政务公开栏进行公开。为增强各项行政审批政策透明度，便于社会监督，还将路政、治超行政审批有关政策依据、收费标准、办事时限等进行了上墙公开。

(6)大中修工程实施“阳光工程”。大中修和桥梁加固工程全部实行招投标管理，通过招投标程序选择施工单位，通过招投标文件规范工程管理。市处制定的国省干线大中修工程管理办法从技术交底、开工报告、进度管理、工程例会、施工资料、施工工序工艺、财务管理、中间检查、竣工验收等环节均做了严格的程序和规定。工程科还制定了部门工作人员廉政建设责任制，并接受市局派驻工地廉政检查组的监督。这一系列措施从工程施工各环节均对工作人员进行了制约，防止工程施工中的腐败行为。

(7)日常养护实行了计量支付和养护承包。为减少养护资金使用的随意性，多年来一直与县区局站签订养护承包合同，承包合同就列养里程、路况等级、任务目标、技术要求、养护经费及下拨程序等相关内容签订合同，小修工程实行计量支付，这些措施均有利于干部职工清政廉洁。

(8)路政、治超实行规范审批。市处将所有行政审批项目全部纳入市政府审批中心管理，行政审批的程序得到进一步规范。在路政、治超行政审批办理过程中，通过政策上墙和工作人员的讲解的方式，将当事人关心的审批依据、审批程序、收费标准、时限要求进行公示和告知，使办事人有了知情权，有效防止了行政审批中的暗箱操作和吃、拿、卡、要等腐败现象。

(9)严格财务管理，堵塞财务漏洞。针对财务开支渠道多，业务量较大的实际，为严格财务管理，采用了一支笔审批、经办人、科室负责人、主管处长多人签字的财务报销制度。对缺少签字程序的，财务会计、出纳不予拨付，票据和签字符合规定的报销，不符合规定的一律拒绝办理。同时还特别规定两千元以上支出走转账的管理制度。这些规定堵塞了财务管理方面的漏洞，把好了财务关和资金使用关，防止了财务风险，促进了廉政建设。

第九章

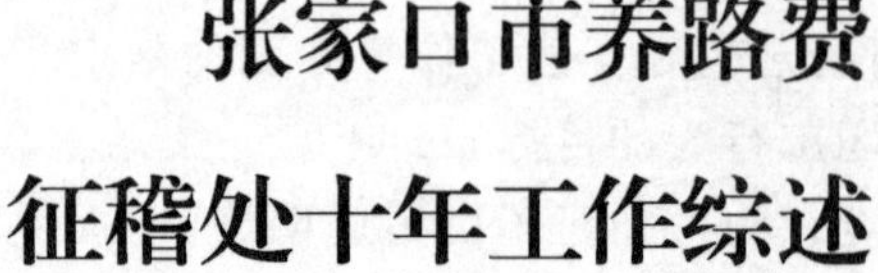

张家口市养路费征稽处十年工作综述

一、基本概况

张家口市养路费征稽处是科级事业单位，隶属张家口市交通局。其主要职责是贯彻落实国家养路费征收法规；负责全市养路费征收稽查管理及指导、督促、检查县区征稽机构养路费征收稽查工作；负责对全市公路(桥)收费站的收费政策的贯彻与实施和业务管理工作(图 2-9-1)。

图 2-9-1

该处成立于 1993 年，原名为张家口市交通局养路费稽征所，1995 年，更名为张家口市交通局养路费征稽处，2005 年 6 月，经市机构编制委员会审批，正式更名为张家口市养路费征稽处(以下简称征稽处)。

征稽处现有干部职工 80 人。其中本科学历 10 人，专科学历 36 人，中专学历 14 人，高中及以下学历 20 人；专业技术人员 22 人，其中取得高级专业技术职务 1 人，取得中级专业技术职务 4 人，取得初级专业技术职务 17 人。内设办公室、财务科、综合办、稽查大队、征费所、通行费管理科、微机征费管理中心等 7 个科室。辖全市 17 个县区征稽所、10 个公路收费站，全市有养路费及通行费征管工作人员 1 052 人。

二、交通征稽和谐快速发展

1. 养路费征收额增长迅速

交通征稽部门根据国家四部委(91)交工字 714 号《公路养路费征收管理规定》征收公路养路费，省交通厅冀交公字(1992)233 号《河北省公路养路费征收管理办法》规定征收标准为货车 150 元/月·吨，客车 160 元/月·吨；1996 年河北省财政厅、物价局将征收标准调整为货车 190 元/月·吨，客车 210 元/月·吨。

为了进一步适应市场经济条件下的交通规费征收形势，10 年间，养路费征收工作从管理体制到征管手段都发生了深刻的变化。管理体制逐步由计划经济时代行政命令式的费收征管过渡到与市场经济形势相适应的以宏观调节为主、行政手段为辅的征收管理方式；征管手段也由过去简单粗放，手工操作为主渐变为合理、细化、全部微机作业的较为先进的征管模式，养路费稽查、内业征收等相关具体工作也都得到了长足的发展。在此基础上，全市养路费征收额稳步提升，初步实现了跨越式发展，为构筑我市公路网络筹集了大量的资金。10 年来，全市共计征收公路养路费 236 490.4 万元。1996～2006 年张家口市征稽系统养路费征收情况如图 2-9-2 所示。

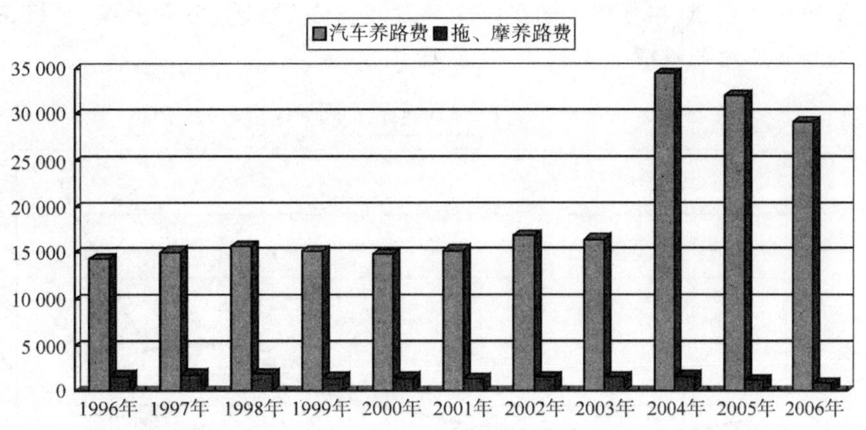

图 2-9-2 1996～2006 年张家口市征稽系统养路费征收情况(单位:万元)

2. 通行费征收额增长 2.3 倍

1996 年以来,我市省管通行费征管部门按照省、市年度交通规费工作的具体安排和部署,把“建一流站区、带一流队伍、创一流业绩、树一流形象”作为收费站“形象工程建设”的目标,严格执行“统收统支,收支两条线”的原则,从宏观角度不断加强省管通行费征管工作,推动全市普通公路通行费收费站的建设和费收管理工作顺利进行。10 年间,全市省管道路通行费征收额增长了 2.3 倍,共计征收 10.81 亿元,每年都超额完成年度指标计划,确保了国家“贷款修路、收费还贷”政策得以长期、稳定、健康、规范地执行,为公路建设积累了资金。1996～2006 年张家口市省管通行费征收情况如图 2-9-3 所示。

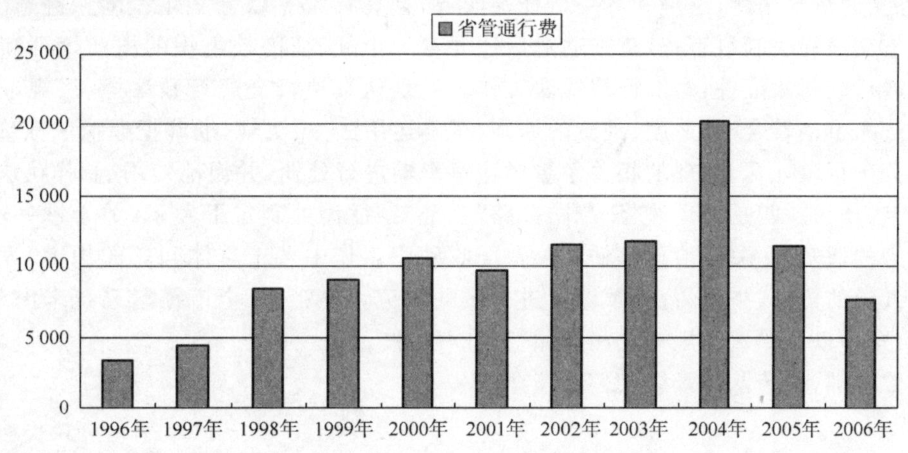

图 2-9-3 1996～2006 年张家口市省管通行费征收情况(单位:万元)

3. 车辆购置附加费(税)征收额实现跨越式增长

根据国务院发[1985]50 号《车辆购置附加费征收办法》规定,我市交通征稽部门负责对全市有车单位和个人征收车辆购置附加费,用作公路建设专项资金。从 2001 年 1 月开始,国家将车辆购置附加费改为车辆购置附加税,仍由征稽部门负责代征。从 2005 年 1 月起,车辆购置附加税业务、工作人员及相关办公设施正式整体移交国税部门。车购费(税)征收及代征期间,征稽处一方面从保持队伍思想稳定入手,严肃工作纪律,定岗定责,严格管理;另一方面一如既往地加大经费投入,投入 20 多万元更新了征费微机设备,使车购费(税)征收工作逐步迈入了科学化、正规化、规范化的管理轨道。车购税正式移交国税部门之前的 2004 年,我市车购办共征收车辆购置附加税 2.26 亿元,较之 1996 年增长了 6.1 倍。

三、强化措施促征收

文明执法、规范执岗、模范征稽是对整个行业的基本要求。十年来,征稽处通过一系列行之有效的行动、措施,有力提升了全市交通征稽人员的整体素质、执法水平和服务水平,形成了严格的征稽内业管理与强势的稽查手段相辅相成、相互促进的良好循环发展态势，逐步建立起持续、健康、有序的交通规费征收秩序。车辆购置附加费征收情况如图 2-9-4 所示。

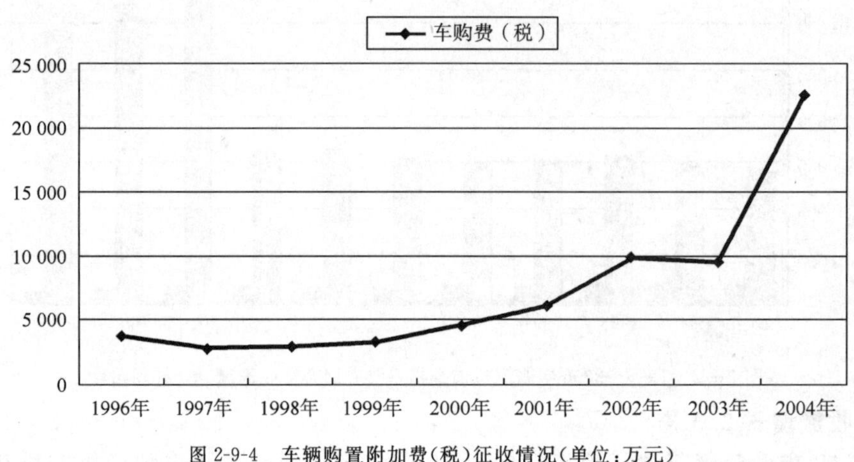

图 2-9-4 车辆购置附加费(税)征收情况(单位:万元)

1. 强化规范执法力度

一是加强领导，完善机构。为了进一步强化对全市征稽系统行政执法工作的管理，征稽处成立了综合办公室，具体负责全市养路费征收管理规章、规定的制定、宣传及检查落实、市区交通征稽行政处理认定及执法文书制作整档工作以及全市征稽系统治理公路“三乱”和行政执法的监督、检查等工作。二是严格人员准入程序，加强执法证件管理。征稽执法人员必须是征稽处正式职工，具有良好的政治素质和道德修养，熟悉交通行政法律、法规和养路费征稽业务，且具有大专以上文化程度。遴选出的行政执法人员名单上报市交通局法制科审查，审查通过后还要参加市局、征稽处组织的岗前培训和考试，考试合格方可核发交通行政执法证件，参加征稽执法工作。三是认真执行交通行政法律、法规，严格履行执法程序。征稽执法人员本着合法、适度、到位的原则，正确运用法律、法规，准确把握执法裁量，严格按照交通行政法规中关于行政处罚、处理的相关条款对违章车辆进行处罚，并规范使用、制作执法文书，切实做到规范执法，依法作为。四是强化监督，严防公路“三乱”。征稽处制定下发了《关于进一步规范交通征稽行政执法行为的通知》、《关于治理整顿养路费征收秩序工作中若干具体问题的规定》等文件，对全市交通征稽执法人员的语言、举止、行为都做了进一步的规范。多年来，全市征稽系统未出现过一起行政复议、行政诉讼案件以及严重违规违纪和公路“三乱”事件。

2. 进行岗位培训，提升队伍素质(图 2-9-5，图 2-9-6)

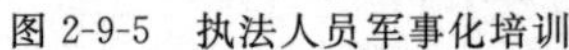
图 2-9-5 执法人员军事化培训

图 2-9-6 执法人员整装待发

2004 年，结合全年工作目标和规费征收所面临的形势，征稽处专门投入资金 43.2 万元，于当年 2 月 7 日至 3 月 25 日分 5 期对全市处直和 15 个县、区养路费征稽所、四个直属收费站共计 635 名养路费征稽、车购税代征、通行费征收人员进行了我市交通征稽史上规模空前的行政执法岗位培训。培训采用室外军事训练和室内专业培训相结合的方式，实行全封闭军事化管理。训练科目包括队列、内务整理、指挥手语、部队歌曲和实弹射击；根据有关文件精神，设置行政执法、规费征收基本知识、行风和党风廉政建设、职业道德以及应用文写作等课程。学习结束后，参训人员进行统一考试，考试合格后由市交通局统一颁发《岗位培训证书》，并作为系统内交通行政执法证件的年检成绩内容。为了严明培训纪律，保证培训效果，切实达到军事化管理的目的，培训班参照部队管理模式，制定、实行考勤制度、考核办法、内务评比等一整套严格的管理制度，学员每9～12人编为一个班，班长由军训教官担任，出操、上课、就餐均以班为单位集中统一行动。艰苦的学习、训练使学员们普遍增强了文明意识、服务意识，提高了专业素质、业务水平以及在工作中解决实际问题的能力，从而有效地强化了队伍作风纪律，为各项工作的开展打下良好基础。

3. 坚持抓好养路费内、外业日常征管工作

在养路费稽查工作方面，一是要求稽查人员在处理查扣车辆时严格按照省、市有关规定执行，不得无费放行、不得不入微机放行，不得以征收后一段时间的养路费替代应补征的养路费，更不得随意处罚，严禁以罚代征。二是坚持“互不计征”的原则，不论该车在何地查扣，一律回车籍所在地进行微机补费，充分提高微机入机率，避免相互征收现象。三是抓好形象建设，要求征稽人员严格执行稽查工作纪律，做到着装统一，挂牌上岗，语言文明，态度热情，在处理违章车辆时坚持公正、公平、公开的原则，秉公执法，不徇私情。四是严格规范执法文书，要求制作执法文书时做到不漏一项，不空一格，字迹要工整，按顺序分类装订、备查，并保持文书资料的整洁。五是在养路费稽查工作中引入网络传输数据、电脑查车等先进科技手段，从而大大提升了稽查工作效率。

在强化和完善内业基础工作方面，一是先后出台了《张家口市养路费业务管理暂行规定》、《关于车辆转籍管理的有关规定》等管理性文件规定，以各项制度制约内业征管行为，指导、检查内业管理工作。二是全部车辆实行微机征费，推行微机录入、审核、票管、打票、报停传递式流水作业，严格内部监督管理机制和微机操作流程，有效防止征管人员利用工作之便违规操作。三是规范票证使用与管理，严格推行作废票证核销由所长、分管处领导两级审批制度，并将票证管理工作纳入年度考评目标中。四是不断加大源头管理、新增车辆入户和牌照管理力度，严把车辆报停关。五是推进“大吨小标”车辆治理工作进程，做好“大吨小标”车辆征费吨位的审核更正及统计、建档工作。

4. 治理整顿征收秩序，优化征收环境

从2004年起，征稽处每年开展治理整顿养路费征收秩序，优化征收环境专项行动。

征稽处将辖区划分为两至三个区域，根据实际情况，从征稽处、各县、区抽调懂业务、高素质、具有稽查经验，年龄在45岁以下的交通征稽执法人员组成两至三支治理整顿稽查大队。行动中，针对区域经济条件、车流量的大小以及规费任务比重等情况，采取先易后难，先全面铺开再重点治理的方法开展整治工作。稽查大队坚持宣传教育为主，处罚处理为辅的原则，深入开展广泛的社会宣传，制作了以便民、承诺、监督为内容的宣传单，在检查车辆时首先向司机散发一份宣传单，向车主宣传养路费征收政策，讲解主动缴纳养路费的意义，随后再按章检查车辆缴费情况。稽查过程中始终坚持“先敬礼，再讲理，后处理”的九字人性化稽查工作方针，从而有效缓解了征缴矛盾，为每位司机车主营造了良好的征费服务环境。治理整顿行动开展3年来，共查扣欠费车辆6 412辆，补缴养路费817.05万元，征收滞纳金429.04万元，征收罚款187.9万元。通过大规模的治理整顿行动，全市征稽系统逐步形成了内、外业相互协调、相互监督制约的全新管理局面，促进了养路费征收额的稳步提升，使养路费征收工作逐步实现了规范化管理。

四、多措并举加强党风、政风、行风建设

1. 扎实推进党建工作

(1)努力推进党建工作的制度化进程。每年，征稽处党支部都按照《目标责任制》有关要求，将全年工作任务向领导班子成员和处直各部门进行责任目标分解。同时健全完善并贯彻执行“三会一课”等一

系列党建工作制度，扎实推动全处党建工作制度化、规范化进程。

(2)着力加强党支部和领导班子建设。以提高党支部和领导班子整体素质为重点，组织支部委员、班子成员开展理论学习，切实提高领导班子能力。

(3)切实加强党员队伍建设。征稽处党支部结合“保持共产党员先进性教育”等活动，着力抓好党员教育工作，在党员中倡导诚实守信、办事公道、服务群众、奉献社会的职业道德，进一步提高广大党员的思想政治素质和业务能力。

(4)加强党风廉政建设。坚持在党员干部中扎实开展党风党纪、法制教育和警示教育，使之筑牢党纪国法和思想道德防线，提高拒腐防变能力。

2005 年 7 月，征稽处党支部结合保持共产党员先进性教育活动，认真开展下访和帮扶活动，全处党员、群众主动捐款 5 750 元，对口资助崇礼县西湾子镇下两间房中心小学和高新区南庄小学家庭贫困、品学兼优的七名小学生，从而把先进性教育活动的学习成果转化为服务于民的实际行动。

2. 改变工作作风，提高执法水平、办事效率和服务质量

在精神文明和行风建设工作中，征稽处始终以优化交通发展环境，服务地方经济为主题，围绕提高队伍素质、端正服务态度和解决行业不正之风为重点，努力转变行业作风，提高执法水平、办事效率和服务质量。

为推进全处精神文明和行风建设工作的深入开展，征稽处落实了一系列行之有效的举措。对内坚持贯彻执行政务公开制度，将会议费、招待费、电话费、晋升职务、职称等群众关心和关注的热点问题进行公开、公示；对外将“社会承诺”、“首问负责制”、“一次性告知制”、市局交通系统“六条禁令”、“五禁三不两注意”等民主评议建设制度以及养路费征收规定条件、所需手续、征收标准、处罚范围、办事时限、办理结果等上墙公开，广泛接受社会各界监督，杜绝暗箱操作行为。同时面向社会不同行业、不同层面聘请了行风评议监督员，并定期与他们进行座谈。通过与行评员的沟通，努力查摆不足，改进工作作风、提高服务质量，收到了良好效果。征稽处还对民主评议建设中八项具体便民措施逐一进行落实，投入专门资金配备完善了便民物品，在征费大厅开展了“八个一”服务(一张笑脸、一声问候、一杯热水、一排座椅、一个咨询台、一套规章、一套笔墨纸、一套“三书”)，推行“四个一”行为准则(多一张笑脸，多一句问候，多一份贡献，多为群众办一件好事)和“一站式、一条龙”服务，坚决纠正“门难进、脸难看、话难听、事难办”等不良作风，受到广大群众的好评。

3. 着力推进机关效能建设和行政权力公开透明运行工作

2005 年，征稽处积极落实市委、市政府“提速、提质、为人民、促发展、提高效能年活动”的总体要求，在全处范围内开展增强机关效能，严格内部管理，强化组织纪律，完善激励考评为主要内容的作风纪律整顿。推行半军事化管理，实行早点名、出早操、集体就餐、每周不少于两次查岗等具体管理措施，扎实推进机关效能建设，取得了显著的成效。

2006 年，征稽处以打造“阳光交通、效率交通、服务交通和责任交通”为理念，依法规范各部门的行政权力运行。对行政权力进行了全面清理，编制了职权目录和流程图，建立健全了相关制度，并严格按照规范流程行使行政权力，动态公开行政权力运行全过程。严抓养路费征收、稽查、免征等涉及行政权力的行政审批、处罚、处理权力和涉及人、财、物、事管理等重点部位权力的公开透明运行工作。不断提高行政权力运行的透明度，畅通与群众沟通的渠道，为实现依法行政，营造良好的政务环境、发展环境创造了条件。

第十章 张家口市运输管理处、地方海事局十年工作综述

一、基本情况及职责

张家口市运输管理处，成立于1984年。1984～2005年全称为张家口市交通局运输管理处，期间受市交通局委托，负责对全市的道路旅客运输（含出租客运）、道路货物运输以及与道路运输相关的搬运装卸、车辆维护修理、车辆技术检测、运输服务、驾培工作实施行业管理。2005年经市编委批准更名为张家口市运输管理处。

张家口市地方海事机构成立于1996年，原名“张家口市交通局港航监督处”，2002年10月15日更名为“河北省张家口市地方海事局”，现与张家口市运输管理处是一套班子。目前怀来、张北、沽源、蔚县、怀安、尚义、赤城、阳原、涿鹿、崇礼、宣化县、万全、康保13个县也相应设置了地方海事处。全市拥有不同规模的水库、洼淀、湖泊348.166 048 5平方公里（其中官厅湖253平方公里），具有经营资格的船舶47艘，463个客座位，分布于12个水上旅游景点。

张家口市运输管理处目前有干部职工122人（其中在职职工52人，内退职工25人，退休职工45人），内设办公室、财务科、安教科、统计科、客运科、货运（海事）科、驾培科、机务维修科、驻汽车站综合办公室、市直运管所以及与出租车管理处联合组成的稽查支队（下设两个大队）。全市拥有17个县（区）运管所，拥有运政工作人员765人。

到2006年底，全市有客运企业23户（其中具有经营资质二级企业1户，三级企业2户，四级以下企业20户）。客运站37个（其中一级站1个，二级站11个，三级站以下25个）。客运车辆1 368部，27 449个客座位，其中农村客运车辆890部。货运企业20 217户（其中危货运输经营业户16户，涉及6个县、区），营运货车45 740辆，129 380吨位。危货运输车辆344辆，1 943个吨位（其中罐车184辆，槽车146辆，箱式车14辆）。维修企业834家（其中一类8家，二类102家，三类724家），汽车综合性能检测站10个；汽车二级维护作业站21个；驾培学校24所。全市道路运输从业人员53 516人（其中货运从业人员38 873人，客运从业人员5 486人，维修从业人员5 282人，运输服务从业人员2 587人，危货从业人员1 288人）。全市拥有客运线路850条（其中省际191条，省内189条，市际12条，县际458条）。全市行政村通车率96.21%；乡镇通车率100%。

根据《中华人民共和国道路运输管理条例》和《中华人民共和国内河交通安全管理条例》、《河北省乡镇船舶安全管理办法》、《张家口市水路运输及水上交通安全管理办法》等法律、法规的授权，张家口市运输管理处、张家口市地方海事局主要负责全市道路运输经营（道路旅客运输经营和道路货物运输经营）、道路运输相关业务（站场经营、机动车维修经营、机动车驾驶员培训），行业管理以及对辖区水域内实施水路运政管理和水上交通安全监督工作。

二、道路运输业的发展变化

10 年来，运输管理处紧紧围绕建立统一、开放、竞争、有序的道路运输市场体系这个中心，按照转变观念、与时俱进、依法行政、深化监管、优化服务、提升形象的整体工作思路，开拓创新，扎实工作，加快了发展高速客运、农村客运、旅游客运、现代物流业以及运输场站建设步伐，促进了道路运输可持续发展；加快了优化运输市场环境，打造诚信市场机制；加快了道路运输业体制改革，提高了道路运输公共能力和保障能力；加强了运管队伍建设，打造了精简、廉洁、高效的服务型运管部门，使全市道路运输、水路运输行业呈现出良好的发展态势，为全市经济的发展做出了突出贡献(图 2-10-1)。

图 2-10-1　市局领导与运管处、运输集团公司领导共同谋划全市道路运输发展前景

1. 道路运输结构的调整

10 年来，随着我市经济建设和人民生活水平的发展变化，道路运输业也发生了深刻的变化，道路运输管理从计划调控逐步发展为宏观调控，市场引导，行业监管，优化服务的轨道上来。通过整顿整合、优化重组、兼并等措施改变了单纯数量的扩张和粗放式发展模式，由传统封闭式的独家经营，发展为统一、开放、竞争的规模化、集约化经营，运力结构发展趋于合理，使我市运输市场逐步走向成熟，适应了市场经济的需求，实现了跨越式发展。

到 2006 年底，全市民用汽车达到 120 957 辆，其中营业性货车达到了 28 019 辆，占保有量的 23.1%，客车 5 982 辆，约占社会保有量的 4.95%。货运量、货运周转量从 1996 年的 4 288 万吨、331 299万吨公里增长到 2006 年的 6 000 万吨、444 414 万吨公里，客运量、客运周转量也从 1996 年的 1 393万人、92 571 万人公里，增长到 2006 年的 2 818 万人、211 665 万人公里，从业户数从 25 839 户降至 22 519 户，降低了 12.8%，其中客运业户从 2 600 家整合为 1 038 家，减少了 60%，从业人员从 49 628 人增至 50 807 人，增长了 2.3%。10 年来道路运输运量、周转量、从业人员数量、从业户数量等变化情况如图 2-10-2～图 2-10-5 所示。

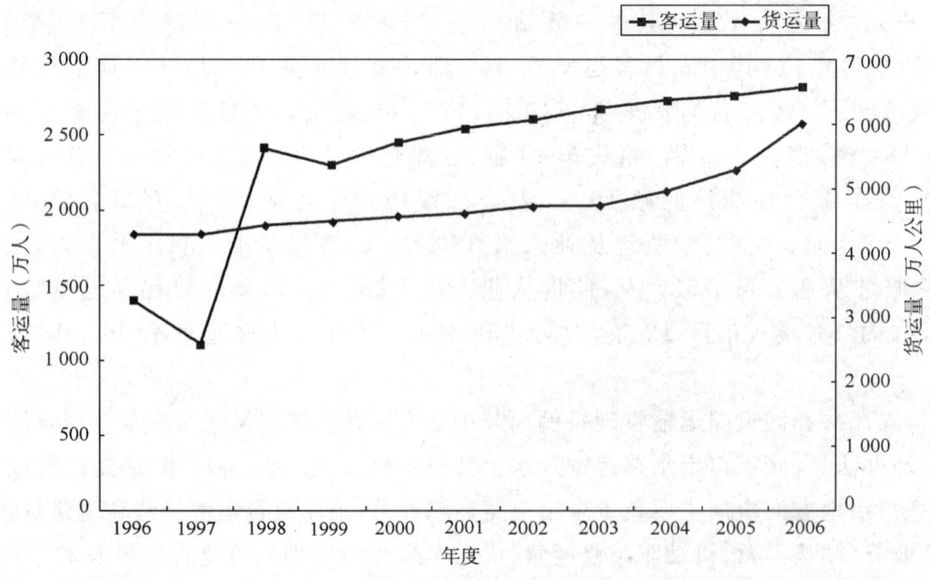

图 2-10-2　10 年来道路运输运量变化

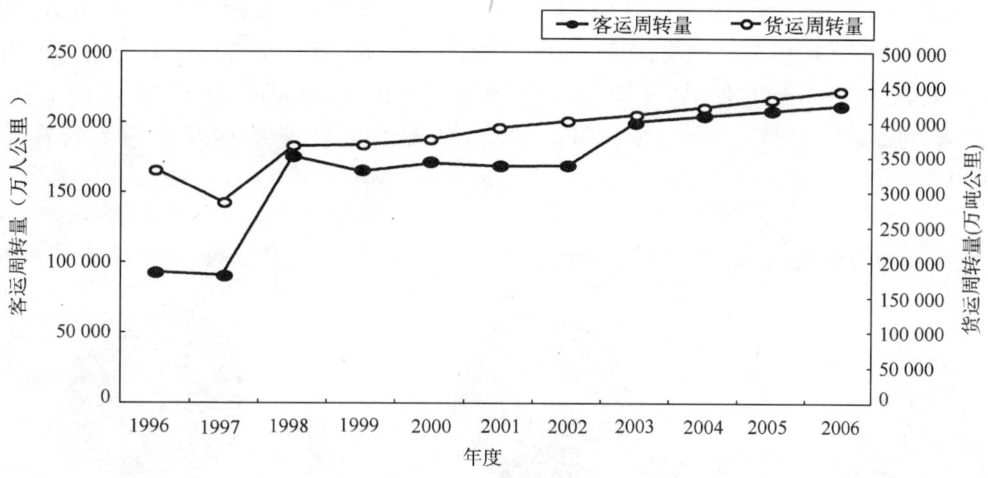

图 2-10-3　10 年来道路运输周转量情况

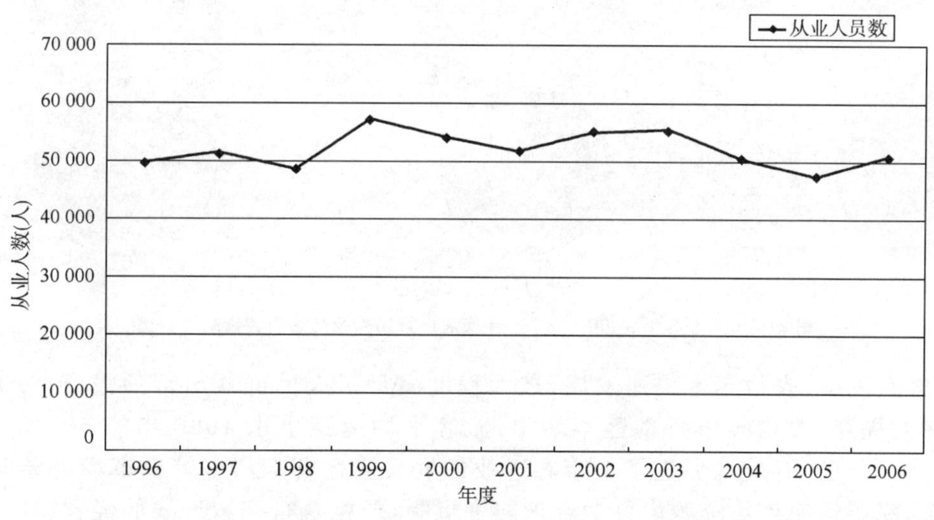

图 2-10-4　10 年来道路运输从业人员数量的变化

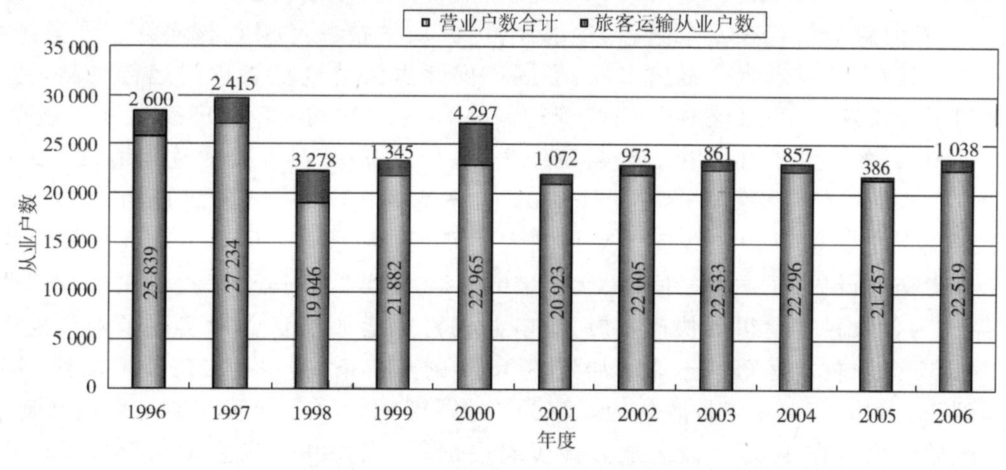

图 2-10-5　10 年来道路运输从业户数量的变化

2. 道路旅客运输的发展

改革开放后，在国家“国营、集体、个人一起上，各行各业一起办”的政策指导下，调动了社会各界兴办道路运输业的积极性。1996～1998 年，道路客运飞速发展，仅两年时间客运量，客运周转量分别从1 393万人、92 571 万人公里发展到 2 406 万人、175 760 万人公里，翻了一番，到 2006 年分别达到 2 818 万人、211 665 万人公里，在全社会交通运量中所占比重也由 1995 年的 86%、42%，分别达到 2004 年的 93%、49%。1995 年、2000 年、2004 年交通运量结构及交通周转量结构对比如图 2-10-6 所示。

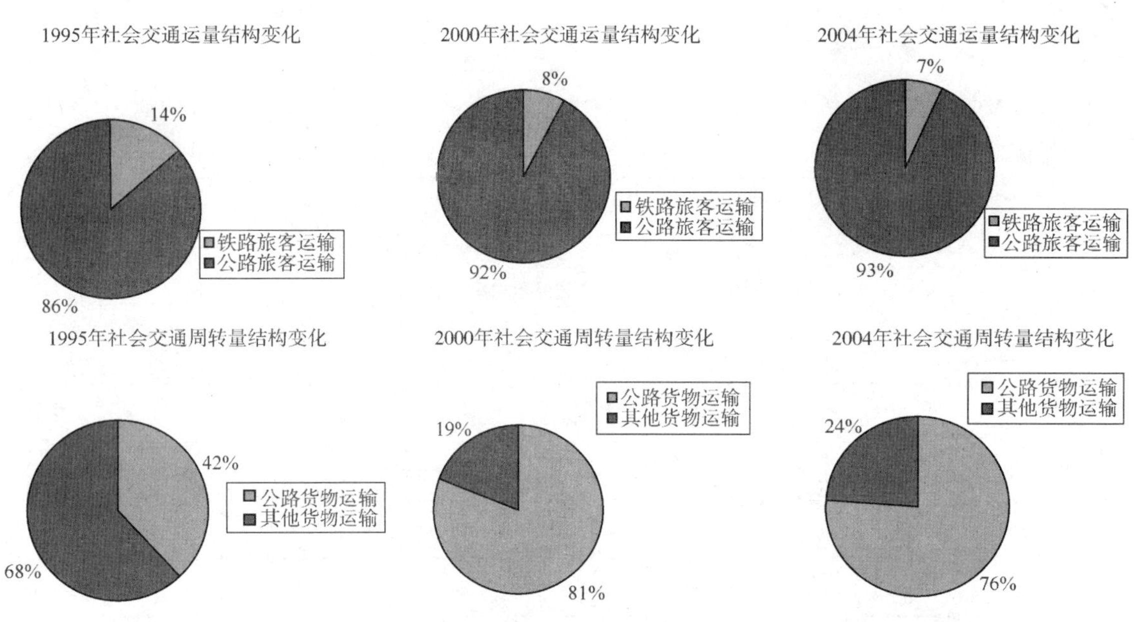

图 2-10-6　1995 年、2000 年、2004 年交通运量结构及交通周转量结构对比

(1)班线客运网络、农村客运快速发展，极大程度满足了人民群众出行的需要。10 年来，随着人们生活水平的提高，人均年出行率逐年增加，旅客平均运距也由 1996 年的 66.45 公里增加到 2006 年的 75.11 公里，有效地促进了全市客运业的发展。运管部门坚持以市场为导向，建立运输市场信用体系，完善运输市场资源的科学合理配置机制，严格执行客运班线的经营期限制度。适时开展对道路客运市场调查，公布道路客运市场供求信息，发布新增班线计划。积极探索并推行“客运线路经营权实行服务质量招投标”，探索实施质量信誉考核办法，变传统的静态管理方式为动态市场监管方式，及时对车辆存在安全隐患、违规经营、群众举报并经调查核实存在严重违反职业道德的经营者进行教育，严重者责令退出市场，形成了优胜劣汰的规范管理的运行机制，使全市客运网络不仅得到了快速发展，而且实现了规范管理。1996～2006 年，客运班线由 337 条增加到 801 条，客座位从 7 171 增加到 27 449 个。跨省班线数量、投放车次、日发班次逐年增长。1996 年跨省班线只有 36 条，到 1997 年猛增至 94 条，到 2006 年已达到 197 条，日发班次由 95 个也增加到近 300 个。市县(区)内班线、县内班线近年来得到大力发展，相继开通了张、万、孔及张宣循环线，有效地缓解了市内交通，促进了城乡之间的交流。2005 年，随着“村村通”工程的实施，在“路通车通”政策的引导下，为使农村客运得到快速发展，对申办农村客运的经营业户实行了随到随批的政策，从 2004 年的 155 条农村客运班线迅速增加到 2006 年的 601 条(其中县级班线增加到 323 条，村村通班线增加到 278 条)。1996 年行政村通车率为 90%，到 2006 年，行政村通车率达已到 96.21%，乡镇通班车率始终保持在 100%，极大地方便了农民出行。到 2006 年全市已形成了以市区、县城为中心，辐射京、津、晋、蒙、冀、辽、鲁、川，连接 19 个大中城市，覆盖各县区城乡，干支线相连，长短途结合的省际、市际、县际三级班线旅客运输网络体系。10 年来客运班线的变化和道路客运线路班次如图 2-10-7、图 2-10-8 所示。

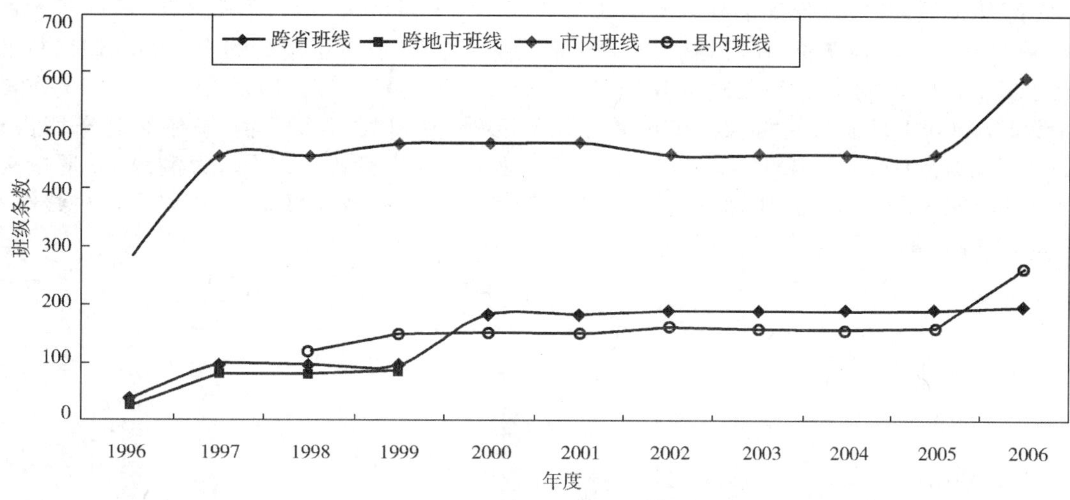

图 2-10-7 10 年来客运班线的变化

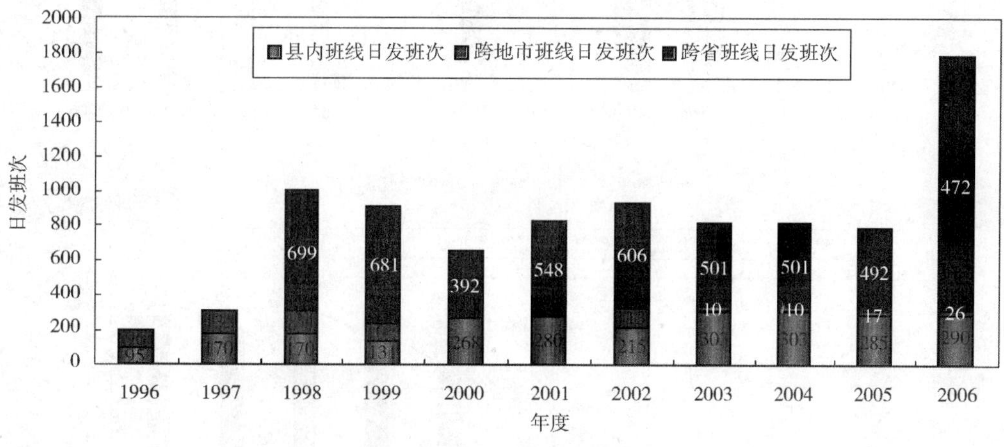

图 2-10-8 道路客运线路班次

(2)高速客运快速发展,为市场注入了新的活力。随着全市经济的发展,人民生活水平日益提高,人们所需的生产资料、生活资料以及出行日益增长,因此,对客运的快速性、安全性、舒适性、方便性以及服务水平的要求越来越高。高等级公路的发展和高速公路的不断增长和延伸,使道路运输条件发生了巨大变化。运管部门抓住机遇,积极扶持社会和企业投入高级豪华舒适客车,大力发展高速客运,1999 年首次开通了市县之间直达快客。2000 年又发展了高速客运,7 年时间,相继开通了 11 条班线,投入 40 辆车,924 个客座位,日发班达 46 个,平均实载率达到 62.4%。2000～2006 年客运发展汇总如表 2-10-1 所示。

2000～2006 年客运发展汇总表 表 2-10-1

年度	车辆数(辆)	客位数(客位)	班线(条)				发班次(班次)				完成客运量(万人)	完成客运周转量(万人公里)
			合计	跨省班线	跨地市班线	市内班线	跨省班线	跨地市班线	市内班线	合计		
2000 年度	6	110	2	1		1	1		9	10	0.5	202.3
2001 年度	5	116	2	1		1	1		12	13	3.8	1 199.2
2002 年度	9	232	5	4		1	7		10	17	8	1 373
2003 年度	27	604	5	4		1	19		12	31	20	3 579
2004 年度	28	634	5	4		1	20		12	32	23	3 645
2005 年度	34	770	5	4		1	34		12	46	30	5 526
2006 年度	40	924	11	7	3	1	29	6	7	42	60	11 000
合计	149	3 390	35	25	3	7	111	6	74	191	145.3	26 524.5

高速客运的发展，有效地带动了车辆的更新。运管部门通过政策引导，采取经济、行政等手段，淘汰老旧车辆，更新高中级客运车辆，使客运运力结构得到合理配置，适应了市场的变化和人们出行的需要。从1996年到2006年，营业性客车及座位数分别增长了3.0%、441.0%。1996年的班线客运车辆中，没有一辆高级车，2000年发展为3辆，到2006年高级车达95辆，中级车517辆，高中级客车所占比例从1996年的0.2%提高到2006年的44.8%。目前，有大型高二（尼奥普兰）4部，大型高一（尼奥普兰、金龙、现代）31部，中型高一（金龙、中通、宇通）42部，共计77部车投放市场。10年来全市班线客车结构变化如图2-10-9、图2-10-10所示。

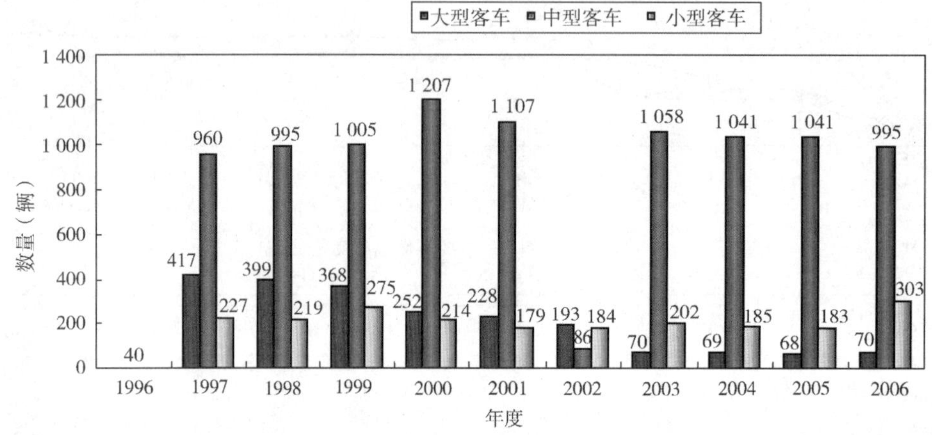

图 2-10-9　10年来全市班线客车结构变化图（按车型分）

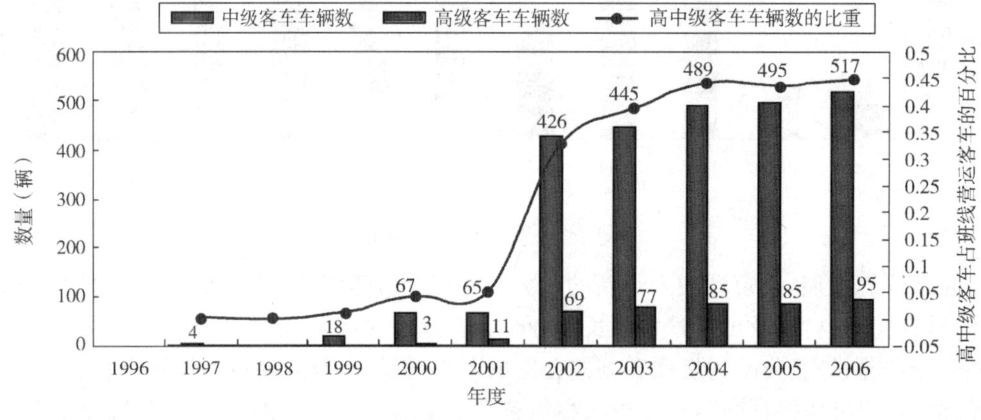

图 2-10-10　10年内全市班线客车辆结构变化（按档次分）

（3）大力发展旅游客运。近年来，随着人民生活水平的提高和对外开放脚步的加快，张家口市旅游事业发展迅速，呈现出游客数量大幅度增长，旅游景点逐步扩张，旅游旺季“前推后延”的特点，并形成了“春节”、“五一”和“十一”三个旅游“黄金周”。为适应旅游市场的需求，从1999年起，先后成立了4家旅游客运公司，旅游车辆发展到34辆，743个客座位。

1999～2006年旅游客运变化如图2-10-11所示。

3. 道路货物运输的发展

10年来，张家口市道路货物运输业得到了较快发展，取得了长足的进步，适应了全市经济日益大发展的需要。一是打破了传统的独家经营货物运输的格局，呈现了国有、集体、个体一起上，有路大家行车的货运发展的大好局面，形成了优胜劣汰的运输机制，彻底解决了车找货，货找车的问题。到2006年，全市从事道路货物运输业的经营业户和从业人员，95%已实现了个体或联户经营，为货畅其流奠定了基础。二是打破了传统的运输方式，车辆结构更趋于合理化。10年来，占主导地位的个体或联户货运经营者主动调整运输车辆结构，车辆技术性能逐步提高并向优化方向发展，车辆结构比例呈大型和小型车多，中型车逐步减少的趋势。特别是由于张家口市所处的地理位置以及燃料、原材料、建筑材料产业的迅速发展，有效地促进了货物运输业的发

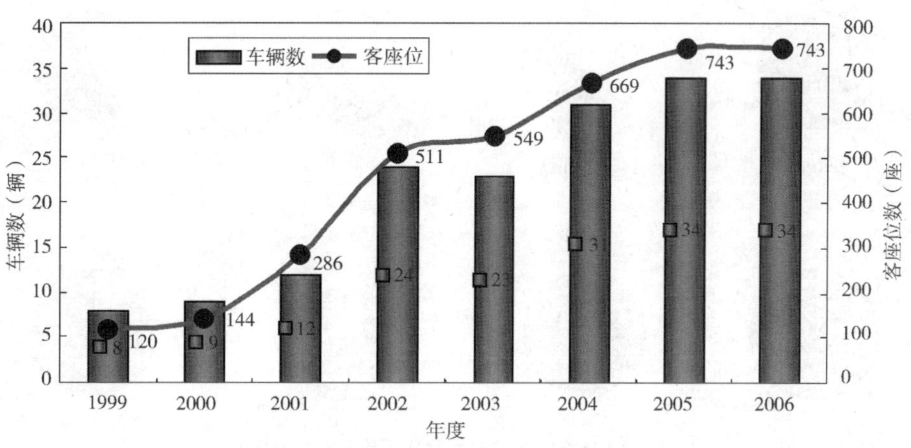

图 2-10-11 旅游客运的发展变化

展。大吨位、多轴化、集装箱化、柴油车大批量地走上道路货物运输发展的快车道。目前，全市已形成以灵活快捷，散装、固体原材料为主整车运输及多轴化、大吨位、集装箱、特种车为辅的运输新格局。三是随着市场经济的发展，集货源组织，仓储理货、交易配载、信息服务等与货运相关的货运服务业迅速兴起，为车货双方搭起了实现低成本、高效率、快速或直达运输平台。到 2006 年全市拥有货运服务组织 260 余家，拥有从业人员 800 余人，年实现货物运输交易量达 85.8 万吨。尤其是进入 21 世纪，随着物流业的兴起，根据省交通厅"十五"规划建设项目，从张家口市作为京、津及晋、冀、蒙交通枢纽的区域位置和经济发展的长远利益出发，通过专家、学者论证、考察、市场调研，经过精心研究，并在学习和引进外省、市物流建设和管理先进技术和管理模式的基础上，利用两年时间，建立了河北省首家物流中心——亨运物流中心，拥有从业人员 232 人，年换算货物吞吐量达 75 万吨。四是危险货物运输规范有序地发展。10 年来，运管部门认真落实国家及交通部有关危货运输的法律法规，从企业的经营资质、车辆技术性能，安全状况到从业人员资格培训，实行严格审核，认真把关。同时，根据交通部《全国道路危险货物运输专项整治实施方案》和《道路危险货物运输管理规定》，坚持每年在全市范围内组织开展以加强剧毒、放射性及易燃易爆化学品运输和仓储安全为重点的道路危险货物运输专项整治。到 2006 年，全市从事危险货物运输业户从 2000 年 34 户整合为 16 户、车辆为 344 辆(其中：罐车为 184 辆，槽车 140 辆，箱式车 14 辆)，车吨位从 2000 年的 2 073 吨位整合为 1 934 个吨位，使危险货物运输管理工作逐步走向规模化、集约化，车辆技术性能达标、从业人员素质合格、操作规范、制度健全、措施到位，确保了道路危险货物运输安全稳定。10 年来，未发生一起责任事故。从 2005 年对危险货物运输车辆强制承办了承运人责任险，并全部安装了 GPS 全球定位系统，为掌控危险货物运输的全过程奠定了基础。

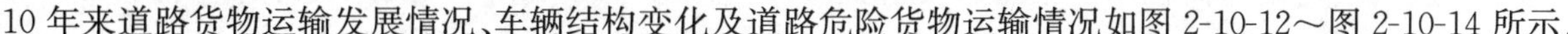

10 年来道路货物运输发展情况、车辆结构变化及道路危险货物运输情况如图 2-10-12～图 2-10-14 所示。

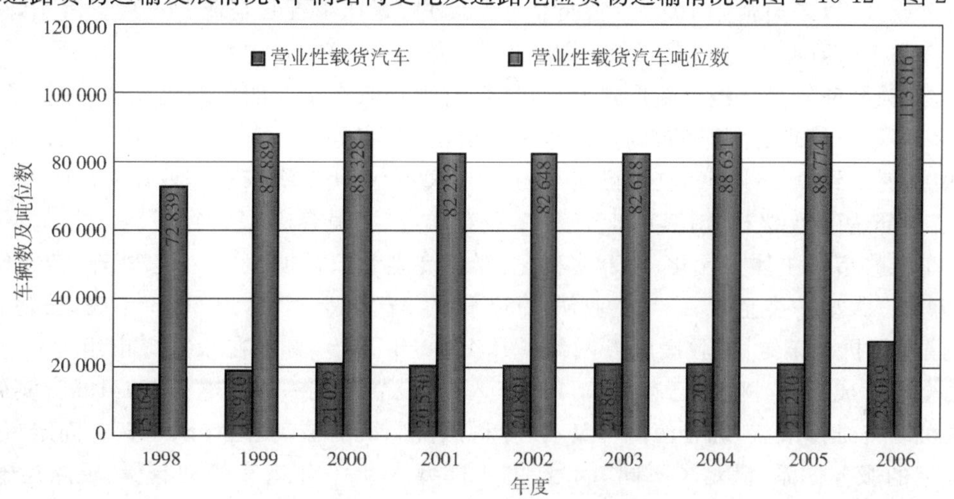

图 2-10-12 10 年来道路货物运输发展情况

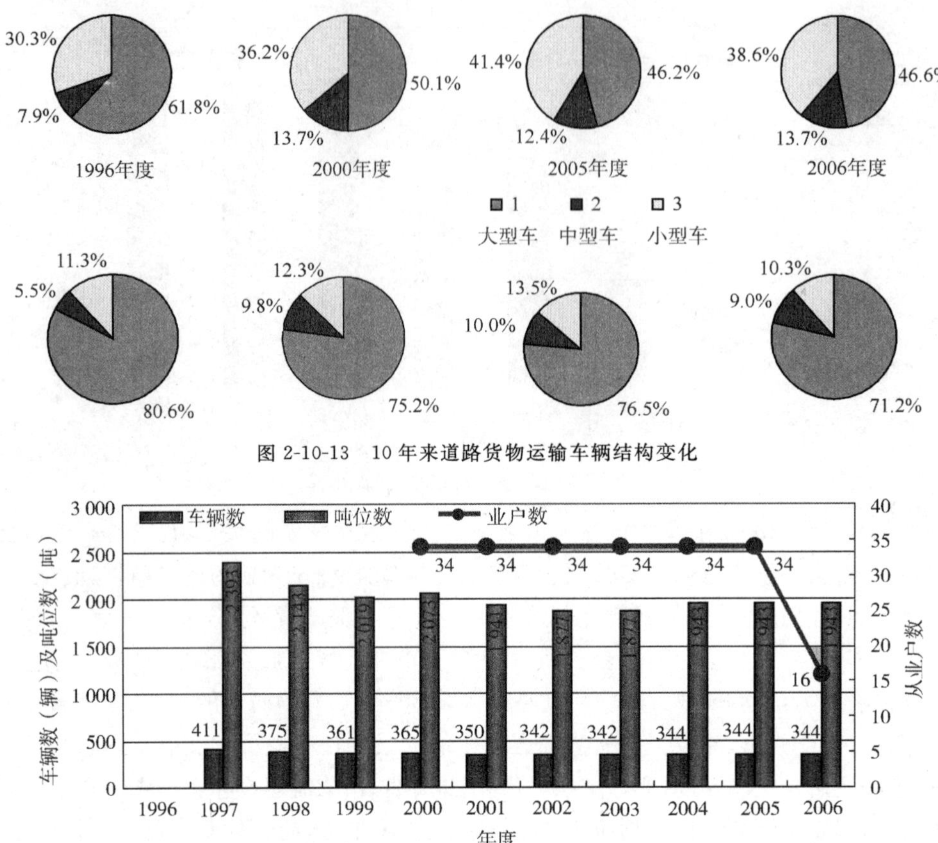

图 2-10-13 10 年来道路货物运输车辆结构变化

图 2-10-14 道路危险货物运输情况

4. 车辆维修与检测的发展

机动车维修是汽车工业发展的重要保障，是确保机动车安全、环保、节能的重要措施，也是交通行业的重要窗口。随着我国经济的快速增长，汽车技术的不断进步，汽车保有量大幅增长，特别是家用轿车数量也在逐年增加。汽车维修行业对国民经济和人民生产生活发挥着越来越重要的作用，维修服务与人民群众的生活越来越密切，也逐步成为社会关注的焦点。1996 年以来，机动车维修企业逐步从传统的“以车为本”的生产型企业，向现代的“以人为本”的服务型企业转变，维护和专项修理呈现快速增长态势，品牌经营、连锁经营、专业维修、网络服务、全天候维修等服务“专业化和网络化”已初步形成，从业人员也逐步从人员密集型向技术密集型转变。到 2006 年底，全市共有汽车、摩托车维修业户 34.9 万多户，其中一类企业 8 户，二类企业 102 户，三类企业 724 户，摩托车维修企业 311 户。汽车综合性能检测站 9 个，从业人员 5 574 人，完成维修量 285 399 辆次，完成检测量 59 409 辆次。

(1)快修、连锁服务等维修经营新形式发展迅猛，特别是汽车工业的集约化发展，加快了机动车维修的专业化进程，事故车修理、品牌经营以及汽车免拆清洗、美容等专一车型、专一维修项目和服务内容的专业维修发展迅速。到 2006 年底，全市已有 4S 店 10 家，专业化二级维护作业站 22 个，10 个汽车综合性能检测站已全部达到 A 级标准，其中 4 个为 A 级双线，汽车美容店 127 个。

(2)机动车维修市场主体多元化、经营多样化、维修专业化日趋明显。“一家管理、多家经营”的管理体制已初步建立。大型一类企业、二类企业从 1997 年的 22 家、194 家，到 2006 年底，被整合、淘汰为 8 家、102 家。建立了机动车维修、救援服务网络。从 2000 年开始，着手在张家口市组建汽车救援网络，到 2006 年底全市形成 16 个网点，已有 15 584 辆车入网，设立了统一呼救电话：8071995，实施救援 1 975 次，逐步形成机动车维修既有“综合医院”，又有“专科医院”；既有流动“医疗队”，又有固定“诊所”的功能齐全、布局合理的服务体系，满足了不同“病号”的不同要求。10 年来车辆拥有量、道路运输维修企业、汽车维修人员等变化如图 2-10-15～图 2-10-17 所示。

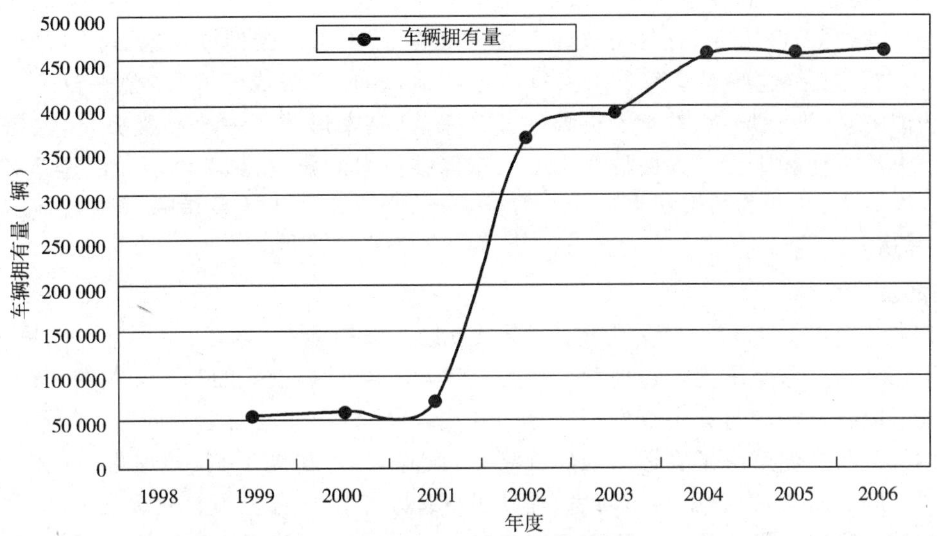

图 2-10-15 10年来车辆拥有量发展变化

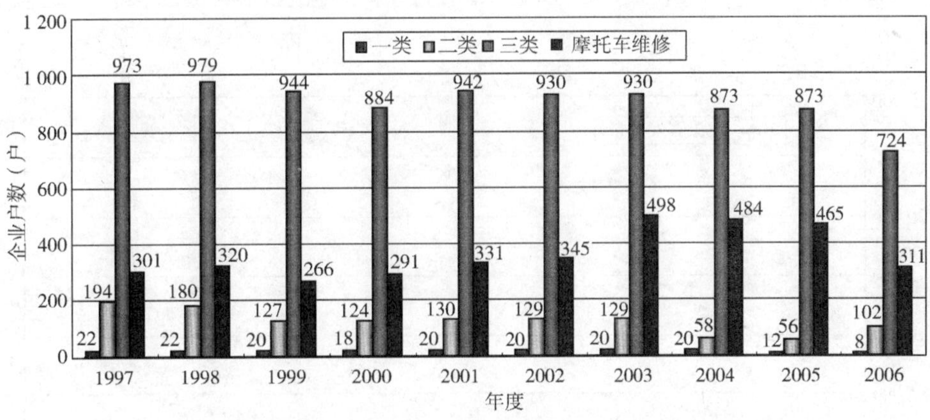

图 2-10-16 道路运输维修企业的变化

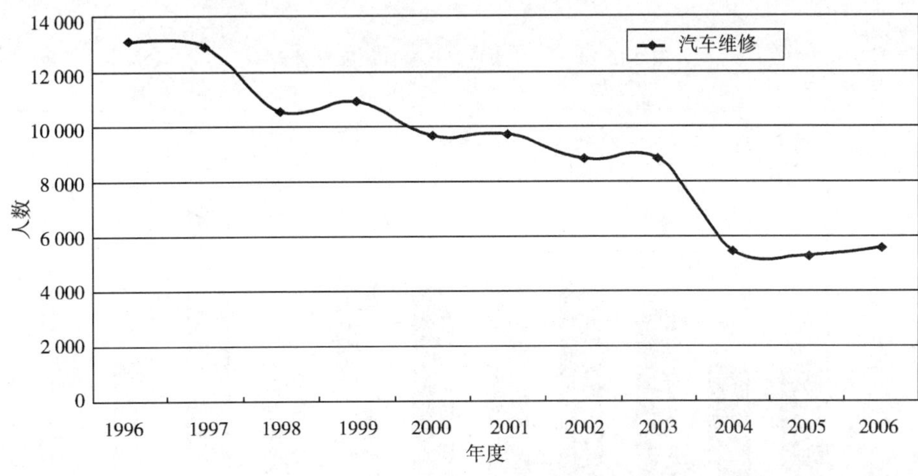

图 2-10-17 10年来汽车维修从业人员变化

5. 驾驶员培训的发展

机动车驾驶员培训工作是道路运输行业管理的重要组成部分，提高驾驶员培训质量，确保驾驶员队伍素质是保障道路运输安全的根本所在。目前，全市共有驾校 24 所，其中：二类驾校 22 所，三类驾校 2 所；理论、驾驶操作教员 293 人；拥有各类教练车辆 311 辆；教学与驾驶训练场地面积 44.6 万平方米；年培训能力达到 15 348 人。这些驾校遍布张家口城乡各地，多种经济成分并存，公平竞争，共同发展，设施较为完善，功能齐全，训练场地、教学人员条件日趋完善，基本形成了一个种类齐全，供需平衡的驾驶员培训市场，极大地方便和满足了人民群众学习汽车驾驶技术的愿望，到 2006 年底，全市完成驾驶员培训结业考核 10 多万人，从业人员考核发证达 7 万余人次，为全市广大人民群众寻求就业、再就业，营造了一个良好的环境。

6. 汽车站的发展变化

10 年来，以规范运输市场经营行为为重点，积极查处车站周边的“喊客、拉客、倒客、甩客”等扰乱市场秩序的不正当经营行为，坚决查处违规营运行为。针对社会反响较大的“黑车”现象，集中精力进行了专项整治活动，采取日常治理与集中查处相结合的方式，严厉打击非法营运。同时，实行了驻站管理、驻站日记工作制度，督导企业解决了客运站场建设滞后，设施陈旧，功能不全，管理落后，安全隐患突出等诸多问题，提高了服务质量，改善了候车环境，提高了管理水平。现在全市有一级站 1 个，二级站 14 个，三级站以下的 5 个，旅客日发送量较以往有了明显的上升趋势。尤其是市汽车客运总站，年旅客输送量由 1996 年的 74.4 万人，上升到 2006 年的 202.2 万人。

10 年来道路运输日旅客发送量如图 2-10-18 所示；汽车客运总站年完成旅客输送量如图 2-10-19 所示。

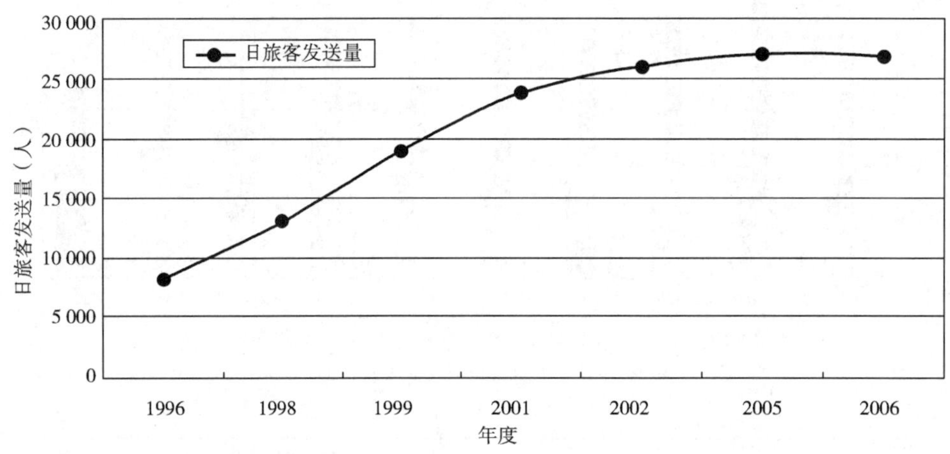

图 2-10-18　10 年来道路运输日旅客发送量

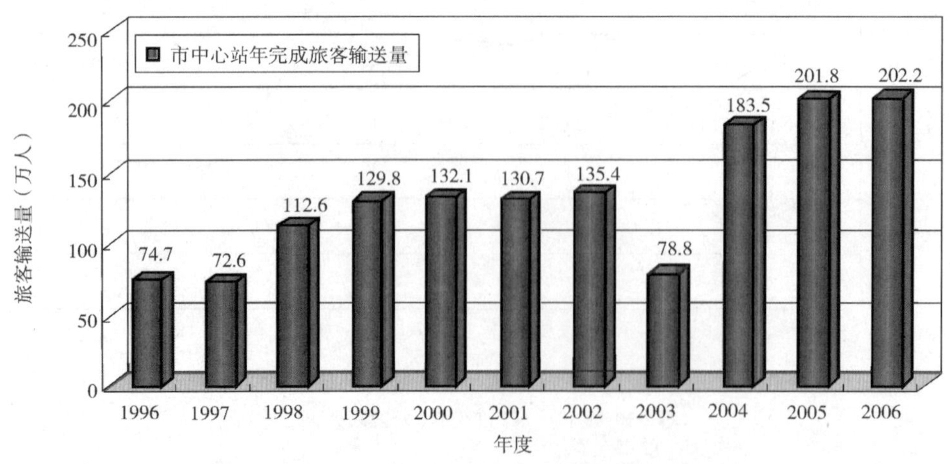

图 2-10-19　10 年来市汽车客运总站年完成旅客输送量

注：1997 年车站改建，2003 年非典。

7. 规费征收情况

全市规费征收10年来稳步增长。市区业务所运输管理费由1996年的375万元增长到2006年的680万元；全市收入由1996年的1 000万元增长到2006年的1 800万元；客票附加费、货运附加费从1996年开征，由最初的950万元增长到2006年的1 900万元。10年间，共征收两附费16 123万元，有力地促进了交通事业的大发展。10年来全市规费征收情况如表2-10-2、图2-10-20所示。

全市三费征收情况　　表2-10-2

年　度	1996	1997	1998	1999	2000	2001	2002	2003	2004	2005	2006
运管费	1 000	1 100	1 295	1 326	1 270	1 206	1 345	1 356	2 346	2 094	1 801
货附费	405	650	720	664	645	646	674	726	1 321	1 346	1 227
客附费	550	600	660	666	652	649	692	534	809	1 013	679

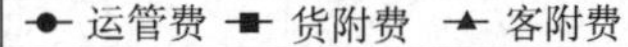

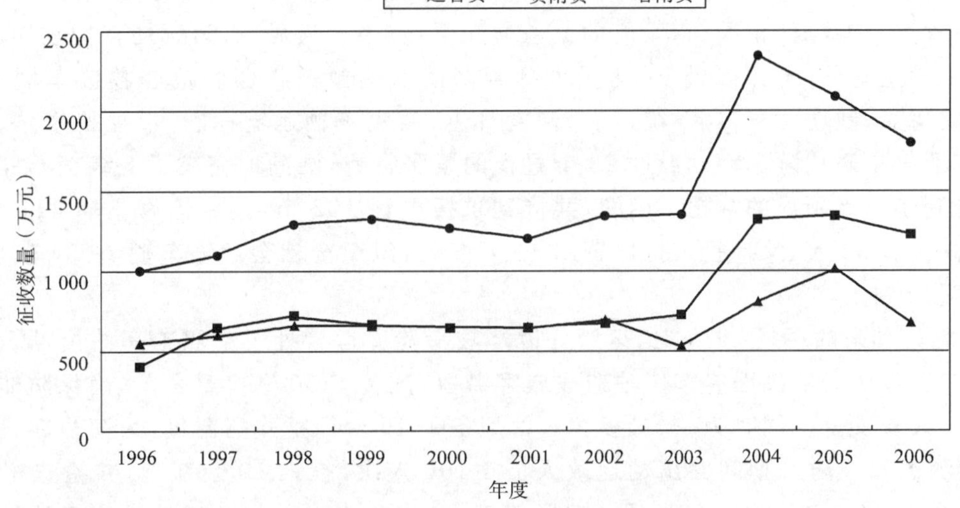

注：表2-10-2和图2-10-20中2006年数据不含扩权县（张北县和怀来县）。

图2-10-20　10年来规费征收情况

8. 运政队伍建设情况

随着张家口市经济和道路运输事业的发展，全市道路运政管理人员也呈现不断增长的趋势。多年来，运管处始终致力于打造一支政治素质强、业务水平、作风纪律严、服务保障好的运管队伍，建立健全了科学合理的人员选拔、任用、考核、监督制度体系，完善选人用人机制，形成能上能下、能进能出、充满活力的运管队伍激励机制。严把用人关口，逐步优化队伍结构；规范管理职能和工作职责，理顺内部行业管理体制，确保管理工作高效协调运转；加强运管队伍教育培训，建立岗前培训和在岗轮训等制度，提高了运管队伍依法行政的水平、行业管理水平和职业道德水平。增强为民服务和依法治运的主动性和自觉性，加强运管队伍的监督检查，落实行政执法责任制，建立执法评议考核制度，强化社会监督，加大执法行为投诉举报查处力度，严肃查处违规违纪执法人员和执法行为。1996年以来运政队伍整体素质有了明显提高，到2006年全市有运政人员765人，比1996年增加了309人，文化程度明显提高，大专以上文化程度由1996年的14.0%增长到2006年的79.3%，高级专业技术职称由1996年的2人，增加到2006年的15人。10年来运政人员素质变化情况如表2-10-3所示。

10 年来运政人员素质变化情况 表 2-10-3

年度	按文化程度分						合计	按技术职称分						合计
	初中以下	占百分比	高中	占百分比	大专以上	占百分比		初级以下	占百分比	中级	占百分比	高级	占百分比	
1996	88	19.3%	304	66.7%	64	14.0%	456	130	28.51%	16	0.06%	2	0.44%	148
1998	62	12.1%	341	66.6%	109	21.3%	512	116	22.66%	22	0.04%	2	0.39%	140
2000	87	14.2%	370	60.3%	157	25.6%	614	128	20.85%	18	0.03%	4	0.65%	150
2003	44	6.3%	313	44.7%	344	49.1%	701	135	19.26%	45	0.03%	4	0.57%	184
2005	51	6.7%	173	22.9%	532	70.4%	756	133	17.59%	55	0.02%	15	1.98%	203
2006	16	2.1%	142	18.6%	607	79.3%	765	144	18.82%	61	0.02%	15	1.96%	220

9. 重大任务的完成情况

1998 年 1 月 10 日中午 11 时 50 分，里氏 6.2 级的地震袭击了张北、尚义、康保、万全。灾情就是命令，在省委、省政府、市委、市政府的紧急通知下，在市交通局、省运管局直接领导下，运管处全体干部职工紧急动员，全力以赴，迅速投入到紧张的运输救灾物资和抢修救援车辆工作之中。连夜购买救灾物品，制作调车台账、统计表、调度日志、救灾车辆运输标志、设立抢修站、组织流动抢修车、昼夜巡查抢修故障车辆。经过 23 个昼夜的紧张奋战，圆满地完成了上级交给的抢险救灾运输任务，受到了上级领导的赞扬。期间，共接到求援电话 132 个，紧急抢修车辆 341 台次，平均每天投入抢修人员 63 人，累计投入抢修费用 31 万多元，组织全社会运输车辆 1 004 辆次，运输救灾物资 7 033.25 吨。

2003 年突如其来的一场“非典”给运管处以严峻考验。运管处干部职工高站位，顾大局，狠抓运输行业防非工作。为解决因客车停驶造成旅客滞留，准备了 50 辆应急客车，确保防非期间旅客出行的需要与人身安全。同时为一、二级客运站配备了 16 台门框式测温仪，为简易客运站配备了 20 台便携式测温仪。防非期间共出动运政人员 1 106 人次，投入 10 余部车，共检查车辆 36 069 辆次，检查过往行人95 532人次，未发现一起疑似病人，为全市人民的身体健康牢牢地筑起了一道防非屏障。

10. 水路运输的发展变化

全市经济的发展和旅游业的兴起，有效地促进了水路运输业的发展。水运及水上交通安全管理经历了从无到有，并逐步走向规范化的过程(图 2-10-21)。近年来，运管处认真落实有关海事、港航、船检工作法规、规定，以水上交通安全管理为重点，以全面落实安全管理责任制为核心，坚持标本兼治、远近结合、综合治理、狠抓落实的原则，强化现场监督，加大执法力度，以高度的责任心，认真履行职责，依法行政，规范监督管理。通过完善机构，规范各项管理服务，强化了船舶档案管理，投放运营的船舶实施定期签证管理和全面落实水上安全管理责任制，为游客提供了强有力的安全保障，形成了上下联动、齐抓共管的态势。建立了高效完善的海事管理体系，不仅有效地促进了当地地方经济的发展，还树立了良好的水上旅游形象，开创了全市海事管理及水路运政管理工作的新局面，为全市旅游事业的发展起到了保驾护航的作用。

1996 年以来，为全市 54 家水运企业和经营业户核发了《水路运输许可证》，营运船舶持证率达 98%以上，对全市 48 艘船舶定期实施检验，检验率达到 100%，对全市 62 名船员实施了培训，并取得了船员适任证书。10 年来完成客运量 27 万人次，为全市水上旅游业的蓬勃发展做出了应有的贡献。

图 2-10-21 市地方海事局领导深入怀来水运现场检查工作

三、班子建设

10 年来，运管处不断强化班子建设。一是着眼于班子成员的综合素质提高，不断加强班子成员的思想政治建设。通过强化理论学习，用先进科学的理论武装班子成员的头脑，培养了班子成员良好的学风，不断增强班子成员辨是非、明美丑、知荣辱的能力。二是着眼于班子整体能力的提高，不断加强班子的组织建设。几年来，处领导班子始终坚持"集体领导、民主集中"的原则，完善了班子决策程序和机制，制定了支部委员会党建工作制度，形成了既有集体领导，又有个人分工负责，既有明确职责，又有积极主动配合的良好氛围，真正实现了心齐气顺和心往一块想、劲往一处使的良好风尚。三是着眼于班子成员宗旨意识的提高，不断加强作风建设。始终注意密切联系群众，倾听群众的呼声，关心群众的疾苦，想群众之所想，急群众之所急，积极主动为单位职工和广大道路运输经营业户以及广大旅客提供人性化的服务，真正把宗旨意识落实到行动上。

四、党建工作

运管处紧紧围绕培育规范有序道路运输市场这个中心，以党建促行管，以党建促行风，全体党员干部扎实工作，开拓创新，在实施行业管理过程中充分展示党员的先进性，使各项工作取得了丰硕成果。

(1)以深化党的宗旨教育为核心，不断提高党员干部的政治素质，积极主动用先进、科学的理论武装党员干部的头脑，净化他们的心灵，提高他们的政治素质。

(2)积极利用现有条件和资源，不断加强党员活动阵地建设，先后建立了党务公开栏、党员活动室、廉政档案，购置了书报杂志，从而确保了党员学有地方、学有书籍、学有榜样。

(3)认真落实党的七项生活制度，不断加强对党员队伍的管理工作，完善了"三会一课"制度、民主生活会制度、民主评议党员制度、发展党员制度。10 年来发展党员 20 人。

(4)加强党风廉政建设。一是深入开展了党风廉政教育，从思想上打牢党员干部拒腐防变的基础。二是认真开展廉政自律工作，从源头遏制腐败行为发生。三是积极开展行政权力公开透明运行工作，强化了内外监督。四是积极倡导廉政文化，努力营造廉政文化氛围，积极培养以廉为荣，以贪为耻的良好风尚。

(5)加强对工会、共青团的领导，充分发挥团员青年、妇女及退休人员作用，还在提前离岗党员中建立了党小组。

五、行风建设工作

民主评议行风工作开展以来，运管处坚持"立党为公、执政为民"和"群众利益无小事"的原则，以群众满意不满意为衡量标准，从完善道路运输法规体制、提高运政执法队伍素质、规范执法行为、树立交通新形象和提高服务水平、优化发展环境、构建和谐运管入手，深入扎实地开展行风建设工作。

(1)加强领导,精心安排,始终坚持“一把手”负责制,每年都根据不同情况和要求调整领导小组成员,制定出全市运管系统行风建设方案,从而使行风建设工作形成了主要领导负责、安排到位、全员参与、责任明确、指标量化、措施得力、重点突出、层层落实的工作运行态势。

(2)以人为本,提高素质,打牢行风建设工作的基础。针对执法水平不高,执法人员素质参差不齐这一实际,运管处狠抓三个“突出”,提高职工素质。即突出了理想信念教育;突出了业务技能培训;突出了内部管理,制订并实施了内部管理规章制度和一系列行风建设制度,设立了举报电话、意见箱,聘请了行风监督员。

(3)突出重点,真纠实改,大力解决人民群众关心、关注的难点、热点问题。一是集中精力对长途班线客车“卖客、宰客、倒客、甩客”,拖延行驶时间、节假期间乱涨票价、超员以及汽车客运站周边“喊客、拉客、抢客”、站外发车等行为和市区黑出租等问题进行重点整治。二是在客运班线连续几年都开展了争创“文明班线”活动、开展了创建星级汽车客运站评比活动。三是从便民、利民、为民服务的角度出发,大力发展农村客运,并根据国家政策对偏远山区农村客运,出台了优惠政策。

(4)转变观念、提升服务,寓管理于服务之中。一是严格执法程序,不能随意简化程序,也不能故意刁难经营者,一切为服务经营者出发。二是提供人性化服务,在业务大厅配置了饮水机、IC 卡电话,纸、笔、洗脸盆、毛巾等基本的服务设施设备。三是针对部分经营者丢失营运证需要补证这一实际情况,为了避免经营者往返的麻烦,专门做出了代办登报的举措,受到了经营者的一致好评。

六、精神文明建设工作

(1)坚持用先进科学的理论武装人。充分发挥文明单位的典型引路作用,在做好各项工作的同时,着重抓好“三个代表”重要思想和科学发展观理论的学习;将“三个代表”重要思想和科学发展观理论,融入到群众性精神文明创建活动中,突出为民办好事、办实事;在兴起学理论高潮的活动中,突出重点,兼顾一般,通过办培训班、举办讲座、经验交流等多种形式进行学习宣传。

(2)坚持以高尚的情操塑造人。大力开展了“爱我交通,我为交通做贡献”系列活动,加强了对广大干部职工和经营者的诚信教育;认真组织开展了社会主义荣辱观教育活动,进一步提高了干部职工辨是非、审美丑、知荣辱的能力。

(3)积极开展群众性精神文明创建活动。群众性精神文明创建活动,是精神文明建设的重要组织部分。为此,运管处大力开展“青年文明号”、“巾帼文明岗”、“文明单位”、“星级单位”、“十佳窗口单位”、“百佳标兵”等创建活动。同时深入开展了“提高工作效率,提高服务水平,优化发展环境”为主题的活动。另外,开展了帮扶崇礼县黄土嘴贫困小学生活动,集体和个人共捐款 1 万多元,为学校更换了门窗、桌椅,粉刷了教室,为学生购买了书包、书籍和学习用具。

七、行政执法工作

运管处 10 年的行政执法工作,是不断规范、不断完善、不断创新、不断提高的 10 年(图 2-10-22)。特别是近两年,工作理念由管理型向服务型迈出了很大的一步,从而使运管处在政府、社会和广大经营者及广大人民群众心目中的地位逐年提高,确保了“内强素质,外树形象”目标的真正实现。10 年间,运管处没有发生一起公路“三乱”行为,没有发生一起“两错”责任事故,没有发生一起行政诉讼、复议案件。且连续被省委、省政府授予“三五”普法和“四五”普法先进集体。具体来讲:一是突出执法队伍素质的提高。①积极开展了教育培训工作,采取全封闭式半军事化管理的方式,对全市运管系统人员组织岗位培训 4 次,其中 1999

图 2-10-22　规范执法,文明执法

年、2003年组织的培训受到省运管局的好评，组织各类中小型培训7年间高达2 097人次，实现人人受训，整体提高的目的，并且推行了新增人员先培训后上岗制度和执法工作责任制制度。另外将与职工密切相关的法律、法规汇编成《运政执法法律、法规汇编》发到人手一册，不仅方便了职工学习，也在实际工作中做到了有法可依，有章可循。②建立了运政执法人员考核台账、制定了“两错”责任追究制度、行政执法公示制度、违规离岗投诉查实待岗制度等一系列制度。③制定了督察制度、明察暗访制度，成立了督察领导小组，对外公示了举报投诉监督电话，设置了举报箱，建立了行政处罚公示栏，推行了每周五处长、书记接待制度，把内部管理与内外监督有机地结合起来。二是加大了普法宣传力度，全面提高法治意识，每年除参加市里组织的“12.4”法制宣传日活动外，在“五一”、“十一”、“春节”客流量较大的时候，都要组织法制宣传活动，通过张贴标语、悬挂条幅、散发宣传单等形式，把与道路运输相关的法律知识送到老百姓的手里。并且及时解决老百姓提出的问题，帮助他们解难答疑。三是严格执法秩序，不断规范执法行为和执法水平，贯彻和认真执行《行政许可法》、《行政处罚法》和《中华人民共和国道路运输条例》，并通过自查自纠、明察暗访、学习培训、监督检查等形式不断规范执法行为和不断提高执法水平。

第十一章

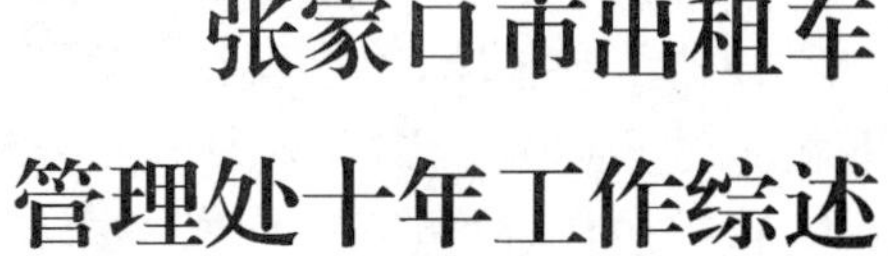

张家口市出租车管理处十年工作综述

一、基本情况

出租汽车行业是道路运输管理行业的一个组成部分，过去由张家口市交通局授权运输管理处实施行业管理。根据市场的发展和工作的需要，经市机构编制委员会批准，于2004年6月正式成立张家口市出租车管理处。现有在职职工17人，其中大学文化4人，大专文化12人，中专文化1人，全处具有中级专业技术职称2人，政工师2名。内设机构有综合管理科、业务科、市场监管大队。现在，张家口市出租车管理处受市交通局委托，独立对全市出租汽车行业实施行业管理。其主要职责是依据国家出租汽车行业的有关法律、法规和规定以及《张家口市客运出租汽车管理办法》，对全市出租汽车发展制定规划，研究制定行业管理的政策规定和具体措施，负责出租汽车年度审验、报废更新工作；车辆技术等级鉴定和车辆二级维护管理；出租汽车市场的监督检查，维护正常的运输市场秩序；负责出租汽车服务公司的经营资质评定。

目前，宣化区、怀来县设立出租车管理所，在县（区）交通局委托下，独立行使对辖区内出租汽车进行行业管理，其他县区由运输管理所实施行业管理。各县（区）出租车管理均接受市出租车管理处的指导、监督和检查。

二、出租汽车行业发展变化

10年来，张家口市出租汽车行业经历了从无到有，从无到兴的发展过程。目前，全市出租汽车、出租汽车经营者都发生了质的变化。出租汽车总数得到了有效合理科学地控制，车辆结构得到进一步优化，新车使用系数提高，经营者素质和诚信经营意识明显增强，市场经营秩序更加规范有序，文明服务程度明显提高，城市窗口形象得到进一步展示，人民群众出行更加安全、便捷、舒心。

截至2006年底，全市营运出租汽车总数为4 669辆，从业人员8 000余人，其中市区拥有营运出租汽车2 713辆，从业人员5 000余人；全市有出租汽车服务公司16家，出租汽车客运有限公司1家，企业在岗人员324人，其中市区拥有出租汽车服务公司8家，企业职工152人。

据统计，市区出租汽车年平均收入从1996年3 795万元增长到2006年7 590万元；纯利润由1996年1 500余万元增长到2006年4 500余万元，翻了两倍，累计为地方上缴税费1 200余万元。

1. 出租汽车市场起步

张家口市出租汽车市场起步于20世纪90年代初期，随着市场经济的发展，市民的外出机会逐步增多，城市公共汽车已不能完全满足人们出行的需要。作为城市公共交通体系的重要组成部分和有益补充，出租汽车在张家口市应运而生。当时只有十几辆中巴车在市区充当出租汽车角色，它比公共汽车在营运方式、营运线路上更加灵活、方便，乘客可根据自己的需要自行选择行车的路线和降乘的地点，这就是张家口市出租汽车的最初雏形。

随着经济的逐步发展，人们生活水平的逐步提高，交往领域扩大，出租汽车市场也得到了相应的发展。1996年底，市区出租汽车已经发展到几百辆，出租车的车辆结构也发生了变化，微型面包车（俗称黄面的）取代了中巴出租车，成为市场上出租车的主打车型。至此，张家口市中巴车作为出租汽车的历史已成过去。

从1996年开始，出租汽车逐步走进普通百姓的生活，成为市民出行的重要交通工具，乘坐出租汽车亦不再是奢侈的选择。随着乘坐出租车人数的增多，出租汽车行业一时间成为好赚钱的行业，吸引了不少人员从事出租汽车行业，出租汽车数量发展势头迅猛。出租汽车的迅速发展，一方面极大地方便了市民的出行，缓解了公交运力不足的局面，增加了社会就业岗位，完善了城市功能，为城市增添了新的活力；另一方面由于行业管理法律法规不健全，市场监管机制不完善，出租汽车的发展缺乏科学合理的规划，出租汽车市场出现了不容忽视的问题。一是出租车整体数量缺乏有效合理地控制，发展呈盲目性。二是单车经营，各自为阵，致使管理十分松散，个别出租车辆达不到营运安全技术性能标准，不按要求进行报废和淘汰，不按要求办理相关保险。三是少数出租车车容车貌不整洁，不遵守交通规则，乱停乱靠，随意掉头，不文明经营，不执行规定的运价，甚至利用出租车实施违法行为。10年来全市出租汽车数量变化如图2-11-1所示。

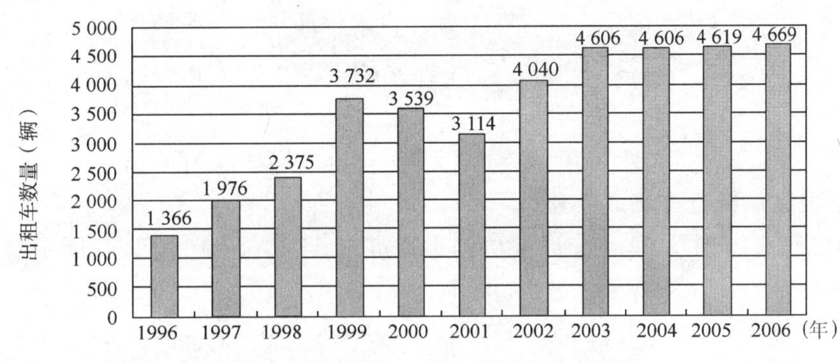

图2-11-1　10年来全市出租汽车数量变化图

2. 切实加强对出租汽车行业的组织领导

张家口市出租汽车行业，从一开始就受到市政府的高度重视，特别是1998年根据国务院有关文件精神，出租汽车的管理权限下放到各级人民政府后，从市场的宏观指导到规范运作以及行业精神文明建设等，市政府都及时给予工作上的指导和协调，强化了对出租汽车行业的组织与领导，使出租汽车行业管理步入了规范发展的轨道。

2004年以前，在市政府的统一领导下，由交通协调公安、工商、物价、技术监督、税务六部门对出租汽车市场进行管理。2004年6月，根据市政府市长办公会议纪要精神，成立了由交通局、公安局、工商局、物价局、技术监督局、税务局、建设局、商务局八部门主管局长为成员的市区出租汽车联合管理领导小组，下设办公室。领导小组负责对市区出租汽车行业实施管理，制定了出租汽车市场管理联席会议制度，定期召开会议，分析解决出租汽车市场出现的问题，认真贯彻执行上级有关出租汽车行业的方针政策。同时，八部门采取多种方式联合查处非法营运的“黑车”，依照公开、公平、公正的原则，坚持出租汽车阳光审批，共同对市区出租汽车实施强制报废以及负责对出租汽车市场的年度审验。

3. 组建出租汽车服务公司，提高经营的规模化、组织化程度

1996年以来，为进一步规范出租汽车及出租汽车经营者的经营行为、服务行为，打造作为城市精神文明窗口的出租车良好形象，运管处支持和协调运输企业及有关单位成立了出租车服务公司。同时，引导经营者主动选择并加入到服务公司，在车辆产权和经营权不变的情况下，使过去单车经营、各自为阵逐步发展到集中统一规范管理，公司成了出租车司机的“娘家”，同时公司为他们提供了全方位的服务，大大方便了出租车经营者，使他们摆脱了过去独自办理各项业务的烦恼。

与此同时，赋予了经营者与公司双向选择权，允许出租汽车经营者在各公司之间合理流动，这样也促进了各公司的公平竞争和服务质量、管理水平的提高。

从1996年市区成立第一家张家口市运输服务公司开始到2001年，市区出租汽车服务公司发展到13家，各公司程度不同的存在着只收费不管理，只收费不服务的现象。2002年根据市政府颁布的《办法》，对市区出租汽车服务公司进行了整顿，通过整顿取缔出租汽车服务公司1家，整合4家。

截至2006年底，全市共有出租汽车服务公司16家（市区8家、宣化区3家，怀来县、万全县、宣化县、涿鹿县、下花园区各一家），出租汽车客运有限公司1家（阳原县昊通客运出租车有限公司）。市区拥有出租汽车2 713辆（其中吉安出租汽车服务中心892辆，市运输服务公司631辆，广立出租汽车服务公司372辆，凤凰出租汽车服务公司243辆，明泰出租汽车服务公司224辆，第十八运输服务公司133辆，双喜出租汽车服务公司152辆，华庆出租汽车服务公司66辆）。市区各出租汽车服务公司出租车数量分布如图2-11-2所示。

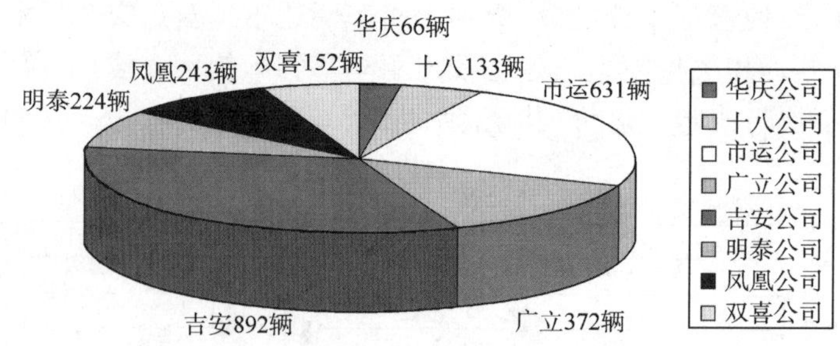

图2-11-2　市区各出租汽车服务公司出租车数量分布图

4. 整顿规范出租汽车客运市场成效显著

1996年以来，在政府的领导下，市交通局协调出租汽车管理各职能部门，开展了对出租汽车市场的规范管理、治理整顿。

(1)首次严格了出租汽车入市的门槛。1998年，运管部门在对出租车市场进行调查摸底的基础上，利用年度审验之机，对有车但无有效营运手续或有手续而无营运的车辆，在规定时间内不能按行政审批要求进入出租车市场的，300余部出租车清退出市场，并在新闻媒体上予以公示，从而为以后的出租车市场有序发展、规范管理打下了基础。市区出租汽车数量变化如图2-11-3所示。

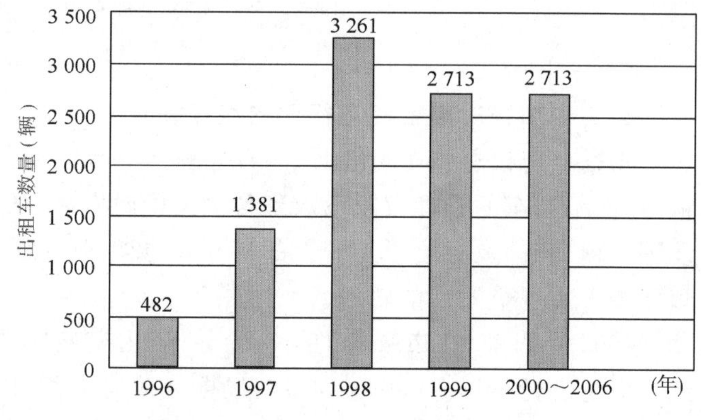

图2-11-3　市区出租汽车数量变化图

(2)颁布了第一部规范性文件。在市场调研、学习借鉴外地市管理办法、征求有关部门意见、多次讨论研究的基础上，市运管处向政府法制部门提交了《张家口市客运出租汽车管理办法》。2000年8月12日，市政府常务会议审议通过了该办法，并向社会正式颁布实施。

《张家口市客运出租汽车管理办法》提出了出租汽车实行“总量控制、退一进一”的原则。到2006年，在出租车总量保持不变的情况下，出租车档次得到了提高，运力和市场需求趋于平衡，出租车市场稳定健康有序。

(3)统一出租车标志标识。2002年，市政府率领有关部门工作人员到外市学习考察，为统一和规范出租车标志标识做准备。2002年5月27日，交通、公安、工商、税务、物价、质量技术监督六部门联合下发了《关于制定2002年市区客运出租汽车行业年度审验办法的通知》，由政府协调有关部门补贴资金，统一为出租车安装固定式顶灯，换出租车专用车牌照，喷涂车身标志，喷涂所在公司名称，张贴租价牌和监督电话，首次市区出租车实现了“六统一”。六部门集中时间并抽调专人深入各公司逐车进行现场审验，逐车落实各项标志标识，使市区出租车在规范化管理上实现了大跨越。统一和规范了出租车标志标识，不仅为广大市民出行选择安全、便捷、放心的出租车提供了条件，同时也为查处非法营运出租车奠定了坚实的基础。

(4)严厉查处非法营运行为。非法营运的“黑车”不仅干扰正常的市场营运秩序，损害经营者和广大乘客的正当利益，而且也给乘客的安全带来了隐患。《张家口市客运出租汽车管理办法》颁布实施以后，依据有关规定，交通局等六部门相互配合，采取集中治理、昼夜巡查和行管部门日常监管的方式，使运输市场始终处于查处非法营运的高压态势。

2001 年下半年，开展了四次大规模集中整顿和规范出租汽车市场秩序的执法行动，先后共查处了 200 多辆从事非法营运出租车辆，并按照《张家口市客运出租汽车管理办法》的规定，每部车处以 5 000 元至 10 000 元的罚款，有力地震慑了非法营运行为。2002 年至 2006 年市区共查处非法营运的“黑车” 725 辆。

在查处非法营运的“黑车”和查处不规范经营行为的过程中，做到了“三个坚持”，即：坚持集体研究、统一行动的原则，坚持依法处理的原则，坚持公正合理的原则，几年来未发生任何行政错案、行政诉讼和行政复议案件。

5. 规范出租汽车报废更新程序

根据国家五部委及环保总局颁布的《国家汽车报废标准》，为强化和规范出租汽车报废程序，防止报废车回流社会，给广大市民出行造成危害，在市政府统一领导下，出租车管理处制定了报废出租车有关规定和现场报废流转程序，并由八部门现场监督报废解体，同时邀请新闻媒体监督，在报纸上进行公开报道。2002 年至 2006 年市区出租汽车报废并实施更新 2 476 部(图 2-11-4)，占市区客运出租汽车总数的 92%。

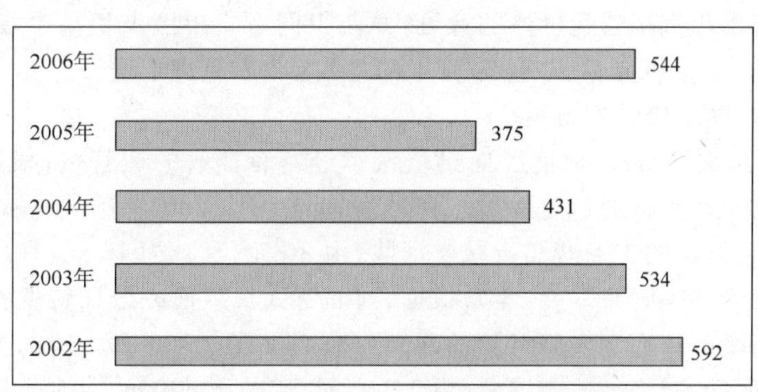

图 2-11-4　2002～2006 年报废更新出租车数量情况图

强制和规范更新报废出租汽车，使出租汽车新车系数大大提高，车辆结构发生了根本变化。微型面包车已全部淘汰出市场。经济、环保型的新款夏利车成为市区出租车的主要车型。市区 2 713 辆出租汽车中，夏利车为 2 210 辆，占总数 81.5%，“吉利”279 辆，占总数 10.3%，“羚羊”86 辆，占总数 3.2%，其余数量较少的车型有“奥托”、“悦达”、“奇瑞 QQ”等车型，约占总数的 5%。

与此同时，针对出租车敏感性强的特点，出租车管理处牵头相关部门组成了出租车行政审批委员会，还聘请有关单位和社会各界人士组成听证委员会，就出租车更新工作实行集中审批、集体研究并现场接受监督指导(图 2-11-5)，不仅杜绝了权力审批、人情审批，还有效地防止了腐败行为的滋生，打造了交通局阳光行政审批的名牌。

6. 市区出租车运价的发展

10 年来，全市出租车从起步到 2006 年，出租车运价历经了四个阶段。

第一阶段(20 世纪 90 年代初)，在中巴车充当出租车角色的时期，运价为市场调节，经营者与乘客进行议价。

第二阶段(1998 年以前)，出租汽车呈现出快速发展的态势，且多数是微型面包车，市交通局、物价局根据市场营运情况和广大市民的承受能力制定了出租车营运价格，市区 5 公里以内 10 元。

第三阶段(1998～2006 年 5 月)，随着出租汽车数量的增加和车型的发展变化以及对出租车的规范

图 2-11-5 出租车更新行政审批会场

管理,乘坐出租车成为广大市民的选择,参照其他城市出租车的运价水平,考虑到我市经济发展的具体情况,市交通局、物价局在征求社会各界意见的基础上,将市区出租汽车运价调整为 3 公里 5 元,超出 3 公里每增加 1 公里加收 1.2 元,面的加收 1 元。

第四阶段(2006 年 6 月 1 日以后),随着国际原油价格的不断上涨,我国燃油价格也多次上调,作为出租车这个特殊的群体营运效益明显下降,成本增加。为维护市场的稳定,减轻经营者的负担,出租车管理处协同物价部门经过对市场运营情况进行认真调查和测算,并在征求经营者、有关部门意见后,向市政府提出了调整我市出租汽车营运价格的意见,并获得同意。市区出租车市场营运基价里程由 3 公里 5 元,调整为 2 公里 5 元。调价后,出租汽车司机的营运收入呈稳定增长趋势。

7. 维护经营者利益,减轻经营者负担

1998 年,根据国务院文件精神,取消了向出租汽车经营者征收的运管费;根据《河北省人民政府办公厅关于进一步做好出租汽车行业稳定发展工作的通知》(办字[2005]101 号)精神,从 2005 年 10 月 1 日起,对出租汽车经营者缴纳的工商费实行减半征收(由 30 元/月减为 15 元/月),出租汽车计价器年度检测费减半征收(由 90 元/年降为 45 元/年);根据《河北省人民政府办公厅转发省物价局关于贯彻落实国家成品油价格综合配套改革方案实施意见的通知》(冀政办函[2006]22 号)的要求,从 2006 年 4 月 1 日起,免征出租汽车工商费,减半征收养路费(由 1 260 元/年减至 630 元/年)。

8. 首家出租汽车有限公司落户张家口市

2006 年 12 月 6 日上午,张家口市首家利用外来资金投资成立的客运出租车有限公司——阳原县昊通客运出租车有限公司正式揭牌成立,50 部崭新的三厢新款夏利出租车在阳原落户并开始营运。阳原县昊通客运出租车有限公司的成立,开启了张家口市利用外来资金发展当地出租汽车市场的新模式,为全市客运出租汽车行业的发展注入了新的活力。

9. 组建了出租汽车行业工会

2006 年 12 月 25 日,张家口市出租汽车行业工会联合会揭牌仪式在运管处、出租车管理处办公楼前正式举行。市人大副主任、市总工会主席郁成俊,市总工会常务副主席朱立新、市总工会私企工会主席张凤娥以及市局主要领导参加了揭牌仪式。

张家口市出租汽车行业工会联合会的建立,是张家口市出租汽车行业落实《工会法》,切实保障出租汽车司机合法权益的一项重要举措,是张家口市出租汽车行业的一件大事。

10. 深入开展行业精神文明建设,出租车作为城市“窗口”文明形象得到提升

10 年来,行管部门把行业精神文明建设作为行管工作的一项重要工作始终抓住不放,收到了较好的效果,出租车行业这个城市窗口越擦越亮(图 2-11-6)。

据统计,10 年间,出租车管理处以及各出租汽车服务公司收到各种表扬信 5 000 余封,锦旗 653 面,出租汽车司机扶助困难群众 1 325 人,向社会献爱心 135 次。主要开展了以下活动:

(1)在全市出租汽车行业统一了文明服务用语，乘客上车说：“你好，请问到哪里？”；乘客付费说：“谢谢”；乘客下车时说：“请走好”，“请拿好你随身携带的物品”；

(2)2005 年 7 月 1 日，在市区出租汽车行业选树了“共产党员示范车 30 部”，并举行了启动仪式，向共产党员示范车获得者制作了标识牌，赠发了党章；

(3)2005 年 10 月，在张运旅游出租总公司组建了巾帼文明出租车车队，队员 120 名，先后两次到张家口市福利院看望孤儿，队员们向孩子们捐赠了衣物和学习用品以及各类食品，收到良好的社会效果；

图 2-11-6 创建“优质服务号”出租车会议现场

(4)从 2004 年开始，先后四次开展了“优质服务号”竞赛和评比活动，评选“优质服务号”出租车及出租车司机 300 部，其中市区 250 部，宣化区 50 部；

(5)2006 年、2007 年两次开展“诚信经营文明服务示范车”评比活动，有 160 部(次)出租汽车被评为“诚信经营文明服务示范车”；

(6)从 2006 年 1 月 1 日起，开通了为乘客查找在乘车时遗失物品的“绿色通道”。至今，共为乘客找回各类遗失物品 8 400 多件，折合人民币 28 万多元；

(7)开展了“建军节军人免费乘车”活动。宣化区组织 60 部出租汽车“八一”建军节免费接送子弟兵，此项活动已连续开展了 5 年，受到驻宣解放军和广大市民的好评。

第十二章
张家口市高等级公路管理处十年工作综述

一、基本情况

张家口市交通局高等级公路管理所成立于1997年，2001年更名为高等级公路管理处，下设办公室、财务科、路政科、养护科四个科室，一个公路养护工程队，一个养护中心。现有职工73名，其中大专学历有23名，中级以上职称11名。办公地点位于110国道194k东侧，沙地坊村南，占地23.65亩，办公楼面积1 005平方米，绿化面积1 633平方米，固定资产由建所初期的126.6万元增加到现在的2 762万元。主要负责张家口市5条44.509公里城市进出口国省干线的日常维护、大中修工程、路政管理以及丹拉高速公路40.144公里、张石高速14.52公里养护任务，为公路畅通提供养护与路政管理保障。

二、养护管理工作的发展变化

10年来，随着我市公路建设的迅猛发展，高管处坚持以公路养护管理为中心，按照"转变观念、与时俱进、依法行政、深化监督、优化服务、提升形象"的整体工作思路，开拓创新、扎实工作，使公路养护里程从1997年的51.981公里增加到2006年的92.756公里，养护质量全部达优，日常管理实现了科学化、规范化、制度化，两个文明建设取得了丰硕成果，为社会提供了安全、舒适的公路行车环境。

1. 养护管理的变化

过去的10年，坚持以公路养护管理为中心，认真贯彻"建养并重、强化管理、深化改革、调整结构、依靠科技、提高质量、依法治路、保障畅通"三十二字公路养护方针，确保了国省干线公路常年无坑槽，公路好路率始终保持在90%以上，为社会提供了安全、舒适的公路行车环境。10年间小修保养累计完成清扫路面53 052公里，整修平台、路肩、边坡481.75公里，疏通边沟174公里，路面沥青灌缝251.74公里，清倒垃圾49 958立方米，整修绿化带301公里，小修挖补27 436平方米，公路绿化8.9公里，荒山绿化200亩，种植苗木93 662株，成活率达90%以上。

图 2-12-1　及时溶雪保畅通

2004年、2005年分别在丹拉高速第一期养护工程和二期养护工程招投标中成功中标，使我处养护的主要公路里程达到40.144公里。在日常养护中我们及时整修防撞护栏，防眩板等交通安全设施，为高速公路的行车安全提供了有力保障。在冬季先后18次出动各种机械200多个台班，不分昼夜突击清理有雪路面达800多公里(图2-12-1)。我处还投资70多万元，购买了一部干湿两用清扫车，外加一个三角形除雪铲，为冬季高速公路路面保洁和铲雪提供了保障。公路养护里程的变化如图 2-12-2 所示。

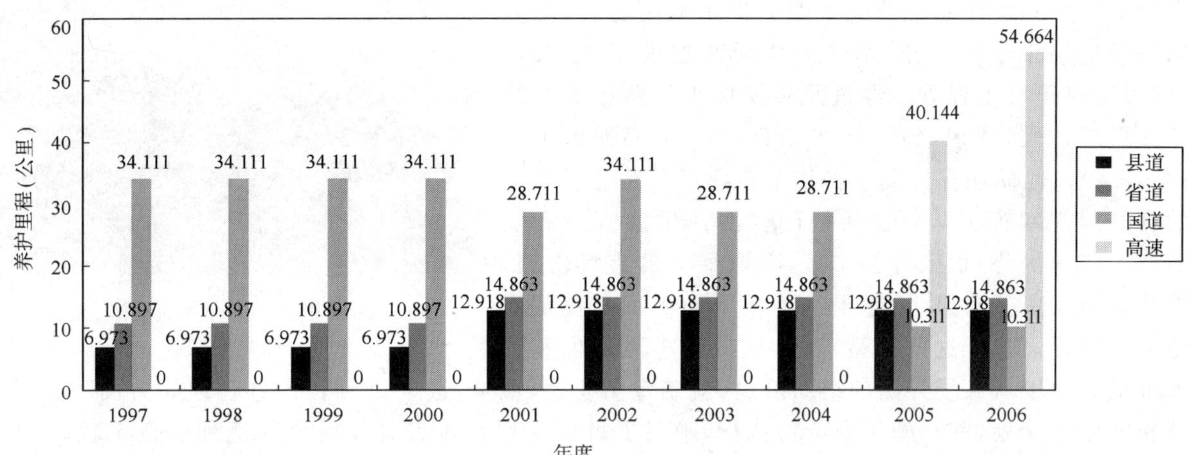

图 2-12-2 公路养护里程的变化

2. 路政管理工作的变化

10 年来，我处将保护路产、维护路权、保障公路安全畅通作为路政管理工作的中心任务来抓，坚持依法行政，严格执法，热情服务的工作原则，认真履行路政管理职责（图 2-12-3），多角度，全方位地开展行之有效的宣传活动，增强广大人民群众"爱路护路"意识，不断规范路政执法行为，树立良好的社会形象。10 年间共发生路政案件近 800 起（表 2-12-1），破案率、结案率均达到 98%，收取赔偿费 9 573 578 元，清理各类摆摊设点 101 起，拆除违章建筑 146 处，广告牌 357 块，制作永久性宣传标语 9 块，给沿街商户及行人发放《公路法》小册子宣传单 9 100 多份，征求意见书 1 190 份。制作的电视专题片《树好形象管好路》、《整治与责任》、《走在大路上》都在张家口电视台播放，收到很好的效果。

图 2-12-3 路政执法人员热情解答车主疑问

十年来公路案件发生查处情况 表 2-12-1

年度	1997	1998	1999	2000	2001	2002	2003	2004	2005	2006
发生	130	30	50	195	126	14	16	152	36	21
查处	128	27	48	194	125	14	16	150	36	21
结案率	98%	90%	96%	99%	99%	100%	100%	99%	100%	100%

2003 年上半年在抗击"非典"中，我处担负张沽线大境门路口检查任务，党员干部踊跃报名，不讲任何条件，顾全大局，克服困难，全处形成了团结互助，不畏艰险，全员齐上阵，严防死守的"抗非"态势。我市防控"非典"北大门仅一个多月，出动人次 334 人次，投入资金 5 万多元，留验发热病人 5 人，检验过往车辆 11 215 辆次，总人数达 20 208 人次，为全面夺取抗击非典的胜利做出了应有的贡献。有两名同志在非典期间火线入党，我处党支部也被局党委命名为"先进基层党组织"。

3. 公路养护工程的变化

张家口市高等级公路专业养护工程队是市局依据省厅衡水会议"建管养"一体化的精神于 1998 年 2 月组建的。人员从张家口市第一公路工程公司抽调，财务单独核算，自负盈亏。养护队人事管

图 2-12-4　养护工程队正在进行作业施工

理隶属高管处，业务管理上隶属交通局公路养护管理处，以实施每年度养护计划中的大中修养护工程为主，同时和市局各兄弟建设单位协作，承揽一些新改建道路、地方道路、城市道路建设工程等。经过几年发展养护队已成为我处一支思想过硬，作风灵活，技术精良的公路工程施工队（图 2-12-4）。他们还充分利用多年来在我市公路建设中博得的良好信誉和施工队伍灵活机动及西八里沥青拌和场辐射范围广等优势，积极开拓市场，争取最大的市场份额，把那些大施工单位不愿干，想干又不便干的小型工程都列入施工范畴。通过干这些小型工程，认识到小天地也蕴藏着大市场。由于从入场开始的组织阶段，就制定了安全、质量、进度、协调、信息管理等方面一整套科学严密的施工计划，并在施工中严格执行，确保了每项工程在竣工验收后全部达到优良工程。10 年来获得了张宣公路辅道等 24 项大修及中修工程，完成产值从 1997 年的 140 万元增长到 2006 年的 4 197 万元（图 2-12-5），累计完成产值 1.4 亿元，铺筑公路总数约 262.3 公里。

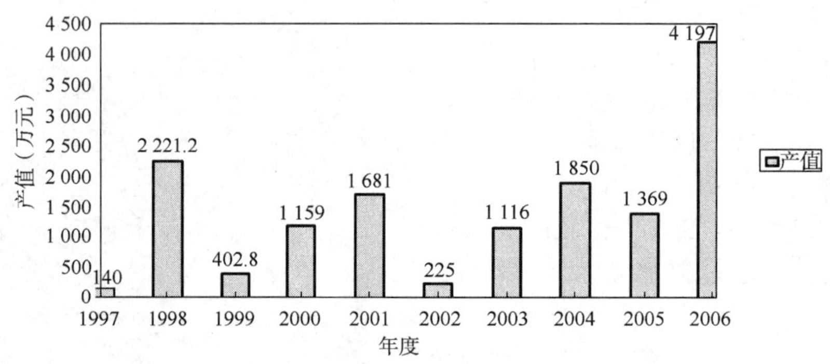

图 2-12-5　历年来完成大中修工程产值

三、班子建设

几年来，高管处领导班子虽几经调整，但历届领导班子始终坚持“集体领导、民主集中”的原则，完善了班子决策程序和机制，制定了支部委员会党建工作制度，形成了既有集体领导，又有个人分工负责，既有明确职责，又有积极主动配合的良好氛围，实现了心齐气顺，风正劲足和心往一块想，劲往一块使的良好风尚。

四、党建工作

10 年来，高管处以公路养护管理为中心，为培养一支过硬的党员干部队伍，培育一种敬业精神，造就和谐的服务环境，以党建促行管，以党建促行风，全体党员干部扎实工作，开拓创新，使党建工作较好地起到了为经济建设服务的作用。10 年来全处先后有 24 名职工向党组织递交了入党申请书，通过考察发展新党员 16 名，这些同志都是工作中的骨干，给全处的公路发展带来了朝气和活力。如今全处 73 名职工中有党员 29 名，占职工总数的 40%。

五、党风廉政建设

高管处党风廉政建设工作以公路养护和优质服务为重点，通过制定行之有效的警示教育系列活动实施方案，认真组织党员学习党章，观看警示教育片，并通过开展艰苦奋斗教育，写体会感想，认真开展批评与自我批评，主动接受广大职工的监督。每年年初处党支部一方面与各科、室、队签订《党风廉政建设目标责任书》，另一方面要求处领导必须做到“三不准”，即不准利用职权打招呼，写条子，违规干预和

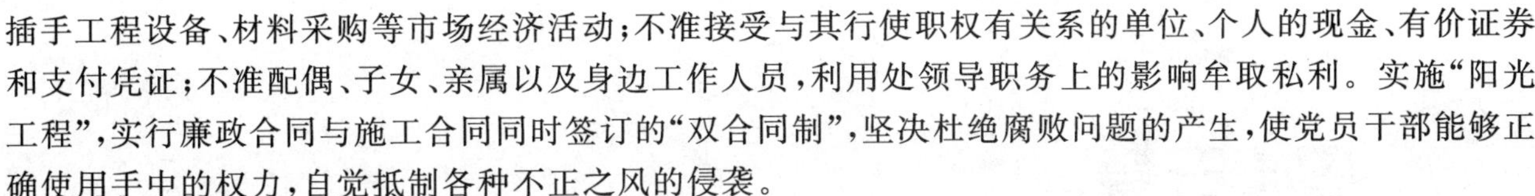

插手工程设备、材料采购等市场经济活动；不准接受与其行使职权有关系的单位、个人的现金、有价证券和支付凭证；不准配偶、子女、亲属以及身边工作人员，利用处领导职务上的影响牟取私利。实施“阳光工程”，实行廉政合同与施工合同同时签订的“双合同制”，坚决杜绝腐败问题的产生，使党员干部能够正确使用手中的权力，自觉抵制各种不正之风的侵袭。

六、行风建设工作

高管处按照局党委对民主评议行风的总体部署，领导班子成员每年都深入到高新区、桥东区、桥西区和有关乡镇、办事处等单位，宣传交通行业职责和有关政策、法规，回答有关部门领导和群众提出的问题，路政人员结合公路巡查逐户走访公路两侧单位、门店征求意见，向车主、司机发放征求意见表、宣传材料。加大行风建设力度，把行风建设与实际工作结合起来。张宣公路、平门路和宁枳路是我处管养的重点路段，更是我市的政治路、经济路、窗口路。其路容路貌的好坏，外地客商印象如何，不仅反映我们工作的好坏，更关系到我市的整体形象。由于历史的原因，上述路段两侧门店林立，违章建筑密集，排水设施不畅，公路街道化、商业化现象严重。2003 年在市委、市政府及当地有关部门支持下，用一年的时间，对这三条公路进行集中整治，使脏、乱、差的面貌得到彻底改善。

七、精神文明建设工作

10 年来，我们坚持“两手抓，两手都要硬”的方针，在抓好公路养护管理这一中心工作的同时，注重开展行业精神文明建设，努力使经济建设和精神文明建设协调发展。

1. 坚持用先进科学的理论武装人

一是充分发挥文明单位的典型引路作用，在做好各项工作的同时，着重抓好“三个代表”重要思想和科学发展观理论学习。二是将“三个代表”重要思想和科学发展观理论，融入到群众性精神文明创建活动中，突出为民办好事、办实事。

2. 坚持以高尚的情操塑造人

一是大力开展了“爱我交通，我为交通做贡献”系列活动，加强了对广大干部职工的诚信教育。二是认真开展了社会主义荣辱观教育活动，进一步提高了干部职工辨是非、审美丑、知荣辱的能力。

3. 积极开展群众性精神文明创建活动

群众性精神文明创建活动，是精神文明建设的重要组成部分。为此，高管处大力开展了“文明单位”、“十佳窗口单位”、“百佳标兵”等创建活动。另外，开展了帮扶张家口市特殊教育学校活动。积极为困难职工家庭、贫困生送温暖、献爱心活动，累计捐款达 1.2 万元。

第十三章 张家口市公路工程定额站(招标办、质量监督站)十年工作综述

一、基本概况

张家口市公路工程定额站(招标办)成立于1999年1月,公路工程质量监督站组建于1994年,其前身为张家口市公路工程质量监理站。2003年12月,市局将公路工程定额站(招标办)与公路工程质量监督站进行了人员调整和机构整合。整合后的“两站一办”下设五科一室,即定额科、监督科、概预算科、资教信息科、财务科和综合办公室。“两站一办”现有职工21人,其中专业技术人员13人,占职工总数的61.9%;大中专以上学历的有12人,占职工总数的57.1%;有党员12人,占职工总数的57.1%。专业技术在岗人员均持有相应的专业从业资格证书,持证上岗率为100%。

二、主要职责

1. 公路工程定额站

(1)贯彻执行并落实国家和省有关公路工程造价方针、政策、法规,研究并拟定有关本市公路工程造价的计价、定价、调控和监督的管理性(法规性)文件,负责本地区工程造价计价工作的管理,监督检查本地区工程造价计价的执行情况。

(2)完成省厅下达的各种定额的测定和实施。

(3)定期调查、整理、发布本地区的工程材料价格信息。

(4)负责做好公路建设项目概、预算审查工作,提出审查意见,作为审批或上报的依据。

2. 公路工程招标办

(1)严格执行国家和河北省有关公路建设工程招标投标管理的相关法律、法规和规章。

(2)依法对本市交通局主管的公路工程项目招标投标活动进行全面监督。

(3)依法对招标投标活动中的发售《招标文件》、资格预审、开标、评标和定标活动进行全过程的监督,确保招投标工作有序、公开、公平、公正。

(4)掌握全国招投标活动的最新动态,根据张家口市实际情况研究制定公路建设项目招标投标管理实施细则。

3. 公路工程质量监督站

公路工程质量监督站系张家口市交通局直属的科级事业单位,其主要职能是代表政府对全市公路工程质量进行强制性监督管理(图2-13-1),业务上受河北省交通厅公路工程质量监督站指导,其监督的范围、对象和主要内容如下:

图2-13-1 质监站对国省干线进行中间外业质量检查

(1)实施监督的主要范围。全市公路的新建、改建以及养护、大修等工程。

(2)实施监督的主要对象。建设单位、勘察设计单位、施工单位、监理单位、试验检测单位以及相关设备、材料的供应单位。

(3)实施监督的主要内容:

①工程质量管理的法律、法规、规章、技术标准和规范的执行情况;

②从业单位的质量保证体系及其运转情况;

③勘察设计质量情况,工程质量情况,使用的材料、设备质量情况;

④工程试验检测工作情况;

⑤工程质量资料的真实性、完整性、规范性、合法性情况;

⑥从业单位在工程实施过程中的质量行为。

三、主要成绩

1. 公路工程定额站(招标办)

1999 年 1 月,公路工程定额站与公路工程招标管理办公室同时成立,合署办公。几年来,随着工作需要和市局做出的不断调整、充实和加强,定额站和招标办的工作逐步深入,效果亦逐步显著,而且在工作的许多方面表现出开拓性和创造性。

(1)管理制度不断创新。1999 年制定出台了《张家口市交通局公路工程招、投标管理办法》及《张家口市交通局公路工程招、投标及资格预审程序、文件内容、格式及评审办法》,使公路建设招标工作逐步走向规范。2000 年,结合新颁布的《中华人民共和国招标法》和《公路工程国内招标文件范本》,对《张家口市公路工程招投标管理办法》进行了修订和补充。2001 年,按照市局领导的指示精神由定额站牵头组织并出色完成了《张家口市交通局公路建设项目管理办法》一书的编撰任务。这套书分上下两卷,把公路工程从预可研到工程验收交工的全过程的每一个环节,应该怎么做,按什么程序做,做到什么程度,图表怎么做,做到什么标准以及各环节、各个程序的责任人、责任制都制定了详细、具体的实施标准和要求。业内人士称,这套书基本统一了全市公路建设项目管理规范,具有很强的权威性。这套书的编印与出台,对于理顺相关单位和部门的关系,进一步规范我市公路建设市场,提高公路建设管理水平,发挥了很好的作用。

(2)审查文件严肃认真。10 年来,先后对几十条干线公路设计文件进行了认真审查。

1999 年,对 109 线二期剩余工程、207 线二期工程设计文件进行了审查,109 线二期剩余工程在保证使用功能及工程质量的前提下,取消了约 1 200 万元的防护工程。对 207 线二期工程设计文件共提出意见和建议 17 条。对沙宝线独石口至野马营段 30 公里、张沽线榆树林至三号地段 70 公里、l09 线北京界至分水岭段 15 公里三级公路改建工程进行了外业勘测成果验收工作,提出验收意见 32 条。

2000 年,对 207 线东杏河至保定界段等三项较大养护大修工程外业勘测进行了验收,提出 20 多条意见和建议。对杨哈线二期、怀化线、112 线杏仁堡至龙门所段、赤宝线独石口至野马营段、宣大部分连接线、张化线胡家房至内蒙交界段、地方道路牛家营大桥及第三堡中桥等八项公路及桥梁工程的设计文件进行了详细审查,提出修改意见 50 多条。

2001 年,对张化线张北至胡家房段、207 线西梁至三号地段、207 线半填段及 112 线小慢岭至关底段四项二级公路及 112 线锁阳关隧道、野康线官厅段等工程的初步设计或施工图设计进行了专项审查,提出并改动 50 多处。

2002 年,对我市新开工的国道 112 线锁阳关至杏仁堡段 38 公里二级公路、省道张康线胡家房至康保段 49 公里二级公路、省道半虎线平定堡至虎宁交界 29 公里二级公路及省道张沽线 80 公里三级公路四项国省干线新改建工程进行了初审，提出建议 61 条。

2006 年，完成了五项工程定额的测定工作，即小导管制作、超前注浆小导管、小导管安装、加筋挡土墙、加筋防撞墩。

10 年来，定额站无论是参与外业勘测验收，还是对各种公路设计文件的审查，一贯严肃认真，一丝不苟，不仅使一条条公路进一步优化了设计，保证了设计文件的质量，而且大大降低了工程造价。例如 2000 年，对省道下广线夏源至殷家庄段一、二级公路新改建工程，提出将全线共有 22 公里的强湿陷性黄土，改为普通的碾压方法提高压实标准，从而节约投资 800 多万元，缩短工期 2 个月；对下广线蔚县七里河大桥提出优化设计方案，节约投资 150 万元。

又如：2002 年先后对国道 112 线提出将原设计墙式护栏改为护柱，节约资金 150 万元；对小桥涵提出优化建议，节约资金 50 余万元。对张康线康保县城段 700 米纵坡进行了调整，减少土方 2 万立方米，节约资金 15 万元；对坝上三条线部分路段软基处理将挖除换填改为提高路基，减少了大量挖除费用；将半虎线起点平交及县城段减少 3 公里，节约建设资金 200 多万元。对张沽线朝天洼大桥及引道工程设计文件提出修改意见，路基土方减少 2.2 万立方米，减少了部分砌体，节约投资 70 万元。对四项大修工程，进一步优化设计，节约投资约 400 万元。上述对有关工程提出的合理化建议和优化设计方案，共计为国家节约建设资金 1 835 万元，较好地发挥了定额站职能作用，多次受到省厅和市局领导的好评。

(3)收集信息定期发布。1999 年，在我市范围内率先建立了造价信息网，由专人负责，及时收集信息，定期整理并发布。该项工作的开展，为我市公路建设造价管理提供了科学的依据。

2002 年，根据市局工作安排，对物资处近三年沥青价格构成情况进行了核审，并据此测算了当年沥青出厂价格(沥青库)。将此价格作为当年物资处供应全市各工程沥青价格的控制标准。

2004 年，为了进一步合理确定和有效控制公路工程造价，提高管理水平和投资效益，定额站对 2003 年度在我市已竣工的公路工程项目的估算、预算、上报文件、批复文件、决算文件、招投标工程量清单、批复的变更设计等各种文件和信息资料进行了认真收集、整理、归类、汇总。通过计算机的汇总，不仅提高了数据的准确性、实效性和科学性，而且为建立公路工程造价数据库，尤其是为上级领导做出决策，提供了准确而又科学的基础依据。

(4)培训工作有序进行。2001 年，根据省厅《关于公路工程造价人员实行持证上岗制度的通知》文件精神，为了提高我市公路工程造价人员的业务素质和管理水平，组织举办了 20 天的工程造价业务培训班，参加人员 138 人。此期培训班对提高我市工程造价管理水平起到非常积极的作用。

2002 年，组织全市工程造价管理人员积极参加了全国造价工程师资格考试，共有 34 人通过了乙级资格考试，获得乙级资格的人员数量在全省名列前茅。

2003 年，组织全市交通系统从事工程造价的在岗人员，举办了为期一周的公路工程造价软件培训，聘请了珠海同望创新科技有限公司两位专家授课，全市交通系统共有 55 名在岗人员参加了培训。通过学习，使参训人员的专业知识有了进一步提高。

2006 年 12 月招标办与总工办联合举办了一期全市交通系统公路工程招投标及工程管理培训班，参训人员 73 人。这次培训所安排的课程理论与实际紧密结合，使参训人员受益匪浅 。

2. 公路工程质量监督站

公路工程质量监督站自 1994 年成立以来，历届领导班子高扬“团结守纪、创新求实、尊重科学、公平公正”的质监站 16 字精神，高唱张家口市交通发展主旋律，围绕“严把工程质量关”这一重中之重的核心工作，带领全体职工以科学发展观为统领，努力适应市场经济和交通改革与发展的需要，脚踏实地，狠抓质量，与时俱进，开拓创新，在张家口市公路建设事业发展中发挥了十分重要的作用。据统计，1996～2006 年的 10 年间，共计完成公路工程质量监督检测的总里程达 8 792.969 公里，其中大中桥74座，山体隧道5座，涵洞728座，工程监督检测的覆盖率达100%，工程合格率均达100%（详见表2-13-1）。质监站对施工单位进行内业检查如图2-13-2所示。

1996～2006年质量监督站完成监督检测的主要工程项目一览表 表2-13-1

年份	国省干线新、改建工程				地方道路		大中修		旅游公路
	路线工程（公里）	大中桥（座）	隧道（道）	涵洞（座）	路线（公里）	桥涵（座）	路线（公里）	桥涵（座）	路线（公里）
1996～1998	139	44			1 585		787		
1999	160				69		99		
2000	255.8				73.5		324		482.3
2001	394				83.1	3	203.52		
2002	197.5				84.2		163.9		
2003	76.8	8		125					
2004	122.17	9	2	311	2 962.7		182.35		
2005	7.799			27	149		203		
2006	177.03	13	3	265	141.3		152.3	20	
合计	1 530.099	74	5	728	5 147.8	3	2 115.07	20	482.3

10年来，为了加强监督工作的力度，改进工作方法，在市交通局原有《工程管理办法》的基础上市站相继推出并完善了《张家口市公路工程质量监督管理办法》、《张家口市公路工程质量管理实施细则》、《张家口市公路工程质量事故报告处理制度》、《张家口市公路工程建设项目质量鉴定办法》、《张家口市公路工程建设项目工地试验室临时资质管理办法》等一系列规章制度，使工程质量管理更加制度化、规范化。在具体运行和操作中，不断加大监督力度，对工程施行全面、专项、巡回等不同形式的监督检查，不仅大大提高了工作效率，更重要的是被检单位的质量意识有了明显增强。

图2-13-2 质监站对施工单位进行内业检查

2005年，为了进一步加强工地试验室的管理，提高试验检测数据的准确性、真实性，监督站有针对性地制定了《张家口市公路工程建设项目工地试验室临时资质管理办法补充规定》。同时，针对工程施工阶段存在的生态环境影响和环境污染现象，质监站还制定了《张家口市工程环境监理实施方案》，并在全市范围内实行了公路工程环境监理。2006年，为了强化质量责任意识，市站推行了监督与检查双向负责制，先后制定了《全员岗位质量责任制》、《张家口市公路工程建设质量责任追究制度》和《张家口市公路工程质量稽查办法》等一系列硬性制度，其宗旨和内涵是：行为用制度约束，检查用标准衡量，好差用数据说话。这些硬性制度的推出，对约束全站日常的监督工作起到了至关重要的作用，并形成了自上而下职责明确的工作新格局。

四、党建工作

10年来，特别是近几年来，"两站一办"十分重视党建工作，在日常工作中坚持做到抓班子、抓制度、抓活动、抓教育。一是抓班子、抓制度，不断增强党组织的凝聚力和战斗力。先后建立了《领导班子政治理论学习制度》、《定期召开领导班子民主生活会制度》、《领导干部廉洁自律制度》及"三会一课"等15项党支部工作制度。2006年，按照市局党委统一部署，在全站开展了以"班子建设好、党员形象好、作用发挥好、制度落实好、群众反映好”为主题的“五好党支部”创建活动，党支部的凝聚力和战斗力不断增强。二是抓活动、抓教育，不断为党建工作注入活力。几年来，站党支部始终以开展各项活动为载体，把党建工作抓活、抓深、抓实。先后开展了“我为党旗添光彩”、“一个党员一面旗帜”、“争先创优”、“我爱交通、我为交通做贡献”等活动。开展系列教育活动，保障了全站党员、干部和职工始终保持了积极向上，有所作为的精神状态。

五、行风建设

10 年来，“两站一办”始终把行风建设作为一项重要工作紧抓不放。几任站长、书记爱岗敬业、以站为家、埋头苦干、无私奉献，他们秉持高格调、高起点、高站位，带领干部职工唱响单位正气歌，扎扎实实地把行风建设的每一个环节和步骤都一一落到实处。2005 年以来，按照全市的统一部署，结合工作实际，在全站开展了以“提速、提质、优化服务环境”为主题的机关效能创建活动，通过一些创新制度的建立以及向社会各界公开承诺，广泛征求意见，公开行风举报电话、召开行评员座谈会、虚心听取社会各界人士意见和建议等一系列行之有效的举措，有力地促进了行风建设健康有序地发展，受到了上级领导和社会各界的好评，实现了行风建设的新突破，开创了行风建设的新局面。

六、精神文明建设

“团结守纪、创新求实、尊重科学、公平公正”的 16 字团队精神是“两站一办”精神文明建设的基础。10 年来，在精神文明创建过程中，领导班子明确了这样几条规矩，即：一是领导高度重视精神文明创建工作，每年要专题研究一次精神文明建设如何搞，要制定出具体的工作方案。二是每半年召开一次精神文明创建活动联席会，专题研究讨论精神文明建设，解决精神文明创建工作中遇到的具体问题。三是站长大力支持，提供必要的精神文明创建活动经费，确保精神文明创建活动有效开展。四是不断加大精神文明建设的考核力度。年初，精神文明要与业务工作一同计划、一同安排、一同落实；年终，精神文明要与业务工作一同考核、一同评比、一同奖惩，充分体现了两个文明相辅相成，相互促进，共同发展的特点，充分体现了站领导班子对两个文明一起抓的深刻理解，使全站精神文明创建工作做得细致，做得具体，做得深入。

10 年来，定额站、监督站、招标办几经调整，重组整合，主要领导几易其人，但历届领导班子确定的奋斗目标始终没有变；“两站一办”的团队精神始终没有变；干部职工团结凝聚、甘于奉献、严肃认真的优良传统始终没有变。通过大力开展精神文明建设、行风建设、机关效能建设等一系列行之有效和喜闻乐见的活动，极大地激发了全站干部职工的热情，做文明职工，建文明机关，创文明行业，树文明形象已成为全站所有职工的共识。他们为全市交通系统培养造就了一批又一批公路工程质检员、工程监理人员、工程项目管理人员及工程定额、预算、造价等工程技术人员，锻炼出了一支思想进步、作风顽强、技术精湛、能打硬仗的工程质监队伍和工程管理队伍，为张家口交通事业的发展增添了浓重的一笔。

第十四章 张家口市公路勘测设计所十年工作综述

一、基本情况

张家口公路勘测设计所成立于1985年12月，初定名为张家口地区行政公署公路工程勘察设计队，隶属于张家口市交通局，为科级自收自支事业单位。1993年经张家口市编委核准更名为张家口公路勘测设计所，内设机构为办公室、财务科、总工办、经营科、设计一室、设计二室。业务涵盖公路工程新、改建工程预可行性研究、可行性研究，公路、桥梁、隧道的交通工程勘察、设计，场地抗震评价，公路、桥梁、隧道的地质钻探以及公路工程咨询等，属丙级设计资质。随着勘察设计市场化进程的逐步推进，经市交通局批准，2002年11月在张家口市工商局注册成立"张家口翰得交通公路勘察设计有限责任公司"，注册资金120万元，其中国有股占注册资金60%，各股东占注册资金40%，与公路勘测设计所属"一套班子、两个牌子"，实行事业单位企业化管理。并在2004年11月取得"工程设计乙级资质"，2005年4月取得了"工程勘察乙级资质"，完成了由丙级资质向乙级资质的全面提升。

主要职责是承揽张家口市境内国省干线公路(包括桥梁、隧道、交通工程)新建工程的可行性研究，以及道路的勘察设计工作；协助张家口市交通局进行境内公路网规划的前期勘察工作，以及公路工程预可行性研究、可行性研究报告的编写；负责张家口市境内国省干线公路大、中修工程的勘察设计工作，为张家口市境内公路工程建设提供技术支持和咨询服务。公路勘测设计所肩负着张家口市境内19条国省干线、29条地方道路和267条乡级公路和干线公路的新改建勘察设计任务。经过十多年建设发展，现已拥有28人的专业勘测设计骨干队伍，累计勘察设计里程达4 000多公里，为张家口公路建设的发展做出了突出成绩。

二、公路勘察设计工作的发展变化

10年来，随着张家口市经济建设的发展，促进了公路基础设施建设的网络化进程，同时也使公路勘察设计行业取得了长足发展。"九五"以来，公路勘测设计所本着"以质量求生存，以服务创信誉，以信誉谋发展"的经营理念，不断加强技术革新力度，由经纬仪、全站仪测量发展到先进的全球GPS卫星定位测量，由落后的手工图版制图发展为全机械化制图，电脑出图率达到100%，实现了年设计生产能力从60多公里到500多公里的实质性跨越。仅"十五"(2001～2005年)期间完成了张家口境内国省干线公路、地方道路新改建1 800多公里以及国省干线公路大中修1 332.24公里和桥梁加固工程200多座的勘测设计任务，为张家口市的公路建设做出了显著的成绩，为张家口市经济跨越式发展做出了突出的贡献。

三、主要成绩

近10年来，公路勘测设计所共完成各类勘察设计任务200多项，国省干线大中修及桥梁加固工程350多项，包括国道110线、112线、109线、207线和一批省、县、乡道路的新建、改建工程。还完成了城市快速路的公路踏勘和主体设计(图 2-14-1)。总计有一级公路 880 多公里,二级公路 1 000 多公里,城市快速路 20 多公里。使张家口境内的 G110 线、G119 线、G102 线、G207 线主要路段相继完成了改建,全市通二级以上公路的县由 1 个增加到 13 个,地方道路建设"村村通"公路率达到 50%,累计总投资达 80 多个亿。其中,国道 110 线郭磊庄至老爷庙段 43 公里二级公路曾获河北省勘测设计一等奖,国道 109 线尤家园至祁家皂段二级公路青杨树大桥 1 孔 58 米箱形拱桥为河北省同类桥梁中最大的跨度,国道 112 线锁阳关隧道全长 1 560 米,为河北省最长的公路隧道。测设所的工作得到了上级和有关部门的充分肯定,1999 年度被河北省建委评为勘测设计先进单位,被张家口市交通局评为交通系统科技工作先进单位。

图 2-14-1 城市快速路预可研评审会会场

四、主要经济指标完成情况

10 年来,公路勘测设计所,始终坚持开拓创新、锐意进取的精神,完成产值从 1996 年的 340 多万元增加 2006 年的 930 多万元(图 2-14-2),10 年间年均增长 17.4%;实现利润从 1996 年的 22 万元增加到 2006 年的 55 万元,年平均增长 15%。

固定资产投资从 1996 年的 154 万元,增加到 2006 年的 644 万元(图 2-14-3),年均增长 33%,增加值为 490 万元。

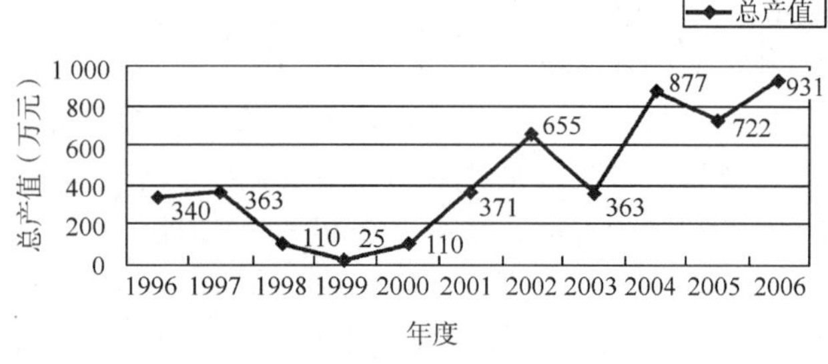

图 2-14-2 10 年来完成总产值情况

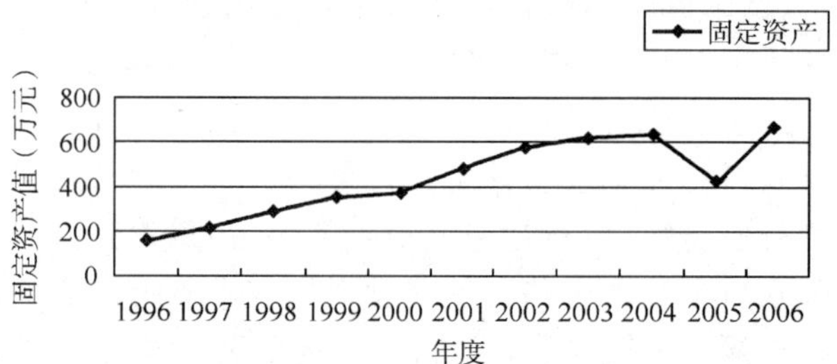

图 2-14-3 10 年来固定资产发展变化图

人均收入从 1996 年的 6 375 元/年增加到 2006 年底的 18 321 元/年。

五、勘察设计生产能力的发展

公路勘测设计工作属于知识密集型、专业性较强的工作,本着积聚人才、坚持以人为本的发展宗旨,经过十多年来改革发展,不断加强人才培养力度,积极做好人才储备工作。现已拥有各类专业技术人员 28 名,其中高级工程师 2 名,工程师 18 名。标准设计方面通过积极采用新技术、新设备、新材料、新工艺,促进了工程勘察设计技术创新,保证了设计质量,提高了工作效率,使测设所的年设计生产能力实现了从量变到质变的跨越。

1. 以人才为导向,注重技术人才的业务素质培养力度,为勘察设计队伍注入新的活力

随着张家口的经济发展,社会的进步,勘察设计行业面临的机遇和挑战并存。测设所领导班子站在可持续发展的战略高度,为了适应设计行业不断发展的趋势,坚持"以人为本"指导思想,把做好人才工作做为推进事业发展的一项重大任务,努力创造良好的工作环境和学习环境,不断加强现有专业技术骨干队伍的培养力度。特别是 2004 年实行企业化管理以来,在上级主管部门的支持下,测设所大胆创新,从国内重点院校引进优秀本科毕业生,使技术队伍的年龄和知识结构得到显著优化。目前,全所全日制本科学历人员占全体员工的57%，专科学历人员占25%，他们在各项紧、急、重的公路建设任务中，表现出了特别能战斗的攻关精神，为公路勘察设计所的发展壮大做出了积极贡献。

2. 不断引进先进技术装备，全面提升设计生产能力

10年来，随着勘察设计市场化进程的发展，测设所也在新技术和新装备方面进行了革新。1996年，测设所的年设计生产能力仅仅为60多公里。各项技术装备和技术能力都比较落后，外业测量采用经纬仪和全站仪（图2-14-4），加上张家口区域内山地、丘陵、高原交错，地形复杂，使外业勘察和设计生产存在着很大的技术难题。在内业设计上完全采用传统的手工图版制图。业务范围也仅仅局限于三级公路的勘察设计。1998年以来，测设所通过引进先进的技术装备和测设手段，在地形条件较复杂的项目外业勘测中，运用新技术，坚持地形选线与地形图相结合的方式，实现了1∶2 000的地形图实地选线，有效改善了过去只能在大比例地形图选线的弊端。并于2001年装备了由美国研发的GPS全球卫星定位系统，有效解决了外业勘测导线点相互间视通这一难题，大大提高了工作效率和成果测量。在产品设计上，通过引进先进应用软件：WCOST造价、桥梁大师、桥梁通CAD、中通CAD、海特PCVX、CARD/1路线设计等，电脑出图率达到100%，设计能力达到了同行业的先进水平。在硬件设施上，电脑配置率达到100%，并建设有内部信息管理网络，实现资源共享，努力创建现代、高效、精准的设计队伍。目前，测设所已发展成为勘测设计专业化、技术标准系统化、规范化的公路设计单位，软、硬件条件已接近国内同行业先进水平，有能力承担高等级公路和特大桥梁的勘察设计工作。

图2-14-4 外业测量

六、企业化运营的发展

随着勘察设计市场化进程的持续发展，勘察设计单位面临着愈来愈严苛的市场竞争环境和愈来愈紧迫的技术创新要求。实现勘察设计工作的市场化导向转变迫在眉睫。在新的形势和条件下，如果不打破旧的体制，根本无法适应新形势，只有改革才是唯一的出路。2002年初，公路勘测设计所开始了企业化管理的各项准备工作，并于11月份注册成立了"张家口翰得交通公路勘察设计有限责任公司"。按照企业化管理要求成立了董事会和监事会等管理机构，并完成了内部机构设置，制订和完善了质量标准，收费办法，合同管理等管理制度。至此，张家口翰得公司开始实行企业化独立核算、自负盈亏，逐步走上了企业化管理的道路。同时，为调动广大职工的工作积极性，翰得公司在原有收入分配基础上，实行野外工作津贴，业务技术骨干加分配系数等改革措施。在当时情况下虽未能彻底改变吃大锅饭的模式，但在一定程度上起到了促进职工工作积极性，缩短外业工作日和设计周期的作用。

2004年，河北省勘察设计市场全面走向市场化，推行招投标承揽业务方式。依靠受保护的市场、依靠任务指派、依靠在内部"效益与产值挂钩"的粗放式管理方式已不能适应勘察设计市场开放化的发展要求。公路勘测设计所暨张家口翰得公司的领导班子审时度势，面对全面、系统、开放的勘察设计市场，在内部组织机构设置、人才培养、创新体系建设、知识管理、客户管理等方面进行全方位的审视，不断加强自身竞争能力的提升，变被动为主动，积极迎合瞬息万变的行业市场竞争，从战略定位、业务模式、人才经营等角度进行积极的大胆创新，从而培育和打造自身的核心能力。目前，张家口翰得公司已取得国家建设部乙级设计资质。

七、班子建设

公路勘测设计所领导班子现由五名同志组成。10年来，公路勘测设计所始终坚持把思想政治建设作为加强领导班子建设的灵魂工程来抓，特别是在班子调整初期或在个别成员的增减变化期间，紧紧抓住思想作风建设这个关键，不断提高班子凝聚力和战斗力。在实际工作中，以单位的长远发展为目标，在突出重点和克服难点工作中，以民主集中制为原则，注重维护班子的团结，坚持“集体领导、分工负责、通力合作”，充分体现了奋发有为、团结协作的精神面貌，在不断推进测设所事业长足发展的实践中，建设成为团结战斗，开拓创新，锐意改革，积极进取的好班子。注重党员以及后备干部的培养。全所现有党员 16 名，其中 5 名为副科以上职务，11 人为中层以上领导干部，占党员比例的 68.8%；党员干部、党员技术人员已成为勘测设计的生力军。

八、党建工作

10 年来，测设所始终将党建工作作为统领单位各项工作的中心来抓，以党建工作促进勘察设计成果的高标准、高质量。坚持“一把手抓两头、一班人两手抓”的工作机制，将党建同业务工作捆在一起，积极寻求党建与业务建设的最佳结合点，以党的建设促进测设事业的可持续发展。一是以思想建设为核心，切实提高党支部的凝聚力和战斗力。抓学习，不断提高党员干部队伍的综合素质。进一步健全和完善中心组学习制度，党员“三会一课”制度、干部职工学习制度，紧密联系全市交通建设实际，强化终身学习。学典型，努力营造争先创优的良好氛围。树正气，增强班子成员及党员干部间的团结和活力。通过具体实践，广大党员干部严肃党的纪律，相互支持，亲密合作，增强了党组织凝聚力和战斗力。二是以组织建设为基础，充分发挥党支部的战斗堡垒和党员先锋模范作用。切实落实“一岗双责”，构建党支部书记负总责，党支部成员齐配合的党建工作格局。认真贯彻民主集中制原则，形成民主决策和议而有决的工作机制。加强干部队伍建设，强化组织活力。通过责任考核机制，真正将想干事、能干事、会干事、干成事的优秀人才纳入到干部管理序列。三是以作风建设为重点，强化党的宗旨意识和服务意识。测设所在工作实践中，视群众利益为第一选择，把人民的呼声当作第一信号，坚持“少说多做、低调实干”的工作作风，注重倾听群众的意见和建议，在路线踏勘选线过程中，充分考虑当地的资源优势，积极为基层解决实际问题。四是以廉政建设为保障，不断提高党员干部拒腐防变能力。重视和加强党员干部的理想信念、廉洁从政教育，筑牢抵御腐蚀的思想道德防线。坚持从制度的建立和落实入手，切实规范工作行为。加强权力运行过程中的监督制约。建立和完善了行政权力公开透明运行机制，并在工作实际中认真落实党风廉政建设责任制和廉洁自律的有关规定。

九、民主评议暨行风建设工作

民主评议行风工作开展以来，测设所始终把抓行风建设作为一项转变服务意识、树立交通形象、提高办事效率和工作质量的重点工作来抓。一是加强领导，形成党政“一把手”负总责的领导体制和务求实效的工作机制。明确责任，量化指标，使行风建设与分管的业务工作同部署、同落实，实行分管领导各负其责，业务部门具体负责的责任机制。二是通过建立健全行风评议制度，实行公开承诺制，通过民主评议和社会监督的方式，对在建的勘测设计项目根据工程进展情况，分阶段、分步骤进行跟踪服务，广泛听取和收集项目建管单位的合理化建议和意见，并进行认真整改，促进了全面管理工作的不断提升，为交通系统树立了良好的行业形象。三是推行行风建设与班子建设相结合，明确提出领导班子成员要带头实践“四新”要求，即谋划新思路、实施新举措、树立新形象、开创新局面，在工作中发挥好表率带头作用，在政风上形成讲团结、顾大局、干事业的新局面。

第十五章 张家口市公路开发中心十年工作综述

一、基本概况

张家口市公路开发中心隶属于张家口市交通局，是具有独立法人资格的交通综合性事业单位。成立于1996年11月。其主要职责是：根据市交通局授权，依照《中华人民共和国公司法》及《行政事业单位国有资产管理办法》等法律、法规，履行国有资产出资人的职责；协助有关部门办理所管理的国有资产的产权登记和年审工作，并建立产权事务信息库；协助有关部门完成国有资产的清产核资、产权界定、资产评估等项工作并进行备案；协助调解处理国有资产产权纠纷，并对产权变动、资产处置和"非转经"资产情况进行备案；负责国有资产的股权管理；调查研究国有资产管理工作中存在的问题，提出改进方案和措施；履行市交通局授权或委托行使的国有资产管理的其他职责（图 2-15-1）。截至2006年底，在职职工11人，其中研究生学历1人，大学学历2人，大专学历5人，中专学历2人，高中学历1人。具有中级专业技术职称3人，高级政工师1人，政工师1人。内设机构有办公室、国有资产监督管理科、财务科三个科室。

图 2-15-1　中心班子成员研讨国有资产分类监管

二、发展历程

纵观十年发展，公路开发中心从无到有，历经机构组合、职能转换，在不断地探索和总结中成长，始终坚持"诚信、勤勉、服务、创新"理念，取得了丰硕成果。为适应张家口交通事业的迅速发展，满足张家口高等级公路建设的需要，提高张家口交通建设开发能力，经张家口市机构编制委员会批准，1994年6月成立了"张家口市公路开发公司"。随着市场准入机制的逐步规范，为提升单位品牌形象诚信度，便于管理、运营，经局领导决策、市机构编制委员会批准，1996年11月11日，张家口市公路开发公司更名为"张家口市公路开发中心"（当时暂由局计划科代管，其基本职能不变）。同时，张家口市公路开发公司作为企业单位保留。

1998年，"张家口市公路开发中心"正式挂牌独立运营，通行费管理处与公路开发中心合署办公，负责我市公路开发、项目招商引资、筹资还贷、开发与公路交通基础设施相配套的服务性产业工作以及全市路桥通行费征管工作、京张高速公路筹建指挥部办公室日常事务。2000年，通行费征管业务转隶养路费征稽处，2002年京张高速公路筹建指挥部日常工作基本结束。

2005年，根据市交通局张交字[2005]16号文件精神，成立张家口市交通局国有资产管理中心并与公路开发中心合署办公。开发中心的工作职能也由此发生了跨越式转变，增加了对全局实行企业化管理事业单位国有资产管理的全新业务。

2005 年，根据市交通局工作部署调整，经张家口市国资委批准，原张家口市公路开发公司改制，由国有企业改成由市交通局公路工程一公司、二公司、路桥集团、公路开发中心等四家单位成立的股份制企业——张家口市路畅公路开发有限责任公司，主要负责公路建设投资，公路开发经营。同期筹措资金 1.2 亿元，置换资金 9 807 万元。

三、业务拓展

10 年来，遵循社会主义市场经济发展规律，对内坚持不断地改革和寻求发展，对外不断地拓展开发辐射范围，向深度和广度发展，力争创出最佳的经济效益。在招商引资公路项目及相关服务性产业开发上做了大量工作，为我市公路建设交通事业的改革发展做出了贡献。

1999 年，公路开发中心所属张家口市公路开发公司与香港卓能发展有限公司合资组建“张家口卓能交通服务有限公司”，负责对“交通大酒店”的兴建；2002 年 10 月，与河北阳光大厦正式合作经营交通大酒店，同时解决劳动力就业 100 余人，并成功建立张家口市第一家“三星级旅游饭店”，为提升城市品牌形象迈出了成功地一步；2003 年 11 月，成立“张家口路兴交通服务有限公司”，变为内资企业，负责对交通大酒店的监督管理，同时注销了“张家口卓能交通服务有限公司”。

1999 年，经市政府研究决定，省有关部门批准，由市交通局授权公路开发公司投资 45 万元与张家口市城市建设开发总公司在市区通往坝上出入口合资组建“张家口市建通道路开发有限责任公司”，合作经营管理张家口市市区外环路收费站，派驻总经理、副总经理、财务总监各 1 名，提供就业岗位 90 个。

2000 年 5 月，按照市交通局《张交办字[1999]第 58 号》文件精神，与张家口市公路运输公司签订协议，接收对张家口市蓝天旅行社的监管。同期，向社会招聘了经验丰富的总经理 1 名及管理层、优秀导游员 20 余人，并于 2003 年投入资金 50 万元对旅行社基础服务设施进行配套更新，有效促进了我市旅游事业及张垣文化的发展，并逐年发展为我市旅游行业中规模最大、实力最雄厚、信誉度最高的旅行社，是国有交通旅游协作网会员单位、河北省旅游协会常务理事单位。

卓越的公司来自高效的工作，高效的工作依托科学的管理，科学的管理来自优秀的员工。1998～2001 年，公路开发公司在公路开发中心的带领下，面向市场，面向未来，凭着良好的信誉、科学的管理，开拓进取，与时俱进，求真务实，把公司全面推向一个高速公路投资、建设经营的高速发展时期。完成了宣大、京张高速公路引资 60 亿元人民币，开发项目实现了从零到有的重大突破。1998 年，与河北华能京张高速有限责任公司精诚合作，1998 年至 2006 年先后对京张高速公路建设投入资金 7 938 万元，为连接京、冀、晋、蒙高速公路枢纽主干线的兴建和畅通、促进国民经济快速增长奠定了坚实的基础。

截至 2006 年底，公路开发中心所属公司有张家口路兴交通服务有限公司、张家口市路畅公路开发有限责任公司，控股或参股的单位有：张家口市建通道路开发有限责任公司、河北日月湖疗养院、河北平山交通培训服务中心、张家口市商业银行、张家口市路泉服务有限公司、河北北方联合石油化工商贸有限公司、张家口通泰高速公路集团有限公司丹拉分公司、河北华能京张高速公路有限责任公司、张家口翰得交通公路勘察设计有限责任公司、张家口市路桥工程监理咨询有限责任公司、张家口路缘公路工程有限责任公司、张家口市路通收费服务有限公司等 12 家单位，共投入股权资金 10 912.5 万元；对实行事业单位企业化管理国有资产管理的有：张家口市路桥建设集团有限公司（含公路工程一、二公司）、张家口市公路工程质量监理公司、张家口市交通局物资供应处、测设所等 4 家单位；实施国有资产直接监管的有：交通大酒店、张家口市区外环路收费站（45％股权监管）、张家口市蓝天旅行社、张家口亨运物流储运有限公司等 4 家单位。

四、经营理念

随着交通行业经营范围不断地扩大和发展，转变经营理念，增强市场竞争意识已经在经营服务单位中间形成共识。公路开发中心针对各监管单位行业特点，一方面全面做好协调、监管、服务工作，另一方面引导企业在规范中求发展，增强依法经营的自觉性。一是积极调整监管目标，建立固定资产台账，做到既引导企业健康发展，又不干预和限制监管单位的经营自主权；既加强监管，维护监管单位的合法权益，又不干扰公平合理的市场竞争秩序。二是及时转变监管方式，将监管重心逐步转移到固定资产保值、增值及股权红利回收上来。通过建立《生产目标责任状》和经营指标评价体系，提高监管工作效率，完善监管手段。三是发挥桥梁纽带作用，加强横向贯通，促进相互协作。及时将上级各类会议、文件精神传达到各监管单位，并经常深入了解掌握生产经营发展状况，适时组织主要负责人进行座谈，相互交流经验，共建业务信息互通平台，使不同业务性质的经营单位形成一个整体，加强协作意识，拓宽业务范围，帮助监管单位赢得市场份额。四是热情服务各监管单位。中心始终把为企业“尽一份力，解一份忧”作为工作的基本职责。及时指导、协助监管单位反馈工作信息，将企业风貌及硕果现于报端，提升品牌形象，为企业提高经营效益提供平台。

五、队伍建设

1. 领导班子齐心协力谋发展

公路开发中心“一班人”始终坚持分工不分家，紧密团结，密切协作，当“班长”，不当“家长”、善“总揽”，不“独揽”、搞“群言堂”，不搞“一言堂”、有“一票表决权”，不能有“一票否决权”、处理事务“果断”但不“武断”、“放手”但不“撒手”。在增强班子向心力和凝聚力的同时，不断学习，努力提高决策和管理水平，在日常管理上体现一个“严”字，工作上体现一个“细”字，服务上体现一个“好”字。2005 年，建立了以中心为主体各监管单位参加的信息反馈体系，在充分考虑各单位行业特点与监管方式各异的基础上，建立管理监督员制度、定期走访、业务交流制度、信息反馈制度等，及时整合共享市场信息，尽可能地促进各监管单位提高经济效益的目的。

2. 干部职工队伍素质整体提高

几年来，随着工作职责不断地转换、人员不断地变动，公路开发中心干部职工队伍日趋年轻化，学历层次和专业技术水平也不断的提高。

六、党风廉政及行风建设

中心始终把加强党风廉政建设和行风建设摆上重要位置，实行党政群齐抓共管，多措并举，坚持经常性地思想政治教育和作风教育，加强思想政治建设，构筑牢固的思想道德防线。认真开展党性、党风、政纪教育以及警示教育，净化职工心灵，规范自身行为，引导职工树立正确的世界观、人生观、价值观，维护“交通人”在人民群众中的良好形象；推行政务公开，实行民主监督，树立全新的开发服务理念，使业务活动中的不正之风从行为上、制度上、根源上得到有效控制。2005 年、2006 年连续被市交通局评为“行风建设优秀单位”。

七、精神文明建设

十年来，公路开发中心紧紧围绕交通工作大局，坚持以人为本，坚持为民服务的宗旨，广泛开展了“爱我交通，我为交通做贡献”、“提升服务水平，展示文明形象”和“创建学习型、服务型、廉洁型机关”等活动。通过强化“两个意识”教育，使干部职工队伍整体素质得到提高，服务人民、奉献社会、努力工作的意识不断增强，向社会展示了良好的交通人形象。中心 1999 年被市委、市政府评为“1999 年度文明单位”，被市委、市政府授予“先进集体”荣誉称号(图 2-15-2)。负责通行费征管工作期间，有 3 个收费站被省交通厅评为“三星级单位”、“文明窗口单位”，2 个收费站被评为“二星级窗口单位”。积极捐助，扶贫帮困。开展了以“帮助一户贫困家庭、捐助一位贫困儿童”的两个一活动。2005 年以来，分别向赤城县样田乡柳林屯小学和怀安县柴沟堡镇沙家屯村等 2 个贫困村 5 个贫困户、20 多名贫困学生，捐献农业科技书籍和相关法律书籍 20 余册，为群众办实事 5 件，为老师购置教具和学生学习用具 20 余套，投入扶贫资金达 2 000 余元；参加助残帮困捐款 80 余人次，捐款达 5 000 余元；开展献爱心活动 8 次，共捐款 2 720 元。

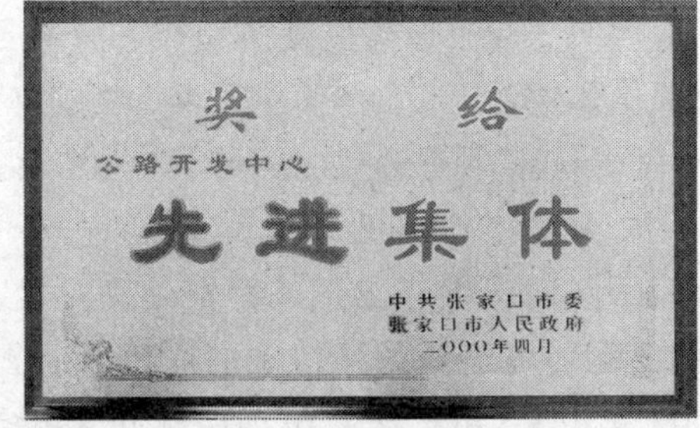

图 2-15-2

第十六章

张家口市物资供应处十年工作综述

一、基本情况

张家口市交通局物资处原名物资供应处，成立于1986年，是市交通局所属的集沥青仓储、销售、运输、质量检验、乳化、改性沥青生产以及进出口贸易为一体的实行企业化管理的事业单位（图2-16-1）。2005年12月6日经张家口市机构编制委员会办公室“张编办字（2005）273号”文件同意更名为物资处。目前处内设办公室、财务科、业务科、运输科、沥青库五个部门，干部职工共80人（其中在职34人，内退24人，退休20人，借调1人，停薪留职1人）。

图2-16-1　物资供应处沥青仓储库全景

物资处具备雄厚的技术力量，各相关专业技术人员占职工总数的50%，拥有铁路专用线234米；汽车接卸台一套；总储量2.7万吨的立式沥青储罐19个，并实现了微机监控；互通式多循环东、西罐区能同时发出7种不同标号的热沥青，沥青发放能力达300吨/小时；拥有乳化沥青、改性沥青生产成套设备，日产量分别为120吨/天、540吨/天。目前，物资处的设备、环境和生产技术均跨入省先进行列，已成为河北省交通系统第一大储量单位。

二、主要职责

一是为公路建设提供物资及服务，二是做好沥青采购、仓储、运输、供应等工作，三是依靠自身优势，积极开拓市场，搞好公路建设用物资的经营，开拓创收渠道。

三、各项工作开展情况

10年来，随着我市经济建设和公路建设的发展，物资处紧紧围绕服务发展和物资供应这个题目，不断深化体制改革、发挥传统优势，做强业务，并把工作重点调整到“内抓管理树形象，外拓市场求发展”上来，做了许多卓有成效的工作，取得了良好效果。

1. 业务工作情况

做好沥青供应工作是物资处满足全市工程建设最主要的职能。10年来，全处工作人员克服资金短缺、国际环境给油产品带来的涨价和货源短缺等种种困难，积极主动做好物资采购供应工作。尤其是2005年以来，由于国际市场原油价格持续上涨，导致沥青价格一路攀升，并且生产厂家货源也严重短缺。针对这种困难局面，物资处不等不靠，精心谋划，落实责任，提前运作，保质保量地完成了每一次采购任务。多年来，没有发生一起因沥青供应不及时而耽误工期的现象，为我市公路建设的大发展、快发展作出了应有的贡献。1996～2006 年采购供应沥青业务量变化如图 2-16-2 所示。

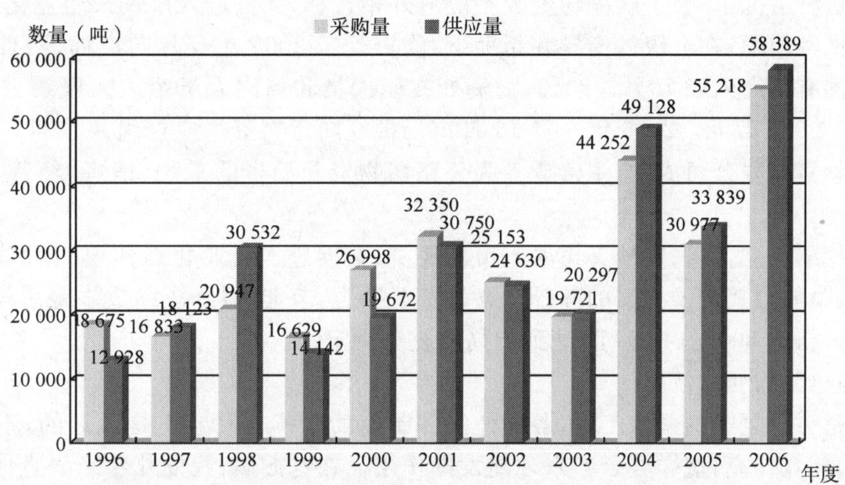

图 2-16-2 1996～2006 年采购供应沥青业务量变化图

业务量的增加，不仅推动了物资供应事业的发展，同时也实现了国有固定资产的保值增值。2006 年物资处的投资额（流动资金）较 1996 年翻了三番（图 2-16-3），雄厚的经济实力，拉动了物资处各个方面的长足发展，使整个单位的运作实现了良性循环。

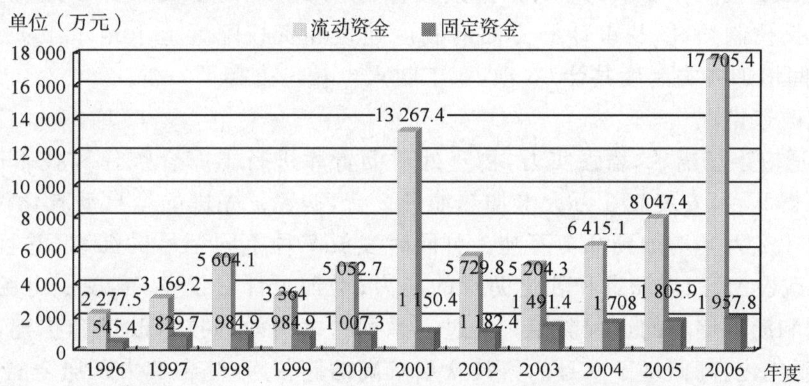

图 2-16-3 1996～2006 年流动资金与固定资金的变化图

2. 物资处重要发展变化情况

物资处多年来一直围绕“两个确保”（即一保沥青质量，二保全市公路工程需求）做工作。但随着市场经济的发展，物资处无论从体制上还是技术实力上都逐渐不能适应市场要求。在这种情况下，全处干部职工积极探索并进行体制改革，技术改造，不断提高综合实力，用持续发展的成果向社会各界展现了自身的良好面貌。

（1）体制变化情况

多年来，我市公路路面沥青之所以确保了施工建设增长的需要，重要原因在于由物资处对沥青实行统一采购、统一储存、统一调拨，确保了沥青质量。但随着社会主义市场经济的蓬勃发展，物资处原有运行模式已不能适应市场要求，同时在国家积极推动事业单位机构改革的大环境下，有必要对现行体制、供应机制进行改革，处领导班子在认真分析了相关情况后，各项改革相继起步，并取得了可喜的成绩。

首先，于 2003 年 12 月由物资处职工出资入股，成立张家口柏斯特公路材料有限公司，经营机制沥青、乳化沥青、改性沥青的生产、销售、施工；建筑材料、装饰材料销售；普通货运，迈出了机制转换的第一步。

在成功迈出第一步之后，2005 年 3 月 15 日市局下发“张交人字(2005)3 号”文件，物资处不再以事业单位法人对外开展业务，保留事业单位职工身份，保留事业单位名称，其他一切业务职能均由企业法人单位更替。在这种情况下，为了解决物资处不能对外招投标，无法进入市场按企业化模式运营以及诸如人员工作效率低等问题，在上级的指导和帮助下，物资处于 2005 年 5 月向市局提出成立国有控股公司。物资处部分国有资产入股 70％～80％，物资处在职人员和离岗人员个人入股约占 20％～30％，全部资产合计 800～1 000 万元。2005 年 6 月 15 日市局批复同意物资供应处组建公司。2005 年 12 月张家口市冀垣交通物资有限公司成立，主营业务为公路用物资及沥青的采购、销售、经营，进出口业务，兼营加工沥青。

两家公司的相继成立，为物资处真正融入市场经济，全面进入企业化运作模式，积极参与激烈的市场竞争，增强抗风险能力奠定了扎实的基础。通过资源整合，节能降耗，压缩成本等手段，使我市公路用沥青比同期市场价格低 800～1 000 元，受到市局的充分肯定。

(2)内部管理机制的变化情况

机制的构建是一项复杂的系统工程，各项体制和制度的改革与完善不是孤立的，不同层次、不同侧面必须互相呼应、相互补充，这样整合起来才能发挥作用。在这方面，我处几年来一直做着各种尝试，并取得了一定的效果。①就产权结构而言，自两家公司成立以来，所有权与经营权分离，已形成了一种权力制衡机制。②就法人治理结构而言，以股东会、董事会、监事会和经营班子构成的新的组织体制，在运行机制的转换与完善方面所发挥的作用是显而易见的。③就人与制度而言，公司切实引入了竞争激励机制，在用人(包括经营者及各层次干部的择优录用、竞争上岗)与分配制度方面不断改革与完善。除着重抓好以公司发展需要与岗位要求为参考的继续教育、技术培训和规划指导外，还在财务监管、成本核算、工作规范、关键岗位制约，以及审计等方面的制度建设和责权配置上下足了工夫。据统计，1996～2006 年，物资处编写增加各类制度共计 56 项，职工收入也较过去翻了一番。

(3)技术、工艺改造情况

2005 年，为了适应市场需求，增强实力，物资处对沥青库进行了库容扩建和技术改造，新建沥青储罐 11 个，增加变压器 2 台，安装 175 万大卡加热油炉 2 台，购置了先进的全自动乳化设备和改性设备各一套。储存能力由 1.2 万吨增加到 2.7 万吨。可同时发放 7 种不同型号的沥青，并且已具备了独立生产 SBS、SBR、复合改性沥青、岩沥青和乳化沥青的能力；增加了计量设备，实现了电脑监控、电脑计量、电脑自动打印票据和沥青储备的远程监控。经过一系列行之有效的技术改进和扩建，我处沥青储备库已成为集自动化、现代化、高储量于一身的科技含量较高的储备库，综合实力跃居全省交通系统第一，满足了我市公路建设的需求。

近年来，为提升公路质量，改性沥青和乳化沥青的应用逐步走上历史舞台。物资处为了适应市场需求，引进了新型改性沥青和乳化沥青成套生产设备各一套(图 2-16-4、图 2-16-5)。自 2006 年供应张石高速公路以来，主要生产了苯乙烯丁二烯聚苯乙烯(即 SBS)改性沥青，丁苯橡胶(即 SBR)改性沥青，热塑性橡胶＋丁苯橡胶(即复合改性)改性沥青，RS2000(即天然沥青)改性沥青及乳化沥青，都取得了非常好的效果，尤其是复合改性沥青更被交通部科研所列为研究课题，在国内尚属首次应用。物资处通过改变工艺及配比，经不断试验，生产出了各项指标都令人非常满意的复合改性沥青。如今，物资处技术人员通过不断研究和探索，以积极严谨的心态在生产中积累了宝贵的经验，对于各种型号沥青产品的生产都相应制定了严格的生产工序，为备战公路建设的大发展打下了坚实的基础。

为了确保沥青质量，物资处不仅通过了 ISO 9002 质量体系认证，而且购进了国内最先进的沥青产品检测设备，主要有：全自动沥青软化点实验器、全自动克里兰夫开口闪点实验器、沥青沾黏性测试仪、石油沥青蜡含量实验器、沥青延度试验器(低温)、沥青旋转薄膜烘箱(85 型)、低温恒温水浴等几乎涵盖了化验沥青指标所需的各种仪器，并严格按照 ISO 9001—2000 质量管理体系认证的要求，从采购沥青入库到沥青产品生产、仓储等中间环节进行严格的质量检测和把关，产品合格率 100％。

(4)在全面实行企业化运作模式中探索出新路子

图 2-16-4 成龙配套的沥青生产设备

图 2-16-5 设备先进的沥青生产车间

针对目前市场激烈竞争的情况，物资处进一步转变经营思路，探索由原来的单一任务型逐步向经营方向发展渠道的转变。通过与涿鹿安慧沥青厂共同出资合作加工沥青及轻油产品，有效降低了沥青成本，进一步拓宽了经营范围及品种，最终实现了双方共赢的目标。与此同时物资处还利用自身经营进出口业务的资格，在沥青及辅料的采购上，直接进口，尽可能减少中间环节，降低成本费用。借助改性沥青加工设备、工艺技术、仓储以及地理优势，物资处与国内技术力量雄厚的企业合作生产沥青产品，辐射周边区域的公路养护等工程，为其及时提供了质优价廉的沥青材料。

2006 年为确保向我市公路建设提供质量过硬的沥青产品，物资处经过与壳牌公司和中国石油公司东北分公司等多家国内外知名沥青生产企业为期几个月的洽谈、协商，终于达成一致，分别获得“壳牌”、“昆仑牌”等沥青品牌的张家口地区独家经销商资格。此举标志物资处在沥青供应能力和综合实力方面上了一个新台阶。通过与这几家公司的合作，物资处进一步拓宽了经营渠道和经营品种，扩大市场品牌声誉，增强市场竞争力，不断加强抗风险能力，为我市实现建设高品质的交通工程战略目标奠定了扎实的基础。

为增强市场竞争力，提高产品及服务质量，物资处开展了 ISO 9001 体系认证工作，根据相关规定编制了《质量手册》和《支持性文件汇编》，及时进行了全员质量体系运行工作培训，使广大干部职工对 ISO 9001 认证工作的重要性及主要内容有了深刻的认识。同时根据《岗位任职条件》及《年度培训计划》，对沥青库电焊工、电工、发油员、化验员、司炉、铆焊、汽车驾驶员的上岗操作能力进行了考核，结果全部合格，为质量体系运行工作打下坚实的基础。

四、领导班子建设情况

一个好的领导班子对于这个单位事业兴旺发展具有非常重要的作用。10 年来，物资处班子建设不断强化，真正起到了带头和表率作用，一是班子成员积极参加政治理论、业务实践的学习，个人综合素质不断提高。二是班子的凝聚力不断增强，心往一处想，劲往一处使，带领广大职工拼搏进取，开拓创新。三是班子成员的大局意识、服务意识不断提高，把和谐发展落到了实处。

五、职工队伍建设情况

多年来，物资处着重建设一支素质过硬、专业技术精、服务保障好的队伍，积极推行竞争上岗，择优聘用，形成能上能下、学帮赶超的良好局面，为自身能在激烈的市场竞争中立足提供了智力支持。10 年来物资处专业技术人员结构变化和职工学历结构变化如图 2-16-6、图 2-16-7 所示。

六、党建工作

1. 思想工作开展情况

物资处根据不同时期、不同阶段的需要，紧跟形势，围绕中心，突出重点，坚持并完善了“三会一课”

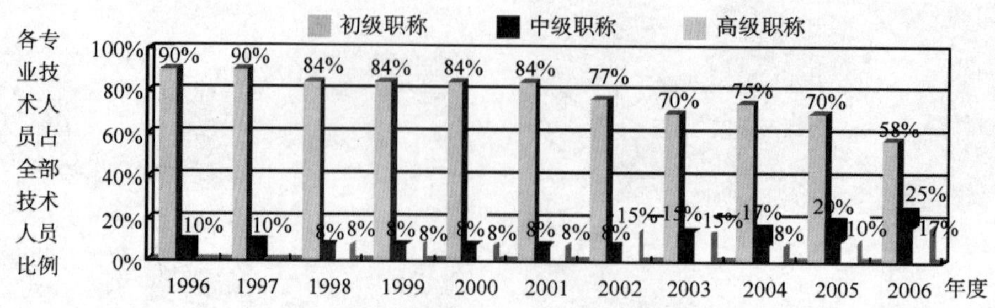

图 2-16-6 物资处专业技术人员结构变化

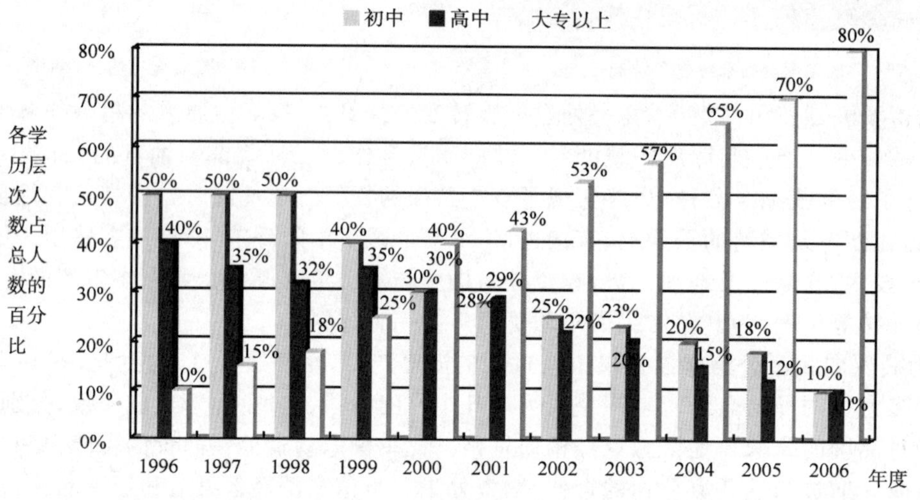

图 2-16-7 物资处职工学历结构变化

制度，组织党员干部学习政治理论，对党员干部进行理想信念和形势教育。处里把党员干部队伍政治思想教育放在重要议事日程，年年制定相关的政治学习和业务学习制度，与业务工作同布置、同检查、同考核，采取集体学习、辅导讲座与创办学习园地及个人自学等多样形式，切实加强党员干部的政治思想教育。据统计，每年每个党员干部参加本单位和支部组织的学习达 10 次以上，学习笔记在一万字以上，使广大党员干部始终以统一的思想、昂扬的斗志奋战在工作一线。

2. 党员队伍建设

为保持党员的先进性，按照《党章》要求，物资处党支部进一步规范了发展党员工作程序，严把发展党员"入口"关，有重点培养入党积极分子，保证先进分子能加入党员队伍，使处党员队伍结构进一步得到优化，入党人数呈逐年增加趋势。1996～2006 年，全处共发展党员 10 名，目前党员总数 35 名，占职工总数的 43.8%。

3. 党风廉政建设

物资处对加强党风廉政建设工作高度重视，精心组织、采取措施、扎实推进，成立了以书记为组长，处长为副组长的党风廉政建设领导小组，并结合实际，制定了《物资处党风廉政建设的实施意见》，部门签订《党风廉政建设责任状》。在此基础上，还和市桥西检察院组成了廉政建设共建单位。全处已逐步形成切实有效，多方结合的立体式党风廉政建设体系。

七、行风及效能建设

1. 学习活动开展情况

近年来，物资处根据市局行风、效能建设动员会议精神、有关文件及上级的决定，拟定详细的实施方案，并成立相应的组织机构，多次组织干部职工学习有关加强行风、效能建设的文件，并将领导讲话和评议要求、评议内容及工作安排印发给各科室、部门，确保此项工作入心、入脑并贯穿到实际工作当中。

2. 建章立制

物资处严格按照实施方案所规定的方法和步骤，落实行风、效能建设的各项工作，通过抓学习、抓整改、抓监督，逐渐建立了一套行之有效的机制，制定了《首问负责制》、《一次性告知制》、《AB岗工作制》、《绩效考核办法》、《文明上岗制度》、《效能责任追究办法》、《公开承诺责任追究制度》、《社会承诺责任追究制》、《重大事项群众参与听证制》等9项制度。

3. 责任分解，提高效率

健全完善《绩效考核办法》，将各项任务层层分解到科室及个人，奖勤罚懒，督促全体干部职工认真履行工作职责，增强创新意识，进一步更新观念，大胆工作，勤于思考，切实转变思想作风和工作作风，提高工作效率，以务实的实干精神，努力完成各项工作任务。

八、精神文明建设

物资处将"三个代表"、"八荣八耻"等重要思想融入实际工作，通过集体学习、举办讲座、经验交流等多种形式进行学习宣传，使精神文明建设工作深入人心，逐渐使这项工作变为人们自觉自愿的行为。大力开展"文明单位"、"窗口单位"等创建活动，不断提高职工素质和服务意识，通过制定具体的服务目标和措施，以优质、扎实的工作服务有关业务单位。1996～2006年期间，物资处共开展献爱心活动20次，共计捐款15 000元，捐物150件。2005年为落实市局关于服务经济、服务人民的有关要求，处党支部于2005年3月上旬组织有关人员到我市周边乡镇进行调研，最后确定以崇礼县乌拉哈达村为主要下访对象。处支部决定与三家无生活来源的贫困农户结成帮扶对子。给三户农民送去了米、面、粮、油。并结合实施的"增绿添彩"工程，特聘王凯、张启、李贵才为处护林人员，解决了他们的部分生活资金来源问题。此事在该村引起很大震动，真正体现了处党支部及广大党员与群众的血肉联系。

第十七章
张家口市交通局交通后勤服务中心十年工作综述

一、基本概况

1992年，张家口市交通局后勤管理处成立。2005年，后勤管理处更名为交通后勤服务中心（图2-17-1）。截至2006年底，服务中心有在职人员43人，内设机构有办公室、财务科、房管科、通利物业公司、恒达房屋开发公司、广告公司、京北绿化公司。

图2-17-1　交通后勤服务中心负责日常维护管理的市交通局高速公路监控通信中心

过去，交通后勤服务中心主要负责局机关办公与职工生活的后勤服务及全局房地产开发管理、物业管理、交通通讯管理等服务保障任务。由于是无偿服务，经费由局下拨，干部职工"思想无压、生活无忧"，导致了多数干部职工抱着"铁饭碗"不放，普遍存在着"等、靠、要"的现象。随着计划经济向市场经济的转变，后勤原有的服务保障职能已经远远不能适应市场经济发展的需求，从2000年起，后勤服务中心从改革机制入手，动真的来实的，积极探索改革新路子，不断深化内部改革，逐步完成了后勤服务中心由服务保障型向经营服务型的转变。

1996～2006年，交通后勤服务中心紧紧围绕市局中心工作，充分调动广大职工的积极性和创造性，把抓好工作落实作为一种政治责任、工作要求和职业道德；大力弘扬"勤奋、创新、务实、廉洁"精神，坚持改革、真抓实干；适时完善各项规章制度，努力营造团结、和谐、争先的工作氛围，使后勤服务中心的工作，在较短时间内大见成效，连续10年被评为市级文明单位，党支部多次被评为优秀基层党组织。

二、后勤保障10年发展

10年改革，在后勤服务中心广大职工中流传的一句口头禅："金杯银杯，不如群众的口碑；金奖银奖，不如群众的夸奖"。众所周知，后勤工作纷繁复杂，事无巨细。柴米油盐、气水暖电，这些看似平凡小事，实则件件事都关系到职工的切身利益，牵一发而动全身，处理不好就会影响到职工的情绪，影响到后勤全盘工作的开展。近年来，后勤不断探索新的管理模式和服务方式，充分发挥服务经济职能，先后开通了后勤服务热线，通过发放服务热线卡，实行限时办结制，聘请行风监督员等形式，后勤服务质量和工作效率有了很大提高，受到广大群众交口称赞。

1.房屋管理工作

10年来，后勤服务中心在认真做好后勤保障工作的同时，积极解决职工住房紧缺、难的问题，以彻底解除职工的后顾之忧。1998～2000 年共售房 863 户，使住房面积从原来的 44 169.57 平方米，增加到现在的 76 559.72 平方米。

后勤服务中心还根据国家房改的相关政策，结合职工住房实际干了 4 件实事、大事：一是 1997 年完成了桥西区下东菜园街、黄土坑、美人沟、白家沟宿舍的出售任务。从 1997 年开始截至 2006 年共计售出公房 908 套(计 44 169.57 平方米)。二是 1998 年、1999 年为全局职工住房作了两次大的房屋调剂，从而保证了退休职工基本上住上了低层双气楼；多子女和大龄子女的职工有两套住房；普通职工也基本具备了“一气”的居住条件。三是累计投入 432 000 元对 12 000 平方米的房屋进行了免费维修、维护保证住户不担危房之惊、不受漏雨之苦。四是对 51 508.38 平方米土地进行了确权，办理了土地证。目前，全局已从 1997 年以前的 10 个住宅小区发展为现在的 19 个住宅小区。在原来 44 169.57 平方米的住房面积上又增加了 32 390.15 平方米。住房总面积已达到 77 559.72 平方米。

2. 物业管理工作

(1)通利物业公司的锅炉供暖工作，起初根据局拨经费的数额做预算，13 个锅炉房只为全局服务，带暖面积仅为 5 万平方米，这种“大马拉小车”的运营方式，造成资源严重浪费，自主创收成效甚微。从 2002 年起，随着职能的转变，服务中心尝试运用市场机制配置后勤资源，充分利用现有资源主动出击，经干部职工不懈努力，与多家单位建立了供暖代管服务关系。通利物业公司 10 年内累计投资 200 余万元，对 16 个小区、7 处办公楼、60 余套锅炉供暖设备进行了每年供暖前的例行维护和检修，并新增锅炉 3 台、更换锅炉 10 台，确保了每年按时供暖，并保证供暖期间室内温度达到 16 度以上。截至目前，为社会带暖小区 16 个，带暖面积共计 124 551.1 平方米。

(2)随着社会的发展，经营理念的转变，服务中心的服务意识、工作作风也在不断转变。办公楼的卫生保洁、安全保卫和庭院绿化工作，起初由后勤组织员工自行安排、自主服务，这就出现了部分人员服务态度差、服务水平低，甚至是“多一事不如少一事”的问题。随着后勤社会化改革的需要，后勤服务中心的员工本着降低成本、优化服务的原则，走后勤服务社会化道路：聘用了保洁公司，通过采取保洁公司系统化、制度化、一体化的卫生保洁服务，后勤员工只负责组织领导和检查验收，既改善了办公楼的工作环境，又提高了员工的工作积极性；保安工作也通过聘用受过专业培训的保安人员来担当，这样不仅增强了大楼的安全性和后勤服务的专业性，而且大大提升了后勤的服务质量；随着后勤苗圃基地的日益发展，通利物业公司及时转变服务理念，改变了原来那种全部根据庭院现状进行绿化，且管理不专业的绿化方式。通过创新，实行统一规划，根据设计理念进行绿化，招聘专业的园艺师进行栽培，形成一支科学的、有经验的长期管护队伍。2005 年后勤人自行设计、施工、管护的局办公大楼庭院，2006 年被评为“河北省园林式单位”。

(3)物业公司于 2003 年推出 24 小时服务热线，逐步尝试现行物业管理模式，走市场化运作道路，进一步把服务工作做大、做强。截至目前，受理热线电话 3 000 余次，提供暖气设施维修、下水维修及管道疏通、自来水管道维修及配件更换、电路设施及更换等服务 2 000 余次，实现了后勤 24 小时服务热线的新提高。

3. 职工福利情况

10 年来，后勤人员始终以良好的作风，扎扎实实地做好后勤服务和保障工作，最大限度地满足机关工作和日益增长的职工生活需要，营造温馨、和谐、安定的工作生活环境，充分发挥了交通后勤对交通事业发展的支撑作用。尤其是在逐步提高全局后勤服务质量的同时，通过转变职能，自主创收，后勤职工的生活水平也在不断提高(图 2-17-2)。

三、后勤经营管理机制 10 年巨变

随着改革开放和市场经济的不断深入，后勤服务中心的经营管理机制亦发生了深刻变化。在原有服务范围日益缩小的情况下，新的服务经营项目不断扩大，全中心干部职工在全力做好后勤保障的同时，围绕经营理清思路、做好文章、谋求发展，先后注册成立了恒达交通房地产开发公司、通利物业管理

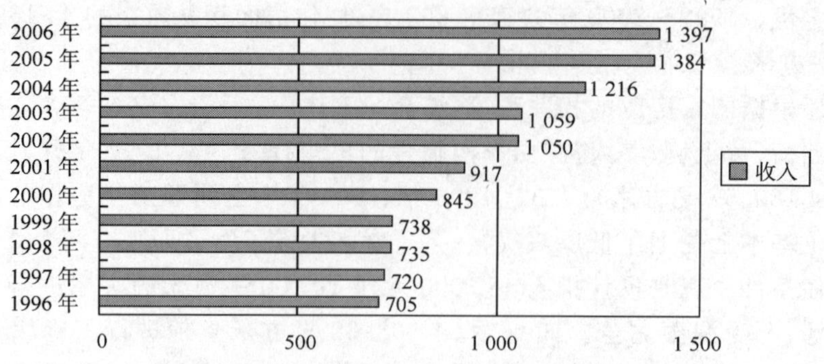

图 2-17-2　1996～2006 年后勤职工人均收入统计(元)

公司、路通广告公司、京北绿化公司,成为服务交通又独立于交通之外的经济实体。

1. 恒达交通房地产开发公司阔步前进

恒达交通房地产开发公司成立于 2000 年 4 月,历经 6 年的风风雨雨,由过去一个小科室,发展壮大为现在拥有四级资质,且具有较强竞争实力的房地产开发公司。6 年来,恒达交通房地产开发公司组建调整的速度也在不断加快,截至 2006 年底,有员工 16 人,其中具有高级技术职称 1 人、中级技术职称 10 人、初级技术员 5 人。近年来,恒达公司先后开发和代建了平门底商住宅楼、市局第二公路工程公司办公楼、丹拉高速公路监控通信中心办公大楼、路泉大酒店、路缘办公楼等建设项目,总投资 7 000 多万元,总建筑面积达到了 35 076 平方米,工程质量全部达到合格。目前正在筹建的街府庭院小区,全部由恒达公司开发,共计开发 10.67 万平方米,总建筑面积为 333 836 平方米。

2. 通利物业公司以“服务”强化“管理”

随着市场经济的发展,后勤服务机制发生了根本性转变,开始从全包全揽发展为经费自理,从管理型服务发展为社会性有偿服务,这使后勤服务保障工作从供暖管道维修、房屋维修、矿泉水供应、水电费的收取、冬季供暖到福利发放等各个环节都需要主动对接市场,实现自主创收。为此,后勤服务中心在接管局原有锅炉房的基础上,又投入资金 50 万元,于 2001 年成立了通利物业公司。10 年来,物业公司不仅承揽市局的物业管理工作,还主动走向社会,与多家单位建立服务关系。到 2006 年底固定资产累计增值 520 万元。

3. 路通广告公司的发展

2001 年 6 月,后勤服务中心借助全市公路发展的优势,注册成立了路通广告公司。充分利用局属国省干线广告代理的商机,全面开展广告业务。初期,公司打破传统分配方式,通过贷款和入股吸纳资金,实行了岗薪制,以岗定薪,按责计酬,按劳分配,实现了责、权、劳、利的科学统一,充分调动了员工的积极性,使企业充满了生机与活力。

如今,公司通过 6 年的打拼,已经和张家口卷烟厂、宣化钢铁公司、宣化工程机构厂、张家口移动公司及供电等单位建立了合作关系。目前自设广告媒体 3 240 平方米,比初建时增加了 57.53%;截至 2006 年,拥有固定资产 150 多万元,除将 30 万元贷款全部还清外,累计盈利达 60 余万元。

4. 京北绿化公司应运而生

公路绿化是公路建设中的一个重要组成部分。路修到哪儿绿化就跟到哪儿,是当代公路发展的趋势。京北绿化公司于 2002 年成立后,先后投入资金 70 万元,租用了 450 亩地,种植了适应北方气候的乔、灌、花、常绿等 37 个品种的苗木,形成了一定规模的种苗培植基地(图 2-17-3)。2004 年为“增绿添彩”工程,提供调剂苗木 20 个品种、80 余万株,1

图 2-17-3　后勤服务中心领导深入苗木培植基地

年内完成全局5 892亩的荒山绿化任务，经济创收也基本完成了年初市局下达的目标任务。后又参与了荒山绿化部分外调苗木的招投标工作。还进行苗木品种结构调整，引进适宜本地生长的新品种8个(其中：彩叶树种3个，大乔木2个，针叶树种3个)，种植80余亩，改变了张家口市彩叶树种的空白，增强了公司的市场竞争力。截至2006年，京北绿化公司现有各种苗木存储量约为45万株，每年盈利20万元。公司共为局"增绿添彩"工程提供苗木100多万株；为通道绿化、公路绿化、市区绿化提供苗木20余万株；同时每年为社会提供苗木10万余株。现已具备园林绿化三级资质，竞争能力逐年提高。

四、后勤信念长存常新

10年间，后勤服务中心党政一班人，从后勤的实际出发，不断加强职工的政治理论教育和交通业务素质培训，充分发挥广大党员的先锋模范作用，培养并带出了一支政治思想坚定、具有拼搏精神、踏实肯干的干部职工队伍。尤其是在应对各种危机险情的关键时刻，能拉得出，打得赢，出色完成了上级领导交办的各项重大任务。

1. 抗击"非典"

2003年在抗击"非典"的斗争中，交通后勤服务中心肩负着全局后勤保障的艰巨任务。"抗非"期间领导果断决策，周密部署，从讲政治的高度，积极组织人力、财力、物力，全面动员，严防死守，开展了大量扎实有效的工作。先后对交通大楼会议室、楼层过道、扶手、卫生间等公共部分进行消毒处理，全方位保证大楼卫生安全。在后勤经费短缺的情况下，投入6万多元资金用于"非典"的防治。同时积极与社区居委会签订共同防御"非典"协议，由社区居委会负责小区24小时人员监控、管理，服务中心保证财力、物力上的支持，为阻断疫情的扩散做出了应有的贡献。

2."增绿添彩"工程建设

2004年全市实施了一项宏大的造福山城、惠及百姓、功在当代、利在千秋的增绿添彩工程。为全面贯彻落实市委、市政府关于"增绿添彩"工程的战略决策和部署，加快推进"增绿添彩"工程建设步伐，交通局党委把5 892亩荒山绿化协调、组织、管理的重任交给了后勤服务中心，具体负责交通局"增绿添彩"工程建设的宣传发动、组织、协调、水电供应、苗木保障等多项工作及面积400余亩的绿化任务。截至2006年底，"增绿添彩"二期、三期、四期工程共种植20余种、100万余株苗木，绿化面积达5 000余亩，成活率达98%以上，出色地完成了市委、市政府交给交通局的艰巨任务，把一个生机盎然，景色宜人的"交通生态园"(图2-17-4)奉献给了全市人民，受到广泛好评。

图2-17-4 市区东七里山5 000多亩荒山变成了景色宜人的交通生态园

五、党建工作

10年来，后勤服务中心十分重视发挥党员模范带头作用，扎实工作，开拓创新，培养了一支过硬的党员干部队伍。在日常工作中，始终围绕建"五好党支部"这个目标开展各项活动，通过创新学习活动载体，以交通网络为平台，搭建"机关干部论坛"，建立电子学习阅览室，为干部职工营造了良好的学习环境。坚持做到抓班子、抓教育、抓制度、抓活动，力求把党建工作抓活做实，切实增强党组织的凝聚力和吸引力。10年来，先后有40名职工向党组织递交了入党申请书，有25名入党积极分子光荣地加入了中国共产党，党员人数已占职工总数的59%。

六、职工队伍建设

10年来，后勤服务中心引进、培养、造就了一大批业务素质高、责任心强、懂经营、善管理的经营管理人才，为后勤服务中心的发展奠定了的基础。截至2006年底，具有高、中、初级职称、经营管理及技师以上人才总量21人，占当年从业在编人数(即人才密度)24.4%，与1996年相比，人才总量减少了11人，人才密度却上升5.4%。各类专业技术人才从学历上对后勤人才结构进行分析，2006年中专12人、高中46人、大专22人、本科以上6人，占职工人数比重分别为14%、53%、26%、0.07%。与1996年相比，除中专学历人数略有减少外，大专学历人数明显增加，本科以上学历人数增加了3人；两类占职工人数比重分别上升了25.92%、0.04%。

七、行风建设

1996～2006年是后勤服务中心实现快速发展的重要时期。后勤服务中心抓住机遇，迎难而上，调整结构，规范制度，相继实施一系列强有力的保障措施，包括创新教育、资金筹措、制度建设、人员培训等，不断丰富优质服务的内涵和外延。此外，积极开展构建"和谐后勤"活动，全面推行服务窗口标准化、规范化建设，努力加强服务流程和工作环节控制，开通24小时服务热线，公开向社会承诺及行风举报电话，召开行风座谈会，广泛听取社会各界和群众的意见和建议，有力地促进行风建设的健康发展，实现了行风建设的新突破。

八、党风廉政建设

党风廉政建设是后勤工作的"生命线"。近年来，后勤服务中心大力加强廉政建设：一是坚持预防教育为主，开展了以"改进作风，拒腐防变"为主题的思想教育活动。二是通过开展"保持共产党员先进性"、"学党章、守纪律、树形象"和"社会主义荣辱观"等主题教育活动，举办中层干部理论培训班，努力提高政治理论素质，扎扎实实落实好党风廉政建设责任制。三是深化阳光操作，推行政务公开，从根本上转变干部的思想作风、工作作风，培养干部对"三观"的正确认识，增强了干部的法治意识、责任意识、落实意识。10年来，全中心在党风廉政建设中没有出现过违规违纪的现象。

九、精神文明建设

坚持"两手抓，两手都要硬"的方针，不断谱写精神文明建设新篇章，是后勤服务中心始终追求的一个目标，特别是通过开展"爱心活动"，营造了全方位的和谐发展局面。据统计，1996～2006年共开展爱心活动15次，捐款65 000元，其中资助过100余名贫困学生，金额达10 000余元。捐物1 000件。2006年初至今已为职工解决实际困难20多件，节假日为病、退、离岗人员送慰问品价值2 000余元，对家庭有特殊困难的职工还多次到家中慰问。通过在职工队伍中不断开展献爱心、送温暖活动，使广大干部、职工精神面貌发生了很大变化，培养造就了一支过得硬的职工队伍。

第十八章 张家口路桥建设集团有限公司十年工作综述

一、公司概况

张家口路桥建设集团有限公司是在原张家口市第一、第二公路工程公司基础上发展成立的股份制公司，是以公路、桥梁、隧道建设为主营业务的国家一级施工企业。内设机构：综合办公室、全面质量管理办公室、工程质量部、设备部、经营部、财务部六个职能部门；下辖第一公路工程公司、第二公路工程公司等 9 个分公司。集团公司现有职工 1 802 人，其中具有中高级技术职称人员 525 人，各类筑路架桥设备 698 台(套)，各类试验检测设备 529 台(套)，年施工能力在 15 亿元以上，是华北地区规模较大的综合性公路施工企业。

为规范施工工艺、确保工程质量，2000 年公司投入大量人力物力，一次性通过 ISO 9002 国际质量体系认证；为了扩大在全国公路建设市场中的占有份额，2006 年公司又取得了“质量、环境、职业健康安全管理体系”的联合认证(图 2-18-1)，为企业的可持续发展创造了条件。图 2-18-2 为路桥集团公司月度工作例会。

图 2-18-1 该公司获得的“质量、环境、职业健康安全”认证书

图 2-18-2 路桥集团公司月度工作例会会场

二、10 年的发展变化

10 年来，我市的公路基础设施建设突飞猛进，一年上一个新台阶，张家口路桥建设集团有限公司的发展也经历了一段由弱到强，由小到大的曲折经历……

1. 公路建设

从 1996 年始，公路工程建设规模由小到大，道路等级不断提高，施工工艺持续改进，机械化水平越来越高，从三级路改造到承建高速公路，从承揽小桥涵工程到建设跨度几十米、几百米的大桥、特大桥工程，无不体现着路桥集团的成长历程。10 年来，集团公司共承揽公路建设工程项目 99 项，修建各等级公路总里程达 4 568.31 公里，其中高速公路 283.95 公里；一级公路 59.966 公里，二级公路 1 905 公里，三级及三级以下公路 2 319.4 公里；修建大桥 99 座，中小桥 906 座，特大型桥 7 座，单项合同 1 亿元以上工程 25 项，累计完成产值 50 亿元以上，所有工程竣工合格率 100%、优良率 100%。受到业主的一致好评和社会的广泛赞誉。

10年承建项目曲线图、公路建设里程柱状图、年度完成产值柱状图、历年修建高速公路柱状图如图2-18-3～图2-18-6所示。(注:隧道工程一般由中铁十四、十五、十八局承建)。

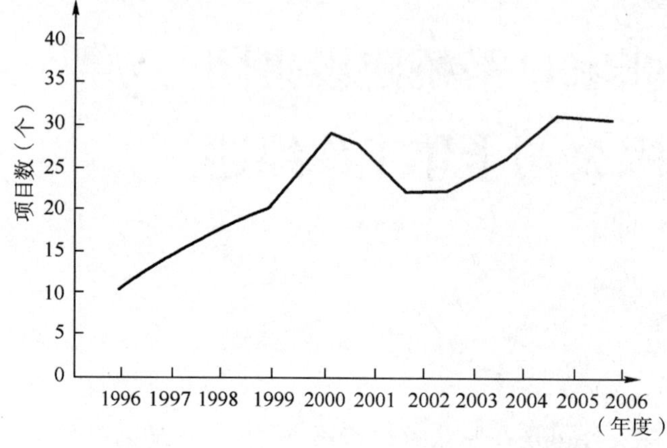

图2-18-3　1996～2006年开工建设项目曲线图

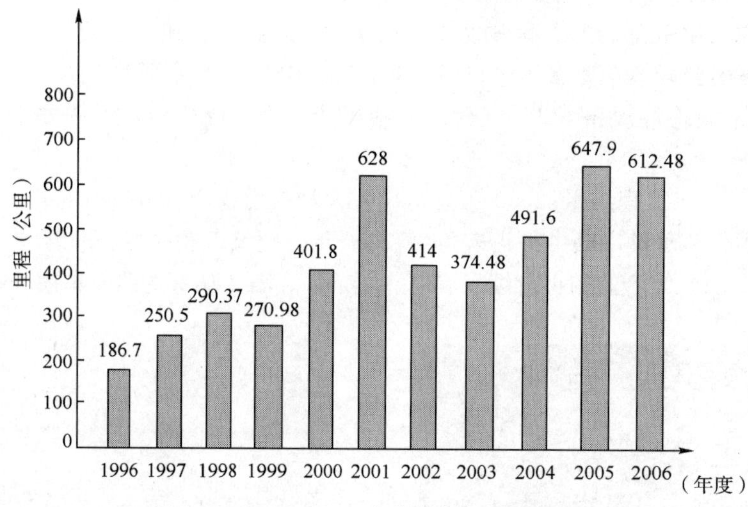

图2-18-4　1996～2006年公路建设里程柱状图

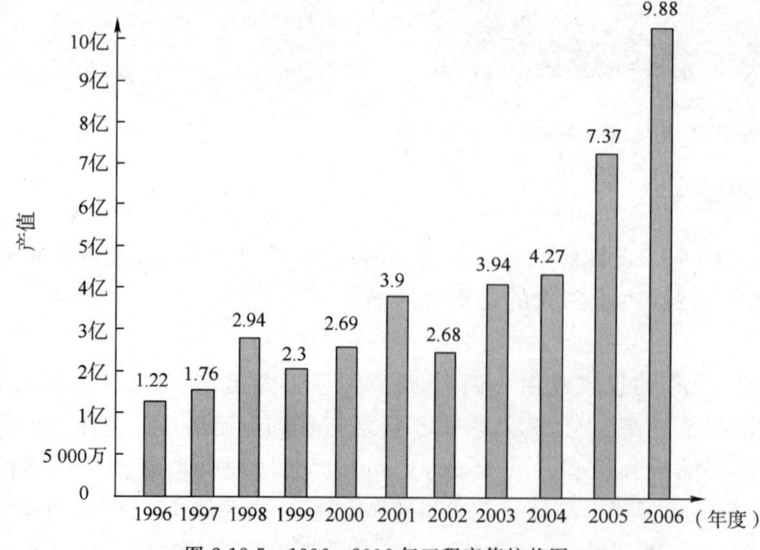

图2-18-5　1996～2006年工程产值柱状图

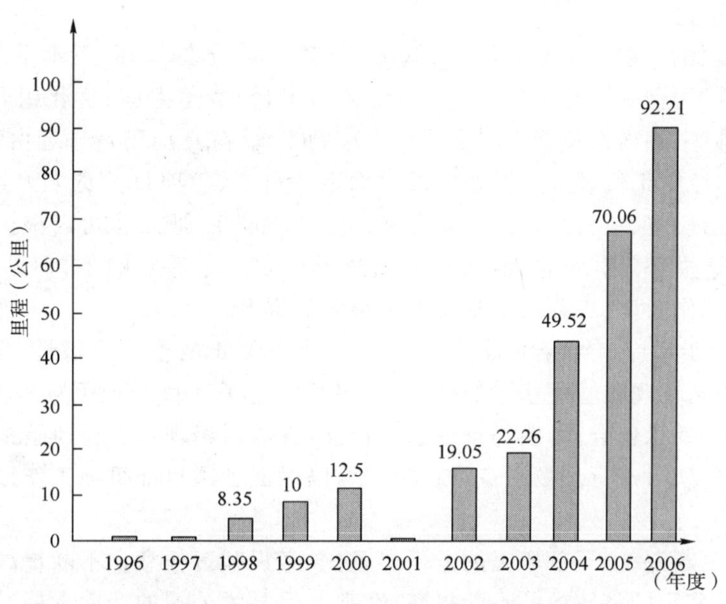

图 2-18-6 1996～2006 年高速公路建设里程柱状图

2. 机械设备不断更新，检测手段逐渐完善

面对公路建设市场日趋激烈的竞争形势，公司始终坚持把先进的科技装备投入与培养高素质的施工队伍并举，努力提高市场竞争力。施工机械从 1996 年的 300 余台（套）国产设备，通过购买、引进，改装革新，现已装备包括许多具有国际先进水平的大型筑路架桥设备 698 台（套）。各种试验检测设备也从 1996 年的 200 余台（套）基础试验检测设备发展到现在自动化、数字化水平较高的试验检测仪器 529 台（套）。开工项目多时还租赁若干大型机械设备（约占自有设备的 30%），广泛使用先进的施工机械和检测仪器，不但保证了工程质量和进度，而且极大地提高了工程效益，改善了一线工人的劳动强度和工作环境。主要机械设备如表 2-18-1 所示。

主要机械设备一览表 表 2-18-1

名　　称	产　　地	数　　量	价值(万元)
沥青混凝土拌和楼	进口、国产	8 套	4 800
沥青摊铺机	进口、国产	9 套	1 800
水泥混凝土拌和楼	进口、国产	8 套	640
稳定土拌和楼	国产	8 套	324
平地机	进口、国产	20 台	800
压路机	进口、国产	34 台	960
挖掘机	进口、国产	6 台	600
装载机	国产	15 台	540
混凝土罐车	国产	12 台	444

3. 人员结构发生了根本性变化

10 年来，集团公司培养造就了一大批懂技术、会管理、业务精湛、操作熟练的专业技术人员，干部职工的文化水平、业务能力逐年提高，近几年来，向交通系统兄弟单位输出的专业技术人才就达一百多人，有力地促进张家口市交通事业的跨越式发展。

1996 年，公司只有职工 1 561 人，中专以上学历人员 372 人，占职工总人数的 21.2%。10 年来，我们通过委培、招聘、在职教育等多种形式不断提高干部职工的文化素质，再加上一些没有学历和职称的老职工的退休离岗，目前在职职工中本科、大中专毕业生已达到 1 962 人，占职工总数的 90%以上。

4. 公司改革不断深化

1996 年的时候，集团公司吃的基本还是大锅饭，干多干少、干好干坏、下不下工地都差不多，职工没有积极性，公司效益低下，企业缺乏活力。1998 年，公司出台“竞争上岗、优化组合”的改革方案，即：公司发布应聘岗位，各科室、各项目负责人向公司提出应聘申请，陈述应聘竞选理由和组织管理措施，由公司考评小组评议打分，经职工代表大会投票认可后确定各科室、各项目负责人人选。这些当选的科室、项目负责人再根据自己科室、项目所担负的职责和任务选聘职工，职工也可以根据自己对这些负责人的认可度及自己的特长选择部门和负责人，实行双向选择使职工干活气顺了，领导命令执行起来也顺畅了，干群关系和谐了，工作效率、工程效益都得到了很大的提升。

2002 年，为了进一步适应市场经济需要，调动广大干部职工的生产积极性，保证公司利润目标、质量目标、环保目标的顺利实现和管理水平的提高，公司又实行了项目经理负责制。即：公司经理直接与项目负责人签订中标工程承包合同，明确责、权、利指标，各项目经理部实行风险抵押、单独核算，公司相关职能科室每月对承建项目进行现场盘点，核实盈亏，以保证各项目部每项工作按照合同规定进行经营运作。

随着公司改革的不断深入，干部职工的危机感、进取意识和责任意识不断提高，每个人、每个岗位都在计算着自己的效益，公司的整体效益不断提高，客观上促进了公司的全面发展。

5. 生活基础设施不断改善，职工收入逐年提高

1996 年的时候，由于公司家底薄，职工居住分散且居住环境和条件较差，每年下工地更是什么房子也住，甚至牛圈、猪圈也住过。到了天阴下雨歇工及收工后，喝酒、赌博、睡觉成了职工的主要休闲方式。现在大不一样了。每个工地都有图书室、卡拉 OK 室，棋牌室，每间办公室都配有微机，爱学习的，工休时间可以看看书、上网查查资料，好动的可以打打球，唱唱卡拉 OK，想悠闲的可以下下棋、看看光碟……

每个分公司都有自己的独立家属院，上下班班车接送，后勤保障服务设施一应俱全，职工每年享受一次全面体检，夏有防暑降温补助、冬有烤火取暖补助，生日还能收到公司的生日贺礼，吃饭讲究营养，穿衣讲究档次，买耐用消费品讲究品牌，职工工资收入也从 1996 年的 1.4 万元/年·人提高到 4 万元/年·人。过去那种“远看像逃荒的、近看像要饭的，走近一看原来是修路的”历史已经一去不复返了。

6. 临时用工逐年走向规范化管理

临时用工多是公路建设市场的一个普遍现象，张家口路桥建设集团有限公司也和全国大多数路桥公司一样，每年都雇佣大量季节性工人，而且有的工人跟公司一干就是十多年。1996 年以前公司不太重视这支队伍，随着时间的推移，他们当中的一些人已经成长为公路建设的骨干，为了珍惜和保护这些骨干人才，公司逐步与他们签订了用工合同，为他们交了“三险”（养老、医疗、工伤），提高他们的工资标准，与正式工一样享受公司所有的福利待遇，真正成为公司的主人。目前，临时用工队伍活跃在公司的各个角落，成为公司发展壮大一支不可缺少的重要力量。

第十九章 张家口路桥建设集团有限公司公路工程一公司十年工作综述

一、基本情况

张家口路桥建设集团有限公司第一公路工程公司始建于1952年12月，是本地区建制最早、规模较大、实力较强的道路桥梁专业化施工单位，隶属张家口市交通局。半个多世纪以来，经过几代筑路人的艰苦努力，公司在技术力量、施工能力、管理水平和经营规模等方面均取得了长足的发展。

目前公司内设工程质量科、设备科、财审科、政工科、工会、后勤科、综合办公室、机械管理中心8个职能科室和多个项目经理部；现有职工269人，其中各类专业技术人员125人，占职工总数的46.5%；拥有固定资产近亿元，各类筑路架桥设备200多台(套)，许多设备具有国际先进技术水平，年完成工程产值亿元以上。2002年，随着张家口路桥建设集团被建设部核准为“施工总承包一级资质”，公司正式跨入了全国范围内高等级道路桥梁施工单位行列。

二、10年发展

1996～2006年是第一公路工程公司发展最快、变化最大的时期。10年间，公司紧紧围绕内强管理、外拓市场、抢抓机遇、谋求发展这一主题，不断探索总结公司内部体制改革的新思路，新方法，尽力挖掘公司人力、物力、财力资源潜力，立足本地，拓展市场，实现了一个又一个历史性突破，取得了令人欣喜的成就。

1.承建施工项目多，完成工程投资大

1996～2006年，公司共计承建公路工程项目51项，修建各等级公路里程916.695公里，投资172 447.758 6万元；修建桥梁41座，总长度5 415.36米，投资18 450.169 7万元。两项合计完成总投资190 897.928 3万元，相当于1952年公司成立至1995年43年所完成工程总产值的10倍多。其中新建高速公路10项82.105公里，新建一级公路1项1.416公里，新建二级公路7项119.333公里，改建高速公路1项11.78公里，改建一级公路5项44.55公里，改建二级公路18项458.611公里，大修三级公路1项20公里；修建大桥20座，总长度4 079.06米，中桥21座，总长度1 336.3米。

在以上项目中，公司年度完成工程投资及单项工程投资规模均呈总体逐年加大趋势。从年度完成工程产值看，自1998年全年完成产值达17 479.75万元，首次突破亿元大关之后，年完成产值基本保持在亿元以上，至2006年公司全年完成产值达48 791.331 1万元，是1996年的19倍，1996～2006年公司逐年承揽公路桥梁工程投资情况如图2-19-1所示。

从单项工程投资规模看，下广线涿鹿县南铁路立交桥至岔道村段二级公路改建工程，作为1996～1997年当时单项工程投资规模最大的跨年度工程，总投资仅为3 769.241万元；109线涿鹿县尤家园至蔚县祁家皂二级公路新建工程，作为1998～1999年单项工程投资最大的跨年度工程，总投资已达14 718万元，相当于此前投资规模最大项目总投资的4倍；唐山至曹妃甸高速公路路基76合同段，作为公司2006～2007年单项工程投资规模最大的跨年度工程，总投资高达20 456.452 9万元，相当于十年前单项工程投资规模最大项目总投资的5.5倍。

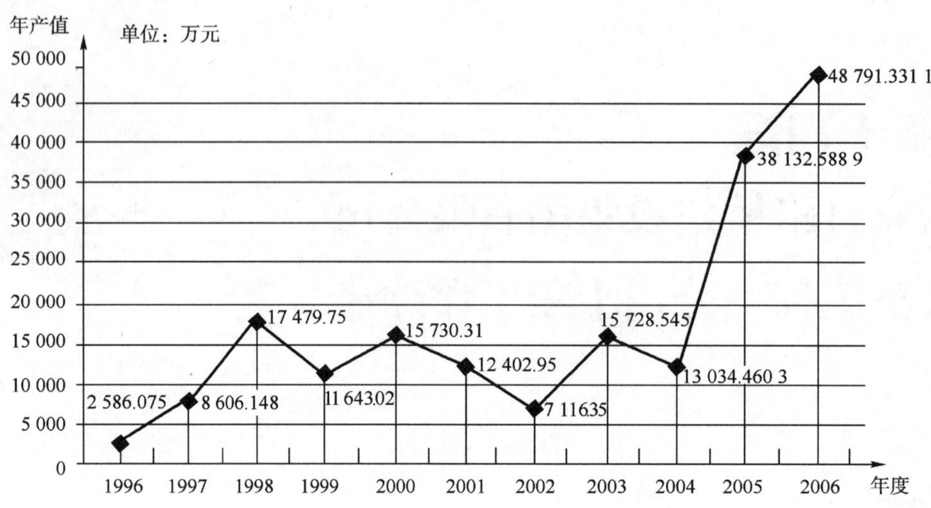

图 2-19-1　1996～2006 年公司承揽公路桥梁工程投资情况

2. 道路等级越来越高，工程质量连年创优

随着全市经济建设全面发展，高等级公路施工项目也逐年增多。10 年间，公司所完成的公路工程等级绝大部分为二级公路以上项目，其中二级公路 635.04 公里，一级公路 45.966 公里，高速公路 93.885公里。特别是自 1998 年宣大高速公路开工后，公司承建了该项工程宣化县洋河南东前所0.854 公里路基工程，从而实现了公司高速公路施工零的突破。1999 年公司又完成了京张高速公路宣化小慢岭至顾家营段6.19 公里建设任务。2003 年完成了丹拉高速公路宣化柳川河桥西至小慢岭段(图 2-19-2)、姚家房至万全县交界段以及青海省西宁至大同高速公路 26.78 公里建设任务。2004 年完成了丹拉高速小慢岭至下八里段 10.484 公里建设任务。2005 年完成了张石高速一期张北至旧罗家洼段、张石高速二期蔚县 L5、L7 标段，共计 29.26 公里的工程建设任务。2006 年公司承建了张石高速二期化稍营至蔚县 M4 合同段、唐曹高速 76 合同段共计 20.317 公里。至此高速公路施工里程已经占到了 10 年来公司完成各等级公路施工总里程的 10.3%。

图 2-19-2　公司承建的丹拉高速公路宣化段

从高等级公路投资占当年施工道路各等级比例情况分析，仅以 1996 年和 2006 年为例，1996 年公司完成的所有项目全部为二级公路，到 2006 年高速公路投资总价达 42 267.606 6 万元，占当年完成工程总投资的 86.6%。公路等级提升之快，可见一斑。1996～2006 年公司完成的各等级公路里程及投资规模如表 2-19-1 所示。

1996～2006 年公司完成的各等级公路里程及投资规模列表　　表 2-19-1

年　度	公路等级	施工里程(公里)	投资(万元)	年　度	公路等级	施工里程(公里)	投资(万元)
1996	二级公路	41.191	2 586.075	1998	三级公路	40	800
1997	二级公路	56.738	8 133.428	1999	高速公路	6.19	1 151
1998	高速公路	0.854	375		一级公路	12.762	1 190
	一级公路	5	1 450		二级公路	8.245	7 078
	二级公路	41.166	12 549				

续上表

年　度	公路等级	施工里程(公里)	投资(万元)
2000	一级公路	26.788	7 800
	二级公路	17.63	980
	三级公路	95.8	3 566.67
2001	二级公路	78.034	1 1691.36
2002	二级公路	49.50	6 898.35
2003	高速公路	26.78	8 176.21
	二级公路	38.816	5 227.705
2004	高速公路	10.484	8 046.029 5
	二级公路	62.81	4 385.011 1
2005	高速公路	29.26	23 630.010 9
	一级公路	1.416	1 157.982 3
	二级公路	142.251	12 934.595 7
2006	高速公路	20.317	36 117.606 6
	二级公路	98.659	6 523.724 5

在多年来的施工中，公司始终把工程施工质量放在首位，每个项目都建立以项目负责人为组长，工程技术和机械负责人为副组长，专职质检员和试验室负责人等组成的工程质量保证机构，制定和完善岗位质量规范、质量责任及考核办法，层层签订工程质量责任状，达到层层把关，层层落实，并与经济挂钩。同时，建立工地质检试验机构，加强施工过程中的自检、互检和交接工作，严格按照公路工程建设的法律法规、技术标准和有关规定，按照设计文件、施工合同和施工工艺组织施工，认真落实业主制定的质量管理措施，自觉接受质检机构和监理部门的监督检查，各分项工程(工序)开工前提交规范的开工报告，完工后，按合同规定的规范标准进行全面的自检评定，对存在的质量问题及时进行整改处理，确保质量达到技术标准。

1996～2006 年期间公司所完成的公路工程与桥梁施工质量，经省、市工程监理部门及上级主管部门共同组织工程验收，工程质量优良率达 100%。其中下广线夏源段一级公路路面工程，在全国公路建设优质工程劳动竞赛中，被中国公路运输工会全国委员会授予优质工程称号。

3. 施工技术不断改进，综合实力明显增强

为更好地适应公路建设发展的需要，保证工程施工质量，降低工程成本，10 年来，公司一方面继续与省内有关科研院所、大专院校或兄弟单位合作，展开科研课题研究，另一方面依靠自身现有的技术力量，积极组织完成一些施工中难度较大、对施工生产有着现实指导意义的技术难题。

“高填方路基沉降速度与稳定性分析”是公司与市交通局公路工程管理处联合承担的省厅跨年度科研项目，它所研究的课题正是我省公路工程建设的 10 大通病之一。为了能够保证按计划完成研究任务，公司组织人员在取得试验路段及室内试验数据的基础上，1998 年全年展开了现场施工跟踪观察以及大量数据资料的收集整理工作，之后经过反复论证，取得研究成果，有效地指导了施工实践。2000 年该课题荣获张家口市科技进步一等奖，河北省科技进步三等奖；在 109 线路基石方爆破工程中，科学地应用洞室爆破技术，并采用导爆索进行爆破控制，当量达 TNT67 吨，实现了安全、高效的生产目标；在沥青路面施工中，采用了液压浮动梁电脑启动找平技术，提高了路面平整度；在 207 线处理伸缩缝施工中采用 425 号水泥，配制聚合物混凝土，使其强度达到 50 兆帕；在“九五”和“十五”期间，先后完成了“常压保湿蒸养快速测定稳定土强度的应用研究”、“钢纤维在沥青混凝土路面中的应用研究”、“桥头跳车的研究与对策”、“无针刺土工布处理路基翻浆的应用研究”、“ABS 硬塑模板的桥梁灌注桩中的推广应用”、“土工合成材料在沥青路面结构中的应用研究”、“酸性矿料在沥青面层中的应用研究”、“改造马歇尔仪、拓宽沥青混合料测试范围”等课题。

与此同时，公司鼓励广大职工针对生产或工作中的关键部位和薄弱环节，积极组织开展群众性质量管理活动，自发解决生产和工作中遇到的难题。10 年中共有 36 个群众性质量管理小组，获张家口市优秀质量管理小组称号，19 个小组获省部级优秀质量管理小组称号。其中公司 S750 摊铺设备传感装置攻关小组，用自行研制的传感装置代替进口装置，既保证了工程质量，又提前了施工工期、节约了工程成本，被评为国家级优秀质量管理小组。

在机械化施工水平方面，公司现有各类筑路架桥设备 200 多台(套)，而且许多设备具有了国际先进技术水平，包括从德国引进的 ABG423 沥青摊铺设备，CL—3000 型沥青混凝土拌和设备，LB3250 型沥青混凝土拌和设备，WDB500 稳定土拌和设备，YZC12 双缸轮压路机 3 台以及部分架桥设备等。主要机械设备如表 2-19-2 所示。

主要机械设备一览表　　表 2-19-2

名　称	产　地	型　号	数　量	价值(万 元)
沥青混凝土拌和站	吉林、邯郸	LB3250、CL3000	4 套	1 950
水泥混凝土拌和站	山东	JS500	4 套	240
稳定土拌和站	山东	WDB500	4 套	312
摊铺机	德国、西安、徐工	ABG423、WTU75	4 台	870
平地机	常林、天工	PY190、PY180、PY160	14 台	558
推土机	宣工	T140	4 台	125
装载机	柳工、厦工	ZL50	9 台	250
压路机	徐工、厦工、三一重工	3Y18/21、YZC12、YZ14C	34 台	960
挖掘机	日本、徐工	PC200、CAT325B	2 台	200
混凝土罐车	青岛	斯太尔	6 台	226

随着机械化施工水平全面提高，公司固定资产原值从 1996 年的 1 880 万元增长到 2006 年的 8 642 万元(表 2-19-3)，增长了近 5 倍。

1996～2006 年公司固定资产逐年增长情况(单位：万元)　　表 2-19-3

年度	1996	1997	1998	1999	2000	2001	2002	2003	2004	2005	2006
固定资产	1 880	2 570	3 535	4 263	4 595	5 815	5 988	7 041	7 365	7 913	8 642

正是有了施工技术的不断改进和机械化施工水平的不断提高这两大重要前提，10 年来公司综合实力明显增强。2000 年获得 ISO 9002 质量体系认证，2002 年张家口路桥建设集团有限公司被国家建设部核准为“施工总承包一级资质”，从此公司跨入了全国范围内承揽高等级道路桥梁施工单位行列。图 2-19-3 为高速公路油面铺筑施工现场。

4. 职工收入稳步增长，生活福利不断改善

1996～2006 年期间，公司职工收入呈现出逐年递增趋势。1996 年职工年平均收入仅为 1.4 万元/年·人，至 2006 年增长到了 3.5 万元/年·人，增长了 2.5 倍。同时职工生活福利也不断得到改善，1998～1999 年间投资1 171.03万元，修建了 2 栋砖混结构职工住宅楼，建筑面积为 10 343.46 平方米，解决了 103 名职工无住宅的问题；每年每位职工可享受公司集体组织的一次全面的身体检查；夏补防暑降温费、冬补烤火取暖费；2003 年至今，公司每月为每位职工按时发放鸡蛋、牛奶等福利；在施工一线职工的生活、工作条件也得到极大的改善，自动化办公已全面普及，业余文化生活丰富多彩。这

图 2-19-3　高速公路油面铺筑施工现场

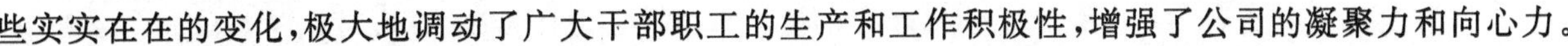

些实实在在的变化，极大地调动了广大干部职工的生产和工作积极性，增强了公司的凝聚力和向心力。

三、班子建设

作为市交通局直属的科级事业单位，一直以来第一公路工程公司根据市局党委的部署和要求，结合公路工程施工行业的实际，不断加强领导班子自身建设，认真坚持党管干部和干部队伍革命化、年轻化、知识化、专业化的“四化”原则，加强政治理论学习、强化对领导干部的考核监督，定期组织领导干部学习培训。同时在市交通局党委的直接领导下，及时调整充实领导班子，加强干部队伍后备力量建设，努力把领导班子建设成政治过硬、廉洁奉公、团结有力、作风扎实、结构优化、业务精通的战斗集体。

在中层干部选拔任用方面，1998 年起公司率先实行中层干部聘用制，一批政治思想好、业务水平高、群众信得过的同志，通过群众选举、组织考核后被聘用为公司中层干部，为公司圆满完成各项工作和工程任务提供了强有力的组织保障。

四、队伍建设

在多年的公路工程施工管理工作中，第一公路工程公司始终把自身队伍建设放在十分重要的位置，在加强公司内部管理和注重人才培养等方面做了大量卓有成效的工作。

1998 年以来，公司每隔两年实行一次“竞争上岗、优化组合”的内部用人制度。即各科室、项目负责人由公司聘任，职工实行竞争上岗、优化组合。临时用工制度也相应的进行了改革，对其中的骨干人员公司与其签订用工合同，提高其工资标准，享受与正式职工同等的福利待遇。这些用人制度的改革，彻底打破了铁饭碗，调动了广大职工的生产积极性。

公司一方面广泛吸收引进外部人才，另一方面加强对现有人才的培训教育。10 年间支出各类培训费用 1 667 519 元，培养造就了一大批业务素质高、责任心强、懂经营善管理的经营管理人才，技术精湛、操作熟练的专业技术和技能人才，使公司人才数量不断增加，人才结构不断改善（表 2-19-4）。

1996～2006 年第一公路工程公司人才结构表 表 2-19-4

年度	职工总数	人才数量	文化程度			职称与职务及技术等级					
			中专	大专	大学	高级工程师	工程师	初级职称人才	经营管理人才	技师以上人才	小计
1996	289	85	54	24	7	0	7	69	7	8	85
2006	269	125	42	60	23	1	17	74	13	20	125

五、党建工作

党建工作是一项长期性的工作，公司始终把此项工作纳入重要的议事日程，积极开展党建工作并努力创新。因此，公司党总支曾多次被评为市交通局优秀（先进）基层党组织，2006 年又被市委组织部评为党建工作示范点，成为全市交通系统唯一获此荣誉的基层党组织，真正形成了“抓好党建工作，促进工程建设”的良好局面。

1. 政治理论学习

按照党建学习及“三会一课”制度要求，每年初，公司制定当年政治理论学习计划，针对党员干部思想动态开展政治思想教育活动，并要求每位党员及时做好学习笔记、业务笔记、名言摘抄、资料剪贴以及

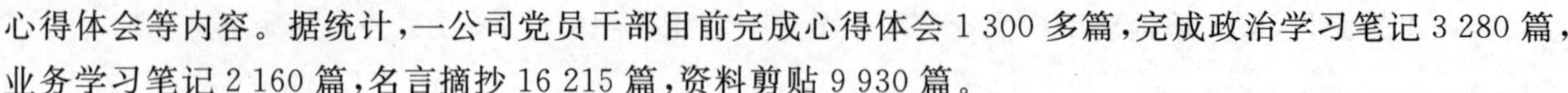

心得体会等内容。据统计，一公司党员干部目前完成心得体会 1 300 多篇，完成政治学习笔记 3 280 篇，业务学习笔记 2 160 篇，名言摘抄 16 215 篇，资料剪贴 9 930 篇。

2. 基层党组织建设

本着“典型引路、示范带头”的思路，公司党总支以“班子建设好，党员形象好，作用发挥好，制度落实好，群众反映好”的“五好基层组织活动”为主要内容，制定活动计划，树立先进典型，并努力通过完善党建工作机制，优化党员队伍，创新工作方式，办好党员活动园地，丰富活动内容，创建公司“五好基层党组织”，目前公司共有党员 85 人，其中 1996～2006 年发展党员 10 余名，10 年间先后有 73 人次被评为市交通局优秀共产党员和优秀党务工作者，6 人被评为市优秀共产党员和党务工作者。

3. 党风廉政建设

公司成立了由总支书记任组长，总支其他成员任副组长，各支部书记任成员的党风廉政建设领导小组，并与各支部层层签订《廉政建设责任状》，认真组织党员干部学习党规党纪，积极开展警示教育活动，充分发挥民主监督小组和监督员的职能，在对工程劳务承包、机械设备购置租赁、原材料采购等方面，实行货比三家，公开招标，充分体现“公开、公平、公正”原则，从制度上、管理上加大反腐倡廉力度，有效地防止和杜绝了党员干部违法违纪事件的发生。

六、行风效能建设

按照市委、市政府提倡的“廉洁、勤政、务实、高效” 的工作要求和市局提出的“争先、保优、进位”的行风工作思路和目标，近年来，第一公路工程公司以公路工程建设为中心，编制了切实可行的行风效能建设实施方案，建立健全了行风效能建设组织机构，明确工作职责；并针对工作中存在的问题和不足，建章立制、纠建并举，制定完善了《行风建设公开承诺》、《行风评议内容及考核实施办法》，充实了“一次性告知制度，首问负责制”、“限时办结制”、“中层以上干部廉洁自律准则”，“定时走访制”等制度内容，并在实际工作中认真组织落实，收到了良好的效果，受到了社会各界的好评。2006 年，公司被市交通局评为行风工作先进单位。

七、精神文明建设

在认真做好工程施工管理的同时，第一公路工程公司历任领导班子都十分注重精神文明建设，1993～2006 年连续 13 年被市委、市政府评为市级文明单位。

(1)认真组织贯彻“三个代表”重要思想和“八荣八耻”社会主义荣辱观教育，同时结合实际，制定并落实《社会主义精神文明工作规范》、《职工思想政治教育实施细则》，大力倡导公民基本道德行为规范，弘扬爱国主义、集体主义精神，加强社会公德和职业道德教育，培育“四有新人”，提高了职工队伍的整体素质。

(2)积极开展健康向上的文化娱乐活动。为了丰富职工的业余文化生活，各项目办设立了职工之家，配备了各类文化娱乐设施，不断开展各种文化体育活动，做到了平日有安排，节日有活动。

(3)开展献爱心活动，关心职工疾苦，帮助职工、社会解决实际问题。1996～2006 年公司筹集资金看望住院职工 100 多次，为职工解决实际问题百余件；发动职工开展献爱心活动 15 次，捐款 250 000 元；帮助贫困学生 150 名，捐款 58 800 元，并为他们购置了大量的书包和学习用品；每当职工过生日，公司领导和工会干部都会深入工地，亲手送上蛋糕，并送去美好的祝愿。

(4)积极响应上级安排，认真做好“安康杯”等竞赛活动。公司深入贯彻“安全第一，预防为主”的方针，进一步激发了广大职工参与安全生产管理的积极性、主动性和创造性，牢固树立“安全重于泰山”的思想观念。多年来公司未发生任何重大安全生产责任事故和车辆交通事故。2005 年公司被省安全生产委员会、省交通工会授予“安康杯”优秀单位称号。

第二十章
张家口路桥建设集团有限公司公路工程二公司十年工作综述

一、基本情况

张家口路桥建设集团有限公司第二公路工程公司是市交通局下属的自收自支事业单位，始建于1984年11月，主要担负承建国家建设部核发的《建设企业资质证书》核准的公路工程和桥梁隧道工程施工。

张家口第二公路工程公司现有干部职工223人，其中事业管理人员22人，工程技术人员68人，技术工人133人。公司下设工程质量科、设备安全科、财务审计科、工程核查科、工程结算科、综合办公室、经营部7个职能科室和6个项目部。

截至2006年底，公司拥有工程建设设备380台(套)，固定资产9 514万元。1996～2006年，公司共承揽各等级公路工程建设项目48项，公路建设里程达1 007公里，完成工程产值25.5亿元，经省、市工程监理部门及上级主管部门共同组织质量验收均达到优良工程标准。在2000年获得ISO 9002质量管理体系认证的基础上，2002年张家口路桥集团建设有限公司被国家建设部核准为施工总承包一级资质。2006年公司完成生产总值5亿元，年实现利润约5千万元。

二、公路工程

10年来，随着经济建设的不断发展，促进了公路建设的跨越式发展。在不断深化改革开放的浪潮中，第二公路工程公司围绕“发展是硬道理”这一中心，以质量求信誉，以信誉拓市场，以科技促发展，靠管理增效益，十年间先后赢得了110、109、112、207和张化线、赤宝线、张尚线、宝平线、下广线、宁枳线等国、省干线公路建设工程项目，并承建了宣大、丹拉、张石、诸永、全桂等高速公路工程建设，为张家口公路建设的快速发展，为张家口经济的快速发展做出了巨大的贡献。图2-20-1、图2-20-2为二公司承建项目施工现场。

图2-20-1　高速公路大桥桥柱施工现场

图2-20-2　省道宝平线赤城段灰土拌和场一景

三、公路建设里程日益增长，道路建设等级越来越高

10年来，随着张家口经济的快速发展，张家口的公路建设发生了翻天覆地的变化，高速公路从无到有，国省干线四通八达，地方道路纵横交错，一个较为完善的公路网已然逐步形成。在我市公路建设过程中，第二公路工程公司谋划新思路，寻求新突破，跑市场、找项目、抓工程，1996～2006年间，共承揽公路建设项目48项，其中高速公路13项168.5公里，新建一级公路2项14公里，新建二级公路21项264公里，新建三级公路12项125.3公里，修建大桥24座，中桥43座，小桥41座。10年累计完成公路建设工程里程达1 007公里，完成产值达21.5亿元。

10年来公路建设里程变化如图2-20-3所示；10年来完成工作量情况如图2-20-4所示。

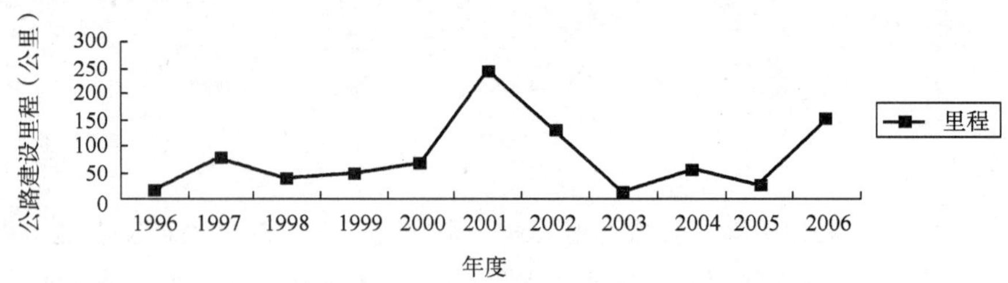

图2-20-3　10年来公路建设里程变化

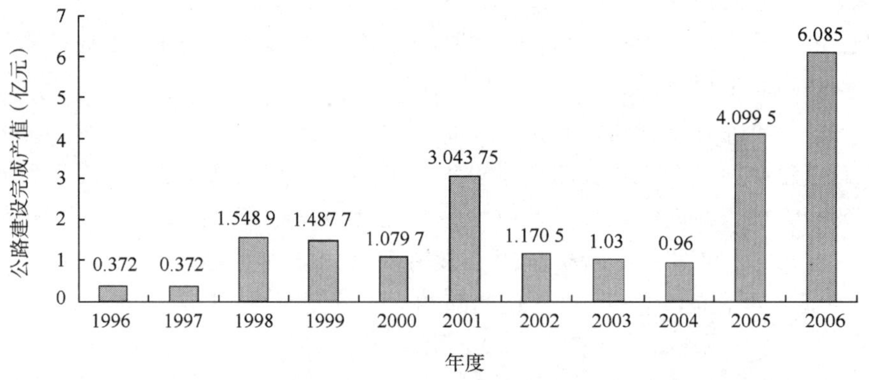

图2-20-4　10年来完成工作量情况

10年间，公司承建的公路建设等级不断提高，尤其是近几年，公司先后承建了丹拉高速公路16.304公里、张石高速公路91.113公里、宣大高速公路一期、二期31公里的建设任务，共计高速公路建设里程达到168.5公里，占10年总建设里程1 007.42公里的16.72%；新建一级公路14公里，占总建设里程的1.4%；新建二级公路264公里，占总建设里程的26.2%。

四、工程质量不断提高，科技成果不断涌现

公司一贯注重工程质量，10年来，始终坚持“质量第一”的方针，完善了质量管理责任制，坚持企业自检，与监理配合密切，形成了有效的质量控制机制。1996～2006年十年间，公司所完成的工程经省、市工程监理部门及上级主管部门共同组织工程质量验收，全部达到优良工程标准。

1.一支技术过硬的骨干队伍，为工程质量的提高奠定了人才基础

人才是事业发展的保证，10年来，公司根据现有的环境与条件，采取“带、聘、训”等措施，保证企业发展之需。一是搞好传、帮、带，抓好老、中、青三结合，充分发挥以老带新作用，帮助更多的年轻人向实践学习。以技术练兵，技能竞赛，难题攻关等形式，考察骨干，选能荐贤，委以重任，在实际工作岗位上历练和提高；二是以向社会公开招聘，聘任大学毕业生、军队复转军人等技术人员，充实工程建设队伍；三是张北对在职职工的培训学习。10年间，先后投资40余万元委托市建委、劳动局及专业院校对公司质检、化验、预算、安全等专业技术人员及特殊岗位上的工人进行了业务培训，经考试，共有68人取得了上岗合格证书。截至2006年底，公司223名员工中，有68人取得了专业技术职称，占总人数的35%。本

科及大、中专毕业生比1996年增长了36人，增长比例为55.3%。高、中、初级专业技术职称的人数分别由1996年的1人、5人、39人增长到2006年的3人、8人和57人(表2-20-1)。

10年来人才发展情况 表2-20-1

年度	学历情况						专业技术情况				教育培训情况			
	大专以上	占百分比	中专	占百分比	高中以下	占百分比	高级	中级	初级以下	小计	工程技术	专业技术	技术工人	小计
1996	17	8.85%	30	15.65%	145	75.5%	1	5	39	45	3	2		5
1997	18	9.0%	32	16.0%	146	75.0%	1	5	40	46	2	3	1	6
1998	20	10.7%	30	15.2%	146	74.1%	1	3	33	37	3	3	2	8
1999	23	11.0%	42	20.0%	144	69.0%	3	10	54	67	4	3	3	10
2000	33	14.6%	36	15.9%	157	69.5%	4	13	52	69	3	3	1	7
2001	33	14.4%	38	16.5%	159	69.1%	4	14	50	68	5	8	4	17
2002	34	14.5%	42	17.9%	159	67.6%	4	11	66	81	4	2	1	7
2003	37	15.8%	42	17.9%	155	66.3%	4	10	60	74	4	2	2	8
2004	46	19.7%	38	16.5%	147	63.8%	3	8	59	70	3	2	1	5
2005	34	14.7%	51	22.1%	146	63.2%	3	10	67	80	9	6	4	19
2006	45	20.2%	29	13.0%	149	66.8%	3	8	57	68	4	2	1	7

10年来，不同工种和岗位的技术骨干运用自己的知识与智慧，及时解决了生产施工、机械保障、专业管理等工作中的种种难题。1996年以来公司职能科室及各所属施工队QC小组获交通部QC优秀成果奖2项、省QC成果奖10项、省部级QC优秀成果奖3项、省交通厅QC优秀成果奖12项，市QC优秀成果奖3项(表2-20-2)。

10年来的科技成果情况 表2-20-2

成果 / 年度	科技工作开展情况及获得的荣誉
1996	设备科安全管理QC小组获河北省交通厅优秀QC成果奖
1997	设备科新设备管理QC小组获河北省交通厅优秀QC成果奖
1998	第二工程一队QC小组获张家口市优秀QC成果奖 第二工程队机务管理QC小组获河北省交通厅优秀QC成果奖 构件厂QC小组获河北省交通厅优秀QC成果奖 沥青拌和厂路面施工QC小组获河北省优秀QC成果奖 全质办QC活动管理QC小组获河北省交通厅优秀QC成果奖 办公室临时工管理QC小组获河北省交通厅优秀QC成果奖
1999	第二工程队QC小组获河北省交通厅优秀QC成果奖 第三工程队路基压实QC小组获交通部优秀QC成果奖 第五工程队QC小组获河北省交通厅优秀QC成果奖 第六工程队油面施工QC小组获河北省优秀QC成果奖 设备科合同管理QC小组获河北省交通厅优秀QC成果奖 办公室办公用品管理QC小组获张家口市优秀QC成果奖
2000	二工程队QC小组获河北省交通厅优秀QC成果奖 第五工程队QC小组获张家口市优秀QC成果奖 第六工程队QC小组获交通部优秀QC成果奖 办公室QC小组获河北省优秀QC成果奖 设备科固定资产管理QC小组获河北省优秀QC成果奖 油器科油品管理QC小组获张家口市优秀QC成果奖 技术科QC小组获河北省交通厅优秀QC成果奖

续上表

年度＼成果	科技工作开展情况及获得的荣誉
2001	设备科合同管理 QC 小组获河北省优秀 QC 成果奖 审计科 QC 小组获河北省优秀 QC 成果奖 办公室 QC 小组获河北省优秀 QC 成果奖
2002	设备科 QC 小组获省部级优秀 QC 成果奖 第三工程队 QC 小组 QC 小组获河北省优秀 QC 成果奖 三产办 QC 小组 QC 小组获河北省优秀 QC 成果奖 第五工程队 QC 小组 QC 小组获河北省优秀 QC 成果奖
2004	设备科 QC 小组获省部级优秀 QC 成果奖
2005	设备科 QC 小组获河北省优秀 QC 成果奖

2. 一批现代化的工程设备成为发展的坚强保障，确保了工程质量全部达到优良

10 年间，公司始终坚持一手抓人才培养，一手抓设备更新，先后从德国、瑞典、意大利购进了沥青摊铺设备、沥青混凝土拌和设备、稳定土拌和设备等现代化的公路工程建设设备，投入生产第一线，及时淘汰了原有的高能耗、低效益、技术落后、工艺简陋的破旧设备，从根本上改善了施工条件和装备技术。经过 10 年的发展，公司的施工设备由 1996 年的 150 台（套）增加到 2006 年的 380 台（套），累计投入资金达 9 428.73 万元（表 2-20-3）。科技的投入促进了公司效益的快速增长，也使得公司的固定资产快速增加，1996～2006 年，公司的固定资本由 1 332.57 万元增加到 9 415.43 万元，增长了 606%（表 2-20-4）。

1996～2006 年主要设备投资情况 表 2-20-3

名　称	数量（辆）	金额（元）	名　称	数量（辆）	金额（元）
工程用车	52	14 540 138	拌和设备	8	39 436 404
筑路机械	34	20 648 453	其他设备	13	5 749 176
摊铺机械	9	13 913 163	合计		94 287 334

1996～2006 年固定资产增减情况 表 2-20-4

年　份	增 加 数	减 少 数	余　额
1996	1 278 347.60	3 555 207.30	13 325 745.50
1997	2 161 467.12		15 487 212.62
1998	15 184 116.00		30 671 328.62
1999	1 954 610.00		32 625 938.62
2000	22 245 579.16		54 558 605.32
2001	30 697 698.80		85 256 304.12
2002	25 676 554.10	30 058 737.80	80 874 120.42
2003	1 080 036.02		81 954 156.44
2004	3 717 289.58	235 000.00	85 436 446.02
2005	2 560 854.05		87 997 300.07
2006	6 157 039.33		94 154 339.40

3. 科学、规范及严谨的管理体系，保障了公司工作的规范化运作和综合实力的进一步提高

（1）加强工程成本核算，积极推行“标后预算，项目经理负责制”的管理模式。公司经理直接与项目负责人签订中标工程承包合同，明确责、权、利指标，实行“单价承包，全员承包风险抵押制”。公司给予项目经理相对应的管理权，并详细科学的进行目标、效益核算，定产值、定效益、定工期、定责任。在项目管理中，如项目经理第一个月考核亏损，停发该项目人员的工资，连续两个月亏损的项目，但又不能说明原因的项目经理，自动申请辞职。这一制度的落实，保证了几年来，项目部无一出现亏损。

(2)加大考评力度，严格施工管理，确保工程质量。为确保工程质量，公司由工程质量科、财务审计科和设备管理科等部门组成联合检查组，每月对各工程项目在工程计划、工程进度、成本投入、工票开具、油材料使用等方面进行详细的检查，并把掌握和控制的各项目标、质量指标、安全指标、进度指标在月底的联查工作会议上进行总结通报，核实盈亏。

(3)进一步加强设备管理。一是严格设备质量体系的运行管理。有计划的对设备进行维修保养，并对设备使用前进行二次技术鉴定，使设备完好率达到96%以上，利用率达到86%以上。二是严格落实施工设备巡查制度。推选机手日常保养、部门自查、公司不定期抽查，使设备始终处于良好的运行状态。三是加大固定资产清查力度。公司对现有的机械设备进行了彻底清查，基本做到了车有档案，用有登记，修有审批。四是加大对燃油材料的管理。采用燃油材料使用审批、定点维修、资金转账等方法，规范了设备材料的使用和车辆维修。五是对固定资产实行归口管理，强化了管理力度。

(4)加强安全管理，实行安全生产一票否决制。公司每年都要及时调整安全生产委员会，做到工程、设备、内保安全工作分工明确，责任到科。并从完善安全制度入手，层层签订安全生产责任状，一级抓一级，一环扣一环，做到施工必安全，不安全不施工。建立了“三位一体”的第一责任人安全生产管理制度和责任追究制度。同时，加大设备安全的检查力度，对避雷、拌和场灯火管制等问题，都要求各项目部严格按照设备安全技术操作规程运行，如发现问题，实行一票否决。

(5)狠抓质量管理，建精品工程。一是严格按照ISO 9002质量管理体系来规范工程管理，提升工程质量。二是严格质量岗位责任制和质量责任追究制，层层签订质量保证责任状。三是进一步完善三级自检体系，加强工地实验室的建设，严格工程原材料进厂质量验收制度，逐级负责，层层把关，确保工程质量。

(6)严格财务管理，实行“一支笔”审批制度，保证了资金的合理使用。公司从2001年起实行了新的会计制度，并实行了各项目工程财务统一管理，由公司委派各项目财务人员对公司负全责，制定切实可行的财务管理办法。坚持每月对各生产单位的账目进行审计，确保资金合理、合法使用。在资金的使用上，公司下发红头文件进行了规范，明确要求10万元以上的资金拨付和使用报公司经理或书记确认，有效预防了不良资金的使用。

(7)积极谋划投标工作，拓展公司发展空间。公司多年来认真谋划，深入细致学习《招投标法》、《公司市场的准入规定》等法规，熟悉市场运作规则，了解公路市场信息，抽调业务熟、技术精、能力强的人员组成投标队伍，充分利用人员、技术和业绩、资质的优势，立足本地市场，积极寻求外埠市场，通过投标，在我市先后中标张石二期M2标路面工程、滦赤线隧道、怀化线油面工程等，还先后在外埠市场中标了阿荣旗至北海省际通道下洼至塔甸子段高速公路第10合同段3公里路面工程和浙江杭州诸永高速公路台州II段项目土建工程S6合同段5.13公里工程等。

管理水平的提高，使公司的发展步入了良性循环的轨道，综合实力也得到了进一步提高，2000年公司一次性通过中质协ISO 9002质量管理体系认证；2002年，张家口路桥建设集团有限公司被国家建设部核准为“施工总承包一级资质”，拿到了一张通向国内外公路建设市场的通行证。

五、改革经营机制和用人机制，经济效益和社会效益明显凸现

以产权制度改革为中心，进行公司内部工资分配制度改革。按照公司法和现代企业制度运作，大大增强了公司的活力。

1.内部经营机制的改革使产值和利润实现了历史性突破

10年间，为适应市场的激烈竞争，公司实行了企业化管理经营。在分配制度方面，实行了百元产值含量工资制和企业工资制。在管理方面，以目标管理运行卡的形式，对所属职能部门和施工单位进行月

度目标联查。2006年，公司又根据生产经营发展需要，推行了标后预算、项目经理负责制。企业化管理把管理与效益有效的统一起来，保证工程管理的有效性和工程效益的实现，极大地调动了公司全员的奉献精神。2006年公司实现了产值5亿元，利润5千万元的两个历史性突破。

2. 聘任制度的改革增强了员工的危机感和进取意识

随着公司内部经营机制改革的发展变化，用工制度也随之而改变，由项目承包人在单位内部择优选聘管理干部、技术人员，并实行岗位薪酬制。用工制度的改革，增强了员工的危机感和进取意识，激发了工作干劲，有力地促进了公司的全面发展与经济效益的提高。2006年公司完成产值6.085亿元，是1996年0.372亿元的16.36倍。

六、职工收入和工作环境的不断优化，使职工生活质量显著提高

1996～2006年间，随着公司的不断发展壮大，公司职工收入也呈现出显著的增长趋势。由1996年人均收入1.5万元/年·人，增长到2006年的4.5万元/年·人，增长幅度为200%。同时，为了不断改善工作环境，提高职工的生活质量，公司于1999年为152名职工建设了总面积达12 118平方米的住宅楼，2004年新建了总面积4 800平方米的公司办公大楼、图书室和职工活动中心。另外，公司还为在一线职工改善了生活和工作条件。这些可喜的变化让职工真真切切地感受到了公司改革和发展的成果，进一步增强了职工要改革求发展的决心和信心。

七、班子建设

10年来，第二公路工程公司一班人始终坚持两手抓，两手硬的工作方针，树公司形象，促公司发展，真正起到了带头人的作用。一是加强学习，不断提高班子成员自身的素质。二是加强班子团结，不搞一言堂，重大事项集体研究。三是坚持“集体领导、民主集中”的原则，做到了分工明确，相互配合。四是解放思想，开拓创新，为公司的快速发展提供了强有力的动力。

八、党建工作

10年来，公司始终坚持围绕经济抓党建，抓好党建促经济的工作思路，大力推进党的思想建设、组织建设、作风建设。在工作中，全体党员时刻以共产党员的先进性来要求自己，吃苦在前，享受在后，真正起到了模范带头作用，促进了公司各项事业的不断发展。

(1)以活动为载体，向广大党员传授党的基本理论、基本路线、基本知识、国家的法律、法规和党的方针政策。引导他们牢记党的宗旨和自己的历史使命，政治思想坚定，工作作风扎实，开拓创新，在工作岗位上体现先进性。

(2)切实提高党员的组织观念与党性意识。各基层支部根据驻地条件和任务变化创新党的活动方式，开展主题活动。近年来，相继开展了“立志在本岗，奉献在国道”，“党员身边无事故、党员身边无违纪、党员身边无落后”和“一个支部一面旗，一名党员一盏灯”等主题鲜明的评比竞赛活动。

(3)加强对党员的教育，切实落实党的民主生活会制度和发展党员等制度，10年来共发展党员50名。

(4)党的基层组织健全，制度落实。10年来，根据工作性质与任务的不同，以项目部为单位建立党支部，党员跟着任务走，支部随着项目转，保证在任何情况下都有支部的存在与声音。

九、廉政建设

10年来，公司党组织始终坚持一手抓发展，一手抓防止腐败的工作方针，注重从源头上加强反腐倡廉工作。一是深化思想教育，增强拒腐防变免疫力。多年来，公司党组织以多种形式组织党员、职工认真学习党风廉政建设有关规定和国家的法律法规，以及廉政建设正反两方面的典型案例，以史为鉴，以例为证，引导广大党员充分认识反腐倡廉任务的长期性、艰巨性、复杂性。二是健全制度、政务公开，大

力推进民主决策进程。公司把要办的重大事项及程序全程公开、公示，自觉接受单位群众、社会团体、新闻媒体的监督，克服和纠正决策上的独断专行和暗箱操作的弊端及管理不到位的漏洞。从制度上保证政务上的公平、公正、公开与透明。三是以人为本，强化机制管理，全面实行党风廉政建设责任制，逐级分解，责任到人，谁做事，谁负责，勤检查，严考核，处事讲原则，违规必追究，在管理职能机制上构筑一道教育使其不愿，建制使其不能，惩戒使其不敢的反腐倡廉立体防线。

十、行风及效能建设

根据市交通局提出的“争先、保优、进位”的行风建设工作思路，公司进一步规范完善了行风建设工作制度，与各部门签订了行风建设责任状，明确了每个部门的责任。并把行风建设与开展“爱我交通，我为交通做贡献”等活动结合，真正做到了“五个坚持和四个结合”。即：坚持“服务人民、奉献社会”的宗旨；坚持以解决职工群众关心的突出问题为重点；坚持与行风管理工作融为一体，强化制度保证作用；坚持选好典型，发挥导向示范作用；坚持与时俱进的方针，体现时代精神和创新精神。通过开展活动，进一步树立了公司的形象。

十一、精神文明建设

10 年来，在精神文明建设上，公司始终坚持两手抓，两手硬的工作方针。一是紧密联系职工队伍的思想实际和工作中遇到的疑难问题，有针对性的组织开展党的基本理论、基本路线、基本知识，“三个代表”重要思想和科学发展观理论的学习。根据工作特点开展社会主义荣辱观教育，以工地为两个文明建设阵地，办专栏、挂标语，把讲文明、树新风融入工作之中。二是做文明使者和社会弱势群体的关爱者、贴心人。10 年来，公司职工先后向三县八村镇捐资 8 万元，为学校建操场，为村庄修整村间道路，捐助失学儿童，帮扶贫困家庭，受到当地群众的广泛赞誉。

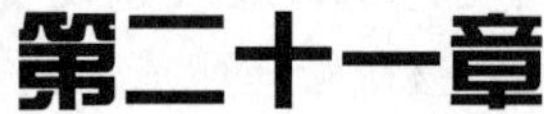

第二十一章

张家口市下八里收费站十年工作综述

一、基本情况

下八里收费站位于110国道宣化西3公里处(图2-21-1),距张家口市区30公里,于1995年10月建成并收费。下设办公室、财务科、稽查科、后勤科和四个收费班,共有干部职工56名。所负责的收费路段,南起宣化半坡街,北至张市叉道桥,总里程40公里,公路等级为一级。这段公路是张家口通往北京、天津的必经之路,也是连接冀、晋、蒙三省的重要交通枢纽。

图 2-21-1 下八里收费站口全景

20世纪90年代中期,随着国家对基本建设政策的倾斜,公路建设呈现快速增长趋势。随着公路建设步伐的加快,公路建设资金短缺的现象日益突出,在这种情况下"贷款修路,收费还贷"这一公路建设融资模式应运而生。下八里收费站就是其受益者。10年来,在市交通局党委的正确领导下,下八里收费站模范执行国家各项政策法规,努力做好通行费征收工作,以多收费,收好费的实际行动,为我市公路建设实现跨越式发展发挥了重大作用。

二、事业发展变化的十年

1996~2006年,是下八里收费站经历交通建设、通行费征收快速发展的10年。10年来,下八里收费站工作人员克服各种困难,排除各种干扰,文明服务、礼貌服务,在历届领导班子的带领下,在10年时间里,共收缴车辆通行费4.53亿元,占10年间全市省管收费站通行费收入的41.9%。下八里收费站1996~2006年通行费收入如图2-21-2所示。

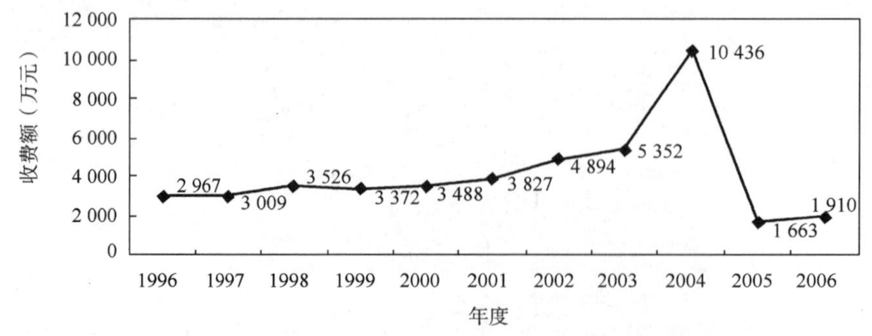

图 2-21-2 1996~2006年下八里收费站通行费收入图

1. 职工素质得到了极大提升

成绩的取得,得益于一支良好的职工队伍。而好的队伍是靠严格管理、严格教育带出来的。10年来，下八里收费站本着对组织负责，对职工负责的高度责任感，针对收费工作实际，通过党的方针政策、法律法规的学习，对职工的素质教育和岗位培训，造就了一支素质过硬、秉公执收、爱岗敬业的收费队伍。据统计，在该站建设初期招收的56名职工中，自2000年以来，已有一半以上人员成为各部门业务骨干并得到提拔重用，其中有11人成为副科级以上干部，为新成立的高速公路收费公司输送站长一级的管理人才14名，为其他单位输送优秀人才7名。他们之中有1人受到团省委“跨世纪人才工程奖”的表彰，有1人在省交通厅举办的“青年技术大比武”中获得第二名；多人分别考取技师、会计师、政工师等各种初级职称和中级职称，包括不断补充的收费人员，收费队伍整体素质不断提高。

2. 通行费征收形式的发展变化

1996～2006年，下八里收费站作为1995年的新建站，坚持高起点，严要求，以优异成绩赢得社会各界广泛赞扬。通行费征收工作大体经历了三个阶段。

第一阶段(1996～2001年)，为通行费征收的平稳增长阶段。这6年间，上级下达通行费征收计划逐年增加。6年间计划任务19 310万元，实际征收20 189万元，增长4.5%，以其收费额高、增长幅度大，奠定了张家口市省管收费站第一收费站大站的位置。

第二阶段(2002～2004年)，是通行费征收快速增长阶段。在这3年中，下八里站克服困难，顽强拼搏，通行费收入取得了突破性的进展。2002年实现征收4 894万元，2003年实现征收5 352万元，2004年实现征收10 436万元，三年累计实现征收任务20 682万元，比前6年总和还多收493万元。

第三阶段(2005年、2006年)，是收入下降阶段。主要原因是我市丹拉高速公路通车后，过境车辆大部分被分流。在这种情况下，下八里站2005年实现收入1 663万元，2006年收入1 910万元，年均收入额仍名列全市一般公路收费站之首。

3. 收费政策的调整变化

10年中下八里收费站经历了两次收费政策调价，执行过三个收费标准。在2000年以前的4年中执行河北省财政厅、物价局联合制定的冀财综[1995]98号文《关于京张公路下八里收费站收取车辆通行费的通知》，对车型划分及收费标准的确定如表2-21-1所示。

调整前按车型划分的收费标准 表2-21-1

车　型	货　车　(吨)	客　车　(座)	收费标准
小型	≤0.5	小卧车、吉普车≤7	10
中型	＞0.5≤7	＞7≤28	15
大型	＞7≤14	＞28	25
重型	＞14≤39		30
特大型	＞39		60

第一次政策调价是在1999年。由于大吨位货车逐年增多，所占比例较大，致使路面损坏相当严重，虽经多次分段翻修，仍难以维持良好状况。为保障投资额如期收回，河北省物价局，财政厅以冀价行费字[1999]39号《关于调整110国道下八里收费站收费标准的通知》一文，对下八里站收费标准进行调整，调整后的收费标准如表2-21-2所示。

第一次调整后的收费标准 表2-21-2

车　型	货　车　(吨)	客　车　(座)	收费标准(元/次)
小型	≤1	≤10	10
中型	＞1≤7	＞10≤28	20
大型	＞7≤14	＞28	35
重型	＞14≤20		45
特大型	＞20		80

第二次政策调价是2005年。为减轻运输经营者的负担，河北省交通规费征收稽查局以冀交征通字[2005]4号文对省内收费公路车型按照新5类进行划分，并降低第4类和第5类车型车辆的通行费收费标准。

下八里收费站对照执行的标准如表2-21-3所示。

第二次调整后的收费标准 表2-21-3

类别	客车（座）	货车（吨）	收费标准(元/次)
第一类	≤7	≤2	10
第二类	8～19	2～5(含5)	20
第三类	20～39	5～10(含10)	35
第四类	≥40	10～15(含15) 20、40英尺集装箱车	40
第五类		>15	55

10年中，不管收费标准怎样变化，下八里站都以积极的态度认真执行，从而保证了年年超额完成收费任务。

4. 交通流量的发展变化情况

下八里站在建站设计时，是八车道双向收费。1996年日均车流量为6 952辆次，完全满足了车辆通行需要。随着社会机动车辆的逐年增加，从2003年下半年开始，通过下八里收费站的机动车辆急剧上升，平均日流量达到21 728辆次(图2-21-3)，并且重型、特大型车辆所占比例居高不下。在每天的高峰期内，各种机动车辆如潮水般涌来。最多时，排队等候交费的车辆有1公里多长。为了缓解通行拥挤现象，下八里站紧急启动应急方案，将收费广场的两条备用车道打开(即0车道和9车道)，并增设相应的收费设施，缓解了拥堵，保证了畅通。

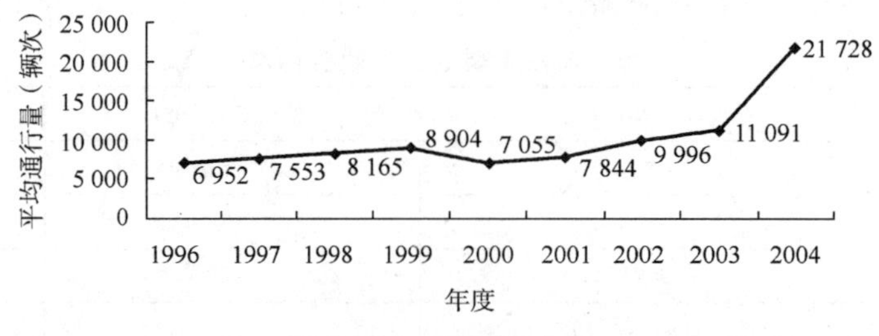

图2-21-3 通行量变化图

5. 管理水平的提升

通过对通行费征收管理的探索和实践，下八里收费站取得了很多成功的经验和做法，并受到上级管理机关的重视和推广。如：岗前培训、定期学习整顿、持证上岗、实行半军事化管理，职工一日作息军事化、银行驻站收款、通行费款日清日结、公安驻站处理纠纷等，这些适合当地条件、特点的管理手段，有效地提高了管理质量减少了人为的矛盾，避免了可能出现的差错、失误，为我市收费公路管理提供了成功的先例。

2003～2004年，社会上各种机动车辆呈快速增长趋势，大部分重型、特大型货车大吨小标。为了严肃收费政策，坚持按收费标准收费，收费站在判断车型方面，打破单一参照行车本的做法，采用参考轴重和国发委对新增货车《载货类汽车质量参数调整更正表》的标准吨位计量征收通行费，有力地打击了变相偷逃费现象。

6. 服务理念的转变

下八里收费站在10年的发展中，也经历了通行费征收形式和内容上的种种挑战和困难，体会到了时代变迁与人们观念的更新，在服务意识方面有了较大转变。在自我调整、主动适应的过程中，下八里站按照“照章收费，收而不贪，文明服务”的十二字方针，坚持收费标准面前人人平等，靠诚信、公平赢得了车主及广大群众的理解和支持。10多年来，下八里收费站坚持打造“环境也是效益的理念”，采取教育、培训、示范带动等措施，创造出风正、纪严、和谐的人气环境；采取站区（宿办楼）卫生每天一清扫，一周一次彻底清扫和在站区摆放绿植等措施，创造出干净整洁的卫生环境。通过服务理念和服务水平的提升，一支一切为了车主、一切方便车主的收费员队伍整整坚持了10年。他们说，只要这个站一天不撤，为车主服务的理念就要一直坚持下去。

三、党建工作、精神文明建设的进步

1. 党建工作开展情况

10年来，下八里收费站历届党支部按照“围绕收费抓党建，抓好党建促收费”这个主题，紧紧围绕本部门实际情况开展党建工作，较好地促进了领导班子、干部队伍、党员队伍和党风廉政建设。在制度建设方面，先后制定和完善了《党建工作管理制度》、《永葆共产党员先进性长效机制实施方案》以及《加强党风廉政建设的有关规定》等一系列规章制度。组织建设方面，积极引导广大青年职工，特别是收费一线职工群众靠拢党组织，在党组织教育下，先后有18名入党积极分子加入党组织，2006年站党支部书记被评为省级“优秀党务工作者”。在思想建设方面，注重发挥党组织的战斗堡垒作用和党员的先锋模范作用，积极开展创建“五好”基层党组织、“党员示范岗”等活动，组织党员过好组织生活。在支部多次倡导的“扶贫献爱心”活动中，广大党员踊跃参加，先后捐款3 450元。1998年在市局党委举办的“党员形象演讲比赛”中下八里收费站获得第一名。2000年市局“庆祝建党八十周年党的基础知识竞赛”中，下八里站再次获得第一、第四名的好成绩。在党风廉政建设工作中做到积极预防、警钟长鸣。一是强化制度管理，严格落实党风廉政建设责任制；二是长抓警示教育；三是建立党员干部廉政档案，做好评议、考核；四是惩防结合，对重点岗位进行重点防范，有效预防了不廉洁行为的发生。

2. 精神文明建设

10年的发展变化，使下八里收费站对征费事业有了更深刻的认识和理解，并赋予她全新的内涵。1997年成立的站稽查队伍，8名优秀人员担当起了对内稽查劳动纪律，对外为公众提供服务的责任。10年来，据不完全统计，共为群众做好事上百件，收到群众赠送的锦旗、感谢信四十余面（封）。1998年被张家口市形象建设委员会和鱼水工程领导小组评为“最佳形象服务窗口”，被省文明委授予“三星级窗口单位”。

1998年张北遭受地震灾害，下八里收费站最先挂出“震灾无情人有情，交通职工献爱心”的宣传标语，鼓舞群众树立战胜自然灾害的信心。随着全国各地救灾车辆的源源到来，又适时建立了“救灾服务接送站”，准备了牛奶、面包、香肠、方便面、开水等免费食品，冒着零下十几、二十几度的严寒清除道路积雪，免费护送救援车辆安全通过。

在捐资助教活动中，先后多次捐款救助怀安、万全两县的17名贫困儿童；2006年1名职工还以个人名义向“大地母亲水窖工程”捐款1 000元。10年中，职工累计向社会贫困群体捐款8万余元。

由于成绩突出，1997年下八里收费站被评为省级“青年文明号”；1996年、1997年、1999年、2000年、2006年先后5次被省厅授予“文明收费站”；1998年站财务科被省厅授予公路系统“财务工作先进集体”；有7人次被省厅评为“优秀收费员”；2005年女职工集体被市妇联授予“巾帼文明岗”。1996～2006年，是下八里收费站起步成长发展的10年，是物质文明和精神文明双丰收的10年，不管将来怎样，下八里收费站广大职工爱岗敬业、志创一流的精神以及她为交通事业所做的贡献，必将成为张家口交通史上值得奋笔的一页。

第二十二章
张家口市大海陀收费站工作综述

一、基本概况

张家口市大海陀收费站(图 2-22-1)位于省道宝平线赤城大海陀乡东山庙村,是张家口市交通局直属普通公路收费站,负责省道宝平线赤城至沙城段车辆通行费征收工作。收费站占地 14.1 亩,于 2006 年 6 月 28 日收费运营,是市交通局新建五个收费站中首个运营单位。全站设一室(办公室)、两科(稽查科、财务科)、四个收费队和一个监控队,共有干部职工 44 人,其中本科 2 人,专科 17 人,中专 15 人,党员 4 人,团员 28 人。2006 年日均车流量 801 辆,完成通行费征收 173.9 万元,占年计划的 144%。

二、主要工作情况

1. 克服困难抓开局,确保顺利运营

大海陀收费站站长张胜、支部书记李继明、副站长于田耕,自 2006 年 2 月 8 日接受任命,便立即投入紧张而繁重的收费运营前期准备工作。为确保大海陀收费站顺利实现首个运营,站领导一班人抢抓机遇,凝聚实干,连续奔忙于省、市、县,积极跑办收费许可、收费票据等相关审批手续,并在较短时间内完成就绪,为实现 6 月底收费奠定了良好基础。

实干快干,确保站场建设如期完工。大海陀收费站前期工程建设由赤城县交通局负责,自 6 月 11 日接收建站工作以来,在时间紧、工程任务重的情况下,站领导一班人克服当地雨水多、蚊虫叮咬、无固定办公地、吃住简陋等困难,用短短 17 天的时间,完成了供水、供电、收费广场照明、食堂、院门、院面基础工程和办公、收费设施配备的安装工作。与此同时,做好收费员招收和岗前培训,严格履行招收程序,严格把关,按考试成绩由高到低进行选拔,以确保招收人员素质过硬。站领导坚持跟班参加全员军训、岗前培训,为收费运营打下了良好的人员基础。

2. 增强素质抓形象,提升服务水平

大海陀收费站是毗邻京津的旅游公路收费站(图 2-22-2),是展示交通文明形象的重要窗口单位。

图 2-22-1　大海陀收费站办公楼外景

图 2-22-2　大海陀收费站站口

为抓好文明形象建设，大海陀收费站从强化组织纪律入手，严格实行准军事化管理，研究制定了《工作纪律及处罚规定》、《收费作业程序规定》、《着装管理规定》、《文明上岗制度》等规章制度56项，并强化稽查管理，严格奖惩，使各项工作有章可循、有据可依、扎实推进；坚持早、晚定时点名制度，并组织全体干部职工每天进行早操和晨跑锻炼，既强健身体，又展现出收费站蓬勃向上的良好精神风貌；收费队实行列队上、下岗、列队就餐，严格实行互致敬礼、岗前讲评、岗后点评等“五步”交接岗程序；收费员做到操作规范，应收尽收，收而不贪，语言文明、微笑服务；遇有纠纷，坚持先敬礼，再讲理，后处理原则，妥善化解矛盾；推行首问责任制、一次性告知制、限时办结制和AB岗工作制，并向社会公布收费标准、办事程序、办理时限、工作纪律、举报电话等，热诚接受监督；收费岗亭设立医药箱、工具箱、行路指南、免费饮水等便民设施，帮助过往驾驶员、游客修车、灭火、提供方便多次，收到锦旗2面；强化卫生管理和内务管理，划分责任区，定人定责，细化卫生达标规范，严格稽查考评和奖罚；绿化站区环境4 500平方米，栽种龙爪槐、碧桃、萱草等树木花草近20种，收费岗亭、办公区摆设鲜花2 000盆，职工开垦菜地1.2亩，并安装了彩灯、射灯、背景音箱、庭院灯，积极创建一流花园式收费站；抓好职工理论和业务学习，对站领导班子学习、党员学习、职工学习做出计划安排，确保学习有记录、有笔记、有心得、有检查、有考核，先后组织开展了公民道德建设、八荣八耻、十六届六中全会精神和通行费征收业务知识学习竞赛、“以狠抓落实为荣，以不思进取为耻”系列教育活动和“强素质、知荣耻”集中纪律作风整顿活动，教育引导干部职工增强责任感和荣誉感，树立过硬的工作作风。

3. 严格考核抓目标，确保管理高效

为确保各项工作落实到位，大海陀收费站严抓目标管理，严格工作考核，制定各部门工作职责、人员岗位职责和工作规范，并实行目标责任考核制，将全站目标任务分解至各部门、各岗位，做到定人、定岗、定责、定奖惩；实行工作月报和每月工作调度会制度，使工作中的成绩和经验得以肯定和发扬，使问题和不足得到及时纠正和解决；实行收费人员星级考核制，从收费业务、工作纪律、文明服务、内务卫生、安全工作五个方面，对收费队长、副队长、收费员、疏导员和监控员实行千分制考核评比，并按考核分值授予星级收费员，此项活动极大地提高了收费人员工作积极性和工作效率，促进了收费任务的优质完成。

4. 党建、精神文明建设、廉政建设、行风建设工作

在抓好收费中心工作的同时，大海陀收费站积极推进党建、精神文明建设、廉政建设和行风建设工作，加强党员思想、组织、作风建设，积极培养新党员。制定党风廉政建设和行风建设工作实施方案，开展了党风廉政建设知识学习竞赛，加强了对入党积极分子培训教育活动。在精神文明建设中组织开展各类文体活动竞赛，每逢重大节日开展职工文娱活动，成立职工篮球队，在全站形成了人人爱健身，天天有活动的良好氛围。开展“今天是你的生日”活动，为每位职工集体过生日，在健康益趣中提升干部职工的凝聚力。积极开展“送温暖、献爱心”活动，先后组织了向大海陀乡中心小学捐赠体育器材、学习用品和资助云州乡、独石口镇4名小学生活动，体现了交通干部职工的高尚情怀。

第二十三章 张家口市小厂收费站工作综述

一、基本情况

张家口市小厂收费站位于宝平线沽源小厂镇南K72+160处，地处内蒙古高原属寒冷地区，最低温度达到-36℃，全年无霜期仅为93天。小厂收费站是张家口市交通局直属普通公路收费站，负责省道宝平线冀蒙界至赤城县通行费征收工作。收费站占地15亩，建站投资400万元。收费站于2006年12月18日收费运营，到2007年6月底，交通流量达42 417辆次；完成征费540 710元，日平均征费3 003.94元，超额完成上级下达的征费计划。

图2-23-1　小厂收费站站口全景

收费广场设置6个收费通道、5个收费岛及配套遮棚（图2-23-1）；广场水泥路面面积5 750平方米，遮棚面积416平方米和广场土方、防护、排水工程及标志牌、照明、信号灯、收费亭、空调、防撞等设施。全站现有干部职工50名，其中事业编11名，合同工30名，临时工9名；大专19人、中专21人、高中1人；内设办公室、财务科、稽查科、监控班、收费班（四个）、司机班。

二、加强学习，努力培养造就一支高素质的职工队伍

（1）积极组织开展形式多样的政治、业务、文化学习，教育职工树立服务意识、大局意识和责任意识，使职工在学习中从思想、文化、业务素质不断得到提高和完善。

（2）主动做好职工的思想稳定工作。针对建站时间短、干部调动、人员调整变化的实际情况，站领导通过每周例会及同部分职工交流谈心等方式了解职工的思想动态，并及时解决站场环境、办公秩序、生活条件存在的问题，确保了职工队伍的思想、情绪的稳定，确保了各项工作的顺利开展。

（3）实施岗位培训，不断提高业务素质。针对队伍组建时间短、人员素质参差不齐和实施计重收费及收费政策标准的调整和变化，收费站集中时间和精力组织全体干部职工开展岗位练兵和知识业务培训，请有关领导和专业人员授课，职工互相交流心得和体会，有力地促进了收费工作的健康有序的开展。

（4）加强廉政教育。针对征费工作天天与金钱打交道的实际情况，收费站主动开展对干部职工的廉政教育，逢会必讲，不失时机地在干部职工中敲响拒腐防变的思想警钟。同时，严格工作和收费、缴费程序，杜绝工作中的漏洞，在思想上、行为上筑起了防止腐败的屏障。

三、进一步加强站场建设和形象建设

收费站作为交通的窗口单位，加强形象建设，显得尤为重要。今年根据上级的安排实施开展了“两

提一优"活动，从教育职工树立"诚信服务理念、提高服务技能、改善服务质量、规范服务标准、优化服务环境"等五个方面入手，不断强化管理和服务手段，把"两提一优"活动引向深入。同时并以创建"文明收费站"和"文明大通道"活动为载体，使干部职工队伍得到了锻炼。另外对站场及收费广场、职工生活区进行了硬化、绿化、美化，建起了喷泉、假山，为广大职工创造一个舒适的生活、工作环境，向社会充分展示了收费站作为交通窗口的良好形象。

四、强化管理，规范工作行为

收费站从完善和健全制度建设入手，建站以来，研究制定了各部门工作职责、收费程序规定、规范上岗行为等各项规章制度 30 多项。同时在全站推行了首问负责制、一次性告知制、限时办结制、AB 岗工作制，使各项工作实现了有章可循。同时，针对实际工作和岗位特点，制定了严格的考核细则，实行定期考评和不定期检查，并根据检查和考评结果进行奖惩。同时还向社会公开举报电话，设立了公示栏、监督箱，主动接受车主和社会的监督，不仅规范了干部职工的工作行为，也实现了社会对收费站及工作人员全方位的有效监督，促进了收费站管理工作和收费秩序的规范化。

五、班子建设

加强班子自身建设，提高班子决策能力水平，才能带出一个好的队伍，这是完成各项工作的前提。因此，班子成员经常开展政治理论的学习，加强班子成员的政治思想建设，用科学发展观统领全站各项工作，培养班子成员的学习风气和辨别是非的能力。同时，充分发扬民主作风，坚持民主集中制原则，制定和完善了班子决策程序，杜绝了一个人说了算，又实现了科学决策，提高了整体功能。另外，领导班子成员密切与群众的联系，不仅主动为干部职工提供人性化服务，解决干部职工关心的生活中的实际困难，还带头组织干部职工向特困职工捐款，伸出了援助之手，使这名困难职工深感组织和广大干部职工的温暖，也增强了干部职工的凝聚力、向心力。同时还在收费亭为车主设置了便民服务措施，受到了广大车主的称赞。

第二十四章 张家口市海流图收费站工作综述

一、基本情况

张家口市张北海流图收费站(图 2-24-1)位于张北县馒头营乡大羊庄村境内,中心桩号省道张尚线 K11+200,占地 15 亩,办公楼建筑面积 1 800 平方米,配套附属设施基本齐全,双向六车道收费,是张家口市交通局直属普通公路收费站。于 2006 年 10 月 18 日收费运营。全站设办公室、财务科、票证科、稽查科(监控室)和四个收费队,共有干部职工 53 人,其中本科 4 人,专科 16 人,中专 14 人,党员 5 人,团员 26 人。至今年 6 月底,通行车辆 86 877 辆次,征费 149.279 万元。

图 2-24-1　海流图收费站全景

二、工作情况

1. 凝聚实干,努力建设一流收费站

自 2 月 8 日站领导班子组建成立后,立即投入前期筹备工作,在短短三个月时间内,办结了验资、注册、开户、与省厅及有关部门接洽、办理机构代码证、收费许可证等各项手续,为收费运营奠定了工作基础。海流图收费站前期工程由张北县交通局负责,29 日,根据市局安排,该站接手续建管理工作,本着节能、高效、实用的原则,克服了人员少、管理经验不足等诸多困难,在 4 个半月时间内,完成了会议室、食堂、车库、附属房、院面、围墙等建筑工程,供电、供水、供暖、饮水、照明等配套工程,收费亭、信号灯、挡车器、交通标志标线、防撞护栏等收费设施;配置了通勤车、生活车、公务车、厨房设备、办公生活家具、现代办公设备等必备办公生活设施用品,期间完成计重收费土建设施调查及改造实施方案制定、与张北县局办理移交剩余工程款手续等工作,按期完成了建站任务,为收费运营奠定了物质基础。与此同时,在市局有关部门的组织下,完成了合同制收费人员的招录、业务培训和上岗实习工作,使他们初步掌握了通行费征收工作技能,以确保招收人员素质过硬。为收费运营奠定了人员基础。

2. 高标准,严要求,规范收费工作行为

海流图收费站与风力发电站相邻,路经旅游的人多,是展示交通文明形象的重要窗口单位。为体现交通文明新形象,海流图收费站从积极开展"两提一优"和"青年文明号"创建活动入手,在收费第一线实施了微笑服务,使用了文明用语,加强对钱、票、账的业务管理,发挥业务管理和监督的双重作用,坚持高起点,杜绝人情车。在收费工作中,从思想上加强收费员对文明服务的认识,树立文明行业形象。同时,对全站工作人员进行业务培训、队列训练和技能考核。使全站的精神面貌不断提高,站领导亲自授课,对所学内容进行了考核验收。及时修订、补充各项规章制度进一步完善内部管理。在落实《首问负责制》、《一次性告知制》等制度的同时,结合工作实际制定了《票证管理制度》、《稽查管理制度》、《财务管理

制度》、《工作纪律及处罚规定》、《着装管理规定》、《收费作业程序规定》等一系列规章制度，使各项工作有章可循、有据可依、扎实推进。加大稽查和监控力度，采取定期检查和不定期抽查相结合的办法，稽查二十四小时全程跟踪，严格交接班制度实行“队结日结”制度，收费工作人员实行列队上、下岗，按时就餐，严格实行交接班互致敬礼、岗前讲评、岗后点评“五步”工作程序。收费工作中做到操作规范，应收尽收，收而不贪，语言文明、微笑服务。遇有纠纷，坚持先敬礼，再讲理，后处理原则，妥善化解矛盾。同时，向社会公布收费标准、举报电话等，热诚接受监督。收费岗亭设立医药箱、工具箱、免费饮水等便民设施。强化卫生管理和内务管理，每天检查，设立流动“红旗”，严格奖罚制度。对院内进行绿化、美化，积极创建一流花园式收费站。定时安排干部职工理论和业务学习，确保学习有记录、有心得、有检查、有考核。教育干部职工增强责任感，培养过硬的工作作风。

3. 齐抓共管，搞好党建、精神文明建设等工作

在抓好收费工作的同时，海流图收费站积极加强党建工作，开展党风廉政建设和反腐倡廉警示教育。上半年发展党员一名，对8位入党积极分子进行了谈话，正确引导他们树立以站为家的工作作风，积极组织广大干部职工学习业务，有计划进行党的知识和时事政治教育，并写出心得体会，使广大职工的政治、业务素质有了明显提高。定期召开党员大会、支部大会，发现问题及时纠正，做好日常工作和支部的自身建设，充分调动和发挥党员的先锋模范作用。坚持科学发展观，用新观念，新思路，抓好党建工作。在党风廉政工作中时刻牢记警钟长鸣，领导干部以身作则，杜绝不良现象的发生，扶正压邪，组织干部群众开展批评与自我批评，查找自身存在的问题，搞好领导班子团结，关心职工生活，讲政策原则，解决职工在工作、学习、生活中的实际问题，调动职工各方面的工作积极性，组织开展丰富多彩的文体娱乐活动，在全站形成了人人爱健身，天天有活动的良好氛围。在互动中提升全站干部职工的凝聚力。支持重点工程、支持“生态文明村”建设，体现了交通人的爱民之情。

第二十五章

张家口市洗马林收费站工作综述

一、基本情况

张家口市洗马林收费站成立于2006年12月28日(图2-25-1),隶属于张家口市交通局,是正科级事业单位,承担县道白郭线机动车辆通行费收费管理工作,现有职工36人,平均年龄24岁。站内设有办公室、财务科、票证科、稽查科、收费科五个职能科室。其主要职责是根据省政府办公厅办字[2004]219号文件批复和当地物价部门《收费许可证》的批复,收取过往机动车辆通行费。

二、洗马林收费站通行费指标完成情况

洗马林收费站内抓管理,外创条件,采取有力措施努力提高通行费收入,从开始运营至2007年6月,出入口交通量达66 600辆次,通行费征收指标为125万元,实际完成通行费收入138万元,为计划的110.4%。

三、班子建设

建站以来,不断强化班子建设。一是着眼于班子成员的综合素质提高,不断加强班子成员的思想政治建设。通过强化理论学习,用先进科学的理论武装班子成员的头脑,培养了班子成员良好的学风,不断增强班子成员辨是非、明美丑、知荣辱的能力。二是着眼于班子整体能力的提高,不断加强班子的组织建设,始终坚持"集体领导、民主集中"的原则,完善了班子决策程序和机制,制定了支部委员会党建工作制度,形成了既有集体领导,又有个人分工负责,既有明确职责,又有积极主动配合的良好氛围。三是着眼于班子成员宗旨意识的提高,不断加强作风建设。想驾乘人员之所想,急驾乘人员之所急,积极主动为单位职工和驾乘人员提供人性化的服务,真正把宗旨落实到行动上(图2-25-2)。

图2-25-1　洗马林收费站运营剪彩仪式

图2-25-2　局领导检查指导收费站计重收费工作

四、党建工作

洗马林收费站认真贯彻党的十六大六中全会精神,坚持标本兼治、综合治理、惩防并举、注重预防的

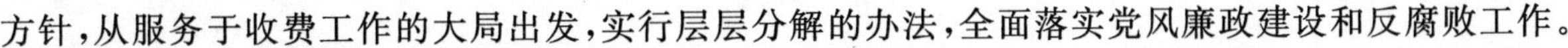

方针，从服务于收费工作的大局出发，实行层层分解的办法，全面落实党风廉政建设和反腐败工作。

(1)以深化党的宗旨教育为核心，不断提高党员干部的政治素质，积极主动用先进、科学的理论武装党员干部的头脑，净化他们的心灵，提高他们的政治素质。

(2)积极利用现有条件和资源，不断加强党员活动阵地建设，建立了党务公开栏，购置了书报杂志，从而确保了党员学有地方、学有书籍、学有榜样。

(3)不断加强对党员队伍的管理工作，制定了民主生活会制度、民主评议党员制度、发展党员制度。

(4)加强党风廉政建设。一是深入开展了党风廉政教育，从思想上打牢党员干部拒腐防变的基础。二是认真开展廉政自律工作，从源头遏制腐败行为发生。三是积极开展行政权力公开透明运行工作，强化了内外监督。四是努力营造廉政文化氛围，积极培养以廉为荣，以贪为耻的良好风尚。

五、行风建设工作

在民主评议行风工作方面，洗马林收费站坚持“立党为公、执政为民”和“工作无小事”的原则，以驾乘人员满意不满意为衡量标准，从树立交通新形象和提高工作效率、提升服务质量、优化发展环境、构建和谐收费站入手，深入扎实地开展行风建设工作。

(1)加强领导，精心安排，始终坚持“一把手”负责制，工作中根据不同情况和要求调整领导小组成员，制定行风建设方案，从而使行风建设工作形成了主要领导负责、安排到位、全员参与、责任明确、指标量化、措施得力、重点突出、层层落实的工作运行态势。

(2)以人为本，提高素质，打牢行风建设工作的基础。针对收费人员水平不高，收费人员素质参差不齐这一实际情况，在提高素质上做文章。一是突出了思想信念教育；二是突出了业务技能培训；三是突出了内部管理，制订并实施了内部管理规章制度和一系列行风建设制度，设立了举报电话、意见箱，聘请了行风监督员。

(3)突出重点，真纠实改，大力解决驾乘人员关心、关注的难点、热点问题。杜绝一切违纪行为的发生。

(4)转变观念、提升服务，寓管理于服务之中。一是严格收费程序，提升服务质量。提供人性化服务，配置饮水机、洗脸盆、毛巾等基本的服务设施设备。二是针对部分经营者丢失营运证需要补证这一实际情况，为了避免经营者往返的麻烦，收费站做出了代办登报的举措，受到了经营者的一致好评。

六、精神文明建设工作

(1)坚持用先进科学的理论武装人。一是着重抓好“三个代表”重要思想和科学发展观理论的学习。二是将“三个代表”重要思想和科学发展观理论，融入到精神文明创建活动中，突出为民办好事、办实事。三是在兴起学理论高潮的活动中，突出重点，兼顾一般，通过举办讲座、读报读书、经验交流等多种形式进行学习宣传。

(2)坚持以高尚的情操塑造人。一是大力开展了“爱我交通，我为交通做贡献”系列活动。二是认真组织开展了社会主义荣辱观教育活动。

(3)积极开展群众性精神文明创建活动。深入开展了“提高工作效率，提高服务水平，优化发展环境”为主题的活动。

建站收费以来，洗马林收费站努力推动“文明公路收费站”和“管理规范化单位”创建工作，不断向公路通行费征管工作程序化、服务规范化、管理科学化、分配合理化、行动军事化的目标迈进。

第二十六章

张家口市乔家房收费站工作综述

一、基本概况

乔家房收费站(图 2-26-1)成立于 2006 年 2 月,隶属于张家口市交通局。全站现有干部职工 40 名。其中管理人员 10 名,征费人员 30 名;大专以上学历 21 人,中专学历 19 人;有中级专业技术职称 3 人,助工级 3 人。内部机构设有办公室、财务科、稽查科、监控室及四个收费队。该站负责对县道洋新线洋河南至柴沟堡段车辆通行费的征收工作。

收费站位于怀安县左卫镇乔家房村东。东距宣化县洋河南镇 31 公里,西距怀安县城柴沟堡镇 32 公里。收费站建设采用收费、宿办一体化模式。收费广场设 6 个收费车道,占地 15 亩,办公、生活区占地 1 400 平方米。

该站 2006 年 12 月 16 日正式运营收费。截止到 2006 年底,共计征收通行费148 155元,出入口车流量达6 309辆次。完成了市局提出的当年建站、当年收费的任务。

图 2-26-1 乔家房收费站站口全景

二、主要工作

1. 建章立制,做到用制度管人,用制度管事,用制度征费

为更好地满足工作需要,先后印发了《河北省交通系统"五禁三不两注意"》、《河北省通行费收费人员工作守则》、《河北省通行费收费人员违规违纪处罚暂行规定》以及张家口市通行费有关补充规定,大力推进行政权力公开透明运行工作,在落实《首问负责制》、《一次性告知制》等制度的同时,结合工作实际还制定了《收费员交接班制度》、《收费站人员着装制度》、《工作纪律规定》、《内务管理制度》、《车辆管理制度》、《安全管理制度》等一系列规章制度,并制作了 30 多块牌匾上墙,以汇编的形式打印成册,做到人手一本。同时面向社会公开承诺,并实行"六公开、一监督"制度。此外,还建立健全了各岗位职责,统一制定了站长、副站长、办公室、财务科、稽查科、收费队长、收费员等各岗位的工作职责。

2. 狠抓队伍建设,培养和造就一支高素质的征费队伍

(1)严格收费员招收标准。该站从 60 多名中专以上文化程度的报名人员当中,通过面试、考试、体检等程序,按照优中择优的原则,录取了 30 名收费员,为收费工作的顺利开展打下了良好基础。

(2)加强学习,建设学习型收费站。建站以来,该站将每月最后两天定为留站日,学习《收费公路管理条例》、《公路车辆通行费征收岗位培训教程》等内容。通过学习,使全体干部职工牢固树立服务意识、大局意识和责任意识。

(3)积极开展岗位练兵和技能培训,不断提高综合业务素质。针对建站时间短、人员新、业务水平不高的实际,该站大力开展岗位练兵活动,对收费上岗人员进行《通行费作业操作流程》、《真假伪钞识别》、

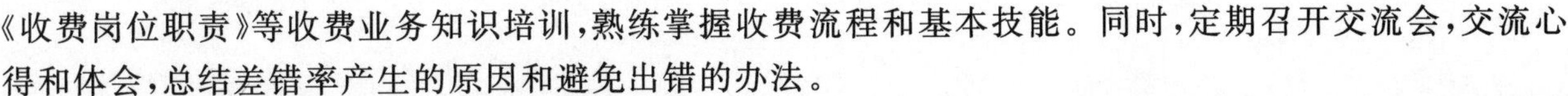

《收费岗位职责》等收费业务知识培训，熟练掌握收费流程和基本技能。同时，定期召开交流会，交流心得和体会，总结差错率产生的原因和避免出错的办法。

3. 加强廉政建设，筑牢职工思想道德防线

针对征费工作天天与金钱打交道的实际情况，该站先后制定了《乔家房收费站领导班子廉政承诺》、《乔家房收费站工作人员廉政守则》和《张家口市乔家房收费站收费人员违规违纪行为记分处理暂行办法》，使职工在廉政建设上有章可循，在思想和行为上筑牢反腐防线。与此同时，站领导采取定期检查和不定期抽查相结合的办法，加强对收费人员的监督与管理；稽查科 24 小时全程跟踪，严格交接班制度和“队清日结”制度，使收费工作真正做到公开透明运行，保证了收费工作的严肃性。

4. 文明礼貌、优质服务

收费站先后制定了《收费人员道德行为规范》、《文明服务守则》、《文明服务标准》等制度，大力倡导并推行了“一个舞台、一张笑脸、一声问候、一份豁达”的“四个一”服务举措，把文明服务始终体现在每个收费员的行动上。

(1)定期进行抽查，发现文明服务不合格的当场扣分。

(2)充分发挥管理人员的监督检查作用，使文明服务水平不断提升。

(3)建立健全行为规范和岗位操作规范。要求收费员持证上岗，挂牌服务；服务用语规范化、标准化；仪容仪表整洁、端庄、大方；服务态度热情和蔼；售票工作快速、精确；账目管理清晰、严格；解答驾乘人员询问耐心热情、准确。

(4)以“一切为群众着想，一切为群众办事，一切以群众是否方便、高兴、满意”为标准，充实服务内涵，延伸服务范围。该站为驾乘人员提供了开水、应急药品、修车工具、路况信息、路段距离、天气情况、当地民俗民情、收费政策咨询等多项服务，积极救助遇到困难的驾乘人员和群众，做到有问必答、有求必应。赢得了过往驾乘人员的一致好评，树立了良好的“窗口”形象，有力地促进了收费工作健康发展。

第二十七章

张家口市路桥工程监理咨询有限责任公司工作综述

一、基本情况

张家口市路桥监理咨询有限责任公司成立于1999年10月，是隶属市交通局正科级事业单位。

公司内设5个科室、4个总监办、6个驻地办；共有干部职工36名，其中党员24名。到2006年底，公司注册人数95人，其中高级职称17人，中级职称62人，初级职称16人；注册资金从建立公司之初起42万元发展到805万元，固定资产从132万元发展到4 350万元，增长329%；企业收入从150万元发展到1 900万元，增长13倍。

几年来，公司共完成监理高速公路、快速公路、国省干线一、二级公路达50多项，监理里程达2 500多公里，工程造价总额达170亿元。监理的所有工程项目均达到部(省)标准，并多次受到上级好评。

二、辉煌业绩

1. 企业资质

1992年之前，张家口公路工程监理工作及7名同志隶属交通局公路处辖管。1993年地市交通局合并后，成立了张家口市公路工程质量监督站，1996年3月成立了公路工程质量监理站，随后，又成立了公路工程质量监督站和定额站。

随着市场经济和改革开放的不断深入，为适应公路监理事业大发展的需要，1999年10月成立了张家口市路桥工程监理咨询有限责任公司。1999～2005年，由于只有丙级资质资格，因而不能承揽国省干线公路工程监理，高速公路更是望尘莫及。实践使公司意识到，没有相应的资质就没有市场竞争力，发展就没有生命力，因而，只有抓住机遇发展自我才是公司唯一的出路。2002年，公司通过努力获得了交通部核准颁发的公路工程临时乙级监理资质证书。2003年在张家口市工商行政管理局正式注册为国有性质的有限责任公司，2004年，获GB/T 1900—2000—ISO 9001质量管理体系认证证书。随着我市高速公路的快速发展，公司超前谋划，大胆提出申办甲级资质的设想。在时间短、困难多、要求高的情况下，公司在市交通局的大力支持下，采取向社会公开招聘和吸纳的办法，接纳吸收各类技术骨干和各类技术专业人才95人，其中高级职称17名、中级职称62名、初级职称16名，使得公司充满了生机和活力，也为提升公司资质的级别奠定了基础。与此同时，公司加大了固定资产的投人，到2004年底，注册资金已达420万元，固定资产总值达2 984万元，拥有各种试验检测仪器设备432台(件)，已具备土木、沥青、水泥、水泥混凝土力学等试验检测能力。经过多方努力和各项基础工作的完备，经交通部有关部门两次考察评审，2005年12月底，公司正式获得交通部颁发的甲级资质证书。短短6年时间，公司实现了“资”的飞越。

2. 基础设施

公司组建初期仅有简易办公楼400多平方米。2003年投资70万元进行了装修改造，2005年又投入150万元新建了16间试验室，并实现了当年建设当年使用。与此同时，投资184万元购置了试验用大型设备26台(件),投资32万元购置小型试验及配套设备205台(件)。同时所有办公室配备了微机,实现了数字化办公。对办公区域周围环境实行了硬化、绿化、美化,为干部职工创造了一个温馨和谐的工作环境,也展示了良好的文明形象。2007年河北省交通厅有关领导视察后称之为一流试验室。图2-27-1为专业技术人员正在进行送件试验。

图2-27-1 专业技术人员正在进行送件试验

3.经济实力

几年来,经过公司全体干部职工的努力,公司领导的工作思路发生了根本变化,闯市场,干事业、干大事业的理念逐步形成。广大职工勇于拼搏、努力进取,使得公路监理工作很快适应了公路建设市场的变化和需求。总监办、驻地办已发展到10个。2006年监理中标价超过1 100万元。2007年初,先后又有京化、张承高速公路以及城市快速路、张宣拓宽公路相继中标,中标价总额达到4 400万元。1996~2006年监理的公路工程项目和重点的桥梁、隧道如表2-27-1所示。

1996~2006年监理项目和重点桥梁、隧道表 表2-27-1

1996年度	1997年度	1998年度	1999年度	2000年度	2001年度	2002年度	2003年度	2004年度	2005年度	2006年度
下广线涿鹿—岔道段二级路改建	110国道—闫家屯二级公路改建	109国道广家营—尤家园	宝平线涿鹿大修工程	下广线夏源—殷家庄段	207国道万全半坝二级公路改建	112国道锁阳关—杏仁堡段、锁阳关隧道	丹拉高速张家口B合同段	柴后线二级路改建工程	张石高速一期J4合同段	张石高速化稍营—蔚县J3、J4段
207线—半坝防护工程	207国道半坝—水母宫段二级路改建	张同线怀安左卫大桥	郭老线郭磊庄—老爷庙段	109国道北京堡—太平堡段	张化线二级路改建	半虎线沽源平家堡—丰宁界	张尚线张北—哈拉沟段	宝平线赤城至沙城段	省际通道内蒙古安业—宝力根治段	杨哈线二级公路改建
宝平线—石口中桥	赤宝线—北沙沟中桥	沙三线二期油路改建	张郭线张家口—郭磊庄段	207国道膳房堡—上营屯段	张康线张北西关—胡家营段	张沽线11号梁—沽源县城段	内蒙省际通道—锡林郭勒盟段6标	胡康线胡家房—康保	张石高速张北—旧罗家洼段	水积线三级油路改建
沙三线—怀来连接线	沙三线—赤城县城路段	东商线大青沟—五台河段		宣大高速怀化连接线	112国道宣化小慢岭—关底村段	112国道宣化—锁阳关段	东商线二级公路改建、剪子岭隧道	109线都鲁北段一级路	保沧线保定至沧州	东商线二级公路改建
110国道—郭老段二级路改建	张沽线交家营—新营路段	沙河宝线沽源县城—野马营		省外线内蒙古S202线察伊段C标	109线桑干河大河	207国道张北—内蒙界	怀化线李家沟隧道	下广线交通工程	109国道太平堡—岔道二级路改建	
张沽线小河子—县城段	110国道宣化—张家口市一级公路	宣张线半坡线—下八里段			109线北京界—太平堡段		下广线下花园—岔道段、壶流河大桥		白郭线二级路改建	
110国道京张界—宣化专用公路					112线宣化—赤城段		张化线张北—胡家房		新疆G314线—托克逊至库米什卧虎不拉沟段	

三、工作方向

全体干部职工坚持"百年大计、质量第一"的方针,把质量作为永恒的主题。在施工监理过程中,严格按照《监理规范》、《监理细则》要求,采用测量、试验、旁站等传统科学相结合的手段,全方位、全过程、全天候实施工程监理,以确保工程质量达标。1998年,109国道蔚县羊圈大桥全省桥梁联评荣获第二;

1999年，公路工程质量监督站被评为“河北省公路工程质量监督先进单位”；2000年质量监督站被省厅评为“质量管理先进单位”；市技术监督局授予“张家口市计量先进单位”，省技术监督局授予“河北计量先进单位”；省交通厅授予“公路工程质量监督先进单位”；2002年国道207线和省道下广线监理组被河北省监督站评为先进监理集体；2003年省道张尚线监理组被省监理站评为先进监理集体；丹拉高速B合同段驻地办荣获劳动竞赛工程管理第一名；2005年内蒙省际安业至宝力根洽段驻地办被内蒙古交通厅评为优秀驻地办；2006年张石J3驻地办被张石高速公路管理处，长河华南交通工程咨询监理公司授予优秀驻地办。

几年来，公司坚持一手抓公路监理、一手抓廉政建设。廉政建设为公路建设保驾护航，同时助推了监理工作的健康发展。

首先，公司把廉政建设和公路工程监理建设放在同等位置，同部署、同检查、同考核、同奖惩。采取在公路监理任务没有展开前，侧重抓对干部职工的思想教育及制度建设，增强干部的法律意识，自觉抵制不法行为的侵蚀。公路工程监理工作开始后，廉政建设围绕公路工程转，把廉政建设按工作性质确定目标责任，分解到岗、落实到人，实现了廉政建设与公路监理有机结合。其次，公司要求党员干部特别是党员领导干部带头廉洁自律，不准利用职权违规操作、插手建设工程招投标、建设物资设备采购等经济活动，不允许配偶及子女、身边工作人员利用职权牟取私利，总监办购置材料、物品实施阳光操作，领导、具体办事人、收物人三人签字，超过500元以上物品，先打报告，总监办集体研究，然后采取货比三家的办法采购，杜绝了工作的随意性。几年来，公司干部职工自觉遵守法律法规，自觉抵制不正之风的侵蚀，公路监理工作不仅得到了长足的发展，而且全公司没有发生任何违法乱纪事件。

第二十八章

张家口路缘公路工程有限责任公司工作综述

一、基本情况

张家口路缘公路工程有限责任公司是由张家口市公路开发中心(前身为张家口市公路开发公司)发起、职工个人参股组建的有限责任公司。2002年2月,经工商部门批准注册成立。主要从事公路工程施工和公路养护工程施工,为公路工程施工三级总承包企业。

公司按照股份制企业管理模式运作,实行董事会领导下的总经理负责制。公司内设综合办公室、财务部、经营开发部、工程技术部、机械设备部、第一工程队、第二工程队、第三工程队八个职能部门;现有股东代表12人,拥有员工111人(不包括临时工),中层以上管理人员15人,各类技术职称人员18人,大专以上学历31人;拥有各类筑路施工大型机械设备28台(套),固定资产到2006年已达3 100余万元,年施工能力超亿元,是目前张家口公路建设市场上一支实力雄厚、设备先进、技术过硬、质量可靠的施工劲旅。

二、主要成绩

公司发展5年来,始终坚持"以质量求生存,以信誉求发展"的经营理念,以"追求工程利润最大化"为目标,先后完成了国道110张宣线,国道109线一期、二期,国道112线赤城段、下广线等高等级公路大中修工程171公里;国道109线、110线,省道半虎线、张沽线、宝平线及县道洋新线等新改建工程200公里;路缘石滑膜工程合计1 646公里(双侧)。各项工程质量优良率达90%以上,赢得了业主单位的信任和社会的好评。其中张宣一级公路中修工程评为河北省优质工程,国道109线二级公路新改建工程在河北省公路建设评比中名列前茅。公司先后被沽源县政府、张家口市政府评为先进民营企业,取得了良好的社会效益和经济效益。2002年固定资产投资740万元,到2006年底固定资产投资3 109万元,年平均增长率30%,增加值2 369万元;完成工程总产值36 800万元,完成了由2002年工程产值5 602万元到2006年工程总产值13 400万元的资本积累;实现利税收入2 700万元,股本回报率达135%,股本增值率为199.2%。5年来固定资产投资发展和完成工程产值税收变化如图2-28-1、图2-28-2所示。

三、管理工作

5年来,公司一方面抓企业内部管理建设,从管理机制上规范企业行为,逐步提高企业管理的制度化、规范化、程序化水平。打造企业品牌,树立企业形象;另一方面抓工程施工过程中的各个环节管理建设,不断转变企业经营管理理念,实现经济效益和社会效益双丰收。

1.加强工程质量管理,确保优质工程

5年来,在工程质量管理中,公司严格遵循"谁施工、谁负责"的原则,全面落实项目经理部—各工程队—各班组—职工的三级质量保证管理体系,建立工程施工质量跟踪管理技术档案,从材料、化验、生产、施工层层设立专职人员负责,对每一个环节严格把关,明确分工、责任到人,强化质量管理组织领导,

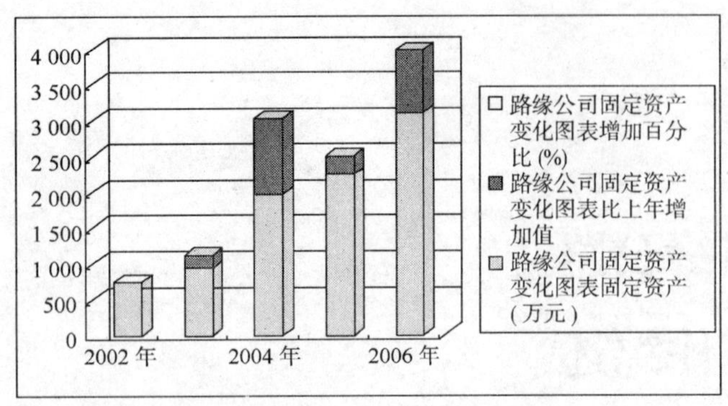

图 2-28-1　5 年来固定资产投资发展变化图

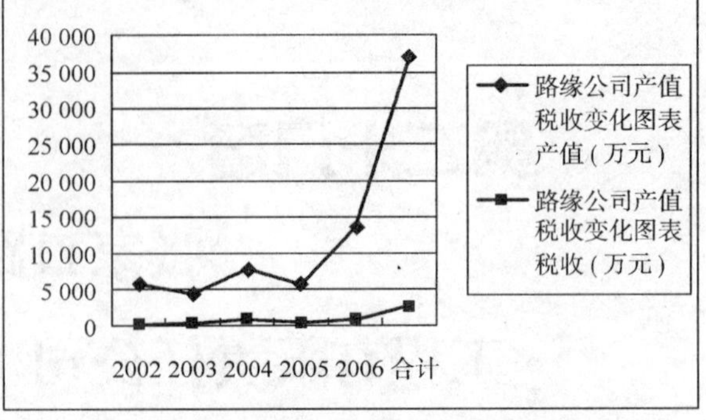

图 2-28-2　5 年来完成工程产值税收变化图

全面推行质量跟踪管理(图 2-28-3)。牢固树立"百年大计、质量永恒"的思想意识，严格执行《张家口市公路工程质量责任制和质量事故责任追究制》，认真落实施工组织设计审批制度、技术质量交底制度和二级验收及分部、分项质量评定制度，把质量管理工作贯穿到施工全过程中，形成各个部门齐抓共管、各个环节互相监督、各负其责的质量控制体系，使工程质量始终处于受控状态。充分发挥中心试验室的作用，严格检测手段和自检制度，严把材料进场质量关。对各工序实行全员、全过程质量控制，确保了各分项工程质量验收合格率达到 100%，优良率达到 90%以上。

2. 加强机械设备管理，确保机械的完好率和利用率

5 年来，公司始终坚持"机械为工程施工服务"这一主题，做好跟踪服务和技术保障工作。先后投资 3 000余万元，购买各种大型筑路施工机械设备 28 台(套)，确保了工程建设施工进度和质量的需要(图 2-28-4)。一方面加强对机械从业人员的技能培训，提高机械操作技能；另一方面利用冬季施工结束后加强对各种大型机械设备的集中维修保养以及施工过程中的日常保养工作，确保各种机械设备的完好率在 90%以上，为工程施工进度控制奠定基础。购买各种机械设备采用招投标制度，根据市场情况制定机械租赁价格，对各种燃油润滑油和机械零配件管理，控制消耗、降低成本，保证了各种机械设备的利用率都保持在 90%以上。

图 2-28-3　公司领导深入一线了解工程建设情况

图 2-28-4　国省干线二级公路油面作业现场

3. 加强施工进度控制，确保按时完成任务

根据工程施工工期要求，公司严格遵循和业主单位签订的目标管理责任状，认真制定各标段工程总体进度计划，按月、旬、日倒排工期，科学施工，同时还根据自然环境气候变化及工程进展过程中发生的情况适时调整施工进度，将工程进度图表化、并上墙，适时加大施工队伍和机械设备等的投入。由于进度管理控制得当，公司各标段进度施工任务都能按计划并可相应提前，特别是路缘石滑膜工程在时间紧、任务重、点多线长的情况下，均能按计划推进，实现所确定目标计划。5 年来，公司承建所有项目全部按时保质保量完成了各项建设任务。

4. 加强施工预算和财务管理，有效控制工程成本

面对施工任务逐年增长、财务开支渠道逐步增多、涉及资金数目逐年加大的实际情况，公司从严格财务管理制度入手，按照一级核算、两级管理的财务管理模式运行，严格审批程序，严控财务开支，遵守财务制度和财经纪律，加强预算管理，控制工程成本。严把人工、材料、机械三项费用合同审核，实行公路预算定额和实际市场价格相结合，确定工程细目单价，做到公平、公正、合理、可行。以施工图纸为依据核定工程量清单，从计量支付、单价确定、变更程序上有效控制成本。严格财务审批报销程序，增强增收节支意识，预测费用支出，降低成本消耗。在施工进行到中后期，根据单项工程经济合同签订情况，结合工程进展和在建项目完成程度，要求各工程队对预算执行情况进行估结算，对各级领导掌握工程经费支出、有效进行成本控制和财务管理起到有力的促进作用。

5. 加强安全生产管理，力求安全生产无事故

公司把安全生产工作放在突出的位置，坚持“安全第一、预防为主、综合治理”和“管生产必须管安全”的方针，建立健全安全生产管理保障体系，加大施工现场安全监管力度，做到科学施工、文明施工。全面落实安全生产责任制，签订安全生产管理目标责任状，使安全生产做到“横向到边、纵向到底”。同时集中开展安全生产整治活动，采取定期与不定期、日常监管与专项检查相结合的方法，对沥青拌和场、施工现场的安全标志标牌、安全防护措施、消防器材和应急设施实施检查，发现隐患、及时整改。同时分工种、分层次开展对职工安全生产知识、防火灭火常识和操作技能的培训，经考试合格后持证上岗。还结合实际制定防汛防火等突发事件应急预案，提高干部职工应急能力和快速反应能力。在公司已形成了领导重视安全生产、职工关心安全生产工作的良好氛围，真正实现了“组织、制度、人员、设备”的安全生产四落实，从而确保了公司成立5年来安全生产无事故。

6. 加强人力资源管理开发，为公司发展注入新鲜活力

5年来，公司采取从社会聘请有经验的管理技术人员、到人才市场去招聘高学历的学生、深挖内部潜力人员、注重在生产一线培养锻炼人的四种方式来逐步充实和优化公司的人员结构，提高干部职工队伍素质。先后聘请各种专业技术人员10余人，招聘学生20余人，为公司的可持续发展注入了新鲜活力。在做好对新吸纳人员的“传、帮、带”工作的同时，还不失时机地组织开展业务知识、生产技能培训，努力营造积极进取、互帮互学、共同提高的氛围。几年来，无论是专业技术人员，还是招聘的学生都成为了工程建设的生力军。

四、管理理念

5年来，公司从信誉（诚信）、管理、人才、效益四个着力点入手打造和树立企业的经营理念。一是信誉至上。公司建立了一套严格认真的、完整的质量跟踪控制手段，如试验检测、自检互检、细小的工序以及签订质量责任状等等，以严格的控制和检测程序，贯穿于施工过程各个环节，落实到各个岗位和关键部位，最终实现优良或优质工程的目的。二是管理至上。公司在原有股份制管理的基础上，结合单位企业化管理运作的实际情况，逐步试行工程施工经济责任制管理办法，主要内容包括工程任务、工程质量、施工进度、安全生产、协作关系和经济效益六个方面。实行项目经理负责制，最大限度地进行量化、细化管理，目标分解、责任到人，并按单项工程任务分别测算核定费用指标和上激利润比例，风险抵押、奖罚分明，真正体现责、权、利挂钩的内在动力，使其各在其岗、各负其责、各得其利，彻底改变了大锅饭的现象。通过竞争择优上岗，充分调动施工人员的生产积极性、主动性和创造性，激发和增强员工的紧迫感、责任感。通过管理扩大信誉度，向管理要效益，不断增加单位积累，扩大再生产，为股民和员工谋利益，增强企业竞争能力。三是人才至上。针对公司高学历人员和专业技术人员不足的现状，公司采取立足以单位的较快发展和良好形象吸引人才，用优惠政策和优惠条件留住人才，注重在生产一线培养人才，有计划招收有学历的专业技术人员，改进单位人员的知识结构，适应生产发展的需求。在人员管理和使用方面，采取竞争上岗、末位淘汰办法，不搞终身制。同时根据工作需要和工作表现，每年重新审订劳动合同。通过上述有效的举措，逐步优化公司的干部职工队伍，培养和锻炼了一支能吃苦、素质高、懂技术、会管理、拉得出、打得赢，同时又具有一定经营头脑，进取意识强的团队，使公司充满了生机和活力。四是效益至上。公司在强调确保质量、注重安全生产的施工过程中，始终贯穿经济效益至上的理念；力求运用科学的方法控制成本费用，采取了制定计划、分析预测、指标核定、分解控制等手段。将目标和效益紧密联结在一起，体现在各个岗位、各个部位、各个环节，各个细节。通过全员参与管理，目标量化考核，责、权、利挂钩，使得干部职工心往一处想、劲往一处使，精打细算、增收节支，为公司的持续发展打下坚实的经济基础。

党建工作：2003 年 12 月公司成立党支部，按照局党建工作部署和要求，结合公司实际，不断建立和完善了党建工作管理制度，涵盖了党建的各个方面，规范了党建工作程序和工作内容，并狠抓各项制度的落实。在班子建设上，充分发扬民主，互相交流思想，交换意见，互相补位、互相理解、互相尊重，少计较个人利益。在重大问题决策上，按程序办事，坚持集体研究决策，不搞个人说了算，班子的凝聚力、战斗力得到了加强，科学决策能力不断提高。随着公司的发展和工作人员的充实，党支部把培养教育发展新党员放在首要位置，重点加强对新招聘的人员的教育培养发展。截至 2006 年底，公司有党员 26 人，预备党员 4 人，还有入党积极分子 1 人，并有 22 名同志向党组织递交了入党申请书。

行风及效能建设：公司以“三个代表”重要思想为指导，以“建设廉洁、勤政、务实、高效机关”为目标，以公路工程施工为中心，转变观念、转变职能、转变作风，提高工作效率、提升工程质量。共发放民主评议行风征求意见表 300 余份，回收 259 份。从工作效率、班子建设、队伍建设、工程建设、廉政建设五方面 20 项内容按照满意、基本满意、不满意和综合评价四个层次对相关 17 个业务单位部门公开征求意见建议，满意率均在 90%以上，汇总意见、建议 4 方面 12 条，并制定了相应的整改措施，为较好地完成各项施工任务起到了良好的推动和促进作用。

精神文明建设：5 年来，公司按照“内强素质、外塑形象”的工作目标，培养锻造“四有”干部职工队伍，组织干部职工开展捐资助教、奉献爱心等活动，先后投入70 000余元用于支持贫困山区教育和为民办实事等社会公益事业。“真情铸就平安路、友谊架起连心桥”，路缘公司精神文明创建活动取得的丰硕成果再一次进行了展现。

第二十九章 张家口路发高速公路养护有限责任公司工作综述

一、基本情况

张家口路发高速公路养护有限责任公司于2006年3月开始组建，2006年6月18日正式挂牌成立，为单位法人与自然法人共同投资入股组成的有限责任公司。截至目前，公司共有员工26名，从市局所属企事业单位借调8名正式员工，其他员工均为合同制和临时工。其中高级工程师1人，工程师2人，会计师1人，技师2人。公司注册资金668万元，分别来源于个人、丹拉高速公路张家口管理处、张石高速公路张家口管理处、承张高速公路张家口管理处、京化高速公路张家口管理处、张家口路桥集团总公司。公司主要经营范围是高速公路养护、公路工程建设、公路建筑材料加工与销售及租赁。

公司按照现代企业制度，依照《公司法》制定了较完善的《公司章程》，成立了董事会、监事会，并按照国家相关法律、法规申报领取了营业执照、税务登记证、组织机构代码证，办理了完整的注册登记手续。公司已取得一类、二类甲级、三类甲级养护资质。目前成为我省交通系统首创的一家机械化、专业化高速公路养护公司，是我市高速公路养护事业发展的一个里程碑，乃至我省高速养护事业发展的一个重要标志。

二、具体完成以下养护工程任务

(1)2006年10月，公司正式接养张石高速公路一期工程90.23公里养护任务，先后修复、更换护栏板275块、立柱108根、防阻块178个、隔离栅1 300米，施划交通标志线400平方米，清理建筑垃圾14 985立方米，安装隔离墩、防撞桶220个，安装、修复公里标志牌52块、百米标志牌1 500个、诱导标76块，安装减速带54米，修建融雪剂库房3个，灌缝23 808延米。特别是2007年3月4日我市普降50年罕见的暴雪，雪天就是命令，公司全体员工不畏严寒，历经5天5夜，出动机械75台班，撒布融雪剂350吨，确保了张石高速公路安全畅通。

(2)一年来公司除养护张石高速路段一期外，还组织施工队在丹拉高速分别完成了71 000延米的灌缝作业、加宽车道一处、新建碎石路肩约66公里、增设避险车道一处、安装护栏22公里、更换部分桥梁伸缩缝。

三、基本经验

1.运用现代企业制度，规范高速公路养护模式

高速公路养护点多线长，涉及面广，技术性强，管理难度大，是一项复杂的系统工程。需要不断探索管理新思路，建立健全养护机构，完善各项制度，规范管理模式，充分激发员工潜能，培养团队合作精神，方能形成张家口路发高速养护公司特有的养护管理局面。因此，公司现设置行政部、财务部、经营部、工程部、养护部，各部门责权利清晰，部门之间既有独立性又相互合作，共同完成公司经营项目。人员设置相对合理，减少管理层人数，加强一线养护队伍，减少成本，为企业创造最大利润价值。

2. 建立健全日臻完善的管养制度

高速公路养护要充分体现"以制度管理人"的管理理念。为了保障高速公路的安全畅通，加强养护费用的管理和控制，搞好养护作业及队伍的管理，结合《公路养护技术规范》和《高速公路养护质量检查评定标准》，公司完善了《工程养护目标管理办法》、《技术档案管理制度》等，不仅进一步加强了养护队伍的管理，而且使专项工程的作业标准、施工安全管理、工程质量控制等方面有章可循，明确了各自分工及职责，为确保养护工作的高起点、高质量、高效益打下了坚实基础。

3. 进一步规范养护模式

高速公路养护包括日常养护和专项工程及大修工程(图 2-29-1、图 2-29-2)，本着"预防为主，建养结合"的宗旨，公司把重点放在预防性养护上，对路况进行调查研究，摸清底数，在不断维修养护过程中，对病害原因进行分析，先后与宣大高速公路管理处养护公司，北京科来福泰科技有限公司等单位合作，进行冬季灌缝课题研究，理论联系实际，现场指导施工，收到良好的效果。

图 2-29-1　铲雪车正在清理道路积雪

图 2-29-2　专业养护人员正在对高速公路进行养护作业

公司利用计算机网络管理，工程养护部与养护单位及其他业务联系单位之间实现信息快速传递，建立工程技术档案，数据库管理体系，养护作业统计档案，制定出统一的养护工作表格，规范协调各项养护任务。

4. 坚持科学管理，重视科学养护

由于我市辖区内高速公路通车时间较短，各种病害较少，但仍需对现有路况进行全面调查，并对各性能指标进行检测评价，为开展养护工作奠定基础。今年公司遵循"预防性养护"的原则，督促养护员工不断加大路况巡查密度，增加病害调查频率(特别是丹拉高速公路养护)，并在灾害天气有针对性地做路况调查，把病害消除在萌芽阶段。为此制定了《高速养护巡查日志》、《防汛期间观测情况表》、《路基防护工程观测记录》等工作表格，在雨季对路缘石附近，高填深切方地带做认真检查，冰雪天气对桥梁、路面密切注意，夜间仔细检查各种标志牌反光效果。

通过公司近一年时间的运行实践证明，组建专业的高速公路养护公司是对传统的公路养护体制的一种突破，也是适应社会主义市场经济规律的必然产物。成立专业的高速公路养护公司负责全市高速公路养护，一方面可以大大减少每条高速公路的养护成本，另一方面可以提高公路的养护质量，提高使用寿命；同时有效地调动了员工的积极性和创造性、有效解决了"路养人"与"人养路"的矛盾，进一步优化管理，充分发挥资金效能。通过引进专业化的养护施工队伍，利用先进的养护设备、新材料、新技术、新工艺，达到高质量、低成本、养护速度快，提高了高速公路的经济效益和社会效益。

第三十章

张家口路通收费服务有限公司工作综述

一、公司基本情况

张家口路通收费服务有限公司(图 2-30-1)成立于 2004 年 11 月,是经张家口市交通局批准并报河北省交通厅同意,在张家口市工商局注册成立的专职收取高速公路车辆通行费的企业。它的组建开创了河北省高速公路收费服务企业的先河,在我省交通系统尚属首家。公司内设办公室、财务部、人力资源部、运营部和装备部五个职能部门,下属两个分公司和十一所收费站。公司共有干部职工 702 人,30 岁以下人数占职工总数的 95%。公司具有大学文化 44 人,大专文化 260 人,其他职工全部为中专或同等学力。除市交通局委派的管理人员和其他调剂到公司的 69 名事业编制人员外,招录的 633 名职工全部为合同制工人。公司的主要职责是在法律、法规允许的范围内,接受业主委托从事张家口市辖区内丹拉高速公路六所收费站和张石高速公路一期五所收费站的通行费征收管理工作。

图 2-30-1　路通收费有限公司办公楼夜景

二、公司的成长历程

2004 年冬天,在丹拉高速公路各收费站房建设施工和办公设备没有到位的情况下,市交通局本着尽快运营、收费还贷的原则,经省政府同意,要求下八里临时主线收费站及时进入开放式收费。公司领导带领干部职工克服了新建站阴冷潮湿、断电缺水、人员少、经费少等诸多困难,确保下八里临时主线收费站于 12 月 1 日正式开始运营收费,并在短短一个月内就征收通行费6 613 628元,创造了日收费额超 28 万元的记录,打响了张家口自做业主建设、运营收费高速公路的“第一炮”。下八里站地处首都、内蒙和张家口之间,可以说是张家口市的门户,代表着张家口市交通系统的精神风貌和窗口形象,有着“塞外第一站”之称,同时,也正因为有了这样一种不怕吃苦受累、乐于奉献交通的精神,公司的工作很快得到了上级的认可,并于当年年底被市政府授予“最佳形象建设窗口单位”荣誉称号。

2005 年 9 月 7 日,丹拉高速公路张家口段正式开通,宣化胜利路、张家口东、万全、怀安 5 处互通立交匝道收费站和东洋河主线收费站投入运营收费。由于丹拉高速公路的成功运营,路通收费公司得到了市交通局的信任与支持,经局党委批准,2006 年 11 月 19 日,张石高速一期五所收费站委托我公司管理,开始运营收费。2006 年 12 月 8 日,公司投入运营的十所收费站全部并入河北省高速公路二片区,实现联网收费。联网收费使过往司机减少了领卡、交费环节,节约了时间,充分达到了高速公路快捷、方便的目的。2006 年 6 月,运营了 18 个月的下八里临时主线收费站因联网收费正式撤站。

为便于管理,2006 年 11 月,经公司董事会研究决定并报市交通局批准,组建了第一、二分公司,分别管理丹拉、张石高速公路的收费工作。

三、公司成立以来所取得的成绩

1. 收费业绩

公司在运营管理中，采取多项有效措施，确保了各项目标任务的圆满完成，尤其是通行费征收取得了令人瞩目的成绩。首先，公司在收费管理中，严把收费、发卡关，按照车辆的实际车型收费。对于车型不能准确辨别的，认真核查车辆的养路费征收吨位，杜绝车辆逃费、漏费。河北省二片区高速公路联网收费后，冀京界收费站发卡普遍存在大车发小卡的问题，公司及时协调丹拉、京张、宣大高速公路管理处收费科，组织召开三条高速公路联席会，相互通报情况，并提出按实际车型改卡收费的办法。仅此一项，公司就累计增加通行费收入 4000 多万元。对于车型“大改小”，公司制定了严密的制度，实行报告—签字—记录的程序化作业，有效地避免了漏征和作弊行为。其次，公司和各收费站认真做好稽查工作。对于违规违纪人员，严格按照规章制度给予相应的处罚，警示收费员工遵守规章制度和工作纪律。运营部还根据掌握的信息，会同驻站公安查办了六起社会闲散人员倒卖入口卡案件，打击了不法分子，为通行费征收工作营造了良好的外部环境。2005 年，公司完成通行费收入 1.78 亿元，完成计划任务 170%；2006 年，丹拉高速公路年度收费额达到 3.6 亿元，占年计划任务的 112%；张石高速公路一期也在短短一个多月征收通行费 195 万元。

2. 完成了上级交赋的各项工作任务

(1)安置复员转业军人。公司自成立以来，按照上级的统一部署，积极接纳和安置，共安排复员转业军人 65 名，并根据复转军人的专业进行分工，人尽其才，适当安排，为减轻社会就业压力做出了贡献。

(2)绿色通道工作。公司按照省、市有关部门要求，严格落实有关优惠政策，认真做好新鲜蔬菜、水果，鲜活水产品，活的畜禽等农产品运输的绿色通道工作。尤其坝上县区是我市的蔬菜种植基地，而且蔬菜种植也是当地的龙头产业，为确保农产品运得走、销得出，为农民增收创造条件，公司按照上级的安排部署，在所属收费站全部设置了绿色通道指示牌，开辟了专用通道对装载符合要求的农产品并且持有“农产品绿色通行卡”的车辆按实际车型类别降低一个车型征收通行费。此举受到菜商的好评，为我市农产品外销创造了有利的条件。由于成绩突出，公司 2005 年、2006 年连续两年被市委、市政府授予“绿色通道运销先进单位”。

(3)完成多次特殊保畅任务。丹拉高速公路是国家的交通主干线和交通战备道，经常有演习或运输军用物资的车队通过。为保障军车车队的畅通无阻，每逢有车队通过时，公司都开辟专用通道，确保车队及时通过，防止车队在车流量大的情况下出现堵车现象。公司成立以来，所属各收费站根据上级指示，先后圆满完成了“全国铁路沿线收废工作会议”、“中国国际坝上旅游节”、“中国国际崇礼滑雪节”、“冀台心、两岸情”青年大型交流活动等多次大型礼仪接待任务，保障了特定车队在通过公司所属收费站时畅通无阻。

四、先进的运营管理模式使公司焕发出了勃勃生机

1. 实现了建管两权分离，有效地提高了工作质量和效率

公司专门负责征收高速公路通行费，接受业主单位监督，按照上级“应征不免、应免不征、文明服务”的十二字方针征费，确保应收尽收，使高速公路的建设、管理、养护资金大量增加，实现了工程建设、收费管理两权分离的企业化经营管理模式，使我市高速公路发展事业甩掉“包袱”轻装上阵。在做好通行费征收工作的同时，公司还认真做好所属各收费站房屋、水、电设施的保养和高速公路固定配套设施的优化、美化、亮化工作，定期向管理处汇报情况并请示资金进行维护，真正实现高速公路收费站建设、管理两权分离，但却能两位一体的经营管理模式，从而提高管理质量和投资效益。这种运营体制创新了我市高速公路工程建设、规费征收一体化的既有运营模式，为同行业今后的发展提供了可资借鉴的经营管理经验。

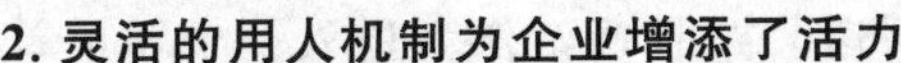

2. 灵活的用人机制为企业增添了活力

首先，在职工的招录上，公司领导高起点、高站位，要求报名人员具有大中专以上学历，并经面试、体检、文化考核层层把关。对录用的633名职工全部进行封闭式培训，内容包括军事科目、收费业务、礼节礼仪、法律法规和职业道德等内容，严格的训练和培训为今后的收费工作奠定了坚实的基础。其次，公司高度重视干部职工的教育和培训。每年3月，公司对收费站站长都要进行为期10天的封闭式军事化培训，以此提高站长的管理水平、政治思想水平和业务技能。每年4月份，各收费站都要开展为期两周的全封闭作风纪律整顿教育活动。从而增强了干部职工的敬业精神和凝聚力。同时，每天征收一百多万通行费，都要经过多人的手，公司常年做好职工的思想教育工作，使他们树立正确的世界观、人生观和价值观，做到"常在河边走，就是不湿鞋"。再次，公司打破其他收费站按人头划分经费，分工论资排辈的旧做法，建立能上能下的用人机制，按照各人的能力和专业量才使用。尤其是在人才选拔任用上，公司不唯学历、不唯职称、不唯资历、不唯身份，大胆起用有丰富收费工作经验、具有进取心、乐于奉献的年轻干部进入中高管理层。

3. 切实可行的管理制度是公司有序运营的基石

公司成立至今，不断完善管理制度，从而达到以制度约束人、用制度规范事的目的。《张家口路通收费服务有限公司规章制度汇编》是公司经过一年多的运营实践，经经理办公会三次研究决定出台的一套内部规章制度，共分5个部分85条，大到公司的章程，小到收费人员的岗位职责，使各类人员岗位职责清楚，任务明确，确保了公司各项工作沿着正确、规范、有序的轨道运转；公司还投入15万元，高标准、高质量将公司和11所收费站的各项规章制度一次性全部上墙。公司还先后扩充了《内务卫生管理制度》、《食堂卫生管理制度》、《请销假制度》、《票据管理制度》、《票据工作流程》等制度，对各个环节和各项工作做出详细的规定，统一了运转程序和操作规程，并于2006年8月通过了ISO9001:2000质量管理体系认证。

4. 军事化管理成功运用

为继续保持收费队伍的优良作风，保证职工思想观念不滑坡、队伍不松散，公司采用了军事化管理模式。标准的军礼，整齐的着装，整洁的内务，这些都是路通收费公司军事化管理的一个缩影。在收费工作中具体细化为列队上下岗、岗前有要求、岗后有讲评、明确作业流程，对每辆过往车辆微笑服务。收费员工作时始终坚持"您好、谢谢、应收多少、收您多少、找您多少"的唱收唱付作业流程；在宿舍卫生管理中，要求被子叠成"豆腐块"、床铺平整干净、地面无杂物，东西放置有序。为确保公司各项规章制度的落实，公司运营部全面加强各单位、各部门的工作纪律监督及各收费站的工作检查，保证了干部职工严格遵守工作纪律，全面推动了公司的两个文明建设。经过实践检验，行业系统对公司的管理方式给予了肯定，在社会上也得到了认可。

5. 先进的后勤管理模式节省了大量办公经费

由于公司下属单位多、职工队伍庞大，所以公司十分重视加强后勤管理，重点采取了以下四项措施取得了好的效果。一是加强物品采购和后勤管理，成立"大后勤"，由装备部统一负责，集中采购，既便于物资的计划调配，更避免了各单位在自行采购中的浪费，节约了大笔开支。二是规范车辆管理，按照车辆行驶里程核算各单位车辆油耗，控制非工作用车，仅此一项年节约燃油费可达5万元。三是加强用电管理，各收费站在保证收费工作正常运作前提下，控制部分用电设备的使用，每所收费站年节约电费近2万元。四是加强"三费"的控制，减少不必要招待，控制招待级别，公司的接待用餐基本都是在单位食堂。

五、精神文明建设

1. 文明服务驾乘人员

公司始终把文明服务作为发展之本，工作中要求每一位收费人员文明服务、委屈服务，以三尺岗亭作为传播精神文明的窗口。随着近几年张家口市的开放和发展，开发了诸如崇礼滑雪场等一大批旅游胜地，全国各地乃至国际友人来我市旅游观光的逐年增多。高速公路收费站作为进入一个城市首先接触的单位，努力通过各种形式把文明服务工作做实、做细。公司所属收费站全部设置了便民服务台，提供热水、应急药品和修车工具等，岗亭内张贴了交通地图，组织职工认真学习交通路线和旅游知识，以方便过往驾乘人员询问；公布了监督电话，倾听社会各界提出的宝贵意见和建议，同时积极接受司机关于路网情况、雨雪雾天的通车情况、到各站的票价等咨询，上述举措受到了社会广泛好评。

2. 参与社会公益事业

路通收费公司是社会大家庭的一员，公司在成长与发展的同时，没有忘记向社会尽自己的一份责任。靳献军总经理个人资助赤城县贫困小学生昝鹏霞达五年之久，每逢开学，他都会寄去学费和生活费，并承诺帮其完成学业。干部职工向他学习，积极参加上级组织的捐资助学活动，在各级组织的“献爱心、送温暖”活动中，全体员工累计捐款50 000余元。公司还与张家口市五中携手搭建企校助学平台，建立了爱心助学基金，每年向该校提供助学基金5 000元，扶助贫困学生 10 名，充分展现了公司的社会责任意识和职工的爱心。

3. 行风建设工作

为让社会各界、广大群众和车主更加了解收费政策、服务承诺，树立文明交通新风，便于群众监督，公司共发放各类宣传材料50 000余份。张家口电视台、《张家口日报》、《张家口晚报》多次宣传报道了公司的先进事迹。这些工作对于全面推进张家口市交通系统的行风建设做出了突出贡献。通过踏实的工作和不懈的追求，公司良好的形象和声誉在成立很短时间内就传遍了张垣大地。

4. 组织文体活动

公司成立以来，先后多次参加上级举办的活动和竞赛，均取得了可喜成绩。公司百人合唱队是一支由百名收费员工组成的优秀文艺团队，先后参加了张家口纪念抗日战争胜利 60 周年“抗日颂歌”、“生命之歌”、“廉政歌曲大合唱”、“共青团建团 85 周年”等多项大型群众歌咏活动，在舞台上多次展示了路通青年人的风采，赢得了上级领导高度评价。路通的歌声唱出了交通人的豪迈，唱出了交通人的心声，陶冶了情操，也靓化了交通“窗口”品牌。

公司的成功经营是我市高速公路建设和运营管理者先进经营理念的成功实践，通行费征收数额的不断增长为公路养护和再建高速公路提供了经济支撑和动力源泉。公司力求在经营理念上再有创新，以此引导干部职工在收费工作中敢于“较真”，激发职工工作干劲和工作的主动性。根据工作实际，按照系统、科学、实用的要求，走机动灵活的管理之路，让全体员工牢固树立起抓机遇、谋发展、求突破、重实效的战略思想。公司还注重落实科学发展观，把物质文明、政治文明和精神文明有机统一起来，既追求经济效益的增长，又注重社会效益的提高，实现队伍和谐稳定，费额持续增长，企业文化不断进步。由于工作成绩突出，公司先后被市总工会授予“五一劳动奖状”，被市委、市政府授予绿色通道“先进单位”，2006 年被省交通厅授予行风建设先进单位等荣誉称号，投入运营的十所收费站全部被共青团张家口市委授予“青年文明号”。

为增强公司的综合竞争力，适应张家口高速公路改革发展的大势，在全公司大力倡导开展“争创学习型企业、争做知识型职工”的活动，达到以学习强素质、以学习提形象、以学习促发展的目的，进一步增强企业实力。可以说，路通已发展成为一家社会信誉良好和管理经验丰富的高速公路收费服务型企业。全体干部职工有信心也有能力占领今后我市高速公路收费市场，为高速公路建设服务，在张家口交通事业的发展中取得更加辉煌的业绩。

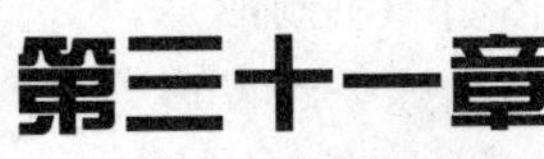

第三十一章 张家口通泰高速公路集团有限公司工作综述

张家口通泰高速公路集团有限公司是经张家口市人民政府批准，由张家口市交通局投资组建的国有独资有限责任公司，于 2007 年 4 月 13 日正式获准工商注册，5 月 21 日挂牌成立。公司注册资本18 964.697 6万元，下设四家全资子公司：张家口通泰张石高速公路有限公司、张家口通泰京化高速公路有限公司、张家口通泰张承高速公路有限公司、张家口通泰环城公路有限公司；一家股份公司：张家口通泰丹拉高速公路股份公司；公司内设综合事务部、财务审计部、计划统计部、工程养护部、经营开发部、路政执法总队、收费稽查总队和纪检监察室。

组织机构如图 2-31-1 所示。

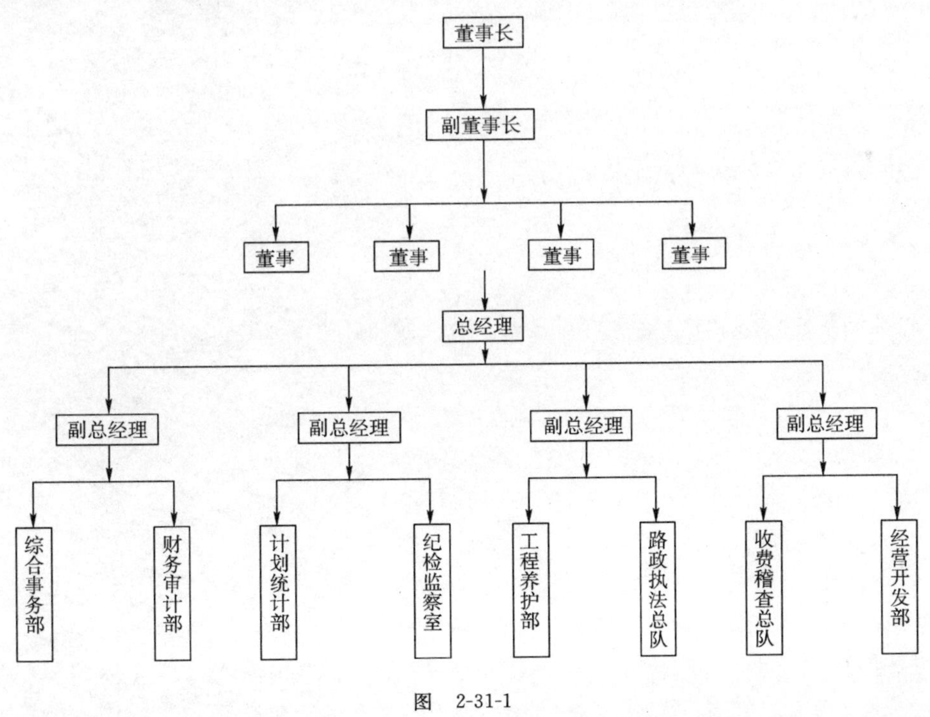

图 2-31-1

通泰高速公路集团有限公司主要从事：建设、经营高速公路和一般干线公路（融资、建设、经营）；维护和养护高速公路和一般公路；高速公路和一般公路的辅助服务项目（服务区经营、管理）；与高速公路和一般公路有关的其他项目（高速公路沿线、土地开发利用）。

公司实行集团整体调控下的子公司负责制，以项目为单位，组建相应的子公司具体实施工程建设。

公司坚持按照现代企业制度实施管理和运作，并结合公司实际和企业经营方向提出了七个理念：服务民生、助力经济、奉献社会、共享发展的价值理念；长于谋划、勇于创新、敢于求变、善于开拓的经营理念；积极稳妥、步履坚实、因时顺势、均衡推进的发展理念；文化吸引、制度约束、行为示范、精神感染的管理理念；顾全大局、积极主动、规范高效、精益求精的干事理念；尊重价值、发掘潜力、创造环境、务尽其才的用人理念；彼此尊重、团结互助、同心同德、和谐共事的人际理念。

公司的组建为进一步优化全市高速公路建设管理工作，不断深化体制和机制改革，实现更好更快发展提供了有利的契机和坚实的平台，对于推进全市交通基础设施特别是高速公路发展，具有重大意义。

公司的组建旨在借助全市高速公路建设迅猛发展的良好态势，通过建立规范的现代企业制度，整合全市高速公路建设的人力、物力、财力，利用市场机制和经济手段，规范高速公路融资、建设、管理、运营行为，实现资源的高效使用和合理配置，提高管理的集约化、科学化、规范化程度，做大、做强、做实全市的公路基础设施，增强行业的整体竞争能力，进而推动高速公路行业发展模式和产业运行状态由政府主导向企业主导的整体转型，为全市经济发展和建设和谐社会做出更大贡献。

第三十二章

张家口市高等级公路建设资金管理中心工作综述

为充分利用和整合张家口市高等级公路的资源优势，改革现行公路建设资金筹集模式，平衡已建成高速公路和收费公路的还贷能力和抗风险能力，实现公路建设的可持续发展，经市编委研究，市委同意(张机编字〔2007〕23号文件)并于2007年6月27日成立了“张家口市高等级公路建设资金管理中心”。本管理中心为市交通局所属财政性资金零补助事业单位，实行企业化管理，同张家口通泰高速公路集团有限公司合署办公，实行一套人马，两块牌子。

市高等级公路建设资金管理中心主要负责区域内高等级公路建设资金统贷统还和统收统支工作；平衡已建成高速公路和收费公路还贷以及新建公路的建设资金筹集和管理工作；负责政府还贷性质公路收费及稽查工作；负责政府还贷性质公路的工程质量、进度、安全生产情况及资金使用的监督和审计工作；还负责开发公路两旁的土地及附属设施，并参与道路两旁相关产业的经营管理。

张家口市高等级公路建设资金管理中心的成立为张家口市的公路建设和发展搭建了很好的融资平台，扩大了融资渠道，有利于解决张家口市高等级公路建设面临的资金缺口问题，以此推动高等级公路建设健康、有序、快速发展，平衡已建成的高速公路和收费公路还贷能力和抗风险能力，更好地维护交通基础建设的融资信誉，实现公路建设的可持续发展。

附件：河北省交通厅　河北省财政厅文件

冀交函财〔2007〕303号

河北省交通厅　河北省财政厅
关于张家口市高等级收费公路
“统贷统还”政策实施意见

张家口市人民政府：

根据省政府办公厅《关于张家口市提请帮助解决若干问题的协商意见》及有关要求，我们就你市高等级收费公路实行“统贷统还”政策等问题进行了研究，拟定了《关于张家口市高等级收费公路“统贷统还”政策实施意见》，已报请省政府同意，现印发给你们，请遵照执行。

二〇〇七年十一月二十六日

关于张家口市高等级收费公路“统贷统还”政策实施意见

一、责任主体

经省政府研究决定，张家口市交通局作为实施主体对所辖高等级收费公路实行“统贷统还”政策。

张家口市交通局应按照政事分开的原则，依法设立专门的不以营利为目的法人组织，对本市所辖区域内政府还贷高等级收费公路（以下简称"收费公路"）建设贷款实行"统贷统还"政策。

二、"统贷统还"范围

（1）"统贷统还"范围包括市所辖区域内（市作建设管理业主的项目、省市合建项目市管部分，以下同）收费公路（含桥梁、隧道）建设贷款。

（2）采取合资、合作、独资等形式的经管性收费公路建设贷款不包括在内。

（3）非收费公路建设贷款不包括在内。

三、"统贷统还"贷款数额的核定

（1）已建成并运营的收费公路建设贷款

"统贷统还"范围内所有收费公路，应经独立审计机构审计核实。具体核实项目建设概预算、实际建设投资额、实际金融部门贷款、累计收入支出、实际归还贷款等情况，并将应还未还贷款等债务核定纳入"统贷统还"范围。

（2）在建的收费公路建设贷款

在建的收费公路建设贷款经独立审计机构核实后，以项目实际批复的竣工财务决算贷款数额（不使用建设项目概预算数）为基础，经省主管部门核定纳入"统贷统还"范围。

（3）列入国家、省级规划建设的，能够建设运营的收费公路建设贷款

经省政府有关部门批准拟建，并在规定期限内建设运营的收费公路，以项目实际批复的竣工财务决算贷款数额（不使用建设项目概预算数）为基础，核实纳入"统贷统还"范围。

（4）超出建设项目审批和项目外工程建设等贷款不得纳入"统贷统还"范围。

四、"统贷统还"贷款核算

收费公路建设贷款实行"统贷统还"政策，对于纳入到"统贷统还"范围贷款的具体核算管理，须按具体项目（路段）进行明晰核算。真实准确计算（核算）各项目的建设成本和运营成本，真实反映各项目贷款余额变动情况，以便准确论证项目投资回报、投资回收以及进行科学的效益评估。

五、"统贷统还"资金来源

"统贷统还"的资金来源包括：政府还贷公路的通行费收入、经营性收费公路（含合资、合作）的投资收益（分红）、政府还贷公路转让收费经营权收入和高等级公路附属设施的承包、租赁收入及经营收益等。

六、收费期限

纳入"统贷统还"范围内的收费公路，收费年限的核定实行"单路（段）单批"的原则。已批准收费年限的项目，按原审批年限执行；尚未审批收费年限的项目；按照《收费公路管理条例》的有关规定，以省级人民政府实际核定的收费年限执行。

七、收费标准

纳入"统贷统还"范围内收费公路收费标准，按照财政、物价、交通部门核定的收费标准执行。

八、养护维修

纳入"统贷统还"范围内的收费公路，要积极开展预防性养护工作。按照省交通厅有关规定提取公路养护维修资金，科学合理安排大中修养护工程，确保交通设施完好，道路技术状况良好，符合交通部有

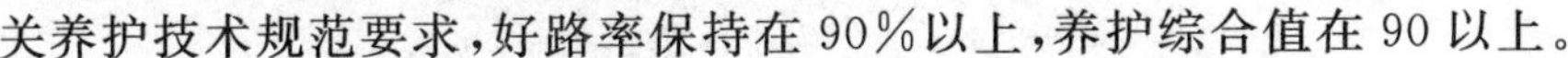

关养护技术规范要求，好路率保持在90%以上，养护综合值在90以上。

九、贷款及通行费收支管理

(1)收费公路“统贷统还”政策实施主体依据本行政区域收费公路建设计划，统一筹措建设资金，统一贷款，统一还本付息。

(2)对于纳入“统贷统还”范围内收费公路贷款的管理，遵循以下原则：

①原有贷款在征得原贷款银行同意后，进行债权、债务转移，将原贷款转移到新设立的法人组织；如原贷款银行不同意进行债权、债务的转移，则原贷款仍按照原贷款合同约定执行。

②实行“统贷统还”政策后，各有关收费公路所发生的贷款、还款业务均由新设立的法人组织负责具体实施。

(3)纳入到“统贷统还”范围内高等级收费公路中，使用省交通厅承贷的国家开发银行软贷款的项目，通行费收入及支出纳入省级财政部门预算管理。至省交通厅承贷的国家开发银行软贷款还清后，再纳入地方财政部门预算管理；其余全部通行费收入及支出均纳入地方财政部门预算管理，实行“收支两条线”管理。

(4)各收费公路(管理处等)财务收支预算管理，由新设立的法人组织负责管理。

(5)各收费公路通行费收支管理，收入上解由各收费公路(管理处等)逐级解缴财政部门，纳入预算外专户管理；支出由财政部门按预算拨付新设立的法人组织，由新设立的法人组织负责收费公路的“统贷统还”。

(6)“统贷统还”范围内收费公路全部通行费收入除用于“统贷统还”范围内的人员公用经费等管理费用，以及必要的建设养护外，均须用于归还本范围内贷款的本息，不得挪作他用。

(7)市级收费公路实行“统贷统还”政策后，省级不再承贷市级新纳入“统贷统还”范围内收费公路的资本金国家开发银行软贷款。市级收费公路资本金贷款由市级负责。

十、其他

本实施意见为试行性意见，国家出台有关新政策的政策后，按相关政策规定办理。

第三十三章 张家口通泰开发建设有限公司工作综述

张家口通泰开发建设有限公司成立于 2007 年 7 月 11 日，是由张家口通泰高速公路集团有限公司投资设立的国有独资有限责任公司。公司注册资本2 000万元，业务经营范围包括土地开发利用，销售自行开发的商品房，园林绿化工程，苗木花草和农作物种植销售，家禽养殖销售，建筑材料销售，室内装修等。

公司遵循现代企业制度的要求，设立了董事会和监事会，作为日常经营的决策和监督机构。根据业务经营和管理的需要，公司内设办公室、财务部、土地开发部、园林绿化部和多种经营部五个部门。

公司组建以来，认真遵照集团公司的有关指示和要求，本着“严谨、务实、高效、创新”的管理理念和“积极开拓、稳健实施、协调发展、与时俱进”的经营方针，致力于管理和盘活通泰集团所属土地及交通局“增绿添彩”工程园区，通过充分发掘现有土地潜在价值，加速土地资产变现进程，筹集公路建设资金，并以土地开发为依托，积极探索合作开发模式，通过招商引资实现开发主体多元化和投资渠道社会化。

为此，公司针对土地管理的现状，建立了完整、翔实的动态管理台账，并针对不同地块的特点，结合周边区域发展实际，深入谋划各地块的开发定位和开发策略，配合有关部门制定了开发区内道路建设整体规划和土地开发利用总体方案，并在集团公司的关注和支持下，积极协调配合各有关区政府和市直部门采取灵活多样的方式，推进土地收储、变现工作。

在此基础上，公司瞄准全市公路绿化工程潜在的巨大市场，本着稳健发展、务实经营的思路，联合通泰高速集团公司下属五家高速公路子公司等单位，共同出资组建公路绿化公司，并依托苗圃的苗木资源，积极参与全市公路绿化市场资源开发。

第三十四章

张家口通泰物流园区工作综述

为进一步加快县域经济发展，张家口市提出了“万全东靠”的发展战略，充分利用万全县地处张家口市近郊，区位优越、交通便捷的优势，着眼于搭建发展平台，实现产业集聚。根据《张家口市产业集聚区总体规划》，未来张家口西山产业集聚区的发展目标是积极融入京津唐经济圈、努力成为晋冀蒙三省交界地区经济圈的重要经济节点，发展成为张家口市域经济“产业链、价值链”的“重要极点”、张家口市区“一体两翼”产业战略的重要组成。随着大量的人流、物流和资金流的涌入，其蕴含的商机为物流业的发展带来了难得的发展空间，同时也对产业集聚区的物流基础设施提出了较高需求，为此，经市交通局研究批准于2007年5月成立张家口通泰物流园区。通泰物流园区地处万全县境内，位于张家口市西郊工业园区，占地总面积80余万平方米，计划总投资4.6亿元。该项目已确立为河北省重点项目，拟建成华北地区最大的物流园区。

根据通泰北方物流园的建设规模、服务功能、经营范围，按照现代企业制度的要求，采用集中化管理模式进行组织结构设计，管理结构实行“二会一制”制，即董事会、监事会以及三会领导下的总经理负责制。组织结构采用扁平化的管理模式，物流园区内设6个部门：行政部、财务部、物业管理部、信息中心、市场咨询部、客户服务部。

机构设置如图2-34-1所示。

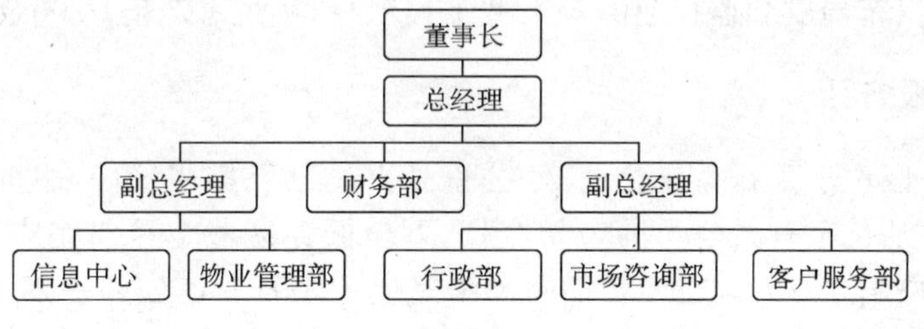

图 2-34-1

通泰物流园区在未来目标市场方面的定位主要体现在三方面：第一，充分利用物流园的区位优势和公铁联运的交通优势，建设完善物流园的市政配套设施，吸纳第三方物流企业入驻物流园，吸引和带动物流密集型工商企业入驻，促成工商与物流企业紧密合作态势，将区位优势转化为产业优势；第二，借助物流园自身的区位和政策优势，吸引货运代理企业入驻，培育有形化的货运交易配载市场，利用信息交易配载的集聚效应，建立公共型信息平台，规范市场管理，建立良好市场形象，吸引更多的运力和货源入场交易，达到通过物流园规范张家口货运市场、加强行业管理、改善城市环境的发展目的；第三，利用物流园的运作经验及品牌效应，依托良好配套服务条件，开展第四方物流服务，大力拓展综合物流商务服务市场，提供会议、展示、教育培训、策划咨询等延伸型商务服务。

通过对以上业务的逐步拓展及完善，争取将通泰物流园区建设成为张家口最先进的物流集散基地、最便捷的公铁联运中心、最规范的货运信息交易市场和最专业的物流商务服务提供商。预计2008年6月一期项目投产运营。

第三十五章

张家口市路泉公路服务有限公司工作综述

张家口市路泉公路服务有限公司成立于2006年7月18日，注册资金680万元，是经张家口市交通局批准、授权，集餐饮、住宿、职工培训、高速公路服务区开发经营管理等配套服务设施并对其实施一体化经营管理为主的有限责任公司。目前公司内设机构有：办公室、财务室。下设分公司有：张家口市路泉通信有限公司、赤城路泉大酒店、张石高速公路万全服务区、张家口市路泉新能源有限公司、张家口通泰广告有限公司、河北路鹏交通服务有限公司。公司现有员工40余人，其中大专以上学历占70%，中专、中技及高中学历占30%。公司成立以来，坚持抓住机遇、加快发展的经营思想，在稳定发展原有经营项目的基础上，逐步拓展新的经营项目和经营模式，到目前已实现总产值2 771万元。

一、路泉通信有限公司

路泉通信有限公司系张家口市路泉公路服务有限公司下属全资公司。公司成立于2006年10月19日，下设机构有办公室、业务支撑部、商务部、财务部、仓库管理、机电通信工程部、计算机办公设备耗材部、GPS事业部。主要从事交通系统的信息化管理及网络通信工程建设；GPS卫星定位服务及车载导航产品；电信业务咨询服务；计算机技术服务；计算机的软、硬件产品；通信设备，网络设备，办公耗材等。公司成立以来，圆满完成了市交通局档案管理信息系统建设项目，公路养护处信息化建设工程，通信管道铺设工程，GPS汽车导航和监控业务等大型工程项目，实现总产值1 200余万元。

二、张石高速万全服务区

张石高速万全服务区位于张石高速公路35公里处万全县孔家庄境内，服务区于2006年12月10日开业。通过与联合石油化工有限公司的密切合作，万全服务区截至目前完成总产值1 250万元，实现毛利润66.66万元，利税4.8万元。在经营期间圆满完成了张石高速公路一期工程通车剪彩仪式、“汽车网”车友会巡游及“冀台心·两岸情”等大型活动的接待工作。

三、路泉大酒店

赤城路泉大酒店位于张家口市赤城县城西温泉度假区，于2006年9月投入使用。酒店交通便利，环境幽雅，是人们休闲、度假、观光旅游、商务洽谈和健身娱乐的理想场所。酒店内设施及配套功能齐全，目前已具备三星级标准，路泉大酒店以健康为经营理念，以服务社会为前提，娱乐设施应有尽有。其中，有豪华间、单人间等共计86张床位，全天24小时供应温泉水；歌舞厅拥有当前国内一流的音响设备和美国BOSS音响；还设有大、中、小会议室、餐厅，拥有室内温泉游泳池、冲浪浴、桑拿浴等娱乐项目，附近可游革命圣地大海陀。

四、路泉新能源公司

张家口市路泉新能源有限公司成立于2007年5月21日，以机电工程与节能工程为主要经营项目。

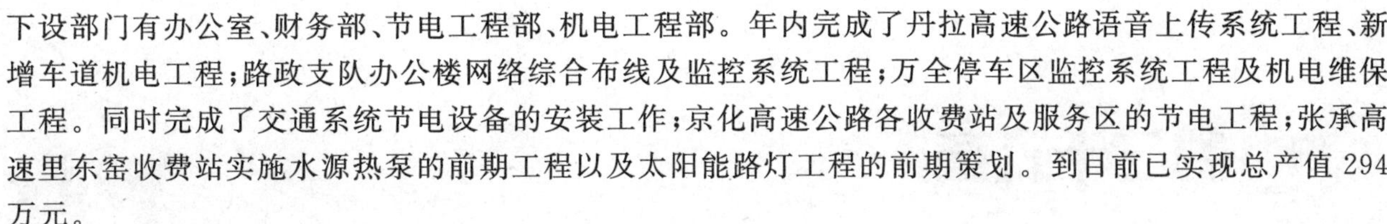

下设部门有办公室、财务部、节电工程部、机电工程部。年内完成了丹拉高速公路语音上传系统工程、新增车道机电工程；路政支队办公楼网络综合布线及监控系统工程；万全停车区监控系统工程及机电维保工程。同时完成了交通系统节电设备的安装工作；京化高速公路各收费站及服务区的节电工程；张承高速里东窑收费站实施水源热泵的前期工程以及太阳能路灯工程的前期策划。到目前已实现总产值294万元。

五、通泰广告公司

张家口通泰广告有限公司2007年10月8日成立，主营张家口城市快速路广告项目。目前下设机构有：办公室、财务部、经营部、广告部、开发部。公司通过各种营销方式（刊登招商广告、有目的的进行上门拜访客户等）向张家口市各企、事业单位做出宣传，达到招商目的。计划一期工程在城市快速路东西环线设立塔牌广告5座，东环线设立横跨拱形广告14个，灯箱广告300余个，计划总投入165.5万元，预计收入221万元。

六、路鹏公司

与张家口市联合石油化工有限公司共同出资组建的河北路鹏交通服务有限公司于2007年11月6日正式成立，注册资金1000万元（其中：路泉公司550万元、联合石化450万元），主营成品油、润滑油零售，餐饮、住宿、车辆维修、场地及设施租赁、日用商品便利店等。下设有办公室、财务室等。现已开展各项业务，计划经营的张石高速二期工程南阳庄、陈家洼两座服务区及丹拉高速公路於家梁停车区等。

张家口市路泉公路服务公司将注重建立适应市场经济要求的经营机制，不断强化企业内部管理，恪守“品牌经营，优质服务”的经营宗旨，贯彻“规范管理，优质诚信，顾客满意，精益求精”的管理方针，打造“路泉”知名品牌，力争充分发挥高速公路资源和配套优势，创造最大的经济效益和社会效益，更好地奉献于社会。

张家口市路泉工程咨询有限公司工作综述

张家口市路泉工程咨询有限公司成立于2007年5月21日，注册资金100万元。是我市公路行业中集工程咨询业务、工程造价咨询业务、招标代理业务及项目管理于一身的专业性工程咨询公司。公司的成立也填补了张家口市公路行业综合咨询业务市场的空白。将进一步推动我市的公路行业市场化的发展。

公司遵循“以人为本”的管理理念，在发展业务的同时，不断加强员工的业务素质培训，在一批老专家的扶持指导下，公司以全面提高员工整体素质为重中之重，将精心打造一支技术实力雄厚的专业技术团队，为我市公路行业的发展提供优质的技术咨询服务。目前，公司员工学历均在大专以上，且大部分为工程技术类专业毕业。

公司下设四个职能管理部门：**综合经营部**，主要负责公司对外业务的承揽和拓展以及合同的洽谈、签订与管理、参与编制公司年度经营计划和经营指标，并负责公司各种资质、资格的认定申报工作等；**招标代理部**，主要负责接受项目业主和其他客户的委托，代理工程、材料设备采购及服务项目的招标工作及办理与招投标项目有关的其他业务；**工程咨询部**，主要负责接受项目业主及其他客户的委托，编制项目建议书，项目后评价、概预决算审查、编制项目可行性研究报告、项目申请报告和资金申请报告等；**项目管理部**，主要负责建设工程、改扩建工程、装饰装修等工程项目的工程造价、项目管理工作。

公司拥有雄厚的技术力量，良好的组织机构，优秀的管理班子，科学的管理制度，完善的质量管理体系。合同履约率达100%，自公司成立以来，已累计完成各类咨询和招标代理业务近10项。公司本着“客户第一、质量第一、服务第一”的服务宗旨，竭诚为广大客户做好每一项工作。

第三十七章

张家口恒达交通房地产开发有限责任公司工作综述

张家口市恒达交通房地产开发有限责任公司自2000年4月成立以来，在激烈的房地产开发市场竞争中，经过奋力拼搏，开拓创新，走出了一条“以质量求生存，以信誉求发展”的创业发展之路，经济实力不断增强，开发事业持续发展，在全市众多的房地产开发企业中站稳了脚跟。

一、公司基本情况

张家口市恒达交通房地产开发有限责任公司于2000年4月成立，属于有限责任企业性质，以股东投资形式进行管理，资质为4级。是具有年开发建筑面积10万平方米，整体实力较为雄厚的企业。公司组织机构比较健全，设有办公室、财务部、工程部、预算部、材料设备部、采购供应部、市场营销部等组织机构。现有员工18人，其中：高级建筑工程师和造价工程师1人，建筑工程师1人，电子工程师1人，经济师1人，会计师2人，统计师1人，其他专业技术人员、行政管理人员11人。

二、公司经济实力明显增强

几年来，公司经济持续发展，实力明显增强，适应了房地产开发市场激烈竞争的需要。2000年4月，公司初建时，注册资本为200万元；2003年，公司注册资本增加到300万元；2004年，公司注册资本达到500万元；2007年，公司注册资本累计增加到800万元。短短几年，资本翻了两番，为大力发展房地产开发创造了有利条件。

三、打造优质工程，保证持续发展

2000年4月，公司成立不久，就组织开发了9 380平方米的平门底商住宅楼工程，以经济适用、高品质的居住环境，取得了可观的经济效益。初战告捷，为公司的生存和发展奠定了有力的基础。2003年，公司承建了第二公路工程公司综合办公楼，建筑面积4 800平方米。2004年至2005年，承建了丹拉高速公路监控通信中心现代化多功能办公大楼工程建设，建筑面积达到8 281平方米；同年，开发建设了设计合理、功能完善、设备先进、环境幽雅的赤城县汤泉北山公路服务区（路泉大酒店），建筑面积达到4 262平方米。2005年至2006年，承建了孔家庄沥青库扩容改造工程，完成了东库区、西库区改造罐体基础土建工程4 000多平方米，制作、安装了10个沥青储存罐，存储量达到了27 200吨，更好地适应了全市公路建设的需要。2006年至2007年，承建完成了路发养护公司、路缘工程公司综合办公楼，建筑面积达到了4 351平方米。2007年，承建了恒达二区住宅楼工程，建筑面积达到13 049.48平方米，预计到2008年10月竣工使用。为了实现新的跨越，公司于2006年12月通过竞标取得了位于张宣路西侧、纬二路南侧的47号标地159.85亩，土地取得后，确立了项目名称为“府街庭院”工程项目。该工程计划投资4.2亿元，规划建设集办公、现代化为一体的商务写字楼2栋，建筑面积达到55 400平方米；建设高层住宅楼11栋，多层住宅楼6栋，建筑面积达到了13万平方米。工程于2007年10月开工，计划全部工程

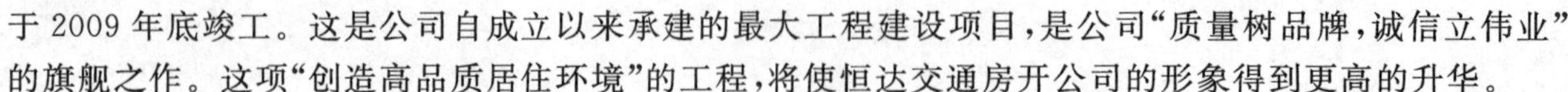

于2009年底竣工。这是公司自成立以来承建的最大工程建设项目,是公司“质量树品牌,诚信立伟业”的旗舰之作。这项“创造高品质居住环境”的工程,将使恒达交通房开公司的形象得到更高的升华。

四、适应公司发展,搞好公司改制

随着房地产开发行业的迅猛发展,公司原有的管理机制在很大程度上制约了企业的正常发展。为了跃上新的台阶,实现新的跨越,公司根据房地产开发的新变化、新要求,进行了整体改制,调整和设置了新的组织机构,划分和明确了每个员工的工作岗位、工作职责。为了保证房地产开发投资的需要,进行了增资扩股工作,改变了原有的股东结构,增加了企业的注册资本,由公司最初成立的200万元资本增加到800万元。为了规范公司的组织行为,成立了新一届董事会和监事会,更换了法人代表,实现了所有权与经营权的分层次管理。为了保护公司股东和债权人的合法权益,按照《公司法》及有关法律、法规的要求,修改、变更了公司章程,为股权所有人发放了股权证。总之,公司运行机制的转变,为实现新的跨越提供了强有力的基础保障。

展望未来,恒达交通房地产开发有限责任公司将继续发扬“开拓、创新、拼搏、奉献”的企业精神,一心一意谋发展,精益求精搞房产,为美化山城,为构建和谐社会做出应有的贡献。

第三篇 县(区)交通局

第一章

宣化区交通局十年工作综述

一、基本情况

宣化区位于张家口市东南28公里处，东南距首都北京150公里，西距山西大同200公里，为张家口市辖区，地理坐标北纬40°37′，东经115°03′。全区现有土地面积275.8平方公里，其中城区面积37平方公里，总人口32万人，其中，城镇居民25万人。宣化城区位于宣化盆地北缘，地势平坦，有着2300多年的建城历史，为河北省历史文化名城。宣化区工业门类繁多，基础雄厚，是张家口市冶金、机械和重化工基地，也是河北省北厢地区重要的工业核心区。优越的地理位置、悠久的历史文化、丰富的物产资源，使宣化很早就成为了塞北地区的交通枢纽。1996年以来，在张家口市交通局和当地党委、政府的领导下，宣化区的交通工作取得了突飞猛进的发展，发挥了支持、带动全区城乡建设和经济发展的"先行官"作用。

宣化区交通局是宣化区交通行政主管部门，也是重要的职能部门之一，负责全区行政交通管理。主要职能是贯彻落实国家有关交通行业的法律、法规和政策，拟订和实施辖区内的交通行业发展规划并监督实施，指导行业培训和教育，组织协调对国家、省、市、区重点或紧急物资的运输，协调、管理道路客货运输、出租汽车管理、车辆技术性能检测、运输服务、汽车驾驶员培训和维护道路运输市场秩序，负责列养公路的养护和路政管理，依法维护路产路权，负责对所属企业的宏观管理。

局内所设机构包括：行政办公室、党委办公室、财务审计科、公路管理科、体制改革办公室、安全保卫科、群众工作办公室、总务科、老干部科、信访办公室等10个科室，下辖公路管理站、运输管理所、养路费征稽所、出租车管理所、公路施工处、物资经销处、职工医院等7个事业单位及联运公司、开发公司、桩基施工处等3个未改制企业。到2006年底，全局共有干部职工369名，其中专业技术人员71名，具有中级职称人员18名，职工中大专以上学历占总人数的60%。

二、公路建设

经过10年的建设与发展，宣化区境内以高速公路、国省干线公路为主体的公路交通网日臻完善，公路等级不断提高。区境内原有的110国道、112国道分别改造成为一级和二级公路。丹拉高速公路的建成，使宣化区与宣大、张石、京张高速公路直接相连，为宣化区与外界的联系提供了更加快捷的交通条件。到2006年，宣化区境内共拥有国道二条，总里程29.077公里；高速公路一条，里程为19.6公里；县道两条，总里程27.28公里；乡道7条，总里程72.714公里；村道13条，总里程41.719公里；专用道路两条，总里程4.104公里。公路总里程达到194.494公里（表3-1-1），区域内公路密度达到每百平方公里70.5公里。

1.已建成公路改建情况（表3-1-2）

（1）国道112线，在张宣地区称宣赤路，始建于1925年，全长87公里。1997年、2001年市交通局分别投资355.60万元、227.25万元，对国道112线K459＋341～K662＋829段3.488公里及二台子—大慢岭段4.992公里进行改建，改建后路基宽20米，路面宽19.5米，为沥青混凝土路面，达到二级路标准。

1996～2006年宣化区境内拥有道路数　　表3-1-1

境内道路	条数	总里程(公里)
国道	2	29.077
高速公路	1	19.6
县道	2	27.28
乡道	7	72.714
村道	13	41.719
专用道路	2	4.104
合计	27	194.494

(2)县道410线，原为宣常公路，2001年公路普查后纳入头武线里程，列养起始点宣化化工厂—宣化通讯学院(K68+292～K73+356)，全长4.064公里。始建于1937年，路基宽10米，路面宽7米，属三级路。2002年，国家投资4.3万元，对该路段进行中修罩面。

已建成公路改建情况　　表3-1-2

道路 时间	国道112线				县道410线			
	路基(米)	路面(米)	投资(万元)	等级	路基(米)	路面(米)	投资(万元)	等级
1996年前	12	9						大车道
10年间(1996～2006)	20	19.5	227.25	二级路	10	7	29.28	三级路

2.公路新建情况(表3-1-3)

(1)宣化区交通局于2005年6月，开始动工建设宣化区下八里辽墓旅游公路。该工程是宣化区政府、宣化区文化局立项，由宣化区交通局利用养路费超收返还资金进行施工建设。该旅游公路全长2.2公里，路基宽10米，路面宽8米，沥青混凝土路面，总投资200万元，于2005年9月竣工通车。该项目为宣化区境内的第一条旅游公路，它的建成通车，为进一步开发国家重点文物保护单位辽墓壁画的旅游资源，提供了良好的交通条件。

宣化区10年间新建公路　　表3-1-3

项目 新建数	里程(公里)	投资(万元)	公路等级	建成通车	备注
下八里辽墓旅游路	2.2	200	沥青混凝土路面	2005.9	
盆河线二级工程	5.124	1056	水泥混凝土路面	2006.8	
县道412庞家堡段三级公路改建工程	14.434	560	沥青混凝土路面	2006.9	
村村通工程	57.89	739.8	四级油路或水泥路	2004	通油率达到100%

(2)由宣化区交通局公路站负责设计、公路站和公路施工处负责施工的盆河线二级路工程，于2005年9月1日开工，分两期施工，2006年8月1日全线竣工通车，该项目由宣化区政府立项，总投资1 056万元，全长5.124公里，路面宽8米，水泥混凝土路面。该公路的建成通车，缓解了宣化区城内的交通压力，为宣化北部地区建设丹拉高速、京张高速提供了便利，为沿线城乡经济发展提供了交通保障。

(3)由张家口市交通局立项，市交通局公路工程勘测设计所进行规划设计，宣化区交通局公路站和公路施工处负责施工的县道412线庞家堡段三级公路改建工程。该工程2005年6月1日开工，2006年9月1日竣工通车，全长14.434公里，沥青混凝土路面，宽6米，总投资560万元，其中河北省补贴

216.5万元，养路费超收返还补贴343.5万元。该路段的建成通车，缩短了城乡之间的距离，为进一步开发碾儿沟生态旅游项目，带动庞家堡镇的经济发展，提供了良好的交通环境。

(4)2004年，根据市交通局的统一要求和安排部署，实施了村村通公路工程（图3-1-1），总投资739.8万元（其中省补贴202.62万元），将14个未达到村村通标准的乡村道路改建为四级油路或水泥路。在市交通局、区委、区政府和相关乡村的共同努力下，宣化区的村村通工程实现了当年开工，当年完成全部任务的目标，总计建设里程为57.89公里。2004年村村通任务的圆满完成，标志着宣化区范围内的54个行政村，全部实现了村村通油（水泥）路的目标，通油率达到100%，为发展乡村经济，加快社会主义新农村建设步伐创造了条件。

三、公路养护工作

1996年，由宣化区交通局负责列养的道路共有：国道110线20.128公里，国道112线6.473公里，省道25线3.176公里，县道宣常线4.064公里，总计养护里程为33.841公里。2001年公路重新规划，启用新桩号，因此养护里程也有所变更，为：国道110线20.855公里，国道112线6.473公里，宣常线改名为县道410线，养护的里程为4.064公里，省25线弃养，实际养护里程为31.392公里。2005年市局将宣大高速公路连接线1.749公里的养护任务交给区局，实际养护里程为33.141公里（表3-1-4）。

图3-1-1　区局领导与乡镇领导为“村村通”工程通车剪彩

宣化区10年间公路养护情况变化一览表　　表3-1-4

项目 年份	110国道	112国道	省道25线	县宣常线	宣大高速连接线	合计养护里程
1996	20.128	6.473	3.176	4.064		33.841
2001	20.855	6.473	弃养	4.064		31.392
2005	20.855	6.473	弃养	4.064	1.749	33.141

1.10年来公路养护体制变化情况

宣化区交通局公路站自1996年开始实行公路养护个人承包制，公路站对各道班班长、养护工以包段形式进行养护作业，每人一级路为800米，二级路为1公里。随着公路养护体制的逐步改革，到2000年，宣化区公路站成立了下八里养护中心，管理二台子道班、泥河子道班、下八里道班及养护县道的四方台道班。实行三级承包制，公路站与市局养护处签订一级承包合同，养护中心与公路站签订一级承包合同，各道班针对本养护路段与养护中心签订一级承包合同。市局养护处按养护里程及小修挖补作业量下拨养护资金，公路站以计量支付制度、承包合同内容规定拨付养护中心养护经费。随着三级承包和计量支付制度的不断完善，充分调动了养护工的劳动积极性，使宣化区公路站公路养护工作取得了显著成绩，公路养护质量不断提高。好路率及综合值每年都达到或超过市局下达的平均指标。下八里养护中心多次被市局养护处授予“十佳养护中心”称号。

2.道班建设及养护机具日臻完善

(1)为了改善养护工人的道班生活条件，宣化区公路站于2002年、2003年先后对三个道班用房进行改扩建（表3-1-5）。投资33.673万元，改建二台子道班，新道班建筑面积达495.3平方米；投资25万元，改建泥河子道班，改建后的道班用房建筑面积为321平方米；投资10万元，改建四方台道班，建筑面积达247平方米，使养护工有了良好的工作休息环境。

宣化区10年来道班建设情况一览表　　表 3-1-5

项目＼道班	二台子道班		泥河子道班		四方台道班	
投资(万元)		33.673		25		10
建筑面积(平方米)	160	495.3	120	321	80	247
改扩建时间	1984	2002	1982	2002	1984	2003

(2)随着公路养护质量标准的提高，单纯靠人工作业已不能及时应对公路保洁的要求。2002 年养护中心购置了机引清扫车一部，划拨给泥河子道班使用；2003 年购入农用四轮车一部划归下八里道班使用；2004 年又为下八里道班购入了机引清扫车两部，为泥河子道班、二台子道班配备农用三轮车各一部，各种机具的不断增加，大大缓解了养护工的劳动强度，提高了公路养护质量，加强了公路保洁能力，保障了公路畅通。

(3)为适应公路大中修工程不断增加的需求，公路管理站多方筹集资金，于 1999 年投资 38 万元购置振动压路机一台；2000 年投资 45 万元购置沥青混凝土摊铺机一台；2002 年投资 14 万元购置东风自卸车两台；2005 年投资 3.9 万元购置混凝土搅拌机一台；2006 年投资 26 万元购置 50c 装载机一台。另外，市局养护处于 1997 年调拨沥青拌和机一台，2005 年调拨双排座客货车一部。大量机械设备的引进，提高了施工资质和参与市场竞争的能力，提高了公路建设和养护的水平。

3. 公路绿化

1996 年，张家口市政府实施“百里长街绿化通道工程”，由宣化区公路站对张宣公路下八里至宁远桥路段进行补植、新植绿化工程，投资 21.6 万元，种植洋槐2 500株、垂柳 480 棵以及国槐、侧柏、云杉等苗木，并在隔离带栽植各种花卉种子 25 公斤。投资 45.81 万元，对国道 110 线下八里至半坡街段进行绿化工程，种植新疆杨、阔叶树、常绿树、花灌木、紫穗槐等苗木。2002 年投资 36.3 万元，对国道 112 线 K462＋924～K465＋814 段进行绿化，种植国槐、馒头柳、桧柏、紫穗槐、火炬树等苗木。2004 年，投资 22 万元完成了县道 410 道路的路树改造工程。除此之外，10 年间区局对列养公路两旁的树木进行了不间断的补植和改造，累计投入资金 30 余万元，确保了列养公路的绿化和美化。

4. 乡村道路的养护管理

过去，宣化区的乡村道路缺乏科学的管理养护机制，基本处于有建无养的局面。2004 年按照市局要求，在全区实施了村村通工程，乡村道路的质量有了较大的提高，乡村道路的养护工作也逐渐引起各级领导的重视。2005 年按照市局要求，在进一步加强乡村道路管理和养护方面，进行了为期一年的专项调查，2006 年在宣化区的春光乡、河子西乡、侯家庙乡和庞家堡镇建立了地方道路管理所，并出台了《宣化区乡村道路管理办法》，使乡村道路管理逐渐进入正轨。

四、交通局直属企业改革

1996 年，宣化区交通局共有直属企业 13 家。其中：专业客货运输企业 7 家，工业企业 1 家，其他类型企业 5 家。从企业性质分类为国有企业 8 家，集体企业 5 家。

20 世纪 90 年代以来，由于多数区交通局直属企业包袱沉重、缺乏市场竞争力等原因，造成了严重的经营性亏损。为彻底扭转这种局面，从 1998 年起，区交通局开始了对直属企业进行产权制度改革的探索。2001 年 8 月，宣化区运输三场、运输六场、客运公司、汽贸公司、汽车综合性能检测站等 5 家企业进行改制，到 2002 年 1 月，有 4 家企业全面完成改制，其中，汽车综合性能检测站交运输集团公司宣化分公司经营，实现了企业经营权的变更。从 2002 年 12 月到 2004 年 1 月，石化经销站、大型货物起重运输公司、运输二场、大特货物运输公司等 4 家企业又先后完成了改制工作。

在宣化区交通局已经完成改制的 9 家企业中，共涉及在职职工 1 037 名，离退休人员 467 名，遗属 210 名。通过努力，全部得到了妥善安置。其中在职职工中除根据工作需要及时保留了 18 名在改制企业留守处工作外，其余全部解除了劳动关系。

在企业改制过程中，为使职工的利益得到充分保障，宣化区交通局先后出台了《关于企业改制工作方案》、《关于改制企业人员安置方案》、《关于改制后企业资产重组方案》、《关于企业财产、物资、管理及处置意见》、《关于改制企业党组织关系及离退休干部管理》等文件，最大限度地保障了职工的利益不受侵害。

企业改制完成后，先后有5家企业利用可利用资产进行资产重组，注入民间资本，分别成立了汽车修理、大件货物运输、出租汽车服务公司、汽车驾驶员培训学校、旅馆、餐饮、广告制作等8家民营企业，发展势头良好。

五、交通规费征收

1. 汽车养路费的征收情况（图3-1-2）

1996～2006年，宣化区的汽车公路养路费征收大体历经三个阶段：

第一阶段（1996～2000年）为养路费征收的平稳阶段。这5年间，市局下达宣化区汽车征费计划呈现为有所递增和基本持平的状况。5年来征稽所汽车养路费征收计划总计9 565万元。实际征收9 755.6万元，比计划总增收99.6万元。

第二阶段（2001～2003年）为养路费征收工作克服外界环境不利因素影响，克服困难，努力发展阶段。这3年由于受到费改税宣传等因素的影响，使得养路费征收工作遇到了前所未有的困难，征费进度一度出现滑坡现象。其中2001年末完成汽车养路费年度征收任务。这3年本辖区的汽车养路费征收计划总计5 380万元，实际征收完成5 352.24万元，比计划减收27.76万元。

第三阶段（2004～2006年）为征费额大幅增长阶段。这一阶段由于全市进一步加强了源头管理，使养路费征收出现了大飞跃。其中2004年宣化区交通局的征收计划为1 900万元，实际完成3 532.8万元，占计划的186%，创区局有史以来超额完成任务幅度最大的纪录；2005年征收计划为3 730万元，当年实际完成3 766万元，占计划的101%，创有史以来年度汽车养路费征收最高额；2006年征收计划为3 350万元，当年实际完成3 476万元，占计划的103.8%。

2. 拖拉机、摩托车养路费征收完成情况（图3-1-2）

1996～2006年，养路费征稽所共征收拖拉机、摩托车养路费1 037.01万元，总体超额完成了拖拉机、摩托车的养路费征收任务。

3. 车辆购置附加费（税）的征收情况（图3-1-2）

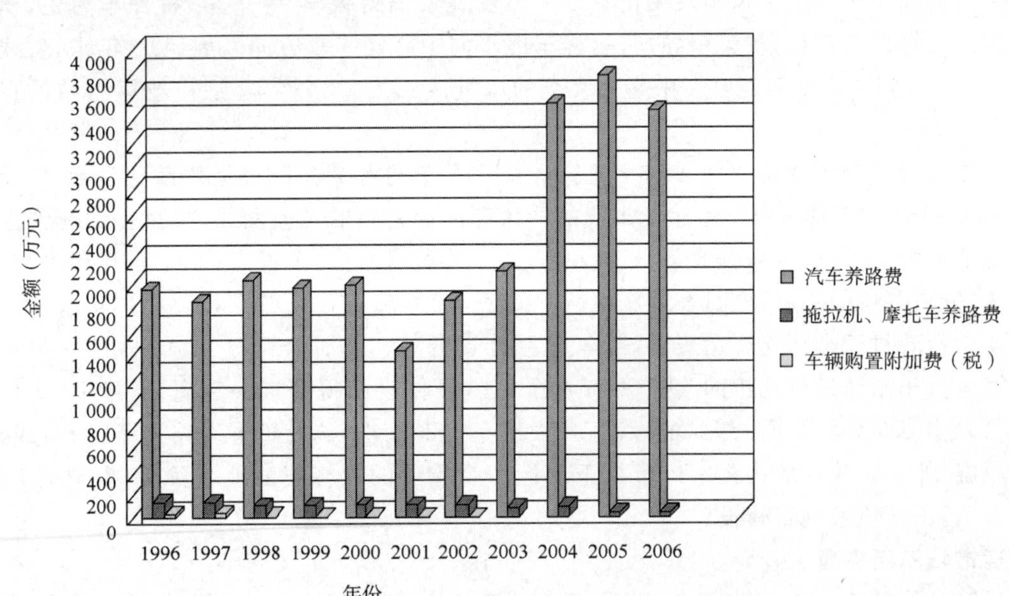

图3-1-2　宣化区1996～2006年养路费、车购费征收情况统计图

车购费是根据国务院国发〔1985〕50 号《车辆购置附加费征收办法》，对所有购置车辆的单位和个人征收，作为公路建设的专项资金，每辆车只征收一次。

目前征收的车购税在 2001 年之前，一直由交通征稽部门以车辆购置附加费的形式负责征收。

1996～2000 年，这 5 年间的车购费征收额呈逐年下降趋势。从 2001 年 1 月开始，国家将车购费统一改为车购税。到 2004 年底，此项税种仍由交通征稽部门的专人专项负责代征。从 2005 年 1 月起，车购税正式移交由当地国税部门负责征收。养路费征稽所的车购费（税）征收统计至 2002 年。

4. 运输管理费、客票附加费和货运附加费征收情况（图 3-1-3）

1996～2006 年，区局共征收运输管理费、客票附加费和货运附加费三项交通规费2 965.8万元，年平均增长速度 7.7%，均超额完成了市局下达的征收任务。

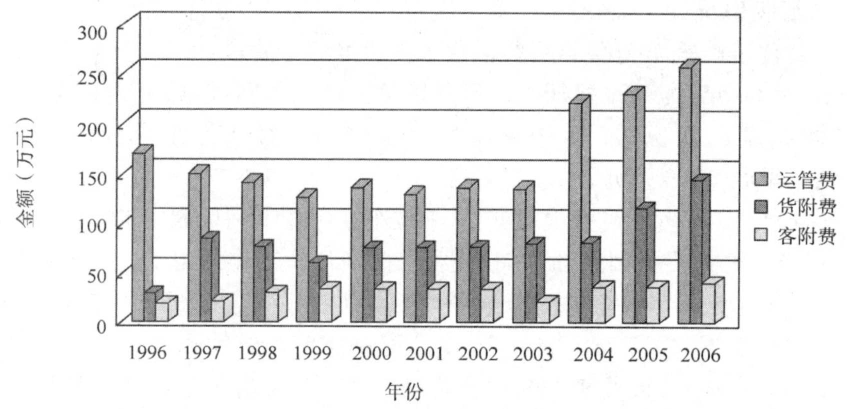

图 3-1-3　宣化区 1996～2006 年度运管费、货附费、客附费征收情况统计图

六、道路运输管理

1996 年以来，宣化区道路运输管理工作以建设统一开放、公平竞争、规范有序的道路运输市场体系为目标，创新管理理念，转变工作方式，使辖区道路运输业得到了快速发展，道路运输能力普遍增强，运输市场秩序明显好转。宣化区运管所连续 8 年保持了市级文明单位和省"三星级"服务窗口单位荣誉。

1. 客运市场发展取得了长足进步

客运市场运输结构发生了根本性变化。以大力发展豪华高级车、专用车、特种车为主，积极推动运力结构调整。通过广泛宣传，政策引导，营运客车逐步向中高档客车方向发展。10 年来，班线客运车辆增长了 58.3%，达到了 163 辆，其中：中高档客车的比重达到了 28.2%，客运市场运力结构得到了进一步优化。

旅客运输实现了跨越发展。到 2006 年底，从宣化发车的各类公路客运班线已达到 49 条，比 1996 年增长了 75%；同时，随着全市公路建设步伐的加快和高速公路的飞速发展，高速公路班线客运从 2001 年开始实现了零的突破，已发展到 6 条，班线里程1 885公里；村村通工程自 2004 年开展以来，农村客运得到了快速发展，开通的 13 条农村客运班线、79 部营运客车将宣化区各个行政村连接起来，到 2006 年底，全区 54 个行政村已全部通客运班车，通车率达到 100%。

宣化客运汽车站经过近几年的改扩建，站内外及软硬件设施得到进一步完善，于 2002 年 6 月通过了 ISO9001 质量认证，达到了二级站的标准，日发班车 286 辆次，涉及跨省线路 4 条，跨市线路 3 条；平均日发送旅客 1647 人次。成为张家口市坝下地区一个重要的旅客集散地。目前，投资近2 800万元的宣化客运东站，正在抓紧施工建设。

2. 货运市场不断完善

货物运输结构日趋合理。10 年来，随着辖区经济的快速发展和运力结构的不断调整，货运车辆中各种专用车、大型特种车大幅度增加，货物运输结构发生了根本性变化，专用车和大件物资运输得到了快速发展(图 3-1-4)。其中:普通货物运输汽车达到了 3 490 辆,23 194 吨位,与 1996 年相比,分别增长了 80.8%和 146.9%;重型载货汽车的数量翻了一番,其比重由 1996 年的 25.8%,增长到 2006 年的 28.5%,增长了 2.7 个百分点;专用载货汽车(包括吊装车辆)由 1996 年的 71 辆,猛增到了 2006 年的 135 辆,增长了 90.1%,货物运输结构日趋合理。到目前,已拥有一类、二类等经营资质运输企业 11 个,拥有各种特种大件运输汽车 65 辆,形成了能够承揽各种普通货物运输、土石方挖运、大宗货物运输、大型特种物件运输、各类专用物资运输及各种货物吊装的运输体系。在 1998 年张北地震、2003 年抗击"非典"及电煤抢运等关键时刻,充分发挥了道路运输行业在抢险救灾及重点物资运输中的社会功能,圆满地完成了政府下达的指令性计划运输任务。

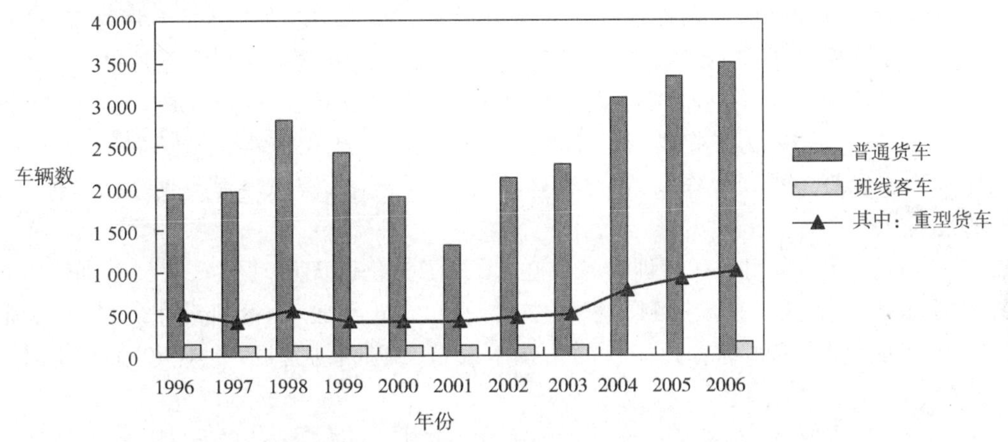

图 3-1-4　宣化区 10 年间客货运输车辆统计

危险货物运输走上了专业化发展轨道。危险货物作为一种特殊货物进行运输,必须始终严把市场准入关。区局积极推行专业化运输,逐步对辖区危险货物运输企业进行了整合,截至 2006 年底,有 4 家运输企业获得了危险货物运输经营许可,拥有危险货物运输车辆 54 辆,使危险货物运输市场逐步走向专业化轨道。同时,严格对危险货物运输从业人员的考核,全面推行了持证上岗制度。

3. 客运出租车市场管理不断规范

从 1985 年开始,宣化城区便自发地出现了一些小型汽车、人力三轮车、两轮摩托车在火车站周围接站拉客现象,成为宣化客运出租业的雏形。1996 年之后,宣化区的客运出租车市场逐步走向了规模化发展的轨道。1996 年 3 月,宣化区第一家以经营客运"板的"业务为主的警钟客运服务中心成立。1997 年 4 月,宣化区首家出租汽车服务组织宣化金盾客货汽车服务中心成立。到 2006 年,宣化区共有出租汽车公司三家、出租汽车总量 1 000 辆,人力三轮车客运公司一家、人力三轮 730 辆。

宣化区出租车市场的管理权属经历了由城建到交通,再到城建、再到交通的曲折历程。1994 年以前,宣化区的出租车市场归城建部门管理;1995 年 10 月根据宣化区政府 1994 年 12 月做出的由交通部门统一管理城市客运的决定,原属于城建部门的城市客运管理处划归交通部门管理;1998 年 7 月,宣化区政府再次决定本区的出租车管理归宣化区建设局管理;2002 年 3 月宣化区政府召开区长办公会,将建设局下设的张家口市客运管理办公室宣化管理处划归宣化区交通局,成立出租车管理站。至此,辖区客运出租车市场重新纳入交通部门管理。在交通内部,出租车管理机构也经历了由运管部门代管到独立部门行使管理权的过程。2003 年,宣化区交通局根据辖区客运出租车市场管理的实际需要,决定将出租车管理站(后改为出租车管理所)独立,专门负责辖区的出租车行业管理。

为进一步加强出租车行业管理,1996 年开始对出租汽车统一安装计价器、顶灯,并张贴统一编号和监督电话;1998 年 4 月,对出租汽车客运价格进行了调整,由基价里程 10 公里,基价里程内租价 10 元/次,调整为基价里程 3 公里,基价里程内租价 5 元/次;1998 年 7 月出台了《张家口市宣化区城市客运出租车管理暂行办法》;2002 年 4 月,成立了由交通、公安、交警、工商、税务、财政、物价、建设、技术监督等 9 个部门负责人组成的,宣化区出租车管理委员会,加强对出租车行业管理的工作力度。为进一步规范出租车秩序，2002 年 10 月起，开始对辖区出租汽车换发出租车专用牌照，宣化区出租车管理站开始逐步办理新增出租汽车手续。到 2003 年 10 月，历时一年，辖区出租汽车经营资格全部理顺，对出租车标志全部统一规范，1 000辆出租汽车更换了出租车专用牌照，统一了车身标志，安装了统一的计价器和出租车顶灯。从 2004 年开始，宣化区交通局出租车管理所，根据辖区出租车市场存在的问题，采取了规范从业人员服务行为和打击各类非法营运的黑出租双管齐下的方针，大力规范和整顿辖区出租车市场，取得了明显成效。

4. 机动车维修市场逐步走向规范

随着机动车结构的变化，机动车维修业正在向品牌专业维修及连锁快修方向发展，科技含量不断增加，传统的地沟、人力工具和经验判断被现代化的举升设备、汽动或电动工具及专用故障诊断设备所取代，提高了工作效率，确保了维修质量，也使维修行业从业人员的素质得到了明显提高；到 2006 年底，辖区拥有各类机动车维修业户 119 户，其中：一类维修企业 3 户，二类维修企业 9 户，三类维修企业 95 户，摩托车维修摊点 12 户。另外，为了提高营运车辆安全技术性能，确保道路运输安全，于 2005 年，经审核批准了三家营运汽车二级维护专业作业站，对维修项目、技术要求、操作规程及收费标准进行了统一。

5. 驾校的发展

2000 年 3 月，宣化机动车驾驶员培训学校成立，填补了宣化区无机动车驾驶员培训学校的空白，为强化驾驶员培训，提高从业人员素质起到了积极作用。到 2006 年底，全区机动车驾驶员培训学校已发展到两家。2003 年底，宣化汽车综合性能检测站技术改造工程圆满完成，并于 2004 年 4 月，通过省检查组验收，晋升为 A 级站。

七、党建、精神文明建设和行风建设工作

1. 党建工作开展情况

10 年来，宣化区交通局党委按照“围绕经济抓党建，抓好党建促经济”这个主题，紧紧围绕交通发展实际开展党建工作，较好地促进了领导班子、干部队伍、党员队伍和党风廉政建设。

(1)为进一步加强领导班子建设，1997 年局党委制定了《关于进一步加强局及场站领导干部监督的意见》，1999 年制定和完善了《七项议事规则》，使党委各项规章制度日趋完善，班子民主决策，团结协作，工作成效更加突出，10 年来，一直被区委区政府评为实绩突出的领导班子。

(2)积极发挥党组织的战斗堡垒作用。局党委在抓基层党组织建设工作中，严格执行党组织规章制度和基层党组织的换届选举工作条例。在组建好党支部、坚持党的“三会一课”制度、民主评议党员制度、党员发展制度、党费收缴制度、党员教育和培训工作，夯实了基层党建基础工作。并在 3 个改制企业中组建了党支部。局党委还针对行业特点和下岗、流动党员较多的实际，1998 年制定了《关于实行党员目标管理的实施方案》；2001 年制定了《关于进一步加强流动党员管理的意见》；2005 年制定了《关于永葆共产党员先进性长效机制的实施方案》，在全局党员中深入开展了“一名党员一面旗，我为党旗增光辉”活动。

由于宣化区交通局紧紧围绕交通事业发展的实际，开展扎实有效的党建工作，推动了宣化区交通工作的发展，取得了突出的工作成效。2002 年，被河北省委、张家口市委、宣化区委三级党委命名为“三个代表”重要思想学教活动先进单位。2005 年和 2006 年，被张家口市委命名为张家口市先进基层党组织，连续多年被区委评为先进基层党组织。

2. 精神文明建设开展情况

宣化区交通局制定了《关于加强和改进思想政治工作的意见》、《交通局关于加强社会主义精神文明建设的意见》，工作机制进一步健全。几年来获得市级文明单位、张家口市思想政治工作先进单位、全区“三杯”竞赛第一名、宣化区“提升服务水平、展示文明形象”百日会战优秀单位等荣誉。

3. 廉政建设和行风建设开展情况

(1)认真贯彻《中国共产党党内监督条例(暂行)》、《中国共产党纪律处分条例》和《建立健全教育、制

度、监督并重的惩治和预防腐败体系实施纲要》，努力构建以教育预防为主，坚持标本兼治、综合治理，落实上级文件精神，积极开展政务公开，搞好内务公开活动。正确处理违纪案件。推进交通领域的反腐败工作、反对商业贿赂工作、纠正行业不正之风、治理公路“三乱”工作等。

(2)坚持“树交通新风、建廉政行业”，开展“爱我交通，我为交通做贡献”活动，落实首问负责制、一次性告知制、限时办结制、“三三一”工程等，推进行政审批一站式办公，取得明显成效。在行风评议活动中被评为全区先进、优秀和免评单位，市交通系统优秀单位。

八、行政执法

10 年来，区局始终把加强执法队伍建设作为交通工作中的重点。一是在执法单位中实行了“首问负责制”、“一次性告知制度”、“限时办结制”，实行“交通行政审批‘一站式’办公制度”及“无假日办公制度”，简化办事程序，提高办事效率，做到一条龙服务，节假日照常办公。对凡发现违反政务公开，违背服务承诺，造成严重后果和影响的或接到投诉、举报的，实行“违诺责任追究制”。二是做好行政执法人员的培训教育工作，组织全体执法人员学习有关法律法规和规章制度，规范执法行为、执法文书、执法程序，不断强化执法人员的业务素质和执法水平，提高执法人员的服务意识、诉讼意识、证据意识、程序意识和监督意识，使严格执法、热情服务成为自觉行为，在全体执法人员中进一步明确“有权必有责、用权受监督、侵权须赔偿、违法受制裁”的执法原则，从思想上构筑起防止“三乱”问题发生的铜墙铁壁。三是切实加强执法监督，确保辖区公路无“三乱”。严格执行市局下发的上路检查的时间、路段的安排，局领导及有关科室定期不定期的对局属执法单位的内勤外业进行督查。做到执法依据公开、执法程序公开、处理结果公开、监督电话公开，随时接待咨询和接受监督。将治理公路“三乱”的工作内容纳入了群众举报和社会监督范围，建立了宣化区交通局治理公路“三乱”快速反应机制，确保了交通系统 10 年来无“三乱”行为发生。

第二章

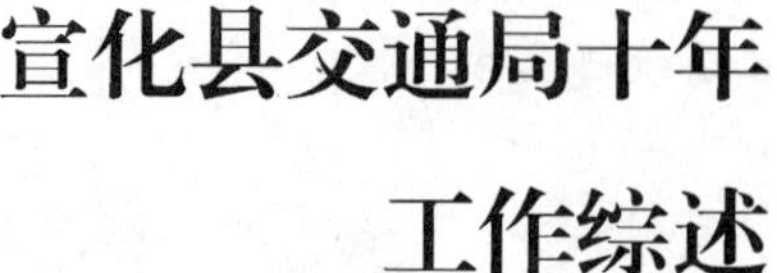

宣化县交通局十年工作综述

宣化县位于河北省西北部，张家口市市区东南，东接赤城、怀来县；东南和南与张家口市下花园区、涿鹿县、蔚县连壤，距首都北京170公里；西与阳原、怀安两县毗邻，距“煤海”大同180公里；北依长城与崇礼县搭界。总面积2 107.7平方公里，总人口28.8万人。

宣化县地域广阔，属中温带亚干旱气候区，昼夜温差大，光照充足，地形多样，水源充足，适宜多种农作物生长，盛产优质玉米、马铃薯，农副产品鹦哥绿豆、芸豆、牛奶葡萄在国际、国内享有盛名。宣化县矿产资源丰富，已探明的矿产地和矿化点达50多处。有储量占全省第二位的金矿石，储量在千万吨以上的赤铁矿和磁铁矿，锰、硃石、蛭石、膨润土、麦饭石等金属和非金属矿储量都很丰富。

宣化县交通局是具有行政职能的事业单位，下设运管所、养路费征稽所、公路站、工程处（地道站）、赵川养护中心、西望山工区、运输公司七个基层部门，担负着全县地方道路建设、公路养护、规费征收、行业管理、运输生产等重要职能。截至2006年底，全局共有在职职工664人，其中专业技术人员68名。

一、公路建设

1996～2006年是宣化县公路建设发展最快的10年，是实现跨越式发展的10年，同时也是全县公路工程建设水平日臻成熟，施工队伍逐步壮大的10年。

1996年，宣化县共有14个乡镇（含姚家房），366个行政村。全县境内公路总里程为754.69公里，其中油路仅为224.70公里，占总里程的30.8%，除王家湾乡外，全县13个乡镇、104个行政村通油路，占行政村总数的28.1%。

经过10年发展，宣化县通过国家投资、地方集资、以工代赈、民工建勤等多种措施，积极发展公路事业，到2006年底，全县公路通车里程达到了1 043.163公里，其中高速公路4条，97.8公里；国省干线3条，85.581公里；县级道路5条，136.891公里；乡级道路46条，454.994公里；村级道路119条，267.897公里。其中油（水泥）路面达到了553.381公里，占总里程的53%。从而形成了以宣大、京张、丹拉、张石高速公路为主框架，以国道112线、110线为主干线，以5条县级公路为补充，乡村公路为延伸的纵横交错、四通八达的交通网络。

交通事业的蓬勃发展，促进了县域经济走上高速路，有力地带动了全县农业产业化建设、新型工业化建设、项目建设等各项事业的发展，推动了县域经济的跨越式发展。2006年全县生产总值完成26.1亿元，全部财政收入2.56亿元，农民人均纯收入达到3 101元。

1. 高速公路

1996年前宣化县境内高速公路是个空白，1998年5月至2006年12月，宣大、京张、丹拉、张石四条高速公路先后在这里开工兴建。

宣大、京张两条高速公路在宣化县境内里程为55.6公里，总投资27.32亿元。其中宣大高速公路是河北省建成的第一条山区重载高速公路，晋煤外运的重要通道。该工程于1998年5月开工，2000年

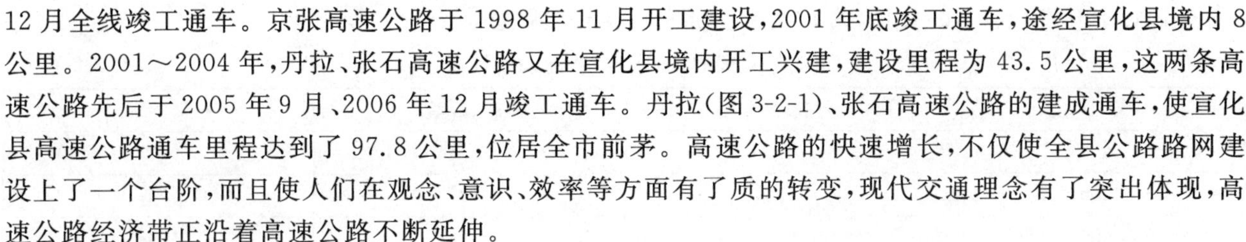

12 月全线竣工通车。京张高速公路于 1998 年 11 月开工建设，2001 年底竣工通车，途经宣化县境内 8 公里。2001～2004 年，丹拉、张石高速公路又在宣化县境内开工兴建，建设里程为 43.5 公里，这两条高速公路先后于 2005 年 9 月、2006 年 12 月竣工通车。丹拉（图 3-2-1）、张石高速公路的建成通车，使宣化县高速公路通车里程达到了 97.8 公里，位居全市前茅。高速公路的快速增长，不仅使全县公路路网建设上了一个台阶，而且使人们在观念、意识、效率等方面有了质的转变，现代交通理念有了突出体现，高速公路经济带正沿着高速公路不断延伸。

2. 国省干线公路建设

1996 年宣化县境内有国道 3 条，110.766 公里。通过 10 年建设发展，先后投入巨资加大国省干线建设力度，国省干线等级标准不断提高，并对重点路的桥梁进行重修和加固，2003 年 7 月长1 570米的锁阳关隧道竣工通车，彻底改善了该路段的通行状况。截至 2006 年，全县境内共有国道 2 条，为 112 线、110 线；省道 1 条，为张同线，共 85.581 公里。其中一级公路 5.452 公里，二级公路 37.635 公里，三级公路 42.494 公里，公路连接线 24.267 公里。国省干线公路等级的不断提升，极大地提高了干线公路的通达能力，成为区域面积小、公路密度大的交通大县。

3. 县乡公路

1996 年，宣化县仅有宣常线、宣涿线、张西线三条县级公路，60.996 公里，上等级的乡村公路只有 16 条，106.11 公里，多数道路为砂石路面或无路面。当时县境内公路通车里程偏少，公路等级偏低，道路通行条件较差。

10 年来，县交通局科学制定路网规划，多渠道筹措建设资金，积极落实建设项目，先后对县道张小线、头武线等近 20 条道路进行了升级改造。共完成县乡公路建设项目 28 个，建设里程 170.686 公里，完成投资18 084万元。到 2006 年底，全县共有县级道路 5 条，136.891 公里；乡级道路 46 条，454.994 公里，与 1996 年相比分别增长 124.4％和 328.8％，有力改变了县乡公路通车里程偏少、公路等级偏低、道路通行条件较差的状况。图 3-2-2 为新建的县道洋新线二级公路。

图 3-2-1　丹拉高速公路宣化县境内一景

图 3-2-2　新建的县道洋新线二级公路

4. 通村油（水泥）路（表 3-2-1）

2004 年以来，随着通村油（水泥）路工程实施，宣化县农村公路条件得到了明显改善。3 年来累计投入资金 4 361 万元，高标准地完成了 66 个行政村 204.8 公里的通村油（水泥）路工程，投资规模之大，竣工里程之长，通村公路数量之多，均创历史之最。全县已于 1999 年实现了乡乡通油路，2006 年沙岭子、顾家营、大仓盖、洋河南 4 个乡镇实现了村村通油路，全县 306 个行政村中有 184 个行政村实现了通油（水泥）路，占全县行政村总数的 60％。村村通油路工程的建设，又为步上小康之路的全县农村经济插上了腾飞的翅膀。

5. 旅游公路

随着旅游经济的发展，2002 年 9 月，在县委、县政府的支持下，全县投资 370 万元，完成了长城旅游公路常峪口至崇礼界 5 公里油路修建工程。该道路的建成，对于完善宣化县北部地区路网结构起到积极作用，对于开发全县旅游资源，带动地方经济发展具有重要意义。

宣化县通村油(水泥)路建设统计表

表 3-2-1

年　度	行政村(个)	里程(公里)	投资(万元)
2004	24	93.5	1 825
2005	5	18	495
2006	37	93.3	2 041
合计	66	204.8	4 361

6. 施工队伍建设

宣化县公路工程施工管理处成立于1998年，当时仅有21名职工，总资产不足30万元。

近10年来，通过“内强素质、外闯市场”，加强技术人员培训和购置各种机械设备，综合实力逐年增强，实现了工程施工机械化，具备了建设部综合三级施工资质、河北省施工二级资质和省技监局审批的丙级化验资质。拥有工程技术、管理人员60多名，装载机、推土机、压路机、平地机、摊铺机等大型机械设备30多台，年创产值均在2 000多万元以上，承建了近年来宣化县地方道路建设90%以上的任务和多项高速公路连接线、国省干线大中修改造等工程。2001年7月5日，在宣化县交通局工程处半坡街沥青拌和场内，沥青混凝土拌和楼和稳定土搅拌站正式启动运行，从而结束了宣化县多年来人工炒做油砂的历史，这在张家口市县(区)交通部门还是第一家。

二、公路养护

1996年，宣化县交通局下设3个养路工区，共有养路职工158名。列养着112线、110线和207线3条国道，列养里程110.766公里；列养着宣常线、宣涿线和张西线3条县道，列养里程44.321公里。2002年路网调整后，截至2006年，全县列养的国省干线3条，85.581公里，分别是110线、112线及省道张同线。列养的县道5条，89.89公里，分别为洋新线、头武线、三双线、张小线、永芦线。10年来，县局不断深化养护体制改革，提高养护管理水平，加大养护工作力度，通过实施小修挖补工程、大中修工程、危桥改造等工程，使县境内列养的路段达到了畅、洁、绿、美的标准，取得了显著成效。

1. 养护管理体制得以进一步深化

(1)将养护生产从以前管养不分的计划养护模式中解脱出来，实行“定额养护、计量支付”制度，提高了养路职工的工作积极性。1996年，面对养护路段点多、线长、面广，下拨经费少等多种困难，各工区实行“三定一包”养护经济目标责任制，以路段定人员、定经费、定任务，包养护质量。1997年，县交通局又根据市县养护工作会议精神，对工区原有养护管理体制进行了大胆改革，提高了工作效率。1998年，县交通局外学经验，内搞调查研究，加大养护工作改革力度，进一步修改和完善养护体制改革方案，彻底打破工种界线，打破铁饭碗，实行按劳分配，多劳多得，奖勤罚懒。养护人员除基本生活费外，其余收入均按生产计量支付。

(2)逐步将弱小分散的传统道班集中起来，组建成“规范适度、功能齐全、管理科学、设备优良、技术先进”的养护实体，整合设备、技术、资源优势，使养护单位走向规范化、正规化、市场化运作机制。

2. 列养路线的好路率和综合值指标逐年上升

1996年，干线公路平均好路率为78.08%；养护质量综合质为78.18。由于工作到位，措施得力，截至2006年，全年列养路线国省干线公路平均好路率达到了87.34%，综合值达到了86.36。列养的县级公路平均好路率为63.86%，综合值为71.26，均创历史最高水平。

3. 工区、道班基础设施建设取得新进展

10年来，县局把养护工区、道班基础设施建设作为全局的重要工作来抓，积极开展花园式工区、道班建设。2000年，投资89.5万元，先后实施了赵川工区、西望山工区改建工程，为成立养护中心奠定了基础。同时又投资150万元，对部分道班进行了改建，极大地改善了办公条件，优化了工作环境，使文明

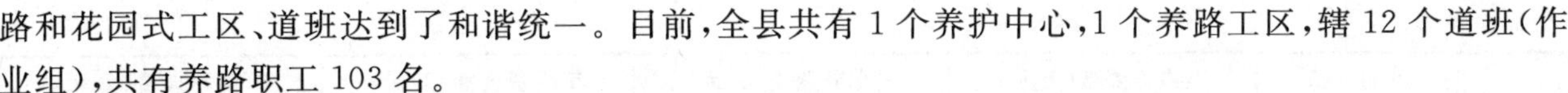

路和花园式工区、道班达到了和谐统一。目前，全县共有1个养护中心，1个养路工区，辖12个道班（作业组），共有养路职工103名。

4. 乡村公路养护成为养护工作的重点

1996年，全县上等级乡村公路仅16条，106.11公里，其余均为等外公路，基本上处于重建轻养的状态。到2006年底，全县乡村公路46条，454.994公里。近年来，县局一直致力于农村公路养护管理工作，并进行了有益的探索。2005年各乡镇均成立了农村公路养护管理所，明确了乡镇主管领导，配备了养护人员，县局积极发挥业务把关和技术指导作用，各乡镇积极开展了农村公路养护工作，取得了初步成效。特别是2006年，全县辖区内所有的乡村公路均列入养护计划，并以县政府名义出台了《宣化县农村公路管理养护办法》和《宣化县农村公路管理养护实施细则》，对农村公路管养机构、责任主体和资金保障等均作了明确规定，进一步加强政策宣传，落实养护责任，健全养护机制，稳定资金来源，探索养护模式，使农村公路养护工作逐步走向正规化、制度化，以实现农村公路的安全畅通。

5. 路政管理逐步走向法制化

10年来，宣化县路政执法大队大力宣传路政法规，加大上路督查力度，积极开展治理公路集市、清理违章建筑、清理非交通标志等专项整治行动，严厉打击破坏公路设施、损坏公路标志、乱砍滥伐行道树、违章搭建临街门面等违规违法行为。从1996年到2006年底，共发生路政违法案件486起，查处路政违法案件486起，查处率、结案率均达到100%。同时按照上级治超工作精神，积极开展超限运输车辆治理工作，有效地维护了路产路权，确保了道路的安全畅通。

6. 公路绿化

多年来，宣化县交通局认真贯彻落实市局公路养护会议精神，在抓好公路建设的同时，将公路绿化工作列入重要议事日程，公路绿化力度逐年增大，绿化里程和绿化率稳步提高，所列养的公路沿线两侧绿树成荫，树冠整齐，既起到稳定路基，净化空气，又达到了美化亮化环境的效果。10年来，先后对所列养的85.581公里国省干线和89.89公里的县级公路进行了绿化，绿化率达100%，并对枯死的部分树木进行补植。累计栽植新疆杨4万株，灌木3.668万株，侧桧柏3.62万棵，火炬3.668万株。

三、交通规费征收

10年来，县交通局通过优化征费环境，开拓费源，精心管理，强化服务意识，实施依法征费，强化堵漏增收等手段，规费征收工作取得了新突破。1996年至2006年，全局共征收养路费18 983.78万元（表3-2-2）。其中，1996年全局征收养路费918.02万元；1997年首次突破了“千万元”大关；到2006年已达到2 856.22万元，是1996年的3倍，为交通建设积累了大量资金。同时，1996年至2000年，共代征车辆附加费196.69万元，2001年车辆附加费归税务部门征收。1996年至2006年，全局共征收运输管理费1657.75万元（表3-2-3），其中，1996年征收81.95万元，2006年征收263.44万元，是1996年的3倍。同时还年年圆满完成了货运附加费、客票附加费征收任务。

1996～2006年宣化县养路费征收情况　　表3-2-2

时　间	小拖养路费（万元）	汽车养路费（万元）	年规费金额（万元）	车辆附加费（万元）
1996年	191.70	726.33	918.03	34.52
1997年	193.54	818.86	1 012.40	38.60
1998年	215.82	1 056.57	1 272.39	47.02
1999年	207.95	970.00	1 177.95	41.18
2000年	203.04	900.62	1 103.66	35.37
2001年	180.00	931.42	1 111.42	
2002年	217.89	923.79	1 141.68	
2003年	180.17	1 131.13	1 311.30	

续上表

时　　间	小拖养路费(万元)	汽车养路费(万元)	年规费金额(万元)	车辆附加费(万元)
2004 年	144.98	3 559.40	3 704.38	
2005 年	97.98	3 276.36	3 374.34	
2006 年	85.45	2 770.78	2 856.23	
累计	1 918.52	17 065.26	18 983.78	196.69

1996～2006 年宣化县运输管理费、货(客)附费征收情况　　表 3-2-3

时　　间	运管费(万元)	货附费(万元)	客附费(万元)
1996 年	81.95	114.02	9.72
1997 年	100.55	46.63	15.24
1998 年	106.88	75.77	1.44
1999 年	101.87	43.84	26.29
2000 年	102.39	25.48	26.4
2001 年	89.9	22.6	20.3
2002 年	98.02	34.6	21.81
2003 年	115.55	29.56	10.2
2004 年	283.7	117.27	13.42
2005 年	313.5	193.28	18.8
2006 年	263.44	173.23	19.22
累计	1657.75	876.28	182.84

四、道路运输管理

1996 年以来，县交通局以引导、培育、规范、发展运输市场为主题，通过大量的基础性、服务性工作，使得全县道路运输无论是从规模上，还是从质量上都发生了根本变化，公路运输在综合运输体系中的地位明显增强，运输服务水平明显提升。截至 2006 年底，全县货运量由 1996 年的 360 万吨发展到现在的 2 165万吨，货运周转量由 15 892 万吨公里发展到现在的 41 327 万吨公里，客运量由 172 万人次达到现在的 437 万人次，客运周转量由 8 413 万人公里发展到现在的 21 471 万人公里。全县道路运输从业人员由 1996 年的 2 189 人发展到了 3 075 人。

1. 客运管理

1996 年全县共有营业性客车 113 辆，其中出租车 8 辆。10 年来，随着区域经济的迅速发展及人民生活水平的逐步提高，客运车辆逐年增加，到 2006 年，载客汽车达到 191 辆，其中出租车 42 辆。特别是近年来，县交通局大力发展乡镇客运线路，合理审批客运班线，全县农村客运取得了明显成效。目前客运班线由 1996 年的 9 条发展到现在的 21 条，全县所有镇乡都通了客车，232 个行政村通了客车，乡镇通车率达 100％，行政村通车率达到了 76％。同时县局还积极加强农村客运基础设施建设，在通村公路沿线设置 195 个招呼牌，营造了便利的出行环境，进一步满足了广大人民群众的出行需求。

2. 货运管理

1996 年，全县共有营业性货车 4 449 辆，其中大货 595 辆、小货 1 849 辆、挂车 371 辆、拖拉机 2 004 台。10 年来，随着县域经济的快速发展和运力结构的不断调整，货运结构发生了根本性转变，小型货车、拖拉机逐渐退出运输市场，转为农用、家用，替而代之的是更加快捷、性能优良的大型载货汽车，全县运输市场得到蓬勃发展。到 2006 年，全县共有营业性货车 3 757 辆，载货汽车 2 676 辆(危险货物运输 26 辆)，拖拉机及其他机动车辆 1 081 辆。

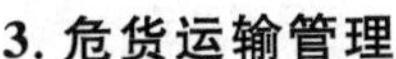

3. 危货运输管理

1994 年，为加强汽车危险货物运输管理，确保危险货物运输安全，县交通局对全县从事危险货物运输车辆全面推行准运卡制度，并统一安装危货运输标志。危险货物运输正式列入道路运输专项管理。1996 年 4 月，为进一步加强道路危险货物运输管理。县局运管部门，对辖区从事危险货物运输的业户、车辆、从业人员进行全面登记，建立档案。按照交通部《道路危险货物运输从业人员培训大纲》，由市局运输管理处统一对驾驶员、押运员、装卸员、业务管理员进行了集中培训，颁发全国统一的《道路危险货物运输操作证》，实行持证上岗制度。2001 年 9 月，宣化县全面推行危货市场准入制度，实行集约化、专业化经营，对企业经营资质进行认定，对零散危货运输车辆进行整合。通过专项整治，到 2006 年底，保留具有危险货物运输经营资质企业 1 家，危险货物运输车辆 26 辆，同时安装了 GPS 监控系统，为危货车辆的运输提供了安全保障。

2006 年，为深化企业改革，增强发展后劲，宣化县运输公司积极转变经营理念，加快支柱产业发展，实施了 A 级汽车综合性能检测站及二级作业站改造升级工程。同时运输相关业务也取得了长足的发展，汽车维修业户发展到 78 家，其中二类业户 2 家，三类业户 76 家。货运信息配载业户发展到 1 户。汽车驾驶学校 2 户，多年来累计培训驾驶员 1 535 名，为社会就业、再就业提供了有利条件。

五、党建工作

10 年来，宣化县交通局坚持“抓党建、促经济，抓经济、促党建”的工作思路，党建工作和经济建设保持了齐头并进的良好态势，取得了两个文明建设的双丰收，达到了“组织得以加强，党员受到教育，群众得到实惠，各项工作均有新突破”的效果。

1. 领导班子建设

宣化县交通局党政班子紧紧围绕交通改革、发展、稳定的大局，不断加强对领导干部的培训教育，带头执行上级的决策决定；围绕加强执政能力建设和落实科学发展观的要求，不断深化党内民主，规范议事规则和决策程序，提高各级领导干部的决策水平。各级班子成员既有明确分工，又能通力合作，发挥出班子的整体优势。在工程招投标、干部选拔任用、人事管理等重大问题上，严格执行民主集中制，充分发扬民主，坚持集体研究决定，不搞“一言堂”和个人说了算。各基层党组织都能把工作的难点和生活中的热点作为党建工作的落脚点，创新工作方式，追求工作实效，基层组织建设得以进一步加强。

2. 干部队伍建设

10 年来，局党委采取集中学习与自学相结合，理论与实践相结合等多种形式，深入学习邓小平理论、“三个代表”重要思想、“保持共产党员先进性教育读本”以及十六届三中、四中、五中、六中全会精神等，使党员干部不断接受理想、信念、宗旨和党风党纪教育，树立了正确的世界观、人生观和价值观，全局党员干部的整体素质进一步提高，工作作风进一步转变。工作中广大党员干部吃苦在前，冲锋在前，充分发挥先锋模范作用，以满腔的工作热情，为全县经济建设和社会全面进步不懈努力。10 年来，局党委共吸收了 60 多名优秀青年加入中国共产党，为党组织增添了新鲜血液。

六、党风廉政建设

10 年来，县交通局各级党组织认真贯彻落实中纪委全会精神和“两个务必”主题教育活动及市县纪委反腐倡廉的工作要求，结合行业实际，坚持“服务第一要务、优化发展环境”的工作思路，以有所作为的精神状态和求真务实的工作作风，不断加大从源头上预防和治理腐败的工作力度，强化责任，狠抓落实，党风廉政建设和反腐败工作取得了新的成效。一是做到了领导重视。局党委始终高度重视党风廉政建设工作，把党风廉政建设工作与经济工作同安排、同部署、同考核。局党委主要负责人与各事业单位签订“党风廉政建设责任书”，并将党风廉政建设责任制逐级分解，责任到人，形成了一把手负总责、亲自抓，一级抓一级，层层抓落实的工作机制。二是深入开展党风廉政教育。通过深入开展党纪政纪条规教育、“立党为公、执政为民”主题教育、党章专题教育、“为民、为实、清廉”主题教育、正面典型示范教育和反面典型警示教育等形式多样的廉政教育活动，进一步筑牢了党员干部拒腐防变的思想基础。三是认真开展廉洁自律工作。近年来，县局针对公路建设等重点岗位，全面推行了交通建设项目双合同制、工程建设招标投制、工程质量责任制等，从源头上预防了腐败问题的发生。

通过这些工作的开展，显著增强了广大党员干部反腐倡廉的自觉性。10年来，未发生一起党员领导干部违法违纪案件，切实维护了宣化县交通事业的持续、稳定、健康发展。

七、精神文明建设

10年来，全系统广大党员干部职工站在想民、爱民、为民，践行“三个代表”重要思想的高度，自觉转变作风，增强服务意识，以服务人民、奉献社会为宗旨，用爱岗敬业的精神，积极为人民群众办实事、做好事，深入开展了“爱我交通、我为交通做贡献”、“心连心捐资助路”、“党员民心大行动”、“城乡党员互动”等活动，机关人员纷纷伸出援助之手与部分乡村贫困群众结成帮扶对子，进行援助；执法人员主动为车主修车、送水，提供服务；工程建设单位义务出动机械台班为当地乡村平整道路、整修操场等，涌现出的好人好事不胜枚举，受到了社会各界的一致好评，使得宣化县交通形象在社会各界中拥有了良好口碑。1996年以来，宣化县交通局先后被县委、县政府、市委、市政府、省委、省政府评为“文明单位”、“先进集体”荣誉称号；公路站、工程处、运管所、征稽所被县委、县政府、市委、市政府评为“文明单位”；西望山工区被县委、县政府评为“文明单位”。

八、行风建设

近年来，县交通局按照上级工作安排，深入开展了民主评议工作，积极主动接受社会的监督，公开举报电话，加大整改力度，全局行业风气进一步好转，服务意识明显增强，办事效率明显提高，取得了较好成绩。一是组织领导到位。局党委根据近年来领导班子成员变化情况，及时对行风建设领导小组成员进行了调整充实，形成了政风行风建设党政主要领导负责、领导成员责任明确、指标量化、全员参与、层层抓落实的工作机制，确保了政风行风建设的持续、健康进行。二是深入推行政务公开和财务公开，向社会进行公开承诺，并公布了举报电话；三是强化社会监督，深入全县各乡镇及有关部门，聘请行风监督员20名，坚持每年发放征求意见书1 000份，充分发挥群众的监督作用；四是建立健全各项规章制度。进一步完善了首问责任制、一次性告知制、违规离岗投诉查实待岗制、限时办结制等一系列行风规章制度，在具体工作方面出台了“岗位责任制”、“当日办结制”、“急事预约服务”等制度；五是规范执法程序，强化执法行为，进一步建立完善了各项规章制度，如错案和执法过错责任追究制度、交通行政执法考核评议制度、行政执法人员年度末位淘汰制度、行政执法责任制、宣化县执法人员上路稽查规定等，做到依法行政、文明执法、文明服务。10年来，全县未发生一起行政诉讼、行政复议、公路“三乱”案件。

由于成绩突出，2002～2004年，宣化县交通局民主评议工作连续三年被评为优秀单位；2005～2006年连续两年被县委、县政府确定为民主评议行风免评单位。

第三章

下花园区交通局十年工作综述

一、基本情况

下花园区位于张家口市东南52公里处，东邻怀来、西毗宣化，南部与涿鹿县接壤，距首都北京150公里，不仅是晋、蒙通往京津和华北的必经之路，而且是连接东部经济带和中西部资源区的重要枢纽，地理位置十分优越。近几年随着区域经济的发展，下花园区独特的地域优势使公路建设得到了迅猛发展，京张高速公路、110国道、110国道复线、省道下广公路和西辛线贯穿全境，使下花园区成为了区域交通运输的枢纽。

下花园区交通局地处城区西部中心地带，下设9个基层单位（公路站、地道站、征稽所、运管所、汽车站、汽车检测站、运装队、运输公司、综合服务中心），承担着全区地方道路建设、国省干线养护管理、道路运输行业管理、交通执法、规费征收等职能。交通局领导班子以“优化发展环境，服务地方经济”为中心，以务实创新，提升行业服务质量为根本，谋划新思路，落实新措施，寻求新发展。在公路建设、道路养护、行业管理及各项经济指标等方面取得了巨大成就，先后被市评为形象建设示范单位，市级文明单位，连续4年被评为市级综合治理先进单位。

二、公路建设

1.国省干线公路建设

1996年下花园区所辖国省干线公路总里程40.633公里。其中：国道110汽车专用线二级路15.662公里，汽车专用连接线二级路1.914公里，京张复线（二级、三级路）19.033公里，省道下广线三级路4.024公里。2006年经过公路普查确定，下花园区所辖国省干线公路总里程为40.508公里。图3-3-1为110国道复线上花园段。

国、省干线承担着交通安全运输的重任，然而由于下花园区经济能力有限，1996年以前，国省干线的路况路貌并不令人满意，致使经济发展受到阻碍，从而形成了经济发展滞后影响交通发展，交通环境落后制约经济发展的恶性循环。

图3-3-1　110国道复线上花园段

为了改变这种现象，10年来，交通局积极跑省进市，多方筹集资金，共投入了千万余元的资金，用于国省干线的修建。2002～2004年，先后三次对省道下广线进行中修罩面工程，2004年完成110线两孔桥拆除新建工程，2005年完成了110汽车专用线2.4公里二级路的中修罩面工程……近千万元的投入，极大地改变了国省干线的路况路貌，保障了交通安全畅通，基本满足了区域经济发展和百姓生活水平提高所带来的交通需求，同

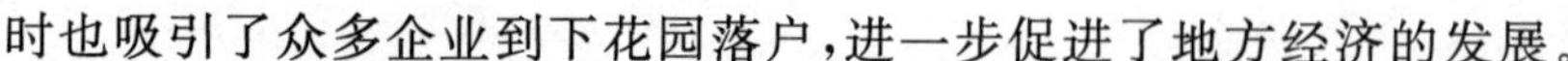

时也吸引了众多企业到下花园落户，进一步促进了地方经济的发展。

2. 县乡公路建设

1996 年全区有县、乡公路 5 条，共计 70.829 公里，其中仅有三级油路 13.791 公里，四级油路 16.135公里。其余均为砂石路或根本无路面。“晴天一身土，雨天一身泥”是当时路况路貌的真实写照，农民群众对此怨声载道，急切盼望能早日走上柏油路，改变又脏又差的交通环境。

10 年间，下花园区县乡公路有了飞速的发展，县道发展为两条，共计 34.826 公里，全部建设为三级油路；乡道三条，共计 36.003 公里。2004～2006 年，逐步完成了路面的硬化工程(图 3-3-2)，使乡道全部建设为四级油(混凝土)路。到 2006 年全区县、乡公路的路面硬化率均达 100%，完成了历史性的跨越，是全区公路建设史上的一座里程碑。图 3-3-3 为乡道下(花园)定(方水)段一景。

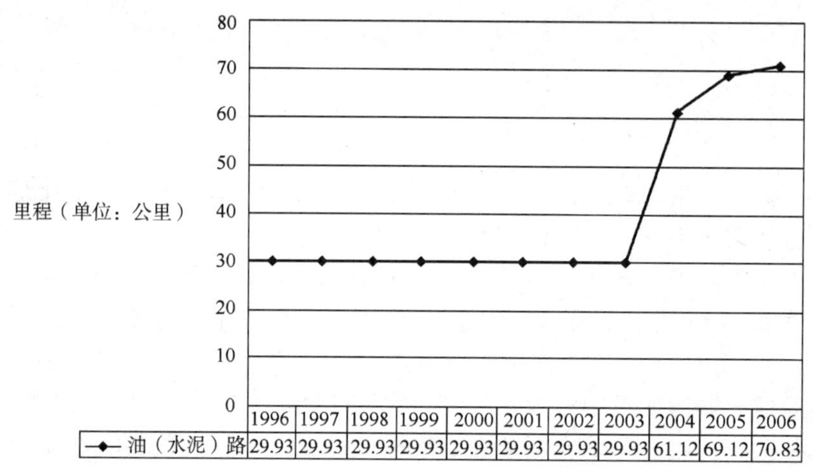

	1996	1997	1998	1999	2000	2001	2002	2003	2004	2005	2006
—◆— 油（水泥）路	29.93	29.93	29.93	29.93	29.93	29.93	29.93	29.93	61.12	69.12	70.83

图 3-3-2　1996～2006 年路面硬化走势图

3. 村村通公路建设

1996 年以前，全区农村多以河道代路，只有部分村庄拥有通村道路，其中通油(水泥)路里程仅有 16.573 公里，通砂石路里程 20.213 公里。由于交通条件落后，农民出行难、运输难、脱困难的问题十分突出。为改变这种落后的情况，区下大力发展农村公路。

图 3-3-3　乡道下(花园)定(方水)段一景

10 年间，农村公路得到飞速发展。在通达方面由线路少、里程短发展到现在公路遍布全区，形成村村相连的农村公路网。在公路等级方面实现了全区乡村以河代路——乡乡通油路——村村通公路——村村通油路的逐级跨越。到 2006 年底，全区村道总里程达到 48.982 公里(图 3-3-4)，尤其是 2004～2006 年实施村村通工程以来，全区新增通村油(水泥)路达 28.5 公里，新增通油路的行政村达 28 个。截至 2006 年底，全区 98%的行政村通上了等级油(水泥)路，成为全市硬化率最高的县区之一。四通八达的公路网络，极大地推动了乡村经济的发展。段家堡的柴鸡蛋、错季蔬菜，红崖沟的苹果等一系列农副产品走出乡村、走向市场，同时吸引了众多外来商贩直接进入乡村收购粮食、蔬菜、畜牧产品，同时在很大程度上解决了农民出行难的问题，为发展农村经济，建设社会主义新农村创造了有利的条件。

三、公路养护

1. 国省干线公路养护

1996～2006 年，国省干线公路养护投入资金累计 750 万元，养护面积 39.6 万平方米。10 年来，公路站投资数十万元，配备了汽车、工程车、农用翻斗车等养护机械和作业车辆，加强养护设施建设，减轻

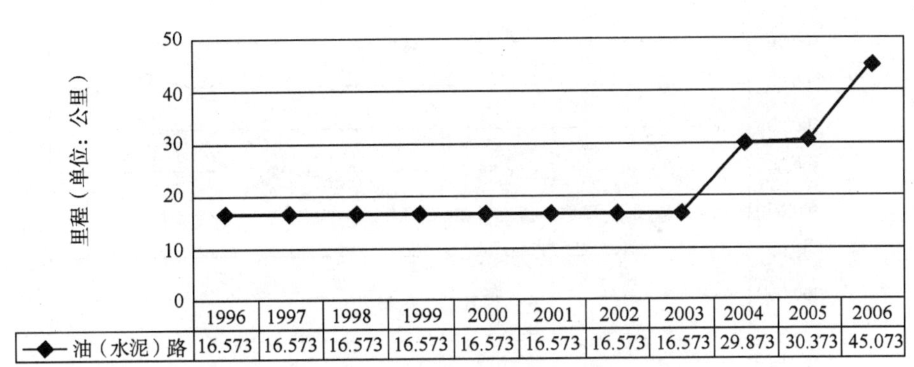

图 3-3-4　1996～2006 年村村通工程油(水泥)路走势图

了工人的劳动强度，提高了工作效率。同时实行养护承包责任制，层层签订责任状，公路站与市处签订责任状，养护中心与公路站签订责任状，养路工与养护中心签订责任状，分片包干，责任到人。通过对路段承包内容及承包人目标任务完成情况对外公示，以及定期检查验收责任制的实施，进一步提高了工人的上路率及公路养护质量。近年来国省干线好路率均达到 60%以上，基本实现了路基坚实稳固，边坡稳定、坚固、平顺，排水通畅，桥梁桥面铺筑平整无裂缝，涵洞完好无淤塞，路容路况较 10 年前实现了质的飞跃。

2005 年，区局投入资金 10 万元，对所辖区域国道 110 复线(153K～156K)3 公里行道树进行了更新绿化，新栽新疆杨 1 750 棵，在养路工人的精心栽培下，如今 1 750 棵新疆杨已绿树成荫。

2. 县乡公路养护

2006 年 3 月前，全区的县乡公路由公路站代养，由于养护条件差、养护机制落后等问题，在很大程度上影响了公路的养护质量。近年来，随着县乡公路的迅速发展，养护工作量越来越大，单纯的代养已经很难满足养护需要，区交通局于 2006 年成立了地方道路管理站，专门负责县乡 34.826 公里的管理和养护工作，并负责对 36.003 公里的乡道进行日常养护。

新成立仅一年来的地道站，建章立制，多措并举，使全区县乡公路很快纳入了标准化养护、标准化管理的轨道，县乡公路质量显著提高。

3. 村村通公路养护情况

为加强和规范农村公路的管理和养护，保障农村公路安全畅通，充分发挥农村公路在建设社会主义新农村中的重要作用，促进农村经济和社会发展，使农民尽快走上致富路。依据上级有关文件和规定，结合全区实际，各乡均成立了养护专项机构——地方道路管理所，下设养护专业队，实行养护承包责任制，先后制定了《下花园区农村公路管理养护办法》和《下花园区乡村道路养护管理实施细则》等基础管理制度。乡村道路养护资金的来源一是由区财政每年从预算资金中列支一部分，作为养护专项资金；二是区交通局每年从养路费返还中按百分比给予补贴；三是乡财政每年从专项预算列支一部分，作为养护资金进行补贴。养护资金的落实，确保了村村通公路养护工作的正常进行，通村公路效益作用明显。

四、交通规费征收

1996～2006 年，随着全区公路建设的迅猛发展，区局各项规费征收工作，均取得了可喜的成绩。

1. 养路费征收情况(图 3-3-5)

10 年间，区交通局一方面加大对养路费征收队伍的培训教育力度，使征收队伍素质和业务水平有了很大的提高。另一方面，不断改善征费基础设施条件，从 10 年前的四间小平房到现在宽敞明亮的征费大厅，计算机、复印机、传真机、扫描仪、POS 刷卡机等现代办公条件的实现，改变了以往落后的手工操作条件，极大地提高了工作效率，方便了车主。

近年来，区局以强化源头治理为主攻点，以上路稽查为突破口，使年均增长、人均征收、任务超收三项指标均列全市前茅，10 年间共征收养路费 5 千余万元，为交通建设和发展做出了贡献。

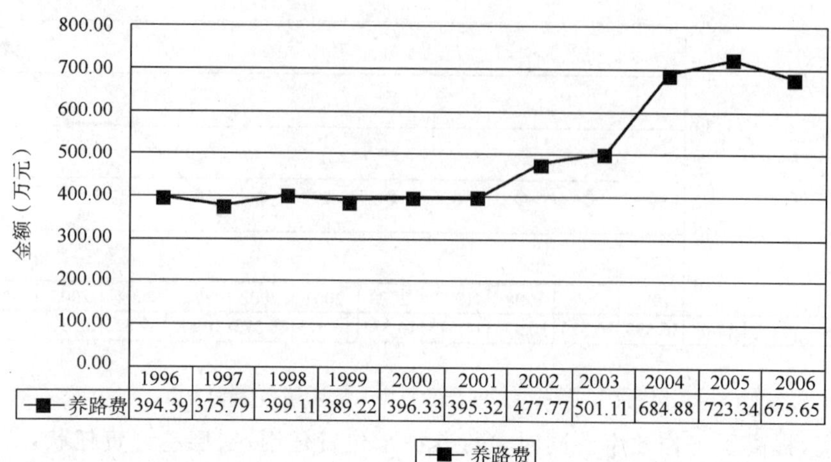

图 3-3-5　1996～2006 年养路费征收情况

2. 车辆购置附加费征收情况(图 3-3-6)

车辆购置附加费从 1985 年开始征收，于 2001 年更名为车辆购置税，2004 年年底正式移交到国税局。在征收车辆购置附加费时，区局严格执行省办统一规定的征管工作“三项制度”，严把征管工作的“三道关口”。认真落实验车、验票和车价信息制度，把好新车入户关；认真落实遗失补证两级审批制，把好补证审核关；认真落实档案审查制度，把好后续管理关，切实提高征收管理水平。从 1996 年到移交前共征收车购税 17.9 万元。

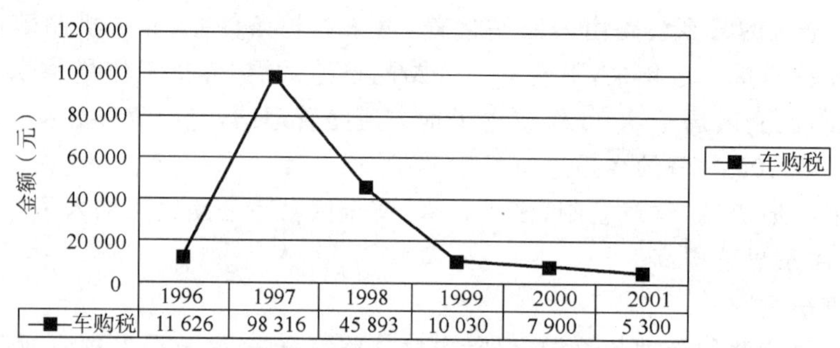

图 3-3-6　1996～2006 年车辆购置附加费征收情况

3. 运管费、客票附加费、货运附加费征收情况(图 3-3-7)

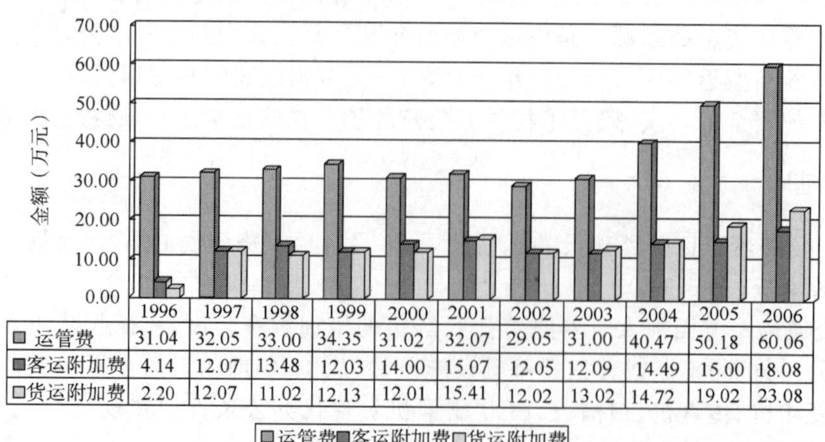

图 3-3-7　1996～2006 年运管费、客运附加费、货运附加费征收情况

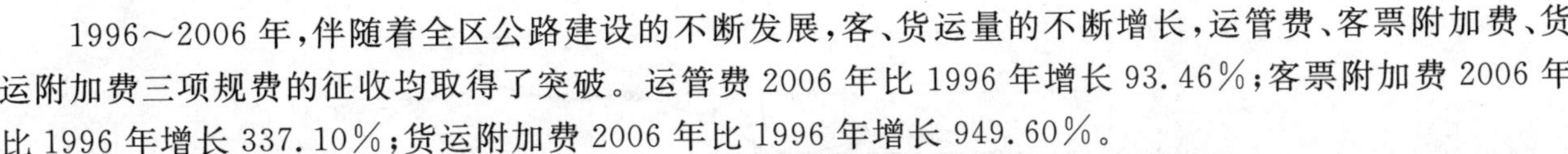

1996～2006 年，伴随着全区公路建设的不断发展，客、货运量的不断增长，运管费、客票附加费、货运附加费三项规费的征收均取得了突破。运管费 2006 年比 1996 年增长 93.46%；客票附加费 2006 年比 1996 年增长 337.10%；货运附加费 2006 年比 1996 年增长 949.60%。

五、道路运输管理

10 年来，伴随着全区公路建设的不断发展，全区道路运输业也取得了喜人的成绩。

2006 年比 1996 年客运量增长了 314.76%，旅客周转量增长了 564.11%，货运量增长了 113.32%，货运周转量增长了 116.69%。图 3-3-8、图 3-3-9 为 1996～2006 年运量、周转量发展变化图。

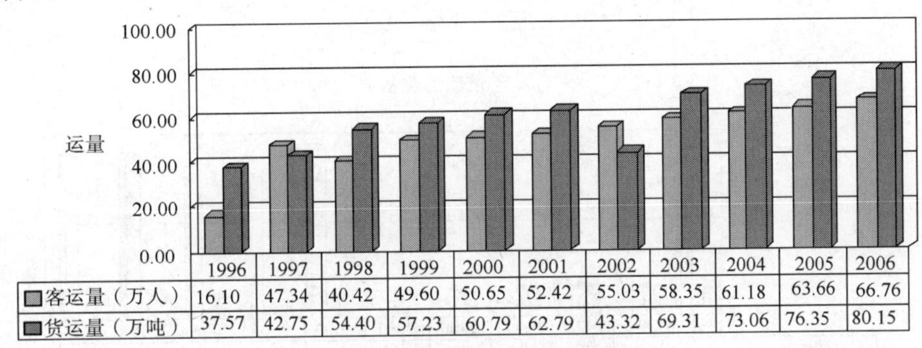

	1996	1997	1998	1999	2000	2001	2002	2003	2004	2005	2006
客运量（万人）	16.10	47.34	40.42	49.60	50.65	52.42	55.03	58.35	61.18	63.66	66.76
货运量（万吨）	37.57	42.75	54.40	57.23	60.79	62.79	43.32	69.31	73.06	76.35	80.15

图 3-3-8　1996～2006 年运量发展变化情况

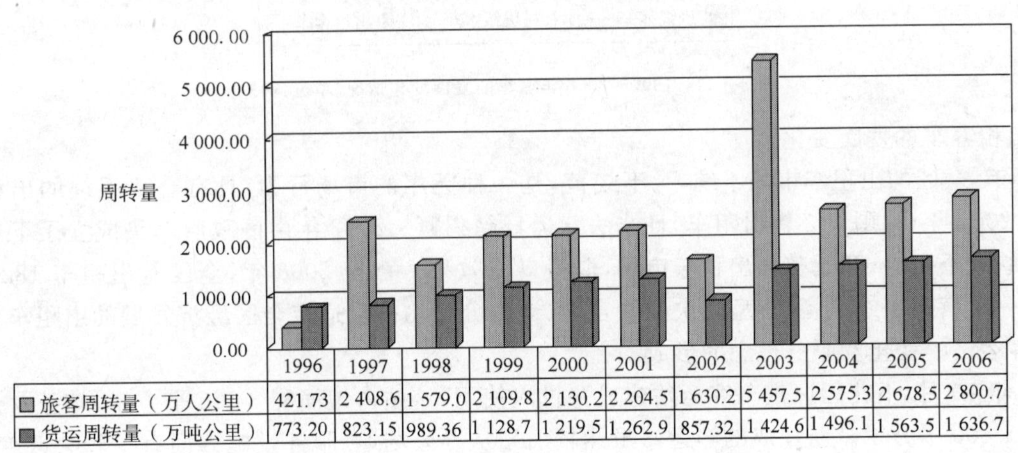

	1996	1997	1998	1999	2000	2001	2002	2003	2004	2005	2006
旅客周转量（万人公里）	421.73	2 408.6	1 579.0	2 109.8	2 130.2	2 204.5	1 630.2	5 457.5	2 575.3	2 678.5	2 800.7
货运周转量（万吨公里）	773.20	823.15	989.36	1 128.7	1 219.5	1 262.9	857.32	1 424.6	1 496.1	1 563.5	1 636.7

图 3-3-9　1996～2006 年周转量发展变化情况

与此同时，由于交通运输业的发展，道路运输从业人员也由 1996 年的 1437 人增加到 2006 年的 1 897人(图 3-3-10)，增长了 32.01%。

1. 客运管理(图 3-3-11)

(1)班线客车的发展变化

营运客车的变化：1996～2006 年，辖区营运客车经历了一个从低档到高档、从普通型到舒适型的发展过程。由 1996 年的以红叶、胜利等低档型客车为主，发展到 2006 年以燕兴、星王等中高档客车为主，营运客车的档次有了一个阶段性的提高。

客运班线的变化：1996～2006 年，下花园区客运班线快速发展。由 1996 年的 6 条发展到 2006 年的 12 条，班线发展增长了 1 倍。2004 年开展村村通工程以来，全区农村班线客车从无到有，使 35 个行政村有了通村班线，村民出行更加安全、便利。

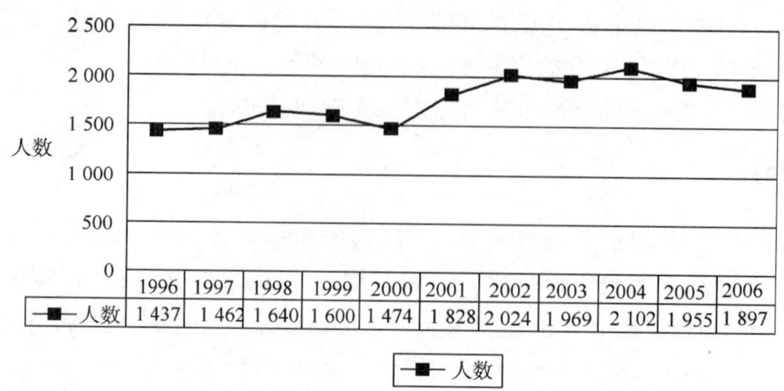

	1996	1997	1998	1999	2000	2001	2002	2003	2004	2005	2006
人数	1 437	1 462	1 640	1 600	1 474	1 828	2 024	1 969	2 102	1 955	1 897

图 3-3-10　1996～2006 年道路运输从业人员的发展情况

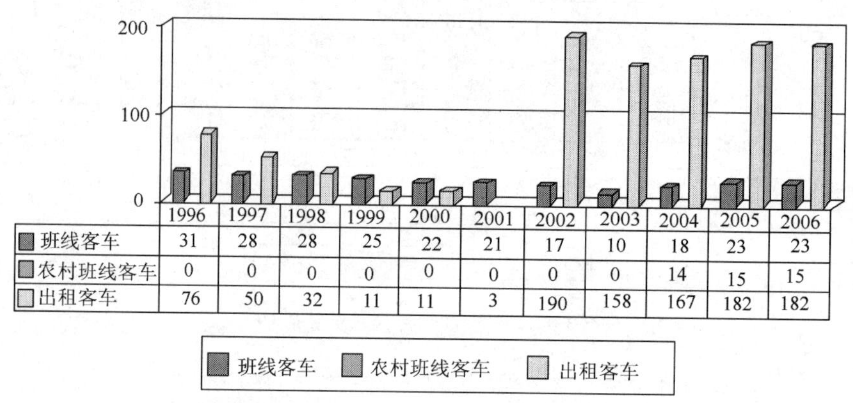

	1996	1997	1998	1999	2000	2001	2002	2003	2004	2005	2006
班线客车	31	28	28	25	22	21	17	10	18	23	23
农村班线客车	0	0	0	0	0	0	0	0	14	15	15
出租客车	76	50	32	11	11	3	190	158	167	182	182

图 3-3-11　1996～2006 年客车的发展变化情况(单位:辆)

(2)出租客车的发展变化

1996 年,全区的出租车市场不统一、不规范,是一种无序的市场行为,具有合法手续的出租车日趋减少。到 2001 年,只剩下 3 辆出租车,且非法营运日趋猖獗。2002 年由区政府牵头成立了下花园区客运出租车管理委员会,开始整顿出租车市场,取得良好效果。截至 2006 年,全区有出租车 182 辆,已初步形成了一个营运手续完备、车型档次配置合理、运力分布均衡且适应全区经济发展的出租车市场。

(3)客运站的变化及服务理念的形成

1996 年 10 月,下花园区汽车客运站建成并投入使用,该站占地面积 3 066 平方米,站务及办公用房建筑面积 1 800 平方米。新建成的客运站虽然较旧站从办公场地、服务设施方面有了较大改变,但由于资金紧张,站院地面未硬化,相应服务设施跟不上,距建二级站的标准还有较大差距。经多方努力,各种硬件设施都有了很大的改善。1998 年该站对停车场的布局再次进行了调整,重新画定了停车区、发车区、下客区,使车辆、旅客的流动通道更加合理便捷。2003～2006 年,该站多次对候车室内部的各种上墙图表进行更新。2004 年该站从实际需要出发,全部更换了候车室座椅,并在售票处安装了微机售票系统,实现了微机售票;2006 年筹措资金硬化了停车场地面,从根本上改善了客运站的整体环境,并达到了二级站的标准。

2. 货运管理

物流业是一个新兴的产业,它是涵盖了整个货物运输领域,包括仓储、装卸、运输等环节的全方位货物运输形式,是道路货物运输业的深化和细化。为进一步发展货物运输业,交通局运管所分别于 1999 年和 2004 年成立了“道路货运信息网络中心”和“振通运输队”,现拥有车辆近 70 辆。又于 2005 年与张家口利华汽贸公司怀来分公司建立协作伙伴关系,新增货运车 31 辆,总吨位 640 吨。截至 2006 年,全区共有货运车辆 1 068 辆,其中货运汽车 585 辆,分别比 1996 年的 927 辆和 275 辆增长了 15.21%和 112.73%。10 年间,全区的货物运输业由小到大,由弱变强,为促进全区的经济发展发挥了重要作用。

3. 机动车维修行业管理(图 3-3-12～图 3-3-14)

1996～2006 年,全区机动车维修行业稳步发展。这主要源于:

(1)2004 年,区局运管所参照国家质监总局和标准化委员会,下发的机动车维修业开业标准,对全区所有维修业户进行了一次清查,对不符合规定的责令其退出维修市场,对新开业的维修业户,按照开业标准严格把关,从而保证了辖区维修市场的整体素质和质量的提高。

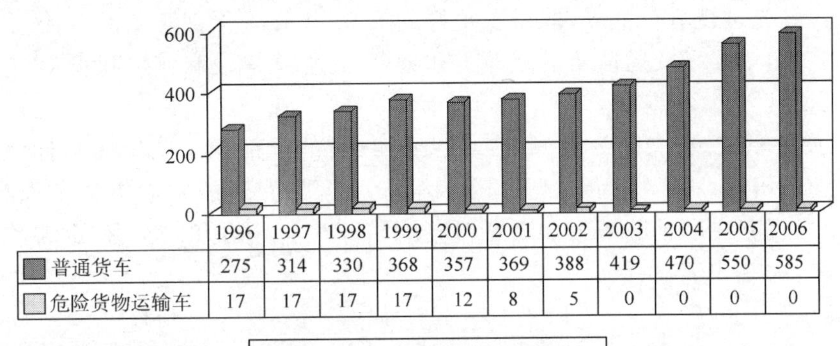

	1996	1997	1998	1999	2000	2001	2002	2003	2004	2005	2006
普通货车	275	314	330	368	357	369	388	419	470	550	585
危险货物运输车	17	17	17	17	12	8	5	0	0	0	0

图 3-3-12　1996～2006 年货车的发展变化情况(单位:辆)

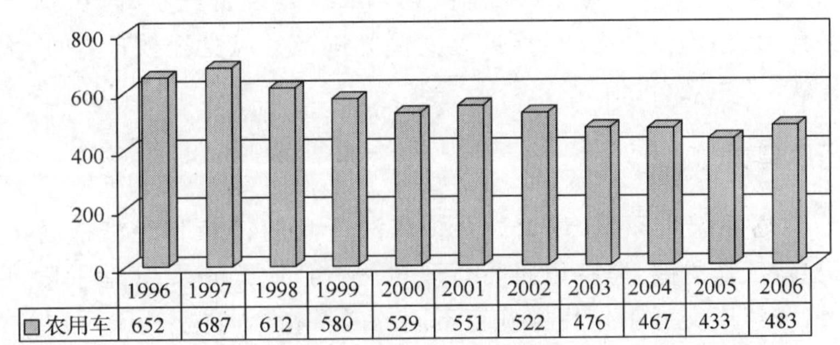

	1996	1997	1998	1999	2000	2001	2002	2003	2004	2005	2006
农用车	652	687	612	580	529	551	522	476	467	433	483

图 3-3-13　1996～2006 年其他车辆的发展变化情况(单位:辆)

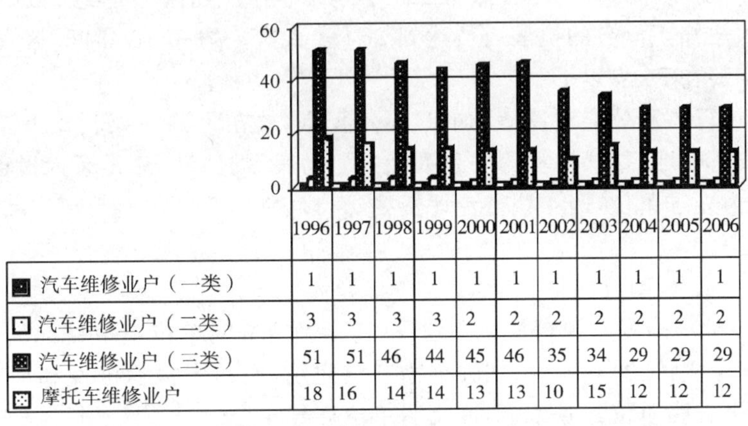

	1996	1997	1998	1999	2000	2001	2002	2003	2004	2005	2006
汽车维修业户（一类）	1	1	1	1	1	1	1	1	1	1	1
汽车维修业户（二类）	3	3	3	3	2	2	2	2	2	2	2
汽车维修业户（三类）	51	51	46	44	45	46	35	34	29	29	29
摩托车维修业户	18	16	14	14	13	13	10	15	12	12	12

图 3-3-14　1996～2006 年维修行业的发展变化情况(单位:家)

(2)维修业户逐步走向规模化、集约化经营的轨道,不少维修业户通过组合、合作经营等方式,实现了优势互补,竞争力更强,使以前分散的维修业户合并成一个或几个有规模且具竞争力的维修业户,从而使维修业走上了规模化经营道路。

六、党建及廉政建设

1. 领导班子建设

10 年间,本着立党为公,执政为民的宗旨,局党委始终坚持以人为本,树立"求真务实,真抓实干,拼

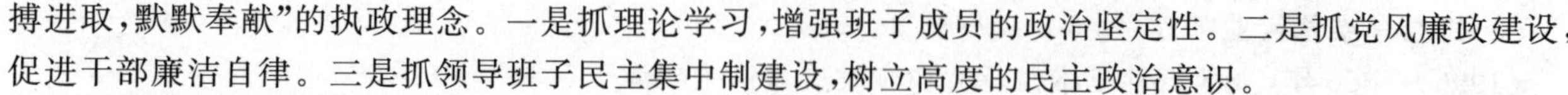

搏进取，默默奉献”的执政理念。一是抓理论学习，增强班子成员的政治坚定性。二是抓党风廉政建设，促进干部廉洁自律。三是抓领导班子民主集中制建设，树立高度的民主政治意识。

2. 思想作风建设

10年间，区局一直以加强干部职工的思想教育为出发点和落脚点，利用学习日时间，组织学习党的政策、法律法规、业务知识，组织开展了20多次，政治业务执法工作培训班。特别是通过开展“三讲”、“三个代表”重要思想、先进性教育活动，取得了很好的效果，增强了干部职工的政治坚定性，强化了爱岗敬业，为民服务的宗旨，增强了交通队伍的战斗力和凝聚力，思想建设和作风建设得到进一步加强。

3. 干部队伍建设

10年间，区局始终以建设一支“为民、务实、团结、清廉”的干部职工队伍为目标，强化思想教育，健全学习制度，开展业务培训，不断提高干部职工的整体素质，为交通的发展提供了强有力的人才保障。通过10年发展，全局现有在职干部职工320名，基层干部24名，党员80名，团员26名，其中35岁以下有51名，大本13名，大专59名。

4. 党风廉政建设

区局始终高度重视党风廉政建设，并一直把其作为重要工作来抓。10年间，坚持落实《关于实行党风廉政建设责任制的规定》和《党员领导干部廉洁从政若干准则》，认真履行“一岗双责”。成立了领导小组，制定了领导班子党风廉政建设责任制、基层单位党风廉政建设责任状等；认真开展了多种形式的教育活动，如利用党报党刊，政治理论学习，反面典型案例等进行党风党纪教育，使广大干部职工筑牢思想防线，树立正确的世界观、人生观、价值观。

七、行政执法及行风建设

10年来，区局结合交通系统实际，针对交通系统依法行政的特点和经济社会不断发展面临的新情况、新问题，不断探索创新工作思路，坚持以推行行政执法责任制为重要管理手段，以文明执法、公正执法、阳光执法为重点，结合年度交通工作目标确定不同的考核指标，自上而下层层签订责任书，强化交通行政执法责任制和民主评议工作，先后完善执法制度50多项，增强了执政为民的意识，树立了交通系统良好的社会形象。10年来，未发生一起公路“三乱”现象。同时，还经常通过请进来、送出去的培训形式，使每年接受专业执法知识学习的执法人员达到200多人次。短短10年间，区局在编执法人员全部达到大专文化，平均年龄在36岁以下。

交通局把民主评议行风和效能建设活动的最终落脚点，放在为群众谋利益上。通过走访慰问特困户、特困生、老军人，支持社区、帮扶乡村等一系列“利民、为民”的活动，赢得了人民群众的广泛好评。行风评议连续两年被评为先进单位，两年获得免评资格。

八、精神文明建设

10年来，历届领导班子高度重视精神文明建设，逐年确定文明单位申报目标。通过确定目标，加大申报工作力度；强化舆论宣传，树立典型；加强奖励考核作用，调动申报积极性和能动性等工作方法，截至2006年，已获得市级文明单位称号2个，区文明单位称号4个。

近年来，更是以提高职工素质为落脚点，创新载体，在系统内深入开展“爱我交通，我为交通做贡献”、“优质服务号”、“星级汽车站”、“共产党员示范岗”、“青年文明号”、“十佳窗口”、“百佳标兵”等活动。同时，还积极开展“送温暖、献爱心”等活动，10年间，全局干部职工献爱心捐款累计达6万多元，捐衣物2000多件，实现了“对内提高职工素质，对外树立交通形象”的目标。

第四章

怀来县交通局十年工作综述

怀来县位于河北省西北部，燕山山脉北侧，永定河上游。东临北京市延庆县、昌平县和门头沟区，西南与涿鹿县毗邻，西与宣化县、张家口市下花园区接壤，北与赤城县交界。东西横距63公里，南北纵距61公里，总面积1801平方公里，其中山区占42%，河川区占32%，丘陵区占14%，水面占12%。境内南北群山环绕，中部平川百里，桑干河、洋河在境内汇流为永定河，注入官厅水库。怀来属大陆性半干旱季风气候，平均年降水量431毫米，年均气温8.9℃，无霜期148天。全县17个乡镇（1996年扩乡并镇后）、279个行政村，总人口34万人。县城沙城镇，是全县政治、经济、文化中心。

怀来县的交通事业随着县域经济的发展也有了长足的发展。特别是近10年以来，公路基础设施建设步伐加快，路网结构明显改善，全县形成了干支相连、路桥配套、纵横交错、四通八达的公路网络。到2006年底，全县公路通车总里程达1 219.786公里，比1995年增加了3.97倍，公路网密度为每百平方公里67.72公里，每万人平均34.8公里，高于全市平均水平。其中，高速公路一条、57.089公里，国道2条、94.724公里，省道2条、66.175公里，县道5条、94.902公里，乡道22条、311.151公里，村道202条、519.196公里，专用公路18条、76.55公里。全县17个乡镇全部通油路，246个行政村通油（水泥）路，占全县行政村总数的88.2%。

一、公路建设

1996～2006年的10年，怀来县的交通事业发生了翻天覆地的变化，公路基础设施建设进入了发展快车道，形成了以高速公路为依托，以国、省干线公路为骨架，以县、乡公路为支线的纵横交错、干支相连、四通八达的公路交通运输网络，为全县国民经济发展起到了有力地助推作用。

1. 干线公路

(1)高速公路

①京张高速公路

京张高速公路冀京界（怀来）至宣化段是国家规划“五纵七横”国道主干线丹东至拉萨公路的主要组成部分，也是河北省“三纵三横”公路主骨架的主要组成部分，是京津地区通往西北各省的咽喉要道，是晋煤外运的主要通道之一。京张高速公路的建设，对实施西部大开发战略、拉动西北地区和张家口的经济发展具有极其重要的意义。

京张高速公路是河北省第一条以企业投资、实行项目法人为建设主体的高速公路建设项目。其项目法人是河北华能京张高速公路有限责任公司，由中国华能集团公司与河北高速公路开发有限公司、河北省建设投资公司、张家口市公路开发公司四家股东于1998年7月31日组建而成。设计单位为具有甲级资质的河北省交通规划设计院；监理采用全委托形式，由河北省交通建设监理咨询有限公司组建总监理工程师办公室，负责工程监理工作；工程全部采用招投标制，中标单位全部具有公路施工企业一级资质。

京张高速公路从1998年11月8日开工，2002年11月18日全程通车，历时4年。工程分为两期建设，一期工程宣化至土木段51公里，于1998年11月8日正式开工，2001年6月28日竣工通车；二期工程土木至冀京界段28.189公里，于2000年9月8日正式开工，2002年11月18日竣工通车。京张高速公路建设概算总投资27.8亿元人民币。

②京化高速公路怀来段

(北)京化(稍营)高速公路是河北省高速公路网的重要组成部分，与已开工建设的北京市110国道德胜口至延庆下营段高速公路连接，与丹拉、张石、宣大高速公路连接成网。2005年10月23日，京化高速公路经省政府批准正式立项。

京化高速公路一期工程于2006年12月10日，在怀来县土木镇举行开工奠基仪式，计划于2008年7月建成通车。

(2)国道公路

京张公路沙城环城路建设。京张公路从怀来县城沙城镇中心穿过，年平均日交通量达1.7万辆次(折合中型车)，城区段平交道口多，人员流动大，平均车速仅为25公里/小时，交通事故频发；大型运煤车辆多，城市环境污染严重，给居民生产、生活带来很大影响。为了改善城区内交通环境，缓解城区道路交通压力，保障人民生命财产安全，1998年怀来县人民政府向张家口市交通局提出京张公路沙城城区段北移项目。2004年7月市局上报省交通厅，批复同意建设。

沙城环城路起点自京张公路沙城收费站向北行1.3公里，再向西，经二台子、古家窑、下耙齿等村，从县城北侧宗家洼村穿过，全长7.737公里。一期工程2004年8月开工建设，二期工程2005年6月8日开工建设，京张公路沙城环城路的建设，减轻了京张公路沙城城区段的交通压力，减少了交通事故的发生，减轻了城市环境污染，提高了居民生活质量。

(3)省级公路

省道在怀来境内有沙三公路、沙东公路、鸡鸣驿支线(原下广公路)。2001年河北省干线公路网布局调整后，将沙三公路和沙东公路合并调整为宝(昌)平山公路。

①沙三公路建设

沙三线三级油路改建。1996年省交通厅批准沙三线油路改建工程，分三期进行。

第一期工程：沙三公路11.9公里油路改建工程(包括龙潭路向北延伸800米)。

1996年4月10日破土动工，同年9月8日油面全部铺完，9月25日一期工程竣工剪彩全线通车。

第二期工程：存瑞乡南至杏林堡9公里油路续建工程。该工程1997年3月26日开工，同年6月23日竣工。

第三期工程：杏林堡至长安岭与赤城交界处7.16公里油路续建工程。该工程1998年3月19日正式开工，同年8月7日实现全线贯通。沙三线的油路改建工程，对改善怀来县小北川各乡村的交通条件，加快农副产品流通，加快社会主义新农村建设起到了积极促进作用。

②赤城至沙城段改建二级油路。省道宝平线赤城至沙城段三改二工程，是张家口市交通局确定的"十五"计划重点工程建设项目。该工程全长67.15公里，其中怀来境内28公里(图3-4-1)。2004年6月份全面开工建设，同年9月10日竣工。

③京张高速出口迎宾道建设。2004年9月17日开工，同年11月8日竣工。

图3-4-1　省道宝平线怀来长安岭隧道

2. 地方道路

怀来县山区和丘陵区占全县总面积的56%。由于交通闭塞，行旅艰难，影响生产发展。10年来，为积极改善山区农村交通条件，采取了自修自养、民工建勤、以工代赈、民办公助等一系列政策措施，使农

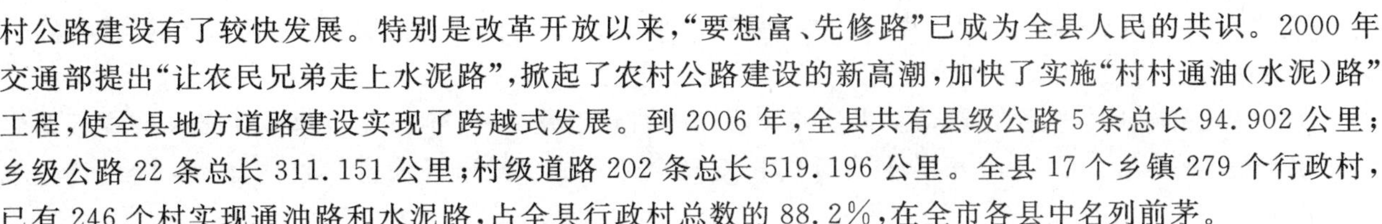

村公路建设有了较快发展。特别是改革开放以来，"要想富、先修路"已成为全县人民的共识。2000 年交通部提出"让农民兄弟走上水泥路"，掀起了农村公路建设的新高潮，加快了实施"村村通油(水泥)路"工程，使全县地方道路建设实现了跨越式发展。到 2006 年，全县共有县级公路 5 条总长 94.902 公里；乡级公路 22 条总长 311.151 公里；村级道路 202 条总长 519.196 公里。全县 17 个乡镇 279 个行政村，已有 246 个村实现通油路和水泥路，占全县行政村总数的 88.2%，在全市各县中名列前茅。

3. 专用公路

怀来驻军修建的国防专用公路有 6 条，总长 30.65 公里，均为油路。其中，西八里油库两条专用公路 0.5 公里；石河驻军至土木火车站 5.5 公里；常寨子驻军至京张公路 8.5 公里；康庄至陈家堡驻军 10 公里；狼山至黑山口驻军专用公路 6 公里。专用公路建设，由工矿企业、驻军单位自己投资，自己施工，县交通局给予技术指导，油面铺设由县交通局公路专业施工负责施工。专用公路的建设，对巩固国防、发展地方经济发挥了很大作用。

二、公路养护与路政管理工作

1. 公路养护工作

到 2006 年，全县列养县级以上公路 9 条、255.801 公里，养护职工达 180 人。其中沙城养护中心列养 100.271 公里，养护职工 77 人；官厅养护中心列养 60.628 公里，养护职工 48 人；东花园工区列养 88.172公里，养护职工 55 人。地方道路管理站列养 6.730 公里。怀来交通局树立"公路建设是发展，公路养护也是发展"的新理念，加强了公路综合养护，提高了好路率，保障了公路畅通，为怀来县域经济快速发展营造了良好的发展环境。

(1)公路养护经费

1996～2000 年，每年公路所需小修维护费，地区公路局(市局)按照测定怀来县交通量、公路里程、公路等级逐年下拨小修费。小修费的使用，实行公路养护经费包干使用，超额不补，节约归工区。

2000～2006 年，按照市局《公路养护机制及资金管理改革方案》，采取目标责任、合同化管理，实行计量支付联效计酬的资金拨付、使用方式，经费只根据各县公路养护的工作量和养护质量确定并实现工效挂钩。

(2)公路养护内容

公路养护范围与内容是怀来境内的公路永久占地界内的路基、路面、路肩、边坡、边沟、排水沟、公路设施、桥涵构造物、防护工程、绿化平台、行道树、交通标志及公路中央分隔带等的日常养护和管理、维护公路路产路权，保障公路畅通。

到 2006 年，累计清扫路面 20 272.48 公里，整修边坡、绿化平台 1 759.5 公里，清运垃圾 19 727.4 立方米，清理疏通边沟 1 181.5 公里，G110、110 辅线共 4.369 千平方米，宝平线小修挖补 2.154 千平方米。东花园工区清扫路面 60 000 平方米，整修边沟 622 公里，边坡路肩 1 451.6 公里。

(3)公路养护措施

到 2006 年底，全县已有公路养护专业技术人员 119 人，其中技师 1 名，高级工 84 名，中级工 17 名，初级工 14 名，技术员 1 名，助理工程师 3 名。10 年来，怀来县交通局在公路养护工作中，始终坚持"修养并举、以养为主"和"全面规划、加强养护、积极改善、科学管理、重点发展、保障畅通"的 24 字方针，搞好公路养护和管理。先后推出了一系列公路养护新举措。一是改进公路养护方式。二是推行养护目标管理责任制。责任制形式有两种：①以人定段，联劳计酬。实行以道班分段养护，道班把养护任务按段分解到每个养路职工头上，联劳计酬。②定额管理，集体承包。以道班为单位，集体承包养护路段，实行分散与集体养护相结合的目标管理责任制。三是实行计量支付工效挂钩。

(4)文明样板路建设

文明样板路，是公路养护管理综合成果的汇报和展示，也是公路养护、两个文明建设成果的一个窗口和缩影。10 年间，县局把创建文明样板路作为两个文明建设的重要载体，集公路建设、养护、管理、绿化、服务为一体,积极实施 GBM 工程,加快文明样板路建设,营造"畅、洁、绿、美、安"的公路文明通道,为怀来对外开放、经济建设服务。

①京张公路文明样板路建设。京张公路文明样板路建设是 1996 年河北省建成两条文明样板路之一。该工程 1996 年 5 月 20 日开工,同年 11 月 10 日全部完成。经市局检查验收总分 95.2 分,评为优良工程。

②京张公路北辛堡段街道化综合治理。2000 年又对京张公路北辛堡段 K98+520～K102+620 进行了街道化综合治理。该工程于 2000 年 6 月 6 日开工,同年 10 月 5 日完工,投资 328.42 万元,使京张公路北辛堡段公路面貌大为改观。

(5)公路绿化

1996～2006 年底,全县县级以上九条公路共计种植和补植行道树 120 449 株,其中京张公路52 729 株,京张辅线 4 878 株,鸡鸣驿支线 2 146 株,宝平线 52 899 株,太康线 3 142 株,东镇线 3 170 株,永芦线 800 株,西辛线 548 株,西下线 137 株。在共计植树的 120 449 株中,现存活的行道树有 74 171 株,成活率 61.5%,其中槐树 13 510 株,杨树 4 410 株,柳树 35 082 株,火炬树 2 910 株,松树 805 株,枸杞树4 832 株,刺槐 3 029 株,新疆杨 9 593 株。

京张高速公路从 2001 年起开始公路绿化,全线种植灌木 795 363 株,乔木 56 859 株,植攀绿植物 148 515株,种草坪 22 835 平方米,基本上实现了京张高速公路绿色通道。

2. 路政管理

公路路政管理是交通管理部门按照国家有关路政管理的法律、法规及规章,依法对公路路产路权进行保护,严格禁止危害公路交通、损毁公路设施、设置路阻路障,确保公路交通安全畅通。

(1)路政管理组织机构

1996 年 5 月,组建了新保安路政管理大队和官康限载站。1997 年 1 月官康限载站归属地方道路管理站。

1998 年 6 月 16 日成立了怀来县交通局路政执法大队,原新保安路政管理大队归属路政执法大队,编制 19 人。

2003 年 9 月,地方道路管理站成立了路政执法中队,编制 7 人,主要负责地方道路路政管理工作。

2004 年 10 月 20 日成立了东花园超限检测站,人员 17 人。

2006 年 9 月 2 日成立了 110 国道沙城治超检测站,人员 68 人,其中临时工 26 人。

(2)公路普查

市局在普查的基础上对公路网布局进行了调整。调整后怀来县公路的总体情况是:高速公路 1 条(丹拉线)、国道 2 条(京银线、京张辅线)、省道 2 条(宝平线、鸡鸣驿支线)、县道 5 条(西下线、东镇线、西辛线、永芦线、康祁线),共长 311.682 公里。其中高速路 57.089 公里,二级路 86.94 公里,三级路 167.653公里。

(3)公路综合治理

1996 年以来,县局在公路综合治理工作中,从宣传入手,不断加大力度,出重拳、强措施、重证据、严处理,使公路综合治理工作取得显著成效。截至 2006 年底,先后累计出动宣传车 757 辆次,张贴宣传标语、通告等 3 445 条(份),清理违章摊点 543 个,清理煤场 467 家,拆除各类违章建筑 62 家,清理路阻路障 214 处,查处各种公路侵权案件 2 422 起,结案率 100%,路政索赔收入达 151.6 万元,有效地维护了路产路权,保障公路安全畅通。

(4)治理超限超载

①治理超限行动

1998 年,怀来县交通局路政执法大队根据市局张交养字[1998]38 号文件精神,负责全县路政管理和治理超限运输工作。按照交通部《超限运输车辆行驶公路管理规定》和《路政管理规定》,向过往车辆发放《告货车司机书》4 000 多份,组织路政执法人员实施卸载,打击"车托"不法行为。

2003 年 12 月 1 日启动了治超限载“零点行动”；2004 年 6 月 20 日开始集中治理整顿“双超车辆”的“铁铲行动”，按照“统一口径、统一标准、统一行动”的要求，对车辆的超限超载、“大吨小标”、非法改装车辆进行集中治理，协调公安机关出动警力拦车进场、疏导车辆、引导车辆过磅，严格按照限载标准控制运输车辆的总质量，雇佣装卸队实施卸载，填写卸货单，双方签字确定卸载吨位后放行。2004 年，每天检测车辆 100 多辆，平均每天纠正“双超车辆”15 辆。2004 年卸煤 1 300 吨，2005 年卸煤 2 400 吨。

2004 年 10 月 20 日成立了东花园超限运输检测站，按照《河北省深化公路超限超载治理工作实施方案》，对康祁线公路超限超载车辆进行了治理。仅两个月，检测车辆 20 万辆，实施卸载处理 1 000 辆，卸煤 2 400 吨，车主在规定时间内拉走 400 吨。2004 年底停止限载，2006 年 3 月撤站。

②治超检测站建设

根据交通部交公路发[2005]613 号文《全国治超检测站点规范化建设试点工程实施方案》精神，怀来县 110 国道沙城治超检测站是交通部在全国西北地区确定的 10 个试点之一。2006 年 9 月 2 日开工建设，同年 12 月底竣工。总投资 650 万元。租赁怀来县东八里乡东八里村土地 44.15 亩(29 403.9 平方米)，建筑面积 1 000 平方米。站内设监控设备一套；公路上设预检泵台、院内设精检泵台、复检泵台、电子操控网络。精检磅和复检磅及罩棚设在进出口两磅之上。院内设消防管道设施、渗水井、蓄水池、变电设施等。从 2007 年 1 月开始，沙城治超检测站投入使用，使怀来县治理超限超载工作纳入了标准化、规范化管理轨道。

三、道路运输管理

1996 年以来，随着公路事业的逐年发展，以公路为依托的道路运输业发展较快。怀来道路运输市场呈现国营、集体、个体一齐上的统一开放、竞争有序的良好局面，道路运输经济在全县国民经济比重中已占有举足轻重的地位，已成为国民经济发展的基础性、服务性产业。

1. 道路旅客运输

(1)客运班线和营运客车的发展

到 1998 年底，全县汽车客运班线为 26 条，营运里程 1 954 公里，驻站客运班车 15 辆，日发客运班车 24 次，日客流量达 1 549 人次，县内共有汽车站点 56 个，全年完成客运量 57.6 万人次，客运周转量 1 652万人公里。

到 2006 年底，全县汽车客运班线达 76 条(小客车 19 条，挂靠汽车站 57 条)，跨省、区中转线 16 条，驻站客运班车 57 辆，日均客流量 1 590 人次，县内有汽车站停车站点一个，全年完成客运量 57.79 万人次，客运周转量 4 608.38 万人公里。

(2)出租客运日益发展

1996 年全县出租车 80 多辆，1997 年 102 辆，2002 年 300 辆，2003 年 350 辆。2004～2006 年，宏观控制总量，实行“退一进一”，全县出租车保持 400 辆。

1997 年 9 月 27 日成立了“怀来县交通局出租车管理站”(后改名为出租汽车管理所)，定编 8 人，到 2006 年已增至 15 人。主要对出租行业实施管理，规范市场秩序，打击非法营运，维护出租行业稳定，为合法经营者创造良好的经营环境，促进全县出租行业稳定发展。

(3)公交客运异军突起

怀来县沙城汽车站城镇公交客运服务中心，始建于 2002 年 5 月，管理人员 7 人。2003～2006 年，投入营运公交车 26 辆(长安中巴 20 辆，牡丹中巴 6 辆)，开发营运线路 3 条，设立营运站点 71 个，行车总里程 37 公里，公交车营运覆盖面积占县城面积的 60%；从业人员 59 人；停车场面积 15 000 平方米，始发站场 6 个，总面积为 1 200 平方米。年平均客运量 150 万人次，年均营运客票收入 138 万元。

2. 道路货物运输

(1)普通货物运输

1996 年 1 月，成立了“怀来县货运网络服务中心”，负责全县运输服务组织业务指导、货源运力组

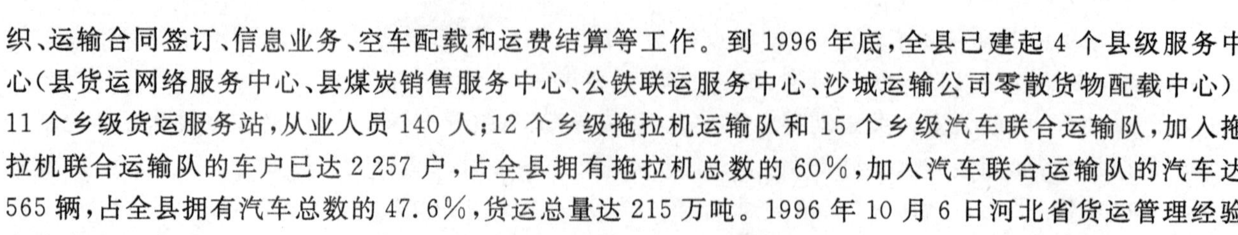

织、运输合同签订、信息业务、空车配载和运费结算等工作。到1996年底，全县已建起4个县级服务中心（县货运网络服务中心、县煤炭销售服务中心、公铁联运服务中心、沙城运输公司零散货物配载中心），11个乡级货运服务站，从业人员140人；12个乡级拖拉机运输队和15个乡级汽车联合运输队，加入拖拉机联合运输队的车户已达2 257户，占全县拥有拖拉机总数的60%，加入汽车联合运输队的汽车达565辆，占全县拥有汽车总数的47.6%，货运总量达215万吨。1996年10月6日河北省货运管理经验交流会在怀来召开。怀来有形货运市场发展经验被定为“怀来模式”。

到1996年，全县拥有货运车辆1 051辆，4 719吨位，其中大型货车589辆，中型119辆，小型340辆。

到2006年，全县拥有营运货车5 176辆（包括农用车），拖拉机1 296台，三轮车5 486辆，全年完成货运量607.24万吨，货运周转量84 891.62万吨公里。

（2）危险货物运输

2001年，全县从事营运性道路化学危险货物运输企业16家，拥有危货运输车辆22辆，主要运输液化气、石油、乙炔、乙醇、树脂等，供应县内液化气站供气和工业原料。

2002年，按照交通部、省、市的通知精神，对道路危险货物运输进行专项治理。全县16家危货运输企业整合为怀来县沙城液化气有限公司和怀来县官厅湖滨加油站2家，共拥有危货运输专用车辆22辆。总吨位为154.715吨，年运输总量为37 128吨。

2003年，对整合后的2家危货运输企业重新进行了资质认定。重组危货运输专用车辆15辆，全部达到一级技术标准。对从事危货运输的驾驶员、押运员及管理人员等40人，重新进行了资格审核，核发了《从业资格证》。

2004年，从事危货运输企业为怀来县沙城液化气有限公司一家，拥有危货运输专用车辆11辆。

2005年从事危货运输企业一家，拥有危货运输专用车辆18辆，对26名从业人员进行了培训。

2006年，从事危货运输企业为怀来县沙城液化气有限公司一家，拥有危货运输专用车辆16辆，从业人员65人，全年危货运输货运量达78.89万吨。

（3）水上交通运输

官厅水库库容22亿立方米，相应水面220平方公里，其中80%水面在怀来。随着官厅湖旅游业的发展，水上交通运输应运而生。

2002年已发展船舶20条；2003年全县已有16家水运企业和11个旅游景点，有船舶24条。

2003年根据交通部交海发[2002]49号文件精神，于2003年2月28日成立了“怀来县地方海事处”，编制4人，同年8月12日正式挂牌办公。

2004年，全县有水运企业19家，旅游景点12个，有船舶26条，船员26人。2005年，官厅水库旅游景点10个，有船舶30条，船员30人；2006年水运企业12家，旅游景点12个，有船舶29条，船员29人。

水上交通运输安全管理主要采取以下措施：一是认真贯彻《中华人民共和国内河交通安全管理条例》精神，落实乡镇船舶安全责任制，每年同水运企业签订水上安全运输责任状，落实安全责任。二是建立船舶档案，抓好船舶年度审验和船检，严把船舶检验关，确保船舶质量。三是抓好船员培训、考试和发证工作，坚持持证上岗。四是加强游客和水运企业安全教育，开展“安全生产月”活动，增强安全意识。五是加强水运现场跟踪管理，搞好水上交通安全大检查，做好水上救助工作，确保全年水上交通安全无事故。

（4）汽车维修和检测

①汽车维修

1996年2月29日经专家鉴定、河北省运管局批准，沙城运输公司修理厂晋升为“怀来县汽车大修厂”。到1996年底，全县维修业户已达223家，其中交通部门办的一家，机关事业单位办的27家，个体办的195家，共有从业人员1 157人。

到2006年底，全县汽车维修厂家198家，其中一类维修厂家2家，二类维修厂家6家，三类维修厂家150家，摩托车维修业户40家。全县维修从业人员达898人，其中管理人员198人，专业技术人员700人。

②汽车综合性能检测

1996年5月，在原公路站院内建起了检测站，占地面积5 600平方米，建筑面积480平方米，拥有各种检测仪器19台(套)，检测站有工作人员15人，工程技术人员3人，其中助理工程师1人，技术员2人。

2001年，在沙三线公路东侧北油场院内又新建了B级汽车综合性能检测站，投资67万元，占地面积465.85平方米，建筑面积367.5平方米，拥有各种检测仪器设备19台(套)，检测人员18人。

2006年在县城东北方、京张公路沙城环城路北侧建起了A级汽车综合性能检测站。A级检测站从2006年9月20日开工，2006年12月20日竣工。竣工后的A级检测站投资110万元购置了国内先进的各种检测仪器和设备，于2007年1月1日正式投入使用。A级汽车综合性能检测站的建成，将给运输企业和个体车主提供方便、快捷、安全的车辆检测服务，从而促进了道路运输市场稳定健康的发展。

四、交通规费征收工作

1. 公路养路费(表3-4-1)

养路费征收严格执行“收管用一体、统收统支、收支两条线”，对征收的养路费，在银行设立专户，每月底前及时足额上交市局养路费征稽处。

1996～2006年养路费下达任务及完成情况统计表 表3-4-1

年 度	市局下达任务数(万元)	完成数(万元)	其 中		
			汽车养路费	小拖养路费	购车附加费
1996	1 180	1 286.569 4	994.239 4	292.33	60.56
1997	1 275	1 320.88	976.239 4	344.56	91.6
1998	1 300	1 407.017 3	1 060.02	346.787 1	63.96
1999	1 310	1 265.97	953.49	312.48	35.98
2000	1 310	1 387.45	1 071.429 9	316.42	30.03
2001	1 346	1 459.16	1 182.086 6	270.44	15.05
2002	1 390	1 634.97	1 347.96	287.01	3.76
2003	1 470	1 699.77	1 330	356.23	0.39
2004	1 470	4 790.96	4 435.64	355.31	
2005	1 470	3 874.97	3 597.32	277.65	
2006	3 090	3 841.02	3 636.98	204.04	

注：从2004年开始，车辆购置附加费已归县地税局征收。

养路费管理分汽车养路费和拖拉机养路费两部分。1996～2000年，汽车养路费全额上交，拖拉机养路费上交市局后按上交额的百分比返还，返还部分主要用于地方道路建设。2000年开始，实行汽车养路费收入按比例全额分成，分成资金用于征稽所经费和交通局养路事业费开支。

2. 运输管理费

全县运管部门从抓源头管理入手，强化市场监管和稽查手段，集中开展整治运输市场秩序行动，促进了三项规费的稳定增长，运管费从1996年的129万元增长到2006年的220万元，增长170.5%；货附费从1997年的44万元增长到2006年的209万元，增长475.00%；客票附加费从1996年的26万元增长到2006年的33万元，增长了126.9%。

运管费、客票附加费、货运附加费征收统计如表3-4-2所示。

五、党建工作

1. 党组织的思想和作风建设

1996年以来，怀来县局党委以“文明窗口”建设和创建“三讲”机关为载体，开展了“内练素质，外树形

1996～2006年运输管理费附加费征收统计表 表3-4-2

年度	上级下达运管费任务(元)	运管费完成(元)	客票附加费任务(元)	客票附加费完成(元)	货运附加费任务(元)	货运附加费完成(元)
1996	1 100 000	1 295 600	140 000	261 400		
1997	1 010 000	1 309 700	518 000	480 800	340 000	440 500
1998	1 010 000	1 353 000	480 000	492 500	380 000	480 700
1999	1 200 000	1 205 600	480 000	680 600	500 000	500 300
2000	1 200 000	1 234 400	500 000	502 000	400 000	401 300
2001	1 280 000	1 000 900	600 000	600 000	650 000	650 000
2002	1 300 000	1 306 000	600 000	461 400	600 000	436 000
2003	1 300 000	1 350 800	480 000	281 100	650 000	392 900
2004	800 000	3 990 400	260 000	1 301 000	560 000	2 646 200
2005	3 500 000	3 809 900	500 000	503 800	2 000 000	3 068 000
2006	2 000 000	2 209 200	300 000	3 341 00	2 000 000	2 098 300

象”为内容的“四个一”(建一流班子、带一流队伍、创一流业绩、树一流形象)和“远学孔繁森,近学董存瑞,内学运管站”活动,全局上下掀起了“学理论、学党章、学英雄、学先进”热潮。局党委开办了交通“职工学校”和“党校”。举办了学习“十五大”、“十六大”会议精神、贯彻《公路法》等内容的培训,全局理论、业务学习蔚然成风。

局党委认真坚持“两手抓,两手都要硬”的方针,组织党员学习了中共中央党校出版的《邓小平理论读本》和中宣部编写的《党章知识》、《现代科学技术》、《法律知识》简明读本等教材,先后举办3期培训班,对支部成员、预备党员和入党积极分子进行了“三个代表”重要思想、“中国入世的问题”等内容的培训。按照上级部署,局党委又开展了“三项教育”,即理想信念教育,法制教育,职业道德教育。党委成员每人作学习笔记1.5万字,写心得体会两篇。并组织支部书记和新党员为镇边城党支部捐款2 700元,全局党员为董存瑞纪念馆扩建捐款19 470元,为党员互助基金捐款4 600元,2004年,局党委被县委授予“先进党委”的荣誉称号。

2. 党风廉政建设及行风建设

为加强党风廉政建设,县局制定了党员干部廉洁自律守则,为基层党支部统一制作了以“党支部书记职责”、“党员权利和义务”、“四职一纠”和“三学一树”为内容的标准牌。在县组织的“党纪政纪条规知识竞赛”中,县局代表队获总分第一名,县局被市文明委评为“四职一纠”优胜单位。1997年按县纪委要求对局所有用公款购买的手机进行了清查,除留14部(其中局领导6部、站、所、工区8部),其余10多部全部折价处理卖给了个人。公用手机每月电话费不得超过200元,对手机使用进行了规范。1998年,局纪委还对全局招待费、会议费、电话费“三费”进行了清查。为深化党风廉政建设,局党委制定了集体理财制度,即重大问题的开支必须集体研究讨论,杜绝了党员领导干部违纪现象的发生。

2003年,县局纪委与各站、所党政一把手分别签订了《治理公路三乱责任状》和《党风廉政建设责任状》。局党委还结合县局工作实际开展了民主评议行风工作,对交通行政执法人员和机关工作人员进行经常性的教育和行政执法工作的培训,进一步完善和落实各项管理制度,以及首问负责制、违规责任追究制、限时办结制等长效管理机制,同时每年均在《怀来今日》报上公开县局的社会服务承诺,推行局领导周五接待日制度,并向社会聘请了51名社会监督员,公布举报电话6部,通过各种方式共征求意见79条,发放征求意见卡3 000余份,回收率达92%。针对群众提出的意见和建议进行了整改和落实。加强交通执法人员的教育,严格执行省厅“八不准”、“三注意”、“五禁三不两注意”和“六条禁令”的有关规定。几年来,交通局未发生任何违法违规行为和公路“三乱”行为,2006年交通局在全县行风评议中名列全县第一名。

第五章

赤城县交通局十年工作综述

一、基本情况

赤城县地处河北省西北部，属燕山余脉群山地带，境内地势复杂，山峦耸峙，沟梁纵横，道路十分难走，赤城东接丰宁县，南接北京市，西南邻怀来县，西连崇礼县、宣化县、张家口市，北靠沽源县。南北 95 公里，东西 88.75 公里，面积 5 287 平方公里。辖 18 个乡镇，440 个行政村，1247 个自然村，全县 28 万人口。作为“八山一水一分田”的赤城县，历史悠久，名胜古迹，自然景观多。改革开放以前，由于条件限制，公路建设发展缓慢。改革开放后特别是近 10 年来，公路事业有了长足的发展，为山区经济做出了突出贡献。

全局现有干部职工 578 人，其中局直机关 246 人，养护中心 332 人。内设一室（办公室）、二所（养路费征稽所、运管所）、四股（财审股、计划股、人教股、老干部股）、四站（公路站、工程站、地方道路管理站、质量监督站）、四个养护中心（龙关养护中心、龙门所养护中心、雕鄂养护中心、云州养护中心）。肩负着全县境内 335.743 公里国省干线公路养护、管理，151.095 公里县级公路，634.501 公里乡级公路，村道 579 公里建设、管理、养护以及道路运输行业管理和国家各项规费的征收。

二、公路建设

10 年来，赤城县交通局坚持以交通经济建设为中心，不断加快公路基础设施改建步伐，实现了国省干线公路改建升级、县乡公路通行能力大幅提高，村道路面硬化步伐加快，有力地推动了全县交通事业又好又快地发展。

1. 公路变化

1996 年底，赤城县公路总里程为 1 108 公里，公路里程虽然数量不少，但二级以上高等级公路还是空白，油路所占比例更低，仅占公路里程的 8.8%。凡要走出赤城，不管从什么方向总要翻越两座大山，交通不便制约了县域经济的发展，影响了人们的出行。赤城在区域内成为封闭、贫困、落后的代名词。赤城县交通局在市交通局和赤城县委、政府的大力支持下，经过 10 年不断的拼搏奋斗，使赤城县已基本形成以县城为中心，国省干线“三纵一横”公路为骨架，县乡公路协调发展的公路网络体系。到 2006 年底，全县公路总里程已达到 1 575.5 公里，其中二级公路 199.3 公里，1 575.5 公里公路中油路所占比例上升到 66%。全县 18 个乡镇全部实现了通油路目标，440 个行政村通公路率达 62.5%，其中通水泥（油）路村为 183 个，通砂石路村为 93 个。图 3-5-1 为省道宝平线赤城云州段。

图 3-5-1　省道宝平线赤城云州段

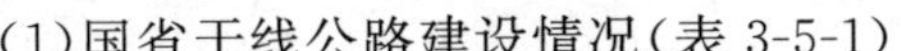

（1）国省干线公路建设情况（表 3-5-1）

10 年来，全县完成国省干线公路建设投资 12.458 1 亿元，改建二级路 199.3 公里，三级路 178.6 公里。

(2)地方道路建设

1996 年，全县地方道路共 806 公里，其中油路仅 8 公里，其余均为砂石路。随着国家对地方道路建设投资力度的不断加大，10 年来，共完成地方道路建设 945 公里，其中三级油路 140.8 公里，水泥路 298 公里，砂石路 507 公里，完成投资 23 357 万元。

1997～2006 年赤城县国省干线主要工程建设情况

表 3-5-1

年度	主要工程项目(公里)	投资金额(万元)	省厅投资	省厅补助担保贷款	市局拨款	扶贫资金	国债	以工代赈	县自筹及地方配套
1997 年	沙三线油路改建工程(11)	665	330						335
1998 年	沙三线油路改建工程(13)	641		455					186
2000 年	赤宝线一期工程(21)	1766		1766					
	沙三线油路改建工程(15)	535	535						
	112 线三级油路改建工程(25)	8 200	2 700	5 000					500
2001 年	赤宝线二期工程(40.6)	5 436.8		4 577					859.8
	112 线三级油路改建工程(53)	8 478		7147					1 331
2002 年	112 线二级油路改建工程(39.8)	15 279	12 141		3 138				
2004 年	省道宝平线二级公路改建(42)	22 613	19 222		3 391				
2005 年	宝平线、省道南赤线二级油路改建开工								
2006 年	宝平线二级公路改建(67.3)	38 268	30 434		5 434				2 400
	省道南赤线二级油路改建(40)	22 700			21 200				1 500

①县级公路建设情况(表 3-5-2)

1997～2006 年县道建设情况

表 3-5-2

年度	主要工程项目(公里)	投资金额(万元)	省厅投资	省厅补助担保贷款	市局拨款	扶贫资金	国债	以工代赈	车购税	县自筹及地方配套
1997 年	南赤线油路改建工程(18)	441			45	180				186
1998 年	云小线砂石路(32.8)	81			8			70		3
1999 年	南赤线油路改建工程(15)	339			40	140				159
	南山夭至赤城改建工程(8.5)	208			15	85				108
2001 年	白四线砂石路(23)	90								90
2002 年	白四线砂石路(13)	55								55
	小云线砂石路(35)	200								200
2003 年	小云线三级油路改建工程(10)	700		140			300			260
2004 年	小云线三级油路改建工程(24.3)	1 380		340	3391		729			311
	白四线三级油路改建工程(29)	1 800							870	930
2005 年	白四线三级油路改建工程(16)	960							480	480
2006 年	白四线三级油路改建工程路基(10)	150							150	

②乡村公路建设情况(表 3-5-3)

从 2001 年起，赤城县加大了对乡村公路建设的投资力度，特别是 2004 年以后，以村村通为标志的乡村道路建设大规模展开。几年来，乡村道路建设成绩斐然，共完成工程投资 16 953 万元，村村通公路里程 757 公里，62.5%的行政村通了公路。

1997～2006年乡村公路建设情况　　表3-5-3

年度	主要工程项目(公里)	投资金额(万元)	省厅投资	申请中央补助	市局拨款	交通部	以工代赈	车购税	县自筹及地方配套
1997年	东山庙至张三营砂石路(18.9)	254			9		90		164
2001年	东山庙至闫家坪(21)	95							95
2002年	西水泉至田家夭油路工程(7)	140							140
	九棵树至金家庄油路工程(13)	250							140
	巡检司至万全寺(17)	170							170
2004年	村村通工程水泥(油)路(178.3)砂石路(139)	8 178	990			151			7 037
2005年	村村通工程水泥油路(50)、砂石路(243)	6 470	126			846	450		5 048
2006年	村村通工程(69.8)	1 396		698					698

2. 公路养护

1996年底，全县1 108公里公路，列养公路328公里，其中油路106公里，砂石路222公里，只占公路总里程的30%，大部分公路只建不养，好路率低，通行能力差。由于缺乏养护，影响了好路率的提高，等级越低，越没人养护，为了确保好路率，10年来赤城县交通局下工夫抓养护工作。

(1)国省干线公路的养护管理(表3-5-4)

1998年按照市交通局养护管理体制改革精神，赤城县交通局从养护体制改革入手，实行养护责任到人，分段养护在分配上打破工资界限，实行计量支付。层层签订养护合同，充分调动了养护一线职工的积极性，提高了养护工作效率、质量，公路好路率逐年提高。

1996～2006年国省干线公路大中修、挖补情况表　　表3-5-4

年度	全县干线公路养护里程(公里)	中修工程	投资(万元)	小修挖补	改建路段
1996	三级:328	滦赤线167K+300～200K+200大修工程 滦赤线175K+200～190K+200浮化沥青稀浆封层15公里	99	27.38千平方米,27万元	
		南赤线0K－8K+300油路翻修、封层罩面工程			
1997	三级:328	112线58K+100－68K+100,7 210平方米/10公里,2厘米沥青罩面,其中处理翻浆700平方米,修整破损旧路面5 518平方米。 112线47K+784－78K,30.22公里3公分沥青表处,处理翻浆5600平方米	103	2 160平方米,27万元	
1998	三级:328	112线68K－92K+522双封层罩面24.522公里,滦赤线中修罩面15.2公里。滦赤线K160+378－K201+400中修罩面工程	144.5	挖补面积22.236千平方米,其中基层4 061平方米,处理翻浆1 507平方米,36.5万元	
1999	三级:328	112线K52+500－K82,计10公里中修罩面工程	146.8	油路挖补共计25 635平方米,其中:处理翻浆384平方米处理面层9 414平方米基层16 221平方米	

续上表

年度	全县干线公路养护里程(公里)	中修工程	投资(万元)	小修挖补	改建路段
2000	二级:7 三级:321	112线K47+784－K52+500,4.716公里中修罩面工程	63.38		
2001	二级:7 三级:321	沙宝线K51+355－K69+155,17.8公里中修罩面工程,滦赤线K189+000－K200+250,11.25公里,3公分罩面工程	298.2 179.23	挖补面积22 666平方米,处理基层9 374平方米,19.98万元	
2002	二级:7 三级:321	滦赤线K160+378－K189+000K200+250－K201+500共计29.872公里,中修工程(3公分油路罩面,铺砌路肩石)	257.7	处理基层4 600平方米,处理面层7 691平方米,6.1万元	112线赤宣界至赤城二级路改建
2003	二级:51.818 三级:237.418			处理基层7 062.6平方米,处理面层1 973.9平方米,7.8万元	
2004	二级:58.181 三级:277.562			挖补面层4 521.16平方米,基层1 307.6平方米,处理翻浆763平方米	宝平线小营至怀来交界二级路改建
2005	二级:100.226 三级:235.517			挖补面层10 278平方米,基层8 817平方米	
2006	二级:100.226 三级:235.517	滦赤线刷坡大修工程,共计刷坡70776立方米	256	挖补基层1 702.60平方米,面层2 086.61平方米,24.3万元	宝平线沽源界至赤城段二级路改建南赤线崇礼交界至赤城段二级路改建

赤城县属燕山余脉,地处华北平原和坝上高原隆起带之间,其特点就是山高坡陡,公路依山傍河,地形地质条件极差,境内公路危险路段和存在安全隐患的路段较多。为此,交通局及时进行检查,增设安全防护设施,设立指示标志牌、警示桩、宣传标语等;加大公路病害治理力度,及时进行大中修、小修挖补,确保国省干线基本无坑槽。同时,对严重影响公路畅通和安全的新区公路、白草大街等以路代市、占路经营行为,进行了集中治理整顿,修建隔离墙1公里,确保了国省干线公路的安全畅通。

(2)地方道路养护管理

1998年,赤城县交通局增设地方道路管理站,负责全县地方道路的养护管理。截至2006年,全县地方道路养护里程达到807公里。

1998年,公路养护工作在分配制度上打破档案工资,实行工区聘班长,班长聘职工,"谁上路,谁干活,谁领工资"。改变作业方式,由过去的分散养护为集体作业,实行定额管理,计量支付。通过养护体制的改革,充分调动了养护职工的积极性,出勤率达100%,直接生产率达90%,使养护质量逐年稳步提高,公路养护好路率和综合值,每年都超额完成市局指标,营造了畅、洁、绿、美的公路行车环境。

1998～2006年县乡道路养护资金逐年投入情况如图3-5-2所示。

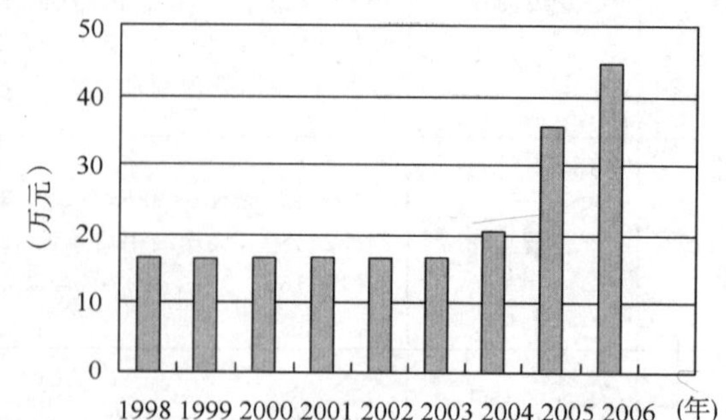

图3-5-2　1998～2006年县乡道路养护资金逐年投入情况

(3)乡村道路养护管理

随着村村通工程建设大规模兴起,2005年县政府出台了《赤城县乡村公路公路养护管理工作办法》，明确了“乡道乡养、村道村养”和“谁受益、谁建设、谁养护、谁管理”的基本原则，由各乡镇成立农村公路养护管理所，明确一名副乡长专门负责。县政府农村公路建设办公室负责对全县农村公路养护管理所的领导，县交通局负责全县农村公路养护的技术指导工作，乡村公路的养护和管理机制逐渐趋向成熟。

(4)公路绿化

1996 年前，全县公路绿化主要栽植杨树，树种单一。近年来，赤城县交通局高度重视公路绿化工作，国道 112 线和省道宝平线、南赤线两侧全部进行绿化，绿化树种有杨树、柳树、丁香、珍珠梅等绿化灌木及花草；县乡公路和旅游公路两侧栽植行道树。截至 2006 年底，全县公路绿化达 285 公里，占宜林里程的 85％。

3. 规费征收情况

10 年来，交通局十分重视规费征收工作，努力实现“应征不漏，应收尽收”。克服费税改革的不利影响，加强了组织领导，加大宣传力度，稳定和充实了执法队伍。一方面加大养路费征收政策的宣传力度，加强源头管理，积极开展稽查，做到应征不漏；另一方面明确征收目标，定计划，定任务，层层签订责任状，将任务分解到人，确保了养路费征收任务的完成，为交通事业发展提供了强有力的资金保障。

(1)10 年养路费征收情况(表 3-5-5)

1997～2006 年养路费征收情况

表 3-5-5

年　份	任务数(万元)	完成数(万元)	年　份	任务数(万元)	完成数(万元)
1997	547	580	2002	578	637
1998	582	602	2003	550	575
1999	582	554	2004	560	898
2000	580	600	2005	948	993
2001	562	623	2006	810	918

(2)运管费、客附费、货附费征收情况(表 3-5-6)

1997～2006 年运管三费征收情况

表 3-5-6

年份	运管费(万元)	客附费(万元)	货附费(万元)	年份	运管费(万元)	客附费(万元)	货附费(万元)
1997	53.9	50.2	24	2002	49.4	41.1	30.6
1998	43.9	48	26.5	2003	41.7	28.6	28
1999	47.1	37.4	28.3	2004	51.2	40.1	29.8
2000	46.6	45	28	2005	57.5	33.7	41.3
2001	43.5	46.4	30	2006	58.7	42.8	46

赤城县局积极不断加大对运管费、货附费、客附费的征收力度，坚持从源头入手，从规范市场秩序抓起，寓征费于管理、寓管理于服务之中，使三费稳步增长，1997 年征收运管费 53.9 万元，客附费 50.2 万元，货附费 24 万元。截至 2006 年征收运管费 58.7 万元，客附费 42.8 万元，货附费 46 万元。

4. 道路运输管理

随着赤城县经济社会的快速发展，公路等级不断提高，推动了道路运输业的发展。10 年来，县交通局通过不断治理和整顿运输市场秩序，努力营造和建立“统一、开放、竞争、有序”的运输市场体系，促进了道路运输业的发展。1996 年，完成客运量 52 万人，完成客运周转量 1 486 万人公里；完成年货运量为 10 万吨，完成货运周转量为 947 万吨公里。到 2006 年时，完成客运量达 80 万人，完成客运周转量达 3 259万人公里；完成货运量达 57 万吨，完成货运周转量达 3 259 万吨公里。1996 年全县道路从业人员

815 人，到 2006 年道路从业人员发展到 2 332 人，增长了 186%。

(1)客运量、客运周转量、货运量、货运周转量发展变化情况(表 3-5-7)

1997～2006 年运量、周转量发展变化情况

表 3-5-7

年　　份	货运量(万吨)	客运量(万人次)	货运周转量(万吨公里)	客运周转量(万人公里)
1997	28	61	1 021	1 327
1998	27	50	1 798	1 981
1999	39	46	1 612	1 810
2000	46	64	2 103	2 582
2001	43	61	2 257	2 573
2002	46	63	2 106	2 512
2003	51	60	2 160	2 341
2004	52	76	2 342	2 818
2005	54	79	3 128	2 910
2006	57	80	3 395	3 259

(2)客运管理(表 3-5-8、表 3-5-9)

1997～2006 年客运发展变化情况

表 3-5-8

年　　份	客　　车	年　　份	客　　车
1997	41	2002	60
1998	43	2003	70
1999	43	2004	74
2000	50	2005	80
2001	58	2006	85

1997～2006 年客运线路变化情况

表 3-5-9

年度	长途客运线路	县乡客运线路	村村通客运线路	年度	长途客运线路	县乡客运线路	村村通客运线路
1997	17	14	39	2002	17	17	43
1998	17	14	39	2003	8	17	43
1999	17	16	40	2004	8	17	43
2000	17	16	40	2005	8	17	43
2001	17	16	40	2006	8	17	43

1996 年，全县共有客车 41 辆。到 2006 年，全县营运客车发展到 85 辆。有客运线路 70 条，行政村通车率不足 16%，营运线路主要集中在干线公路，且全部为市县间或县与乡间运输。赤城县是国家级贫困县，是山区、老区，人民群众生活条件比较落后，出行乘车较难。而到 2006 年，全县客运线路发展到 68 条，全县行政村通车率达 95%以上。在客运市场管理工作中，以加强客运站管理为重点，特别是春运、五一、十一等重大节假日期间的客运市场进行强化管理，通过宣传、教育、集中查处等一系列措施对不法营运现象予以整治，取缔无证营运，制止“倒、甩、卖、宰、抢”客等违规行为，有力地保障了经营者与乘客的合法权益。

(3)货运管理(表 3-5-10)

1996 年，全县有货运车辆 802 辆，到 2006 年，货运已发展到 2 024 辆，车辆种类也迅速增加，由过去的“缺重少轻”的状况发展到现在的大型运输车、翻斗车、普通货车、小型货车等种类齐全的货运体系。

此外，农用三轮、拖拉机等机动车也大幅度增加，发挥着短途零散货物运输的作用。货运车辆的蓬勃发展，为赤城县的经济特别是矿产资源的进一步开发、利用提供了有利条件。

1997～2006 年货运发展变化情况　　表 3-5-10

年　份	货　车	年　份	货　车
1997	875	2002	1 079
1998	900	2003	1 453
1999	945	2004	1 453
2000	965	2005	1 974
2001	998	2006	2 024

(4)汽车维修行业管理(表 3-5-11)

1996 年全县维修厂家 13 个，其中二类厂家 2 个，三类厂家 11 个，到 2006 年全县维修厂家发展到 26 个，其中二类 2 个，三类 17 个，摩托车修理摊点 7 个。个体维修业遍布 18 个乡(镇)，大大方便了汽车维修的需要。同时，交通局多次会同税务、工商、物价等有关部门对维修厂家从开业条件、维修质量、结算凭证、收费标准等方面进行规范和整顿，促进其健康发展。

1997～2006 年维修行业的发展变化情况　　表 3-5-11

年　度	维修行业数量	年　度	维修行业数量
1997	13	2002	23
1998	14	2003	23
1999	14	2004	25
2000	16	2005	26
2001	20	2006	26

(5)驾培行业管理

2004 年底，全县有了第一家驾校，从业人员 20 人。到 2006 年，共培训驾驶员近 1000 人，为满足社会及人民群众就业和生产、生活的需要做出了贡献。

5. 党建工作

(1)领导班子建设

10 年来，赤城县局紧紧围绕提高班子执政能力建设，认真学习了党的各项路线、方针、政策，有重点地精读了“三个代表”重要思想、《党章》、《保持共产党员先进性教育活动读本》、《党内监督条例》、《党纪处分条例》等有关内容。局领导在深入学习的基础上，结合交通工作实际，认真撰写了心得体会和理论文章，提高领导班子的政策理论水平。并针对局领导班子实际，制定完善了《党建工作例会制度》、《关于进一步改进领导干部作风的建设》等制度，为加强局领导班子组织建设提供了强有力的制度保障。

(2)干部队伍建设

一是坚持用正确的理论武装人。10 年来，县局党政领导一班人始终将“三个代表”重要思想作为主线，把道德建设作为中心内容，贯穿于干部职工思想教育始终。二是坚持用专业知识教育广大干部职工，提高干部职工的综合素质。积极组织开展创建学习型机关活动、岗位技能比赛活动等，提高了干部职工的文化知识水平和业务实践能力。三是坚持用领导班子的模范作用影响人。局领导始终坚持凡是要求别人做到的，自己首先率先垂范，带出了一支特别能战斗、积极肯干、业绩一流的干部职工队伍。

(3)思想作风建设

10 年来，县局严格按照“两个务必”的要求，坚持求真务实的精神，加强思想作风建设。领导班子成员定时召开局务会，互通工作情况，定时召开总支会，研究部署党建工作，召开各单位书记例会，分析党建形势，总结经验，确保党建工作有序开展。定期过组织生活，深入开展批评与自我批评，深刻查摆问题，确保全局党员干部在思想上与党中央保持高度一致。

6. 精神文明建设

县局建立了局总支统一领导、各单位齐抓共管、干部职工广泛参与的精神文明建设领导体制。全局自上而下层层签订了创建工作目标责任状，实行了“一岗双责”，把创建文明行业各项工作指标的完成情况作为考核领导干部的重要依据之一。同时制定了《文明职工考核标准》，完善了局、站、班组三级考核体系，聘请了30多名各界人士作为社会监督员，建立了监督制约机制，广泛接受社会监督。几年来，全局共涌现出各类先进工作者、优秀共产党员等260多名，6个单位被评为星级文明窗口单位，局连续6年被省委、省政府授予省级精神文明单位，连续10年被市委、市政府评为市级文明单位。

7. 党风廉政建设

10年来，县局坚持以人为本，预防为主的方针，切实加强党风廉政建设和反腐败工作。以权力观教育为重点，加强思想信念教育，引导党员干部树立世界观、人生观、价值观、权力观、地位观、利益观，切实提高廉洁自律、拒腐防变的能力。组织广大党员干部深入学习《中国共产党章程》、《江泽民论党风廉政建设和反腐败斗争》、《中国共产党党内监督条例(试行)》和《中国共产党纪律处分条例》等，并在全局推行“两书一卡”(党风廉政建设责任书、领导干部廉洁自律承诺书、服务对象监督卡)制度，自觉接受群众的监督。开展警示教育，深化正面典型示范教育、反面典型警示教育和党纪政纪条规教育，切实增强党员干部廉洁自律的意识和自觉性，杜绝以权谋私行为，10年未发生一件违法违纪行为。

8. 民主评议行风

自2000年在全县范围内开展民主评议行风工作以来，县局就成立了以局长为组长，主管副局长为副组长，各股站负责人为成员的行风建设工作领导小组，并下设办公室，对行风建设工作进行组织、指导、监督和实施。制定了《赤城县交通局行风建设实施方案》、《保持共产党员先进性教育的实施方案》《赤城县交通局关于开展机关效能建设的实施方案》等工作方案，在系统内大力推行“首问负责制”、“一次性告知制度”、“末位淘汰制”、“行政执法人员六条禁令”，“行执法责任追究内容和计分法”、“限时办结制”等制度。加强业务大厅建设，完善“一条龙”服务，完善桌、椅、保温桶、水杯等便民服务措施。设立举报电话，意见箱和监督台。通过发放征求意见表，聘请行风监督员，召开座谈会，领导带队走访等多种形式开展行评工作。通过加强制度建设、严格考核奖惩，完善运行程序，强化监督检查等手段，工作作风进一步转变，依法行政进一步加强，交通发展环境进一步优化。

第六章 沽源县交通局十年工作综述

一、基本情况

沽源县位于河北省北部张家口市坝上地区，北纬 40°57′～41°13′，东经 114°50′～116°05′，地势平均海拔 1 536 米，气候属温带大陆性草原气候。呈葫芦状横挂于内蒙古高原南缘，是锡林郭勒盟大草原的一部分，东与承德市丰宁满族自治县接壤，南与张家口市赤城县、崇礼相接，西与张北、康保两县相望，北与内蒙古太仆寺旗、正蓝旗、多伦毗邻。全县东西最大距离 103 公里，南北最大距离 79 公里，总面积 3 654平方公里，辖 4 镇、10 乡、233 个行政村，总人口 23 万(其中农业人口 21 万人)。县域境内有丰富的矿产资源和风景秀丽的旅游资源，过去由于沽源地处偏远，交通不便，使资源优势难以转成经济优势，导致县域经济发展缓慢，一直是全国重点贫困县，全县油路总里程居全省末位。

1961 年成立了沽源县人民委员会交通运输局，1980 年正式成立沽源县交通局。县局下设 13 个职能股室站所(办公室、后勤办公室、项目计划管理股、质量监督站、审计股、财务股、养路费征稽所、运输管理所、地方道路管理站、公路管理站、公路工程管理站、路政执法大队、公路工程机械队)和 3 个养护中心(平定堡养护中心、双井子养护中心、黄盖淖养护中心)，共有干部职工 426 人，其中党员 135 人。主要职能是贯彻执行上级交通部门的各项法规政策；研究制定全县交通发展规划；负责全县国省干线公路和县级道路的养护、大中修工程管理、路政管理；乡村道路建设的技术指导、协助管理；道路运输行业管理；依法征收交通各项规费；国防交通战备管理等工作。

二、公路建设

1. 公路变化

1996 年前，由于沽源地处偏远，交通状况落后，当时县境内仅有 5 条国省干线公路 221.739 公里，11 条地方道路 93.5 公里(全部为车马大道改建而成)，公路总里程 314.374 公里，其中只有 77 公里为三级油路，占干线公路总里程的 35%，占公路总里程的 24%，其他均为砂石路。10 年来，县局把公路建设作为交通工作的重中之重，紧紧抓住国家加大对张承地区政策倾斜等有利契机，解放思想、凝聚实干、克难攻坚，不论是国省干线公路还是地方道路建设都取得了翻天覆地的变化，给全县人民脱贫致富提供了交通支撑。截至 2006 年底，沽源县境内有国道一条(207 线)14.058 公里。省级干线公路三条(宝平线、张沽线和半虎线)198.604 公里，干线公路总里程达 212.662 公里，其中二级公路 104.537 公里，三级公路 108.125 公里。县级公路五条(白四线、小云线、豪沽线、牧闪线、九邓线)159.4 公里，其中九邓线是二级公路。乡级公路 11 条 379.7 公里。村级公路 92 条 508.9 公里。全县公路通车总里程达 1273.7 公里，是 1996 年的 4 倍还要多，14 个乡(镇)全部通油路。233 个行政村通公路，其中有 108 个行政村通油路、水泥路，125 个行政村通砂石路。经过 10 年的建设与发展，在县境内初步形成了一个以国省干线为骨架，县乡道路为分支，以县城为中心，辐射全县 14 个乡镇 233 个行政村的快捷高效的公路网络。

沽源县 1996 年与 2006 年公路路面类型对比如图 3-6-1 所示；公路发展情况如图 3-6-2 所示。

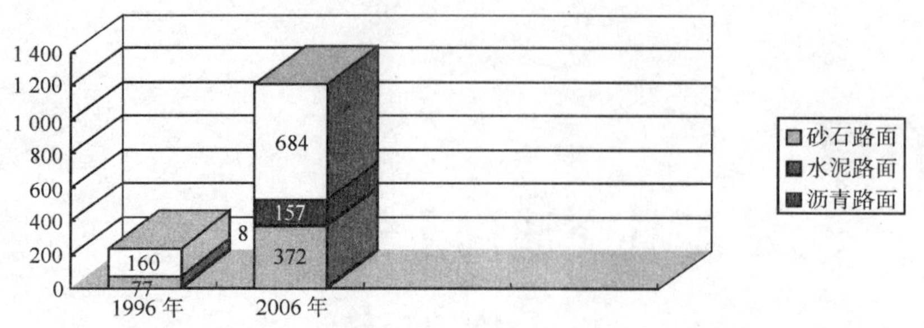

图 3-6-1　1996 年与 2006 年沽源县公路路面类型对比图(单位:公里)

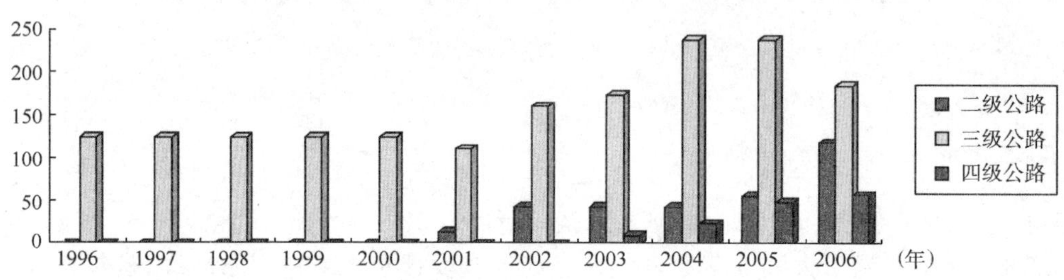

图 3-6-2　1996～2006 年沽源县等级公路发展情况图(单位:公里)

2. 国省干线

1998 年完成县境内省道沙宝线(现称宝平线)一期 20 公里油路改建工程,完成上级投资 1 050 万元。2000 年完成了省道沙宝线(现称宝平线)二期 23.7 公里油路改造工程,完成投资 1 200 万元。2001 年完成国道 207 线 14.058 公里二级公路改建升级工程,该段公路的建成,结束了沽源境内无高等级公路的历史。2002 年完成省道张沽线 49.8 公里三级油路新建工程;完成半虎线 29.5 公里二级油路改建工程;实现了两年工程一年完工的目标,完成投资 1.8 亿元。2006 年投资 2 亿多元,完成省道宝平线沽源境内 61 公里二级公路改建工程(图 3-6-3),结束了河北省最后一个省级公路砂石路的历史,实现了沽源的干线公路黑色化。10 年间,沽源县交通局先后改建二级以上公路 124.058 公里;新(改)建三级油路 220.7 公里,共完成投资 4 亿多元。

图 3-6-3　省道宝平线沽源段一景

3. 地方道路

1996 年前,沽源县有上级批复的县级公路 95.3 公里,并且全部是车马大道,没有路基、线型,春季翻浆、夏季水毁、冬季雪阻,乡与乡、乡与县、村与村的出行非常不便,极大地制约了全县人民脱贫致富的步伐。

(1)县级公路

沽源县交通局在加快干线公路建设步伐的同时,加大了县级公路的建设力度,全力打造乡乡通油路的快速高效交通网络。2003 年利用国债资金修建县道白四线三级油路 13.3 公里(白四线起于沽源县西辛营乡白碱滩村,止于赤城县四道甸),完成投资 965 万元。2004 年完成县道白四线 36.6 公里三级公路改建、小云线(北起小河子,南至莲花滩)20 公里新建四级油路、豪沽线(起于闪电河,至于沽源丰宁界)26 公里新建油路、牧闪线(南起闪电河,北至榆树沟牧场)19 公里新建四级油路工程。2005 年完成县道九邓线(九连城至康保界)13 公里二级油路改建工程,这是沽源县唯一一条地方道路二级公路,也是沽源地方道路向高等级公路迈进的第一步。2006 年完成县道小云线莲花滩段 5 公里三级公路新建路基工程。

(2)乡村公路

2004 年以前，沽源县乡村公路建设一直处于停滞阶段。到 2004 年以来，国家加大了对农村公路建设的投入。交通局抢抓机遇，积极争取“上级补一点、财政拿一点、一事一议集一点、投劳投工省一点、工程施工欠一点”的方法，农村公路建设取得了前所未有的成绩。2004 年完成乡道五南线（西起平定堡小南营，东至长梁）14 公里新建四级油路工程。2005 年完成乡道苏平线（北起苏鲁滩，南至平定堡）14 公里四级油路工程。2004～2006 年完成村村通水泥路 157 公里，完成建砂石路 110.6 公里，共涉及 14 乡镇，233 个行政村。2005 年底，沽源县实现了乡乡通油路、村村通公路，其中油路（水泥路）通村率达 46%。由于农村公路建设成绩显著，2006 年 7 月 26 日市交通局在沽源县召开了张家口市农村公路建设调度暨质量管理现场会，在全市推广了沽源县农村公路建设的成功经验。

(3)城区公路

在不断加大国省干线、县乡道路建设的同时，沽源县局在市局的大力支持下，急全县人民之所急，把城区公路建设当作关系全县人民生产生活中的一件大事来抓。2002～2006 年共修建城区公路 12 公里，争取投资 1 600 万元，不仅方便了群众出行，还提高了县城形象。2002 年完成交警大队至三角营西迎宾大道 1.5 公里一级公路改造工程；完成半虎线县城段 3 公里一级公路的改建工程。2003 年完成县城苗圃街、加油站西街、旧汽车站西街三条街道共 4 公里新建工程。2005 年完成苏平线至人民街 0.8 公里一级形象公路。2006 年完成新改建宝平线至四小南迎宾大道一级公路 1.4 公里，完成新城街、三角营至宝平线、宝平至苏平线三条街道铺油工程 6 公里，几年来，沽源县城区公路的飞速发展，使县城形象提升了一大步，受到全县人民的称赞。

(4)旅游公路

2002 年前，随着沽源旅游业的开发与发展，旅游发展与道路滞后的矛盾日益突出，但旅游道路建设所需资金对年财政收入不足 4 000 万元的沽源县简直是天文数字，沽源县交通局勇担重任，积极争取，4 年来累计完成 62 公里旅游公路建设。使沽源各旅游区景点与景点、景点与县城全部修通了油路，极大地促进了沽源县旅游业的发展。

三、公路养护

1. 干线公路养护

(1)日常养护

10 年来，沽源县交通局公路养护部门以服务全县经济发展为宗旨，以加强道路的通行能力为目的，采取计量支付，路段承包，绩效挂钩等科学管理模式，坚持标准化、规范化养护，保障了干线公路的“畅、洁、绿、美、安”。干线公路养护完成列养公路好路率、年均综合值，每年均超市局下达任务的 1～4 个百分点。2004 年沽源县交通局被省交通厅公路局评为“养护先进县”。沽源县交通局 1996～2006 年列养干线公路统计如表 3-6-1 所示。

沽源县交通局 1996～2006 年列养干线公路统计表　　表 3-6-1

年　度	养护里程（公里）	养护人员（人）	养护机械（辆）	实际完成值				备　注
				年末好路率(%)	年均好路率(%)	年末综合值	年均综合值	
1996	190.568	268	3	98	99	—	—	分别超市局下达任务 11.8%、11.8%
1997	190.568	268	5	95	94	—	—	分别超市局下达任务 17%、17%
1998	190.568	279	7	91	90.8	85	83	分别超市局下达任务 8.7%、18.8%、4
1999	200.568	279	8	78	79	77	78	分别超市局下达任务 8.7%、18.8%、1.2
2000	220.568	276	10	79	85	77	80	分别超市局下达任务 8.7%、18.8%、4
2001	220.568	275	10	90	89	84	83	分别超市局下达任务 11.8%、11.8%、3.6

续上表

年度	养护里程（公里）	养护人员（人）	养护机械（辆）	实际完成值				备注
				年末好路率（%）	年均好路率（%）	年末综合值	年均综合值	
2002	220.568	275	10	94	94.5	94	91.5	分别超市局下达任务9%、11.5%、5
2003	220.568	274	10	91	96	92	96	分别超市局下达任务6%、13%、3、8
2004	212.662	268	14	95	94	94	93	分别超市局下达任务7%、9%、5、6
2005	212.662	266	15	100	94	89.4	87.3	分别超市局下达任务12%、6%、0.4、0.3
2006	212.662	258	16	100	100	91	90	没有下达任务

(2)大中修工程

沽源县局在做好干线公路日常养护的同时，高质量、高标准地完成了各项大中修工程任务。1998年完成了省道半虎线4公里大修工程、16公里中修工程；国道207线14.226公里稀浆封层工程。2000年完成了半虎线20公里油路大修工程(西胡同至白土夭村)。2001年完成了省道半虎线18公里大修工程；2002年完成了半虎线42公里大修工程。2004年完成了省道宝平线(县城至小厂)29公里中修工程；2006年完成了省道半虎线(白土夭至平定堡)10公里中修罩面工程。10年间，累计完成公路大中修工程8项，完成投资1亿多元，是建国50年来完成公路大中修的几百倍，从而保证了干线公路的运载能力。

(3)公路绿化(表3-6-2)

1996～2006年沽源县交通局干线公路绿化表 表3-6-2

年度	路线名称	绿化内容	绿化里程(公里)
1996～2001	—	—	—
2002	207线	栽植杨树15 313株	14
2003	半虎线	栽植杨树347株、松树3 930株、丁香7 677墩、柠条24 040墩、沙棘16 496墩	24.2
2004	—	—	—
2005	半虎线	栽植杨树3 816株、丁香5 400墩、沙棘12 000墩	9.2
2006	半虎线	栽植杨树1 400株、云杉300株、樟子松400株、沙棘1 005墩	3
	宝平线	栽植杨树18 241株	60.979
	207线	补植杨树7 143株	14

沽源县局在公路养护中不仅注重“畅、洁”，同样注重公路的“绿、美”，以此来全面提升沽源公路新形象。10年来，共对1条国道、2条省道栽植杨树4.626万株、松树3 930株和其他树木6.731万株(墩)，完成公路绿化投资400多万元。

2. 地方道路养护

2004年前，由于全市农村公路建设步伐缓慢，农村公路自然也谈不上养护。随着农村公路建设速度加快，沽源县交通局意识到，农村公路“只建不养等于白忙一场”。在经过大量艰苦细致地摸底、调查、研究的基础上，通过积极运作，因地制宜地在全县14个乡镇，成立了农村公路养护管理所，并由一名专职副镇长担任所长，配有专职管理人员，雇用112名农村养护工对全县464公里的农村公路进行养护，并在全市率先制定了《沽源县农村公路养护管理办法》和《沽源县农村公路养护管理细则》，把农村公路养护经费纳入到了县财政预算，确保了农村公路“建一条、养一条、保一条”。1996～2006年沽源县交通局农村公路养护情况统计如表 3-6-3 所示。

1996～2006 年沽源县交通局农村公路养护情况统计表　　表 3-6-3

年度		砂石路（公里）	油路（公里）	水泥路（公里）	养护总里程（公里）	养护工（人）	养护资金（元）	成立乡镇管养所（个）
1996～2003		—	—	—	—	—	—	—
2004	县道	146.08	13.3	—	159.38	5	53 200	—
	乡道	—	—	—				
	村道	—	—	—				
2005	县道	41.58	107.8	—	149.38	36	485 100	—
	乡道	—	—	—				
	村道	—	—	—				
2006	县道	28.58	107.8	—	464.33	112	595 230	14
	乡道	—	57.2	44.95				
	村道	110.6	43.3	71.9				

四、养路费征收

图 3-6-4　沽源县交通局养路费收费大厅

10 年来，养路费征稽人员一直以饱满的热情和高度的责任感（图 3-6-4），不断加大稽查监督力度，通过日常征费、源头催缴、路检路查、行政处罚等手段，确保公路规费应征不漏，征费额年年稳步增长，养路费征收资金相当于县财政收入的 1/10还要多，为公路建设积累了资金。2006 年完成养路费征收 391 万元，是 1996 年完成养路费的 175%。截至 2006 年底，共完成征收汽车养路费 2 895 万元，小拖养路费 342 万元（图 3-6-5）。

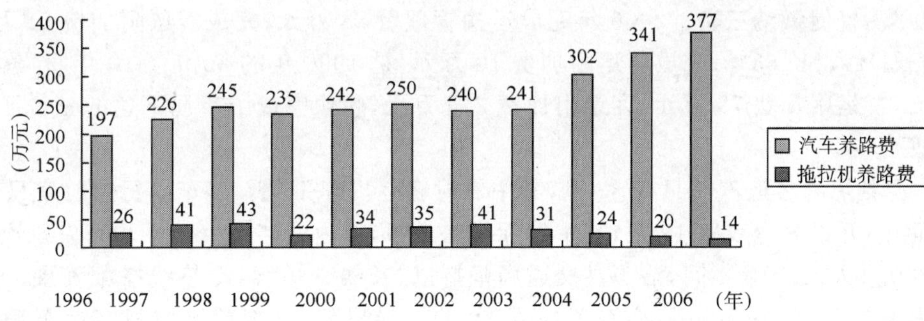

图 3-6-5　1996～2006 年沽源县养路费征收情况统计

五、道路运输管理

10 年来，沽源县交通局在道路运输管理方面，站在服务全县经济发展的高度，以提高道路整体运输能力为目的，通过强化措施、扎实工作、狠抓落实，道路运输能力得到了提升，达到了“货流其畅、人便于行”。到 2006 年底，货运量从 1996 年 5.34 万吨增加到 41.2 万吨；客运量从 21.24 万人增加到 29.9 万人；货运周转量从 617 万吨公里增加到 2 413 万吨公里；客运周转量从 1 148 万人公里增加到 2 082 万人公里（表 3-6-4）；行业从业人员从 601 人增加到 2 580 人，增加了 4 倍多。

1996～2006 年沽源县运量、周转量发展变化情况　　表 3-6-4

项目＼年度	1996	1997	1998	1999	2000	2001	2002	2003	2004	2005	2006
货运量（万吨）	5.34	7.03	8.01	14.28	14.28	23.04	26.28	30.36	34.80	36.84	41.2
客运量（万人）	21.24	21.87	22.52	23.19	24.11	25.07	25.82	26.85	27.92	28.75	29.9
货运周转量（万吨公里）	617	979.13	1 327.5	1 637.2	1 876	2 103	2 147	2 153	2 314	2 383	2 413
客运周转量（万人公里）	1 148	1 491.7	1 536.4	1 582.5	1 645.5	1 711	1 780	1 851	1 925	2 002	2 082

1. 运输管理费、货运附加费和客票附加费征收情况（图 3-6-6）

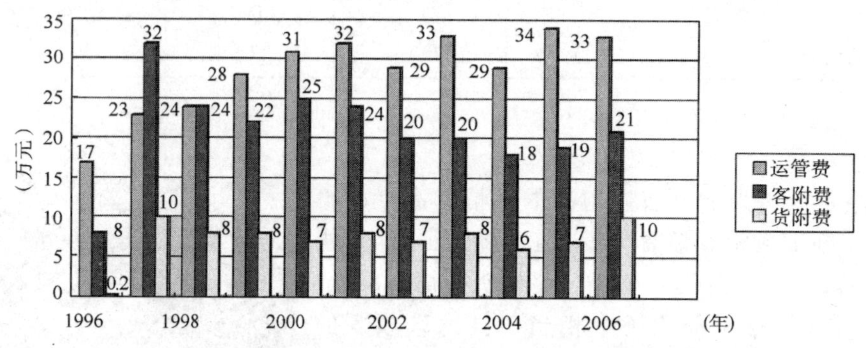

图 3-6-6　1996～2006 年运管费、客附费和货附费征收统计

在征收运输管理费、货运附加费和客票附加费工作中始终坚持“开源、挖潜、多征、杜免”的原则，加大路检路查、查漏补缴力度，挖掘征收潜力，堵塞征缴漏洞。重点从抓费源入手，对全县所有营运车辆进行摸底调查、登记造册，详细登录规费征缴情况，对于不按时缴纳三费的，稽查人员及时上门了解情况，宣传有关法律法规，督促缴纳三费。2006 年完成运输管理费 33 万元；完成客票附加费 21 万元，同 1996 年相比，分别增长 94％和 163％；完成货运附加费 10 万元，是 1996 年的 50 倍。10 年间，累计征收运输管理费 313 万元，货运附加费 79 万元，客票附加费 235 万元，超额完成了市局下达的三费征收任务。

2. 客运管理

1996 年，沽源县境内客运汽车只有 33 辆，其中农村客运汽车 16 辆，客车通行政村率只有 7％，而且多数是胜利小面包；开设客运线路 19 条，其中省际线路 4 条，市内线路 15 条，平均日发班次 38 次，日平均输送旅客 1 300 余人次。10 年间，沽源县交通局坚持以“长线带短线，冷热线搭配发展”的客运思路，特别是农村客运坚持以“公路修到哪，客车就通到哪”的指导思想，全部放开农村客运车辆和班线的审批，采取随来随批，减免审批环节的方式，使农村客运车辆由乡镇向各个行政村和自然村延伸。到 2006 年底，沽源县客运工作取得了翻天覆地的变化。县境内客运汽车增加到 52 辆，其中农村客运汽车增加到 25 辆（行政村通客车率达 100％，自然村通客车率达到 86％以上），而且 80％的是豪华舒适的中巴车，5％的是大型豪华卧铺客车；客运线路发展到 33 条，其中省际线路 6 条，市内线路 27 条，平均日发班次 98 次，日平均输送旅客 2 600 余人次，是 1996 年的 2 倍。

3. 货运管理

10 年来，随着沽源县经济的不断发展，各种货物供需量急剧增加，相应的货物运输业不断发展壮大，实现了货物运输的从无到有，从少到多，由慢到快。到 2006 年底，共有各种货车 1 030 辆（图 3-6-7），其中有大型货车 802 辆，占总量的 78％。比 1996 年货车增加 952 辆，平均每年以近百辆的速度增加。

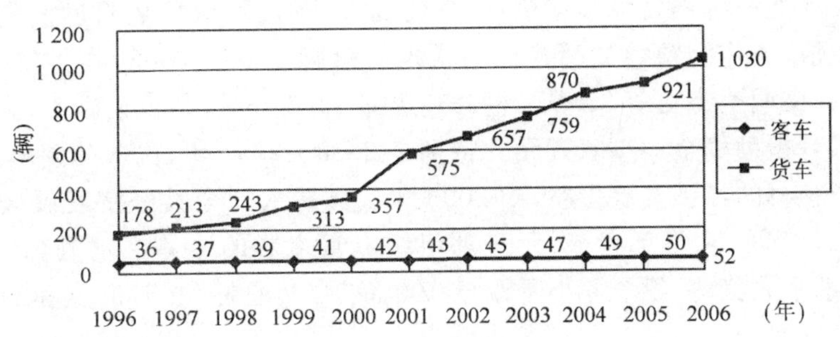

图 3-6-7 1996～2006 年沽源客车和货车发展情况

4. 汽车维修行业

1996 年，沽源县境内只有三类维修企业 13 家，从业人员 68 人。随着汽车保有量的迅速增长，汽车维修业和维修行业有较快发展。到 2006 年底，沽源县有汽车维修企业 98 家，其中二类企业 2 家，三类企业 96 家，全年完成汽车维修 6.3 万辆次，实现维修总产值 1 600 万元。

5. 水运管理

1996 年成立了沽源县港航监督站，3 名工作人员负责闪电河水库 2 艘船舶的安全与管理。2003 年改为沽源县地方海事处，海事执法人员增至 7 名。随着沽源县旅游业的不断发展，先后建成了以水上项目为主的天鹅湖度假村和闪电河水库沽水福源度假村，到 2006 年共有各种船舶 7 艘，办理船员适任证 7 人。由于监管到位、措施得力，没有发生过一起水上安全责任事故。

六、行政执法

10 年来，沽源县交通局始终把行政执法工作摆到交通工作的重要议事日程，并纳入到年终的考核目标，加大行政执法的教育和监督力度，保证了交通行政执法规范有序，确保了各项规费征收任务的圆满完成。具体做法：一是每年年初都要根据人员变化，适时调整行政执法领导小组和法制办人员。二是全面推行《行政执法责任制》，每年局与各执法单位，执法单位与个人层层签订《行政执法责任状》，将行政执法工作纳入双文明目标管理考核内容，建立考评、奖罚制度。三是每年都要结合执法证件年审工作，组织全体执法人员对各种法律法规进行学习和考核，平均合格率达 99%，共为 200 名行政执法人员办理了《行政执法证》证件。10 年间，共举办各种行政执法培训班 21 期，参加培训人员达 1 100 人次，全面提高了执法人员的业务素质。四是在规范执法行为的工作中坚持“四个统一”（执法依据统一，执法标准统一、执法文书统一，执法程序统一），“一个规范”（规范执法人员的执法行为）。一方面于 2005 年成立了沽源县交通局行政执法稽查大队，稽查大队严格落实市交通局限定路段、限定时间的上路稽查规定，严格按照有关行政执法规范进行执法；另一方面积极组织行政执法工作的内部审计，每月按时对清欠、稽查工作进行考核，职责明确，奖罚分明。五是自觉把执法行为置于全社会的监督之下，借政务公开和行政权力公开透明运行工作的契机，在社会上对行政执法办事程序、政策依据、收费标准、工作流程、办事结果进行公开，接受广大人民群众的监督。到目前，在县境内没有发生一起公路“三乱”行为，受到上级和广大人民群众的好评。

七、精神文明建设

近年来，沽源县交通局坚持精神文明与交通经济两手抓两手都要硬的方针，以“抓文明、树新风、抓创建、兴交通”为指导思想，创新建设载体，加大建设力度，实现了精神文明建设新的发展，铺就了精神文明成功之路。10 年来，县局连续 5 年保持市级文明单位，3 年保持河北省文明单位。一是建立了以党委书记任组长，基层支部书记为成员的精神文明建设领导小组，实行一把手负总责、主管领导具体抓、办事人员认真抓的工作机制。二是每年年初坚持召开精神文明动员大会，并与基层单位签订精神文明建设目标责任书，将精神文明建设各项目标细化量化，责任到人，形成了精神文明建设工作人人有责的常态工作机制。三是把为民服务作为精神文明建设切入点和落脚点。10年间，共为包扶贫困村、后进党支部村、千村经济振兴村、文明生态村等30多个村修建道路30.6公里，各种捐款4万元，捐物2 000多件，改善办公条件5处，共计援助资金达180万元。特别是2003～2005年，包扶的闪电河大西营贫困村，经过两年的帮扶，改变了该村的经济发展思路，到2005年底已跨入到全县经济发展较快村。四是开展形式多样的文体活动。10年间，除每年春节、元旦都组织丰富多彩的文体活动外，还成功举办了沽源县“交通杯”第二届青年歌手大奖赛、纪念邓小平诞辰100周年“交通杯”文艺汇演和彩色周末交通专场等演出，受到全县人民的欢迎。

八、党建工作

近年来，沽源县交通局党总支始终站在讲政治求发展的高度，坚持把党建工作与交通经济建设放在同等位置来抓，同部署、同检查、同考核，用党建优势指导交通工作，用交通工作检验党建成效，成为全县党建工作的一大亮点。一是加强班子民主建设。沽源县交通局历届主要领导均把班子民主建设放在首位，认为只有建立民主班子，才能有团结的班子，团结才出战斗力。10年间，班子内部、上下级之间能互相尊重，平等相处，以诚相待。研究问题时讲究民主，班子成员能畅所欲言，集思广益，不搞个人说了算。工作中互相支持，积极配合，通过条线互动体现了整体的形象和战斗力。二是局党总支始终坚持理论教育和典型带动的方法，每年都有4～6名技术尖兵等优秀人才加入党组织，党员数量每年平均以5%速度递增。三是党建工作融入交通工作主战场。在公路施工、规费征收、公路养护等工作中充分体现出“总支核心、支部堡垒、党员先锋模范”党的三大优势，保证各项工作圆满完成。2004年，交通局党总支被县委调整为交通局党委，同年成立了公路工程机械党支部、离退休人员党支部。2006年底，交通局党委共有委员7名，下设10个基层党支部，党员135名，占全局人数的34%，其中大专以上学历占90%，女党员30名。局党委2004～2006年连续3年被市委评为先进基层党组织。

九、党风廉政建设

10年间，不论是哪届局领导班子，在抓好交通经济发展的同时，时刻绷紧党风廉政建设这根弦，始终坚持以党风廉政建设责任制为龙头，不断深化“党委负总责，班子领导齐抓共管，纪检委员组织协调，各所属单位各负其责，干部职工积极参与”的工作机制。一是将党风廉政建设责任制及反腐败工作职责层层分解，局与站所、站所与个人层层签订党风廉政建设责任书，每年开展廉洁从政承诺活动。二是多年来坚持开展党风廉政教育，在干部职工思想上筑起坚固的反腐防线。三是通过每年一次的“述廉、评廉”大会，副股级以上干部直接接受全局干部职工的评议，并建立股级领导廉政档案、评议结果与职务提拔、评优晋级、工资待遇直接挂钩，促进了廉政建设工作的开展。四是抓好廉政制度建设。10年来，先后制定了《交通局基本建设参建单位人员廉洁自律准则》、《现金管理制度》、《财产清查制度》、《财务收支管理制度》、《内部审计制度》等35项廉政制度，保证每年约4 000万元的公路建设资金都用在公路建设上。

十、行风建设

从2002年开展行风建设以来，沽源县交通局在行风建设上突出以民为本，夯实组织领导，在宣传发动、查找问题、整改提高等基础工作上，着重在发挥职能作用、为民办实事上下功夫、做文章。一是在公路建设上多修便民道，做到施工不断交，不影响沿线人民群众的生产、生活。同时争取多修与干线公路的连接线。10年间，共借修建干线公路的契机，修建与乡、行政村、自然村的连接线15条，共计13.6公里，争取投资600多万元。二是对群众关心的客运市场进行规范整顿。从2001年开始，抽调专人治理整顿客运汽车市场，6年间共查处违纪违章车辆21辆，并分别进行了处理。经过整顿，沽源县的客运市场秩序稳定，受到了上级领导和社会各界的好评。2002年、2003年、2006年连续3年行风工作在全县评比中名列第一；2004年、2005年在全县开展的民主评议行风工作中被县委确定为免评单位。

第七章 塞北管理区交通局十年工作综述

一、基本情况

塞北管理区前身为原河北省国营沽源牧场，属河北省九大农垦企业之一。2003 年 6 月经省政府批准正式改制为张家口市塞北管理区，同时挂“张家口市高效畜牧业示范区”的牌子，为县区级行政单位，行使县级政府职能。

塞北区辖区总面积 267 平方公里，其中耕地 120 平方公里（12 000 公顷），林地 22.67 平方公里（2 267公顷），草地 93.33 平方公里（9 333 公顷）。下辖 4 个管理处，24 个自然村。总人口 24 000 多人。

塞北管理区位于河北省张家口市坝上地区北部，地处锡林郭勒草原南缘，全区地势平坦，具有舒缓丘陵、波状高原的地貌。管理区西与内蒙古太仆寺旗接壤，北与内蒙古的正蓝旗、多伦县相毗，东与承德丰宁县相邻，南与沽源县相连，距北京市 317 公里，距张家口市 200 公里。地理位置在北纬 41°42′～41°57′、东径 115°32′～115°47′，平均海拔 1 400 米。管理区气候属高寒大陆性季风气候，其特点是雨热同期，四季分明，春季干燥多风，夏季降水集中，秋季天高气爽，冬季寒冷少雪。

过去，塞北管理区属于企业办社会的性质，对社会基础设施的投入少，没有交通局等职能部门。直到 2003 年沽源牧场改制为张家口市塞北管理区，开始行使政府职能，于 2004 年 4 月成立了管理区交通局。实行独立办公，其主要职责：负责全区公路布局规划，组织公路及附属设施的建设、养护和管理，依法保护公路产权；负责全区道路运输行业管理；负责全区各项交通规费的征稽、上解、管理以及各项交通规费和建设项目的审计监督；组织指导全区交通行业的精神文明建设和教育、培训工作；承办区工委、管委会交办的其他事项。

区交通局内设办公室、财务股、项目计划管理股、运输管理所、地方道路管理站、路政中队、养路费稽查所。全局现有工作人员 15 名。

管理区成立之前，由于体制的特殊性，长期以来在公路建设上没有享受到国家的有关优惠政策，再加上自身经济条件差等原因，区内没有一条等级道路，基本都是多年来人们行走形成的便道，与沽源接壤的唯一条道路也不过是一条车马大道，仅有 19 公里的路程，班车就要走一个多小时，而且一遇阴天下雨或是大雪天车辆根本无法行驶，交通极为不方便，落后的交通状况成为制约塞北管理区经济发展的瓶颈、“掣肘”因素。

图 3-7-1 牧（场）闪（电河）线三级公路施工现场

改制之后，区领导把发展交通基础设施建设作为全区工作的重中之重，经过区政府与局领导的不懈努力，2004 年迎来全区人民近 40 年的期盼，“牧闪线”——塞北管理区榆树沟管理处至沽源县闪电河的三级柏油路开工建设（图 3-7-1）。牧闪线总投资 1 090

万元,国家及省补助资金668万元,地方配套422万元。由于塞北管理区刚刚成立,区内财政非常困难,但是公路建设的重要性和紧迫性使管理区领导班子克服了种种困难,经多方努力,筹借资金,终于使"牧闪线"于2004年9月20日顺利竣工通车。

2005年,塞北管理区至内蒙古正蓝旗三级油路得到上级主管部门正式批复,准予开工建设;此条道路区域内外通车里程为9.63公里,担负着冀、蒙两省经济贸易及文化信息往来的任务。2006年10月开始修建,完成部分路基工程。

随着"牧闪线"和通往内蒙古正蓝旗三级公路的开通,不仅提高了交通运输整体服务水平,还优化了塞北的投资环境。许多投资商落户塞北,推动了全区经济的发展。

二、公路建设

目前全区地方道路总里程80.318公里,其中县道18.283公里,为一般三级油路。乡道26.312公里,村道35.723公里。列养县道一条(牧闪线)7.1公里,涵洞51米/6道,绿化39200株。村道(四级砂石路)7公里。现正在新修村村通四级水泥路两条,全长9.641公里,已于今年9月竣工并交付使用。

1.养护工作

为确保全区唯一一条通往区外道路的完好与畅通。在公路养护工作上,先后下发了《塞北管理区农村公路管理养护实施意见》、《塞北管理区农村公路管理养护办法》、《塞北管理区交通局农村公路养护管理实施方案》、《塞北管理区交通局农村公路管理养护实施细则》;并相应成立了财务制度、养护管理工作规范等制度。农村公路管理养护的目标是:"有路必养","凡路必管";保障农村公路的日常养护和正常使用。

对公路实行承包的养护方式,区局地方道路管理站同养护人员签订了《县乡道路日常养护经济承包合同》,按照合同内容:根据养护里程确定养护经费,确定平时养护标准和年底养护标准,对平时养护达到所定标准的给付当月养护经费的80%,其他经费在年底通过市局地道处验收达到良等路标准的给予一次性发放;平时进行不定期抽查,对完成任务好的承包人除全额发给当年工资外另对养护工人以货币形式进行奖励,对不能按要求完成任务的扣除相应完成不任务部分工资。采取以上措施,使养护工人明确了自己的工作职责,增强了工作的积极性和自觉性,能够如期按质按量完成养护任务。

为美化绿化所列养的7.1公里县级公路,区局于2004年牧闪线竣工交付使用后,对全路段进行了全面绿化,新栽植道旁树3.92万株,成活率达到85%,起到了公路绿化美化效果。

近年来共刷白道边树累计6万余株,修整路肩14.1公里,清挖排水沟7.5公里,备路肩用砂石料78立方米,挖补油面544平方米,挖补基层268平方米,处理翻浆523平方米。使好路率达到100%,综合值达到91,真正使管养路段实现了畅、洁、绿、美。

2.路政管理工作

在路政管理工作上,按照"突出重点,建立规范,强化管理,注重实效"的工作要求,以提供路政优质服务,确保公路完好、畅通、整洁、美观为目标,积极探索加强公路路政管理工作的新路子,努力改善路政执法环境,提高管理服务规范化水平。

(1)加强业务学习,提高业务素质。在工作中,通过制定学习制度,在岗位上坚持自学,努力提高队员的业务素质。还抽调人员到周边县区路政大队进行参观、学习,同时结合区局路政中队实际,全体人员对《交通外业执法工作规范(试行)》进行了全面学习,为做到切实掌握,对条款准确熟练运用,路政中队制定了详细的培训计划。采用个人自学与集中学习相结合的方式,全面掌握《规范》的内容,使执法更加规范。为进一步提高执法人员的专业理论水平,他们还邀请区局法制科人员作为兼考老师,在交通局会议室对全体执法人员进行了闭卷考试,成绩全部合格。通过不断的学习,队员的业务素质得到了极大的提高。

(2)完善制度,规范内业管理。根据市局地道处路政管理的有关要求,区局路政中队认真做好路产档案、路政案件材料的收集、归档管理。对辖区内的交通标志、桥梁、涵洞等路产进行统一规范的登记、

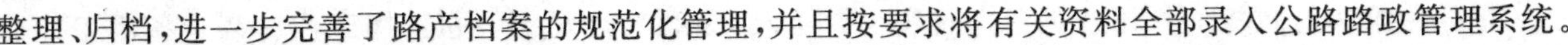

整理、归档，进一步完善了路产档案的规范化管理，并且按要求将有关资料全部录入公路路政管理系统。

(3)开展自查自纠，转变工作作风。近年来，区局以开展机关效能建设和行政权力公开透明工作为契机，要求执法人员从思想、作风、纪律入手，认真落实自查自纠。在工作中，依法行政水平进一步提高，杜绝了不规范、不文明的服务行为。

(4)认真学习超限运输知识和法律法规。把加强超限运输管理知识和有关的法律法规的学习作为提高执法队员业务知识的一次重要内容，认真抓好落实。通过较为系统的学习，使路政执法人员较好地掌握了治理超限运输工作的业务知识。

(5)认真组织实施。有组织地对超限运输进行综合治理理，重点加强超限运输的源头管理，禁止超限运输车辆驶入公路。特别是在春融期和雨雪天气不断加大巡查力度，针对货车严重超限且为躲避检查，深夜上路的特点，执法人员采取夜间巡查执勤方式，有力地保障了治理超限运输工作的顺利开展。

3. 道路运输管理

塞北管理区运输管理所自成立以来，始终围绕建立公平竞争、规范有序的道路运输市场体系，以建立合理、规范、有序的运输市场为目标，不断创新，健全制度，完善机制，狠抓落实，确保道路运输行业健康有序地发展。

(1)旅客运输的发展

区体制改革前，由于道路基础设施建设的滞后，区内仅有一辆通往张家口的班车，每天乘车人数非常多，经常超员。改制后，随着区内道路状况的不断改善，区内增加了通往张家口的班次及通往丰宁、多伦、蓝旗的班车，到目前，全区客车已从改制前的1辆增加到现在的10辆，保证了区内百姓出行的方便、快捷。截止2006年底，道路运输完成的客运量为67 900人次、旅客周转量100多万人公里。

(2)道路货运的发展

改制前，管理区货物运输车辆非常少，仅有20吨以上货运车辆3辆，20吨以下货运车辆13辆，改制后，随着经济的发展，20吨以上货运车辆增加到18辆，而且区内的营运车辆由改制前的几辆增加到现在的十几辆。20吨以下货运车辆达到32辆，年货运量由改制前的3万多吨增长到现在的13.87万吨，货运周转量达到9 907万吨公里，保证了货物运输的及时运送和周转，成为了管理区经济发展不可缺少的一部分。

(3)汽车维修业的发展

改制前，管理区机动车维修站点只有1家，从业人员技术水平低，维修能力差，改制后，随着管理区交通状况的不断改善，机动车保有量的快速增加，机动车维修站点已从以前的1家增加到现在的5家，从业人员达到40余人，维修人员的技术水平和维修质量大为提高。现在，塞北管理区客货运输和机动车维修从业人员达到113人。

三、党政建设和精神文明建设

塞北管理区交通局成立以来，局领导在狠抓公路建设的同时，十分重视党的建设和精神文明建设工作，采取有效措施，加强干部职工的教育，制定和完善各项管理制度，健全监督制约机制。由于成绩突出，连续三年被管理区管委会评为“文明单位”，2005年、2006年被区工委评为先进基层党组织。

机关效能建设是增强领导班子和领导干部执政能力、提高机关服务水平的必然要求，是完善社会主义市场经济体制的重要举措，是构建社会主义和谐社会的实际步骤，是实施塞北管理区经济发展战略的基础性工程，区局领导根据活动要求和自身实际，制定了切实可行的实施方案和各项制度，彻底解决了“服务态度差、办事效率低”、“无章可循、有章不循”、“行政行为不规范、办事程序复杂”的问题。

1. 行政权力公开透明工作

2006年交通局成立行政权力公开透明运行工作领导小组和办公室，加强组织领导和日常工作。单位一把手为推进行政权力公开透明工作的第一责任人，明确专门人员承办具体工作。制定各级工作职责，明确职责范围，形成各负其责，一级抓一级，层层抓落实的责任体系。

2. 政务公开和党风廉政建设

为进一步提升服务理念，强化监督意识，增强工作透明度，改善党群干群关系，使广大人民群众关注交通，了解交通，成立领导小组，特制定了政务公开的实施意见，并对领导班子职责分工公开，年度工作目标和月季工作完成进度公开，行政执法人员职业道德规范公开，行政执法单位行政许可审批程序公开，财务收支情况公开，行风承诺，设置举报箱，公开举报电话，公开局长接待日时间、地点进行公开，接受干部职工和社会各界的监督。

3. 廉政建设

2006 年区局结合工作实际，适时开展治理交通建设领域的商业贿赂专项工作，通过开展治理交通建设领域商业贿赂专项工作，有效地预防商业贿赂的行为，使交通行业干部职工普遍受到教育，经营行为基本规范，行政权力运行廉洁、高效，相关制度规定得到完善，同时，建立起交通行业治理商业贿赂的长效机制，形成规范、有序、健康发展的交通建设市场。在干部职工中筑起了牢固的反对腐败的防线。

第八章 察北管理区交通局十年工作综述

察北管理区位于张家口市坝上地区，内蒙古高原东南端，与张北、康保、沽源三县交界。全区总面积375平方公里，总人口3.5万人(其中暂住人口1万)，现辖两个乡、五个管理处，拥有规模以上非公有制企业8家。察北的前身为河北省国营察北牧场，是全省九大农(牧)场之一，始建于1949年，与共和国同龄。2003年6月经河北省人民政府批准，正式改制为张家口市察北管理区，行使县级政府职能，同时挂“张家口市现代农业高新技术示范区”牌子。管理区交通局于同年成立，现有职工27人(其中养护工5人)，设有财务审计股、办公室、计划统计股、效能办、地方道路管理站、运管所、路政大队、征稽所、养护中心9个职能科室，农村公路建设也于同年正式展开，通过3年的奋斗，交通事业有了长足发展。

一、抢抓机遇、以快补晚，农村公路建设实现历史性突破

由于察北管理区以往体制上的特殊性，公路建设严重滞后，加上自身经济条件差等原因，改制前除国道207线有13.5公里公路纵贯全区外，境内没有一条农村公路，乡与乡、村与村之间全为自然形成的牛马车道。从整体上看，路面宽窄不一，线型扭曲，平、竖曲线半径尚达不到四级砂石路标准，春季风沙掩道，夏季雨水漫流，冬季雪阻难行，成为制约全区经济大发展的“瓶颈”。

2003年改制以来，在省、市交通部门的大力支持和热情关怀下，在区党工委、管委会的正确领导下，担负交通职能管理的区交通局克服人员少、任务重、技术力量薄弱、没有施工经验、上级补助资金不足的实际困难，抢抓改制机遇，硬是凭着以快补晚的理念和艰苦创业的劲头，干出了大事业，创出了大业绩，3年实现了3次跨越。3年来，共完成县级改造工程34.7公里，“村村通”水泥路工程74.3公里，建管涵和漫水桥72处，改造城区街道3.5公里，受益人口2万人，惠及80%的乡村，基本构筑了“两纵两横”村村通的路网，实现了历史性突破，被百姓称为“铺的是小康路，架的是致富桥”。图3-8-1为县道宇分线公路。

图3-8-1 县道宇(宙营)—分(场)线公路一景

2004～2006年度农村公路建设项目汇总如表3-8-1所示。

2004～2006年度农村公路建设项目汇总表

表3-8-1

项目名称	项目性质	建设规模及标准(公里)				路面宽度(米)	路面类型(公里)			完成年度
		合计	二级	三级	四级		沥青	水泥	砂石	
合计		109		34.7	74.3		54.4	54.6		
村道(合计)		74.3			74.3		19.7	54.6		
骆驼房—G207	新建	5			5	3.5		5		2004

续上表

项目名称	项目性质	建设规模及标准(公里)				路面宽度(米)	路面类型(公里)			完成年度
		合计	二级	三级	四级		沥青	水泥	砂石	
苏家村—G207	新建	3.8			3.8	3.5		3.8		2004
哈尔胡洞—G207	新建	2			2	3.5		2		2004
吉家村—G207	新建	2			2	3.5		2		2004
七间夭—C349	新建	4.1			4.1	3.5		4.1		2004
乳源村—G207	新建	1.5			1.5	3.5	1.5			2004
沙沟村—G207	新建	3			3	3.5		3		2004
闫脑包—宇宙营	新建	6			6	3.5	6			2004
双爱堂—刘旺	新建	7.8			7.8	3.5	7.8			2004
宇宙营—宇一线	新建	3			3			3		2004
地局子—双爱堂	新建	4.4			4.4		4.4			2004
郭家围—双爱堂	新建	2.8			2.8	3.5		2.8		2005
洋喜洼—郭家围	新建	5.9			5.9	3.5		5.9		2005
后营子—双爱堂	新建	3			3	3.5		3		2006
新一家—宇一线	新建	5.4			5.4	3.5		5.4		2006
脑包底—C349	新建	7.6			7.6	3.5		7.6		2006
张家村—脑包底	新建	3.8			3.8	3.5		3.8		2006
小庙洼—脑包底	新建	3.2			3.2	3.5		3.2		2006
县道(合计)		34.7					34.7			
宇宙营—察北管理区	新建	20		20		7				2004
察北管理区—白塔管理处	新建	14.7		14.7		7				2006

二、争取支持,不等不靠,全力破解任务重且资金不足的难题

3年来,全区共完成农村公路建设投资3915万元,任务之重、投资之大,是察北有史以来的第一次。和其他县(区)一样,资金不足一直是困扰交通发展的一块"心病"。为筹划建设资金,除积极向上争取建设资金外,还采取了"九个一点"的方式,即:管理区财政补一点。在本年度内财政将集中农业税征税的7%,财政收入的1%,两乡农村财政转移支付中用于乡村道路建设的部分,用于通村油路补贴;以工代赈及扶贫项目出一点。由区发展改革局和扶贫办积极运作,争取项目;住区企业帮一点。凡在管理区内兴办的各类企业和规模较大的民营企业都要积极援助通村油路工程(援助数额较大企业可以以企业或企业负责人的名字命名某条通村道路);全区职工、村民摊一点。两乡、五个管理处采取一事一议的办法,召开村民大会、职工代表会,动员群众为通村道路建设出钱出力,两乡农民每人集资30~50元,管理处每人集资20元;机关、事业单位干部助一点。管理区从正处到科员、教师等公教人员每人捐助100~500元不等的捐款,出租车、客车、收奶车也按大小进行捐助;以工代资省一点。路基的基础部分按照任务总量组织义务车、义务工按行政村分摊的办法,节省一部分资金;争取外援捐一点。由交通局牵头,给在察北工作过的同志或在外地工作的察北人写信,争取大家捐一点;政府举债贷一点。采取吃"探头饭"的方式,两乡政府利用政府信誉,以书记或乡长个人名义,通过银行贷一点,以弥补不足;施工单位欠一点。在签订合同书时,写明可跨年度支付部分建设资金,通过以上方式共筹资1 521万元,极大地缓解了资金不足的财政压力。

2004~2006年度农村公路建设投资如表3-8-2所示。

2004～2006 年度农村公路建设投资表

表 3-8-2

项目名称	建设规模及标准(公里)				路面类型(公里)			项目投资(万元)		
	合计	二级	三级	四级	沥青	水泥	砂石	总投资	国家、省投资	地方自筹
合计	109		34.7	74.3	54.4	54.6		3 915	1 336.35	2 578.65
县道(合计)	34.7		34.7		34.7			2 429	1 002	1 427
宇一线(宇宙营—白塔管理处)	34.7		34.7		34.7			2 429	1 002	1 427
村道(合计)	74.3			74.3	19.7	54.6		1 486	334.35	1 151.65
其中:沥青路	19.7			19.7	19.7			394	88.65	305.35
水泥路	54.6			54.6		54.6		1 092	245.7	846.3

三、人便于行,货畅其流,道路建设使经济效益和社会效益“双丰收”

道路修好了,群众对于“人便于行、货畅其流”的要求得到基本满足,实实在在地把职工、村民增收的好路子通到了家门口,把农业与农村结构调整的好路子铺到了家门口,把推进城镇化建设的好路子修到了家门口。

道路修通了,条件改善了。过去职工、村民行路是“怨声载道”,现在却是出行大为方便。2006 年底,两乡、五个管理处全部通了农村班车,管理区内也有了公交车,极大地改善了出行条件。

道路修好了,物流畅通了。过去是农产品出不去、进不来,搞运输的成本也高,严重影响了全区的经济发展。现在是能出能进,与外界的距离拉近了,联系更广了,信息更畅了,农产品收购和销售经营业户也围着老百姓转了起来。外地客商来区种植错季蔬菜等经济作物的逐年增加,水浇地承包费也“与时俱进”,由修路前的每亩 50 元增加到现在的 200 元,不但促进了全区农业种植结构的调整,还使老百姓就地打工增加了收入。

道路修好了,奶农“牛”起来了。奶牛是全区村民致富的“铁杆庄稼”,但过去由于道路不畅,鲜奶甚至出现了运不出去被倒掉的现象,给奶农造成了很大损失。道路改善后,全区新建机械化挤奶大厅 60 多座,从事鲜奶运营的有 100 家,交奶运奶条件的改善,使牛奶价格也稳中有升,广大人民群众也从修路中得到了实惠。

道路修好了,招商引资“火”起来了。近 3 年来,一大批外商到察北“抢滩登陆”投资置业。蒙牛、圣元等乳业龙头再次扩建,日加工鲜奶能力达到 1000 吨,成为全市重要的乳品加工基地;张市天地人、北京天鸿佳苑等房开商在察北搞起了生态旅游和房地产开发;保定清源、唐山博亚等集团公司到察北建起了建材商贸城和矿泉水厂;北京雪川和张北东盛等公司在察北搞起了马铃薯综合加工和柴鸡养殖等坝上特色农产品产业化经营。截至 2006 年底,全区共引进大小项目 30 多个,合同引资 40 亿元,各类民营商业摊点发展到 300 多家,固定资产达 6 亿元,仅 2006 年就引进大小项目 13 个,合同引资 27.38 亿元;国民生产总值达到 3.6 亿元,年均递增 22.9%;财政收入达到 2 762 万元,连年翻番;农民人均纯收入达到 3 580 元,年均增长 14.9%。

四、内强素质,外树形象,努力加强局机关自身建设

区交通局属于改制后新建局,各项工作才刚刚起步,专业人员少,技术力量薄弱的问题比较突出,在这种情况下,全局职工坚持干中学,学中干,高站位,严要求,时刻以创交通业绩为己任,凭着对工作高度负责的精神,既抓重点工程,又做中心工作,既当官、又当兵,树立了良好的交通人形象。

1. 文明执法,热情服务,切实加强规费征收工作

交通局运管所和征稽所分别成立于 2004 年 11 月和 2007 年 4 月,并开始行使其职能。按照“应征不漏、应免不收”的工作思路,职能部门从夯实基础管理入手,全面加强运力和费源的调查,摸家底,建台

账，做到心中有数；坚持文明执法，依法征费，切实做到执法主体合法、执法依据充分，事实清楚，证据确凿，程序正当；树立“一线服务”理念，相关科室协作配合，深入站场、企业、货物集散地上门服务，主动征收，方便了道路运输企业和广大经营者；制定征费实施计划，把征收任务纳入全年目标责任书，与年度工作同部署，同落实，同检查，同考核；推行政务公开，最大限度地把涉及经营业户权益的法规、规章、规定公开，给企业、车主、群众知情权，努力营造公开、公平、公正的征费环境；改善基础设施，在政务大厅设立咨询台，热情接待、微笑服务，耐心为业户答疑解惑；严格规范客运市场，宏观调控货运市场，促进道路运输市场进一步法制化、规范化，为超额完成征费任务提供了有力的保障。

2. 依法行政，健全制度，不断推进行政执法工作

县局以建设一支作风硬、素质高的交通行政执法队伍为宗旨，不断推进行政执法工作。以人为本，从教育培训入手，转变作风，全面提高交通行政执法队伍的综合素质。定期对执法人员进行业务知识和有关法律、法规的培训，邀请熟悉交通执法业务知识、政策法规、有丰富实践经验的老师进行授课，大大提高了执法人员依法行政的能力；多形式加大了执法宣传力度，营造了良好的执法氛围；健全执法制度，制定了《察北管理区交通局行政执法廉洁自律制度》和《察北管理区交通局行政执法责任制和错案责任追究制》等一系列制度，把执法责任落实到人，对由于玩忽职守、滥用职权、违规执法、以权谋私等造成的错案，按有关规定严加追究和处理；提高执法透明度，在局一楼设立了500平方米的办证大厅，开辟专栏把各项审批程序、规定、各种收费标准、违章处罚依据、处罚标准等全部公布上墙，把执法工作置于群众的监督之下。为了更好地改善办公条件，经区局多方努力，在省厅和市局的大力支持下，投资450万元建起了综合办公大楼和养护中心（图3-8-2），现已投入使用。

图3-8-2　察北管理区交通局办公楼外景

3. 保先创先，标本兼治，注重推进党建和廉政建设工作

以保先活动为载体，坚持围绕经济抓党建，做到党建工作与经济工作同研究，同部署，同检查，同考评，考核结果与奖惩挂钩，全面推进了区局党建和精神文明建设工作。先后开展了“我为交通发展做贡献”和“做负责任行业”大讨论活动和“知荣辱、树新风、做负责任交通人”等教育活动。树立“廉政责任重于泰山”意识，不断完善一把手负总责，分管领导和部门各负其责，干部职工共同参与的工作机制，齐心协力打造廉政交通品牌。坚持把加强交通基础设施建设中的廉政建设作为重点，推行了党风廉政建设责任制、工程建设招投标制，实施了对材料采购、设计变更、资金拨付等全过程的监督；认真贯彻执行《廉政准则》和领导干部廉洁自律的规定，加强廉政教育，领导干部廉洁从政意识明显增强；着力加强行风建设，注重解决人民群众反映强烈的突出问题，认真抓好治理公路“三乱”工作，切实维护人民群众的利益；坚持标本兼治，着力在管好权、用好钱、选好人上下功夫，努力营造廉洁勤政的工作氛围，促进了党风廉政建设工作的不断深入。

4. 加强学习，开展活动，精神文明活动再上新台阶

区局始终坚持把精神文明建设工作列入党支部重要议事日程。在局各部门深入开展创佳评差、文明科室、诚信交通、“三满意”党支部等创建活动，把文明创建活动提高到一个新水平；积极开展群众性的读书活动，引导职工读好书，多读书，多看报，了解时事政治，吸取文化营养，不断陶冶情操，提高文化品位；积极开展扶贫济困活动3年来，共捐款3万余元帮助刘民和刘俊利两名贫困儿童完成小学学业，帮助刘胜和屠云生两名贫困残疾人脱贫，帮助因车祸致贫的脑包底村村主任张瑞渡过难关，投资2.5万元帮助宇宙营村和苏家营村改造了村委会办公条件，通过这些活动，进一步增强了全局干部职工助人为乐的道德风尚；积极组织和主动参加管理区组织的各类文体活动，达到了凝聚人心、鼓舞士气的目的。

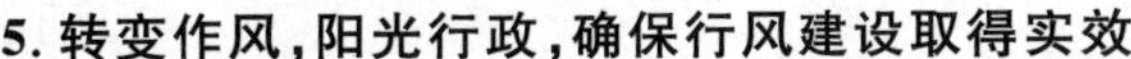

5. 转变作风，阳光行政，确保行风建设取得实效

区局为确保行风建设取得实效，公开向社会做出“五项承诺”：严格工程管理，强化廉政建设，保证工程质量；加强公路养护，实现科学管养，确保安全畅通；坚持依法行政，秉公文明执法，坚决制止公路“三乱”；坚持以人为本，强化服务意识，提供优质服务；转变机关作风，推行阳光行政，提高办事效率。坚持把工程质量作为交通工作的永恒主题，强化质量意识，明确质量责任，确保全区交通基础设施建设工程合格率达 100%。加强道路管养，实施科学养护、预防养护、及时养护，确保公路畅通。坚决杜绝公路“三乱”，做到力度不减、责任不变，严防反弹，要求执法人员在治超工作中严格做到“五不准”，即：没有执法资格的人员，不准上路执法，上路执法人员，不准不开收费票据和乱收费、乱罚款，车辆没有称重检测的，不准认定超限超载，车辆没有卸载消除违章行为的，不准放行，同一违章行为已被处理的，不准重复处罚；加强教育，完善制度，认真解决推诿扯皮、不负责任、执法不严等失职低效的“不作为”现象和执法不公、吃拿卡要、刁难群众等“乱作为”行为；坚持以人为本，积极推行“首问负责制”和“服务承诺制”，坚持办事内容、办事依据、办事程序、办事结果、办事纪律五公开。几年来，区交通局的效能建设和行风建设一直位于全区的前列。

第九章 张北县交通局十年工作综述

一、基本情况

张北县位于张家口市北部，地理位置在北纬40°57′～41°34′，东经114°10′～115°29′之间。北、东北与康保、沽源相接，南、东南与万全、崇礼毗连，西、西北与尚义、内蒙古商都县接壤，是张家口通往内蒙及坝上地区的交通咽喉。张北县东西长约109公里，南北宽约67公里，总面积4 123平方公里，全县辖4个镇、14个乡、366个行政村，总人口35万，主要以汉族为主，属国家级贫困县。

张北县气候独特，盛产甜菜、马铃薯、蔬菜、莜麦等农作物，是坝上农产品和畜产品的重要集散地。境内旅游资源丰富，广袤的草原形成了独特的民族风情，特别是夏季气候凉爽、景色宜人，一派“天苍苍、野茫茫，风吹草低见牛羊”的壮美风光，是理想的旅游避暑胜地。已经开发和正在开发的生态旅游景点有中都原始草原度假村、中都太子湖山庄、中都游牧源，安固里淖草原度假村和罕见的石柱群等5处。全县现有国家、省、市级重点文物保护单位7处，各类文物景点3处，未经论证的文物保护单位及景点402处。其中，元中都遗址被国务院列为国家第五批重点保护文物。境内矿藏资源也极其丰富，已经探明开发的闪锌、硫莹、褐煤、金矿等矿藏达40多种。

张北县交通局是集社会服务、行业管理、行政执法三重职能为一体的县政府直属事业单位。主要负责全县国省干线公路和县级地方道路的建设、养护、管理以及营运车辆的规费征收和道路运输行业管理及水路运输和水上交通安全的监管。截至2006年底，全局拥有干部职工641人。其中，具有初级专业技术职称78人，中级26人。局内设办公室、政工股、财审股、计统股、质监站五个股室，下设公路管理站、地方道路管理站、公路工程队、养路费征稽所、运输管理所、207国道张北收费站六个基层站所和西梁养护中心、二台养护中心、东号养护中心、三号养护中心、张石高速公路养护中心和大囫囵养护中心六个公路养护中心。

二、公路建设

1. 高速公路

2006年10月19日，张北县境内第一条高速公路—张（北）石（家庄）高速公路一期工程竣工通车。该公路张北境内起于张北县刺儿山，终于坝头，全长19.8公里。张石高速公路一期工程的开通，结束了张家口坝上地区无高速公路的历史，同时进一步缩短和拉近了坝上及内蒙古地区与京、津、冀的时空距离，为张北融入京、津、冀经济圈奠定了坚实的交通基础，在全县交通史上具有里程碑的意义。

2. 国省干线公路（图3-9-1）

1996年全县境内拥有国道207线、省道张化线、张沽线、东商线4条段共计173.592公里；1997年实施完成了207国道张北段一期16.5公里二级油路改建工程，结束了张北县无高等级公路的历史。1998年又实施完成了207国道张北段二期西梁至县城段5公里二级汽车专用公路改建工程。至此，207国道张北段21.5公里二级汽车专用公路改建工程全线通车。从2000年开始到2006年底，全县累

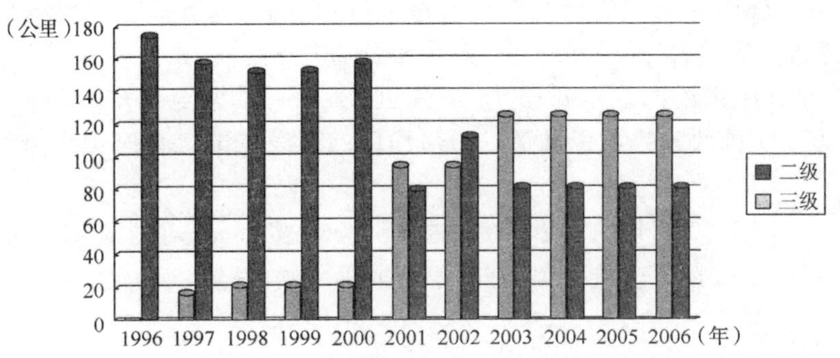

图 3-9-1　张北县国省干线公路里程 10 年(1996～2006)发展变化图表

计完成投资近 4 亿元，先后实施完成了张化线胡家坊至康保段 18.5 公里三级油路改建工程、张化线张北至胡家坊段 36.9 公里、国道 207 线沽源界至西梁段 40.8 公里二级公路改建工程、省道张沽线十一号梁至小坝子段 30.5 公里三级油路改建工程。其中，张沽线的改建通车实现了张北县国省干线公路路面“黑色化”的历史性跨越，在全县公路建设史上又是一座里程碑。省道张尚线张北境内 31.438 公里二级油路改建工程的通车，使全县境内国省干线中二级公路的比重由 48%上升到 63%。截至 2006 年底，全县境内国省干线公路通车总里程达到 206.173 公里。其中，国道 207 线 1 条段 62.462 公里，省道张尚线、张化线、张康线、东商线、张沽线 5 条段 145.33 公里，二级公路占国省干线公路比重达到 79.9%。

3. 县乡公路

1996 年，张北县县乡公路通车里程总量偏少仅为 537.857 公里。其中，县道 79 公里，乡道 458.857 公里，而且路面多以砂石路为主，道路通行条件较差。随着国家对农村公路建设的高度重视和政策、资金投入力度的逐步加大，张北县农村公路建设也进入了空前的发展时期，通行条件相继得到改善。到 2006 年底，全县境内已建成县道后(号)洗(马林)线、三(号)馒(头营)线、张(北镇)下(四杆旗)线、大(囫囵)朝(天洼)线、白(旗)郭(磊庄)线、宇(宙营)—(分场)线 6 条(段)184.471 公里。其中，通油路里程为 132.331 公里，未通油路里程 52.14 公里，大部分路段为三级油路，个别路段达到了一级油路标准。乡道也达到了 22 条(段)1042.878 公里，其中，通油路里程为 146.182 公里，通水泥路里程 146.01 公里，四级砂石路 620.085 公里，等外路 111.559 公里，并于 2005 年底，提前实现了“乡乡通油路”目标。

4. 村村通公路(表 3-9-1)

张北县通村公路建设统计表(2003～2006 年)　　表 3-9-1

年度	建设里程(公里)			投资金额(万元)			占行政村比例
	合计	油(水泥)路	砂石路	合计	上级补贴	地方自筹	
合计	732.86	546.86	186	13 604.97	4 610.19	8 994.78	39.6
2004	316.6	302.3	14.3	4 520.5	1 525.95	2 994.55	24.9
2005	359.46	187.76	171.7	7 664.47	2 516.24	5 148.23	10.1
2006	56.8	56.8	0	1 420	568	852	4.6

“铺下的是路，通达的是富，竖起的是碑，连接的是心”。2004 年张北县积极响应国家、省、市的号召，掀起农村公路建设热潮。经过全县上下近 3 年的共同努力，到 2006 年底，累计完成投资 13 604.97 万元，建成通村公路 732.86 公里，其中，通村水泥路 546.86 公里，通村砂石路 186 公里，202 个行政村实现了通油(水泥)路，行政村通油(水泥)路率达到 39.6%，10 多万农民群众走上了平坦宽阔的通村公路，有力地促进了农业增效、农村发展和农民增收。

5. 其他公路建设

(1)旅游公路。随着张北县旅游业的快速发展，张北的旅游公路近几年也有了长足的进步。2002

年总投资1 976.5万元，实施改建完成的长城旅游公路项目，路线全长50.436公里，包括四段：①后洗线张北至万全坝口交界段三级公路27.956公里，其中油路20公里；②小篓沟至鸡冠山段四级砂石路9.08公里；③小狼窝沟至汉淖坝段四级砂石路10.7公里；④十一号梁至桦皮岭段四级砂石路2.7公里。2001年投资300万元实施改建完成了县道三(号)馒(头营)线三宝营盘至馒头营段10公里三级油路改建工程。

(2)县城形象路。2005年、2006年两年累计完成投资1 000多万元，对国道207线张北县城区段拆除了隔离带，实施了双向八车道拓宽改造工程，打造了坝上第一县的"窗口形象"。

三、公路养护

1. 国省干线公路养护

1996年，张北县交通局成立公路管理站，由副局长兼任站长，下设西关工区、二台工区、东号工区和大囫囵工区四个公路养护工区，主要负责境内4条段(国道207线，省道张化线、张沽线、东商线)共计173.592公里国省干线公路的养护管理任务，从事养护、管理的工作人员180人，养护机械有四轮拖拉机4台。养护管理实行分片包段、定工定额的目标化管理模式。同时，按照上级要求，积极开展创办"三种三养"第二产业生产方式，西关养路工区建立了养殖场，全年共饲养生猪19头、兔子216只，年创利4 500元。年内总计核拨养护工作经费252.24万元。同年还实施完成了国道207线中修罩面13.2公里，省道张化线中修罩面13.6公里，省道东商线中修罩面6公里、大修翻浆处理3公里，省道张沽线砂石路面路基改善4公里。干线公路养护年终经检验年末好路率达到78.77%，年均好路率达86.21%，年末综合值80.73分，年均综合值83.42分。1997年后，为提高养路职工的生产积极性，养护体制进行了多次改革，全面推行"多劳多得、按工计酬、计量支付"为主的管养工作新模式，使资金分配与工作量、工作质量挂钩，公路管理站与各养路工区签订承包合同，养护管理实行三定(定人员、定路段、定奖惩)，量化考核，实行集中养护与分散作业相结合的方式，养护生产效益显著提升。1998年，交通局新组建了路政执法大队，归属公路管理站管理，西关养路工区撤销，人、财、物等各项业务工作分别并入东号、二台两个工区，实现了全县"一线一工区"的养护管理工作改革过渡。1998年1月10日张北发生6.2级强烈地震后，全体养护工作人员舍小家、顾大家，战严寒、攻雪阻，保障了干线道路的畅通和各类救灾、抢险物资的安全、高效运送。到2006年底，全县国、省干线公路养护里程达到6条段206.173公里，一线养护人员增加到204人，负责国省干线公路养护管理的养护中心增加为5个。10年间，全局累计投入养护资金2838多万元实施完成大中修工程11项。

2. 地方道路养护

1996年，全县县道养护里程49公里，乡村道路300公里，年养护资金14.7万元，养路工36人。到2002年，县道养护里程增加到62公里，乡村道路增加到1 230公里，年养护经费为28.52万元，养护人员增加到56名。2002年后，随着经济社会的快速发展，农村公路建设里程逐年增加，养护工作投入力度不断加大(图3-9-2)，到2006年，全县县道养护总里程达到135.5公里，乡村公路养护达2 100多公里，县道养护人员增加到66人。从2003年开始，按照上级"建一条、养一条、保一条"的养护要求，乡村公路列入养护范围，并坚持"建养并重、分级负责"的原则，主要由乡镇负责列养，交通局主要承担协调和指导职责。全县共成立了乡镇地方道路管理所18个，培训养护人员300多名，管理人员90名。

图3-9-2　养路工正在精心养护地方道路

3. 公路绿化(表 3-9-2)

公路绿化情况统计表(1996～2006 年)　　表 3-9-2

年　度	路线名称	绿化内容	绿化里程（公里）
1996	—	—	—
1997	—	—	—
1998	国道 207 线	栽植杨树 3 709 株，云彬 477 株	18
1999	国道 207 线	栽植杨树 4 362 株，云彬 140 株及 207 线、东商线种植沙棘 11 373 丛，丁香 1 005 丛	
2000	国道 207 线	栽植花灌木 1 708 株，种植花草 5 000 平方米	3
2001	国道 207 线、省道张化线、省道张康线、省道张沽线、省道东商线	分别栽植杨树 3 709 株、5 542 株、587 株、1 747 株、1 647株，种植枸杞 31 909 丛	52.172
2002	国道 207 线	栽植杨树 11 224 株、垂榆 786 株，云彬 253 株、沙棘 96 000墩	22.895
2003	—	—	—
2004	—	—	—
2005	国道 207 线	栽植杨树 1 613 株，花草 1 394 平方米	1.35
2006	省道张化线	栽植杨树、柳树 111 459 株	86.877

以打造“畅、洁、绿、美”的道路运输环境为目标，张北县交通局十分注重道路的绿化工作，10 年来，坚持因地制宜的原则，累计种植行道树及各类乔木、灌木 30 多万株。

四、交通规费征收

10 年间，交通局强化管理、提升服务，各项交通规费实现“应收尽收”，年年超计划完成征收任务，累计征收规费 14 240.94 万元(表 3-9-3)，为交通事业发展提供了强有力的资金保障。

张北县交通局 1996～2006 年规费完成情况　　表 3-9-3

年　度	汇　总	汽车养路费	拖拉机养路费	车购附加费	交通建设附加费	运输管理费	客票附加费	货运附加费	通行费
合计	14 240.94	5 922.48	627.6	29.96	16.68	646.15	312.83	209.45	12 163.7
1996	521.94	377.88	50.6	5.72	1.18	40.6	32.66	2.7	—
1997	611.6	441	71	4.12	1.63	37.8	38.7	16.3	112.6
1998	632.9	454	72	10.6	3.47	43	33.4	17.2	1 088.1
1999	615.4	473.9	51.1	3.95	10.18	46.9	26.1	17.4	1 221.9
2000	642.51	496	51.2	4.94	0.22	48.14	25.18	17.05	1 140.1
2001	642.5	481.5	54.9	0.49	—	57.9	26.1	22.1	994.4
2002	653.49	495	50.5	0.14	—	62.5	25	20.49	1 125.8
2003	1 781.9	454.4	45.5	—	—	62.64	23.9	22.06	1 173.4
2004	2 675.56	680	66.4	—	—	77.27	27.63	24.26	1 800.9
2005	2 764.72	720	54.82	—	—	83.16	26.13	25.21	1 855.4
2006	2 698.42	848.8	59.58	—	—	86.24	28.03	24.68	1 651.1

五、道路运输管理

10 年来，交通局不断适应和满足经济社会发展的需求，坚持以人为本，积极鼓励、支持和引导道路、水路运输业发展，强化对道路运输市场的监管，努力营造公平公正、竞争有序的道路运输环境，实现了人便于行、货畅其流的目标。与此同时，道路从业人员逐年增加，1996 年为 635 人，2002 年为 1 135 人，2006 年底达到了 5 614 人。1996～2006 年客、货运量及周转量统计如图 3-9-3、图 3-9-4 所示。

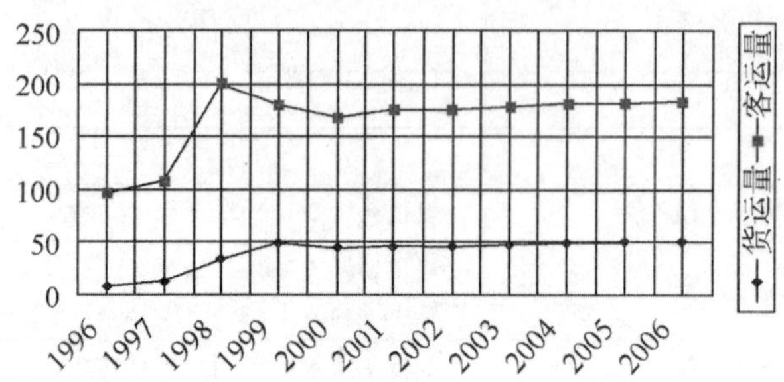

图 3-9-3　1996～2006 年客、货运量统计

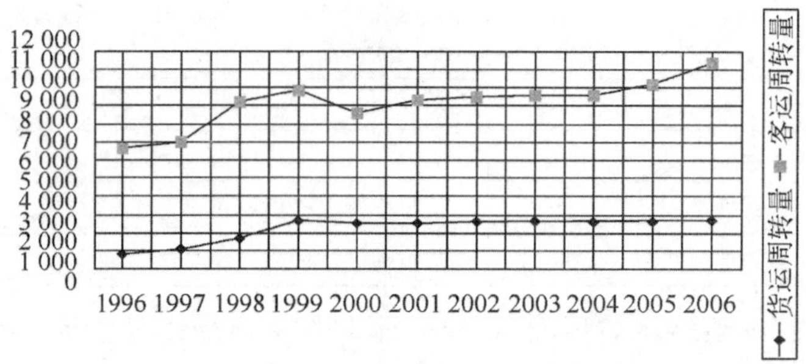

图 3-9-4　1996～2006 年客、货运周转量统计

1. 客运管理

1996 年，全县仅有班线客车 13 辆，且多以“胜利”牌中型客车为主，车型单一，档次较低，载客量较少。1996～2002 年，客运班线客车的年均递增率仅为 11.5%，发展相对缓慢。2002 年，根据上级“路通、车通”的便民、为民政策要求，农村客运开始迅速发展。2002 年当年车辆投放量达到 20 辆，此后以年均 25%的速度递增。到 2006 年底，全县从事客运的车辆总数达到了 83 辆，车辆种类较多，特别是以大巴为主的长短途客运线路一应俱全。其中，省际和省内长途线路达到了 10 条；县内班线开通了 40 条，覆盖了全县 18 个乡镇，全县行政村通班车率达到了 95%。但旅游客车市场化经营和出租客运目前仍是空白。

1996 年以来，张北县汽车客运站为适应客运市场的需求和变化，不断加大客运站硬件基础设施建设投资力度，先后筹资 35 万元硬化了站院地面，规划了停车区、发车区，彻底改变了人车相互交叉的混乱局面。2003 年，在张家口市运输集团有限公司和主管部门的大力支持下，客运站全面实行了微机售检系统，整个客运站的服务体系更加科学化、程序化和制度化。

2. 货运管理

10 年间，全县的普货运输车辆由 213 辆发展到了 3 112 辆(含低速货车的柴三机、拖拉机、农用汽车)，特别从 2001 年开始，2 吨以下的小型货车、农用汽车发展迅猛，到 2006 年底已发展到 1 200 多辆，为辖区辐射式经营和运输提供了便利。之所以货运车辆大幅增加，主要原因是由于近年来全县农副产品及乳品加工业、畜牧业等相关产业的迅速兴起和发展，成为京、津副食品生产加工基地，错季蔬菜、甜菜、牛羊肉年产量和运输量较大。每年全县错季蔬菜、畜牧农产品、矿藏等产销运输量可高达 300 多万吨。

3. 机动车维修管理

1996 年辖区内一类维修业空缺，二类 1 户，三类 42 户。主要以小型、地摊、作坊式经营为主，效益一般。1996～2001 年，一、二类企业无变化，三类企业虽在原有的基础上有所增长，但不很明显。到

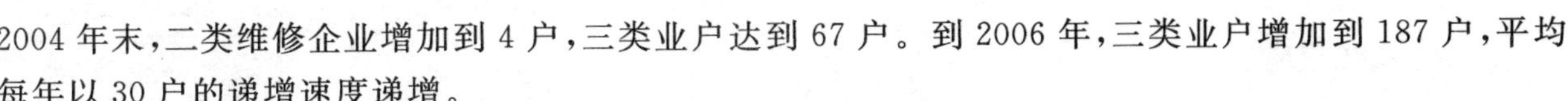

2004 年末，二类维修企业增加到 4 户，三类业户达到 67 户。到 2006 年，三类业户增加到 187 户，平均每年以 30 户的递增速度递增。

4. 水运管理

2002 年根据上级要求，交通局成立了地方海事处，主要负责境内中都游牧源、太子湖、安固里淖三个旅游景区内 5 艘营运船舶和 20 名从业人员的资质审查和水上交通安全监管。10 年来，未发生任何水上交通安全事故，为全县的旅游业健康快速发展起到了保驾护航的作用。

5. 驾培管理

张北县境内拥有驾校 2 所，一所是张北驾校，一所是张北劳通驾校。拥有从业人员 21 人，年培训驾驶员 600 余人，为社会就业创造了条件。

六、行政执法

到 2006 年底，全局征稽、运政、路政等执法人员数量达到 136 名。多年来，交通局以加强执法队伍建设为基础，内强管理，外树形象，不断加强执法执收工作。一是狠抓执法人员素质教育培训。每年除积极参加上级主管部门对口业务执法培训外，还要聘请省、市、县专家、学者、武装干部开展集中教育培训活动，并全面推行准军事化管理。10 年间，先后有 4 000 余人次执法人员受到教育培训。二是强化执法监督检查。为确保执法工作做到有法必依、执法必严、违法必究，局专门成立了由局长任组长的执法监督检查领导小组，坚持惩防并举、注重预防的方针，通过采取明察暗访等形式，加大对执法工作的监督检查力度。三是深入开展治理公路“三乱”工作。全局把治理公路“三乱”作为行风建设的重要内容，作为维护群众利益、树立交通形象的重要举措，认真落实省市治理公路“三乱”会议精神，深入推进治理公路“三乱”工作，实现了公路基本无“三乱”目标，未发生一起行政复议和行政诉讼案件。

七、党建工作

1996 年，交通局设党总支，总支下设机关、公路站、征稽所、运管所、运输公司 5 个党支部。年内新发展党员 4 名。1997 年，207 线张北收费站成立，增设了 207 线收费站党支部。1998 年，成立公路工程队，增设了工程队党支部。到 2006 年，全局下设党支部 7 个，党员数量发展到 197 人，成为全县县直单位党员数量十大单位之一。

交通局十分注重并紧密结合时势发展，加强党员的思想政治教育。党员教育学习活动在各支部得到广泛开展，党员队伍的整体素质不断提高。党员政治上进一步成熟、信仰更加坚定。2005 年全县交通系统以深入开展保持共产党员先进性教育活动为契机，不断加强党的建设和执政能力建设，党组织的凝聚力、战斗力显著增强，党组织成为凝聚和团结广大干部职工不断开拓进取的坚强核心和战斗堡垒。

10 年来，先后有 80 多名同志被上级党委评为优秀党员、30 多个党支部受到县委表彰。同时，局总支连续多次被县直机关工委评为先进党总支。多年来，未发生一起违法乱纪案件。

八、精神文明建设

全系统精神文明建设深入持久开展。1997 年全系统上下深入开展了“三讲”教育活动，局属 12 个单位有 11 个进入参评县级“文明单位”的行列，并被市委、市政府授予“文明单位”称号。群众性精神文明创建活动形式活泼、内容健康，职业道德学习教育活动蔚然成风。1996 年至 2006 年间先后开展了“三学一创”、“优质服务杯”、“爱我交通，我为交通做贡献”等系列竞赛和宣传教育活动，职工的精神面貌得到极大改观。全系统涌现出“十佳青年”、“优秀职工”等模范人物 300 多人，模范事迹上百件，征稽所、运管所、大囫囵工区等一批先进集体多次被市文明委命名为“二星级”、“一星级”窗口单位，被县文明办评为“精神文明建设先进单位”。同时，全局大力发扬“一方有难、八方支援”的优良传统，共开展献爱心活动 34 次，资助贫困学生 87 名，资助金额 69 000 元；捐款 38.4 万元，捐赠被服、衣物 3 500 余件。

九、党风廉政建设

多年来，局领导高度重视党风廉政建设和反腐败工作，以坚决的态度、有力的措施和扎实的工作，突出抓好领导干部的教育、监督和廉洁自律工作，并着力从健全制度入手，不断完善交通重点领域、重要环节的管理制度，积极探索建立具有交通特色的惩治和预防腐败体系。一是加强党员领导干部的正反两方面典型教育。坚持充分发挥理论中心组的作用，采取讲座、电化、多媒体等形式多样的教育方式，广泛开展先进事迹正面教育和腐败案件警示教育，深入开展"树交通新风，建廉政行业"主题实践活动，努力筑牢党员领导干部拒腐防变的思想防线。二是认真落实民主集中制。各级领导班子始终把发扬民主，加强团结作为推动事业发展的重要措施，全面贯彻落实民主集中制，遇事大家商量，有困难齐心协力攻坚，营造起了风清气正、团结共事的工作氛围。三是积极推进制度创新。针对交通建设、执法执收等重点部位和重要岗位，建立和完善了工程招投标管理制度、建设管理制度等一系列制度，确保了工程优质，干部廉洁。

十、行风建设

全系统广大交通人时刻牢记立党为公、执政为民的宗旨，始终以人民群众满意不满意、高兴不高兴、答应不答应作为各项工作的出发点和落脚点，不断加强行风建设，努力实现、维护和发展好群众的切身利益，全面树立交通系统干事、创业、为民、务实、清廉、高效的新形象。特别把民主评议作为推动行风建设的重要抓手，广泛听取社会各界的意见和建议，做到民主评议行风工作常评常新，及时受理和解决人民群众的合理诉求，认真进行问题整改，行风工作不断跨上新台阶，人民群众的满意度年年有新提高。

第十章

康保县交通局十年工作综述

一、基本情况

康保县位于张家口市北部的坝上草原，东、东北部与内蒙古锡林郭勒盟的太仆寺旗、白旗接壤，西、西北部与内蒙古乌兰察布盟的商都、化德县毗邻，东南、南部与张家口的沽源、张北相连，以其独特的地理优势和自然环境，在发展规模上形成了5大支柱产业，即：农业、乡镇企业、畜牧业、建筑业、道路运输业。康保县的矿产资源极其丰富，尤其是煤炭资源和天然大理石具有得天独厚的优势。全县平均海拔1 450米，总面积3 365平方公里，15个乡(镇)，331个行政村，总人口28.4万人。1996年以来，国家加大基础设施建设力度，给康保县的公路建设带来了前所未有的历史机遇，全局289名职工，解放思想，抢抓机遇，使康保县县公路交通旧貌换新颜，特别是公路建设发展更快，康保形成了以省道为主骨架，县乡道路通往各乡镇、油路、砂石路、水泥路三路纵横交错、县内交通四通八达的公路网络。到2006年底，县内有省道2条69.469公里，县道3条199.881公里，乡道14条687.346公里，村道253条1 458.478公里，公路密度达到1.37公里/平方公里。康保县交通局公路结构分析如图3-10-1所示。

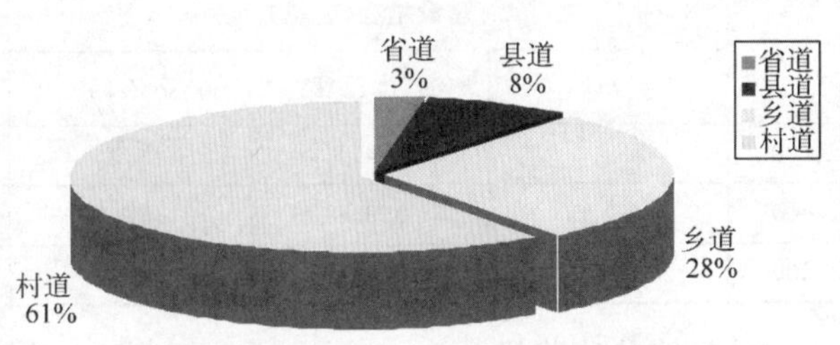

图3-10-1 康保县交通局公路结构分析

二、公路建设

1. 省道建设

1996年全县境内只有张化线一条省道三级公路，全长20.114公里，路面为砂石结构，路面宽仅为7米，2000年10月至2001年10月，张化线油路改建工程顺利完成，于2001年10月通车。该线利用市贷省还的建设投资方式，投资金额达2660万元，里程变为19.969公里，路面宽增至8米。2002年又投资1.2亿元，将原来的县道胡康线三级公路改建为省道二级公路，成为省道张康线的一部分，并更名张康线(图3-10-2)，里程由原来的48.295公里增至49.5公里(图3-10-3)。到2006年底，省道总里程为69.469公里。

图3-10-2 张康线县城段一景

2. 县乡公路建设

1996年，康保县县乡公路通车里程偏少，仅为97公里，而且路面多以砂石路为主，道路通行条件较差。随着国家对农村公路建设的高度重视和支持，

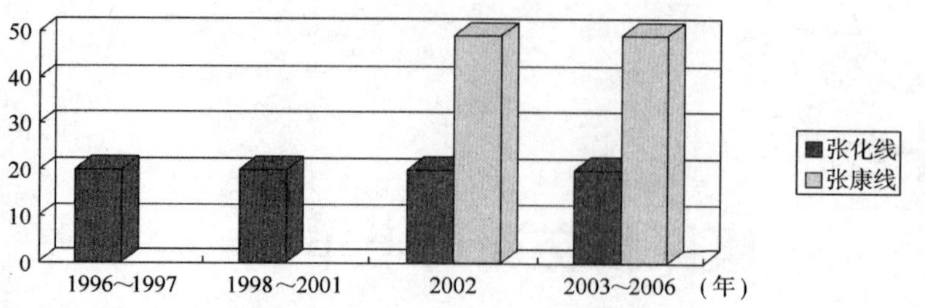

图 3-10-3 康保县省级公路里程 10 年(1996～2006)发展变化图

农村公路建设也逐步加大了步伐,直至 2006 年,康保县农村公路已得到全面改善,“乡乡通油路”的目标已实现,累计投资 7 000.8 万元,建成县级道路三条,共计里程 199.881 公里,有白(旗)郭(磊庄)线 90.22公里、白(塔)白(脑包)线 55.22 公里、九(连城)邓(油坊)线 54.441 公里,全部为二、三级油路。乡道也达到了 14 条,共计里程 687.436 公里,基本都是四级公路。

3. 村村通公路建设

2004 年以来,国家加大农村公路建设的投资力度,掀起农村公路建设的高潮,经过三年的努力,到 2006 年底,累计完成投资 12 511 万元,建成通村公路 2 051 公里,其中,通村水泥路 1 192.1 公里(表 3-10-1),通村砂石路 858.9 公里,155 个行政村实行了通油(水泥)路,行政村通油(水泥)路率达到 47.2%,通四级及其以上公路行政村达 242 个,为农民群众农产品的外运提供了有力的保证,也使农民群众的生产生活得到了很大改善,但是仍有 176 个行政村未通油(水泥)路。

康保县通村公路统计表(2004～2006 年)

表 3-10-1

年度	建设里程(公里)			投资金额(万元)			占行政村比例(%)
	合计	油(水泥)路	砂石路	合计	上级	地方	
2004	284.5	284.5		4 607	2 092	2 515	32.6
2005	736.8	399.5	337.3	4 578	2 651	1 927	38.1
2006	1 029.7	508.1	521.6	3 326	2 188	1 138	47.2

4. 其他公路建设

(1)扶贫公路

2001 年投资 230 万元建成新西线(满德堂至屯垦段)砂石路 23 公里,2006 年投资 368 万元完成其砂改油工程;2005 年投资 124 万元建成白万线(后坊子至万隆店段)水泥路 8 公里。随着公路建设不断发展和国家补贴的扶贫公路的建设完成,康保县农副土特产品开始销往全国,推动了经济的发展,人民群众的生活水平不断提高。

(2)县城形象路建设

2006 年,为支援县城镇道路建设,县局千方百计挤出资金 200 多万元,为县城职中路铺设沥青路面 200 米,水泥路 300 米,工业街铺设沥青路面 1.3 公里,并对县城主大街 7000 平方米的坑槽进行了挖补,使县城道路的路容路貌有了很大改观。

三、公路养护

1. 省道养护

1996～2001 年,由于全县只有张化线一条省级道路,一直由邓油坊工区承担着养护管理任务。从事养护管理人员 16 人,养护机械有四轮拖拉机两台,养护管理实行分片包段、定工定额的目标化管理模式。1997 年县交通局成立了公路管理站,由副局长兼任站长,下设张纪养路工区。为提高养路职工的工作积极性,养护体制进行了多次改革,全面推行“多劳多得、按工计酬、计量支付”为主的管养模式。随着 2002 年张康线升级为省级道路,张康线与张化线均由康保县公路管理站列养,养护人员也增至 55

人。同年将原张纪养路工区更名为张纪养护中心，下设张纪道班和二巨沟道班，分别承担张康线和张化线的管理养护任务。公路站及养护中心认真贯彻“建养并重强化管理、深化改革调整结构、依靠科技提高质量、依法治路保障畅通”的方针，不断加大公路养护管理力度，积极应用先进的养护技术和科学的管理方法，改善养护生产手段，深化养护机制改革，实施公路的科学养护与规范化管理，大大改善了公路面貌，提高了干线公路的整体服务水平。公路管理站与张纪养护中心签订承包合同，养护管理实行三定（即定人员、定路段、定奖惩），量化考核，实行集中养护与分散作业相结合的方式，养护生产效益得到了显著提高。

到2006年底，康保县国省干线公路养护里程达到两条路段69.469公里，一线养护人员增至65人。10年来全局累计投入养护资金631万元。

2. 县乡公路养护

1996年，全县县道养护里程97公里，由路政股负责全县县乡公路的养护管理工作，下设康保工区、邓油坊工区和张纪工区，年养护资金30万元，共有养路工97人。1997年，康保县交通局成立了地方道路管理站，负责全县县乡公路的管理养护工作，由副局长兼任站长，下设康保工区和邓油坊工区。同年，县道白（旗）郭（磊庄）线砂改油工程竣工通车。到2004年，县道增加到3条，全县县级道路养护总里程达到199.881公里；到2006年底，乡道增加到687.346公里。按照上级“建一条，养一条，保一条”的养护要求，乡村公路也列入养护范围，并坚持“建养并重，分级负责”的原则，主要由乡镇负责养护，交通局地方道路管理站，承担协调和指导职责。全县共列养乡村公路900多公里，成立地方道路管理所15个，共培训管理人员90名，养护人员300多人。

3. 村村通公路养护

2004年以来，随着农村公路建设力度的加大，农村公路的养护管理工作变得尤为重要。交通局依据《公路法》，制定了《康保县农村公路养护管理办法》，从组织建设、人员队伍、养管内容、任务标准、资金筹措、考核奖惩等进行了统一规范和明确，从而使全县农村公路养护管理工作做到了“有法可依，有章可循”。养护资金采取县政府以奖代补、交通部门扶持引导、乡镇主体投资、群众捐资投劳结合，多渠道、多形式、多元化地筹集养管资金。在养护管理方式上，实行了“包路段、包质量、包责任、定奖惩”三包一定的工作原则，将养护管理直接与干部职工的责任挂起钩来，联合计酬，充分做到责权利相统一。特别是村道养护管理，充分发挥好广大人民群众的积极作用，按照有关规定，采取投工投劳、以资代劳的方式，任务到村、责任到人，阶段包干，这样，既增强了人民群众管理护路的意识，又减轻了养护资金压力，保证了农村公路“建一条、成一条、受益一条”。

4. 公路绿化

2002年以来，为提高公路养护质量，同时达到稳定路基、美化路容的目的，对列养路线行道树进行了补植。2002年张化线植灌木12万株，2003年张康线植落叶乔木2 000株；2004年张化线植灌木50万株；2005年底张康线植乔木1.810 5万株，张化线植乔木1.284 9万株、灌木62株；2006年张康线植乔木1.636 5万株，累计投资达59.8万元。

四、交通规费征收

10年来，省、市、县的征稽部门十分重视稽查工作，稽查车辆及人员队伍不断壮大。征稽所通过不断制定、修改、完善了一系列以目标管理为龙头、以岗位职责为基础的各项管理制度，实行了定岗、定员、定职责、定任务、定奖罚的管理办法。尤其是近三年来，市局征稽处组织了多次全市联合大稽查活动，从人员、车辆、经费等方面加大了投入，遵循“应征不漏、应免不征”的原则，使得全县的规费征收工作呈逐年上升的趋势。

1996年，汽车养路费征收计划为236万元，实际完成265.85万元，占年计划的112%，到2006年养路费征收计划455万元，实际完成609.22万元，占年计划的134%。2006年实际征收额是1996年养路费征收计划的2.6倍（表3-10-2）。

康保县交通局1996～2006年规费完成情况(单位:万元)　　表3-10-2

年度	汽车养路费	拖拉机养路费	车购附加费	运管费	客附费	货附费	汇总
1996	265.85	64.12	8.91	292 733.42	384 349.2	144 485	821 906.5
1997	286.27	73.29	6.4	260 942.62	318 951.2	131 375	821 906.5
1998	292.16	72.48	8.41	284 807.5	275 725.6	136 990	1 643 813
1999	299.60	39.18	8.41	293 815	293 048	130 315	3 287 626
2000	287.08	39.83	11.26	286 559.4	303 670.4	152 376.4	6 575 252
2001	303.15	50.21	1.78	301 496.84	272 256	152 003.8	13 150 504
2002	297.70	45.08	——	302 479.85	203 156	133 165	26 301 008
2003	268.86	34.19	——	300 335.1	246 075.2	135 920	52 602 016
2004	477.18	46.70	——	334 924.3	269 512.8	180 370	105 204 032
2005	543.12	47.19	——	331 477.3	301 304	217 230	210 408 064
2006	609.22	37.87	——	331 477.3	301 304.8	217 230	420 816 128
合计	3 930.19	550.14	45.17	3 321 048.63	3 169 353.2	1 731 460.2	841 632 256

小拖征费计划随着“三农”政策的落实而逐步下降。1996年征收计划是56万元,实际征收64.12万元,占年计划的114.5%。到2006年,征收计划23万元,实际征收37.87万元,占年计划的164%。小拖征收计划10年下降了2.4倍。

2001年实行税费改革后,车购附加费改为车辆购置税。

五、道路运输管理

1.客运管理

1996年,全县只有18辆班线客车,车型以胜利小中巴为主,从业人员70余人,年运输能力仅为91 537人次。到2006年底,全县拥有营运客车36辆,452个客座位,年运输能力可达20多万人次,近800万人公里;而且全部是豪华型客车,从业人员320余人。1996年后,康保县客运市场步入了快速发展阶段。营运里程逐年延长,营运车辆逐年增加,营运线路逐年拓宽。到2006年底,直达张家口的班车达到了25辆。不但有发往石家庄、天津、锡林郭勒盟、大同、廊坊、北京等跨省区的长途客运,还有发往白旗、宝昌、化德、沽源等跨省区县的短途客运,营运车辆也增至36辆,从业人员达320余人。

随着村村通公路建设的不断深入,康保县的农村客运班线发展迅猛。1996年只有两条班线客车,都是些破旧的胜利小中巴,从业人员不到10人。到2006年底,形成了县境内道路客运班车线33条,35辆营运客车,日发116班次的规模,多以宇通客车和松花江小面包为主,从业人员达110余人。逐步实现了以乡镇为中心,形成点对点连接过渡到片与片融合的方便快捷的城乡客运网络机制,城乡客运市场得到了长足发展,群众乘车难的问题得到了有效解决。

1996～2006年农村班线客车及公交车运力的发展变化情况如图3-10-4所示。

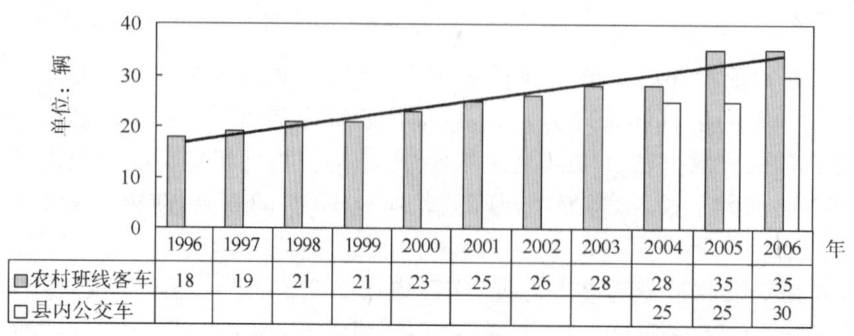

图3-10-4　1996～2006年农村班线客车及公交车运力发展变化情况图

客运量和客运周转量也由1996年的91 537人次和576 388人公里增加到2006年的261 554人次和21 555 555人公里，分别增长了1.9倍和2.7倍（表3-10-3）。

客运量、客运周转量发展变化情况（1996～2006年）　表3-10-3

年份＼名称	客运量（人次）	客运周转量（人公里）	年份＼名称	客运量（人次）	客运周转量（人公里）
1996	91 537	5 763 888	2002	199 432	15 972 222
1997	103 748	6 250 000	2003	221 917	15 277 777
1998	117 463	7 291 666	2004	231 198	20 138 888
1999	138 566	8 125 000	2005	234 145	20 833 333
2000	161 171	10 416 666	2006	261 554	21 555 555
2001	187 011	13 194 444			

2. 公交客运

2003年11月，通过招商引资，由山东投资商筹办的公交客运在康保县实施，这家投资商投入25辆松花江牌小客车开始运营业务，从业人员30余人，全部由山东籍人员经营，从此结束了康保县没有公交车的历史。2004年11月，营运公交车辆增加到30辆，并将经营权转让给康保县，从业人员达到40余人。一辆辆公交车就像一个个窗口，展示了一个县城的良好形象。

3. 货运管理

20世纪90年代，由于康保县经济落后，车辆少，货源少，加之农业连年受灾，货物运输一直处于落后状态，运力运量结构不合理。造成大部分货运车辆全年停驶，运输效益逐年下降。1996年货运量仅为482.6千吨，货运周转量92 213千吨公里。随着经济升温和货运市场的发展，从2002年起，贷款购车的热潮开始兴起，康保县部分因运输效益差无经济能力但又想更换新车的经营者，纷纷在张市贷款购置新车，一年多时间总数就发展到60多辆，占全县营运车辆的20%左右。到2006年底，康保县拥有营运货车397部，1 508个吨位，年运输能力可达7.2万吨，货运量达到2 227.3千吨，货运周转量为418 676.3千吨公里（表3-10-4），货运量比1996年增长了4.6倍，货运周转量增长4.5倍。

货运量、货运周转量的发展变化情况（1996～2006年）　表3-10-4

年份＼名称	货运量（千吨）	货运周转量（千吨公里）	年份＼名称	货运量（千吨）	货运周转量（千吨公里）
1996	482.6	92 213	2002	1 275.3	195 075
1997	578.2	78 030.3	2003	1 466.2	237 492
1998	693.5	126 819	2004	1 671.8	259 005
1999	797.9	132 302	2005	1 971.8	378 432
2000	940.7	173 900.4	2006	2 227.3	418 676.3
2001	1 128.1	186 120.6			

4. 汽车维修行业管理

1996年，全县只有汽车维修户2家，一类、二类户为空缺，两家均为三类户，摩托车维修户3家。到2006年汽车维修户为42家，其中二类6家，三类36家，摩托车维修户从无到有，发展到14家，并且按照国家规定的标准和要求，逐步实现维修行业向电气化、自动化、智能化转变，使全县的汽车维修业充满活力、健康发展。

六、行政执法

到2006年底，全局共有执法人员75人。10年来，县交通局始终以加强执法队伍建设为基础，内强管理、外树形象，不断加强执法队伍建设。一是狠抓执法队伍素质教育。针对全县执法人员的实际情况，分别组织执法人员具体学习《公路法》、《行政诉讼法》、《行政许可法》、《中华人民共和国路政管理条例》等各项法律法规，积极参加上级部门组织的对口业务培训。10年间，先后有2000余人次执法人员受到培训。每年组织开展"执法为民，树立执法队伍新形象"的岗位大练兵活动，并将这一活动贯穿于全年始终。通过培训和大练兵活动的开展，进一步提高执法人员的政治、业务和文化素质。二是强化执法管理，制定行之有效的管理措施，建立具有约束力的规章制度，采取各种有效措施，注重把握好工作中的每一个环节，做到了堵塞漏洞，不留死角，并大力推行"阳光执法"，有效地防止失职、渎职行为的发生。三是切实加强领导，落实各项责任，成立了治理公路"三乱"工作领导小组，形成了局主要领导亲自抓，分管领导常年抓，具体工作人员时时抓的机制，使治理公路"三乱"工作常抓不懈。通过采取抓源头管理，规范执法行为，实现了干线公路基本无"三乱"的目标，同时也极大地提高了执法队伍的整体素质。

七、党建工作

以全面提高班子整体素质为目标，加强两级班子自身建设。局总支首先从自身建设抓起，局理论学习中心组坚持每月集中学习一次，瞄准"建一流班子，带一流队伍，创一流业绩"的"三个一"目标，抓班子、带队伍、树形象、创一流，一级做给一级看，一级带着一级干，努力成为"三个模范"，提高"五种能力"，即带头成为勤奋学习、善于思考的模范，解放思想、与时俱进的模范，勇于实践，锐意进取的模范；不断提高科学判断形势的能力，驾驭市场经济的能力，应对复杂局面的能力，依法行政的能力和总揽全局的能力。其次是团结和带领全系统干部职工紧紧抓住发展交通经济这一要务，聚精会神搞建设，一心一意谋发展。年底班子成员联系本单位工作实际和个人的思想实际，认真总结成绩，找出差距，深挖问题根源，使大家在思想上、工作上得到了统一，进一步增强了两级班子的向心力、凝聚力和战斗力。

八、精神文明建设

10年来，县局始终坚持三个文明一起抓，三个成果一起要的理念，在开展精神文明创建活动中，虚实结合，软硬并举，全员参加，整体推进。以内强素质，外树形象，服务人民，奉献社会为重点，按照"鼓实劲，干实事，求实效"的原则，扎扎实实开展工作，并取得了明显成效。一是提高认识，加强领导，营造良好的活动氛围。县局一贯坚持把开展创建活动作为加强交通系统精神文明建设的重点来抓，局总支多次统一思想，召开专门会议，认真研究制定措施，全系统普遍建立健全了领导小组和办事机构，做到了层层有组织，议事有位置，落实有检查，考核有标准。二是把创建活动引入竞争机制，纳入全行业目标管理。县局建立了一套保证三个文明建设协调发展的运行机制。即：把文明单位创建活动内容分解成若干个具体指标，作为加强精神文明建设的一项重要内容，纳入全年目标管理。三是整顿队伍、提高素质，再塑交通新形象。县局一贯注重从提高干部职工的整体素质，树立良好的道德风尚，培养四有新型职工队伍入手，以征稽、运管、路政等窗口单位为突破口，在全局上下开展了三抓：即抓学习、抓典型、抓整顿，在干部职工中筑起了自觉抵御拜金主义、个人主义、享乐主义的思想堡垒，有效地遏制了行业不正之风。四是10年来一直坚持对张纪镇的马鞍架村、二马坊村及处长地乡的14个村的扶贫救助，共开展献爱心活动40余次，资助贫困学生300余人，为学校捐款捐物及为村民办实事折合人民币80多万元。

九、党风廉政建设

县局紧密结合交通行业特点和各方面工作管理上的具体问题，立足教育，着眼防范，突出抓了以下几个方面的工作。一是狠抓廉政教育，牢筑思想道德防线。教育引导全体干部职工坚定理想信念，牢记"两个务必"。通过举办专题教育讲座、组织理论考试、知识竞赛等多种形式，深入学习党纪政纪条规和有关法律法规，增强法制观念和自我防范意识。同时还组织全局干部职工收看反面典型案例录像。并制定了预防职务犯罪工作安排意见，要求大家自觉做到警钟长鸣，把预防职务犯罪工作推向深入。二是狠抓党风廉政建设责任制的落实。县局对公路建设、规费征收、行业管理、办公用品、来客招待、监督检查及奖惩都作了明确规定，并层层签订廉政建设责任状，把党风廉政建设同经济工作一起研究，列入年度工作考核目标，同部署、同检查、同考核，使党风廉政建设工作真正摆到了重要位置。三是加大监督检查力度。县局坚持以明察暗访为主要形式，对局属各单位进行监督检查。四是对交通基础设施建设项目，一律实行招投标制。

十、行风建设

县局紧紧围绕“优化发展环境，服务全县经济”这一主题，把民主评议、机关效能建设和行政权力公开透明运行工作有机结合。通过采取召开动员大会、制定实施方案、定期召开调度或汇报会，定期检查各单位工作进展情况等措施，在全局形成了层层行风的良好局面。确保了思想认识、组织领导、责任分解三到位。为确保各项工作落实到位，县局加大了监督检查力度，对不作为、乱作为等行为，依据《河北省影响机关效能行为责任追究办法（试行）》，严格追究责任，努力建设一支廉洁、勤政、务实、高效的交通队伍，提高了交通系统的社会公信力。进而形成了一套有效的监督检查机制，县局的行风工作每年进入先进行列，赢得了社会各界的认可，树立了良好的交通形象。

第十一章

尚义县交通局十年工作综述

一、基本情况

尚义县位于河北省西北部，冀晋蒙三省区交界处，是内地沟通西北和内蒙古的黄金地带，是冀晋蒙、冀京津经济圈的交汇处。距北京市288公里。境内自然风貌南北迥异，分为坝上、坝下两个地貌单元。平均海拔1 300米，属大陆性季风气候，中温带半干旱区。四季分明，光照充足，空气清新，雨热同期，年均气温3.5℃，年均降水量413.6毫米。每当南方酷暑难耐之时，这里凉风习习，气候舒适宜人，是理想的天然避暑胜地。全县耕地面积116万亩(其中退耕地面积52万亩)，林地面积172万亩，草地面积145万亩，森林覆盖率为26%。全县辖6镇8乡，172个行政村，622个自然村。

尚义近邻京津，区位优势明显。土地资源丰富，气候独特，适宜优质蔬菜种植和农作物营养积累。矿产资源丰富，开发潜力巨大。现已探明和发现的矿藏有10大类40多个矿种，较为丰富的金属矿有金、银、铜、铁，非金属矿有煤、石墨、硅藻土、紫色页岩等。风力资源稳定、丰富，是华北地区风能资源最好的区域之一。旅游资源得天独厚，生态旅游独具特色，境内拥有民族风情、人文历史、生态观光三种旅游类型。交通便利，通信便捷，电力充裕，劳动力资源充足。所有这些都为开放的尚义营造了良好的投资环境。与此同时，10年来，交通事业也实现了大发展和快发展。到2006年底，全县公路总里程948公里。全县通油路行政村89个，通砂石路行政村46个，公路通村率78.5%。

尚义县交通局是集社会服务、行业管理、行政执法三重职能为一体的县政府直属事业单位。主要负责全县国省干线公路和县级地方道路的建设、养护、管理以及营运车辆的规费征收和道路运输管理、地方海事的监管。截至2006年底，全局拥有干部职工386人，具有专业技术职称的有17人，其中初级12人，中级5人。局内设党委办公室、行政办公室、财务股、审计股、工程股、质监站六个股室，下设公路管理站、地方道路管理站、公路工程一队、公路工程二队、养路费征稽所、运输管理所六个基层站所和大青沟养护中心、红土梁养路工区两个养护单位。

二、公路建设

1. 省级干线公路

东商公路在1996年前，是尚义县境内唯有的一条全长33.588公里的省道砂石路。由于路况难以满足交通量逐年增长的需求，1998年，该公路改建为省道三级油路，一定程度上缓解了交通压力，促进了经济发展。近年来，随着坝上蔬菜业的兴起，大吨位车辆超负荷重压，路况受到了严重破损，难以满足经济发展的需要，在历届县委、县政府的重视下，尚义县交通局积极争取上级交通部门的投资政策，在市交通局的支持下，省道东商线的二级公路改建工程于2006年得以立项，于2007年开始实施，当年竣工通车。这条公路的建成将成为尚义县北部连接冀蒙的一条重要运输大通道。

原杨哈线在1996年前为县道砂石路，1998年发生地震后，路况受损，为重建家园市局在调研的基础上，给予了大力支持于1999～2000年把该公路由砂石路改建为县道三级油路。2003年又积极争取对这条县道三级公路改建为省道二级公路，并把杨哈线重命名为张（北）尚（义）线，总里程 46.66 公里，改建后的张尚线标志着我市各县区域全部开通二级路，是尚义县中部连接冀蒙的第一条重要运输通道。

截至目前，全县二级公路通车里程达到 80.248 公里，为尚义县北部蔬菜业的发展和中部旅游业的兴起及矿产资源的开发和利用奠定了坚实的基础。

尚义县国省干线公路（1996～2006）发展变化如图 3-11-1 所示。

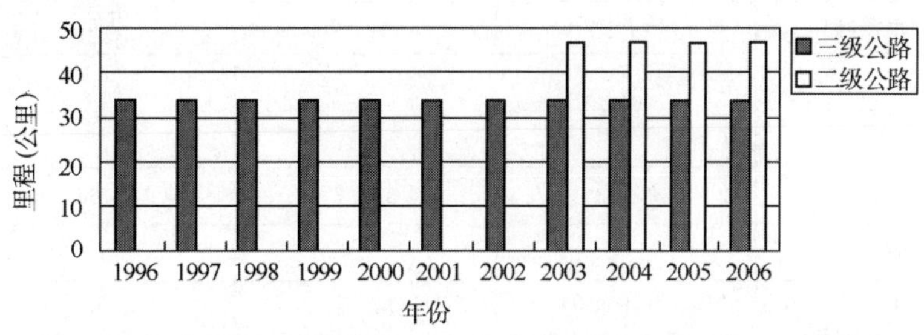

图 3-11-1　尚义县国省干线公路（1996～2006）发展变化

2. 县乡公路（表 3-11-1）

县乡公路（1996～2006）发展情况统计表　　表 3-11-1

年度 \ 新建改建里程（公里）	县道 二级	县道 三级	乡道 四级	乡道 等外	年度 \ 新建改建里程（公里）	县道 二级	县道 三级	乡道 四级	乡道 等外
1996（以前）		97.5	327	183	2002			8.5	14
1997			22.5		2003		12		9
1998				8.5	2004		26.15	12.98	
1999		59		9	2005				27.5
2000		46.66			2006	60			
2001		18.4	6.5		合计	60	259.71	377.48	251

1996 年之前，尚义县境内唯有一条三级油路：全长 32 公里的县道大尚线；两条砂石路：县道郭花线 49.5 公里和杨哈线 16 公里，其余全部为等外路，县乡公路通车里程 424.5 公里（其中：县道 97.5 公里，乡道 327 公里），公路等级低，通行能力差，晴天一身土、雨天一身泥，是当时老百姓出行的真实写照。从 1996 年始，十年的时间内，县乡公路建设进入了较快的发展时期。

（1）县道

①原郭花线（尚义花儿台—郭磊庄）于 1997～1999 年投资 1 549 万元，分三期由县道砂石路改建为县道三级油路。

②原县道杨哈线（张尚交界—哈拉沟）于 1999～2000 年改建为县道三级公路，路线长度延伸到46.6 公里，2003 年改建为省道二级公路。

③县道小韭线（小蒜沟—韭菜沟）三级公路改建工程全长 26.15 公里，投资 1 150 万元，于 2004 年建成通车，标志着尚义县成为坝上四县中第一个实现了乡乡通油路的县。

④县道白郭线（县城至郭磊庄段）全长 55.8 公里，于 2006 年改建为二级公路。该线包含了原大尚线、尚永线、郭花线、大康线，目前统称白郭线。这条线路是纵贯尚义南北直达丹拉高速的一条主要运输通道。

（2）乡道

1996～2006 年，在十年的时间内，共投资 1 922 万元，建成乡道 16 条 233 公里，辐射全县 14 个乡镇，并于 2004 年实现了乡乡通油路。

截止到 2006 年底，全县的路网结构已发生了很大的变化，辐射带动能力明显加强，已初步形成了南连北拓、东出西进、辐射乡村、畅通快捷的“二纵二横”干线公路和“三纵六横”农村公路网的主体框架，为构筑现代化的公路格局打下了基础。

3. 村村通公路（表 3-11-2）

全县农村公路（1996～2006 年）发展变化情况统计 表 3-11-2

年　度	建设里程（公里）			投资金额（万元）	占行政村比例%
	油（水泥）路	砂石路	合计		
2003					14%
2004	63		63	945	15.7%
2005	75.4	251.3	326.7	2 463	41.2%
2006	53.6		53.6	861	7.6%
合计	192	251.3	443.3	4 269	78.5%

（1）1996～2003 年期间，全县村与村之间基本上是以连村大车道为主，晴通雨阻、信息不畅、出行不便，在很大程度上制约了人流物流的发展。从 2004 年国家实施“村村通公路”计划以来，尚义县把握机遇，认真规划，全面部署，村村通工程取得了长足进展。

（2）2004 年，实施涉及 8 个乡镇 27 个行政村通油（水泥）路项目，建设总里程 63 公里，完成投资 945 万元。

（3）2005 年，实施涉及 13 个乡镇 18 个行政村 75.4 公里的油（水泥）路项目，54 个行政村 251.3 公里的砂石路项目，完成投资 2 463 万元。

（4）2006 年，实施涉及 8 个乡镇 13 个行政村 53.6 公里的油（水泥）路和 7 公里砂石路项目，完成投资 861 万元。

截至 2006 年底，全县现有村道 73 条 443 公里（其中四级油路 192 公里，四级砂石路 184 公里，等外路 47 公里），通油路行政村 89 个，通砂石路行政村 46 个，公路通村率达到 78.5%。初步形成了以省、县公路为主骨架，乡村公路为支线，沟通内外，辐射周边，畅通快捷的公路网。

4. 抗震救灾路

1998 年 1 月 10 日，坝上尚义、张北两县发生里氏 6.2 级强烈地震，这是坝上地区发生的最大的一次地震，地震给当地人民生命财产造成了巨大损失。途经灾区的原杨哈公路因公路等级低，抵御自然灾害能力差，遭受到严重破坏，影响了当地人民的生产生活。在这非常之际，市交通局领导带领县局领导和工程技术人员亲临一线，对杨哈公路在地震中所遭受到的损坏程度进行了实地调研和评估，并组织人员及时对损坏的路段进行了突击抢修，打通了通往灾区的道路，确保救灾人员、车辆、物资及时进入灾区。为使灾区人民震后重建家园，市交通局给予了大力的支持，对该公路的改建当年予以立项。1999 年市局地道处为业主，投资 3 000 万元把原杨哈线砂石路改建为县道三级油路。该公路的改建，极大地改善了公路沿线群众的生产生活，为灾区人民震后重建家园，提供了强大的交通保障。同时县委、县政府高度重视，和市局共同筹资，对地震灾区的乡村公路损坏路段进行了维修，为抗震救灾工作取得最后胜利奠定了坚实基础。

5. 其他公路

从 2005 年始，本着“解决好合适的速度、合理的规划以及最佳效能同比提高”的交通发展思路，结合全县开展的“我为项目做贡献”活动，从农民迫切需要而又有条件做好的地方入手，有计划、有步骤、有重点先后投资 986 万元，为文明生态村、千村经济振兴村、党员培训基地、满井风电场等修建累计 68 公里的油路和砂石路。并于 2006 年在资金严重不足的情况下，投资 190 万元自己组织实施了小韭线保满沟一号桥和二号桥，解决了安全隐患，方便了当地农民的生产生活。同时如期实施了投资 500 万元的太平南路改造工程和鸳鸯河大桥的拓宽工程，受到了社会各界的好评。

三、公路养护

1. 干线公路和县级公路的养护

1996年，大青沟养护工区下设张柱良、马连洼、三义店、白彦堡、落甫梁五个养护道班，从事养护、管理的工作人员75人，实行分片包段、定工定额的目标化管理模式。结合路线分布和工区的地理位置，该工区负责省道东商线33.588公里和县道大尚线32公里的养护工作。红土梁养路工区下设南店、小蒜沟、勿乱沟、红土梁、黄土窑、黄脑包、台路七个道班，从事养护、管理的工作人员72人，负责原县道郭花线49.5公里和原杨哈线16公里的养护工作。全县列养的公路除大尚线32公里的油路外，全部为砂石路。由于养护方法得力，养路员工吃苦精神较强，路况养护较好，被市局给予“尚义的土路赛油路”的赞誉。

到1999年，原郭花线和杨哈线都改建为县道三级油路。由于公路级别的提升和里程的增加，撤销了两个工区下设的9个道班，保留3个道班，实行大道班养护。2002年，大青沟养路工区改为大青沟养护中心，对境内东商线和大尚线进行重点列养。2003年，原杨哈线提升为省道二级公路，交付大青沟养护中心列养。2004年县道小韭线建成通车，由红土梁养路工区列养，同时大尚线也交付红土梁养路工区列养。2006年，随着县道白郭线二级公路改建工程的竣工通车，尚义县交通局列养公路的级别整体提升，截止到2006年底，全县列养公路的总里程计203.528公里，其中大青沟养护中心负责省道东商线、张尚线，列养80.248公里；红土梁养路工区负责县道白郭线、大尚线、小韭线，列养123.28公里。在管理上，两养护单位结合尚义实际，经过多次调研，对养护体制进行了一系列的改革，全面推行了“合同管理、计量支付”的管养工作新模式。通过日常及年末综合评定，年终兑现奖惩等激励措施，养护生产效益得到了显著的提升。年末好路率达83.7%，年末综合值88.5分，年均综合值88.91分。

2. 村村通公路的养护

2004年实施村村通工程以来，尚义县局在抓好工程建设的同时，为使农村公路经常保持完好畅通，长久服务于民，积极探索新形势下乡村公路的养护管理办法(图3-11-2)。2005年推出了五种养护管理模式，走在了全市乃至全省的前列。一是专业养护管理模式。聘用专职养护人员，对全路段实行统一管养，养护经费由镇政府统筹解决。二是协会管理模式。组织和发动群众成立了独特的“半公半民”的农村公路养护管理协会，实行政府补助和整合社会资源相结合的办法，由协会集体研究，决定筹资金额和分摊标准，报请当地政府批准后，由协会统一收取、统一管理、统一使用。三是群管群养管理模式。因势利导将养护任务分解到村，再由村分解到户，以签订责任书的形式进行日常养护。四是社会帮扶管理模式。采取受益企业、对口包扶部门、本乡籍在外人士及社会各界集资帮扶，受益村出工出劳相结合的办法实施养护，所筹资金由村委会单设账户，专人管理，节约开支，滚动发展。五是以林养路管理模式。按照“路旁种树，以树养人，以人护路”的思路，坚持谁购买、谁受益、谁养护的原则，将公路两边的绿化权和树木产权公开拍卖，与购买人签订养护协议，采取树木轮伐种植，获取效益。2006～2007年，在乡村公路管养工作上，继续拓展思路、推陈出新，通过不断的摸索和实践，已初步形成了符合县情、切合实际的三种管理养护长效机制，确保了全县的乡村公路建一条、成一条、养一条、绿一条。

图3-11-2　省厅、市局领导听取尚义县局“村村通”工程汇报

四、交通规费征收

由于我县地理位置偏僻，经济发展缓慢，车辆保有量较低，成为制约规费征收的一道难题。10年来，我县为增加费源，积极从源头和平时两个方面加强稽查等方面保费收，减漏洞，确保了规费收入的增

加。现在一年的规费收入，比 1996 年翻一番。10 年来，累计征收各项规费 4 023 万元（表 3-11-3），为交通事业的发展提供了资金保障。

尚义县交通局 1996～2006 年规费完成情况（单位：万元）　　表 3-11-3

年　度	合计	汽车养路费	拖拉机养路费	车购附加费	交通建设附加费	运管费	客运附加费	货运附加费
	4 023	3 343.36	306.1	6.39	—	153.27	132.74	81.14
1996	281.19	234	22	—	—	19	5.61	0.58
1997	268.5	227.8	—	—	—	13.74	18.78	8.18
1998	291.15	233	20	2.45	—	10.19	17.35	8.16
1999	288.16	233	20	0.75	—	10.76	16.17	7.48
2000	321.15	248	35.5	2.38	—	12.1	15.34	7.83
2001	325.39	253.56	35.1	0.28	—	13.84	15.08	7.53
2002	330.02	242	52.3	0.53	—	17.98	10.18	7.03
2003	254.33	200	35	—	—	11.44	0.94	6.95
2004	525.27	447	47.2	—	—	13.01	10.04	8.02
2005	569.49	516	20	—	—	15.13	10.18	8.18
2006	568.35	509	19	—	—	16.08	13.07	11.2

五、道路运输管理

1996 年以来，尚义县道路运输管理工作以“打造诚信，树立和谐，创新管理，突出发展”为主要目标，不断创新理念，推陈出新，道路从业人员从 1996 年的 262 人发展到了 2 320 人，带动了辖区内的道路运输快速发展。

1. 运量、周转量（表 3-11-4）

1996～2006 年运量、周转量发展情况表　　表 3-11-4

年度 项目	1996	1997	1998	1999	2000	2001	2002	2003	2004	2005	2006
货运量（吨）	85 000	92 000	100 000	140 000	159 000	159 000	162 000	168 000	181 000	185 000	227 700
客运量（人）	55 000	56 000	58 000	59 000	63 000	63 500	65 000	66 000	68 000	69 000	73 000
货运周转量（吨公里）	1 275 000	1 472 000	1 600 000	22 400 000	31 600 000	33 180 000	35 764 000	40 320 000	45 250 000	48 100 000	59 202 000
货运周转量（人公里）	4 400 000	5 040 000	5 640 000	4 720 000	4 410 000	4 435 000	4 500 000	5 280 000	5 440 000	6 210 000	6 570 000

2. 运力发展

（1）客运管理。1996 年辖区内只有五辆班线客车，车型落后，经过 10 年发展，到 2006 年底班线客车已发展到 97 辆，车型也以豪华高级车为主。1996 年辖区内只有 3 条客运路线，线路只覆盖全县 14 个乡镇中的 4 个乡镇。1996 年开始，随着经济的发展，人流物流的增加，客运业务迅速升温，到 2006 年，除主要班线外，农村客运线路已覆盖全县的 14 个乡镇，客车也比 1996 年增长了 5 倍。全县行政村通车率达到 92%。

（2）货运管理。1996～2006 年期间，全县货物运输车辆从 1996 年 132 辆迅速的发展到 1 137 辆（含农用车、三轮车、四轮车）。货运户主由全县仅有的 128 户发展到 1 100 户。特别是 2002 年以后，农用车发展势头迅猛，到 2006 底已发展到 463 辆。成为县域境内农用产品的主要运输工具。农用运输车辆在为农村经济带来活力的同时，也给管理带来难度，县局职能部门积极应对货运市场变化，采取措施，管好、管活，有力推动了农村经济的发展和市场的搞活。

(3)机动车维修业管理。1996 年辖区内一类维修业空缺，二类 1 户，三类 2 户。发展速度比较缓慢。到 2006 年，二类发展到 2 户，三类发展到 12 户，已能满足现有车辆的日常维护保养。

(4)驾驶员培训学校管理。2006 年底，辖区内机动车驾驶员培训学校一处，从业人员 25 人。驾校的成立不仅填补了尚义县无机动车驾驶员培训学校的空白，而且为强化职业培训，适应运输业的发展起到了极为重要的作用。

六、行政执法工作

1996 年前，尚义县交通局下设养路费征稽站、运输管理站两个执法单位。1997 年成立路政稽查队，由于诸多原因，当年解散。1999 年正式成立路政执法大队(图 3-11-3)，属公路管理站下属单位，对尚义境内公路的路产路权进行管理。2003 年，成立了超限运输检测站，对境内过往的超限车辆进行有效检测治理。1996～2006 年期间，共实施公路巡查 3 600 余次，巡查里程累计达到 30 余万公里，共查处损坏路产违法案件 86 起。2003～2005 年，查处超限运输车辆 1 万余辆，卸载超限物资 5 万余吨。通过有效治理，到 2006 年底，各类公路违法案件下降了 80%，损坏路产和违法超限运输的行为得到了遏制，较好地保护了路产，维护了路权。

图 3-11-3　执法队伍列队表演通过主席台

为使交通行政执法做到规范管理，依法行政，交通局于 2005 年成立了治理公路“三乱”办公室。1996～2006 年期间，组织全局执法人员参加业务技能培训和法律法规培训 29 次，先后有 3 000 余人次接受教育培训，参训人员达到 100%。2006 年，又有针对性的制作了《交通行政执法工作制度汇编》和《交通工作法律汇编》等 7 本书，下发各执法单位，作为执法人员业务培训和平时自学的教材。先后对执法人员共组织了 14 次法律法规和业务知识闭卷考试。同时又制定和完善了 18 项管理制度和工作制度，先后对 12 名执法人员的违规违纪行为做出了处理。通过狠抓落实，规范了执法人员行为举止和文明用语，从而有效地杜绝了执法过程中的不良行为。10 年来，尚义县交通局在执法工作中，无一起公路“三乱”行为的发生。

七、党风廉政建设

交通局于 2003 年 11 月由总支提升为党委，现有党员 121 名，占全局总人数的 31.45%。其中在岗党员 90 人，妇女党员 12 名，少数民族党员 1 名，35 岁以下党员 35 名，大专以上学历 51 名。

新党委成立后，为加强党建工作，新党委从硬件、软件两个方面采取措施，确保党建工作的各项目标任务落到实处。一是建立了高标准的党员活动室、电教室和学习宣传栏，配置了完备的党员电教设备及相关的电教资料；二是制订了“三会一课”制度、党风廉政建设等党建工作制度。2005 年在保持共产党员先进性教育活动中，党委结合各阶段的工作，精心编制了《党旗在我心中》等系列辅导材料，并把各阶段的相关材料整理成册，形成规范的学习材料，供党员学习使用，受到市、县检查组的好评，成为全县 69 个单位学习的典范。2006 年，党委又开展了“一立、二带、三会”活动，逐步建立和完善了党员长效学习教育机制，进一步强化了党员教育工作，2006 年被县委评为先进党委。

党风廉政建设一直是交通工作的重中之重，每年局党委把党风廉政建设与经济建设、精神文明建设和其他业务工作紧密结合，同部署、同落实、同检查、同考核。在人员调入、重大项目经济开支等事项决策上，由党委集体讨论、阳光运行；在财务报销上，严格实行“三级会签制”；领导用车实行年度计划控制；做到了用制度强化认识，用制度规范行为，减少了随意性，提高了透明度。在各项公路工程建设中，严格实行施工“双合同”制，坚持“宁当恶人，不当罪人”的原则，以对人民、对历史、对社会高度负责的态度，严格执行“严”、“实”、“精”三字方针，全面推行纪检监察工作的“三同时”、“三同步制度”。即重点工程全程介入，一般工程重点介入，拟建工程提前介入，做到廉政与质量同步进行，廉政合同与工程合同同步签订，廉政建设与工程建设同步验收。特别是审计股，突出建设项目全过程跟踪审计和领导干部任期经济责任审计两个重点，加强财务审计，提高审计质量，强化结果运作，在全局上下形成了“上级抓下级，下级保上级，人人有责任，层层抓落实”的工作体系。

八、精神文明建设

10年来，交通局紧紧围绕交通中心工作，坚持以人为本，不断丰富活动载体，广泛开展了各类精神文明创建活动。

一是按照系统的要求，以“爱我交通，我为交通做贡献”为主题，认真开展了“六查、六评、六比”等各项创建活动，在全局上下营造了一种“比、学、赶、帮、超”的良好氛围，涌现出一大批先进和典型。先后共计28人被评为市级以上先进个人，120人次受到县级以上表彰。

二是结合单位实际，开展主题鲜明的创建活动。每年“三八”节，局工会组织全局女同志大联欢，用自编自导丰富的文艺节目，展现交通“半边天”的生活风采。历年“八一”建军节，局党委都组织局复退军人召开以主题为“追忆峥嵘岁月，畅响交通发展”为主旋律的联谊会，进一步激发了复退军人工作动力。每年元旦、春节各单位都组织开展群众性的文体活动，活跃职工的文化生活，有效地促进了精神文明建设。

三是扎实有效开展扶贫帮困、助人为乐活动。几年来为包扶村累计投资30多万元，硬化了街道，健全了村委办公设施。通过扶贫帮困，全局干部职工积极捐款捐物，累计资助贫困学生55名，资助金额1.5万元。多次开展献爱心活动，捐款21万元，捐物375件，为扶贫帮困做出了贡献。

九、行风建设

2003年交通局被列为民主评议行风工作的参评单位，按照各阶段、各步骤的工作要求，认真开展了行风建设活动。但由于平时宣传不到位，社会各界对交通工作的理解有很大偏差，执法队伍中也存在态度上的粗暴，行为上的不规范等问题，使得社会对交通局的意见很大。2003年社会反馈的原始意见有65条，涉及公路建设、养护、行政执法等多方面的内容。2004年反馈原始意见58条，内容也涉及多个方面，曾连续两年在民主评议活动中倒排第一。面对行风建设中存在的问题，2005年，新一届领导班子针对行风建设中存在的问题，在全局上下广泛动员宣传，强化“人人关心行风、事事关系行风”的责任意识。针对群众提出的意见和问题分类排队，逐步解决积极整改取得明显成效。2005年和2006年连续两年交通局的行风建设在全县民主评议中蝉联第一名，在行风评议上打了个翻身仗。

第十二章

万全县交通局十年工作综述

万全县位于张家口市西15公里处，距首都北京220公里，距省会石家庄490公里，距天津新港370公里，距山西大同180公里，距内蒙古呼和浩特300公里，地理坐标北纬40°41′～41°03′，东经114°21′～114°50′，东西长37公里，南北宽35公里，总面积1 161.48平方公里。全县辖4个镇、7个乡，共172个行政村、10个居委会，总人口21.96万人。万全县有丰富的物产资源，以玉米制种、鲜食玉米、燕麦片、万全神水以及农药、化肥、水泥、矿机、玄武岩、烟花等为主要产品。1996年以来，在张家口市交通局和万全县委、县政府的正确领导下，在社会各界和人民群众的大力支持下，万全县交通工作取得了可喜可贺的成绩，有力地拉动了全县城乡建设和经济发展。

万全县交通局是县政府下设主管全县交通工作的职能部门，属事业单位，业务上受张家口市交通局指导。具体负责全县国省干线、地方道路养护及路政管理工作；负责县级以下公路规划、设计、建设；负责全县公路养路费、运输管理费、货运附加费、客票附加费的征收；负责全县道路运输行业管理。交通局内设办公室、财计股、工程股、政工股、计划股、中心试验室，下属单位有养路费征稽所、运输管理所、公路管理站、地方道路管理站、公路路政执法大队；到2006年底，共有在职副科以上干部10人，共有职工262人(其中局机关有在职职工45人)。

一、公路建设

经过10年的不懈努力，万全县公路建设取得了突飞猛进的发展。截至2006年底，县境内共有丹拉、张石高速公路2条95.792公里、国道110、207线2条74.025公里，省道张沽线1条4.098公里，县道白郭线、万孔线、后洗线3条69.814公里，乡道万醋线、五赐线等9条265.728公里，专用道路5条12.286公里，村道122条420.180公里，城区道路6条16.043公里。全县公路通车里程957.966公里，油(水泥)路里程达605.411公里，县域内油(水泥)路密度达到每百平方公里52.12公里，“七纵七横一小环”的布局初具规模，高速公路实现了从无到有的跨越式发展。

1. 已建成公路改建情况

(1)国道110线：1996年开始动工改建，1997年正式竣工通车。改建后路基宽12米，路面宽11.5米，为沥青混凝土路面，达到二级路标准。

(2)县道郭花线改建工程：1996年、1997年分别投资560万元、240万元对郭花线郭磊庄—洗马林段14公里、洗马林—庙儿沟段8公里进行改建，改建后路基宽8.5米，路面宽7米，为沥青混凝土路面，达到了三级公路标准。

(3)国道207线：县局于2000年、2002年分别引进县外资金1 600万元、省厅投资627.53万元，对国道207线万全至上营屯段13公里、半坝至万全段12公里进行了大修改建，改建后路基宽12米，路面宽11.5米，为沥青混凝土路面，达到了二级路标准。

(4)万醋线改建工程：2005年县局投资850万元对乡道万醋线万全镇—西永丰堡段16公里进行改

建，路基宽 6.5 米，路面宽 5 米，为沥青混凝土路面，达到了四级油路标准。

(5)白郭线公路三级改二级工程：该工程是省政府批准的最后一条收费公路，北起尚义南壕堑镇，南至万全县郭磊庄镇，县境内路段全长 23.9 公里，路基宽 10.5 米，路面宽 10 米，总投资 7 800 万元，涉及洗马林、高庙堡、旧堡、郭磊庄两乡两镇 12 个行政村，2005 年 11 月开工建设，2006 年 10 月 30 日竣工通车。

(6)迎宾大道(丹拉高速县城出口至汽车站)工程：于 2006 年 9 月 1 日开始动工建设迎宾大道工程，当年 10 月 30 日竣工通车。该工程全长 2.9 公里，总投资 2 820 万元，建成后路基宽 25 米，路面宽 24 米，为沥青混凝土路面，达到一级油路标准，它的建成为县城的车辆快速驶上丹拉高速提供了极大的便利。

2. 公路新建情况

(1)旅游公路建设工程：2002 年建成膳房堡旅游公路，该路段全长 15 公里，项目总投资 125 万元，其中交通部门投资 25 万元，地方自筹 100 万元。2003 年 5 月建成新河口—白龙洞段旅游公路，该工程全长 10 公里，项目共投资 183 万元，其中中央国债 80 万元，地方自筹 103 万元。这两条路路基宽 8.5 米，路面宽 7 米，为砂石路面，达到三级路标准，它的建成通车，为促进全县旅游事业的发展提供了良好的交通条件。

(2)后洗公路建设工程：县局于 2003 年 4 月起，开始动工建设后洗公路，2004 年 10 月全线竣工通车，该工程南起郭磊庄镇丰胜庄村，北至北新屯乡小麻坪村，全长 27.5 公里，分两期施工，其中一期工程为丰胜庄村至西永丰堡段 20 公里，总投资 1 400 万元；二期工程为西永丰堡至小麻坪段 7.5 公里，总投资 525 万元，建成后路基宽 7.5 米，路面宽 6 米，为沥青混凝土路面，达到了三级公路标准。

(3)民主街至 207 国道连接线工程：县局于 2005 年 4 月投资 1 400 万元开始动工建设民主街至 207 国道连接线，该工程全长 1.49 公里，路基宽 24.5 米，路面宽 17 米，为沥青混凝土路面，达到大二级公路标准，于 2006 年 10 月 20 日竣工通车。该工程的建成通车，极大地缓解了国道 110 线的交通压力，为城乡经济发展提供了交通保障。

3. 村村通工程

2004～2006 年，县局按照县委、政府和市交通局在村村通道路建设上的统一要求和安排部署，总投资 5 277.2 万元(其中交通部门投资 3 662.4 万元)，完成 139 个村的村村通工程(图 3-12-1)，新增水泥路里程 474.8 公里，其中 2004 年完成 96 个村的村村通工程，新增水泥路里程 361.6 公里，2005 年完成 26 个村的村村通工程，新增水泥路里程 61.2 公里，2006 完成 17 个村的村村通工程，新增水泥路里程 52 公里，2006 年村村通任务的圆满完成，标志着万全县范围内 172 个行政村，全部通了油(水泥)路，油(水泥)路通村率达到了 100%，为全县农民群众快速致富筑就了一条阳光之路，也为发展农村经济、加快社会主义新农村建设的步伐创造了很好的条件。

图 3-12-1　孔家庄镇深井堡村村通公路一景

2004 年 4 月 28 日，全市农村公路建设现场会在万全县召开，2005 年 8 月 10 日，全市农村公路建设调度暨质量管理现场会又在万全县召开。市交通局和市局地道处领导对万全县的村村通工程建设给予了高度评价，被省委、省政府评为“农村公路建设先进单位”。

二、公路养护工作

1996 年，由万全县交通局负责列养的道路共有：国道 110 线 32.756 公里，国道 207 线 25.360 公里，省道张同线 11.423 公里，县道郭花线 23.158 公里，县道万孔线 20.119 公里，总计养护里程为 112.816公里。随着公路的不断改建、扩建、升级，县局的养护里程也有所变更，截至 2006 年底，列养的

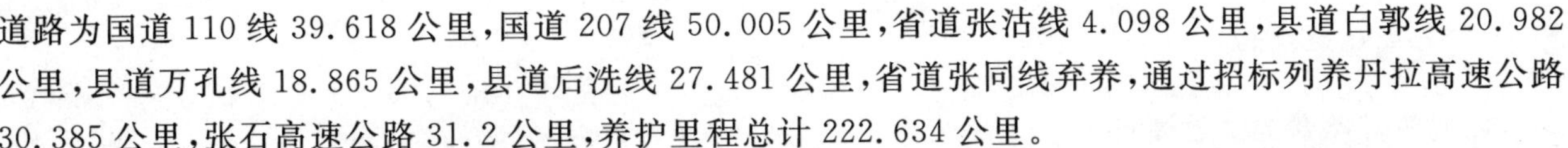

道路为国道 110 线 39.618 公里，国道 207 线 50.005 公里，省道张沽线 4.098 公里，县道白郭线 20.982 公里，县道万孔线 18.865 公里，县道后洗线 27.481 公里，省道张同线弃养，通过招标列养丹拉高速公路 30.385 公里，张石高速公路 31.2 公里，养护里程总计 222.634 公里。

1. 10 年来公路养护体制变化情况

万全县交通局孔家庄养路工区，自 1996 年开始实行公路养护承包责任制，按照养护工包段形式进行养护作业，每人 2 公里。随着公路养护体制改革步伐的加快，1997 年成立了地方道路管理站，下设洗马林、郭磊庄、丰胜庄、蔡家庄四个道班，具体负责县道的养护与管理工作。1998 年成立了公路管理站，下设巨德堡、于家梁两个公路养护中心，具体负责全县国省干线的养护与管理工作。实行了三级养护承包制，公路管理站、地方道路管理站在与市局养护处、地道处签订《公路养护承包合同书》的基础上，与公路养护中心、养护道班签订了《公路养护承包合同书》，公路养护中心、养护道班又与受聘职工签订了《公路养护聘用合同书》，从而以合同形式明确了各级养护单位和职工的责任与义务，为承包养护和计量支付管理办法的实施形成依据。市局养护处、地道处按养护里程及小修挖补作业量下拨的养护资金，公路管理站、地方道路管理站以计量支付制度和承包合同有关规定拨付给养护中心、养护道班用作经费。通过采取竞聘上岗、计量支付、奖勤罚懒等管理办法，有效地促进了养护职工工作的积极性、主动性和自觉性，养护生产各项工作稳步推进，好路率和综合值每年都达到或超过市局养护处、地道处下达的平均指标。巨德堡公路养护中心多次被市局养护处授予"十佳养护中心"称号。

2. 养护中心建设和养护机具日渐完善

(1)万全县公路管理站巨德堡养护中心因张石高速公路建设占地，于 2004 年 5 月拆除。为了改善公路养护工人的生活条件，公路管理站在原巨德堡道班旧址上新建了巨德堡养护中心一处，建筑面积 558.1 平方米，总投资 60 万元。新养护中心的建成使养护工人有了良好的工作和休息环境，必将为推动全县公路养护工作发挥重要作用。

(2)随着公路养护质量标准的提高，单纯靠人工作业已不能及时应对公路保洁的要求。万全县交通局公路管理站直接将市局养护处调拨的机械划拨给两个公路养护中心。1999 年将飞彩清扫车一部划拨给于家梁养护中心；2000 年将福田翻斗车一辆划拨给于家梁养护中心；2001 年将巨力农用车一部划拨给巨德堡养护中心，将时风农用车一辆划拨给于家梁养护中心；2002 年将带除雪装备的装卸机一部、翻斗车一辆划拨给巨德堡养护中心。随着养护中心各种机具的不断增加，大大缓解了养护工人的劳动强度，提高了公路养护效率和质量，加强了公路保洁能力，保障了公路畅通。

(3)公路绿化

1997 年，按照市局养护处公路绿化工作安排部署，万全县交通局投资 120 万元，对列养的 110 线进行绿化，共栽植紫穗槐 17.8 万株，丁香 300 株，云杉 690 株，柳树 1 500 株，国槐 3 800 株，桧柏 1 500 株。2000 年投资 65 万元完成 207 国道膳房堡至黄土梁 12 公里绿化工程，共栽植柏松 1.5 万株，丁香、珍珠梅 1.8 万墩，火炬 2.2 万株，爬山虎 5 000 株；投资 23 万元完成国道 110 线、省道张同线绿化补植工程完工，共补植乔木 667 株，灌木 10 万株。2001 年投资 30 万元完成 207 线、110 线绿化补植工程，共栽植乔木 1 000 株，灌木 69.3 万株；投资 20 万元完成郭花线旧羊屯至洗马林段 8 公里绿化工程，共栽植垂柳 7 000株。2002 年投资 94.2 万元完成 207 线 26.1 公里绿化工程，共栽植火炬 8.26 万株，云杉 9 540 棵，紫穗槐 19.8 万株，桧柏 2 610 棵，垂柳 5 200 棵。2004 年投资 9.8 万元对 207 线 K402＋063～K415＋220 段 13.157 公里进行绿化，新植火炬 9 000 株，整理绿化带 13 公里。确保了列养公路的绿化和美化。

3. 乡村道路的养护管理

过去，万全县对乡村道路缺乏科学的管理养护机制，基本上处于有建无养的局面。2004 年全县实施村村通工程后，乡村道路的养护工作也引起各级领导的重视，在全县 11 个乡镇设立了乡村公路管理站，具体负责本辖区内乡村道路的养护工作，各村也配备了专职养路工，并出台了《万全县农村公路管理养护办法》，全县的乡村公路管理工作逐渐步入正规化管理，乡村道路养护质量有了较大的提高。

三、交通规费征收

1. 汽车养路费的征收情况

1996～2006 年，万全县的汽车公路养路费征收大体经过以下三个阶段：

第一阶段（1996～2003 年）为养路费征收的平稳阶段。这 8 年间，市局征稽处下达万全县汽车养路费征收计划呈现有所递增和基本持平的状况。8 年来汽车养路费征收计划合计 3 098 万元，实际征收 3 592.77 万元，比计划多增收 494.77 万元。

第二阶段（2004 年）为养路费征收大幅增长阶段。这一年，由于张家口市进一步加强了源头管理，更主要的是煤炭市场带动运输业的发展，使汽车养路费征收出现了大飞跃。2004 年县局汽车养路费征收计划为 470 万元，实际完成 1 351.98 万元，占计划的 287.7%，这是汽车养路费征收首次突破千万元，创有史以来汽车养路费年度征收最高额。

第三阶段（2005～2006 年）为养路费征收工作克服外界环境不利影响，努力发展阶段。这两年在万全县入户的大吨位车辆由于运输市场疲软、还贷期满，出售和转走的车辆逐渐增多，现有的大吨位车辆大部分停驶，再加上丹拉、张石高速公路在全县境内开通，造成费源减少，养路费征收日显困难，一度出现滑坡现象，连续两年未完成汽车养路费年度征收任务。这两年万全县的汽车养路费征收计划总计 2 600万元，实际完成 2 116.37 万元，比征收计划减收 483.63 万元。

2. 拖拉机、摩托车养路费征收完成情况

1996～2006 年，万全县共征收拖拉机、摩托车公路养路费 1334.01 万元，总体超额完成了拖拉机、摩托车公路养路费征收任务。

3. 车辆购置附加费（税）的征收情况

车辆购置附加费是根据国务院国发[1985]50 号《车辆购置附加费征收办法》，对所有购置车辆的单位和个人征收、用作公路建设的专项资金，每辆车只征收一次，由交通征稽部门负责征收。

从 2001 年 1 月开始，国家将车辆购置附加费统一改为车辆购置附加税，由交通征稽部门负责代征。从 2005 年 1 月起，车辆购置附加税正式移交当地国税部门负责征收。

1996～2006 年万全县养路费、车购费（税）征收情况统计如图 3-12-2 所示。

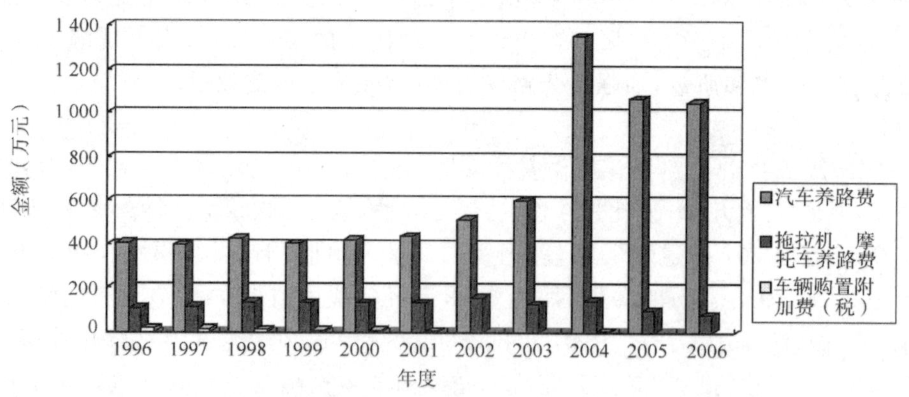

图 3-12-2　1996～2006 年万全县养路费、车购费（税）征收情况统计

4. 运输管理费、货运附加费和客票附加费征收情况

1996～2006 年，县局共征收运管费、货附费、客附费计 585.14 万元，其中运输管理费 283 万元，货运附加费 224.69 万元，客票附加费 77.45 万元，均超额完成了市局下达的征收任务（图 3-12-3）。

四、道路运输管理

1996 年以来，万全县道路运输管理工作坚持统筹规划、合理发展，充分发挥市场配置资源的基础性作用，进一步增强对社会经济的保障能力，逐步建立统一开放、竞争有序的道路运输市场体系，达到了货

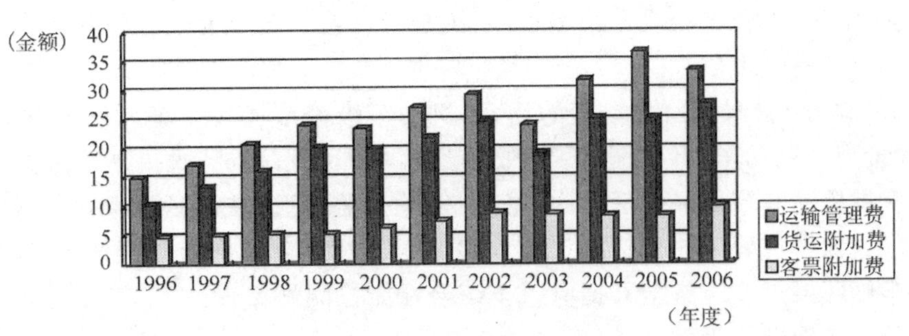

图 3-12-3　1996～2006 年万全县运输管理费、货运附加费和客票附加费征收情况统计

畅其流，人便于行，为万全县的改革开放和经济发展，起到了保驾护航的作用。

1. 各种车辆发展迅速，运力结构发生质的变化

10 年来，万全县提倡因地制宜发展道路运输，坚持市场调节和政府引导相结合的原则，营运车辆逐步向大吨位、中高档方向发展，客车、货车以及各种大特型专用车的数量急速增长。班线客运班车增长了 48.2%，达到了 121 辆；普通货物运输车辆（含农用车）发展到了 2 635 辆，18 256 个吨位，同 1996 年相比分别增长了 76.3%和 121.5%。其中，重型载货汽车的数量翻了一番，专用和特种车由 1996 年的 30 辆到 2006 年增加到 110 辆。经过 10 年的发展，各种车辆的数量增长迅速，不断优化了运力结构，同时也带动了其他运输业的迅速发展。

2. 运输市场健康、有序发展

近 10 年来，随着全市公路建设步伐突飞猛进，高速公路、国道、省道发展迅速以及农村公路村村通的逐步落实，道路运输市场也产生了质的飞跃，运输市场体系日趋完善，使万全县道路运输市场得到健康、有序的发展。

旅客运输逐步实现客便于行。到 2006 年底，万全县的各类公路客运班线已达到 34 条，比 1996 年增长了 63%。农村公路实现村村通后，农村区间客运发展迅速。全县农村客运班线开通了 11 条，40 辆客车，乡镇客车通达率达到 100%，各行政村通达率达到 98%以上。为了进一步改善全县客运市场，万全县汽车站正在申请改建，同时，在 2005 年积极筹措资金在全县建候车亭 11 个，招呼牌 63 个。目前投资 235 万元，准备建设万全、郭磊庄、洗马林、宣平堡和北沙城客运站，同时再建 20 个候车亭和 50 个招呼牌，逐步形成以县城孔家庄为中心、各乡镇为节点、辐射到各行政村的农村客运体系，逐步推进农村客运网络化进程。

货物运输实现了跨越式发展。10 年来，在市场调节和政府的引导下，万全县货物运输市场得到了快速发展，运输结构也发生了质的变化。专用车和大吨位车辆得到了迅速发展。特别是以市场为先导，近年来万全县的四大主导产业（煤炭市场、化工产业、机械加工、新型农业）的迅速发展，有效地带动了货物运输市场的发展，使货物运输市场实现了跨越式发展。

危险货物运输走向规范化。危险货物作为特殊货物运输专业性比较强。万全县对辖区内从事危货运输的车辆进行清理整顿，严把市场准入关，经过有效的清理、整合，逐步取消零散户，到 2006 年底，有 1 家运输企业获得了危险货物运输经营许可，拥有危险货物运输车辆 12 辆。经过对从业人员的严格把关，认真落实各项安全生产制度，全面推进持证上岗，坚持填写行车日记，逐步使危险货物运输市场走向专业化、正规化、科学化的轨道。

出租汽车市场日趋合理。改革开放以来，万全县最早出现了一些小型汽车、三轮摩的从事出租客运，但很不规范且规模很小。随着经济的发展，人口数量的增加，为了做好、做大、规范出租汽车市场，2002 年县政府出台了《万全县出租汽车管理暂行办法》，将这部分车辆统一挂靠于万全县道路运输服务中心。2004 年万全县成立了万顺出租汽车服务有限公司，对全县出租汽车实行统一管理，所有出租汽车统一颜色、统一安装计价器、顶灯，并张贴统一编号和标志。到 2006 年底，全县出租汽车总数达到 56 辆，使出租汽车行业逐步走向了规范化的道路。为进一步规范出租客运市场，专门成立出租客运管理

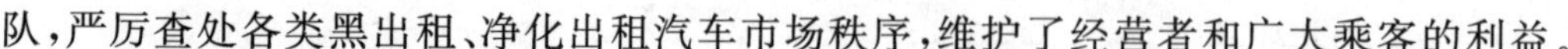

队，严厉查处各类黑出租、净化出租汽车市场秩序，维护了经营者和广大乘客的利益。

3. 机动车维修市场有序发展

10 年来，随着机动车结构的变化、数量的增多，机动车维修市场发生了质的变化，突出表现为组织化程度高，科技含量高。机动车维修企业不断改进设备，增加技术人员，既提高了工作效率，又保证了维修质量。在实施审批机动车维修经营活动中，坚持"三关一监督"。在经营活动中严格按照国标规定的维修项目、技术要求、操作规程和收费标准执行。到 2006 年底，全县拥有二类维修企业 2 户，三类维修企业 73 户，摩托车修理摊点 24 户；全县拥有汽车综合性能检测站 1 户。

4. 机动车驾驶员培训学校管理

机动车驾驶员培训，在 2005 年以前是由张家口市各驾校在万全县各地开设报名点、代培点。尤其是代培点，设备不齐全，场地不合格，驾驶员培训工作不规范。2005 年成立了万全县驾驶员培训学校，填补了该县无机动车驾驶员培训学校的空白，同时取缔外地在辖区内设驾校报名点、代培点，由万全驾校统一教学，使万全县机动车驾驶员培训工作走向了规范化。

五、行政执法工作

县交通行政执法主要依据《中华人民共和国道路运输管理条例》、《中华人民共和国道路交通安全法》、国家四部委联合下发的《公路养路费征收管理规定》、《中华人民共和国公路法》、交通部《超限运输车辆行驶公路管理规定》等法律法规，分别负责运政执法、征稽执法、路政执法、海事执法。全系统共有执法人员 120 人，全体执法人员通过法规培训考试，均获得了《交通行政执法证》、《行政执法证》，做到了持证上岗，依法开展工作。在行政执法工作中，注意加强执法队伍的思想、作风业务建设，开展交通行政执法"八不准、三注意"和职业道德教育，要求执法人员做到"为民执法、文明执法、秉公执法、公正执法"(图 3-12-4)。大力开展交通法律法规宣传教育工作，增强法律法规意识，在工作中坚持自觉依法行政。10 年来，运输管理所依法查处案件 2 164件，查处率 100%；养路费征稽所上路检查 4 570 人次，检查车辆 110 836 台次，查处案件 7 673 件，查处率 100%；路政执法大受理审批公路占用、挖掘审批 12 起，跨越公路修建、埋设管线等设施 8 起，审批公路上增设平交道口 140 处等，查处损坏公路设施案件 602 起，收回路赔费 40 万元，有力地维护了全县的路产路权。

图 3-12-4　执法人员文明执法

六、党建、精神文明建设、廉政建设和行风建设工作

1. 党建工作开展情况

1996 年以来，万全县交通局党总支先后以"讲文明、讲政治、讲正气"、保持共产党员先进性教育、社会主义荣辱观教育活动为契机，狠抓党的制度建设，制定了《党建工作制度汇编》，真正做到了用制度管权、用制度管事、用制度管人。

局党总支积极开展党员示范岗活动，给党员挂牌子、亮身份，开展了"我是党员，向我看齐"，"一个党员一面旗，我为党旗增光辉"，"当一名共产党员，我要时刻发挥作用"，"爱岗敬业，乐于奉献，促进交通工作再上新台阶"等丰富多彩的党建活动，提高了党员的综合素质，充分发挥了党员的先锋模范作用。

扎实有效的党建工作，极大地推动了全县交通事业的发展，取得了突出的工作成绩，局党总支 2002～2006 年连续 5 年被县委评为先进基层党组织。

2. 精神文明建设开展情况

1996 年以来，县局党总支认真实践“三个代表”重要思想，坚持物质文明与精神文明“两手抓，两手都要硬”的方针，相继出台了《精神文明建设发展规划》、《精神文明建设考评奖励细则》等文件，在公路养护系统连续开展了创建畅洁绿美路的活动，在运管系统开展了以提高服务质量、业务熟练快捷、不压证压车为重点的“奉献在交通、满意在交通”活动，在征稽部门把“优质服务杯”竞赛、“青年文明号”创建同日常管理结合起来，开展了争创文明征稽所和文明征稽员活动，坚持抓班子带队伍，抓机关带基层，抓“窗口”促形象，大力推进精神文明创建活动的深入开展，实现了“两个文明”协调发展。截至 2006 年底，5 个单位被评为“市级文明单位”，2 个单位被评为“形象示范单位（窗口）”，为交通事业的大发展，提供了强有力的精神动力和思想保障。

3. 廉政建设开展情况

近年来，县局党总支认真贯彻落实党风廉政建设责任制，把党风廉政建设责任层层分解，具体落实到每名领导干部身上，对违反责任制规定的行为进行责任追究。认真学习贯彻《中国共产党纪律处分条例》、《中国共产党党内监督条例（试行）》和《建立健全教育、制度、监督并重的惩治和预防腐败体系实施纲要》，按照“为民、务实、清廉”的要求，不断加大反腐败斗争力度，坚持教育为主、标本兼治、惩防并举，认真搞好党务公开和政务公开。正确处理违纪案件，推进交通领域反腐败工作、治理商业贿赂工作、纠正行业不正之风和治理公路“三乱”工作的顺利开展。

4. 行风建设情况

开展行风建设工作以来，县局党总支始终围绕“优化交通环境、服务地方经济”这一主题，每年都成立由局长亲自挂帅、党政齐抓共管、人员配备齐全、上下协调联动的组织机构，狠抓基础设施建设，增强优质服务功能，不断提高服务水平和办事效率，坚持为群众办好事办实事，用实际行动践行“人民交通为人民”的行业承诺，取得了明显的成效。在民主评议活动中连续被评为县委、县政府优秀单位、免评单位，市交通系统优秀单位。

2005 年以来，结合行政权力公开透明运行和机关效能建设活动，县局制定了《行政权力公开透明运行汇编》和《机关效能建设制度汇编》，实行了窗口式、一站式、一条龙服务，对行政许可事项及收费依据、收费标准进行社会公示，在各业务大厅设置了办理行政许可应提交的全部材料目录和申请书示范文本，配备了“座椅、脸盆、毛巾、开水（保温桶）、水杯（一次性口杯）、钢笔、墨水和纸张”八项便民设施，在执法车辆上推行“三三一”工程，即：执法车辆上路执行任务时要配备“三箱”（工具箱、医药箱和征求意见箱）；执法人员在执法过程中要向当事人和服务对象发放“三书”（承诺书、便民书、监督书）；随车携带一桶开水，得到了车主乘客的一致好评。

第十三章

怀安县交通局十年工作综述

一、基本情况

怀安县位于河北省西北部，地处冀晋蒙三省(区)交界处，具有独特的区位优势。全县总面积1 692平方公里，耕地面积64万亩，地势西高东低，属浅山丘陵区，森林覆盖率20.5%，辖4镇7乡273个行政村，人口24.6万，其中农业人口21.9万人。怀安县属国家扶贫开发重点县。近年来，经过产业结构调整，农业基本形成了蔬菜、马铃薯、林果、畜牧四个主导产业。工业形成了以能源、煤化工、新型材料、矿业开发、农产品加工为支柱的产业框架，全县工业企业总数达466家。以煤炭转运为主的第三产业形成良好发展格局，各类煤炭经销企业达198家。2005年，怀安县入选"第五届全国县域经济基本竞争力提升速度最快的百县(市)"。2006年，投资27亿元的国电怀安热电厂正式开工建设，该项目的建设能有效缓解京津唐电网用电紧张的局面，对"西电东输通道"有重要支撑作用，必将有力推动怀安经济发展，提高居民生活水平。

怀安县交通局下设运管所、征稽所、公路站、工程站、地道站、怀安城养护中心、左卫养护中心七个基层单位，行业管理有安通、公路开发、庆安路桥、安地道桥及中翔5个公司，现有在职干部职工471人。主要负责全县境内的国省干线公路的建设、养护、管理及地方道路的建设养护和管理；依法对道路运输实施行业管理；依法征收交通各项规费，业主经营通行费。

二、公路建设

怀安县地处冀晋蒙三省交界处，公路交通一直充当着沟通京津、连接西北的主要角色。10年来，全县公路建设以科学发展观为统领，按照"国省干线升级改造，县乡公路布局优化，农村公路通达硬化"的原则，将办大交通作为强化对外开放、实施外向带动战略的首要任务来抓，实现了规模、速度与质量的新提高。(图3-13-1为国务院原副总理康世恩为怀安县交通事业题词)。

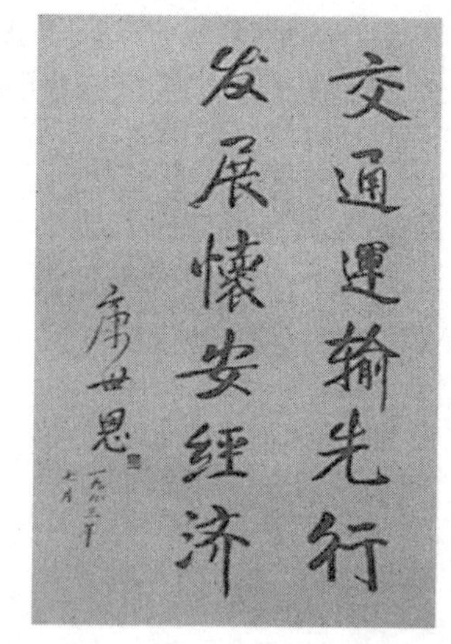

图3-13-1　国务院原副总理康世恩为怀安县交通事业题词

目前，县境内基本形成了以国省干线为主骨架、地方道路呈网状辐射的路网格局，并初步形成了"半小时公路圈"。到2006年，全县共有公路341条，达1 496.631公里，公路里程占全市总里程的1/10之多。其中高速公路(丹拉高速)1条24.7公里，国道2条81公里，省道2条47.2公里，县道2条84公里，乡道13条278.505公里，村道300余条1 000余公里，通车里程、油路里程均在全市名列前茅。同时，全县二级公路里程已达117公里，分布量居全市前列。优越、通达的路网布局在促进和带动县域经济发展上发挥了积极作用。2006年怀安县公路布局如图 3-13-2 所示。

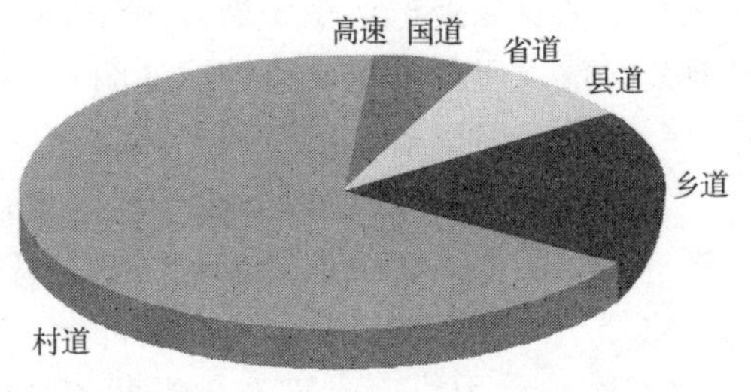

图 3-13-2 2006 年怀安县公路布局

1. 国省干线公路建设

1996 年全县拥有国道(110 线)1 条 31.234 公里,省道(张同线)1 条 21.593 公里。1997 年 10 月实施完成了柴后公路(三级路,并于 2 000 升级为省道)改建,与国道 110 线和张同公路形成"工"字型公路框架,成为沟通冀、晋、蒙三省以及大西北的主要通道,成为全县南北川经济发展的纽带。2000 年全长 28.5 公里的怀化公路(三级路,并于当年由县道升级为国道)建成通车,对彻底改变怀安南部山老区交通状况,发挥公路整体效益,推动相关周边地区经济,加快怀安对外合作与交流,促进城乡经济发展具有十分重要的意义。2004～2005 年的两年间,又实施完成了省道柴后线"三改二"升级改造工程,完成投资达 10 777 万元。同时,借助该线拉通了县城南环路。同时,实施完成了丹拉高速辅道续建,累计完成投资 2 010.01 万元,借助该线拉通了县城北环路。目前,全县境内共拥有国道 2 条(110 国道、207 国道)81 公里,省道 2 条(张同线、柴后线)47.2 公里,形成了全县公路主骨架。

2. 县乡公路建设

1996 年,全县县乡公路通车总里程 191.21 公里,其中县级公路 4 条,89.96 公里,乡级公路 6 条,101.25 公里。其中,油路里程仅为 26.048 公里,其余大都为砂石路,地方道路通行条件较差。随着国家对农村公路建设资金投入力度的逐步加大,怀安县抢抓机遇,加大项目争取跑动力度,几年来,县乡公路改造完成投资近 5 亿元,实现了农村公路建设的空前发展,全县道路通行条件相继得到改善。到 2006 年,县乡公路通车里程增至 362.694 公里,其中县级公路 2 条(水枳线、洋新线)84.189 公里(其中新建和改建 2 条,67.88 公里),乡级公路 13 条,278.505 公里,县乡公路油路总里程达 93.789 公里。另外,值得一提的是,2006 年,借助洋新线的实施拉通了县城东环路,从而使全长 17 公里、投资 8 000 多万元的县城外环路全线贯通,怀安成为目前全市唯一贯通环城路的县。1996～2006 年县乡公路里程发展变化如图 3-13-3 所示。

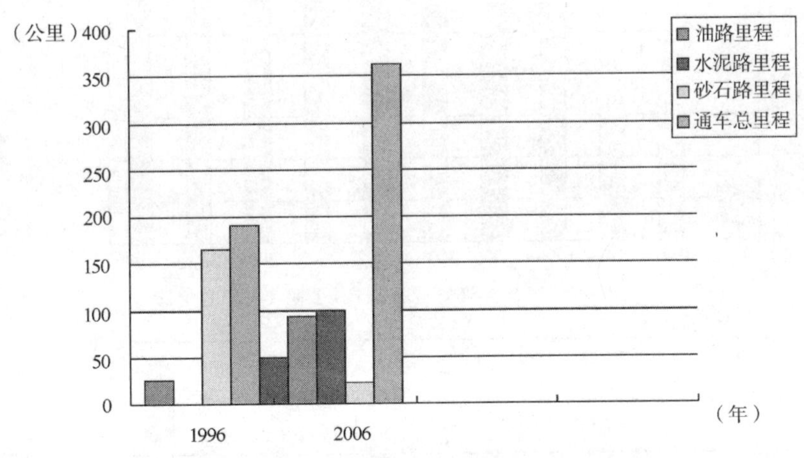

图 3-13-3 1996～2006 年县乡公路里程发展变化

3. 村村通公路建设

2004 年,怀安县积极响应国家、省、市的号召,在全县打响了村村通公路建设战役。3 年来,全县上下一心,齐力攻坚,村村通公路建设取得很大成效。截至 2006 年底,全县实现通村公路里程 731.92 公里,其中,油路 521.8 公里,占全县村村通总里程 872 公里的 59.84%,砂石路 210.12 公里,共计完成投资达 7 044 万元。目前,全县 273 个行政村已有 204 个村实现了通村油(水泥)路,覆盖率达 75%,使全县 11 万农民群众走上了通村公路,有效解决了一直以来困扰农民的"行路难"问题,有力促进了沿线群众生产生活及农业产业化发展。预计到2008年，可全部实现通村公路硬化。2003～2006年怀安县村村通公路建设里程发展变化情况如图3-13-4所示。

4. 其他公路建设

(1)化肥生产专用线。全长1.6公里，完成投资34.8万元。该线的建成，为怀安骨干企业一化肥厂低耗增效提供了便利条件。

(2)石油专用线。全长1.8公里，完成投资27万元。该线的建成，对启动对外企业，增加怀安税收，发展怀安经济发挥了积极的作用。

(3)形象公路。投资400余万元，对县城商业街及新区3公里道路进行了硬化，有效提升了县城公路形象。

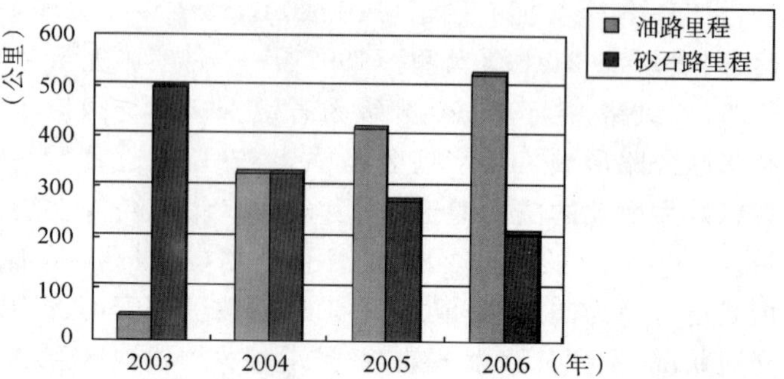

图3-13-4　2003～2006年怀安县村村通公路建设里程发展变化情况

三、公路养护

10年来，怀安县公路养护工作始终坚持“全面规划、协调发展、提高质量、保证畅通”的原则，实行定人员、定养护里程，包养护任务和质量，并在各养护承包路段树立养护承包标示牌，逐步形成了宏观、微观齐抓，优势、弱势共管的养护管理机制，同时，不断借鉴外界好的养护经验与做法，进一步完善工作思路，不断提高科技含量，提升公路好路率及综合值，公路养护工作效果明显，一直以来，名列全市前列。2000年以来，全县国省干线公路养护好路率一直保持100%，综合值达93.1。地方道路养护也逐步向规范化轨道迈进。

1. 国省干线公路养护(图3-13-5、图3-13-6)

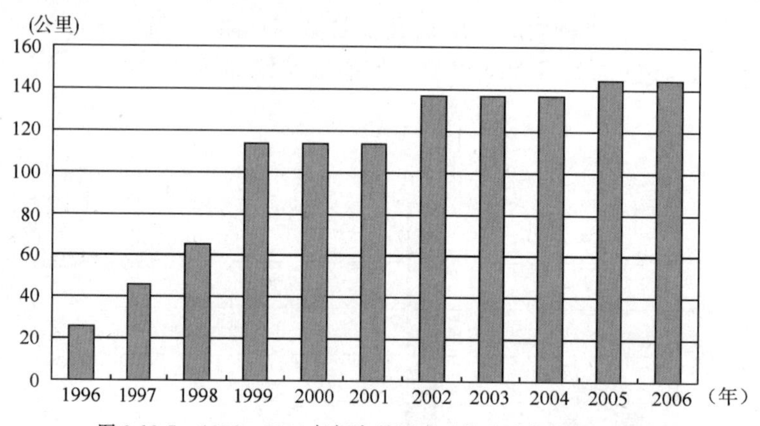

图3-13-5　1996～2006年怀安县国省干线公路养护里程情况

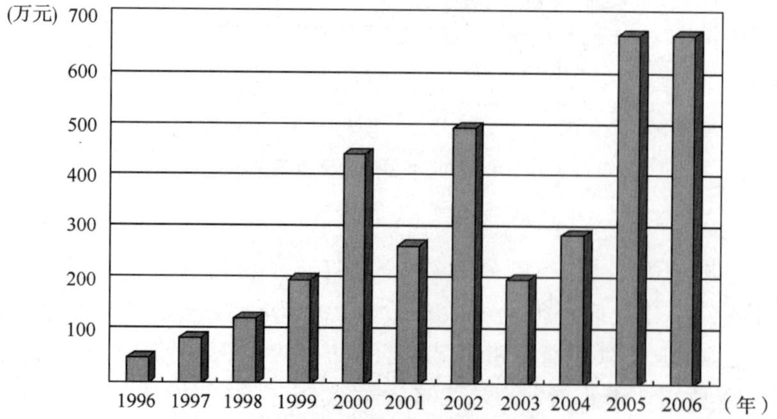

图3-13-6　1996～2006年怀安县国省干线公路养护及大中修投入资金情况

主要负责境内110线、207线、柴后线、张同线4个段国省干线公路养护任务，养护里程逐年递增。2006年初，按照上级安排，又承担了对丹拉高速公路怀安段的养护。期间，还实施完成了主要干线公路中修罩面、街道化治理及桥梁维修加固等大中修工程，10年来，国省干线公路养护共计投入资金3 519.37万元。

2. 地方道路养护

1996年，乡村公路养护体制主要以行政村为单位，以人承包路段或以义务工的形式，采取季节性养护为主的养护方式进行养护。由于养护路段大都是等外砂石路，养护难度大，人员少，人员不固定，没有专业知识和经验等问题，所以养护的路段，大都路况较差，村民行路难问题没有得到很好解决。近年来，随着党的惠民政策的逐步落实，随着全县县乡公路改造建设力度的加大，全县乡村公路逐年增加，2004年地方道路养护里程增至81公里，养护经费45余万元。同时，为使县乡公路养护逐步步入科学化、规范化轨道，2005年，怀安县11个乡镇全部建立起地方道路管理所，并由乡、镇主管交通的副乡（镇）长任所长。各地方道路管理所全部有了专业乡村公路养护队伍，现在全县乡村公路养护人员已有215人，养护质量明显提高。近几年来，农村公路养护连续保持全市典范。同时，10年来还实施完成了农村公路中修罩面、水毁修复、桥梁维修加固等大中修工程，累计投入资金454.7万元。

3. 公路绿化（表3-13-1）

公路绿化及投资汇总表

表3-13-1

绿化路线		绿化里程（公里）	投资（万元）
国省干线	110国道	19.2	55
	张同公路	48.735	150
	柴后线公路	18	50
地方道路	水西线	11.6	5.5
	洋新线	18.4	39
总计		115.935	299.5

“有路必有树”，多年来在怀安形成了制度，路树不仅能美化路容，而且能改善交通建设设施环境。怀安县交通局以打造“畅、洁、绿、美”的公路环境为目标，坚持因地制宜的原则，10年来，累计绿化里程115.935公里，共计投资约300余万元。

四、规费征收

1. 养路费及车辆购置附加费征收

县交通局强抓内部挖潜，深入挖掘费源，加大征收力度，特别是抓紧2006年丹拉高速联合执法的有利时机，确保养路费征收保持稳中有升的良好态势。10年来共计征收养路费及车辆购置附加费5 435.8万元，为交通建设提供了有力的资金保障。1996～2006年养路费及车购附加费征收情况如图3-13-7所示。

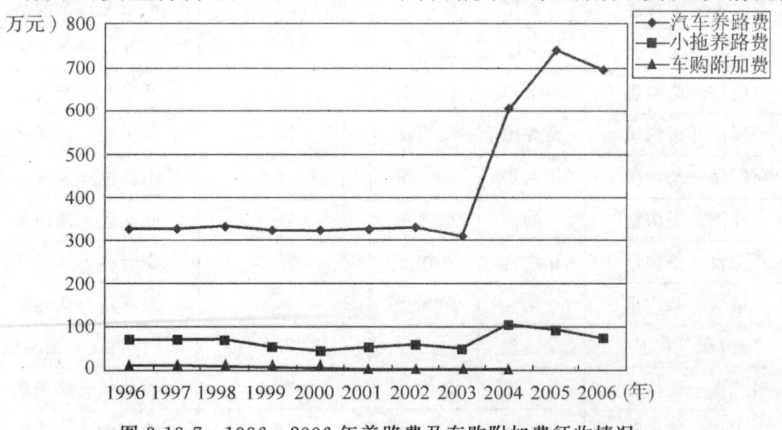

图3-13-7　1996～2006年养路费及车购附加费征收情况

2. 通行费征收

根据国家交通部、财政部、物价局[1988]交公路字 28 号文发布的《贷款修建高等级公路和大型公路桥梁、隧道收取车辆通行费规定》，经省政府批准，全县分别在张同公路、李家沟、左卫洋河大桥处设收费站三处(属怀安交通局行业归口管理性质)，对过往车辆收取通行费。10 年来，共收取通行费 18 804.7 万元，上缴税金 1 425.24 万元。1996～2006 年通行费征收及上缴税金情况如图 3-13-8 所示。

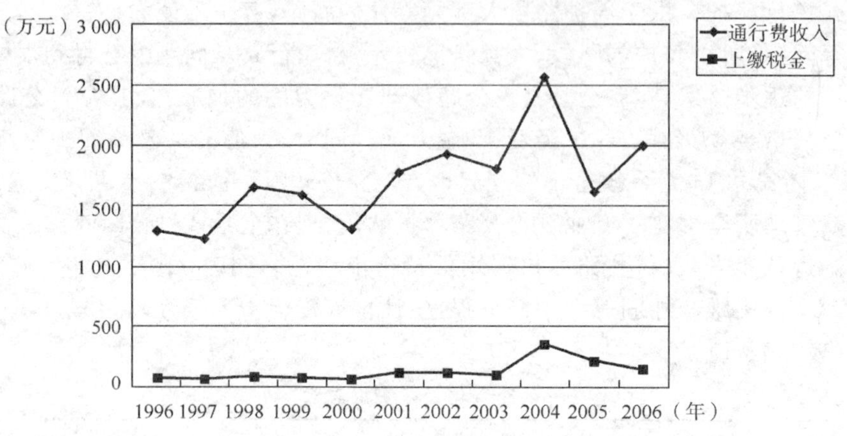

图 3-13-8　1996～2006 年通行费征收及上缴税金情况

五、道路运输管理

1. 客运市场管理

"九五"、"十五"期间，围绕培育和建立统一、开放、竞争、有序的道路运输市场体系这个中心，县交通局强化了客运市场的管理，使客运市场健康有序发展。国营及社会车辆不断巩固与扩大，到 2006 年底，全县 9 部社会车辆日发 18 个班次，来往于市内各条战线上。同时，加快了省际班车的审批工作，国营第十汽车运输公司，开辟了柴沟堡—山西大同市、柴沟堡—山西新平、柴沟堡—内蒙古兴和等 3 条省际班车线路。此外，个体客运也快速发展。1997 年全县个体营运客车通过审批和审验的达 52 部，到 2006 年，不仅使全县 11 个乡镇 40 多个行政村通了班车，而且在全县形成了由怀安县向外省、市、县辐射的客运网线，表 3-13-2 为怀安县客运班线一览表。

怀安县客运班线一览表　　表 3-13-2

序　号	班线名称	起止点		序　号	班线名称	起止点	
		起点	止点			起点	止点
1	右所堡—柴沟堡	右所堡	柴沟堡	12	李信屯—柴沟堡	李信屯	柴沟堡
2	怀安城—柴沟堡	怀安城	柴沟堡	13	南九场—柴沟堡	南九场	柴沟堡
3	马市口—柴沟堡	马市口	柴沟堡	14	良民沟—柴沟堡	良民沟	柴沟堡
4	西坪山—柴沟堡	西坪山	柴沟堡	15	闫家沟—柴沟堡	闫家沟	柴沟堡
5	胡家房—柴沟堡	胡家房	柴沟堡	16	山旗屯—柴沟堡	山旗屯	柴沟堡
6	马圈湾—柴沟堡	马圈湾	柴沟堡	17	阮家夭—柴沟堡	阮家夭	柴沟堡
7	瓦沟台—柴沟堡	瓦沟台	柴沟堡	18	东洋河—柴沟堡	东洋河	柴沟堡
8	一堵墙—柴沟堡	一堵墙	柴沟堡	19	左家房—柴沟堡	左家房	柴沟堡
9	柴沟堡—左卫	柴沟堡	左卫	20	南头百户—柴沟堡	南头百户	柴沟堡
10	第三堡—柴沟堡	第三堡	柴沟堡	21	西沙城—柴沟堡	西沙城	柴沟堡
11	郑王庄—柴沟堡	郑王庄	柴沟堡	22	渡口堡—柴沟堡	渡口堡	柴沟堡

续上表

序号	班线名称	起止点		序号	班线名称	起止点	
		起点	止点			起点	止点
23	景家湾—柴沟堡	景家湾	柴沟堡	35	柴沟堡—新龙湾	柴沟堡	新龙湾
24	柴沟堡—枳儿岭	柴沟堡	枳儿岭	36	怀安城—左卫	怀安城	左卫
25	王虎屯—柴沟堡	王虎屯	柴沟堡	37	辛夭—柴沟堡	辛夭	柴沟堡
26	西湾堡—柴沟堡	西湾堡	柴沟堡	38	西湾堡—柴沟堡	西湾堡	柴沟堡
27	头百户—柴沟堡	头百户	柴沟堡	39	东韩家屯—柴沟堡	东韩家屯	柴沟堡
28	翁家湾—柴沟堡	翁家湾	柴沟堡	40	柴沟堡—陡坡	柴沟堡	柴沟堡
29	张家场—柴沟堡	张家场	柴沟堡	41	李家庄—柴沟堡	李家庄	柴沟堡
30	北瓦夭—柴沟堡	北瓦夭	柴沟堡	42	胡家屯—柴沟堡	胡家屯	柴沟堡
31	朱家屯—柴沟堡	朱家屯	柴沟堡	43	赵家夭—柴沟堡	赵家夭	柴沟堡
32	庄科寺—柴沟堡	庄科寺	柴沟堡	44	袁家房—柴沟堡	袁家房	柴沟堡
33	头百户—左卫	头百户	左卫	45	两界台—柴沟堡	两界台	柴沟堡
34	满洲坡—柴沟堡	满洲坡	柴沟堡				

自运输市场开放以来，客运工作出现了国营、集体、个体一起上，客运线路增多，营运客车大幅度增加的局面。特别是个体车辆的出现，给客运市场带来了勃勃生机，为城乡旅客提供了方便。但是，在这些成果取得的同时，客运市场经营成分相对复杂，市场结构比例失调，营运车辆技术相对落后，形成了多、弱、散的不规范格局。因此，运力相对大于运量，市场出现无序竞争的局面。有的客车随意在路口或在街道乱停乱靠，严重影响城镇的交通与市容市貌；有的强行拉客、"宰"客，随意甩客、卖客，甚至粗暴待客和漫天要价；有的经营者使用报废车、无证驾驶，不履行任何报批手续，非法经营跑"黑车"。所有这些现象，虽发生在少数经营者身上，但严重地扰乱了运输市场秩序，在社会上造成了恶劣影响。针对上述不规范经营行为和运输市场混乱的问题，县局集中时间、集中人力对运输市场进行整顿。全面推行国营汽车站的对外开放，以"车进站、人归点"为目标，会同公安、工商进行了全面整顿。狠抓了营运客车的"三定"管理。给每个个体客车都指定了发车地点和班次，按照市交通局运管处审批的营运路线按时间及排号顺序发车。在整顿客运市场中，县运管所强化了外查力度，发现不规范行为，及时进行处罚，限期纠正。经过大张旗鼓的集中整顿，打击了非法营运的不法分子和车匪路霸，为经营者创造了公开、公平、规范有序的竞争环境，规范了经营行为，形成了有形有序的客运市场新秩序，促进了客运市场的健康发展。

2. 货运市场管理

"九五"初，全县拥有载货汽车520辆，挂车168辆，大小拖拉机683辆，到"九五"末，各种机动车辆仍保持在2 121辆，其中载货汽车645辆，挂车169辆，大小拖拉机197台，随着运力的相应增加，货运市场也有待于加强管理。为此，县运管所遵循"推进与发展、巩固与规范"相结合的原则，深入到货源比较活跃的两矿一镇调查研究，帮助指导，在乡镇和矿区建立了3个货运服务站，并挂牌运营，为车主提供货运信息和业务咨询，组织调配货源，结算运费，代办货物和保险等事宜。

3. 汽车维修行业的发展变化

1996～2001年，全县只有一家国营维修厂：怀安县大修厂。2002年以来，随着汽车维修市场的变化，维修行业从国营转变为个体企业，现在有两家个体维修企业，从业人数47人。

4. 运输管理规费征收

运输管理方面的规费主要包括运输管理费、客票附加费、货运附加费三项。10年来，累计征收运管费398万元，客票附加费148.7万元，货运附加费158.3万元。1996～2006年三费征收情况如图3-13-9所示。

六、党建工作

党建工作紧紧围绕经济建设中心，全面贯彻党的十五大、十六大精神及党的各项方针政策，以提升

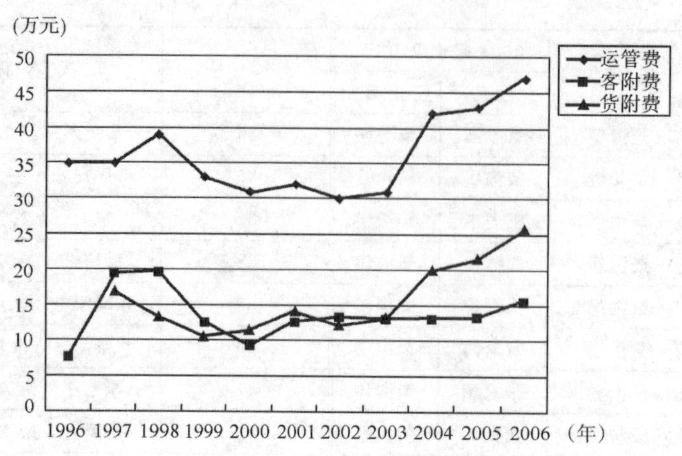

图 3-13-9　1996～2006 年三费征收情况

干部职工理论素质为切入点，以加强思想、组织、制度及作风建设为主要抓手，不断推动交通党建工作扎实开展，有力促进了交通公路事业的快速、健康发展。局党委多次被县委授予“先进党委”，局领导班子连续 10 年被县委、县政府评为“优秀领导班子”和“实绩突出领导班子”。

七、精神文明建设

局党委在“两手抓，两手都要硬”方针指引下，双文明建设齐抓共建、共同促进、协调发展。县交通局先后被市形象办授予“最佳形象示范单位”。在星级单位创建活动中，养路费征稽所、运管所被省文明委授予“三星级”窗口单位，公路站、地道站、怀安城养护中心、左卫养护中心等被市文明委授予“二星级”窗口单位。在文明单位创建活动中，7 个单位被评为县级“文明单位”，机关、怀安城养护中心、左卫养护中心、公路站等单位被评为市级“文明单位”，县局连续 9 年保持省级“文明单位”称号。

八、党风廉政建设

为全面贯彻落实中央、省、市、县委关于加强党风廉政建设的精神，局党委先后制定了《关于端正党风工作的决定》、《机关干部为政清廉的规定》、《党风廉政建设目标责任制》、《关于切实加强党风廉政建设的实施意见》以及《局级领导干部廉洁自律规定》等一系列制度，并作为党委工作的重中之重常抓不懈。首先，成立了党风廉政建设领导小组，实行局党委与县委、局党委与基层各支部，层层签订责任状，形成全党抓党风廉政建设的格局。其次，推行党风廉政建设责任追究制。责任追究内容明确，责任程度明确，并建立了廉政档案，加大了从源头预防的力度。第三，加大治理公路“三乱”工作力度，把治理公路“三乱”作为反腐纠风的一项主要内容，坚持标本兼治，取得明显效果。县局被市交通局评为“治理公路三乱先进单位”，主管领导分别被市政府和市交通局授予“治理公路三乱先进个人”。第四，在项目工程中签署廉政合同，派驻廉政监督人员，有效遏制与杜绝了工程建设暗箱操作现象。第五，在局领导干部中开展警示教育，大力弘扬勤政、廉洁、高效、务实的优良作风，使领导干部增强免疫能力，树立公仆意识。几年来，局党委被县委授予“党风廉政建设先进单位”。

九、行风建设

紧紧围绕“建设和谐交通，塑造良好行业风气”这一主题，坚持抓紧、抓实、抓好、抓出成效“四抓”方针，不断推动交通政风、行风建设深入发展。2003～2004 年连续两年被评为全县行风建设优秀单位。2005～2006 年连续两年荣获全县行风建设免评资格。

第十四章 阳原县交通局十年工作综述

一、基本情况

阳原县位于河北省西北部，地处首都北京、煤都大同和皮都张家口之间，东与宣化县相连，南与蔚县毗邻，西与天镇县、阳高县接壤，北与怀安县相接。境内南北环山，桑干河自西向东横贯全境，呈两山夹一川的狭长盆地。全境东西长82公里，南北宽约27公里，总面积1849平方公里。全县辖5镇、9乡、301个行政村，总人口27.5万。按2006年末统计，全县城镇居民人均年收入达到7 253元，农民人均年纯收入为2 287元。

阳原县经济发展主要以煤炭运销、皮毛加工、矿产开发、特色农业、日用陶瓷、机械铸造、地毯加工、工艺雕刻等为主。境内矿产资源极其丰富，品种多、储量大。初步探明，全县有矿藏55种，矿点178个。主要有煤、石灰石、大理石、玄武岩、沸石、膨润土等。阳原历史悠久，蜚声中外的泥河湾遗址有80多处，为我国或亚洲人类发源地，是研究古人类、古地理、古气候、古生物的圣地。“泥河湾旧石器遗址群”已于2001年6月25日，被国务院批准为国家级重点文物保护单位，2002年7月2日，被国务院批准为国家级自然保护区。

阳原县交通局主要负责县境内公路的规划、计划、养护和管理；依法征收汽车（小拖）养路费、运输管理费、货运附加费、客票附加费、公路通行费；依法实施路政管理、超限治理、公路建设市场管理、道路运输行业管理、水运及水上交通安全管理；承办市交通局和县委、县政府交办的其他工作。

局内设办公室、财计股、后勤股；下设公路管理站、地方道路管理站、公路工程质量监督站、养路费征稽所、运输管理所、地方海事处、国道109线阳原收费站、国道112线化稍营治理公路超限超载检测站、西城公路养护中心、化稍营公路养护中心、揣骨疃公路养护中心、阳原县路桥有限公司、阳原县汽车综合性能检测站。全局现有职工473人，其中专业技术人员43人，执法人员160人。阳原县交通局总支委员会下设党支部11个，截至2006年底，共有党员179人。

二、公路建设

由于阳原地处山区，经济欠发达等原因，1996年以前，公路建设发展缓慢，全县境内仅有公路632公里，其中油（水泥）路140公里。1996年以后，随着国家公路建设力度的加大，掀起了高速公路，国、省干线，县、乡公路一齐上的大好局面。10年来，阳原县累计完成高速公路、国省干线公路和地方道路建设投资31.3亿元，公路建设取得了令人瞩目的成果，公路面貌发生了前所未有的变化。

截至2006年底，全县公路总里程已达1 248.4公里（表3-14-1），是1996年以前的1.8倍；全县油（水泥）路达635公里，新增油（水泥）路495公里（图3-14-1）；公路密度每百平方公里34.3公里，比1996年以前增加5.6公里。县境内东西走向的大秦铁路、宣大高速公路和109、112国道是贯通京津和晋蒙的主要通道，与东西走向的县道永芦线和南北走向的省道天走线、国道207线、正在建设的张石高速公路及4条宣大高速公路连接线构成了四通八达的阳原公路交通网。

2006 年阳原县公路状况一览表　　　　表 3-14-1

类　别	线 路 名 称	技 术 等 级					全长(公里)
		高级	二级	三级	四级	等外	
高速	宣大高速公路阳原段	80.4					80.4
	张石高速公路阳原段	17.14					17.14
	国道 109 线阳原段		70.403				70.403
	国道 112 线阳原段			20.471			20.471
	国道 207 线阳原段		5.89	7.839			13.729
省道	天走线阳原段			43.644			43.644
	宣大高速化稍营连接线东线		1.538				1.538
	宣大高速东城连接线			6.68			6.68
	宣大高速井儿沟连接线			5.789			5.789
	宣大高速西城连接线		6.752				6.752
县道	永芦线阳原段			86.384	14.167	1.960	102.511
乡道	(总计 40 条)			31.028	475.548	96.969	603.545
村道	(总计 57 条)				132.245	143.553	275.798
合计		97.54	84.583	201.835	621.96	242.482	1248.4

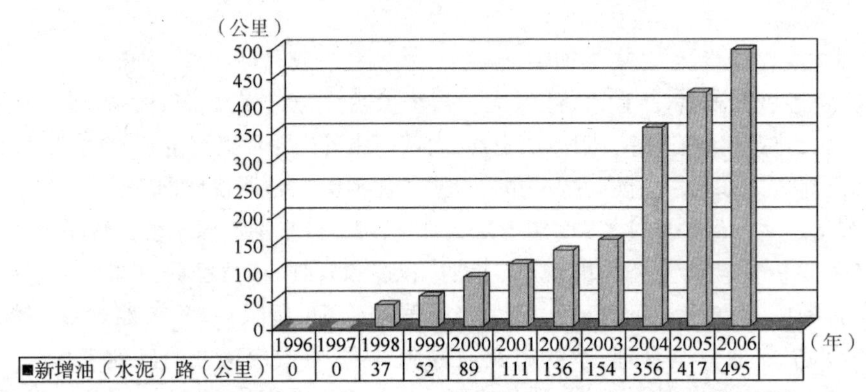

图 3-14-1　1996～2006 年累计新增油(水泥)路统计图

1. 高速公路

国道 109 线、原 207 线阳原段是晋煤外运的重要通道。1996 年前，该段路为三级公路，由于路线等级低、路况差、车流量大，堵车现象频发，很长时间得不到缓解，给当地经济发展和百姓正常生活造成较大影响。对此，阳原县委、县政府和市交通局十分重视，大胆设想，超前谋划，构思兴建宣大高速公路。经各级领导不懈地努力，宣大高速公路被列为省“九五”重点工程，并于 1996 年开工兴建，2000 年底，宣大高速全线胜利竣工通车，其中阳原段 80.4 公里。从此阳原没有高速公路的历史被改写，并使阳原成为这条高速公路的最大受益县。2005 年，张石高速动工兴建，其中阳原县过境路长 17.14 公里，2006 年 10 月开通运行。这样，县境内高速公路达 97.54 公里，位列全市第二。高速公路的建成，不仅使阳原经济融入了京津冀经济圈，拉近了与周边地区的距离，而且形成了以西城为中心，向东大幅扩展的高速公路经济带，大大促进了阳原物流、信息流快速发展。

2. 国省干线公路

阳原县境内国省干线公路主要有国道 109 线、207 线、112 线、省道天走线、宣大高速公路西城、井儿沟、东城、化稍营 4 条连接线，共计 169.006 公里。10 年来，阳原县局紧抓机遇，凝心聚力发展交通，努力营造良好的经济发展环境。在国省干线公路建设上先后争取到 6 个项目，修路

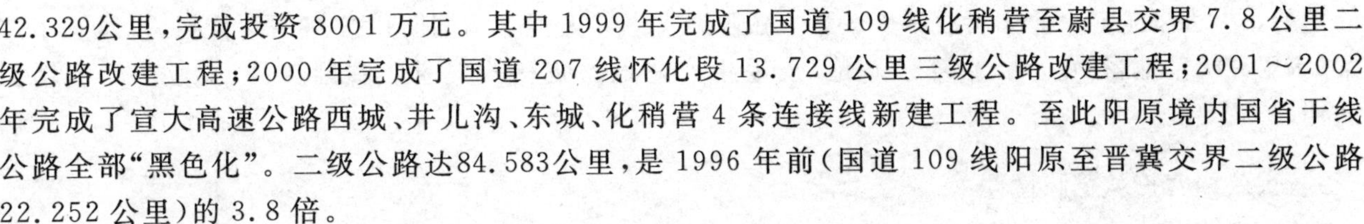

42.329公里，完成投资8001万元。其中1999年完成了国道109线化稍营至蔚县交界7.8公里二级公路改建工程；2000年完成了国道207线怀化段13.729公里三级公路改建工程；2001～2002年完成了宣大高速公路西城、井儿沟、东城、化稍营4条连接线新建工程。至此阳原境内国省干线公路全部“黑色化”。二级公路达84.583公里，是1996年前（国道109线阳原至晋冀交界二级公路22.252公里）的3.8倍。

3. 县级公路

县道永芦线阳原段全长102.511公里，是桑干河南唯一的一条经济大动脉。1996年前该段路为土路，凹凸不平，缺桥少涵，晴通雨阻，严重地制约了阳原南山区丰富的矿产资源开发。1999年在国家、省、市和交通部门的大力支持和关怀下，阳原县第一次使用国债资金3500万元，兴建县道永芦公路。到2002年11月，揣骨疃至大田洼段建成通车，成为阳原县实现乡乡通油路的标志。2003～2004年又完成了西段南庄至芦子屯、东端板井子至宣化交界42公里新改建工程，使永芦线阳原段全部油路化。

图 3-14-2　阳原县要家庄乡上回村的乡村公路

4. 村村通公路

从2004年起，全国掀起了农村公路建设新高潮，阳原县抓住机遇，认真规划，合力实施村村通工程（图3-14-2）。2004～2006年，累计投资1.2437亿元，建设里程342.06公里（表3-14-2），通油（水泥）路行政村达167个，全县301个行政村通油（水泥）路率达到55.48％。

阳原县通村公路建设统计表（2004～2006年）　　表3-14-2

年　度	建设里程（公里）			投资金额（万元）			新增通油路行政村	累计行政村通油路率
	合计	油（水泥）路	砂石路	合计	上级补贴	地方自筹		
合计	342.06	323.16	18.9	12 437.37	1 851.32	10 586.05	89	55.48
2004	202.87	202.87	—	8 859.82	653	8 206.82	58	45.18
2005	61.69	42.79	18.9	990.55	372.32	618.23	8	47.84
2006	77.5	77.5	—	2 587	826	1 761	23	55.48

5. 旅游公路

泥河湾文化成为举世闻名的“天然博物馆”。过去由于交通不便，丰富的旅游、考古资源“养在深闺人未识”。2002年2月4日，泥河湾遗址群省长现场办公会在阳原县召开。阳原县局以此为契机，认真谋划，积极实施。2002～2005年，先后投资3 000多万元，新建油（水泥）公路35.926公里，开通了钱小线、小头线、化板线、东侯线、石虎线5条遗址群的道路，使人类祖先东方故乡与现代文明同行，更具魅力。

6. 桥梁建设

桑干河横贯阳原90多公里，把阳原全境分为南北两半。多年来，两岸人民交通十分不便。1996年前已建成揣骨疃桑干河大桥、渡口慢水桥、小石庄桥、五马坊桥。1996年以后，随着公路的快速发展，1997年建成了籍疃桑干河桥，1998年建成了国道109线渡口桑干河特大桥，2001年建成了宣大高速公路井儿沟连接线桑干河大桥和东城连接线桑干河大桥。一座座造型优美、坚固耐用的大桥的建成，成为阳原县境内一道道亮丽的风景线，不仅极大地方便了两岸人民的出行，繁荣了城乡经济，更进一步推进了阳原经济的跨越式发展。

一条条公路、一座座桥梁的建成，阳原县境内已经初步形成了高速公路为主线、国省干线为骨干、县乡村公路紧相连的大公路网络，并步入了全省交通大县行列。在阳原大地形成了以县城为中心的1小时经济圈，为阳原经济的发展插上了腾飞的翅膀。四通八达的公路网，促进了阳原煤炭、皮毛和物流业的发展。一大批工矿企业如雨后春笋般矗立在阳原古老的大地上。同时以公路网为依托，发展起了芹菜、绿豆种植基地，獭兔、鸡、猪养殖基地，皮毛生产基地。便利的交通使农副产品、工业产品远销国内外。

三、公路养护及路政管理

1. 国省干线公路养护

阳原县列养国省干线公路 148.247 公里，其中国道 109 线 70.403 公里，国道 112 线 20.471 公里，国道 207 线 13.729 公里，省道天走线 43.644 公里。二级公路 76.242 公里，三级公路 72.005 公里。

为确保公路畅通、安全，营造更加良好的发展环境，阳原县局一方面加大公路日常养护。通过深化养护体制改革，实行合同化管理、计量支付、工效挂钩的养护管理办法，充分调动了职工的积极性、创造性，努力提高公路养护质量。到 2006 年底，全县国省干线公路平均好路率达到 100%，比 1995 年底提高了 31 个百分点。

另一方面积极争取公路养护工程项目。10 年来，先后争取到 15 个大中修工程项目，修路 301.367 公里，累计投资 18 817.782 万元(表 3-14-3)。不断改善了国省干线公路的通车条件，创建了畅、洁、绿、美的公路环境。

1996～2006 年阳原县国省干线公路大中修工程统计表

表 3-14-3

年　份	项　目	里程(公里)	投资(万元)
1996	国道 109 线化稍营至蔚县交界罩面工程	7	250
1997	省道天走线罩面工程，国道 109 线封层工程	21.21	975.66
1998	省道天走线罩面工程，国道 109 线西城至晋冀交界形象工程	38.252	1 758.592
1999	省道天走线大修工程	5	176.34
2000	省道天走线南山段大修工程	11.64	1 023
2001	国道 109 线西城至化稍营大修工程	35.348	1 626.008
2002	国道 109 线稀浆浆封层工程，省道天走线罩面工程，国道 112 线化稍营至正合台大修工程	34.856	4 200
2003	—	—	—
2004	国道 112 线大修工程	8.231	376.626
2005	国道 109 线蔚县至山西交界罩面工程，国道 112 线、207 线罩面工程	96.186	4 424.556
2006	省道天走线大、中修工程	43.644	4 007

2. 地方道路养护

2004 年 11 月，县道永芦线阳原段 94.545 公里正式列入养护。到 2006 年底，平均好路率达到 80%，比 2003 年提高了 15 个百分点。

2005 年，各乡镇成立了地方道路管理所，建立健全了养护管理机制，保障了乡村道路的完好畅通。在农村公路养护上，阳原县局出台了《阳原县农村公路管理养护办法》，进一步明确了农村公路养护的责任、资金、组织、人员等。工作中，阳原县局依据“政府统筹、乡村主体、交通指导、多方参与”的思路，通过典型引路，逐步探索出“分段承包、养护联合体、义务养路日、包扶路段、种养殖产业基地、企业挂牌路”6 种养护模式，使农村公路养护覆盖面达到 100%。

3. 路政管理

阳原县局以优化交通环境，促进县域经济发展为目标，在加快公路建设的同时，加大路政管理力度，确保县境内公路完好、安全、畅通。县境内国省干线既是河北省通往西北地区的主要道路，又是晋煤外运的重要通道。特别是 109 国道阳原段被人们誉为“乌金走廊”，路边经济繁荣，也为全县的经济发展创造了有利的条件。阳原县局通过实施综合治理、联效计酬、分段负责、责任到人的管理方法，认真落实路政巡查制、案件举报奖励制、路政案件责任制，并与路边摊点商户签订门前“三包”责任书，形成全方位管理公路的格局。与此同时，全力打造“阳光路政”，坚持公正执法，文明办案，杜绝公路“三乱”行为。几年来，先后处理路政案件600多起，结案率达100%。

阳原县局在国省干线公路养护中，2003～2006年，连续4年获得市交通系统公路养护先进单位，2004年荣获省交通厅公路养护机制改革先进县。在农村公路建设和养护中，2006年荣获省农村公路养护先进县、市村村通工程建设先进单位。在路政管理中，多次荣获市交通系统路政管理先进单位。

4. 公路绿化

10年来，阳原县局本着“因地制宜，因路制宜，经济适用，景观协调”原则，不断绿化美化公路，努力创建“车在路中行，人在画中游”的行车环境。1996～2006年共绿化公路237.247公里，栽植苗木494 358株（表3-14-4）。

1996～2006年阳原县国省干线公路绿化统计表 表3-14-4

年度	公路名称	绿化公路（公里）	栽植苗木（株）
1996	国道109线	43.744	21 396
1997	国道109线、省道天走线	12.4	29 887
1998	国道109线、省道天走线	7	33 906
1999	国道109线、省道天走线		28 101
2000	国道109线、省道天走线	14.6	67 782
2001	国道109线		26 236
2002	国道109线、省道天走线	56.333	145 216
2003	国道109线	6	20 180
2004	国道109线	69.87	99 704
2005	国道109线	27.3	21 950
2006	—	—	—

四、道路运输管理

1996年以来，阳原县的道路交通运输业得到了迅猛发展，运输市场空前繁荣，为发展地方经济起到了极其重要的作用。

1. 运量、周转量（表3-14-5）

1996～2006年阳原县运量、周转量发展变化情况 表3-14-5

项目 \ 年度	1996	1997	1998	1999	2000	2001	2002	2003	2004	2005	2006
货运量（万吨）	43.62	45.80	47.30	48.50	48.80	49.30	50.80	52.60	53.90	55.80	59.15
客运量（万人）	15.34	15.20	15.50	30.20	18.50	19.20	15.40	9.60	10.50	17.30	19.86
货运周转量（万吨公里）	1221.4	1740.4	1371.7	1843.0	1 854.4	1 873.5	1 981.2	1 998.8	2 048.2	2 120.4	2 366.0
客运周转量（万人公里）	460.20	456.00	465.00	906.00	555.00	576.00	462.00	288.00	315.00	519.00	595.80

2. 运力发展

(1)客运发展

①班线客运:1996 年底,全县仅有客车 22 辆。1999 年 1 月,阳原县汽车站新站正式落成。阳原县局以此为契机,对客运市场进行治理整顿,规范客运市场秩序,使全县客车数量增到 53 部。自 2004 年以来,阳原县局不断探索,通过市场运作的方式,先后开通了西城至化稍营短途快客 7 部,阳原至张家口、大同之间商务快车 30 部,阳原至北京高速客运 4 部,阳原至呼和浩特客运 1 部。随着农村公路的发展,农村客运也得到迅速发展,客运线路得到不断开辟、延伸。截至 2006 年底,全县客运线路由 1996 年的 8 条发展到 2006 年的 50 条,客车拥有量达 94 辆。客运线路网覆盖了全县所有通公路的乡镇村,这不仅方便了群众出行,而且提升了阳原开放、发展的整体水平。

②公交客运:2002 年 10 月,县政府通过引资成立了阳原县公共交通股份有限公司。该公司投放新公交车 12 部,开通了 1 路、2 路公交车,并辐射到县城邻近的乡镇。结束了阳原公益事业无公交车的历史。

③出租客运:随着阳原县经济的不断发展,人民生活水平日益提高以及流动人口的增多,出租车从无到有并逐步发展起来。2006 年 10 月,县政府引资 300 万元,成立了阳原县昊通客运出租车有限公司,这在张家口尚属首次。该公司在阳原市场一次性投放 50 部新款夏利出租车运营,不仅使阳原县客运出租车市场步入规范化管理轨道,而且树立了良好的对外开放形象。

(2)货运发展

1996 年全县货车拥有(包括拖拉机和三轮车)1 467 辆,2006 年增加到 2321 辆。在发展过程中,货运车辆由吨位大、低油耗的重型车逐步代替了吨位小、耗能高、性能差的老旧式车辆。

改革开放以来,道路货物运输市场经营主体呈多元化发展趋势,但运输经营主体表现为“多、小、散、弱”。为了改变这种局面,1999 年 3 月,阳原县依靠商贸市场、货源集散地,组建了货运中心,对货运车辆进行统一的管理和调度。2005 年,以皮毛产业为主,成立了两个皮毛物流中心。一个多渠道、多层次和多种经济成分并存的货运市场格局已基本形成,为阳原经济既好又快发展起到了极大的“助推”作用。

1996～2006 年阳原县交通工具数量统计如图 3-14-3 所示。

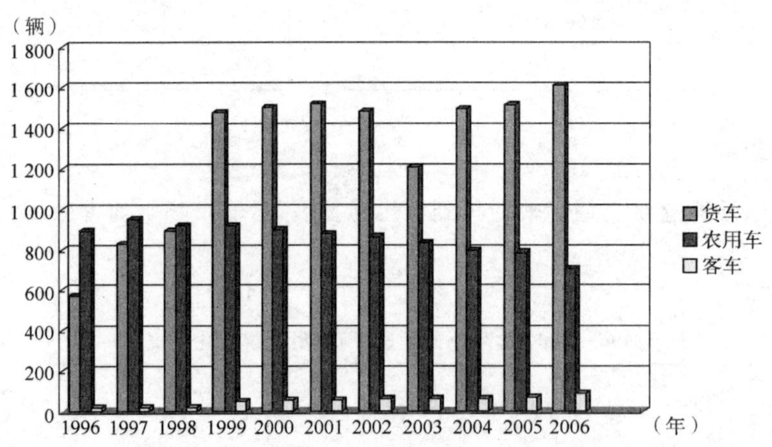

图 3-14-3 1996～2006 年阳原县交通运输工具数量统计

3. 机动车维修业发展

随着运输工具的不断更新,阳原机动车维修业也得到了较快发展。1996 年全县有机动车维修业户 75 户。2006 年底发展到 101 户,其中二类维修企业 2 户,三类及三类以下 99 户。为了提高营运车辆技术性能,确保道路运输安全,2000 年 5 月,县交通局成立了阳原县汽车综合性能检测站。2006 年 10 月,投资 42 万元将汽车检测站由 B 级升为 A 级,增加维修检测设备 15 台,为汽车安全检测提供了更好的服务。

4. 机动车驾驶员培训行业发展

为规范全县驾培市场经营行为，保障经营者和驾培人员的合法权益。2000 年 7 月，成立了阳原县机动车驾驶员培训学校，该校的建立，极大地方便了阳原及周边县市的学员，也为全县驾驶员再培训提供了良好的基地。

五、交通规费征收

1996～2006 年，阳原县局通过深入宣传规费征收政策，强化源头管理，狠抓规费征收，为交通事业健康发展提供了强有力的资金保障。10 年间，共征收交通规费 19 730.024 5 万元（图 3-14-4、图 3-14-5），其中公路养路费 9 904.514 6 万元，运输管理费 782.773 6 万元，货运附加费 421.856 5 万元，客票附加费 196.659 8 万元，过路（桥）通行费 8 424.22 万元。

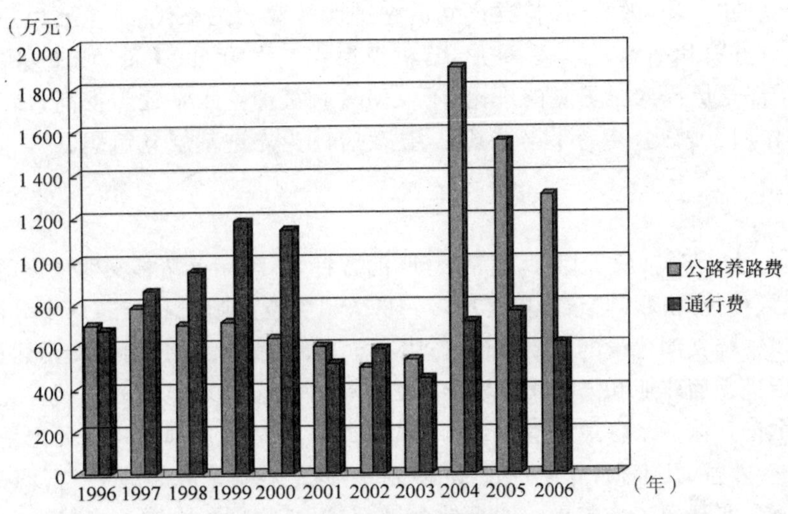

图 3-14-4　1996～2006 年阳原县养路费和通行费征收情况统计图

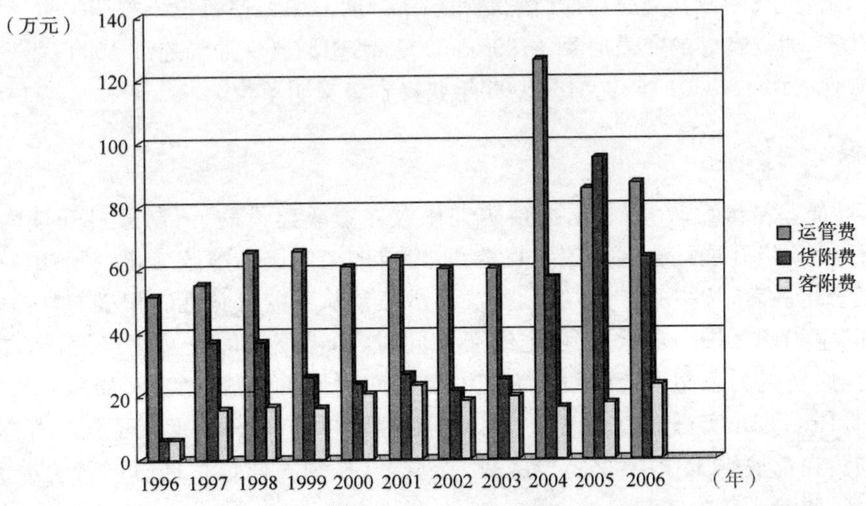

图 3-14-5　1996～2006 年阳原县运管费、货附费和客附费征收情况统计图

六、行政执法

阳原县局执法单位有路政执法大队、运输管理所、养路费征稽所、地方海事处、国道 112 线化稍营治理公路超限超载检测站。执法人员 160 名。据统计：1996～2006 年度，全县各类行政执法查处违法违章行为，立案 8 652 起，无行政诉讼案件。

七、党建工作

1996年以来，县交通局党总支紧紧围绕公路建设、道路运输、规费征收三条主线，把加强党的基层组织建设、提高党的执政能力、增强党组织的服务功能作为工作重点，党建工作得到进一步加强。

在思想政治工作上，局党总支认真坚持理论中心组学习制度，规定每周四下午为党员干部学习日。在基层组织建设上，以“五个好”为目标，切实加大基层党组织领导班子的选配工作。几年来先后成立了3个党支部，发展党员58名，调整基层党组织负责人8人，支部委员10名，进一步增强了基层党组织战斗堡垒作用。在作风建设上，狠抓机关作风建设、行风建设和各级领导干部廉洁自律建设，对社会关注的热点问题实施“阳光作业”。认真落实民主集中制，按时召开民主生活会，积极开展批评与自我批评，不断增强班子凝聚力和战斗力。

与此同时，结合党的“三讲”教育、保持共产党员先进性教育、“三个代表”重要思想教育、社会主义荣辱观等教育活动，制订方案和措施，采取多种形式，积极组织广大党员、干部、职工学习党的理论。通过采取多种形式组织干部党员深入学习党的理论，不仅使其政策理论水平逐步提高，而且增强了工作自觉性，起到了模范带头作用。因此，县局年年被县委、县政府评为先进基层党组织。

八、精神文明建设

1996年以来，县交通局坚持“两手抓，两手都要硬”的方针，不断完善精神文明建设的运行机制，做到认识到位，领导到位，投入到位，机制健全，严格管理。一是认识到位。阳原县交通局十分注重提高领导干部的思想认识，充分认识精神文明建设的重要地位、作用和意义，把物质文明、精神文明建设和政治文明放在同等重要的位置上，促进交通事业和谐健康地发展。二是领导到位。局里成立了精神文明建设领导小组，由局长任组长，明确书记具体抓。各单位也成立了相应组织。三是投入到位。县局把精神文明建设“虚功实做”，收到较好的社会效益，几年来，先后投资20多万元，开展各类有益活动，丰富职工文化生活。在全局形成了团结向上，凝聚实干的工作氛围。四是健全机制、严格管理。为进一步提高交通工作运行质量，县局把精神文明建设作为一项系统工程，健全并完善了精神文明的运行和激励机制，2006年县局把历年来的规章制度重新整理，出台了《阳原县交通局部门职能和规章制度汇编》，使每位干部职工置于制度管理之中，保持良好的精神状态，树立良好的交通形象。1996～2006年，阳原县交通局连续10年荣获市级文明单位等称号，1998～1999年、2000～2001年、2004～2005年获得省级文明单位。

九、党风廉政建设

1996～2006年，县局坚持廉政教育制度，把预防工作放在廉政建设的首位，通过开展内容丰富、形式多样的廉政教育活动，积极开展社会主义荣辱观教育，形成廉荣腐耻的廉政文化氛围；继续深化“三项教育”活动，重点开展警示教育，增强了广大党员、执法人员廉洁从政的自觉性。积极与县检察院联合开展预防职务犯罪工作，组织职工进一步学习《实施纲要》，同时，积极倡导廉政文化建设，通过教育、预防工作，筑牢党员干部拒腐防变的思想道德防线。为把党风廉政建设工作落到实处，局总支与各支部每年签订《党风廉政建设责任书》，并实行党政一把手负总责，主管领导对口负责，形成了党政齐抓共管，人人肩上有责的工作格局。在反腐败工作中，坚持抓源头、抓重点、抓制度建设。通过向社会公开举报电话等方式，主动接受监督，收到了较好效果。

十、行风建设

县交通局以优化交通发展环境为主，坚持整改结合、纠建并举，突出“强”字，常抓“严”字，公开“明”字，在行风建设的深度和广度上下功夫，收到明显成效。

阳原县局将工作延伸到基层站所，分别建立专门机构，层层签订责任书，一级抓一级，一级促一级，齐抓共管，层层负责。局里专门组织运政、路政、征稽三支行政执法队伍参加全市交通系统的军事化训练。

为严肃纪律、严格执法，县局一方面认真落实各项制度，大力推行首问负责制、一次性告知制、限时办结制、投诉查实待岗制、执法过错追究制等制度；一方面要求执法人员一律持证挂牌上岗，做到处理依据充分，处罚标准合理，对违规行为，一经查证属实，坚决从严处理。而在公开“明”字，推行“阳光办公”中，系统各单位均将《服务承诺》向社会公开，征稽、运管部门将收费标准、收费依据等对社会公开，并开通监督举报热线，将工作人员身份、证件号码予以公布。同时，通过向社会发放征求意见卡，定期召开行风监督员座谈会和不定期的明察暗访，了解和掌握全系统行风建设中存在的问题，监督和规范干部职工的工作行为。

在民主评议行风工作中，已连续 5 年被评为县优秀单位，连续 4 年获得市交通系统先进单位。在全县优质服务杯竞赛中连续 7 年蝉联第一名。

第十五章

蔚县交通局十年工作综述

一、基本情况

蔚县地处张家口南部，东临京津，南接保定，西依山西大同。县境东西横距 74.55 公里，南北纵距 71.25 公里，全县总面积 3 220 平方公里，辖 22 个乡镇、561 个行政村，总人口 46.5 万人，其中农业人口 42.1 万人。

蔚县历史源远流长，文化底蕴深厚，旅游资源得天独厚。蔚县古称蔚州，又名萝川，曾是古“燕云十六州”之一。殷商时期为古代国地，春秋属晋，战国归赵，秦时属代郡代县，北周宣武帝时始置蔚州。1913 年改州为县至今。蔚县是“狼牙山五壮士”之一马宝玉烈士的故乡。蔚县是全国著名的“中国民间艺术之乡”，1992 年被命名为河北省历史文化名城，1995 年被评为全国文化先进县。人文景观遍布全县，现有文物遗存点 784 处，其中国家级重点文保单位 9 处，省保 14 处，县保 25 处。县博物馆共有馆藏文物 5 600 余件，其中国家级珍贵文物上百件，并且从新石器时代开始，历史不断代，文物不断代，在河北省首屈一指。蔚县自然景观和人文景观特色鲜明。境内名胜古迹不胜枚举，如仰韶文化遗址、赵长城遗址、南安寺塔、玉皇阁、暖泉书院、重泰寺及壶流河水库、小五台山、飞狐峪等。

蔚县地域广阔，雨热同季，日照充足，农业条件较好。目前已发展成为“中国仁用杏之乡”、“全省优质仁用杏基地”、河北省第一烤烟大县、“河北省贡米之乡”。蔚县境内矿产资源丰富，煤田总面积 264 平方公里，是全国 100 个重点产煤县之一，现已探明储量 14.93 亿吨，远景储量 24 亿吨，是目前全省唯一保护较完整的煤田。其他的矿产资源有铁、锗、锰、金、萤石、重晶石、大理石、石灰石、云母、石棉等金属非金属 30 多种。

蔚县交通局是县政府主管交通工作的职能部门，主要负责全县公路建设、养护和管理工作；负责全县道路运输行业管理；依法按照政策规定征收交通规费。2006 年底，全局共有干部职工 632 人，其中具有专业职称人员 45 名，大专以上文化占 1/3 以上。设有办公室、财计股、机关事务股、材料股、工程股、质监站、公路管理站、路政执法大队、地方道路管理站、运输管理所、养路费征稽所、汽车综合性能检测站、桃花治理超限检测站、207 国道西合营收费站以及西合营、南留庄、九辛庄 3 个养护中心。

1996～2006 年，蔚县交通局一班人紧紧抓住国家加大基础设施建设投入的机遇，以积极的、有作为的精神状态，克服困难，奋力拼搏，真抓实干，在公路建设、公路养护、行业管理等各个方面，都取得了巨大的成就，实现了蔚县交通事业的持续、快速、跨越式发展，各项工作均创历史新高。

二、公路建设

20 世纪 90 年代初，蔚县没有一条高等级公路，境内横跨东西的国道 109 线、省道下广线，南北走向的国道 207 线全部为三级路，不仅路面窄、路况差、坑坑洼洼，经常堵车，而且坡陡、弯急，极易发生交通事故。落后的交通状况严重制约了煤炭、农产品外运和自然旅游资源的开发，与县域经济发展形成了尖锐的矛盾。

为彻底改变交通落后的状况，充分发挥蔚县能源、农业及区位优势，交通局一班人以高站位、大谋划、敢超前的胆略和勇气，广泛发动群众，开始了大规模的公路建设。1996～2006年，共完成公路投资(包括大中修工程)7亿余元，全县国省干线、县乡公路及运煤、旅游专线总里程达到1 784.8公里，全县基本形成了以国省干线为主骨架，以县乡道路和专用道路为支线的干支相连的公路网络，满足了城乡居民出行和生产资料、生活资料等外运的需求。

1. 高等级公路通车里程实现零的突破并迅速增长

1996～1997年，投资1.7亿元完成了国道109线西合营至阳原界段32.5公里二级公路改建工程，实现了县境高等级公路零的突破，在蔚县公路建设史上具有里程碑的意义，使蔚县的公路建设步入了崭新的阶段。1998～1999年，国道109线祁家皂至涿鹿界段二级公路改建工程开工建设，该线投资1.2亿元，全长24公里，进一步把蔚县的高等级公路建设推向高潮。2001年8月26日，蔚县东七里河大桥上一派喜庆景象。当年张家口市投资最多、规模最大的公路建设工程——省道下广线夏源至殷家庄段一二级公路举行通车剪彩仪式。该线是蔚县境内东西走向的唯一干线公路，也是蔚煤外运的唯一通道。1999年列为省重点项目，2000年4月开工兴建，工程总里程39.28公里。其中下广线夏源至稻地村段一级公路23.78公里、稻地村至殷家庄段二级公路13.5公里、南留庄连接线二级公路2公里，总投资3.3亿元。该线的开通，使蔚县境内国、省道二级以上公路由34%提高到57%，有效地带动了沿线煤炭、建材、水泥、电力、餐饮、旅馆等40多个相关产业和路边经济的快速发展，为地方经济大发展做出了重要贡献。2004年，再次完成投资3 600万元，新改建国道112线夏源至西合营收费站段一级公路4.89公里、二级公路1.07公里，一举解决了多条国省干线、县乡地方道路在该处重合、车流量大、经常堵车、事故频发的“交通瓶颈”问题。自此蔚县境内一二级公路达到了7个路段101.74公里。全县东西以二级以上高等级公路横跨贯通，成为东达京津、西连三晋、晋煤东运、蔚煤外运的交通枢纽路段，全县交通状况发生了质的飞跃。

2005年9月，张石高速公路二期蔚县段开工建设。张石高速公路二期化稍营至蔚涞交界段全长76.9公里，其中蔚县境内60.9公里，概算投资46.5亿元，蔚县境内工程估算投资约33.5亿多元，计划于2008年全线通车。该路的建设将结束蔚县没有高速公路的历史，建成后将直接使蔚县融入河北省“五纵、六横、七条线”公路网主骨架布局中，对于拉近蔚县与京、津、冀、蒙等周边省市的距离，加速蔚县经济建设实现跨越式发展有着极其重要的深远意义。1996～2006年蔚县国省干线公路技术等级情况如图3-15-1所示。

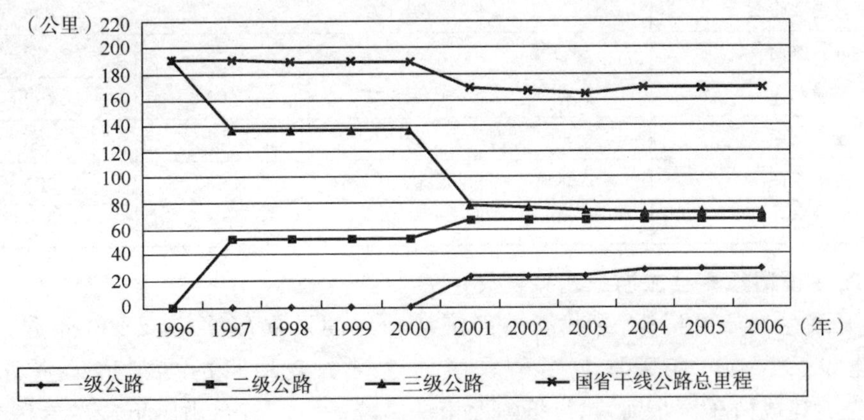

图3-15-1　1996～2006年蔚县国省干线公路技术等级情况

2. 农村公路建设实现历史性突破

为进一步延伸公路通达深度，优化路网结构。从1999～2001年连续3年，交通局开始了全面实施直接为民服务的“乡乡通油路”工程。在农业大面积遭灾、县财力紧张、施工难度大等各种困难情况下，交通局争得各方面的支持与协作，采取向上边争取一点，县财政投入一点，多方筹资一点的“三点”办法，甚至赊材料，借贷资金，负债建设，完成投资4 000多万元。建成乡级油路15条110.2公里，使多年不通油路的下宫村、南杨庄、白乐、常宁、杨庄克、陈家洼、南岭庄、柏树等8个乡镇通了油路，较早实现了全县22个乡镇全部通油路的目标。与此同时，完成投资近50万元，建成了深山区的羊窑线、张曹线等山区公路近50公里，为南山革命老区人民打开了山门。

2004年起，在市交通局的支持下，蔚县交通局紧紧抓住国家加大对农村公路建设投入的契机，开始了“村村通工程”的全面建设(图3-15-2)，当年完成投资2 998万元，建成涉及16个乡镇59个行政村231公里的村通水泥路。到2006年底，共完成投资5 456万元，建成村通水泥(油)路376.15公里，新增通水泥(油)路行政村131个，使全县通水泥(油)路村达到318个，占全县561个行政村总数的56.8%，一举改善了20多万农民的生产生活条件，优化了农业和农村发展环境，农村公路建设实现了历史性的突破和发展。

图3-15-2 县交通局召开“村村通”工程会议会场

表3-15-1为2006年蔚县农村公路基本情况汇总。

2006年蔚县农村公路基本情况汇总表

表3-15-1

项目 \ 里程(公里)		合计	县道	乡道	专用公路	村道
		1	2	3	4	5
	总计	1 620.295	129.962	705.150	30.737	754.446
按技术等级分	等级公路	1 027.394	129.962	445.811	30.737	420.884
	其中:高速公路	0.000	0.000	0.000	0.000	0.000
	一级公路	0.000	0.000	0.000	0.000	0.000
	二级公路	1.973	0.000	0.000	0.000	1.973
	三级公路	202.450	100.085	68.651	18.364	15.350
	四级公路	822.971	29.877	377.160	12.373	403.561
	等外公路	592.901	0.000	259.339	0.000	333.562
按路面类型分	沥青混凝土路面	63.946	29.893	12.522	12.466	9.065
	水泥混凝土路面	74.115	0.000	45.328	0.000	28.787
	简易铺装路面	151.331	70.192	62.677	5.898	12.564
	砂石路面	736.102	29.877	325.284	12.373	368.568
	石质路面	0.000	0.000	0.000	0.000	0.000
	渣石路面	1.900	0.000	0.000	0.000	1.900
	砖铺路面	0.000	0.000	0.000	0.000	0.000
	无路面	592.901	0.000	259.339	0.000	333.562

3. 旅游公路建设助推蔚县旅游业迅猛发展

按照蔚县开发生态旅游资源，寻找新的经济增长点的发展战略，从2000年起，交通局开始了旅游专用公路建设，到2006年采取包括争取国债建设资金项目的多渠道筹资方法，完成总投资5 454.7万元，先后建成白乐至金河口、直抵河北第一高峰——小五台山脚下旅游专用公路7.8公里、飞狐峪古道砂石路改建油路24.8公里、马蹄梁到西甸子梁(空中草原)旅游油路18.3公里。为发展生态旅游产业创造了道路交通条件，特别是飞狐峪——空中草原景区、小五台山自然保护区旅游资源的开发，极大地推动了蔚县旅游业的迅猛发展。据县旅游局数据统计，1996～2006年，蔚县年均游客数量增长至21.6万人，旅游总收入增至6 480万元。有关部门预测，在未来10年，这两组数字还会有新的改写和增长。

4. 市政道路建设成绩突出

在做好国省干线、县乡道路的同时，县交通局积极承办县政府交办的市政道路和其他重点工程项目建设。2003～2006 年，先后投资 3 600 万余元实施完成了县城人民路、胜利路、南关正街、北环路、和平路、嘉园北街、马宝玉至西七里河等道路新改建工程，为县城市政道路建设做出了突出贡献。目前蔚县城主要街道大部分为交通局所建，其中 2005 年实施的南环路（和平路）1.303 公里一级路改建工程、2006 年实施的马宝玉至西七里河（胜利东路）3.04 公里一级路改建工程，是蔚县县城至今最为宽敞亮丽的两条城市道路。

三、公路养护

蔚县交通局于 1998 年将原路政股更名为公路站，负责全县国省干线的养护管理工作。随着公路养护体制改革与发展，目前，公路站下设三个养护中心和四个道班，拥有职工 256 人、各类养护机械 43 台（件），一线生产生活条件较 1996 年前有了很大改善。10 年来，随着蔚县交通事业的迅猛发展，公路养护管理水平得到了极大提高，先后实行了“分段承包、经济合同管理”、“计量支付、按合同兑现”、“质量验收、奖优罚劣”等办法，充分调动了养护职工的工作积极性（图 3-15-3），使列养公路的好路率、综合值年年超市交通局下达的指标。2005 年在全国 5 年一次的公路养护与管理的大检查中，经过吉林省交通厅、安徽省交通厅联合检查组的严格考核，蔚县交通局获得了全省唯一一个满分的骄人成绩，为张家口市的公路建设争得了荣誉。

图 3-15-3　养护工人正在绿化、美化 112 线国道

1. 强化日常养护，保持良好路况

蔚县列养国省干线主要有国道 109 线、112 线（原 207 线）和省道下广线、天走线，全长 164.5 公里。由于列养公路主要以运煤车辆通过为主，煤渣、煤粉洒落严重；位于南山区的 112 线 53 公里大部分路段地处深山区，临沟坡陡，折角急弯，遇雪路滑，遇雨增险；省道天走线 18.043 公里，几乎全路段处在煤矿采空区域，随时都有塌陷的可能，导致蔚县的公路养护工作量不断加大。但是通过贯彻“建设公路是发展，养护好公路也是发展”的理念，坚持“建、管、养”并重的公路养护工作方针，积极探索养护体制改革，创新养护工作方法，通过大量挖补、清淤、除积、修边沟、修路肩、清路面、疏通涵管等艰苦细致的日常养护工作，保持了国省干线公路“畅、洁、绿、美”的良好形象。

为保持路况的完好，先后实施了多项大中小修工程。从 1996 年到 2006 年，累计完成投资 3 360 万元，其中实施大修总里程 114.554 公里，累计完成投资 833 万元；实施中修总里程 85.943 公里，累计完成投资 194.2 万元；实施小修总面积 69 640.391 平方米。同时，对乜门子漫水桥、张南堡小桥、清水河桥进行了维修加固工程，新改建了麦子疃小桥。10 年间，完成较大的工程项目有国道 112 线三级山区公路 53 公里大中修工程；省道天走线 18.043 公里三级公路大修工程；国道 109 线部分路段中修罩面工程。

在加强国省干线公路养护工作的基础上，随着“乡乡通工程”、“村村通工程”的实施，逐步将地方道路管理养护工作提上日程，先后对三条县道孟涞线、康祁线和西大线共 92.96 公里及时进行了修缮；对乡镇道路、村间道路养护体制进行了探索和有益的尝试。目前全县各乡（镇）均成立了地方道路管理所，全面负责地方道路的养护管理工作，并取得成效。

2. 强力推进国家级“文明样板路”创建和“安保工程”

2001 年按照省厅、市局的安排部署，实施了 109 国道蔚县段 51.462 公里标准化建设，即实施国家级“文明样板路”工程；2005 年按照市局安排实施了“安保工程”。累计投入资金 491.71 万元，完成了大量的整修平台、护坡勾缝抹面、增砌或修复边沟、增砌挡墙、预制和安装路肩石、路肩石刷白等工程，为行车安全提供了保障。同时，以“文明样板路创建”、“安保工程”为载体，不断加大公路绿化美化和道路附属设施的维护管理力度。据统计，自 1997 年开始新改建公路的绿化工作以来，到 2006 年，共计完成投资 100 多万元，在列养的 4 条国省干线公路两边共栽植杨树、柳树、新疆杨 10.2 万余株，柠条 16 万株，沙棘 15 万株，松柏、杜柏、杜松、侧柏 4.864 万株，丁香、珍珠玫 4.0741 万株，爬山虎、龙爪槐 5 418 株，大、小火炬 7 815 株，串红、万寿菊、地福 1 100 株，文冠果 5 000 株，草皮 3 300 平方米。蔚县的道路交通环境步入了“畅通、优美、文明、舒适”的新阶段，为社会车辆和人民群众出行创造了一个良好的交通环境，充分展示了蔚县对外开放文明“窗口”形象。

四、交通行业管理

1. 道路运输管理

(1)客货运输业得到快速发展

10 年来，通过不断完善和强化运输行业管理手段，营造公开、公平、公正的运输市场环境，促进了蔚县交通运输业快速发展，客货运量、客货周转量均实现了大幅度增长。2006 年，全县货运车辆发展到 3 244辆，客运车辆发展到 216 辆，从业人员达 9 000 余人，其中客运业发展最为突出。为满足客运量的增长需要，1995 年建成并投入使用的新汽车站，建筑面积 3 000 多平方米，发车面积 1 000 多平方米，停车场面积 2 150 平方米，站前广场 3 000 多平方米。长途客运车辆从 1996 年的 30 部发展到 2006 年的 50 部，增幅达 60%。长途班线从 14 条发展到 18 条。线路辐射北京、石家庄、定州、保定、磁县、邯郸、大同、太原、宣化、张家口等大中城市，日发 78 班次，日均运送旅客 1 500 人(次)。

2006 年以服务“三农”为目的，开始积极推进农村客运业的发展，大力实施村村通客车工程。当年筹措资金建成候车亭 21 个、招呼牌 50 个。通过出台鼓励政策，吸纳社会资金，在全省首开先河，成立了由 66 辆客车组成的区间客运公司，运行于各乡、镇、村之间，扭转了过去农村客运市场那种不规范、不安全且服务质量低下的局面，使农民实现了在“家门口”就可乘坐客车的梦想，达到了上级交通部门“路通哪里，车就通到哪里”的基本要求。到 2006 年底，村通客车率达到了 70%以上。

(2)出租车管理日益正规化

从 2002 年成立“蔚县兴宇出租车服务公司”以来，逐步对全县各类出租车进行了规范化管理，使出租车(含摩的)得到了改善，出租车经营者服务水平得到了提高。

危货运输规范管理安全无事故。蔚县拥有各类危货运输车 17 辆，为了确保危货运输安全，县局历年都把危货运输作为行业管理的一项重要内容紧抓不放，做到精细组织、有序管理、严格控制，10 年间未发生任何危货运输安全事故。

(3)汽车综合性能检测工作成绩显著

1994 年 2 月组建了半自动 B 级线汽车综合性能检测站，从业人员 20 名。随着检测业务量的增加和技术水平的不断提高，到 2006 年，升级为全自动微机联网线，由 B 级单线升级为 A 级双线，从业人员增加到 31 名，检测业务量呈逐年增加趋势，确保了汽车以良好的安全技术性能上路行驶。

(4)汽车维修行业与驾校管理逐渐规范化

经过不断整顿和严加管理，到 2006 年，蔚县有具备全面技术资质的一类维修企业 1 家，二类维修企业 3 家，三类维修摊点 84 家，摩托维修摊点 45 家，已满足了本地车辆的维修需要。

2006 年蔚县拥有具备资质、执照齐全的驾校一所，于 2004 年 2 月成立，组织机构、教练员、教练车、教练场等教学设施一应俱全，驾校从成立到 2006 年底，先后培养出合格驾驶员 1 500 多名。

2. 水运管理

蔚县壶流河水库水域面积约 470 公顷，现有载客汽艇 2 只，其中 1 只载游人，1 只用于救生。水上运输监管机构为蔚县地方海事处。为了确保水上安全，海事处除平时加强巡查外，黄金周期间派人轮流监督，严禁无证人员驾驶，严禁游船超载。从 1996 年年客流量的 500 人(次)左右，增加到 2006 年的年客流量 2 700 人(次)左右，始终保持了水上交通安全无事故。

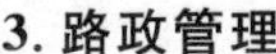

3. 路政管理

蔚县将路政管理寓于交通服务当中，在维护路产路权，保护公路及公路设施，保障公路畅通，延长公路服役期限等方面，县局公路站、路政执法大队与桃花治理超限检测站做了大量扎实有效的工作。每年都要安排部署保护公路设施专项整治工作，清除路边的非公路标志牌和公路红线以内违章建筑，处理索赔损害公路案结案率100%，有效地保护了公路及公路设施的完好。除此之外，自建立治理超限检测站以来，经过采取整顿治理环境，严打“车托”、“闯卡”等黑恶势力；严把超限源头关、保持路面治超高压态势等措施，出境“双超”车辆严格控制在上级要求范围内。

4. 交通规费征收管理

1996～2006年，蔚县交通局通过提高规费征收人员素质，加大执法力度等措施，累计完成各种规费37 769.76万元，其中汽车养路费22 831.85万元、小拖养路费1 632.04万元、运管费1 751.08万元、客票附加费982.3万元、货运附加费480.93万元、通行费10 091.56万元（表3-15-2）。

1996～2006年蔚县交通局规费征收情况（单位：万元）　　表3-15-2

年份	汽车养路费	小拖养路费	运管费	客运附加费	货运	附加费通行费	年份合计
1996	2 121.00	106.00	151.46	11.94	18.04		2 408.44
1997	2 358.00	158.23	180.40	131.11	54.09		2 881.83
1998	2 406.16	151.20	201.14	146.65	45.27	1 056.02	4 006.44
1999	2 305.27	89.23	210.90	139.44	57.45	1 080.07	3 882.36
2000	2 257.35	102.12	183.47	130.20	55.68	1 376.83	4 105.65
2001	1 787.15	1 11.27	130.33	68.92	60.00	1 304.49	3 462.16
2002	1 186.18	184.77	146.50	70.87	60.73	984.07	2 633.12
2003	1 224.50	191.66	118.74	50.10	45.16	979.44	2 609.60
2004	2 638.84	260.26	149.15	75.60	27.17	1 048.73	4 199.75
2005	2 272.97	155.23	160.65	76.69	28.75	1 159.61	3 853.90
2006	2 274.43	122.07	118.34	80.78	28.59	1 102.30	3 726.51
合计	22 831.85	1 632.04	1 751.08	982.30	480.93	10 091.56	37 769.76

五、交通产业

随着交通事业的发展，蔚县交通局综合实力得到迅猛发展，产业不断壮大。特别是交通局的筑路技术资质和施工能力得到了迅速提升，不仅拥有了一支初具规模的施工技术队伍，更置备了先进的摊铺机、平地机、振动碾压机、沥青拌和楼、稳定土拌和楼等大型筑路机械设备，固定资产达到1 500多万元。由县交通局组建的张家口市兴宇路桥有限责任公司，短短几年，发展到拥有固定资产3 000余万元，每年创造200多个就业岗位，年均创收200多万元，完全具备了公路工程三级总承包资质的专业施工队伍。先后中标承建了国道112线夏源至西合营段一、二级路工程、单堠矿区A、B标段煤炭专用公路工程。工程质量均达优良工程，为发展交通经济拓展了更宽的领域。

10年来，交通职工的办公条件和生活条件得到了极大改善，实施了建局以来最大的安居工程，兴建了4栋2万平方米的住宅楼，150多户职工乔迁新居。先后兴建了天子头道班、九辛庄养护中心、超限检测站、红桥道班、西合营养护中心等多处办公场所，大大改善了基层一线职工的生产、生活条件。

六、党建工作

10年间，县交通局党委以增强党的先进性、加强党的执政能力建设为主题，不断加强党员干部队伍素质教育和基层党组织建设，特别是按照上级党组织的部署，先后进行了大规模的“三讲”教育、“党员先进性教育”、“三个代表”重要思想学习教育、“八荣八耻”等一系列学习教育活动，取得了可喜成绩。局党委从1996年以来，连年被县委评为先进党委，数十名党员被评为市、县级优秀共产党员；1999年局党委被市委宣传部评为“基层理论教育先进单位”，2006年被市委评为“先进基层党组织”；局工、青、妇连年被上级评为先进集体。10年来，党员队伍的素质普遍提高，大专文化从1996年的不足30%，提高到现在的70%以上；党员队伍不断壮大，党支部数量由1996年的11个发展到14个，党员人数从130名发展壮大到238名。

县局党委一直把党风廉政建设作为一项十分重要的工作来抓。领导班子成员通过学习和制定相关的制度，严格遵守有关党风廉政建设的各项规定，每年与下属单位签订《党风廉政建设责任状》；严格执行公路工程建设的招投标制度，实行政务公开，阳光工程；聘请社会监督员，发放征求意见书，走访社会群众，建立领导接待制度，公开举报电话和意见箱等等，使党风廉政建设置于全系统干部职工和社会广大人民群众的监督之下，多次荣获县委“党风廉政建设先进单位”称号。

七、精神文明建设

蔚县交通局高度重视精神文明建设，将精神文明建设与物质文明建设融为一体，相互促进，互为影响。积极将文明创建与建设学习型机关、优质服务竞赛杯、治理公路“三乱”、巾帼建功、“争号创手”等活动紧密相连，协调发展。10年来，精神文明建设取得了累累硕果。辖区内公路保持了无“三乱”成果，连续10年被县评为“优质服务竞赛杯”第一名、2002年以来，县交通局一直保持省级文明单位称号。到2006年底，全系统拥有17个县级、7个市级、1个省级文明单位；3个三星级、7个二星级、5个一星窗口单位。

八、行风建设

10年来，蔚县交通局大力开展行风建设，先后实行了首问负责制、一次性告知制、限时办结制等多项便民利民服务措施；通过采取发送征求意见书、召开座谈会等措施，广泛征求群众意见，进一步改进和提高服务水平和工作效率，得到了社会各界的广泛认可和好评。2002年、2003年分别获全县民主评议行风第一名、第二名，2004～2005年连续两年被县委、县政府确定为全县民主评议行风免评单位；2006年再次获全县民主评议行风第一名。

第十六章 涿鹿县交通局十年工作综述

一、基本情况

涿鹿县历史悠久，据《史记》记载，黄帝与蚩尤战于涿鹿之野，是华夏文明的发祥地，故有千古文明开涿鹿之称。地处北纬 39°′40′～40°39′，东经 114°55′～115°31′之间，冀西北山区南部，坝下低山间山盆地之涿鹿～怀来盆地西部。北与下花园区交界，西北隔黄羊山与宣化县相望，西南与蔚县毗邻，东南与北京市郊区和保定市涞水县接壤，东北与怀来县相邻。广 90 公里，袤 43 公里，面积 2802 平方公里。全县辖 1 个区、17 个乡镇、373 个行政村，总人口 33 万人。地势南北低，中间隆起，西高东低。以桑干河南岸的五堡、保岱为界，北部称河川区，中部称丘陵区，卧佛寺、辉耀以南称山区。境内有秦汉时期的古要道协阳关、凶黎关、美峪关，历代为兵家必争之地。现境内有大秦、沙蔚铁路两条。公路形成了以一条国道(109 线)、四条省道(下广线、宝平线、京原支线、鸡鸣驿支线)为框架，“二横四纵”(二横为永芦线、康祁线；四纵为头武线、涿黑线、罗河线、西大线)六条县道为纽带，乡村地方特色经济路为补充的公路网络(图3-16-1)。

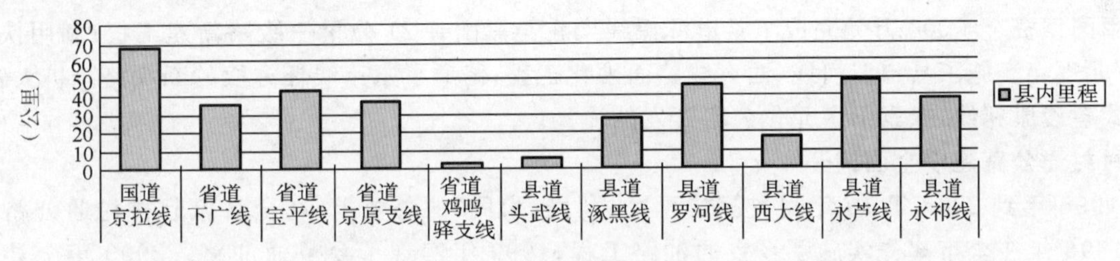

图 3-16-1 涿鹿县公路情况示意图

涿鹿县交通局有在职干部职工 614 人，下设中层股站机构 18 个。县局设立总支委员会，由 9 人组成。总支设立直属支部 11 个，有党员 143 人。

局机关设一室、两股、一个中心，主要从事机关行政党务、后勤管理。交通执法机构设三所三站，主要职能是交通规费征收和运输行业管理、通行费征管。公路养管机构设两站、一队和四个中心，主要从事县境内国省干线、县级农村公路养护、管理和路政执法工作。经济实体设通达路桥有限责任公司和道路运输综合开发中心，主要从事公路建设和道路运输综合服务工作。

二、公路建设

1995 年底，全县公路通车里程 933 公里，其中：油路 235 公里，砂石路 249 公里。1996～2006 年的 10 年间，涿鹿县共争取或完成公路建设项目 30 多个，新改建、大中修公路 373 公里，完成投资 5 亿多元(图 3-16-2)。到 2006 年底，全县公路通车里程达到 1 120.318 公里(图 3-16-3)，其中：二级以上公路 120.382 公里，三级公路 246.404 公里。比 1995 年底新增油路 200 公里。

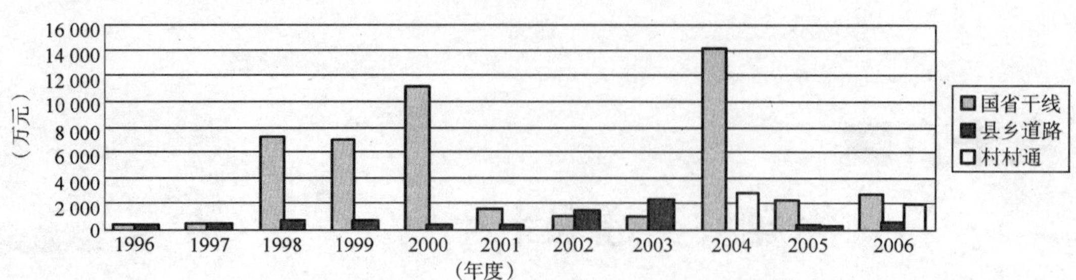

图 3-16-2　10 年间公路新改建工程完成投资图

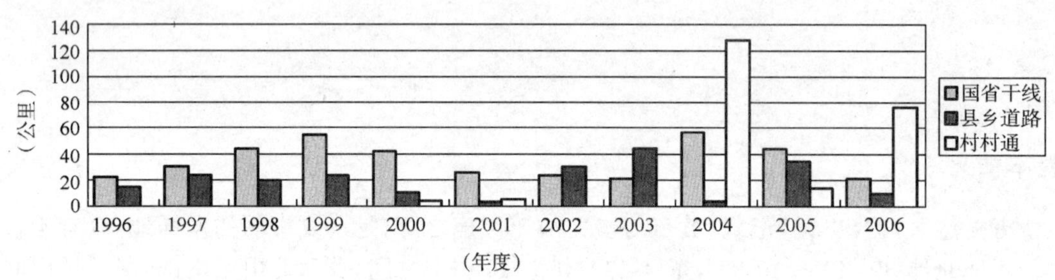

图 3-16-3　10 年间公路新改建里程示意图

1. 国省干线全面升级

2000 年通过实施大修，建成了省道下广线 15.391 公里一级公路，实现了一级公路零的突破。2003 年是涿鹿公路建设的又一个高峰年。在全市第一个利用国债资金 1 600 万元，完成了国道 109 线北京界至太平堡 25 公里三级路改建工程。109 国道太平堡至岔道段三改二项目，由“十一五”计划提前在“十五”完成，全县二级以上公路实现百公里大突破，为 109 国道文明样板路，通过交通部验收奠定了坚实的基础。

2. 地方道路建设同步提速

利用国债资金 1 000 万元完成了县道涿黑线栾庄至黑山寺 21 公里三级路新建工程；利用扶贫资金 1 800 万元逐年实施了县道罗河线、西大线路面硬化工程；修通了永芦线怀涿段的断头路。扩大融资，以参股形式建设康祁线，探索出多元化公路开发的途径。

3. 村村通公路建设全面铺开

从 1996 年到 2006 年 10 年间，按照“惠民、利民、为民”的总要求，在全县掀起村村通公路建设的高潮。1996 年在全市率先实施了乡乡通油路工程，1999 年实现了乡乡通油路。2000 年全县启动村村通工程，本着“先易后难、集中连片、主次分明、干支结合、优化路网、形成规模”的思路，使已实现了通村油路能够直接与全县的干线公路路网连接，达到区域成网，县乡道路连通，路网通达能力得到提高。沟通了特色产业区的几条重要连接线，保栾路、王字路、五支路、上下榆林路段的相继开通，实现了乡道涿保线与下广线、保岱镇王字路与下广线、涿黑线与下广线、涿黑线与高杏公路的连接，使桑北片 3 镇 1 乡路网结构更加合理，桑南片县乡主干道更加通畅。并对赵家蓬、大堡这些位于山岭重丘区的贫困地区，如何结合山区道路建设实施村村通进行了探索。1996～2006 的 10 年间，累计新增乡村油路水泥路 350 公里，实现了 6 个乡镇村村通油路，250 个行政村通油路或水泥路(图 3-16-4)，占全县行政村总数的 67%。通村工程使山区老百姓，从封闭走向致富。人均收入从 1996 年的 1 000 元，达到现在的 2 900 元，35 个村建成文明生态村。

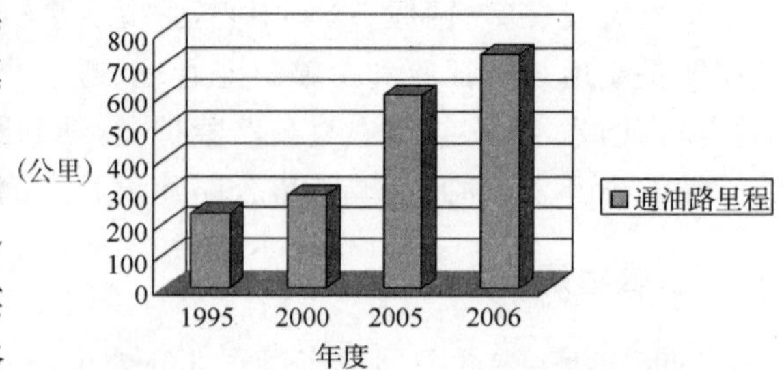

图 3-16-4　1995 年底～2006 年通油路里程

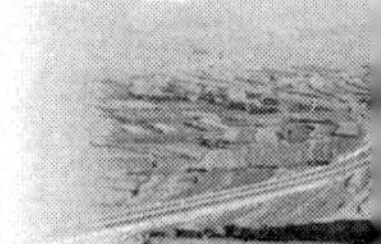

4. 公路建设为旅游开发助力

10年间完成了龙王堂、柳树庄、东灵山、黄羊山37.624公里旅游专用公路，促进了全县旅游业的大开发、大发展，特别是打通了黄帝城三祖堂旅游区道路，形成了2小时循环圈，为黄帝城列入2008年奥运会圣火展示点营造了良好的交通环境。

5. 公路建设为县域经济发展做贡献

10年间完成了信息产业研发基地"三纵四横"道路建设，亿能普药业专用二级公路，西轩辕路硬化工程，县城东环路、北环路等一批城市道路建设，为全县招商引资和工业项目的快速发展创造了硬环境。10年来，全县围绕交通主干线，形成了以信息产业开发基地和科技园区为龙头的集科研、制药、信息产业、防火材料为一体的工业发展新格局。全县财政收入从1996年的5 000万元，跃升到2006年的18 000万元；人均收入达到了城镇7 788元、农村3 119元，比1995年底纯增2 000元。

三、公路养护管理

树立"建设是发展，管理是发展，养护是可持续发展"理念，10年来，从提高公路服务水平入手，抓住畅、洁、绿、美、安这个中心，全面开展样板路创建工作，在公路绿化、路容路貌上认真实施标准化养护，路况质量全面提高，实现了养护与管理工作年年上台阶，连续多年被省市主管部门评为公路养护先进县。达到了"人在车中坐，车在画中行"的良好效果。

10年来，公路养护工作始终坚持管养剥离原则，实行合同化管理。推进养护体制改革，在全系统推行了计量支付联效计酬、承包养护和"两书一卡"考核（图3-16-5）。年初县站与养护中心，养护中心与道班，道班与路工签订年度养护承包合同，中心与路工签订养护承包考核责任书、安全生产保证书。结合养护工作的实际，实施了"三个三"系统管理机制。一是坚持"有利于科学管理、有利于路况提高、有利于增加职工收入"的三个有利于原则。二是实施"养护安排细分化、养护作业计量化、养护质量精品化"的"三化管理"。三是推行"县站抽查、中心普查、道班自查"的"三级检查制度"。从而形成了"成绩在路上，考核在路上，效益在路上"的以路为中心的管理方式，促进了养护管理效能的提高。全县被省交通厅评为养护机制改革先进县，其做法在2004年《中国公路》杂志上刊发，向全国推广。

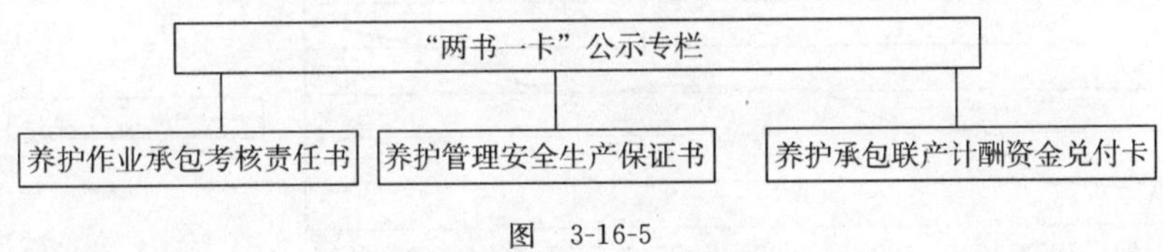

图 3-16-5

国省干线全面实施标准化养护，从"畅、洁、绿、美、安"多层次、全方位提升公路功能和服务水平，进一步优化经济发展环境。好路率从1995年底的80%，增长到2006年底的84%。养护质量综合值从1995年底的79，增长到2006年底的87。

公路与农村公路养护管理的同步提高，协调各乡镇组建乡村公路养护组织，全县17个乡镇全部成立了地方道路管理所。按照农村路网结构，推行分区域包路线管养试点，实行季节性养护，定期组织乡村道路检查，建立了地方道路管养长效机制，促进了农村公路建养管的协调发展。

2005年抓住国道109线文明样板路创建和迎接国检这个历史机遇，积极争取，在全省率先实施了109国道67公里、省道宝平线5公里安保工程，极大地改善了山区道路的行车环境。从提高公路服务水平入手，先后实施了5座危桥加固工程，公路桥梁通行能力有了很大的提高。着力改善路网质量和通达能力，千方百计搞好绿化工程。从1998年起，先后实施了省道下广线，鸡鸣驿支线，国道109线，县道涿黑线公路绿化工程，建设公路绿色长廊180公里，种植各类乔木10.8407万棵，灌木75.7749万棵，完成绿化投资512万元，实现了公路绿化工程建一条、绿一条、美一条的既定目标，营造了畅、洁、绿、美、安的交通环境。同时，加快了道班和养护中心的基础设施建设。10年间共投入建设资金300万元，新建改造了茶房、黑山寺等7个道班和岔道等3个养护中心。道班、养护中心成为公路沿线一道亮丽的风景线，连续多年被省市评为公路养护先进县。

管养并重，全面提速，突出路政执法主体地位，建立全方位路政管理体系。路政执法大队下设一室两组三队，在辖区内设立了路政案件举报中心，将路政中队建在养护中心，推行分区域包路线责任化管理。将日常养护与路政管理有机结合，实行路政员、路工分段挂牌责任化考核，解决了基层管养有效结合的问题。加大超限运输、违章建筑宣传治理力度，通过军警民共建的方式，彻底解决以路代市，以路代渠，挤占边沟、边坡问题。10年间，实施街道化治理近百公里，延长了公路使用寿命。加强109国道东线和省道下广线“两条线”路产路权的管理，发挥好茶房超限站和太平堡交通观察点“两个点”的作用，采取定点检查与流动稽查相结合，路政案件查处与超限运输治理相结合，路政管理与日常养护相结合的方式，使路政管理实现了两个转变：一是由过去为公路建设保驾护航转变到维护路产的日常管理上来；二是由过去重视国省干线的路政管理，转变到同样重视地方道路的路政管理上来，实现了路政执法由原来保护路产的单维管理向保护权益、维护路权、维持秩序、环境监督等多维管理转变。

四、规费征收

10年间，共征收交通规费28 173万元，其中养路费13 302万元(图3-16-6)，平均每年以120万元递增。通行费14 871万元(图3-16-7)，平均每年以200万元递增。车辆购置附加费从1996年起到2002年代征附加(费)税83.2万元(图3-16-8)。

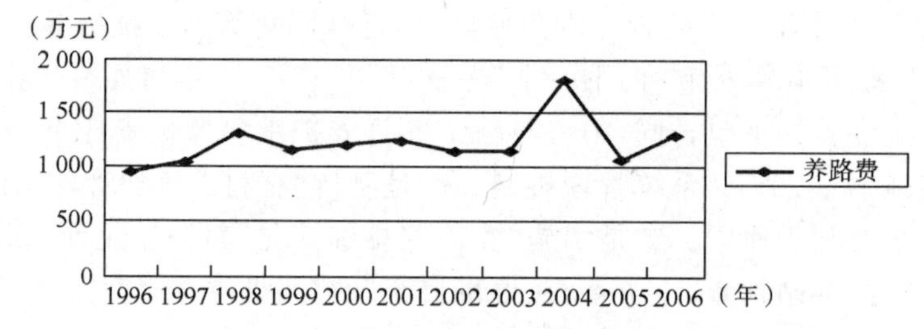

图3-16-6　10年来养路费征收对比图

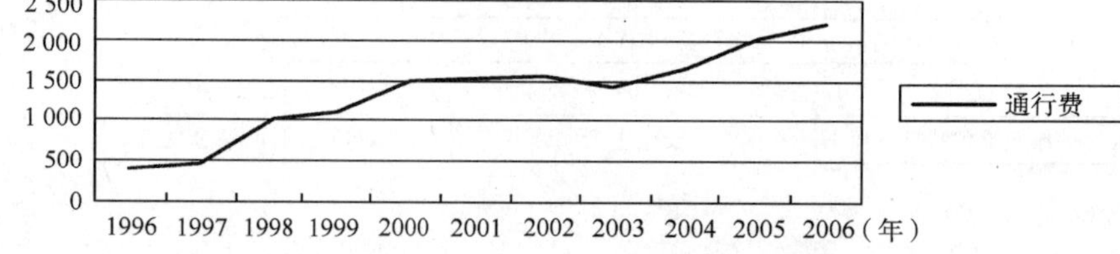

图3-16-7　10年间通行费征收对比图

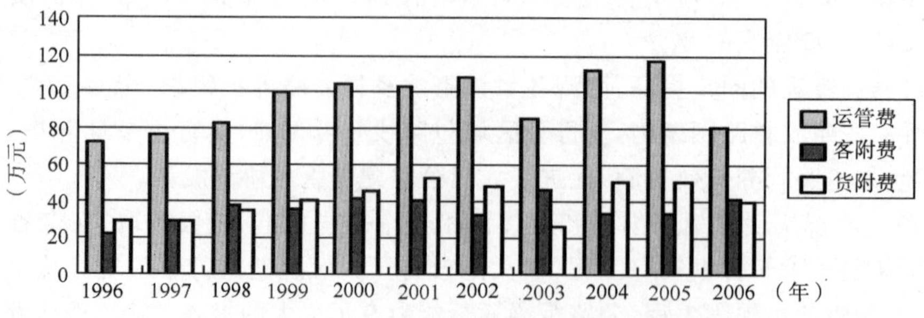

图3-16-8　1996～2006年运管费征收情况

10年间，在我国正处于费税改革的波动中，全体交通规费人员“咬定青山不放松”，紧紧抓住规费征收这条生命线，利用现行政策快节奏、高效率、多积累、创效益，实现了费收的稳步增长，促进了公路建设的发展。在实际工作中，不断完善管理思路和运行机制，夯实基础业务，突出责任效益，强化法制管理，使管理与收费工作与时俱进。

在规费征收上，始终坚持以管理促征收，“把规费手续办在车辆上路之前”并作为工作出发点，突出源头管理，夯实基础业务，坚持所务管理制度化、内业管理流程化、外业管理责任化的“三大管理”。实施了《车辆验证登记制度》、《车辆纳费辅导制度》、《车辆报停、异动管理制度》、《车辆纳费辅导制度》四项征管制度。完善目标设置合理化，突出责任；管理对象化，突出重点；工作措施基层化，突出服务；管理思路全局化，突出效率的“四化四突出”征管思路。对管理措施进行延续创新，提高科技和信息含量。1997年摒弃过去手工作业、台账管理，启用微机征费程序。全县所有车辆纳入微机管理。在规范整体管理的同时，管理触角向下，强化源头管理，建立张家堡、岔道、矾山、赵家蓬四个区域性分站，先后配置了微机，启用了微机征费程序，为区域内车辆办理养路费缴纳手续，加强了管理密度。坚持服务促征收，围绕行业特点健全便民服务体系，树立良好的社会形象。征稽所成为唯一连续10年荣获全省“十佳征稽所”的基层站所。

下广线通行费收费站坚持“过而不漏、收而不贪、热情服务、文明收费”的十六字工作方针，以“内强素质，外塑形象”作为工作标准。落实“四狠抓、一提高”管理措施，即夯实基础抓整改，强练内功抓培训，塑造形象抓管理，强化考核抓效益，努力提高全员整体素质。加强全日制稽查，开辟绿色通道，落实各项便民措施，保障畅通。积极开展爱岗敬业，争先创优活动，实现工作安排细化，指标考核量化，督促稽查强化，落实管理精化，实现了全员素质、队伍建设、场区设施的同步提高。通行费每年以百万元的速度递增，10年间累计征收通行费144871万元，从2001年起连续5年被省厅评为先进收费站，成为涿鹿交通面向社会的形象窗口。

五、道路运输管理

10年来，运输市场管理发展坚持与公路建设同步开发和推进，在不断完善路网结构的同时，从“规范管理就是有效服务”的理念入手，建立完善了市场准入机制和监管服务体系，实行了审批委员会制度；形成了运输市场四方联席会、三位一体例会、群管网例会制度；在全省第一家组建了县级出租汽车协会，之后又成立了出租车行业工会，与个协成立了客运分会、机务维修分会，与农村经济人联谊会联合成立了货运信息分会，规范了经营行为，促进了运输服务水平和经营层次的提高。10年间，客运班线车辆由16台增长到62台，客运线路由17条增加到24条（图3-16-9），客运周转量12 972万人公里（图3-16-10），比前10年增长6倍；货运周转量68 722万吨公里，比前10年增长5倍。

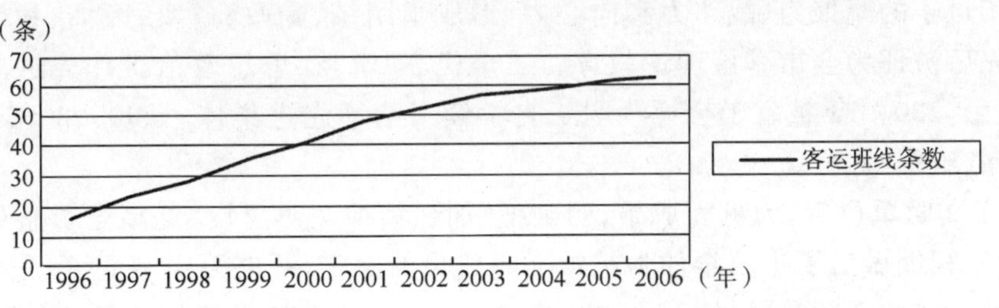

图3-16-9　10年间客运班线的变化

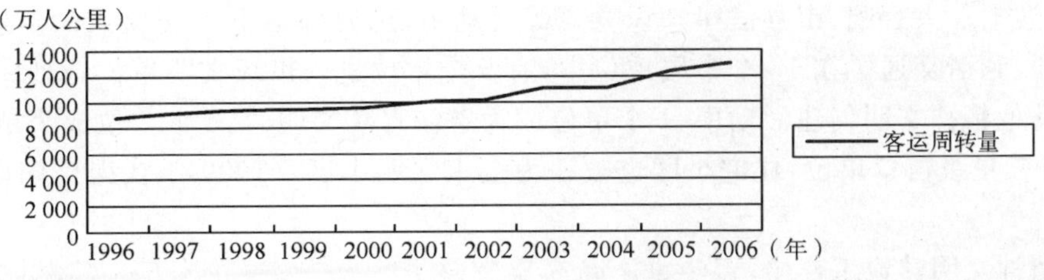

图3-16-10　10年间客运周转量变化图

客运市场加大农村客运开发力度。形成了以县城客运为中心，以乡村为接点，连接城镇，辐射农村，长短途结合，线路班车、出租客运、农村客运、城市公交客运互为补充的一体化客运网络，达到了乡乡通客车，促进了城乡交流，实现了人便于行。现全县有始发班车 62 辆，过往客车 100 多辆，经营线路主要有石家庄、北京、张家口、下花园、怀来和县内河东、矾山等 24 条班线。有农村客车 124 辆，出租车 86 辆。开辟线路 7 条，公交车 27 辆，覆盖 7 个乡镇 80 个村。全县乡镇通班车率达到 100%，行政村通客车率达到 95%。

货运市场多元化开发。1999 年承办并完成了省交通厅货运信息科研项目，建立了货运信息中心，下设赵家蓬、矾山等 6 个区域性信息分站和分布于各乡镇、各类市场、厂矿企业的 45 个信息点，并与省市货运中心联网。以公路网络为依托，以货运信息网络化为纽带，对外开辟了高堡、北小庄、岔道、矾山四个公路综合服务区，并立足于高堡服务区，建成了集检测、维修、加油、配件、信息配载、救援、餐饮于一体的综合性服务体系。以民营经济形式，组建了路通货运有限公司，形成了货运有形市场，带动了全县运输业发展。依托区域特色产业，建立了煤炭、蔬菜、水果、粮食 4 个专业性货运有形市场，组建了承建制的松散型车队，积极开展货运配载配送业务，达到货、车的有机结合，10 年间货运交易 8000 多次，配载量达到 28 000 吨，为构筑物流平台奠定了基础。

运输场站建设不断发展。机务维修市场，建立了 A 级汽车综合性能检测站，形成了 1 个二级维护作业站、6 家二类维修企业、129 家三类维修点的维修网络，建立了群管网组织，组建了车辆救援中心，有效开展了车辆救援业务，10 年间救援车辆 3 000 多次，培训维修业户 3 000 多次，维修质量和技术明显提高。运输服务组织，从业人员达到 3 000 多人，提高了运输市场的组织化程度。驾培管理，以市驾校为依托，2004 年建立了一所标准化的驾驶员培训基地，规划了标准化训练场地，配备了可一次可容纳 80 人的模拟机、微机，为学员提供了良好的培训条件。10 年间累计输送人才 2 000 多名，推动了区域运输业的健康发展。

六、党建和精神文明工作

全面加强领导班子建设，不断提高领导水平和执政能力，以“三个代表”学教活动和开展先进性教育活动为契机，把认真落实科学发展观、树立正确的政绩观和社会主义荣辱观作为领导班子建设的重要内容，强化宗旨意识和理想信念教育，认真抓好班子的理论学习，不断加强理论知识、业务知识和现代科技、经济、法律、文化等知识的学习。规范领导班子的民主决策程序，实行集体领导负责制，重大决策、重大项目安排、重要人事任免和大额度资金运作等事项集体讨论决定，工作中班子成员相互支持，分工合作，顾全大局，增强了班子的凝聚力、战斗力和向心力，形成了团结、勤政、务实、廉洁、和谐的领导班子。自 1999 年起，总支先后被评为全市基层理论教育、“三个代表”学教、思想政治工作先进单位，受到市委宣传部、组织部的表彰。2000 年被省工会评为职工自学读书活动先进集体。2005、2006 年连续两年被市委授予“先进基层党组织”称号。

1996 年跨入省级文明单位后，为巩固成果，明确把“加强精神文明建设、提高全员整体素质”列为全年三项工作重点之一，相继做出了进一步加强精神文明建设的决定，开展爱岗敬业、争先创优的决定，完善党务工作实施意见。文体活动是精神文明建设的载体，是全局团结凝聚的象征，每年元旦、元宵节、五一、七一、十一等节日都组织职工开展丰富多彩的文体活动，交通人说唱交通人，体现交通特色。在全县职工篮球赛、迎七一大合唱、市县法律知识竞赛等活动中，到处都留下了交通人的声影，赢得了荣誉，体现了文明交通、和谐交通。在 18 个中层单位中，有 5 个单位进入市级文明单位行列，县级文明单位实现满堂红。在其他精神文明创建活动中，1 个单位成为省级青年文明号，3 个单位成为市级青年文明号，3 个单位成为省三星级窗口单位，住宅小区也被评为全市文明小区。1999 年获得全国职工体育先进单位称号。

在党建和精神文明建设工作中，多年来不断充实完善了“一、二、三、四、五、六”总体工作思路：突出公路建设一个重点；强化行政执法和行风建设两项管理；坚持文明行业创建、提高全员整体素质，抓好交通基础工作、服务县域经济发展，培育新的经济增长点、增强全局综合发展实力三个要点；推进素质教育、形象建设、行业发展、目标考核四项工作；落实好加强精神文明建设、爱岗敬业争先创优、增收节支厉行节约、加强督促检查和加快事业单位改革五个决定；开展建设一个好班子，创建一个好支部，带出一支好队伍，培养一批好班组，树立一批好榜样，营造一种好氛围的六个好活动。为交通事业的持续发展提供了智力支持和精神动力。

七、行风和廉政建设

以“保持一流业绩，优化发展环境，公正公平执法，提升服务层次”为目标，连年狠抓行风建设。行风建设重点突出机关效能、行政权力透明公开运行，实现便民为民利民。在设立永久性政务公开专栏的基础上，通过电视台、窗口单位设立的滚动屏、触摸屏公开承诺行风建设重点，接受社会监督。变管理为服务，及时办、马上办、办得好，服务全社会，满意在交通，成为全局职工的服务宗旨和自觉行动。通行费收费站开辟绿色通道，为运送农副产品车辆提供无偿服务。养路费征稽所落实优惠包缴政策，让利于民。并在服务方式上推行节假日不休息、预约服务、延时服务、急事急办、特事特办和送证上门六项便民服务措施，实现了服务周到有序，管理规范有章。行评工作实现了两年免评，三年第一的好成绩。

在廉政建设工作中，建立廉政文化园地，公示“局领导班子廉政承诺”、“领导干部四大纪律”、“领导干部八项注意”、“八个坚持八个反对”等内容，班子成员签名自我约束。针对交通“高危”行业的特点，与检察院联合建立了预防职务犯罪办公室，定期开展警示教育，以案说法，防微杜渐，做到警钟长鸣。对于从事公路建设人员，明确规定并严格执行个人车辆不准参与工程施工等制度。对从事行政执法人员连年签订《行政执法人员保证书》、《家属监督协议书》、《廉政建设责任状》，规范执法行为。还设立规费处置中心、路政案件受理中心，实行查处分离，严格办事程序和业务传递手续，有效地防止了人情车、人情费、乱收费现象，杜绝了行业不正之风的滋生。

八、交通行政执法

县局行政执法包括公路路政、运输管理和养路费征稽。现有行政执法人员 139 名。为提高执法队伍建设，以强化全员素质教育为重点，建立完善了学习、培训、考核机制。严把准入关，新增执法人员坚持先培训后上岗，在岗执法人员实行末位淘汰制，一年一评，不合格者调出执法队伍。每年投入 32 万元的资金，安排法律法规培训 3 次，参训人员 400 多人次，举办法律知识竞赛 2 次，鼓励职工自学，执法人员素质明显提高，从 1996 年大专以上文化程度人员占总人员的 40%，达到现在的 100%。

在提高执法水平的同时，完善行政执法工作机制，在全市率先开展征稽、运管合署办公。2004 年行政许可法实施后，本着简化办事环节、提高办事效率的原则，探索征收、稽查、处理相分离的执法机制。第一个在全市建立起一站式办公大厅（图 3-16-11），将原来分散在交通各口的业务项目集中在大厅窗口统一办理，为车主提供规费缴纳、道路运输业审批、审验、运输服务、货物配载、运费结算等一条龙综合性服务（图 3-16-12）。组建执法稽查大队，实行征稽、运政、路政“三位一体”综合管理，坚持一支队伍上路，减少上路执法次数和人数，强化路检稽查，提高执法效能。又在全市第一家设立规费处置服务中心，专司处理职能。严格实施查处分离。

图 3-16-11　稽征、运政、路政一条龙一站式的业务大厅

图 3-16-12　工作人员正在热情接待车主

为规范执法，健全执法监督体系，制订了行政执法责任制、两错责任追究制、考核评议制等16项行政执法保障制度，与执法人员签订行政执法责任保证书、家属监督协议书、行风廉政建设责任状、安全责任状四项责任书，实行行政权力公开透明运行，公开公示，阳光操作，明确了“一人不上岗查车，两人不下厂审验，三人同岗同班制”、“所扣证件不在手中过夜，不在家中处理违章户”、“不接受有车单位宴请，不接受车主馈赠”的约法三章。完善社会监督体系，向社会聘请行管行风监督员，公开了举报电话，设立了监督台，加强对执法人员的评议考核淘汰，增强了执法人员的自律意识，规范了执法行为。10年间，基层站所未发生过一起行政复议、行政诉讼行为以及一起公路“三乱”行为。

第十七章 崇礼县交通局十年工作综述

一、基本情况

崇礼县位于张家口市中部，地理位置在北纬 40°45′～41°20′，东经 114°45′～115°35′之间。正东、东北与赤城、沽源县交界，西南与张家口市毗邻，正北同张北县接壤，南隔古长城和宣化县相望，东西长 64 公里，南北宽 57 公里，总面积 2334 平方公里。全县辖 2 个镇、8 个乡，211 个行政村，408 个自然村，总人口 12.3 万人。崇礼县地处坝上、坝下的过渡地带，属深山区，境内山峦起伏，沟壑纵横，自然资源丰富，有天然林总面积 82 万亩，有草场面积 90 万亩，耕地 30 万亩，适宜发展农牧业。崇礼矿产资源丰富，黄金与铁矿开采是崇礼县的支柱产业。崇礼旅游业发展迅速，特别是滑雪资源得天独厚，以夏季观光避暑和冬季滑雪为特色的生态旅游业，逐渐成为县域经济发展的又一重要支柱产业。

崇礼县交通局是政府行政职能部门，2006 年底，全局共有干部职工 203 人、专业技术人员 29 人，其中初级职称 24 人，中级职称 5 人。局内设办公室、计财股、劳人股、群工股、安全生产管理股，下设公路管理站、地方道路管理站、道路运输管理所、养路费征稽所、诚信路桥建设有限公司、工程质量监督站，主要担负着全县公路规划设计与建设施工、公路养护与路政管理、交通规费征收、道路运输行业管理等任务。

二、公路建设

长期以来，由于崇礼县地处深山区，地理环境复杂，公路地形地质条件很差，公路建设又相对起步较晚，发展缓慢，因而公路状况落后而封闭。到“九五”末期，全县乡级以上公路仅有 7 条，总里程为 280 公里，其中：省道 1 条 81.051 公里，县道 1 条 18 公里，乡道 5 条 180.987 公里，仅省道张沽线张家口至县城有三级油路 46.8 公里，其余公路皆为沙土路或等外路。是一个典型的资源大县、交通小县，交通状况远不适应经济发展的需要。

为彻底改善本地交通状况，1996 年以来，崇礼县交通局自我加压，以快补晚，围绕全县经济社会建设目标，制定出既有超前意识又切实可行的公路建设发展规划，加大筹资力度，广开融资渠道，采取争取国家政策性投资、政府适当投入、乡镇筹资投劳、市场融资等方法，千方百计筹措公路建设资金，大力推进公路建设的发展。通过 10 年建设发展，崇礼县的公路状况发生了翻天覆地的变化。截至 2006 年，全县建成乡级以上公路共 16 条，总里程为 485.042 公里。其中省道 2 条 93.047 公里，县道 4 条 118.752 公里，乡道 10 条 273.243 公里。按路面等级分：其中二级油路达 58.8 公里，三级油路达 218.9 公里。到 2006 年底，全县通油（水泥）路总里程达到 705 公里，是 1996 年的 15 倍，全县油（水泥）公路密度达到 30.2%。全县共有公路桥梁 138 座 3 610.1 米，是 1996 年的两倍多。10 年来，累计完成公路建设投资 33 150 万元，是建国初到 1995 年期间投资总数的 14 倍。经过 10 年发展的崇礼县交通，形成了以县城为中心，以省道张沽线和南赤线为主干，县乡道路为支干，衔接所有农村公路的交通网络，有力地促进了

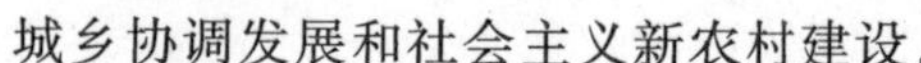

城乡协调发展和社会主义新农村建设。

1. 省级公路

1996～2000年，张沽线张家口至县城段46.8公里分年度实施了二级公路改建工程，路面由原6米拓宽至9米，部分路段拓宽至11米，从此，崇礼县结束了没有高等级公路的历史(图3-17-1)。2001年，张沽线县城至十一号梁段35.5公里三级油路工程开工建设，实现了县域内唯一一条干线公路全线油路硬化，提高了公路质量，大大加强了崇礼与坝上各县的交通联系。南赤线11.996公里2000年起实施三级油路工程，2003年又升级为省道，2006年实施了二级公路改建，自此崇礼又多了一条重要的省级交通干线和蔬菜外运通道，崇礼与赤城及京津承等地的交通联系也进一步加强。

图3-17-1 省道张沽线崇礼段一景

2. 县乡公路

1996年，全县有县道1条18公里，乡道5条180.987公里，全部为砂土路。近年来，国家加大了地方道路建设力度，崇礼县相继新建成县道头(道营)武(家沟)线等三级公路改造工程，还实施了县乡道路路基改建与四级公路改建工程，县境内东沟、中沟、西沟和前沟的主要公路都实现了路面“黑色化”，于2004年提前实现了乡乡通油路，促进了这些乡村农林牧副产业的发展和矿业开发。至2006年，全县共建成县道4条118.752公里，其中油路100.32公里，占县道总里程的84.5%；乡道10条273.243公里，其中油(水泥)路136.623公里，占乡道总里程的50%。

1996～2006年崇礼县油路里程发展变化如图3-17-2所示。

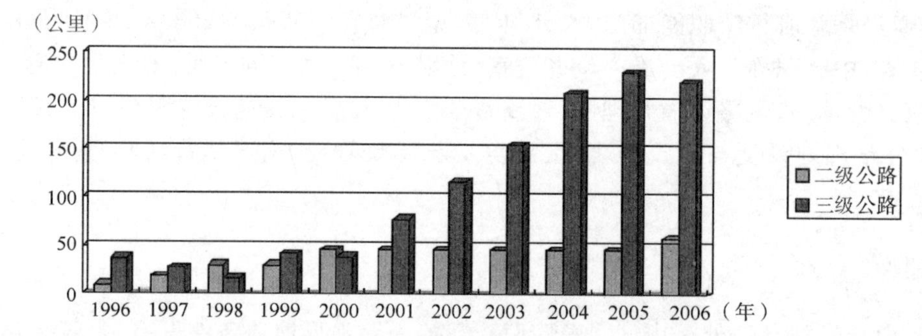

图3-17-2 1996～2006年崇礼县油路里程发展变化图

3. 旅游公路

从1997年起，崇礼旅游经济迅速升温，旅游事业蓬勃发展，并成为崇礼县最有潜力的支柱产业之一。塞北滑雪场、翠云山度假村、长城岭风景区、万龙滑雪场纷纷开工建设，同时为旅游服务的专用公路成为旅游业发展的关键，在这种情况下，崇礼县局先后建成通往各旅游景点的旅游公路3条计49.5公里，为崇礼旅游事业写下了浓墨重彩的一笔。

4. 县城道路

为改善县城道路硬件建设，改善投资环境，2000年，借省道张沽线油路拓宽改建工程之机，在县委政府的支持下，投资320万元建成3.22公里高标准环城公路，后定名裕兴路。2002年又投资200万元，建成连接裕兴路与长青路的希望街和希望桥，河东大片空地得到开发，逐渐成为繁华的新城区，有力地促进了城镇建设的快速发展，改变了崇礼过去县城一条街的旧面貌。

5. 村村通工程

1996年，全县只有2个乡镇23个行政村通油路，全县行政村通油路率仅达10.9%。随着县乡道主要路铺油硬化,行政村通油路率逐渐提高,2003年末达25%,2004年开始实施村村通工程,当年完成66个村190.4公里,2005年完成17个村76.15公里,2006年又完成16个村70.9公里,三年来累计投资4707.5万元,完成村村通油(水泥)路99个村337.5公里,全县通油(水泥)路行政村达到152个,通油(水泥)路率达到了72%。广大农村群众喜悦地走上了柏油(水泥)路,衷心感谢党、感谢政府让他们过上了好日子,同时自觉调整种养殖业结构,加快了脱贫致富奔小康的步伐。

2006年月12月,张承高速公路一期工程张家口至崇礼段建设项目正式获省发改委批复,2007年开工建设,塞北滑雪场、长城岭风景区、万龙滑雪场各条旅游线路都将作为其连接线进行二级公路改建。新一轮公路改扩建工程的举起,揭开了崇礼公路建设史上新的一页。

三、公路养护管理

1996年时,县交通局只有2个公路养护工区,11个道班,主要负责养护1条省道(张沽线)81.051公里、1条县道(张下线,当时称朝五线)18公里,经过十年改革发展,从养护体制、养护范围、组织管理等都发生了巨大的变化,崇礼公路养护业也有了质的飞跃。

1.省道养护管理

1996年期间,高家营工区下设西甸子、高家营、新营子、榆树林、两间房5个道班,负责养护张沽线西甸子至县城段46.8公里;南山窑工区下设太平庄、白旗、狮子沟、五号4个道班,负责养护张沽县县城东沟门至十一号梁段34.7公里。由于崇礼地处深山区,公路依山傍河,地形地质条件极差,加之公路建设长期投资不足,桥涵及防护排水设施不完善,管理体制也存在种种弊端,公路维持畅通都很困难,养护工作长期处于落后局面。

为改变养护工作落后面貌,从1999年起,县局从改革养护体制入手,加大养护工作力度,在养护作业上,实行责任到人,分段养护,在分配上打破工资界限,推行计量支付管理办法,同时建立了养护目标责任制,县局、公路站、养护中心、养护班组与个人层层签订养护合同,并健全和完善了其他相关规章制度。经过一系列大胆改革,充分调动了养护战线全体干部职工的积极性,提高了养护工作效率,养护水平逐渐提高。

2001年,张沽线崇礼段拓宽改建与铺油硬化工程全线完工,公路基础条件大为改善,县局根据该路段属深山区公路的特点,在公路美化上狠下工夫:对过村路段进行街道化治理,建浆砌边沟、砌红砖花栏墙;加强公路绿化,宜林路段大量栽植杨树、柳树、榆树和火炬、丁香、紫穗槐等绿化灌木及花草;深入开展中修罩面、路面小修挖补、三四类病害桥梁治理等工程;设置完善了各类防护工程、指示标志牌、警示桩、宣传标语墙等。这些不仅提升了公路整体服务功能,还有效地改善了公路形象,为崇礼旅游事业发展创造了优美的交通环境。2002年,崇礼养护工作首次进入全市第四名,2003~2004年连续进入全市第二名,并连续被市局评为"养护先进县"。张沽线以"畅、洁、绿、美、安"的环境,成为展示崇礼形象的一道风景线。

在做好公路养护工作的同时,县局注重路政管理。路政大队随着公路建设发展不断加强队伍建设,扩大路政法制宣传,积极开展日常公路巡查,及时发现制止和依法查处了破坏公路、侵害路产路权的不法行为,依法收缴公路赔偿费,深入开展超限治理活动。在县政府的领导与有关部门的配合下,彻底根除了在公路上打场晒粮的老大难问题,搬迁多个公路集贸市场,清除多个路边店外店、公路非法广告标牌等,有力地维护了路产路权,确保了道路的安全畅通。

2.县道养护管理

1996年时,县局负责养护的县道只有朝五线18公里。设有陶北营和麻地营两个养护道班,由高家营工区代管。县道养护处于无章程、疏养护的境地,10年来,由于县级道路的快速发展,养护工作逐渐列入交通局养护工作的议事日程,到2006年,县级道路养护里程增加到111.9公里,延长了低等级公路的使用寿命。

3. 乡村道路养护管理

多年来，乡村道路基本上按照上级“统一领导、分级管理”的精神实行自修自养，随着村村通工程的开展，2005 年 9 月，县政府召开常务会议，研究并通过了《崇礼县乡村道路养护工作实施办法》，进一步明确了“乡道乡养、村道村养”和“谁受益、谁建设、谁养护、谁管理”的基本原则，确定了各乡镇村公路养护界线，各乡镇成立农村公路养护管理所，一名副乡长专门负责，做到有场所、有人员、有牌子、有经费。从此乡村公路的养护开始走向正规化。

4. 公路绿化

1996 年前，全县公路绿化以省道张沽线为主，主要栽植杨树，绿化里程 65.5 公里，树种单一，地方道路绿化基本空白，全县公路绿化里程占宜林里程不足 20%。近年来，县交通局高度重视公路绿化工作，省道张沽线和南赤线按照“乔灌结合、花草结合、因地制宜、立体绿化”的原则重新规划，宜林里程全部进行绿化，绿化树种得到优化，有杨树、柳树、榆树和火炬、丁香、连翘、珍珠梅、紫穗槐、柠条等绿化灌木及花草；与县政府和各乡镇加强协调与合作，县乡公路和旅游公路宜林里程全部栽植行道树，绿化树种有杨树、云杉、国槐、侧柏等。到 2006 年，全县公路绿化达 275 公里，占宜林里程的 80%以上。

四、交通规费征收

崇礼县交通局的规费征收任务主要有养路费、运管费、客票附加费、货运附加费等。

1. 养路费征收

养路费由县局征稽所依法征收。10 年间，征稽所克服税费改制的不利影响，切实加强领导，稳定和充实征稽队伍，从推行规范化服务，提高服务质量入手，加强队伍建设，认真执行国家的征费政策。一方面加大征费宣传力度，主动加强源头管理，不断培育新的费源增长点，积极开展征费稽查，做到应征不漏；另一方面坚持明确目标，自我加压，详细制定征稽计划，层层签订责任状，将任务分解到人，实行全月无休息日办理收费业务，严格执行奖惩制度。期间，全体征稽人员以高度的责任感和使命感不断开创征费工作的新局面，养路费征收呈逐年增长态势（表 3-17-1），为交通事业发展做出了贡献。

1997～2006 年养路费收缴情况表（单位：万元）　　表 3-17-1

年　度	任　务　数	完　成　数	完 成 情 况
1996	220	240	20
1997	239	259.3	20.3
1998	258	260.8	2.8
1999	250	236	—14
2000	250	252.3	2.3
2001	242	252.78	13.78
2002	212	247.23	35.23
2003	210	250.73	40.73
2004	200	271	71
2005	280	286	6
2006	245	280	35
合计	2 386	2 599.14	213.14

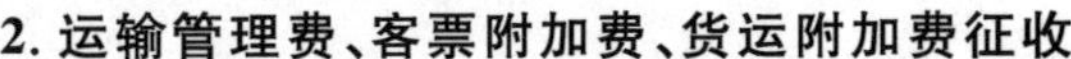

2. 运输管理费、客票附加费、货运附加费征收

运管站(所)在搞好运输行业管理的同时，积极开展规费征收工作，坚持寓征费于管理、寓管理于服务之中，三费征收年年超额完成市局下达的征收任务(表3-17-2)。

1996～2006年运管站(所)征费情况表(单位:万元)　　表3-17-2

年　度	计划数			完成数			备注
	运管费	客附费	货附费	运管费	客附费	货附费	
1996	19	4		20	4.9		
1997	20.2	17.7	9	20.6	18.9	9.9	
1998	16	15	10	22	15	10	
1999	20	15	11	23.3	15.2	11.2	
2000	20	15	10	23.9	15	10.2	
2001	20	16	12	28.3	16	12	
2002	20	15	10	29.8	15.2	10.8	
2003	20	15	11	27	13	11	非典时期
2004	20	13	10	28.3	13.6	11.4	
2005	28	15	10	28.1	16	11.4	
2006	28	18	14	28.1	18	14.2	
合计	212.2	154.7	107	259.4	155.9	112.1	

五、道路运输管理

10年来，县交通局坚持以建立“统一、开放、竞争、有序”的运输市场体系为目标，不断治理和规范运输市场秩序，努力营造和优化运输市场环境，实现了货畅其流、人便于行的目的，促进了道路运输业的发展。1996年，完成客运量17.5万人，完成客运周转量1 148万人公里，完成货运量720万吨，完成货运周转量48 500万吨公里。到2006年，完成客运量达20.2万人，完成客运周转量达1 385万人公里；完成货运量达1 055万吨，完成货运周转量达88 420万吨公里，运输从业人员已发展到3 400多人。

1. 客运管理

1996年，全县共有营运客车55辆，其中大客3辆，中巴27辆，小面的25辆。到2006年，全县营运客车发展到115辆。1996年，全县有客运线路23条，营运里程1 220公里，营运线路主要集中在干线公路，且全部为市县间或县与县间运输，全县人民仍存在出远门不方便，山区人民群众出行乘车难的问题，而到2006年，全县客运线路发展到42条，营运里程达3 370公里，全县行政村通车率达90%以上，而且还开通崇礼至北京、天津、石家庄、唐山等大城市营运线路。加大客运市场管理。通过宣传教育、集中查处、整顿规范等一系列措施，对客运市场不规范行为进行整治。10年来，共依法查处“黑车”380辆次，对34部超期服役的车辆和黑车依法进行强制报废。

2. 货运管理

1996年，全县有营运货运478辆，到2006年，全县拥有营运货运613辆，车辆种类也迅速增加，由过去的“缺重少轻”状况发展到现在的大型车、翻斗车、普通货车、小型货车种类齐全、各适所用的良性循环的发展趋势。此外，10年间柴三轮、拖拉机等机动车大幅度增加，到2006年已达到近2 000辆。货运车辆的蓬勃发展，为全县农林牧副产业兴起、矿业开发、市场繁荣发挥了巨大作用。

3. 汽车维修行业管理

1996年，全县有汽车维修业27家，其中二类1家，三类26家，从业人员80人，到2006年发展到34家，其中二类1家，三类33家，从业人员112人。期间，运管站（所）多次会同税务、工商、物价等有关部门对维修厂家从开业条件、维修质量、结算凭证、收费标准等方面进行规范和整顿，促进其健康发展，保障了公路运输安全顺利进行。

4. 驾培行业管理

2003年全县有了第一家驾校，现又发展了3个招生点，从业人员达32人。县运管所以科学的、高质量的教学和培训工作统领驾培工作全局，严格培训计划和教学大纲内容以及学时的落实，确保培训质量。到2006年，共培训驾驶员1 100多人，使学员全面熟练地掌握了驾驶技术，有力地促进了社会就业和再就业。

六、行政执法工作

在行政执法工作中，县局始终把队伍建设放在首位，每年投入大量人力物力，采取走出去、请进来的方式对路政、运管、征稽执法人员加强培训和教育，10年来，累计对三类执法人员培训1 800多人次，有组织地学习政治理论、交通职业道德、法律法规知识，全面提高了大家的思想政治和业务素质。进一步完善了各类规章制度，建立了包含任用、培训、考核、监督、奖惩等内容的一整套规章制度。10年来，县局认真学习和贯彻执行《行政处罚法》、《行政复议法》、《行政许可法》、《公路法》和其他法律法规等，健全和完善了行政执法程序、制度、案卷等，坚持严格执法、依法行政，有效地规范了行政执法行为。深入开展"优质服务、文明服务"活动，坚持实行"首问负责制""一次性告知制""限时办结制"。近年又组织开展了行政权力公开透明运行工作，接受社会和人民群众监督，使权力运行置于"阳光"之下。各执法单位做到了"严格执法、热情服务"，树立了依法治路，文明执法的交通形象。10年来，从未发生"两错"案件和公路"三乱"行为。

七、党建工作

10年来，县局始终注重加强党的建设，以党建统领全局工作。在县委的领导下，局党总支成员主动加强思想政治和党的最新理论学习，与时俱进，在思想作风、学风、工作作风、领导作风和生活作风等方面不断改进，大兴求真务实精神和科学民主作风，同时充分发挥党组织的战斗堡垒和指导作用，组织全系统党员干部深入学习党的十五大、十六大及其他历次中央重要会议精神，学习邓小平理论、"三个代表"重要思想和科学发展观，组织开展了保持共产党员先进性教育等重要活动，全系统干部职工整体素质不断提高，坚定了走中国特色社会主义道路的信念。10年来，局党总支多次被县委县政府评为实绩突出领导班子，先后有35名同志光荣地加入了中国共产党，至2006年全局党员人数达88人，还有多名同志向党组织递交了入党申请书，基层党组织的力量进一步壮大。

八、精神文明建设

在加强物质文明建设的同时，县局加大精神文明建设力度，紧紧围绕公路建设和交通发展目标任务，深化思想道德建设，落实精神文明建设的各项制度和措施，全面推进群众性创建活动。首先是定期组织政治学习，及时学习党建理论知识、先进人物事迹、适时开展社会主义荣辱观教育等，并通过板报、宣传栏大力弘扬时代主旋律，引导全系统干部职工树立正确的世界观、人生观、价值观和良好的职业道德风尚，远离邪教组织和黄赌毒等不良现象。其次是深入开展各种创建活动，10年来，相继开展了"创建三讲文明机关"、"三杯竞赛"、"三学一树"、"四职一纠"等活动，有效地转变了工作作风；积极参加本县和市交通系统组织的各种文艺、体育比赛，多次获得好成绩，树立了崇礼交通系统良好的社会形象；定期组织离退休老干部和工作人员观摩公路建设成果，增强大家知我交通、爱我交通、我为交通做贡献的自

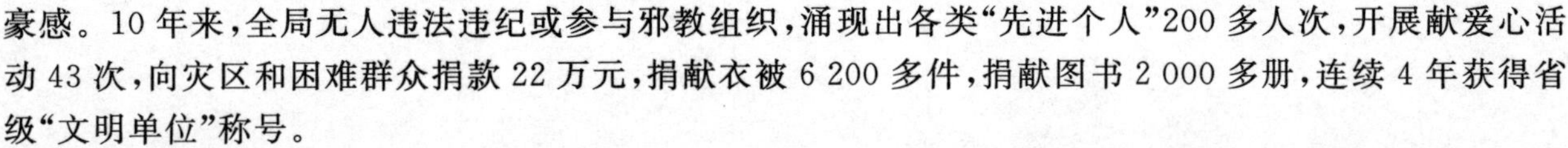

豪感。10年来，全局无人违法违纪或参与邪教组织，涌现出各类“先进个人”200多人次，开展献爱心活动43次，向灾区和困难群众捐款22万元，捐献衣被6 200多件，捐献图书2 000多册，连续4年获得省级“文明单位”称号。

九、行风建设

在行风建设中，县局以“树立行业新风、优化交通环境、服务地方经济”为主题，把行风建设作为提升行业服务质量，促进交通事业发展的基础和动力来抓，加强组织领导，做到认识到位、组织机构到位、保障措施到位。认真落实各项行风建设制度和兑现社会公开服务承诺，扎扎实实为群众办实事、办好事。坚持推行“三三一”工程和便民“八项服务设施”，广泛征求意见并进行梳理和整改。通过行之有效的工作，全局干部职工整体服务意识、执法水平和办事效率不断提高，以优质的服务赢得了人民群众的好评，在社会上树立了良好的行业形象。县局行评工作在全县39个参评单位中始终名列前茅。

第四篇 运输企业、行业协会

张家口运输集团有限公司十年工作综述

一、公司基本情况

张家口运输集团有限公司(张运集团)始建于 1949 年 3 月 1 日,其前身是察哈尔省运输公司,经过历次变更,1999 年 1 月企业整体改组为张家口运输集团有限公司。

目前,张运集团公司已发展成为集道路客、货运输、现代物流、旅游出租、整车销售、汽车检修、驾驶员培训、餐饮娱乐等功能为一体的国有大型运输集团企业,占地面积为 568 672.50 平方米(853 亩),拥有职工 4 430 人,资产总额达 3.49 亿元,年营业收入 1.47 亿元,年创利税 470 万元。集团公司具有道路旅客运输和道路货物运输二级资质,2002 年全面通过了 ISO9001 质量管理体系认证。到 2006 年底,集团公司已发展有下属子公司 10 个,分公司 17 个,控股公司 2 个,参股公司 3 个,是全省道路运输骨干企业,也是张家口市规模最大、经济实力最强的国有大型公路运输企业集团公司。

二、道路运输迅猛发展

1. 运量、周转量加大、加快

10 年来,道路运输服务经济和社会发展的能力显著增强。一是道路客运服务能力有了较大提升,“以人为本”的服务理念得到体现。道路客运的需求持续增长,由于运力调整、组织得当,基本上保证了旅客“走得了”、“走得好”。二是道路货物运输量保持了持续增长的势头。

10 年间,客运量由 1996 年的 266 万人增长到 2006 年的 481 万人,年平均增长 7%;旅客周转量由 1996 年的 28 435 万人公里增长到 2006 年的 53 990 万人公里,年平均增长 22%。10 年期间道路客运量及旅客周转量见图 4-1-1。

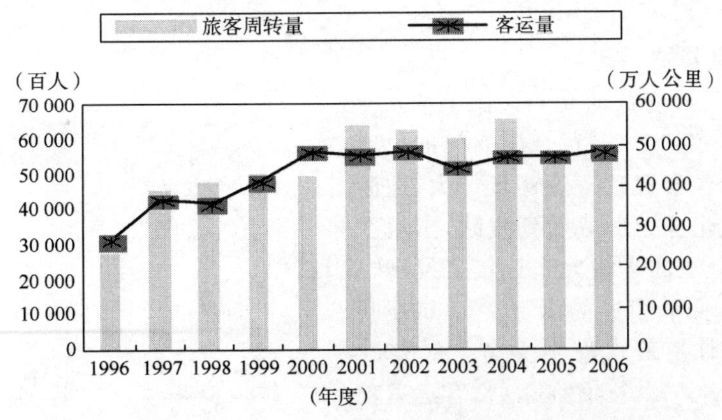

图 4-1-1 1996～2006 年道路客运量及旅客周转量

货运量由1996年的362 880吨增长到2006年的3 030 048吨，年平均增长26.5%；货物周转量由1996年的77 656 320吨公里增长到2006年的721 151 424吨公里，年平均增长39.2%。10年间货运量及货物周转量见图4-1-2。

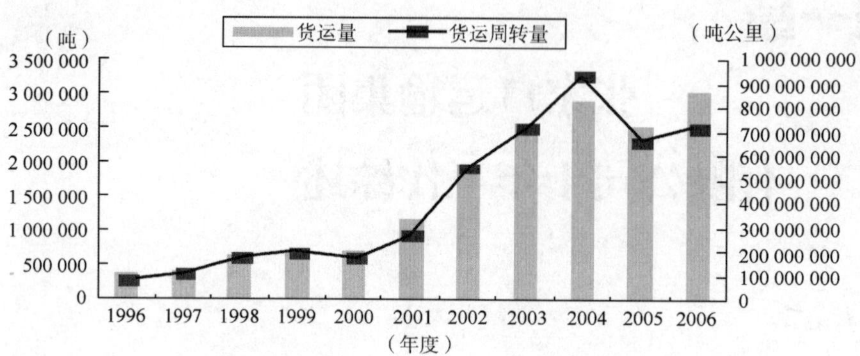

图4-1-2　1996～2006年货运量及货物周转量

2. 运力日趋集约化、规模化

营运客车向高级化发展，中高档客车比重上升，普通客车比重下降。班线、旅游、出租客运三大业务日趋集约化、规模化，表明客运市场"弱、小、散、乱"的情况有了一定程度的改观。截至2006年底，公司有营运客车2 954部，其中中高档客车608部，出租车1 867部(图4-1-3)。

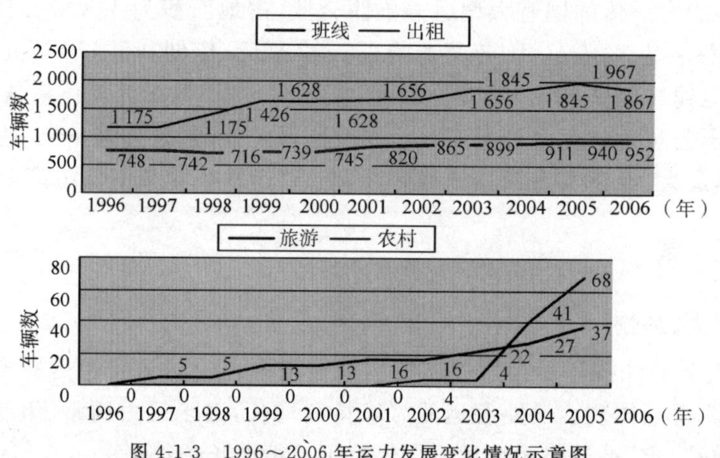

图4-1-3　1996～2006年运力发展变化情况示意图

随着经济的发展，货物种类和数量日益增多，专项运输需求也逐渐增多，危险货物运输市场秩序明显好转，所占比例逐渐增大，运输组织化水平有所提高，也更加规范，其他专用载货、大型物件运输车辆也呈现了不同程度的增长。目前公司共吸纳货车1061部，其中危险货物运输专用车204部，大型吊装车64部。

3. 客运线路不断拓宽

随着全市公路网密度的加大和人民生活水平的进一步提高，"五一"、"十一"黄金周期间的出行人数大幅增长，班线客车覆盖密度逐步加大，旅游客运发展迅速，个性化客运服务受到青睐，出租客运作为短途、快速、舒适的运输方式近年来发展也非常迅速，极大地方便了市民的出行。10年期间客运班线和年平均日发班次稳步提高。到2006年底，公司共拥有班线571条(图4-1-4)，客运里程达177 988公里。特别是张家口市实施"村村通"工程以来，农村公路里程快速增长，农村客运在通达

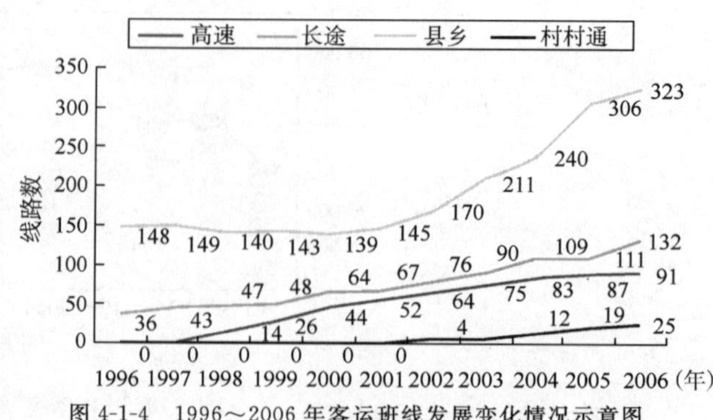

图4-1-4　1996～2006年客运班线发展变化情况示意图

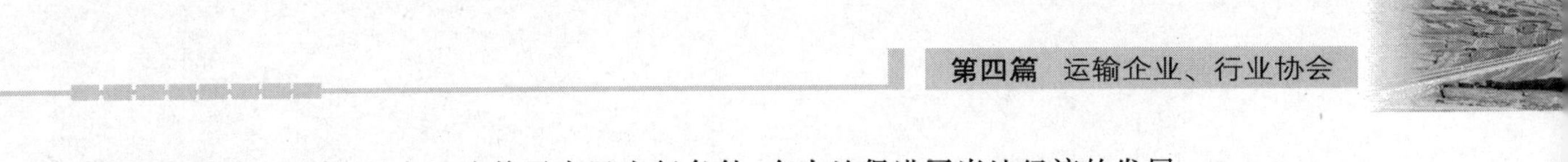

深度和广度上得到明显提高，极大地改善了农民出行条件，有力地促进了当地经济的发展。

4. 物流业能力显著增强

张家口地处京、晋、蒙交界处，东邻首都北京、西连煤都大同、北靠内蒙古草原、南接华北腹地，面向沿海，背靠内陆，是沟通中原与北疆、连接中西部资源产区与东部经济带的重要纽带，具有得天独厚的区位优势。随着我国加入WTO世界经济贸易组织，中国市场开放、市场经济步伐的加快，以及国民消费需求的提升，为物流产业的发展提供了良好的空间。2001年4月，由省、市交通局及张家口运输集团有限公司共同投资注册，成立了张家口亨运物流有限公司（图4-1-5）。公司注册资金1 000万元，经营场地120 000平方米，拥有现代化立体库房2座，普通库房4座，总仓储面积达20 000平方米，露天堆场面积达40 000平方米，经营项目主要包括：储存、保管、装卸、分拣、包装、加工、运输、配送、信息服务、物流方案策划及与其相关联的增值服务。同时，公司还建有300平方米的产品展示厅和240个座位的多媒体会议厅，以方便客户进行产品推介和召开产品洽谈会等商务活动，物流中心还将建设税务、工商、保险、通关、银行等办公场所，最大限度地为客户提供全方位一条龙服务。

图4-1-5 亨运物流公司库房仓运一景

目前配送网络已覆盖张家口市6区13县，客户单位已达30余家，其中既有外资企业如上海佳通轮胎（新加坡）、斯必克冷却技术（美国）等国际大型公司，又有TCL王牌、创维、海信、康佳、厦华等国内知名企业，更为张家口市各大电器城、超市及市内、外中小型商家提供了专业的第三方物流服务。仓储量达156 860万件，价值10 900万元；日均出入库量分别达到1 500多台件；其中，家电平均出入库量达1 200多台；轮胎出入库量达2 000多条，日均货物配送价值达240万元左右。除张家口市、县外，配送业务及运输业务已延伸至山西、内蒙古等地，并与北京德利得物流有限公司、北京首发物流枢纽有限公司、北京百福东方快运有限公司、北京华正运输集团、内蒙古安快物流发展有限公司等多家公司建立了战略联盟，资源共享、互惠互利，积极扩大公司与外省市的配送网络辐射能力。

2006年物流中心获得河北省第一批十大现代物流示范项目之后，又通过中国物流与采购联合会及河北省现代物流协会物流企业综合评估委员会的评审，喜获“AA级物流企业”称号，成为张家口市拥有最高相关资质级别的物流企业。

5. 汽车维修业再创辉煌

集团公司所属的修理总公司自1949年建厂以来，一直是全国汽车维修行业的红旗单位，历经几十年的拼搏，取得了辉煌的业绩，但是在20世纪90年代后，在国家经济体制改革的新形势下，汽车维修市场也出现新变化。1996年以来，社会修理摊点、小修、快修店迅速崛起，维修市场一度出现不正常竞争状态。为尽快转变经营思路，改变现有修理状况，提升企业竞争力，修理总公司推出“解放思想、深化改革、靠管理增效益、靠技改增后劲、靠服务上台阶”的经营方针，根据企业实际情况，从企业管理、职工培训、技改项目、经营渠道四个方面入手：一是在企业管理上，进一步完善各种规章制度，制定出“修理工操作规程”、“程控烤漆作业操作规程”等，提出企业新的考核办法和考核内容。二是在职工培训上，开展全员技术业务培训，提高职工的素质。组织管理人员、技术尖子外出到兄弟单位学习先进经验，鼓励员工注重自身学习，提高职工的整体素质。三是在项目开发上，注重加大技改开发力度。经过努力，开发出生产公路交通标志产品，研制出标志模孔专用搪孔机，制造系列工装模具，研制开发“双柱汽车举升机”。四是在经营渠道上，企业自筹资金300多万元，改造轿车车间1 725平方米，新购置设备150万元，使轿车维修上档次，上规模，达到天津汽车公司A级服务站要求。改建柴油车间1 700平方米，购置专用维修设备120万元。结合市政规划和企业“退市进郊”发展战略，2005年公司多方自筹资金1 400万元，开展玉宝墩南厂区建设。根据省运管局要求，在南厂区新建A级双线汽车综合性能检测站，钢结构1 000多平方米，拥有先进的检测设备，2005年12月16日正式投入运营，成为张家口市唯一的A级检测站。通过坚持“内练素质，外树形象，诚实守信，奉献社会”的服务宗旨，转变工作作风，提高服务水平，争创文明窗口，严格检测工艺，提高社会影响力。目前该站每年检测车辆近3万辆。2006年，为了承担起坝上四县车辆检测工作，集团公司投资180多万元在张北新建汽车综合性能检测站(A级单线)，2006年9月全面开工，2007年6月竣工投产。结合市场发展，集团公司又在南厂区新建汽车二级维护作业站，钢结构900平方米，于2006年度建成并投入运营。同时，改建了新的长安服务站维修车间1 000多平方米，以汽车销售、备件供应、服务为一体的经营模式，增加了市场竞争力。为适应大车市场变化，又在南厂区新建两个上千平方米修理大车车间，并配有5吨天车，建有用户接待室、配件库房，2006年全部投入运营。通过狠抓企业经营战略的转变，使公司汽车维修创出了自己特色，赢得了市场和用户的广泛认可。汽车维修量不断上升，从1996年年修理汽车4 300辆次发展到2006年年修车4.06万辆次，产业链条在延伸的同时，也壮大了企业的发展规模和经济实力。

张家口华众汽车销售技术服务有限公司(原中国第一汽车集团公司张家口服务站)从1996年同中国一汽集团建立合作关系以来，相继建立了一汽货车、一汽轿车、一汽大众服务站及一汽货轿服务站，形成了汽车销售与维修、三包索赔、信息反馈“四位一体”的服务区域。企业发展之初，集团公司从一汽厂家一次订购解放货车100辆，粮运车队订购解放货车50辆，带动了整个张家口市场解放品牌载货汽车的大量上市。近几年，公司重点在汽车营销方面加大力度，积极进行市场调研，分析预测购车用户的心理，大厅摆放车辆，加大宣传力度，简化办事程序，建立前店后厂的服务保障体系，并积极努力寻找厂家合作伙伴，使汽车销售额和汽车维修收入逐年稳步提高。

6. 驾驶员培训工作有新进展

改革开放后，随着汽车销售价格的逐年下降和居民生活水平的不断提高，机动车驾驶员培训工作得到了迅猛发展。张家口机动车驾驶技术学校作为国有企业，本着“创建一流驾驶员培训学校，培育优秀驾驶人才”的办学理念，逐步发展成为张家口市理论教育专业化、实操培训基地化、模拟训练科学化、学院管理规范化的省级先进驾校。

经过10年发展，目前学校拥有大、中、小型教练车40余部，标准训练场2万余平方米，配备了新型视频远红外线电子桩考仪和先进的多媒体模拟驾驶教学整体教室，安装了驾驶员培训指纹识别及监控系统，完善了新教学大纲增设的连续障碍、侧方位停车、限速通过限宽门、曲线行驶等教学科目。先进的教学和规范的管理，使学校的培训能力逐年增长。10年来，培训合格驾驶员3万余名，实现培训收入2 000余万元，利税超过百万元，为日益发展的张家口驾驶员培训工作做出了突出贡献。

三、内部改革使企业重焕新机

集团公司1996年之前为国有大型二类运输企业，1999年初实现成功改制，成为河北省第一家授权资产经营的国有独资企业。2005年加大了企业改革力度，公司所属的张家口市机动车驾驶学校、张家口汽车销售技术服务中心、张家口陆路大件运输公司、亨达汽车贸易公司、交通工业公司、运销公司、张家口市第二运输公司共七个基层单位基本上完成了企业改制，涉及在册职工1 267人，其中在职职工815人，离退休人员452人，置换职工身份639人，按照政策实行内部退养人员176人，实行社会保障的离退休人员452人，七个单位共筹措企业改制安置职工资金3 012万元。成功改制的基层单位，职工实行双向选择，实行全员劳动合同制，重新签订新的劳动合同。改制后的企业各方面都发生了变化，面对市场的竞争，职工的积极性有所提高，风险意识逐步增强，企业重新焕发出了生机与活力(图4-1-6)。

图4-1-6　张运集团有限公司的升旗仪式

四、集团公司10年发展成绩斐然

1996年以来，面对社会经济转型和改革开放纵深发展所带来的压力和挑战，张运集团公司按照省市经济建设和交通运输事业发展的总体规划，及时确定“一业为主、多业并举”的发展战略，大力增强企业核心竞争力。1999年2月8日公司顺利实现整体改制，改制后的张家口运输集团有限公司施行了资产授权经营、股份制改造、资产置换等一系列的深化改革措施，通过几年的努力，公司实现了多元化发展、集约化经营的预期目标，并发展成为张家口地区规模最大、经济实力最强的专业运输企业。

1.深化企业改革，转变经营机制，谋划企业发展，逐步建立市场竞争新机制

(1)实行资产授权经营，提高国有资产运营效率。针对国有企业计划经济特色较强这一特点，公司结合实行资产授权经营这一改革措施，制定了《国有资产授权经营方案》、《资产授权经营目标责任考核办法》等一系列的管理办法，严格管理、认真考核，盘活存量资产，扩大资产增量，提高了资产运营效率。各分公司、子公司成为以生产经营为主、搞活经营、提高效益的主体，形成两级经营管理的格局，确保了国有资产保值增值目标。集团公司的资产总值、营业收入、实现利税逐年增加，企业的规模和实力不断巩固和壮大。

(2)建立现代企业制度，深化产权制度改革。公司在建立健全公司法人治理机构的基础上，精心运作，加快对子公司产权多元化的股份制改造。近年来，集团有限公司分别与中油华北公司、河北快运、河北高客组建了中油集团张家口销售公司、河北快运张家口分公司和河北高客张家口分公司。集团有限公司内部相互参股进行资产重组和整合，组建了亨达汽车贸易有限公司、陆路大件运输有限公司、交通工业总公司等；2001年公司借助军队、武警、公安停办企业移交地方的有利时机，顺利兼并了原北方机械厂，实现了低成本扩张。2002年二客公司实施了成建制的现代企业管理模式，顺利接管了宣化区交通局汽车综合性能检测站。这一系列改革既有利于扩大公司的市场广度和深度，又使公司资源得到进一步合理优化配置，为企业持续发展奠定了基础。

2.以市场为导向，调整结构，抢点占位，不断提高市场竞争力，保证经济效益的稳步提高

根据对市场变化的分析、预测，集团公司及时对内部产业结构、产品结构和产权结构进行战略调整。由单一产权向多元化产权结构转变，由单纯运输经营向运输服务、物流配送等边缘产业延伸，普通客货运输向高档快捷、特种运输全面发展的产品结构调整。通过调整，拓展了市场领域，公司的整体实力和规模优势也得到发挥。

(1)伴随人民生活水平的稳步提高，对公路客运高效、方便、舒适、快捷的运输需求也越显强烈，直接要求高中档车辆和快速直达运输服务与之相配套。集团有限公司一是紧紧把握市场脉搏，制定出“长途客运高效化、区间客运网络化、城乡客运公交化”发展战略(图4-1-7)，通过对车辆结构和线路结构调整，优化资源配置，提高组织化程度，以客运单位整合为契机，规范和重组专线客运，形成了按区域经营的七大专线公司，以集约化经营、规模化发展，打造出张运集团的优势品牌；二是紧跟本地公路建设步伐，大力开发直达客运和高速客运市场。目前，集团公司经营客运班线已有571条，构建起南到温州、北接二连浩特、西北通银川、东北达沈阳、辐射京津晋冀蒙、覆盖张家口市各乡村的客运网络；三是抓住新开班线和车辆更新的机会进行大规模车辆结构调整。到2006年底，集团有限公司拥有客车2 954部，其中班线客车952部，旅游客车47部，农村客车88部，出租车1 867部，全方位、多层次、立体式的运输方式满足了当前乘客出行的需求；另外，还创立了“张运集团”、京张高客、张宣班线、张万孔专线、小飞虎快运等一批知名品牌。2001年公司获得交通部道路旅客运输二级经营资质。

图4-1-7　张家口汽车客运总站发车仪式

(2)现代流通业是市场经济的血脉。积极发展物流产业,加快货运结构调整,促进货运企业向物流服务、综合运输、多式联运等方面转型,是集团有限公司为实现"客、货两条腿走路"战略目标所迈出的重要一步。在这种经营理念的指导下,公司在2001年组建成立了集运输组织、中转和装卸储运、中介代理及物资配送、通信信息和辅助服务等五项基本功能为一体的现代亨运物流公司,从最初的仓储业务做起到逐渐向多元化、高附加值物流转型,在稳定知名家电物流市场的基础上,逐步延伸到酒业、轮胎、药业等仓储配送领域,使集团公司的物流产业发展迈出了实质性的一步。2002年公司获得交通部颁发的二级道路货物运输经营资质。

(3)旅游业有了长足的发展。以长城旅行社为龙头,在宣化、怀来等地设立了长城分社,并成立了一些驻县公司和代办站点;托管了蓝天旅行社,成立了阳光旅行社、安达旅游公司;开发出一大批旅游精品线路,初步形成了覆盖全市的旅游服务网络。经过几年的发展,长城、蓝天旅行社成为二星级旅行社,连续多年位于全市旅游收入前列,荣获河北省"百家消费者满意旅行社"和"省优质服务单位"的称号。2005年公司主动走出去,多方融资,成功收购"飞达机票销售中心",积极与市旅游局协商,成功申办市旅行社和国际旅行社,为拓展发展空间,抢占全市国际旅游市场奠定了良好基础。

(4)集团公司的汽车修理企业,有着良好的基础,其人员、设备和市场信誉都有很强的优势。张家口修理总公司依托厂家的品牌优势,开发无形资产资源,与50多个汽车厂家建立了售后服务站,逐步扩大了市场占有份额,汽车救援网遍布四区十三县;2000年对原汽车销售服务中心的资产重组,低成本扩张,从区域布局和产品结构进行了战略性调整。目前,公司年维修车辆达到4.06万辆次,有效地巩固和扩大了张家口市的修理市场。与此同时,还利用汽车保修设备设计制造的优势,先后开发了JZ-III型轿车整形机和轿车QJJ-2.5型举升机等产品,不但获得了省科技进步三等奖,产品投放市场还创造了可观的经济价值;公司强化以人为本的管理理念,提高修理技术,开展员工技术培训,在首次举行的市级车辆维修比赛中,公司组织的参赛队伍取得了较好成绩,并代表市参加省级比赛;同时积极培育新经济增长点,抓住公路建设时机,以质量和信誉的优势在宣大、京张以及内蒙古高速公路工程中连续中标,承揽多条国道路段的标志牌工程,年创产值400多万元。

(5)汽车销售业务有了迅速的发展。除一汽服务站的卡车和轿车,张家口汽车修理总公司各种微型车销售服务代理的销车业务保持持续增长外,又先后组建了亨达汽车城、诚基销售公司、二运汽车销售公司、新华夏物资有限公司等汽车销售单位,开办了汽车销售贷款业务,创建了多种营销战略和销车模式,2006年销售各类汽车1 665辆,销售收入突破1亿元大关。

(6)出租车市场取得主导地位,出租车管理服务处于市内先进水平。目前,集团公司组建的旅游出租总公司,出租车拥有量1800多部,占领市内近70%出租车市场;原二客公司积极运作、多方拓展,发展出租车近300部,抢占了宣化1/3的出租车市场份额。

3.基本建设和技术改造取得丰硕成果,企业实力和形象明显增强

项目拉动是企业发展的一条重要途径。集团公司通过争取省厅投资、银行贷款、企业自筹及招商入股等方式筹集资金,完成了一批重大的基本建设和技术改造项目。

多方筹资1 700多万元建设了张家口汽车南站,为全面控制市内客运市场发挥了积极作用;筹资3 114万元先后对17个区县客运站进行了上档升级,提高了档次,增加了综合服务功能,发挥了市场枢纽作用;置换宣化营业所,着手建立宣化客运东站;置换资本150万元,成立了张家口市货运服务中心,为实现运输信息的网络化经营奠定了基础;2000年,集团公司又引进外资近2 000万元,集中更新金龙、依维柯等中高档客车近百部,大力发展快速直达客运,成立了亨海快客、在全省首开市县之间直达快运班线,抢占了快客制高点;同时还成立了张家口高客公司,集约经营张家口—北京黄金线路,打造了张运集团的品牌优势,取得较好的社会效益和经济效益;公司又筹资1 000万元在万全建设占地14.94亩,建筑面积747平方米,容量达6 000平方米油料储备基地;2001年在市政府、市交通局、省交通厅的大力支持下,公司抓住张家口建设物流中心项目的契机,积极运作,主动争取承建该项目,通过资产置换和争取省厅补助的方式,筹集资金2 899万元,建成了设施先进、功能齐全、地理位置优越，集仓储、配送和供应链为一体的张家口现代物流中心，成为华北地区连接西北地区的重要枢纽，有力地促进了我市物流市场的培育和发展，也加速了货运结构的科学调整；此外，集团公司办公大楼也完成了整体迁移，实现了公司退市进郊战略的大转移；近两年又筹资400万元，先后建成全市集检测、定级为一体的宣化汽车综合性能A级检测站和亨达汽贸汽车展销大厅。1996～2006年站场投资如图4-1-8所示。

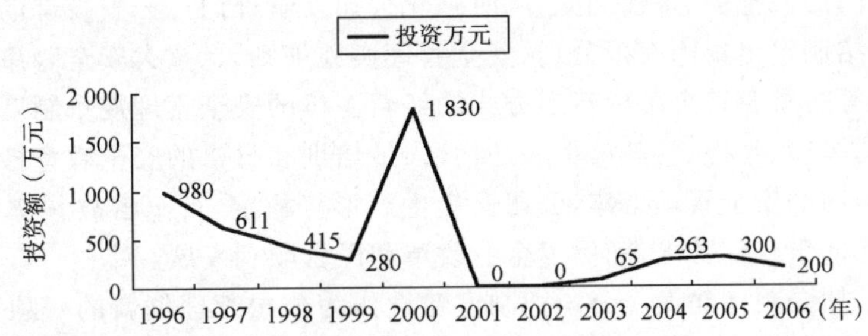

图4-1-8 1996～2006年站场投资

4. 加强企业管理，实现管理升级

1996年以来，公司加大了企业改革的力度，通过制度建设、法制建设、行风建设使企业管理进一步上档次、上水平。2002年6月全公司一次性通过了中国方圆标志认证委员会河北审核中心对集团有限公司道路货物运输及服务、道路旅客运输及服务、站务服务的ISO9001：2000质量体系认证审核，此前，即2001年，公司所属张家口汽车修理总公司、一汽服务站已通过该质量体系认证，充分显示了公司良好的日常基础工作和较高的管理服务水平。

(1)改革激励和约束机制，创新资源管理。人力资源管理是企业管理的基础工作。集团公司十分注重用新的机制来激励和约束各级领导干部，先后连续制定了《关于加强领导自身建设的有关规定》、《关于加强中层领导干部队伍建设的试行办法》、《关于对下属企业财会负责人的考核办法》和《中层领导干部管理办法》等一系列改革措施，通过严格考核，建立起一整套奖惩分明，能者上、庸者下的激励约束机制。同时公司按照“四化”要求，通过重点培养、引进人才等方式，大力推进干部队伍年轻化、知识化、专业化进程。目前，集团公司40岁以下的干部占公司干部队伍总数的37%，其中大中专以上学历者占75%，大大改善了集团公司各级领导班子的年龄结构、知识结构，为公司持续发展带来了生机和活力。为全面提高管理人员素质，集团公司经常组织对各级干部、管理人员进行政治素养、业务技能方面的学习和培训，提高了他们的思想道德水平和管理水平。

(2)改革分配制度，创新分配机制。集团公司较早地进行了分配制度的改革。在工效挂钩的前提下，逐步完善劳动、资金、技术等多种生产要素与分配的办法，不断创新分配机制。公司先后制订了《1999～2001年资产授权经营责任书》、《2002～2006年资产授权经营目标及经营者年薪制试行办法》，利益分配这个经济杠杆真正起到了激励作用，分配制度的改革大大调动了经营者和全体职工的积极性、主动性，较好地杜绝了短期经营行为，使集团公司逐步走上可持续发展之路。

(3)调整经营机构，放权搞活创新经营机制。针对国有企业计划经济特点，公司结合实行资产授权经营这一改革措施，调整经营结构，以资产占用为基础，以资产收益为目标，一方面强化对资产保值增值的管理，一方面下放各项经营自主权，使各基层单位获得了生机和活力，从而促进了经营机制的管理创新。

(4)以行风建设为契机，提升管理服务水平，优化企业发展环境。在推进行风建设活动中，以行风促管理，先后在窗口单位推行了“首问负责制”、“限时办结制”、“工作过错追究制”、“一次性告知制”、“服务质量零投诉”等活动，向社会公开承诺，执行双向监督，进行服务质量信誉的考核，提升了行业文明程度，也体现出张运集团“服务就是效益、质量就是生命”的企业核心价值观。张家口客运总站2004年还向国家工商总局注册了自己的服务特色品牌“心心服务”，以人性化的服务理念为旅客营造温馨的环境，受到了社会各界和上级领导部门的交口称赞；2006年全国交通行业企业文化优秀成果评审活动中，以其成效突出、独具特色、反响良好的企业文化建设成果赢取了全国交通行业企业文化建设实践创新奖的光荣称号，全国获此荣誉的客运企业仅两个。这充分说明了客运总站在企业文化建设工作上取得的丰硕成果。

(5)安全管理常抓不懈，管理创新成效显著。集团公司始终把安全工作列入重要议事日程，坚持“安全第一、预防为主”方针，层层把关、责任到人，同时强化公司安管部门——安技部的职能作用，充分发挥管理和服务职能，并总结制定出集团有限公司《安全管理实施细则》、《重大安全隐患应急预案》、《冰雪天及客流高峰应急预案》等一整套符合各种营运方式的经营主体的安全管理规章制度和紧急预案，几年来较圆满地完成了车辆的季检、年检、驾驶员审验、安管人员培训和日常的安全教育检查，以及“五一”、“十一”、“春节”等各个黄金周的安全管理工作，公司安全生产形势稳定，行车事故频率、行车肇事经济损失率及行车肇事死亡率都低于目标要求，确保了企业改革和经营顺利发展。

(6)适应经营需要，加强制度建设。公司把制度建设作为公司管理创新的一项重要工作来抓，收到了很好的成效。公司先后制定规范各类合同文本30多种，减少了不规范合同带来的经济诉讼、合同纠纷，维护了企业的合法权益。仅2001年，公司的法律事务部办理各类法律事务30余件，合同审查把关总计829万元，为企业挽回损失97余万元。制度建设适应了经营需要，规避了经营风险，集团公司正在逐步步入规范化管理的轨道。

(7)加快信息化建设，使管理水平再上新台阶。为加快公司信息化、现代化管理水平，集团公司为机关各部门都配有微机，公司所属各单位也大都配齐微机，公司的财务管理、劳资人事管理以及文书档案管理都已基本实现了计算机动态管理。张家口南北站也实现了计算机联网售票，下一步将逐步联网到各县汽车站，实现全区统一售票、统一管理。2001年10月公司在河北企业在线上建立了自己的网站，树立了企业的形象。信息化建设对于提高企业管理效率，提升企业管理水平必将发挥更大的作用。2006年集团公司投资148万元通过招投标正式实施网络工程建设项目，标志着集团公司开始全面搭建道路运输信息化和现代办公网络化平台。

十年改革浪潮，培养锻造出一批优秀管理人才，孕育了张运人艰苦奋斗的创业精神、开拓进取的创新精神、求真务实的实干精神和爱岗敬业的主人翁精神。近年来，集团公司连续荣获“省级文明单位”、“省交通系统先进单位”、“行风评议先进单位”以及“文明示范窗口”等众多荣誉称号。

第二章

张家口市运输总公司十年工作综述

张家口市运输总公司为国有大型专业运输企业(图 4-2-1)。截至 2006 年底,企业总资产 1.2 亿元,年生产能力为 30 万吨公里,企业下辖 17 个单位,企业占地 7.5 万平方米。企业职工总数 2 420 人(其中:退休人员 790 人),专业技术人员 158 人,其中高级职称 3 人,中级职称 29 人,工人技师 29 人,初级职称 97 人。拥有各类型营业车辆 976 辆,其中客车 89 部(高级客车 40 部),出租车 633 部,普货车辆 124 部,危货车辆 132 部。主营道路运输一类客运班线客运、包车客运、客运站经营、普通货运、危险货物运输、一二类机动车维修、普通机动车驾驶员培训、道路运输从业资格培训、出租客运、煤炭经销、土方挖运(图 4-2-2)、燃油供应,有能同时储存 1 000 吨油料的供油站一个及纳入国家铁路计划的煤台两个。

图 4-2-1　市运输总公司场院全景

图 4-2-2　市运输总公司土方挖运分公司挖运设备

从 1996 年到 2006 年的 10 年间,该企业紧紧抓住改革开放带来的发展机遇,不断拓展经营渠道,经营业绩实现重大突破:首先在全市乃至全省率先成立了出租车服务企业;其次是在全省推出北线能源大通道综合运输体系,并将此列为全省科研课题;三是在全省首推物流(小物流)经营模式并获交通部颁发的优秀货运场站奖牌。同时,市运输总公司蝉联两年“省级文明单位”,6 年市级“文明单位”;荣获“河北省思想政治工作优秀企业”称号;市运输总公司党委被张家口市委评为“六好企业基层党组织”。

市场是企业经营的风向标,抓住市场需求这一关键,才能使企业立于不败之地。1996 年,公司新班子达成共识,认为运输生产经营始终是交通运输企业赖以生存的主业。他们在认真调查、分析当地运输市场现状的基础上,确立了依托山西、蔚县的煤炭资源,建立自我煤炭业务循环,实现产、运、销、公铁水联营一体化的经营模式。利用企业自身为大型国企的优势,组建了煤炭运销公司,开发了自己的煤矿和收配煤站。为解决煤炭的销售问题,在上级部门的支持下,先后与张家口沙岭子电厂、北京石景山发电总厂建立了长期送煤业务,并在天津和秦皇岛成立了销售部,搭建起综合运输煤炭北线大通道。同时,利用公司具有车辆调控力度强、信誉高、服务优质的特点,迅速与市内四一化工厂、卷烟厂、制药总厂、橡胶厂等优质客户达成运输协议,进一步提高了运输市场占有率,取得了可观的效益。企业当年实现利税 176 万元,由一个在河北省 14 家大型企业中总资产最少,净资产最低,负债率最高一举进入全省先进行列。

图 4-2-3　市运输总公司基层车队

公司在面对当时社会出租车辆千车竞发的混乱态势，为规范社会营运车辆行为，建立有序的出租运输市场，发挥企业的主导作用，在交通局的支持下，成立了张家口市第一家为社会出租车辆提供全方位服务的市运输服务公司(图 4-2-3)。从成立开始，吸纳社会出租车辆 450 余部，在其后的发展中，一直处于这个行业的前列，到 2006 年达到 633 部，当年全公司实现利润 34 万元。

1997 年，公司本着提高车辆的利用效率和适应市场的需要，真正做到产、运、销一条龙，实施了煤炭大通道的思路。在拥有煤矿、煤站和销售网点的情况下，共计投资 1 493 万元，购入重型斯太尔汽车及挂车 20 部，平头柴油车和 141 型柴油车 18 部。在原有两部装载机的基础上，又为煤站配备了 50A 装载机一部，加大了公司的运力。公司还购置了 WY60 挖掘机、曲轴磨床、电脑办公设备等资产，对 15 部 140 型货车进行了改造。这一年，共培育出汽车运输三队、煤炭运销公司、运输服务公司、交通局供油站、修理厂和新组建的汽车八队 6 个龙头企业。这 6 个龙头企业全年共创利税 562 万元，实现利润 434 万元，成为总公司发展的支柱企业。总公司实现了利税 230 万元，利润 35 万元。其中运输收入为 1 648 万元，利税 168 万元，税金为 75 万元，利润 93 万元，分别比 1996 年增长 2%、410%、10%和 267%。

1996 年至 2004 年，为了解决职工的住房问题，公司还兴建了安居工程 14 135 平方米。

1998 年，为了改变生产经营结构，将原来的 13 个生产单位改造为适应市场经济条件的 23 个独立法人单位。经营范围由单一的公路客货运输，拓展为修理、铁路专用线、运输服务、燃油供应、商贸、养殖、土方工程等多元化经营结构。因当年有 59%的车辆在年检中报废，所以对车队进行了整建制的调整，以盘活车辆资产，力保主业不滑坡。为经营状况良好的车队购入了大客车一部，举升机一部。在副业上，对已形成规模的煤炭运销公司、供油站、汽车驾校等单位进行巩固提高，为供油站改造扩建投资 100 万元。利用国有专业运输企业的人才优势、技术优势、管理优势和可靠的信誉保证，大力实施成本扩张，对社会产业进行渗透经营，先后成立了货运配载服务中心、机电设备中介服务中心等。并按照市委市政府的要求，完成了对张家口汽车大修厂的合并工作，实现了低成本的资本扩张。通过这些措施实现了 1984 万元的运输收入，而千吨公里成本比 1997 年下降 6.5%，国有资产保值增值率为 121.3%，企业负债由 1993 年的 91.53%下降到 73.2%。

1999～2001 年，根据六部委国经贸经(1997)456 号文件《汽车报废标准》有关规定，公司现有的车辆 5 年内 80%报废，以致造成公司车队人员整建制的下岗，企业经营状况急剧恶化，收入减少、利税下降。1999 年，为了盘活资产，对剩余的车辆有效进行了经营权的转让，安置下岗职工 48 人。并在公路土方公司实行了职工入股形式，吸纳资金 50 多万元，其中职工投入 49%，购置了 5 部斯太尔翻斗车，解决了土方公司车辆更新的需要，解决了职工的上岗问题。2000 年在物流刚刚进入全省各企业时，公司通过设计策划，以优秀车队汽车运输三队为基础，打造出全省首家小物流经营模式，以融入资金物流、仓储、包装等元素为标准，开创物流业的首次突破。

2002 年，在市政府的支持下，公司与 876 名职工签订了享受基本生活保障和离岗挂编协议，从根本上解决了部分职工的生活保障，为企业的稳定起到了决定性的作用。在这一年里，企业通过了 ISO 9001、ISO2000 质量管理体系认证。并获得了交通部评审的道路货运企业二级资质和客运三级资质。

2003～2006 年，企业在困境中求进取，抓住现有的业务和市场，加大对运行单位的支持力度。将客运公司单独分离出来，并对领导班子进行了充实调整。2003 年恢复和开辟了张万孔、柴沟堡、蔚县、沽源等区域的客运线路共计 16 条。同时，紧紧抓住旅游客运的发展，以服务质量招投标为契机，投入 100 万元购大中型客车发展旅客运输业。到 2006 年，共拥有客车 87 部(高级客车 40 部)，客座数达到 1 972 个，成为公司的一个有力的效益增长点。作为公司另一主要运营管理企业市运驾校，公司在原有 20 辆教练车的基础上，2003 年投资配备了两台桑塔纳教练车，同时增购了 4 台模拟器，在当年的验收中，取得了二类驾校的资格。2005 年共投入 100 万元全面更新教练车 15 部，使得驾校在 2006 年的收入达到了 150 万元。为了加强运输和安全生产的管理，不失时机地成立了危险货物运输公司，到 2006 年共有危货车辆 132 部，从业人员 272 人。为了加强管理，对所有的危险运输车辆都安装了 GPS 全球定位系统，在危险货物运输的整个建程中保证了对车辆运行的有效控制。1996 年至 2006 年的 10 年间，企业以制度健全、档案健全、责任状控制，全面抓安全，使企业的发展有了安全的保证，创下连续 8 年百万车公里行车事故频率、事故责任死亡率、事故伤人率为零的良好业绩，并做到了无安全事故、无火灾事故、无运输质量事故。

1996～2006 年，公司按照市政府关于国企改革的指导意见，以一企一策为改制目标，确定了公司因企制宜，渐进推动，条块分割，成熟后改制的总体方案。以此为基础，在单位调整、人员调整、领导班子调整上按改制要求进行了完善，生产单位由过去的 23 个调整为 17 个。公司依照改制方案和改制资产及改制成本的预估，按照公司发展的规模规划，对公司生产人员进行了调整和确定，把机关人员向效益型改制基础企业分流，既精编了公司主体，又为主干企业提供了人力资源，为企业改制后的持续性发展奠定了人才基础。按照改制要求，公司对于纳入改制的辅助企业、半停产企业及一有三无企业都进行了核定，为公司的可操作性改制和可持续性发展提供了体制上的保证。2006 年底，公司成立了综合处，负责对企业下岗人员的债权债务进行清算管理，把清欠办公室和车技处合并为资产处，主要负责公司各单位的车辆、房屋、债权债务的清算管理，积极运作内部清产核资，为企业改制的可行和可持续发展提供了科学、有效的数据资料。

第三章

张家口市联运公司十年工作综述

张家口市联运公司是20世纪50年代从铁路分离到地方的国有小型企业，主要从事公铁联运延伸服务业务，占地面积4 489.5平方米，注册资金107万元。隶属张家口市交通局，到2004年改制前拥有正式职工78人(其中含退休20人，离休2人)。

在计划经济时期市联运公司在铁路、公路与国有、集体企业之间充分发挥了桥梁与纽带作用，确保了企业产品及时的运销。职工从10几个人发展到90年代初期的60多人，固定资产达100万元，拥有中、小型货车10余辆和3 000多平方米仓储能力的大型库房，此期间与市内及周边县(区)、内蒙古的锡林郭勒盟、山西省的阳高、天镇等300多家企事业单位建立了长期的业务合同关系，为企业的发展奠定了基础。营业收入每年均实现百万元，实现利润30万元以上。随着市场经济的发展，特别是进入90年代后，市场竞争愈加激烈，经营不景气的国有、集体企业愈来愈多，尤其是铁路系统内部实行改革，第三产业迅速兴起，给联运公司经营带来了极大的冲击，致使经营业户逐渐缩小，经济效益迅速下滑，经营愈来愈困难，60%职工下岗，拖欠职工工资、养老保险金、失业保险金、医疗费等累计达120万元，到2003年底，已到资不抵债地步。

改制是企业唯一的出路，也是广大职工的愿望。根据市政府2003年召开的国有企业改制工作会议以及市政府确定的首批改制的目标，为认真贯彻落实国企改革有关政策规定，在市交通局的大力帮助和支持下，企业开始启动改制各项工作。首先，成立了企业改制领导小组，召开干部会、职工代表会进行宣传、动员；其次，在广泛征求干部职工意见的同时，研究并制订了企业改制的具体方案并在征求各方面意见的基础上进行了完善；第三，聘请了市华正、宣兴会计师事务所有限责任公司对公司经营状况、财务情况、固定资产进行全面的审计和评估。与此同时，改制领导小组办公室根据国企改革政策规定和企业及职工实际情况进行了详细认真的测算。经过对2004年3月底以前经营、财务情况的审计，对企业固定资产评估包括：车辆设备、房屋建筑物、土地等评估资产合计：355.3万元，无形资产10万元，合计365.3万元。公司总资产为114.5万元，负债达299.3万元，资产负债率281%。经测算，共需改制经费407万元，其中：安置职工、补交养老保险金、失业保险金、住房公积金、补发拖欠职工工资等共计为261万元，清偿债务118万元，改制直接费用28万元。在完成以上改制的工作环节后，经2004年4月29日召开的全体职工大会讨论并通过了张家口市联运公司依法关闭注销、职工安置实施方案。上报市交通局，经政府有关部门批复，同意联运公司依法关闭注销和职工安置实施方案，并用企业资产变现的全部资金安置职工和清偿债务。2004年4月30日企业正式关闭注销。到2006年6月，企业51名在册职工全部与企业解除了国有职工身份，领取经济补偿金后走向社会；距法定退休年龄不足5年的5名职工实行了内部退养，到托管局有关单位领取生活费，到退休年龄再办理退休进入社会保障部门；22名离退休人员在补交养老保险金、办理医疗保险后实行了社会化管理，车辆设备、部分土地、房屋变现后偿还银行改制贷款。

第四章 张家口市公路运输公司十年工作综述

一、企业基本概况

张家口市公路运输公司始建于1950年初，其前身是河北省张家口地区行政公署运输局装卸队，是由建国初期装卸工会组织的一个分支机构演变而成。1984年归属张家口地区交通局后改称“河北省张家口地区行政公署交通局运输装卸队”，1986年更名为“张家口地区公路运输公司”，1993年地市合并，改称为“张家口市公路运输公司”，属集体所有制企业。

进入20世纪80年代，在上级主管部门的大力支持和企业干部职工的共同努力下，在经营管理上大胆地进行了尝试，变过去单一的装卸业务为以公路客货运输为主，汽车修理、维护、装卸搬运为补充的小型运输企业。先后筹措资金以及银行贷款购置各类货车、客车、工程车，新建了修理车间、材料配件库，扩大了生产规模，使企业进入发展时期。截至1995年底，企业拥有各种运输车辆64部，固定资产总值达869.002万元，固定资产净值达457.7万元，拥有职工307人。

二、企业的现状

随着市场经济的发展，运输市场主体呈现的多元化使运输行业竞争更加激烈，企业受到了严重的冲击，导致运输效益每况愈下，加之无力偿还银行贷款，使得工程车辆全部用于抵顶银行贷款，到1998年企业已处于半停产状态。进入2000年后，运输生产已无力支撑正常的经营，只靠为社会运输车辆提供服务的收入维持生存，尽管市交通局给予了大力扶持，但仍连年亏损，到2005年底企业已负债达1 000万元，达到了资不抵债的状态。

三、企业改制势在必行

进入2004年，参照市政府关于国有企业改制的有关政策规定，按照市交通局的具体安排部署，结合公司经营状况和职工年龄老化，退休职工已达1/4之多，负债和欠账严重的实际情况，经征求广大干部职工的意见，同意实施改制。为积极稳妥地推进和加快企业改制步伐，成立了以张日明为组长的企业改制领导小组，同时成立了资产核资工作小组，成立了各种指标测算工作办公室。在经过了宣传、动员，调查摸底，各项指标测算，财务、资产的审计，固定资产的评估等环节，同时在交通局的大力帮助下，用局两处土地房屋资产变现后大部分资金补交了多年拖欠干部职工的养老保险金、失业保险金、住房公积金，并一次性为60多名退休职工补办医疗保险金，共支出计200多万元，为顺利实施改制奠定了基础。

2005年经公司改制领导小组研究，并经职工代表大会讨论通过了企业改制实施方案和企业职工安置方案后上报市交通局，2006年1月24日市局以张交人字(2006)第5号文批复了公司的改制方案和职工安置方案，改制进入了实质性阶段。实施改制前企业有正式职工212人(其中退休职工66人)，直接参与改制的197人，经审计和测算改制共需资金1 258.9万元，其中用于直接改制费用458.9万元，

清偿债务800多万元。

截至2007年7月已有107名职工与企业签订了解除劳动关系协议，为77名职工办理退休并转入所在街道统一由社区管理。现还有13人，正在陆续办理解除劳动关系手续。此次改制发放经济补偿金235.7万元；补交养老保险、失业保险金59.7万元；补交住房公积金13.8万元；补发职工工资15万元，补发职工独生子女费3.2万元，补发内退职工有关费用63.3万元，交纳77名退休职工医疗保险费61万元，一次性为原交通饭店职工交纳养老保险金6万元，用于改制直接费用1.2万元，合计为458.9万元。另外，用企业土地抵顶银行债务已清偿580万元，其他办法解决债务220万元。2007年8月经局领导研究并同意对公司实施关闭注销。到2007年底企业即将职工全部安置，资产全部处理完毕。

第五章 公路建设行业协会工作综述

一、基本情况

随着张家口市公路事业的大发展、快发展，组建张家口市公路建设行业协会摆上了市交通局议事日程，在局主要领导关心和各有关单位的大力支持下，2006 年 3 月 2 日召开了第一次筹备工作会议，会议认真研究制订了筹备工作方案之后，对众多的公路建设企业进行了大量摸底调查，严格筛选，拟定了首批会员单位，吸纳了包括原材料生产供应、道路施工勘察设计、机械设备销售、汽车交易等公路建设不同方面的单位加入到了协会。在经过积极的准备工作后，于 2006 年 5 月 29 日召开了第一次全体会员大会，会议审议通过了协会章程，选举产生了会长、副会长、秘书长。在报经市民政局审核批准后，张家口市公路建设行业协会于 2006 年 6 月 28 日正式挂牌成立。

公路建设行业协会的服务宗旨：维护协会会员权力，搞好行业内部协调，服务公路建设事业，遵守宪法、法律和国家政策，遵守社会道德风尚。主要职责：贯彻党的路线、方针、政策，协助行业主管部门从事公路建设行业的管理工作，以行业服务、行业自律、行业代表、行业协调为本会的基本职能；研究探讨公路建设企业改革发展的理论与实践，参与有关行业发展、行业改革以及行业利益相关的政府决策论证；制订本行业的行规行约，建立行业自律机制，促进企业平等竞争，维护全市公路建设行业的运行秩序，树立良好的职业道德；负责会员单位政策法规、管理规范和技术标准的宣传贯彻；负责会员单位信息的发布及相关服务，做好行业内新技术、新规范、新标准的传达及创新成果的推广工作；负责会员单位的业务技术培训、行业调研、行业交流和咨询服务；负责公路建设企业进入张家口市公路建设市场的资格初审工作（包括企业的施工资质、技术能力、工作业绩等）；通过行业主管部门委托授权开展张家口市公路建设企业申请资质的资格初审（包括企业技术力量、机械设备和施工业绩等情况）及其年检报批前的初审工作；负责会员单位评先、评优的审查与核准，专业技术职称评审的申报前期工作；负责会员单位重大质量技术问题的初步评估，协助行业主管部门做好查处和善后工作；协调和引导会员单位的行风建设和形象建设，抓好会员单位的反腐倡廉工作；根据市场的需要，适时创办为公路建设企业提供服务的公司，引导和规范公路建设市场健康有序发展；开展与市内外同行业之间的联系，组织技术、经济方面的交流合作与考察活动；承担法律法规授权和市交通局委托的其他职能。

到 2007 年 6 月底，张家口市公路建设行业协会已发展会员单位 31 家，8 个理事单位。其中：路桥、公路工程建设单位 12 家；原材料生产供应（如水泥、石料、沥青等）单位 11 家；公路勘察设计及工程监理单位 2 家；绿化公司及机井队 3 家；汽车贸易单位 3 家。会员单位中民营企业 28 家，占会员单位的 90.32％；国有企业 3 家，占会员单位的 9.68％。

二、协会工作现状

为推进协会工作健康有序发展，更好地为会员单位提供服务。一年来，协会主动走出去，考察学习其他兄弟协会的先进经验，充实完善自我。成立初期先后三次到中国公路建设行业协会取经考察；两次到山西、河北省交通协会咨询了解情况;与江苏省常州公路协会进行了交流洽谈。在市内,拜访了市建设局建设协会、市商贸局商业协会和交通局的有关公路建设管理部门,广泛地开展了公路建设新动向及管理职责的调查,不仅学到了经验,还为协会的发展奠定了基础。在工作中,协会努力转变工作理念,强化服务意识,拓展服务范围,积极为会员单位牵线搭桥,通过各种方式和途径提高会员单位的知名度,帮助他们开展业务活动。2006 年 11 月份协助恒日公司在张家口市成功地召开了柳工产品推介会。2007 年初协助三洋公司、涿鹿安慧沥青厂等 6 家路桥施工会员单位召开人才招聘会,招聘应届大专毕业生 52 名。

协会成立后,为了解和掌握各会员单位工作情况及有关信息,协会发出了征求建议及意见调查表,并先后走访了 20 家会员单位开展调研,及时协调解决一些问题,达到了沟通情况,解决问题,促进发展的目的。

一年来,协会主动开展工作,帮助有关单位成立了北方交通物资股份公司,参与了由工程处为业主单位组织召开的东商线、滦赤线、207 国道怀化段的招投标会议,并协助有关会员单位,完成了投标工作。在今年全市共同关注的快速路建设中,从开始招投标到施工建设,施工队伍全部为协会会员单位。同时,及时协调、沟通有关情况,有力地支持了参战的各施工单位。另外,邀请市工商联的有关领导组成了快速路慰问团,携带大量的物品与食品深入到建设第一线慰问。

三、协会发展的前景

短短几个月的发展,协会就荣幸地加入了中国公路建设行业协会,成为中路协的会员单位,申请并加入了张家口市工商联合会。为提高会员单位的基层通讯员报道水平,更好地宣传公路建设者的风采,扩大会员单位在社会上的知名度和影响力,协会于 2007 年 8 月,选出各会员单位的宣传骨干,组织举办了张家口市公路建设行业协会通讯员培训班,共培训 23 人次,收到了良好的效果。协会还创办了《路协简报》,从网上、各省市相关协会交流的会刊上精选各类信息资料通过会刊广泛交流,及时搜集采访各会员单位涌现出的新人新事等有关信息、经验,通过简报的形式印发到各会员单位手中,广泛宣传政府的政策、信息以及新时期协会的发展动向,公路建设的新材料新工艺等方面的内容,受到了会员单位的一致好评。

附录

附录一

交通大事记

(1996～2006)

一、1996年

2月13日,市交通局举行宣大高速公路建设工程新闻发布会,对于修建宣大高速公路的必要性、工程概况、建设标准、实施方案、资金筹措方式、营运管理与利益分配等有关内容向社会进行了公布。市领导张懋兰、高启明、张宝义、侯志诚出席会议。

5月8日,在蔚县举行国道109线西合营至化稍营和下广公路涿鹿火车站至岔道段改建工程开工典礼。市领导高启明、侯志诚出席开工典礼仪式。

7月18～20日,省交通厅在我市召开全省公路工程质量管理现场经验交流会,省交通厅厅长路富裕、副厅长孙宝珠到会并讲话。与会人员参观了我市110国道一期改建工程郭老段。

8月13日,省交通厅副厅长徐寿林到我市涿鹿等县,就全市如何加强源头管理,搞好规费征收工作进行调研。

10月5日,全省货运市场建设现场会在怀来县召开,怀来县运管站创建的货运市场管理办法被誉为"怀来模式"。

10月10日,省交通厅与市政府召开兴建宣大高速公路联席会。会议决定宣大高速公路从10月10日始进入实施阶段。

10月15～18日,副省长何少存率省政府办公厅、省建委、省交通厅、省土地局等部门领导,视察了国道207线张市至张北段、国道110郭磊庄至老爷庙段等公路建设工程。

11月9日上午,110国道郭磊庄至老爷庙段改建工程竣工。该项目工程主线全长42.214公里,连接线4.4公里,设计标准为二级公路,路基宽12米,路面宽9米。省交通厅副厅长孙宝珠、内蒙古自治区交通厅领导、市领导张宝华、高启明、侯志诚出席通车典礼仪式并为通车剪彩。

11月19日上午,市委书记冯文海在京张高速公路专题办公会上要求,狠下决心、自我加压,确保京张高速公路1997年开工,1999年通车。

11月22日,交通部计划司曹佑安副司长、省交通厅路富裕厅长等一行视察了京张、宣大公路的通行状态和车辆阻塞情况,并与市委书记冯文海、市长杨德庆、副市长侯志诚就京张、宣大高速公路的建设问题进行了商讨,研究了可行性意见和方案。

11月24日,市政府领导与省交通厅领导就京张、宣大高速公路建设问题进行了会谈。一是确定了京张、宣大高速公路建设体制、组织机构、负责人选。二是明确了京张、宣大高速公路的建设工期、前期工作的完成时限以及有关负责单位和负责人;三是明确了前期工作的资金着落和今后的引资任务。

二、1997年

1月7日,京张高速公路前期工作动员大会在市交通局举行,省交通设计院、京张沿线各区县政府及有关部门负责人参加会议,副市长侯志诚出席会议并讲话。

5月10日，207线坝口至西梁二级汽车专用公路改建工程开工，副市长侯志诚参加开工典礼。

5月12日，宣大高速公路开工动员大会在阳原县举行。省交通厅长路富裕和有关处领导参加会议，市领导杨德庆、侯志诚等出席会议。

8月1日，沙三线怀来段与赤城段竣工通车，完成投资1 214.7万元。

9月20日，张沽线崇礼段10公里二级公路改建工程竣工通车。

10月1日，207国道张北段一期工程16.585公里竣工通车。

10月16日，国道109线续建工程40.094公里全线通车。

10月31日，110国道二期工程20.017公里竣工通车；省道下广线涿鹿段21.191公里竣工通车。

10月31日至11月3日，省交通厅厅长路富裕，副厅长孙宝珠、杜庆雨，省公路局局长张全一行，在杨德庆市长、侯志诚副市长的陪同下，实地考察了公路建设情况。

11月2日，全省第五次高速公路建设协调会议在我市阳原县举行。省交通厅厅长路富裕，副厅长孙宝珠、杜庆雨，副市长侯志诚以及来自全省在建的8条高速公路建设管理处的负责同志出席了会议。

11月3日，省交通厅路富裕厅长、孙宝珠副厅长来我市考察109国道尤家园至祁家皂段二级路改建工程。12月4日，省厅批复这项工程。

三、1998年

1月1日，《公路法》颁布实施。市人大副主任高启明、副市长侯志诚及市交通局有关领导参加宣传咨询活动。

1月10日中午11时50分，我市张北、尚义一带发生里氏6.2级地震。震灾发生后，省、市、县交通部门迅速作出反应，紧急开展抗震救灾。

1月11日，市交通局成立了由局长张富强任组长的抗震救灾交通保障领导小组，负责组织、开展全市交通系统抗震救灾保障工作。全市交通系统先后出动10万余人次投入抗震救灾工作，确保了交通运输"生命线"的畅通无阻。

1月13日，国家交通部致信省交通厅和市交通局、向灾区交通系统干部职工及家属表示慰问。

1月13日，市交通局成立由副局长赵文彦任组长的抗震救灾物资运输领导小组。共组织运输车辆1 500余车辆，运送全国各地捐赠及经铁路运抵张家口市的各类物资8 000余吨。同时，设立救援车辆指挥车和18个流动抢修车12个抢修站，抢修车辆341部。据不完全统计，地震发生以来，全市交通系统累计向灾区捐款20余万元。

3月16～17日，我市召开全市交通工作会议，总结1997年工作，安排1998年工作任务。市委副书记、代市长张宝义为大会发来书面讲话，副市长王金玉出席会议并讲话。

3月30～4月4日，受国家计委委托，中国国际工程咨询公司组织专家组对京张高速公路工程可行性报告进行了评审，省计委副主任狄天顺、省交通厅副厅长孙宝珠、市政府副市长侯志诚及市交通局领导参加了评审会。

4月2日，国家计委外资司刘霞处长在省计委有关部门的陪同下，到张家口市考察京张高速公路利用日本协力基金项目。省交通厅孙宝珠副厅长、公路局袁栓瑞副局长参加了座谈。张家口市市委副书记刘鹤峰、市政府副市长杨桂珍会见了全体考察人员。

4月10日，市交通局召开全市交通系统抗震救灾庆功大会。有17个先进单位、215个先进个人受到表彰奖励。张家口市市委宣传部常务副部长赵军湛、张家口市委形象办主任王俊甲出席会议并讲话。

4月21日，根据国务院和省市有关规定，市交通局召开会议决定将县级以下公路成建制移交地方道路管理处，并就养护工区、道班资产、人员归属等有关问题进行了明确。

4月25～26日，河北省交通厅路富裕厅长等一行到张家口市考察公路建设情况。期间，重点视察了位于张北地震灾区的杨哈公路，同时召开了京张高速公路建设座谈会。

4月27日，河北省政府副省长何少存在张家口市政府副市长侯志诚、省交通厅厅长路富裕等有关

领导的陪同下，视察了宣大高速公路一期工程及国道110线一、二期改建工程，怀安县东洋河大桥收费站及柴后线公路绿化工作。

5月10日，通往张北、尚义地震灾区的杨哈线公路开工建设。

5月20日，张家口市政府副市长侯志诚主持召开市长办公会，明确规定公安交警部门将驾校管理权移交给交通部门。

5月23日，省交通厅厅长路富裕就我市的公路建养工作实地考察，并听取了市交通局张富强局长对全市公路建养工作现状和改革措施及今后设想的情况汇报。

6月18～21日，河北省交通厅段铁树副厅长率综合运输处、计划处、财务处、基建处、公路运输管理局等部门负责人先后到张家口市运输总公司、张家口运输集团公司、张家口汽车大修厂、张家口长途汽车站、张家口市货运服务中心考察调研。

6月30日，张家口路桥建设集团有限公司成立。该公司是张家口市第一、第二公路工程公司发展基础上成立的股份制公司，是以公路、桥梁、隧道建设为主营的国家一级施工企业。

7月4～5日，张家口市政府副市长陈贵视察109国道尤家园－祁家皂段改建工程，并在涿鹿县下古线、张鸡线检查公路绿化工程。

7月10日，张家口市政府副市长侯志诚视察了宣大高速公路一期、二期建设工程及国道110线三期和业主项目张同公路洋河大桥建设情况。

7月16～17日，河北省交通厅路富裕厅长在张家口市政府副市长侯志诚的陪同下，先后视察了宣大高速公路一、二期工程、国道109线二期工程及沙三线怀来、赤城段改造工程。

7月31日，中国华能集团公司、河北省公路开发有限公司、河北省建设投资有限公司、张家口市公路开发公司在秦皇岛签署了河北华能京张高速公路有限责任公司合同及章程，共同投资建设京张高速公路。

8月7日，张家口市委书记杨德庆、张家口市政府市长张宝义会见了河北省交通厅副厅长张全、河北华能京张高速公路有限责任公司董事长靳新彬、总经理潘晓东。张宝义市长介绍了京张高速公路前期工作。

8月10日，省交通厅厅长路富裕率领全省公路工程管理现场会议53名成员观摩109线涿鹿尤家园至祁家皂段二级路工程。

8月12日，省交通厅厅长路富裕率11个市交通局长深入宣化区视察公路建设情况。

8月17日，中纪委宣教司戴俭明主任在张家口市交通系统反腐倡廉教育整顿大会上作廉政教育报告。

8月27日0点，110国道沙城收费站正式移交给河北华能京张高速公路有限责任公司。河北省交通厅副厅长郭大建、河北华能京张高速公路有限责任公司董事长靳新彬、张家口市政府副市长侯志诚出席了交接仪式。

9月8日，在厦门中国第二届贸易洽谈会上，张家口市交通局与香港卓能公司签订并成立了正式合资公司，名称定为“中外合资张家口卓能交通发展有限公司”。

9月8日，赤宝线沽源段15公里三级油路改建工程竣工，完成投资800万元。

9月20日，张沽线新营子至榆树林段15公里二级路改建竣工，投资1 564万元。

9月22日，省交通厅副厅长李新元视察杨哈公路改建工程。

9月25日，召开京张公路怀来至宣化段高速公路建设领导小组会议。听取了河北华能京张公路股份有限公司和省交通厅的工作汇报，对即将开工的京张公路怀来至宣化段高速公路有关问题进行了研究。会议决定，京张高速公路怀来至宣化段一、二期工程均按4车道设计建设，路宽27米，工程总投资30亿元，该项目在10月份开工建设。会议由何少存主持，省、市县各方面领导赵国昌、张宝义、张富强等20人参加。

9月27日，张家口市委书记杨德庆视察阳原县境内国道109线形象工程和宣大高速公路建设情况。

9月28日，国道207线张北段5.2公里二级路改建工程竣工，完成投资4 476万元。

10月6～7日，张家口市人大常委会主任王权、副主任王金玉等一行13人视察了张家口境内207

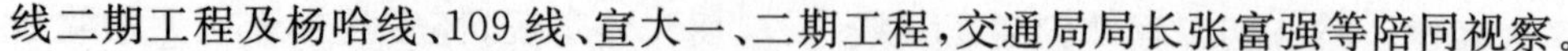

线二期工程及杨哈线、109线、宣大一、二期工程，交通局局长张富强等陪同视察。

10月8日，通往地震灾区的“抗震救灾连心路”——杨哈线公路一期工程竣工通车，标志着震区重建工作取得阶段性胜利，这条路被称为党和群众的连心路、贫困地区的致富路。

10月15日，张家口市政协主席张宝华、副主席孙殿生、安俊杰、秘书长田占迎视察了国道109线二期工程和宣大高速公路一、二期工程。

10月18日，京张高速公路一期工程，宣化小慢岭至怀来土木段全长49.75公里的建设项目，在怀来县古家窖举行开工典礼。省政府顾问陈立友、省政府秘书长赵国昌、省交通厅副厅长张全及张家口市市长张宝义、副市长侯志诚出席了开工仪式。

10月23～24日，张家口市市长张宝义、副市长侯志诚视察了全市1998年公路建设工程。

10月31日，张家口市市委书记杨德庆视察了全市第一个实现乡乡通油路的万全县地方道路工作。

11月14日，张家口市政府市长张宝义视察了张沽线油路拓宽改建工程。

11月18日，张家口市委在交通局召开了“全市形象工程总结表彰暨授匾仪式大会”。全市交通系统有11个单位被授予“最佳形象示范单位和最佳形象窗口”称号。市委副书记王建雄、市人大副主任高启明、市政府副市长侯志诚、市政协副主席白宝寰主席出席了会议。

11月28日，河北省第一条贷款修建的形象公路，国道109线山西界至阳原县西城段二级汽车专用线竣工通车。

四、1999年

1月21日上午，历时7个多月，我市1998年重点工程张同公路洋河大桥竣工通车。市委副书记、常务副市长刘鹤峰、市政协主席张宝华及中翔建设集团有限公司董事长方鸿琪等领导出席剪彩仪式。

2月8日，张家口运输集团有限公司举行改制揭牌仪式，市领导王权、王宽、侯志诚、龚云堂，省交通厅及我市有关部门领导出席揭牌庆典，副市长侯志诚讲话。

4月10日，叶连松等省领导在我市调研，先后视察了宣大京张高速公路并作重要讲话。

7月29日，我市召开全市交通工作会议，副市长侯志诚主持会议，市长张宝义针对全市交通工作讲了意见。

8月8日，国家计委基础产业司副司长王庆云、国家计委交通处处长费志荣、工程师吕立新、王益辉一行4人，在省计委副主任狄天顺、省交通厅副厅长段铁树、副市长侯志诚，以及市局领导张富强、李义等陪同下视察涿鹿县109国道三期工程。

11月5日，市长张宝义、副市长侯志诚视察我市出口公路平门至水母宫段，并对如何把这段路列为我市形象工程提出了具体意见。

11月12日，市政协领导张宝华、龚云堂、孙殿生、王义、郭柱、张世勋、董宝礼、安俊杰、张瑞考察我市207线、宣大高速公路、109线工程建设情况。

12月12日，109国道蔚县祁家皂至涿鹿尤家园二级公路正式通车。市委书记杨德庆、市长张宝义及市四套班子领导参加仪式并剪彩。市交通局局长张富强、书记李小英、蔚县县长杨江、涿鹿县委书记武尚成等参加了通车仪式。

五、2000年

3月7日，我市召开交通工作会议。市领导高启明、侯志诚出席会议，侯志诚副市长在会上讲话。

3月18日，国家妇联和省妇联为沙城女子大道班举行“全国巾帼文明示范岗”和省级“巾帼文明示范岗”挂牌仪式，全国妇联组联部副部长李晓云、省妇联主席陈秀芳出席仪式。

3月22日，省军区副司令员李建英少将深入张北县交通局视察和指导民兵整组工作。

3月22日，市局成立“三讲”教育领导小组，“三讲”教育工作正式启动。

4月26日，局党委制定下发了关于加强和改进思想政治工作的意见。

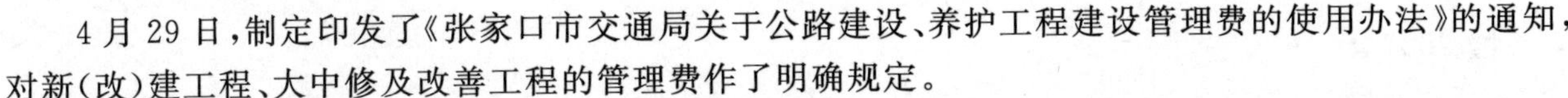

4月29日，制定印发了《张家口市交通局关于公路建设、养护工程建设管理费的使用办法》的通知，对新(改)建工程、大中修及改善工程的管理费作了明确规定。

8月4日，我市市县间快速直达客运班线正式开通。市领导高启明、侯志诚、毕又澄及省交通厅副厅长郭大建、省运管局局长苗德才等领导出席剪彩仪式。

8月12日，市政府常务会议审议通过并发布实施《张家口市客运出租汽车管理办法》。

8月17～18日，交通部部长黄镇东、省交通厅厅长么金铎等一行，在张宝义、侯志诚的陪同下，实地考察了宣大、京张高速公路建设情况，并与内蒙古交通厅厅长郝继业等一起调研了内蒙古通往北京的高速公路在我市的接口处和连接线路。

8月18日，省交通厅厅长么金铎在市县有关领导陪同下，考察207线张北境内路段。

9月4日，建立局长、书记信访箱。

9月28日，我市涿鹿县省道下广线大修工程举行竣工剪彩仪式。下广线大修工程全长12.3公里，油面宽17米，建设标准为二级路，工程总投资2 000万元。市政府副市长侯志诚参加竣工典礼仪式。

10月19日上午，宣大高速公路怀化连接线(怀安县至阳原太师良村)改建工程竣工通车，市领导高启明、侯志诚、龚云堂出席通车典礼仪式并为通车剪彩。

10月21日，杨哈线公路二期改建工程竣工通车，至此，杨哈线公路全线通车。市领导高启明、龚云堂、张瑞出席竣工通车剪彩仪式。

10月27日，国道112线、省道赤宝线改建一期工程竣工通车。国家农总行、省计委、省交通厅和我市领导及有关部门负责人参加了竣工剪彩仪式。

10月29日，市委书记杨德庆在市委常委、秘书长陈贵和副市长侯志诚陪同下，视察京张、宣大高速公路和宣大高速公路怀化连接线改造工程。

11月18日，我市涿鹿县109国道三期改建工程通车剪彩，省、市有关领导参加。

六、2001年

2月16日，张家口市汽车维修救援服务中心正式成立，救援服务系统正式启动，救援服务电话：8071995，24小时开通。

2月23日，我市召开交通工作会议，市人大常委会副主任高启明、副市长侯志诚出席会议并讲话。

6月20日，在全市交通系统开展向优秀共产党员离休干部严春明同志学习的活动启动。

6月28日上午，京张高速公路一期工程竣工通车，副省长何少存、省政府副秘书长赵国昌、华能集团公司副董事长刘金龙、市委书记杨德庆、市长张宝义、省交通厅长么金铎、省计划发展委员会副主任狄天顺、省重点项目办主任刘红日为工程竣工通车剪彩。

6月28日，向省交通厅请示丹拉公路宣化至冀蒙段高速公路建设项目前期工作。为加快工程进度，完成2002年开工，2004年主体竣工通车的目标任务，拟委托河北省规划设计院完成工程勘测设计工作。

7月23日，制定实施《张家口市交通局公路建设项目管理办法》。

8月26日，省、市重点工程项目——下广线夏源至殷家庄段一、二级公路通车。市委书记杨德庆、市长张宝义、副市长侯志诚、市政协副主席龚云堂为公路通车剪彩。

9月2日，副厅长段铁树在市局领导陪同下，视察207线、张北线二级公路改建工程进展情况。

9月7～21日，在市政府的组织领导下，交通局联合工商、税务、公安、物价、技术监督等部门，在市区范围内开展了整顿规范出租客运市场秩序大联查，查处非法营运"黑车"64部，查处不规范经营行为100多起，有力地维护了出租车市场秩序。

10月15日，安排全市通道绿化工程实施方案。决定用3年的时间对京张、宣大、207国道等重要交通干线进行绿化。

11月8～9日，市人大常委会主任王权带领部分常委会组成人员和市人大代表，视察我市公路建设情况。

12月30日，举办以"'十五'话交通，昂首新世纪"为主题的春节联欢晚会。

七、2002年

1月11日，组建张家口市高速公路建设指挥部，政委：市委书记杨德庆；总指挥：市委副书记、市长张宝义；指挥长：市政府副市长侯志诚；副指挥长：市计委主任张文辉、市交通局局长张富强，成员共计28名。

1月28日，张家口汽车南站隆重开业，成为张家口市区又一重要公路交通枢纽。

2月1日，市交通局路桥集团获国家一级资质(2002年1月21日建设部87号令网上公布)，市交通局进行通报表彰，并奖励人民币10万元。

2月5日，省厅批准丹拉公路张家口高速公路管理处为丹拉公路宣化至冀蒙段高速公路项目法人(甲级)。

2月5日，省交通厅李梅菊副厅长、省运管局范瑞亭副局长深入我市客运北站检查指导安全生产工作。

2月10日，我市被评为全省唯一“公路建设模范市”。

2月10日，市政府市长张宝义、副书记王建雄、副市长侯志诚、在局长张富强陪同下，到客运南站检查指导春运工作。

2月27日，我市召开长城旅游公路建设动员会。市长张宝义主持会议并作重要讲话，副市长侯志诚进行工作部署，市直有关部门和我市长城旅游公路建设所涉及的七个县(区)的领导参加会议。

4月1日，我市长城旅游公路举行开工仪式。常务副省长郭庚茂、省政府副秘书长刘印楼、省交通厅副厅长段铁树和市领导张宝义、李建举、侯志诚参加了开工仪式。

5月23日，在张家口市物流中心举行张运集团有限公司现代物流中心建设工程奠基仪式。

6月8日，市领导杨德庆、程葆刚、李建举、徐受棠和军分区及市直有关部门负责同志深入到万全、阳原、宣化、下花园、怀来五县区，对207国道、宣大高速公路、京张高速公路的通道绿化工程进行检查。

6月12～13日，全省交通系统行风建设工作座谈会在我市召开。会议对我市前一段行风建设工作给予高度评价，号召全省交通系统学习我市交通系统的经验做法。

6月20日，为落实市政府有关会议精神，统一和规范出租车管理，运管处组织并联合工商、公安、物价、税务、质量技术监督部门结合年度审验，对审验合格的2 713辆客运出租汽车安装了固定式顶灯，喷涂了标志带和所在服务公司名称，更换了出租汽车专用牌照，张贴租价牌、监督电话，统一车座套，实现了“六统一”。

7月13日，京张高速公路官厅特大桥合龙。省交通厅厅长么金铎、省交通厅党组成员、省公路管理局局长杨国华、中铁工程总公司副总经理、中铁大桥局集团董事长孟凤朝、副市长侯志诚及我省各市交通部门负责人出席了仪式。

7月13日，省市公路建设管理现场会在我市召开。省厅厅长么金铎、公路局局长杨国华，市政府副市长侯志诚参加。市交通局局长张富强及我省其他各市交通部门主要负责同志100余人出席会议。

10月12日，市长张宝义在市交通局领导的陪同下，先后到国道112线宣化界段至赤城县兴仁堡段省道牛虎线和张沽线，检查国省道主干线公路建设情况。

10月16～17日，市委宣传部组织省驻张新闻单位和我市各新闻媒体10多名记者，对我市公路建设所取得的成就进行了集体采访。市委常委、宣传部长王亮参加了这次采访活动。

10月18日，丹拉国道主干线宣化至老爷庙(冀蒙界)公路奠基仪式在万全举行，标志着我市自做业主修建的第1条高速公路正式开工。省交通厅厅长么金铎、市长张宝义、市人大副主任高启明、副市长侯志诚、省交通厅副厅长张全出席奠基仪式。丹拉高速公路全线共99.438公里，分两段建设，第一段起点为宣化小慢岭至下八里，长10.484公里，第二段起点为下八里至冀蒙界老爷庙，全长88.938公里，为双向4车道，全互通全立交高速公路。

11月15日，河北省副省长何少存、交通厅副厅长郭大建、市政府市长张宝义等深入物流中心检查指导工作。希望张家口运输集团有限公司领导把物流中心办好，各有关部门要在政策、资金上给予支持。

11月16日，京张高速公路二期工程冀京界至土木段28.189公里竣工通车典礼在东花园收费站举行。至此，国家重点工程京张高速公路经过4年的紧张施工全线贯通。省长钮茂生，交通部原副部长李居昌，国家电力公司副总经理、中国华能集团董事长、总经理李小鹏，省人大常委会副主任龚焕文，副省长何少存及我市领导杨德庆、张宝义、李建举、高启明、龚云堂等出席通车典礼仪式。何少存主持通车典礼，李居昌宣读了交通部贺信。

11月22日，张家口至永定门高速直达班线正式开通。河北高客张家口分公司投入14部豪华现代客车，交通部公路司客运处谢家举处长及北京市交通局领导等参加了开通仪式。

11月29日，13位担任过我市地市级领导职务的老干部在副市长侯志诚的陪同下，视察我市交通和城市建设。

八、2003年

1月19日，市政府副市长侯志诚深入汽车北站、检测站、汽车救援服务中心检查春运安全工作。

3月17日，市交通局被河北省交通厅评为全省唯一"2002年全省一般干线公路新改建模范市"。

4月8日，市交通局被河北省交通厅评为2002年公路工程先进建设单位。

5月10日，张尚线张北境内30公里二级公路改建工程开工建设。9月23日，工程竣工通车，累计完成路基土石方114万立方米，投资7 000万元。

5月21日，市委副书记、市长高金浩、市委副书记陈贵、副市长唐树森在局长张富强、书记贾丞訾陪同下，顶风冒雨深入丹拉高速公路宣化至老爷庙(冀蒙界)工程项目建设工地。对丹拉高速公路张家口管理处及沿线施工单位在非典肆虐的情况下，坚持施工生产表示慰问。

5月25日，以交通部公路司副司长李彦武为组长的交通部防非检查组来我市就防非期间交通运输两个预案(客运、货运应急预案)、五项制度(旅客登记、卫生防疫、巡视和测温、信息报告和进站上下客制度)和三通一阻断(交通不断、货流不断、人流不断和病源切断)的落实情况进行检查。

6月24日，市委常委、组织部长郑雪碧一行，深入丹拉国道主干线宣化至老爷庙(冀蒙界)公路施工现场，指出，组织部门要把重点工程建设同干部考核结合起来，为重点工程建设服务。

6月26日，省交通厅副厅长段铁树、综合规划处处长王普清等一行深入丹拉高速公路建设工地视察工作，副市长唐树森和我局局长张富强、党委书记贾丞訾陪同视察。这是非典疫情消退后，省厅领导第二次来到丹拉高速公路指导工程建设工作。

6月30日，在市抗击非典表彰会上，市交通局党委荣获张家口抗击非典斗争集体二等功，运管处荣获张家口市抗击非典斗争集体三等功，公路养护管理处党支部被评为张家口市抗击非典先进党组织，第二公路工程公司被评为张家口市城乡环境综合整治先进集体。

6月30日，省政府召开全省交通系统大干100天、确保完成全年交通建设任务电视电话动员大会。省长季允石出席会议并讲话。在张家口分会场，唐树森副市长、张富强局长及有关县区领导参加会议。省政府动员会后，唐树森副市长主持召开了我市交通系统大干100天动员会，张富强局长在会上讲话。

7月19日，国道112线锁阳关隧道通车剪彩，市领导高金浩、卢永庆、唐树森、侯志诚出席剪彩仪式。

9月6日，省人大副主任王加林在常务副市长徐受棠陪同下，深入丹拉高速公路管理现场进行视察。市交通局和管理处有关领导详细汇报了工程建设情况。

9月8日，交通厅厅长焦彦龙冒雨来到丹拉高速施工现场。焦厅长对我市自做业主修建的第一条高速公路的各项工作表示满意，指出公路建设中的最困难时期已经过去，要加大力度，保证完成任务。副市长唐树森陪同视察。局长张富强、党委书记贾丞訾等全程陪同并汇报了工作。

9月10日，全市交通系统"爱我交通，我为交通做贡献"活动启动。

9月26日，省道东商线二级公路改建工程竣工通车。市长高金浩、省交通厅党组成员、公路局局长杨国华出席剪彩。市局局长张富强、党委书记贾丞訾及尚义县四大班子领导成员出席。

9月26日，市重点建设工程——省道张尚线张北至哈拉沟段二级公路改建工程竣工通车，使全省最后一个不通高等级公路的尚义县结束了不通高等级公路的历史。省交通厅党组成员、公路局局长杨国华，市领导高金浩、卢永庆、唐树森为通车仪式剪彩。

9月28日，当年开工的孟涞线及空中草原旅游路通车。副市长侯桂兰出席仪式。

10月19日，市交通大酒店举行开业一周年暨荣膺国家三星级旅游饭店庆典仪式。市领导陈贵、徐受棠、卢永庆、侯志诚出席庆典仪式。

11月6日，塞北管理区交通局成立。塞北管理区的前身是河北省国营沽源牧场。2003年6月经河北省人民政府批准正式改制为“张家口市塞北管理区”，行使县级政府职能。

11月23日，察北管理区交通局正式成立。察北管理区的前身为河北省国营察北牧场。2003年6月经河北省人民政府批准正式改制为“张家口市察北管理区”，行使县级政府职能。

11月30日，副市长唐树森带领市交通、公安、纠风办、工商、物价等部门领导赴有关区县就治理公路超限超载工作进行督查。

12月26日，“张家口物流中心落成及总部迁址”庆典仪式举行。中国交通运输协会、省交通厅及张家口市人大、市政府、市交通局领导及周边省、市运输部门的同仁100多人参加并祝贺。

九、2004年

1月6日，市交通局、税务局、工商局、公安局、物价局、质量技术监督局6个单位，联合组成行政审批委员会，同时聘请社会各界及有关单位人士组成听证委员会，对出租车发展，更新实行阳光审批。首次审批更新出租车114辆。

2月12日，召开全市农村公路建设动员大会，市长高金浩作题为“抓住机遇、精心组织、加强协调，全面加快我市农村公路建设步伐”的讲话。

2月18日，我市召开全市交通工作会议。会议要求，调动各方面的积极性，以大投入促大发展，以新思路促新跨越，加快实现我市交通现代化步伐。市领导高金浩、卢永庆、唐树森、梁润田出席会议，高金浩、唐树森分别讲话。

2月28日，制定下发《张家口市农村公路养护管理办法》。

3月1日，开始利用OA(办公自动化)系统进行辅助办公，市交通局信息化建设工作全面启动。

4月3日，省委常委、组织部长付志方在我市调研期间，专程视察“增绿添彩”工程，在东山交通局工地，对交通局领导和干部职工的勇于吃苦、无私奉献精神给予了高度的赞扬。

4月6日，制定下发《加快实施“人才工程”的试行办法》。为实现交通建设跨越式发展，培养高素质人才提供保障。办法对人才培养、人才聘用、学费报销和建立人才后备队伍都进行了明确。

4月11日，省道柴后线柴沟堡段二级公路改建工程、国道109线太平堡至岔道段二级公路改建工程、国道112线夏源至西合营段一级公路改建工程开工建设。

4月17日，省政府批复同意张承高速公路北线路线方案。

5月1日，中共中央总书记胡锦涛视察过的张北县油篓沟乡喜顺沟村开始实行建设通村油路，油路标准为三级，全长5.9公里。

5月24日～26日，交通部“十一五”道路运输规划纲要课题研讨会在张家口召开。

6月9日，建设丹拉高速公路通讯监控中心工程，工程拟建在桥东区工业南路，占地约30亩，总建筑面积6 500平方米，计划投资800万元。

6月10日，我市在尚义召开坝上四县村村通油路工程现场观摩调度会。市委常委、农工委书记周林、副市长唐树森对坝上四县村村通油路工程进行调度。

6月30日，市委书记刘永瑞，市长高金浩，市委常委、秘书长李建举，副市长唐树森一行视察了正在建设中的丹拉高速公路工程，并就工程建设中存在的征迁问题进行了现场办公，要求相关部门和属地政府给予解决。

7月1日，全市养路费征稽系统正式启用新的计算机征费系统，实现了养路费征收工作的科学化、现代化、正规化管理。

7月2日，副市长张钰及市林业局、市水务局、市交通局等部门的领导察看宣大、京张高速公路我市境内的通道绿化工程进展情况，并召开现场办公会针对发现的问题研究解决办法。

7月5日，张家口市委书记刘永瑞实地视察怀安、万全两县实施通村油路建设情况。

7月5～6日，我市召开全市通村油路工程建设和千村经济振兴现场观摩调度会。会议对通村公路建设和千村经济振兴活动的做法和经验进行了交流，并对下一步通村油路工程建设暨千村经济振兴活动进行了再动员、再部署。市领导刘永瑞、高金浩、程葆刚、王亮、李建举、周林、唐树森，省交通厅公路局局长杨国华出席调度会。

7月12日，按照交通部和省交通厅的要求，在全市开展解决交通建设领域拖欠工程款问题。

7月22日，丹拉国道主干线小慢岭至下八里段竣工通车。市领导刘永瑞、高金浩、王建雄、李生金、唐树森出席通车剪彩仪式。

7月22日，市委书记刘永瑞在市交通局和张家口运输集团有限公司领导的陪同下，视察了张家口现代物流中心。刘永瑞要求，利用优势整合资源，做大做强现代物流。

7月28日，交通部副部长徐祖远，交通部水运司司长苏新刚、公路司副司长李华一行到我市就抢运电煤工作进行视察。省交通厅副厅长陈永久、省运管局党委书记苗德才、省公路局副局长李玉华，副市长唐树森及有关部门负责人陪同。

7月29日，中共中央政治局常委、国务院总理温家宝和国务院有关部门负责同志在京视察交通运输和治理超限载运输工作时，接见了全国交通系统十一名劳动模范，其中我市张家口运输集团有限公司董事长李善同志作为十一名优秀代表之一，荣幸地受到了接见。温总理详细地询问了张运集团有限公司有关情况后，给予了高度评价，并叮嘱李善同志一定要代他向全体职工问好。全市交通系统随即开展“牢记总理嘱托，树立责任意识，甘当经济发展的先行”活动。

8月1日，交通部副部长冯正霖，交通部公路司副司长李华等一行就抢运电煤工作到我市视察。省交通厅党组成员、省交通厅公路管理局局长杨国华，副市长唐树森及有关部门负责人陪同。

8月3日，市委书记刘永瑞、市长高金浩、副市长唐树森、张钰在市直有关部门和有关县区领导的陪同下，先后到西河沿、平门外、胜利路三条迎宾道和京张通道，实地察看路段美化、绿化、亮化工作进展情况，并针对存在的问题，现场研究解决办法。

8月15日，张石高速公路一期工程（张北至罗家洼段）开工奠基，比原计划提前三年。省长季允石、副省长付双建、省政府副秘书长崔长征、省发改委主任沈小平、省交通厅厅长焦彦龙及省直有关部门负责同志，市领导刘永瑞、高金浩、徐受棠、陈亮、侯亮、梁润田、赵新元出席奠基仪式，并为工程开工奠基。一期工程张北至旧罗家洼段，路基全宽24.5米，设计行车速度80公里/小时，双向四车道、全封闭、全立交，途经3县1区8个村镇，全长90.219公里，概算总投资28.358亿元。

8月15日，省长季允石、副省长付双建在交通厅焦彦龙厅长的陪同下视察了在建的丹拉高速公路张家口段，并与省交通厅和张家口市主要负责同志共同研究了全省和张承地区的路网规划。

8月16日，焦彦龙厅长到张家口市交通局调研，听取了市局工作汇报，与市局领导共同研究探讨了公路建设中的有关问题，并讲了重要意见。

9月1日，张家口市人大常委会副主任卢永庆、市政协副主席张瑞及部分市人大代表、政协委员到市交通局听取有关交通方面建议、提案办理情况的汇报。

9月20日，批准成立张家口市交通会计学会。

9月24～26日，全省物流发展现场经验交流会在我市召开。这是我省道路运输系统召开的第一次物流发展专题会议。

9月28日，张家口市区界至丹拉高速公路互通段“三化”（绿化、美化、亮化）工程竣工，累计投入资金1 098万元。

10月，省政府、省交通厅将张承高速公路项目确立为河北省“6＋1”高速公路建设项目之一。2005年1月27日，经省长办公会议决定，该项目正式列入《河北省2003～2007年高速公路建设计划》。

10月8日，在全市交通系统开展创建“学习型、进取型机关”活动。

10月20日，109国道安全保障工程河北段全线完工。

10月29日，省道宝平线赤城至沙城段二级公路改建工程主体竣工通车，市领导高金浩、卢永庆、唐树森为工程剪彩。

10月30日，市长高金浩深入到京张高速官厅湖治超卸载点、北京市康庄等路段进行实地调研，对下一步治超工作和京张高速畅通工作进行了详细部署。

10月30日，市人大常委会主任张宝义，副主任王淑弟、郁成俊、杨文宝、卢永庆等部分市人大常委会组成人员，在副市长唐树森的陪同下，视察了建设中的张石高速公路。

11月5日，张家口路通收费服务有限公司在张家口市工商局注册成立。这是我市第一家专门从事高速公路收费的企业。

11月9日，市交通局为在“树立行业新风，塑造窗口形象”做出突出成绩的92名出租车驾驶员及出租车授予“优质服务”称号。

11月11日，国道112线夏源至西合营段一、二级公路新(改)建工程主体竣工通车。

11月18日，总工期历时6个月的省道柴后线二级公路改建工程通车剪彩，省交通厅公路局局长杨国华，省教育厅副厅长杨勇，副市长唐树森到会祝贺。

11月26日，全长21.9公里的国道109线岔道至太平堡段二级公路改建工程竣工通车，改建工程2004年5月13日正式开工，10月28日实现路线主体工程竣工，工期历时200天。市人大副主任杨文宝及相关部门负责人共同为工程竣工通车剪彩。

11月28日，丹拉国道主干线宣化下八里至张家口东互通段高速公路竣工通车。省交通厅副厅长张全，市领导刘永瑞、高金浩、张宝义、唐树森、侯志诚为工程竣工剪彩。此路段全长12.65公里，为四车道、全封闭、全立交高速公路，工程项目总投资1.78亿元。

十、2005年

1月1日，车辆购置附加税由交通部门移交国税部门负责征收。

1月28日，张石高速公路二期工程化稍营至蔚县项目经省长办公会议纪要第25号文件批准立项。

2月1日，召开全市交通工作会议，总结2004年度工作，安排2005年度工作，表彰2004年度全市交通系统先进集体、先进工作者。会议确定，2005年，全市交通建设努力完成投资25亿元以上。重点发展高速公路和农村公路，抓紧改造关键路段的干线路线。

2月5日，市交通局召开保持共产党员先进性教育活动动员大会，对市交通局开展先进性教育活动进行安排部署。

2月21日，制定并印发《服务经济、优化环境、便民为民18项措施》，加快推进我市交通事业的跨越式发展，为全市经济发展和社会进步提供坚强有力的交通支撑。

3月9日，成立张家口市交通局国有资产管理中心。

3月21日，我市召开农村公路工作电视电话会议。会议确定，我市2005年将建设农村公路3 000公里以上，确保实现乡乡通油路、村村通公路和62％的行政村通油路的建设目标。

4月3日，张家口市国道109线文明样板路项目办在蔚县窑子头成立，标志着列入交通部2005年全国文明样板路参评路线的国道109线河北段创建工作全面启动。

4月18日，中共张家口市委、张家口市人民政府召开全市2004年公路建设先进单位表彰大会。市交通局被评为先进单位；万全县等3个单位被评为地方道路优秀区县；蔚县等14个单位被评为地方道路建设先进区县；万全县高庙堡乡等43个单位被评为地方道路建设先进乡镇；万全县深井堡村等101个单位被评为地方道路建设先进行政村；张家口市发展和改革委员会等21个单位被评为支持公路建设

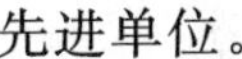

先进单位。

4月21日，成立张家口市交通道路执法督察指挥中心。

4月21日，省委督导组组长栾松江及成员在市委副书记、组织部长郑雪碧及有关人员陪同下到市交通局就保持共产党员先进性教育活动进行调研。

4月25日下午，市委副书记、市纪委书记曹英忠来到张家口市交通局，就党员先进性教育和交通建设情况进行调研。

5月19日下午，市委书记刘永瑞、市委常委、秘书长李建举、副市长唐树森在市交通局、发改委、国土局和丹拉、张石高速公路管理处主要领导的陪同下，视察了正在建设中的丹拉高速公路和张石高速公路工程。

6月5日，丹拉公路张家口高速公路管理处启动建设张东互通亮化美化工程。

6月23日，省交通厅副厅长杨国华和参加全省在建高速公路北片区现场观摩交流会的代表，在副市长唐树森和市交通局主要领导的陪同下，视察了正在紧张施工中的张石和丹拉高速公路工程。

7月2日，市交通局与怀安县政府就丹拉高速公路筹资及两服务区合作经营管理的有关事宜达成协议，并签订了合作协议书。

8月7～9日，省交通厅厅长焦彦龙在副市长唐树森和张家口市交通局主要负责同志的陪同下，实地视察了正在紧张施工中的张石高速公路一期工程和即将竣工通车的丹拉高速公路张家口段工程。

8月10日，省长季允石在省长助理、省政府秘书长尹亚力、省交通厅厅长焦彦龙及张家口市委书记刘永瑞、市委副书记曹英忠、常务副市长徐受棠、市委秘书长李建举、副市长唐树森等领导的陪同下，就张石高速公路建设情况进行调研。

8月13日，张库古商道大境门至野狐岭段10.8公里四级水泥路竣工。通车仪式在东窑子镇莱市村举行，市委副书记郑雪碧讲话。

8月22日，我市召开张石高速公路二期工程征迁工作动员大会，部署相关工作，唐树森副市长出席会议并讲话。

9月7日，丹拉国道主干线宣化至老爷庙（冀蒙界）段高速公路全线竣工通车。这是我市境内继宣大高速公路和京张高速公路通车之后，竣工通车的第三条高速公路，也是我市自做业主建成通车的第一条高速公路。省领导付双建、郭世昌出席庆典仪式。市、县领导、驻军代表出席。丹拉高速公路张家口段建设历时3年，东与京张高速相接，西与呼集老高速公路相连，成为贯通我市东西的交通大动脉。

9月7日，张石公路化稍营至蔚县（张保界）段高速公路，正式开工建设。副省长付双建宣布张石高速公路张家口段正式开工建设。省政府顾问、原副省长郭世昌、省交通厅副厅长杨国华、省重点办副主任王吉华及市长高金浩、市人大主任张宝义、市政协主席王建雄等省、市领导参加仪式并剪彩。

9月7日，丹拉高速公路张家口段实现全线通车运营。

9月16日，将丹拉高速公路万全服务区、怀安渡口堡服务区设施管理权移交怀安县人民政府。

10月21～22日，交通部干线公路养护与管理检查组进行五年一度的公路大检查。这次检查由吉林省为主检单位，安徽省是参检单位。吉林省公路局党委书记宋炬峰、河北省交通厅副厅长陈永久、省公路局局长王普清参加陪同。

10月23日京化高速公路经省政府批准正式立项，并纳入省高速公路网，列入《河北省2003～2007年高速公路建设计划》。

10月，全市涉及农村公路管理养护工作的205个乡（镇）政府，分别成立了“地方道路管理所”，负责本区域的乡村公路养护管理工作。标志着农村公路养护工作开始走上正轨。

12月29日，交通部授予运管处刘振民同志“全国交通行业十佳文明执法标兵”称号。

十一、2006年

2月23日，全市交通工作会议召开。市人大副主任卢永庆，市政府副市长唐树森出席了会议。会议回顾了总结了“十五”及2005年交通工作情况，研究部署了“十一五”及2006年交通工作任务。

3月14日，市交通局召开“全市公路建设动员大会”，会议对全年的公路建设提出了具体要求。

3月27～30日，市局组织全市8家出租车服务公司及主管部门领导针对燃油价格上涨给出租车经营带来的困难和影响召开专题会议，就油价上涨对出租车行业的影响及调整出租车基价、减轻经营者负担进行了商讨。

5月30日，全市汽车客运站“上档升级、争创星级汽车站”活动启动。全市一个汽车站达到四星级标准，10个县级汽车站达到三星级标准。

6月1日，为维护市场稳定，出租车管理处协同物价部门，向市政府提出了调整我市出租汽车营运价格的意见。经市政府同意，市区出租车市场营运基价里程由3公里5元，调整为2公里5元。

6月3日，丹拉高速公路张家口段并入河北省高速公路二片区，实现了联网收费，下八里临时主线收费站正式撤销。

7月12日，省交通厅副厅长杨国华携省相关部门工作人员一行8人组成检查组到我市检查张石高速公路工程建设进展情况。副市长唐树森陪同检查。

7月31日至8月2日，省高速公路建设管理现场会在我市召开。省交通厅及有关市交通部门，我省在建高速公路筹建处、管理处的有关负责人现场观摩了我市在建的张石高速公路工程，就高速公路建设管理等相关事宜进行了座谈交流。省交通厅副厅长杨国华出席会议并讲话，市领导唐树森等陪同。

8月9日，省交通厅党组副书记、副厅长王金廷视察张石高速公路建设情况，副市长唐树森、市交通局局长张富强等陪同。

8月19日上午，省长季允石在省长助理、省政府秘书长尹亚力，张家口市委书记刘永瑞，市长高金浩等陪同下，视察了正在紧张建设中的张石高速公路张家口段一期工程。

10月，通过“一线带多村、定线不定班”等模式，以“临时班”、“赶集班”、“学生班”等形式，农村客运班线取得阶段性进展。全市共建立简易客运站7个，候车厅15个，招呼牌63个，新增农村客运217条，全市乡镇通车率已达到100%，行政村通车率达到96.21%。

10月17日，省政府确定由我市自做业主进行京化高速公路的建设。

10月23日，省道南赤线南山窑至赤城段二级公路新改建工程、省道宝平线冀蒙界至赤城段二级公路新改建工程、县道洋新线二级公路新改建工程、县道白郭线南壕堑至郭垒庄二级公路新改建工程竣工通车。其中县道洋新线、白郭线建设规模141公里，投资5.39亿元，标志着全市县级公路建设达到一个新高度。市领导刘永瑞、郑雪碧、徐受棠、侯亮、唐树森、程葆刚等出席通车剪彩仪式。

11月15日，经市政府同意，局成立城市快速路筹备处，具体负责城市快速路东环段、西环段的组织领导、协调调度和各项前期、建设工作。

11月19日，张石高速公路张家口段一期张北至旧罗家洼段开通，于12月8日并入河北省高速公路二片区。

11月24日，郑雪碧主持召开市长办公会，专题研究讨论城市快速路建设相关事宜。市委常委、副市长李建举出席会议。

12月10日，张石高速公路张家口段一期工程竣工通车，京化高速公路一期工程开工奠基，张承高速公路建设动员大会召开。副省长付双建，省交通厅副厅长杨国华、省工业发展运行局副局长王立忠、省水利厅副巡视员马林，市领导郑雪碧、曹英忠、徐受棠、郑丽荣、卢永庆、唐树森、梁润田、赵庆钢、董合振，驻军首长王行舟等出席。张家口市高速公路通车里程自此达到396公里，继续保持全省第一。

12月21日，市委书记宋太平，市长郑雪碧，市委常委、秘书长侯亮，副市长唐树森一行到市交通局调研指导工作。宋太平强调，抢抓机遇，加快发展，自主奋斗，规范运作，开创我市交通事业发展新局面。

12月25日，市出租汽车行业工会联合会举行揭牌仪式，市人大常委会副主任、市总工会主席郁成俊出席。

附录二

重要讲话

抓住机遇　趁势而上
推进“十五”交通改革发展再上新台阶

——在全市交通工作会议上的讲话

(2001年2月20日)

张富强

同志们：

这次全市交通工作会议是在跨入新世纪，开始实施“十五”计划之际召开的。会议的主要任务是深入贯彻全市经济工作会议和全省交通工作会议精神，认真总结“九五”交通成就，部署“十五”主要任务，安排2001年重点工作，统一思想，明确目标，抓住机遇，趁势前进，推进交通改革发展再上新台阶。

一、“九五”交通工作回顾

“九五”期间，在市委、市政府和省交通厅的正确领导下，在各级地方政府和有关部门的关心支持下，全市交通系统广大干部职工坚持发展是硬道理，全面推进交通改革和发展，交通事业又迈上了新台阶。运输全面紧张的状况得到缓解，交通“瓶颈”制约状况得到改善，两个文明建设协调发展，为全市的国民经济和社会发展做出了重要贡献。

(一)交通基础设施建设取得重大进展，建设的规模，进度和质量达到历史最高水平

“九五”以来，我们坚持“抢抓机遇、加快发展、突出重点、确保一般”的建设方针，抓住国家加大对基础设施建设投入这一契机，加快以公路为重点的交通基础设施建设，建设的规模、速度、质量均创历史最高水平。“九五”期间全市完成公路建设投资64.2亿元，是“八五”期间的10.5倍。“九五”末，全市公路累计通车里程已达5 368公里，比“八五”末新增了179公里。

公路建设发展迅猛。(1)高速公路。“九五”期间，我市高速公路建设实现了从无到有的跨越式发展。宣大、京张两条高速公路相继开工建设。其中宣大高速公路全长127.2公里，分三期施工建设，总投资36.9亿元，已于2000年底实现全线通车；京张高速公路，全长79公里，计划总投资34亿元，至2000年，一期工程宣化小慢岭至土木段21公里实现主体及桥涵基本完工，已累计完成投资7.5亿元，预计一期工程将于2001年6月通车，全线也将于2003年6月实现通车。(2)国省干线。“九五”期间，我市列入省厅规划的项目共计14项，共完成一、二、三级公路784公里，累计完成投资137 441.1万元。(3)地方道路。“九五”期间，地方道路新改建工程共完成3 675.995公里，其中新建油路651.056公里，分别是“八五”期间的1.6倍和3.85倍。完成投资49 711.5万元，是“八五”期间的5.69倍。万全、宣化、怀来、涿鹿、怀安5个县实现了乡乡通油路，通油路的乡(镇)145个，通油路的村1 038个，占全市行

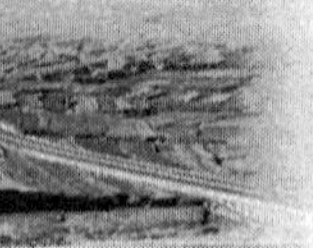

政村总数的24.8%。

公路养护成效显著。“九五”期间，我市国省干线大中修工程共完成投资24 579万元，总里程达1 268公里；地方道路大中修工程共完成投资1 110万元，总里程达108公里。“九五”期间，我市国省干线列养公路好路率每年都保持在70%以上，平均好路率达到74.1%；地方道路列养公路好路率每年也都保持在70%以上，平均好路率达到72.3%。

由于在交通基础设施建设中，大力开展了以“公路建设质量年”活动为重点的质量管理工作，逐步强化了质量意识，完善了质量管理保证体系，工程建设质量有了明显提高。新改建工程的整体优良率达到了96%以上，公路养护在全省的排名继续前移。如沽源县局，前几年因出现工程质量问题而被媒体曝光，严重影响了公路的投资和建设。但他们没有就此一蹶不振，而是痛定思痛，狠下决心抓工程质量。1999年、2000年两年他们不仅没有出现任何工程质量问题，而且工程的优良率也达到了很高的标准。

（二）运输生产稳定增长，服务水平显著提高

“九五”期间，全市全社会共完成客运量9 199万人次，旅客周转量674 102万人公里；货运量22 037万吨，货运周转量1 725 321万吨公里。全市民用汽车总量已由“八五”末的29 857辆增长到35 280辆，比“八五”期末增长了18.2%。其中营运货车由15 320辆增长到了23 708辆，增长了54.8%；营运客车由2 241辆增长到了5 153辆，增长了129%。全面开通了张北、沽源、康保、尚义、阳原、蔚县等县的快速直达客运班线，成为全省第一个开通快速直达客运班线的城市。全市十五个县（区）全部建成货运信息网络中心，并实现了省、市、县三级网络。全市维修救援网络的前期筹备工作也已初步完成。

同时，在运输生产中，努力建立并落实了安全管理责任制，总结汲取了重特大事故的深刻教训，采取了多次整顿和改革措施，标本兼治，取得了积极进展。

（三）着力推进改革步伐，进一步加强行业管理，善于创造性地开展工作

改革是发展的动力，创新是发展的源泉。“九五”以来，我们不断加大改革力度，创造性地开展各项工作，取得了明显成效。主要是：

以改革促发展，着力推进人事分配制度改革。为了不断深化人事制度改革，我们结合实际情况，采取了先试点后整体推进的改革办法。1997年，我们以运管处为试点，推行了竞争上岗和聘用聘任制。对中层干部采取群众推荐、个人自荐、民主测评的办法，按照干部“四化”要求，把符合要求的年轻同志充实到中层干部岗位。对工作能力差、群众意见大的领导干部，解聘或调离岗位。通过试点，我们及时总结经验，在全局推广。目前，局直各单位除人员较少的几个单位外已全部实行了竞争上岗和“双聘制”。分配制度改革直接触及广大干部职工的切身利益，因此就显得尤为重要。“九五”以来，我局逐步推行了工效挂钩的分配制度改革。这一机制的推行，打破了平均主义，打破了铁饭碗，彻底改变了以前干多干少一个样，干好干坏一个样的状况。极大地调动了广大干部职工的积极性，创造性和生产热情，在全系统形成奖勤罚懒，奖优罚劣和崇尚竞争的良好氛围。公路工程一、二公司推行的“月度百分制考核办法”、“岗位效益工资制”以及养护处推行的计量支付等就是推行分配制度改革的大胆尝试。在这方面，有不少县（区）也进行了有益的尝试，积累了不少的经验。

立足张家口实际，拓宽筹融资渠道，努力建立公路建设投资新体制。张家口经济基础薄弱，同时又面临着国家及省厅投资政策的一系列改革，公路建设筹资的困难是可想而知的。面对这一情况，我们不等不靠，切实转变思想，积极出主意、想办法，通过贷款、集资、合资、合作等形式筹集到了大量的建设资金。例如，我们在加大招商引资力度的同时，敢于举债搞建设，变单纯依靠计划投资为国家投资，地方筹资和社会融资相结合，变单一依靠养路费为向银行贷款，向社会发行债券、股票和有偿转让公路收费权以及利用外资等多种形式相结合。这一做法，有效地推动了筹资、引资步伐的加快和公路事业的发展。与此同时，我们在公路建设的筹融资过程中，充分发挥了国家加大基础设施建设投资力度和地方政府全力兴办交通这两个积极性，使筹融资的渠道进一步拓宽。如，怀安、蔚县、阳原、崇礼、赤城、尚义、宣化等县力度大、方法多，收效显著。

深化养护机制改革，加强养护计划管理。将养护管理与养护生产分离，逐步将养护生产推向市场。

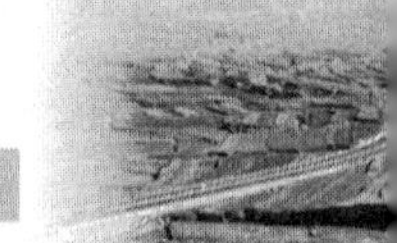

随着我省公路养护机制改革方案的出台和实施，省厅对养护工程计划和资金管理更加严格和紧缩。特别是大中修工程执行新改建工程的管理模式，特别注重项目的科学选择和管理。为配合省厅养护改革，加强我市养护工程的计划管理，我局将养护工程的管理模式由总量控制向分项审查、由管资金向管项目、由管立项向管过程转化。这一模式的实行，平衡了养护工程和新改建工程的关系，有利于充分用好、用活省厅投资政策，有效地避免了重复投资和资金浪费。

全力推进企事业单位改革。首先是实行经费管理改革。为使各事业单位适应市场经济的发展要求，向经营性、效益型转变，制定了市局直属事业单位的经费计划管理办法。按照"明确来源、自收自支、分灶吃饭、开放创新"的原则，实现了由市局核拨人头经费向劳务费、管理费自收自支、自负盈亏转变。从而使事业单位认识到市场经济不进则退的残酷性，提高了他们在市场大潮中生存和发展的能力。其次是建立了新的内部企业化分配机制，打破平均主义，全面推行工效挂钩。为使交通部门尽快适应市场经济运行机制，同时也为行政事业单位机构改革分流人员做好前期准备工作，先后成立了公路开发公司、房地产开发公司、京西公路开发公司等十几个经营实体。还与香港卓能发展有限公司合资成立了"张家口卓能交通服务有限公司"。上述几个项目的上马，为我市交通企业更好地适应市场经济的需求并不断提高竞争力积累了经验，也为今后的改革与发展打下了良好基础。

"九五"期间，我们还有多项工作取得了突破性进展。如，张家口路桥集团有限公司顺利通过ISO 9002质量体系认证；旅客运输管理、出租车治理整顿、汽车维修市场建设再创佳绩，统一、开放、竞争、有序的道路运输市场已初步形成等。

（四）不断夯实管理基础，努力提高管理水平

管理基础的强弱，管理水平的高低，直接关系着交通事业的兴衰。"九五"以来，我们注重在交通管理上花大力气，做大文章，努力摸索管理上的新路子、新方法，使管理水平有了明显提高，取得了显著成效。

普遍建立健全各项管理规章制度。"九五"以来，全市交通系统各单位不断在实践中分析新情况，解决新问题，总结新经验，制订了大量切实可行的规章制度，有效地保障了各项事业的全面发展。以"管理质量效益年"活动为契机，多数单位从无到有，从粗到细建立健全了财务管理、计划管理、固定资产管理、岗位责任制、施工管理、考勤制度、廉政建设、党的建设等制度，确保了管理有序、政令畅通。有的单位在建章立制过程中，不仅能够从实际出发，而且创出了自己的特色。二公司将公司组建以来特别是1999年度运行的29条管理制度进行了系统的修订完善和整理。将45类人员的责任制及33条管理制度汇编成册；测设所将33条管理制度全部纳入微机管理。同时，宣化、怀来、涿鹿、赤城等县局在加强内部管理上，也敢于解放思想、大胆创新，使管理水平有了明显提高。

认真实行整改，规范公路建设程序。按照市委、市政府和省交通厅的统一布置和要求，扎扎实实地进行了公路建设管理及市场整改工作。同时，我们还认真进行自查自纠，自觉纠正工程管理中不规范、不完善的行为和做法，并出台了《张家口市交通局关于进一步加强公路工程质量管理的通知》。特别是在公路建设招投标管理方面，根据交通部、省厅对招投标工作的要求，编制并重新修订了《张家口市公路工程招投标管理办法》及《张家口市公路工程招投标及资格预审程序、文件内容、格式和预审办法》，为进一步规范我市公路建设招投标工作奠定了基础，也进一步规范了我市的公路建设市场。

实行计划规范管理，完善项目管理程序。"九五"以来，随着国家对基础设施特别是公路建设投资力度的不断加大，公路建设日益呈现出规模大、等级高、科技含量大，新技术应用多，质量要求高的发展特点。这也为公路建设计划管理提出了更新更高的要求，为满足这种要求，充分调动各方面参与计划管理的积极性，建立相互约束，相互促进，分工明确，责权清晰的计划管理制约机制，制定了《张家口市交通局项目管理程序实施办法》，使我局计划管理工作形成了制度化、程序化、规范化和科学化的先进管理模式，增强了计划管理的透明度，避免了项目上马的盲目性和投资决策的随意性。

进一步规范财务，审计管理。为了加大对财务工作的监督力度，积极发挥各职能部门的作用，有效地促进财务工作的规范化和制度化，我们通过狠抓会计基础工作，使全局的会计基础工作有了很大提高。同时，我们根据省交通厅资金管理改革内容并结合我市交通系统收支管理体制的实际情况，及时修

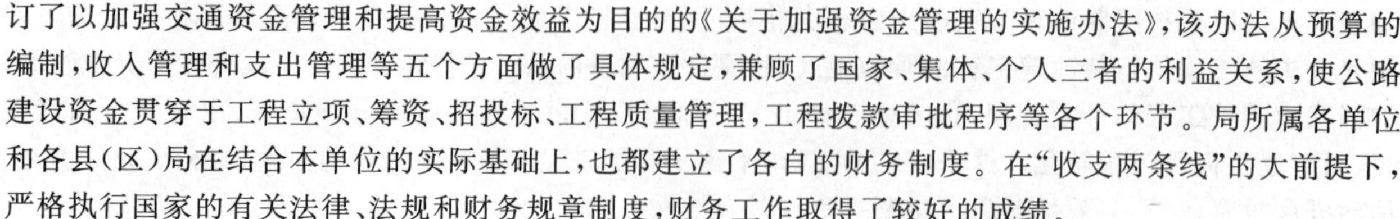

订了以加强交通资金管理和提高资金效益为目的的《关于加强资金管理的实施办法》，该办法从预算的编制，收入管理和支出管理等五个方面做了具体规定，兼顾了国家、集体、个人三者的利益关系，使公路建设资金贯穿于工程立项、筹资、招投标、工程质量管理，工程拨款审批程序等各个环节。局所属各单位和各县(区)局在结合本单位的实际基础上，也都建立了各自的财务制度。在"收支两条线"的大前提下，严格执行国家的有关法律、法规和财务规章制度，财务工作取得了较好的成绩。

(五)狠抓素质教育，提高执法水平

抓好素质教育，旨在提高我们的执法水平，树立良好的公众形象。我们的执法人员，面向社会，代表政府行使权力。他们的形象，直接代表着交通队伍的整体形象。对他们抓好素质教育尤为关键。"九五"以来，我们大力倡导"两个文明"一起抓，要求广大执法人员举止要文明，办事要讲程序，处罚要有依据，树立了交通系统执法人员的良好形象。"九五"期间，我们共组织执法人员培训 8 次，培训执法人员 873 人，占全体执法人员的 100%。

(六)行业精神文明建设取得重大进展，有力地促进交通事业的健康发展

抓物质文明绝不能忽视精神文明建设，更不能把二者对立起来，要认真处理好抓中心工作与抓首位意识的关系。"九五"期间，我局以交通经济建设为中心，坚持"两手抓，两手都要硬"的方针，始终将精神文明建设，党风廉政建设和思想政治工作贯穿于交通工作的各个方面，从形式到内容不断丰富，对促进交通改革发展、稳定起到了重要作用。

廉政建设实行公开化规范化管理。第一，加强交通基础设施建设过程的廉政建设，更好地从源头上预防和治理交通建设领域中的腐败现象。一是建立了建设项目廉政建设责任制；二是抓好建设项目前期的廉政建设；三是加强招投标过程中的廉政建设；四是加强工程施工过程中的廉政建设；五是建立和健全廉政建设的监督机制。此外，我们完善了举报制度。第二，市局与所属各单位、各部门、各工程项目组签订了党风廉政建设责任状。还与所属事业单位主要领导干部、机关重要岗位领导干部的配偶签订了监督协议书。第三，坚持常抓不懈，综合治理、标本兼治，在治本上下功夫的指导思想，认真开展了治理公路"三乱"到纠风工作并取得显著成效。第四，在市局及各县(区)局都普遍实行了政务公开，提高了行政与执法的公开度、透明度。

推进形象建设，创建文明单位。形象建设是思想政治工作的重要载体之一。"九五"以来，我们结合交通系统实际情况，开展了以"为人民服务，树行业新风"为主题的创建行业文明单位的活动。"九五"期间，全系统共有 11 个单位被评为"省级文明单位"，64 个单位被评为"市级文明单位"。还有 23 个单位被评为"最佳形象示范单位(窗口)"。

同时，我们努力实践江泽民总书记"三个代表"的重要思想，狠抓了干部队伍建设，"三讲"教育与"警示教育"取得显著成效。

2000 年是"九五"计划的最后一年。在这一年里，我们以交通经济建设总揽全局，稳步推进公路投资、养护、人事分配等一系列改革，严格工程计划，财务审计和质量管理，努力提高执法和精神文明建设的水平，较好地完成了各项任务目标。全年干线公路共完成投资 43 209 万元，建设总规模达 315 公里。地方道路完成投资 14 779.8 万元，共修道路 1 108.6 公里。公路养护年末列养干线好路率达 71.1%，年末养护综合值 77.3。全社会客、货运量及客货周转量均创历史新高，经济效益和社会效益显著提高。规费征收在面临较大困难的情况下，仍出色地完成了各项任务，全年共完成各项交通规费 3.2 亿元，征收额创历史最高水平。各县(区)局和局直各企事业单位也都全面完成了各项经济指标，综合经济效益有了一定程度提高。

从总体上来看，我市交通事业经过"九五"期的发展，交通运输滞后于经济建设的状况已有明显改善和提高。但与经济发展的需求尚有一定距离，与先进地区相比也存在明显差距。因此我们必须清醒地看到我们在交通改革与发展过程中存在的矛盾和问题，主要是：自然条件差，经济基础薄弱，公路建设的筹资难度较大；路网的结构还不尽合理，路网的通达深度也不高；行业内部结构性矛盾突出，管理水平低，亟须进行结构调整；管理体制不顺，管理和调控手段不力，市场秩序仍有待于规范；交通执法队伍素

质偏低，不能适应依法行政的需要；安全生产形势仍不容乐观；带有交通行业特点的违法违纪问题和案件仍时有发生。我们必须切实转变工作作风，更新理念，努力解决我们所面临的深层次矛盾，为交通事业快速、健康发展创造良好的外部环境。

二、"十五"交通发展面临的形势及主要任务

"十五"计划是社会主义市场经济初步确立后的第一个五年计划，计划的制定和实施都要充分体现发展社会主义市场经济的要求，因此，认真谋划好"十五"期间我市交通工作的思路，并做出科学的决策对本世纪前半期我市整体经济运行态势以及"十五"期间各项任务指标的顺利完成都将起到重要作用。"十五"期间，我们面对交通事业千载难逢的发展机遇，要把交通基础设施建设作为经济发展的一项重要任务来抓，要高站位、大力度，认真协调好政府与各级交通主管部门的关系，正确处理好当前和长远，局部与全局的关系，充分调动好各方面的积极性，抓好机遇，乘势发展。

(一)"十五"期间交通发展的主要思路

"经济发展，交通先行"。要想"十五"期间我市经济能够实现跨越式增长，就必须保证交通事业能够与经济实现协调发展。全面认清我市"十五"期间交通发展所面临的形势就显得尤为重要。(1)我国即将加入WTO，这一方面会大大拓展交通运输的发展空间，另一方面也给我们提出了严峻的挑战。很多原来在特定经济情况下采取的管理方法、措施和手段今后将不能再使用，这就要求我们必须按照国际规则来调整我们的行业政策，管理方法和调控手段，简化程序，提高效率，建立机制，理顺关系。而这恰恰是我们各级管理部门的薄弱环节，一是观念不好转，二是没有可以借鉴的模式。(2)国家实行宏观结构调整带给交通的影响。结构调整是中共十五届五中全会提出的"十五"经济发展的一条主线，中央和省、市都在花很大精力来抓这项工作。这次结构调整必然带来交通需求模式的变化，客观上要求交通行业要努力加快由数量型向质量型，由粗放型向集约型的转变。各县(区)和各级交通主管部门都要充分认识到这一点，把交通行业的结构调整做细做好。(3)国家实施西部大开发战略，给张家口交通发展带来了前所未有的机遇。张家口要当好西部开发的桥梁和纽带，就必须加快公路事业的发展。(4)公路网的不断完善一方面促进了公路运输的进一步发展和竞争能力的提高。但是，经济、交通和能源、环境的矛盾也日益突出，这样一来，可持续发展战略的实施对交通运输的发展就提出了更高层次的要求。(5)国家扩大内需，加大基础设施建设力度以及张家口扶贫攻坚，各级政府重视交通，发展交通，支持交通的积极性高涨也给我市的交通发展带来了机遇。

面对这些机遇和挑战，我们必须认清形势。统一思想，确保"十五"各项经济指标的顺利完成。我市"十五"期间交通工作的指导思想是：**坚持以邓小平理论和党的基本路线为指导，认真贯彻落实党的十五届五中全会精神和市委、省厅的一系列重要工作部署，以交通发展为主题，以结构调整为主线。以改革开放和科技进步为动力，加快"四横三纵一线"公路主骨架建设，建立和完善统一开放，公平竞争，规范有序的交通运输市场，不断提高公路整体发展的质量和效益，为全市国民经济和社会发展做出更大的贡献。**

"十五"交通改革发展的总体要求是：**围绕一个主题。**(围绕发展这个主题，加快我市交通基础建设的速度，努力建设沟通晋冀蒙与省县乡道路协调发展的公路网，进一步改善我市的交通发展状况。)**提高两个能力。**(一是不断提高干线公路的入网能力及农村贫困地区的道路通行能力，并以此带动地方经济的发展；二是要结合张家口的实际，加快道路基础设施建设，建立统一、开放、竞争有序的道路运输市场，不断提高我市客、货车辆的运输能力。)**抓住三个关键。**(一是要继续深化改革，建立适应交通运输发展的新型机制，逐步改革现有的交通基础设施建设以部门投入为主的状况，走政府办交通，社会办交通的路子。同时，要继续推行公路建设投资政策改革和公路养护体制改革，保证交通事业持续、快速、健康、有序的发展；二是要努力夯实管理基础，提高管理水平，创造性地开展好各项工作，特别要加强质量管理，严把各项工程的质量关；三要不断加大科技投入，推动科技进步，使科技真正成为加快交通发展的动力。)**搞好四项工作。**(一是动员全社会的力量办交通，使交通建设逐步由部门行为和行业行为向政府行

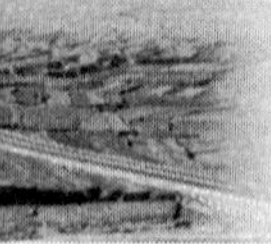

为和社会行为转变；二是进一步规范我市的公路建设市场和运输市场，将我市的交通市场逐步纳入科学化、规范化的轨道；三是加快企业结构调整步伐，逐步建立现代企业制度，努力提高企业参与市场竞争的能力；四是抓好队伍建设，努力锻炼一支过硬的交通建设队伍。同时，要加强精神文明建设，坚持"两手抓"、"两手都要硬"的方针，牢固树立交通系统文明形象。）

据此，我们编制了我市交通建设的"十五"规划。

公路建设方面。"十五"期间我市将在"四横三纵一线"规划的基础上，加快建设国、省干线和国防公路，大力推动地方道路的发展，扶持贫困地区的公路建设。在我市初步形成"四横三纵一线"的公路网雏形，尤其对我市的中、北部地区的公路网进行补充和完善，逐步改变我市现有公路网存在的北疏南密的现状，实现县县通二级以上公路。进一步沟通县与县之间的联系，加强其政治、经济、文化的交流，改善投资环境，为我市的经济发展打下坚实基础。"十五"期间，我市列入省厅计划的国省干线新改建工程共11项，建设规模595公里，其中一级路23公里，二级路318公里，三级路254公里，总投资172 665万元。"十五"期间，全市地方道路共安排新改建工程29项，总里程1 092公里，总投资41 174万元。"十五"期末，实现乡乡通公路的乡镇将力争达到90%以上。

运输生产和行业管理。"十五"期间公路运输行业发展以建立完善"统一、开放、竞争、有序"的道路运输市场体系为目标，积极推进公路运输结构的战略性调整，初步完成全市的运输服务网建设。在运输管理方面，将力争建立一支高效、廉洁的运政管理队伍，进一步完善运输管理法规、规章，加大依法行政和宏观调度力度。主要任务是：

——"十五"期末，全市客运量预计将达到2 645万人次，旅客周转量将达到207 000万人次，货运量将达到5 250万吨，货运周转量将达到431 300万吨公里。

——进一步完善和提高运输市场秩序和市场机制，确保实现运输市场规范化、制度化。

——拟建张家口道路运输枢纽管理中心，充分发挥信息服务网及货运管理服务中心的功能。

——建立、培训、发展张家口货运信息服务网，汽车救援服务网和客运服务网。

（二）"十五"期间需要做好几项工作

(1)公路建设要围绕我市"四横三纵一线"的远景公路网总体规划进行立项和投资。要避免无目的、无规划的建设，使有限的公路建设资金发挥最大的经济效益和社会效益。要逐步改善公路建设的投资体制，实行分级投资建设。

(2)地方政府应在政策上对公路建设予以扶持，在征地、拆迁上加大政府的工作力度，并适当减免相关费税，使有限的资金直接投入到工程上。对贫困地区的公路建设，当地政府要多采用专项扶贫资金，应本着"谁投资谁受益"的原则，扩大投资渠道，搞活公路建设投资市场，使公路建设走上良性循环的轨道。在地方道路的建设中也应采取诸如"民工建勤"、"民办公助"、"地方集资"的办法，弥补公路建设资金的不足。

(3)全力推进行业结构条长，找准结构调整的突破口。一是要通过强化国道干线系统，改造干线路网，提高通达深度，完善配套设施，解决我市公路路网结构不合理，技术等级低和站场设施不配套的问题。二是要在公路基础设施结构逐步改善的基础上，加大运力结构的调整力度，实现基础设施结构与运力结构优化的良性互动。三是积极扶持国有专业运输企业大力发展快速直达客运、集装箱运输和特种运输，以适应道路运输现代化的发展需求。四是要加快道路运输组织结构调整，改善专业运输企业的组织结构、经济结构和布局结构，提高他们参与市场竞争的能力。

(4)坚持改革开放和科技进步，努力推进体制创新、管理创新和科技创新。就我市的交通发展现状而言，搞好体制创新就是要针对交通和车辆税费改革带来的新情况，继续深化投融资体制改革，多渠道筹措交通建设资金；针对目前公路养护存在的问题，积极推进公路养护机制改革；继续扩大公路工程对内对外开放的宽度和深度。搞好管理创新就是要坚持政企分开，转变职能，运用法律的、经济的和必要的行政手段，加强行业管理；依法行政，维护交通运输市场和交通建设市场秩序，保护公平竞争；国有运输企业要努力建立现代企业制度，针对加入世界贸易组织面临的新形势，抓紧实施应对措施。

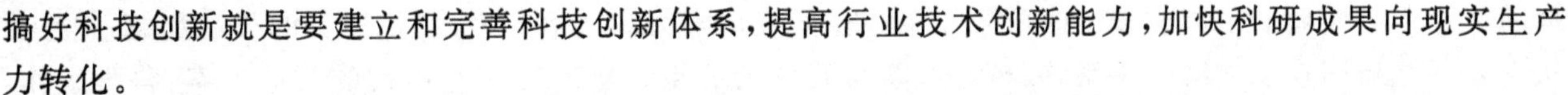

搞好科技创新就是要建立和完善科技创新体系，提高行业技术创新能力，加快科研成果向现实生产力转化。

(5)要切实加强交通行业精神文明建设，加强干部队伍建设和行政执法队伍建设。坚持不懈地开展群众性的文明行业创建活动，使行业文明程度进一步提高，行业形象显著改善。加强和改进职工思想政治工作，在继承优良传统的基础上，从内容、形式、手段、机制等方面加以创新。同时要建立健全党风廉政建设责任制和预防职务犯罪教育监督机制，从源头上预防在交通工程建设中和交通管理过程中的腐败行为。继续加强治理公路“三乱”的力度，防止公路“三乱”现象反复和回潮。

三、关于2001年的工作

今年是“十五”计划的开局年、起步年。我们要抓住机遇，充分利用有利条件，把握工作的主动权，力争“十五”交通改革有一个良好的开局。

(一)今年交通建设和生产的主要任务目标是：

(1)公路建设

——国省干线新改建工程9项，其中续建工程5项，新建项目4项，计划完成投资132 424.9万元，投资总里程452.2公里。

——地方道路新改建县乡公路214.4公里，桥3座，共计划投资8 212万元。

(2)公路养护

——国省干线大中修15项，计划完成投资17 315.31万元，投资总里程320公里。

——地方道路大中修工程8项，计划完成投资420.07万元，投资总里程40公里。

(3)运输生产和行业管理

——全市计划完成客运量为1 030万人，旅客周转量为84 984万人公里；完成货运量4 703万吨，货运周转量386 296万吨公里。

——积极筹备和开展张家口市公路运输枢纽的建设工作。

——筹建张家口市汽车客运站管理办公室。

(4)规费征收

全市2001年交通规费计划任务为31 900万元，其中：

——汽车养路费14 700万元；

——拖拉机养路费1 500万元；

——省管、省市合建站收费计划8 950万元；

——业主收费站收费计划6 750万元。

上述目标，是在市局综合考虑各方面因素的基础上制定的，是比较切合实际的。各单位在具体实施中要把困难估计得更充分一些，把工作做得更扎实一些，尽我们最大的努力，去完成好明年的各项任务指标。

(二)今年要重点抓好如下几项工作

(1)继续强化管理。一是抓好质量管理。各部门要把过去两年来质量年活动中好的经验和做法通过建章立制使质量管理规范化和制度化，推动质量管理向更高层次发展。二是要抓好项目前期工作，各级部门要充分认识加强项目前期工作的重要性和紧迫性，严把前期工作质量关，加快前期工作的投入，尽快建立一批储备项目。三是要继续狠抓内部管理，推行科学合理的内部管理机制，努力提高工作效率。同时要下大力气抓好各类管理人员、执法人员、业务人员的培训，提高广大干部职工的思想道德素质、科学文化素质、专业业务素质，为推动交通事业的更快发展奠定坚实的基础。路桥建设集团公司已经通过了ISO9002质量体系认证，这为他们更好地参与更大范围内的市场竞争打下了基础。各单位也要根据各自实际努力向这方面靠拢，提高管理的规范化程度和科学化程度。

(2)认真贯彻中央关于推行事业单位改革的有关精神，努力加快机关事业单位改革步伐。企业化管理的事业单位要向股份制改造。改革要立足单位的发展实力和竞争能力，立足职工的长远利益，并且要认真处理好新旧观念之间的关系，处理好改革与管理的关系。要制定切实可行的改革方案，科学运作，保证改革取得成功。

(3)继续用足、用好、用活省厅公路投资体制改革的政策。去年省厅对公路建设投资政策进行了改革，这种政策带给我们的好处是可以多上项目，多修路，加快我市的公路建设速度。但同时也加大了我们的配套资金任务。因此，我们要努力推动全市真正形成政府办交通、社会办交通的新局面。地方道路建设要抓住全市扶贫攻坚的机遇，坚持以地方自筹修路为主，交通部门引导的原则，积极争取补贴资金的到位。

(4)下大力抓好筹资工作。资金短缺，一直是公路建设中的主要矛盾，因此我们一定要高度重视，把这项工作抓好。我们要继续抓好银行贷款的落实，利用好国债转贷资金。同时，要本着有利于交通事业发展，有利于张家口经济发展的原则，采取诸如合资、合作、入股等灵活多样的方式拓宽我们的筹资渠道。

(5)积极推进公路养护体制改革。在管理模式上，国省干线专业化养护，做到养护管理与养护生产分离，培育一批走向市场、自主经营、自负盈亏、自我发展的养护工程实体；县级公路养护要组建日常养护、养护工程、三产开发和路政管理四支队伍，做到各尽其责，相互补充。在运行机制上，上演养护实行年度承包，小修工程实行内部竞标，大中修实行内部招标，将养护生产推向市场。

(6)努力加强运输行业管理。围绕建立统一、开放、竞争、有序的运输市场，加强宏观调控，改建管理手段，提高服务水平，维护平等竞争秩序。要发挥好客货运输服务网及汽车救援服务网功能；要使我市车辆优化更新率达到20％；要在货运市场方面加大投改运力的宏观调控力度；要在维修方面做好加入省维修协会的准备工作，加强维修业的行管力度。同时，要搞好维修救援服务市场的培育和发展，充分发挥以市场维修救援中心为主的全市维修救援功能。

(7)积极推进交通运输企业改革。随着我国加入“世界贸易组织”的日益临近和全球化的“新经济”时代的到来，我们的交通运输行业将面临前所未有的挑战。交通运输企业必须做好充分地准备，加快改革，尽快建立起运输高效、竞争有力的机制，科学管理、科学运营，努力提高企业的科技含量。同时要不断加速建立现代企业制度的步伐。只有这样，才有可能在将来的竞争中生存发展下去。2001年，我们要积极扶持我市专业运输企业创名牌，重点占领客运市场，加快客运企业的股份制改造。同时，我们将积极扶持发展旅游(包车)客运业，以促进“假日经济”客运业的发展，使之成为交通运输业的经济增长点。

(8)加强行风建设。树立交通良好形象。去年，全市组织对15个窗口单位进行了评议，社会各界对交通系统的总体形象还是肯定的，但还存在不少问题。一是队伍庞大，行政执法队伍中有少数人素质不高，在执收执罚中态度冷、狠、硬现象时有发生。二是对运输市场管理的力度不够大，有的还不到位，一些个体营运车辆有甩客、卖客、宰客的现象。三是公路“三乱”问题还没有从机制上、根本上得到根治，稍有放松，就会出现反弹。四是征费的对象由过去的集体或单位变成了现在的私营、个体，由主动缴费变成了被动征费，对容易和车主驾驶员发生对立的问题研究不够。这些问题都给我们敲响了警钟，今后我们要继续加强廉政建设，要进一步完善审批听证制度和服务质量承诺制度。公开招标要向更广的范围扩大，同时要进一步加强政务公开的力度。要积极开展“星级文明单位”、“青年文明号”的创建以及“优质服务杯”活动，牢固树立交通行业的文明形象。

在做好上述工作的同时，还要认真做好后勤保障交通战备、科技、老干部、工会、宣传、计划生育等各方面的工作，形成事业发展的合力。

同志们，“十五”及今年的各项任务目标已经确定，我们面临新的机遇和挑战，改革、发展、稳定的任务更加繁重。但我们相信，有市委、市政府的坚强领导，有省交通厅的正确指导，有方方面面的大力支持配合，只要我们认清形势、坚定信心、统揽全局、把握重点，狠抓落实、乘势前进，就一定能够出色地完成各项任务，为张家口的经济和社会发展做出更大的贡献！

乘势而上　狠抓落实
推进全市交通事业更快更好发展

——在2006年全市交通工作会议上的讲话
（2006年2月23日）

张富强

同志们：

这次全市交通工作会议的主要任务是，贯彻落实市委八届六次全会、全市经济工作会议和全省交通工作会议精神，全面回顾总结“十五”交通发展情况，安排部署“十一五”和今年交通工作任务，动员全系统广大干部职工继续以科学发展观为统领，抢抓机遇，乘势而上，团结凝聚，狠抓落实，不断推进全市交通事业更快更好发展，为服务全市经济社会发展和人民生产生活需要做出更大的贡献！

一会儿，树森副市长还要作重要讲话，希望大家认真学习，深刻领会，结合实际，抓好落实。下面，根据局党委研究的意见，我先讲四个问题：

一、“十五”交通发展回顾

“十五”期间特别是党的十六大以来，全市交通系统在市委、市政府和省交通厅的正确领导下，牢固树立和落实科学发展观，紧紧抓住加快交通基础设施建设这个中心不放松，着力解决交通改革、发展中的一些重大问题，以新思路、新理念、新举措全面推进各项工作，实现了具有历史意义的跨越发展，全市交通系统呈现出团结凝聚、和谐融洽、人心思进、共谋发展的喜人局面。五年间，有8个方面38项成绩值得肯定：

（一）成绩

1. 公路基础设施建设实现大跨越、大发展，取得了具有历史意义的新突破

（1）到“十五”末，全市公路总里程达到1.95万公里（含村道8 500多公里），跃居全省第一。公路网密度达到30.2公里/百平方公里，二级以上公路占公路总里程的13%。

（2）“十五”期间，全市公路建设实际完成投资97亿元，是计划完成投资15.7亿元的6倍。

（3）连续两年被评为全省唯一的“公路建设模范市”，公路建设技术能力和管理水平稳步提高。

（4）2005年被省厅推荐为河北省政府唯一的“公路建设先进市”。

（5）近年来开工建设的所有公路工程项目，质量全部达到优良。

（6）丹拉高速公路建成通车，全市高速公路通车里程突破300公里，跃居全省第一。

（7）张石高速公路一、二期工程相继开工建设，全市在建的高速公路160公里，在全省位居第一。

（8）国省干线相继完成了新改建，所有县区全部通达二级以上高等级公路，市境内建成了“2小时公路圈”。

（9）累计建设通乡、通村油路7 000多公里，全市实现乡乡通油路、村村通公路和近60%的行政村通油路的建设目标。

（10）在“十五”期间，张家口市境内消灭了国省干线的砂石路面，全部实现了“黑色化”。

（11）张承高速公路、京化高速公路在无规划、无计划的情况下，顺利实现立项，正在加紧前期工作，预计年内将开工建设。

（12）公路养护上了一个新台阶。以迎国检为动力，狠抓了公路的畅、洁、绿、美、安，圆满完成了109国道安保工程等一系列养护工程建设，使我市的公路养护水平有了新的提高。

2. 公路运输有了长足的发展，运输能力和服务质量有了实质性的提高

（13）“十五”期间，全市完成客运量2.75亿人次、客运周转量207亿人公里、货运量5.25亿吨、货运周转量431.3亿吨公里，分别是"九五"期间的112%、121%、115%和115%。

(14)"十五"末，全市民用汽车达到12.18万辆，比"九五"末新增6.12万辆，翻了一番。

(15)坚持路往农村修，车向基层开，全市乡镇通班车率达100%，行政村通班车率达93%。

(16)出租车市场秩序发生了实质性转变，"十五"期间，全市累计查处"黑"出租500多辆，更新报废出租车1 868辆，授予"优质服务号"出租车261部。

(17)物流中心竣工并实现运营，成为我市第一家也是河北省交通系统业务量最大、功能最完备的真正意义上的物流企业，呈现出强大的发展后劲。

(18)长途客运服务质量有了质的突破，塑造了"心心服务"的服务品牌，树立了全心全意为旅客服务的全新的服务理念，拉客、欺客、卖客、乱涨价行为以及脏、乱、差的局面有了根本改变。

3. 养路费征稽工作实现了历史性大跨越

(19)"十五"期间，全市计划征收公路养路费9.9亿元，实际征收12.13亿元，是"十五"计划的122%。特别是2004年，全市养路费征收突破3亿元大关，实现了任务翻番，增幅列全省第一，是征稽史上的一次飞跃。

(20)"十五"期间，全市计划征收路、桥通行费9.1亿元，实际征收9.33亿元，是"十五"计划的103%，历年均超额完成年度指标计划。

4. 精神文明建设、廉政建设和行风建设成效显著

(21)全系统7个单位被评为"省级文明单位"、76个单位被评为"市级文明单位"。

(22)扎实抓好党风廉政建设，逐步形成了具有交通特点的十条保证体系。

(23)杜绝了交通部门的公路"三乱"行为，治理超限超载取得明显成效，并且形成了一整套行之有效的执法、稽查、纠查管理办法。

(24)在民主评议行风工作中，市局2002年至2005年连续四年被评为优秀单位。2004年，在市直全部38个参评单位中分数名列第一；2005年，全市交通系统名列58个参评单位系统的第一名。与此同时，机关效能建设也取得了新的成绩。

5. 交通事业发展的同时，我们交通队伍自身也有了长足的发展，实现了历史性跨越和发展

(25)局直属事业单位由"九五"期间的15个发展到目前的30个，其中正处级单位3个，参股单位2个。

①新组建了4个高速公路管理处(包括京化高速公路管理处)；

②新组建了出租车管理处；

③最近新成立了5个二级路收费站；

④路桥集团、路缘公司、监理公司、路通收费公司等一批企业相继组建并投入运营。

6. 交通队伍的技术、施工能力和社会贡献越来越大

(26)路桥集团获得国家一级资质后，施工能力逐年提高。由"九五"初年产值不足亿元(一、二公司合计)发展到目前的7亿元以上。

(27)路缘公司从无到有，目前已发展成为年产值超亿元的公路工程公司。

(28)监理公司成功获得国家甲级监理资质，在监理资格和监理能力上都跨上了一个历史新台阶。

(29)丹拉高速公路管理处、张石高速公路管理处在实践中总结形成了一整套高速公路建设管理的规章、制度和方法，为我们今后交通事业的发展积累了宝贵的经验。

(30)培养、提拔和造就了一大批懂技术、会管理、有责任心和事业心的年轻干部，为交通事业的发展奠定了坚实的人才基础。

7. 企事业改革迈出了坚实的步伐

(31)联运公司顺利实现了依法关闭注销。

(32)运输集团公司完成了全公司改制的前期准备工作，其所属的二运公司实现了关闭。

(33)市运公司完成了改制方案及相关准备工作。

(34)公路运输公司正在加紧改制,进展顺利。

(35)路桥集团一二公司、测设所、监理站、物资处、后勤处成功地实现了事业型向企业型管理和运营的转变,依法理顺了产权关系和经营职责,并实现了良性运营和发展。

(36)平门收费站和交通大酒店作为企业以股份制和承包制形式运营,增强了活力,提高了效益,实现了良性运营。

8. 交通自身的实力大大增强

(37)随着我们自做业主的高速公路和干线公路的竣工、开工,我局的自有资产从无到有,已经形成了几十亿的自有固定资产,极大提高了张家口市公路建设自我发展的能力和抗风险能力。这也是历史性的跨越和发展。

(38)由于自身实力的增强,筹措公路建设资金的能力也有了明显的提高。

(二)经验

在取得以上这些成绩的过程中,形成了我们一系列发展交通事业的经验和做法,至少有以下8个方面的经验值得我们总结和发扬。

1. 坚定地树立交通为经济发展服务、为人民服务的理念,一切从张家口经济发展的实际需要出发,从人民群众最关注、最迫切需要的实际出发,真正当好“先行官”,是我们交通事业发展的根本动力和保证

我市是经济欠发达地区,交通发展对于张家口市的经济发展和人民生活水平的提高具有至关重要的作用。为此,我们始终能够站在全市经济发展和全市人民生活需求的大局去研究和思考交通工作,从不计较交通自身的得失,从不计算小集团的狭隘账。这正是我们多年来锲而不舍发展交通事业的根本动力之所在。

2. 坚持科学发展观,抢抓机遇,提前储备,精心谋划,认真落实,是我们交通事业不断发展的基本经验

坚持科学发展观就是从张家口经济发展的实际出发,从张家口公路路网的实际出发,从张家口的车货流向出发,从长远发展的趋势出发,正确预判形势,正确运用政策,不失时机地谋划和抢抓工程项目。正因为如此,无论是高速公路还是干线公路,我们始终保持有当年竣工的项目,有当年在建的项目,有当年启动的项目,有储备待建的项目,还有规划中的项目,使我们的公路建设项目长期处于后浪推前浪的良性发展状态。也正因为我们的精心谋划和认真落实,才使得丹拉高速公路由河北省规划中的一级公路升级为高速公路;又从“十一五”规划中挤进了“十五”计划并且建成通车。才使得张石高速公路由“河北省二十年交通建设规划”挤进了“河北省2003～2007年高速公路建设计划”,又从2007年计划项目提前到2004年开工建设,比原规划提前了15年。才使得根本没有规划的张承高速公路、京化高速公路顺利立项和启动。才使得我们的干线公路、地方公路快速发展。

3. 从实际出发,自做业主建设高速公路是我们高速公路得以快速发展的重要经验

丹拉高速公路是我们自做业主建设的第一条高速公路,没有现成的道路可走,没有成熟的经验可鉴。但是我们从张家口市本身的现实需要,从110国道车流发展的趋势,从当时省厅项目决策政策的实际出发,选择了自做业主。实践证明,这是一条黄金路。从通车至今,平均每天收费额都在百万元上下,从而奠定了我们自我发展、壮大的基础。张石高速、张承高速在谋划时同样面临着挑战。但是,我们绝不是盲目地决策。首先是张家口需要这两条高速;其次是这两条高速全线通车之后,都将是国家高速网络中重要的高速干线通道;更重要的是我们不做业主,就不可能有这个项目。正因为如此,自做业主才能使我们的高速公路通车里程成了全省第一,才使我们有了竣工在建和正在启动的四条高速公路。

4. 发挥交通部门的行业主导作用,动员全社会的力量共同办交通,是地方道路得以快速发展的基本经验

地方道路的建设原本是地方政府的职责,这是《公路法》确定的。但是,由于方方面面的原因,长期以来地方道路一直得不到重视,更谈不上发展。上级对地方道路的扶贫资金杯水车薪,很难有快速发展。“九五”初期，通油路的乡镇仅仅30%左右，更不用谈行政村的油路建设了。我们从抓万全第一个“乡乡通油路县”的典型开始，逐步调动和提高各县对建设地方道路的认识和积极性，采取“你积极我支持”、“你投入多我支持大”、“动员社会集资、捐资”、“上边压、下边促、中间钓”、“你出工出钱，我出技术出设备”等一系列政策和措施，逐步形成了全社会关注和支持公路建设，特别是建设地方道路的局面，形成了各县区你追我赶不甘示弱的局面。后来发展到“村村通”工程中上级补一点、政府出一点、社会捐一点、农民“一事一议”集一点、相关单位帮一点、强化管理省一点、市场运作筹一点的农民自己修、自己监理、自己管理的成功经验和做法。应该说，没有社会各方面的努力和支持，就没有地方道路的发展，而各级交通部门的行业主导和推动作用，又使地方道路得以快速发展。

5. 抓法制建设、严格依法行政，既是我们稽征、运管、行风建设取得显著成绩的根本保证，也是公路建设优质高效的重要前提

我们始终把贯彻执行各项与交通工作有关的法律法规和规章融入决策和推进交通执法各项工作的全过程，初步形成了依法治交的良好局面。一是深入开展法制学习和宣传，不断提高全局干部职工的法制观念。以开展“四五”普法活动为契机，在全局大张旗鼓地开展了法制宣传教育活动，营造了浓厚的学法用法氛围。二是严格用法律法规规范交通工作。不仅要求交通行政执法工作做到依法开展，同时要求整个交通工作也必须依法依规进行，做到不违规、不越权、不失职。还要求公路建设中依法履行建设程序，依法实施建设管理。三是规范交通行政执法行为。重点抓了四个方面：一抓提高执法队伍素质，全面开展了多种形式的资格性岗位培训和适应性岗位培训。二抓责任落实，严格落实行政执法责任制，建立健全了行政执法工作责任机制、运行机制、制约机制和奖惩机制。三抓制度建设，在对原有制度进行修订完善的基础上，先后制定了《交通行政执法人员上路稽查“八不准、三注意”》等规范并重点强化了《依法行政实施纲要》的贯彻落实。四抓监督，按照“两错”责任追究的规定，对错案和执法过错责任人真追实纠。四是结合《行政许可法》的贯彻落实，积极推进行政权力的公开透明运行。按照市政府的部署，我局执法部门的12项行政许可事项全部进入行政审批中心，实现了与省、市审批项目的衔接。正是我们坚持了依法行政，才克服了执法过程中的随意性，才杜绝了执法过程中的违法违纪行为，才逐步提高了执法水平，得到了社会的认可，才使我们的征费额大幅度提高，才使我们在行风评议中取得好成绩。

6. 事业单位引入企业机制，实行企业运作，企业化管理已经成为交通部门自身发展的重要途径

企业机制包括择优汰劣的用人机制，按劳分配的分配机制，依托市场自我发展、自负盈亏的运营机制以及按政绩聘任干部的干部使用机制等。我们在企业化管理的单位以及其他各事业单位，不同程度地引入并实行了企业机制，调动了干部职工的积极性，逐步把事业单位推向了市场。与此同时，我们还兴办了一批真正实行现代企业制度的公司。这些措施的实施，不但使我们的事业迅速的发展，更重要的是我们职工的观念有了根本性的转变。可以肯定地说，没有企业机制的引入，就没有一批“一级资质”、“甲级资质”的取得；就没有事业单位固定资产的迅速扩大和生产能力的迅速提高，更没有职工收入的逐年上升！就近几年组建的真正实行现代企业制度的公司来讲，无论是路缘公司、路通收费公司还是监理公司，都表现出了极强的活力和发展潜力，并且在实践中证明了公司制发展的优越性。包括各事业单位内部组建的公司，运行良好，效益可嘉。我们交通事业之所以能够快速发展，我们各个单位之所以生存的有滋有味，重要因素之一就是因为我们这种企业化和企业机制的引入，真正调动了广大干部职工的积极性和创造性，就是因为相当一部分的单位能够实现自负盈亏、自我发展！试想，如果我们这些单位全部还按事业机制运行，恐怕早就揭不开锅，开不了支了！

7. 紧紧抓住廉政建设、预防职务犯罪这根弦不放松，是保证交通事业长盛不衰的重要措施

如何在实现张家口交通跨越式发展的同时，有效遏制和防范职务犯罪的发生，真正实现“工程优质、干部廉洁”的目标，始终是我们在廉政建设方面着力研究和解决的一个重大问题。近年来，我们结合交通系统实际，在教育、制度、管理和各项机制上积极改革实践，大胆探索创新，初步构建了具有张家口交通特色的廉政建设工作新格局。特别是通过几年的实践，我们逐步形成了廉政建设的十条保证体系，即：(1)廉政责任制机制；(2)教育预防机制；(3)与纪检、检察部门联合预防职务犯罪的机制；(4)职工和工会的民主参与和监督机制；(5)重点工程项目派驻纪检监督的机制；(6)财务决算和审计机制；(7)业主零权力的招投标机制；(8)阳光执法、阳光审批和阳光进行工程管理的机制；(9)严格的责任追究和查处机制；(10)规范的纪律约束机制。这些行之有效的经验和做法，要在我们今后的工作中继续推行。

8."人心齐、泰山移"，我们全系统干部职工团结一致的思想作风、热情饱满的精神状态、奋发有为的良好风气，各级班子的凝聚实干和有战斗力是交通事业发展的思想组织保证

可以毫不夸张地讲，我们交通系统的各级班子是团结有力，上下左右之间是和谐友好的；我们的职工队伍是守纪律、能战斗，不怕困难，经得起考验的；我们的精神状态是饱满的、行业作风是良好的。全系统各个事业单位、企业单位以及局机关各个科室、各项工作，都能够紧紧围绕交通发展这个中心，与时俱进，勇于创新，取得了事业的新进展。

刚刚过去的2005年，是"十五"计划的最后一年，也是全市交通发展继往开来，推进新跨越的重要一年。一年来，全市交通系统广大干部职工紧紧围绕"提速、增效、进位"的总体要求，以有所作为的精神状态和求真务实的工作作风，扎实推进交通改革与发展，在各项工作中均取得了新的突破，不仅圆满完成了年度各项任务目标，而且巩固了"十五"期间全市交通事业跨越式发展的基础。**一是公路建设实现历史新突破。**全年公路建设总里程突破3 000公里，公路建设总投资突破26亿元。丹拉高速公路全线通车运营，标志着我市自做业主建设高速公路的成功。张石高速公路一期累计完成计划总投资的50%，建设速度位居全省在建高速公路项目前列。张石高速公路二期开工建设，各项工程陆续展开。承张高速公路张家口段进展顺利，开工前的各项工作开始启动。京化高速公路顺利立项，工可工作正在加紧进行。一般干线公路建设稳步推进，续建的5项工程全部竣工通车，省道宝平线、南赤线及县道白郭线相继完成了工程招投标和施工单位进场。地方道路继续保持较快的发展势头，通乡油路完成283公里，通村公路完成2 354.5公里，新增通油路的行政村202个，通公路的行政村327个。**二是公路养护与路政管理取得显著成绩。**全市共实施公路养护大中修工程418.53公里，完成投资1.25亿元，路面状况显著改善。认真抓好日常养护，年终干线公路好路率78.4%，养护综合值82.5。积极推进公路绿化工作，新建绿色通道22公里，补植行道树353公里。公路信息化建设取得重要进展，为全面推进交通信息化建设积累了宝贵经验。路政执法工作稳步推进，有效维护了路产路权。此外，我们还高标准、高质量地完成了109国道安保工程等多项公路养护工程的建设。**三是运输生产继续保持增长势头。**全市共完成客运量2 758万人次、客运周转量20.8亿人公里、货运量5 271万吨、货运周转量43.1亿吨公里，分别比去年同期增长1%、1%、6%和2%，公路运输在运输体系中的基础地位日益得到巩固。**四是规费征收继续保持较高水平。**通过推行全员封闭式岗位培训、治理整顿征费环境和强化征稽内业管理等一系列有效措施，规费征收继续保持了较高的水平。全年累计征收养路费3.33亿元，占年计划的90%；征收通行费(省管4个站)5 780万元，占年计划的103%。

以上成绩的取得，是市委、市政府和省交通厅正确领导和亲切关怀的结果，是各有关部门、社会各界热情关心、积极支持的结果，是全系统广大干部职工团结一致、顽强拼搏的结果。在此，我代表市交通局，向长期以来关心支持交通发展的各级领导表示崇高的敬意和衷心的感谢，向默默无闻、无私奉献的广大交通职工和离退休老同志表示亲切的慰问！

二、"十一五"交通发展面临的形势任务、总体要求和发展目标

"十一五"是全面建设小康社会、构建社会主义和谐社会、推进社会主义现代化建设的关键阶段。市委八届六次全会明确提出了我市今后五年经济社会发展的指导思想、任务目标和工作重点。我们要站在新的起点上，把握机遇，认清形势，努力开创我市"十一五"交通事业发展的新局面，实现更快更好发展。

(一)交通发展面临的主要形势和任务

综合分析未来经济社会发展，我市交通发展面临的主要形势和任务有以下几个方面：

1. 经济社会快速发展，要求交通必须加快发展

一是从经济增长看。“十一五”期间，我市将重点发展能源、钢铁、机械、物流等主导产业。这些产业对交通具有很强的依赖性，必然要求交通基础设施的进一步改善。二是从地理位置看。张家口具有承东启西的特殊区位优势，交通基础设施不仅服务我市自身的运输，更重要的是要满足快速增长的干线高速公路和国省干线公路过境车辆的运输要求。近年来车辆逐渐增多和过境车辆压力加大的现实，特别是目前北京方向进的来出不去的现实，要求我市必须以更快的速度、更高的质量来发展交通。三是从社会发展看。“十一五”期间，我国汽车保有量将翻一番，私人汽车必将大幅度增加。这就要求交通部门必须提供更多更好的公路产品来满足社会的需求。四是从交通发展的现状看。一方面，周边省区交通建设发展迅速，给我们的发展提出了新的目标和压力。另一方面，尽管我市的公路建设有了较快的发展，但是仍不能满足经济社会发展的需求。适应新的形势，满足新的需要，我们必须千方百计地加快交通发展。

2. 建设社会主义新农村，要求必须加快改善农村交通条件

建设社会主义新农村是中央提出的一项重大战略任务。几年来的实践证明，加快农村公路建设和客运发展，不仅能够改善农村发展条件，加快城乡融合，带动农村产业结构调整，而且还能优化农村发展环境，提高农民群众的生活质量。我市70%以上的人口在农村，加快农村交通发展，我们责无旁贷、重任在肩。

3. 经济一体化发展，要求必须提供网络化的交通支持

我市处于京津冀和晋冀蒙两大经济圈的交汇点，必须立足自身实际，加快交通基础设施建设步伐，主动适应经济一体化发展的新形势。这就要求我们不仅要加快县乡道路建设，实现城乡间的干支相连；而且还要加快干线交通网建设，实现城市和大区域间的便捷通畅。

4. 建设资源节约型、环境友好型社会，要求交通必须走资源消耗少、运输效率高、环境保护好的发展之路

交通行业是资源占用型和能源消耗型的行业。在资源、能源和资金约束日趋明显的情况下，必须采取更加有效的措施，节约土地，节能降耗，开源节流，以保证实现“十一五”发展目标。节约土地就是要落实最严格的耕地保护制度，最大限度地保护环境，强化工程项目审批程序。节能降耗就是要努力降低交通建设、运输管理各个领域、各个环节的建设成本和管理成本，降低燃油消耗，减少环境污染。开源节流就是要千方百计落实资金保障，在用足用好现有资金的基础上进一步完善投融资机制，拓宽筹资渠道，鼓励和引导社会资本进入基础设施建设领域。同时，要充分利用好现有政策，确保各项规费应征不漏。

5. 建设法制政府，要求必须加快法治交通建设步伐

随着《全面推进依法行政实施纲要》和《行政许可法》的深入实施，交通部门必须进一步增强依法行政的意识，把依法行政贯彻到交通各项工作中，贯穿到各项工作的全过程，加快建设法治交通。

6. 实现交通更快更好发展，要求必须以“树交通新风、建廉政行业”为主题，构建和谐交通

今年，省厅将在全省交通系统深入开展“树交通新风、建廉政行业”活动。全市交通系统要按照省厅的统一要求和部署，把这项活动开展好，大力推进和谐交通建设。

客观来讲，“十一五”和今后一个时期，我们面临的仍将是一个机遇和挑战并存、机遇大于挑战的形势，一个总体上有利于我们保持交通快速发展、但不利因素依然存在并可能增多的环境。所以，我们必须团结和带领广大干部职工抓住机遇、应对挑战，以更新的思路、更强的举措、更实的工作，推动交通更快更好发展，不断开创张家口交通事业的新局面。

（二）“十一五”交通发展的总体要求和任务目标

1. 总体要求

以邓小平理论和“三个代表”重要思想为指导，以科学发展观为统领，以加快发展为主题，以服务全市经济发展和人民群众生产生活需要为目的，积极推进改革创新，实现更快更好发展，充分发挥交通在全面建设小康社会中的支撑和先导作用。

2. 任务目标

(1)**交通基础设施建设。**“十一五”期间，全市交通基础设施建设计划投资227亿元，是“十五”实际完成投资的2.3倍。其中：

——**高速公路**投资160亿元。高速公路通车里程达到700公里(2007年达到396公里)以上，实现80%的县区通高速公路，20%的县区60分钟之内上高速公路，形成与周边省、市及重要城市之间，市区与各县(区)之间布局合理、快速便捷的高速公路网络。

——**一般干线公路**投资24.2亿元。继续提高一般干线公路技术等级，一般干线中二级及以上公路里程占一般干线总里程的比例达到90%以上，一般干线中的主要经济干线均达到二级及以上标准。继续加大危桥改造、安保工程、GBM工程等专项建设，根本上改善和提高干线公路网通行质量和服务水平。

——**农村公路**投资40.1亿元。显著改善农村公路整体路况水平，新改建8 290公里，新增油路6 295公里，实现所有具备条件的建制村通油(水泥)路。到2007年底，实现90%以上的建制村通油路。

——**道路运输站场**计划投资2.7亿元。加快城乡公路运输站场建设，进一步提高中心城市客运站的设施和服务能力。突出物流中心建设，初步适应交通运输需求和符合城市总体规划要求。建设改善客货站场12个，其中客运站场7个，投资1.05亿元；货运站场5个，投资1.41亿元。加强农村客运站点建设，建设982个农村客运站点，投资2 430万元。

(2)**道路运输服务。**实现与中等以上城市间400～500公里当日往返，800～1 000公里当日到达的城际快速客货运输网络。

——**客运方面**初步形成以市中心客运站为核心的高速公路客运网；以县级站点为枢纽的干线公路客运网；以县、乡站点为基础的城乡客运网；乡镇和建制村通车率达到100%。

——**货运方面**建设具有集散煤炭、杂粮、蔬菜水果、畜产品等功能的若干个物流中心和中心城市的一级货运站及区县的二级货运站。初步构建集装箱多式联运系统、快速货物运输系统和区域物流配送系统。积极推进长途货运大型化、集装化，短途配送小型化、厢式化。

(3)**支持系统建设。**加快实施“科技兴交”和“人才强交”战略，以建设一支高水平的干部队伍和高素质的职工队伍为重点，以信息化建设为手段，进一步提高科技贡献率，为交通持续快速健康发展提供坚强保障。

——**交通教育**建立一个体系(人力资源支持保障体系)、搭建三个平台(管理干部培训平台、专业技术人员培养平台和技能型人才培养平台)、强化两类人员(领导干部和执法人员)培训，培养和造就一支知识水平高、业务技能强的干部职工队伍。

——**交通信息化**建设紧紧围绕建设、管理、服务三大任务，以政务信息化为龙头，以有效监管为重点，以公共服务为落脚点，初步建立交通信息化管理体系和服务体系。到“十一五”末，100%的审批业务实现网上申报、网上办理和网上发布，40%以上的县区交通主管部门实现面向社会的政务信息服务。

(4)**政风行风建设。**“十一五”期间，在全系统开展“树交通新风、建廉政行业”主题活动，使“以人为本、加快发展，求真务实、真抓实干，廉洁高效、风清气正，团结友爱、奋力争先”成为鲜明的交通新风。

三、2006年任务目标和工作重点

2006年，是“十一五”计划的起始年、奠基年，也是我们抢抓机遇、加快发展的又一个关键年。做好2006年的各项工作，对于保持业已出现的好形势，加快推进全市交通事业的新跨越具有特别重要的意义。

贯彻上述工作思路，确定今年**交通计划目标**是：全市交通建设完成投资40亿元以上。继续实施高速公路建设、干线公路建设和农村公路建设齐头并进的发展战略。

(一)基础设施建设

——张石高速公路张北至旧罗家洼段。2006年要完成投资15.3亿元，累计完成总投资的100%，

10月底竣工通车。

——张石高速公路化稍营至保定界段。2006年要完成投资10亿元以上，累计完成总投资的26%以上。

——张承高速公路确保开工建设，完成投资2亿元。

——京化高速公路确保开工建设，完成投资2亿元。

——一般干线公路建设项目。2006年干线公路建设计划项目共计5项(新开工3项，续建2项)，计划完成投资6.5亿元。(1)省道宝平线内蒙界至赤城段114公里二级公路改建工程(续建项目)。(2)省道南赤线南山窑至赤城段49.4公里二级公路改建工程(续建项目)。(3)省道下广线涿鹿段绕城公路7.4公里二级公路改建工程(续建项目)。(4)国道207线怀安城至化稍营段30.6公里二级公路改建工程(新开工项目)。(5)省道滦赤线赤城三岔口至骆驼山段55公里二级公路改建工程。要求续建项目年底必须竣工通车，新开工项目必须开工建设。

——地方高等级公路。建设项目三项，计划完成投资4.2亿元。(1)洋新线洋河南至柴沟堡段61.3公里二级公路新改建项目；(2)白郭线南壕堑至郭磊庄段80公里二级公路新改建项目；(3)康祁线京冀界至岔道段58.36公里二级公路新改建项目。洋新线、白郭线年底必须竣工通车，康祁线必须开工建设。

——农村公路。除上述三条地方高等级公路外，2006年农村公路建设规模1 385.8公里，项目估算投资5.6亿元。其中县级公路改造项目14个，建设规模354.8公里，计划投资1.7亿元；乡级公路改造项目40个，建设规模228.8公里，计划投资9 680万元；村村通工程建设规模1 001.9公里，计划投资2.9亿元，实现334个行政村通油路。

(二)运输生产

全年计划完成客运量2 813万人次，旅客周转量21亿人公里，完成货运量5 429万吨，货运周转量45.6亿吨公里，分别比上一年增长2%、1%、3%和6%。不断巩固公路运输在综合运输体系中的基础性地位。

(三)规费征收

今年，我们将采取以下几项主要措施：**一是**针对规费征收工作出现的新情况、新问题，想办法、出真招，力争在征费额度的增长和征费管理水平的提高方面有新的突破和跨越。**二是**就收费站的管理、增收、堵漏，制定出符合张家口实际的新举措。大海陀、海流图收费站要尽快实施收费；小厂、洗马林和乔家坊收费站必须与公路建设同步，路通即开始收费。**三是**在限制人情车、人情费上，要创造新的机制，真正实现用制度和机制管人，用制度和机制管事，用制度和机制征费。

以上具体计划请大家参阅《张家口市2006年交通计划(草案)》。

(四)今年重点工作

为确保实现上述目标，推进交通工作全面发展，今年我们要重点抓好以下八个方面的工作：

1. 加快推进高速公路建设，确保工程建设质量和进度

高速公路是交通建设的龙头，也是我们发展的重点。今年我市的高速公路建设将进入大规模施工期，是在建和新开工高速公路条数最多、里程最长的一年，建设和管理的任务十分繁重。张石高速公路管理处要按照要求，精心组织，科学调度，严控质量，狠抓进度，确保一期工程按计划实现竣工通车，确保二期工程完成年度进度计划，力争完成三期工程的前期工作，为明年开工打好基础。同时要未雨绸缪，积极谋划，认真抓好一期通车后运营管理的各项准备工作。张承管理处、京化筹备处和有关单位要树立高度的责任心和使命感，团结一致，攻坚克难，上下协调，强力推进，加紧做好工程前期的各项准备工作，确保年内开工建设。

2. 切实抓好农村公路建设和农村运输发展两大工程，为建设社会主义新农村提供交通保障

农村公路是路网的基础和重要组成部分，关系到全面建设小康社会和构建社会主义新农村目标的实现。农村公路建设要突出通村油路建设和县乡道路改造两个重点，加强项目组织，加强资金管理，加大技术指导和培训力度，确保全年任务目标圆满完成，让更多的农民兄弟尽早走上柏油路。同时，要按

照交通部和省厅的统一部署，做好农村公路通达情况和技术状况普查工作。农村客运要按照“路、站、运一体化”原则，加快乡镇客运站建设，有限安排客运量大、班次多、经济效益好、地方积极性高、运营机制较完善的乡镇客运站场建设。要打破“定线、定班、定点”管理经营模式，大力发展适合农村特点的客车车型，确保路通车通，方便群众出行。2006年，要继续全部放开农村班线审批，实行随来随批，行政村通车率达到98%以上，自然村通车率达到94%以上。

3. 抓住着力点，大力推进运输业发展

市县运管部门要结合我市实际，开展深入细致的调查研究，制定有针对性的政策措施，调整运输内部利益关系，激发道路运输发展活力。要从根本上转变为管理而管理的思想，把行业管理切实转变到经营者欢迎、群众满意、管理有效的轨道上来，提高管理效能，提高道路运输竞争力。**一是**要以市场为导向，理清发展思路，明确发展重点，积极调整经营结构和运力结构，加快发展高档、大型运输车辆，降低运输成本，提高运输效率。**二是**要立足我市高等级公路发展较快的实际，大力发展班线客运，特别是高速长途客运和高速旅游客运，提高道路运输的整体服务水平。今年要力争新开辟班线210条。**三是**要加快物流业的发展，积极推进产业升级。物流中心要尽快做大做强，做成在地区和行业内有较大影响力的一流的企业。要充分发挥我市的地缘优势和产业优势，加快发展各县的物流业，形成有一定吸纳和辐射能力的物流网络。**四是**下大力整治客运市场秩序，提高服务水平。要把客运总站“心心服务”的理念和经验，推广到各区县汽车站和客运公司，重点治理部分区县站以及公路运行中的“四大顽症”。同时抓好星级汽车站达标评比活动，全市14个汽车站中，60%达到三星级标准单位。**五是**加强道路运输安全生产的管理和水上交通运输安全的监督，确保不发生责任事故。**六是**继续坚持集中打“黑”和日常打“黑”相结合的工作方式，确保出租客运市场规范、稳定和健康发展。要通过采取各种有效的措施，进一步提升服务水平，加强文明建设。**七是**要加快运输企业改制步伐，加快企业规模化、经营集约化、服务网络化进程。要根据企业的现实需要，制定符合实际的政策措施，正确处理局部利益与整体利益的关系，采取积极举措，维护行业稳定，促进运输发展。

4. 立足实际，创新理念，继续深化和推进交通各项改革

一是深化公路管理体制改革。要进一步扩大企业化管理的范围和深度，规范实施市场运作，加快建立现代企业机制。按照“放开市场、多元投资、国退民进、盘活资产”的思路，通过公路建设的市场化运作，逐步积累和形成我市的公路基本建设资金，将我市的公路产业做大做强，为我市公路建设的可持续发展增添后劲。**二是**深化高速公路养护机制改革。以组建高速公路养护公司为契机，全面推进高速公路养护的市场化、专业化，降低成本，提高效益。**三是**大力推进农村公路养护体制改革。积极推广阳原、尚义等县农村公路养护社会化、规范化、制度化的成功经验，大胆改革，勇于探索，争取用1～2年的时间基本建立符合我市实际的农村公路养护机制和运行机制。**四是**推进道路客运管理方式改革。积极探索运输市场准入、监管和退出机制，大力推行经营权招投标、经营行为记分考核和线路经营权期限经营制。**五是**推进道路运输场站投融资体制改革。按照“谁投资、谁受益”原则，支持鼓励社会参与道路运输场站建设。

5. 以建设依法行政示范单位为契机，进一步提高全行业依法行政水平

要以完善“两个体系”(组织领导体系、交通法规配套制度体系)、建立“四项机制”(依法决策机制、依法工作机制、规范执法机制和监督机制)为目标，着力抓好四项工作：**一是**制度建设。要在对以往制度进行修改完善充实的基础上，推进“四个机制”有关的配套制度建设。**二是**推进“阳光执法工程”，落实好行政执法责任制。制定考核办法，落实奖惩措施，使执法责任制成为交通执法部门工作的一条主线。**三是**监督检查。加大对执法现场的明察暗访力度，进一步规范执法行为；对行政许可的实施情况进行监督检查，尽快解决许可方式、许可主体、许可程序、后续监督等方面存在的突出问题。**四是**加强培训教育。重点抓好基层领导干部和执法人员培训，切实增强各级领导干部的法治意识，提高依法处理复杂矛盾和问题的能力。

6. 强化市场监管，营造良好交通建设和运输环境

一要继续加大治超工作力度。按照国家和省、市政府统一部署，继续联合周边市县和有关部门，加大路面执法力度，保持路面治理和源头治理的高压态势，确保将超限车辆控制在7%以内。今年，交通部要求认真抓好北京至大同沿线治超站点的规范化建设，我市是重点地区。我们要以此为契机，加强治超站点的自身建设，为全省乃至全国治超站点建设提供示范。**二要**进一步强化交通安全监管工作。省厅把2006年确定为全省交通系统“安全生产落实年”。我市各级各部门要切实做到组织机构、责任体系、管理制度、安全保障、专项整治、监督检查“六落实”，共同维护交通安全生产稳定形势。**三要**深入贯彻实施《道路运输条例》，建立经营者监督考核体系，严厉打击非法经营，维护市场秩序。**四要**加强工程质量管理。既要继续坚持以往工程建设质量管理的好经验、好做法，又要不断完善创新，特别是在高速公路建设上，要通过搭建项目管理和“阳光工程”两个平台，贯彻落实公路建设新理念，采取有效措施，加强质量监督，把工程质量管理工作提高到一个新水平。**五要**加强交通建设市场监管。要进一步完善招投标制度建设，通过建立信用档案等制度，加强对建设队伍和从业人员的管理。

7. 努力抓好党风廉政建设和行风建设工作，为全市交通事业更快更好发展提供保障

要继续贯彻执行我们在廉政建设、行风建设方面积累的经验和做法，贯彻落实“廉政建设十条机制”。在此基础上，重点是按照省厅的统一部署，开展好“树交通新风、建廉政行业”活动。要有针对性地开展好“六大活动”：在全系统开展“实现更快更好发展”活动；在交通建设领域开展“建人民满意工程”活动；在交通执法部门开展“执法为民、文明服务”活动；在窗口服务单位开展创建“文明示范窗口”活动和学习“心心服务”活动，树立品牌意识，创建各自的质量特色和品牌；在各级交通机关开展“提速工作过程、提高服务质量”活动；在全系统开展以贯彻落实《建立健全教育、制度、监督并重的惩治和预防腐败体系实施纲要》为主要内容的“建设廉政行业”活动。通过开展这些活动，进一步建立健全具有交通特色的惩治和预防腐败体系，营造“团结、干事、创业、为民”的浓厚氛围，培养与时俱进、开拓创新、求真务实、真抓实干的工作作风，在全系统进一步形成奋发争先、团结友爱、和谐发展的新局面，让交通系统成为人民群众满意的行业。

8. 统筹兼顾，整体推进，推动交通各项工作再上新台阶

交通工作点多、线长、面广，要统筹兼顾，整体推进，协调发展。**科技教育工作**要紧紧围绕交通工程建设和运输产业升级中的关键技术难题，搞好科技攻关，为交通持续发展提供技术支持。要采取多种形式，加强干部职工综合素质和专业技能教育，为交通大发展提供智力支持。**财务工作**要突破只管记账、付款的职能，向管理要效益、向理财要效益；要加大资金落实力度，加强财务管理，严格资金监管；搞好资本运作，最大限度地降低财务成本。**审计工作**要突出建设项目全过程跟踪审计和领导干部任期经济责任审计两个重点，加强财务审计，提高审计质量，强化结果运用。**国资管理工作**要在进一步加强基础管理工作的同时，加强对国有资本经营收益使用的监管，确保国有资产保值增值。**定额工作**要坚持价格信息调查发布制度，抓紧研究编制成本定额、预算定额等，并强化对各阶段造价文件的审查。**交通战备工作**要把国防交通建设与地方交通建设紧密结合起来，进一步做好增强国防实力、提高服务地方经济发展这篇文章。**引资工作**要研究新形势下招商引资措施，吸引更多的国内外资金参与交通建设、经营。**人事工作**要建立健全科学的业绩评价体系，加强干部的素质培训、业绩考核和干部队伍日常管理。**宣传工作**要围绕中心，突出重点，多出精品，提高宣传工作的社会影响力。**后勤服务**要充分发挥自身优势，进一步提高经营和管理水平，提高服务机关能力和创收能力。**交通工会**工作要发挥好桥梁纽带作用，保持职工队伍稳定，团结动员广大交通职工在交通发展和建设和谐交通中建功立业。**老干部工作**要落实好老干部的各项政治待遇，切实解决好老干部生活中的实际困难，发挥好老干部在交通发展中的作用。

四、狠抓各项工作的落实，确保任务目标的圆满完成

“十一五”和今年交通发展的任务非常艰巨。完成这一艰巨的任务，需要全系统干部职工继续发扬求真务实、真抓实干的工作作风，把抓落实作为工作的一条主线。

抓落实，必须倍加珍视团结。团结是做好交通各项工作的重要基础。搞好团结、维护团结是各级领导干部必须具备的基本素质。要倍加珍惜和维护近年来交通干部职工团结凝聚的大好局面。各方面要继续互相支持、互相补台、互相谅解，使大家始终能够聚精会神搞建设，一心一意谋发展。

抓落实，必须营造"干事、创业、为民"的浓厚氛围。交通工作的一个显著特点就是看得见、摸得着。不抓落实，一切都是空谈。所以，实现交通更快更好发展，必须进一步营造"干事、创业、为民"的浓厚氛围，必须进一步加大落实的力度。市委、市政府把交通工作放在全市经济社会发展的战略地位，人民群众对交通发展也寄予了厚望。这些，都使我们交通人肩负着重要的历史责任。我们要带着感情、责任、追求干工作，始终保持"干事、创业、为民"的激情，努力抓好落实，实现交通更快更好地发展。

抓落实，必须继续保持积极的、有作为的精神状态，始终主动性地开展工作。近几年我市交通所以能够实现快速发展，靠的就是全市交通系统广大干部职工积极的、有作为的精神状态，靠的就是交通人特别能吃苦、特别能干事、特别能干成事的精神。完成"十一五"规划和2006年的繁重工作，需要我们继续保持积极的、有作为的精神状态，主动性地开展工作。

抓落实，必须要有强烈的责任意识，扎扎实实地干好每一件事、每一项工作。每个同志都要结合自己的岗位、结合自己承担的责任义务，按照"想干事、会干事、干成事、不出事"的要求，努力干好本职工作。全系统每一名干部职工都要把往深里做、往实里做的要求贯彻到每一项工作中，对每项工作都要抓紧抓实。每个单位都要深化细化任务目标，做到任务目标落实、工作措施落实、完成时间落实。

抓落实，必须讲究工作方法，善于解决复杂矛盾。当前，我国正处于社会矛盾的凸显期。我们在工作中必然会遇到这样或那样的矛盾和问题。要解决这些矛盾问题，必须要讲究方式方法。要善于提前判断可能出现的困难和问题，要善于找出解决问题的对策和办法，要善于抓主要矛盾和矛盾的主要方面，要透过现象看本质，抓住主攻方向，抓住重点领域和关键环节，确保问题早发现、快解决。

抓落实，必须要有干成事的能力。干事的能力来源于学习和实践。一是要坚持不懈地向书本学习，二是要在实践中不断动脑筋感悟、不断反思总结，以此来不断提高自己的素质。只有这样，才能形成干成事的能力，才能有能力抓好工作的真正落实，促进交通事业更快更好发展。

抓落实，必须形成推动工作落实的有效机制。要全面实行责任制，切实解决责任不清、压力不足的问题，所有工作都要做到定人员、定责任、定时间、定进度。要建立完善督促检查制度，每件工作都要有阶段性任务，每件事情都要有回音，对每一件事情的整体进展都要跟踪督导。要完善考核奖惩制度，形成干与不干不一样、干好与干坏也不一样的浓厚氛围。干成事的，要大力宣传，让大家知道；干不成事的，也要让大家知道。各部门要结合制定抓落实的具体措施和办法，切切实实把各项工作落到实处。

同志们，回顾"十五"，我们在交通发展史上留下了光彩的一页。站在新的历史起点，有许多困难等着我们去克服，也有新的辉煌等着我们去创造。让我们在市委、市政府和省交通厅的正确领导下，以科学发展观为指导，带领广大交通职工团结一致，努力奋斗，与时俱进，扎实工作，加快推进交通事业的新跨越，为实现全市经济社会更快、更好的跨越式发展做出更大的贡献。

附录三

重要新闻采撷

1996 年

加快公路建设　改善投资环境

我市举行宣大高速公路建设新闻发布会

该路今年8月开工，年内将完成路基土石方工程量的20%，桥涵工程量的30%，1998年全线竣工通车

本报讯　2月13日上午，市交通局就宣大高速公路建设召开了新闻发布会。市领导张懋兰、高启明、张宝义、侯志诚出席了会议。

在新闻发布会上，市交通局局长袁建宏就宣化至大同高速公路建设的必要性、建设标准、资金筹措及运营管理等四个方面作了简要介绍。他说，宣大高速公路东起国道110线和207线交汇处的我市宣化区，西至山西省的大同市。该路由国道109线和207线的部分路段组成，宣大高速公路张家口市段全长127.8公里，是首都北京及沿海各省通往我国西北省区的重要运输大动脉。现有的宣大公路是1974年由国家投资修建的三级油路，已使用20多年。目前该路段交通量已达7 000多辆次，拥挤度已超过2.5。由于现有路超期使用，线型标准低，交通流量大，重载车辆多，路面破损严重，交通事故频繁，阻车现象经常发生，严重制约着我市煤炭资源的开发和晋煤东运及西部省区的经济发展，修建宣大高速公路已迫在眉睫。为此，宣大高速公路已列为河北省1996年开工修建的六条高速公路之一。河北省交通厅已批准该路今年8月开工，在今年2月6日召开的全省交通工作会议上明确提出，今年宣大高速公路一期工程完成路基土石方工程量的20%，桥涵工程量的30%，1998年全线竣工通车。

宣大高速公路建设标准采用四车道高速公路标准，其中平原微丘区路基宽26米，设计时速100公里，山岭重丘区路基宽24.5米，设计时速80公里。全部工程采用一次设计、分期实施，即一期工程自宣化顾家营至阳原县城南，全长107.3公里。平原微丘区按半幅路基宽13米修建，山岭重丘区路基小桥涵一次建成，路面按半幅修建，一期工程1996年8月开工，1997年化稍营至阳原县城南45.9公里建成通车。化稍营至宣化61.4公里，1998年底建成通车。一期工程估算投资8.29亿元。

在资金筹措方式上，袁建宏说，由于省公路建设资金缺口较大，经省批准，宣大高速公路采用以下合作修建的方式：即上级投资、银行贷款、吸引外资和国内人民币投资，土地占用、拆迁折价投资、工程所用材料折价投资、施工单位带资施工等多种形式。

副市长侯志诚在讲话中指出，在"九五"计划第一年刚刚开始不久，市交通局就宣大高速公路建设召开新闻发布会，十分必要，也非常及时。这标志着宣大高速公路建设的前期准备工作已经完成，进入了工程建设的组织实施阶段。我市地处内陆腹地，又属于经济欠发达地区，公路交通运输显得尤为突出。去年5月9日，我市正式对外开放以后，标志着我们已经打开山门走向世界。对外开放的不断扩大和改革的不断深入，都对公路建设提出了新的更高的要求。我们必须下决心加快京张、宣大高速公路等各项基础设施的建设，才能进一步改善全市的投资环境、沟通与晋冀内蒙古以及京津的联系，促进全市开放开发战略的顺利实施和经济建设的快速发展。为了加快我市高速公路建设，省政府、省交通厅及有关部门都给予了极大的支持，将宣大和京张两条高速公路的建设列入全省“九五”期间重点公路建设项目，为加快我市高级公路建设带来了难得的机遇，使全市公路建设事业进入了一个新的发展时期。　（王宏宇　靳永高）

[1996.02.15　张家口日报　第937期　第1版]

拓宽再就业之路

——来自运输集团公司的报道

1996年初，中央电视台公布了最新统计数字。1995年度，我国的失业率为2.9%。

这个2.9%的统计数字没有包括那些由于企业停产、半停产，只拿一部分工资或生活费的人员。对这一部分人员，社会学家和经济学家称之为“在职失业”、“隐形失业”或“体制性失业”。而社会上的习惯称之为“富余人员”或“下岗人员”。

无论是“失业”还是“隐形失业”，人们都不愿其发生。

但是，它令人痛苦地发生了。而且，还在攀升。

面对新旧体制交替之中出现的大量富余人员，企业怎么办？

请看，来自张家口运输集团公司的报道。

转轨时期的严峻现实

张家口运输集团公司是我市公路运输业的“龙头老大”，国有大型一类企业，在册职工近5000人，下属47个从事运输生产的经营实体。

20世纪80年代，随着私家车的出现打破了国家运输业的一统天下，无论是货运还是客运，很大一部分主顾被经营灵活的个体车辆抢走。企业由原来的“吃不了”变成“吃不饱”，再加上经营管理不善，1991年至1993年，运输集团公司累计亏损1 200万元。

5 000人的企业，如何走出困境？

1993年上任的集团公司总经理张富强深刻感到，要让企业走出泥淖，转换机制是关键。

为建立现代企业制度，他们重组、改组、划小了经营核算单位，推行了单车承包经营、租赁经营和股份经营等多种经营方式。

这样一来，还是那些人，还是那些车，效益明显上升。所不同的是出现了522名富余职工。

这些下岗工人每月只领取120元生活费。

生活不相信眼泪

下岗不是好滋味。1993年和1994年，在运输公司几乎随时随地都可以听到人们毫无遮拦的牢骚和抱怨。

“我们真倒霉，长个儿的时候碰上三年困难时期，上学的时候赶上文化大革命，该工作的时候赶上上山下乡，好容易上了班儿，以为可以歇心了，又被优化下了岗。”

“开了20多年的汽车，现在没活干了。就像一只凤凰一下子变成了鸡。没人围着你拿话哄着你了，唉，我老了，没想到……”

522名下岗职工，坐下黑压压一片，站起来一片黑压压。多年以来，他们已经形成了一种观念，找到一份正式工作，就是端定了铁饭碗，一旦这只饭碗出了问题，便不知所措。他们感情上过不去，面子上受不了。于是，有哭的，有骂的，有集体找领导“闹事”的。

然而，生活不相信眼泪，优胜劣汰，竞争上岗是谁也无法改变的。

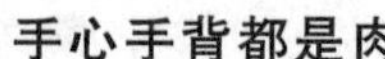

手心手背都是肉

看到一张张下岗职工忧怨的脸，总经理张富强心里很不好受。这些职工，曾把自己的青春，自己的命运同企业绑在一起，“手心手背都是肉”，不能把他们推出去不管，但企业也绝不能再回到老路上去吃“大锅饭”。那么，只有另辟蹊径了。

我市于1995年年初召开了劳动工作会议，提出了实施“再就业工程”的议题。

经过研究，运输集团公司领导制订了“再就业工程”的具体方案，从1995年2月份起，本着“以企业安置、帮助职工再就业为主，以职工自谋职业为辅”的基本原则，实施了五条主要安置途径：

富余职工在集团公司范围内重新调整单位和岗位；开展转岗培训，内容有汽车驾驶、建筑锅炉、裁剪缝纫、烹调等；积极组织驾驶员、修理工的劳务输出；大力兴办多种经营网点；提供优惠政策和必要服务，鼓励支持富余职工自发组织起来就业或自谋职业。

为保证“再就业工程”的顺利实施，他们将此项工作作为对有关部门和下属单位全年目标管理的重要考核内容，并与其领导人的政绩、效益挂钩。完不成再就业任务的单位不能评先进，领导不能享受承包奖金，不能晋升晋级。

很快，此项工程在集团公司内部紧锣密鼓地开始实施。

到1995年底，10个月的时间，集团公司先后安置富余职工400多人，占年初富余职工的80%。他们准备再用一段时间，实现本企业无富余职工。

焕发出的生机

运输集团公司以崭新的面貌投入运营。1994年，即转换机制后的第一年，就减亏70%，第二年，即1995年底就已基本持平。1 200万元的亏损大洞，被堵住了。

如果说成绩的取得是公司上下共同奋斗的结果，那么，522名富余职工同样功不可没。他们的下岗，使企业轻装上阵。而他们又在企业的帮助下，开辟了新的经营领域，在不到一年的时间里，共开办大小经营摊点45个，集资购车近300部。

张万春原是公司缉查处的，其任务是捉拿私吞票款的客运人员和私卖货物的货运人员。单车承包后，缉查处也就完成了历史使命而不复存在。十几名过去威风凛凛的缉查人员一下子变成了富余职工。

杨万春最早从失落怨愤中清醒过来。去年四月份，他怀揣着从第三客运公司拿到的8 000元钱，买了一些简单工具，与另外3个人一起，在一间不足20平方米的房子里，开办了广告装潢部，8个月来，他利用运输公司本身特有的载体——汽车车身、候车室大厅等，四处出击，广拉广告。到12月底，已获利2万多元。

郑泰鹏，原为客车乘务员，瘦小的身躯里包藏着艺术的潜质和浪漫的情调。下岗后，他开了一家花屋，取名“雅苑”，兼营小礼品。他请北京钓鱼台国宾馆的插花技师做自己的老师，学习插花技术。如今，他的小店成为我市第一家常年供应鲜花的专业花店。他提出的那句温馨口号“浪漫都市需要鲜花情调”，已越来越广泛地被人们接受。

第二客运公司为安排富余职工，兴办了物资贸易公司、养殖厂和饲料销售处，还与其他公司联合创办了煤矿，在跨行业经营上闯出了一条新路。

总成修理厂的富余职工曾高达全厂在册职工的三分之二，亏损严重。实施“再就业工程”后，厂领导千方百计为职工寻求就业门路，先后开办了副食、轮胎、润滑油销售业务，在市内和部分县建立修理分厂，基本上解决了职工的再就业问题，企业也扭转了亏损的局面。

市场经济的浪潮，既淘汰了富余职工，也培养了富余职工，适者生存的古训，在这里得到了毋庸置疑的印证。

钥匙在自己手中

在我市，有富余职工的企业不在少数。失业和冗员是谁也不能回避也无法回避的现实。企业停产、半停产，受损失的不仅是国民经济，还有赖以生存的企业职工。在这个问题上，有一部分厂长经理采取的态度是被动等待，把希望寄托在政府给钱给物上。

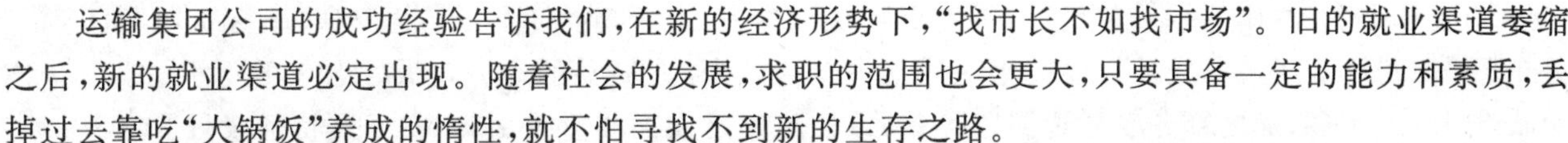

运输集团公司的成功经验告诉我们，在新的经济形势下，“找市长不如找市场”。旧的就业渠道萎缩之后，新的就业渠道必定出现。随着社会的发展，求职的范围也会更大，只要具备一定的能力和素质，丢掉过去靠吃“大锅饭”养成的惰性，就不怕寻找不到新的生存之路。

路，还在继续。

从一定意义上说，破解难题的钥匙在你自己的手中。　（王晖）

[1996.03.09　张家口日报　第952期　第1版]

全市交通工作会议确定今年及“九五”目标任务

动员社会力量大办交通

本报讯　“继续深化改革，做好筹资和质量两篇文章，在宏观调控下，把公路建设推向市场，加快发展速度，提高发展质量和效益；动员全社会大办交通，办大交通，提高交通综合服务水平，确保我市交通事业再上新台阶。”这是日前召开的全市交通工作会议提出的“九五”期间我市交通工作的总体思路。

“八五”期间，全市交通系统干部职工致力深化交通改革，推进交通事业发展，取得了令人瞩目的成就。公路建设完成投资6.01亿元，是“七五”期间的4.3倍。新建和改建公路322.4公里，全市通车里程达5 208公里；地方道路新改建县级公路322公里，乡级公路665公里，实现了乡乡通公路。另外，路况质量、站场建设、运输能力和运输生产都取得了可喜成绩。

“九五”期间，全市公路建设的主要任务是：公路建设到2000年形成以国道干线为主骨架，以省道为主通道，县乡公路相互连接，贯通城乡的公路网。要重点实施“22617”工程，即：新建京张、宣大两条高速公路，改造国道110线沈家屯和207线平门两个出口；提高国道110线万全段、112线宣化县段、207线张北县至坝头段、张沽线高家营段、沙三线怀业段6条国省干线等级；打通郭磊庄至花儿台、怀安城至化稍营、东山庙至张三营、南山窑至赤城、韩家营至三号、小厂至老掌沟和夏源至大河南7条地方道路。

1996年我市公路建设的主要目标是：国道110线郭老公路7月底通车；宣大公路一期工程化销营至阳原县段45公里，完成路基工程的20%，桥涵工程的30%，109线化稍营段完成路基、小桥涵；下广线涿鹿火车站至岔道段通车；完成沙三线存瑞乡段11公里、张沽线高家营段10公里和赤宝线独石口桥。完成地方道路改建93公里。建成汽车站1个。另外，还对公路养护、规费征收、公路运输提出了目标任务。

为了完成好以上目标任务，会议提出了“九五”期间及1996年交通工作主要措施。做好“九五”交通工作，关键是要把推进经济体制和增长方式两个根本性转变摆在交通工作的突出位置，以两个根本性转变总揽交通工作全局。为了加快1996年公路建设步伐，要广辟投资渠道，动员社会力量办交通，在行为主体方面，变部门行为为政府行为、社会行为、群众行为；在投资主体方面，变单一渠道为多渠道、多层次、多元化投资。会议表彰了1995年先进单位。市领导高启明、侯志诚在会上讲了话。　（本报记者）

[1996.04.04　张家口日报　第974期　第1版]

“毛细血管”显神威

——赤城县发展地方道路建设的调查

素有“毛细血管”之称的乡村地方道路，自1991年以来，在赤城县得到了长足的发展。这几年，他们先后投入资金1 300多万元，新建地方道路120多公里，新建桥梁7座，防护工程3 000多米，使乡镇通车率达100%，并对乡村道路普遍进行了改造。

赤城县是个“八山一水一分田”的贫困山区县。过去，由于道路不畅、交通闭塞，山区资源得不到很好的开发，制约了经济的发展。党的十一届三中全会以来，赤城县的地方道路虽然有所发展，但由于该县面积大，山区多，加之部分乡村道路路况差，致使道路建设面临重重困难，得不到快速发展。

有车不能开进，有货不能卖出，资源不能开发，现实毫不客气地把加快山区道路建设的课题摆在了赤城县交通局领导面前。“再不修路，就无脸去见众乡亲!”交通局的人横下一条心。

从1991年开始，他们以极大的热情和高度的责任感投入到地方道路建设之中。

取得各级领导的支持，是搞好道路建设的前提

针对赤城县地方道路的现状，这县交通局积极向上级有关部门反映情况，寻求帮助，很快赢得了县委、县政府领导的支持。同时成立了由县主要领导挂帅的地方道路建设领导小组，并提出了“要想富，先修路；抓交通，促流通”的口号，要求各乡镇党政一把手，把地方道路建设作为一项大事来抓，并列入目标考核的主要内容。由于县委、县政府重视，一些修路的棘手问题得以顺利解决。如南赤线公路占地问题，县政府明确规定：山上线以中心桩以外20米、山下线以中桩以外10米为公路占地，南赤线共计占地230亩，全部由县乡妥善解决，工程没拿一分钱。

赤城县是个贫困县，人民生活水平较低，只靠群众集资修路显然是不行的，可县财政又拿不出更多的资金来。为筹措资金，县交通局跑部进京、跑省进厅，反映、申请，再反映、再申请，五年来，共争得地方道路集资款1 000多万元。省市交通部门的领导也多次到该县，了解地方道路建设情况。市公路处的领导和工程技术人员走遍了该县的各个乡村，对该县的地方道路的规划、立项情况进行深入的调查，终于把赤城县列为省市地方道路建设重点县，每年都给予一定的投资。

发动群众，是搞好道路建设的基础

这县修建道路的原则是“民办公助”，“公助”主要是帮助解决火工材料、钢筋、水泥、木材、机械等外购材料和设施。土石方工程、路面工程主要以“民办”为主。

要修路，就需要钱，怎样解决资金不足的问题？该局主管工程的副局长白宽积极向县领导建议，发动群众，出谋划策，并采取“多方集资、群众出工、大家受益”的办法，每当一个项目上马，该局领导及有关人员都要到乡村反复宣传，发动群众。长期吃尽了交通不便苦头的群众，听说要修路，积极性空前高涨。炮梁乡修桥遇到了资金不足的难题，全庄村干部号召全村群众很快凑集到1万多元。万全寺乡（现并入东卯镇）建桥，为了防止水毁，需要用草袋子，全乡群众主动拿出自家用的纤维袋，三天时间就筹集3000多条，解决了工程急需，乡中学全体师生还为修桥义务捡石子60多立方米。全乡群众有钱出钱，有物出物，有工出工，促进了工程建设的顺利进行。

局领导及技术人员身先士卒，是搞好道路建设的保证

在工程施工过程中，局领导和工程技术人员坚持“百年大计、质量第一”的宗旨，精心设计，精心施工，不怕苦，不怕累，常年奋战在施工第一线。在沤麻坑至温泉的道路建设中，局长张敏芝同志肺部受伤后，拄着拐坚持在工地指挥施工。工程股股长郝长顺，带病勇挑重担，一人肩负沤麻坑、河口及茨营子村两座桥的施工任务。白天和同事们战斗在工地上，晚上加班整理工程技术资料。一天工作十几个小时以上，从不叫苦叫累。副局长白宽1975年进交通局，在多项工程中，坚持和技术人员一起勘察设计，为道路建设争取项目，做出了积极的贡献。

今年是“九五”计划第一年，赤城县交通局在总结经验的基础上，又确定了多项道路建设项目。其中，温泉至沤麻坑5.5公里油路工程经过紧张施工，路基动土石方3万立方米，东山庙至阎家坪19公里道路工程，现已完成70%以上……

赤城县地方道路的发展，大大改善了全县的交通环境，疏通了全县经济的“毛细血管”，为促进山区资源的开发，加快全县对内对外开放步伐，繁荣农村经济都起到重要的推动作用。（吕怀富　于丽琼　刑海军　侯海云）

［1996.08.12　张家口日报　第1085期　第2版］

架起致富的桥梁

——怀来县运管站发展有形有序货运市场纪实

怀来县交通局运输管理站审时度势，积极探索市场经济条件下行业管理的新办法，大力培育和发展有形有序的货运市场。现在全县基本上形成了布局较为合理、功能较为齐全的货运市场体系，已建成货物配载、煤炭运销、公铁对接三大服务中心；建成12个乡镇级运输服务站；发展拖拉机联合运输队12个，加入拖拉机运输队的车辆达2 257辆；发展汽车联合运输队15个，加入汽车运输队的车辆达565辆，使全县货运市场由过去各自为政的粗放经营变为集约规模经营。

抓好试点　典型引路

怀来县物产丰富，公路铁路纵横交错，全县每年组织货运400万吨，中继货运量600万吨，改革开放以来，这县的公路运输变形成了多层次、多形式、多渠道的新格局。但从发展的角度看，远不适应市场经济的客观要求，货运市场有车无货、有货无车的矛盾日益突出。特别是货运服务组织不健全，被某些中介人垄断货源，牟取暴利，欺行霸市，致使货运市场经营混乱，资源配置不合理，运力结构不协调，流通渠道不畅。治理整顿货运市场已成为当务之急。

怀来县运管站站长王富贵、副站长王胜忠带领全站人员，用一个月时间，深入到京张公路沿线15个乡镇，对货源分布、配置供求、流量流向、运力结构和经营情况进行全面细致的调查。在此基础上，他们按照“典型引导、以点带面、扩大辐射、深层推进、滚动发展”的发展思路，选取了资源比较丰富、运力比较集中、群众积极性高的东八里乡作为试点。

东八里乡货运量大，1994年全乡就有拖拉机120余辆。但由于缺少车货之间的中介组织，导致运输业主找不到货源而到处奔波，有的因业务不景气卖车转行；而企业签订了代运销售合同，因一时找不到运输车队而着急，影响产品销路。严重的时候曾出现过采石场砂石料堆道运不出去，而许多车找不到活干的现象。再加上个别垄断货源，牟取暴利，致使全乡的货运市场经营混乱。这个乡在县运管站的支持下，经过紧张筹备，于1994年7月建起了全县第一个乡镇级公路货运服务站。服务站运用法律手段，积极推行合同运输，服务站先和企业签订运输合同，然后再和车主签订运输合同，服务站成为货源和运力之间的桥梁，缩短了待货时间，并统一组织货源、统一调配运力、统一结算财务等，减少了车货双方的许多麻烦，避免了运费流失。同时积极为车主联系回程配载，往下花园、宣化运送砖瓦、砂石料的车，往回拉砖厂需要的煤灰，每年1.3万吨的煤灰全部是回程配载运回来的，大大提高了车辆的实载率。到了冬天淡季，他们就积极走出去为车队联系运输业务。去年，通过和县矿建公司服务处联系，往铁路货位上拉运黄沙，统一货源地点，服务站代经砂场，设专人管理，定点挖掘。从去年9月份到现在组织30多辆拖拉机共拉运黄砂1万余吨，为车主增加收入6万元。据初步统计，服务站通过全方位服务，每辆拖拉机每年增加纯收入5 000元以上。

启动龙头　全面推广

东八里乡货运服务站的成功，增强了县运管站同志的信心，他们以点带面，逐步建立起具有怀来特色的货运市场模式。

以东八里乡货运服务站为龙头，联结全县各乡镇货运服务站，形成乡镇级货运服务体系。县运管站召开有乡镇党委书记、乡镇长和有关部门、企业领导参加的会议，推广东八里乡的经验，形成共识。继东八里乡之后，西八里、八宝山、新保安等11个乡镇相继建立起来乡级货运服务站。并成立了15个汽车联合运输队和12个拖拉机联合运输队，加入联合运输队的汽车、拖拉机达2 800多辆，占全县货运车辆总数的一半以上。县运管站统一业务指导、统一提供信息、统一货源配载、统一运力调度。这样，使各乡镇的零散运力集中在乡镇运管站周围，形成了一个整体合力，由“各自为战”的粗放经营转变为集约化规模经营。

以县煤炭运销服务中心为龙头，联结京张公路沿线312家煤场，建成煤炭运销有形货运大市场。这里采取独立经营、统一结算、联合销售、运力调配的经营方式，除常年组织拉运于洪寺、艾家沟等煤矿的煤炭出口外销之外，还为京张公路沿线各煤摊提供信息、组织运销。1996年，就签订了17万吨的煤炭运销合同，运销北京、天津、秦皇岛、上海、浙江等地。县运管站强化煤炭市场的监督检查，严把煤炭质量关。

以铁路运输龙头带动公路运输，建成长途短运的公铁联运服务中心。这个服务中心对县内长途外销货物优先提供车皮，联系供销单位，帮助联系车辆，解决了货到站无车运输的难题。县木材公司过去从东北购进木材，货到站无车不能及时往回运输，现在到货后，服务中心当天就能为其拉到指定地点。经服务中心联系西八里乡的砂石料打入“京九”铁路建设工程，该乡的200多辆汽车、小拖拉机也因此增加了运输业务。

以沙城运输公司为龙头，建起公路货物配载中心。他们提供汽车运输、货物配载、汽车修理、装卸等一条龙服务。凡是进入中心的运输车辆，公司按10%的优惠价提供修理、配件、加油服务。他们还在石家庄设立联系处，联系京津石经济带的运输配载业务。他们深入到工矿企业建立货物运输信息网络，年承办货物配载量达6万吨左右。过去是沿路举牌，由于互不信任难于成交，现在只要一个电话就能解决问题。

经过一年多的培育完善，这个县的货运市场基本形成了资源配置合理化、运力调配科学化、运输中介组织化、运输信息网络化、运输交易有形化的大市场经济新格局。这个新格局的形成，加快了全县公路运输业经济体制和经济增长方式两个根本性转变的步伐；规范了货运市场，保护了车货双方的合法权益，杜绝了个别单位和个人垄断资源、欺行霸市、非法经营等不正当行为。发挥出了行业管理职能，避免了偷逃税费现象，使个体车主管理难的问题得到有效解决；更重要的是有力地促进了乡村经济的发展，增加了乡村的经济收入。（梅寒　祥慧　树贵　福贵）

[1996.10.04　张家口日报　第1129期　第1版]

鱼水情深

——国道112线锁阳关抢险纪实

不久前，宣化县委、县政府在上谷宾馆隆重召开“8.13”抢险总结表彰大会。会上，当某集团军工兵团杨平社团长从副市长侯志诚、县委书记李生金手中接过写着“爱民抢险称楷模，锁阳关下显真情”的锦旗时，全场响起雷鸣般的掌声……

锁阳关遇险，险情牵动军地领导的心

锁阳关地处宣化县与赤城县交界的石谷嘴山顶，山势险峻。

8月13日深夜，一输机动三轮车在锁阳关路段的一个拐弯处因陷入泥坑而造成交通堵塞。其后依次停放着从赤城县方向驶来的两辆机动农用三轮车、一辆130货车和一辆面包车。晚23时许，正当陷入泥坑的三轮车主人推车之际，突然听到后面“轰隆”一声巨响，回头一看，只见顺滑的山体携裹着后面的一辆三轮车、130货车和面包车栽进深不见底的悬崖下，灾难顷刻间发生了。

次日凌晨2时左右，赵川养路工区党支部书记程连升接到当事人的报告后，立即向县交通局进行了汇报，局长刘通库组织人员赶到事故地点，集中所有力量封堵路口，维护现场，防止再造成新的事故。同时，把灾情迅速报告了上级领导。

电波传递着灾情，灾情牵动着省市县各级领导的心。省委副书记许永跃得知消息后，立即打电话询问情况，并指示迅速组织抢险，尽快修复损坏公路。市委书记冯文海接到报告后，马上委托项绫邦副市长先行赶赴现场组织抢险。8月15日，彻夜未眠的冯文海、杨德庆、于振华、侯志诚等市领导一大早就驱车赶到锁阳关，冒着山体随时可能滑坡的危险，亲临险境察看现场，指挥抢险。宣化县委县政府的主要领导一直坚持在抢险一线。

锁阳关险情也惊动了驻军各部队。事故发生后，驻军某师师长曹栓泽、副师长李红星多次亲临现场

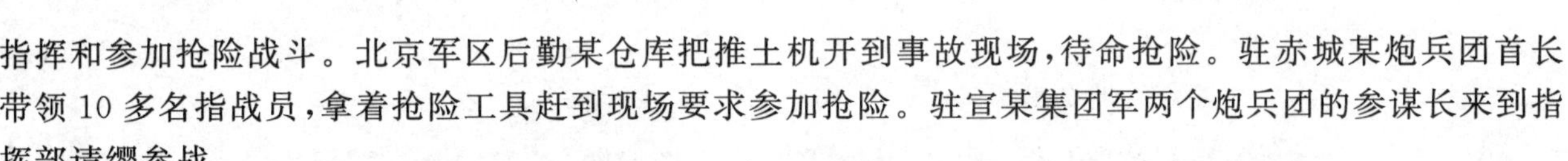

指挥和参加抢险战斗。北京军区后勤某仓库把推土机开到事故现场，待命抢险。驻赤城某炮兵团首长带领10多名指战员，拿着抢险工具赶到现场要求参加抢险。驻宣某集团军两个炮兵团的参谋长来到指挥部请缨参战。

"大功团"再立新功，"英雄连"不辱使命

"由于连降暴雨，山体突然滑坡，造成锁阳关路段大面积塌陷，人车被埋……"驻张某集团军接到抢险指挥部的告急求援后，立即指示由集团军担任抢险任务。

8月14日晚10时30分，该工兵团受命赴锁阳关抢险救灾。深夜11时许，团长杨平社、参谋长巴根那拿着手电驱车赶到现场了解情况；政委吴峻山召集骨干连夜准备抢险工具。8月15日清晨8时，团长杨平社带领一连、二连和工兵连的120多名指战员准时赶到现场。

由于山体滑坡严重，路面塌陷达1 000多平方米，淤积沙土、石块近万方，并形成70多度30多米高的斜坡。被埋车辆又在半山腰，且险石不断从陡崖上落下，给抢险工作带来了很大困难。为尽快排除险情，官兵们抡大锤、挥镐锹、挖沙土、筑路基、搬石头。大多数指战员手上打满了血泡，有的肩上被石块砸得鲜血直流，却没有一个喊苦叫累的。

事故现场悬崖陡峭，吊车、推土机等机械施展不开，拉车时钢丝绳连续四五次被拉断。官兵们就排成一条长龙用手拉，车拉出一点，"哗"又塌一大片，再继续挖土、拉车……两根直径5厘米的尼龙绳被拉断，反弹回来的绳头重重地打在七班长陈本善和五班长宋再福的胳膊和大腿上，顿时弹开两道20厘米长的血口子，他们简单包扎了一下，又咬着牙冲上去。我们的战士是铁打的汉，但绝非铁石心肠。八班长谭利平被批准休假，但他没有坐上回辽宁铁岭市的火车，却踏上了抢险的战车。副班长张文磊刚从老家归队，他强忍父亲患晚期肝癌生命垂危的悲痛，积极投入到抢险中。六班长刘国芳的邯郸老家正遭水灾，家中房子全被冲垮了，年迈的父母生死不明，然而他却是冲在最前面的一个。这就是我们最可爱的人，当人民的生命财产受到侵害时，是他们不顾个人得失安危，挺身而出，舍身相救。难怪冯文海书记感慨地说："关键时刻还是我们的子弟兵啊！"

危难之处显身手，关键时刻共产党员冲在最前头。在挖遇险车辆时，一连指导员张云斌振臂一呼："共产党员跟我上"，立刻从人群中冲出20多名官兵。他们顶着烈日的暴晒挖车找人，明知无生还希望，从石缝中看到遇难者尸体时仍用手搬开石头，扑鼻的尸臭没有使他们退缩半步。

苍天无情人有情。战士们硬是凭着铮铮铁骨从滑体中抢救出被埋的三辆车和2名遇难者的尸体。他们给"大功团"又立下了汗马功劳，他们没辱没"魏成科英雄连"、"长城中队"的光荣称号，他们用自己的鲜血和汗水实践着"为红一师争光，为大功团添彩"的誓言……

谱写"爱民曲"，奏响"拥军歌"

"大功团"、"英雄连"抢险救灾的动人事迹很快传遍了宣化县的村村寨寨，于是在塞外古城一股自发的拥军支前的热流奔涌到锁阳关下。县钢铁集团总公司不仅为抢险提供了大量物资、器材、设备和技术人员，还给指战员们送去了价值3 000多元的背心、西瓜和饮料等。赵川粮油公司连夜赶制了100公斤月饼，送到了子弟兵手中。李家堡乡党委、乡政府为让300多抢险人员吃好喝好，全乡干部职工齐动手，从早上5点一直忙到深夜。邻近现场的关底村干部群众为给烈日下抢险的官兵消暑解渴，自发组织起来给指战员们送去了西瓜、饮料和水。村主任庞志德得知需要撬棍时，从家里扛出20根准备给儿子盖房用的椽子。

"大功团"圆满完成任务在锁阳关下集结时，关底村83岁的李桂枝老大娘拄着拐杖到村边，拉着战士们的手，眼含热泪不住地叨念着"共产党最好，解放军最亲！多亏了子弟兵，你们辛苦啦！"

大地不会忘记，人民不会忘记！子弟兵的血汗不会白流，军民团结的这首鱼水赞歌将世世代代唱下去。（段勇　张梅　史元甲）

［1996.10.10　张家口日报　第1134期　第1版］

加快公路交通建设　促进国民经济发展

110国道郭磊庄至老爷庙段改建工程竣工通车

本报讯　11月9日上午，新修建通车的110国道郭磊庄至老爷庙段上，锦旗飘扬，军乐声声，110国道郭磊庄至老爷庙路段改建工程通车典礼仪式在周家河举行。来自怀安、万全、尚义三县五套班子领导及我市有关部门的领导参加了通车典礼仪式。市领导张宝华、高启明、侯志诚，河北省交通厅副厅长孙宝珠、内蒙古自治区交通厅的领导出席了通车典礼仪式并为通车剪彩。

110国道是沟通河北、内蒙古乃至西北与北京的重要干线，是我省公路运输最繁忙的干线之一。长期以来，由于资金紧张，河北境内的郭磊庄至内蒙古交界的老爷庙段缺桥少涵、坡陡弯急、晴通雨阻，早已适应不了大交通量特别是大吨位车运输的需要，不仅影响我市的经济建设和对外开放，也严重阻碍了西部省区特别是内蒙古自治区与东部的沟通，影响了少数民族地区的经济发展和社会进步。为了改善这段公路的交通状况，方便西部省区特别是内蒙古自治区与东部的沟通，同时也为我市的经济发展和开放开发创造良好的投资环境和交通运输条件，交通部、省政府及省交通厅对这段公路的建设给予了极大的关怀和支持，并将这项工程列为全省重点公路建设项目计划，给予了重点扶持，优先发展。

110国道郭磊庄至老爷庙段改建工程，从去年4月8日正式开工到现在，经过两年的艰苦奋战终于正式通车了。这项工程主线全长42.214公里，连接线4.4公里，设计标准为二级公路，设计荷载汽—20，挂—100，路基宽12米，路面宽9米，路肩全硬化。全路共建大桥3座，中桥9座，小桥33座，涵洞237道，动用土石方286万立方米，防护排水及安全工程砌体达15万立方米。这条路原计划用三年时间，交通部、河北省交通厅要求一年完成改建任务，工期之紧，工程量之大，在张家口公路建设史上没有先例。在工程管理方面，指挥部根据时间紧、任务重的特点，将全路段分为10个标段，通过议标的方式，选定张家口、承德、武警、交通部一公司等所属专业施工队伍承建。结合张家口实际，采用了“指挥部＋菲迪克”式的组织管理形式，对工程实行政府监督、施工监理、企业自检的三级质量保证体系。施工中，指挥部不仅严格要求施工单位和监理人员，而且下很大力量力争解决好多年在公路建设中存在的质量通病问题，如路基沉降，软土地基超限沉降，桥头跳车等质量通病问题。今年7月份，省交通厅在郭老公路召开了全省的公路工程质量管理现场会，省交通厅、市政府有关领导对郭老工程给予了充分肯定和较好的评价。

副市长侯志诚在讲话中强调指出，110国道郭老段改建工程各级领导对此非常重视。省政府、交通部、省交通厅领导都曾来此视察。在工程设计、施工人员的积极努力下，三年的工程任务仅用两年就全部完成，创出了高速度、高质量，成为我市乃至全省的一条样板路。这段公路的建成通车，不仅顺畅了我市与西部省区的联系，更使内蒙古少数民族地区与东部地区畅通无阻，为西部省区经济的快速发展创造了条件。

在谈到今后的公路建设时，侯志诚要求，要认真推广110国道郭老段工程指挥部对工程质量一丝不苟、精益求精的好经验和好做法；要学习沿线政府、单位和群众顾大局、识大体，全力支持公路建设的高尚风格；要学习施工单位顶风雨、战艰险、保质量、抢工期的拼搏精神。经过两年的努力，他们不仅修了一条好公路，而且为我市创出了一种好精神。

省交通厅副厅长孙宝珠、110国道郭老段改建工程总指挥董维孝也在通车典礼仪式上讲了话。典礼仪式后，与会人员驱车察看了全程路段，并对工程质量给予了高度评价。　（王宏宇）

［1996.11.12　张家口日报　第1162期　第1版］

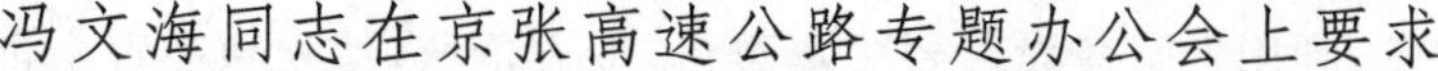

冯文海同志在京张高速公路专题办公会上要求

狠下决心自我加压确保
京张高速公路1997年开工1999年通车

本报讯　11月19日上午，市委书记冯文海会同副市长侯志诚召集市计委、市交通局的负责人专题研究京张高速公路的立项建设问题。冯文海指出，我市开放开发工作的当务之急是修建京张高速公路，我们必须狠下决心，凝聚实干，自我加压，明确目标，确保京张高速公路在1997年开工，1999年通车。

京张公路是国家重点主干线，是西北各省区同京、津及沿海港口和内地各省、市经济交往的咽喉要道，也是晋煤外运的主要通道之一，该路对带动沿线欠发达地区及西北部贫困地区的经济发展具有十分重要的作用。京张公路对我市经济文化发展更为重要，目前由于车流量的增多，京张公路堵车现象日趋严重，特别是北京—八达岭高速公路已经开通，宣大高速公路已经开始拆迁动工，将于1998年开通，张市至半坡街已修成一级汽车路，京张(北京界至小漫岭段)路段成为交通瓶颈，将会严重制约我市经济的发展。

市委、市政府十分重视京张高速公路的修建情况，市委书记冯文海一直惦记京张高速公路工作情况，亲自过问工作进度，多次指示，一定要抓紧这条路的申报立项工作。1995年10月11日，冯文海同志批示："京张高速公路的建成，对我市经济和社会的发展将起来不可估量的作用，志诚同志和市交通局、市计委的同志为京张高速公路的立项付出了许多心血，希望以只争朝夕的精神，抓紧工作，争取早立项、早动工、早建成、早受益，造福全市人民。"目前这项工作的预工程可行性研究报告已于今年8月通过省评审，与北京有关部门签订了接线点协议，正在着手进行工程可行性研究报告。

京张高速公路北至怀来县甘子堡村与北京交界处，南至宣化县小漫岭，与我市一线汽车专用线和宣大高速公路两条高等级公路相接，全长约70公里。总投资约20亿人民币。目前测算日均车流量1.4万辆(折合标准车)，投资回收期为12.9年。

冯文海在听取了市交通局和市计委负责人的汇报后，与侯志诚副市长共同对面临的问题和难点做了研究。冯文海说：从我一到张家口市，就时刻想着修这条路，自我市1995年5月9日开放以来，我市开放力度，所做的工作，大家付出的心血，都是令人满意的。但道路的基本建设不适应。严重制约了我们的经济发展。冯文海强调：要想真正实现实际意义上的对外开放，要想经济得到发展，富民强县兴市奔小康，要想步入河北省经济发展快车道，要想改变贫穷落后面貌，上台阶建强市，必须搞好公路交通的基础设施建设，特别是交通主干线，尤其是京张高速公路，这是交通基础的基础，关键的关键。目前看，随着宣大高速公路、207国道的改扩建，京张公路已经成了交通瓶颈，已经制约了我市经济的发展，影响了开放开发，修京张路已成了当务之急。这条路若修通，将是对我市经济社会发展作了一项扎实的基础工作。在实现市委、市政府提出的将我市打入京津经济圈，成为北京的西郊区的目标迈出坚实的步子，就为依托京津、借助外力发展自己创造了良好条件。

冯文海同志对加快京张高速公路建设提出四点：

第一，要统一认识，形成共识，明确目标。要认识到，修建京张高速公路是开放开发、振兴我市经济发展的需要，也是市委、市政府的死命令，是全市人民的强烈要求。京张高速公路是条致富路，是条形象路，是条翻身路，是条我市经济和社会发展的生命路，此路开通，我市不开自放。因此，市委、市政府一直作为大事要事来抓，列入了重要议事日程。市委、市政府不仅部署，而且要考核，也希望市计委、市交通局作为本单位头等大事，抓紧抓好，全力以赴，要求在这个项目未列入国家"九五"公路建设计划的情况下，自我加压，加大工作力度，千方百计，把这条路挤进国家计划之内，把修好这条要道作为向人民献厚礼的工作。要明确目标，确保这条路在1997年开工，1999年通车。

第二，要日夜奋战，精心准备，完善程序。要补充列入国家交通部、国家计委的立项，我们首先要把前期工作做好，做扎实、做细，准备工作争取在明年3月以前完成，力争提前，并且尽快敲定线路。资金问题是重点,要多方争取。能进入国家立项,由部、省、地方筹资当然好,争取世界银行贷款、发行股票也是好办法,也可招商引资,利用外资建设。要主攻重点,多方争取,使立项和资金都有着落。

第三,要领导挂帅,调兵遣将,跑部进省。京张高速公路建设问题不仅我市重视,省委、省政府也十分重视,程维高书记、叶连松省长都亲自指示省交通厅,何少存副省长几次来我市研究过此事,我市一定要借助好省里的支持,把工作做好,市计委、交通局一把手挂帅要亲自抓,明确副职专门抓,组织精兵强将盯住北京的部、委,常跑、跑好,跑出部委的支持,这是衡量我们干部思想是否解放,能力是否较强的一个标志。同时要明确目标,敢进大机关,敢跑大部委,敢找大领导,从态度上、方式上、接待上、洽谈上感动上方支持我们,千方百计争得部委的立项,减少自己的压力,开工之日我们要庆功表彰。

第四,要严密组织,协调各方,确保成功。京张高速公路没能列入国家"九五"公路建设项目,现在再进入确实难度很大。我们要明确,领导干部就是应该破解难题,迎难而上,解决了难题,社会就发展了。因此,市委、市政府要亲自抓这项工作,将成立京张高速公路建设指挥部。同时要协调各方,凡涉及到的部门必须全力以赴,真抓实干,密切配合,若出现哪个部门配合不力,推诿扯皮,造成延误战机的,要追究耽误者领导责任。新闻单位也要加大对京张高速公路建设的宣传力度,好的鼓励表扬,不力者批评曝光,作为宣传要事列入日程,让全市人民关心这条路,放心这条路。

副市长侯志诚也对这项工作下一步任务提出要求。 (本报记者 王晓轩)

[1996.11.20 张家口日报 第1169期 第1版]

本市出台投资交通建设项目优惠政策

本报讯 为加快我市公路交通建设步伐,优化道路交通环境,拓宽筹资渠道,鼓励国内外客商投资公路交通建设项目,日前我市出台了《鼓励国内外客商投资公路交通建设项目的优惠办法》。

我市地处京、晋、冀、蒙交界处,地理位置异常重要,是连接东部经济带与中西部资源产区的重要纽带。但现有公路不再适应于大交通量的需求,明显滞后于经济的发展。为改变这种状况,实现负重加压、以快补晚,尽早并入全省经济发展快车道这一目标,我市在公路建设中鼓励国内外客商投资公路交通建设项目,互惠互利,共同发展。

《办法》共包括十六条内容,规定在审批手续、建设、经营等方面给予投资者一系列优惠。同时还规定:投资者可采取合作经营、合资经营、独资经营,BOT方式,购买已投入使用或在建公路全部或部分经营权,向境内外申请贷款、发行债券等方式投资经营公路交通建设项目。为保证投资者利益,投资额超过五千万美元,回收期十年以上的公路交通建设项目,经协商并报经上级交通主管部门批准经营期可延长至二十年。 (陆峰)

[1997.05.06 张家口日报 第1308期 第1版]

塑造公路形象 促进开放开发

我市公路形象建设发生喜人变化

本报讯 看一个地区经济发达不发达,首要的一条要用交通作为主要标志,今年我市公路建设速度不仅有跨越性进展,而在公路形象美化中发生了突破性变化,令人欢喜,使人振奋。

国道、省道是外界公众认识一个城市的第一标志。为加大我市开放开发力度,推进全市形象建设,树立良好公路形象,今年,市交通局以推进全市国、省干线公路形象建设为突破口,全面提高交通"窗口"

单位的服务水平。搞好“百里长街”的绿化美化工作，加快公路建设步伐，促进我市开放开发，为此，这局把这项工作纳入了目标管理，任务分解，责任到人。同时，他们还制定了《国、省干线公路形象工程建设实施方案》，并决定用2至3年时间，把我市二级以上标准的国省干线公路、主要城市出口路及与外省交接的干线交界路段建成符合省形象工程要求的标准化路线，使全市的路容路貌有较大的改观。树立良好的张家口公路形象，更好的促进我市的开放开发。为此，这局投入了大量的人力、物力、财力用于改善国省干线公路形象。目前，全市已建成形象路199.752公里。

今年以来，他们集中精力建设“三无”(无坑槽、无集市、无堆积物)路段，并对境内的四条国道进行了集中整治，重点清理两侧边沟，解决脏、乱、差问题，共清理边沟74公里。保护了公路设施，美化了公路形象。

为加强城市出口路段和外省市交接路段建设，今年他们在207国道平门段搞了3.5公里公路形象工程建设，共投资155万元，112国道宣化东门外3.5公里公路形象工程建设共投资195万元。110国道(120K～150K)30公里形象路建设，总投资2 800万元。109国道阳原西城至北梁段22.25公里形象建设。总投资2 100万元，对全路段实行罩面、绿化、标志、标线齐全，同时新建大道班，以上各项工程总投资5 250万元，现已全部进入扫尾阶段。

加大公路绿化投入，今年全市共绿化公路4条110.9公里，共投工一万多个，动用机械台班60多个，植树苗528 600株，栽植花灌木3 000丛，种花里程达21公里。合6.3万平方米用于公路绿化的资金达215万元。目前，我市公路绿化里程达2 168公里，去年10月份竣工通车的110国道郭老段公路，今年，这局重点搞了绿化工作，共投资92万元，绿化43公里，并建成两处标准化大道班。今年这局对国省干线大修77.14公里，中修138.25公里，县级公路大中修完成39.04公里，共投入资金2 496万元，用于改善公路的整体服务水平。为加大公路形象管理力度，强化公路建设形象，还在国道主要路段悬挂42块县(区)长、局长形象公路建设标牌。这项活动将进一步把公路养护与管理工作推向社会，这不仅使公路形象化建设增强了透明度，接受社会监督，同时，增强了全社会树立公路形象意识，唤起全社会爱路、护路的美德。　(梁世贵　席照平)

[1997.12.01　张家口日报　第1485期　第2版]

做好交通保障工作　确保救灾物资及时到位

省市县交通部门全力以赴抗震救灾

本报讯　张北县西部发生6.2级地震后，省、市、县交通部门非常重视，采取有效措施，及时调集100多部车辆，奔赴灾区抗震救灾，同时千方百计保证道路畅通，使各种救灾物资及时到位。

地震发生后，省交通厅路富裕厅长、省公路局张全局长都详细询问灾情和道路交通情况，并及时作了指示。省交通厅派员及市交通局党委书记一行星夜兼程奔赴灾区，察看沿路各国省干线，并指导和部署救灾工作。市交通局立即组织成立了以张富强局长为组长的抗震救灾领导小组，并一再强调：“交通部门一定要做好交通保障工作，守护好一条条钢铁‘生命线’！”

为确保灾区与外界联系畅通，各项救灾物资运输及时到位，灾区人民及财产的疏散与转移，最大限度地减小灾害损失，市局要求110线、207线所有公路站路政人员、养路工人全部上路维护道路、保障畅通，并调集100辆卡车，张北县交通局及时组织客车16辆、货车50辆陆续奔赴灾区参加抗震救灾，协助当地政府做好灾民疏散、物资运输、伤员护送工作。县交通局长赵树庆等领导还迅速组织技术力量分别带队，沿207国道等国、省干线和地方道路进行了逐段巡查，安排专人对重要桥涵重点设防，昼夜监测，尤其对震中地区的几条路线，除组织邻近工区的养路工人做好监测预报、应急抢修准备外，还迅速集结了50人的民兵应急分队，随时待命出发。市交通局还迅速通知110、207国道沿线各通行费站开设“抗震救灾车辆专用通道”，抢险救灾车辆一路绿灯。 （张俊成 栗占刚 席照平）

［1998.01.13 张家口日报 第1521期 第1版］

众手浇筑志气路

——尚义县郭花公路改建纪实

1997年10月，当一座长125.48米、高14.99米的4孔25米等截面悬链线石拱桥矗立在尚义县狮子沟河上时；当一条长15.15公里的柏油路呈现在尚义人的面前时，人们也许不会忘记，作为全省交通系统倒数第一的尚义县却完成投资610万元，在该县的交通发展史上写下了重重的一笔。工程任务的超额完成，凝聚着全县人民的辛勤汗水，凝聚着全体建桥工人，筑路人员的心血和汗水，也凝聚着所有关心和支持工程建设的各级领导的心血和汗水。

（一）

纵贯尚义坝下南北的郭花公路，穿越了该县的五个乡镇和尚义煤矿，是该县南北的重要交通干线，是扩大开放的窗口路。由于这条路为砂石路面，一些路段坑洼不平，且路基基础差，标准低，坡陡，弯道多，线型崎岖，沿线还穿过三条较大河流，每到雨季，或者泥石流淹没道路，阻断交通。

尤其是位于这县小蒜沟镇东南的狮子河，由于经济困难，河上一直难以架设一座桥梁，每到汛期，由于水量大，河水来得急，给当地的群众的生产生活及郭花公路带来了很大的威胁。经常都有村民被河水冲走，运煤车深陷河中经济损失惨重。小蒜沟及周边几个乡镇是著名的蔬菜产地，西红柿、豆角、大蒜在北京等市场十分走俏。但由于狮子沟时常发洪水，许多前来运菜的车辆只好望河兴叹，空载而回，许多农民的蔬菜白白烂在了地里。狮子沟河成为当地群众的“寒心河”，成为郭花公路的“瓶颈”，成为制约当地经济发展的“拦路虎”。因此，能在狮子沟河建一座桥，是历届县委、政府领导梦想的事情，更是广大人民群众多年的心愿。

到了1995年，新的一届县委班子组建后，把郭花公路改建工程作为带动坝下五个乡镇经济发展的突破口来抓，并立下了“有条件要上，没有条件，创造条件也要上”的誓言。县委、政府的主要领导多次奔赴上级主管部门，争取项目立项。省市有关部门终于被尚义人民修路的急切心情所感动，决定把郭花公路改建工程列入国家2000年扶贫攻坚计划。工程总投资2 000万元。

（二）

郭花公路起于万全县郭磊庄，止于尚义县花尔台，全长81公里，其中在尚义县境内58公里。郭花公路虽然经过努力已立项，但作为承建单位的尚义县交通局却备感肩上的重担。

建桥梁，修公路，是一项十分艰巨的工程。尤其对于尚义这样的贫困县来说，不仅需要投入大量的人力、物力、财力，更重要的是需要一种精神。他们积极主动地迎着困难上，凭着一种硬骨头精神，一种实干精神，一种对事业执著追求和高度负责的使命感，心往一处想，劲往一处使。表现出空前的凝聚力和向心力，克服道道难关，启动了建设工程。

工程一开工，他们便遇到了难以想像的困难。迫在眉睫的便是资金异常紧张，开工之初，仅有县交通局自筹的5万元资金，而狮子沟桥全部工程概算投资417万元，5万比417万，难度之大可想而知。在这种情况下，尚义县交通局一班人没有被困难吓倒，而是想尽一切办法，确保工程需要，一是打紧开支省一点，大到工程器械，小到后勤用扫帚，能不买的尽量的不买，能少买的就绝不多买。对全局人员的工资及补助全部停发，将有限的资金用于工程上。1997年，全局干部职工已连续5个月未发工资。二是干部投劳节一点，上到工程总指挥，下到锅炉工，在完成本职工作的前提下，全部到工地参加义务劳动。在狮子沟大桥建设中，全体干部职工义务脱800多块混凝块，挖1 000方桥墩基础，节约资金4万元。

在铺路中，大家又到工地与民工同吃同住共同施工。三是千方百计赊一点，大到工程器械，小到后勤用的柴米油盐，能赊则赊，能借则借。石料不够，总指挥孙国民八下流平寺石料厂苦口婆心，感动厂家，赊回了价值11万元的石料；食堂告急，他沿途赊粮赊菜，仅油盐酱醋就赊回价值5万元。因此，获得了“赊局长”的绰号。四是部门借贷集一点，为争取银行贷款，由市局奖励的桑塔纳轿车已先后抵押了两次，局长梁宝的房产证至今仍抵押在银行。整个工程中从未发生过人等料的现象，这在贫困地区工程建设史上并不多见。

狮子沟大桥设计长125.4米，高14.9米，如此大的桥是尚义县桥梁建设史修筑的最大一座桥梁。同时，该桥由于技术要求高、施工难度大，由一个县交通局建造，这在全省交通系统也寥寥无几。他们在仅剩2名技术人员的前提下，克服资金、设备困难，发扬敢于创新，能打善战的精神，向传统观念挑战，向技术禁区挑战。在开挖桥墩基础时，由于没有机械设备，从工程总指挥到普通后勤人员，在流砂、塌方等险情不断发生的情况下，全部站在齐腰深的水中进行大开挖，每个墩台要开挖成宽12米，长23米，深7米的大坑，5个墩台的基础几乎把整条河全部都挖开了。在砌拱过程中，如用木材或钢材作拱架的惯例，需价值40多万元的木材。为节约资金，他们采取用土牛子做拱架的方法，在近40天的时间里，用土牛填墩台动用土方3万方，宛如堆起一座2米高、37米宽的大坝，仅此一项节约资金24万元。在砌拱时，最大的拱圈石头重达400多公斤，他们硬是靠着4个人扛，4个人扶，一直抬上12米高的土坝上。在三天时间里，从早上5点一直干到晚上11点，全部用人工完成砌石700立方米的砌栏。

在整个工程的建设中，凝聚了上至县委、政府领导，下至普通百姓心血。县委、政府领导把这项工程纳入全县工作的重中之重，多次亲临工地指导工作，并召开4次协调会，专门解决劳力和材料不足问题。副县长张发为了确保工期，亲自上工地参战，与工人同吃同住半个月，吃的是80个人一口锅的煮挂面，喝的是河边的泉水，深深感动了参战的广大工人，有力地推进了工程建设进度。沿线各乡镇像抓农田水利基本建设那样，抓工程建设，给予了极大的支持。其中南壕堑镇为解决小拖拉机燃料问题，自己贷款解决，红土梁村全村140多名劳动力，舍小家顾大家，为保证施工，连续奋战两个月，却没有闲暇时间去起自家地里的山药，有的竟冻在地里。年近60岁的县人大副主任、交通局党支部书记李文有，为了准确掌握日炒油砂的最大能力，从早晨七点一直到晚上六点，站在油锅旁，一秤一秤地过磅，硬是掌握了油场日最大翻砂能力。一天下来，老李的脸熏黑了，本已十分稀疏的头发却因沥青粉尘的粉结怎么也梳不通。

正是因为有了这上下一心撼动山岳的团结协作精神，才奏出了尚义县交通人的最强音。在技术力量薄弱的现实情况下，他们没有却步，没有气馁，而是憋着一股一定要拿优等工程的倔劲，克服了一个又一个难以想像的困难，狮子沟桥被评为省优质工程。

历经十个月鏖战，倾万千人心血。一座125米的大桥，15公里的油路，终于在金秋十月呈现在尚义的蓝图上。这里，埋藏着多少鲜为人知的事迹，饱含着多少代、多少人期盼的心愿，它是一条志气路，它是一座争气桥，表现了贫困的尚义人民脱贫致富的志气和决心。（本报记者　王宏宇　本报通讯员　张成群　王斌）

[1998.02.05　张家口日报　第1538期　第2版]

发挥运管职能　情系灾区人民

——市交通局运管处抗震救灾记事

一方有难，八方支援。地震发生后，全国各地纷纷向灾区捐款捐物。在这些通往张北灾区的运输物资历中，有一队贴着交通标志的我市求援车辆，昼夜坚持在繁忙的207线上。在这个车队中，有运输企业的车，有事业单位的车，有个体户的车，还有驾校的车，报停的车，真可谓“形形色色”，不一而足。

这些车队，之所以能够在很短短的时间里组织起来，是与广大交通运管人付出了的巨大努力分不开的。截至2月3日，市交通局运管处共完成调拨运输救灾物资89个车皮，组织运力近千辆，运输货物5 695吨，参加运输单位50个。同时还调运物资麻袋206 330条，纸箱13 314套、纤维板55吨，猪肉100吨，荆笆1 000块，塑料布10吨。

情系灾区人民

为保证地震灾民安全越冬及下一步重建家园，省政府调节调拨的第一批救灾物资66个车皮于1月14日运抵我市，并要求在5个小时内送往灾区。

在当时这种时间紧、任务重、责任大的情况下，省交通厅决定临时调集廊坊、保定两地运输企业各100辆汽车准备在我市完不成任务时随时前来支援我市。与此同时，市交通局运管处在地震发生后已紧急行动起来，他们本着“灾情就是命令，救灾就是大局”的高度责任感、使命感，决定以最快的速度，最好的质量打好抢运救灾物资这一仗。虽然面对历史上从未遇到过的货物运输任务，但根据多年经验，他们觉得有决心、有信心靠自己能把这次工作完成好。

在紧急调运车辆中，他们首先发挥大、中型国有运输企业的优势。张家口运输集团公司、市运输总公司、市大型物资起重运输公司、市粮食局、宣化化肥厂、沙岭子电厂等单位都放弃自己单位运输任务，选派车况好、驾驶技术熟练的人员承担了任务。运输集团公司第二货运公司，从救灾开始，贾铁民经理就带着全部车辆、司机、修理工，从宣化赶赴张家口市。10几天中，他们住小店、吃方便面，昼夜奔驰在运输线上，保证了救灾物资及时运抵灾区。

在车辆调度中，许多企业生产不景气，经济效益差，但他们接到命令后，不讲条件，不说困难，千方百计保证按时发车。市大型物资起重运输公司，职工已连续4个月不发工资，但他们在经理王德富的带领下，全身心投入抗震救灾中来，不分昼夜，随时组织车辆，哪里有急任务，哪里就有他们的身影。除抢运救灾物资外，还抽调两台吊车三次抢险救援。

在许多单位经营十分困难，车辆已全部承包到司机个人手中，为及时支援灾区，单位领导仍迅速联系车辆，保证完成任务；还有的单位宁可推后开支，借钱为汽车加油，把救灾任务当作头等大事来抓。如宣化大特公司接到通知后，迅速从北京调回正在搞运输的车辆，由12名司机驾驶着12辆斯太尔货车不顾道路艰险，顶风冒雪，连夜归队，听从调遣。

发挥运管职能　抢运救灾物资

一切服从大局，一切服务大局。震灾发生后，市交通局运管处将抢险救灾、组织运力作为压倒一切的政治任务来抓，除抽调小组成员外，全处运管人员全力以赴，昼夜奋战。为保证运输车辆畅通，他们连续两天两夜自己动手制作醒目的统一标志。他们一切为灾区人民，一切想着灾区人民，货运科长纪学勤负责这次调运车辆总指挥，由于任务重，时间紧，他已连续几天睡不上觉，加上打电话多，嗓子已红肿，说不出话来，但他仍坚守在调运中心，一直把省、市政府救灾物资安全送往灾区。还有许多人都感冒发烧，嗓子疼，仍以一种无私无畏的精神和工作态度战斗在抗震第一线。用他们的话说，为了灾区人民，再苦再累也心甘。

在运输过程中，由于我市市区车辆不够，广大运管人员又紧急向各县区调运车辆。蔚县运管站在接到通知后，连夜组织车辆，在短短的几个小时内，便组织了74部车。然后在运管人员的带领下，顶风冒雪排着7公里长的车队连夜奔赴张家口。他们领取任务后，迅速投入到各个货场抢运物资，随后立刻赶赴坝上灾区。当车队圆满完成任务返回时，所有运管人员和驾驶员在三天两夜中只吃了一顿饭。他们这种无私奉献、忘我工作的精神使知情者无不为之动容，受之感动。

宣化区运管站把调集抢险救灾车辆作为压倒一切的政治来抓，在接到组织运输车辆的任务后，立即向所有用车单位发出命令，并在几小时调齐174部运输车辆。为保证车辆快速有序装卸货物，该站将组织的这些车统一分组、编号，并贴上醒目的标志，以便统一调度指令。全体运管职工不怕冷、不怕累，顾不上吃饭、休息，连续工作，圆满完成了运输任务。市领导在装货现场高度评价了他们的工作。

尤其可贵的是，在这次抗震救灾物资抢运中，广大的个体经营者积极投入到抗震救灾物资的抢运工

作中。在西沙河一带，承揽社会零散货物运输的37部个体车辆，在市运管处的统一组织下，也投入到救灾物资的抢运中，并且安全、准时地把货物全部运抵灾区。新成立的翔宇公司在听到市运管处的紧急通知后，主动上门请战，把仅有的一部新购入的大货车先后几次投入到救灾物资抢运的工作中。（王宏宇　靳永高）

[1998.02.17　张家口日报　第1548期　第2版]

为了宏伟蓝图早日实现

——市交通局局长张富强公路建设一席谈

近日，记者走访了市交通局局长张富强，请他就今年如何进一步加快交通事业发展，谈了思路和举措。

他说："今后3年是我市公路建设发展史上的顶峰时期和特殊时期，到2000年要实现市委市政府及省市交通部门描绘的宏伟蓝图，做到高等级公路四通八达，纵横贯通，大约建成1 000多公里长的公路，京张、宣大两条高速公路相接，贯穿张家口东南；与之并行的109、110两条二级公路也要届时改造完毕。国道107线跨越宣大高速和109、110两条高速公路，贯穿张家口南北；南北方向的沙三公路、赤保公路、张沽公路由现在的砂石路和部分砂石路、改造成油路。三年平均投资18亿至20亿，今年确保完成12亿投资，争取完成14亿。去年完成公路建设投资6.5亿元，比'八五'计划总和还要多，今年比去年要再翻一番。

这样宏伟而艰巨的工程任务，按照常规发展思路，怕是很难完成的，必须按市场经济的思维方式，京张公路能立项就是改革开放的结果，是市场经济发展的结果，当时有人认为是办不成的事，但经过上上下下一年的努力，现在事情就要办成了，这又是事在人为的结果，张家口交通落后，有地域的关系，且天气寒冷，地广线长，车辆少，收费少，有这些不利因素，但不能就说张家口交通事业上不去，这就需要我们更新观念，解放思想。既然落后了，更要加快发展，否则将更加落后。去年207、110两条路当年开工当年完工，这样的工程在我省南部也需两年，我们在施工期比南边一年短两个半月的情况下，实现当年完工，这在以前是想也不敢想的事。通过我们的努力，张家口与河北南部的差距在进一步缩小。

为了保证今年目标任务的实现，我们要做好三篇文章。一是改革的文章，从根本上改变计划经济的模式，完完全全走向市场，在公路建设的管理体制、机制、方法上抛掉计划经济的那一套，要把工期的长短、质量的好坏、节约或超支都与个人收入挂钩，千方百计调动职工积极性，不论谁的路段，出了问题，也要取消抵押金，并让其下岗。

二是质量的文章，去年全市自筹奖金2.9亿，今年自筹5亿以上，争取七八个亿，力争吸收国内股份制资金4.5亿，力争实现日本政府贷款1亿美元，在与外商引资上努力再有突破。

三是做好质量的文章，今年干的都是高等级公路，是造福万代的千年大计，在质量上必须做到万无一失，管理体制上，要按照国际惯例，实行独立职能的工程监理；管理机制上实行项目组负责制，质量目标国家规定优质工程是85%以上，我们力争达到95%以上，为了确保质量，今年加大了设备的投入，投资2500万元，购置了现代化的施工设备。今年公路形象建设上，也加大了力度，以110线为重点，各县积极行动，在全市各主要干线上展开了千里绿化工程会战，现已取得初步成效。"（本报记者）

[1998.04.24　张家口日报　第1605期　第2版]

改善投资环境　促进开放开发

我市公路建设创下六项历史纪录

本报讯　我市各级交通部门在市委、市政府和省交通厅的领导下，遵照"解放思想，更新观念，确保重点，突出难点，质量全优，加快发展，负重加压，以快补晚"的指导思想，积极开拓进取，加快公路建设，去年一年中，创下了公路建设史上六项最高纪录。

1997年公路建设总投资达6.5个亿，是1996年的3.2倍，比“八五”期间投资总和还多，投资是历史上最大的一年。

当年竣工通车的油路达132公里，其中二级公路107公里，公路竣工里程是历史上最长的一年。国道109线改建工程，国道110线二期工程，国道207线张北段一期工程，省道下广线涿鹿段改建工程，张沽线崇礼段扩建工程均于去年10月底前竣工通车。

牢固树立“质量重于泰山”意识，去年市交通局提出了所有工程只要优良，不要合格的口号。竣工的所有公路工程经省交通厅严格检查验收，全部达到优良。质量是历史上最好的一年。

为了弥补公路建设资金缺口，交通部门加大了筹资力度，想尽一切办法筹措资金。一年中，自筹资金达2.9亿元，是1996年的7.2倍。自筹资金是历史上最多的一年。

为加快公路建设速度，交通部门勇于破除迷信，解放思想。在国道207线张北段、国道110线二期工程建设中，打破了几十年夜间不能施工的禁锢，实现了当年设计、当年开工、当年通车。这是我市公路建设史上最快、工期最短的工程，开了我市公路建设史上的先河。

各级交通部门把地方道路建设当作促进富民强县，富民强市的一项重要工作抓好、抓实。一年中，完成了31项工程，总投资达7 123.6万元，通车里程增加了409公里。新改建油路97.78公里，有8个乡镇29个行政村新通了柏油路，是历史上发展最快的一年。 （程瑞川）

[1998.04.24 张家口日报 第1605期 第2版]

国务院批准建设京张高速公路列为今年加快建设的新开工项目，总投资为30亿元

本报讯 近日，国务院批准建设京张高速公路。该项目的兴建，将大大缩短北京与张家口的运行时间，汽车行驶由过去的4个小时缩短为两个小时。对张家口农副产品外运、大同煤炭外运，沟通大西北，改善投资环境，繁荣经济，加快贫困地区脱贫，具有重要作用。

在国务院及国家有关部委和省及有关部门的大支持下，京张高速公路项目迅速得到落实。为建设京张高速公路，张家口做了大量的项目前期准备工作。京张高速公路已列为国家今年加快建设的新开工项目，建设工期为3年。这条公路河北段起自怀来（冀京界），经沙城、下花园，止于宣化小慢岭，接宣化至张家口公路，全长约78公里，全线采用高速公路标准建设。这条公路是国家规划建设的丹东至拉萨国道主干线在河北境内的一段，是西北各省区同京津地区经济文化交流的重要通道。原京张公路近年来交通量迅速增长，特别是大吨位超载运行的运煤车辆猛增，使得交通严重拥挤，经常阻塞，事故多。新路设计标准高，在东花园、沙城、鸡鸣驿和顾家营共设4处互通式立交。该项目总投资为30亿元。资金来源于国家专项资金、中央财政预算内专项资金、河北省公路建设基金、银行贷款等方面的资金。 （胡栋 贾荣）

[1998.09.02 张家口日报 第1716期 第1版]

二十年前人等车 如今变成车等客

旅客出行：越来越便捷了

如果说从一个县到另一个县半个月上不了车，这话在今天听来简直是件不可思议的事情，但20年前的确如此。

笔者上中学时寒假到康保县张纪乡（过去叫公社）外婆家过春节，返家时外公套小马车从村里赶10多里路送到张纪乡汽车站，那时一天只有一趟公共汽车，而且又是过往车。由于汽车在起点站就几乎客满，等到达该站几乎无票可售，所以我是天天走天天走不了，连续15天后，不得已外公将我送到30里以

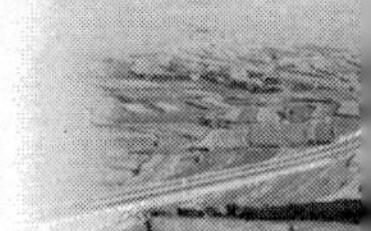

外的康保县城才坐上车。外婆也由开始抹泪依依不舍地送别，到最后“骂”我说送我比送神还难。

即使是到了20世纪80年代末期，笔者高校毕业被分到张北县单晶河中学任教时，也是常常因为客多挤不上车而延误上班，加之有时遇上暴雨或大雪天，更是一星期不能上课。

许多同事也有同感，过去在外地上学或工作的人们假期或过节，常常因为买不上票而误了开学或上班。而在农村，马车除了干农活外，更大的一个用途即是交通工具。

如今则不同了，人们出行等车几乎用不了半个小时，更不用说等多少天，公路上到处可以看到客车，整个客运网络也是遍及各个乡村。

与过去相比，现在虽然客流量大了许多倍，但客运车辆的增长速度远远超过了客流量的增长。如果说过去是人等车的话，今天变成了车等人，公共汽车也由过去清一色的国营大轿车变为国营、集体、个体一齐上的大、中、小轿车，而且个体中巴占了绝大多数。这样变化表明，旅客出行越来越方便快捷了。

与公共汽车变迁相关联的是，全市公路建设更是日新月异飞速发展。过去我市境内除仅有的几条国道为三级柏油路外，其余大多数为砂石路和土路，今天的国道已变一、二级汽车专用线，甚至变成了高速公路，而许多省道甚至是乡村级道路也成了柏油路。

就连过去人山人海的汽车站，今天大多变成“多种经营”，那些乡级汽车站，今天已不复存在，人们等车可以在路边任何一个地方。　（本报记者　赵树德）

[1998.09.29　张家口日报　第1739期　第1版]

情牵灾区“生命线”

——记杨哈公路三级油路改建工程

张北、尚义地震发生后，来自各地的数不清的满载救灾物资的车辆，冒着严寒，通过一条叫杨哈公路的砂石路，为灾区人民送去急需的各种物品。在这危难时刻，杨哈公路成为数万灾区群众的“生命通道”，成为一条灾区人民与全国各地的“连心路”。

杨哈线是张北通往尚义的一条县级公路，起自张北杨棚庄，终至尚义哈拉沟，横贯两县11个乡镇，可辐射沿线的169个行政村，625个自然村。这条路虽有50多年的历史，但它仍只是一条等级较低的砂石路。地震，这里被世界各地关注；震后的恢复生产、重建家园非但没有被外界遗忘，却更受到方方面面重视。

作为救灾时的“生命路”、“连心路”，曾为灾区的人民群众带来了战胜困难和对未来的憧憬。但是今后的重建家园、脱贫致富，这条路还能承担起重负吗？望着坑坑洼洼，崎岖不平的山路，望着灾区人民祈盼的目光，交通部门再也坐不住了。作为修路的人，他们深知，要想富，先修路。他们更深知，重建家园后，国内外关注的目光将沿着杨哈线去感受灾区翻天覆地的巨大变化。至此，杨哈公路的改建工程，作为交通抗震救灾和交通扶贫助困项目提到了重要的议事日程。

4月4日，省公路局副局长袁栓瑞赶赴张北，深入杨哈公路进行考察，提出该路改建的初步方案。

4月25日，省交通厅厅长路富裕、副厅长张全在多方听取汇报后，亲临杨哈公路现场调研，对灾区道路的恢复与发展做了重要指示。

4月30日，省交通厅批准杨哈公路改建计划。

杨哈公路改建计划从提出方案到组织实施就在这很短的时间定了下来。勘测设计人员马上又紧锣密鼓地进行设计。当第一次设计方案报到省交通厅以后，省交通厅认为改建的标准低，没有批准。省交通厅领导指示我市交通部门，杨哈线虽是一条县级公路，但对帮助灾区人民尽快恢复生产、重建家园有重大意义，并要求交通部门要树立高度责任感、使命感，作为一项政治任务来完成，既然给灾区人民修路，就要修一条标准高的公路，没有资金，省交通厅贷款修路、担保偿还。

对于省交通厅的这一指示，每一个参与杨哈公路建设的人都掂出了自己肩上那份沉甸甸的责任。他们心里明白，在我市地方道路建设史上，贷款修路这是第一次；连本带息由交通部门负责偿还，而且路上还不收费，这在我市开了先例，在全省也是没有的；因为该路建设，将成为一条交通部门与灾区人民患难与共的“连心路”，一条重建家园的“形象路”，一条帮助灾区人民脱贫的“致富路”。

面对这份重托、今年刚组建的地方道路管理处在接到负责杨哈线施工与管理的任务后，只用了三天时间，就准备好前期工作。把行李卷搬到了工地，现场办公，坐镇指挥。同样是缘于这份责任，承担工程施工任务的几支队伍也在最短的时间进驻现场。

与此同时，杨哈公路的改建也得到了张北、尚义两县政府和沿线群众的支持，他们把杨哈公路工程作为重建家园的一项主要工程来抓，及时成立了公路建设小组，全面协调配合，研究制定了配套政策，沿线乡镇全力以赴为工程建设创造良好环境，至此，杨哈公路的改建工程全面拉开了帷幕。 （本报记者王宏宇 通讯员 程瑞川）

［1998.10.08 张家口日报 第1745期 第2版］

加快公路建设为脱贫致富辟坦途

全市公路建设的调查

1999年，我市成为全省扶贫攻坚大会战的主战场，显而易见，扶贫工作任务更为艰巨。在新的一年里，如何尽快解决影响我市脱贫致富的关键因素——交通问题？带着这个问题，我们进行了深入调查。

全市公路建设取得长足发展，一个以国省干线为主骨架的公路网已基本形成

我市位于河北省西北部，毗邻京、晋、蒙三省市区，总面积36 947平方公里。境内山脉纵横，河流交错，是较为典型的山区。全市具有较好的区位优势，境内110、109、112、207四条国道全长872公里穿越15个县区，有省道14条1 112公里，县道19条748公里，四级以上乡村道路2 872公里。1998年，全市公路通车里程达5 604公里，除在建中的宣大、京张总长200公里的两条高速公路外，一级公路达到44.6公里，二级公路达到395公里，高等级公路占国省干线总里程的22.1％。

“九五”以来，为加快公路建设，改变我市的贫困落后面貌，市委、市政府出台了一系列优惠政策；各县区政府加大了对公路建设的支持力度；广大人民群众充分认识到公路对于经济发展的重要意义；交通部门紧紧围绕服务经济发展，服务于脱贫致富奔小康的战略目标，在全力以赴加快京张、宣大等国省干线建设的同时，千方百计发展地方道路，公路建设由部门行为转变为政府行为、社会行为，出现了前所未有的良好态势。“九五”前三年，全市公路新改建工程投资达22.5亿元，是“八五”期间的3倍。“九五”期间，高等级公路将达到528公里。一个以高速公路为龙头，国省干线为主骨架，县乡地方道路为分支的纵横交错的公路的公路网已基本形成。

公路建设是山区脱贫致富的前提，开放开发的基础

“要想富，先修路”，这已成为人们的共识，修路建桥改善山区交通条件更是人们脱贫致富的主攻方向。随着经济的发展，社会的进步，公路的地位和作用日趋重要。它对于山区脱贫致富起着十分重要的作用，主要表现在以下几个方面：

——**公路建设促进了思想观念的转变。**公路不通，信息闭塞，思想陈旧，观念落后，经济发展必然缓慢。我市大部分县都是传统的农业县，长期以来保持着以粮食生产为主的单一农业发展模式，特别是深山区农民还处在日出而作，日落而息封闭的自给自足的自然经济状态。蔚县是我市典型的山区县，全县总面积3 220平方公里，山区就占去一半。“八五”初期全县还有247个行政村不通汽车，其中38个村不通马车。运输方式主要靠人背驴驮，外界的商品进不来，自己的产品出不去。原张家窑乡由于地处深山，1995 年以前乡政府所在地还未通公路，人均收入只有 120 元，最低的仅 80 元，群众生活十分贫困。1996 年，为了改善全乡生产生活条件，县乡筹资 30 万元开通了一条乡级简易公路，封闭的张家窑人终于走出山沟，人们的思想观念发生了根本变化。商品意识、经营意识、市场意识明显增强，没见过汽车的山里人很快养起了 23 辆大货车和 31 辆拖拉机，100 余人外出劳务经商，人们的生产生活条件迅速得到改善，生活水平明显提高。1997 年人均收达到 600 余元，去年达到 800 元。

随着公路的建成通车，随着沿线土地的增值，随着资源的开发和经济的迅猛发展，以及因公路而带来的便利和实惠，"要想富，先修路"的道理逐渐被群众承认和接受。群众已由政府"叫我修"变成为"我要修"，变等待上级投资修为自愿出资修。怀来县桑园乡是著名的葡萄之乡，暖泉、夹河等五个村葡萄种植面积占其全部耕地的 80%，年产葡萄 2 000 万公斤。该乡原为砂石路，由于路况差，常常致使大量葡萄销不出去而烂在地头，每年因此造成的经济损失就达 400 万元。1997 年沿线村民自发修路，人均捐款达 311 元，市县交通部门、当地县乡政府大力资助，共投资 450 万元，当年修成 8.08 公里永夹线三级油路，不仅加快了葡萄销售，而且价格也提高了，每公斤增值 0.3 元，仅此一项五村农民当年就增加收入 500 万元。

——**公路建设促进了矿产资源开发。**我市有丰富的矿产资源和自然资源，已经发现的矿藏近 60 种，其中黄金、煤炭、铅、锌、磷等十多种矿产储量居全省之首，畜牧业、林果业、错季蔬菜在全省乃至全国很有影响。公路的修建使一大批资源得到开发、利用，促进了资源优势向商品优势的转变。蔚县是我省重要的煤炭产区，受道路外运能力限制，开采步伐较慢。随着运煤主要通道 109 线、207 线和省道下广线的改建，公路通行能力增强，蔚县煤炭的开采开发力度加大，煤炭产量逐年增加，1995 年年产原煤只有 106 万吨，1998 年已增至 316 万吨，实现利税 4 200 万元，成为蔚县经济的主要支柱产业。张北县蔡家营铅锌矿，20 世纪 80 年代就已探明储量，但多年来，没有实现开采，其中一个重要原因就是因为当地交通环境较差。近年来，当地政府加大该矿产区公路建设力度，1997 年韩三线建成通车，今年澳大利亚伊斯坦布尔公司再一次对铅锌矿进行考察，签订了投资开发协议。112 国道、张沽公路改建后，促进了宣化、崇礼、赤城等县黄金工业的发展，1998 年，全市黄金产量突破 11.5 万两。公路建设同时也促进了其他物产资源的开发。涿鹿县南部山区盛产优质大杏扁、核桃，但过去在外界并没有什么名气。随着 109、下广线等国省主干线和地方道路的陆续修建，每年 50 多万公斤核桃和 20 多万公斤杏扁走出山门，由过去的廉价滞销变为现在的抢手畅销，过去未得到开发的大理石、黄金也陆续开采。

——**公路建设促进了旅游资源开发。**我市独特的气候特点，形成了别具一格的自然风光，加之古老的人文景观，旅游资源十分丰富，是理想的避暑和旅游胜地。张家口被批准对外开放后，市委、市政府利用旅游优势，及时提出和实施旅游开发战略，旅游搭台，经济唱戏。在旅游开发战略的实施过程中，公路交通更显示出其重要的作用。赤城温泉没通油路之前，只有一家上档次的宾馆，开发速度缓慢。旅游专线修通后，省直甚至国家部委都争相到温泉建立培训疗养基地，现这里已建成 7 家培训疗养中心，年接待游客 10 万人次，收入 1 030 万元，上缴税金 205 万元。涿鹿县多年来就酝酿开发黄帝城，但由于公路等级低，"前面车队过，后面黄土埋"，制约了开发进程。随着 109 国道野均至矾山、下广线高堡至矾山 54 公里循环油路建成，黄帝城开发随即付诸实施。其他县也依托公路，加大旅游开发力度，使我市旅游业成为开放开发以来的一个新型产业和新的经济增长点。据统计，1998 年全市共接待各地游客 110 万人次，旅游收入近 2 亿元。

——**公路建设促进了产业结构调整。**公路建设缩短了农副产品的储运时间，加速了农副产品流通和农业信息交流，从而使农业生产结构得以不断调整和优化。

尚义县在历史上是典型的农业生产县，种植品种单一，产量低，收入微。途经其境内的东商线改建铺油后，农民开始尝试种植错季蔬菜，开始探索发展优质高效农业。该县大青沟、大营盘、哈拉沟三个乡镇变传统的单一种植粮食为规模发展错季蔬菜，弥补京津七、八、九三个月蔬菜市场的空缺。大营盘乡农民杨青山种西芹 22 亩，收 28 万元，成为农民致富带头人，受到了国家副主席胡锦涛同志的接见。1998 年，仅尚义县东商线沿线农民种植错季蔬菜就达 4 万余亩，产量达 3 亿多公斤。便利的公路条件还加快了我市农副产品向商品的转化,牛羊肉每年供应北京市近万吨,优质的玉米、蚕豆、核桃等均形成规模种植,产品远销海外,深受日本及东南亚市场欢迎。

无路不活,无路不富,修通一条线,富裕一大片。公路可以带动第三产业的兴起,这在110国道怀来段最为典型。该公路两旁共开办饭馆、煤栈、修理点、加油站、批零点、娱乐厅983家。经营者以独特的经营方式,灵活的商家技艺招来了东西南北车,吸引了四面八方客,白天门店车水马龙,夜晚灯光闪烁,成为怀来县的小康路,成为张家口的一道风景线。据工商部门提供的资料,这条线第三产业年营业额在9 000万元以上,类似怀来的情况,在110国道其他段、207线、109线、下广线比比皆是。

——**公路建设直接拉动了经济增长。**已建成路段对经济增长产生了举足轻重的作用,在建路段对经济增长的拉动作用更为直接。1998年,我市公路建设投资大、项目多,宣大高速公路在建,京张高速公路开工,国道109、110、207线改建二级公路,省道东商、赤宝、张沽、沙三线提高等级,在施工期间为沿线的建材业、开采业、交通运输业的发展创造了极为有利的条件。全市国内生产总值240亿元,较上年增长12.5%,其中,由于公路建设投资的拉动,国内生产总值增长3.5%。

我市桥东区老鸦庄乡流平寺村盛产凝灰岩,由于该岩石具有坚硬、美观、易成型、耐风化等特点,是筑路的理想材料,近年来该村石料得到有效开采利用,1998年仅公路建设就开发利用25万立方米,石料开采收入达230余万元,人均增收近2 000元。近年来,随着公路建设投资力度的加大,通过为公路建设开发当地土产建材和劳动力脱贫致富的村庄比比皆是。

1998年,我市公路建设完成总投资14亿元,共计消耗石料120.33万立方米,水泥29.63万吨,白灰2.89万吨,钢材2.19万吨,沥青1.86万吨,木材0.87万立方米,粉煤灰22.82万立方米,机械台班12.16万个,并为社会创造了127.64万个直接就业机会。尽管受投资、时间、地域等因素的限制,但公路建设自身已经成为拉动经济增长,带动相关产业,扩大社会就业,促进脱贫致富的重要力量。同时,随着路况的改善,在提高运输效率、节约燃料、延长车辆使用寿命等方面也产生了良好的经济效益和社会效益。

加快公路建设必须采取多种形式,动员全社会力量

公路建设在山区脱贫致富中处于十分重要的地位,发挥着十分重要的作用,但目前公路建设速度与经济发展速度还很不适应,尤其是地方道路建设任务还十分艰巨。1998年末,全市还有81个乡不通油路,388个行政村不通公路。按照市委、市政府确定的小康建设目标,2000年前,解决81个乡通油路和388个行政村通公路问题,就需投资5亿元。而全市今年国家补助地方道路建设资金仅为3 000万元,缺口很大。特别是张家口属贫困地区,面积大,人口少,公路里程长,公路建设历史上欠账也较多,靠我市自身解决公路建设资金还有不少困难。因此,上级有关部门应加大对张家口的扶持力度,给予政策和资金上的倾向,以尽快缩小差距,加快脱贫致富的步伐。

一、坚持民办公助,加大公助比例。鉴于不通油路的乡和不通公路的村都是一些偏僻山区,地形地貌复杂,经济基础落后的实际情况,地方道路建设应进一步加大投入。民办公助,应按这一地区的经济基础确定公助比例,在政策上对贫困地区倾斜。国家、农民自筹比例一般应掌握在:平原地区3∶7;微丘地区4∶6;山岭重丘地区6∶4;贫困地区7∶3。交通部门作为政府公路建设的主管部门,对地方道路不仅给予技术指导,还应多集中一定的财力,确保地方道路建设资金的投向,防止重复投资和撒"胡椒面"。

二、继续实施"八七"交通扶贫攻坚计划。贫困地区多数是革命老区,战争年代有特殊的贡献,政府应给予特殊扶持和照顾,可以"先通车后提标",逐步滚动发展,筹资方式仍实行国家补贴、以工代赈、以劳代资等多种渠道。

三、广泛吸纳社会闲散资金建路。对一些特殊路段、桥梁,应按市场经济规律允许和鼓励社会投资。对地方道路投资者,经政府批准可以设立收费站。谁投资、谁管理、谁经营、谁受益。

四、在省范围内再掀起一个像20世纪80年代末那样的山区道路突击战。对有打通价值的沿线村,国家特殊支援;对人员稀少无发展前途的,政府动员搬迁。通过多种措施,从根本上加快山区脱贫致富的步伐。 (本报记者)

[1999.01.27 张家口日报 第1839期 第2版]

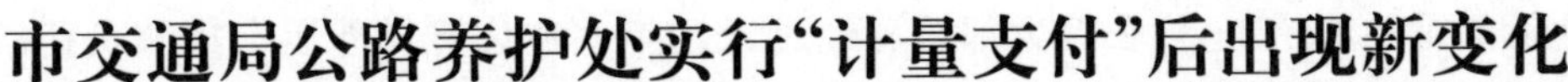

市交通局公路养护处实行“计量支付”后出现新变化

——“南郭先生”逃跑了“太太小姐”没趣了 资金投向合理了 养护水平提高了

本报讯 市交通局公路养护处在深化公路养护体制改革中，解放思想，大胆探索，在全市公路养护系统实行“计量支付”办法，指导利益分配与职工的工作量、质量直接挂钩，从根本上调动了广大职工的积极性，使全市养护工作质量有了很大提高。

我市地处塞外，境内有国道4条、省道14条，公路里程长、等级低，养护工作量大。过去在计划经济管理模式下，职工干与不干一个样，干好干坏一个样，各养路工区工资高的干活儿少，干活儿多的拿钱少，暴露出机制不活、分配不公的弊端。去年，他们在进行试点和广泛听取意见的基础上，经反复研究论证，出台了《公路小修保养计量支付办法》，即对全市列养公路利用路面管理系统等办法进行全面调查测评，逐路段确定小修保养经费数额，按定额核定投资，按分项完成工程量拨付资金，并且改革过去养护经费一次性拨给县区局的做法，逐月直接下拨各县区公路站。市公路养护处每月给各县区公路站具体安排工作目标、任务，然后每月不定期检查或抽查，对各县区公路站进行综合评分，从而使整个养护工作纳入规范化、科学化管理轨道。这一办法不仅得到了各县区的认可，省交通厅也予以肯定。一位厅领导曾讲，张家口市1998年养护工作之所以上了一个大台阶，在全省进步最快、变化最大，最根本的经验就在于计量支付的实行。

从一年来的实践看，“公路养护计量支付办法”的成功经验有四条：一是彻底打破了分配上的平均主义，从根本上扭转了干与不干一个样，干好干坏一个样，按人头管饭的被动管理局面，通过改革，内部分配与工作量、工作质量直接挂钩，在全市公路养护系统形成了崇尚实干的良好风气。有的县局，一些“滥竽充数”的“南郭先生”逃跑了；过去那些“靠后门儿”来养尊处优的“太太小姐”们自感没趣，自动下岗了。二是职工思想观念有了明显变化。过去背着养路事业单位这块招牌，认为上级拨的经费人人有份儿的职工，多少年来第一次有了危机感和紧迫感，路工出勤率、上路率大幅度提高。

三是养护工作趋于规范化，实行计量支付办法后，从上到下都对每年、每季、每月的工作计划有了详细具体的安排，养护工作全部得到量化。路工上路有考勤、有作业项目，作业定额；道班有每日小修作业情况表、日报表，使整个养护工作步上规范化管理轨道。

四是资金投向趋于合理。过去公路养护经费按列养里程一次性下拨给县区局，好差都一样。现在是干好了多拿钱，干不好少拿钱，不干没钱拿，使有限的公路养护经费得到充分使用，真正使在了刀刃上。

通过计量支付办法，我市国省干线在去年降雨偏多，水毁严重的情况下，路容路况有了很大改观。（本报记者　赵树德）

［1999.04.01　张家口日报　第1890期　第1版］

他们填补了我市一项空白

——记保障护送特大变压器超限车辆安全通过的高等级公路管理所的职工们

1999年6月1日19时50分，随着运送第四台180吨变压器特大件车队从张家口铁路661货场徐徐驶过110国道，安全抵达万全县上营屯华北电力超高压局张家口50万站，标志着保障公路畅通、护送180吨变压器特大超限车辆安全通过工程圆满成功。

护送这样特大吨位车辆通过，在我市公路保畅史上是第一次。为确保其安全通过，又不影响日交通量达8 000余辆次的其他车辆正常运行，市交通局高等级公路管理所全体职工勇挑重担，拼搏奉献，演绎出一幕幕壮观的图画。

精心组织，科学谋划

这四台变压器每台重均为180吨，长8.23米，宽3.68米，高4.05米，是华北电力超高压局张家口

50 万站为缓解京津张地区用电紧张从乌克兰进口的主要部件。运送变压器的特大型超限车辆经过的路段是晋煤外运的重要通道，这段公路大部桥涵经过近几年大吨位晋煤外运车辆超负荷行驶已出现不同程度裂缝，如何采取措施保护桥涵不再损坏？运送变压器的特大型超限车辆经过的路段是城市主要进出口路段，这段公路上的车辆川流不息，如何维护正常的交通秩序？变压器运输时间从提出申请到实施通过只有 12 天，而实际新开便道、加固桥涵的工程量就需 50 天！

5 月 14 日，高管所成立了保障超限运输临时工程指挥部。张俊成所长和刘家骐副所长率领工程科的同志先后三次实地勘察和测量。确定了具体可行的保畅护送方案：在宁枳线吉家房大桥、110 线七孔桥两处新开便道 490 多米；用钢轨铁板加固桥涵、铺设桥台 17 座；路政全程护送。在工程日进度上，提出了保十争七的口号。方案以倒计时的方式，以小时为单位，提出每一项工程的完成时间，并立下了军令状。

保质保量，突击施工

5 月 15 日，高管所抽调精兵强将组成的紧急施工队伍进驻工地。七孔桥便道全长 230 米，需用土方 1 160 立方米；吉家房桥便道全长 260 米，需用土方 5 100 立方米。便道路基宽 14 米，路面宽 8 米，均采用黏土、沙砾填筑，按标准路基 15～20 厘米层层碾压。17 座桥涵加固用的 300 余吨铁板钢轨需从沙城火车站紧急调用。按常规，这样的施工任务少说也得 50 天时间才能完成。为了保证施工质量和进度，张俊成所长从早 7 点点开工到晚 9 点收工，坚持现场指挥。他白天同工人们干在工地，吃在工地。晚上收工，工人们休息了，他还要研究第二天的工作。为了各个工程环环相接、顺利进行急哑了嗓子，熬红了眼睛。压路机手薛跃除了驾驶压路机外，还要给施工队员们变着花样炒菜、做饭，保证大家吃的香，吃的有营养。压路机手王孝忠患了感冒，刚刚拔掉吊瓶针头，就又赶回工地爬上了压路机。司机韩普生不顾老伴病重，无人照看，自已又上了年纪，硬是与其他同志一样，六七天没回家。驾驶员于飞平身装多车马达开关钥匙，停下洒水车，又开翻斗车，车歇人不歇。整个工地出现了凝聚、拼搏、奉献的动人局面。仅仅用了 5 天时间，两条宽阔、平坦、坚实的便道便展现在人们面前。

在对 17 处桥涵进行加固中，铺设桥台工程是最为艰难的硬仗，而其中最难的是在不断交的情况下施工，稍有不慎，就会酿成严重事故。不论刮风下雨，还是赤日炎炎，为了保证桥台质量，张俊成所长自始至终坚持现场监督，一丝不苟；铺设吉家房小桥桥台那天，天公不作美，狂风骤起，吹的人们站不稳身体，睁不开双眼。狂风卷起的煤面、沙子打在脸上，火辣辣的痛。路政科长李森长刚刚病愈出院不久，本来就单薄的身子被风吹的更显憔悴。路政员莘燕军的妻子马上就要临产，一天打来 6 次传呼让他速去医院，但他却一直坚守在自己的岗位上，直到铺设完桥台后才匆匆赶往医院。

沿途监护，确保通行

5 月 29 日，是护送第一台变压器通过的日子，这天清晨 6 点，张俊成所长再次对全线防护设施逐一进行检查。为防止护送过程中出现意外，还及时组织了一支应急分队，配备了人员、物资和机具。为了做好保畅护送工作，市局养护处现场协调万全路政大队紧密配合，分兵把口，责任到人。四台变压器分三天四次运送，每次护送，保障车队长达 1 公里，张俊成所长率技术人员紧随大件车辆，上桥下涵，跑前跑后，对每一道桥涵上的铁轨、钢板都趴在地上进行查看。为了保护大件车辆匀速行驶，路政人员前疏后导，指挥交通。为了及时排除意外险情，抢险队员身不离车，锹不离手，严阵以待。每次特大型超限车辆安全通过后，来不及休息喘口气的张俊成所长又马不停蹄地率领施工人品对桥台和便道进行检查、养护，总结成功经验，提出进一步完善措施，确保下一辆特大型超限车辆安全通过。6 月 1 日，大件公司临时提出后两台变压器要同时通过。张俊成所长和王晓东副支队长马上调整部署，同意大件公司的这一要求。上午 11 时，两台变压器同时上路，当第四辆运输变压器车辆行驶到宁枳线 196K＋600 处时，突然发生机械故障，不能随队前进。张俊成所长和王晓东副支队长查明情况后果断决定：第四辆特大型超限车就地抢修，第三辆特大型超限车继续前进。17 点 45 分，第三台变压器安全抵达上营屯。第四辆特大型超限车辆经过抢修，已能正常行驶，张俊成所长和王晓东副支队长得知后马上带领护送人员往回返，要继续为其护送。此时已经快 18 点了，大家一天也没顾上吃饭，大运公司王德富经理面带歉意对张所长说:“能不能留少数人员参加护送,其他人员去吃饭。”张所长斩钉截铁地回答道:“护送任务没完成,我们的人一个也不撤。”说完立即开始护送。19点50分,第四台变压器也终于安全抵达上营屯。据技术人员紧张检测得知,在四次运送变压器过程中,所有采取的防护措施均达到通行要求,两条便道也丝毫没有下沉。负责全程运送变压器的中国机电科学研究所的副总工激动不已,紧紧握住张俊成所长的手说:“我请你们喝庆功酒。”

是的,应该喝庆功酒。这次张家口50万站上马的变电项目是张家口市委市政府今年要落实的十件实事之一,而护送180吨变压器大型超限运输车辆成功通过,在技术上填补了我市公路保畅史上的一项空白,体现了高管所全体公路员工恪尽职守的真诚和敢打硬仗、勇于拼搏的精神。 (张利民)

[1999.06.16 张家口日报 第1954期 第2版]

张宝义在全市交通工作会议上强调

坚定信心再鼓干劲努力实现交通工作新突破

1999年7月29日,我市召开全市交通工作会议,副市长侯志诚主持会议,会议认真总结了上半年各项任务的完成情况,对下半年及今后全市的交通工作进行了部署。市长张宝义针对全市交通工作讲了意见。

近几年来,全市交通工作取得了很大成绩。从进入“九五”以来,公路建设无论是投资规模,还是建设里程、建设速度,连年创历史最高水平。公路建设不仅投资大,速度快,质量高,而且在项目实施中,打破常规,力求在难点上突破。全市人民关注的京张高速公路经过努力,提前列入国家“九五”公路建设计划。到目前,京张高速公路完成投资2.2亿元。宣大高速公路于1997年开工建设,到目前完成投资1.9亿元。在加快高速公路建设的同时,我市还加快了其他国省干线和地方道路的建设。交通设施的发展,有效地拉动我市经济的增长,为我市保持较高的经济增长速度发挥了重要作用。

张宝义在讲话中指出,今年以来,党中央,国务院进一步明确,要继续实行积极的财政政策,进一步扩大国内需求,以确保经济结构调整顺利进行和国民经济的稳定增长。这是我们加快公路建设难得的机遇。因此,我们要进一步增强机遇意识,紧紧抓住这一机遇,加快公路建设:一是提高对公路建设的认识。二是多渠道筹措公路建设资金。三是加快发展地方道路。省委、省政府确定我市为扶贫攻坚的主战场,这是发展地方道路的又一机遇。要紧紧抓住这一机遇,加快地方道路建设,到2000年实现坝下乡乡通油路及全市行政村通公路目标。

张宝义说,今年我市公路建设任务重,战线长,困难多。在这种情况下,必须突出重点,集中力量打歼灭战。除京张、宣大两条高速公路外,一、二级公路是全市公路网中的骨干部分,同时,贫困村的道路建设对全市扶贫攻坚任务的胜利完成具有重要意义。因此,一、二级公路和贫困村道路建设是我们下半年要努力抓好的两个重点。这两项任务完成了,就能带动全市交通事业的发展,也可以带动我市经济的发展。上半年各项工程进展较为顺利,但是至年底要全面完成这些任务,对各级交通部门是一个严峻的考验。我们必须全力以赴,从人力、物力、财力各方面给予最大支持。要统筹规划,确保重点,保证一、二级公路建设顺利进行。要加强领导,明确责任,加强项目管理。要坚持工程进度和质量并举的方针,不但要保进度,更要保质量。

张宝义在讲话中指出,随着公路建设发展速度不断加快,我市公路通车里程逐年增多,因此,要做到“建管并举,管养结合”。路政管理的重点要放在路产、路权上,对违章堆积物、永久性建筑该清除的要及时清除,该拆除的要坚决拆除,要杜绝国省干线公路街道化、市场化。对破坏、损坏公路行为要坚决查处。在治理超限载运输的问题上,要有决心,要依靠法律,凭借现代科技手段加强管理,对超过公路设计使用范围的大吨位车辆加强管理,任何单位和个人都不允许为部门或个人利益损害国家利益,损害公路。在治理超限、超载运输问题上,市政府坚决支持交通部门依法行政。在加大公路建设的同时,各级交通部门要注意抓好现有公路的养护工作，消除重建轻养、只建不养的思想，要分级管理，分级负责。今后，对行业管理工作要进一步加强，要抓好市场整顿，特别是要解决好难点、热点问题。出租车管理市政府明确交通部门负责，要管住、管好。市局运管处成立了出租车管理大队，通过阶段性的整顿，市区出租车市场秩序明显好转，今后要加强服务组织的管理，把好的成果保持下去。各县区的出租车目前正在处于发展阶段，要早动手，早管理，防止出现等到形成规模较大，市场较乱时管，难度就会增大。长途客运管理要整顿经营秩序，当前有关倒客、卖客的现象时有发生，要通过调查拿出解决的方案，货运要打击欺行霸市，汽车维修要整顿以次充好、质量低劣的维修厂点。要树立和建设一批星级站(厂)。下半年要加快行业协会的组织成立工作。加大对运输行业管理的力度，把培育和发展运输市场作为一件大事抓紧、抓好。

副市长侯志诚就如何贯彻好这次会议精神讲了具体意见。 (席照平　靳永高　梁世贵)

[1999.08.02　张家口日报　第1994期　第1版]

五十年风雨兼程　筑出条条大道

二十年改革开放　涌来滚滚车流

我市交通事业发生翻天覆地变化

解放初，全市通车里程只有808公里，汽车220辆；如今，全市通车里程达5 212公里，汽车拥有45 780辆

本报讯　解放以后特别是改革开放20年以来，我市交通事业发生了翻天覆地的变化。这些年来全山城人民印象最深刻的是道路越修越长越宽，车辆越来越多。目前，一个以高速公路为龙头，以国道干线为骨架，以地方道路为分支，纵横交错，四通八达的现代化公路网络已在塞外张家口广袤的大地上形成。

新中国成立以后，随着交通事业在经济建设中的地位与作用的日益提高和增强，全市逐步形成了“解放思想，更新观念，抓住机遇，大力发展交通事业”的共识。进入20世纪90年代以来，在广大交通战线职工大搞公路基础建设的同时，逐步形成了全社会办交通、办大交通的良好氛围。市县领导亲自抓项目、跑资金；市县计委、经委、土地、林业及金融等部门也给予了紧密配合，使得全市每年公路建设开工在建里程连创新高。

特别是“九五”期间，在省交通厅的大力支持下，全市上下紧紧抓住国家发展基础产业的契机，加大投资力度，公路建设步入发展快车道。公路建设无论是投资规模、还是建设里程，建设里程，建设速度，连年创历史最高水平。到目前为止，全市累计完成投资471 725万元。其中，1997年和1998年两年公路建设投资超过了这以前十八年的总和。全市人民关注的京张高速公路之所以能提前列入国家“九五”公路建设计划，正是市委、市政府及交通部门百倍努力，强力动作的结果。日前京张高速公路完成投资2.2亿元。宣大高速公路自1997年开工以来，一期工程临近尾声，二、三期工程正在紧张有序地进行。

与公路建设相辅相成是运输事业的飞黄腾达。在解放初期，人们多以畜力作为交通工具，百公里路程得走上两三天。而如今大街小巷、公路上到处是各种机动车辆，通行、运输能力空前提高，百公里路程也是一个多小时即到。过去，货运仅限于与山西、内蒙古、京津等邻近省份，如今，天南地北，南到两广、东到海域、西到新疆、北到黑龙江甚至独联体国家，随处可达。旅客出行也越来越便捷了。50年前人赶车，20年前人等车的现象都已成为历史，如今无论是城市还是农村，随时随地都有各种客车的身影。

抚今追昔，变化是巨大的。据不完全统计，1949年全市仅有客车32辆，货车181辆，公路通车里程808公里。到1978年，全市拥有汽车5 463辆，公路通车里程44 731公里。而到去年年底，全市汽车量已发展到45 780辆，公路通车里程达到5 212公里。 (赵树德)

[1999.09.10　张家口日报　第2028期　第1版]

全市去年完成公路建设完成 19.16 亿元

一个以高速路为龙头、国省干线为骨架、地方道路为分支，纵横交错、四通八达的现代化公路网已初步形成

本报讯 1999 年以来，我市在公路建设上深化改革、抓住机遇、打破常规，克服了重重困难，无论是在投资力度、建设规模、建设里程以及工程质量上都实现了卓有成效的突破。京张、宣大高速公路、国省干线公路、地方道路均很好地完成了年初制定的各项目标任务。不仅保持了交通事业健康、高速发展，也有效地拉动了全市经济的增长，为我市保持较高的经济增长速度发挥了重要作用。

1999 年是我市公路建设史上投资力度最大的一年。全市公路建设总投资为 19.16 亿元，比 1998 年增长 13.8%，其中高速公路完成 15.5 亿元；国省干线公路完成 2.16 亿元；县乡道路完成 0.99 亿元。为落实公路建设资金，市委、市政府领导十分重视，年初便作了具体部署，市交通部门在采取多渠道筹措资金的同时，又多次跑部进厅，寻求国家部委及省厅的支持。由于今年我市将三级以下干线公路和地方道路建设下放由各县交通部门负责组织建设，大大调动了当地政府的积极性。一些县主要领导亲自跑省交通厅和金融部门筹措资金，从而使资金落实成为我市公路建设史上最好的一年，有效地保证了工程的正常进展。

1999 年也是我市公路建设史上工程最多、里程最长的一年。1999 年我市公路开工的工程除了有京张、宣大高速公路外，国省干线公路有 109 线尤家园至祁家皂段、207 线狼山至膳房堡段和城市出口路、国道 112 线兴龙段、省道赤宝线赤城段、省道张沽线崇礼榆树林至南山夭段。另外还有 32 项新改建地方道路。在全市公路建设里程上。今年全市续建高速公路 174 公里，竣工 37.7 公里。国省干线公路中二级路完成 57.5 公里。三级路完成 137.1 公里。地方道路完成新建改建 1 081.67 公里，其中新建油路 145.22 公里。这些道路的建成使 8 个乡、23 个行政村通了油路，宣化、涿鹿、怀来三个县实现了乡乡通油路。

1999 年还是我市公路建设历史上工程质量最好的一年。为了确保道路质量，市交通局在全市交通系统强化了质量是工程的生命、质量责任重如泰山的意识。同时继续开展了第四个交通质量年活动。为了确保工程质量的万无一失，市交通局制定了“建立和落实工程质量领导责任制实施办法”，明确规定工程质量行政领导责任制、参建单位工程质量领导责任制、工程质量终身负责制，并实行质量一票否决。在严格履行招标制的同时他们加强了工程管理，注重抓好设计审查、材料控制、施工和资金监控等关键环节，从而大大地促进了工程质量的提高。 （王志强）

[2000.01.03 张家口日报 第 2123 期 第 1 版]

向新世纪献礼

——张家口 109 国道尤祁段二级公路新建工程纪实

公元 1999 年 12 月 12 日，历史将记住这一天。这一天，全长 42.596 公里的张家口 109 国道二期新建工程尤家园至祁家皂段二级公路竣工通车了！她的通车，标志着本世纪末我市公路建设画上了一个圆满的句号，在公路建设史上又竖起了一座世纪丰碑。

109 国道二期新建工程琢鹿尤家园至蔚县祁家皂段是我省、市重点公路建设项目。它的建成将全面解决以往运煤车辆拥挤、堵车现象，为拉动沿途县、乡、镇地方经济的发展，特别是为我市的对外开放和周边经济往来，具有十分重要的长远意义和战略意义。这条路从开工到竣工历时 400 天，每一天都倾注了全体参建人员的心血和汗水，他们始终以百倍的信心、旺盛的斗志和冲天的干劲，保证了新建工程的如期完工。

在血与火的战场上，战士的奉献是轰轰烈烈的，然而，艰苦拼搏岂止在疆场？在每个标段的筑路工地上，在40多公里的路下，埋藏着多少感人至深的故事。

一、开拓者的足迹

兵马未动，粮草先行。作为筑路先遣部队的征地拆迁工作事关重大。因为征地拆迁直接牵涉到集体利益和个人利益，相互间的矛盾是不言而喻的。然而，负责全线拆迁征地工作的琢鹿县和蔚县县委、县政府，以全市大局为重，一切服从服务于公路建设大业，采取有效措施，投入到征地拆迁大会战中。

蔚县迅速成立了以县委书记李国英、县长杨江为总指挥的蔚县公路建设指挥部。负责蔚县境内24公里的拆迁征地工作。他们领导重视、组织得力、机构健全、分工明确，县工程指挥部由县公安局、土地管理局、电力局、水利局、地质矿产局、工商局、地税局等21个相关单位组成。除此以外，沿线乡镇也相应建立工程指挥部。县交通局李树泉局长担任县征迁办主任。一时间形成了县、乡、镇、村相互配合、齐抓共管的格局，使整个征地拆迁工作顺利进行。对个别干扰拆迁工作的行为，一一进行了依法处理。到1998年4月14日，仅1个多月的时间就全部完成了征地拆迁重任。据统计，征地拆迁工作中，仅蔚县段就拆除民间平房456间，迁坟292座，砍伐树木10 994棵，迁移厂址、门店26处，征用临时占地881.87亩，永久占地1 048.58亩，移动电力电杆299根，移动环京津地下光缆10公里、地上光缆8.6公里，改建军用光缆1处，按时完成了拆迁征地任务，为当年施工、当年完工创造了一个良好的施工环境。这当中，由于琢鹿、蔚县措施有力，思想政治工作到位及时，得到了广大人民群众的理解和支持。他们舍小家为大家，牺牲个人利益，保全大局利益。在拆迁工作中，干部和党员发挥了重要作用，他们率先垂范、无私奉献，得到了老百姓的拥护和称赞。

蔚县昌宁乡东店村党支部书记朱银堂，因修路征地在组织领导本村耕地调整中，将自己上乘的6.6亩自留地主动让给村民，他本人竟成了无地户。

像这样的干部、群众数不胜数，因为人们深深懂得，这是为老百姓修的一条脱贫致富路、经济发展路。为了快修路、修好路，涿、蔚两县人民无私奉献，没有一句怨言，在开拓道路的先期工作中，留下了他们闪光的足迹。

二、筑路人的风采

1998年4月5日，工程正式破土动工了。然而，开工后却遇到了许多意想不到的困难。当时，宣大高速公路、207国道万全、张北段以及京张高速公路，都在紧张施工，再加上县、乡、村地方道路的修、改、扩等工程多头开工，一时间全市公路建设施工集中，造成施工材料特别是片石、块石和水泥等材料极度紧缺。为了保工期、保质量，市交通局公路工程一公司舍近求远，到距200公里以外的保定唐县拉运石料，用于109线尤祁段的护墙、砌体和涵洞等先期工程。在施工中，市交通局党委书记李小英、局长张富强、负责工程的乔卫国局长亲临施工现场，指导工作，现场办公。在局领导工作作风的带领下，市公路工程一公司干部职工以工程大局为重，部门与部门、队与队之间相互配合、协调一致，为保工期，他们24小时机械不停，人员12小时轮班作业；在人员不够的情况下，有些同志一盯就是一天一夜。有一次，ABG423摊铺机前方向轮发生故障，为不耽误正常施工，维修人员从头天晚上8∶30分一直抢修到第二天早上5∶00多，而这在一般情况下则需要3天的时间。郁剑英作为公路工程施工中唯一的女同志，克服了重重困难，白天晚上出去取样化验，干的工作敢于和男人们较劲，真是巾帼不让须眉。为缩短工期，提高工程质量，工程建设者们采用新的管理手段、简化办事程序，形成了人员少、素质高、作风硬，并集现代办公设备和先进的公路检测手段为一体的施工管理体系。他们从德国引进的沥青混凝土摊铺机、德国宝马灰土拌和机，同时，引进美国力霸5700先进的筑路设备，使路肩石、拦水带一次成型，为高质量的工程打下了良好而坚实的基础。

109国道主建单位公路工程一公司是一支被誉为敢打硬仗的专业施工队伍。经理杨宽“严”字把关，从路基填方到油面铺筑，从桥梁到涵洞，每一个施工路段的详细情况，他都了解的非常清楚，甚至第二天气温的高低好坏，对施工会不会有影响，他都了如指掌。在他的带领下，大家情绪高涨，在工程接近完工的40多天的决战中，他们加班作业，挑灯夜战。眼熬红了，人累瘦了，他们全然不顾，每位筑路人心中的目标就是高标准、快节奏地完成好每一段公路。王素军队长家在县里，一个工期他仅能回家一两次，而且每次回家都是来去匆匆，因为工地深夜还在拌料，而他为了质量则必须时时盯在工地。有这样作风硬的好领导、好职工，何愁修不出高质量的公路？正是他们艰苦拼搏和忘我工作，为109国道的最后完工画上了圆满的句号。

109线尤祁段42公里的路段上共设计大桥7座。其中最令人瞩目和让公路建设者引以自豪的就是青杨树和马圈两座箱型拱桥。这两座桥在设计和施工均为河北首次、全国少有。两桥相距1.5公里，桥长均为92.04米，都是1孔58米跨度，参建人员把两座桥戏称为“孪生姊妹桥”，其设计精美、气势恢弘，是山城人民心中的彩虹。

怎样将这对“孪生姊妹桥”打扮得漂漂亮亮，让她们成为109国道上的靓丽景点和我市桥梁建设史上的一座丰碑。承担这两座桥梁建设重任的协作单位——省公路工程局施工三处的筑桥人，真可谓精雕细刻、精益求精。

今年5月份，他们就大桥的结构受力和有关技术数据等问题。请北京的专家反复验算论证，为等计算数据，不仅大桥造价多投入了100多万元，而且桥梁施工耽误工期长达2个多月。

为了赶工期、抢进度，市交通局公路建设领导小组多次召开工程进度专题会议，采取有效措施和科学手段加快施工进度。预制大桥中的大梁体，按规范要求钢筋张拉须间隔60天，后经测试计算和请专家论证，钢筋张拉间隔40天就可以继续施工，节省了20天，为赶工期赢得了时间。

蔚县境内红桥至羊圈稻田之间有9公里长的松软地段，施工难度大，稍有疏忽就会出现永久性的质量问题。市局工程管理处王高勇处长带着白建军工程师在一次与设计所的同志一起到省厅汇报工作时发现了此问题。为此，从工程难度、工程造价，特别是工程质量综合考虑后当即决定变更原设计，经请示市局领导和请专家论证，并召开了有关单位参加的论证会后，拿出了软基处理方案。近两年的实践证明，9公里的软基路段，无论外观还是内在的路基强度，均达到规范标准并很稳定，仅此一项就节约工程费用1000多万元。

三、高质量的工程

“质量重于泰山”，视质量如生命，这是109线二期工程全体参建人员的共同心声。为了保证施工质量，市公路质量监督站驻地办，始终坚持的三个原则是：“设计文件、施工规范和监理细则。”他们严格执行工程建设监理制度，建立了严格的质量保证体系，对工程实施全方位、全过程、甚至是全天候的跟班监理，所有的监理人员全部进驻施工现场，旁站监理，寸步不离。

为了工程质量，他们不惜一切代价，如果在施工中有发现偷工减料或质量低下的，轻者黄牌警告，重者红牌罚下，对达不到规定标准的工程，坚决推倒重来。涿鹿县倒拉嘴村附近的大拱涵两个锥坡高20多米，土方量5 000多立方米，因填土不实，为整个工程质量埋下了隐患，如果稍有迁就，势必会造成严重的工程质量事故。工程管理处王高勇处长三次亲临锥坡施工现场，就施工质量向施工队提出警告和技术改进意见，并限期予以返工，以确保工程质量。可这个施工队当面答应返工，而实际却置之不理。最后，王处长下令强行撤换了这个施工队，并将其通报全线，教育各施工单位要引以为戒，树立争创一流的质量意识。

涿鹿任家湾村300米的护墙，由于夏季下雨浸泡，致使护墙出现横断裂缝，工程造价十几万元。但为了确保工程质量，公路建设者毅然炸掉护墙，重新砌筑。从而没有让一流工程留下一点遗憾。

在建设工地，搞公路工程管理和质量监理工作很不容易，它要求既要有较高的专业技术知识和理论知识，又要有丰富的实践经验，同时还要具有强烈的事业心、责任感和对事业高度的敬业精神。

负责青杨树和马圈大桥的监理工程师程桂同志，年逾花甲，退休在家的他，不甘寂寞，再三向领导请求上工地，在有生之年愿为公路事业多做贡献。领导把最艰巨的大桥监理重任交给了程工。在大桥施工的日日夜夜，他每天工作十几个小时，在工地一盯就是七八个月，就连传统的中秋佳节他也没有回家。为此，家人多次打电话催他常回家看看，他耐心地对家人说："如果大桥出了质量问题，你们愿意看到我像重庆虹桥事件一样坐在被告席上受审吗？"家人的理解和支持，使程工信心更足了，一有质量苗头，他就想方设法，苦口婆心地说服施工人员按规范、按要求施工。并经常帮助施工单位一起探讨技术难题，为他们提出改进意见，深得施工单位的好评。青杨树、马圈大桥在全省质量评比中，被评为优良工程，各项技术指标均在95%以上，获全省第三名。当这两座桥完工退场时，施工单位省公路工程局施工三处上至经理、工长下至施工人员都握住程工的手依依不舍，他们说："我们施工几十年，建桥几十座，还从未见过像程工这样严肃认真的好监理"。

程工是个好监理，那么对全线工程状况每一个环节、每一道工序、每一个标段桩号的质量情况，都了如指掌的市交通局质监站驻地办主任徐国民来说，也同样如此。他每天坐车在工地现场不知要往返多少处。用他的话说："做质量监理极其不易，从实验室的每个实验员到施工现场的每个监理人员，为了层层把好质量关，109全线整整一个马拉松距离，工作量相当大，抽检的试件儿上万个。有时竟在深夜二三点钟上路测试。两年共抽检数字4万份。竣工后，仅实验的书面资料用编织袋装就有足足半汽车"。在实验室工作的实验人员，有时累得连饭也不想吃，监理工程师韩屹同志因劳累过度，两次晕倒在工地现场，同志们将他送到附近医院输液打针，病情刚有好转，他又悄悄来到工地。

在采访中，听徐主任讲工程质监人员在严把质量关的感人之事是滔滔不绝。但他对自己的事迹只字未提。还是工程管理处的赵青副处长为我们道出了一件感人趣事。由于工程紧张繁忙，徐主任整月驻在工地上，连单位分房的事都忘在了脑后，全凭他爱人里里外外张罗，就连搬家的大事也没有通知他。有一次他到市局开会顺便想回家看看，却没想到敲开"自家"的门却进了别人的家，不知自己的"新房"在哪儿？真是让他哭笑不得，这件趣事一时间在工地被传为佳话。

创优良工程，资金的到位和资金利用是保工期、保质量的又一关键问题。在资金的使用和管理上工程管理处的王高勇处长深有感触地说："资金管理难，使用更难。作为工程管理部门，资金的使用和管理好比是足球场上的守门员，把好把不好关键在于决策者"。

为创一流工程，工程管理者和建设者，接受110国道郭老线108炮炸掉豆腐渣工程的沉痛教训，在施工管理中他们事先把关，事先处理，把质量的苗头消灭的萌芽状态之中，绝不姑息迁就，也绝不乱花一分钱。

青杨树大桥和马圈大桥进入深秋季节施工中，大桥施工必须采取保温措施。为此，施工单位向上递交一份申请安装冬季锅炉的报告。安锅炉、通管道、搞蒸气大棚直接费用需100万元。109线设计为几个亿的大工程，要说申请100万元不是个大数。然而，工程所需保温措施难道非安装锅炉不行？采取其他保温措施行不行？王处长顶着时间紧、责任大、风险更大的压力，凭着他对修建洋河大桥的亲身经历和见多识广的经验，毅然决策变安冬季锅炉用蒸气保温为生炉火、盖苫布保温。施工单位仅投入了3 000多元就解决了保温问题，大大节约了工程费用。

参建人员不会忘记，在这条道路的建设中，市委书记杨德庆、市长张宝义、市人大主任王权、市政协主席张宝华、副市长侯志诚等市领导的高度重视和支持，并多次到施工现场视察和指导。同时，为建设单位排忧解难，对工程建设中出现的问题，现场办公，现场决策，使109国道二期工程得以顺利完工并如期实现了市政府下达的主体通车的既定目标。12月12日，杨德庆、张宝义、张宝华、侯志诚等市领导驱车赶往涿鹿，为该路竣工通车剪彩，并评价公路建设为我市的改革开放和经济发展奠定了坚实基础，发挥了大动脉作用。109国道二期改建工程不仅锻炼了一支过硬的队伍，壮大了自身实力，而且向全市人民交了一条优质路。（本报记者　郝淑芬　通讯员　靳永高　王德惠）

[2000.01.24　张家口日报　第2141期　第2版]

全市交通工作会议提出

抓住机遇加快发展公路建设步伐

本报讯　3月7日，我市召开交通工作会议。会议回顾总结了过去一年的交通工作，安排部署了2000年的主要工作任务，研究了新形势下交通改革和发展问题。会议提出，要抓住机遇、强化管理，建立有序、统一、竞争的运输市场和公路建设市场。

市领导高启明、侯志诚出席了会议。各县、区主管交通的副县(区)长、各县交通局局长和市交通局各处、所及有关科室的负责同志参加会议。侯志诚副市长在会上讲了话。

会议指出，1999年全市公路建设突飞猛进，共完成投资191 591.7万元，比1998年增长13.8%国省干线公路完成26 242万元、县乡道路完成9 937.7万元、京张高速公路一期工程路基工程完成92%、宣大高速公路一期竣工通车、国道109线二期续建、国道207线膳房堡至狼山段和城市出口路段都实现了主体通车。有3个县实现了乡乡通油路。公路养护和路政管理取得了新成绩。运管部门整顿班线客运市场秩序成效显著，征稽部门克服各种不利因素，圆满完成了交通规费征收任务。

会议就如何做好今年的交通工作提出五点要求：一要认清形势、把握机遇，增强加快我市公路建设的紧迫感，由于今年有两条高速公路将建成通车，而国省干线公路的等级、地方道路的通达深度必须与高速公路相适应，因此，就需要继续多渠道筹措建设资金，千方百计加快公路建设步伐。二要强化征管措施，确保各项交通规费征收任务的完成。按照“应征不漏，足额征收”的原则，对偷、逃、抗缴交通规费的行为给予坚决打击。三要继续加大对运输市场的治理整顿力度，认真解决好热点、难点问题。对那些只收费不服务的中介组织该整顿的整顿、该停业的停业、该取消资格的取消资格。四要加强路政管理，抓好公路养护，保障公路畅通。对违章堆积物、永久性建筑该清除的要及时清除，该拆除的要坚持拆除，坚决杜绝国省干线公路街道化市场化。五要加强交通系统队伍建设，继续开展创建文明行业活动。

会议还对新形势下交通运输管理、养路费征稽、公路养护等工作的改革和发展问题进行了专题讨论。　(郝淑芬)

[2000.03.09　张家口日报　第2175期　第1版]

京张高速公路一期工程年底通车

本报讯　3月20日，河北华能京张高速公路有限责任公司在怀来县召开京张高速公路一期工程确保年底通车动员大会，拉开了今年京张高速公路建设的序幕。

京张高速公路一期工程全长51公里，从宣化小慢岭至怀来土木段全长51公里，所经过的路段为山陵重丘区.沟壑纵横，桥涵众多。其中有我省首座2—108米周家沟上承式钢管拱桥及一批结构复杂的大桥和特大桥。其中仅特大桥就有4座、大桥9座、中桥12座、小桥33座，涵洞57道，分离立交17处，天桥4处，通道46处。涉及我市四个县区，是一项跨世纪的宏伟工程。

按照省委、省政府、省交通厅和公司董事会的要求，一期工程要确保在今年底建成通车。根据我市特殊的气候条件，沥青路面工程和混凝土工程必须在10月中旬前完成，有效工期只有6个月的时间。工作量之大、工作强度之高、工期之短在全省高速公路建设中是绝无仅有的。

河北华能京张高速公路有限责任公司总经理潘晓东在会上分析了今年京张高速公路建设面临的形势，对工程建设提出了具体要求。他强调，业主将从细化管理入手，加强宏观调控，加强检查计划的执行情况，及时为施工单位支付工程计量款，用自身扎实的工作和严肃认真的工作态度对工程负责，为工程建设服务，为施工单位服务，营造良好的施工环境。他同时对监理及施工单位提出了要求，希望大家都能够认清今年任务的艰巨性、紧迫性，携手实干，各负其责，团结协作，努力拼搏，确保实现今年年底一期工程通车的目标。他严肃指出，对于因投入不足、管理不善，造成工程进度滞后，出现工程质量问题的施工单位，业主将按合同要求予以惩罚。

参加一期工程建设的16支路基工程、4支路面工程、4支房建工程施工单位的项目负责人参加了动员大会。（李勇）

［2000.03.29 张家口日报 第2192期 第1版］

交通部长黄镇东考察我市境内国道建设

本报讯 8月17日至18日，交通部部长黄镇东、省交通厅厅长么金铎等一行，在张宝义、侯志诚的陪同下，实地考察了宣大、京张高速公路建设情况，并与内蒙古交通厅厅长郝继业等一起调研了内蒙古通往北京的高速公路在我市的接口处和连接线路。

宣大高速公路是国家干线公路重要组成部分，是我省公路网中的主骨架，也是京张地区通往西北各省及晋煤外运的重要通道。这条公路西起我市阳原冀晋交界，与山西京大高速公路相连，东至宣化与京张高速公路相接，全长127公里，双向四车道、全封闭、全立交，总投资36.9亿元。工程经过三期、三年半的奋战，今年年底可竣工通车。

京张公路是国家重点公路主干线，是西北各省区同京、津及沿海港口和内地各省、市经济交往的咽喉要道，也是晋煤外运的主要通道。一期工程于2001年7月中旬通车，全线工程将在2003年8月中旬建成通车。

部、省交通部门领导看了宣大、京张高速公路建设后，一致认为，这两条高速公路不但修得好，公路养护与管理工作也跟得上，路容路貌干净整洁，标志、标线比较齐全，黄镇东部长对京张华能管理处负责人说，工程质量是永恒的主题，要严格把关，精益求精，不能有一丝马虎；检测数据是质量的凭证，不能有半点水分；工期不能有一天的拖延，工程质量永远是首位，质量重于泰山。

在110国道老爷庙段，黄镇东部长对市领导张宝义、侯志诚说，内蒙古通往北京的高速公路接口处和连接线路，你们两家要共同协商办好，既要考虑眼前利益，又要有长远打算，要为群众出进方便、发展经济着想。这样我们修出来的路才有价值。（本报记者 吕怀富）

［2000.08.19 张家口日报 第2312期 第1版］

我市出台客运出租车管理办法

本报讯 为强化全市客运出租汽车的行业管理，8月12日，市政府常务会议审议通过并发布实施《张家口市客运出租汽车管理办法》。

《办法》分总则、开业停业管理、车辆管理、营运管理、价格与票据管理、检查与投诉、处罚、附则八章共四十二条，突出规范和细化了以下问题：一是解决了职能交叉，多头管理的问题。《办法》明确了市交通行政主管部门是辖区出租汽车客运的行业管理部门，负责全市出租汽车的管理工作；各级交通行政主管部门委托其所属的道路运政管理机构进行本辖区出租汽车客运的管理和监督检查工作。二是强化了宏观调控，将有效地遏制出租车的盲目发展。《办法》明确了购置车辆从事出租客运单位和个人必须向当地县（区）以上道路运政管理机构提出申请，经市道路运政管理机构批准后，方可购置；并明确了客运出租经营权实行有偿使用，由市交通行政主管部门根据总量控制的原则，对现有出租车辆实行退一进一。三是加大了监督检查力度，专门设置了《处罚》章节。《办法》明确了出租汽车必须悬挂道路运政管理机构监制的出租客运专用牌照。对无证经营、易主不过户、拒载甩客、不安装计价器等违章行为做了具体处理规定。尤其对出租汽车客运服务组织管理不善，造成本单位出租车违章的也要受到处罚。这将有效地解决一些出租汽车服务组织重收费、轻服务的问题。（刘维海）

［2000.09.09 张家口日报 第2330期 第2版］

社会型道路架起城乡幸福桥

——我市地方道路建设掠影(上)

编者按　在“九五”规划即将顺利完成,“十五”规划正待全面开始之际,记者驱车坝上坝下,对我市地方道路建设进行了一次详细的调查采访。几年来,面对高等级公路建设热潮的冲击,我市地方道路建设紧紧围绕“八七”扶贫攻坚计划和“九五”期间交通规划总体目标,以提高全市地方道路路网基础设施服务水平为中心,以实现乡乡通油路为奋斗目标,全力依靠政府,积极发动群众,多方筹集资金,充分发挥交通部门职能作用,克服重重困难,重点突破,整体推进,取得飞速发展,为全市农村经济的发展和社会事业的进步奠定了良好的基础。

在调查研究的基础上,我们按照市有关部门就全市地方道路建设划分的社会型道路、经济型道路、开发型道路三种形式分别进行了采访。在这篇报道里,我们将着重向读者介绍社会型道路的建设情况。所谓社会型道路,即解决革命老区、英雄故乡及老、少、边、穷地区人民行路难为主要对象的地方道路建设。这些地方,经济基础薄弱、资源匮乏、村庄分散、人口稀少,且建设里程长、筹资困难、工程艰巨、眼下经济效益不大,但知名度却很高,例如存瑞路。这些路的修建旨在改善贫困地区的出行条件,带动当地百姓早日脱贫致富,促进各项事业的进步和发展。

几年来,在国省干线“四横三纵一线”的主体框架下,我市地方道路建设坚持“以工代赈、民办公助、多方筹资”的原则,有了长足发展,道路状况也得到根本改善。“九五”期末,我市地方道路新改建总里程将达到 2 348 公里,其中油路 611 公里,预计投资总额 33 022 万元,万全、涿鹿、怀来、宣化四县实现了乡乡通油路,全市通油路的乡(镇)达 145 个、通油路的村达 1 038 个。这一系列成绩的取得,无不凝结着道路建设、管理部门的心血和汗水。

尤其是在一些贫困山区,那里地广人稀、山高沟深、坡陡弯急,且当地经济基础薄弱、资源匮乏,当地百姓只能靠天吃饭,而交通的不便,更是严重制约了当地经济的发展,“立下愚公志修通致富路”,这是每一个山区人民的心愿。天堑变通途,几代人的梦想正逐渐变成现实。

“要想富先修路。”朴实的话语说出了山区人民的共同心声。在纵横交错的公路骨架中,山区公路以其特定的地理位置构成了地方道路网架中不可缺少的一部分。为了彻底改变山区面貌,带动老区人民脱贫致富、解决山区行路难、上学难、就医难的状况,市交通局高度重视,党政一把手运筹帷幄,副局长李义亲自主抓,筹措资金,将一条条平整油路修到深山之中,实现了山区人民几代人的夙愿。路通了,人也活了,路的改变使山区经济呈现出日新月异的新气象。

在英雄的故乡——怀来县南山堡村,记者看到平整通畅的“存瑞路”将沿线各村庄和沙宝公路有机连接起来,不时有装载着水果、农用物资、小商品的汽车、农用车呼啸而过,车上的农民脸上挂着喜悦的笑容,当地群众已经尝到了这条英雄路给他们生活带来的甜头。

南山堡村是战斗英雄董存瑞的家乡,为纪念烈士牺牲 50 周年,彻底改变英雄家乡人民的交通环境和生活条件,一场“英雄为我打天下,我为英雄建家园”的战斗轰轰烈烈开展起来。施工期间,为了给英雄家乡人民建起一条放心路,施工队伍严把质量关,对不合格的材料及产品毫不吝啬,返工重来,保证了工程质量的一流。奋战 80 天,一条长 5.1 公里、宽 6.5 米的四级油路伸向南山堡村,路的畅通不仅为英雄家乡带来极大的经济效益,而且带来极大的社会效益。目前,慕名来南山堡村参观的人越来越多,村中的董存瑞纪念馆也成为爱国主义和革命英雄主义教育的基地。

公路不仅是社会公益事业的基础设施,也是摆脱贫困、走向富裕的硬件基础设施。宣化区庞家堡镇大段地村公路修通第一年,村里破天荒地从外村娶回了十几年来的第一个媳妇。一条条公路的建成是伟大的壮举,一条条道路的建成写下了我市地方道路建设史上光辉的一章。

1998 年初,张北、尚义两县交界处发生里氏 6.2 级强烈地震,两县人民的生命财产安全受到极大威胁。震后,杨哈公路以其特殊的地理位置成为数万灾区群众的"生命通道",打通"连心路",致富两县人民,这是省、市两级领导的正确决策,也是数万灾区人民的共同心声。

市交通局地道处张成群处长亲临施工现场,进行调研,两县人民无私奉献,全民动员,情铸杨哈路。一期工程,全长40公里,在各界人士共同努力下,一条交通部门灾区人民患难与共的"连心路",一条重建家园的"形象路",一条帮助灾区人民脱贫的"致富路"终于竣工通车。工期之短、工程量之大、质量之高、建设里程之长,无不创造我市地方道路建设史上的奇迹。

同心同德凝聚合力。无私奉献情铸公路。全市地方道路建设特别是社会效益型道路建设取得了令人瞩目的成绩。在抓好公路主干线建设的同时,"乡乡通油路"和"村村通油路"工作也在有条不紊地进行。万全、宣化、涿鹿、怀来四县去年年底实现乡乡通油路。今年怀安、蔚县、阳原将实现乡乡通油路,怀来县鸡鸣驿乡、涿鹿县城五堡乡、宣化县沙岭子镇、怀安县左卫镇率先实现村村通油路,圆了当地群众的致富梦。山区人民的思想也开始由"为我修路"转变为"我要修路",积极性和主动性空前高涨。农村交通条件的改善,对促进农村经济发展发挥了重要作用,"十五"期间,坝下将基本实现乡乡通油路,打通所有不通车的政村。到2015年,我市公路网的主骨架将基本成型,且公路主骨架技术等级将达到二级公路以上,使交通状况与全市国民经济发展基本相适应,逐步形成一个四通八达,畅通无阻的公路网布局。 (吕怀富　袁琦　杨永宏　靳永高)

[2000.09.23　张家口日报　第2342期　第1版]

经济型道路宽阔通畅好靓丽

——我市地方道路建设掠影(中)

所谓经济型道路,主要是借提高和改善原有公路的行车条件,来加速促进地方经济的发展。公路一旦建成后,能在较短时间内,通过商品流通的加快和商品附加值的增加,实现地方经济的腾飞,公路也可以早日得到效益回报。几年来,我市经济型道路建设得到迅猛发展,成为我市地方道路建设网中不可缺少的重要部分。

金秋九月,我们沿永夹公路来到怀来县桑园乡。一进桑园,立刻被一片繁忙的丰收景象所感染,公路两边,郁郁葱葱架满了葡萄架,一串串晶莹剔透的葡萄像一串串闪闪发亮的珍珠。各式大小车辆来来往往,当地农民正在忙碌地将一箱箱新鲜的葡萄搬运到路边的车上,人们的脸上都洋溢着丰收的喜悦。一位农民对我们说:"我们一家五口人都以种葡萄为业。修路以前,每年有一万多元的收入,而现在每年都有五六万元的收入,要想富,先修路,说得一点儿不假呀!"

他的话道出了桑园百姓的共同心声,桑园乡东暖泉等五个村是怀来县葡萄产业最集中的几个村,这五村共有葡萄8600多亩,年产1500万公斤,是全省优质葡萄产业基地,但在1996年前,由于五村不通油路,驰名省内外的"暖泉"牌葡萄销路不畅,大宗优质葡萄只能以低价送榨汁厂造酒,经济损失惨重。面对当地群众日益迫切的修路愿望,市交通局果断决定,采取"民办公助"的方式,多方筹集资金450余万元,把永定河大桥至夹河村"永夹线"8.08公里土路改建成油路。道路的改善使桑园经济发生翻天覆地的变化,修路第二年当地群众就增收200多万元。

桑园的巨变带给我们很多启示,我市地处山区,自古以来就以重要的交通地势而著称。但时过境迁,我市的经济发展与其他地市相比却存在很大的差距,究其原因,道路水平的滞后是制约经济发展的一个重要因素。加大道路建设力度,特别是经济效益型道路建设力度是促进地方经济发展的必然选择。

"九五"期间,随着我市改革开放政策的进一步落实,"八七"扶贫攻坚计划的实施,"要想富,先修路"的思想逐渐被各级领导所重视,各级交通部门加大力度,使我市"九五"期间地方道路新改建规模达到2 348公里,是历史上建设规模最大的五年。

而经济型道路建设作为开启地方经济宝库的一把金钥匙,也在发挥着越来越大的作用。在一些山区，当地人民为了尽快把丰富的资源优势转变为产品优势，把产品优势转变为商品优势，开始由“为我修路”转变为“我要修路”，积极性、主动性空前高涨，不少地方自筹资金，改造路面，使经济型道路发展迅速，为促进地方经济尤其是山区经济的崛起发挥了极其重要的作用。

在万全县，我们看到四通八达的地方公路网将全县各乡有机连接起来，“乡乡通油路”工程的竣工为全县经济的快速发展创造了良好的条件，矿泉水厂、氯乙酸厂、塑料制品厂、水磨石厂、地毯厂等一大批乡镇企业迅速崛起，腐殖醋、煤炭、玄武岩矿、橄榄石矿等一批矿产资源得到合理开发，农作物和经济作物得到大面积种植，全县经济呈现出一片蒸蒸日上的新景象。当问及这县经济迅猛发展的秘诀时，卢副县长一语道破天机，“几年来，我们始终咬定‘建路’不放松，坚持‘建管养并重’的方针，通过实干，使全县的地方道路建养工作取得了较好的成绩也促进了县域经济的发展。”

在道路建设中，工程质量的提高是延长使用寿命的根本所在，地方道路建设等级较低，但质量不能低，为了保证有限的投资发挥最佳效益，加强质量管理是地方道路建设特别是经济型道路建设的必然选择。

宣大高速公路怀化线，是连接宣大高速公路和国道 110 线的一条主要连接线，同时也是蔚煤外运的一条重要通道，作为一条重要的经济路，省、市有关部门高度重视，大力支持，它的建成，将在怀安，阳原两县形成以国省干线为骨架与地方道路紧密相连的公路网，对于加强两县与毗邻地区的经贸来往，进一步改善县域经济的发展环境，扩大对外开放，加快两县人民脱贫致富奔小康的步伐具有重要的意义。

驱车来到怀化线，立刻就被一派轰轰烈烈的施工场面所感染。工地上机器轰鸣，人头攒动，风镐怒吼，铁锹丁当，到处都是马达声，到处都是工人们的号子声，一派繁忙的景象。在全长 28.5 公里的怀化线上，平均 300 多米一道的桥涵已经完工，内外光滑平整，光可鉴人。工程指挥着不远处的隧道对我们说：“这就是我们的骄傲，全长 518 米的李家沟隧道的建成，不仅弥补了全市地方道路隧道工程建设的空白，而且保证了宣大高速公路怀化连接整体经济效益的发挥，我们有信心也有决心早日使怀化线建成通车，为推动全市经济的发展贡献自己的力量。”

他的话令我们振奋。的确，一条条地方道路的建成，无不凝聚着广大筑路者艰辛的汗水和心血。他们就像盘踞于崇山峻岭之间的“巨龙”一样高大。　（吕怀富　袁琦　杨永宏　靳永高）

［2000.09.29　张家口日报　第 2347 期　第 1 版］

开发型道路开启山区经济大宝库

——我市地方道路建设掠影(下)

沿 17 公里的旅游线路驱车来到位于崇礼县以北的翠云山旅游度假村时，怡人的风景令人心醉。这里风光秀美、地势险要、气候凉爽、面积广阔、山、水、林、鸟、兽、虫、森林、草原与明代古长城融为一体，使人仿佛置身于世外仙境之中，令人流连忘返。度假村的工作人员向我们介绍说，自从翠云山旅游线路开通之后，来这里度假的游客日益增多，翠云山正以秀美的风光和优质的服务笑迎八方来客。一位从北京来的游客对我们说：“以前路不好走，虽然翠云山具有得天独厚的自然条件，但来这里一趟却不容易，现在平坦的油路一直通到山下，给我们带来极大的方便，每到周末，我们一家人总喜欢来这里度假，这已经是我们今年第八次来这里啦。”

无可置疑，路的变化给翠云山带来新的转机。近年来，崇礼县旅游业发展迅速，现已初步形成以翠云山度假村和塞北滑雪场为龙头的夏季森林避暑和冬季滑雪为特色的生态旅游业雏形。但道路坡陡、弯急、缺桥少涵、水毁频繁的状况，极大制约着旅游业的进一步发展。

为此，借助“河北 99 生态环境旅游年”的契机，两条总长 37.649 公里的旅游公路段投入建设。这两条路的修建，不仅对开发两地旅游资源具有深远的意义，而且对开发区域内的森林资源、矿业资源将起到积极的推动作用。

我市地处山区，具有特定的地理环境和自然环境。一方面，大自然提供了丰富的自然资源等待我们去开发；另一方面，特定的地理环境又造成了修路的障碍。为了尽快将丰富的自然资源转化为商品资源，开发效益型道路建设可谓势在必行。

近年来，我市地方道路建设特别是开发效益型道路建设成绩瞩目。一条条平整通畅油路的修建，使山区资源得到有效开发，带动了沿途经济的发展，阳原县为开发县域丰富的煤炭资源，在各方面的大力支持帮助下，用两年多的时间，打通了通往硬炭岭的山区公路，使大量优质原煤源源不断销往外地，涿鹿县打通14条山区公路，每年仅外运干鲜果一项就达三百万公斤，使过去烂在山中无人问津的无公害、纯天然干鲜果品，变成了城里人口中的美味。而崇礼，宣化、蔚县、阳原等县一批“断头路”的打通，不但解决了山区人民的出地问题，而且极大促进了当地经济的迅猛发展。

但是，由于我市地方道路建设起步低、动手晚，遇到的困难也是相当大的。首先是资金问题，相对于高速公路，国省干线公路每公里投资而言，地方道路每公里投入的资金可以说少得可怜。而这部分有限的资金有时还不能及时到位，“巧妇难为无米之炊”。其次是技术、设备问题。另外，我市恶劣的自然、地理条件也对每一位施工人员提出了严峻考验。但困难没有吓倒广大施工人员，“有条件要上，没条件创造条件也要上”，他们以自己坚韧不拔的毅力、顽强的精神创造了我市地方道路建设史上一项又一项的奇迹。

“修一条路，富一方人。”我市地方道路沿镇乡镇领导和人民群众怀着对致富梦的渴望，竭尽全力，支持公路改建工程，郭花线北接尚义腹地，南连京包铁路、110国道，是尚义县通往外界的主要公路。道路改建前，交通运输经常受阻，流通能力低下，造成该县矿产资源限量开发，沿线乡村的蔬菜、瓜果、豆类等土特产品滞销，严惩影响了县域农村经济的发展和人民群众生活水平的提高，“盼好路、快致富”的心声在当地人民群众心中极为强烈。一番周密准备之后，一场郭花线改建工程的战斗打响，市县交通局全体干部职工发扬艰苦创业、通力协作、无私奉献、能打善打的精神，以严谨的作风，满腔的热情创造出令人振奋的业绩。郭花线改造工程的完成，拉动了当地经济的快速发展，加强了尚义县与外界的联系，促进了当地人民早日脱贫致富。

一条条地方道路的畅通，无不倾注着广大筑路职工艰辛的汗水与心血；一条条地方道路的畅通，无不凝聚着市、县各级政府与沿线人民群众浓浓的鱼水深情。在世纪交替的一年，在“十五”规划将开始新的一年。我市地方道路建设也将面临新的机遇和挑战，白（塔）白（脑包）线、邓（油坊）半（拉山）线、芦（子屯）大（田洼）等一批公路即将建设，“乡乡通油路、村村通公路”工程的继续深入，必将使我市公路风布局四通八达，更趋合理，也必将促使我市经济实现新的腾飞。　（吕怀富　袁琦　杨永宏　靳永高）

［2000.10.07　张家口日报　第2350期　第1版］

众志成城筑“精品”

——省市重点公路建设工程下广线夏源至殷家庄段新改建巡礼

隆冬时节，正值煤炭运销旺季，素有“燕赵煤仓”之称的蔚县境内运煤车辆车水马龙，蔚煤外运的唯一干线夏源至县城段昔日狭窄不平的三级公路被宽直平坦的一级公路所取代，过去车辆拥挤不堪令驾驶员们愁眉苦脸的情景一扫而光，每日成百上千辆运煤车宛如一条乌龙井然有序地飞驰远方。半年多的时间，怎么会出现这样大的变化呢？广大驾驶员高兴地说：“这全靠了交通部门又快又好地开通了下广线一级路重车道，这是蔚县44万老百姓的福气啊！”

省道下广线夏源至殷家庄段一、二级公路新改建工程为省市重点工程。1998年底经省交通厅批准立项，工程估算为4.2亿元，施工期为3年，是我市投资最多、规模最大的在建公路建设工程。今年4月初正式开工兴建以来，2 000多名筑路将士和参建人员克服时间紧、任务重、资金缺等诸多困难，经过七个月夜以继日地紧张施工，完成工程量达到三分之二以上，累计完成投资2.2亿元，比原计划超额完成1.2亿元的工程量，这在全市公路建设史上也是前所未有的。23.655公里的一级公路中，重车道已全部完工并于10月25日顺利通车，轻车道中有6.9716公里也已全部贯通并通车，剩余的16.7885公里完成了路基土石方工程；13.42公里的二级公路中，路基土石方已全部完成，路面基层完成了一半以上；全线8座大中桥已有4座全部完工，剩余的4座均完成了80%以上的工程量。经省、市政府质量监督部门组织的中间质量全面检查，分项工程质量均达到优良工程，并在省交通厅质监站对全省市管公路工程建设项目评比中路桥均名列前茅，实现了质量、进度、效益三丰收。

对此，副市长、下广公路工程建设领导小组组长侯志诚给予了充分肯定，他说："下广线夏殷段一、二级公路新改建工程进度之快，质量之好，不仅为全市的在建公路工程建设树起了样板，各级领导和广大筑路将士负重奋进、凝聚实干的精神，也将成为加速我市交通道路建设的一笔宝贵财富，非常值得学习并发扬光大！"

一、抢抓机遇争立项，锲而不舍跑贷款，竭尽全力优环境，确保"民心工程"早日开工

下广线夏源至殷家庄段是蔚县境内东西走向的唯一干线公路，也是蔚煤外运的唯一通道，过去一直为低等级三级公路。近年来蔚县煤炭开发异军突起，发展成为县域经济的第一大支柱产业，带动公路运输业也突飞猛进，营运车辆特别是拉煤车辆荷载剧增，狭窄不平的路况严重制约了本地区开放开发和经济发展。尽快打破这一牵制性"瓶颈"，修筑一条等级较高的公路带动蔚县经济腾飞，成为蔚县44万人民企盼已久的梦想和心愿。

1998年国家采取了一系列拉动内需的重大举措，其中包括优先发展交通基础设施建设的相关优惠政策，河北省交通厅相应实施了追加项目、追加投资的"双加"工程。对此，蔚县县委、县政府锐敏地感到，这是一次改善全县交通落后状况的绝好机会，必须牢牢抓住不放。于是，一边如火如荼地兴建109国道二级公路，一边又打响了争取省道下广线夏殷段新改建工程获准立项攻坚战。6月14日确定申报项目，在市交通局局长张富强、副局长乔卫国等有关领导的全力指导帮助下，县长杨江、县交通局局长李树泉带领有关人员发扬"跑烂鞋底子、磨破嘴皮子"的精神，五跑市局，三进省厅，凭借对事业的一片真诚和执著，感动了省市领导，争得了省厅基本认可。同年7月24日省交通厅公路管理局批准立项，挤上了"九五"计划的末班车，列入当年省公路建设计划，列为省市重点工程建设项目。

"要想富先修路、要快富修高速"，这是全社会形成的共识。然而，"巧妇难为无米之炊"，公路工程建设需要非常大的资金投入，钱从哪里来？这成为发展公路建设最关键的问题。下广线夏殷段一、二级公路新改建工程资金省厅批复的预算为3.3亿元，虽然被列为省厅补助工程项目，但是地贷省还，仍需要地方自己跑贷款2.6亿元。近年来全市公路建设工程遍地开花，在建项目众多，市交通局公路建设资金已经捉襟见肘，争资金跑贷款的任务只好依靠县局发挥积极性和创造性了。2.6亿元对于蔚县交通局来说，无疑是一个天文数字，局长李树泉深感自己肩头担子的分量，夜不能寝，食不甘味，如果建设资金迟迟不能到位，辛辛苦苦争取到的建设项目就会功亏一篑，还会辜负全县44万人民的殷切期望……

开弓没有回头箭。"工作哪有一帆风顺的，没有困难还要我们干什么"！蔚县交通局长李树泉带领筹资小分队以破釜沉舟的决心，跑省进厅，跑部进京，南下香港，东度扶桑，住在小店、吃在饭摊、睡在车上，绞尽脑汁找线索，千方百计找机会，不怕碰钉子，不怕伤面子，开始了艰难的筹资历程。"危难时刻显身手"，市县领导也心急如焚，副市长侯志诚、市重点办副主任王志忠、省交通厅公路局副局长田根成、市交通局局长张富强、中行张市分行信贷科长李建军、县长扬江、县委副书记温祥、副县长蔡德新都主动出面协调各方关系，提供信贷信息。筹资小分队先后与各地不同的21家银行、国营、合营、外资、中外合资等金融单位接触洽谈150多次，历时13个月的时间，行程10万公里历经艰辛。"功夫不负有心人"，通过与中国银行国家总行、省行、市分行、县支行层层接触洽谈，去年9月10日终于通过中国银行总行项目评审，达成发放贷款2.6亿元的协议，为下广公路尽快开工提供了资金保障。

资金有了，前期开工准备工作又摆上了重要议事日程，近几年，由于地方配套资金不到位，拆迁占工作成为影响工程顺利进行的重要障碍。对此，蔚县县委书记张东旭多次召开协调会，强调指出："下广线夏殷段一、二级公路新改建工程是造福44万蔚县人民子孙后代的德政工程，县内各级各部门必须讲政治、顾大局，一切服从服务于工程进度，全力创造一个良好宽松的施工环境。"县委、县政府专门成立了支持一、二级公路重点建设领导小组，县长杨江任组长，全力抓好拆迁占地工作，耐心说服教育沿线群众，反复协调沿线有关单位，争取谅解和支持，精打细算用有限的资金做了大量卓有成效的工作。

今年3月份以来，针对公路施工需拆迁大量的电缆、电线、文物，县长扬江、县委副书记温祥、何育才、副县长 蔡德新、县政府党组成员张怀分头协调电力、电信、传输、超高压、文物管理部门，数次现场办公，先后迁改有关线路59处、文物8处。县交通局局长李树泉、副局长胡凌带领支重办人员，沿线往返辛劳奔波，讲政策摆道理苦口婆心解释教育沿线村民，本着"克服困难、不误工期、厉行节约、不伤民利"的原则，先后动员村民拆除各类建筑385处、树木8.9万棵。对故意闹事妨碍施工的不法分子，县公安部门依法予以拘留，并在县电视台曝光连播一周，为施工单位顺利施工撑腰做主。

蔚县沿线乡村识大体、顾大局，为一、二级公路建设大开"绿灯"。蔚州镇、南留庄、涌泉庄、南杨庄、代王城、西合营等乡镇全力配合搞好拆迁占，为施工让路提供方便，解决永久性占地2 155亩、临时占地331.69亩，针对施工单位因无料场无法施工的问题，共为施工单位解决料场15处287.27亩。南留庄镇涧楞村委会主动让出本村准备建蔬菜大棚的良田25亩，用于中铁十三局施工二处建桥备料，让施工二处领导深受感动，尽其所能帮助该村修水渠解决水泥5吨，教师节期间专门拿出2 000元购买学习用品慰问了村小学全体师生。11月20日，施工二处即将撤离时，村委会专门赠送了一面锦旗，上写"架虹桥工民心连心、修富路携手奔小康"，洋溢着一片工民鱼水深情。

二、抽调最优秀的工程管理技术人员，挑选最优良的施工力量和监理单位，采用最先进的机械设备，确保"样板工程"叫响燕赵

作为省市重点工程项目，去年底市政府就专门成立了下广公路工程建设领导小组，副市长侯志诚担任组长，由市交通局局长张富强和蔚县县委书记张东旭任副组长，负责下广线一、二级公路工程的组织协调工作。市交通局将下广线一、二级公路工程作为今年全局工作重中之重，市公路工程管理处也将在建公路工程的主攻点放在了下广线一、二级公路建设项目上，市交通局局长张富强明确要求，"今年全局要把主要精力投入到下广线上，把最好的工程管理技术力量、最好的施工队伍、最好的机械设备集中到下广线上，一定要将下广线一、二级公路干好，干成样板工程，力争在全省路桥质量检查评比中进入前三名。"工程开工以来，张富强局长、乔卫国和张福副局长、李才站长多次亲临下广公路建设第一线，协调各方面的关系，现场办公解决施工难题，极大地鼓舞了全体参建人员的斗志。

为提高工作效率，市交通局改变过去少则几十人，多则上百人机构臃肿的项目总指挥部管理方式，选派管理能力强、技术水平高、年轻有魄力的"精华"力量15人，组建成精干高效、拥有现代办公设备的下广公路建设项目管理办公室，由市交通局总工程师梁志林兼任办公室主任，市交通局公路工程管理处处长王高勇、蔚县交通局局长李树泉为副主任，市交通局总工办主任胡东、工程师白建军等为成员，下设工程组、财务组和办公室，项目办人员一人多能，身兼数职，是全市在建公路工程管理能力最强、技术水平最高的管理机构之一。

下广线夏殷段一、二级公路新改建工程采用现代通用的项目业主制、监理制和招标制。项目办去年底成立后，立即着手工程的招投标工作，根据工程预算和工程工期的实际，仔细分析研究工程施工难度、工程量和进度，认真贯彻执行《中华人民共和国招标投标法》，将工程划分为8个标段，由评标委员会的专家严格审查考核投标施工单位的资质等，最后确定了信誉至上、作风过硬、装备精良的市交通局第一公路工程公司、第二公路工程公司、蔚县兴宇公路发展公司、中铁十三局施工二处、宣化区交通局施工处、张北县交通局公路工程队等8个施工单位中标；监理单位是张家口市路桥监理咨询有限责任公司，中标的全部都是专业化施工、监理队伍，市交通局公路工程一、二公司、市路桥监理公司都是我市公路建设中的"王牌军"。

自我加压严格施工工艺，项目办将下广线公路建设质量瞄准了宣大高速公路的各项技术指标，项目办的领导多次组织施工单位的技术骨干到宣大高速公路施工现场参观学习，并运用到下广线一、二级公路施工实践中。各施工单位拿出最好的筑路设备用在下广公路建设上，推、挖、装、运及各类筑路机械设备多达 600 余台。为提高路面的平整度，项目办和市交通局一、二公路工程公司又共同筹资 400 多万元，购进了 4 台摊铺机，使基层、底基层的物料全部实现了厂拌机铺，路面的平整度质量大大高于往年工程，可达到高速公路的技术标准。从下广线是蔚煤外运的主要通道往来重车多的实际出发，为有效地延长公路使用年限，克服沥青路面早期破损的质量通病，项目办聘请省部专家现场指导施工单位搞好一级公路油面工程试验，在资金非常紧张的情况下，增加投资 300 多万元，将路面普通沥青换成改性沥青，保证路面冬天不开裂、夏天暴晒不发软，让蔚县人民走上“放心路”。

三、严细管理营造争先创优氛围，严格把关争创高质量低造价，严明施工树立德技双馨形象，确保“窗口工程”内实外美

下广线夏殷段新改建工程兴建总里程达 41.681 公里，一级公路 23.655 公里，路基宽 25.5 米，路面宽 22.5 米；二级公路 13.42 公里，支线 4.606 公里，路基宽 12 米，路面宽 11.4 米，土石方总量达 180 万立方米，全线建大桥 5 座 1 189.48 米，中桥 3 座 265.12 米，小桥 10 座 213.49 米，涵洞 104 道 2 645 米，工程规模居全市县区域在建公路工程之首。

万事开头难。项目办作为全线工程的总指挥部，工作千头万绪，时间紧任务重，施工难度大、资金紧缺，既要保进度又要保畅通，还要指挥 8 个施工单位 2 000 多人和上千辆机械设备高效安全运转，协调好与沿线上百个村庄和单位的关系，其难度可想而知！对此，项目办紧密结合“管理质量效益年”活动，将管理、质量、效益作为系统性工程来抓，以“抓管理、聚合力；抓质量，创精品；抓效益，促发展”为工作方针，先从强化制度建设入手，分层次制定了工程管理、岗位目标责任制、质量监督控制办法、文明安全施工、项目办工作人员“十不准”等一系列规章制度；开办了《公路建设简报》及时全面反馈工程最新动态；每月 25 日召开全线工程例会，总结当月工作部署下一阶段任务，发现问题及时解决；开展质量管理评比活动，设立“工程质量奖”，工程质量技术指标排队亮相见真招，奖励先进处罚后进，全线很快掀起了“比、学、赶、帮、超”的施工高潮。

蔚县兴宇公路发展公司第一次投标高等级公路建设工程，承担着下广线二级公路工程中 8.2 公里路基和 13.4 公里路面工程，响亮地喊出了“兴宇兴蔚兴交通、求实求是求精品”的口号，在严细管理上下实功，内部组织实施了“形象、精品、龙头、育人、民心”五大工程活动。成立工地通讯组，开办《路魂》、《兴宇简报》、《兴宇快报》，及时反映公司参建人员抢进度上质量夜以继日忘我施工的精神风貌；实行百分考核绩效工资制，成立全面质量管理领导小组和攻关小组，设立 12 名专职质监人员严把质量关，他们承包的路基和路面工程均被评为优良工程，多次受到项目办的奖励。

中铁十三局施工二处承担着 16 孔 484.9 米的涧楞大桥建设任务，他们发扬善打硬仗的军工传统，开展了“比任务完成看施工进度、比工程质量看标准化施工、比安全生产看防范措施、比现场管理看文明施工、比节能降耗看双增双节效果、比精神文明建设看团结协作”的“六比六看”竞赛活动。严把进料关，不惜大投入采用最好的钢筋、水泥、砂石，针对桥体混凝土暴露面大的实际，投资 100 多万元，专门到涿州购进了高标准的模板。成立 TQC 质量攻关小组，专门到 109 国道羊圈大桥进行实地考察取经，改进施工工艺，采用泡沫胶条解决漏浆问题，改镀锌铁板为冷轧板解决外观质量问题，变“依次支模、分次浇注”为“一体支模、一次浇成”消除施工缝难题，使桥体质量达到内实外美，成为我市推荐的参加省路桥评比参赛工程。

“工程质量重于泰山”。项目办将质量管理作为中心环节，进一步强化各施工单位的工程质量终生责任制意识，根据工程的进度，多次召开质量工作会和技术研讨会，发现施工单位在工程质量上存在的问题，分析原因，找出病根，对症下药，消除隐患。与此同时，他们派出质量巡回督察员和驻地办监理人员一道沿线严格检查施工单位材料使用、工序操作和技术规范的执行情况等，对一些违规的、不符合要求的工程，及时发现，及时纠正，将质量隐患消灭在萌芽状态。同时，全方位建立健全三级质量保证体系。一是搞好施工单位的自检，各施工单位都成立了专门的自检机构，主要领导亲自抓，实行质量一票否决制，建立了工程质量自检、互检、交接检一整套完善的制度，层层把关，责任到人。市交通局公路工程一公司和二公司是具有多年施工经验的专业化公路建设单位，今年始终将ISO9002质量保证体系贯穿施工的全过程，专门设置了质检员持证上岗，严把自检关。二是发挥监理人员在质量控制中的决定性作用。市路桥监理咨询有限责任公司抽调了40多名监理技术骨干进驻下广线，在开工前专门举办了监理人员培训班，学习设计文件、技术规范，做到底码清、标准明；开工后每个标段都派出多名驻地监理工程师，持证上岗重点部位和重点工序实行全过程跟班旁站监督，施工单位的质检结果必须经过监理复核认定，达到要求方可进入下一道工序，铁面无私当好质量监理“黑包公”。三是树立政府监督的权威性。市交通局总工兼项目办主任梁志林主动邀请省、市公路工程质量监督站多次深入下广线检查指导，并要求质监部门从严、从细加大监察力度，确保工程质量万无一失。

由于原计划3年的施工工期减为2年，时间缩短了三分之一，这样工期就变得更为紧迫。为在2年内提前完成40多公里的建设任务，项目办以倒计时的办法编制出整个工程的总体进度规划，并细化分解到各施工单位的每一合同段，每天项目办主要领导召开碰头会，对每日的工程进度进行总结评估，查找问题，分析原因，做出改进决策；另外每月召开一次工程调度会，检查进度计划的落实情况，及时帮助施工单位协调解决影响工程进度的拆迁占、物料调配等难题；加大机械设备和人员的投入，从其他工程调集筑路设备和精兵强将，加班加点搞突击抢进度，各标段统筹兼顾，优化组合，使人财物发挥最大的效能，确保了各阶段工程提前超额完成。一公司承担的夏源到县城16公里一级路路基、路面和桥涵的全部建设任务，上级要求重车道当年通车且施工不能中断交通，时间紧、任务重。项目办从实际出发修改一公司施工方案，先保畅通后开工，首先回填好轻车道路基加宽部分的沟槽，再开始重车道的施工，每隔一定距离设置交通标志警示牌，遇车辆拥挤时广大施工人员主动地疏导交通车辆，实现了抢进度保畅通两不误。

精打细算严把资金使用关，千方百计降低工程造价。由于市县财政拮据，需要地方配套的资金难以到位，造成很大的资金缺口。对此，项目办一班人迎难而上，发挥主动性和创造性，多措并举挖潜降耗，节约了大量的工程建设资金。实行监理签认、驻地办检查、项目办核准的资金划拨制度，层层把关；施工中合理安排工期工序、机械调配，提高工作效率；土石方全部采用料源最近的当地砂石料，仅此一项就节约资金400多万元；积极与蔚县县委、县政府主管领导协商，争取沿线乡村、单位的支持降低拆迁占费用；招投标中择优选定施工能力强、标价最低的施工单位；聘请省部专家优化工程设计，攻克技术难题，降低工程造价。针对原有路基上的三条边沟的回填、壶流河桥两侧路段软弱地基的技术处理和涧楞、东七里河两座大桥的优化设计以及路面的结构设计等关键部位的技术难题，在全线技术人员合力攻关的基础上，市交通局总工办主任胡东多次跑省进京聘请交通部公路科研所、省交通厅和我市老一辈公路专家实地进行勘察，召开联合会诊会，经专家论证反复研究拿出切合实际的可行方案。其中，原有路基上的三条边沟的回填因沿线为湿陷性黄土，一般采用石灰土回填办法，改变施工方案后节约资金1 000多万元；改进涧楞、东七里河两座大桥的设计方案，节约资金达500多万元。

下广线一、二级公路今年能够又快又好地完成工程计划，是市县各级领导高度重视、亲切关怀、全力帮助支持的结果；是项目办、驻地办、施工单位团结一致、齐心协力、密切配合的结果；是全体参建人员加班加点、艰苦奋战，用心血和汗水浇灌的结果。市交通局总工程师兼项目办主任梁志林、市交通局工程处处长王高勇、总工办主任胡东，他们不仅主管下广线夏殷段的建设任务，还负责全市在建公路工程项目的工程和技术管理工作，他们发扬连续作战精神，整天奔波于每个施工现场，遇有问题现场办公，现场解决。项目办工程组组长白建军等工程技术人员，整天与广大施工人员摸爬滚打在一起，晴天一身土，雨天一身泥，无怨无悔；驻地办主任赵晓东、副主任徐国民、各施工单位的项目经理、工程队长等工程管理人员起早贪黑，顶着炎炎烈日加班加点抓好每一道工序；白天上工地，晚上看图纸抓好每一个技术环节。

“一分耕耘，一分收获”。经过2 000多名筑路将士和参建人员半年多艰苦奋战，在时间紧、资金严

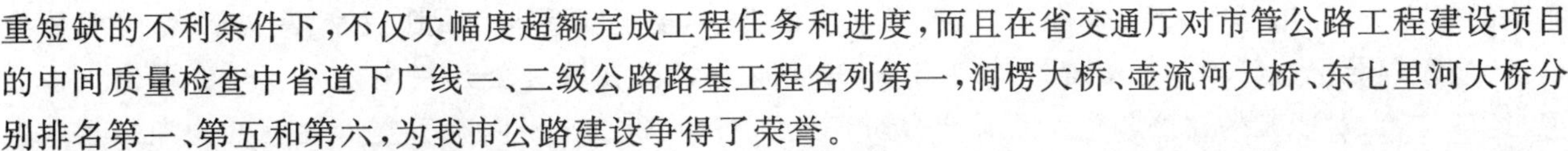

重短缺的不利条件下，不仅大幅度超额完成工程任务和进度，而且在省交通厅对市管公路工程建设项目的中间质量检查中省道下广线一、二级公路路基工程名列第一，涧楞大桥、壶流河大桥、东七里河大桥分别排名第一、第五和第六，为我市公路建设争得了荣誉。

据市交通局总工兼项目办主任梁志林介绍，下广线夏殷段新改建工程明年9月即可提前3个月全部竣工开通，开通后年可增加税源1 000多万元，最终带动社会总产出约50亿元，创造和保留8 000个直接就业机会和2万个间接就业机会，并有力地带动建材、水泥、电力、餐饮、旅馆等40多个相关产业发展。

回首旧岁玉龙飞，展望新年金蛇舞。下广线夏殷段一、二级公路工程，众志成城筑就的"公路精品"，必将成为加速我市特别是蔚县开放开发致富奔小康的"黄金通道"，一定会成为矗立在蔚县人民心中的一座"世纪丰碑"！（张家口日报驻蔚县记者　高占峻　本报特约通讯员　王德惠）

[2000.12.20　张家口日报　第2版]

2001年

京张高速公路一期工程顺利通车

本报讯　6月28日上午9时，京张高速公路怀来干木段，乐声阵阵，鞭炮齐鸣。巨幅"京张公司向张家口人民交一条放心路、满意路"红绸标语在空中飘荡。随着一声巨响，数千个五颜六色的气球腾空而起，在高空飘来飘去，犹如仙女散花，随风飘动。

京张高速公路一期工程竣工典礼仪式，由华能股份有限公司董事长靳新彬主持，省、市、县有关领导以及当地驻军、施工单位、当地群众近万人参加了隆重的典礼仪式。

副省长何少存、省政府副秘书长赵国昌、华能集团公司副董事长刘金龙、市委书记杨德庆、市长张宝义、省交通厅长么金铎、省计划发展委员会副主任狄天顺、省重点项目办主任刘红日，在欢乐、喜庆的气氛中为一期工程竣工剪了彩。

京张高速公路西起宣化小慢岭，分别与京张一级路及宣大高速公路相连，东至冀京界与北京八达岭高速公路衔接，路线全长79.189公里，双向四车道、全封闭、全立交。为适应重载交通的需要，上下行车道分别采用不同的路面结构层厚度。重车道路面厚度为96厘米，轻车道路面厚度为73厘米，路面面层采用沥青混凝土，其中表面层使用了SBS改性沥青。整个工程分两期建设。这次通车的一期工程宣化至土木段全长51公里。

京张高速公路是河北省山区高速公路标准最高、施工难度最大、大型构造物最复杂、相对工期最短的项目之一。

为确保工程质量，在建设过程中，以加强目标管理为主线，制定了严格的质量、进度考核和奖惩措施，加大了现场管理力度，取得了质量、进度双丰收，一期工程质量获得了96、302的高分，被评为优质工程。（梁世贵　李勇）

[2001.06.29　张家口日报　第2567期　第1版]

市交通局构筑立体屏障增强反腐能力

本报讯　市交通局认真学习江泽民总书记"三个代表"的重要思想，根据自身工作特点，用制度管理人、用制度约束人，并加强了对廉政建设的监管力度，使该局的党风廉政建设取得了效果。

今年，局党委根据全局的工作实际，把做好工程建设中廉政建设和预防职务犯罪作为工作重点。各单位根据自己的实际，创造性地开展工作。二公司根据在工程建设中材料采购、结构物承包、车辆劳务雇用的规定，设计出材料采购、车辆租赁、劳务承包审批表，把上级要求的货比三家、集体研究、主管领导审批、上级领导把关等环节都清楚地体现出来，并将这些情况在政务公开栏中公开。一公司建立了书记、经理信箱，对职工的建议和意见及时开会研究解决，并向职工作出明确答复。运管处为加强运政人员的廉政建设，实行《廉洁保证卡》制度，就是经营业户在办理牌、证、卡、单的过程中，要为运政工作人员填写保证卡，以确认工作人员有无吃、拿，卡、要等不廉洁行为。同时，该局层层建立廉政目标责任制，做到目标明确，责任清楚。一公司、二公司、质监站等单位在领导班子实行廉政建设责任制的同时，还与下属的股、室、站、所、队签订廉政责任状，质监站还直接与监理人员签订了廉政责任状。同时，这局还按照省厅的要求，在工程建设中实行了工程承包合同与廉政合同同时签订，对于预防工程管理单位和施工单位的不廉洁行为起到了积极作用。此外，该局积极探索预防新途径，建立联合预防体系。今年，局纪委与市纪委、市检察院和桥东区检察院建立了联合预防职务犯罪机制，通过找有关领导谈话、召开座谈会、进行形势分析、讲法纪课以及参与大的项目活动等形式，分别对110高速筹建组、207改建项目和张化线改建项目实施监督。从而，使该局的反腐工作更加"壁垒森严"。（范仕尧　靳永高）

[2001.09.14　张家口日报　第2633期　第2版]

筑金光大道　架致富金桥

我市新改建十条公路通车

10月21日，市政府新闻办公室举行公路工程通车新闻发布会，宣布我市今年新改建的省道下广线夏源至殷家庄段41公里一、二级路等到10项干线公路工程全部通车，半虎线半拉山至平定堡段41.2公里三级公路等4项干线公路大修工程竣工。市领导杨德庆、张宝义、高启明、侯志诚出席了新闻发布会，省交通厅公路局副局长田根成应邀出席会议。

近年来，我市坚持"抢抓机遇，加快发展，突出重点，确保一般"的交通建设方针，创造性地开展工作，公路建设取得了令人瞩目的成绩。"九五"期间，我市公路建设投资64.2亿元，是"八五"的10.5倍，公路通车里程达5 368公里。2001年是我市历史上公路工程最大、高等级公路任务最重、建设速度最快的一年，新建、续建项目共10项，建设总里程408公里，大修工程4项，建设里程97.5公里，地方道路新改建油路116公里，各项工程均提前竣工投入运营。高速公路从无到有，公路等级逐年提高。我市初步形成了"四横三纵一线"的公路网络，极大地改善了公路网的布局，有效缓解了我市公路网北疏南密的现状，对推动我市改革开放和经济建设将起到积极作用。

侯志诚说，当前我市要认清形势，找准差距，把思想统一到抓机遇促发展上来，解决交通建设中的困难和问题，全力攻坚，再创我市公路建设的辉煌。要继续解放思想，转变观念，靠改革和创新来解决当前公路建设中的突出矛盾和问题，加强管理，深化改革，理顺机制，创造性地开展工作。在公路建设中，坚持调动各方面的积极性，努力创造良好的交通发展环境。交通部门的广大干部和职工要把思想统一到扎扎实实的工作上来，讲奉献，改作风，求进取，树形象，促进全市交通事业再上一个新台阶。

市交通局有关负责人介绍了我市近年来公路建设总体情况和新改建的10项干线公路工程以及4项干线公路大修工程情况。（本报记者）

[2001.10.23　张家口日报　第2662期　第1版]

我市被评为全省公路建设模范市

本报讯　在日前召开的全省交通工作会议上，我市被评为全省唯一的"公路建设模范市"。

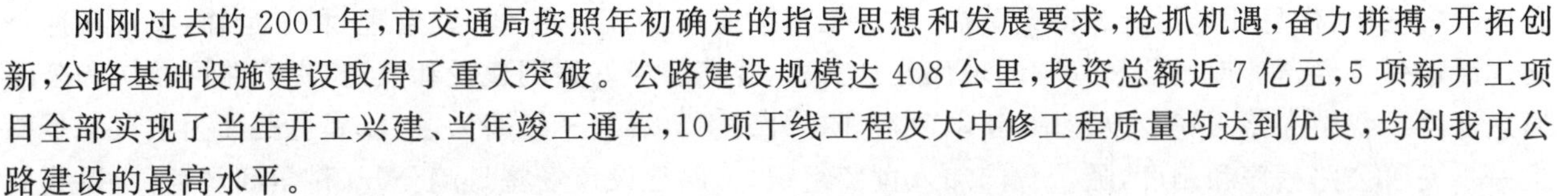

刚刚过去的2001年，市交通局按照年初确定的指导思想和发展要求，抢抓机遇，奋力拼搏，开拓创新，公路基础设施建设取得了重大突破。公路建设规模达408公里，投资总额近7亿元，5项新开工项目全部实现了当年开工兴建、当年竣工通车，10项干线工程及大中修工程质量均达到优良，均创我市公路建设的最高水平。

新世纪之初，作为经济欠发达地区，我市的公路交通之所以取得如此令人欣喜的成绩，得益于国家加大对基础设施建设倾斜力度的大环境；得益于市委、市政府和省交通厅的鼎力支持；得益于社会各界对公路交通事业发展的关注与理解；得益于市交通局一班人有着清晰的发展思路；更主要的是得益于公路建设者们抢抓机遇，不畏艰难、精益求精、战天斗地的英雄气概。

综观如今的塞外大地，一条条高等级、高质量的公路纵横交错、“四横三纵一线”的公路网络初具规模，为加快我市经济发展奠定了坚实的基础。　（靳永高）

［2002.02.12　张家口日报　第2757期　第1版］

加快道路网络建设　实现交通运输业快速发展

——访市交通局局长张富强

众所周知，我市这几年的公路建设突飞猛进，当一条条纵横交错伸向远方的黑色缎带把你我的距离拉近、把世界变小时，尤其是当我们坐车沿着这些路走一圈儿之后，那种感觉使我们禁不住都跷起大拇指，用一句最流行的话就是“感觉太爽了!”是的，飞速发展的道路交通建设已对拉动我市经济的发展起到了助推作用。那么，加入WTO、申奥成功后，我市的道路建设又将会如何发展呢？带着这个问题，近日记者采访了市交通局局长张富强。

张富强说，道路是国民经济的动脉，一个城市要活起来，道路交通占据着至关重要和无可替代的作用。几年来，市交通局在上级部门的支持和全体交通职工的努力下，公路建设有了很大的发展，尤其是在“十五”计划开局年，我们紧紧抓住国家加大对基础建设投入这一契机，加快了以公路为重点的交通基础设施建设，完成投资15.9亿元，建设规模、速度、质量均创历年来最高水平，并被河北省交通厅评为全省唯一的“公路建设模范市”。

谈到今年的工作，张富强说，2002年全市交通工作面临着新的形势和任务，新的机遇和挑战。去年我市的公路建设实现了历史性突破，这为今年的发展乃至“十五”期间的发展奠定了坚实的基础。而且，随着国际经济发展速度减缓，我国将面临比亚洲金融危机时更为严峻的经济环境，我国将通过扩大内需来拉动经济增长，国家对公路等基础设施建设将继续加大投入。新的高速公路，一、二级高等级公路还有希望挤进“十五”计划。同时，我国加入WTO后，会大大拓展交通运输的空间。北京申奥的成功，也为交通的发展带来了巨大的契机。但是，公路网的不断完善一方面促进了公路运输的进一步发展和竞争能力的提高，同时经济、交通与能源环境的矛盾也日益突出。此外，我们面临着建设资金短缺的现实，一方面要建设、发展，另一方面还要还债还息，包袱比较重，压力比较大。与此同时，我们还面临西部大开发、经济结构的战略性调整等带给交通的机遇和挑战。面临机遇与挑战并存的局面，张富强表示要把握机遇，积极应对挑战，要从具体项目、具体工作抓起，进一步统一思想、深化改革、加强管理，忙适应新形势发展的要求。

2002年又将是我市公路建设任务比较繁重、投资较高的一年。今年京张高速二期将于年底竣工，实现京张高速公路全线通车运营。丹拉公路宣化(下八里)到冀蒙界段高速公路将于8月份开工建设。同时，总规模200.9公里，估算总投资4.6亿元的五项新开工干线公路建设项目年内也将实现主体通车。此外，省政府确定的重点公路长城旅游线路和泥河湾古文化遗址公路40公里，也必须按上级的要求完成。

谈到如何顺利完成今年的建设任务时，张富强说，我们首先要抓好高速公路建设。按照“十五”计划和去年项目的准备情况，京张高速公路、丹拉公路宣化(下八里)至冀蒙界段高速公路建设，特别是我市第一次自做业主兴建的丹拉高速公路，没有经验，困难很大。因此，我们不仅要在人力、物力、财力、机具设备等方面给予支持，更要在政策上、环境上给予支持。我们要健全项目业主负责制，建立岗位责任制和风险责任制，做好征地拆迁和资金筹措，确保工程按期开工。要通过加强管理，科学运作，实现高速公路建设运作及经营的市场化和管理的现代化。其次，我们要抓好路网建设和改造，提高路网档次和公路通达深度。我市在路网建设改造中，要以改造和提升为主，以二、三级路为主，以黑色路面为主。三是要进一步完善公路程序和制度，随着我国加入世贸组织，公路建设市场将日趋公开、科学和规范，所以我们必须按照国际规则来调整我们的行业政策、管理方式和运作机制。尽快完善和制定更为科学合理有效的公路建设程序和制度。四是要确保工程质量。要继续认真落实质量终身负责制和三级质量管理责任体系，加强工程设计、原材料和工序控制，加强现场监督，并注重依靠新技术、新材料来节约造价。五是要严格建设市场秩序，严格执行项目法人制、工程招标制、工程监理制和合同管理制，完善监督措施，规范经营行为。严禁在工程建设中规避招标和招投标中弄虚作假，严厉惩治以权谋私、权钱交易等不法行为。要加强招标后的管理，严禁转包、违法分包和无证、越级承包工程。

听着张富强局长那满怀豪情的语言和加大监督治理的信心，记者仿佛看到了一条条四通八达的大动脉更为通畅，一个道路网络更为密集，我们的经济也由此而更加发展起来。（本报记者　郝淑芬　本报通讯员　靳永高）

[2002.03.29　张家口日报　第2792期　第2版]

无私奉献铸就坚强战斗堡垒

——记市交通局公路工程管理处

去年11月份，市交通局获得了国家建设部颁发的第一批企业一级企业资质，而资质在全省只有两家获得，为表彰承担这一重任的公路工程管理处（集团公司）不怕困难、勇于奉献的精神，市交通局不仅奖励他们奖金10万元，而且称他们是一批优秀的交通人，一个无私奉献的战斗集体，一支永远冲在最前面的突击队。

“喊破嗓子，不如做出样子”

在工程处，加班加点是常事。多少个休息日没有休息过，他们已经计算不清了。尤其是去年，这处承管了国省干线公路新、续建大小项目十项。为保质保量完成工程任务，工程处一班人始终相信：“喊破嗓子，不如做出样子。”这处领导不仅带头层层签订责任状，人人缴纳风险抵押金，而且处领导经常到工地检查。在112线施工中，因桥填土没有按照规定操作，被王处长在巡回检查中发现，当即令其返工消除了事故隐患。王处长不仅对施工管理人员和施工监理人员每人罚款300元并在全线通报批评。领导的不徇私情和严格管理震动了所有施工人员，他们从原材料进场入手，严格管理、层层把关，使承管的十项工程全部达到优良标准。省道下广线夏殷段一、二级公路新、改建工程，在去年8月全省组织开展的整顿规范公路建设市场和质量年括动联查评比中被评为全省第一名。去年4月，市交通局又把办理企业一级资质的重任交给了工程处。仅仅几个月时间而且工作量又非常大，最重要的是最后能否拿到一级资质还是未知数。办不下来，就等于没有了从事道路工程建设的“上岗证”，那么，上千口人的吃饭怎么办？在这紧要的关头，没有一个坚强有力、以身作则的领导班子，工作就没办法开展。“要带出一支高素质的职工队伍，就要有一个高素质的领导班子，用人格力量带出高素质的职工。”

为提前找到建设部颁发的一级资质标准，负责此项工作的工程处副处长张谦到北京通过种种关系把还没有装订成册的标准拿了回来。在短短几个月中，为按时、准确的把材料准备好，张谦多次连夜往返石家庄、北京，没时间吃饭，就喝矿泉水吃饼干。去年10月份，建设部通知，让他们于次日清晨把材料送到部里，否则……为及时送到材料，避免因堵车而耽误时间，他们晚上从张家口出发，到北京已是深夜3点。就在建设部门外他们一直等到了8点。而这仅仅是众多镜头中的一个镜头。他们的精神感染了全处职工，全处职工对每天加班到晚上10点，晚饭变成夜宵没有一句怨言。他们都说：“跟着这样的领导干，再苦再累我们也心甘。”

建设一支高素质的队伍

王处长告诉记者:“在市场经济条件下,许多人都在追求个人利益最大化,如何在职工中权立无私奉献的精神,是我们面临的重大课题。”工程处的职工经常通过培训和宣传自己身边的先进典型,营造一种“学先进、赶先进、超先进”的良好氛围。不管是在处里还是在工地,他们都向先进看齐。职工们说:“尤其是我们的处领导班子,最后一次福利分房,他们虽然住的是旧房却把住新房的机会让给了年轻职工。当职工家属重病住院,处领导还都要去看望……”在办理资质证的最后时刻,王高勇因心脏病住院的母亲又突然腿部栓塞,听着电话中传来母亲那令人心酸的叫喊,心如刀绞的他把眼泪咽到肚子里,又继续投入了工作。这一切,职工看在眼里,记在心上。踊跃加班不计报酬,在办理一级资质证中,职工王德惠本来没有加班任务,却主动加入了加班的队伍。丈夫在外地工作的赵启叶为不耽误工作,把刚上一年级的女儿接到了办公室,就这样孩子和她们一起饿到了晚上 11 点。他们无私的奉献、严谨的工作不仅拿回了一级资质,而且连续 4 年被考核为实绩突出单位,在 2001 年全局综合考评中以 99.01 的高分列 17 个事业单位第一名。 (本报记者 本报通讯员)

[2002.05.11　张家口日报　第 2825 期　第 2 版]

切实加强行风建设
推动交通事业发展

市交通局党委书记　贾丞arrow　市交通局局长　张富强

交通运输行业既是生产部门,又是为人民服务的重要“窗口”,与人民的生产、生活息息相关。搞好行风建设不仅关系到交通事业的健康发展,也是社会主义精神文明建设的重要任务和迫切要求。近年来,我们对行风建设的重视程度越来越高,工作力度越来越大,行业作风较之过去有了明显改善,但服务意识不强、办事效率不高、推诿扯皮、作风浮躁、不依法办事等现象还普遍存在,乱收费、乱罚款、“优亲厚友”、“吃拿卡要”等损害群众利益,影响经济发燕尾服的行为还屡有发生,与广大人民群众的要求和愿望还有不小的差距。这既与交通部门全心全意为人民服务的宗旨背道而驰,也在一定程度上损害了党同人民群众的血肉联系。要直接倾听人民群众的意见和呼声,创造一种外有压力,内增动力的激励机制,促使交通部门解决自身存在的问题,纠正损害人民利益的不良风气,真心实意为人民群众办好事、办实事。这既是加强部门和行业作风建设的有效措施,也是加强部门和行业自身作风建设的客观需要。

人民群众是交通部门的主要服务对象,是作风建设的受益者,也是行业不正之风的直接受害者和见证人,对交通部门的工作最有发言权和评价权。因此,依靠广大群众对交通部门进行监督是非常必要的,这种监督来得最直接、最客观,也最有力。我们开展民主评议行风活动,目的就是把人民群众请进行,把对行风评议工作的知情权、参与权、监督权、评判权交给群众,保证人民群众直接行使民主监督的权力。

通过评议发现问题,针对问题进行整改,促使问题彻底解决,是民主评议行风工作的出发点和落脚点。我们将通过新闻媒体,向社会介绍我们开展行风开展评议工作的各项情况,主动接受社会监督,倾听人民呼声。因此,我们真诚地希望广大群众和社会各界能给我们的工作提出宝贵意见和建议,对在交通行政管理和行政执法中出现的违纪违规行为和与社会承诺不相符合的行为也要及时向我们举报。对于举报查实的问题,我们将认真进行整改,并及时向社会公开处理结果,让群众切身感受到评议后交通部门的行风有了明显改善,提出的意见得到了重视,反映的问题得到了解决。

我们相信,依靠广大人民群众和社会各界的积极参与,依靠交通系统干部职工的共同努力,交通行风一定会有实质性转变,民主评议行风活动也一定会取得实效,并得到社会各界和广大人民群众的认可。

[2002.06.05　张家口日报　第 2846 期　第 3 版]

“三项制度”树良好行风

市交通系统强力规范服务行为

本报讯 开展民主评议行风工作以来，全市交通系统广泛听取社会各界的意见和建议。认真整改，纠建并举。他们针对个别单位和部分工作人员存在的服务意识不强、办事效率不高、推诿扯皮、不依法办事等问题，及时研究治理措施，出台了“首问负责制”、“一次性告知制度”和“违规离岗投诉查实待岗制度”，努力规范每一名工作人员的行为。

首问负责制的主要内容有：群众到交通部门办事，接受询问的工作人员即为首问责任人。首问责任人必须热情接待，不可不理不睬。属首问责任人所在部门职责范围的事，要按有关规定及时办理；不能当场办理的，要向当事人解释清楚有关事项。不属于首问责任人所在部门职责范围的事，首问责任人要负责引导办事人员至承办部门，并交由承办单位的领导或经办人员，该部门的领导或经办人员即为首问责任人。属于业务不明确或首问责任人不清楚承办单位的，首问责任人要及时请示领导，协助、协调有关单位一同解决。办理事项不属于交通部门管理范围的，首问责任人要耐心解释，并尽可能告知其他办理的部门。属电话咨询或举报的，接听电话的工作人员即为首问责任人，应将反映的事项、来电人姓名、联系电话等登记在册，引导其至相关部门办理，承办单位必须按照承诺和时限要求热心给予办理；属不能办理的，要耐心解释。

一次性告知制度的主要内容有：到交通部门办理业务，如手续不完整，要当场一次性告知需补交的材料，并告知下一次办理的时间。对需出示材料内容较多的，要填写一次性告知书，详细写明需出示材料的所有内容、要求。对到业务管理部门办证、申请有关事宜的，要仔细检查出示的资料，如有缺少要明确告知。如不属于自己的工作范围，也要一次性告知服务对象，并按首问负责制要求办理。

违规离岗投诉查实待岗制度：不能胜任本职工作、年度考核不合格或不称职者；对上级组织的决议、命令不执行，对党委的任免或工作安排不服从的；违反本局规章制度，当年被行政告诫两次和利用职权吃拿卡要、敲诈勒索，造成较坏影响的；违反廉洁自律有关规定，在经济方面有违纪行为，数额在500元至1000元的；由于主观原因，不履行服务承诺，给当事人造成重大经济损失的；态度生硬，与服务对象争吵，情节严重、影响恶劣的；不执行收费、罚款标准，擅自提高降低标准的；效率低下，工作任务经常完成不了的；其他必须给予处理的。对具有上列情形之一，情节较重的给予离岗或待岗处理。待岗时限一般为半年，待岗期间只发生活费，待岗人员必须按规定上下班，学习指定的材料，并写读书笔记。待岗期满，需重新上岗的，经组织考核，视情节给予必要的岗位调整。 （本报通讯员）

[2002.06.14 **张家口日报 第2854期 第3版**]

引导农民解放思想 加强基础设施建设

市交通局为包扶村启思路铺富路

市交通局包扶怀安县怀安城镇的南李窑和郭家窑村后，把解放村民思想和加强基础设施建设作为帮扶重点，从1999年开始，先后为这两村投入帮扶资金100多万元，用来解决村民生产、生活难题。

南李家窑村位于怀安城镇5公里外、海拔1500米的白龙山脚下，严重缺水是村民面临的最大难题。每逢旱年，全村150口人和300多只牲畜的饮水就得从4公里外的邻村驮、拉、挑；全村无一亩水浇地，1123亩耕地连续3年减收、绝收。郭家窑村农民的生活、生产条件等情况与南李家窑相仿。市交通局包扶这两村后，包扶队员长期驻村了解情况，通过对这两村进行广泛深入的调研，确定出明确的帮扶思路。

帮助村民找到贫困症结后，1999年，他们为南李家窑打井解决水“瓶颈”，虽然第1眼井打到183米时宣告失败，但并没减弱他们对贫困群众的帮助热情，经过多数次勘测，重新定出井位，终于在8月份打成第2眼井。尔后，他们又为村民完成了自来水入户工程。2001年，他们又在南李家窑村村南打成1眼全市少见的每小时出水量为280吨的灌溉井，使村里600亩旱地全部变成水浇地，村民人均水浇地面积达到4亩。在县交通局的协助下，他们又为该村修成一条长4公里、宽7米的砂石路，使昔日崎岖狭窄的山路成功与张同公路对接，变成车辆出入自由的交通便道。与此同时，在县交通局的协助下，他们还为郭家窑村打成1眼机井，修路1条，解决了郭家窑村同样的难题，为两村总共投入帮扶资金100多万元。

生产条件好了，该如何发展呢？市交通局为两村夯实发展基础，不忘为村民指明发展思路。在水浇地里种谷黍上错季菜，尽忙步入全镇蔬菜专业村之列；配合封山禁牧种草养羊，转变传统养殖观念，向集约化方向发展；充分利用广阔的荒山、荒沟资源，种植耐旱的杏树、杏扁，向林果业要效益；主动走出家门外出参观学习，转变观念、改变传统生产方式，注入更多的科技含量。水利条件好了，村民不仅仅满足原有的600亩地埂杏，他们在新的地埂上种杏树的同时，又将目光瞄准村里的4千多亩荒山、荒沟。据村民介绍，连遭三年干旱几乎年年颗粒无收，以前，人均纯收不足400元，现在有水了，即使遇上旱年，人均4亩水浇地的收入也能增收1500多元，就可一举摘掉贫困的帽子。 （陈庭国　李久德）

［2002.07.26　张家口日报　第2390期　第2版］

抢抓机遇实现交通运输业快速发展

——访市交通局局长张富强

公路通，百业兴。近几年，随着经济的发展，道路建设的拉动作用日益显现。如何把握机遇、扎实工作，以公路建设的跨越式发展迎接党的十六大的胜利召开，记者就此采访了市交通局局长张富强，他表示，要紧紧抓住“十六大”召开和国家加大对基础建设投入的有利契机，加快以公路建设为重点的交通基础设施建设，以实现交通运输业的快速发展。

张富强说，交通是国民经济的动脉，一个城市要活起来，道路交通发挥着至关重要和无可替代的作用。几年来，市交通局在上级部门的支持和全体交通职工的共同努力下，公路建设有了很大的发展，尤其是“九五”以来，公路建设的投资已经突破100亿元。宣化高速公路的通车实现了我市高速公路零的突破。到目前，已经有7个县实现乡乡通油路，通油路的乡镇已占全市乡镇总数的85%。“十五”计划的目标已经提前三年完成。而今的我市已基本形成了一个以高速公路为主线，二、三级公路相连接，纵横交错的公路网络。运输业也实现了前所未有的发展，今年上半年，我市共完成货运量2 306万吨，货运周转量205 946万吨公里。同时，快速直达客运班线的出现，以及出租车从无到有、从无序到有序的发展，已从根本上解决了我市居民的出门难问题。

张富强介绍说，今年是我市公路建设任务比较繁重、投资较高的一年，由我市自已做业主建设的丹拉高速公路宣化（下八里）至冀蒙界段将于10月份开工建设。估算总投资4.6亿元的五项新开工干线公路建设项目年内也将实现主体通车。此外，省政府确定的重点公路长城旅游线路和泥河湾古文化遗址公路，也将按照上级要求完成。谈到如何保质保量地完成今年建设任务时，张富强说，我们要建立健全项目业主负责制，建立岗位责任制和风险责任制，做好征地拆迁和资金筹措，尽快完善和制定更为科学有效的公路建设程序和制度。继续认真落实质量终身负责制和三级质量管理责任体系。严格建立市场秩序，严格执行项目法人制、工程招投标制、工程监理制和合同管理制，完善监督措施，规范经营行为。加大对运输及客运市场的管理力度，以快速、优质的工程质量和良好的交通环境向“十六大”献礼。

（本报记者　郝淑芬）

［2002.09.20　张家口日报　第2938期　第1版］

我市公路建设实现跨越式发展

本报讯　近年来，我市公路建设实现跨越式发展，高速公路从无到有，国省道发展迅猛，地方道路日新月异，形成了纵横交错、四通八达的现代化公路网络，创造了我市交通发展史上一个又一个奇迹，有力拉动全市经济快速发展。去年，被省评为唯一“公路建设模范市”称号；交通系统有10个单位被评为“省级文明单位”，64个单位被评为“市级文明单位”，23个单位被评为“最佳形象示范单位”。

市委、市政府把公路建设作为“民心工程”和“富民工程”来抓，“九五”期间，全市共完成公路建设投资64.2亿元，是“八五”期间的10.5倍，全市公路累计通车里程达5 368公里。去年完成投资15.9亿元，是历史上公路建设投资最多的一年。

高速公路从无到有。“九五”以来，宣大、京张、丹拉高速公路相继开工建设，宣大高速公路总投资36.9亿元，全长127.2公里，已于2000年底实现全线通车；京张高速公路全长79公里，总投资27.8亿元，一期工程已于去年6月通车，二期工程将于今年11月竣工通车；丹拉高速公路正在建设中。

国省干线发展迅猛。“九五”期间，共完成一、二、三级公路新改建609公里，累计完成投资17.6亿元，还完成了110线、109线和207线等国省干线的改建任务，使全市二级以上公路的县由1个增加到9个。去年，实施干线公路建设项目10项，总投资8.6亿元，建设总规模407公里。今年又投资4.6亿元，新开工5项干线公路建设，总规模达200.9公里。

地方道路日新月异。6年以来，共完成地方道路新改建工程3 966.55公里，其中新建油路651公里，分别是“八五”期间的2倍和4倍多，完成投资5.34亿元，是“八五”期间的6倍多。有5个县实现了乡乡通油路，全市通油路的乡镇达156个，占全市乡镇总数的75.1%；通油路的村达1 038个，占全市行政村的24.8%。 （周建军　王洪武　宗振华）

［2002.09.25　张家口日报　第2942期　第2版］

随着高速公路的异军突起，国省干线四通八达，地方道路日臻完善，我市公路建设实现了跨越式发展，使那些曾经——

“遥远的地方”不再遥远

曾记得童年时候随父母回老家，坐在大卡车上沿着崎岖而又狭窄的土路左摇右晃，经过长时间的颠簸，到家了人也快被摇散架了。那时候，童年的我真的希望有一条平坦、宽阔的柏油路。如今，随着我市公路建设的飞速发展，我们的美梦已经成真了，以前走五六个小时的路程现在不足2个小时就到了。而今，我市已基本形成了一个以高速公路为主线，二、三级公路相连接，纵横交错的公路网络。

公路建设的发展不仅拉近了我市与周边省市的距离，而且也加速了我市与“京津经济圈”的融和。这一点，感受最深的莫过于跑运输的张先生了，他告诉我们，以前到各县拉货，县乡公路坑坑洼洼、很多地方还是土路，晴天一身土，雨天一身泥，费时耗力不说，车辆还经常损坏，一天下来，人困马乏。关键是所得利润大打折扣。现如今，他到坝上拉上无公害蔬菜早上走，中午新鲜蔬菜就能摆到北京市民的餐桌上，新鲜的蔬菜不仅满足了北京市民的菜篮子，而且也使得张先生的收入大大增加。

随着京张高速公路一期的建成通车，从我市出发不足3个小时就可到达首都北京，今年11月份京张高速公路全线通车后，还将大大缩短进京时间。随着经济的发展和人民生活水平的提高，“要想富先修路”已经成为人们的共识。近几年来，我市的公路建设屡创历史新高。2000年底，全长127.2公里的宣大高速公路的建成通车，实现了我市高速公路零的突破。2002年，由我市自己做业主建设的丹拉高速公路宣化（下八里）至冀蒙界段也将开工建设。干线公路建设继续保持了良好的势头，2002年，我市共实施国省干线公路建设项目5项、建设规模200公里、预算投资4.5亿元。地方道路发展迅猛，到2001年底，已经有6个县实现乡乡通油路，通油路的乡镇已占全市乡镇总数的75.1%。“公路兴、百业兴”，公路的发展构筑起我市经济起飞的“跑道”，我市的错季蔬菜、口蘑、牛羊肉和皮毛、煤炭、酿酒等产品通过这条“跑道”已走向四面八方。

生态旅游作为我市的旅游业重点，多年来受公路这一“瓶颈”制约发展不尽如人意。前几年，北京一所学校的几名学生利用暑假到我市坝上草原采风，但经过一天的颠簸，到坝上时已是游兴全无。因此，发展旅游业，道路建设刻不容缓，如今，随着张化线、张沽线和东康线等省道和地方道路的正式通车，制约“瓶颈”已经逐渐缓解。旅游业也随着我市公路建设的发展而迅速发展起来，2001 年，到我市旅游的游客达 230 多万人次. 旅游收入 9.86 亿元。尤其是今年 4 月 1 日开工的长城旅游公路的建设更为我市的旅游开发带来了良好的机遇。旅游公路建成后，将形成以京张、宣大高速公路为主线，以国道、省道为支撑，以县和景区道路为环线，四通八达的旅游交通网络。有了公路建设这一“助推器”，我市的旅游业必将有更大的跨越。 （郝淑芬 宗振华）

［2002.09.28 张家口日报 第 2945 期 第 1 版］

省市新闻记者集体采访我市公路建设

本报讯 10 月 16～17 日，市委宣传部组织省驻张新闻单位和我市各新闻媒体 10 多名记者，对我市公路建设所取得的成就进行了集体采访。市委常委、宣传部长王亮参加了这次采访活动。

近几年，我市的公路建设实现了历史性的跨越，特别是“九五”以来，全市共完成公路基础建设投资 97 亿元，约是上一个五年计划的 20 倍。据统计，到 2002 年底，全市公路总里程达 14 125 公里，这一时期已成为我市交通建设完成投资最多、发展速度最快、结构变化最明显的时期，交通建设使国民经济的“瓶颈”制约状况得到缓解，尤其是通过加大公路建设投资，拉动了全市经济的发展。

为把我市公路建设所取得的成就全方位、多角度的进行深入报道，此次活动在听取了市交通局局长张富强的介绍后，记者们分别到张康线、半虎线、张沽线、112 线新改建工程和宣大、京张高速公路采访。沿途听取了施工管理人员对相关工程的介绍，并现场采访了因公路建设而日渐富裕的农民、从事个体运输业的车主及有关人员。 （本报记者）

［2002.10.21 张家口日报 第 2960 期 第 1 版］

大交通促进大开放

——我市公路建设拉动经济增长纪实之一

当人们谈起张家口的变化时，谈论最多的首属公路建设。无论是曾经到过张家口的人，还是生活在张家口的人对此都有深切的感受。公路建设的迅猛发展不仅给百姓的出行带来了便捷，而且也为经济腾飞赢得了无限的商机。

滚滚的车流如同经济动脉中流畅的新鲜血液，为我市带来了人才流、信息流、物流。从时空上进一步拉近了我市与京津距离，增强了我市经济与京津的亲和力，加速了我市与“京津经济圈”的融和，大交通促进了我市的大开放。

昔日山高路远，今朝塞外通衢。近几年，我市的公路建设屡创历史新高。“四横三纵一线”的公路网主骨架已基本建成。“九五”末累计通车总里程达 5 368 公里，总投资 64.2 亿元。据专家测算，对我市的经济拉动力将产生 192.6 亿元的增加值。

随着京张高速公路一期的建成通车，从我市出发不足 3 个小时就可到达首都北京，今年 11 月京张高速公路全线通车后，不仅将大大缩短进京时间，更加速了我市与“京津经济圈”融合的进程。至此，我市大开放的格局基本形成。

栽下梧桐树，引得金凤来。人便其行，货畅其流给投资者提供了良好的投资环境。而今的我市已成为投资者的热土。现在，一个全方位、多层次、宽领域的对外开放格局业已形成，使得我市对外开放进入了一个崭新的时期。我市紧紧抓住北京“退二进三”及奥运经济的良机，积极吸引北京企业到我市落户，一些国内知名企业纷纷到我市寻求合作。目前，我市合作伙伴涉及欧、亚、美、港澳等 18 个国家和地区。注册的三资企业已达 83 家，并先后建成了中国长城葡萄酒有限公司、河北马利食品有限公司等一批“重量级”的合资企业。培植出了长城干白、干红葡萄酒、燕山牌酵母等一批全国知名品牌产品。同时，我市还充分发挥与京津的地缘、人缘、业缘关系，积极开展了全方位的经济技术合作。“九五”期间全市共与京津签订经济技术协作项目1 871项，到位资金35.4亿元，并引进了京津人才2 654人。

随着路网向四面伸展，促进相关的支柱工业、民营企业和乡镇企业的强势发展。我市的交通主干线的迅速形成也同样推进了我市工业经济的健康发展，形成了以机械制造、卷烟、制药、冶金等为主导产业的工业体系，全市工业企业也发展到近万家。21世纪，我市抓住西部大开发的机遇和我市毗邻京津的优越地域条件，将大马达推土机、“三北拉法克”牌锅炉等一大批地方工业产品推上前台，参与国内外市场和世界贸易的竞争。

公路网络的构成，为经济建设提供强劲“杠杆力”，资源的显现、产业的兴起，加速了我市市场建设步伐。目前，全市已拥有各类市场300多个，其中年成交额超亿元的市场16个。现代化的公路网方便了全国各地的商贩来此交易，张北牲畜交易中心因此年成交量达21万头，交易额达2.6亿元，成为华北地区最大的牲畜交易中心。（本报记者　郝淑芬）

[2002.10.30　张家口日报　第2968期　第1版]

大交通助推大旅游

——我市公路建设拉动经济增长纪实之三

纵横交错的公路网不仅方便了人们的出行，促进了我市与外界的交流，同时公路建设也为我市开发旅游资源、发展旅游产业提供了先决条件。

大自然赋予了坝上美丽的自然景观，多年来由于公路这一“瓶颈”制约，却是“养在深闺人未识”。如今，随着公路建设的发展，撩开了其神秘的面纱，生态旅游为我市的旅游业带来了滚滚财源。崇礼翠云山、涿鹿东灵山、张北中都草原、长城旅游路、泥河湾遗址等一批旅游公路的相继通车更使我市的旅游业蒸蒸日上。2002年1～9月，到我市旅游的游客达217.8万多人次，旅游国内收9.6亿元，国际收入63.1万美元。旅游业已真正成为我市的朝阳产业和新的经济增长点。

悠久的历史，良好的环境，深厚的文化积淀，形成了我市丰富独特的旅游资源，全市处处有奇丽的美景和丰饶的物产。随着高速公路、国省干线和地方道路的日益完善，近年来，我市按照建成“北京后花园”的思路，坚持生态景观与人文景观相结合，以生态建设为重点，积极融入北京旅游圈。几年中，我市的草原、森林、冰雪、温泉等旅游项目快速发展，已建成了43个风情迥异的景区景点。现在，春天走入草色青青、柳芽鹅黄、杨树棕红的青青世界，感受山岭上、沟壑间山桃花开出的一片云蒸霞蔚般的意境；夏季直奔美丽的坝上草原骑马、射箭或者到天水一色的官厅湖荡舟；秋季到黄帝城、蚩尤寨、中华三祖堂寻根问祖；冬季领略翠云山“千里冰封、万里雪飘”的北国风光已经成为我市旅游的特色。而赤城温泉健身疗养游、坝上草原蒙古风情游、京西绿色大峡谷空中草原游、中华始祖文化游、塞外名城古迹游、葡萄采摘观光游、峡谷漂流天漠滑沙游、崇礼滑雪健身游8条各具特色的旅游线路更是成为我市的精品旅游线路。尤其是京张高速公路全线通车后，从北京出发驱车一个多小时到宣化、怀来的优质果品生产基地感受绿色的田野、清新的空气，并采摘味道醇厚甘甜的葡萄，则是北京人假日休闲的又一大乐趣。

公路建设不仅使我市的旅游业得以开发，而且加速了我市旅游业的快速“崛起”，如今，我市以独特的生态旅游成为环京津的著名旅游风景区，并与承德、北戴河成三足鼎立之势。

为继续做好大旅游这篇“文章”，把我市的旅游资源优势转化为经济优势，我市将进一步依托毗邻京津，地处京、晋、冀、蒙交界处的区位优势，利用由秦皇岛通往张家口的沿长城公路的修建和开通的辐射和以京张、宣大高速公路为主线，以国道、省道为支撑，以县乡道路和景区道路为环线，四通八达的旅游交通网络这把“金钥匙”，我市的生态旅游必将成为我市经济增长的最新亮点，我市的旅游业也必将有更大的跨越。（本报记者　郝淑芬）

[2002.11.04　张家口日报　第2972期　第1版]

打长城牌　修旅游路

——我市建设小康社会的脚步(交通篇)

本报讯　“修路前,崇礼县的铅锌矿矿石、铁矿矿石拉到宣化每天只能跑一趟或两趟,长城旅游公路东常线建成后,每天至少可以拉三至四趟。”拉矿石的驾驶员们向我们介绍。大半辈子没有走出过山沟沟的张老汉也告诉我们,随着旅游公路的通车,不仅到外面开了眼,而且他家也改变了几十年的种植模式,养起了奶牛,还种植了外销蔬菜,日子过得有滋有味。

长城是中华民族之魂,是中华民族的骄傲,我市又是现有长城较多的城市之一,而长城沿线又大部分为山区,旅游资源丰富,但由于交通不便,影响了长城的旅游开发建设。为打响长城这一举世知名的品牌,以品牌拉动长城旅游资源,特别是拉动长城沿线地方经济的发展,去年4月1日,涉及我市8个县的长城旅游公路正式开工建设。开工以来,全体建设人员以修建长城旅游公路为契机,以改造新升级的县级公路为重点,以改善和提升县级公路路况和技术标准为突破口,以提高道路通行能力、解决沿线人民出行困难和开发旅游、矿产资源为目的,在项目的安排、路线走向上尽量与新升级县级公路相吻合,与干线公路路网相衔接。在新改建的462公里长城公路中,仅新升级县级路就达279.51公里,占全部的60.5%,且技术标准都是三级以上。

为使长城旅游公路早日发挥出巨大的经济效益,尽早带动沿线经济的全面腾飞,2003年,建设者们将在去年建设的基础上,继续精心施工,完成一层次的收尾工程和二层次的路面工程,全部工程将于今年年内完工。建成通车后的长城旅游公路,不仅将极大的促进长城的整体开发,而且将使龙头—金山岭—黄崖关—慕田峪—八达岭—大境门这条长城旅游主线发挥更大的经济、社会和生态效益。并将沟通冀北4市18个县(市、区),连接11条国、省干线公路,解决400多个村镇、8万多人的出行难问题。也将改变我市长城沿线许多重要的矿产资源运输不便及一些具备重要开发价值的旅游景点通行不畅、开发困难的状况。而长城沿线贫困农民还将利用旅游公路建成通车的有利时机,大力发展农副产业、向外运销蔬菜、果品及其他土特产,改善抑制当地经济发展的状况。同时,也使信息交流、外出务工、经商投资、旅游开发等得到有力保障,为沿线经济的全面腾飞发展创造有利条件。　(郝淑芬　宗振华)

[2003.02.10　张家口日报　第3050期　第2版]

公路建设步伐依然矫健

在全面建设小社会目标确定之后的第一个春季,一场突如其来的“非典”让大家把更多的精力用在了疫情的预防和控制上。但是日前,记者走访了市交通局并参观了几个施工工地后,发现那里依旧是一片热火朝天,抓公路建设依旧毫不放松,需实施的项目仍在按部就班的推进。

丹拉高速公路进展顺利

2002年,我市连续第二年被省交通厅评为“公路建设模范市”,公路建设的规模、投资、质量在全省名列前茅。今年,公路建设还将继续扩大规模。作为我市实现交通现代化的重要基础建设的丹拉高速公路来讲,今年是进入项目实施的关键一年,年度将计划完成投资8亿元。如果今年的计划不能如期实现,不仅高速公路的竣工通车将受到影响,而且还将直接影响到与之相关的其他项目的立项和开工兴建。从去年年底以来,丹拉高速公路各个施工单位就陆续进场,并开始了施工前的各项准备工作,各县区的征地拆迁及辅助建设进展基本顺利,为工程的全面开工打下了良好基础。

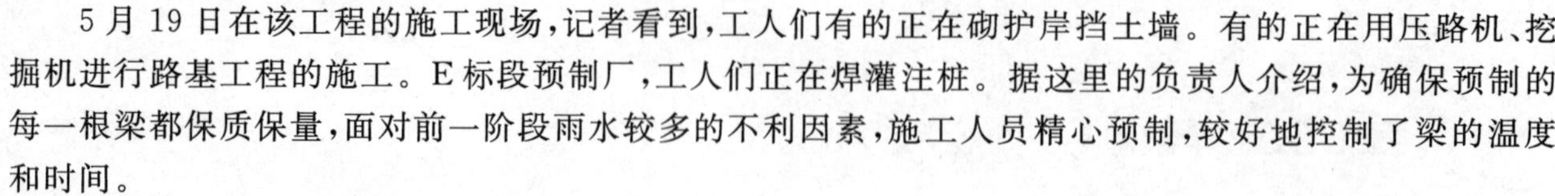

5月19日在该工程的施工现场，记者看到，工人们有的正在砌护岸挡土墙。有的正在用压路机、挖掘机进行路基工程的施工。E标段预制厂，工人们正在焊灌注桩。据这里的负责人介绍，为确保预制的每一根梁都保质保量，面对前一阶段雨水较多的不利因素，施工人员精心预制，较好地控制了梁的温度和时间。

省道张尚线开工新建

截至2002年底，张家口市所辖的13个县中，除尚义县之外，已经全部修通了二级以上的高等级公路。尽快解决尚义县不通二级路的问题，实现我市高等级公路建设的满堂红，就成为摆在公路建设者面前的当务之急，经过紧张的运作和积极筹备，连接尚义县的主要公路通道——省道张尚线张北至哈拉沟段二级公路改建工程于4月22日召开了工程招投标会议，并有5家单位中标。

据介绍，省道张尚线是我市今年实施的里程数最长的干线公路建设项目，张尚线张北至哈拉沟段二级公路改建工程是我市2003年建设规模最大的国省干线公路建设工程。该工程拟建里程76.816 13公里，公路等级为山岭重丘区二级路，公路路基宽12米、路面宽11.4米。工程全线共设大桥2座、中桥3座、小桥13座。该工程计划总投资2.7亿元。据悉，工程将于今年10月底实现主体竣工通车。

在全长1 560米、已提前9天贯通、堪称我市公路隧道之最的国道112线锁阳关隧道，我们看到，这里的施工人员正在紧张的施工，戴上安全帽走进隧道，在机械的隆隆声中，工人们有推车的、抬料的，监理人员在检查，指挥人员在安排，你来我往，好不热闹。据了解，该工程预计6月30日前实现主体竣工通车。

地方道路建设全面铺开

翻斗车你来我往运送黄土，工人们有的在修理边沟、有的在清理垃圾和附着物，有的在挖水泥墩，忙得不亦乐乎，插着彩旗的工地一片繁忙景象。这是记者在芦大线施工工地看到的一幅施工场面。

今年，我市加大了地方道路建设力度，主要是利用国债修建县际及通乡道路，今年县际公路国债计划建设项目共实施13项，建设规模452.11公里，今年实施206公里，估算总投资3.5亿元。还将完成长城旅游公路第一层次的收尾工程及第二层次的路面工程以及完成其他重要的县际公路、通乡油路及村村通油路工程。

从4月30日，交通局公路工作电话会后，地道处就今年地方道路新改建工程、养护任务制定了具体的工作计划，并将目标层层分解。现今，今年实施的国债地方道路建设项目白白线康保县城至白脑包、几邓线康保界至邓油坊、孟涞线蔚县至岔道、水芦线宣化至大田洼、后洗线张北至洗马林等13条，总里程206公里的公路已大部开工建设。

据了解，从今年开始，我市将迎来地方道路建设的高潮，随着道路的不断建设，我市将逐步改善公路网北疏南密的现状，缓解我市农村公路相对滞后的局面，进一步提高公路的通达深度。同时，高速公路、干线公路和地方道路将逐步形成网络，为实现张家口的交通现代化奠定坚实的基础。（郝淑芬　宗振华）

［2003.06.11　张家口日报　第3155期　第2版］

高速公路是构建交通现代化的重要基础，是经济发展对交通需求的客观反映，京张和宣大高速公路的全线通车所带来的效益日益显现。为了给百姓提供更加快捷的交通，也为了给全市经济腾飞提供无限商机，我市第三条高速公路，国家重点建设工程——丹拉高速公路今年将继续加快建设的脚步。而且这也是我市第一次——

自己做业主兴建高速公路

用3年时间要完成共计99.565公里的高速公路建设，时间紧、任务重，但为了确保到2005年10月全线竣工通车，为了坚持速度、质量、管理相统一。丹拉高速公路的建设者从前期准备、征地拆迁到组织进场，倾注了全部的努力。

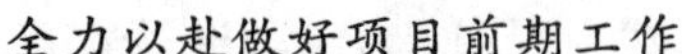

全力以赴做好项目前期工作

丹拉高速公路是我市第一条自己做业主建设的高速公路，它分为两段：小慢岭至下八里段改建工程，全长10.627公里；下八里至老爷庙新(改)建工程，全长88.938公里，为四车道、全封闭、全立交高速公路，该建设项目东起宣化小慢岭，西至冀蒙界老爷庙，途经宣化区、宣化县、桥西区、万全县、怀安县、尚义县二区四县八个乡镇。

为把该项目的前期工作做好，从而为项目的开工奠定良好的基础，我市于2001年3月批准成立了张家口市交通局牵头的“丹交公路张家口至老爷庙(冀蒙界)段高速公路建设项目筹备组”。9月，批准成立了“丹拉公路张家口高速公路管理处”进行前期筹备、建设以及后期管理工作。2002年3月，张家口市高速公路指挥办公室正式成立，这次会议正式宣布启动丹拉公路宣化至冀蒙界高速公路工程。

克服一切困难保工程进度

丹拉高速公路今年全面开工，本年度计划完成投资8亿元，建设总规模99.565公里。这条路的征地拆迁工作从2002年1月就已经开始，到去年9月，已经完成了全线放白线、埋界桩工作，并与公路沿线(区)、乡镇、村三级政府共同核实了工程项目界内地上附着物数量，核实了河北省交通厅规划设计院测设的2区4县土地类别，业内工作基本完成。到去年年底，已经完成清理现场、路基土石方及桥涵基础等工作。今年，截至5月20日，共完成投资3.2亿元，占计划总投资的15.2%。

为确保施工单位全部进场，对在拆迁工作中遇到的难题，今年4月，市政府专门召开拆迁工作协调会组织解决。市长高金浩亲自到会，要求各有关部门要在征地拆迁中，局部利益服从大局利益，要考虑我市的发展，克服一切困难，确保按时完成拆迁任务。由于领导高度重视，部分县区征地拆迁工作进展顺利。如今，该工程的各项前期工作准备就绪，机械和人员已经进场，正在进行土基和土方工程。据交通局副局长乔卫国介绍，4月底以来，面对突如其来的“非典”疫情，管理处一方面采取紧急措施稳定队伍，做好工地的消毒预防工作，一方面克服原材料难进的不利因素，把工地因“非典”造成的损失减少到最低程度。如今，该工程已完成路基土石方130万立方米，开工建设的20多座桥梁也正在灌装基础。记者在桃沟大桥施工现场看到，由于前一段普降大雨，大桥个别处出现塌陷的地方，施工人员已在工地连续奋战三昼夜进行修复。

为我市经济腾飞创造良机

高速公路的建设，不仅拉近了我市与周边省市的距离，而且加大了与周边地区在地缘、人缘、业缘的交流。也为我市积极开展全方位的经济技术合作带来了新的机遇和发展良机。高速公路的建设，同样也是一个城市现代化的窗口，它也将展示出一个城市的现代化水平。

正在建设的丹拉高速公路是交通部规划的“五纵七横”国道主干线和河北省公路网规划确定的“四纵四横十条”的主骨架公路的重要组成路段，已被列入河北省公路建设“十五”计划。

我们看到，丹拉高速公路即将成为京津地区以及东部沿海地区与西北部经济区联系的重要运输通道和西北地区的重要出海通道。该项目的实施，将极大地促进国家西部大开发战略的实施，将直接拉动我市经济的发展，并带动我市干线公路的建设。该公路建成后，将成为我市连接其他城市的重要纽带，对加快我市与经济发达地区的沟通，进一步促进我市对外开放，改善沿线的投资环境以及旅游事业的发展，实现与全省乃至全国的对接有着非凡的意义。 (郝淑芬 宗振华)

[2003.06.13 张家口日报 第3157期 第2版]

我市“2003～2007年农村公路建设计划”于近日正式启动，今后五年我市农村公路建设的发展目标是——

把路修到农民家门口

“这路宽宽的，平平儿的，出个门子，拉点东西都挺方便，俺们看见就喜欢。”家住阳原县辛堡乡的武大爷，望着家门口刚刚竣工的芦大公路，喜悦之情溢于言表，话虽朴实，但却道出了农民的渴望和期盼。

进入“九五”以来，我市实现了交通基础设施建设的长足发展，公路网布局日趋合理，通达深度和服务水平显著提高，真正实现了“人便于行，货畅其流”。但是，还必须清醒地看到，在我市的不少偏僻农村，交通基础条件的落后还制约着当地经济发展和农民脱贫致富。农民的生产、生活靠得还是“晴天一身土，雨天一身泥”的乡间小道，在这里，有多少群众盼望修通公路走出封闭，体会外面世界的精彩；有多少农民盼望把烂在地里的蔬菜换成票子，早日过上衣食充足的小康生活；又有多少正在上中学、上小学的孩子盼望着早日把路修到村口，使他们求学的路不再遥远……尽快改善农村的交通条件，把路修到农民家门口，我们一刻都不能再等了！

农村公路建设的盘子有多大？

曾几何时，我市农村道路“破败不堪、坑洼不平、尘土飞扬”的状况像一幅老照片一样根深蒂固地烙在人们的心中，在广大的农村，靠经年累月的马车碾压和人行践踏形成的乡间小道一直占据着农村道路的绝对统治地位，人们的出行和农业生产全要靠这样的道路来实现。靠着这样的路来加快发展、脱贫致富希望究竟有多大？我们可想而知。

20世纪90年代末以来，伴随着干线公路建设如火如荼地进行，农村公路建设也随之驶入了快车道，截至2002年底，张家口已经有7个县实现了“乡乡通油路”，通油路的乡镇累计占全市乡镇总数的85.6%，通油路的行政村占全市行政村总数的32.4%，与10年前相比，成绩毋庸置疑，但差距依旧明显。我市农村公路总体水平不高，总量不足，通达深度不够，技术等级还偏低，尚有29个乡不通油路，甚至还有547个村至今不通公路。不通公路的行政村遍及所辖的全部13个县，在经济欠发达，基础较差的赤城、康保等县，每个县都有将近100个村不通公路，而通油路对行政村来说，困难更是可想而知。因为，即使在我市经济相对较发达的怀来、宣化等县，通油路的行政村也仅仅占到一半的比例，而在较落后的康保、尚义等县这个比例只占到了一成以上。

农村公路建设的目标如何实现？

“凡事预则立，不预则废”，科学合理的公路发展规划是项目得以有效实施的关键。在谋划我市农村公路发展思路时，交通部门的同志做了大量深入细致的调研和论证工作，提出了2005年以前我市农村公路建设的总体目标：

——通油路的行政村占全市行政村总数的60%。

——全市所有行政村100%达到通公路。

——全市所有乡镇100%达到通油路。

——县级公路全部达到等级路。

面对这样一个宏伟的计划，每个人看了都会激动不已，但如此一个计划，能否在三年内实现呢？

党的十六大提出了全面建设小康社会的目标，公路作为脱贫致富奔小康的重要基础设施，必将迎来发展的高潮期。新一届中央政府提出要继续实施积极的财政政策，在国债资金的投向上，仍将向基础设施建设特别是农村公路建设倾斜，目前国家国债投资县级公路建设已经开始实施而且计划已基本落实。国家计委拟在“十五”后3年组织实施县际公路和农村公路建设，并给予国债资金的支持。我省这次被列为中部地区，建设目标是用3年时间实现县到乡基本达到等级沥青（水泥）道路。这个机遇对我市的农村公路建设来讲前所未有，只有抓住了这个机遇，张家口公路发展水平与先进地区的差距才有可能缩小，也只有抓住了这个机遇，张家口全面建设小康的社会基础才能奠定。

从2003年开始，我市将利用国债资金在3年内重点改造和新建一批县际和农村公路，总建设规模将达到1 000公里以上，项目遍及全市的15个县区。今年已经确立的13个国债项目，总建设里程为206公里，目前已经全部开工建设。 （郝淑芬　宗振华）

[2003.10.08　张家口日报　第3252期　第2版]

公交车通到了百姓家门口

——沙城汽车站创办城市公交见闻

怀来县是我市与首都北京接壤的窗口县。近年来，随着经济建设的飞速发展，有着“京畿明珠”之称的沙城镇，市政建设日新月异，城区面积已扩展到12.9平方公里，城镇人口发展达8万人，流动人口4 000多人。但在这之前，沙城还没有一辆公交车，“出行难”一直是困扰当地政府和百姓的老大难问题。对此，沙城汽车站的干部职工不等不靠，他们凭着对事业的执著追求和对市场的敏锐洞察，积极努力，大胆攻坚，硬是把公交车通到了老百姓的家门口，走出了一条企业创办城市公用事业的新路子。

城市公交是一项十分重要的社会公益事业，如果由政府出资，除了要购置公交车以及附属设备外，还要解决好办公场地、运营场地、人员招聘和技术培训等问题。要办好这些事，不仅需要投入巨大的启动资金，而且每年必须再拿出一笔相当可观的资金，用于政策性补贴。由汽车站办公交，就可以在经营长途客运业务的基础上拓展公交业务，既可以减轻政府的压力，又可以充分发挥现有交通资源的潜力，是一举多得的上善之举。目前，沙城汽车站已经招商引资160万元，购入营运车辆26部，并已成功开通了永安村至宋家营、宋家洼至东八里、富连园至蔬菜批发市场的3条公交线路。公交线路的开通，贯通了沙城镇的各主要干道，把沙城镇的大街小巷与城乡结合起来，各功能区域连接起来，形成了安全方便快捷的城镇公共交通网络。（宗振华）

［2003.10.20　张家口日报　第3262期　第2版］

把行风建设作为“一把手”工程

市交通系统深入评议行风推进工作

本报讯　全市各级交通部门高度重视行风评议工作，始终站在“树正气、讲团结、求发展”的高度来充分认识行风评议活动的重要性，坚持把行风建设作为“一把手”工程纳入到交通工作的重要议事日程，通过扎实有效的措施，进一步深化全市交通系统行风评议活动，探索建立行风建设的长效机制。

在认真总结分析3年行风评议工作得失的基础上，全市交通系统在2003年民主评议行风工作伊始，就制定了“争先、保优、进位”的总目标：即没有进入先进行列的一个县局要加大工作力度，力争进入先进行列；已进入第一名的五个县（区）局要提高标准，扩大成果，确保不掉位；已进入优秀行列第二、三名的五个县（区）局和先进行列的四个县局要保（争）优、进位，局直各单位和运输集团有限公司要全部进入先进行列，其中优秀单位要达到70%以上。在参评范围上，全市交通系统以行政执法部门为重点的所有部门、单位全部参加，全员参与，一个不少，使民主评议行风活动真正成为交通系统每个干部职工的自觉行动，“人人为交通事业争光彩，个个为交通事业做贡献”。以良好的交通作风和形象，推动交通事业的全面发展。在工作思路上，全面推行和实施“12345”工程，即加强一个机制（行风建设管理机制）；强化两个意识（服务意识和形象意识）；突出三个重点（狠抓运输市场秩序的整治，狠抓行政执法队伍建设，狠抓机关和“窗口”队伍建设）；搞好四个结合（把行风建设与业务工作相结合，注重造势与解决实际问题相结合，把行风建设与创建文明行业活动相结合，抓巩固提高与创新工作相结合）；实现五个提高（实现公路路网通达深度的提高，实现行政执法水平的提高，实现窗口服务水平的提高，实现公路服务水平的提高，实现全员素质的提高）。

为确保行风评议工作取得实效，全市交通系统不断加强制度建设。建立和完善了领导负责工作机制，主要领导亲自挂帅、率先垂范；主管领导分工协作、各尽其责；全体员工严格要求、积极参与。今年，市交通局根据领导班子成员变化情况，及时对行风建设领导小组成员进行了调整充实，各县（区）局、各业务主管部门也都建立了相应的组织机构，在全市交通系统形成了行风建设党统一领导、责任明确、指标量化、逐级负责、全员参与的工作机制，形成了"加强行风建设，树立交通新风"的浓厚氛围。同时健全完善了考核奖惩工作机制，坚持把行风评议工作纳入到年度目标责任考核范围，将日常考核与年终考核、内部监督与社会监督紧密结合起来；坚持把行风建设与业务工作同部署、同落实、同检查、同考核。对在行风建设中成绩突出的部门和个人进行大张旗鼓地表彰奖励，对违反行风行纪的责任人和当事者该批评的批评，该处理的处理，做到赏罚严明。上半年，市局对3起行政执法人员违规违纪问题在系统进行了通报批评，对3名责任人给予离岗待岗处理。与此同时，该系统还进一步健全完善了督导检查工作机制。行业内部，市交通局及各县（区）交通局均成立了督导组，由局领导亲自带队，采取巡回检查、明察暗访等方式，发现问题及时进行整改纠正，消除行风建设中的死角和空白点。截至目前，市局共组织全局的明察暗访3次，发现纠正了一些诸如通行费收费人员不使用文明用语、行政执法人员执法不规范、汽车站脏乱差等影响行风建设的问题，对明察暗访情况及时在全系统进行了通报。在行业外部，坚持把行风建设的知情权和监督权交给群众，主动接受社会和人民群众的监督。在向社会各界做出公开承诺后，各县（区）局、局直各部门通过新闻媒体和公示栏都及时公布了行风评议热线电话，并本着"走出去，请进来"的原则，利用聘请监督员、印发征求意见函、召开座谈会、走访调研等多种形式诚恳听取社会各界的意见和建议。截至目前，全系统共聘请行风评议监督644人（其中市局105人），组织大型宣传咨询及征求意见活动17次，发放征求意见函（卡）6 197份，召开荷重座谈会74次，收到提出的意见建议及咨询3 003条。为进一步营造良好的行评舆论氛围，该系统建立和完善了舆论宣传工作机制。截至目前，全系统共印发交通行风简报368期（在新闻媒体播出刊登稿件64篇），还积极参与了市政府纠风办组织的公开承诺、践诺公示和"行风热线"等活动。 （本报记者）

[2003.10.31 张家口日报 第3272期 第3版]

华北五省市联合治超工作集中行动于12月1日零时全面展开，记者随同治超小组奔赴多个检查站察看治超情况，令人想不到的是，煤车在路上消失了——

聚集我市第一次治超大行动

- 这是华北五省市第一次，也是全国首次区域联合治超行动
- 我市共出动2 700多名执法人员在32个检查站实行24小时全天候监控
- 本次治超工作是交通、公安、纠风办、军分区等9部门的联合行动
- 从12月1日零时开始为期90天的全面治理阶段，我市执法人员提前12小时到位

邪门？超限煤车消失了！

11月30日晚，记者随同检查组沿国道110、109、宣大高速察看我市治超情况。一路上，见不到一辆运输煤炭的汽车，往日一到晚上常常会拥堵1公里左右的宣大高速宣化收费站再也看不到排队的长龙。23：36，检查组来到阳原县东井集检查站，站长史俊杰告诉记者：作为京津地区经国道109线运煤的唯一通道，从11月29日开始，运煤车辆由日均1 200多辆大幅减少。执法人员从中午上岗至今，没有发现一辆运煤车，这和工作开始布置时预测"某些路段可能出现严重拥堵"大相径庭。从零时到凌晨3：30，检查组先后来到我市与山西省交界处、宣大高速、化稍营检查点等多个路段察看治理情况，得到的信息只有一个：煤车消失了。

据市交警支队支队长任中明介绍，煤车消失的原因是由于此前开展了声势浩大的宣传活动，超载车基本没有上路，而是采取了等待观望的态度。

帷幕已拉开

连日来，我市连续召开会议对治理公路超限超载工作进行部署。据了解，这是华北五省第一次，

也是全国首次区域联合治超行动。本次行动一改过去由交通部门单打独斗的治超模式，第一次由政府牵头挂帅，交通、公安、纠风办、军分区、发改委、工商、质监、物价、财政部门参加的统一治超行动。记者从交通部门获悉，从本月开始，作为超限重灾区的我市，一场规模空前的专项整治行动已拉开帷幕。

据了解，这次治超工作由市政府牵头，在市交通局和市公安局设立办公室，其他部门密切配合，组成联合治超队伍，在国道109、110、207和下广线等几个重点路段设立联合检查点，其他路段设立专项检查点，实行24小时全天候监控。对超限运输的车辆限定车主或驾驶员在30分钟内自行卸载，也可以雇人卸载；否则，将强行卸载。对于同一个超限运输车辆，在同一天内我市交通部门已处理过的，不再进行处理。卸载货物无偿保管期为72小时，超过保管期限的予以变卖处理，对拒不出示行车证件或屡教不改的超限运输车辆车主或驾驶员，除卸载到位外，还要严格按照规定要求予以处罚(见下表)。　(本报记者　韩中华　通讯员　宗振华　闵友　张京平)

[2003.12.02　张家口日报　第3299期　第2版]

超限运输治理罚款标准

超限运输次数	治理罚款标准
第一次超限运输	卸载 登记 警告
第二次超限运输	卸载 登记 警告
第三次超限运输	60吨以下的超限车卸载并处以500元罚款； 60～80吨的超限车卸载并处以1 000元罚款； 80～100吨的超限车卸载并处以4 000元罚款； 100吨以上的超限车卸载并处以4 900元罚款

公路建设全面飘红

2003年我市公路建设硕果累累，既是自主作业全面建设第一条高速公路(丹拉高速)的第一年，又是利用国债修建地方道路的第一年——

2003年我市公路建设全面开花，丹拉高速公路建设全面展开，张石高速公路前期工作进展迅速，地方道路张尚线全线通车。2003年我市计划安排公路建设项目总投资12亿元，预计可以完成14亿元。

丹拉高速全线展开

丹拉高速公路建设取得较大进展。建设总规模99.6公里，项目总投资21.7亿元的丹拉高速工程项目于去年开工建设，计划在2005年竣工通车。由于受“非典”和拆迁的影响，上半年进展缓慢。“非典”结束后，市委、市政府和各县(区)加大了拆迁工作的力度，工程逐渐加快。特别是自9月开展“大干一百天，确保全年任务完成”的活动以来，工程进度进展明显。截至10月底，全线累计完成投资近11.7亿元，占计划总投资的54%；本年度累计完成投资9.6亿多元，占年计划的92%。预计到年底，能够完成全年投资10亿元和完成路基桥涵的目标任务。

张石高速呼之欲出

作为十大立市项目之一的张石高速公路工程建设，在我市上下的积极争取下，2003～2007年省发展高速公路规划之中，5月份，此项工程建设被省政府正式立项。近日，一期工程(张北至宣化县旧罗家洼段)可行性研究报告通过了专家评审和评估论证，这标志着张石高速公路进入实质性运作阶段，按照预定方案，一期工程将于2004年6月28日破土动工。这比原计划整整提前了4年——张石高速呼之欲出。

张石高速公路是我省西北地区南北走向的唯一一条交通主干线，这条路的建设填补了我省在高原地区没有高速公路的空白。将为加强省会石家庄及河北南部与西北部地区的联络开辟便捷通道，大大改善我市的投资环境，对张家口地区的经济发展将起到十分重要的作用。张石高速公路全长188公里，工程分3期完成，预计总投资56.6亿元。其中一期工程近90公里，预计投资23.91亿元，平均每公里造价2 682.9万元。

地方道路快速推进

省道张尚线(杨哈线)张北至哈拉沟段二级公路改建工程，是在"十五"计划之外追加的一项工程。该项目全长76.8公里，计划总投资2.5亿元。经过五个月的紧张施工，工程于2003年9月26日实现主体通车。这条二级路的建成，结束了尚义县不通二级路的历史，实现了我市所有县区全部通二级以上高等级公路的目标。

国道112线锁阳关隧道工程，建设总规模5.158公里(隧道全长1 570米)，计划总投资7 108万元。2003年6月30日，锁阳关隧道主体全线贯通，7月19日正式通车运营。国道112线锁阳关至兴仁堡段剪子岭隧道工程，全长920米，计划总投资2 769万元。截至2003年10月底，剪子岭隧道工程已全线贯通，累计完成投资2 400万元，占计划的86.7%，预计近期竣工通车。

地方道路建设稳步推进，去年我市共实施县际及农村公路国债改造工程13项，共计213.237公里，计划投资1.5亿元，截至2003年9月底，各项工程已经全部完工。又有6个乡实现了通油路，通油的乡累计占全市乡镇总数的89%。 (韩中华 宗振华)

[2004.01.01 张家口日报 第3325期 第2版]

高金浩在全市交通工作会议上要求

以大投入促大发展 以新思路促新跨越

2月18日，我市召开全市交通工作会议，会议要求要调动各方面的积极性，以大投入促大发展，以新思路促新跨越，加快实现我市交通现代化步伐。市领导高金浩、卢永庆、唐树森、梁润田出席会议。高金浩、唐树森分别讲话。

高金浩指出，我市交通事业从20世纪90年代以来进入了持续、快速、健康发展时期，特别是"九五"以来，成为我市交通建设完成投资最多、发展速度最快、结构变化最明显的时期，交通对国民经济的"瓶颈"制约得到基本缓解，人民对"人便于行、货畅其流"的需求基本得到满足，交通行业已经成为我市最具活力、最具影响、最充满希望的亮点行业之一，交通事业的发展，为我市经济社会发展提供了强有力的支持。

高金浩强调，交通是直接关系国民经济发展和社会进步的具有全局性、战略性的基础产业。没有发达的公路交通条件，开发和发展就无从谈起。因此，要紧紧抓住当前重要战略机遇期的有利时机，加紧项目谋划，在抓好丹拉高速公路和张石高速公路建设的同时，根据我市经济发展和对外开放的需要，谋划好张承高速公路等新的高速公路建设项目。要在我市建成以张家口、宣化为中心的两纵三横辐射状高速公路网，实现我市县县通高速公路的目标。要加快农村公路的建设和谋划，紧紧围绕增加农民收入这一中心和基本目标，实现县到建制镇通二级路、县到乡通三级路和村村通油路，使农村交通条件达到小康社会的标准。要加快一般干线公路的谋划和建设，使我市境内的国省干线全部实现二级以上标准。同时，认真谋划好通道绿化工程，营造立体公路绿化格局，建设"绿色交通"，实现"路在绿中"、"绿在路中"和干线公路畅、洁、绿、美的要求。要着力实施好"黄金岛"等项目的路网规划，在研究"黄金岛"定位的基础上，高起点、高水平、科学合理地规划路网建设。在谋划公路建设的同时，还要全面树立可持续的发展观，认真解决好发展速度与建设质量、规模扩张与合理把握标准、合理经济的工程方案比选与生态环境保护、建设改造与养护管理等诸多矛盾，实现质量型、效益型、功能型和可持续的跨越式发展。

高金浩要求各级各部门及交通系统，要充分认识加快公路发展的重大意义，增强抓好交通工作的紧迫感、责任感和使命感，树立抓交通就是抓生产力，抓交通就是抓经济工作的思想意识，把发展公路交通作为关系张家口经济社会发展全局的大事抓紧抓好，同心协力、艰苦拼搏、抓住机遇、真抓实干，确保我市交通事业再上一个新台阶，再跃一个新水平。

副市长唐树森就如何做好今年及今年下一个时期的交通工作发表了意见。（郝淑芬　宗振华）

[2004.02.21　张家口日报　第3363期　第1版]

敢叫日月换新天

——市交通局“增绿添彩”工程纪实

一样的草长莺飞，不一样的盎然生机；一样的和风拂面，不一样的激情澎湃。

满眼的彩旗猎猎，满耳的镐锹丁当，挥汗如雨的人们正在用自己的双手和智慧把沉睡亿万年的寂寞群山唤醒，把祖祖辈辈梦寐以求的绿色家园梦变为现实……

日前，记者来到了市交通局承担的东七里山近5 000亩荒山的绿化工地，记录下了“增绿添彩”工程的动人点滴。在这里，你随时都会被一种精神所感动，也随时会被一种豪情所震撼。

信念是催生一切动力的源泉

从交通局绿化工地的任意一个山头向下望去，你都会看到同样壮丽的图景：大小均等的树坑整齐而又均匀地分布在山间谷地，像正在接受检阅的卫兵；蜿蜒伸向远方的平整道路，像一条银链镶嵌在山腰；从山底一直通向山顶的引水管道，恰似玉龙在群山盘旋；雄踞山巅的储水箱，则又似威凛的将军，守卫着脚下的土地。而这一切，在一个多月之前，还都是梦想。

市交通局“增绿添彩”工程总指挥部办公室主任王富永满怀信心地向记者介绍：在短短不到一个月的时间里，我们就挖完了17.5万个树坑，并对10多万个树坑换了土；整修3米宽的道路4条，长约10公里；铺设引水上山管道、管线1万多米；修建扬水泵站4个，山顶储水箱18个，共可储水560吨；三大类共计13个品种的50多万株苗木也已经全部准备就绪。

是什么让交通人在如此短的时间就创造了这样的奇迹？从正在参加绿化劳动的市交通局党委书记贾丞誉那里，我们找到了答案。面对记者的提问。贾书记沉思良久后说，当我们第一次上山，看到山石嶙峋、一眼望不到边的5 000亩荒山时，确实觉得担子很重，不少同志也曾经产生过畏难情绪。在全局动员会上，我们告诉大家，“增绿添彩”工程是一项“功在当代，利在千秋”的事业，不想干不行，想干干不好也不行，再大的困难，再大的问题，我们也要始终牢记“为荒山增绿，为党旗添彩”的信念，横下一条心也要打赢这场硬仗。思想统一了，目标一致了，大家的信心就足了。经过一个月的攻坚克难，我们终于实现了“增绿添彩”工程的初战告捷。实践证明，只要有坚定不移的信念，就没有跨不过去的坎，没有蹚不过去的河，因为信念是催生一切动力的源泉。

交通队伍是一支能打硬仗、善打硬仗的队伍

完成近5 000亩荒山的绿化任务，对于从未接触过这一领域的交通人来讲，困难是可想而知的。再加之雨水不足、财力欠缺，要想完成好“增绿添彩”工程的全部任务，几乎成了一道难以逾越的障碍，在困难面前，交通人没有退缩、没有回避，他们微笑地选择了迎接。

为实现既定目标，市交通局制定了一系列保障措施，成立“增绿添彩”工程建设总指挥部，实行“一把手”负责制；将荒山绿化工作纳入到各部门和各单位的考核内容，并与各部门和各单位主要负责人签订目标责任书，明确职责，责任到人；积极引入“招投标制”、“工期倒排制”和“三结合质量检验制”等，确保工程科学、有序、顺利进行；实行全员参与，把荒山绿化的任务落实到每一个人。特别值得一提的是，在市交通局实施的“增绿添彩”工程中，从局领导到各单位的主要负责同志，都能够带领干部职工亲临一

线，督促指导、组织协调，对各种问题在第一时间发现，在第一现场解决，形成了职责明确，协同有序的工作局面。

踏平坎坷，终成大道，在工程施工过程中，交通队伍硬是靠着“工具不足气力补，气力不足精神补”的毅力，啃下了一个个“硬骨头”，完成了一个个硬指标。为确保绿化设备尽快上山，路桥集团公司的施工队伍昼夜奋战，仅用了短短一个晚上，半个白天的时间就修通瞭望塔至爱心平台之间长达 1 700 米的“断头路”，当晨练的人们面对昨日还曾是崎岖不平的小路，在一夜之间竟变成一条三米宽的通阔大道时，无不称奇，无不感慨。水是荒山绿化工程的命脉，直接关系到荒山绿化工程的成败。为确保引水上山工程万无一失，参与工程的同志们不知多少次翻山越岭，多少次风餐露宿，他们绘制了 80 多张图纸，才最终使 18 个 30 吨以上的高位水箱在 16 个山头上安然屹立。正是这支队伍，把尘土飞扬的车马小路，变成畅洁绿美的坦荡大道；正是这支队伍，把昔日雄险的锁阳关天堑变成今朝的如砥通途。而今，他们在“增绿添彩”工程中再次经受住了考验。

榜样的力量是无穷的

沧海横流，方显出英雄本色。“增绿添彩”工程是一项注定要永载史册的工程，也注定是一项催生先进事迹和模范人物的工程。在市交通局实施的“增绿添彩”工程中，哪里有困难，哪里有危险，哪里就有党员和干部的身影，他们冲在前、干在前，筑起了“增绿添彩”工程的精神丰碑。“增绿添彩”工程总指挥部办公室主任、后勤处处长王富永，忘我工作，夙兴夜寐，从施工方案设计到组织安排施工，从技术人员培训到苗木招标，到处都有他忙碌的身影，大家劝他休息，他却说，我是党员，又是处长，这里才最需要我；50 多岁的后勤处副处长张建国，凭着坚韧不拔的毅力，带着施工人员昼夜奋战，硬是把一万米的管线架上了山，为了早日实现引水上山，他每天吃住在工地，荒山几乎成了他的又一个家；运管处年轻的副处长胡尚军，每天坚持在工程一线，妻子生病做手术，他没有时间陪护，就只好打个电话问候一声；新婚不久的质监站预备党员小郭，得知荒山绿化的消息后，提前结束婚假，毅然加入到了荒山绿化者的行列；陈明德、严春明等十几名退休老干部，不顾年老体弱，主动请缨，义务劳动。在他们的影响和感召下，市交通局迅速形成了全员出动，全员参与的荒山绿化热潮。同时，全局广大干部职工还自愿捐款 7 万多元，献上了他们对“增绿添彩”工程的一份热忱。

望着他们执著挥锹的背影，听着他们欣慰爽朗的笑声，你会由衷地相信，一个草木葱茏、生机勃发、人与自然和谐共融的新山城就在眼前…… （本报记者　姜云　本报通讯员　宗振华　李建龙）

［2004.04.01　张家口日报　第 3397 期　第 1 版］

把发展的道路通到家门口

今年，我市确定了全市交通建设力争完成投资 20 亿元以上，实现高速公路、干线公路和农村公路建设齐头并进的发展战略，就是要——

区位优势变现实优势

“到张家口只用一个多小时！”冬季来张滑雪的张女士由衷地感叹道。确实，近几年我市的高速公路发展突飞猛进，从“九五”计划之初没有一条高速公路，到全长 126.5 公里的宣大高速公路和全长 79 公里的京张高速公路相继竣工通车，使我市潜在的区位优势变成现实优势，大大加快了我市与“大北京经济圈”的融和过程。

交通“瓶颈”曾严重制约阻碍了我市的开放开发和经济发展，正是京张高速公路的全线通车，打开了我市全面开放的大门，也使得我市充分发挥地缘、人缘、业缘优势，加快与北京的全方位对接，积极融入“大北京经济圈”。

为进一步实现我市的交通现代化，形成以张家口、宣化为中心，两纵三横辐射状高速公路网的目标，我市第一条自做业主的丹拉高速公路今年将实现小慢岭至下八里段 10.484 公里和新建半幅高速公路通车，石张高速公路也将加速初步设计和施工图设计的进度，确保一期(张北至旧罗家洼段)上半年开工建设。

干线多地方经济“提速”

76.8公里的张尚线竣工通车，对于公路沿线的农民来说，确实是一条小康路。它不仅方便了公路沿线农民的出行，还使他们的农产品和蔬菜有了便利的运输通道。

同样全省最长的公路隧道112线锁阳关隧道、剪子岭隧道的全线贯通，更让生活在这里的人们感到了天堑变通途后的惬意，同时也为沿线地方经济发展“提速”。

为进一步加大干线公路的建设力度，今年我市将力争完成5亿元建设省道柴后线25.1公里二级公路改建工程、国道109线岔道至太平堡段23公里二级公路改建工程、省道宝平线赤城至沙城段80公里二级公路除隧道以外的改建工程以及国道112线夏源至西合营段5.9公里改建工程。

这几项工程竣工通车后，将带动我市的旅游业进一步上档次、上水平，并将拉动我市的商贸流通水平，使沿线农民通过地材供应、劳动力投入等方式，获得直接收入，还将加强城乡沟通，搞活农产品流通，实现资源优势向经济优势的转变，更将加快“路边经济带”形成，带动地方经济的快速发展。

致富路铺到农民家门口

据了解，目前我市还有23个乡(镇)不通油路，390个行政村不通公路(不具备公路条件的255个)，2 838个行政村不通油路(不具备通油路条件的320个)，只有32.4%的行政村通了油路，因此，我们离农民出行便利的要求还有很大的距离。

为早日把致富路铺到农民家门口，从2004～2007年，全市将加大农村公路建设，4年间将估算投资40亿元，完成建设农村公路约11 340公里，实现乡乡通沥青(水泥)路和行政村村村通沥青(水泥)路，桥梁安全问题得到基本控制，县道全部达到等级路。可以看到，近几年我市的农村公路建设已经取得了很大成绩，到2003年底，全市农村通车里程达到9 203公里，11个县区实现了乡乡通油路。在采访中，红旗营乡的农民赵秀彬对记者说，我们镇到张家口只有一条乡道，重新修整并进行铺油后，不会再发生雨天把菜烂在地里的事，真是把农民致富的路子铺到了家门口。　(郝秀芬　宗振华)

[2004.04.02　张家口日报　第3398期　第2版]

农民致富有了盼头

近日，我市确定了“2004～2007年农村公路建设计划”，并把这一计划列入了十件为民实事之一，在一定意义上讲，这一计划的目标就是要让致富路通到农民家门口——

如今，公路已经成为农民脱贫致富的小康路，在一些富裕地方，我们看到县乡公路四面通达，农民种菜、搞运输……生活富足，而一些乡间道路狭小的乡村，农民收入单一，过着面朝黄土背朝天的穷困生活。可以说，公共路连看富裕与贫穷。在阳原县采访时，当王大妈乐滋滋的告诉记者，她这么大岁数，还是头次看见这么宽的路，并且不再担忧种的蔬菜会烂在地里时，我们不仅感受到了公路对农民奔小康的重要，更感受到了广大农民对要致富、先修路的认识和对公路建设的渴望。

2 838个行政村的农民难尝外面世界的精彩

近几年，我市的交通基础设施建设发展较快，公路网布局日趋合理，通达深度和服务水平显著提高，但是，在不少偏僻的农村，我们清醒地看到，交通基础条件的落后还制约着当地经济发展和农民脱贫致富。农民的生产、生活靠得还是“晴天一身土，雨天一身泥”的乡间小道。

据了解，目前全市还有23个乡(镇)不通油路，390个行政村不通公路(不具备通公路条件的255个)，2 838个行政村不通油路(不具备通油路条件的320个)，致使农村路网相互沟通及与国省干线衔接不够，通行能力较差，这些不通油路的乡镇和行政村又大多分布在边远贫困山区，自然条件和经济较差。在这里，有多少群众期盼体会外面世界的精彩；有多少学生仍在起早贪黑，步行数里求学……尽快改善农村的交通条件，把路修到农民家门口，我们一刻都不能再等!

让农民走上小康路需要付出几倍努力

随着“要想富，先修路”观念的深入人心，农村公路建设也随之驶入快车道。据交通局有关人员介绍，截至2003年底，全市农村公路通车里程达到9 203公里，已经有11个县(区)实现了“乡乡通油路”，全市累计186个乡实现了乡乡通油路，1 359个行政村实现了村村通油路，全市累计89%的乡镇和32.4%的行政村通了油路。这些可喜的数字真实反映出了近几年我市农村公路发展的速度。但是“差距依旧明显。我市农村公路总体水平不高，总体不足，通达深度不够，路网还不完善，现有农村公路技术标准总体偏低，路况较差。”又让人充满了阵阵不安和焦虑，因为这些不通公路的行政村大部分分布在边远贫困山区，这些地区自然条件和经济基础较差，群众居住分散。

记者在崇礼县的麻岔窑村看到，这里多少年来，出入的路就是一条满是石头的干河，走得人多了，慢慢走出一条砂石小道，汛期到来的时候，这些刚刚形成的小道就又被冲得不见了踪影。在全市各县乡，像麻岔窑村这样的地处偏远的小村还很多，因此，要想把路修到农民家门口，让农民走上小康路，任务相当艰巨，还需要付出几倍的努力。

实现村村通油路92.38%为时不远

我市加快农村公路建设和改造的步伐，并把农村公路建设列入“十大为民实事”。交通局有关人员告诉记者，我市的目标就是到2007年，全市农村公路通车总里程达到10 606公里，实现乡乡通沥青(水泥)路，行政村村村通沥青(水泥)路，桥梁安全问题得到基本控制，县道全部达到等级路。其中，2005年底，全市实现县到乡通油路、行政村村村通公路，60%的行政村通沥青(水泥)路。至2007年底，全市实现村村通油路，92.38%的农村公路基本适应社会经济发展的需要。

如果这样一个计划能够实现，对我市的发展来讲，其意义无疑将是划时代的，但如此一个计划，如何确保实现呢？我市已经组织召开了农村公路建设动员大会，进行全面发动部署，并与各县区政府签订了农村公路建设责任状，制定了严格考核机制。交通部门作为政府的主管部门，副局长李义也明确表示，将科学规划、统筹安排，加强技术指导，搞好技术服务，并将加强监督，严把质量关，相信随着这一目标的不断推进，农民增收的路子就会铺到家门口，农业和农村经济结构调整的路子也会通到家门口，推进城镇化进程的路子也会通到家门口。 (本报记者　郝淑芬　通讯员　宗振华)

[2004.04.21　张家口日报　第3414期　第2版]

公路建设全线提速　为民实事件件落实

市交通局为经济发展助力

本报讯　在洋河岸边，在长城脚下，铁架林立，彩旗飘扬，丹拉高速公路建设者正在用只争朝夕的豪情在塞外大地谱写恢弘的画卷；在偏远的山区，在闭塞的村庄，公路技术人员正在帮助老乡把盼了几十年的修路梦变为现实……今年以来，市交通局深入贯彻落实胡锦涛总书记视察张家口时的重要讲话精神和市委八届四次全会精神，牢固树立科学的发展观，求真务实，真抓实干，在加快推进我市交通现代化的征程上继续迈出了坚定步伐。

“十大立市项目”之一的张石高速公路前期工作实现开工时间提前三年、里程增加44公里、工期提前四个月、最后挤进今年开工的目标。丹拉高速公路建设全线“提速”。全年计划完成投资7.4亿元，实现新建半幅高速公路通车。建设总里程133公里，今年计划完成投资2.5亿元的新改建四条干线公路陆续开工，其中，宝平线沙城至赤城段、109线岔道至太平堡段、下广线西合营至夏源段公路将实现当年开工当年通车；宝平线两条隧道将完成工程量的50%。目前，四项工程的资格预审及施工招投标等各项前期准备工作已经基本完成。

被列入“十项民心工程”的村村通油路工程建设更是如火如荼，今年，全市将投资7.9亿元进行农村公路建设，其中建设县际油路12条，共计里程313公里，有7个乡实现通油路；建成通村油路2 650公里，实现634个村通油路。目前，宣传发动、组织建设、责任分解等各项工作已经相继完成。

为了更好地服务社会，服务群众，交通部门在谋划“2004年十八件实事”的基础上，又于日前制定了

"便民为民十二项措施"。这十二项措施每一项都与广大人民群众的生产生活息息相关,每一项都直指人民群众关注的"热点"和"难点"。从公路工程试验检测中心(中心试验室)全面对社会开放,积极为向公路建设提供建筑材料的企业发展服务到方便民工和农民施工队就业,维护民工权益;从大力扶持农村公路的发展,鼓励社会资金投入公路建设,进行公路、桥梁的经营活动到对重点公路客运班车、旅游班车的调整变化实行每日发布制度,处处体现了"以民为本"的工作理念和倾心为民的工作作风。 (郝淑芬 宗振华)

[2004.06.02 张家口日报 第3445期 第1版]

全市通村油路建设暨千村即将振兴现场观摩调度会要求

切实把惠民工程抓实抓好

本报讯 7月5~6日,我市召开全市通油路工程建设和千村经济振兴现场观摩调度会。会议对怀安、万全、宣化和怀来四县通村油路建设进行了现场观摩,对通村油路建设和千村经济振兴活动的经验和做法进行了交流。并对下一步通村油路工程建设暨千村经济振兴活动进行了再动员、再部署。市领导刘永瑞、高金浩、程葆刚、王亮、李建举、周林、唐树森,省交通厅公路局局长杨国华出席调度会。

在实地观摩了通村油路工程建设及千村经济振兴现场后,市委书记刘永瑞就如何加快我市通村油路建设和千村经济振兴步伐发表了重要意见。他说,2004年,市委、市政府提出了为民办好的十件实事,最重要的一条就是通村油路建设。如果我们不把这项工作做到实处,那么各县区政府就是失职。要把通村油路工程看成是让农民走向文明的基础。城乡的差别就在于农村基础设施落后,只有改变这种状况,整个农民的精神状态才能发生根本变化。

刘永瑞强调,要把通村油路工程作为一件大事来抓,哪里落后哪里就要奋起直追,要把政府和老百姓结合起来,把"两个积极性"调动起来;要把道路的改善和文明生态村建设及千村经济振兴有机结合起来,切实把为老百姓谋利益的事情做实、做细。通村油路工程的目标和任务要在规定时间内全部完成,今年确定的计划任务必须100%完成,有条件的可以超前安排。对通村油路工程建设的质量,各县区委书记、县区长都要高度重视,绝不能出现"豆腐渣"工程,哪里出现问题,违法的要依法论处,违规的按违规论处。

市长高金浩对前一阶段通村油路建设工作给予充分肯定,要求县区和各有关部门一定要统一思想、统一认识、明确目标、强化责任,充分认识加强农村公路建设的重要意义,切实把这项工程建设当做一件大事来抓。要把握关键、突破难点,扎实推进通村油路建设。进度看决心、质量看责任、资金看能力、整体看后劲。各县区政府要认真学习经验、创新机制,把握关键、明确重点,千方百计创新筹资方式,为通村油路建设提供强有力的资金支持。必须加强对通村油路建设的资金管理,专款专用、专人管理。必须加快工程进度,合理施工、细化目标、责任到人,真正把各项工作抓实、抓紧、抓牢。要切实加强对通村油路建设的领导,一把手要亲自抓,负总责,确保把工作做在第一线。各相关部门要强化服务意识、大局意识,形成通村油路建设的强大合力。要按照任务目标和责任制的要求,严格质量、严格时限、严格奖惩。对工程质量好、进度快,提前完工的县区和乡镇要给予奖励。对工作滞后、影响开工以及工程进度达不到要求、未能按期完工的县区和乡镇,要给予通报批评和相应处罚,对相关责任人和领导要视情况给予处理。

市委副书记程葆刚指出,要高度重视通村油路建设与文明生态村建设和"千村经济振兴"的结合。通过千方百计动员群众、引导群众、讲形势想办法,不断营造通村油路建设的良好氛围和增强通村油路建设的合力。

省交通厅公路局局长杨国华高度评价了我市通村油路建设,他重点就今年和今后4年通村油路建设完成情况及如何确保工程质量发表了意见。

副市长唐树森对下一步通村油路建设做了具体部署。（郝淑芬　宗振华）

［2004.07.07　张家口日报　第3475期　第1版］

刘永瑞在视察张家口现代物流中心时要求

利用优势整合资源　做强做大现代物流

本报讯　7月22日，市委书记刘永瑞在市交通局和张家口运输集团有限公司领导的陪同下，视察了张家口现代物流中心。在听取了有关领导对现代物流中心的介绍后，刘永瑞肯定了他们的工作成绩，并希望现代物流中心在物流服务系列化、物流规模化等方面探索出更多的做法和经验。

张家口现代物流中心是市交通局和张运集团共同出资组建的。该中心占地154亩，集仓储、配送、运输、货运代理、信息服务等多重功能为一体，是我省最大的物流中心。

如何利用优势，整合资源，把现代物流做强做大，刘永瑞说，我市具有良好的区位优势，是沟通晋、蒙，连接“京津经济区”和“环渤海经济区”的必经之地，是东北地区、华北地区连接西北地区的重要枢纽。我们要利用这一优势，为全国各地的商品交易、物资流通架起信息沟通的桥梁。要利用尚义、张北建有蔬菜恒温库的有利条件进行深加工，并组建自己的培训专业队和专门的运输系统，把老百姓所需要的日用品和生活资料运进来，把我市皮毛、肉和蔬菜等特色产品配送出去，扩大物流规模。面对经济不断发展，物流发展空间越来越大的实际，要积极整合现代物流资源，主动适应市场需要，加快体制改革步伐，要站在建设现代物流的高度思考物流的未来发展，不断加大物流建设力度，把张家口现代物流中心建设成张家口的现代物流集团。（本报记者）

［2004.07.23　张家口日报　第3489期　第1版］

千方百计往实里做 往深里做 往快里做
张石高速公路建设实现“四大跨越”

本报讯　为缩短“妊娠期”，让张石高速提前“诞生”，交通人打破常规，没有休息、不分昼夜工作，这种知难而进、不达目的誓不罢休的精神使得该工程实现了开工时间提前三年、建设里程大幅增加、工期提前、成为最后一条挤进全省拟开工的高速公路并初步具备开工条件的四条高速公路之一的“四大跨越”。

张石高速公路是我市确立的“十大立市项目”之一，也将是我市自做业主修建的里程最长的一条高速公路。由于途经地质构造复杂，地势起伏较大，对路线技术标准要求高，工程立项涉及的行业多，部门审批程序繁杂，跨度大，省交通厅原把该项目安排在“十一五”期间实施。但是，近几年，随着公路对经济发展拉动作用的日益显现，为早日缩短我市与省会的距离，也为全市经济发展抢得先机，交通部门积极运作使这条高速公路早日立项上马。为让其早日“诞生”，他们克服时间紧、任务重、难度大、人手少的实际困难，打破常规，主动出击，采取多项工作分头并举的方法，跑省进厅，常住石家庄、西安，现场催办，为尽快通过完成工可评审、环境评估报告编制、水土保持方案编制、落实建设资金等工作，筹备组有时一个月要往返石家庄几十次，经常是上午刚刚回来，下午又踏上征途。正是这种知难而进、不达目的誓不罢休的精神。深深感染了省、市有关部门领导，对我们这种跑项目、谋大事、抓落实的做法给予了首肯和支持，使我市实现了张石高速公路前期工作的“四大跨越”。最终使该项目挤进了“河北省2003～2007年高速公路建设计划”，开工时间提前了整整三年，为项目的建设和发展抢得了先机。同时，一期工程由原来的张北至丹拉高速公路延伸为张北至宣大高速公路，建设里程也由原来的46公里增加到90公里。开工时间的大幅提前使得项目有望在2006年底实现竣工通车。在今年全省拟开工的9条高速公路建设项目中，张石高速公路不仅是最后挤进去的项目，而且已经成为目前全省初步具备开工条件的4条高速公路之一。（郝淑芬　宗振华　白敏）

［2004.07.27　张家口日报　第3492期　第1版］

刘永瑞、高金浩视察三条迎宾道和京张大通道时强调

整体规划　快速推进　一步到位　搞好集中整治工作

本报讯　8月3日，市委书记刘永瑞，市长高金浩，副市长唐树森、张钰在市直有关部门和有关县区领导的陪同下，先后来到西河沿、平门外、胜利路三条迎宾道和京张通道，实地察看这些路段的美化、绿化、亮化工作进展情况，并针对存在的问题，现场研究解决办法。视察中，市领导要求各级各部门要进一步提高认识，明确任务，按照"整体规划，快速推进，一步到位"的原则，集中人力、物力、财力，利用两个月的时间集中搞好三条迎宾道和京张大通道的集中整治工作。

视察中，刘永瑞、高金浩指出，三条迎宾道和京张大通道是我市的"门面"，三条迎宾道的绿化、美化、亮化和京张大通道的绿化工作，是我市城市建设的一项重要任务，是优化发展环境、塑造张家口对外开放新形象的重大举措。各有关县区和部门要按照"谁主管、谁负责"的原则，落实目标和责任，遵循集中整治方案各项要求，立即行动抓部署，凝聚实干抓落实，集中力量抓进度，推进三条迎宾道的绿化、美化、亮化和京张大通道的绿化工作，为建设"绿色张家口"、"开放张家口"、"舒心张家口"，完善城市功能，优化城市环境，提升城市品位作出贡献。

刘永瑞、高金浩一行认真察看了三条迎宾道和京张通道的美化、绿化、亮化工作的进展情况，并先后听取了桥西区、高新区、桥东区、宣化县、宣化区、下花园区、怀来县的工作汇报。针对三条迎宾道的美化、绿化、亮化工作中存在的问题，刘永瑞、高金浩强调，在规划上，要坚持高品位、高档次设计，做到乔、灌、花、草结合，提升城市道路景观的品位；在美化上，要突出对迎宾主干道、繁华地段、高层建筑和墙体上的低劣广告、灯箱、霓虹灯等广告设施进行集中整治。同时要对主城区道路两旁因改建拆迁遗留下来的残垣断壁进行美化处理；在绿化上，城区外道路两旁，要加大雨季造林力度，实现路在林中；城区内要见缝插绿，做到绿在城中；在亮化上，要随着我市城市南移，做好纬一路以南的道路亮化工作。

针对不同路段的美化、绿化、亮化工作，刘永瑞、高金浩要求，市区要集中整治脏乱差，宾馆、饭店和一些公共场所，要搞好亮化工作；三条迎宾道出口要下大力气拆除临建，拓宽道路，并搞好道路两旁便道的治理和绿化工作；张宣大道两旁要集中搞好沿路门店的清理，乔灌结合搞好道路两旁的绿化；京张道路要利用秋季造林，加大造林力度，让绿随路走，路在绿中。　（中华）

[2004.08.04　张家口日报　第3499期　第1版]

胸怀壮志兴骏业　心系国脉筑坦途

张石高速公路张北至旧罗家洼段昨日开工

季允石、付双建、崔长征、沈小平、焦彦龙、刘永瑞等出席奠基仪式

高金浩主持

本报讯　8月15日，张石公路张北至旧罗家洼段高速公路开工奠基仪式在万全县太师庄村隆重举行。

省长季允石，副省长付双建，省政府副秘书长崔长征，省发改委主任沈小平，省交通厅厅长焦彦龙及省直有关部门负责同志，市领导刘永瑞、高金浩、徐受棠、陈亮、侯亮、梁润田，市检察院检察长赵新元出席奠基仪式，并为工程开工奠基。付双建、焦彦龙讲话，刘永瑞致辞；奠基仪式由高金浩主持。

张石高速公路张家口段北起张北县冀蒙交界，南至蔚县和保定涞源县交界，途经张北县、万全县、高新区、宣化县、阳原县、蔚县6个县区，全长262公里，路基全宽24.5米，设计行车速度80公里/小时，双向四车道，全封闭，全立交，预计总投资70亿元，计划工期为7～8年，分三期建设完成。张石高速公路在国家和省级干线公路网中占有重要地位，其开工建设对于优化路网结构，改善投资环境，提升我市在

“环渤海经济圈”中的竞争优势和缓解北京过境交通压力具有十分重要的意义。昨日开工的张石高速公路一期工程张北至旧罗家洼段，途经张北县、万全县、高新区、宣化县等3县1区，全长90.219公里。

付双建代表省政府对张石高速公路一期工程开工建设表示祝贺，向在工作中付出辛勤劳动的人员表示慰问，并宣布工程正式开工。付双建希望我市抓住公路基础设施条件改善的重要契机，在扩大开放、加快发展方面积极谋划新思路，研究新举措，充分发挥自身的交通和区位优势，努力实现经济和社会各项事业的大发展、快发展。

焦彦龙指出，近年来，张家口以公路为重点的交通基础设施建设取得了显著成绩，并希望工程管理、建设和监理单位团结一致，密切协作，扎实工作，在确保工程质量的基础上，加快建设进度，争取张石高速公路早日建成通车，早日发挥效益。

刘永瑞在讲话中表示，建设好张石高速公路意义重大、责任重大，我市将始终保持改革创新、与时俱进的精神状态，同心协力，艰苦拼搏，抓住机遇，真抓实干，确保张石高速公路建设工程顺利开展，为全市经济实现跨越式发展提供强有力支撑。

奠基仪式结束后，季允石、付双建等一行在市领导陪同下视察了正在建设的丹拉高速公路张家口段，并与省有关部门及我市领导共同研究了全省和张承地区的路网规划。 （中华　文秀　振华）

［2004.08.16　张家口日报　第3509期　第1版］

为进一步确立我市连接京津，沟通晋蒙的区位优势，拓展区域经济发展空间——

铲起张石高速“第一锹土”

8月初，张石高速公路一期工程建设项目得到国家发改委和国土资源部认可；8月15日，我市隆重举行了“张石高速公路张北至旧罗家洼段开工奠基仪式”；9月8日张北至旧罗家洼段施工动员大会召开，张石高速公路建设的第一锹土被铲起。此间，记者围绕工程所涉及的具体情况采访了有关人士。

一条有助于统筹区域发展的路

张石高速公路一期工程张北至旧罗家洼段，途经张北县、万全县、高新区、宣化县等3县1区，全长90.219公里。据介绍，全线将设互通立交6处、分离式立交12处、大桥17座、中桥17座、小桥8座、涵洞175道、天桥20座、通道75道；服务区1处，主线收费站1处，养护中心3处，管理中心1处。“张石高速公路是我省高速公路网主骨架‘五纵、六横、七条线’规划中‘五纵’的重要组成部分，是河北省西北地区南北走向的重要交通主干线，在国家和省级干线公路网中占有重要地位。”市交通局局长张富强说，“张石高速公路建成后对于优化路网结构，改善投资环境，提升我市在‘环渤海经济圈’中的竞争优势，缓解北京过境交通压力意义重大”。据介绍，张石高速公路建成后，将与丹拉高速、宣大高速联结成网，从而进一步确立我市连接京津、沟通晋蒙的区位优势，与此同时，我市的投资条件和发展环境将随之得到极大改善，区域经济发展空间也将进一步得到拓展。

一条建设时间提前、规模扩大的路

据张石高速公路管理处处长梁志林介绍，我省原计划在2010年以后修建张石高速公路，但经过我市积极争取，张北至丹拉高速公路段挤入了省2007～2009年建设计划中，并且从计划的2007年开始建设提前到2004年开工。“我们的项目是最后一个挤入河北省高速公路建设计划的项目，但在项目确认中我们的项目是第一批中的第一个。全省第一批通过确认的61个项目中，张石高速公路又是第一个开工建设的项目。”梁志林如是说。与此同时，一期工程建设规模翻了一倍，由计划的张北至丹拉高速46公里扩大到了张北至宣大高速90.3公里，把丹拉与宣大高速有机地连接在一起，形成了我市的“黄金岛”区域，经研究确定的一期工程完工时间为2006年10月，其中今年计划完成的工程包括所有桥涵基础（桩基和扩大基础）浇注，地表清理及特殊路基处理。

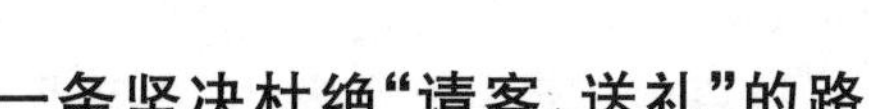

一条坚决杜绝“请客、送礼”的路

依据招投标法，张石高速公路管理处于今年6月完成了一期工程监理及施工单位的招标工作，确定了9家施工单位和5家监理单位，从而使整个工程具备了开工的基本条件。市交通局局长张富强面对施工、监理等工程相关单位及新闻媒体作出三条承诺中的第一条便是“有关人员不接收任何形式的礼品，不接收任何宴请”。同时，张石高速公路管理处制定了党风廉政建设实施细则及考核办法和管理处工作人员“五严格”、“十不准”等多项规章制度，规定：不准巧立名目，获取不正当收入；不准到施工单位或有业务联系的单位报销应由个人支付的各种费用；不准接受贿赂、回扣和礼品……并承诺对在工程管理中吃、拿、卡、要人员故意刁难施工单位的工程管理人员、监理人员，发现一个严肃处理一个。

采访过程中，我们还了解到，有关部门在严禁工程分包与转包，以及鼓励参建单位和个人积极引进推广新技术、新工艺、新材料等方面都制定了相应措施。（本报记者　胥文秀）

[2004.09.13　张家口日报　第3533期　第2版]

我市公路发展实现“三大突破”、“三大飞跃”

本报讯　“九五”以来是我市公路交通建设完成投资最多、发展速度最快、结构变化最明显的时期，公路建设实现了“三个突破”和“三个飞跃”，为全市经济社会发展提供了强有力的支持。

“三个突破”，一是全市公路总里程突破1万公里，达到1.5万公里以上，占到全省公路总里程的近1/6；公路密度达到41.37公里/百平方公里，不仅高于全省平均水平，而且高于全国平均水平。二是“九五”以来公路建设投资已经突破100亿元。其中“九五”期间完成公路建设投资90亿元，是“八五”期间的15倍；“十五”计划总投资15.7亿元，到2003年底，已经完成29.4亿元，占计划的187.3%；2004年预计完成20亿元以上，将成为我市近年来完成公路建设投资最多的一年。三是公路发展的总体水平实现突破。公路建设“十五”计划提前三年基本完成，为我市公路建设的超前发展奠定了坚实基础。

“三个飞跃”，一是高速公路从无到有，交通事业飞速发展。全长126.5公里的宣大高速公路和全长79公里的京张高速公路相继竣工通车，使我市潜在的区位优势变为现实优势，大大加快了我市融入“大北京经济圈”的进程。二是干线公路建设发展迅猛，“四横三纵一线”的干线公路网初步建成。我市按照“加快发展、提高等级、增加密度、形成网络”的指导原则，加快了干线公路的改造建设。目前，国道110线、109线、112线、207线和省道张化线、张沽线、张康线、张南线、下广线、半虎线等主要路段相继完成了改建，全市所有县区全部通达二级以上高等级公路；今年，省道宝平线赤城至沙城段等四条一般干线公路相继开工建设，年内实现主体通车，将使我市干线公路网布局日趋合理，通达能力和服务水平进一步提高。三是地方道路建设日新月异，农村交通条件显著改善。截至2003年底，全市通油路的乡镇累计占全市乡镇总数的89%，通油路的行政村累计占全市行政村总数的近1/3；今年，我市将新增通油路乡15个，新增通油路行政村835个，新增通公路村77个，全市将实现乡乡通油路，通油路的行政村将占全市行政村总数的一半以上。（胥文秀　宗振华）

[2004.09.23　张家口日报　第3542期　第1版]

展现张家口新形象　建好畅美绿色通道

棉纺厂至丹拉高速公路互通段“三化”工程竣工

本报讯　张宣迎宾大道棉纺厂至丹拉高速公路互通段绿化、美化、亮化工程，经过建设者历时1个月的紧张施工于9月28日竣工。市领导刘永瑞、高金浩、侯亮、唐树森出席竣工剪彩仪式，唐树森主持。

该工程于今年月28日开工建设。开工以来，工程建设者克服时间紧、工期短、任务重等因素，采取锁定工期、倒排施工组织计划，保证了这一工程以一流的质量、一流的速度顺利竣工，投入资金1 098万元。种植隔离带绿篱7公里，共计20.01万株（丛）；安装隔离带路肩石38 000块，修复便道路肩石3 000

块，新铺慢车道路缘石 22 400 块，更换边沟盖板 2 100 块，清运垃圾 1 500 立方米，整修路肩 14 000 延米；安装灯杆 200 根，装路灯 200 盏，总容量 1 000 千瓦。

市长高金浩在仪式上讲话。他说，实施"三条迎宾道和京张大通道集中整治工程"，是市委、市政府加强城市建设、加快城市化进程作出的一项重大部署。8 月初以来，市直有关部门和县区按照"大干 60 天"的要求和集中整治方案，强化责任，狠抓落实，密切配合，协调联动，集中整治工作取得显著成效。特别是市交通局承担张宣迎宾大道棉纺厂至丹拉高速公路互通段"三化"工程以来，在有关单位的积极支持下，精心设计，周密部署，倒排工期，抢抓速度，高标准、高质量地完成了任务。

高金浩指出，各有关部门和县区必须高度重视，要把"三条迎宾道和京张大通道"集中整治工作，作为优化发展环境、扩大对外开放的重点工程来抓，作为为民办实事、营造良好人居环境的民心工程来抓，作为转变政府职能、建设服务型政府的责任工程来抓，真正放在心上，抓在手上。要对所担负的工程任务进行一次全面总结，对照整治标准和时限要求，认真查找存在的问题和不足。对现在还能进行的工程，一定要在保证质量的前提下，往前赶，往快做；对绿化以及需要明春进一步完善的工作，今年一定要把准备工作做好，做实，确保来年顺利进行。此外，对今年的整治任务，市委、市政府将于近期进行检查验收，以强化督导，推动我市整治工作深入开展。希望各级各部门以这次综合整治活动为契机，再接再厉，乘势而上，敢于创新，勇于进取，为加快我市城市化进程，把张家口建成北京西北最具活力的城市，做出新的更大的贡献。 （王雪威）

[2004.09.29 张家口日报 第 3547 期 第 1 版]

高金浩在视察通道绿化工程时指出

通道绿化是打造"绿色张家口"最直观的体现

本报讯 10 月 29 日，市长高金浩，市人大副主任卢永庆、副市长唐树森及有关部门领导，先后视察了京张高速公路通道绿化工程及宣工福田建设工程。在视察京张通道绿化工程时，高金浩指出，京张、宣大、丹拉高速公路段通道绿化工程是打造"绿色张家口"最直观的体现。

通道绿化工程是 2004 年市政府确定的重点工程之一。作为我市"第一形象窗口"的通道绿化工程启动后，市委、市政府高度重视工程进展情况，市政府专门成立了通道绿化暨黄金岛"绿色环廊"工程建设总指挥部。高金浩市长及市政府有关领导多次深入施工现场检查指导，并采取有力措施，加大力度组织实施施工，目前已取得了显著效果。

工程规划新造林面积 1.7 万亩，补植任务 1.3 万亩，涉及宣化县区、怀来、下花园四县区 18 个乡镇 94 个村。截至目前，通道绿化工程已实施作业面积近 2 万亩，完成新造林 12 061 亩，完成补植任务 8 863 亩，共计植树 146.8 万株。

高金浩指出要充分认识通道绿化工程是市委、市政府实施"生态兴市"战略，改变我市生态落后面貌，优化经济发展环境的一项重大举措，是创建"绿色张家口"的一项重点工程，这既是我市的"第一形象窗口"工程，又是造福于子孙后代的百年大计。因此，各有关部门和县区要高度重视通道绿化工程的重要性和艰巨性，统一思想，克服困难，坚定信心，用改天换地的精神，发扬连续作战的作风，全力组织实施；林业部门要分段规划，分段设计，现场调度，现场指挥，严把技术质量关，确保工程质量和造林成活率；要科学施工，适时适树适地栽培，该加密的地段要加密补植，增强绿化效果。要建立长效管理机制，加强管护，适时浇水，绝不能因浇水跟不上而影响工程建设速度和造林成活率；目前难度较大的下花园段，荒坡、荒山、荒沟已经开始变绿，看到了明显效果，力争在三年内，"绿色张家口"在通道绿化中显现。

高金浩还和有关领导挥锹铲土与造林工人一起植树。

在视察宣工福田工程时，高金浩指出，宣工福田工程是我市"十大立市项目"之一，是我市重点建设项目，建设单位要注重建设质量，加快建设进度，确保按期竣工投入运营。从去年以来，我市把抓项目、增投入作为推进全市经济快发展、大发展的重要举措，把项目建设列为全市六项重点工作的首位，精心

谋划实施了“黄金岛”区域开发、北方能源基地、国家级滑雪基地“三个特大型项目”。“十大立市项目”目前宣刚技改扩产、宣工与北汽福田合资合作、张石高速、尚义张北风电等一大批重大项目相继开工建设。在这些重大项目的拉动下，全市经济保持了持续快速发展的良好势头。因此，今后我们始终将抓住项目工作不放松，以项目的大谋划、大建设带动全市经济的大发展。

高金浩等还视察了宣化区城建工作。　（马成江）

[2004.11.02　张家口日报　第3572期　第1版]

拓展3000公里富民路

——2004年全市交通建设综述

“5年投资15.7亿元”、“10个月投资22亿元”、不是交通人，我们很难以大胆的气魄来比较上述两组数据，高速公路、一般干线公路、地方道路建设在张垣大地上全面铺开、同时进行。宽畅舒展的柏油路已从霓虹闪耀之中伸向大山深处、伸向农民家门口、伸向百姓大众的心窝里……2004年，是我市交通事业发展史上不同寻常的一年、是辉煌的一年。“途通车畅塞外腾蛟”，伴随着公路的一米米延伸，“晴天一身土，雨天一身泥”的景象渐行渐远。“人便于行、货畅其流”则伴着全市交通事业的蒸蒸日上成为现实。

高速度铺设高带路

丹拉国道主干线宣化至老爷庙(冀蒙界)公路工程项目东起宣化小慢岭与京张高速相接，西至冀蒙界老爷庙与呼集老高速公路相连，此项目是交通部规划的“五纵七横”国道主干线和河北省公路网的重要组成路段，同时也是京津地区及沿海地区与西北部经济区联系的重要运输通道和西北地区的重要出海通道。项目建设对促进国家西部大开发战略的实施有着极其重要的意义，特别是对直接拉动我市经济发展有着重要的现实意义。工程2002年10月开工建设，计划2005年10月建成通车，该项目今年计划完成投资5.4亿元。截至10月底，已完成投资7.23亿元，占年计划的134%；自开工到今年10月底，累计完成投资19.4亿元，占计划总投资的89%。7月22日，宣化小慢岭至下八里段10.484公里高速公路改建工程提前实现竣工通车。据市交通部门负责人介绍，年底，将确保下八里至张家口互通段主体通车和新建半幅达到主体通车条件。

8月15日，张石公路张北至旧罗家洼段高速公路正式开工建设。目前正在进行地表清理、特殊路基处理、桥涵桩基挖孔及灌注工作，征地拆迁工作也正在有条不紊地进行当中。截至10月底，已累计完成投资1.01亿元，预计今年将完成3亿元投资。张石高速公路是我市确立的“十大立市项目”之一，也是我市到目前为止自做业主修建的里程最长的一条高速公路。交通部门有关负责人介绍，张石高速公路的建设，既是加快我市融入“环渤海经济圈”的客观需要，也是全面提升我市区位优势，优化发展环境的必然选择。张石高速公路建成后，将与丹拉高速公路、宣大高速公路联结成网，这必将进一步确立张家口连接京津、沟通晋蒙、支持沿海、开发内陆的区位优势。

干线公路、地方道路齐头并进

国道112线蔚县夏源至西合营段是蔚煤、晋煤外运的一条主要经济干线，是张家口市西南部及蔚县东出口枢纽路段，更是蔚县通向内蒙古及京、津、保定等地的必经之路；省道柴后线二级公路是一条连接丹拉高速公路与207国道的重要省道公路，也是怀安县南北向的唯一出口公路；省道宝平线赤城至沙城段69公里二级公路改建工程主体竣工通车后，使赤城至北京的时间由原来的3小时缩短至1小时40分钟，对于沟通内蒙古，连接京、津及方便周边地区经济往来具有十分重要的意义。今年，我市包括以上公路在内的一般干线公路建设规模达133.76公里，目前已累计完成投资5.23亿元，占计划总投资的79.3%。除宝平线隧道工程外，其他工程建设项目今年将全部实现主体通车。

在一般干线公路建设取得新进展的同时，全市地方道路建设也在稳步向前推进，通村油路建设是我市年初确定的"十个方面为民实事"之一。今年,我市"村村通"油路工程建设规模为2 764.28公里,目标是实现657个行政村通油路。截至10月20日,全市共有801个行政村开工,开工率达122%;已竣工村数753个,竣工率达115%;完成沥青(水泥)路面2 887.1公里,占年计划的104.4%;累计完成投资67 742.8万元,占计划的86%。预计到年底,年度目标任务将全部完成,实现通油路的行政村将占全市行政村总数的50%以上。与此同时,我市今年计划利用国债资金改造县级公路及实施通乡油路建设项目15项,建设规模325.5公里。目前,已竣工20项,竣工里程456.5公里,占计划任务的140%;完成投资3.3亿元,占国债项目计划投资的141%;崇礼、尚义两县相继实现了乡乡通油路;新增通油路的乡镇19个,使全市通乡油路率达到了98.1%。

10个月投资额超过5年计划投资数

谈到今年全市道路建设的特点,交通人掩饰不住内心的自豪和激动。市交通局负责人列举了今年我市公路建设中五个方面的特点:(1)我市公路建设"十五"计划预计5年完成投资15.7亿元,而2004年的1～10月全市公路基础设施建设完成投资已达22亿元,是近年来公路建设投资最多的一年;(2)全年公路施工里程将达3 000多公里,是近年来施工规模最大的一年;(3)丹拉、张石高速公路,一般干线公路、近3 000公里的农村公路同时施工建设,可谓道路建设遍地开花,处处结果;(4)招投标管理、质量管理、廉政建设的相关制度、措施是近年来最完善、最严格的一年,为创"优良"工程提供了可靠保障,同时也保证了干部队伍廉洁奉公、一丝不苟地对待全市的建设事业;(5)群众对交通事业有了更新、更高的认识,不论在精神上,还是在资金上都积极主动地尽全力支持交通事业的发展。

编后 要想富,先修路;要开放,先开路。公路建设是国民经济发展和社会进步具有全局和战略地位的基础产业,是拉动经济持续、快速增长最有效和最直接的办法。今年以来,我市紧紧抓住国家加大基础设施建设投入的契机,以快补晚,乘势而上,从丹拉高速公路全面建设到张石高速公路顺利开工,从一般干线公路建设稳步推进到以"村村通"工程为重点的农村公路建设的顺利实施,公路建设喜讯不断,捷报频传,公路基础设施建设累计完成投资达20亿元以上,实现了公路建设的跨越式发展,为全市经济发展和开发提供了强有力的交通支撑。"昔日山高路远张坦锁步,今朝途通车畅塞外腾蛟"。我们相信,伴随着我市交通事业的大踏步向前迈进,张垣大地的经济建设和社会生活等各项事业定会呈现出崭新的景象。

加快推进交通发展"四大跨越"

——访市交通局局长张富强

近几年来,我市的公路建设发生了历史性的深刻变化,交通行业已经日益成为我市最受关注、最具活力、最充满希望的亮点行业之一。如何在新的历史条件下,继续保持公路建设持续、快速、健康发展的良好势头,从而为我市经济社会的全面、协调和可持续发展提供坚强有力的交通支撑?带着这个问题,我们采访了市交通局局长张富强。

张富强局长开宗明义地说,交通从不适应到基本适应,再到新的不适应,再到更高水平上的适应,是一个螺旋式上升和波浪式前进的过程,这是对交通发展的一个规律性认识。他表示,要历史地辩证地看交通的适应和超前问题,始终把加快发展作为交通工作的第一要务。当前要紧紧抓住重要战略机遇期的有利时机,扎扎实实地搞好项目谋划,加快建设步伐,努力实现我市交通发展的新跨越。

张局长进一步阐述,努力实现我市交通发展的新跨越,具体地讲,就是要在四个方面实现突破。一是努力实现高速公路由线条发展向网络化发展的新跨越。在抓好丹拉高速公路和张石高速公路建设的同时,抓紧谋划和建设张承高速、鸡西高速和京张高速公路新(扩)建项目,并根据我市经济发展和对外开发的需要,谋划其他高速公路建设项目,建成以"三纵、三横、三环"为核心的高速公路网络,为实现我市交通现代化奠定坚实的基础。二是努力实现由县县通油路到乡乡通、村村通油路的新跨越。在抓好县道改造的同时，加快推进通乡、通村油路建设，为农村经济发展和农民脱贫致富打基础。目标是，实现县到建制镇通二级路、县到乡通三级路和村村通油路，使农村交通条件达到小康社会的标准。此外，在实现村村通油路的同时，实现村村通客运班车。三是努力实现公路建设从普通化向标准化的新跨越。加快一般干线公路的谋划和建设，使我市境内的国省干线全部实现二级以上标准。同时结合我市的城市化进程和生态建设工程，认真谋划和实施好公路的绿化、美化，将公路建设成为展示我市城市形象的"窗口"和畅、洁、绿、美的靓丽风景线。四是努力实现交通建设由全面建设到集中突破的新跨越。我市是经济欠发达地区，公路建设资金不足的问题一直是制约公路发展后劲的主要矛盾。今后将通过公路建设的市场化运作，逐步积累和形成公路基本建设资金，将我市的公路产业做大做强，为全市公路长期稳定发展增添后劲。

新 闻 链 接

公路建设的"三个突破"和"三大飞跃"

三 个 突 破

▲ 全市公路总里程突破1万公里，达到1.5万公里，约占全省公路总里程的1/6。公路密度达到41.37公里/百平方公里，不仅高于全省平均水平，而且高于全国平均水平。

▲ "九五"以来，公路建设投资已经突破100亿元。

▲ 公路发展总体水平实现突破。公路建设"十五"提前三年基本完成；连续两年被评为全省唯一的"公路建设模范市"；近年来开工建设的所有公路工程项目，质量全部达到优良，在全省各地市中连续多年名列前茅。

三 大 飞 跃

▲ 高速公路从无到有，交通事业飞速发展

全长126.5公里的宣大高速公路和全长79公里的京张高速公路相继竣工通车。2002年10月，我市境内的第三条高速公路——全长100公里的丹拉公路宣化至冀蒙界段高速公路开工兴建，同时掀开了我市自做业主兴建高速公路的新纪元。作为河北省"五纵六横七条线"高速公路布局组成路段和我市"十大立市项目"之一的张石高速公路，今年也开工建设。这几条高速公路项目建成通车后，我市的高速公路总里程将突破500公里，在全省位居前列。

▲ 干线公路建设发展迅猛，"四横三纵一线"的干线公路网初步建成

目前，国道110线、109线、112线、207线和省道张化线、张沽线、张康线、张尚线、下广线、半虎线等主要路段相继完成了改建，近600公里的国省干线砂石路实现了"黑色化"，全市所有的县区全部通达二级以上高等级公路，干线公路网布局日趋合理，通达能力和服务水平显著提高。

▲ 地方道路建设日新月异，农村交通条件显著改善

截至目前，全市已经有9个县实现了乡乡通油路，通油路的乡镇累计占全市乡镇总数的98.1%，通油路的行政村累计占全市行政村总数的近50%。 （本报记者 胥文秀 本报通讯员 宗振华）

［2004.11.12 张家口日报 第3581期 第1版］

为县域经济发展强筋壮骨

——涿鹿县农村公路建设紧扣产业结构调整主旋律

金秋十月，正是龙眼葡萄成熟采摘的季节，桑干河畔的涿鹿原野上，一条条铺设在丰收景象中的黑色乡间油路上，天南海北的拉货汽车和农家的三轮车，丰收的喜悦和原酒的飘香，构成了一幅幅生动的丰收图。这是涿鹿县农村公路建设围绕农业产业结构调整，培育龙头产业，发展龙形经济的缩影。

继2000年全县实现乡乡通油路后，交通部门紧紧围绕培强壮大葡萄、杏扁、蔬菜、畜禽四大特色产业和旅游开发，将公路网络建设规划定位于“服务县域经济发展”上，建设资源路、旅游路、经济路、特色路、打通断头路。

从2002年起利用2年时间，完成了温泉屯、五堡两个乡镇的村村通油路试点工作，今年又赶上了“村村通”的好政策，干部群众积极性高涨，原计划村村通工程44项，增加到51项，建设总规模达121.73公里，目前正在组织“大干30天”活动，到10月20日全部完成油（水泥）路面铺筑，届时全县通油路的村达到55%，为产业结构的调整奠定了坚实基础。

小油路连起大市场

高杏公路是全县群众自筹资金修建的第一条乡级油路。25公里公路两侧的葡萄园漫山遍野，是典型的葡萄特色经济带，又是全县10万亩葡萄产业的龙头。

明朝李梦阳在《葡萄七绝》中把葡萄比作“水丸”，既像孕妇又像娇小姐。而波浪起伏的搓板路，对“水丸”来说是一种摧残。不少果农也试着走南闯北。一汽车一汽车的葡萄拉了出去，还没有出涿鹿这个小圈子，已是粒柄分离，龙眼的紫灰不见了，水洗一般。

油路修通后，外地客商陆续进入，一个村就是一个市场。

温泉屯的龙眼葡萄被郭沫若誉为“北国明珠”，如今全乡上百名“经纪人”都有稳固关系的大客商。村里的葡萄卖完了，村民们可以开着三轮车到邻村、邻乡或更远的地方去贩运，由此也拉动了全县葡萄市场繁荣。

全乡3 000多户基本上户户都有贮鲜窖，个人兴建恒温冷库50多座。果农们完全可以看行情，错季销售。

里虎沟、外虎沟、东孤山3个村是这个乡最后通油路的村，人均集资70万元。今年里虎沟村里收购价格就高达1.2元/斤，比往年至少高出2毛钱，按一家4口人产1万斤葡萄，投资与回报的比率为1∶7。

永芦线涿怀交界处有2.5公里的田间小路，在涿鹿境内只有仅仅不足500米。就是这短短的断头路，使同样品质的葡萄，价格却总是低于邻县。县委、县政府站在葡萄产业发展的战略高度，将这条断头路列为全县的重点工程。交通部门积极运作，在市交通局的支持下，投资212.6万元，于去年打通了断头路。

一条普通的乡村油路，打破了行政区划，将两个县的20万亩葡萄园变成了一个大批发市场，将果农的丰收希望和南到广州、深圳，北达佳木斯、哈尔滨的大市场连在一起。

以香港鸿志公司、江阴特种果品基地为代表的高科技种植园纷纷落户涿鹿，开发规模近万亩，成为新品种引进、新技术推介的龙头企业。

油路的建成或多或少地改变了那些风云世界的大企业家们。长城葡萄酒有限公司采取股份制的形式，把原料车间扩散到几万亩葡萄园中。全县6家葡萄酒企业去年共加工葡萄原酒5000多吨，转化葡萄7500吨。涿鹿申请的葡萄酒原产地保护也获得国家有关部门批准。

延伸到旅游景点

董家庄、苇子村、马家洼3个村，处于灵山腹地，一无资源，二无土地，属于偏僻的贫困村。油路修通后，与北京西灵山旅游区连接起来，北京游客过境的日益增多。村民们开饭店的，拉马的，大部分吃上了“旅游饭”。据一位拉马的妇女介绍，旅游旺季的几个月能挣5 000多元。

千古文明开涿鹿、合符文化定中华。涿鹿作为环京县份，区位优势明显。县委、县政府高度重视旅游开发，以弘扬中华合符文化为中心，强化与京津旅游业的对接，相继规划了蚩尤寨、立马关蚩尤祠、桥山黄帝殿，东灵山京西狩猎场、中华合符坛、黄羊山森林公园一批项目。

围绕这些项目，交通部门制订规划以及实施“村村通”工程予以充分考虑，把终点延伸到旅游景点，让通油路的村依托旅游富起来。矾山镇至灵山的旅游专线，在交通部门的大力支持下，采取乡村共同筹

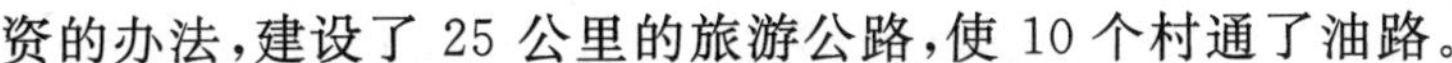

资的办法，建设了 25 公里的旅游公路，使 10 个村通了油路。

围绕黄帝城合符坛、蚩尤寨旅游区项目建设，将上七旗、下七旗、下四堡等 9 个村列入本年度的村村通计划，通过群众集资、捐款等形式，筹集资金 20 万元，目前 13 公里的水泥路已竣工通车，使矾山区域内矾野线、涿黑线、矾杏线形成了 2 小时旅游循环圈。

连接省道下广线与黄羊山森林公园的 5.7 公里旅游公路，今年也建成了油路，使马军庄和清宁堡 2 个村实现了通油路。特别是对于清宁堡村的脱贫提供了快速的、相对稳固的增收来源。

油路铺进奶牛小区

最近，我们沿着新建成的水泥，左拐右拐开车进了洪家房养殖小区。刚过了挤奶时间，看不到成群的奶牛。与奶站一位做饭的大嫂聊了起来。她说，过去我们这里是“三件宝”，蛤蟆叫蚊子咬，下雨走不了。一下雨，自行车不能骑、不能推，得用肩膀扛着走，现在可好了，水泥路再也不愁下雨了。

东小庄乡是一个传统产粮区，通过产业结构调整，找准了发展奶牛业，全乡形成了以洪家房、小姚庄村为养殖中心，向周边其他村辐射。仅洪家房奶牛养殖小区奶牛存栏将近 1 000 头，并建有 2 000 平方米的现代化奶站。

交通部门围绕壮大奶牛产业，在规划“村村通”工程中，按照“点面结合”的思路，放大公路的社会效益。“点”就是把油路铺进奶牛养殖小区，发挥其多方面的示范作用；“面”就是兼顾路网结构，在“通”字上做文章，做到干支相连、四通八达。将连接两个乡镇 11 个村的 2 条乡级主干线改建为油路，使这一范围内的 11 个村实现通油路。下太府至单家堡、高庙至东东庄 6.4 公里油段，东辛庄至洪家房养殖小区 2.1 公里水泥路段已于 8 月底前竣工，最后一段五支路 7 公里油路段即将竣工。

据了解，最近一温州籍商人在小姚庄村前期投资 100 万元，建养殖奶牛小区和奶站。奶牛业作为涿鹿的新兴产业，目前全县已建成奶牛养殖小区 10 个，奶站 6 个，奶牛存栏达到近 1 万头。　（记者　田洲）

［2004.11.17　河北交通　第 43 期(总第 312 期)　第 1 版］

2005 年

让农民兄弟走上好路

——我市 2004 年通村油路建设纪实

“路通了，又宽又平，俺们出个门子、拉点东西，都挺方便，谁看见不喜欢?”家住怀安县杨家庄村的杨大爷望着门前刚刚竣工的通村水泥路，喜悦之情溢于言表。话虽朴实，但却道出了农民对路的渴盼和对通村油路建设的满腔深情。

随着一条条笔直通畅的水泥路、沥青路向越来越多乡村的延伸，我市农村道路状况迅速改善，路网密度和通达深度显著提高，昔日闭塞的山区、遥远的村庄如今正随着道路的延伸追赶着时代的步伐，在奔向小康的路途上阔步向前。

去年 7 月 5 日，市委书记刘永瑞在实地视察怀安、万全两县实施通村油路建设的情况后，深情地讲道：“通村油路建设是一项富民工程，是为老百姓脱贫致富打基础的民心工程。我们把路修好了，修快了，老百姓就可以借这条路尽快富起来!”正如刘永瑞同志所言，通村油路建设建成的不仅仅是路，它“铺下的是路，树起的是碑，连接的是心，通达的是富”。

建好民心路，夯实农民致富的基础

曾几何时，张家口农村道路“破败不堪、坑洼不平、尘土飞扬”的状况就像一幅老照片一样根深蒂固地烙印在人们的心中。真实地反映出当时的道路现状以及人们的苦涩和无奈。靠这样的路去实现脱贫致富，几乎是天方夜谭。

有这样一组数字：2003 年以前，我市共有县级(含县级)以下公路 13 128 公里，其中油路只有 1 845 公里，仅占县级以下公路总里程的 14%，全市还有 2 838 个行政村不通油路，占全市行政村总数的 67.6%。

有这样一些农村：农民的生产、生活靠得还是“晴天一身土，雨天一身泥”的乡间小道。在这里，有多少群众盼望修通公路走出封闭，体会外面世界的精彩；有多少农民盼望把烂在地里的蔬菜换成票子，早日过上衣食充足的小康生活；又有多少正在上中学、上小学的孩子盼望着早日把路修到村口，使他们求学的路不再遥远……

去年，市委、市政府从全面建设小康社会的大局出发，认真谋划农村公路建设，把农村公路建设作为贯彻落实中央“一号”文件精神、践行“三个代表”重要思想、全面建设小康社会的大事来抓，并从解决老百姓最现实、最关心、最直接的问题入手，制定出台了《张家口市农村公路发展目标及实施意见》，把通乡、通村油路建设列入我市的“十大民心工程”，确定到 2007 年底全市基本实现行政村村村通油路。

去年 2 月 12 日，全市农村公路建设动员会吹响了通村油路建设的号角。高金浩市长在会上要求：坚决打好覆盖 3.7 万平方公里的农村公路建设攻坚战。从这天起，一场农村公路建设的高潮迅速掀起，一场为农民致富打基础的战役全面打响！

通过科学决策、认真谋划、广泛发动、积极组织、协调联动、强化管理和扎实推进，全市各县区迅速掀起了你追我赶的良好竞争态势，通村油路建设呈现出喜人的局面。截至去年底，全市共有 804 个行政村实现通油路，占年计划的 122%，全市行政村通油路率达到 51.4%；完成沥青(水泥)路面 2 969.1 公里，占年计划的 107%；累计完成投资 6.9 亿元。由此，农村交通条件得到进一步改善。

在实施通村油路建设的每一个村庄，我们会经常发现那一双双充满无比幸福和喜悦神情的眼睛。从他们的目光中你会读懂，这宽阔通畅的水泥路、柏油路，就是他们迈向富裕的金光大道！

民心顺了，人心齐了，资金难题迎刃而解

政府的决策顺应了农民的多年期盼，这项合民心、顺民意的举措，不仅让老百姓得到了实惠、尝到了甜头，而且赢得了广大农民的衷心支持和拥护。在通村油路建设中，干群齐上阵、团结一致克难关的场面比比皆是。实践证明，只要民心顺了，人心齐了，就没有爬不过的山，就没有蹚不过的河，就连作为通村油路建设“重中之重”、“难中之难”的筹资难题也会迎刃而解。

宇光林是宣化贸信公司董事长，也是赵川镇土生土长的农民汉子，听说镇里建设通村公路遇到困难，他主动找到镇领导说：“建设通村油路是造福百姓、造福后代的利民之举，我要贡献一份力量”，遂慷慨解囊 40 万元。其他民营企业家赵廉、张继英等也大力资助，他们共出资 70 万元，占赵川镇至正南营线工程款总额的 50%。为弘扬民营企业家的奉献精神，赵川镇已将该条通村油路命名为“光林路”。

怀来霸王庄村是一个仅有 301 户、841 口人的小村，由于距县城较近，全村有近 300 口人在外当泥瓦工。只要一下雨，该村北高南低一出水的黄胶泥路，就会变得寸步难行。泥泞的道路早就“惹”急了这里的群众。去年初，村里群众听说政府要帮扶各村开展通村水泥路工程建设，大家早早就憋足了劲。在三名村干部每户带头捐款 500 元的感召下，全村每人自愿捐款 100 元，不几天，全村就捐款达 8.4 万元。万全县孔家庄镇深井堡村主任赵全满个人捐款 1 万元，在他的带动下，村民纷纷捐款，少则十几元，多则上千元。怀安城镇右所堡村 70 多岁的村民冯继明夫妇，亲身经历了泥泞的道路给村民带来的痛苦，也深知交通闭塞给百姓带来的落后和贫困，他们主动将积攒的 100 元钱送到村委会，同时送去的是他们对通村油路建设的支持和热心……

在通村油路建设的筹资上，政府顺应民意，发挥了“领路人”和“主心骨”的作用。市政府在财政紧张的情况下，“想民之所想，急民之所急”，拨出 600 万元专项资金，用于通村油路建设的定额补贴。怀安县实行了“七个一点”的筹资办法，筹集通村油路建设资金数百万元。宣化区财政补贴 20 万元，并动员驻宣企业、区属机关支持赞助 40 万元，矿山开采、经销、运输及其他工商企业、个体户赞助 30 万元。

责任心＋良心＋制度，建造人民满意的优质工程

修一条晴天不土、雨天不泥、进出方便的水泥路或柏油路，是广大农民祖祖辈辈的梦想。如今，当这一梦想即将成为现实的时候，路的质量几乎成了农民的“命根子”！一旦路的质量出问题，农民的热情和

希望就将化为乌有，他们的信任和嘱托也将会付之东流！对于参与通村油路建设的每一个人来说，严把工程质量关，不仅是责任、是义务，更是良心的驱使！他们提出，要以对国家、对人民、对历史负责的态度，扎扎实实地抓好农村公路建设的质量，建设“放心工程”和“满意工程”。

为确保工程质量，市领导多次强调：通村油路工程投资少，相对高速公路、国省干线是小项目，但要当作大工程来抓，始终把质量放在第一位！

市县交通部门建立完善了一整套质量管理体系，制定出台了《村村通油（水泥）路工程质量管理办法》等多项质量管理制度；建立健全了“政府督查、部门指导、专业监理、社会监督、企业自检”的五级质量保证体系；严格把好工程配料、路基压实、路面铺装、工程验收四道关口；将项目资金、质量标准等向社会进行公示，自觉接受群众监督。

怀安县在确保工程质量方面推行了“两跟进”。一是技术服务指导跟进。交通部门充分发挥职能作用，负责测量、设计、技术培训等工作，同时由技术人员分包乡镇，指导工作开展。二是质量监督跟进。按照“进度要快，质量要高 ”的原则，严把质量监督关，在各乡镇派驻了技术监理，聘请了群众监督员，使民心工程真正成为“阳光工程”。

沽源县委、县政府则根据本县实际，将“村村通”工程列入各乡镇的年终考核目标，并将“村村通”工程的质量作为各乡镇领导年终考评“一票否决”的依据。

为确保工程质量，村民监督员毅然做起了“黑脸”。察北管理区沙沟乡苏家村在水泥混凝土路面施工时，下起了大雨，其中有 6 米长的路面由于未能及时遮盖，造成麻面。实际上内在强度不错，但在村民监督员的坚持下返了工，为施工单位强化工程质量上了生动一课。

正是凭着广大工程技术人员和监督人员的这种敢于较真、一丝不苟的精神，才使我市这项德政工程、民心工程能够真正成为各级领导的放心工程和广大农民兄弟的舒心工程。

“村村通”不仅仅是修公路，它修筑的是致富的金桥，是老百姓奔小康的坦途

市委、市政府大力发展农村公路的决策传遍了张垣大地，那些长期缺乏生气的小山村沸腾了，老百姓们知道，这是一村一庄办不了的事，是祖祖辈辈都盼望的事情，是只有在党和政府的组织下才能共同完成的事业。

因为修路，农民们又一次感受到了党和政府的深切关怀；因为修路，一些贫困闭塞的村庄的农民已经燃起了致富的热情，大踏步地迈向富裕。

怀来县小南辛堡镇距北京市延庆县只有 20 公里，全镇 22 个行政村中有 9 个是山区村。前几年，这里出门靠步行，下雨路不通，山里几个村都盛产彩苹果，可是由于道路不通，这里的农民只能眼瞅着成熟的苹果烂在树上。去年，该镇的化庄、里井沟、辛庄、庙港、松蓬寺等五个村都顺利实施了通村油路建设工程。过去苹果每斤只卖 0.1 元，现在每斤卖 0.5 元还是抢手货。村里男女老少高兴得合不拢嘴，他们兴奋地说：“好日子真让我们赶上了，一千个、一万个感谢党，感谢政府帮了我们大忙！”

在万全县胡山庄村，村党支部书记深有感触地对我们说：“没有好路，怎能致富，我们村由于路不好走，和外界联系少，收入全靠大田种植，穷得本村的姑娘往外跑，外村的姑娘不肯来，小伙子连媳妇都很难娶。通村油路工程建设让我们看到了奔头，所以，我们全村人铆足了劲，要把这条路修好，让它真正成为我们的致富路和迎亲路。” （宗振华　于进水　胥文秀）

［2005.01.05　张家口日报　第 3626 期　第 1 版］

市交通局保持共产党员先进性教育活动在三方面下工夫

本报讯　市交通局开展保持共产党员先进性教育活动在三个方面下工夫。一是在推进解放思想上下工夫。在先进性教育活动中，紧紧围绕加快交通基础设施建设步伐，切实树立起敢上大项目、敢谋大发展的雄心壮志，使交通始终走在全市经济社会跨越式发展的前列。今年要在加快丹拉高速和张石高速一期建设的基础上，力争张石二期、张承一期、鸡西高速和京张高速改扩建项目早日开工建设。二是在提高发展能力上下工夫。要把活动的“阵地”放在交通建设的主战场,放在重点工作的推进落实中。今年,在公路建设方面,全市将力争完成投资25亿元以上,重点发展高速公路、农村公路,抓紧改造关键路段的干线公路。三是在提高服务质量、解决群众关心的热点、难点问题上下工夫。在运输管理方面,要严厉打击各类非法营运活动,切实维护合法经营者和广大乘客的合法权益,推进运输市场的健康有序发展,要进一步规范交通行政行为,加强交通行政执法队伍建设。（本报记者）

[2005.02.28 张家口日报 第3667期 第2版]

市交通局先进性教育立足“十个一”

本报讯 在开展保持共产党员先进性教育活动中,市交通局把学教活动与促进交通跨越式发展有机结合起来,将开展好“十个一”活动作为教育活动的切入点。

“十个一”包括:精读好一本书,即《保持共产党员先进性教育读本》,在全面掌握其精神实质上下工夫;进行一次“远学牛玉儒,近学高翠英”学习交流,激励先进,鞭策后进,切实树立起敢上大项目,敢谋大发展的雄心壮志;各级主要领导作一次共产党员先进性教育专题辅导,解惑答疑,不断提高广大党员的理论知识水平;请专家做一次国际、国内形势报告,增强保持共产党员先进性的自觉性和发展我市经济的紧迫性,不断提高推进交通跨越式发展的能力的水平;开好一次专题民主生活会,党委、总支、支部成员开展批评与自我批评,剖析解决思想作风方面存在的问题;组织一次警示教育,增强党员干部的廉洁自律意识;围绕党员先进性开展一次大讨论,研究解决交通工作中存在的问题;组织共产党员先进性教育知识竞赛、理论考试、研讨会等一系列活动,造浓学习氛围;选树一批先进典型,以点带面,推动交通事业大发展、快发展;为群众办好事、实事,解决一些群众关注的热点、难点问题。（袁琦 振华 富明）

[2005.03.21 张家口日报 第3685期 第2版]

求真务实的基层干部

——记省优秀党务工作者、怀安县交通局党委书记高龙

走进高龙的办公室时,他正在埋头工作。充满血丝的双眼,沙哑的嗓音,看来又是熬了一个通宵。对他来说,这种情况太平常了。

工作:“严”字当头

在怀安县,交通局的规章制度多、纪律严是出了名的。对此,高龙有自己的见地:“一个木桶三道箍,交通党务要有建树,就要有铁的纪律!”

一次检查工作,他发现一个基层党支部没有执行培养党员标准,将一名平时表现较差的同志列为了积极分子。就此,他对该支部书记进行了严肃的批评教育:“选党员就像给身体输送血液,一点也容不得马虎,要严格把关,绝不能乱开口子。”最终,那位同志被“请”出了培养行列。路政大队的两名党员因为一点小事发生口角,在群众中造成了不良影响,他专门同有关领导研究,对两人作出了调离工作岗位,全系统通报批评的处罚。许多同事认为他过于严苛,这么点小事情,处罚有些过于严厉,有些人还专门找到他说情,高龙却不这么认为:“路政人员上路执法代表着张家口的形象,我们交通人的形象,违反纪律就应该受到处罚,无论事情大小!”

正是有了纪律作保证,该局的各项工作不断取得新的突破,连续几年保持了省级“文明单位”、“省行政执法先进单位”等光荣称号。

事业:争分夺秒

在怀安县交通局,大家都知道高龙的规矩:每星期至少到公路上督察一次,检查执法情况。他经常到最偏远的站所检查,说到那里能了解到最真实的情况,掌握第一手的资料。“作为一名共产党员,尤其是一名党的干部,更应该加倍努力工作,为党旗添光彩,让党旗更鲜亮。”

2003年春夏之交，“非典”突然袭来，忙于抗非工作的高龙一个月内只回了三趟家。白天安排部署、检查巡视，晚上开会研究，制定计划。每天近20个小时的高强度工作使原本糖尿病十分严重的他病情更加严重。5月30日，他在检查了汽车站隔离检测情况回到办公室后，突然感觉头重脚轻，随即一头昏倒在地上，医生反复叮嘱躺在病床上的他：这病是极度劳累造成的，一定要好好休息；领导和家人也一次又一次劝他，可他说啥也不肯：“抗击非典正在关键时刻，我哪能躺在病床上浪费时间啊”。仅仅过了两天，他的身影又活跃在了抗非的第一线。

到交通局工作3年来，高龙先后被评为全省交通系统治理公路“三乱”先进工作者、“市级突出领导干部”。去年“七一”，他又光荣地被评为省优秀党务工作者。

群众：真情满怀

高龙出生在怀安县一个偏远的小山村，在乡镇当了17年乡镇长及党委书记。小时候艰苦的生活环境、长期担任基层领导的经历，使他同基层群众建立了深厚感情。他经常对同事说：“作为一名共产党员，为困难群众和职工排忧解难，带领人民群众脱贫致富，是义不容辞的责任。”

关心单位困难职工，是他的“必修课”。装卸搬运站是该局管理的集体企业，也是局党委的一个基层支部，近几年由于经营效益不佳，部分职工生活十分困难。高龙对此一直记挂在心，经常深入到困难职工家中，帮助他们解决实际问题。2003年6月13日，一场突如其来的暴雨席卷了怀安县城，高龙在组织抢修完一段因暴雨断交的路段后，想起搬运站参加过抗美援朝的老党员柳瑞，独自住在地势低洼的平房里。他顾不上休息，连忙赶到柳瑞老人家。推开门一看，院子和家里满是雨水和污泥，柳瑞正一个人艰难地往外扫水、铲泥。高龙赶忙冲了上去，把老人扶在一边，拿过老人手中的铁铲往院外铲泥，一旁的柳瑞感动地流下了眼泪。

家人：感激愧疚

高龙最大的遗憾就是没有尽到一个丈夫、一个父亲的职责。“我的成绩离不开家人的理解和支持，是他们给了我无穷的动力。”希望能得到妻子和孩子们的理解，成为了高龙最大的心愿。

由于长期高负荷工作，高龙患上了严重的糖尿病，医生建议他尽量多休息，可是他一忙起来，总是不分昼夜。于是“注意保护身体、要经常服药”就成了妻子叮嘱他次数最多的一句话。

去年6月，全市交通系统治理公路“三乱”现场会在怀安召开。高龙忙于会务，全然忘记了自己的孩子正值高考的冲刺阶段。他没能在临考前关心一下孩子，也没有像其他父母一样陪孩子去考场。虽然事后孩子说能理解父亲，但他哪里知道，临考前的头一天晚上，孩子还委屈地哭了一次。（本报记者　张铜峰　袁琦　通信员　席志海）

［2005.04.19　张家口日报　第3710期　第1版］

张石高速一期工程圆满完成年度建设目标

建设速度位居全省在建高速项目前列

本报讯　备受全市瞩目的张石高速公路一期张北至旧罗家洼段工程经过紧张施工，已经圆满完成年度建设计划，开工至今累计完成投资12.08亿元，是省厅下达投资计划的113%，建设速度位居全省在建高速项目前列。

为把张石高速公路建设成为质量过硬的放心工程，管理处提出了“确保省优、争创国优”的质量管理目标，通过充分发挥各从业主体的质量责任意识和质量管理职能，着力建设完善的质量管理和控制体系。处长梁志林亲自带领工程技术人员进行沿线踏勘。深入研究张石沿线独特的地质特点和工程特性，积极发挥广大工程技术人员的智慧和经验，集思广益、群策群力，编写了《张石高速公路质量管理和控制要点》，为整个项目质量管理奠定了坚实的理论基础和可靠的操作依据。在此基础上，管理处以责任分解和合同履约为纽带，通过逐级签订责任状等形式，强化施工、监理单位和项目工程师的责任意识，确立工程师巡回检查制度和监理全程旁站监督制度，使相关责任主体的意志有效统一在质量管理目标之下。与此同时，管理处建立起定期质量检查制度，以“五天一例会、十天一检查”的频率开展全方位的质量监督，对原材料进场、重点工序衔接，重要施工工艺和关键部位实施专项监督，一经发现问题，立即进行整改，确保把质量隐患消除在萌芽状态，有效保证了质量意识的深入人心和质量控制措施的扎实贯彻。工程质量始终保持了良好态势，在省厅组织的历次检查中得到好评。

张石高速沿线地质条件复杂，施工难度较大，为了加快推动工程进展，管理处从多方面着手，全力以赴为工程建设创造良好的施工环境。一方面，在征地拆迁过程中贯彻以人为本的要求，通过公平补偿、公开运作、公正实施，赢得群众的支持和拥护，营造良好的施工环境；一方面，积极转变工作作风和管理理念，面向施工和监理单位提供全方位、多层次的业务服务，改进办事机制，提高办事效率，形成良好的工作合力和协作局面，保证各项管理措施及时贯彻和落实到位；另一方面，积极组织开展“比进度、比质量、比安全、比文明，创建优秀施工标杆”的“四比一创”和“大干六十天、确保年度建设目标圆满完成”劳动竞赛活动，对其中涌现出的先进单位给予重奖，为施工管理树立标杆和指引，在工程全线不断掀起建设热潮。与此同时，管理处以高速公路项目“阳光工程”的实施为契机，从项目运作到组织管理涉及的七个方面的事项，采取报刊、专栏、橱窗、网站等方式进行全面公开，主动接受社会各界的监督，大力推进自身建设，充分展示了高效、廉洁、勤政、务实的机关形象和朴素作风，成为推动工程建设顺利进展的强劲动力。（胥文秀　王铁兵　栗占刚）

[2005.11.17　张家口日报　第3882期　第1版]

四通八达公路网为跨越式发展开道

我市公路建设“十五”计划总投资15.7亿元，到2004年底已经完成60多亿元，是“十五”计划的4倍。其中，仅2004年就完成公路建设投资26亿元以上，一年就超额完成了“十五”计划的交通建设总投资，成为我市近年来完成公路建设投资最多的一年。据预计，今年我市公路建设将完成投资25亿元以上，完成建设里程2400公里以上。

本报讯　近年来，大干快上的公路建设，使得公路交通事业理所当然地成为全市各项事业跨越式发展的领头雁，与此相伴，四通八达的公路交通网，也使得我们在向各界友人介绍市情时可以理直气壮地说我市有着无可比拟的区位和交通优势。目前，全市公路总里程突破1万公里，达到1.5万公里，占到全省公路总里程的近1/6。在3.7万平方公里的土地上，路网交错，公路密度达到41.37公里/百平方公里，不仅高于全省平均水平，而且高于全国平均水平。

我市高速公路在5年间实现了从无到有，从有到跨越式发展的飞跃。“九五”计划之初，我市没有一条高速公路。2001年，全长79公里的京张高速公路通车；2002年，全长126.5公里的宣大高速公路通车；今年9月7日，全长99.4公里的丹拉高速公路张家口段全线通车。至此，全市高速公路通车总里程突破300公里，位居全省各市首位。除了竣工通车的京张和宣大高速公路以外，近几年，新开工以及正在谋划开工和立项的高速公路达到五条（丹拉、张石一期、张石二期、张承和京张复线）。这几条高速公路项目建成通车后，我市将初步形成“三纵、三横、三环”的高速公路网络，高速公路通车总里程将突破500公里。

干线公路建设发展迅猛，目前，国道110线、109线、112线、207线和省道张化线、张沽线、张康线、张尚线、下广线，半虎线等主要路段相继完成了改建，近600公里的国省干线砂石路实现了“黑色路”，全市所有县区全部通达二级以上高等级公路，“四横三纵一线”的干线公路网初步形成，市境内初步建成了“2小时公路圈”。2004年，省道宝平线赤城至沙城段等四条一般干线公路年内全部实现主体通车，使我市干线公路网布局日趋合理，通达能力和服务水平进一步提高。干线公路的长足发展，使我市公路发展的总体水平实现突破。

地方道路建设日新月异，农村交通条件显著改善。从2004年开始，我市重点实施了以“村村通”工程为重点的农村公路建设。2年内，全市完成“村村通油（水泥）路”3967公里。2004年，我市原计划改

造县级公路及实施通乡油路建设项目15项，建设规模325.5公里。实际上，全年共竣工20项，竣工里程456.5公里，占计划任务的140%；完成投资3.3亿元，占国债项目计划投资的141%；崇礼、尚义两县相继实现了乡乡通油路；新增通油路的乡镇19个，使全市通乡油路率达到了98.1%。2005年，我市列入建设计划的通乡油路国债建设项目共10项（续建4项），施工规模147.3公里。去年，我市"村村通油（水泥）路"工程总任务2 764.28公里，涉及全市657个行政村。全年共完成通村油（水泥）路2 969.1公里，完成年计划的107%；804个行政村实现了通油路，使全市通村油路率达到了51.4%。今年，我市通村油路及公路建设总里程2 019.7公里，计划投资2.9亿元，涉及全市185个行政村通油（水泥）路和277个行政村通公路。截至目前，各项工程已全部开工，预计10月份，工程建设任务将全部完成，同时实现全市乡乡通油路、村村通公路和近60%的行政村通油路的建设目标。　（胥文秀）

［2005.09.28　张家口日报　第3844期　第1版］

高效优质　秩序优良　环境优美

市交通系统努力塑造服务"品牌"

本报讯　日前，市吉安出租汽车服务公司"优质服务号"出租车驾驶员张明收到了一封来自市出租车管理处的来信，信中除了对他辛苦的工作表示感谢外，还对进一步规范出租车行业管理的有关问题进行了规定与告知。感动之余，张师傅表示："作为窗口服务部门，确实需要自觉履行各项服务承诺，遵守职业道德，诚信经营，文明服务。"像张师傅一样，这一天，市区2700多名出租车驾驶员均收到了这样一封话语亲切的来信，这也是全市交通系统提高人员素质、提升服务水平、优化发展环境的又一举措。

近年来，市交通局在全系统干部职工中广泛开展了以提高社会公德、职业道德、职业理想、职业技能和职业纪律素质为主要内容的精神文明创建活动，推动了全行业形成服务优质、秩序优良、环境优美的行业文明新风尚，树立了良好的服务品牌。他们以保持共产党员先进性教育活动为总揽，深入扎实地推进了全市运管系统和道路运输行业的行风建设，相继推行了"五禁三不两注意"和"六条禁令"、"首问负责制"、"一次性告知制"、"限时办结制"、"执法人员记分制"等规定。全市各客运站紧紧围绕"树立行业新风，优化发展环境"的主题，实现了站务人员统一着装，文明用语，并开展了"站容站貌提形象，设施设备上档次，管理服务上水平，经济创收上台阶"活动，以人性化的服务氛围，落实构建和谐社会的要求；继续抓好星级站达标工作及"文明班线"、"文明车辆"活动，张家口汽车客运总站正由三星级向四星级迈进，康保、张北等汽车站向三星级站努力。同时，他们加大了对客运站周边秩序和对违规营运车辆的打击力度，使客运站内外候车、乘车、营运秩序有了明显好转，喊客、拉客现象基本消除。

对于窗口单位的出租车行业，他们继续强化"以人为本"的工作理念，着眼市场规范，提升服务质量，切实维护了出租车行业的秩序。各出租汽车服务公司增强主动服务意识，制定了对出租车经营者和社会的服务承诺，把立足点和落脚点放到努力为广大市民服好务上。为此，他们及时修改了出租车报废更新规定，将每年两次报废更新为每季度一次；加大了对出租车市场的日常监管力度，及时纠正违规违章车辆的经营行为，并集中开展了打黑统一行动，确保了出租车市场的稳定；广泛开展了出租车行业精神文明创建活动，对市区出租车统一制定了文明服务监督卡，开展了评选"优质服务号"出租车及出租车驾驶员活动。目前，市区共推选出"优质服务号"出租车211部。为了充分发挥党员在出租车行业服务中的典型示范作用，他们启动了市区共产党员文明服务示范车活动，制定标准，首批30名共产党员及其出租车被树为"共产党员文明服务示范车"，挂牌上岗。与此同时，交通系统各等级公路收费站也深入开展了争创"文明示范窗口"等项活动，使争先创优蔚然成风。今年，丹拉高速公路收费站还被团省委命名为"青年文明号"岗位。　（袁琦　吉喜功）

［2005.10.20　张家口日报　第3858期　第1版］

奏响交通建设新乐章

——我市公路建设巡礼

翻开张家口的公路路网图，标志着高速的鲜艳绿色和国省干线的粗大红线，像强壮的动脉蜿蜒纵横，而密如蛛网的县乡公路，则如毛细血管般绵延伸展。这些或粗或细的线条，正在以惊人的速度，向纵深拓展……

“九五”初期，全市公路通车里程仅为5 368公里，列全省第六位；公路密度仅为14.6公里/百平方公里，远远低于全省平均水平；全省国省干线中近1 400公里的砂石路面，张家口就占了近一半；河北省仅有两个市没有高速公路，张家口市就是其中之一。到“十五”末，全市公路总里程突破1.5万公里，跃居全省第一；高速公路通车总里程达到308公里，跃居全省第一；公路密度达到41.4公里/百平方公里，不仅高于全省平均水平，而且高于全国平均水平。

2005年，交通人在推进公路建设跨越式发展的征途上又迈出坚实一步。一年来，交通部门紧紧围绕“提速、增效、进位”的总体要求和交通发展的总体思路，以新思路和新理念推进项目谋划和项目建设，公路发展取得了具有历史意义的新突破。全年公路建设总里程突破3 000公里，公路建设总投资突破25亿元。

9月7日，丹拉高速公路张家口段实现全线通车运营，这是我市境内竣工通车的第三条高速公路和自做业主建成通车的第一条高速公路。

张石高速公路一期(张北至旧罗家洼段)自开工到目前，累计完成投资14.3亿元，占计划总投资的50%，是省交通厅下达开工至本年度累计投资计划的130%，建设速度位居全省在建高速公路项目前列。

9月7日，张石高速公路二期(化稍营至张保界段)提前一个月开工奠基。目前，隧道和桥梁桩基等直接工程已全线展开，其中50%的隧道导洞已经完成，累计进洞300多米。

承张高速公路张家口段项目工可及初步设计的后续准备工作已经就绪，开工前的各项工作已经开始启动。

京化高速公路已由省发改委、省交通厅报省政府批准，并列入明年建设计划，工可工作正在加紧进行。

11月1日，省道宝平线冀蒙交界至赤城县城段114公里二级公路改建工程和省道南赤线崇礼南山窑至赤城县城段49公里二级公路改建工程正式开工，隧道施工已经开始。

全年共建设通乡油路国债项目283公里，建设通村公路2 354.5公里，202个行政村实现通油路，327个行政村实现通公路。目前，全市已基本实现乡乡通油路、村村通公路和近60%的行政村通油路的既定目标。

坚持科学发展观，奏响公路发展“三大乐章”

为尽快打破张家口公路发展的“瓶颈”制约，为张家口的经济发展当好先行官，市交通局在市委、市政府的正确领导下，将加快公路发展的重任扛在了自己的肩上。在“十五”的几年间，张家口市交通局牢固树立科学的发展观，坚持“抢抓机遇，加快发展，突出重点，确保一般”的建设方针，抓住国家加大基础设施建设投入的契机，实现了公路建设的长足发展，交通对国民经济的“瓶颈”制约得到基本缓解，人民对于“人便于行，货畅其流”的需求基本得到满足，交通行业已经成为我市最具活力、最具影响、最充满希望的亮点行业之一。这一时期也成为我市交通建设完成投资最多、发展速度最快、结构变化最明显的时期。我市公路发展奏响了激情澎湃、荡气回肠的“三大乐章”——

高速公路：激情之乐

发达的高速公路网不仅是交通现代化的主要标志，也是一个国家和地区现代化的重要标志。“九五”初期，张家口是全省仅有的不通高速公路的两个市之一。“十五”初期，全长126.5公里宣大高速公

路和全长79公里的京张高速公路相继竣工通车，使我市潜在的区位优势变为现实优势，大大加快了我市融入"环渤海经济圈"和"外长城经济圈"的进程。今年9月7日，一个彪炳我市公路建设史的特殊日子。全长99.4公里的丹拉高速公路宣化至冀蒙界段，历经近三年紧张建设，实现全线通车。至此，全市高速公路通车总里程达到308公里，占全省高速公路通车总里程的17%，位居全省11个市的第一位。5年间，我市高速公路建设实现了从无到有，从有到跨越式发展的巨大跨越。"十五"期间，除了竣工通车的宣大和京张高速公路外，新开工以及正在谋划开工和立项的高速公路达到了五条段(丹拉、张石一期、张石二期、承张和京化)。目前，作为河北省"五纵六横七条线"高速公路布局组成路段和我市"十大立市项目"之一的张石高速公路正在紧张施工。承张和京化高速公路项目正在进行开工前的各项准备工作，预计明年开工建设。这几条高速公路项目建成通车后，我市将初步形成"两纵、三横、三环"的高速公路网，高速公路通车总里程将突破500公里，继续在全省名列前茅。

高速公路的大发展，市张家口承东启西的区位优势进一步凸显。由此，我市既可以借助京津冀经济圈的资金、技术、人才优势，又可借助晋蒙地区丰富的资源优势，从而实现借势造势，拓展空间，加快发展。

干线公路:奋进之乐

一般干线公路在路网体系中发挥着不可替代的重要作用。"十五"期间，国道110线、109线、112线、207线和省道张北线、张沽线、张康线、张尚线、下广线、半虎线等主要路段相继完成了改建，近千公路的国省干线砂石路实现了"黑色化"，全市所有区县全部通达二级以上高等级公路，"四横三纵一线"的干线公路网初步形成，市境内初步建成"2小时公路圈"。

我市现有2000多公路国省干线公路，基本上是我市连接外省市及市区连接各县县城及重点城镇的公路。依托这些公路，为新的经济增长点的加速形成提供了强大动力。

农村公路:动人之乐

农村公路是路网的基础和重要组成部分。如果没有较为发达的农村公路，整个路网的通达和服务功能就不能得到有效的发挥。"十五"期间，我市农村公路建设日新月异，农村交通条件显著改善。特别是从2004年开始，我市重点实施了以"村村通"工程为重点的农村公路建设，实现了农村公路建设的重大进展。2年内，全市共建设通村油(水泥)路、砂石路5 300多公里，新增通油路的行政村1 333个。至此，我市已基本实现通油路和村村通公路，行政村通油路率也达到了57%。

农村公路的长足发展，把农民增收的路子铺到了家门口，把农业和农村经济结构调整的路子修到了家门口，把推进农村城镇化进程的路子通到了家门口，为农村经济发展和农民脱贫致富提供了坚实的基础。

快实并举，推动公路建设跨越式发展

在"十五"期间的公路发展上，交通部门一方面制订了科学合理的发展规划，并且能够根据不断变化发展的形势，迅速调增计划；另一方面做好项目储备，在建设新的项目的同时，抓紧做好明、后年甚至更远时间的项目谋划，确保项目不断档，建设不停步。我市"十五"期间的一般干线公路建设任务在2002年就已经基本完成。因此，2003年以后开工建设的项目都是"争"出来、"抢"出来的，是充分利用机遇，利用政策，乘势而上，大干快上的结果。正是因为有了公路工程项目的超前谋划，才有了一批"增补项目"和"追加项目"的上马，也才有了我市公路建设的历史新突破。与此同时，五年来，为确保项目早日竣工通车，工程管理和建设部门密切配合，顽强拼搏，克服征迁难度大、有效施工时间短等一系列不利因素，认真采取一系列有效措施，高标准、高质量地实现了所有新改建工程的提前完工，为进一步完善我市的干线公路网布局，提高公路通达深度和服务水平做出了突出贡献。

无论是高速公路、一般干线公路，还是地方道路，交通部门全部按照规定，强化并严格了各项管理程序，进一步规范了招投标行为，把扎实的工作作风体现在公路建设全过程。对开工建设的所有新改建工程和大中修工程，全部按照规程进行了招投标。在施工中，坚持将质量放在首位。在健全"政府监督、社会监理、企业自检"三级质量保证体系的基础上，严格工程质量全面检查、专项检查、重点部位检查和原材料抽查，认真按国家质量标准和有关程序组织施工，使在建的公路建设项目全部达到质量要求。“十五”期间，我市建设的所有干线公路、工程质量全部达到优良标准。

行驶在张垣大地纵横交错的条条坦途上，我们豪情满怀，因为，这凝聚着无尽心血与汗水的宽广大道承载着450万人民寄予全市经济实现腾飞的希望，而这希望正伴随全市道路交通事业的跨越式发展变为现实。（宗振华 胥文秀）

［2005.12.23 张家口日报 第3913期 第1版］

3000公里“富民路”谱写交通建设新篇章

- 到“十五”末，全市公路总里程突破1.1万公里（不含村道8 500公里），跃居全省第一；
- 高速公路通车总里程达到308公里，居全省第一；
- 公路网密度达到30.2公里/百平方公里，不仅高于全省平均水平，而且高于全国平均水平；
- 全市已基本实现乡乡通油路、村村通公路和近60%的行政村通油路的既定目标。

本报讯 2005年以来，我市按照既定交通发展思路，全力推进公路建设，以新思路和新理念全面推进项目谋划和项目建设，在2004年全市公路建设里程突破3 000公里的基础上，2005年全市公路发展又取得具有历史意义的新突破，全年公路建设总里程再次突破3 000公里，公路建设总投资突破25亿元。

市委、市政府高度重视交通建设事业，市委书记刘永瑞、市长高金浩等市领导多次携相关部门人员亲临施工现场调研指导工作、慰问工作在建设一线的施工人员。交通部门坚持“抢抓机遇，加快发展，突出重点，确保一般”的建设方针，抓住国家加大基础设施建设投入契机，加快公路项目建设速度，加大项目谋划、储备力度，严格各项管理程序，进一步规范招投标行为，全力以赴推进公路建设；施工中将质量放在首位，在健全“政府监督、社会监理、企业自检”三级质量保证体系基础上，严格工程质量全面检查、专项检查、重点部位检查和原材料抽查，认真按国家质量标准和有关程序组织施工，使在建公路建设项目全部达到质量要求。“十五”期间，我市建设的所有干线公路工程质量全部达到优良标准。

2005年9月7日丹拉高速公路张家口段实现全线通车运营。至此，我市高速公路通车总里程达到308公里，占全省高速公路通车总里程的17%，位居全省首位。张石高速公路一期（张北至旧罗家洼段）工程全长90.23公里，自工程开工到去年11月底，累计完成投资14.3亿元，占计划总投资的50%，是省交通厅下达开工至去年年度累计投资计划的130%，建设速度位居全省在建设高速公路项目前列。经省质量监督部门和工程监理单位多次检查评定，工程优良品率达100%。张石高速公路二期（化稍营至张保界段）工程全长77公里，去年9月7日，项目举行了开工奠基仪式。目前，施工、监理单位已经全部就位，隧道和桥梁桩基等直接工程已经全线展开，其中50%的隧道导洞已经完成，累计进洞300多米。一般干线公路方面，省道宝平线冀蒙交界至赤城县城段114公里二级公路改建工程和省道南赤线崇礼南山窑至赤城县城段49公里二级公路改建工程已于去年11月1日正式开工。与此同时，地方道路快速进展，2005年全市通乡油路国债项目完成283公里，完成投资1.8亿元；通村公路建设共有529个行政村完工，占计划的115%，其中202个行政村实现通油路，占计划的109%，327个行政村通公路，占计划的118%；路面完工里程2 354.5公里，占计划的117%，全市村村通工程累计完成投资3.42亿元，占计划的117%。

到“十五”末，全市公路总里程突破1.1万公里（不含8500公里村道），跃居全省第一；高速公路通车总里程达到308公里，居全省第一；公路网密度达到30.2公里/百平方公里，不仅高于全省平均水平，而且高于全国平均水平。另据了解，承张高速公路张家口段推荐方案起于丹拉高速公路张家口南互通，终于沽源县东与承德交界处，建设总规模176.2公里，估算总投资62.2亿元。目前，项目工可及初步设计的后续准备工作已经就绪，开工前的各项工作已经开始启动；京化高速公路项目起于京冀交界，经土木、涿鹿至阳原化稍营，该项目已由省发改委、省交通厅报省政府批准，并列入今年建设计划，工可工作正在加紧进行。　（胥文秀　宗振华）

［2006.01.14　张家口日报　第3931期　第1版］

我市将成为全省五大物流枢组城市之一

本报讯　日前，记者从市交通部门获悉，我市被省政府确定为五大物流枢组城市之一，将成为连接三北，面向蒙俄市场的重要物流节点和全国二级、三级物流节点城市。同时，我市物流中心被确定为“十一五”期间全省现代物流业重点建设项目第一批示范项目之一，我市黄金岛物流项目和绿色食品物流项目被列入全省三十大专业物流（配送）项目。

我市地处京、冀、晋、蒙交界，依据中心城市的功能定位，经济发展水平和基础设施等条件，依托区位优越，可以挖掘中俄、中蒙贸易的重要通道和物资集散的潜力，借助“黄金岛”区域综合开发，围绕装备制造、特色农业、食品加工、能源原材料以及旅游业，发挥连接东部经济带与中西部资源主产区重要纽带的作用，将大力发展面向京、津、冀、晋、蒙，畅通国际贸易的现代物流业。

我市物流中心的项目业主为张家口亨运物流有限公司，规划建筑面积2.28万平方米，集装箱堆场面积2.56万平方米，配有40吨冷库和8吨冷库各一座，铁路专用线一条，并配备有GPS跟踪系统，计划总投资11 320万元。目前，一期工程已完工，二期工程也已完成规划。

在全省现代物流产业发展重点和布局中的30大专业物流（配送）项目中，我市的黄金岛物流项目将在宣大，京张和丹拉等高速公路之间的经济开发区域内，发挥我市物流中心的带动作用，建设大型现代物流项目，为我市和黄金岛区域开发提供生产性物流服务；绿色食品物流项目将发挥张北错季蔬菜城、中德合作食品安全链等项目的积极性，利用当地独特的自然资源，面向京津市场，发展以蔬菜、果品和肉类三大产业为重点的绿色食品产业，为生产流通企业提供农副产品的加工、配送、包装等物流服务。（乔钰刚　莫永刚　张　占）

我市公路建设行业协会成立

本报讯　近日，我市公交系统首家行业协会——张家口市公路建设行业协会成立。市领导卢永庆、唐树森、李万福出席成立大会，唐树森讲话。

唐树森指出，组建张家口市公路建设行业协会标志着我市公路建设行政管理职能的转变迈出了实质性步伐，公路建设行业协会要严格按照国家有关法律法规和程序规范运作，进一步理顺和明确行业协会与政府部门的关系，积极适应经济体制改革和市场经济发展要求，实现行业的自我管理、自我约束，以维护诚实守信和公平竞争原则，保护会员合法权益，为企业搞好协助、协作提供优质服务，努力把协会办成一个服务全市公路建设和经济社会发展全局、充满生机和活力的社会团体，为全市行业协会的创新和发展探索路子、积累经验。

中国公路建设行业协会发来贺信对我市公路建设行业协会成立表示祝贺。当日，唐树森等还出席了省道宝（昌）平（山）线大海陀收费站收运营启动仪式并剪彩。　（胥文秀）

上半年我市公路建设实现新突破

公路建设完成投资同比增长200%以上

本报讯　近日，从市交通局传来的消息令人振奋。我市公路建设在连续跨越式发展的基础上，今年

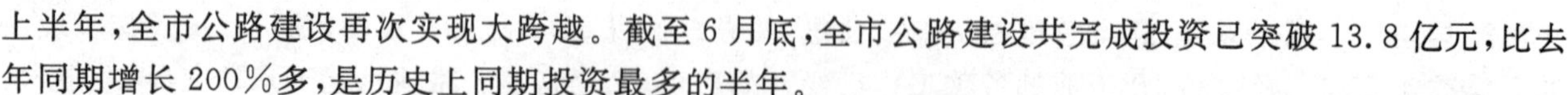

上半年，全市公路建设再次实现大跨越。截至6月底，全市公路建设共完成投资已突破13.8亿元，比去年同期增长200%多，是历史上同期投资最多的半年。

进入“十一五”，市委、市政府一如既往高度重视交通建设事业发展。市委书记刘永瑞、市长高金浩等市领导多次率相关部门亲临施工现场调研指导工作、慰问工作在建设一线的施工人员，激励交通系统广大干部职工再接再厉，再续辉煌。交通部门紧紧抓住发展机遇，采取有力措施力求保持我市公路建设业已出现的好形势，加快推进全市交通事业的新跨越。为此，我市本着高速公路建设项目、干线公路建设和农村公路建设齐头并进的发展战略，确保各项公路项目建设快速推进。

全市在建设的高速公路共160公里，位居全省第一

去年，随着丹拉高速公路张家口段全线通车，全市高速公路通车总里程达到308公里，位居全省第一。在此基础上，伴随着张石高速公路一、二期工程相继开工建设，全市在建的高速公路共160公里，位居全省第一。

此外，正在谋划开工和立项的高速公路还有张承、张石三期和高化高速。这几条高速公路项目建成通车后，我市将初步形成“三纵、三横、三环”的高速公路网络，高速公路通车总里程将突破500公里，继续保持全省领先地位。

上半年，张石高速公路一期工程累计完成投资210 849万元，完成项目总投资的74%，预计10月底竣工通车；张石高速公路二期累计完成投资71 711万元，完成项目总投资的15%；张石高速公路三期正在抓紧谋划和运作前期工作；张承高速公路张家口段，项目前期工作进展顺利，工程预可已全部完成，工可也已完成待评审，预计张承高速公路张家口至崇礼段年底前开工；京化高速公路，现已完成预期可并进行了勘察设计、地质勘察、房建、机电、勘察设计监理的招标、评标工作；地质灾害危险性评估、路线方案征求意见稿等有关文件都已获最终批复；项目资金筹措方案也已落实；目前各勘察设计单位的人员、设备均已到位，正在按合同要求积极展开工作……

两条国省干线续建项目稳步推进，两条新谋划项目有望年内开工

近年来，我市国省干线相继完成了新改建，所有县区全部通达二级以上高等级公路，市境内建成了“2小时公路圈”。在此基础上，上半年，我市国省干线公路建设发展迅猛，两项续建工程项目快速推进，年底即可建成通车。其中，省道南赤线崇礼南山窑至赤城兴堡段二级公路改建工程，截至6月底，工程累计完成投资10 601万元，完成项目总投资的43%；省道宝平线冀蒙界至赤城段二级公路改建工程，项目计划总投资61 555万元，截至6月底，工程累计完成投资27 020万元，完成项目总投资的43%。这两条路预计年内可实现主体通车。

今年，新谋划的国道207线怀安城于化稍营段30.6公里二级公路改建工程。省道滦赤线赤城三岔口至骆驼山段55公里二级公路改建工程，前期工作正在紧张进行中，有望年内开工建设。

此外，去年新上的地方道路建设工程也进展顺利。其中，洋新线到6月底共完成投资3 000万元；白郭线到6月底共完成投资8 500万元。

全市“村村通”工程开工里程595公里，有284个行政村开工，53个行政村建成通车

今年以来，我市把农村公路建设与扶贫开发、“文明生态度假村”创建、“千村经济振兴”活动紧密结合起来，精心谋划，继续加大投资力度加快改善农村交通条件。今年农村公路计划建设规模1 385.8公里，其中县级公路改造项目14个，建设规模354.8公里，计划投资1.7亿元；乡级公路改造项目40个，建设规模228.8公里，计划投资9 680万元；村村通工程建设规模1 001.9公里，计划投资2.9亿元，实现334个行政村通油路。

尤其是村村通项目，计划总投资21 051万元，计划实现334个行政村通油路，截至6月底，已有284个行政村开工建设，全市村村通工程开工里程为594.5公里，其中路基工程已完工830.2公里，路面工程已完工274.9公里，完成项目总投资的59%，且有53个行政村已建成通车。（中华　振华）

［2006.07.26　张家口日报　第4087期　第1版］

励志创奇迹 真情筑坦途

——写在省道宝平线二级公路通车之际

备受全市人民关注的、全长113.87公里的省道宝平线冀蒙界至赤城段二级公路改建工程今日正式竣工通车了。该工程建设规模居全省一般干线在建公路工程之首，是我市一般干线公路建设史上规模最大且投资最多的一条省级公路；它是内蒙古中部与河北省东部地区经济往来的重要通道之一，也是内蒙古地区通往京、津及内地的主要道路。工程的实施为我市融入"两圈"提供了更为坚强有力的基础保障，为我们更好地依托区位、交通、资源、产业等诸多优势加快发展步伐开辟了更为广阔的天地，必将成为我市实现更快更好跨越式发展的"加速器"。而正是基于宝平线工程建设对我市经济发展如此深远的意义，我们的交通队伍、筑路大军艰苦拼搏、默默奉献，创出了实际施工仅用不足半年时间的奇迹，其建设速度之快、效率之高、质量之优令人拍手叫绝。

项目管理篇

"三化管理"引发感人故事讲不完

省道宝平线冀蒙界至赤城段二级公路改建工程于2005年11月初开工后，项目办作为全线工程的总指挥部，工作千头万绪，时间紧任务重，战线长难度大，既要保工期进度，又要保车辆畅通，还要指挥13个标段2 000多人和上千台机械设备，这绝不是一件容易之事。为了强化工程项目管理，保质保量完成好这项硬任务，宝平线项目办先后推出了一系列行之有效的举措，项目管理人性化、制度化、激励化"三化管理"的推出，为项目管理科学化、工程质量最优化、工程进度最快化提供了有力保障。

承建宝平线沽源段MA标油面铺筑工程的张家口路缘公路工程有限责任公司，他们以最快的速度率先在沽源段开铺，比原计划整整提前了半个月，创下了我市一般干线公路建设史上六月份能够铺油的新纪录，并提前12天完成本合同段沥青油面铺筑任务。这是宝平线实施项目管理激励化带来的良好效果。市交通局贾成誉书记、张富强局长等局领导及市交通局公路工程管理处侯琳处长经常深入工程施工一线现场办公，同工程参建人员共同解决难点、难题，慰问奋战在施工一线的建设者，鼓励大家着眼大局、奋力拼搏，质效并重，早日完成建设任务。在工程进度一时处于被动局面的关口时刻，项目办乔卫民主任经过深思熟虑后，果断地提出了"争分夺秒、优质高效"的口号，要求全体参建人员在精神状态和工作节奏上要有紧迫感。在工程建设的中后期阶段，也是工程最艰难的时候，他捕捉时机，在全线大张旗鼓地开展了以比项目管理、比工程质量、比工期进度、比安全生产、比环境保护、比内业资料、比工程廉政、比和谐文明，争创优良工程、争当先进单位为主题的"八比两争"施工竞赛活动。竞赛期间，他与工程技术人员利用晚上深入到各标段驻地，召开工长以上干部会议，下达旬进度硬性指标，一旬一考评，工期进度和工程质量排队亮相见真招，奖励先进，处罚落后，全线很快掀起了比、学、赶、超的施工高潮，有力地推动了工程进展。

特别值得一提的是张家口路桥建设集团有限公司，他们承建的云州乡至赤城县城段的路基路面工程，施工难度较大，今年8月前15.3公里的路基合同段能开工的断断续续加起来只有7公里多，由此给施工单位带来的经济损失是有目共睹的。直至8月中旬，剩余的8公里才勉强开工，然而距离10月20日合同工期只有两个月的时间，要如期实现主体通车又谈何容易！困难面前方显英雄本色。在短短的两个月时间里，该公司不惜牺牲单位局部利益，不断加大人员、设备和技术力量的投入，他们顾全工程建设大局，科学安排路段作业，24小时连轴转，抢时间、争主动，表现出超强的政治责任感和使命感。进入9月中旬以来，眼看着工期一天天逼近，项目经理刘景魁率领项目部全体技术人员和作业队长整天蹲守在施工一线，组织各作业队披星戴月、昼夜奋战，终于10月18日提前两天出色地完成了施工任务，得到社会各界人士的好评。然而，有谁能想到这时的刘经理因去年劳累过度患上了糖尿病，因工期紧不能急时就医病情逐渐加重？他凭着超乎常人的毅力，咬牙坚持在施工第一线。宝平线13个标段，无论是项目办、驻地办还是各施工单位，所有的工程技术人员从来没有节假日，他们撇家舍业，以苦为乐，人人都有各自的酸甜苦辣，个个都有着讲不完的感人故事。

凝聚创优篇

“内实外美”导引“路在景中、景在路中”

公路建设是一项功在当代，利在千秋的大事，它是技术密集型产业，对质量有着严格的要求。宝平线从开工之日起，建一条高质量高标准的二级公路就成为各参建单位的奋斗目标和强烈愿望。

去年10月12日，宝平线冀蒙界至赤城段二级公路改建工程面向社会公开招标，共有32家单位参加了竞标，经省发改委从专家库随机抽取的专家组成的评标委员会，最终择优确定了中标单位，它们全部为专业化施工和监理队伍。工程建设期间，项目办始终将质量管理作为中心环节紧抓不放，进一步强化各施工单位的工程质量终生责任制意识，积极推行以项目经理为中心的质量管理责任制，围绕“管、监、控、保”四方针，下力抓好施工现场质量控制。要求驻地办选派技术过硬、责任心强的监理进驻各标段，实行施工旁站监理，凡出现质量问题，无论大小一律返工。在县体的施工过程中，各施工单位自觉加强质量自检，坚持用科学数据指导施工，严格按照技术规范办事，对每一个环节、每一道工序都要严格把关。有的施工单位为了确保工程质量，专门投资购置先进设备。例如，为了保证云州大桥T梁的养生条件，保证混凝土在水化期能均匀充足地补充水分且又节约用水，承德路通公司在大梁养生上采用了较为先进的喷淋养生，使大桥T梁的混凝土强度得到了有效保证。为了保证全线工程进度与工程质量控制，全线设立了两套先进的沥青拌和楼和四套无机料拌和楼，从而确保基层铺筑施工需要和油面的铺筑效果。另外，为了保证路基施工质量，施工单位采用了CT25冲击压路机，从而有效地保证了路基施工质量要求。

在工程建设中，为抓好工程质量的落实，项目办全方位全过程实行四级质量保证体系制度，在建设方、设计方、监理方、施工方的共同努力下，上百公里的工程质量始终得到了有效的控制。其中云州大桥，在省、市多次组织的质量检查中都得到了众领导及专家的一致好评。各级领导及专家评价云州大桥施工进度快，质量好，工艺规范，内实外美，与在建的龙门崖隧道和原有的云州水库，集中坐落于赤城云州乡北部，将成为赤城境内一道亮丽的景观。

构建和谐篇

和谐当中有进度、“切块”方法破难题

赤城是全国有名的国家级贫困县，素有“八山一水一分田”之称，因此，百姓的一亩二分地就成了他们的命根子。“修一条路，富一庄人”，老百姓懂这个道理，可要征去他们的一部分田地，百姓都要经过一番细思量。同时，省道宝平线冀蒙界至赤城段二级公路改建工程又具有战线长、规模大、参建单位多、施工难度大、拆迁任务重等特点。“修公路有工期，时间不等人”，面对拆迁的一个个难题，谁披挂上阵当主帅，谁都将面临着一次严峻的考验。在此情况下，赤城、沽源两县县委、县政府、县交通局及沿线相关乡镇村各级领导给予了大力支持，他们亲自走村入户同群众谈心，做群众思想工作，用百姓易于接受的方式告诉大家“筑路是用更为长远的眼光谋划发展、为群众谋福利”。因此，他们从构建和谐交通的高度出发，用人性化的工作方法打开了群众一个又一个心结，赢得了广大群众对交通事业的支持，为工程顺利进展创造了条件。

工程开工后，难题接二连三。首先要解决的是战线长、跑路多、效率不高的问题。为了便于管理，项目办内部划分为三个项目管理组，即隧道一个组、赤城段一个组、沽源段一个组，将三个组的8名项目工

程师按照每个人的专业和特点实行分标段管理，每人负责1～2个标段，遇有技术难点，由项目办主任召集碰头会，重大问题邀请设计方、监理方、施工方共同商讨决定，这一举措在实践中收到了很好的效果。去年底，椴木梁隧道开工时，因进口处山体围岩地质状况不好，塌方多不能按施工图设计进洞，为解决这一难题，项目办组织工程技术人员与设计单位多次论证，最后决定82米的大开挖，不仅保证了安全和工程质量，而且节省了上百万元的建设资金。

宝平线之所以能够如期完工，得益于这项工程始终熔铸了各级各部门领导的大力支持和亲切关怀。各级领导多次亲临工程现场指导，协调解决有关问题，为工程建设营造了较为宽松良好的施工环境。这项工程始终凝聚了广大参建单位和筑路将士苦干实干的辛勤汗水。各承建单位高度负责，发扬特别能战斗、特别能吃苦、特别能忍耐的精神，为保证工程质量做出了积极贡献。这项工程始终得到了电力、传输、环保、水利、文物等单位和赤沽两县相关部门多方面的鼎力配合和沿线乡镇广大干部群众的理解和支持，为建好这项重点工程，他们识大体、顾大局，不计部门利益、不计个人得失。

“一分耕耘，一分收获”。一条上百公里的二级公路，经过2000多名筑路将士和广大参建人员半年多艰苦奋战，在诸多不利条件下，不仅如期实现了主体竣工通车的既定目标，而且工程质量经省市质量监督部门多次检查，合格率均达100％。省道宝平线冀蒙界至赤城段公路改建工程的竣工通车，标志着赤沽两县又一条三级公路提升了一个等级，又迈上了一个新的台阶，对进一步完善全市交通骨干框架网络、优化开放环境、繁荣市县经济具有重要意义，我们期待着这条路尽快为山区人民脱贫致富发挥积极作用。（本报记者　胥文秀　通讯员　王德惠）

［2006.10.23　张家口日报　第6版］

炽心恒久远　众志绘华章

——写在省道南赤线二级公路通车之际

在这金色的收获季节，省道南赤线（崇礼县南山窑至赤城）二级公路改建工程的竣工通车注定让10月23日这个特殊的日子以特殊的方式走进崇礼、赤城两县人民的记忆当中。省道南赤线是我市东北部一条重要干线公路，它西与省道张沽线相接，东南与省道宝平线及国道112线相接，该线是崇礼县至赤城县间的一条捷径，连接两县8条乡道，是赤城县汤泉至崇礼县滑雪场的必经之路，也是连接整合两县丰富旅游资源的一条快速通道。南赤公路的建设凝结了决策者的开阔眼界与过人智慧，熔铸了建设者的辛勤汗水和满腔赤诚，饱含了公路沿线人民的满心欢喜、无限企盼，南赤公路是通向美好生活的阳光大道，是群众心中的路。

创新工艺篇

“三新”理念打造“循环节约型”精品工程，

“六不放过”严把精品工程每道关口

在南赤线公路建设施工中，公路建设者充分发挥科技创新的作用，用创新推动管理工作，用新工艺、新技术、新材料提升工程建设质量，在创新中使各项工程建设稳步快速推进。

南赤线施工线路地处山区，沟壑交错，深谷如坠，自古筑路架桥甚难。而在此修筑宽阔平直的高质量公路更是难上加难，有的技术难题，实属罕见。然而我们的公路建设者，不畏艰难，宵衣旰食，殚精竭虑，攻克了一道道难关。在推广新技术、采用新工艺、应用新材料上，他们鼓励各标段勇于创新，锐意改革，并及时提供技术指导，对施工中采用的新技术积极予以推广。一是大量使用新材料。全线用“铁矿渣”替代沙砾在公路路基上的推广应用，使铁矿渣废料得到利用，既降低了工程造价，也使多年来铁矿渣废料堆积成山影响环境的难题得到了缓解；二是采用新工艺。JC标段，进入赤城县城关地段，由于受自然条件和地理环境的影响，施工地段大部沿河道、水渠、菜地和村庄方向延伸，作业面狭窄而分散，大型机械不能进入，人工作业时间长，而且难度大。针对此情况，为提高质量，缩短工期，他们应用新材料"金属波纹涵管"替代桥涵施工，节省了造价，缩短了工期；新技术、新工艺、新材料在施工中的推广应用，体现出了提高效率、增强质量、节省资金的科技创新的巨大优势和特点。

随着山区经济的发展，通过"开山填谷"解决山区公路工程建设用地的项目日趋增多，在此过程中，有些路段的相对高差达几十米，由此形成的高填方工程具有处理面积大、土石方量大、施工工艺复杂的特点。JB 标段的高填方路段，在 2 公里范围内有 6 条沟，最大填方高度达 21.7 米，平均公路每米动土量 212 方之多，施工量大和施工难度可想而知，如果使用一般的作业机械，不仅施工层次多，时间长，难度大，填方地段的压实度也很难达到设计的要求，为保证工程质量，缩短工期，施工单位花了近 200 万元购买两台大功率压路机，解决了高填方的技术难题。

工程施工受自然条件和地理环境的影响特别严重，特别是 JC 标，进入赤城县城关地段的施工，施工现场大部沿河道、水渠或菜地展开，村庄作业面特别狭窄而且分散，大型机械不能进入，人工作业时间长，而且难度大。针对此情况，为提高质量，缩短工期，他们积极推进新技术、新工艺，对施工难度大的桥涵改用金属波纹管制作。另外，JB 标段的高填、深挖路段，在 2 公里范围内有 6 条沟，最大填方高度达 21.7 米，平均每米动土量 212 立方米，如果使用一般的作业机械，不仅施工层次多，时间长，难度大，填方地段的压实度也很难达到设计的要求，为保证工程质量，缩短工期，施工单位购买二台大功率压路机……质量重于生命，责任重于泰山。在公路工程建设上，建设者们始终把"创精品工程，树公路形象"当成头等大事抓，为抓好工程质量的落实，工程建设一开始，他们就要求全体参建单位按照上级要求全方位全过程严格执行"政府监督、社会监理、企业自检、业主负责"的四级质量保证体系制度，即：一是政府质量监督部门上路抽检；二是驻地办全过程跟班旁站监理，忠于职守，认真负责；三是施工单位自检，从原材料的选购、拉运、进场、使用及工序控制都必须做到严格把关；四是业主负责。为高质量、高标准建设好南赤线二级公路，项目办始终坚持"实事求是、严字当头、真抓实干"的指导思想，不断强调"质量重于生命，责任重于泰山"的全员质量意识，做到随时发现问题，及时解决问题，并以"六严格"来规范项目办的行为，将"严格标准、严格规范、严格程序、严格合同、严格检查、严格措施"作为质量管理的基本要求，狠抓全过程质量控制。

在四级质量保证体系的基础上，南赤线项目办积极推行了工程质量责任档案卡制度，制定下发了《监理工作实施细则》。工程大干期间，派出工程管理人员分片分段进驻工地，对施工现场、料场等进行巡查，发现问题现场解决。对施工和不合格工程坚持"六个不放过"：不按规范施工不放过，不按施工图纸施工不放过、不按施工组织设计施工不放过；原因不清不放过、责任不清不放过、处理不彻底不放过。全方位的质量控制，使工程质量稳步提高。

合力克难篇

追求超越、奉献真诚，挥汗播智一路前行

JB 标针对工程进度实际，多上机械设备和人员，昼夜加班，保证了施工进度；JC 标以路基成型连片为突破点，对小型构造物实施同步开工，限期完工，按时完成了主线施工任务……南赤线工程自开工以来，全体参建人员顶严寒、冒酷暑，日夜奋战在工程建设一线。为确保工程质量，项目办为南赤线订立的工作目标是"强化项目管理，创建优良工程，打造精品路，争创样板路"。施工单位本着"追求超越、奉献真诚"的施工理念，加强自我管理和自我完善，严把质量关。他们根据施工规范的要求，对每一批次的建设材料进行抽检，严把进料关口；坚持及时召开现场管理人员碰头会，做到及时发现问题、快速解决问题；对施工队伍实行工地例会制，及时总结工作经验，对下一步工作进行安排部署。在公路建设中，时间比黄金还要贵重，面对有效工期短，工程量大，征迁任务紧迫，地质地形复杂等诸多困难，建设者在制定施工计

划上早计划，早安排，早落实，并深入开展了“大干一百天，拼搏创样板，攻坚大会战”劳动竞赛活动。

上下同心，其利断金。各施工单位克服了重重困难，保证了施工进度。在南赤线公路的工程进度表上，醒目的红箭头一路挺进，势如破竹，捷报频频传来，全部工程都按期或超额完成了各阶段计划任务！

工程建设考验着管理、质量，考验着进度、效率，更考验着建设者的大局意识和责任心。项目办主任王勇一连几个月没回家，父亲年迈多病，因胆结石发作住进医院，当家人通知他时，正是“大干一百天，拼搏创样板，攻坚大会战”的关键时期，他脱不开身，更不能回家照顾老人，只好委托爱人照顾，心中的歉疚感久久挥之不去。

项目工程师高星民，在和施工单位一起研究施工难题时，不慎被石头砸伤了手指，指甲都被砸烂，流了很多血，为保证工程不出问题，他只到乡卫生院包扎了一下就赶回了工地，在场的施工人员劝他回项目办休息，他说“等把技术难题解决了再说吧”，在场的人员无不被他的精神所感动。

在南赤线公路工程建设中，像这样的事迹举不胜举，南赤线铺下的不仅仅是砾石、沥青和钢筋水泥，还容含有无数感人至深的奉献者的故事……

廉政建设篇

自设“紧箍咒”紧锁廉洁路，建造优质工程、带出过硬队伍

公路建设投资数量大，巨额资金支付多，稍有不慎便会给国家和人民造成难以估量的损失。建设者们把“建造优质工程、带出过硬队伍”视为南赤线公路建设的目标，把廉政建设贯穿于工程建设的始终。他们不断强化个人自律、内控和党内监督机制，加强了对重点部位和关键部门人员的教育管理力度，并实行了廉政工作一票否决和严格的责任追究制。特别是在工程建设上更能体现出来。首先是在工程管理上，为确保工程建设严格按照程序化、制度化、规范化的标准管理，公路工程的招投标工作严格按照相关法律程序办事。在工程招投标工作中由专人主抓，实行委托招标，由省专职部门实施，并由省、市发改委、检察、纪检、司法等部门现场监督，实行“阳光工程”，防止“暗箱操作”，确保工程招投标全过程的真实、规范、严谨、有序，实现真正意义上的公开、公正、公平。其次是实行源头质量控制。他们要求施工单位和驻地办，对原材料进行严格的检查，要求原材料必须通过试验检测合格，才能选定合格厂家，原材料进场后，再经试验室检测合格后，才能准许使用；第三是层层签订廉政建设责任状。工程建设前项目法人与项目办主任签订廉政建设责任状，项目办主任又与施工单位签订廉政建设责任状，将廉政责任落到实处，做到谁在廉政建设上出了问题，就处理谁，将板子打到具体人身上；第四是加大了检查力度。工程开工以来，从项目办主任到工程技术人员，每天早出晚归，天天都在施工现场奔波，跟踪、巡视，对工程进度、质量和费用等进行全面的管理，对路基工程、重要部位和关键工序都进行了认真的监督检查，发现问题，随时解决，确保了工程质量。第五是狠抓了“四项制度”的落实。他们根据南赤线项目办的工作实际，狠抓了“六条禁令”、“首问负责制”、“一次性告知制度”和“限时办结制”，从根源上杜绝了腐败现象，为更好地警示每位员工，制作了管理规章制度牌，做到了制度上墙。并把市交通局制定的“廉政建设二十个不准”作为衡量每个党员干部廉政建设的尺度，不断加大预防腐败的力度，把注重预防、注重治本放在更加突出的位置，筑牢思想道德防线，确保干部“想干事、会干事、干成事、不出事”，不断为交通事业做出新贡献。在资金管理方面，他们依据“统筹兼顾，合理调配，严格把关，计量支付”的原则，制定了严格的计量支付审批程序，首先根据施工单位的开工报告，按比例及时拨转工程预付款。其次，严格按照《工程承包合同》，依法执行规范的据实计量、审核和批拨程序，根据工程进度，对已完的工程项目，由驻标监理、驻地办签认后报项目办，项目办严格审核工程计量清单，审查核准后每月底按时支付施工单位的工程资金，尽最大努力保证施工单位正常施工，充分发挥工程投资的效益，此举受到施工单位的一致好评。

一个又一个默默奉献者用智慧与汗水为我市的经济发展筑就了一条黄金大道，也在赤城县和崇礼县人民心中镌刻了永远的丰碑。（本报记者　胥文秀　通讯员　赵桂齐）

［2006.10.23　张家口日报　第7版］

“北翼跃进”的强力保障

道路通、百业兴。在全市上下深入学习贯彻市第九次党代会精神之际，南赤公路的竣工通车是全市交通事业发展上的一件大事，更是崇礼和赤城两县人民共同期盼的一件喜事。它的建成通车，使崇礼到赤城的时空距离明显缩短，对于进一步加强崇赤两地联系，打造环状经济圈，实现区域经济更快更好跨越式发展具有十分重要的战略意义，同时对全市改善基础设施条件、加快公路网络建设、促进经济发展也具有重大的现实意义。一是交通更为便捷。南赤线的改造完成，使崇礼到赤城的时间由原来的一个多小时缩短为半个小时，极大地改善了道路的通达性，对于加强两县之间的沟通与联系，繁荣发展两地经济将起到重要的推动作用。二是实现资源共享。崇礼和赤城是旅游资源大县，南赤线的建成通车，将加快崇赤两县乃至整个坝上地区旅游资源的有效整合，形成集草原观光、温泉洗浴、滑雪度假为一体的特色旅游圈，促进全市旅游产业的健康、快速发展。三是加快“北翼跃进”。市第九次党代会提出了构建“一带两翼”的区域经济战略支撑体系，崇礼、赤城同属“北翼”，经济结构相近，南赤线的建成通车，为实现“北翼跃进”，推动“北翼”重大基础设施建设的共建共享和生产要素的统筹配置，形成优势互补、相互促进、共同发展的经济区域新格局提供了有力的保障。　（本报记者）

[2006.10.23　张家口日报]

张石高速公路张家口段一期工程竣工通车

至此我市高速公路通车总里程达到四百公里，继续保持全省第一

本报讯　12月10日，张石高速公路张家口段一期工程举行隆重的竣工通车仪式。至此，我市高速公路通车总里程达到400公里，继续保持全省第一。

副省长付双建，省交通厅副厅长杨国华、省工业发展运行局副局长王立忠、省水利厅副巡视员马林，市领导郑雪碧、曹英忠、徐爱棠、郑丽荣、卢永庆、唐树森、梁润田、赵庆钢、董合振，驻军首长王行舟等出席竣工通车仪式并剪彩。付双建宣布张石高速公路张家口段一期工程竣工通车，杨国华、郑雪碧分别讲话；仪式由唐树森主持。

张石高速公路张家口段一期工程起自张北，沿国道207线走向布设，途经张北县、万全县、高新区、宣化县，在宣化县旧罗家洼与宣大高速公路并线，全长90.23公里，双向四车道、全封闭、全立交，设计行车速度80公里/小时，工程于2004年8月开工。张石高速公路是我省公路建设“十五”规划的重要组成部分，是我省西部地区纵贯南北的交通大动脉；张石高速公路张家口段一期工程竣工通车，对于沟通内蒙古中东部与河北腹地的联系具有极其重要的意义。

杨国华代表省交通厅对项目建成通车表示祝贺，向付出辛勤劳动的广大建设者表示感谢。他指出，张石高速公路张家口段一期工程的竣工通车对改变我省和张家口市的交通状况，对加强冀蒙经济合作，促进中西部地区融合具有十分重要的意义。近年来，张家口市委、市政府认真贯彻落实省委、省政府有关部署和要求，立足全市经济和社会的跨越式发展，以科学发展观为指导，在突破发展瓶颈、开拓发展空间方面取得了显著成效，他希望我市继续保持交通大发展的良好势头，加快张石高速公路二期工程建设，抓紧三期项目前期工作，加快项目实施步伐，为人民群众创造出更加畅通、安全、便捷的交通环境，发挥好张家口“东出西联”的独特区位优势，为我省实现建设沿海经济社会发展强省奋斗目标做出更大贡献。

郑雪碧在讲话时指出，在张石高速公路张家口段一期工程建设中，广大交通建设者克服了地质条件差、施工难度大、有效工期短等诸多不利因素，以只争朝夕的干劲和科学务实的作风，如期完成了建设任务。他强调，张石高速公路张家口段一期工程是我市继宣大、京张和丹拉高速公路建成之后，竣工通车的第四条高速公路，也是我市自主作业建设的第二条高速公路，至此，我市高速公路通车总里程达到400公里，继续保持全省第一。郑雪碧指出，交通事业是经济建设的生命线，没有便捷的交通，一个地方的经济不

可能健康快速发展,高速公路的建设既是一个地区经济实力和发展水平上升到一定阶段的表现和产物,同时又是区域经济实现更快更好发展的必备条件和重要基础。为此,近年来我市着眼于全市经济的快发展、大发展和跨越式发展,积极谋划和推进以“三纵、三横、三环”为核心的高速公路网络建设。目前,丹拉高速高效运营、张石高速全面推进、承张高速蓄势待动、京化高速快速跟进,使我市高速公路建设事业实现了大跨越;我市将进一步做好交通建设各项工作,为全市经济社会发展提供更强有力的基础保障。

出席仪式的领导还共同视察了张石高速公路。　(胥文秀　宗振华　王铁兵　栗占刚)

[2006.12.11　张家口日报　第4201期　第1版]

市委书记宋太平在交通部门调研时要求

增强责任感使命感　开创交通事业新局面

本报讯　12月21日,市委书记宋太平,市长郑雪碧,市委常委、秘书长侯亮,副市长唐树森一行前行市交通局调研指导工作。宋太平强调,抢抓机遇,加快发展,自主奋斗,规范动作,开创我市交通事业发展新局面。

座谈会上,市领导认真听取了有关负责同志关于全市交通发展情况的汇报,详细了解了交通建设所遇到的困难和存在的问题,并参观了丹拉高速公路监控通信中心。在对我市交通规划、基础设施建设和行业管理表示满意的同时,宋太平指出,经济要发展,交通要先行,交通基础设施建设在全市经济社会发展、改善投资环境中地位和作用十分关键。交通部门广大干部职工要进一步提高认识,切实增强责任和使命感,开创交通事业发展新局面。

宋太平强调,要抢抓机遇,牢牢抓住我省“建设沿海经济社会发展强省”的重要战略机遇期,进一步加快交通发展步伐,将其作为交通部门的主要工作职责,狠抓重点项目建设,加快各条公路的谋划、审批、建设速度,要立足自主奋斗,依靠本部门在公路建设中积累的建设管理经验和良好的工作作风,艰苦创业,攻坚克难,敢于负责,大胆负责。推动交通事业更好更快发展。要进一步规范运作,精心施工,打造精品,同时,加强对交通干部职工的教育管理,确保出事业,出干部,不出问题,树立良好的交通形象。

郑雪碧在充分肯定近年来我市交通事业取得的长足进步的同时,希望交通部门广大干部职工倍加珍惜来之不易的好成绩,看到发展的差距和不足,再接再厉,干好干实,加快交通基础设施建设力度,推动交通事业发展再上新台阶。　(袁琦)

[2006.12.23　张家口日报　第4212期　第1版]

郑雪碧在调研城市快速路建设时要求

科学谋划　扎实推进

为加快特色山城建设步伐奠定坚实基础

本报讯　12月24日,市长郑雪碧,市委常委、副市长李建举、副市长唐树森一行对我市拟建的城市快速路进行现场调研。郑雪碧强调,建设城市快速路,是市委、市政府的重大决策部署,是实践以人为本、以民为先的具体行动。城市快速路是我市城市道路建设的“一号工程”,事关城市建设,事关区域开发,事关人民群众利益,要科学谋划,扎实推进,为加快特色山城建设步伐奠定坚实基础。

现场调研时,郑雪碧先后来到水泉沟、红旗楼、七里山公园、新园景区、京包铁路、八角台等东、西环线各个控制点,实地查看工程路线走向,现场解决突出问题,进一步优化建设方案,并对具体工作提出意见和要求。

郑雪碧指出,随着我市旧城区改造、新城区建设的深入推进,以及高速公路事业的快速发展,建设环城快速路势在必行。及时启运并加快建设城市快速路,有利于完善城市路网布局,缓解市区交通压力;有利于提升城市功能和形象,扩大对外开放;有利于加快浅山区开发,拓展城市空间,扩大城市容量;有利于加快整个城区开发,形成特色山城,带动区域经济社会全面发展。各有关县区、有关部门一定要站在推进全市经济社会更快更好发展和构建和谐张家口的高度，站在实施“一带两翼”区域经济发展战略的高度，充分认识建设城市快速路的重大意义。

郑雪碧强调，城市快速路是我市建设史上路线最长、规模最大、投资最多、规格最高的城市道路，时间紧，任务重。交通部门一定要发扬“敢打硬仗、志在必胜”的精神，把工程的前期和建设工作做快、做实、做好。要抓紧优化建设方案，城市快速路路线走向，要尽可能减少拆迁，向浅山区拓展，降低建设成本。要按照“道路建设与两侧绿化相结合”的原则，科学设计，统筹推进，坚决做到树随路走、路绿结合。各相关区县、相关部门要树立大局意识、效率观念，主动配合，全力支持，组成专门的工作班子抓紧完成土地征用、环评等相关手续，确保两个月之内完成拆迁。要高速度、高标准、高质量抓好工程施工，确保城市快速路如期开工、如期通车。

郑雪碧要求，在国家加强宏观调控、严控建设用地增长的形势下，相关县区、相关部门一定要把城市快速路的建设与沿线浅山区开发密切结合起来，整体规划，科学布局，通盘考虑。要坚持集约用地、节约用地、高效用地，切实抓好浅山区土地整理与开发工作，要高起点谋划项目，高水平引进项目，高档次规划建设工业聚集区、物流园区，为县区经济发展搭建新的平台，培植新的经济增长点。

相关县区负责人、市直相关部门负责人陪同调研。 （石少华）

［2006.12.25　张家口日报　第4213期　第1版］

市出租汽车行业工会联合会成立

本报讯　12月25日，市出租汽车行业工会联合会揭牌仪式在市出租车管理处举行，标志着张家口市出租汽车行业工会联合会正式成立。市人大常委会副主任、市总工会主席郁成俊出席。

出租车行业是我市重要的“窗口”服务行业，在促进城乡经济发展、扩大就业、方便人们出行、展示城市形象以及维护社会稳定方面具有重要意义。把出租汽车从业人员引导发展到出租车行业工会组织中来，是贯彻落实“组织起来，切实维权”工作方针的具体体现，可以充分发挥工会组织在政府与从业人员之间的桥梁和纽带作用。出租汽车行业工会联合会的成立，将肩负起维护出租车司机会员群体的合法权益的重要职责，致力于不断改善出租车司机的工作、生存状况，加强与政府管理部门、出租汽车公司的协调、交流，努力建立更融洽的管理者、企业、从业司机的合作关系以及稳定和谐的劳动关系；同时通过开展各项培训、教育活动，提高会员的组织意识和综合素质，为推动张家口的城市化进程，为促进出租车行业的文明发展做出积极贡献。 （田雯）

［2006.12.26　张家口日报　第4214期　第1版］

我市城市快速路预可研报告通过专家评审

本报讯　12月29日，在市交通局组织召开的我市城市快速路预可研评审会上，张家口市城市快速路预可行性研究报告通过了专家评审。

我市城市快速路由东环线、西环线、张石高速公路张家口连接线组成。东环线起点位于纬一路王家寨处，终点位于桥东区建国路，路线主要穿越杨家坟、市液化气站、张家口市工业锅炉厂、水泉沟、张家口东山砖厂、桥东区口里东窑子，经过陵园路，最后到达建国路，路线长度为10.04公里；西环线从省道张沽线张家口教育学院处开始，向南经桥西区小白山、北瓦盆窑、南瓦盆窑，最后到达桥西区四方台沟路，与张石高速公路张家口连接线相接，路线长度为5.1公里；张石高速公路张家口连接线起于西环线终点，终点位于张石高速公路张家口南互通，中间控制点主要有高家屯、沈家屯、四杰屯和京包铁路、国道110线，路线长8公里。城市快速路设计速度为60公里/小时，汽车荷载等级为公路－II级。

评审会上，专家们听取了城市快速路预可行性研究报告编制单位的汇报，研究阅读了报告文件，并就工程有关方面提出了具体建议。 （胥文秀　宗振华　何治宇）

［2006.12.30　张家口日报　第4218期　第1版］

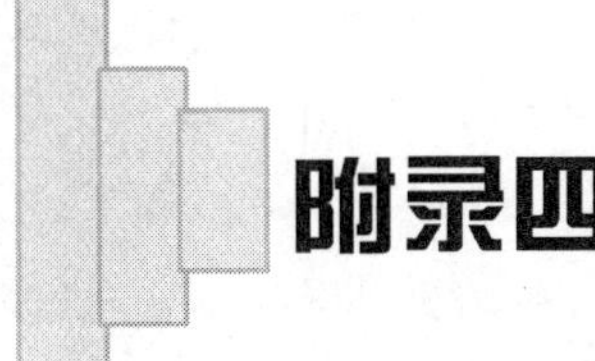

附录四

1996~2006年
全市交通系统荣誉称号（部分）

1996～2006年，张家口市交通系统共获得各种集体荣誉达462项。其中，获得省、部级荣誉称号89项，获得市、厅级荣誉称号373项；张家口市交通局获得荣誉称号84项，直属企事业单位获得荣誉称号149项，运输企业获得荣誉称号52项，县(区)局获得荣誉称号177项。

一、1996年度

张家口市交通局被省交通厅评为全省交通审计工作先进集体；

张家口市交通局被省交通厅评为全省交通统计工作先进单位；

张家口市交通局被省交通厅、省财政厅评为全省公路运输管理费、客票附加费征收先进单位；

张家口市交通局被省交通厅评为全省公路工程先进监督单位；

张家口市交通局被省交通厅评为全省交通系统勘查设计先进单位；

张家口市交通局被市委、市政府评为全市统计工作先进单位；

张家口市交通局后勤管理处被市委、市政府授予“文明单位”称号；

下八里收费站被省交通厅评为全省交通系统文明(先进)收费站；

张家口市第一公路工程公司被省交通厅评为全省交通系统科技工作先进集体；

张家口市第二公路工程公司被省交通厅评为全省交通系统科技工作先进集体；

张家口运输集团公司被交通部评为全国交通系统“八五”节能先进单位；

张家口运输集团公司被省委、省政府评为河北省实施再就业工程先进单位；

张家口运输集团公司被省委、省政府评为河北省劳动争议调解工作先进单位；

张家口运输集团公司被省交通厅评为全省交通系统学习青岛港先进单位；

张家口运输集团公司被省交通厅评为全省交通系统“社会治安、综合治理”先进单位；

张家口运输集团公司被市委、市政府授予“文明单位”称号；

张家口运输集团公司党委被市委授予“六好企业党组织”称号；

张家口运输集团公司被市委、市政府评为“扶贫红旗单位”；

张家口市运输总公司被省委、省政府授予河北省思想政治工作“优秀企业”称号；

张家口市运输总公司被省委、省政府授予“文明单位”称号；

张家口市运输总公司被市委、市政府评为全市包村扶贫工作红旗单位；

怀来县交通局被省总工会评为河北省职工读书活动先进集体；

怀来县交通局被河北省委宣传部、省委组织部、省企业工委、省经济贸易委员会、省总工会评为河北省思想政治工作优秀企业；

怀来县交通局被市委、市政府授予“文明单位”称号；

怀安县交通局被省委、省政府授予“文明单位”称号；

康保县交通局被省委、省政府授予“文明单位”称号；
阳原县交通局被市委、市政府授予“文明单位”称号；
涿鹿县交通局被省委、省政府授予“文明单位”称号。

二、1997年度

张家口市交通局被省交通厅评为全省交通系统信息工作先进单位；
张家口市交通局被省交通厅评为河北省县乡公路建养管理先进单位；
张家口市交通局被省交通厅评为河北省公路学会先进会员单位；
张家口市交通局被省交通厅评为全省交通劳资统计年报先进单位；
张家口市交通局被省交通厅评为全省公路运输部门统计优秀单位；
张家口市交通局被省交通厅评为全省交通原材料能源统计优秀单位；
张家口市交通局被省交通厅评为全省交通固定资产投资统计优秀单位；
张家口市交通局被省交通厅评为全省交通系统科技工作先进集体；
张家口市交通局被省交通厅评为全省公路运输行业统计优秀单位；
张家口市交通局被省汽车维修市场整顿领导小组评为全省汽车维修市场整顿工作先进单位；
张家口市地方道路管理处被省交通厅评为河北省县乡公路管理先进单位；
张家口市交通局养路费征稽处被省交通厅评为全省交通系统优秀征稽处；
张家口市交通局公路勘测设计所被交通部评为“优秀QC小组奖”；
张家口市交通局后勤管理处被市委、市政府授予“文明单位”称号；
张家口市交通局后勤管理处被市委、市政府评为全市“双拥”先进单位；
下八里收费站被团省委、省交通厅授予“青年文明号”称号；
下八里收费站被省交通厅评为全省交通系统文明(先进)收费站；
下八里收费站被市委、市政府授予“文明单位”称号；
张家口市第二公路工程公司被交通部评为“优秀QC小组奖”；
张家口市第二公路工程公司被省交通厅评为全省交通系统科技工作先进集体；
张家口市第二公路工程公司被市委、市政府授予“文明单位”称号；
张家口市第二公路工程公司被市委授予“先进基层党组织”称号；
张家口运输集团公司被省总工会评为全省统计工作先进单位；
张家口运输集团公司被市委、市政府授予“文明单位”称号；
张家口汽车站被交通部评为全国道路运输系统文明客运站；
张家口市运输总公司被中国交通企业管理协会评为中交企协交通企业管理优秀成果奖；
张家口市运输总公司被交通部评为河北省思想政治工作优秀企业；
张家口市运输总公司被省交通厅评为全省交通系统合理化建议、技术改进活动优秀组织奖；
张家口市运输总公司被市委、市政府评为全市扶贫工作先进单位；
张家口市运输总公司被市委授予“六好企业党组织”称号；
怀来县交通局被团省委评为河北省先进团支部；
怀来县交通局被省总工会评为河北省职工读书自学活动先进集体；
怀来县交通局被省妇联评为河北省巾帼建功先进协调组织；
怀来县交通局被省交通厅评为全省交通系统科技工作先进集体；
怀来县交通局被省交通厅评为全省货运管理先进县；
赤城县交通局被省委、省政府评为河北省文明执法先进单位；
赤城县交通局被市委、市政府授予“文明单位”称号；
沽源县交通局被省委、省政府评为“二五”普法先进单位；

沽源县交通局被省委、省政府授予“文明单位”称号；
怀安县交通局被市委、市政府授予“文明单位”称号；
康保县交通局被省委、省政府授予“文明单位”称号；
康保县交通局被省交通厅评为河北省县乡公路建设养护先进单位；
万全县交通局被省交通厅评为河北省县乡公路建设养护先进单位；
万全县交通局被省交通厅评为河北省地方道路建养先进县；
宣化县交通局被省交通厅评为全省交通系统党风廉政建设先进单位；
宣化县交通局被省交通厅评为全省交通系统教育先进集体；
宣化县交通局被市委、市政府授予“文明单位”称号；
宣化区交通局被省汽车维修市场整顿领导小组评为全省汽车维修市场整顿工作先进单位；
阳原县交通局被市委、市政府授予“文明单位”称号；
张北县交通局被省委、省政府评为全市扶贫工作先进单位；
张北县交通局被市委、市政府授予“文明单位”称号；
涿鹿县交通局被省交通厅评为全省治理公路“三乱”先进单位。

三、1998 年度

张家口市交通局被省交通厅评为河北省地方道路建设管理先进单位；
张家口市交通局被省审计厅评为河北省内部审计工作先进单位；
张家口市地方道路管理处被省交通厅评为河北省地方道路管理先进单位；
张家口市地方道路管理处被省交通厅评为河北省地方道路建设养护先进单位；
张家口市交通局公路工程管理处被省交通厅评为全省交通系统科技工作先进集体；
张家口市公路勘测设计所被省建委评为全省勘查设计先进单位；
张家口市公路勘测设计所被团省委授予河北省“青年文明号”称号；
张家口市交通局后勤管理处被市委、市政府授予“文明单位”称号；
张家口市交通局物资供应处被市委、市政府授予“文明单位”称号；
下八里收费站被省文明委评为全省“三星级”窗口单位；
下八里收费站被省交通厅评为全省公路系统先进会计工作集体；
张家口市第一公路工程公司 LGB1000 型拌和设备干燥系统改造小组被交通部评为全面质量管理优秀小组；
张家口市第一公路工程公司被省交通厅评为全省交通系统科技工作先进集体；
张家口市第二公路工程公司被市委授予“先进基层党组织”称号；
张家口市运输总公司被省委、省政府授予“文明单位”称号；
张家口市运输总公司被省交通厅评为全省汽车站建设先进单位；
张家口市运输总公司被市委、市政府评为市直包村扶贫工作先进单位；
怀来县交通局被全国总工会评为全国职工读书自学活动先进集体；
怀来县交通局被省委、省政府授予“文明单位”称号；
怀来县交通局被省总工会评为河北省职工读书自学活动先进集体；
怀来县交通局被省交通厅评为全省交通系统科技工作先进集体；
怀来县交通局被市委、市政府评为全市民族团结进步模范单位；
赤城县交通局被省委、省政府授予“文明单位”称号；
赤城县交通局被省委、省政府评为河北省文明执法先进单位；
怀安县交通局被省委、省政府授予“文明单位”称号；
怀安县交通局被省交通厅评为全省公路绿化先进单位；

蔚县交通局被市委、市政府授予全市“行政执法文明单位”称号；
康保县交通局被省委、省政府授予“文明单位”称号；
康保县交通局被市委、市政府评为全市“行政执法文明单位”称号；
万全县交通局被省交通厅评为河北省地方道路形象工程建设典型示范县；
万全县交通局被省交通厅评为河北省地方道路建设养护先进单位；
尚义县交通局被省交通厅评为河北省地方道路建设养护先进单位；
下花园区交通局被省交通厅评为全省交通系统行政执法文明集体；
阳原县交通局被市委、市政府授予全市“行政执法文明单位”称号；
阳原县交通局被省委、省政府授予“文明单位”称号；
张北县交通局被省委、省政府评为河北省扶贫工作先进单位；
张北县交通局被省政府、省军区评为河北省抗震救灾集体一等功；
张北县交通局党总支被市委授予“优秀基层党组织”称号；
涿鹿县交通局被全国总工会评为全国职工体育先进单位；
涿鹿县交通局被省委、省政府授予“文明单位”称号。

四、1999年度

张家口市交通局被省交通厅评为河北省地方道路建设养护管理先进单位；
张家口市交通局被省交通厅评为全省交通系统行政执法文明集体；
张家口市交通局被省交通厅评为全省公路工程质监工作先进单位；
张家口市交通局被省交通厅评为全省交通系统信息调研、督查承办工作先进单位；
张家口市交通局被省交通厅评为全省交通审计工作先进集体；
张家口市交通局被省交通厅评为全省公路规费征稽工作先进单位；
张家口市交通局被市委、市政府评为全市扶贫工作先进单位；
张家口市交通局被市委、市政府评为全市“两基”工作先进集体；
张家口市地方道路管理处被省交通厅评为河北省地方道路建设养护管理先进单位；
张家口市交通局养路费征稽处被省交通厅评为全省交通系统行政执法文明集体；
张家口市交通局后勤管理处被市委、市政府授予“文明单位”称号；
张家口市交通局公路开发中心被省交通厅评为全省管理先进单位；
张家口市交通局公路开发中心被市委、市政府授予“文明单位”称号；
下八里收费站被省交通厅评为全省交通系统文明(先进)收费站；
张家口市第二公路工程公司被市委授予“先进基层党组织”称号；
张家口运输集团有限公司被省交通厅、省人事厅、省交通工会评为全省交通系统先进单位；
张家口运输集团有限公司被市委、市政府授予“模范企业”称号；
张家口汽车修理总公司被交通部评为全国汽车维修文明企业；
张家口汽车站被交通部评为全国一级客运站；
张家口汽车站被省交通厅评为全省交通系统“窗口”行业服务质量一级(三星级)单位；
张家口市运输总公司被市委、市政府评为全市扶贫攻坚先进单位；
怀来县交通局被团中央、交通部授予“青年文明号”称号；
怀来县交通局被省委、省政府授予“文明单位”称号；
怀来县交通局被省总工会评为河北省职工读书自学活动先进集体；
赤城县交通局被省委、省政府授予“文明单位”称号；
崇礼县交通局被市委、市政府授予“文明单位”称号；
沽源县交通局被市委、市政府授予“文明单位”称号；

怀安县交通局被市委、市政府授予“文明单位”称号；
怀安县交通局被省交通厅评为河北省公路养护县级先进单位；
康保县交通局被省委、省政府授予“文明单位”称号；
康保县交通局被省交通厅评为全省交通系统行政执法文明集体；
蔚县交通局被市委、市政府授予全市“行政执法文明单位”称号；
下花园区交通局被省交通厅评为全省交通系统行政执法文明集体；
下花园区交通局被市委、市政府授予“文明单位”称号；
阳原县交通局被市委、市政府授予“文明单位”称号。

五、2000 年度

张家口市交通局被省交通厅评为河北省地方道路管理先进单位；
张家口市交通局被省交通厅评为全省交通系统行政执法文明集体；
张家口市交通局被省交通厅评为全省公路建设质量年活动先进单位；
张家口市交通局被省交通厅评为全省交通系统信息调研工作先进单位；
张家口市交通局被省交通厅评为全省交通统计工作先进单位；
张家口市地方道路管理处被省交通厅评为河北省地方道路管理先进单位；
张家口市交通局养路费征稽处被省交通厅评为全省交通系统行政执法文明集体；
张家口市交通局运输管理处被市委、市政府授予“文明单位”称号；
张家口市交通局运输管理处被省交通厅评为全省交通系统行政执法文明集体；
张家口市交通局运输管理处被省委宣传部、省人事厅、省总工会等部门评为全省法制宣传教育先进集体；
张家口市交通局公路勘测设计所被团省委、河北计委、河北建委授予“青年文明号”称号；
张家口市交通局公路勘测设计所被市委、市政府授予“文明单位”称号；
张家口市交通局后勤管理处被市委、市政府授予“文明单位”称号；
张家口市交通局公路开发中心被省交通厅评为全省管理先进单位；
张家口市交通局公路开发中心被市委、市政府评为全市对外开放先进单位；
下八里收费站被省交通厅评为全省交通系统文明(先进)收费站；
张家口市第一公路工程公司被市委、市政府授予“文明单位”称号；
张家口市第一公路工程公司的《高填方路基沉降速度与稳定性研究》科研课题获省科技进步三等奖；
张家口市第二公路工程公司被市委授予“先进基层党组织”称号；
张家口运输集团有限公司被省委、省政府授予“文明单位”称号；
张家口运输集团有限公司被市委、市政府评为全市扶贫工作先进单位；
张家口运输集团有限公司党委被市委授予“先进基层党组织”称号；
张家口市运输总公司被市委、市政府评为全市扶贫工作先进单位；
张家口市运输总公司被市委、市政府授予“文明单位”称号；
怀来县交通局被省委、省政府授予“文明单位”称号；
赤城县交通局被省委、省政府授予“文明单位”称号；
崇礼县交通局被市委、市政府授予“文明单位”称号；
怀安县交通局被省委、省政府授予河北省“行政执法文明单位”称号；
怀安县交通局被省交通厅评为河北省公路养护县级先进单位；
怀安县交通局被省委、省政府授予“文明单位”称号；
康保县交通局被省委、省政府授予“文明单位”称号；

万全县交通局被市委、市政府授予“文明单位”称号；
蔚县交通局被省交通厅评为全省交通系统科技工作先进集体；
蔚县交通局党委被市委授予“先进基层党组织”称号；
下花园区交通局被省交通厅评为全省交通系统行政执法文明集体；
宣化县交通局被省委、省政府授予“文明单位”称号；
阳原县交通局被省委、省政府授予“文明单位”称号；
张北县交通局被市委、市政府评为全市治理公路“三乱”先进单位；
涿鹿县交通局被省委、省政府授予“文明单位”称号；
涿鹿县交通局被省总工会评为河北省职工读书活动先进集体；
涿鹿县交通局被省交通厅评为河北省地方道路管理先进单位；
涿鹿县交通局被省交通厅评为全省交通系统政务信息调研先进单位。

六、2001年度

张家口市交通局被省交通厅评为全省公路建设质量年活动先进单位；
张家口市交通局被省交通厅评为全省交通统计工作综合优秀单位；
张家口市交通局被省交通厅评为全省治理公路、水路“三乱”先进单位；
张家口市交通局被省交通厅评为全省交通规费征稽工作先进单位；
张家口市交通局被省交通厅评为全省交通系统科技工作先进集体；
张家口市交通局被省交通厅评为河北省第二次全国公路普查先进集体；
张家口市交通局被市委、市政府评为全市“八七”扶贫攻坚工作先进集体；
张家口市交通局被市委、市政府评为全市信访工作先进单位；
张家口市交通局被市委、市政府评为全市党风廉政建设工作先进单位；
张家口市交通局被市委、市政府评为全市“九五”重点建设做出突出贡献先进单位；
张家口地方道路管理处被省交通厅评为河北省地方道路建设先进单位；
张家口市交通局养护管理处被省交通厅评为河北省公路养护与路政工作先进单位；
张家口市交通局运输管理处被市委、市政府授予“文明单位”称号；
张家口市交通局运输管理处被市委、市政府评为全市治理公路“三乱”先进集体；
张家口市交通局运输管理处被省委、省政府评为河北省“三五”法制宣传教育先进集体；
张家口市交通局运输管理处被省人事厅评为全省政务公开先进单位；
张家口市交通局运输管理处被省委宣传部、省人事厅、省总工会等部门评为全省法制宣传教育先进集体；
张家口市交通局公路勘测设计所被市委、市政府授予“文明单位”称号；
张家口市交通局后勤管理处被市委、市政府授予“文明单位”称号；
张家口市交通局公路开发中心被市委、市政府评为全市对外开放先进单位；
张家口市第一公路工程公司被市委、市政府授予“文明单位”称号；
张家口市第一公路工程公司在全国公路建设优质工程劳动竞赛中被中国公路运输工会全国委员会授予“优质工程”称号；
张家口市第二公路工程公司被市委授予“先进基层党组织”称号；
张家口运输集团有限公司被省总工会评为河北省思想政治工作优秀企业；
张家口运输集团有限公司被市委授予“先进基层党组织”称号；
赤城县交通局被省委、省政府授予“文明单位”称号；
崇礼县交通局被省委、省政府授予“文明单位”称号；
沽源县交通局被市委、市政府授予“文明单位”称号；

康保县交通局被省委、省政府授予“文明单位”称号；
康保县交通局党总支被市委授予“先进基层党组织”称号；
万全县交通局被市委、市政府授予“文明单位”称号；
阳原县交通局被市委、市政府授予“文明单位”称号；
阳原县交通局被市委、市政府评为全市治理公路“三乱”先进集体；
阳原县交通局被市委、市政府评为全市宣传教育工作先进单位；
涿鹿县交通局被市委、市政府评为全市“三五”法制宣传教育先进集体。

七、2002年度

张家口市交通局被省委、省政府授予“文明单位”称号；
张家口市被省交通厅评为全省一般干线公路新改建模范市；
张家口市交通局被省交通厅评为全省公路工程先进建设单位；
张家口市交通局被省交通厅评为全省交通系统行风建设优秀单位；
张家口市交通局被省交通厅评为全省交通系统信息调研工作先进单位；
张家口市交通局被市委、市政府评为全市民主评议行风优秀单位；
张家口市交通局被市委、市政府评为全市扶贫开发工作市直先进单位；
张家口市交通局被市委、市政府评为全市民族团结进步模范单位；
张家口市交通局公路养护管理处被省交通厅评为全省交通系统行风建设先进集体；
张家口市交通局养护管理处被市委、市政府授予“文明单位”称号；
张家口市交通局工程管理处被市委、市政府授予“文明单位”称号；
张家口市交通局养路费征稽处被省交通厅评为全省交通系统先进征稽处；
张家口市交通局养路费征稽处被省交通厅评为全省交通系统行风建设先进集体；
张家口市交通局运输管理处被省委、省政府授予“文明单位”称号；
张家口市交通局运输管理处被团省委、交通厅授予“青年文明号”称号；

张家口市交通局运输管理处被省委宣传部、省人事厅、省总工会等部门评为全省法制宣传教育先进集体；

张家口市交通局运输管理处被省交通厅评为全省交通系统行风建设先进集体；
张家口市交通局运输管理处被省交通厅评为全省治理公路、水路“三乱”先进集体；
张家口市交通局运输管理处被市委、市政府评为全市治理公路“三乱”先进集体；
张家口市交通局公路勘测设计所被市委、市政府授予“文明单位”称号；
张家口市交通局后勤管理处被市委、市政府授予“文明单位”称号；
张家口市交通局物资供应处被市委、市政府授予“文明单位”称号；
张家口市第一公路工程公司被市委、市政府授予“文明单位”称号；

张家口市第一公路工程公司的《提高水泥稳定矿石混合料质量》课题获全国交通行业优秀质量管理小组成果奖；《优秀基层厂拌料组成设计》课题获河北省优秀质量管理小组活动成果奖，同时荣获省交通行业质量管理小组活动优秀企业奖；

张家口市第二公路工程公司被市委授予“先进基层党组织”称号；
张家口运输集团有限公司被省委、省政府授予“文明单位”称号；
张家口运输集团有限公司被河北省技术监督局授予“服务质量奖”称号；
张家口运输集团有限公司被省总工会、省委宣传部等部门评为河北省思想政治工作优秀企业；
张家口运输集团有限公司被市委、市政府评为全市“八七”扶贫攻坚工作先进单位；
张家口市运输总公司被市委、市政府授予“文明单位”称号；
怀来县交通局被省交通厅评为河北省第二次全国公路普查先进集体；

怀来县交通局被市委、市政府授予“文明单位”称号；
赤城县交通局被省委、省政府授予“文明单位”称号；
崇礼县交通局被省委、省政府授予“文明单位”称号；
康保县交通局被省委、省政府授予“文明单位”称号；
康保县交通局被省交通厅评为全省交通系统治理公路、水路“三乱”先进集体；
康保县交通局被市委、市政府评为全市“八七”扶贫攻坚工作先进单位；
万全县交通局被市委、市政府授予“文明单位”称号；
蔚县交通局被省交通厅评为蔚下线改建工程优良工程单位；
蔚县交通局被省交通厅评为蔚州镇至杨庄窠公路工程优良工程单位；
宣化县交通局被省委、省政府授予“文明单位”称号；
宣化县交通局被省交通厅评为河北省地方道路建设先进单位；
宣化县交通局被省交通厅评为河北省地方道路管理先进单位；
阳原县交通局被市委、市政府授予“文明单位”称号；
阳原县交通局被市委、市政府授予全市“九五”重点建设突出贡献先进单位；
张北县交通局被省委、省政府评为河北省地方道路先进单位；
涿鹿县交通局被省委、省政府授予“文明单位”称号；
涿鹿县交通局被市委评为全市“学教”活动先进集体。

八、2003年度

张家口市交通局被省交通厅评为全省治理公路、水路“三乱”先进集体；
张家口市交通局被省交通厅评为全省交通统计工作综合优秀单位；
张家口市交通局被省交通厅评为全省交通系统行风建设优秀单位；
张家口市交通局被省交通厅评为全省交通征稽工作先进集体；
张家口市交通局被市委、市政府评为全市扶贫开发工作先进单位；
张家口市交通局被市委、市政府评为全市纠风专项治理工作先进单位；
张家口市交通局被市委、市政府评为全市抗击“非典”工作先进集体；
张家口市交通局的水泥粉煤灰稳定级配碎石基层机构被交通厅评为全省优秀科技成果二等奖；
张家口市交通局养护管理处被省交通厅评为全省交通系统养护机制改革先进市；
张家口市交通局养护管理处被市委、市政府授予“文明单位”称号；
张家口市交通局养护管理处党支部被市委授予“先进基层党组织”称号；
张家口市交通局工程管理处被省委、省政府授予“河北省科学技术奖”称号；
张家口市交通局工程管理处被市委、市政府授予“文明单位”称号；
张家口市地方道路管理处被省交通厅评为河北省地方道路农村公路管理先进单位；
张家口市地方道路管理处被市委、市政府评为全市民族团结进步模范集体；
张家口市地方道路管理处被市委、市政府授予“文明单位”称号；
张家口市交通局运输管理处被市委、市政府评为全市抗击“非典”集体三等功；
张家口市交通局运输管理处被省交通厅评为全省交通系统行风建设先进集体；
张家口市交通局运输管理处被省交通厅评为全省治理公路“三乱”先进集体；
张家口市交通局运输管理处被省交通厅评为全省交通系统行政执法文明集体；
张家口市交通局运输管理处被省委宣传部、省人事厅、省总工会等部门评为全省法制宣传教育先进集体；
张家口市交通局养路费征稽处被省交通厅评为全省交通系统行政执法文明集体；
张家口市交通局养路费征稽处被省交通厅评为全省交通系统优秀征稽处；

张家口市交通局公路勘测设计所被市委、市政府授予“文明单位”称号；
张家口市交通局后勤管理处被市委、市政府授予“文明单位”称号；
张家口市交通局后勤管理处被市委、市政府评为张家口市造林绿化集体标兵；
张家口市交通局物资供应处被市委、市政府授予“文明单位”称号；
张家口市第一公路工程公司被市委、市政府授予“文明单位”称号；
张家口市第二公路工程公司被市委授予“先进基层党组织”称号；
张家口运输集团有限公司被省委、省政府授予“文明单位”称号；
张家口运输集团有限公司被市委、市政府评为全市扶贫开发工作先进单位；
怀来县交通局被省委、省政府评为河北省造林绿化先进集体；
怀来县交通局被市委、市政府评为全市抗击“非典”斗争先进集体；
赤城县交通局被省委、省政府授予“文明单位”称号；
崇礼县交通局被省委、省政府授予“文明单位”称号；
崇礼县交通局被省委、省政府授予河北省“行政执法模范集体”称号；
沽源县交通局被市委评为全市抗击“非典”斗争先进集体；
沽源县交通局被省委、省政府授予“文明单位”称号；
康保县交通局被省委、省政府授予“文明单位”称号；
万全县交通局被市委、市政府授予“文明单位”称号；
蔚县交通局被省委、省政府授予“文明单位”称号；
下花园区交通局被市委、市政府授予“文明单位”称号；
宣化县交通局被省委、省政府授予“文明单位”称号；
阳原县交通局被市委、市政府授予“文明单位”称号；
阳原县交通局被河北省精神文明建设委员会评为河北省“三星窗口单位”；
涿鹿县交通局党总支被市委、市政府评为全市抗击“非典”先进党组织。

九、2004年度

张家口市交通局被省委、省政府授予“文明单位”称号；
张家口市交通局被省交通厅评为河北省农村公路建设先进单位；
张家口市交通局被省交通厅评为全省交通系统行风建设优秀单位；
张家口市交通局被省交通厅评为全省交通系统信息调研工作先进单位；
张家口市交通局被省交通厅评为全省公路管理工作先进单位；
张家口市交通局被省交通厅评为全省公路建设项目先进管理单位；
张家口市交通局被省交通厅评为全省交通征稽工作先进集体；
张家口市交通局被市委、市政府评为全市政府法制工作先进单位；
张家口市交通局被市委、市政府评为全市公路建设先进单位；
张家口市交通局被市委、市政府评为全市创建文明生态村帮扶工作先进单位；
张家口市交通局被市委、市政府评为全市扶贫开发工作先进单位；
张家口市交通局养护管理处被省交通厅评为河北省安保工程先进市；
张家口市交通局养护管理处被市委、市政府授予“文明单位”称号；
张家口市交通局工程管理处被省交通厅、省人事厅、省交通工会评为全省交通系统先进集体；
张家口市交通局工程管理处被市委、市政府授予“文明单位”称号；
张家口市地方道路管理处被省交通厅评为河北省农村公路建设先进单位；
张家口市交通局运输管理处被省委、省政府授予“文明单位”称号；
张家口市交通局运输管理处被省委、省政府授予“文明示范窗口单位”称号；

张家口市交通局运输管理处被省委宣传部、省人事厅、省总工会等部门评为全省法制宣传教育先进集体；

张家口市交通局养路费征稽处被省委、省政府授予“文明单位”称号；

张家口市交通局养路费征稽处被省交通厅评为全省交通系统先进征稽处；

张家口市交通局公路勘测设计所被市委、市政府授予“文明单位”称号；

张家口市交通局后勤管理处被市委、市政府授予“文明单位”称号；

张家口市交通局后勤管理处被市委、市政府评为全市造林绿化工作先进集体；

张家口市第一公路工程公司被市委、市政府授予“文明单位”称号；

张家口运输集团有限公司被国家统计局张家口市企业调查队评为企业调查先进单位；

张家口市运输总公司被市委、市政府评为全市“八七”扶贫攻坚工作先进单位；

张家口市运输总公司被市委、市政府授予“文明单位”称号；

张家口市运输总公司被市委、市政府授予参加河北省第十一届运动会“贡献单位”称号；

赤城县交通局被市委、市政府授予“文明单位”称号；

崇礼县交通局被省委、省政府授予“文明单位”称号；

沽源县交通局被市委、市政府评为全市千村经济振兴活动先进单位；

沽源县交通局被市委、市政府评为全市扶贫开发工作先进单位；

沽源县交通局被市委授予“先进基层党组织”称号；

康保县交通局被省委、省政府授予“文明单位”称号；

万全县交通局被市委、市政府授予“文明单位”称号；

万全县交通局被交通厅评为河北省农村公路建设先进单位；

下花园区交通局被省交通厅评为全省治理公路超限超载工作先进检测站；

下花园区交通局被市委、市政府授予“文明单位”称号；

下花园区交通局被市委、市政府评为全市创建文明生态村活动帮扶工作先进单位；

宣化县交通局被市委、市政府评为全市创建文明生态村活动帮扶工作先进单位；

阳原县交通局被省委、省政府授予“文明单位”称号；

阳原县交通局被省交通厅评为公路养护改革先进县；

张北县交通局被省交通厅授予全省交通新闻宣传工作先进单位；

张北县交通局被市委、市政府授予“文明单位”称号；

涿鹿县交通局被省交通厅评为全省交通系统政务信息和调研工作先进单位；

涿鹿县交通局被省交通厅评为全省交通系统优秀信息直报点；

涿鹿县交通局被省委、省政府授予“文明单位”称号。

十、2005年度

张家口市交通局被省交通厅评为“十五”期间全省交通系统科技教育工作先进单位；

张家口市交通局被省交通厅评为全省交通系统行风建设优秀单位；

张家口市交通局被省交通厅评为全省交通审计工作先进集体；

张家口市交通局被省交通厅评为全省交通系统政务信息工作先进单位；

张家口市交通局被省交通厅评为河北省公路养护和路政管理工作先进单位；

张家口市交通局被市委、市政府评为全市民主评议优秀单位；

张家口市交通局被市委、市政府评为全市支持民营经济工作先进市直部门；

张家口市交通局被市委、市政府评为全市信访工作先进市直部门；

张家口市交通局被市委、市政府评为全市扶贫开发工作市直先进单位；

张家口市交通局被市委、市政府评为全市政府法制工作先进单位；

丹拉公路张家口高速公路管理处被省交通厅评为“十五”期间全省交通系统科技工作先进集体；

张石高速公路张家口管理处被省委、省政府评为“河北省高速公路建设先进集体”；

张石高速公路张家口管理处被省交通厅评为“高速公路建设先进集体”；

张石高速公路张家口管理处党总支被市委授予“先进基层党组织”称号；

张家口市交通局养护管理处被省交通厅评为全省公路养护管理先进市；

张家口市交通局养护管理处被市委、市政府授予“文明单位”称号；

张家口市交通局工程管理处被市委、市政府授予“文明单位”称号；

张家口地方道路管理处被省政府评为河北省农村公路建设先进集体；

张家口市地方道路管理处被市委、市政府评为全市千村经济振兴先进单位；

张家口市交通局运输管理处被市委、市政府授予“文明单位”称号；

张家口市交通局养路费征稽处被省交通厅、省人事厅评为全省交通系统规费征稽工作先进集体；

张家口市交通局养路费征稽处被省交通厅评为全省交通规费征稽工作先进集体；

张家口市交通局公路勘测设计所被市委、市政府授予“文明单位”称号；

张家口市交通局后勤管理处被市委、市政府授予“文明单位”称号；

张家口市交通局物资供应处被市委、市政府授予“文明单位”称号；

张家口第一公路工程公司被市委、市政府授予“文明单位”称号；

张家口市第二公路工程公司被市委授予“先进基层党组织”称号；

张家口路通收费服务有限公司被市委、市政府评为蔬菜绿色通道工作先进单位；

张家口路缘公路工程有限责任公司被市委、市政府评为全市纳税 300 万～1 000 万元先进民营企业；

张家口运输集团有限公司被省交通厅评为 2000～2004 年全省交通系统安全生产治安综合治理先进单位；

张家口运输集团有限公司被河北省质量奖审定委员会、河北省质量技术监督局授予“服务质量奖”称号；

张家口运输集团有限公司被市委、市政府评为全市扶贫开发工作先进单位；

张家口运输集团有限公司党委被市委授予“先进基层党组织”称号；

怀来县交通局被河北省经济普查领导小组评为河北省第一次经济普查先进集体；

怀来县交通局被省交通厅评为全省交通系统信息工作优秀直报点；

赤城县交通局被市委、市政府授予“文明单位”称号；

崇礼县交通局被市委、市政府授予“文明单位”称号；

沽源县交通局被省委、省政府授予“文明单位”称号；

沽源县交通局党委被市委授予“先进基层党组织”称号；

沽源县交通局被省交通厅评为河北省国省干线公路建设先进集体；

康保县交通局被省委、省政府授予“文明单位”称号；

万全县交通局被市委、市政府授予“文明单位”称号；

蔚县交通局被省交通厅评为河北省农村公路建设先进单位；

蔚县交通局被省委、省政府授予“文明单位”称号；

下花园区交通局被市委、市政府授予“文明单位”称号；

宣化县交通局被省交通厅评为全省交通系统行风建设优秀基层单位；

阳原县交通局被市委、市政府评为全市创建文明生态村活动帮扶工作先进单位；

张北县交通局被省交通厅评为全省交通系统优秀直报点；

张北县交通局被省交通厅评为全省交通系统公文评比一等奖；

涿鹿县交通局被市委授予“先进基层党组织”称号。

十一、2006 年度

张家口市交通局被省委、省政府授予“文明单位”称号；
张家口市交通局被省交通厅评为全省交通系统政务信息工作先进单位；
张家口市交通局被市委、市政府评为全市创建文明生态村帮扶工作先进单位；
张家口市交通局被市委、市政府授予“文明单位”称号；
张家口市交通局被市委、市政府评为人大、政协提案先进单位；
张家口市交通局被市委、市政府评为全市政务信息工作先进单位；
张家口市交通局工程管理处被市委、市政府授予“文明单位”称号；
张家口市地方道路管理处被市委、市政府授予“文明单位”称号；
张家口市交通局运输管理处被市委授予“先进基层党组织”称号；
张家口市交通局运输管理处被省交通厅评为全省交通系统行风建设优秀基层单位；
张石高速公路张家口管理处被河北省交通厅评为“河北省高速公路建设优秀建设管理单位”；
张石高速公路张家口管理处党总支被市委授予“先进基层党组织”称号；
张家口市交通局养路费征稽处被省委、省政府授予“文明单位”称号；
张家口市交通局后勤管理处被省委、省政府评为河北省园林式单位；
张家口市交通局物资供应处被市委、市政府授予“文明单位”称号；
下八里收费站被省交通厅评为全省交通系统文明(先进)收费站；
张家口市第一公路工程公司被市委、市政府授予“文明单位”称号；
张家口市第二公路工程公司被省总工会授予“河北省五一劳动奖章”称号；
张家口市第二公路工程公司被市委、市政府授予“文明单位”称号；
张家口市第二公路工程公司被市委授予“先进基层党组织”称号；
张家口路通收费服务有限公司被市委、市政府评为蔬菜绿色通道工作先进单位；
张家口路通收费服务有限公司被省交通厅评为全省交通系统行风建设优秀基层单位；
张家口运输集团有限公司被省委、省政府授予“文明单位”称号；
张家口运输集团有限公司被河北省质量技术监督局授予“河北省质量奖”称号；
怀来县交通局被省委、省政府授予“文明单位”称号；
怀来县交通局被市委、市政府评为全市扶贫开发工作先进集体；
怀来县交通局被市委授予“先进基层党组织”称号；
赤城县交通局被市委、市政府授予“文明单位”称号；
崇礼县交通局被市委、市政府授予“文明单位”称号；
怀安县交通局被省交通厅评为全省公路超限运输治理先进单位；
怀安县交通局被省交通厅评为全省交通系统新闻宣传工作先进单位；
万全县交通局被市委、市政府授予“文明单位”称号；
下花园区交通局被市委、市政府评为全市扶贫开发工作先进单位；
宣化县交通局被省交通厅评为河北省农村公路工程先进监督机构；
阳原县交通局被省交通厅评为河北省农村公路养护先进县；
张北县交通局被省交通厅评为全省交通新闻宣传工作先进单位；
涿鹿县交通局被市委授予“先进基层党组织”称号；
涿鹿县交通局被市委、市政府授予“文明单位”称号。

后记

HOUJI

《张家口交通十年跨越》一书，从生机盎然的仲春时节开始筹备，经过半年多的策划、编写到付梓印刷，已是年终岁尾。这一段时间，正是2007年全市交通事业再接再厉、蓬勃发展的黄金季节。京化高速、张承高速相继开工，张石二期及城市快速路、张宣大道拓宽改造工程快速推进、顺利建成，国省干线、地方道路建设项目按计划加紧实施，我市公路建设进入了快速健康发展的历史新阶段。

面对如火如荼的建设场面，市委书记宋太平在视察城市快速路时，提出了“奋发有为，真抓实干；团结协作，战胜困难；科学施工，创造奇迹”的24字快速路精神，这既是对交通工作的积极评价和充分肯定，更是对我们的殷切希望和鞭策。这一年，交通事业全面、协调、可持续发展的思路更加明确，建设对接京津、承东启西的交通枢纽的发展脉络更加清晰，崇尚理性、大胆改革、积极创新的发展步伐更加坚定，张垣大地再次吹响了交通大跨越的新号角。

激动、感慨之余，作为本书编写人员，我们多想把交通的发展、成就继续写下去，然而，由于本书的主要时间跨度为1996～2006年，而2007年的许多重大事件未能充分反映，只是在个别章节中简略涉及，总不免遗憾。又想，我们处在一个跨越的时代，张家口的交通事业每天都在发生着新的变化和新的进步，交通人还将凭借理想、信念和追求不断书写出更多不朽的篇章，我们又深感欣慰。

就在本书即将付梓之际，亲身经历张家口交通十年跨越的市人大常委会主任张宝义同志欣然发来贺信，称赞这一盛举。交通十年跨越是“开拓创新的十年，艰苦奋斗的十年，成果辉煌的十年，永载史册的十年”，这是对交通十年发展的生动总结和高度概括。在此，我们向为全市交通跨越发展付出智慧、辛劳和汗水的老领导、老干部、“老交通”表示崇高的敬意。

在市交通局党委的正确领导下，在各县（区）交通局、局直各部门、各单位的密切配合和各有关兄弟单位的鼎立支持下，本书才在较短的时间内得以出版。在此，我们谨向支持本书编写的有关领导、作者和为本书提供帮助的所有人员表示诚挚的感谢。本书拥有百余万字，可谓洋洋大观。写得辛苦，编得也不从容，因水平所限，时间所限，许多精华和精彩的点滴还没有充分表达出来，这也是本书缺憾之一，敬请各位读者谅解。

编　者

2007年12月